燃煤机组烟气深度冷却增效减排技术

RANMEI JIZU YANQI SHENDU LENGQUE

ZENGXIAO JIANPAI JISHU

赵钦新　严俊杰　王云刚

姜衍更　刘　明　梁志远　著

中国电力出版社
CHINA ELECTRIC POWER PRESS

内 容 提 要

本书是一部专门以全链条思维论述燃煤机组烟气深度冷却增效减排基础理论、关键技术及其工程应用的专业著作。

烟气深度冷却是实现燃煤机组节能减排和超低排放的关键技术，其技术核心是将燃煤机组的排烟温度降低到硫酸露点温度以下，深度回收烟气余热，实现节能降耗、节约水资源，协同脱除SO_3、PM和Hg^{2+}等污染物。本书利用自主研发的检测方法及装置进行了系统研究和工程应用，揭示了烟气深度冷却过程中飞灰中碱性物质、SO_3/H_2SO_4蒸汽和液滴的气、液、固三相凝并吸收脱除SO_3/H_2SO_4的机理，提出了金属壁温和碱硫比动态调控设计方法，实现了烟气深度冷却器低温腐蚀的有效防控。研发了系列烟气深度冷却器及系统、装置及产品，并实现了大规模工程应用，取得突出的经济社会效益和显著的节能减排效果，其研究成果获2017年度国家科学技术技进步二等奖。本书所提出的利用飞灰中碱性物质脱除SO_3/H_2SO_4抑制低温腐蚀的技术思路也将为我国从事减缓雾霾重建蓝天事业做出贡献的各级人员提供一种崭新的思维模式。

本书主要面向从事燃煤机组烟气污染物超低排放协同综合治理科学技术研究开发的高级学者和烟气深度冷却器系统及其结构设计、加工制造和节能减排运行的高级工程技术人员和运行管理人员，还可供从事燃煤机组烟气深度冷却器的安全生产、监督监察、环境保护、运行管理、热工测试、节能减排管理及相关专业的工程技术人员参考。

图书在版编目（CIP）数据

燃煤机组烟气深度冷却增效减排技术／赵钦新等著．—北京：中国电力出版社，2018.4
ISBN 978-7-5198-0798-6

Ⅰ．①燃… Ⅱ．①赵… Ⅲ．①燃煤机组－烟气－冷却器－研究 Ⅳ．① TM621.2

中国版本图书馆 CIP 数据核字（2017）第 122518 号

出版发行：中国电力出版社
地　　址：北京市东城区北京站西街 19 号（邮政编码 100005）
网　　址：http://www.cepp.sgcc.com.cn
责任编辑：安小丹　董艳荣（010-63412367）
责任校对：太兴华　李　楠
装帧设计：赵姗姗
责任印制：蔺义舟

印　　刷：三河市百盛印装有限公司
版　　次：2018 年 4 月第一版
印　　次：2018 年 4 月北京第一次印刷
开　　本：787 毫米 ×1092 毫米　16 开本
印　　张：36.75
字　　数：913 千字
印　　数：0001—2000 册
定　　价：165.00 元

序

烟气深度冷却技术是实现燃煤机组节能减排和超低排放的关键技术，其技术核心是将燃煤机组排烟温度降低到硫酸露点温度以下，深度回收烟气余热，实现节能降耗，节约水资源，协同脱除污染物 SO_3、PM 和 Hg^{2+}。

该书的特点首先，在于紧扣国家节能减排的时代发展主题；其次，系统性强，内容涉及燃煤机组热力系统、烟气深度冷却系统、污染物协同治理系统及相关设备；再次，综合性强，从基础理论、关键技术研究到工程应用实现全链条设计实施；最后，支撑性强，该书涉及的工程应用直接来源于企业需求，之后相继得到国家自然科学基金、973 计划、科技支撑计划和重点研发计划等国家重点项目的立项与支持，并进一步得到我国电力集团、电力设计院等行业重点企业的工程成套研究支撑。这说明该书研究内容面向世界科技前沿、面向国民经济主战场、面向国家节能减排的重大需求。该书涉及的技术创新虽然在系统理论研究上始于 20 年前，但其主体关键技术及装备的研发开始于 2009 年，至 2011 年完成第一个示范工程，其后的 6 年间，在著作者们技术研发支撑的基础上，仅青岛达能环保设备股份有限公司就将该技术产品应用于国内 156 家电厂的 196 台套的 125MW 及以上的 300、600MW 及 1000MW 燃煤机组烟气余热梯级利用及超低排放工程，并出口海外，实现了规模生产及工程应用，节约煤炭资源、减少污染气体和细微颗粒物排放，取得显著的经济效益、社会效益和节能减排效果。

该书是西安交通大学能源与动力工程学院热能工程系和热能动力与控制工程系的 5 位老师及 1 位企业技术负责人根据他们多年对燃煤机组烟气深度冷却关键技术研究成果及其工程应用经验的汇集和总结。

我很高兴地向读者推荐该书，不仅是因为其中的多数著作者是我的同事，是热流科学及工程教育部重点实验室热流科学基础理论在节能减排新技术中的应用研究方向的骨干成员，更是有感于他们潜心做事、砥砺前行和以节能减排为责任担当的主人翁精神，正是这种精神使他们齐心协力、攻坚克难，践行了"科学""技术"和"工程"的全链条的研究开发过程，并使科技成果快速转化为生产力，这种以需求为导向的科研态度和学以致用的实践精神是时代寄予我们科技工作者的崭新要求。

2017 年 8 月 9 日
于西安交通大学

前　言

　　2015 年，煤炭占我国能源消耗总量的 63%。目前我国已探明的煤矿储量超过 800Gt，约占我国能源总量的 71%。我国 76% 的发电燃料、75% 的工业动力燃料、80% 的居民生活燃料和 60% 的化工原料都来自煤炭，其中，燃煤机组消耗我国煤炭总产量的 50%，是我国节能减排的主力。调研发现，燃煤机组排烟温度普遍偏高，不仅消耗大量煤炭，而且排放大量污染物，节能减排潜力巨大。燃煤机组中锅炉排烟热损失是各项热损失中最大的一项，一般为 5%~8%，占其总热损失的 80% 或更高。影响排烟热损失的主要因素是排烟温度，一般情况下，排烟温度每升高 10℃，排烟热损失增加 0.6%~1.0%。目前我国新设计的超临界、超超临界电站锅炉的排烟温度普遍维持在 121~128℃ 的设计水平，燃用褐煤机组的设计排烟温度更是高达 140~150℃，而由于燃煤机组设计煤种和实际燃用煤种存在较大差异，更使燃煤机组的实际运行温度一般维持在 130~170℃，因此，深度降低燃煤发电机组的排烟温度具有重大的节能减排潜力。烟气深度冷却技术是实现燃煤机组节能减排和超低排放的关键技术，其技术核心是将燃煤机组的排烟温度降低到硫酸露点温度以下，深度回收烟气余热，实现节能节水降耗，同时协同脱除污染物 SO_3、PM 和 Hg^{2+}，实现节能减排。自 1957 年起，世界各国广泛开展了燃煤机组烟气深度冷却技术及装置的应用研究，但工程实践中发现当烟气深度冷却到硫酸露点温度以下时，低温腐蚀严重，造成机组非计划停运，致使该技术无法推广应用。其主要技术难点在于无法准确检测烟气深度冷却过程中的硫酸露点温度，致使低温腐蚀难以控制，同时，由于我国燃煤机组普遍存在煤质、负荷的变动工况，加剧了低温腐蚀和积灰磨损。

　　本研究团队于 2009 年提出并申请了"一种锅炉烟气深度冷却余热回收系统"和"一种嵌入式锅炉烟气深度冷却器"的国家发明专利，首次提出了"烟气深度冷却技术"和"烟气深度冷却器"的概念，发明专利提出的技术方案是在燃煤机组静电除尘器前后安装"烟气深度冷却器"余热回收装置，该装置不同于过去的低压省煤器等余热回收利用系统，可以最大程度地将燃煤机组 121~170℃ 的排烟温度深度降低到 90℃，低于硫酸露点温度以下。烟气深度冷却器在充分回收利用燃煤机组排烟余热的同时，显著减少脱硫塔为降低烟气温度而引起的喷水冷却水耗，并使烟气温度降低达到最佳脱硫效率状态。烟气深度冷却器所吸收的能量可以用来加热系统凝结水，或通过暖风器加热冷空气，提高助燃空气温度，减轻空气预热器积灰、低温腐蚀和堵塞；低温凝结水经烟气余热加热后进入更高一级低压加热器，排挤汽轮机抽汽，增加汽轮机做功功率，提高机组系统热效率，节约煤炭资源，直接减少污染物排放；同时烟气深度冷却过程中可以有效降低烟尘比电阻，减少烟气体积，降低烟气流速，提高静电除尘效率，降低引风机或增压风机电耗；更重要的是，当烟气深度冷却至低于硫酸露点温度时，烟气中飞灰将与 SO_3、水蒸气结合，形成硫酸蒸汽或液滴，发生凝并吸收，引起 PM 发生聚并，有效降低 $PM_{2.5}$ 含量，并随着后续静电除尘设备而被协同脱除，达到污染物超低排放的效果，减缓大气中雾霾的形成。另外，在本研究团队提出"烟气深度冷却器"之前，电站锅炉尾部也普遍装备了空气预热器（APH）和烟气湿法脱硫（FGD）装置，其中空气预热器也是一种烟气深度冷却器，因为空气预热器的冷端金属壁温基本处于硫酸露点温度以下；而烟气湿法脱硫装置是一种吸收剂直接接触烟气实现烟气深度冷却的污染物协同脱除装置，湿法脱硫技术发展到今天，我们已经清楚地认识到：FGD不只是单纯脱硫的装置，而是具有脱除 SO_2、SO_3、PM 和 Cl^- 和 F^- 等酸根离子的烟气污染物综合协同脱除装置，其本身更是一个直接接触喷淋冷凝、传热传质的烟气深度冷却装置。本文主要研究间接传热的"烟气深度冷却器"，但是，对于直接喷淋冷凝、传热传质的污染物综合协同脱除装置的烟气深度冷却污染物协同治理功能也有相关论述，以拓展和深化"烟气深度冷却器"的概念。因此，面临日趋严峻的燃煤机组节能环保要求，以烟气深度冷却为核心的燃煤机组污染物协同综合治理关键技术必将成为燃煤发电机组长周期安全高效低排放运行的必然选择。

本书在内容上以基础理论和关键技术研究支撑工程应用，在烟气深度冷却器的材料选型、设计、制造、安装和长周期安全高效运行的各个环节进行了阐述，力求让读者领略到烟气深度冷却器从基本概念、强化传热元件选型、方案设计及优化、高效紧凑换热器结构设计及优化、系统技术集成到工程示范的全过程，使本书满足科学性、系统性和实用性的撰写目标。本书主要面向从事燃煤机组烟气污染物超低排放协同治理和烟气深度冷却系统及结构设计、生产和节能减排运行的高级工程技术人员和运行管理人员，还可供从事烟气深度冷却器的安全生产、监督监察、环境保护、运行管理、热工测试、节能减排管理及相关专业的工程技术人员参考。

本书由西安交通大学能源与动力工程学院赵钦新、严俊杰、王云刚、刘明、梁志远和青岛达能环保设备股份有限公司姜衍更 6 人共同完成，赵钦新教授完成第一章、第二章；严俊杰教授完成第四章第一、二节；王云刚副教授完成第三章第一、四、六节和第五章；刘明副教授完成第三章第二节和第四章第三节；梁志远博士讲师完成第三章第三、五节；赵钦新教授和王云刚副教授共同完成第六章；姜衍更高级工程师完成第七章和第八章。本研究团队的种道彤教授，王存阳、宋修奇高级工程师，陈衡、陈晓露、马海东、李钰鑫、潘佩媛、焦健、王宇、马岳庚等博士研究生，傅吉收、韩栋、谢玲、刘超、张洪涛、张召波等工程师，陈中亚、张咪、马信等硕士研究生也参加了本书相关章节内容的撰写和本书插图及表格等编辑工作，在此一并表示感谢，全书由赵钦新统稿。

本书由西安交通大学能源与动力工程学院热流科学与工程教育部重点实验室主任何雅玲院士主审，著作者对何雅玲院士在审稿中所提出的宝贵意见表示衷心感谢。

限于作者水平，书中不妥之处在所难免，敬请读者批评指正。

2014 年 8 月 30 日草拟于青岛黄岛经济开发区

2015 年 8 月 30 日修订于青岛西海岸新区

2017 年 7 月 18 日定稿于陕西省西安市

目　录

燃煤机组烟气深度冷却技术进展

第一次工业革命开始确立了煤炭替代农耕时期生物质作为主要能源的能源生产和消费体系。第一次工业革命完成之后，燃煤发电技术成为新兴工业和社会发展的基础动力，对提高燃煤发电效率和减少污染物排放的不懈追求成为燃煤发电技术不断突破自身限制达到崭新高度的驱动力。20世纪50年代，美国率先发展超临界、超超临界压力发电机组，显著提高了发电机组的蒸汽压力和蒸汽温度，从而极大地提高了新建燃煤机组的发电效率，尽管当时由于异种钢焊接工艺的限制，新投运的超临界、超超临界压力发电机组并没有按照原设计的主蒸汽压力和温度参数运行，但是，这一探索激发了世界范围内发展超临界、超超临界压力发电机组的信心。因此，经过近30多年的坚持不懈的技术研发和商业化准备，在国外解决高温耐热钢强化机理、冶炼和轧制工艺的基础上，世界电力科技工作者又重新审视超临界、超超临界压力发电机组成为主要电力生产的可行性，加快了新一轮发展超临界、超超临界压力发电机组的步伐，我国电力工业界及时抓住时机，引进、消化、吸收再创新，经过20多年的发展，使我国奋力跃进而成为世界上拥有超临界、超超临界压力发电机组最多的国家。不仅如此，在我国，新一轮超临界、超超临界压力机组的发展目标和以往不同，在提高蒸汽温度和蒸汽压力、增加发电效率的同时，对深度减少污染物排放也提出了更加严格的苛刻要求，不仅要求新建的超临界、超超临界压力发电机组具有较高的发电效率，如 $43\% \sim 45\%$，同时要求新建的燃煤发电机组达到燃气轮机发电机组的污染物排放指标（称为"燃机排放"），即 $PM/SO_2/NO_x$ 达到 $10/35/50mg/m^3$ 的排放指标；且在国内一些燃煤机组改造后相继实现"燃机排放"的排放效果后，我国相关发电集团公司又进一步提出了燃煤机组的"超低排放"目标，即 $PM/SO_2/NO_x$ 达到 $10/20/35mg/m^3$ 的排放指标；更有甚者提出：$PM/SO_2/NO_x$ 达到 $5/20/35mg/m^3$ 排放，从而使我国燃煤发电机组烟气污染物排放指标达到国际领先水平。

更进一步讲，对于燃煤机组而言，仅考察烟囱出口的污染物排放指标仍然是片面的，如电厂输煤系统、制粉系统、燃烧器系统及灰渣处理系统的 PM 排放均不低于 $5mg/m^3$。"超低排放"是指燃煤机组在实现 $PM/SO_2/NO_x$ 达到 $5/20/35mg/m^3$ 排放指标的基础上增加对 SO_3 和 Hg 的超低排放限制，如华能国际在 2014 年就提出了 $PM/SO_2/NO_x/SO_3/Hg$ 达到 $5/20/35/5/0.005mg/m^3$ 超低排放的燃煤电厂烟气污染物协同治理技术路线，虽然这种排放指标看起来优于 $PM/SO_2/NO_x$ 达到 $5/20/35mg/m^3$ 常规所说的超低排放指标，但是，烟尘吸收了 SO_3/Hg 等微量污染物后，尽管经后续静电除尘器后基本脱除，但是这些吸收了 SO_3/Hg 等微量污染物后的烟尘的后处理仍然需要关注的，若处理不当就会形成二次污染。同时，在工程实践中会发现，绝大多数燃煤电厂并没有对脱硫塔排出的脱硫废水进行深度零排放处理，脱硫废水依然污染着人们生存的环境。因此，目前我国燃煤机组实际运行所能达到的最好污染物排放水平，离超低排放还有很大的距离。根据对我国目前燃煤机组实际运行情况的考察认为：我国燃煤机组首先应该实现的环保达标是"绿色工厂"达标，燃煤电厂的"绿色工厂"达标除了进一步细化微量大气污染物排放的限制外，还应该进一步严格控制煤场、输煤系统、渣场、灰场、石灰石粉、石膏场、磨煤机、锅炉所有正压部分的颗粒物排放控制；其次应该进一步加快脱硫废水零排放的改造进程，而不是一味追求只是针对烟囱的超低排放，不应该对已取得的污染物部分脱除的小小成就沾沾自喜，特别是在雾霾肆虐的今天，燃煤机组真正要实现超低排放还有很多的路要走，还有更深层次的污染物脱除机理需要揭示，不仅局限在关键技术和工程应用层面，更重要的是在基础研究的层面。

通过对达到"燃机排放"或"超低排放"的燃煤超临界、超超临界压力机组和传统超临界、超超临界压力机组整个系统进行对比可以发现，如图 1-1 所示，具有"燃机排放"或"超低排放"的燃煤机组除需要对选择性催化还原脱硝（Selective Catalytic Reduction，SCR）、静电除尘器（Electro Static Precipitator，ESP）、烟气脱硫（Flue Gas Desulfurization，FGD）系统及设备进行提效和超低排放改造外，在燃煤机组烟气协同治理的技术路线中主要增加了"烟气深度冷却器"关键设备以降低进入 ESP 的烟气温度［如图 1-1（b）所示］，实现低低温除尘增效、脱硫增效及协同脱除 SO_3 和 Hg 污染物的综合功能。也有人将烟气深度冷却器（Flue Gas Deep Cooling，FGDC）称为烟气冷却器-FGC、低压省煤器或低低温省煤器，这正是本书研究和论述的主题。因为其深刻的污染物脱除机理不同，本书使用"烟气深度冷却器"概念进行叙述。

更进一步，根据美国、德国和日本电力公司的使用经验，考虑燃煤机组深度脱除 PM、SO_3 及消除烟羽、水雾和增加烟气扩散能力的污染物精细化协同治理的要求，相关电力公司还进一步推出了如图 1-1（c）所示的污染物深度协同治理系统，但该系统只在某些特殊条件下才具有可行性，如湿式静电除尘器（Wet-ESP，WESP）在燃料上适合中、高硫煤燃料，在除尘模式上适合布袋除尘器的系统，在安装有烟气深度冷却器 FGDC/FGC＋ESP 的系统中可不选用 WESP。而烟气再热器（Flue Gas Reheater，FGR）目前尚有争议，从节能的角度来看不需要设置 FGR，而从局部环境和视觉保护的角度来看需要设置 FGR，也有人建议在脱硫塔后布置烟气冷凝器（Flue Gas Condenser，FGCD），代替 FGR 更进一步脱除污染物，使烟气消白或消除烟羽。目前已有人将没有经过烟气再热或烟气冷凝的低温烟气直接排放和雾霾相关联，因为烟气中仍然含有 PM、SO_3、SO_2、NO_x 和 H_2O 等雾霾形成物质，所以这是不难理解的，只是需要进一步研究证实其影响的程度和范围，就目前研究水平，我们建议：城市周围的燃煤机组、甚至燃用化石燃料的工业过程的低温烟气排放应设置烟气再热器 FGR，以缓解其对城市雾霾的影响，这当然也包括城市中燃煤、生物质、垃圾、燃油、燃气锅炉的低温烟气排放。

由图 1-1 可以看出，以烟气深度冷却器为核心的烟气污染物协同治理技术是实现燃煤电厂"燃机排放"或"超低排放"的关键设备。当然，在燃煤机组烟气污染物深度协同治理技术路线当中，也增加了 WESP 和烟气再热器 FGR，但是烟气深度冷却器实现增效减排的优势不同于 SCR、ESP、FGD、WESP 和 FGR，FGDC 理论成熟、技术可靠、易于实施，实现增效减排的同时不产生二次污染、不产生能耗转移、不增加运行成本，因为其自身增加的烟气流动阻力可由烟气体积减小所获得的引风机动力提升裕度所消纳，其建造成本（设备和安装成本）在运行 2～3 年后可以完全回收，具有明显的技术经济优势和推广价值，尤其是在当今雾霾日渐影响人们出行和身体健康的条件下，大力推广以烟气深度冷却为核心的燃煤机组（以及燃煤工业过程）烟气污染物综合协同治理技术具有强烈的时代特征和重要的技术进步意义。

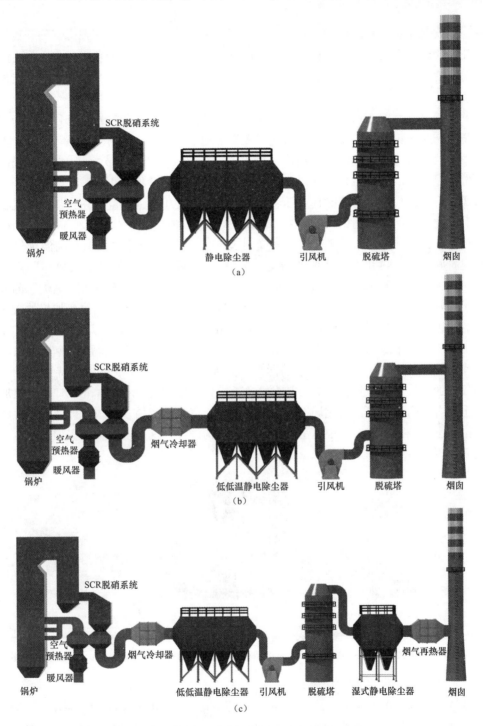

图 1-1 现代燃煤机组烟气污染物控制系统全图

（a）传统燃煤机组烟气污染物独立治理系统图；（b）燃煤机组烟气污染物协同治理系统图；

（c）燃煤机组烟气污染物深度协同治理系统图

第一节 加热和冷却概述

一、古代加热和冷却的历史

太阳系、地球和人类均孕育或起源于混沌之初的热和冷的剧烈变化过程当中，自此才有天地之分、春夏秋冬、风雨雷电和寒暑霜露，四季冷暖带给我们的也是亘古不变的有规律的冷热交替[1]。

加热和冷却是一对矛盾的统一体，相伴而生，相对发展。"火"的发现和使用，使人类进化的历史产生了第二次质的飞跃，从此，人类告别了茹毛饮血的野蛮生活，进入人类文明的新阶段。目前经考古发现的人类用火遗迹可以追溯到 170 万～180 万年前，开始的时候，人类可能只是用火取暖，后来，懂得了保留火种，可以烘烤食物，再后来，大约距今 1 万年前，人类从石器时代进入陶器时代，随着陶器的发明和使用，人类开始用火加热放置于陶器中的水和食物，开始用间壁式加热液体的历史，火焰和高温烟气的辐射（也有部分对流）热通过陶器壁面的热传导加热陶器中的水，水通过陶器壁面吸热对火焰和高温烟气进行冷却，可见，间壁式加热和冷却液体的历史十分悠久，应被视为原始"加热冷却"概念的形成，此时，火作为热源称为"炉"，陶器作为容器称为"锅"，已具有开式"锅炉"的基本雏形。为了更好地实现冷却，人们在陶器时代通过改变陶器底部的形状来改变加热的效率，具有朦胧的认识世界和改造世界的创新模式，显示出古代加热和冷却技术的协同进步。图 1-2 示出了尖足陶器、平底陶器和三足中空鬲的结构变迁，其辐射加热面积和冷却面积依次增大，平底陶器显著增加了与火焰接触的面积，其加热效率高于尖底陶器，特别是三足中空鬲，不仅增加了放置的稳定性，且在同样器型状态下具有最大的加热和冷却面积及加热效率，水也由大空间池沸腾转变成局部小空间池沸腾，汽化核心易于形成，即使以现代的沸腾换热理论，也难以提出比三足中空鬲更为合理的结构设计，这是古人类认识加热和冷却基本原理的萌芽智慧的结晶和集中体现。

　　（a）　　　　　　　　　（b）　　　　　　　　（c）

图 1-2　古人的加热和冷却结构

（a）尖足陶器；（b）平底陶器；（c）三足中空鬲

二、工业加热和冷却结构的演变

虽然是"开式"炉火加热"开式"容器，却是古人们炉灶结构的原始形态，古人们用泥土或石块将"开式"炉火围拢起来，减少散热损失，提高了火焰和高温烟气加热的热流密度，提高加热效率，这种炉火间壁式加热液体的方式一直持续到第一次工业革命时期（1750年），只不过，在第一次工业革命开始之时，人们用耐火砖砌筑的炉墙将"开式"炉火包围起来对铆接的金属密闭容器中的水进行加热生成压力较低的蒸汽用以驱动煤矿的抽水机械，此时，在添加燃料的地方留有炉门，形成炉膛的概念，如图 1-3（a）所示，其炉墙的密封性大有提高，增加了烟囱协助克服烟气的流动阻力，和"开式"炉火相比，炉膛有了加热技术的进步，这是重要区别之一；区别之二就是燃料的变化，与古代相比，工业革命时期由陶器时代的生物质（木柴）转变为化石燃料——煤炭；区别之三是由"开式"陶器转变为"密闭"容器，才能经密闭容器汽化蒸发汇集成较低压力的蒸汽，开始的时候，人们并不清楚蒸汽压力升高后，密闭容器会发生爆炸，到后来，"锅"的爆炸此起彼伏，技工或工匠们就开始研制开发安全附件来减少"锅"的爆炸，锅炉 3 大安全附件也经历了很长时间才得以全部解决，首先，具有工程实践经验的英国皇家工程部队的 Thomas Savery（1650—1715 年）大尉在使用蒸汽动力抽取煤矿积水的过程中发明了锅炉的水位计[2]，使锅内分成蒸汽和水空间，尽管有水位计，依然无法阻止此起彼伏的"锅"的爆炸；其次，法国物理学家 Denis Papin 博士 1679 年发明了带安全阀[2]的高压锅，锅盖密不透气，食物在 120℃饱和温度下蒸煮，蒸煮食物的时间缩短为常压状态的 1/4；最后，第一次工业革命蒸汽机的改进者 James Watt 于 1890 年发明了压力表[2]，使蒸汽机的蒸汽供应装备——蒸汽锅炉配套齐全，成为安全可靠的机器[3]。经过第一次工业革命，锅炉成为一种具有 3 大安全附件的本质上安全的压力容器，开启了世界工业文明先河，使"加热"和"冷却"成为一种工业化热量平衡稳定的传递过程，实际上"爆炸"就是加热和冷却不平衡所致。后来，随着蒸汽机由简单的抽水机械转变成给高炉鼓风和纺纱机械提供动力驱动设备，其功率需求逐渐增加，需要不断提高锅炉的热效率，此时，耐火砖砌筑的炉膛也存在散热损失，而且炉墙并不能有效地将吸收的热量传递给工质，因此，缺乏高效冷却的效果，高温烟气不能充分被冷却，燃料释放的热量不能充分被利用，技工和工匠们才把燃料放置于封闭的容器中燃烧，容器壁面可以直接吸热传递给工质并有效冷却烟气，散失于环境中的热量通过容器壁面直接传递给工质，然后就产生了具有炉胆辐射受热面［受外压，图 1-3（b）中 3］和烟管［受外压，图 1-3（c）中 5］对流受热面的锅壳式锅炉结构，火焰和高温烟气在炉胆组成的圆筒形金属壁面中被有效地冷却，继之在火筒［图 1-3（b）中 4］中进一步被冷却，烟气温度降低后，又在直"烟管"管束［图 1-3（c）中 5］中被强迫流动对流换热并冷却，有效降低了锅炉出口的烟气温度，烟气热损失大大下降，显著提高了锅炉热效率，实际上是提高了加热和冷却效率，第一次工业革命后期，高温烟气不断被冷却到合理的温度水平，促进了煤炭能源有效利用的技术进步。综上所述，加热和冷却是矛盾统一的两个方面，燃料燃烧加热的历史就是烟气冷却技术不断发展的历史。

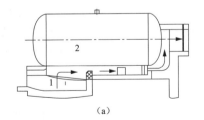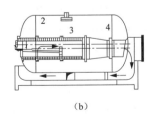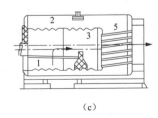

(a)　　　　　　　　　　(b)　　　　　　　　　　(c)

图 1-3　锅壳式锅炉的加热和冷却结构

（a）容器壁面冷却方式；（b）容器和炉胆的壁面＋火筒冷却方式；（c）炉胆＋烟管冷却方式

1—炉膛（包围炉火空间）；2—盛水容器；3—炉胆；4—火筒；5—烟管

三、现代加热和冷却结构的发展

现代加热和冷却结构是伴随着工业化过程发展起来的。对煤燃烧后的烟气而言，通过设置一定的具有内部工质水冷却的壳体、管屏或蛇形管束对其进行连续地冷却到合理水平；而对工质水而言，在烟气冷却的同时实现了工质连续地被加热到确定的温度。

（一）以炉胆和烟管冷却为核心的结构

以承受外压为特点的、以炉胆和烟管作为冷却受热面结构的锅壳式锅炉通过第一次工业革命得到了充分发展，到第一次工业革命后期，因火筒［图 1-3（b）中 4］的冷却能力有限，若再增加烟管受热面，会造成冷却结构沿长度方向过于庞大，为了节省空间，紧凑冷却受热面成为交通运输业发展的巨大需求，此时，回燃室冷却结构的发明成为冷却技术发展的关键转折，图 1-4 示出了锅壳式紧凑冷却型锅炉结构，分别具有干背式［如图 1-4（a）所示］、半干背半冷却式［如图 1-4（b）所示］和湿背式［如图 1-4（c）所示］回燃室结构，燃料在炉胆中或者在炉胆左端燃烧放热，受锅壳内自然水循环冷却的炉胆对高温烟气进行烟气冷却，至炉胆尾部烟气折转 180°（称为烟气回燃）进入第二回程受管束间自然水循环冷却的烟管对流管束，有时，为了更进一步降低烟气温度，烟气在前管板再折转 180°进入第三回程烟管对流管束，形成经典的锅壳式三回程结构，该结构曾应用于燃煤、燃生物质、燃油和燃气锅炉，该结构一直发展到今天仍然是市场的主流产品，主要是因为其紧凑的回燃室烟气冷却结构。

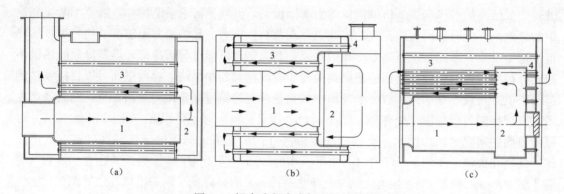

(a)   (b)   (c)

图 1-4 锅壳式紧凑冷却型锅炉结构

(a) 干背式无冷却回燃结构；(b) 半干背半冷却式回燃结构；(c) 湿背式回燃室冷却结构

1—炉胆；2—干背/半干背/湿背；3—第二回程烟管；4—第三回程烟管

（二）以水管冷却为核心的结构

随着生产发展的需要，其加热功率逐渐增大，蒸汽温度和压力也不断提高，加热功率的增加使炉胆直径也越来越大，为满足强度要求，炉胆壁厚越来越厚，超出了厚钢板的生产能力，这种放置于炉胆中的燃烧方式越来越不满足大工业生产的需要，人们才又逐渐放弃这种把燃料放置于炉胆中进行燃烧的方式，而是采用将燃料放置于耐火砖砌筑的封闭炉膛中燃烧，如图 1-5 所示，燃烧之后的高温烟气冲刷顺列或错列布置的内部充满了水的小口径直水管管束［如图 1-5（a）、图 1-5（b）中 2 所示］，之后，因为同样的道理，耐火砖砌筑的炉膛也存在散热损失，而且炉墙并不能有效地将吸收的热量传递给工质，高温烟气不能充分被冷却，由充满了水的小口径光管（受内压）沿耐火墙壁排列形成的炉膛的整个壁面［如图 1-5（b）中 3 所示］构成包围"火"的吸热和冷却的空间。

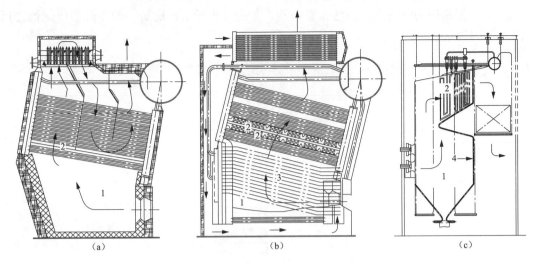

图 1-5　水管锅炉的加热和冷却结构

（a）耐火炉膛＋水管管束冷却；（b）光管水冷壁＋耐火炉墙＋水管管束；（c）膜式水冷壁＋敷管炉墙冷却

1—炉膛；2—直水管烟气冷却管束；3—光管水冷壁＋直水管冷却管束；4—膜式水冷壁＋弯管管束结构

特别是随着技术人员对辐射角系数认识的深入，用扁钢和光管焊接在一起形成"密不透风"的膜式水冷壁〔如图 1-5（c）所示〕结构，减小了环境对燃烧以及燃烧对环境的双重影响，同时，小口径光管直径小，强度易于满足，承压能力强，获得了和炉胆一样的吸收辐射热和高温烟气的冷却能力，大大减少了金属消耗，改变了冷却结构的弹性和自由度，提高了冷却结构的安全可靠性，适应了工业大生产对大容量、高参数的发展需求，直接促进了水管锅炉结构的产生，使得加热和冷却的结构形式发生了深刻的质的变化。加热的燃料也从过去采用块状生物质发展到块煤，然后又从燃用块煤发展到燃用粉煤，促成燃烧设备由内燃向外燃的发展，燃烧方式也由层燃发展成室燃，烟气冷却方式也由"水包火"发展到"火包水"。到目前为止，燃用煤粉的室燃燃烧方式仍然是固体燃料燃烧效率最高的方式，极大地促进了加热和冷却器结构形式的巨大变革。

工业加热和冷却起源于第一次工业革命时期蒸汽动力推动工业发展的进步，起源于对锅炉等能源消耗设备提高效率的不断追求，借助于强化传热原理和金属材料研究的不断进步，依靠不断增加各种金属换热受热面将化石燃料燃烧的高温烟气进行持续不断地烟气冷却，并把热量通过金属壁面传递给受热面中的工质，获得一定温度和压力的水蒸气或热水，推动蒸汽轮机做功发电或供热，随着烟气温度的不断下降，锅炉热效率不断提高。因此，锅炉从工质侧吸热可以被称为一种加热水的热能转换装置，而从烟气温度不断降低的趋势来看，锅炉本身，或者说"锅"就是一种烟气冷却器，而"炉"就是一种烟气发生器，燃煤电站锅炉通过炉膛膜式水冷壁、屏式过热器、高温过热器、高温再热器、低温过热器、低温再热器、省煤器、空气预热器等各种受热面将燃料燃烧的高温烟气温度从 1600℃左右依次降低到200℃以下较为合理的水平。不仅如此，第一次工业革命以来，每一次能源或石油危机，技术人员最先想到的工业过程的增效方法和节能技术途径依然是不断降低燃烧设备的排烟温度，因此，烟气冷却器作为一种热交换装置已经成为一种极其重要的节能装备。

在以化石燃料为主的电力工业发展的过程中，烟气冷却技术不断地出现在过程工业的舞台上，涌现出各种烟气冷却器的结构形式，经过大浪淘沙，经典的结构形式依然保留到现在，如"π"型结构的电站锅炉整体布置结构，如图1-6所示，这是一种经过历史优选之后最广泛使用的烟气冷却结构形式。

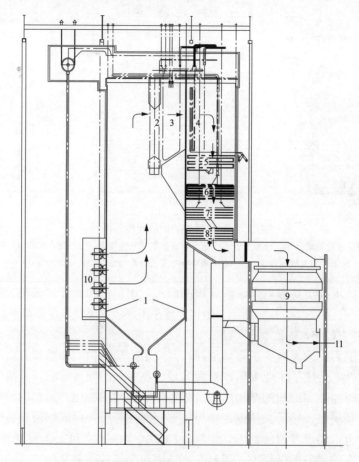

图1-6　燃用煤粉的现代亚临界压力电站锅炉的各种烟气冷却结构

1—膜式水冷壁；2—屏式过热器；3—高温过热器；4—高温再热器；5—低温再热器；6—低温过热器；
7—高温省煤器；8—低温省煤器；9—再生式空气预热器；10—煤粉燃烧器；11—电站锅炉出口

　　燃料燃烧后的高温烟气在膜式水冷壁构成的炉膛中升腾向上，至炉顶折转90°在水平烟道中依次冲刷屏式或蛇形管束式高温过热器和高温再热器，然后向下折转90°依次冲刷蛇形管式低温再热器、低温过热器、省煤器及管式或波纹板式空气预热器受热面，经过静电或布袋除尘器、脱硫塔从烟囱中排放到大气中。近几年，随着对污染物排放控制日趋严格，在省煤器和空气预热器中又增加了脱硝反应器，形成目前燃煤机组锅炉污染物控制的主要烟气净化系统。原则上，将空气预热器的出口定义为锅炉的出口，这样说来，膜式水冷壁、屏式过热器、高温过热器、高温再热器、低温再热器、低温过热器、省煤器及空气预热器都是烟气冷却的受热面，他们都有着各自不同的演变过程[4]。

　　1. 水冷壁烟气冷却结构

　　1920年以前，所有用于产生蒸汽的煤炭实际上都是在机械加煤锅炉或炉排上燃烧的。炉膛四壁一般都是耐火材料制成的，只有极少数的炉膛采用了水冷炉膛。在水冷炉膛中，主要采用水冷壁吸收火焰和高温烟气的辐射热量，其冷却结构如图1-7所示。

　　图 1-7（a）是指早期的绝热炉膛，无冷却受热面，该炉墙被称为重型炉墙，是第一次工业革命早期的产物；图 1-7（b）为按一定节距排列的光管水冷壁，内部充满强制流动的水的光管吸收了大量的热量，辐射给耐火材料的热量显著减少，可以明显降低炉墙的厚度；图 1-7（c）是内部充满了强制流动的水的光管相切结构，辐射给炉墙的热量大大减少，可以少用或不用耐火材料，只用隔热和保温材料，炉墙壁厚减轻，被称为轻型炉墙，但是，钢管的金属消耗大于图 1-7（b），而耐火、隔热保温材料的成本下降；图 1-7（d）看起来解决了图 1-7（c）的钢管消耗量大的问题，而且火焰和高温烟气的辐射热全部被鳍片管膜式水冷壁吸收了，冷却条件非常好，只需要采用敷管式轻型炉墙就可以满足要求，只是鳍片管的轧制成本升高了；图 1-7（e）是现代电站锅炉生产广泛采用的光管和扁钢组合焊接而成的膜式水冷壁，广泛应用于制造亚临界、超临界和超超临界压力锅炉的膜式水冷壁，冷却条件好，制造工艺简单，因此，技术经济性是炉膛冷却结构发展的最佳评价指标，不仅如此，正是由于图 1-7（e）结构具有无与伦比的技术经济性，而且非常适合现代焊接机械化、自动化的大工业生产，因此，图 1-7（e）结构也成为燃煤工业锅炉、燃生物质或垃圾锅炉、燃油燃气锅炉的冷却火焰和高温烟气的首选结构。

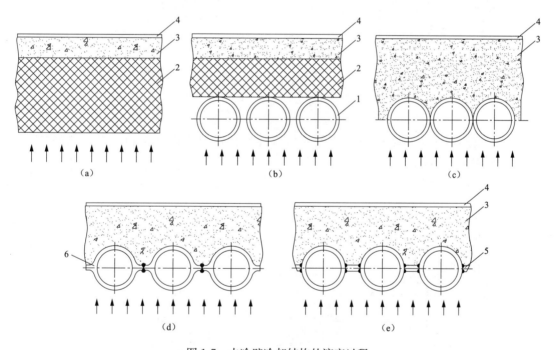

图 1-7　水冷壁冷却结构的演变过程

（a）早期的绝热炉膛；（b）光管水冷壁；（c）光管相切水冷壁；（d）鳍片管焊接膜式水冷壁；
（e）光管和扁钢组合焊接而成的膜式水冷壁

1—光管；2—耐火材料；3—隔热和保温材料；4—外墙板；5—扁钢；6—鳍片管

2. 过热器和再热器烟气冷却结构

　　电站锅炉炉膛出口一般布置过热器冷却受热面，过热器的作用是将锅炉的饱和蒸汽进一步加热到所需的过热蒸汽温度，即依靠管内强制流动的饱和或过热蒸汽冷却高温烟气。过热器一般按传热方式来分类，主要可分为辐射式、半辐射式和对流式 3 种。辐射式过热器布置在炉壁上，结构与水冷壁相似，如包墙管、顶棚管过热器等；半辐射式过热器通常称为屏式过热器，一般情况下，饱和蒸汽经过低温过热器和炉顶棚过热器加热之后进入屏式过热器，所谓屏式过热器是由节距规则排列的处于同一平面内多排管束弯制组成的管屏，如图1-8所示，它既吸热炉膛内的辐射热，也吸收烟气的对流热。屏式过热器一般布置在炉膛的上方，布置在炉膛前上方的屏称前屏，布置在炉膛后上方的屏称后屏；布置在炉膛整个上方的屏称大屏。

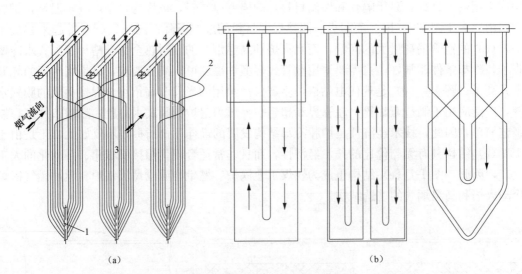

图1-8　屏式过热器烟气冷却结构

(a) 屏式过热器空间结构；(b) 屏式过热器平面结构

1—扎紧元件；2—定位管；3—U形管束；4—集箱

对流式过热器是由许多平行连接的蛇形管连接在进口和出口集箱上形成的部件，如图1-9和图1-10所示。

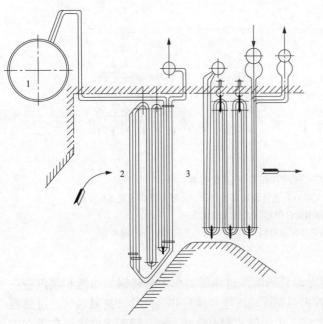

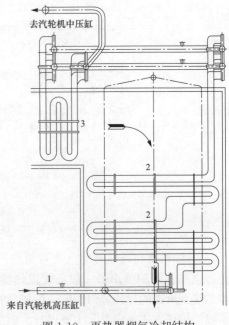

图1-9　过热器烟气冷却结构

1—锅筒；2—后屏过热器；3—高温过热器

图1-10　再热器烟气冷却结构

1—入口；2—低温再热器；3—高温再热器

蛇形管的外径一般采用 $\phi32\sim\phi42$，可按顺列或错列布置，管子横向节距与管子外径之比 S_1/d 为 $2\sim3$，纵向节距按管子的弯管半径系列进行选择，其纵向节距与管子外径之比 S_2/d 为 $1.6\sim2.5$。过热器管与进、出口集箱连接采用焊接方法固定连接，起到蒸汽分配和汇集的功能。对流过热器一般布置于屏式过热器之后的炉膛出口的水平烟道中，以吸收烟气的对流热为主，以吸收烟气的辐射热为辅，称对流过热器，如高温过热器、高温再热器、低温再热器、低温过热器、省煤器及空气预热器均以吸收对流热量为主，辐射热量为辅，特别是省煤器和空气预热器，烟气平均温度较低，吸收的几乎都是对流热。

3. 省煤器烟气冷却结构

省煤器是一种继过热器和再热器之后进一步冷却锅炉烟气、加热给水的热交换器。顾名思义，省煤器的主要作用是进一步降低锅炉排烟温度，提高锅炉热效率，直接节省燃料。现代燃煤机组广泛采用多级抽汽回热加热凝结水的循环系统提高机组效率，此时，进入省煤器的给水温度已被加热到远高于烟气硫酸露点温度的水平，单纯布置省煤器很难将锅炉排烟温度降低到合理水平，还需要进一步布置空气预热器才能实现现代燃煤机组的经济性运行。

省煤器按管束材质可分为铸铁式和钢管式省煤器，按管束内工质出口状态可分为沸腾式和非沸腾式省煤器。铸铁省煤器由成排成列的外侧带有方形肋片的直铸铁管通过 $180°$ 铸铁弯头以螺栓和法兰连接并装配组成，沿烟气流动方向一般采用顺列布置，如图 1-11 所示。

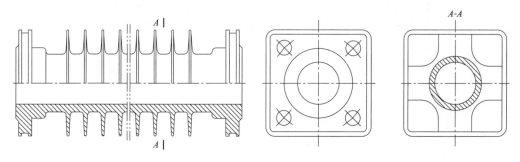

图 1-11 铸铁省煤器烟气冷却的直管结构

给水从省煤器的最下层排管的一侧端部进入，在直水管内水平流动后转弯 $180°$，一次由下向上流动，至最上层一侧端部流出，烟气则自上而下流动，与给水流动方向形成逆流，设计时，给水流速应不小于 0.3m/s，确保给水流动时可将壁面上积存的气体携带走，避免引起氧腐蚀。铸铁件制造成本低，且烟气侧带有强化扩展受热面，是较早应用于锅炉烟气冷却的扩展受热面，方形强化扩展受热面可能是 H 形翅片管发展的前身，随着海运业的发展，船用锅炉急需扩展受热面，降低辅助设备重量，开始时，船用锅炉广泛使用螺旋翅片管，但因燃油的船用锅炉易于在尾部积炭产生二次燃烧，导致连续翅片结构的螺旋翅片管易于被连续烧熔造成事故，在事故相继发生之后，技术人员研发了 H 形不连续翅片管解决了船用锅炉运行的安全可靠性。直到目前，铸铁式省煤器仍然广泛应用于制造低压锅炉省煤器。因铸铁材料比较脆，不耐水压冲击，只用于低压锅炉中，且不能用作沸腾式省煤器，使铸铁式省煤器的使用受到限制；其次，铸铁式省煤器连接法兰多，容易发生漏水现象，影响锅炉安全可靠运行，再次，铸铁式省煤器直管和弯头都是铸造件，管壁较厚，耐腐蚀、抗磨损，体积和重量较大，加重了锅炉钢架承重负担。现代燃煤机组大多采用钢管式省煤器，以确保机组运行的安全可靠性。

钢管式省煤器是用无缝钢管弯制的弯头和直段对接焊接而成的蛇形管排式结构,因无缝钢管的结构特点,可用于任何压力和容量的锅炉设备制造。钢管式省煤器也应该考虑水速影响,设计时,对非沸腾式应不小于 0.3m/s,以便能带走壁面上可能积存的气体,避免引起氧腐蚀;对沸腾式,应不低于 1m/s,以避免管内出现汽水分层;但是,任何情况下水速应不大于 2m/s,否则水侧流动阻力太大。其光管单元管和管束的体积小,质量轻,不会加重钢架负担。钢管式省煤器的早期设计,主要采用横向冲刷的顺列和错列光管管束,如图 1-12 所示,大工业生产一般使用光管对接接长后连续弯管的制作工艺,弯管可以实现机械化和自动化,钢管式省煤器材质属优质低碳钢,无缝轧制,承压能力高,抗水侧压力冲击,可用来制造沸腾式省煤器。

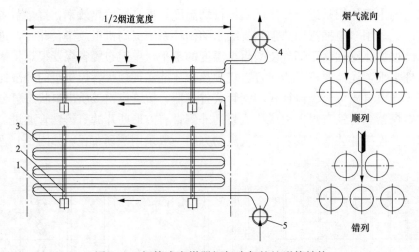

图 1-12　钢管式省煤器烟气冷却的蛇形管结构

1—方形支撑梁;2—管束夹持板;3—蛇形管束;4—省煤器出口集箱;5—省煤器进口集箱

当烟气温度低或传热温差小时,可以制成多种形式的扩展受热面,其中,较早使用的扩展受热面是纵向肋片扩展受热面,如纵向肋片焊接单元、鳍片管式轧制单元和纵向膜式焊接单元,如图 1-13 所示。但是,这 3 种扩展受热面肋化效率较低,强化传热效果差,只在一

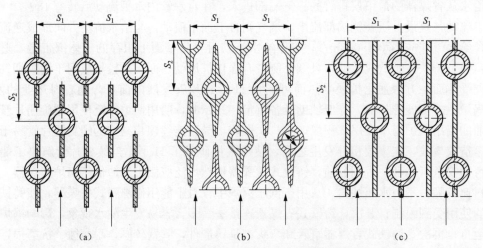

图 1-13　纵向扩展受热面的钢管式省煤器传热单元结构

(a) 纵向肋片焊接单元;(b) 鳍片管式轧制单元;(c) 纵向膜式焊接单元

定的历史时期推广使用过，也曾经取得过良好的使用效果。但是，鳍片管轧制成本较高，鳍片高度受到轧制工艺限制；膜式焊接单元易于出现流动偏斜，流动过程中烟气难以实现横向混合；只有钢管轴对称方向焊上一定厚度（4～6mm）和一定高度（32～40mm）的扁钢的烟气冷却结构的纵向肋片焊接单元制造成本较低，而且工艺简单，适合规模化工业生产，曾经获得了一定的工业化应用，但是，随着新型横向扩展受热面的出现（如图 1-14 所示），纵向肋片单元扩展受热面的省煤器的应用也日渐减少。

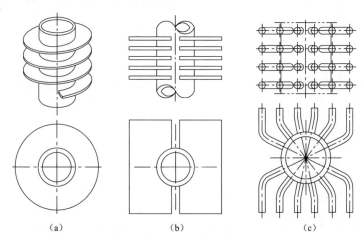

图 1-14　横向扩展受热面的钢管式省煤器传热单元结构
(a) 螺旋翅片管；(b) H 形翅片管；(c) 针形翅片管

图 1-14 示出了现代燃煤机组钢管省煤器烟气冷却的扩展强化受热面结构单元，主要有螺旋翅片管、H 形翅片管和针形翅片管单元结构。

每种传热单元结构还可以有所变化，如螺旋翅片管按制造工艺分类可分为焊接式螺旋翅片管、整体式螺旋翅片管、U 形螺旋翅片管；按翅片结构可分为连续型螺旋翅片管和开齿型螺旋翅片管，如图 1-15 所示。试验结果表明：在同样热工参数条件下，开齿型螺旋翅片管单元的换热系数比连续型螺旋翅片管单元提高 20% 左右，其强化换热效果更为明显，因此，燃气-蒸汽联合循环发电的燃气轮机余热锅炉的受热面多采用开齿型螺旋翅片管单元结构，但螺旋翅片开翅后易于积灰，应用于含灰气流并不合适。

H 形翅片管也有单 H 形翅片管、双 H 形翅片管，单 H 形翅片管分为 70mm×70mm、75mm×75mm 和 95mm×89mm 等多种形式，如图 1-16 所示。由于 H 形翅片管采用全自动电阻闪光焊接生产线制造生产，生产效率极为低下，因此，技术人员在单 H 形翅片管生产线的基础上研制开发了双 H 形翅片管单元结构，大大提高了 H 形翅片管的生产效率和单元结构的刚性。

针形翅片管，俗称销钉管或销针管，是一种新型的强化传热单元结构，如图 1-17 所示，它的优点如下：

（1）无论烟气是横向还是纵向冲刷管束，所有针翅扩展受热面总是受到烟气的横向冲刷。

（2）气流在针翅或销钉的圆柱背面形成对称的稳态旋涡和回流区，热边界层不断地被中断或破坏，同时又再次形成，从而使整个换热面边界层大大减薄，减小了传热热阻，大大提高了换热系数。

（3）针翅或销钉是一种悬臂梁结构，在高烟速区和旋涡回流区的气流冲击下，会产生微

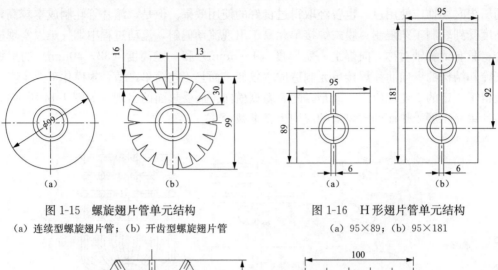

图 1-15　螺旋翅片管单元结构

（a）连续型螺旋翅片管；（b）开齿型螺旋翅片管

图 1-16　H 形翅片管单元结构

（a）95×89；（b）95×181

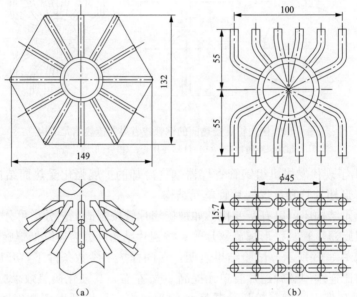

图 1-17　针形翅片管烟气冷却单元结构

（a）纵向冲刷管束；（b）横向冲刷管束

幅振动，使飞灰很难积结，加上烟气强烈的紊流冲刷，使针翅或销钉管传热单元结构具有较强的自清灰能力。

针形翅片管最早应用于燃油的船用锅炉，具有很高的强化换热系数，提高了船用锅炉的紧凑性和经济性，更为重要的是，针形翅片管通过变换针翅的高度可以应用于不同的温度场合，如针翅高度可在 25～50mm 之间变化，可以使用到 1200℃ 的高温换热，也可以用做燃油燃气冷凝式锅炉的冷凝器，排烟温度降低到 75℃ 以下，这一特点是 H 形翅片管和螺旋翅片管所不具备的，H 形翅片管和螺旋翅片管因翅片自身结构原因，只能应用于 450℃ 以下的中低温烟气换热场合。但是，由于针形翅片管采用全自动电阻点焊生产线制造生产，和 H 形翅片管相比，生产效率更为低下，金属耗量偏大一些，限制了针形翅片管应用于其他工业换热领域，其被应用于燃煤机组和冶金行业也是近几年的余热利用的进展之一，应用实践证明，针形翅片管是一种强化传热能力很好的强化传热单元结构。

4. 空气预热器烟气冷却结构

空气预热器是从锅炉排烟中回收热量的装置，并将这部分热量传给燃料燃烧所需要的空气中去。空气预热器不仅能吸收排烟中的热量和降低排烟温度，从而提高锅炉效率，而且还由于空气的预热改善了燃料的着火和燃烧过程，从而减少了燃料的不完全燃烧损失，进一步提高了锅炉效率。

20世纪20年代以后，电站锅炉煤粉燃烧的使用有了巨大的增长。在这种燃烧方式中，热风是干燥、输送煤粉和使煤粉在悬浮状态下燃烧的理想流体，这样空气预热器成为电站锅炉中不可缺少的受热面。

在近代火力发电厂中，一般都利用汽轮机抽汽来预热给水。目前给水预热的温度相当高，而且随着工质参数的提高，采用多级给水加热器，给水预热的温度也在不断增高，这将提高机组的运行经济性。当锅炉的工作压力由4MPa提高到14MPa时，给水温度相应地由150℃提高到240℃左右。由于省煤器的进口水温较高，仅靠省煤器无法将烟气冷却到经济合理的温度，相比之下冷空气的温度比较低，直接进入煤粉锅炉对燃烧不利，可以用空气预热器来达到吸收排烟中热量加热空气改善燃烧的目的。因此，在现代锅炉中，特别是大容量电站锅炉中，空气预热器已成为不可缺少的部件之一。

空气预热器按传热的方式可以分为2大类，即间壁式和再生式。在间壁式空气预热器中，热量连续地通过金属壁面从烟气传递给空气，空气通过金属壁面使烟气产生冷却；而在再生式空气预热器中，烟气和空气则是相互交替地流过金属壁面，当烟气与金属壁面接触时，热量从烟气传给金属壁面，并积蓄起来，然后当空气流过金属壁面时，再把热量传给空气。

管式空气预热器最先应用于中大容量的中压、高压和超高压的煤粉燃烧发电机组。管子单元是采用高频焊接的有缝钢管，一般有$\phi 40 \times 1.5mm$和$\phi 60 \times 1.5mm$等2种规格，管子一般采用直管、错列布置，直管两端分别与管板焊接，形成立方形管箱。管箱外面装有密封墙和空气连通罩。在大多数管式空气预热器中，管子垂直放置，烟气在管内自上而下流动，空气在管外空间作横向冲刷管束流动，如图1-18所示。为了使空气能作多次交叉流动，上、

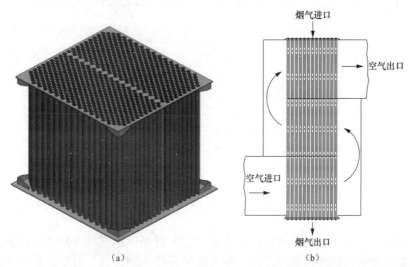

（a）　　　　　　　　　　（b）

图1-18　管式空气预热器烟气冷却结构图

（a）立体结构图；（b）平面结构图

15

下管板中间装有中间管板，中间管板用夹环固定在个别管子上。

再生式空气预热器可分为受热面旋转式（容克式）和风罩旋转式（洛特缪勒式）2 大类。在工作中，再生式空气预热器的转子转动。由波纹板组成的受热面，交替地与烟气和空气接触。波纹板与烟气接触时吸热，此时烟气被冷却；波纹板与空气接触时放热，此时空气被加热。电动机的旋转运动经减速器减速，带动与转子连在一起的大齿轮转动。整个转子的质量由滚珠轴承支持。再生式空气预热器的优点是结构紧凑，体积小，质量轻，金属耗量较少，可有效降低锅炉的排烟温度，并能提高锅炉效率。再生式空气预热器的缺点是零件多、制造复杂、需要一套传动设备、需要精心的维护管理等。

波纹板的形状对再生式空气预热器的传热效率影响很大。当气流通过波纹板时，产生一次扰动，由于波纹板与气流一般相交成 30°，所以气流又产生了第二次扰动，二次扰动使气流能充分地与金属壁相接触，从而强化了热交换过程。

波纹板有横向及纵向两种布置，如图 1-19 所示。横向布置的波纹板的尺寸种类多，制造工艺复杂，而纵向波纹板制造简单。

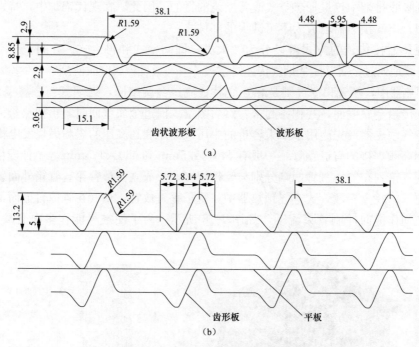

图 1-19 波纹板的结构（单位：mm）

（a）高温段；（b）低温段

第二节 烟气冷却器概述

由第一节的叙述可以看到，锅炉设备中的"锅"就是一种烟气冷却器，传统上人们一直将锅炉排烟温度控制在硫酸露点温度以上作为锅炉设计准则，且一般要求换热器的金属壁温工作在硫酸露点之上才能确保低温受热面的安全可靠运行。而在燃煤机组中，所说的烟气冷却器是一种特殊的换热器，是一种布置在以上叙述的各种锅炉常规受热面之后的余热利用节能装置,这一技术很早就被重视,其技术原理是:在锅炉出口,也就是空气预热器出口,或静电除尘器的出口的烟道中布置烟气冷却器加热来自凝汽器和低压加热器的低温凝结水,加热后送入更高一级的低压加热器中,排挤与其串联或并联的低压加热器的汽轮机抽汽,增加汽轮机做功功率,提高机组系统效率,节约煤炭资源,直接减少污染物排放。烟气冷却器成为燃煤机组的特殊换热装置是燃煤机组节能减排的直接需求,也可以说,实施烟气冷却降低排烟温度是燃煤机组向大容量、高参数发展过程中的自身需求,燃煤机组烟气冷却的实施主要基于以下两个原因。

首先,为了节约能源,改善环境,提高蒸汽参数历来都是世界电力工业发展和追求的永恒目标,随着燃煤机组蒸汽参数的提高,为了提高燃煤机组运行经济性,锅炉给水温度也在不断增高,由于省煤器的进口水温不断升高,仅仅布置省煤器无法将烟气冷却到经济合理的排烟温度,此时,为了进一步降低排烟温度,空气预热器应运而生,但是,空气预热器进口为温度较低的冷风,虽然可以将排烟温度降低到经济合理的排烟温度,但是,由于冷风温度过低,冬季运行时,冷空气温度更低,尤其是北方地区,冷空气温度甚至低于$-20℃$,此时,不仅烟气中的硫酸、盐酸会冷凝到金属壁面上,甚至水蒸气都将发生冷凝,酸性气体或水蒸气冷凝沉积到金属壁面上后会引起严重的黏附性积灰,甚至堵塞空气预热器流道,危及燃煤机组的长周期安全运行,为了解决这一难题,直接的办法就是提高空气预热器进口的空气温度,有3种技术措施和途径:即加装暖风器、热风再循环和将冷空气进口置于高烟温区,如图1-20所示。暖风器是抽取部分已经做过功的低压蒸汽加热空气预热器进口的冷空气;热风再循环是将空气预热器出口的部分高温风引回到空气预热器的进口;将冷空气进口置于高烟温区是依靠过高的烟气温度提高金属壁温,这3种方法都曾用于提高空气预热器的进口冷风温度,因为无法准确估算硫酸露点温度,所以往往采用保守设计取值,开始时,要求将空气预热器的冷端金属壁温提高到140℃左右(图1-20中黑点示出了该位置的金属壁

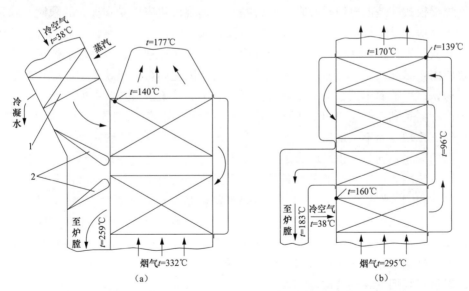

图 1-20　提高空气预热器进口风温的技术措施方法
(a) 加装暖风器;(b) 冷风进口置于高烟温段
1—蒸汽加热的暖风器;2—烟气挡板

温)，这样，需要将空气预热器进口冷风温度提高到100℃左右才能解决空气预热器的黏附性积灰的非正常工况，使用这3种提高冷风温度方法的直接后果是又提高了空气预热器出口的排烟温度，一般可达170~190℃，排烟温度如此之高严重降低发电机组的经济性。此时，空气预热器也无法将火力发电厂的排烟温度降低到经济合理的温度了，只有借助锅炉之外的手段才能进一步降低排烟温度，这就成为烟气冷却器应运而生的直接背景。

其次，锅炉自身无法解决排烟温度过高的问题，虽然，可以实施对省煤器和空气预热器的深度改造，不断增加受热面积，减小传热温差，损失金属材料，将排烟温度进一步降低，但是仍然无法解决实质性问题。只有借助锅炉设备之外、发电系统之内的手段来解决，技术人员想到，发电系统中的凝结水需要经过多级抽汽回热加热才能将锅炉给水温度提升到经济合理的水平，因此，将凝结水送入空气预热器出口之后的烟道中进行直接加热之后再返回抽汽回热加热系统是热力系统中做功最大化的余热循环梯级利用方式，这也是一种对原有热力系统影响最少、增加发电功率较多的一种烟气冷却降低排烟温度的方式，尽管烟气冷却器也曾放置于省煤器和空气预热器之间，但是，其目的是为解决硫酸露点腐蚀的问题，最终解决不了燃煤机组排烟温度过高的难题。由此可见，为了确保火力发电厂空气预热器的长周期安全可靠运行，布置于锅炉之外的烟气冷却器是燃煤机组节能减排的必然选择，其他形形色色的烟气冷却布置方案若以牺牲空气预热器安全可靠运行为代价，往往是不可取的。

烟气冷却器在降低我国锅炉排烟温度设计改造过程中曾先后被称为低压省煤器、低温省煤器，该技术分别在美国、欧洲等地区以及德国、日本、中国等国家获得广泛应用，走过了不平凡的发展历程。但是，低压省煤器在长期的发展过程中，除了解决空气预热器出口烟气温度过高的难题，其内在的污染物协同治理的节能减排机理一直未能被深刻揭示，因此，我国的低压省煤器节能改造技术从20世纪50年代末开始在燃煤机组推行低压省煤器节能技术以来，一直未能在2009年前的燃煤机组节能减排技术改造中大显身手，据不完全统计，按照低压省煤器模式改造的机组总数在100台左右，其规模化应用受到极大的限制，除了机理性的原理未被揭示外，抗硫酸露点腐蚀材料以及积灰、磨损和露点腐蚀及其耦合引致管束泄漏的机理及其防控关键技术没有得到实质性解决造成了非计划停炉也是影响燃煤机组运行安全的重要原因，除此之外，还有一个更重要的社会原因是燃煤机组缺乏节能减排改造的动力和主观愿望，这可能属于国家电力工业节能减排政策和政策执行层面的原因。

烟气冷却器是利用燃煤机组的排烟余热进行系统循环梯级利用的一种低烟温换热装置，之所以称烟气冷却器而不是低压省煤器，主要原因是锅炉自身无法解决其空气预热器出口排烟温度过高的问题，同时，也是因为烟气冷却器将排烟余热通过加热凝结水送入燃煤机组热力系统进行系统循环梯级利用的过程只是提高了系统的热效率，但是烟气冷却器并没有提高给水温度，在相同蒸发量条件下并没有减少燃料消耗量，没有达到"省煤"的目的，另外，烟气冷却器并不是锅炉岛部件，而是燃煤机组热力系统中的换热装置，更准确地说，烟气冷却器应该属于一种汽轮机辅机，因此，将低压省煤器改称烟气冷却器，是一种布置于锅炉出口、利用锅炉排烟余热加热凝结水的热交换装置。

一、燃煤机组烟气余热特点

燃煤机组具有丰富的余热资源，其中有工质携带的蒸汽余热，也有锅炉排烟中的烟气余热，还有设备运行时冷却带走的热量。例如，电站锅炉定期和连续排污所释放的热量、除氧器排气（汽）及汽封排汽等工质余热，这类余热属于工质携带的余热，一般在余热回收利用的同时还可回收部分工质；第二类余热，它们只有热量可以利用，不存在工质的回收，例如，发电机损失的热量、冷油器带走的热量以及锅炉排烟余热等，这类余热属于纯热量回收利用[5]，本节所指的是燃煤机组排烟余热，燃煤机组排烟余热具有以下特点：

（1）我国燃煤机组负荷变动大，锅炉排烟体积和温度波动比较大。我国燃煤机组设计建造时主要承担基本负荷并具有一定的调峰能力，同时，也考察低负荷下运行能力。一般情况下，锅炉最低稳燃负荷（不助燃时）为40%BRL（额定负荷），锅炉在此负荷下也能长期安全稳定运行。但是，随着风力发电、太阳能发电和生物质发电等新能源和可再生能源发电量的逐渐提升，这些新型发电方式不能为我国电力需求提供基本负荷，而只是我国燃煤发电的一种补充，因此，燃煤机组要具有较大范围的变负荷调整能力。表1-1示出了一台350MW热电联产机组的运行模式，可见燃煤机组负荷变动很大，额定负荷条件下的运行时间仅为3562h，多数时间运行在非额定工况下。受负荷变动影响，燃煤机组锅炉实际运行时的烟气量和温度波动较大，给余热利用带来静态设计和动态运行上的困难，表1-2示出了该350MW燃煤发电机组不同负荷下设计煤种烟气量对比。

表1-1   **350MW 燃煤机组运行模式**

负荷	年运行小时数（h）	机组利用小时数（h）
100% BRL	3562	3562
75% BRL	2000	1500
50% BRL	1600	800
40% BRL	500	200
总计	7662	6062

表1-2   **350MW 燃煤机组不同负荷下设计煤种烟气量对比**

项目	BMCR（锅炉最大连续蒸发量）	BRL	THA（热耗率验收工况）	75%THA	50%THA	40%THA
烟气量标准状态对比	1	0.951	0.952	0.746	0.61	0.468
余热装置入口过剩空气系数	1.337	1.337	1.337	1.40	1.589	1.571
余热装置入口烟气温度（℃）	127.6	124.9	124.9	120	117	110

（2）燃煤机组煤种复杂多变，烟气组分时刻处于变动状态。我国燃煤机组动力用煤一直使用混煤，有条件的发电公司使用大型煤矿统一提供的混煤（灰分、硫含量、挥发分控制较为严格），没有条件的发电公司选用不同煤矿的煤种自行混配。在市场调研中发现，有些电厂甚至选用5～6家煤矿的原煤进行混配。关键的问题是，5～6种成分各异的煤质如何混配才能保证煤质的均匀性，是一个长期以来困扰燃煤机组的燃料供应的实际难题。非单一煤种，造成混配之后的煤质在灰分、硫含量、挥发分和水分上存在着明显差异，也造成烟气组分处于动态波动之中，加上烟气在流动过程中不断发生转弯，造成沿烟道或受热面管束截面上出现烟尘浓度、颗粒度、气体成分等浓度场的不均匀性。

（3）燃煤机组锅炉排烟蕴含的热量大，但品质不高。近年来，随着燃煤发电机组向着更大容量发展，燃煤机组烟气量随容量增加而不断增加，因此，燃煤机组排出的烟气蕴含的热量大，但是烟气品质不高。目前，新投运的超临界、超超临界燃煤发电机组的设计排烟温度一般为121～128℃，蕴藏的可回收热量一般高达10～40MW。因此，燃煤机组排烟余热适合供给自身热力系统使用，也称"系统回用"，以获得最高的使用价值，这是燃煤机组余热循环梯级利用的根本原则。

（4）烟气中含有大量的飞灰颗粒和酸性气体。受地区性煤炭供应条件的限制，我国电力用煤一直采用混煤，供应煤炭的灰分含量比较高，一般为 $15\%\sim35\%$，致使燃煤机组锅炉出口的烟气灰尘含量平均可达 $20\sim50g/m^3$，有些电厂实际运行时的烟尘峰值浓度甚至高于 $80g/m^3$，高烟尘浓度给热交换受热面及烟道设计带来困难。煤粉燃烧产物由气态、液态和固态多组态物质构成，具有不凝结性气体、凝结性气体、凝结态液体和固体颗粒物等多组分的特点，气体成分有 O_2、N_2、H_2O、H_2S、CO、CO_2、SO_2、SO_3、HCl、Cl_2、F_2 等；液体组分有硫酸液滴；固体组分有飞灰颗粒、PM 等。可见，燃烧产物中气体成分很多是酸性气体，也正是这些酸性气体成为燃煤机组烟气冷却或深度冷却必须引起重视的问题，这些酸性气体在高温下会与碱性氧化物反应形成盐，其自身和生成的盐在高温下也会和受热面金属产生反应，随着烟气温度的不断降低，酸性气体将与水蒸气结合形成各种酸蒸汽，当酸蒸汽遇到温度水平较低的金属壁面就会形成酸蒸汽结露，形成酸液滴之后对金属形成露点腐蚀。

截至 2014 年年底我国原煤产量 38.7 亿 t，发电原煤 20.6 亿 t，以燃煤为主的火力发电量仍占全部发电量的 67.0%。对于燃煤机组来说，排烟热损失是锅炉各项热损失中最大的一项，一般为 $5\%\sim8\%$，占锅炉总热损失的 80% 或更高[6]。表 1-3 示出了一台 350MW 超临界热电联产锅炉各项热损失对比数据表，表 1-3 的数据说明影响电站锅炉排烟热损失的主要部分是干烟气损失，其影响的主要因素是锅炉排烟温度，一般情况下，排烟温度每升高 $10℃$，排烟热损失增加 $0.6\%\sim1.0\%$，因此，干烟气余热成为燃煤机组余热利用的主要对象。若以燃用热值为 20000kJ/kg 煤的 410t/h 高压锅炉为例，则每年多消耗近万吨动力用煤。尽管我国近年来新设计投运的超临界、超超临界压力锅炉的设计排烟温度基本维持在 $121\sim128℃$ 的较低温度水平，但由于设计和实际运行条件的差别，也会发生实际运行值超过设计值的情况，而对于在役机组而言，特别是 300MW 以下的燃煤机组，我国许多电站锅炉的排烟温度实际运行值都高于设计值 $20\sim50℃$[7]，大幅度降低排烟温度将极大地提高电站锅炉的运行经济性。

表 1-3　　　　　　350MW 超临界热电联产锅炉各项损失一览表　　　　　　%

名称	设计煤种						校核煤种
	BMCR	TRL	75%THA	50%THA	40%THA	高压加热器全切	BMCR
干烟气损失	4.574	4.440	4.41	4.554	4.769	4.018	3.992
水分和 H 燃损失	0.395	0.384	0.369	0.348	0.355	0.348	0.387
未燃尽碳损失	1.42	1.42	1.60	2.05	2.47	1.42	1.45
总热损失	6.966	6.818	6.982	7.639	8.331	6.37	6.406
效率	93.03	93.18	93.02	92.36	91.67	93.63	93.59

二、我国燃煤机组烟气冷却发展历程

新中国成立前，我国仅有的燃煤机组都是在 1949 年前建设的，新中国成立后我国首先面临的任务是改造和维护这些老旧燃煤机组，深挖老旧机组锅炉和汽轮机的节能改造潜力，增加其发电能力，为新中国经济建设和社会发展服务；另外，政府也深刻地意识到建设我国自己的发电装备制造工业对发展国民经济和改善群众生活的重要性，希望通过自力更生建设新中国的电力装备制造基地。从现实的角度讲，改造和维护老旧机组必然是首当其冲。因此，新中国成立后，我国相继对老旧锅炉（包括发电、工业和生活锅炉）进行增加锅炉出力、提高运行效率的增容和节能技术改造。此时，增加省煤器、空气预热器等辅助受热面，降低锅炉的排烟温度，提高锅炉效率，节约燃料，增加锅炉出力和燃煤机组的发电量是一种主要的改造手段，因此，在我国电力工业发展的各个阶段燃煤机组余热利用都显示出了其工程应用为国家创造的经济效益和社会进步的特点。

（一）烟气余热利用的政策导向

燃煤机组余热利用是一项非常有效的节能减排途径，自 1980 年以来国家相关部门先后出台多项政策予以大力支持。1980 年，国务院批准国家经济委员会和国家计划委员会《关于加强节约能源工作的报告》和《关于逐步建立综合能耗考核制度的通知》的决议。1984 年，国家计划委员会、国家经济委员会和国家科技委员会共同组织编制了《节能技术政策大纲》。1985 年，国务院出台《国家经委关于开展资源综合利用若干问题的暂行规定》，鼓励企业积极开展资源综合利用，对综合利用资源的生产和建设实行优惠政策。

1997 年 11 月，全国人大通过了《中华人民共和国节约能源法》。该法指出节约能源是国家发展经济的一项长远战略方针。2000 年，国家经贸委、发改委颁布施行《节约用电管理办法》，鼓励余热、余压和新能源发电，支持清洁、高效的热电联产、热电冷联产和综合利用电厂。2004 年，国家发改委发布了我国首个《节能中长期专项规划》将余热余压利用列入十大重点节能工程之一。2006 年，国家发改委等发布《关于印发"十一五"十大重点节能工程实施意见的通知》，明确了余热余压利用工程所实施的装置和设备。2007 年，国家发改委、环保总局发布《关于印发煤炭工业节能减排工作意见的通知》，要加强在煤炭工业对余热等进行综合利用。2008 年，十一届全国人民代表大会常务委员会第四次会议通过《中华人民共和国循环经济促进法》，企业应当采用先进或者适用的回收技术、工艺和设备，对生产过程中产生的余热、余压等进行综合利用，这些节能减排政策的相继出台和实施为余热利用奠定了政策基础，并刺激、激励了全国各工业部门和电力科技工作者在一定范围内开展了余压余热利用工程项目改造，在一定范围内取得了余热利用改造的效果。但是，在计划经济体制下，由于缺乏市场推动，燃煤机组的余热利用一直未获得大范围的推广应用。

（二）低压省煤器技术改造案例

1958 年，南京工学院（现东南大学）和南京下关发电厂合作[8]，对老厂发电机组进行热经济性改造，除增加了轴封冷却器、用凝结水吸收排放到凝汽器的轴封漏汽的余汽外，还增加了 1 台高压加热器，与除氧器用相同汽源，将给水温度提高到 150℃ 左右，以提高循环效率。由于该电厂锅炉的空气预热器管子损坏而堵塞较多，故排烟温度偏高，达 170～180℃，由于没有相应位置增加空气预热器，为防止给水温度增加后排烟温度进一步升高，采用了低压省煤器系统，低压省煤器用光管的过热器管子制造而成。尽管这种改造过程看起来有些简单，但是该案例具有工质余热和烟气余热的多重综合改造优势，改造完成后额定负荷下锅炉排烟温度降低了 30℃，凝结水温度升高 12℃，在锅炉蒸发量及汽轮机进汽量固定的情况下，蒸汽多做功 111kW，增加了发电功率，加之蒸汽余热的回收利用，整体节能改造的经济效益更为显著。另外，根据文献 [8]，限于当时条件，这台老旧锅炉没有布置除尘器，飞灰冲刷致使这种低压省煤器未能长期安全运行，虽然文献 [8] 没有直接说明低压省煤器的具体安装位置，但是至少"没有布置除尘器"不是飞灰磨损严重导致低压省煤器无法长期安全运行的原因。因为无法知道进入低压省煤器的凝结水温度，所以低压省煤器管束金属壁面温度是否高于硫酸露点也未为可知。

1984年，由西安交通大学和西北电力设计院共同协作设计在山东省龙口电厂一期工程配100MW燃煤发电机组上安装了暖风器-低压省煤器联合使用系统[9-11]，该机组选用WGZ 410/10-1型自然循环汽包锅炉，低压省煤器设计方案如下：该系统布置于锅炉尾部空气预热器后面的垂直烟道处，气流从下向上冲刷管束，处于静电除尘器之前，低压省煤器管束结构由 $\phi32\times3mm$ 的光管蛇形管组制造而成，其进水取自汽轮机低压加热器出口凝结水，凝结水在低压省煤器中吸收烟气余热后，进入除氧器，再返回热力系统。低压省煤器设计参数如下：进口烟气温度为169.9℃，出口烟气温度为145.8℃，烟气流速为6.32m/s，进口水温为98/113℃，该温度分别对应2号低压加热器出口和3号低压加热器出口，原设计目的是确保低压省煤器冷段进口水温高于硫酸露点温度，低压省煤器出口水温度为138℃，机组投产后，低压省煤器一直由2号低压加热器出口供水，实际进口水温为95℃，考虑到烟气硫酸露点温度设计为103℃，掺烧烟煤后实测烟气硫酸露点温度约为112.4℃，虽然低压省煤器实际出口烟气温度约为135℃，高于硫酸露点温度，但是由于进口水温为95℃，实际上已经低于硫酸露点温度，已进入烟气深度冷却的范畴，根据文献［10］报道，该低压省煤器连续运行8年无积灰和低温腐蚀现象发生，是巧合还是三氧化硫和烟尘的凝并吸收降低了硫酸露点所致，因缺乏当时的管束积灰和割管试验，现在已经无从知晓。经过多年考验，该低压省煤器长期处于单独运行状态，在暖风器不投运的情况下，回转式空气预热器无腐蚀、堵灰的现象，运行性能良好，节能效益明显，可使锅炉排烟温度下降16～20℃，锅炉热效率提高1.21%～1.76%，电厂系统热效率提高达0.78%，1年之内就可回收全部投资。在山东省龙口电厂三期工程设计中，龙口电厂再次提出要求装设低压省煤器，因此，由西安交通大学和西北电力设计院再次合作，对山东龙口电厂三期工程装设的低压省煤器共同进行了技术论证和设计工作。山东省龙口电厂三期工程为200MW燃煤机组，燃用褐煤，设计煤种的硫酸露点温度为96.5℃，校核煤种的硫酸露点温度为101.8℃，为防止锅炉尾部受热面低温腐蚀，须安装暖风器，将冷风加热到65℃，此时锅炉排烟温度高达175℃，使锅炉热效率大大下降，为了回收排烟余热损失，在烟道中安装1台低压省煤器，加热凝结水，即可将排烟温度降至140℃左右。低压省煤器一般安装在锅炉本体之外，也就是锅炉出口，空气预热器之后，烟气温度降低后不会提高锅炉热效率，但热力循环系统获得了一份外来热量，使蒸汽循环系统多了一部分汽轮机抽汽，增加了发电功率，提高了系统循环效率，具有明显的节能减排效果。

1994年10月，河南开封火电厂、河南电力职工大学和西安交通大学合作[12-14]，利用3号125MW机组大修的机会，在上海锅炉厂1977年生产的SG400/140-412型煤粉锅炉尾部竖井烟道安装了1组低压省煤器加热部分凝结水，该锅炉设计排烟温度为146℃，实际运行时高达180～190℃，1991年曾对回转式空气预热器进行改造，将回转式空气预热器回转直径由 $\phi6.3m$ 更换为 $\phi6.7m$，使机组发电功率达到了额定出力125MW。但是，改造效果并不理想，排烟温度仍高达185℃。后来对几种改造方案进行比较分析，决定使用低压省煤器技术进行节能改造，设计方案如下：低压省煤器布置在尾部竖井中烟气下行的管式空气预热器之后、回转式空气预热器之前，低压省煤器管束结构由 $\phi32\times3mm$ 的光管蛇形管组制造而成，低压省煤器设计参数如下：进口烟气温度为385.9℃，出口烟气温度为370.9℃，烟气流速为 7.89m/s，设计选用 2 号低压加热器出口和 3 号低压加热器出口水温 85/122℃联合供水，进口水温度混合后为 100℃，出口水温度为 142℃，按照煤种校核的烟气硫酸露点温度为 83.2℃，低压省煤器管束的冷端金属壁温大于 100℃，高于烟气硫酸露点温度，这样就可以避免发生硫酸露点腐蚀，在 3 号机组低压省煤器系统投入运行后，锅炉排烟温度由大修前的 185℃下降到 152℃，锅炉热效率由 87.15%提高到 88.53%，整个低压省煤器改造项目投资 56 万元，预计在 1.5 年左右收回投资。本次技术改造极为成功，除了降温提效，还获得了更为可取的低压省煤器运行管理经验，在加装低压省煤器的同时，电厂运行部门根据低压省煤器的运行参数、技术规范及系统运行特点及时制定了低压省煤器投入、退出和事故处理措施，为低压省煤器系统的顺利投运和稳定运行奠定了基础，为低压省煤器安全高效运行探索出有价值的运行管理模式。

1995 年和 1998 年，吉林省长春第二热电厂利用机组小修的机会分别在 2 台 200MW 燃煤机组的 HG-670/140-14 型超高压自然循环煤粉锅炉尾部烟道内安装了分离型热管式低压省煤器[15、16]用于城市和厂区供热，分离型热管式低压省煤器设计方案如下：总体安装位置未知，热管换热器入口烟气温度为 155℃，出口排烟温度为 130℃，入口热网循环水温度为 55℃，出口水温度为 95℃。机组改造运行后，锅炉排烟温度由 142℃下降到 117℃，热网水温度经加热由 55℃提高到 85℃，通过热力计算得出的回收热量为 29.85GJ/h，如果采暖期按 5.5 个月计算，每个采暖期可回收热量 1.23×10^5 GJ，相当于每年节约标准煤 4800t，为企业创造了良好的经济效益。该热管换热器运行一个采暖期后检查，没有发现热管换热器的烟气侧有积灰、堵灰和低温腐蚀的问题，证明了分离型热管换热器的可行性。较为遗憾的是，本改造方案在设计热管换热器时，只考虑用于城市供热，加热热网循环水，没有考虑用它来加热凝结水，致使在夏季无供暖负荷时不产生节能效果，由于没有将热管换热器回收的热量嵌入电厂的热力循环，也就无法实现热功转换。但是，该技术改造为热管在燃煤机组的余热利用积累了成功的经验，而且设计的分离型热管换热器采用了螺旋翅片管，使螺旋翅片管作为强化传热元件被引入到燃煤机组的排烟余热利用中，也是一种极为可贵的尝试。

1996 年 9 月，山东龙口电厂委托山东工业大学进行新的低压省煤器的研制和设计工作[17、18]。新的低压省煤器传热单元结构采用纵向焊接肋片扩展受热面以替代原电厂其他机组设计的光管式低压省煤器，降低平均烟速，在入口水平烟道安装均流装置以解决烟气局部偏流问题。低压省煤器设计方案如下：选用错列管束，逆流布置，从空气预热器流出的烟气，经水平烟道转弯后上行，在竖井内自下向上冲刷纵向焊接肋片省煤器管束，然后进入静电除尘器。低压省煤器的管子规格为 $\phi38 \times 3$mm，肋片尺寸为 35mm×3.5mm，低压省煤器进口烟气温度为 170℃，出口烟气温度为 144.5℃，烟气流速为 5.7m/s，进口水温度为 98/113℃，并联系统的低压省煤器，其进口水取自 2 号和 3 号低压加热器的出口，以 2 号低压加热器出口水为其主水流量，3 号低压加热器出口水作为切换和调整，进入低压省煤器的凝结水吸收排烟热量后，在除氧器入口与主凝结水汇合。1997 年 6 月，该低压省煤器成功投运，经低压省煤器冷却吸热后排烟温度降低 30℃，且排烟温度可以调节，取得显著经济效益。纵向焊接肋片省煤器曾被广泛地应用于制造电站锅炉的防磨扩展型省煤器，应用于低压省煤器同样具有较为积极的意义。

2000 年和 2001 年，山东大学和山东十里泉电厂合作[19]，使用和文献 [17、18] 相同结构的纵向焊接肋片式低压省煤器分别改造了 2 台配 125MW 发电机组的 SG400-14 型燃煤电站锅炉。设计方案如下：低压省煤器分别安装于空气预热器双水平烟道向上转弯后、静电除尘器之前的垂直上升的烟道内，错列管排、逆流布置，烟气自下而上冲刷纵向肋片焊接式低压省煤器蛇形管束，给水进口温度为 87.7℃，烟气流速为 6.81m/s，估算的烟气硫酸露点温度为 91.5℃，为了避免硫酸结露引起的低温腐蚀，需要取用 3 号低压加热器的出水进行混合调节使管束金属壁温高于硫酸露点温度。改造后排烟温度由 175℃ 降低至 150℃，烟气温度降低 25℃，发电煤耗减少 3.39g/(kW·h)，节能减排效果显著。

2007 年，山东大学对国内某电厂 4 号配苏制 215MW 的 EⅡ-670/13.7 型中间再热自然循环煤粉锅炉进行了低压省煤器系统改造[20]。该锅炉 T 形布置，投运于 1979 年，原设计效率为 90.54%，排烟温度为 156℃，但实际运行的排烟温度平均值高达 165℃，最高时达到 180℃，技术改造势在必行。在对各种方案进行比较的基础上，确定了增加低压省煤器系统的方案，方案设计如下：低压省煤器布置在空气预热器出口水平烟道向上转弯后进入静电除尘器之前的 4 个上行的垂直烟道内，错列管排、逆流布置，在垂直烟道内自下向上冲刷低压省煤器蛇形管束。强化传热元件选用高温钎焊镍基渗层表面处理的螺旋翅片管（套片式），基管规格为 φ38×4mm，进口烟气温度为 176℃，出口烟气温度为 156℃，烟气流速为 6.6m/s，进口水温度为 87.5℃，进口水温度的调节范围为 80～101℃，冷端管壁温在 95～125℃之间变化，高于估算的 94.3℃的烟气硫酸露点温度，可有效避免硫酸露点腐蚀。该低压省煤器改造后于 2007 年 6 月投运，投运后可降低机组的标准煤耗近 3g/(kW·h)，年节约标准煤 4000t 以上，投资仅 1 年多即可全部收回。

2010 年广东粤嘉电力公司梅县发电厂在配 125MW 燃煤发电机组的 SG440/13.7-M566 型超高压循环流化床燃烧锅炉的静电除尘器之前安装了螺旋翅片管式低压省煤器[21]，该锅炉设计排烟温度为 120℃，实际运行中排烟温度在 160℃以上，由于排烟温度较高，降低了静电除尘器的除尘效率，锅炉烟尘排放浓度超过 50mg/m³，超过广东省环保排放限值，因此需进行综合改造。低压省煤器设计方案如下：低压省煤器分别安装于空气预热器双水平烟道向上转弯后、静电除尘器之前的垂直烟道内，错列管排、逆流布置，自下向上冲刷螺旋翅片管制成的省煤器蛇行管束，基管规格为 φ38×4mm，翅片高度为 39mm，翅片厚度为 4mm，基管和翅片均为碳钢，进口烟气温度为 160℃，出口烟气温度为 110℃。为防止垂直向上流动的管束积灰严重，选用超声波吹灰器。工程改造后，在没有改变原运行工况下，锅炉烟气烟尘排放浓度由原来的 60mg/m³ 下降到 25mg/m³ 左右，不仅降低了机组煤耗，还有效地提高了静电除尘器效率。这个案例第一次证明了烟气深度冷却不仅充分回收烟气余热，同时具有降低烟尘比电阻和除尘增效的巨大潜力。

（三）低压省煤器理论和技术突破

低压省煤器在全国燃煤机组节能减排改造中的推广应用，带动了相关高等院校、研究院所和电厂以低温省煤器为核心的降低燃煤发电系统排烟温度，节约煤炭资源的节能改造活动，为我国燃煤机组创造了显著的经济效益和社会效益，但是，限于当时材料和强化传热技术发展的限制，为了防止低压省煤器发生低温腐蚀，方案设计时要确保进入低温省煤器冷段的凝结水温度及出口烟气温度均需要高于硫酸露点温度，以防止硫酸在低温省煤器管束表面冷凝沉积引起的露点腐蚀，因此，很多燃煤机组节能改造后的空气预热器出口的排烟温度仍然居高不下，受设计准则的影响，低压省煤器材料和管束选型时开始只是选择碳钢制成的光管错列管束，中期发展了纵向焊接肋片强化传热元件，后期才相继采用了高频焊接和高温钎焊镍基渗层表面处理的螺旋翅片强化传热元件。

以上这一系列的低压省煤器改造案例是作者从已经公开发表的文献中摘录出来的，为了尊重知识产权和保持文献的统一性，在以上案例的叙述中仍然采用了文献中常用的低压省煤器的名称，在低压省煤器近50多年的发展过程中，电力行业研究和设计人员以理论分析为指导，以关键技术应用推进工程示范，在燃煤机组低压省煤器烟气冷却节能减排的实践中建立了非常成功的工程应用案例，这些案例成为我国燃煤机组排烟余热循环梯级利用的一系列科技成果宝库中的重要组成部分。

西安交通大学林万超教授[22-24]较早提出使用等效热降理论对热力系统进行全面定量分析和局部定量分析的理论方法，并首次使用等效热降理论对燃煤机组低压省煤器及低压省煤器-暖风器联立系统进行了节能效果分析，较早提出了在热功转换过程中利用余热，以带工质的热量直接进入系统最为有利的思想，同时，在具体余热利用工程中提出低压省煤器系统的最佳进水温度和最佳分水流量设计思想，是我国最早利用等效热降理论对低压省煤器系统和热力系统进行耦合理论分析的学者，并将理论研究和生产实践相结合，较早指导我国实际燃煤机组完成了排烟余热循环梯级利用的工程实践，是我国燃煤机组排烟余热利用理论和工程应用的奠基者。

山东大学黄新元教授[17,18,20,25]较早建立了低压省煤器系统优化设计模型，并对模型中的决策变量、目标函数、约束条件和数学模型及其求解的关键问题进行了深入分析，形成燃煤机组低压省煤器及其相关经济性指标的通用优化设计系统，获得了复杂的传热结构、流动状态、管束磨损、进口水温度、分水流量、制造成本、煤炭价格等多参数最佳方案的求解，并与合作者较早地将纵向肋片强化传热元件和高温钎焊镍基渗层表面处理的螺旋翅片管用于制造低压省煤器，并获得了纵向焊接肋片管束最优结构参数的稳定性求解，直接指导了实际燃煤机组低压省煤器的工程应用。

东北电力学院的丁乐群和解海龙2位教授[26]以2台670t/h电站锅炉余热回收器节能降耗技术改造成果分析为契机，在考虑节能价值和耗钢费用的时间价值条件下（资金动态积累过程），建立了余热回收器的最优受热面积测算模型，提出了余热回收器受热面积的经济性设计准则。

同济大学安恩科教授[27]运用粒子群算法对350MW电站在空气预热器出口到除尘器水平烟道加装低压省煤器的螺旋翅片管结构参数进行了优化。结果表明：当横向节距 $S_1 = 116\text{mm}$，纵向节距 $S_2 = 74\text{mm}$；肋片厚度 $\delta_f = 1.5\text{mm}$；肋片间距 $S_f = 8\text{mm}$；肋片高度 $h_f = 23\text{mm}$；分水系数 $\beta_d = 36.1\%$ 时，加装低压省煤器的热力系统节煤效果明显，社会纯收入现值最大。该方法为低压省煤器经济性分析提供了一条新的途径。

三、传统燃煤机组烟气余热利用技术的局限性

综上所述，我国燃煤机组的节能减排改造历来受到国家、政府、相关专业的高等院校、研究院所、电力设计院和燃煤电厂领导及技术人员的关注。政府及时发布了节能减排政策和法规文件，通过政策规定和鼓励激发燃煤电厂节能减排改造的积极性；高等院校、研究院所和电力设计院相关专业的教授和工程师积极投身于节能减排的事业中，在实践中提出并完善了排烟余热循环梯级利用和节能减排的相关理论，为燃煤机组节能减排技术改造提供了可靠的理论和应用基础；燃煤电厂的科技人员也积极参与到节能减排改造的工程设计和实施当中，真正体现了"产学研政用"的时代特征，所有这些工作为我国燃煤机组近20年来的快速发展奠定了理论、关键技术和装备制造的基础。但是，由于缺乏材料科学与工程和动力工程及工程热物理等多学科的科研成果的综合交叉支撑，缺乏节能减排政策的深度激励，2010年及以前，燃煤电厂节能改造的重点依然停留在传统低压省煤器的节能减排升级提效的努力中，使得2010年及以前的燃煤机组的节能减排技术改造存在较大的局限性。

（1）低压省煤器系统的设计准则依然停留在传统电站锅炉排烟温度设计准则上，也就是说，低压省煤器布置的位置和热工状态参数选取仍然是以确保烟气冷却的受热面管束金属壁温和出口烟气温度高于硫酸露点作为其根本性的设计准则，即低压省煤器管束冷端金属壁温高于硫酸露点温度和低压省煤器出口烟气温度高于硫酸露点温度，但是，从腐蚀发生的终极条件来看，能够真正防止腐蚀的是低压省煤器管束冷段壁温高于硫酸露点温度。

（2）在露点腐蚀机理和硫酸露点温度检测方面存在基础研究上的滞后。新中国成立后，我国在电站锅炉设计、运行方面一直沿用苏联的设计、运行规范和标准体系，在硫酸露点腐蚀机理和酸露点温度检测上一直参考苏联的研究成果，缺乏自己的核心技术创新。既然低压省煤器低温腐蚀防控已经成为燃煤电厂排烟余热循环梯级利用的关键难题，这一难题就已成为燃煤机组余热利用的核心问题，因为在露点腐蚀和硫酸露点温度检测上缺乏核心技术，所以并未掌握煤种真实的硫酸露点温度水平和露点腐蚀发生的机理，给燃煤机组排烟余热进一步深度利用造成设计和工程示范上的技术障碍，也使我国在燃煤机组排烟余热循环梯级利用潜力方面存在静态设计和动态运行上的局限性。

（3）在与结构耦合的积灰和磨损机理及防控技术基础和关键技术研究上缺乏实质性突破。烟气冷却是在空气预热器烟气冷却的基础上更进一步降低排烟温度，因此，除露点腐蚀外，更低烟温条件下换热时的传热强化需求和容易发生积灰和磨损问题成为设计关键，低烟温运行条件需要强化传热元件构成的热交换器，在我国低压省煤器发展过程中相继采用过光管管束、纵向扩展肋片管束和横向扩展螺旋翅片管束。开始时，研究和设计人员直接选取了烟气横向冲刷的错列和顺列光管管束，如图1-21（a）、图1-21（b）所示；之后，纵向扩展肋片管束被用于制造低压省煤器，如图1-21（c）所示；在低压省煤器发展后期，高温钎焊镍基渗层表面处理的螺旋翅片管和高频焊接的螺旋翅片管也被相继应用于制造低压省煤器，如图1-21（d）所示，尽管我国低压省煤器仅仅经历了从光管向纵向扩展肋片管和横向扩展螺旋翅片管的发展过程，但从强化传热技术发展的角度看，具有一定的换热强化技术进步的意义。

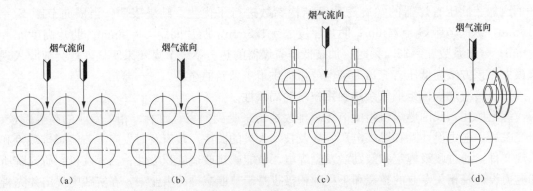

图1-21　我国低压省煤器强化传热元件发展过程
（a）光管顺列；（b）光管错列；（c）光管＋纵向肋片；（d）光管＋横向肋片

但是，从积灰和磨损机理及防控技术上讲，低压省煤器并没有形成一种与结构耦合的积灰、磨损机理及防控关键技术。从结构上讲，低压省煤器结构设计应包括传热、流动、烟道结构设计，同时飞灰成分和飞灰形貌也对低压省煤器结构设计产生重要影响。但当时设计技术并没有解决这些问题，致使在低压省煤器设计和工程应用上存在一定的盲目性，或者说还没有形成一套完整的低压省煤器系统工程设计技术体系。

在对 2010 年及以前的低压省煤器改造案例进行总结后可以发现，除河南开封电厂 3 号机组将低压省煤器布置于垂直下降烟道外，其他低压省煤器改造案例，如山东龙口电厂一期、山东龙口电厂三期、山东龙口电厂一期改造、山东十里泉电厂、某电厂 EⅡ-670/13.7、广东梅县发电厂等示范工程均将低压省煤器放置于垂直上升烟道内，烟气自下而上流动，而南京下关电厂和长春第二热电厂的低压省煤器的放置位置在文献 [8，15] 中没有交代，无法获知；除此之外，河南开封电厂 3 号机组，因需要将低压省煤器置于管式空气预热器和回转式空气预热器之间的更高烟气温度下，其他位置似乎无可替代。由此可见，低温省煤器技术经过 350 多年的工程实践，不仅没有形成工程设计体系，甚至连低压省煤器安装位置这样基本的问题都没有达成共识。图 1-22 示出了低压省煤器可能放置的宏观位置 A、B、C 和 D。其中 A、C、D 和烟气串联，而 B 和主烟气流经的空气预热器并联。当然，根据烟气污染物协同综合治理技术的要求，烟气冷却器最佳放置位置应该位于静电除尘器之前，至于其具体位置（垂直上升、垂直下降或水平段）的选择依据可参见本书第二章第一节的相关内容。

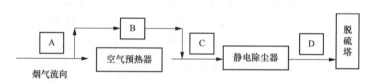

图 1-22　低压省煤器可能放置的宏观位置

第三节　烟气深度冷却器

烟气深度冷却器是指一种可以将化石燃料燃烧系统的排烟温度降低到烟气硫酸露点以下的热能转换装置，该装置的效能不是简单地降低锅炉排烟温度，而是深度降低锅炉排烟温度，突破烟气硫酸露点温度的限制，深度回收烟气余热，加热可以供给火电系统或其他系统工质（凝结水、空气、烟气、采暖水、蒸发脱硫废水），并在烟气深度冷却的过程中协同脱除烟气中的各种污染物，从而实现燃煤电厂深度节能减排，促进我国燃煤机组从以前要求的"燃气排放"向"超低排放"，甚至是"超净排放"过渡，是目前及未来燃煤机组污染物协同综合治理和节能减排的核心技术。

与烟气冷却器相对应，烟气深度冷却器是以确保烟气深度冷却的受热面管束金属壁温低于酸露点温度作为其根本性的设计准则，即烟气深度冷却器管束冷端金属壁温低于酸露点温度。但是，燃煤机组排放的烟气中含有各种腐蚀性气体，如 CO_2、SO_3、SO_2、NO、N_2O、NO_2、Cl_2、F_2 等腐蚀性气体，此处所指的酸露点温度，可能是硫酸露点温度，也可能是盐酸、氢氟酸、硝酸或亚硫酸的露点温度，因此，如何通过材料选型和热工状态参数调整控制烟气深度冷却器的腐蚀速率成为关键难题。以硫氧化物为例，煤燃烧时，煤中硫分被氧化成 SO_2，按反应式（1-1）生成，实验结果表明，在燃烧反应中，1%～5% 的 SO_2 将转化为

SO_3，按反应式（1-2）生成。而当烟气与 Fe_2O_3、V_2O_5（煤灰中均含有这些催化物质）等催化剂在 430～670℃ 温度范围内接触时，按反应式（1-3）生成。在其他工艺生产过程中，主要是 SO_2 和原子氧的化合作用而生成 SO_3，而原子氧主要是在燃烧反应中形成的，这些原子氧很活泼，容易将 SO_2 转化成 SO_3。另外，氧分子、CO_2 及金属氧化物在高温辐射条件下，也会分解出原子氧而使 SO_2 进一步转化成 SO_3。燃煤机组运行过程中生成的 SO_3 的浓度总体上不会超过 $100mg/m^3$，但是它对烟气中各种组态和组分在冷却过程中的物理化学特性会产生关键影响。

$$S+O_2 \longrightarrow SO_2 \qquad （化学反应） \qquad (1-1)$$

$$SO_2+O \longrightarrow SO_3 \qquad （高温燃烧或辐射） \qquad (1-2)$$

$$SO_2+1/2O_2 \longrightarrow SO_3 \qquad （中温催化） \qquad (1-3)$$

当烟气温度降低到某种腐蚀性气体所形成的酸露点温度附近时，烟气中的腐蚀性气体将和水蒸气化合形成酸的蒸汽，这些酸蒸汽遇见低温受热面或烟道壁面就会冷凝形成酸液，引起受热面或烟道壁面等发生露点腐蚀。以 SO_3 为例，当烟气温度降低到一定程度时，如 110℃ 以下时，烟气中的 SO_3 气体将和水蒸气化合形成硫酸蒸汽，按反应式（1-4）进行，硫酸蒸汽遇见低于硫酸露点的壁面就会凝结在壁面上形成硫酸液体，按反应式（1-5）进行，凝结的硫酸液体继而腐蚀壁面材料，对所接触壁面的长周期安全运行构成威胁。

$$SO_3（汽）+H_2O（汽） \longrightarrow H_2SO_4（汽）（烟气中） \qquad (1-4)$$

$$H_2SO_4（汽）+xH_2O（汽） \longrightarrow H_2SO_4（液体）（接触面上） \qquad (1-5)$$

表 1-4 给出了煤粉燃烧条件下各种酸性气体化合反应生成物及露点温度范围，可见，露点温度不是固定值，每种酸性气体的露点温度和水蒸气及酸性气体含量有直接的关系，表 1-4 所给出的数值只是我国常用动力煤种燃烧后烟气露点温度范围的统计平均值，当煤种确定时，要根据相应的计算式进行准确计算，因此，烟气深度冷却到不同的烟气温度时，凝结析出的酸的种类是不相同的，如硫酸、盐酸、氢氟酸以及亚硫酸、硝酸等，此时应根据深度冷却的程度不同，选择抗不同酸根离子腐蚀能力的金属或非金属材料制造烟气深度冷却器，并通过优化设计调整其运行的热工状态参数，形成露点腐蚀可控的烟气深度冷却关键技术。

表 1-4   **各种酸性气体化合反应及露点温度范围**

酸性气体	水化反应	生成物	露点温度范围
SO_3	SO_3+H_2O	H_2SO_4	70～110℃
Cl_2	Cl_2+H_2O	$HCl+HClO$	50～70℃
SO_2	SO_2+H_2O	H_2SO_3	40℃左右
NO_x	NO_x+H_2O	HNO_x	40℃左右
F_2	F_2+H_2O	$HF+O_2$	40℃左右
H_2O	$H_2O(g)$	$H_2O(l)$	40℃左右

研究表明：当温度高于 200℃ 时，SO_3 和水蒸气反应很少，因而烟气中的硫酸蒸汽存在不多，当烟气温度低于 110℃ 时，该反应会很快完成。凝结在壁面上的酸液浓度随温度的降低而减小。进一步的实验表明：酸液对材料的腐蚀速率和硫酸在金属壁面上的沉积率呈正相关关系。对于一般碳钢而言，硫酸浓度在 60%～90% 时对钢的腐蚀性不大，最大的腐蚀速度发生在 52%～56% 的浓度下，当其在浓度为 0～50% 时，金属腐蚀和硫酸浓度基本上呈线性关系，这一理论基础表明：当硫酸蒸汽或硫酸浓溶液作用于普通碳钢时，碳钢也具有一定

工程寿命的抗硫酸露点腐蚀的能力,大量的实验也证实了这一点。

综上所述,烟气深度冷却和烟气冷却的概念具有本质区别。与低压省煤器原理相同,烟气冷却过程没有汽、液相变过程发生,而只有显热的传热交换;而烟气深度冷却则不同,当换热器金属壁温持续下降到烟气中硫酸蒸汽、盐酸蒸汽、氢氟酸蒸汽甚至水蒸气露点温度时,各种酸蒸汽甚至水蒸气就会凝结析出,有显著的汽、液相变过程发生,换热器除回收烟气显热之外,还将进一步回收各种酸蒸汽或水蒸气凝结时释放的汽化潜热,这是烟气深度冷却和烟气冷却的根本区别。

本研究主要集中在换热器金属壁温降低到硫酸露点温度以下、盐酸露点温度以上的过程,此时的换热器,称为烟气深度冷却器;但本研究团队还进一步研究了当换热器金属壁温降低到盐酸蒸汽甚至水蒸气露点温度时的烟气更深度冷却过程,或称烟气深度冷凝过程。此时的换热器,称为烟气冷凝器,若换热器安置在脱硫塔之前,此烟气冷凝器具有回收汽化潜热、节约水资源、冷凝预脱除烟气污染物和减轻脱硫塔高效脱硫深度除尘负担的协同效果,若换热器安置在脱硫塔之后,此烟气冷凝器则具有回收汽化潜热、节约水资源、深度脱除烟气污染物和烟气消白消除烟羽的协同效果。

综上所述,烟气冷凝器和烟气深度冷却器也有区别,前者几乎烟气中的所有酸蒸汽和水蒸气都发生相变冷凝析出,或至少硫酸和盐酸2种酸及2种以上的酸蒸汽冷凝析出,而后者只有硫酸发生相变和飞灰中碱性物质发生凝并吸收。后者过程仅发生硫酸冷凝引起的高浓度硫酸的露点腐蚀,可称为硫酸露点腐蚀,而前者过程发生各种酸蒸汽甚至水蒸气冷凝析出引起的组合酸根离子腐蚀,由于冷凝过程中可溶性盐的存在,此过程不能称为组合酸露点腐蚀,根据其腐蚀机理,称之为组合型低温腐蚀。

一、烟气深度冷却发展过程

烟气深度冷却器的设计理念首先来源于世界各国电力和工业过程行业对排烟余热综合利用、验证不发生积灰和磨损的传热元件以及抗露点腐蚀材料的不懈追求,正是这一系列的排烟余热综合利用、节约能源和减少污染物排放的技术进步,才使烟气深度冷却增效减排技术在燃煤机组实现了广泛应用。

(一)国外烟气深度冷却技术发展过程

1957年以前,美国 Philadelphia Electric Company 的 Eddystone Station 在其 325MW 燃煤发电锅炉尾部设置低水平省煤器(low-level economizers)[28]代替第二级给水低压加热器加热凝结水,将煤粉锅炉的排烟温度从 132.2℃ 降低到 95.6℃,把凝结水温度从 74.4℃ 加热到 94.4℃,实现了燃煤机组烟气深度冷却的工业化实践。该低水平省煤器采用钢管外套翅片式扩展受热面,如图 1-23 所示,低水平省煤器安装在引风机和烟囱之间的烟道中,若以除尘器作为参照物,该换热器布置于除尘器之后,烟气一次横向冲刷水平布置的传热管束,传热元件由外径为 $\phi127$ 的铸铁翅片嵌套扣紧在外径为 $\phi50.8$ 的 COR-TEN 合金钢管上,管束水平放置,沿高度方向 62 排、沿烟气流动方向 12 列组成管组,为获得最高的传热系数,管束呈错列布置。鉴于低水平省煤器放置位置和所选用的扩展传热元件,实际运行情况表明:该换热器存在严重的积灰现象,传热元件上平均沾污了 3.2~6.4mm 厚的灰层,翅片基底处的积灰还要更厚一些,其中一些区域的翅片间距已被完全堵塞。可以发现,积灰层厚度和烟气流速成反比关系,传热元件的迎风面、翅片顶部的烟气流速高,积灰轻一些,而传热元件的背风面烟气流速低,积灰则较为严重。

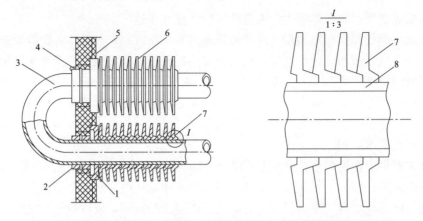

图 1-23　COR-TEN 合金钢管外套翅片式扩展受热面

1—端环；2—中间支撑环；3—COR-TEN 合金钢管；4—铝制垫环；5—后管板；
6—铸铁外套翅片；7—铸铁外套翅片（剖面）；8—COR-TEN 合金钢管（壁厚）

针对低水平省煤器严重的积灰状况，研究人员制定了喷水清洗定期清除积灰的方式，2次喷水清洗时间间隔大约 8 周，水清洗过后开始的几天内，积灰层又随着时间逐渐增厚，管束烟风阻力随着时间逐渐增大，而管束吸热量随着时间急剧减少，实际运行数据表明：至少每 2 周水清洗一次将会得到较好的传热性能，且每次在满负荷下清洗 90min，因为积灰中存在不可溶解的物质，所以，水清洗时尚需足够的水量以便将积灰冲洗完全，运行表明：水清洗可在运行中进行。实际运行表明：烟气进口端的铸铁翅片只发生了轻微的腐蚀，相比之下，换热器管束的烟气出口段翅片产生红色锈蚀的金属表面，说明烟气出口端的运行环境比烟气进口端具有更强的腐蚀性。

尽管 Piper 和 Van Vlient[28] 的深入研究显示出当金属壁面温度处于 65.5℃ 及以上时，金属壁面上的积灰呈干松状态，可以通过空气吹扫而清除，而其他几个和 Eddystone Station 使用含硫 2.7% 的相似煤种的电厂运行时发现当金属壁面温度在 121~135℃ 时，金属壁面发生腐蚀和积灰问题。鉴于 Eddystone Station 燃煤电厂的低水平省煤器运行金属壁面温度约为 74.4℃，因为存在诸如此类的差异和矛盾的结果，导致 G. C. Wiedersum，JR.[28] 等人于 1961 年开展了烟气深度冷却的全面验证实验，以期重复 Eddystone Station 燃煤电厂的实验结果，获得更进一步的共性结论。通过文献 [28] 的相关背景介绍，可以看到：1961 年以前，美国已经完成多台燃煤机组的烟气深度冷却的排烟余热循环梯级利用示范工程，改造的燃煤电厂使用的煤种含硫量已经达到 2.7%，当时，至少有一个设计准则已经初步形成，那就是要保证低水平省煤器冷端金属壁面温度达到 65.5~74.4℃，可以避免低水平省煤器的换热器管束发生积灰和腐蚀，但是，在工程示范过程中，研究人员发现一些燃煤机组即使符合这样的准则也出现了未曾预料到的露点腐蚀和积灰，因此，有必要进行更进一步的深入研究。

1961 年，G. C. Wiedersum，JR.[28] 等研究人员在 Philadelphia Electric Company 的 Richmond Station 的 63 号 100MW 燃煤发电锅炉经过机械除尘器、静电除尘器和引风机之后的烟道上建立了抽取部分烟气冲刷 3 组不同结构的半工业性实验平台，将锅炉 148.9℃ 的排烟温度通过设置光管和套片式翅片管式烟气深度冷却器降低到 87.8℃ 的节能改造实践，该实验验证了运行中喷水冲洗积灰的可行性，同时对铸铁、碳钢、Cor-Ten、304SS、

316SS、410SS 以及铸铁涂覆涂层 A、涂层 B、涂层 C 等 9 种材料及涂层系统在烟气有无喷氨处理（喷氨的目的是脱除 SO_3）及有无喷水冲洗积灰等 4 种工况下的腐蚀情况分别进行了半工业性验证实验，其丰富的实验结果仍对目前设置在除尘器前后的烟气深度冷却器的长周期安全运行有着深远的指导意义。

　　1973 年第一次石油危机爆发后，英国、丹麦、荷兰等欧洲国家广泛推广城市区域供热系统的燃油、燃气和燃煤锅炉的深度降低排烟温度的节能改造尝试。1977—1983 年，丹麦 Corrosion Centre[29] 在 2 台燃用重油或乳化重油热水锅炉和燃煤链条炉排锅炉上设置了烟气深度冷却器，分别将锅炉的排烟温度从 240℃ 和 190℃ 降低到 80℃ 和 90℃ 的工业实践，其中燃煤链条炉排锅炉采用了 75m 高的由 Cor-Ten 钢制成的湿烟囱技术，该技术可能是现代湿烟囱技术的起源。燃用重油的热水锅炉的烟气深度冷却器安装在 Odense 市的 SE-station 的 1 台 18.6MW 的配备扎克公司燃用重油的转杯雾化燃烧器的热水锅炉出口，研究者使用全尺寸烟管型和板式烟气深度冷却器在供热季节进行了 86 天和 42 天的现场实验，其中，板式换热器用碳钢制造，该实验使用了 U 形管水冷式露点腐蚀探针，如图 1-23 所示，测试结果表明：重油燃烧后的烟气温度冷却至 80℃，当进口水温度为 60℃ 时，换热器没有发生不能接受的沾污和腐蚀，其腐蚀速率为每年 0.11～0.63mm，换热器的投资成本回收期刚刚超过 1 年。燃煤工业锅炉的烟气深度冷却器安装在 ISHΦJ 区域供热的燃煤锅炉房，具有 3 台 12.5MW 的 B&W 公司生产的具有水平布置的光管水管对流受热面的燃煤链条炉排锅炉，在 75m 高的湿烟囱之前布置了布袋除尘器，燃料来自不同地方，主要是硫含量 1.0% 及以下的英国和波兰煤炭。

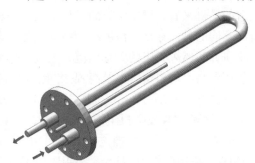

图 1-24　U 形管水冷式露点腐蚀探头[29]

　　当烟气深度冷却器的进口水温度设置为 70℃ 时，不管烟气温度怎么变化，管束上的飞灰始终处于干燥和粉末状态，可以确保布袋除尘器的功能表现。在 ISHΦJ 区域供热锅炉房进行连续 30 天的现场实验，现场实验也使用了图 1-24 所示的 U 形管水冷式露点腐蚀探针。测试结果表明：当换热器进口水温度为 70℃，分别在烟气温度为 120～190℃、100～130℃ 和 90～95℃ 3 个温度水平下进行露点腐蚀实验，腐蚀速率分别为每年 0.06、0.06mm 和 0.07mm，与燃油锅炉房腐蚀结果相比，燃煤锅炉房换热器的腐蚀速率处于相当低的水平，一个可能的解释是燃煤锅炉烟气飞灰中的碱性物质中和了硫酸所致。这是一次重复的露点腐蚀实验，其结果是引人深思的。

　　1977—1983 年，丹麦城市区域供热占 34% 的供热负荷，其中 10 个主要城市的供热的 20% 由电厂供给，其余的 14% 由分布在全国的量大面广的小型供热锅炉房供给，多数使用 3～25MW 的锅壳式热水锅炉。1973 年以前，丹麦几乎所有的供热站都燃用 1.0%～2.5% 硫分的重油供热，1973 年之后，丹麦做出了很多努力利用替代燃料，如煤炭、木质废料、厨房垃圾等减少重油的消耗，之后北海天然气也成为油品的替代燃料之一。与美国研究燃用煤粉电厂的烟气深度冷却技术不同的是，以丹麦为代表的欧洲国家在 1950—1960 年广泛进行了燃油锅炉排烟温度深度降低之后各种可能候选材料抵抗硫酸、盐酸露点腐蚀的实验室及现场实验工作。科技人员通过遴选抗露点腐蚀材料的实验研究认为，与直接将材料试样放到具有一定温度和浓度的酸溶液当中的浸泡实验相比，试样从实验室运行的锅炉中抽取烟气和把冷却的试样嵌入到实际运行的锅炉烟气中的试验方法比较符合工程实际，只有从这种现场实验中才能期望获得运行条件下腐蚀速率的理想结果。欧洲国家在燃用重油锅炉上进行的烟气深度冷却节能尝试极大地丰富了关于酸露点温度检测、露点腐蚀实验和抗露点腐蚀材料选型的共性基础知识。

1990 年，发展大型高效低排放的燃用烟煤、褐煤的超临界和超超临界发电机组成为德国发电装备制造业追求的目标[30]，设计建造了世界上系列超大容量、超高效率和低排放的褐煤发电机组，成为世界上高效低排放利用褐煤发电的典范，而且新完成的褐煤发电机组都在煤燃烧锅炉、蒸汽轮机、烟气净化、余热利用等系统技术上实现了升级换代，完成了系列燃煤机组有效降低排烟温度、实施烟气深度冷却的改造实践，德国电力行业对烟气深度冷却利用模式进行了系列创新设计，分别实现了回收余热加热凝结水、加热冷风以及混合加热等模式，成为日本、韩国、中国发电装备制造业共同仿效的样板，尽管德国 Schwarze Pumpe 和 Niederaussem 电厂分别于 1993 年和 1998 年开始建设，而系列高效、低排放关键技术的实验研究则开始于 20 世纪 80 年代中期，就燃煤机组降低排烟温度、实施烟气深度冷却技术改造的动机来看，德国实施的新技术具有一种综合节能减排的优势，与美国、欧洲其他国家有所不同的是，在烟气深度冷却技术上除了余热利用方式多样化外，更为重要的是通过先期实验研究和燃煤机组的工程示范，为世界燃煤机组排烟余热利用、烟气深度冷却提出并验证了使用塑料、塑料覆膜以及高镍-铬-钼合金材料防控组合型低温腐蚀的可行性。

德国 Schwarze Pumpe 电厂于 1993 年 10 月 25 日开始建设[31]，于 1998 年建成试运行，2 台 855MW 褐煤发电机组的建成投产标志着新一代褐煤发电厂的诞生，是当时世界上最大容量的褐煤发电厂（德国之前褐煤发电厂主要为 600MW）。2 台机组的单台发电功率为 855MW，机组参数为 26.8/5.5MPa、547/566℃，每台机组提供 400t/h 工业蒸汽用于制煤灰砖生产，60MW 区域供热抽汽，其单台净发电功率为 815MW，通过采用先进的超临界参数和先进的烟气净化工艺，该电厂发电效率达到 40%，同时加上抽汽采暖和工业抽汽应用，已使电厂的能源利用效率达到 55%。Schwarze Pumpe 电厂的烟气深度冷却器布置在静电除尘器和脱硫塔之间，静电除尘器后烟尘排放浓度控制在 50mg/m³，进入烟气深度冷却器的 SO_3 浓度为 85mg/m³，烟气深度冷却器的其他设计参数如表 1-5 所示。图 1-25 示出了德国 Schwarze Pumpe 电厂烟气深度冷却加热凝结水的系统图，1999 年投运的德国 Lippendorf 的 933MW 燃煤机组也采用了和 Schwarze Pumpe 电厂类似的烟气深度冷却余热利用系统。

表 1-5　　　　　　　　德国 Schwarze Pumpe 电厂烟气深度冷却器设计参数

烟气冷却器（2 台锅炉、4 支烟道、热负荷为 4×32MW）		凝结水（低压给水）预热器（热负荷为 2×64MW）	
烟气体积流量（m³/h）	4×1631500	凝结水质量流量（kg/h）	2×235900
烟气进/出口温度（℃）	187/138	凝结水进/出口温度（℃）	87/131
冷却水质量流量（kg/h）	4×640400	冷却水质量流量（kg/h）	2×1280800
冷却水进/出口温度（℃）	94/136	冷却水进/出口温度（℃）	136/94℃

德国 Niederaussem 电厂 K 机组于 1998 年 8 月 3 日开始建设[32]，于 2002 年 11 月 1 日建成试运行，机组参数为 1000MW、27.5MPa、580/605℃，是当时投运的效率最高、容量最大的机组，其初期采用了 BoA 最优化褐煤发电厂设计技术，系统热效率可达 45.2%，超过

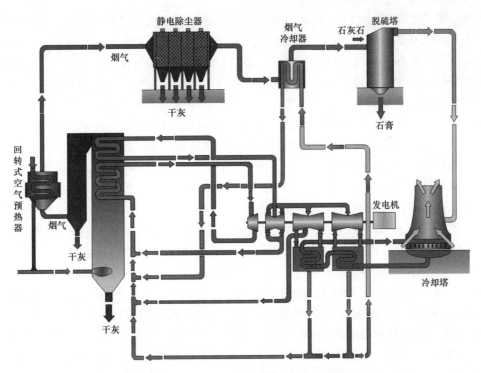

图 1-25　德国 Schwarze Pumpe 电厂烟气深度冷却加热凝结水系统图

Schwarze Pumpe 电厂近 5%，该机组使用了一种更加节能的余热利用系统，可节约发电标准煤耗约 7g/(kW·h)，机组发电效率提高约 1.4%，是当时和现在烟气余热利用效率最高的系统。Niederaussem 电厂 K 号机组锅炉设置 2 台回转式空气预热器，空气预热器进口的烟气温度约为 350℃，出口烟气温度约为 160℃[30]。表 1-6 示出了烟气深度冷却器/暖风器以及高压给水/高温凝结水的设计参数。图 1-26 所示为德国 Niederaussem 电厂 K 号机组烟气深度冷却加热冷空气和凝结水的系统图。

表 1-6　　　　　　烟气深度冷却器/暖风器及高压给水/高温凝结水联立系统的设计参数

烟气深度冷却器 (热负荷：80MW)		暖风器 (热负荷：80MW)		高压给水省煤器 (热负荷：49.4MW)		低压给水省煤器 (热负荷：28.6MW)	
烟气质量流量 (kg/s)	2×571.2	空气质量流量 (kg/s)	2×408.2	烟气质量流量 (kg/s)	344	烟气质量流量 (kg/s)	344
烟气进/出口 温度（℃）	160/100	空气进/出口 温度（℃）	25/120	烟气进/出口 温度（℃）	351/231	烟气进/出口 温度（℃）	231/160
冷却水流量 (kg/s)	2×131	热水流量 (kg/s)	2×131	高压给水流量 (kg/s)	120.3	低压给水流量 (kg/s)	13.4
冷却水进/出口 温度（℃）	53/124	热水进/出口 温度（℃）	124/54	高压给水进/出口 温度（℃）	204/293	低压给水进/出口 温度（℃）	152/145

　　2 台烟气深度冷却器布置在静电除尘器和脱硫塔之间，静电除尘器后烟尘排放浓度控制在 45mg/m³，进入烟气深度冷却器的 SO_3 浓度为 100mg/m³。约有 80MW 的烟气余热被送入锅炉用于蒸汽生产过程，第一阶段，烟气冷却吸收的排烟余热被独立水循环回路用于加热进入空气预热器的冷空气，是一种水媒式暖风器，这样用于进一步在回转式空气预热器中加

热空气所需要的热量就减少了，因此，多余的热量可以用于加热凝结水或锅炉给水，约 1/3 的烟气不经过回转式空气预热器，直接进入回转式空气预热器的旁路省煤器中，旁路省煤器包括低压凝结水换热器和高压给水换热器，旁路省煤器中的烟气分别与凝结水（通过低压凝结水换热器）和给水（通过高压给水换热器）进行热交换，加热凝结水和给水。约 2/3 的烟气经过回转式空气预热器和旁路省煤器并联。无论低压凝结水换热器还是高压给水换热器，均排挤了部分汽轮机抽汽，在保持汽轮机进汽量不变的前提下提高了汽轮机出力，在保持汽轮机出力不变的前提下，减少了汽轮机进汽量。旁路省煤器出口的烟气温度为 160℃，与回转式空气预热器出口烟气温度相同，2 路烟气汇合后，进入 2 台静电除尘器。第二阶段，为了进一步降低烟气温度，将 1/3 的 350℃ 烟气直接加热高压给水和低压凝结水，高温给水的抽出点水温比较高，可排挤更高抽汽压力的抽汽。旁路省煤器加热高压给水和高温段凝结水，提高了被排挤抽汽的做功能力，烟气热利用率也得到有效提高。因为烟气深度冷却器工作于 100℃ 烟气温度之下，而冷却水进口温度仅为 53℃，无论是烟气温度还是换热器的壁面温度都低于硫酸露点温度，硫酸将冷凝于换热器的壁面上，据估算，烟气冷却器受热面硫酸凝结量约为 300kg/h。为了挑选防腐材料，已经在 Frimmersdorf 电厂进行了大量的实验工作，因此，Niederaussem 电厂 K 机组的烟气深度冷却器需要特殊材料制成，最后该示范工程选用了 PFA 氟塑料覆膜的换热器，从此，氟塑料进入烟气深度冷却器的换热防腐领域，PFA 有效地避免了烟气深度冷却器可能发生的各种硫酸露点腐蚀，主要是硫酸和盐酸的组合型低温腐蚀。未来，氟塑料将成为硫酸、盐酸、硝酸以及氢氟酸冷凝析出环境的换热器的有力替代和竞争的抗组合型低温腐蚀材料。

德国 Niederaussem 电厂 K 号机组烟气深度冷却加热冷空气和凝结水系统图如图 1-26 所示。

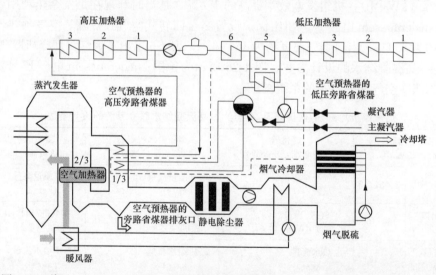

图 1-26 德国 Niederaussem 电厂 K 号机组烟气深度冷却加热冷空气和凝结水的系统图

1991 年之后，日本开始规模化推广燃煤机组烟气深度冷却和烟气再热技术。日本是继美国、欧洲之后发展超临界和超超临界燃煤发电技术最成功的国家之一，其在燃煤机组提高蒸汽温度和压力、排烟余热综合利用及污染物协同治理关键技术上处于领先地位。根据新成立的三菱日立电力系统投资有限公司（Mitsubishi Hitachi Power Systems）LTD 官网介绍，日立公司从 1985 年开始投运烟气深度冷却系统，1984 年首次安装于日本东京电力（Tokyo

Electric Power）公司 Yokosuka 电站 2 号机组（265MW），据估计烟气深冷却器应该布置于除尘器之后，直到 2000 年 12 月才开始在电源开发有限公司（Electric Power Development Co.，Ltd）完成首台配 1050MW 超超临界发电机组的低低温静电除尘烟气处理系统（Low Low Temperature ESP，LLTE），2000 年后日立公司又在日本相继建设有十几台配套 LLTE 系统的发电机组。三菱公司从 1984 年研制开发 MGGH 系统，1984 年首次安装于日本东京电力公司 Yokosuka 电站 1 号机组（265MW），1984 年之后，在日本国内相继建设有 30 多台配套三菱气气加热（MGGH）系统的发电机组，只是尚不清楚 MHI 公司的首台 MGGH 系统中的烟气深度冷却器是否布置于静电除尘器之后，从我国重庆珞璜电厂 1992 年和 1999 年分别投运引进 MHI 公司的 MGGH 系统的重复改造尝试可以看出，MGGH 系统至少在燃用高硫含量的燃煤机组 MGGH 系统改造上仍然存在问题。日本电力装备制造业在 MGGH 和 LTTE 系统的烟气深度冷却和烟气再热换热器传热元件设计上一直使用焊接式螺旋翅片传热元件，螺旋翅片管束采用高频焊接技术，生产效率高，焊接成本低，翅片壁厚小，质量轻。但是，根据日本三菱重工（MHI）业绩介绍，MGGH 系统中的烟气深度冷却器每天清灰频率为 3 次；烟气再热器每天清灰频率为 2 次，每组管束的清灰操作时间约为 10min；根据 HITACHI 公司配 900MW 燃煤发电机组 LLTE 系统中烟气深度冷却器设计案例介绍，烟气深冷却器的阻力损失在清洁状态为 400Pa，在沾污状态约为 650Pa，烟气深度冷却器需要布置吹灰器 16 台，消耗 1.5MPa，260℃过热蒸汽最大瞬时流量约为每小时 6t，可见，螺旋翅片制成的烟气深度冷却和再热换热器易于积灰，吹灰蒸汽损失也是燃煤机组热能的极大浪费。

（二）国内烟气深度冷却技术发展过程

1. 引进消化吸收过程

1992 年我国重庆珞璜电厂一期（1 号和 2 号机组）引进 Alstom 公司 2×360MW 燃煤发电机组配套 MHI 公司的 MGGH 系统投产运行[33]。MGGH 系统是 MHI 研制开发的一种封闭的热媒水管式气（液）-气（液）换热器联立系统，是利用燃煤电厂排烟余热将脱硫塔之后的湿烟气加热到过热状态实施无液滴烟气排放封闭循环系统。1999 年我国重庆珞璜电厂二期（3 号和 4 号机组）也投产运行。4 台机组都选取了烟气深度冷却器和烟气再热器的封闭取热加热系统，但是 4 台机组都存在一个共同的问题，烟气深度冷却器存在极为严重的低温腐蚀，一期工程的烟气深度冷却器选取螺旋翅片作为传热元件，二期工程的烟气深度冷却器选取光管作为传热元件，一期工程设计的烟气深度冷却器仅使用 2 年（1994 年），其螺旋翅片管束积灰、磨损严重，大部分翅片脱落，壁厚减薄明显；二期工程设计的烟气深度冷却器仅使用 3 年（2002 年），其光管管束也已腐蚀减薄，运行中出现管束泄漏。从文献［33］的叙述可以看出，烟气深度冷却器布置在引风机之后、脱硫塔之前的烟道中，进口烟气温度原设计为 142~147℃，实际上，因燃料硫含量达到 4.0％以上，回转式空气预热器传热元件发生严重堵塞和腐蚀，被迫减少了传热元件及传热面积，致使烟气深度冷却器的烟气进口温度高达 150~165℃，出口烟气温度为 110~130℃，因文献［33］中没有介绍热媒水的水温，无法判断 H_2SO_4、HCl、HF、HBr、H_2SO_3 和 HNO_3 的凝结析出量，但是，根据烟气冷却换热管束的腐蚀状况和腐蚀产物分析，盐酸已经凝结，其腐蚀性较强。从文献［33］中的参考文献［1］可知，MHI 曾在 1994 年 10 月对一期工程中烟气深度冷却器的腐蚀情况进行了调查，根据此次调查结果，1995 年开始第一次对一期工程 1 号机组烟气深度冷却器管束进行整组更换，将原设计的碳钢材质换成了抗硫酸露点腐蚀钢 09CrCuSb（ND 钢），改造后的新型换热器的寿命比原换热器延长 1~2 年，后来几经改造，腐蚀仍很严重，并没有从根本上解决问题。这说明日本 MHI 公司在烟气深度冷却和烟气再热加热换热器及系统集成关键技术研究开发方面一直处于方案设计、工程示范、案例调查研究和改进工程示范的探索阶段，日本电力行业经过消化吸收再创新，通过诸多失败的教训，将其改造动机由单一降温脱硫增效转换成以烟气深度冷却为核心的污染物协同治理，形成低低温污染物协同治理技术，深刻地揭示了烟气深度冷却污染物协同治理的机理，将烟气深度冷却器布置在静电除尘器之前，最后在多次半工业化和商业化燃煤机组现场实验的基础上，才获得了在 700~1050MW 燃煤发电机组上的成功应用。正是日本电力装备制造业为研发和推广该技术所进行的持续不断的关键技术研究和示范工程尝试才使得我国燃煤机组排烟余热深度冷却循环梯级利用技术从一开始就站到了巨人的肩上，我国也在国外相关公司在中国引进机组的工程示范过程中交足了学费，获得了一些有限的经验，致使从 1991 年就开始引进的 MGGH 系统在之后的很多年才正式在我国实现规模化应用。

可见，尽管美国、欧洲、日本研发烟气深度冷却技术较早，但是由于开始实施时，均将烟气深度冷却器布置于静电除尘器之后，在设计时的安装位置选择、材料选型、积灰、磨损和露点腐蚀防控技术上一直处于摸索阶段，从美国 1957 年开始尝试燃煤机组烟气深度冷却技术以来，一直未能深刻地揭示出烟气深度冷却过程中污染物协同治理的机理，致使烟气深度冷却增效减排技术经过世界各国 50 多年的工程示范、关键技术研究和工程应用，才最终成为一项推动世界燃煤机组节能减排的成熟技术。在以烟气深度冷却为核心的燃煤机组污染物协同综合治理技术路线制定形成的过程中，我国科研人员也后来居上，在坚持不懈的技术创新基础上完成了关键技术研究和规模化的工程示范，为以烟气深度冷却为核心的污染物协同治理技术增添了亮丽的色彩。

通过以上世界各国的技术进展分析发现，日本 MHI 公司 1992 年就将燃煤机组的 MGGH 系统应用于我国重庆珞璜电厂的 2×360MW 机组，而且，1994 年，重庆珞璜电厂的 2×360MW 机组的烟气深度冷却器和烟气再热器前期运行过程中腐蚀严重，几经改造，也没有引起我国高等院校、研究院所和设计院的重视，使我国对烟气深度冷却器技术研究滞后 15 年之多。1994 年及其后的 15 年，高等院校以撰写高水平科学及工程索引论文作为考核目标要求，可能部分偏离了支撑国家重大装备工程和科研为国民经济发展服务的轨道，对相关国家重大工程缺乏了解，更谈不上深入研究，而欧洲和日本在大容量、超高参数的超临界、超超临界燃煤机组的发展中突飞猛进，引起了我国电力行业的高度重视，但是，由于我国在大容量、超高参数的超临界和超超临界燃煤机组研究方面缺乏长期规划和基础研究，致使我国在超临界和超超临界机组系列技术发展初期只能以引进、消化、吸收为基础，回顾过去发现，超临界和超超临界发电机组设计、制造、材料技术，煤粉、循环流化床燃烧技术，干法、湿法脱硫技术，SCR/SNCR 脱硝技术，烟气深度冷却及烟气再热技术等都是跟随国外技术进行消化吸收再创新才逐步发展起来的。

2009 年 6 月上海发电设备成套设计研究院和上海外高桥第三发电有限责任公司联合设计投运了配 1000MW 机组的烟气深度冷却器加热凝结水系统[34]。该项目自 2006 年 6 月开展项目前期研究，2009 年 6 月在 7 号机组上投运，历时 3 年完成。据资料介绍，该项目在设计制造之前，委托相关部门对可能候选的材料进行了实验室露点腐蚀实验，该烟气深度冷却器在方案设计时，选用当时日本较为通用的螺旋翅片管作为低温换热强化传热元件，烟气深度冷却器被放置于增压风机和脱硫塔之间的烟道上，为我国独立自主开展燃煤机组烟气深度冷却增效减排技术以及系统基础、关键技术研究及工程示范进行了可贵和有益的尝试。结合当时国际上烟气深度冷却器发展的技术水平，综合烟气深度冷却器安装位置和螺旋翅片管选型的技术方案来看，烟气深度冷却器布置于静电除尘器之后，该方案当时并未认识到以烟气深度冷却为核心的污染物协同治理的机理；另外，选用螺旋翅片管基本上沿用了美国、日本燃煤发电机组节能减排改造中常用的强化传热元件。实践证明：该示范工程设计和实际运行的烟气温度分别从 123/123.5℃ 降低到 85/87℃，换热器冷端的凝结水进口温度分别为 62/72℃，烟气流动阻力分别为 800/610Pa，文献 [34] 的报道中没有发现烟气露点腐蚀和传热管堵灰的现象，设计方案达到了预期的节能减排目标。

综上所述，烟气深度冷却器技术发展经历了 3 个明显的阶段性发展过程：

第 1 阶段，主要应用于美国煤粉燃烧的电站锅炉、欧洲国家中城市区域集中供热锅炉房的燃油、燃气采暖锅炉和区域供热的燃煤工业锅炉，烟气深度冷却器主要任务是降低排烟温度，实现锅炉及系统节能的目的，系列文献表明：这一阶段锅炉的排烟温度已降低到烟气 SO_3 和 H_2O 凝结成硫酸的露点温度，如 80℃ 或 90℃，完全实现了烟气深度冷却的理念，只是烟气深度冷却的改造动机出于节能目的，主要研究解决酸露点的计算和检测技术，验证硫酸露点腐蚀及组合型低温腐蚀（如燃气冷凝及脱硫塔前后烟气冷凝环境）防控的材料及材料体系（金属、非金属、覆膜、涂层及其耦合），为第 2 阶段在大型机组上推广应用和深入研究奠定了基础。

第 2 阶段，主要应用于降低超大容量、超临界和超超临界燃煤机组的排烟温度，深度回收烟气余热，增加火力发电系统能效并获得节省燃料带来的间接污染物减排。本阶段技术始于德国超大容量褐煤机组烟气深度冷却和日本烟煤及混合燃料机组烟气深度冷却和烟气再热系统的改造实践。在这一阶段，德国技术人员创新提出并勇于实践了排烟余热循环梯级利用的取热-用热系统多级耦合发展模式，给世界燃煤机组余热循环梯级利用技术及综合性工程示范树立了标杆。更进一步讲，德国提出的技术方案将脱硫之后的 50～70℃ 低温烟气直接通过冷却塔排入大气，省去了烟气再次加热排放的复杂过程，德国技术以高效节能理念为目标的烟气深度冷却-自然通风湿式冷却塔烟气排放系统在高效节能理念上优于日本提出的 MGGH 或 LTTE 系统；而日本技术以环保减排理念为目标的烟气深度冷却器-烟气再热器技术在环保理念上优于德国的烟气深度冷却-冷却塔烟气排放系统。更为重要的是德国为世界燃煤机组烟气深度冷却提供了氟塑料和高 Ni-Cr-Mo 合金组合型低温腐蚀防控技术基础和产品。

第 3 阶段，主要应用于实施超大容量、超临界和超超临界燃煤机组污染物协同治理，根据有限的文献资料估计，大约到 2007 年，日本率先确立了将烟气深度冷却器布置于静电除尘器进口，将燃烟煤机组的排烟温度降低到 90℃ 及以下，降低排烟温度，减少烟气体积，降低烟尘比电阻，同时，SO_3 和 H_2O 化合成硫酸蒸汽凝结在烟尘表面，为低低温静电除尘器除尘效率提高和污染物协同治理创造条件；其次，深度回收烟气余热再加热 FGD 排出的低温湿烟气，消除烟囱排放的水雾和烟羽，实现燃煤机组直接节能减排。本阶段技术始于日本 MHI 和 Hitachi 等电力装备制造商推出的新型以污染物协同治理为目标的 MGGH 和 LTTE 系统。中国通过国际电力领域的深度技术交流，不断消化了国外一系列先进的烟气深度冷却技术，并在消化、吸收的基础上发展了具有独立自主特色的烟气深度冷却技术，在理论分析的基础上提出了以 H 形翅片作为低温烟气强化传热、与结构耦合的积灰和磨损防控技术，露点腐蚀可控的烟气深度冷却静态设计与动态运行实时调控耦合的设计技术，加上我国快速实施的燃煤机组超低排放示范工程方面的有力配合，使我国从过去的美国、欧洲、日本技术的跟随者，一跃而成为燃煤机组烟气深度冷却技术研究及工程实践的领跑者。

2. 自主创新发展

2008 年，青岛达能环保设备有限公司根据市场需求委托西安交通大学研制开发适合我国燃煤机组特点的烟气深度冷却技术，并于 2009 年 1 月 18 日和西安交通大学签订"火电厂烟气深度冷却增效减排技术"委托研发合同。

西安交通大学在 20 世纪 70 年代末期较早成功研制开发系列低压省煤器系统的基础上，总结国内、外烟气深度冷却技术研究的成功经验，于 2009 年开始独立自主地研发以烟气深度冷却为核心的余热取热和用热系统技术，调研了美国、欧洲，特别是德国以及日本的烟气深度冷却技术，同时也了解了上海外高桥第三发电有限责任公司烟气深度冷却器的研发及实际运行情况，并于 2009 年 12 月完成了企业合同规定的设计任务，研制开发了配 300、600、1000MW 煤粉燃烧和 300MW 循环流化床燃烧的燃煤机组烟气深度冷却器技术方案，在方案设计的基础上，该研究团队于 2009 年提出申请并获得"一种锅炉烟气深度冷却余热回收系统"[35]和"一种嵌入式锅炉烟气深度冷却器"[36]2 项国家发明专利的授权，该 2 项国家发明专利首次提出了"烟气深度冷却"和"烟气深度冷却器"的概念，如图 1-27 所示，发明专利提出的技术方案是在发电机组的除尘器前或脱硫塔之前安装"烟气深度冷却器"余热回收装置，该装置不同于过去的低压省煤器等余热回收利用系统，可以最大程度地将燃煤机组 121～150℃的排烟温度深度降低到 90℃左右，低于硫酸露点温度。

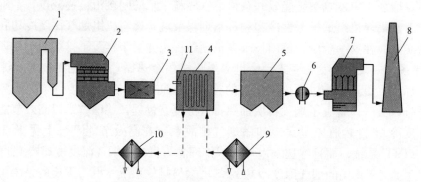

图 1-27　布置于静电除尘器前的烟气深度冷却器系统图

1—锅炉；2—脱硝反应器（SCR）；3—空气预热器；4—FGDC 烟气深度冷却器；5—ESP 静电除尘器；

6—IDF 引风机或增压风机；7—WFGD 湿式脱硫塔；8—烟囱；9—N 级低压给水加热器；

10—N−1 级低压给水加热器；11—事故吹灰装置

为确认技术方案的可行性，以便在我国的燃煤机组中推广应用，中国电力规划设计总院于 2010 年 4 月 20 日在山东青岛胶州市为青岛达能环保设备有限公司和西安交通大学合作开发的"火电厂烟气深度冷却增效减排技术"组织了"火电厂烟气深度冷却器设计技术方案评审会"（电规发电〔2010〕128 号），评审意见认为："该技术方案首次提出了灰特性对积灰和腐蚀的影响规律，控制酸沉积率降低腐蚀速率的方法，采用数值模拟方法优化通流结构等主要技术创新点，设计技术方案达到国内领先水平。"技术方案评审后，青岛达能环保设备有限公司在西安交通大学技术支撑下进行了全国范围内的市场推广，先后在国内 50 多家燃煤电厂进行了技术交流，并于 2011 年 10 月在中国华能大坝发电有限责任公司通过公开招标获得并完成首台 2 号机组 300MW 锅炉降低排烟温度改造工程[37]，首次将烟气深度冷却器布置于静电除尘器之前，如图 1-28 所示，首次将传统的 95mm×89mm 的 H 形翅片单元结构作为强化传热元件用于制造烟气深度冷却器。

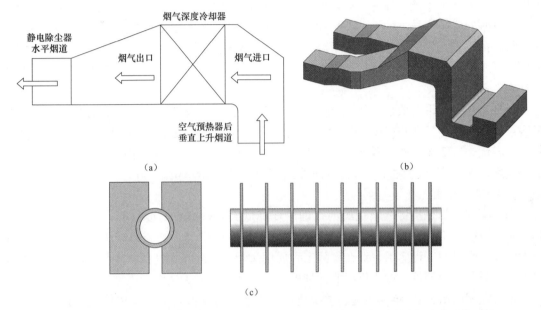

图 1-28　中国华能大坝发电有限责任公司 2 号 300MW 机组烟气深度冷却改造示范工程
(a) 平面位置；(b) 立体位置；(c) 不等距 H 形翅片传热元件

因为该机组空气预热器出口的 A、B 侧烟道的左、右侧均存在高达 34℃的烟气温度偏差，在拟定技术方案时，首次创造性地使用了不等节距 H 形翅片管技术[38]，如图 1-28 (a)～图 1-28 (c) 所示。烟道高温区一侧选取 18mm 的翅片节距，烟道低温区一侧选取 25mm 的翅片节距，因此，本项目在有效消除了烟气温度偏差的同时降低了空气预热器出口排烟温度，有效地防止了布置于烟气深度冷却器之后的电袋复合除尘器因烟气温度偏差引起的超温失效。

本项目借助于 1983—1995 年西安交通大学和西北电力设计院联合研制开发配 100～200MW 燃煤发电机组的低压省煤器节能的成功经验，在对光管管束、纵向肋片管束、螺旋翅片管束综合对比的基础上，从 2009 年开始对 H 形翅片的强化传热及阻力特性进行了理论分析和数值模拟研究[39,40]，最终选择将 H 形翅片管作为烟气深度冷却器的强化传热元件。

但是，基于初步研究工作的局限性、布袋除尘器最低烟气温度要求以及确保燃煤机组运行安全的可靠性要求，本项目与传统的低压省煤器系统技术方案比较，只是初步实现了烟气深度冷却的设计理念，根据招标文件要求，该电厂计划的原煤含硫量，设计煤种（灵武煤）为 0.92%，校核煤种（石嘴山煤）为 1.15%，入炉煤最大为 2.0%。按 0.92%计算硫酸露点温度为 102℃，按 1.15%计算硫酸露点温度为 112℃，按 2.0%计算硫酸露点温度为 126℃。设计时，取烟气深度冷却器进口水温为 110℃，将 145～169℃的排烟温度降低到 130℃，可见，虽然排烟温度高于硫酸露点温度，但是烟气深度冷却器冷端管束金属管壁温度已达 112℃，按校核煤种运行时，金属壁面温度已接近或等于硫酸露点温度；当入炉煤含硫量高于 1.15％时，管束金属壁面温度则低于硫酸露点温度。

2011 年 10 月 11 日，由西安交通大学设计、青岛达能环保设备有限公司生产制造的宁夏华能国际大坝发电有限公司对 300MW 机组"2 号锅炉降低排烟温度改造"的烟气深度冷却器项目建成之后并网发电；2012 年 9 月 24 日，广东大唐国际潮州发电有限公司也选用本项目技术成果完成了 1000MW 火电机组的"4 号锅炉降低排烟温度改造"建设项目后并网发电，在以上 2 个示范工程完成后，西安热工研究院有限公司、广东粤能电力科技有限公司等单位分别对实施本技术的 300MW 和 1000MW 机组产品实际运行能效进行测试表明：额定运行负荷下，汽轮机热耗率分别下降 40.3kJ/(kW·h) 和 69.1kJ/(kW·h)，发电煤耗率分别降低 1.425g/(kW·h) 和 2.05g/(kW·h)，取得了显著的节能减排效果和明显的经济和社会效益。

青岛达能环保设备股份有限公司（股改之后）生产的烟气深度冷却节能装置 YSL-350 型锅炉烟气深度冷却器获 2011 年国家重点新产品证书；火力发电厂烟气深度冷却器获 2011 年山东省优秀节能成果奖；低低温除尘锅炉烟气深度冷却器获 2012 年第七届民用企业创新成果金奖；2013 年 11 月被山东人民政府授予低碳山东贡献单位。

3. 机理及关键技术

烟气深度冷却是指将燃煤机组的排烟温度降低到硫酸露点温度以下，深度回收烟气余热，实现节能减排。综上所述，自 1957 年起，世界各国广泛开展了燃煤机组烟气深度冷却技术研究及装置的工程应用，但在实际工程应用过程中发现当烟气深度冷却到硫酸露点温度以下时，低温腐蚀严重，造成机组非计划停运，致使该技术无法大面积推广应用。

本研究团队历经 20 年的机理、关键技术研究和工程实践，突破了传统理论认为烟气深度冷却过程中硫酸露点温度为定值的观点，发明了 SO_3/H_2SO_4 浓度、硫酸露点温度和低温腐蚀性能的检测方法及装置，提出了通过气、液、固三相凝并吸收从而抑制烟气深度冷却低温腐蚀的技术路线，实现了低温腐蚀的有效防控，研发了系列烟气深度冷却器及余热利用系统、装置及产品，并实现了大规模工程应用，主要科技创新如下：

(1) 发明了烟气深度冷却过程中 SO_3/H_2SO_4 浓度、硫酸露点温度和低温腐蚀性能的检测方法及装置，发现了 SO_3/H_2SO_4 浓度、硫酸露点温度和低温腐蚀性能伴随烟气深度冷却过程的变化规律，揭示了飞灰、SO_3/H_2SO_4 蒸汽和液滴的气、液、固三相凝并吸收机理，提出了金属壁温和碱硫比调控设计方法，实现了气、液、固三相高效凝并吸收脱除 SO_3/H_2SO_4，抑制了低温腐蚀。

(2) 发明了抑制积灰腐蚀磨损的 4H 形翅片强化传热元件及其相关流动结构，提出了 4H 形翅片管束高效组对制造工艺，突破了传统结构使得烟气流向不断变化、间断贴壁和流场不均匀的技术瓶颈，实现了传热元件气、液、固三相流场的连续均匀、贴壁凝并和深度吸收的高效协同作用，抑制了积灰磨损和低温腐蚀。

(3) 发明了根据硫酸露点温度变化调整烟气深度冷却器运行状态参数的实时动态调控方法及装置，实现了燃煤机组变工况运行过程中气、液、固三相高效凝并吸收的低温腐蚀防控，解决了燃煤机组煤质、负荷复杂多变引致低温腐蚀加剧的技术瓶颈。

(4) 基于以上科技创新，发明了系列烟气深度冷却器及系统，研制开发了烟气余热梯级利用的系列新产品；实现了烟气深度冷却器管壁厚年均腐蚀减薄小于 0.2mm，达到国际最好水平，大幅延长了装置运行寿命，提高了机组可用率；使除尘效率由 99.75％提高到

99.85％，SO_3/H_2SO_4 脱除效率大于80％；并使燃煤机组供电标准煤耗平均降低 $2g/(kW \cdot h)$；产品获国家重点新产品证书和创新成果金奖。

以岳光溪院士为验收和鉴定委员会主任的专家组认为：该项目在烟气深度冷却器结构设计、积灰磨损和低温腐蚀及其耦合防控关键技术上取得了多项创新性成果，产品性能指标优于国外同类产品。华能集团公司和大唐集团公司等电厂使用本技术和产品后评价认为：回收余热并脱除污染物，抑制了低温腐蚀，技术领先。该项目部分成果获陕西省科学技术一等奖、"十二五"机械工业优秀成果奖、中国技术市场突出贡献项目金桥奖和中国发明协会发明创业奖。

以上技术成果应用于青岛达能环保设备股份有限公司等多家生产企业，建立了系列烟气深度冷却器传热元件生产线，技术产品销售到全国30个省（市、自治区）的华能、大唐、华润等集团公司的200多家电厂的近400台亚临界和超（超）临界燃煤机组，并出口海外，实现大规模生产及工程应用，节约煤炭资源，并减少污染物排放，取得了突出的节能减排效果和显著的经济社会效益。

本研究团队凭借深厚的理论基础和前期863项目的研究成果[41]相继完成了烟气深度冷却器产品及系统的设计研发，和企业一起完成了产品的市场推广和工程应用，并在机理及关键技术上取得重要突破。这些关键技术包括积灰、磨损、低温腐蚀及其耦合引致的换热管束泄漏等防控关键技术，这些关键技术关系到设计开发的新产品是否能够实现全寿命周期的安全高效运行。

（1）旋转多通道 SO_3/H_2SO_4 浓度检测关键技术。世界各国从1957年开始烟气深度冷却应用的持续研究，但工程实践中发现当烟气深度冷却到硫酸露点温度及以下时，低温腐蚀严重，造成机组非计划停运，致使该技术无法大面积推广应用。其主要难点在于烟气深度冷却过程中硫酸露点温度发生实时变化，难于准确检测。

针对上述难题，本研究团队搭建了气、液、固凝并吸收实验平台，发明了烟气深度冷却过程中 SO_3/H_2SO_4 浓度检测方法及装置，如图1-29所示，其技术特征是：通过自制烟气实时采样探针和旋转多通道检测方法及装置冷凝吸收 SO_3/H_2SO_4 溶液，并使用离子色谱方法检测其质量浓度，通过实验室和现场实验发现了 SO_3/H_2SO_4 浓度伴随烟气深度冷却过程不断降低的演变规律，如图1-30所示。

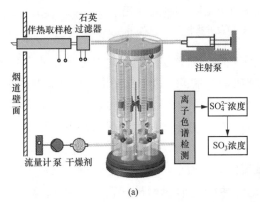
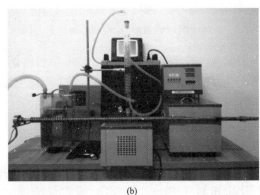

(a)　　　　　　　　　　　　　　(b)

图 1-29　旋转多通道 SO_3/H_2SO_4 浓度检测方法及装置

（a）检测方法及装置原理图；（b）检测方法及装置实物图

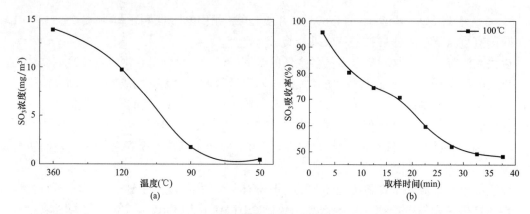

图 1-30　SO_3/H_2SO_4 浓度随烟气深度冷却的变化规律
（a）SO_3/H_2SO_4 浓度变化规律；（b）SO_3/H_2SO_4 凝并吸收过程

在研制开发 SO_3/H_2SO_4 浓度检测方法及装置的基础上，结合现场实时动态飞灰取样的微观分析，揭示了烟气深度冷却过程中飞灰中碱性物质、SO_3/H_2SO_4 蒸汽和液滴的气、液、固三相凝并吸收脱除 SO_3/H_2SO_4 的机理。该机理直接引起 SO_3/H_2SO_4 浓度和硫酸露点温度发生实时变化。实验发现：当烟气温度达到或低于硫酸露点温度时，SO_3/H_2SO_4 向 CaO、MgO 等碱性氧化物凝并吸收而并不与 Al_2O_3、SiO_2 等酸性氧化物发生反应，如图 1-31 所示，验证了烟气深度冷却过程中飞灰凝并吸收并脱除 SO_3/H_2SO_4 的事实，探明了烟气深度冷却时飞灰中碱性氧化物和硫酸蒸汽、液滴的化学反应主导飞灰凝并吸收的微观机制，并由此提出了飞灰中碱性氧化物凝并吸收从而脱除 SO_3/H_2SO_4 抑制低温腐蚀的技术思路。

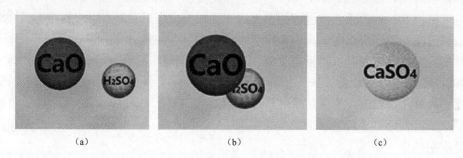

图 1-31　SO_3/H_2SO_4 向 CaO 等碱性氧化物凝并吸收过程
（a）烟气中分散的 H_2SO_4 和 CaO；（b）H_2SO_4 向 CaO 凝并吸收；（c）吸收反应生成 $CaSO_4$

根据这一技术思路，一方面，本项目将烟气深度冷却器置于静电除尘器之前，使飞灰浓度增大 500 倍，利用烟气飞灰中的碱性物质凝并吸收、脱除 SO_3/H_2SO_4，抑制低温腐蚀。另一方面，为实现气、液、固流场连续均匀、高效凝并吸收，研发新型传热元件及优化相关流动结构；同时，针对燃煤机组煤质复杂、负荷多变的特点，研制变工况条件下运行过程调控方法及装置，进一步抑制低温腐蚀。

根据凝并吸收脱除这一机理，首次提出了碱硫比 $C_{A/S}$ 概念，碱硫比是指烟气飞灰中的碱性氧化物和烟气中 SO_3/H_2SO_4 的质量浓度之比，并据此形成碱硫比凝并吸收脱除 SO_3/H_2SO_4 调控设计方法。其技术特征是：按式（1-6）、式（1-7）计算燃料飞灰中的碱硫比，当 $C_{A/S}$ 大于某临界值时，碱性氧化物可充分脱除 SO_3/H_2SO_4；反之，需要通过煤质混配或向烟气中喷吹碱性氧化物粉末以调控碱硫比，实现了 SO_3/H_2SO_4 的高效脱除，从而抑制低温腐蚀。

若令 A 表示飞灰中碱性氧化物之和，则

$$A = CaO + MgO + Fe_2O_3 + Na_2O + K_2O \tag{1-6}$$

则碱硫比可表示为

$$C_{A/S} = \frac{C_A}{C_{SO_3}} \tag{1-7}$$

式中　$C_{A/S}$——碱硫比值；

$\quad\quad C_A$——灰中折算碱性氧化物质量含量，mg/m^3；

$\quad\quad C_{SO_3}$——烟气深度冷却器入口 SO_3 浓度，mg/m^3。

（2）单管内回流的硫酸露点温度和低温腐蚀检测及防控关键技术。烟气深度冷却是指将燃煤机组排烟温度降低到低于硫酸露点温度水平，因此，硫酸露点温度和低温腐蚀检测及防控是烟气深度冷却器设计、制造和安全高效运行的关键难题，为解决这一难题，在"十二五"科技支撑计划课题"基于典型失效模式的超（超）临界电站锅炉事故预防关键技术研究"（2011BAK06B04）的支持下，构建了积灰和露点腐蚀耦合作用模型，通过深入研究发明了一种烟气低温腐蚀性能研究的实验装置，发明了烟气深度冷却过程中硫酸露点温度和低温腐蚀速率检测方法及装置[42]，如图 1-32（a）所示。图 1-32（b）示出了该检测方法及装置的探针结构图，实现了低温腐蚀速率和烟气酸露点温度的可靠检测，建立了材料选型和金属壁温安全设计准则，其技术特点是：通过高温循环机建立单管内回流冷却探针在不同金属壁温条件下的烟气积灰、腐蚀过程，满足实验时间要求后，取出探针，离线检测探针上的积灰量和硫含量以确定硫酸露点温度；检测探针上腐蚀层厚度及腐蚀产物获得低温腐蚀速率。该装置结构简单，循环可靠，可不停炉随插随用，通过硫酸露点温度和腐蚀速率检测，发现了硫酸露点温度伴随烟气深度冷却过程发生实时变化且不断降低的变化规律；同时发现了低温腐蚀速率伴随金属壁温升高不断降低的变化规律，如图 1-33 所示，解决了硫酸露点温度和低温腐蚀性能的检测难题。利用该检测方法经独立设计、制造和装配之后首次在大唐国际内蒙古托克托发电有限公司 600MW、华能国际浙江长兴发电有限公司 660MW 和大唐国际广东潮州发电有限公司 1000MW 3 家大型亚临界和超超临界燃煤电厂首次完成了 6 种钢材、2 种渗层和涂层表面的现场低温腐蚀性能实验，并对实验管段进行了宏观和微观的积灰形貌及成分分析、腐蚀层物相分析、积灰和露点腐蚀耦合机理分析，提出了渗层和涂层表面腐蚀防控机理，获得腐蚀速率随工质温度及金属壁温的关系曲线，提出了通过冷却工质热工参数控制金属壁温、以腐蚀速率可控指导材料选型及冷却水系统温度调节装置的抑制低温腐蚀的壁温调控设计方法。解决了积灰和腐蚀耦合引致堵塞、爆管停炉的重大技术难题。

（3）与结构耦合的烟气深度冷却积灰磨损腐蚀防控关键技术。在燃煤机组烟气余热循环利用系统中，烟气深度冷却器是系统的核心部件，其中传热、流动结构及其积灰、磨损防控和烟气深度冷却整体布置方案是创新设计的核心。为解决这一难题，借助理论分析、数模、物模实验、衍射扫描微观分析等综合手段，建立了与结构耦合的颗粒积灰、磨损和低温腐蚀模型，率先将传统 H 形翅片应用于烟气深度冷却器，如图 1-34（a）所示；之后在单 H 形翅片的基础上创新形成 2H 形翅片管，如图 1-34（b）所示；其后又在单 H 形翅片管和 2H 形翅片管传热及阻力特性实验的基础上，进一步优化得到新规格尺寸结构，如图 1-34（c）

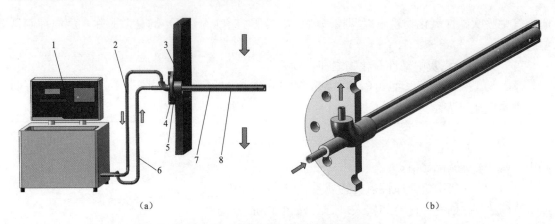

（a）   （b）

图 1-32　烟气深度冷却低温腐蚀装置

（a）硫酸露点温度及低温腐蚀性能检测系统；（b）单管内回流实验探针

1—加热温度控制器；2—回水通道；3—炉墙；4—探针自带法兰；5—测孔法兰；6—进水通道；

7—探针中心内管段；8—探针实验外管段

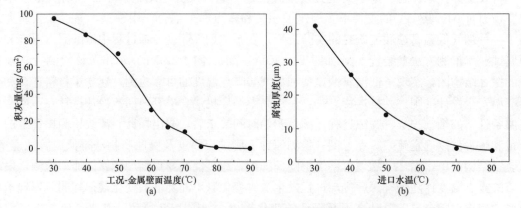

图 1-33　硫酸露点温度和低温腐蚀性能的变化规律

（a）以积灰量或硫含量确定硫酸露点温度；（b）以腐蚀层厚度确定低温腐蚀速率

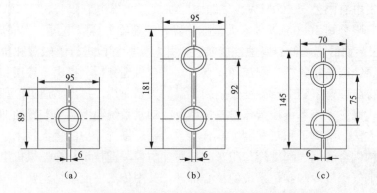

（a）   （b）   （c）

图 1-34　本研究选用优化和创新的低温换热强化传热元件

（a）95mm×89mm H 传统形翅片管；（b）95mm×181mm 双 H 形翅片管；（c）70mm×70mm H 形翅片管

所示。其共同技术特点为：以烟气飞灰成分分析预测飞灰沾污特性，形成强化传热结构积灰防控设计方法；以飞灰颗粒形貌分析预测颗粒摩擦特性，结合通流、管束结构流场数值模拟形成磨损防控设计方法，以传热和阻力特性数值模拟和物理模型实验形成强化传热元件结构创新设计方法，新型传热元件传热系数比国外技术提高 25%，阻力减小 30%，体积减小 40%。在方法研究的基础上，提出了烟气深度冷却器置于空气预热器之后、静电除尘器之前的整体布置方案，实现了除尘脱硫增效、节能节水降耗的综合优势。利用结构设计方法，建立了积灰磨损特性实验平台和全尺寸传热元件传热风洞实验平台，对 H 形、针形和螺旋翅片管 3 种典型强化传热元件的传热和阻力特性以及积灰磨损特性进行了深入的实验研究，并对灰特性、灰颗粒摩擦特性进行了衍射扫描微观分析，对飞灰沾污特性和含灰气流磨损特性进行了理论分析和数值模拟分析，实现了强化传热结构、积灰、磨损和低温腐蚀的耦合设计，从结构设计上保证了锅炉烟气深度冷却器安全高效运行。

研究表明：燃煤锅炉使用的对流型换热器按照其管内换热工质的不同，可分为烟管式换热器、水管式换热器和热管换热器。烟管式换热器，管内可强化传热、结构紧凑、传热强化成本低，但管内易于积灰，且运行中无法清灰，烟管需与管板呈异形结构焊接，可靠性差，故烟管式换热器一般只用于季节性的非连续运行工况；水管式换热器，管外可强化传热、易于清灰、强化传热成本稍高，运行可靠性高，且水管式换热器能根据燃煤机组负荷及燃烧煤种变化，通过工质再循环等措施调整管壁温度，防止露点腐蚀；热管换热器易于实现小温差换热，具有整体运行可靠性，即使某根或一些换热管破裂，由于管内工作介质很少，不会影响系统的正常运行，但是热管换热器不能随着燃煤机组燃烧煤种变化而改变热管壁面温度，而且需要吸热、放热成对受热面出现，钢耗量大、成本较高。本研究提出了 5 种换热器结构方案，其中 2 种为水管式[44]，如图 1-35 所示；2 种为热管式[45]；1 种为水管与热管耦合型，其中 3 种结构已申请并获得发明专利授权，本书的第二章将对这 5 种结构布置方案进行论证。

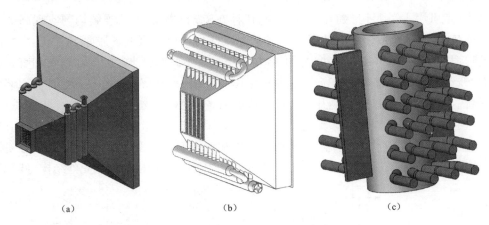

(a)   (b)   (c)

图 1-35　两种水管式管屏式换热器整体结构

（a）水平布置的 H 形翅片换热器；（b）垂直布置的针板耦合型换热器；（c）针板耦合形翅片

图 1-35 所示的 2 种水管式换热器结构为紧凑型高效换热结构，图 1-35（a）为水平布置的 H 形翅片换热器，当为布置于静电除尘器进口的异形结构时，专门实验研究了 70mm×70mm 的翅片规格用于紧凑型结构设计，为此编制了紧凑型烟气冷却器设计计算软件，并获得中国软件著作权证书[46,47]；图 1-35（b）为垂直布置的针板耦合型换热器，虽然针形翅片可能是从船用燃油锅炉开始发展起来的，很少应用于燃煤机组的使用场合，但是，通过实验研究和工程示范发现，将针形翅片管应用于燃煤机组的含灰气流也很合适，这一点已经在燃煤机组、矿热炉及铁合金余热利用工程上获得广泛应用。同时，考虑到针形翅片管具有对烟

气冲刷方向性不敏感的特点，西安交通大学和中国电力工程顾问集团中南电力设计院有限公司合作发明了新型针板耦合型强化传热元件[43]，如图 1-35（c）所示，在常规针形翅片传热元件前后加焊两条肋片，起到导流、分流的作用，消除了板翅区域由于销钉弯曲形成的易积灰区域可能形成的烟气流动迟滞积灰区，改型的针形翅片管耐磨损性能好，不易积灰，而且对烟气冲刷没有方向性要求，是一种板翅和针翅耦合的新型传热元件，能满足截面扩展型换热器的需求。只是，针形翅片管本身采用柱形销钉作为翅片进行电阻点焊连接，尽管已实现了自动化生产，但是与高频电流电阻缝焊的螺旋翅片以及电阻缝焊的 H 形翅片相比，针形翅片生产效率很低；更为重要的是，尽管针翅可连续不断地破坏流动边界层，但由于流动中断，难以实现流场的连续均匀的凝并吸收，不利于高效脱除 SO_3/H_2SO_4，限制了其大规模应用。

随着科技人员对飞灰凝并吸收、脱除 SO_3/H_2SO_4 抑制低温腐蚀技术思路认识的不断加深，从结构设计上提高飞灰凝并吸收、脱除 SO_3/H_2SO_4 效率的要求不断增强，通过建立风洞和积灰磨损实验平台，本研究在对传统的螺旋翅片、针形翅片和单 H（或 1H）形、2H形翅片进行了传热阻力特性及其积灰、磨损和腐蚀特性的对比研究的基础上，重点关注其结构特点对飞灰凝并吸收的影响特性，深入剖析了 H 形翅片可实现烟气的单元体均匀分割、流体加速和压缩聚合的独特优势，并进一步发明了 4H 形翅片强化传热元件，实现了传热元件气、液、固三相流场的连续均匀、贴壁凝并和深度吸收，有效抑制了低温腐蚀，提出并实现了 4H 形翅片管组的高效组对制造工艺，实现了高效、高质量生产和产业化。4H 形翅片由西安交通大学和青岛达能环保设备股份有限公司共同首次提出，以《一种翅片管组制造方法和专用焊机》，申请并获得发明专利授权[48]，并研制了 4H 形翅片管专用焊机生产线，与螺旋翅片、针形翅片、1H 形翅片、2H 形翅片存在流动中断、无法连续均匀实现高效凝并吸收的特点相比，4H 形翅片有效提高了飞灰中碱性物质凝并吸收、脱除 SO_3/H_2SO_4 的效率，同时 4H 形翅片管专用焊机可以同时焊接 2 组具有不同弯管半径的 180°弯头和直管段组成的 4H 形翅片管束，整个管屏减少了 50％的 180°弯头的对接焊接工作量，生产和组装效率分别提高了 1 倍和 3 倍，大大提升了企业制造能力，且 4H 形翅片管束焊接、装配质量高，刚度和稳定性全面优于针形、螺旋翅片、1H 形翅片和 2H 形翅片管束，实现了 4H 形翅片管束的高效传热和紧凑设计，抑制了积灰、磨损和低温腐蚀。图 1-36 示出了 4H 形翅片管束及焊接结构；图 1-37 示出了 4H 形翅片和传统的 2H、1H 形翅片传热元件结构对比图。

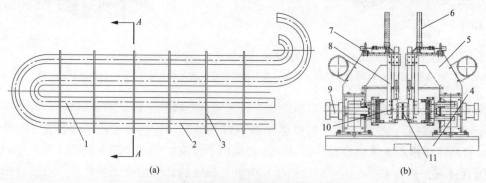

(a)　　　　　　　　　　　　　　　(b)

图 1-36　4H 形翅片管束及焊接结构

（a）带 180°弯头 4H 形翅片管束；（b）4H 形翅片专用焊接装置

1—内 U 形管束；2—外 U 形管束；3—4H 翅片；4—机座；5—机架；6—翅片自动落料仓；7—送料气缸；

8—落料通道；9—水平堆料气缸；10—电极夹紧装置；11—翅片管组

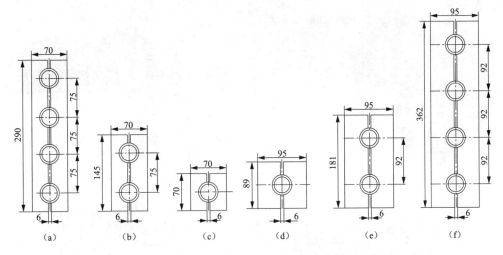

图 1-37　新型 4H 形翅片和传统 2H、1H 形翅片传热元件结构对比

(a) 70mm×290mm；(b) 70mm×145mm；(c) 70mm×70mm；(d) 95mm×70mm；

(e) 95mm×181mm；(f) 95mm×362mm

　　除此之外，针对管束及其前后异形烟道及均流结构对气、液、固凝并吸收脱除 SO_3/H_2SO_4 以及积灰、磨损和腐蚀耦合作用规律，本研究还进一步提出了流场不均匀累积系数 M 以指导其异形烟道、导流结构和传热结构的优化设计，通过大量烟道、导流、传热结构优化设计和运行效果对比，实际工程应用中，通过改进结构设计使 M 值小于 20，可以实现气、液、固高效凝并吸收脱除 SO_3/H_2SO_4；抑制积灰、磨损和低温腐蚀，解决了流场不均匀导致凝并吸收效果差及气氛变化引起的局部腐蚀的难题。从图 1-38（a）、图 1-38（b）所示的某典型燃煤机组的传热管束及其前后烟道、导流及流动结构可以看出，烟气深度冷却过程中烟气飞灰发生气、液、固凝并吸收，脱除 SO_3/H_2SO_4 的效果是由 m_1（空气预热器出口）、m_2（含导流板的 90°转弯）、m_3（含导流板的 90°转弯）、m_4（含导流板的 90°转弯）、m_5（渐扩段）、m_6（传热管束）、m_7（渐缩段）、m_8（转弯段）8 个局部流场不均匀流动段累积而成（m_i 数值的详细描述可参见第三章第四节），该结构的流场不均匀累积系数 M 为

$$M = \prod_{i=1}^{8} m_i = m_1 \times m_2 \times m_3 \times m_4 \times m_5 \times m_6 \times m_7 \times m_8 = 17.6 \tag{1-8}$$

　　图 1-38（c）、图 1-38（d）示出了烟气深度冷却器前没有布置导流板的结构及其速度场模拟情况，与烟气深度冷却器前无导流板结构相比，在烟气深度冷却器前布置了导流板的烟道结构的流动均匀性大大提高，图 1-38（a）整体结构的优化设计可以实现气、液、固高效凝并吸收，脱除 SO_3/H_2SO_4，有效抑制积灰、磨损和低温腐蚀。经过对 3 台布置了烟气深度冷却器的燃煤机组的现场测试表明，当烟气温度降低到 90℃且对传热管束及其前后的烟道结构进行优化设计时，SO_3/H_2SO_4 的脱除效率均大于 80%。

　　（4）烟气深度冷却器回热实时动态调控关键技术。煤种复杂、负荷多变一直是我国燃煤机组节能减排和安全高效运行的障碍。为解决燃煤机组煤种复杂和负荷多变给烟气深度冷却和热力系统造成不稳定节能减排的运行工况，本研究团队建立了余热利用热功转换、状态参数、余热利用经济性的多元非线性计算模型，发明了燃煤机组烟气深度冷却器回热实时动态调控方法及装置[49]，研制开发了热力及回热设计系统[50]，在烟气深度冷却器静态设计的基

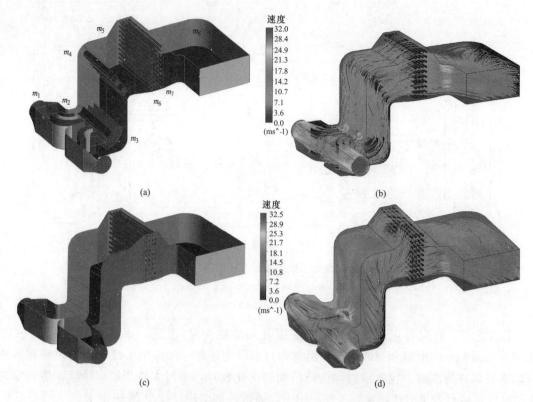

图 1-38　传热管束及烟道流动结构流场均匀性调控设计
（a）传热管束及导流板结构组合；（b）图 1-38（a）整体结构速度场的数值模拟；
（c）传热管束及无导流板结构组合；（d）图 1-38（c）整体结构速度场的数值模拟

础上，通过 DCS 获取和烟气深度冷却器运行相关的状态参数，如图 1-39 所示，解决了传统静态回热优化无法跟踪煤种复杂和负荷多变的弊病，实现烟气深度冷却系统耦合热力系统运行的实时动态调控。其技术特征是：根据燃料特性计算烟气的酸露点及水露点温度，在烟气特性计算的基础上进行水和水蒸气特性计算；在结构布置的基础上进行烟气传热系数的计算；以等效热降原理为理论基础，对嵌入烟气深度冷却器的热力系统的回热状态参数进行参数优化，按照增加发电功率最大值和抑制低温腐蚀的双重要求，建立了余热利用热功转换和成本回收年限的目标函数进行多元非线性优化计算，确定烟气深度冷却器的实际运行状态参数，使烟气深度冷却回热加热系统调整至最优化，实现了烟气深度冷却器运行时的实时动态调控，抑制了低温腐蚀。

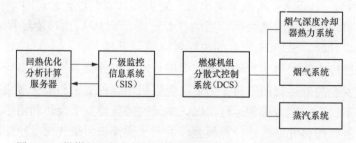

图 1-39　燃煤机组烟气深度冷却器回热实时动态调控方法及装置

（5）烟气深度冷却器余热利用系统集成关键技术。燃煤机组锅炉排烟余热量大、品位低，一般为 120～150℃，将烟气深度冷却至 90℃，烟气温度降低 30～60℃。因此，如何高效利用燃煤机组排烟余热进行热量和热功转换是余热利用的关键难题。为解决这一关键难题，应用等效热降理论建立了烟气深度冷却加热系统热经济性分析模型，发明了系列烟气深度冷却余热利用系统[35,36,51]，如图 1-40、图 1-41 所示，研制了高效紧凑型换热器设计系统，开发了 3 大系列 9 个品种的烟气深度冷却器系列装置及产品，并实现大规模生产及工程应用，其技术特征是：

1）排烟余热作为暖风器的热源，加热锅炉进风，形成烟气深度冷却器和暖风器联立的具有独立水循环系统的余热利用系统，正常运行时，可以显著增加热功转换品位。

2）排烟余热加热凝结水，从某级低压加热器截取凝结水，经烟气深度冷却器加热后，回水至温度更高一级的低压加热器，可与某级低压加热器并联也可串联于 2 级低压加热器之间，通过减少低压加热器从汽轮机的抽汽量，增加汽轮机发电功率，达到提高机组整体循环效率的目的，也具有较高的热功转换品位。

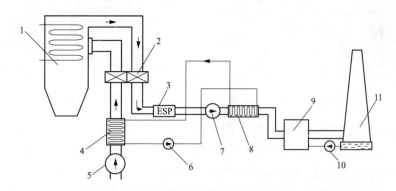

图 1-40　锅炉烟气深度冷却余热利用系统示意图

1—锅炉；2—空气预热器；3—静电除尘器；4—暖风器；5—送风机；6—水泵；7—增压风机；
8—烟气深度冷却器；9—脱硫塔；10—耐酸泵；11—湿烟囱

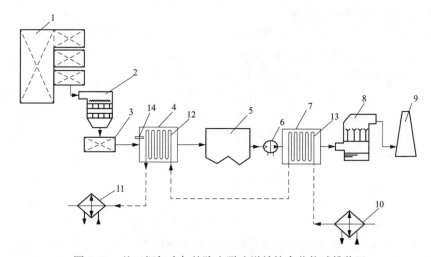

图 1-41　基于烟气冷却的除尘脱硫增效综合节能减排装置

1—锅炉；2—脱硝系统；3—空气预热器；4—前烟气冷却器；5—静电除尘器；6—风机；7—后烟气冷却器；8—脱硫塔；9—烟囱；10—N 级低压加热器；11—N-1 级低压加热器；12—第一换热管；13—第二换热管；14—引风机

3）排烟余热加热外网水用于供热或作为冷暖空调的热源，只实现热量转换，品位较低。

4）排烟余热加热脱硫塔后的低温含液滴的饱和湿烟气，也具有独立的水循环系统，具有烟气加热脱白和降低烟囱低温腐蚀的作用，同时有利于消除烟囱的"烟羽""石膏雨"等现象，也只是实现热量转换，品位较低。

图 1-42 示出了以上 3 种余热循环梯级利用系统集成原理图，集中体现了燃煤机组余热回收用热的途径，其中，中间换热器可用于凝结水或外网水的加热转换系统。

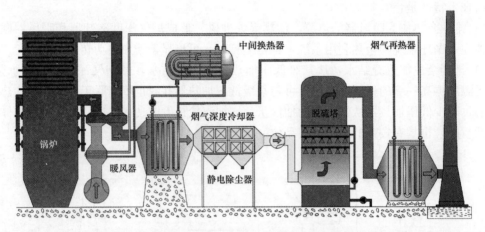

图 1-42　以烟气深度冷却为核心的余热回收综合加热系统

表面上看起来，"烟气深度冷却器"产品的设计开发和示范就是一种工程应用，但是我们从中发现并提出了低温腐蚀、积灰和磨损耦合等机理性研究命题，并不断形成新的研究成果，这些成果也相继发表在 Applied Thermal Engineering[52]、Materials and Corrosion[53] 等 SCI 源刊杂志上，扩大了烟气深度冷却研究的学术影响。围绕燃煤机组烟气深度冷却节能减排的重大需求，从应用基础、关键技术到产品研发，开展了系统深入的研究，取得了较为完整的具有自主知识产权的研究成果。

二、烟气深度冷却的基本优势

烟气深度冷却器是指一种可以将化石燃料燃烧系统的排烟温度降低到烟气酸露点温度的热能转换装置，该装置的效能就是深度降低锅炉排烟温度，突破烟气酸露点温度的限制，深度回收烟气余热，利用该余热可以加热供给火电系统或其他系统的工质（凝结水、空气、烟气、采暖水、脱硫废水），从而实现燃煤机组烟气深度冷却和节能减排。烟气深度冷却余热回收系统具有独立的运行系统，一般布置于静电除尘器进口或脱硫塔之前，通过烟气深度冷却器将烟气温度降低到 90℃，甚至更低，也可 2 级布置于静电除尘器前后，将进入脱硫塔的烟气温度冷却到更低的烟气温度，如 60~75℃。烟气深度冷却器回收的烟气热量通过烟气冷却器加热凝结水到一定温度水平进入下一级低压加热器，如图 1-43 所示；也有的系统利用烟气深度冷却回收的热量加热进入空气预热器之前的冷空气，构成烟气深度冷却器-暖风器联立系统；还有的系统采用烟气深度冷却获得的热量加热脱硫塔之后的烟气，被称为低低温系统。在回收烟气余热的同时，该系统不影响现有热力系统的长周期安全运行。烟气深度冷却不仅降低了进入静电除尘器和脱硫塔的进口烟气温度，而且减少了脱硫塔的工艺冷却水量，通过降低排烟温度回热加热凝结水提高了机组发电效率，增加了汽轮机发电功率。

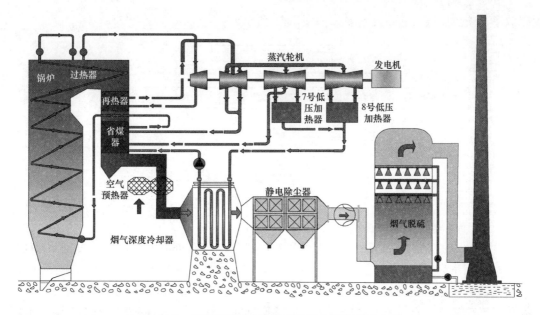

图 1-43　烟气深度冷却器余热回收加热凝结水系统

与加装低压省煤器或传统 GGH 烟气回收装置的传统机组系统相比，这种采用独立运行系统的烟气深度冷却余热回收系统具有以下特点：

（1）因为该系统具有独立的运行系统、独立的水循环系统，所以现役机组只需要增加这套系统而不改变其他设备、系统等就可以完成改造。即使本系统使用过程中出现故障，仅仅停修故障设备即可，并不影响机组的正常运行。

（2）烟气深度冷却器安装在静电除尘器之前，深度降低进入静电除尘器的进口烟气温度，显著降低烟气中烟尘的比电阻，大大减少烟气体积，降低静电除尘器中烟气烟尘的流速，显著提高了静电除尘效率。尽管烟气深度冷却器增加了烟气流动阻力，但是由于烟气体积减小，引风机电耗将会减少，由此获得的收益可以抵消其自身阻力增加引起的电耗。

（3）烟气深度冷却器具有低压省煤器和传统 GGH 烟气回收装置所有的优点。烟气深度冷却器安装在静电除尘器之前，虽然烟气深度冷却器工作在高尘区，但是采用具有自清灰和抗磨损的 H 形翅片管可以解决烟气的积灰和磨损问题，这保证了烟气深度冷却器的加入并不改变机组原有系统的长周期安全运行；加装烟气深度冷却器后，排烟温度降低，锅炉或机组效率提高；燃煤机组中湿法脱硫系统耗水量大主要是因为脱硫塔绝热蒸发过程耗水量太大，而烟气经过烟气深度冷却器后，温度降到最佳脱硫温度附近再进入脱硫塔，不仅脱硫效率高，而且蒸发水量大大减少，同时烟囱出口的饱和水和水蒸气排放量、污水排放及处理费用大大降低，从整体上有利于环境保护。

（4）当烟气深度冷却器不得已布置于除尘器之后或脱硫塔之前，由于所有燃煤机组都有脱硫塔，且脱硫技术比较成熟，具备处理烟气结露腐蚀的能力，而后续烟道及湿烟囱进行了防腐处理，湿烟囱底部有盛酸池，烟气在湿烟囱中结露形成硫酸汇入盛酸池，经耐酸泵送入脱硫塔进行处理，所以烟气深度冷却器出口烟气可以直接通入脱硫塔进行后续处理，不存在安全隐患问题。

因此，烟气深度冷却器的基本优势可以归纳为提高机组系统效率，增加除尘效率，提高脱硫效率，减少脱硫工艺冷却水量，如图 1-44 所示。

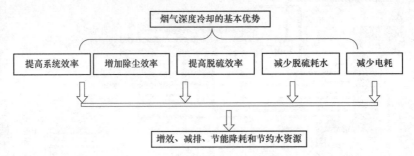

图 1-44 烟气深度冷却器的基本优势

（一）提高系统效率，节约能源

烟气深度冷却系统投运后，可使发电机组的排烟温度降低到 90℃，甚至更低，深度回收烟气余热加热凝结水，嵌入原有热力系统循环利用，经烟气深度冷却器和 N 级低压加热器并联或串联加热后回送到 $N-1$ 级低压加热器，排挤汽轮机抽汽，增加汽轮机发电功率，提高机组循环效率，直接节约煤炭资源。经过等效热降理论计算，一般将燃煤机组排烟温度降低 30℃ 左右，加热凝结水，可使燃煤发电系统每度电节约 2.0g 标准煤左右，若采用联立的余热综合利用系统，还将节约更为可观的煤炭量。

青岛达能环保设备股份有限公司和西安交通大学将创新设计的烟气深度冷却器整体布置方案应用于 100 多台 300~1000MW 的燃煤机组节能减排提效工程，工程完成后，青岛达能环保设备股份有限公司和相关电厂委托我国电力行业公认的权威测试部门进行了热工及能效测试，以便于工程验收和节能减排效果考核，目前已经测试的工程项目 20 多个，表 1-7 和表 1-8 示出了示范工程单位、测试时间以及 8 家燃煤机组烟气深度冷却器系统投运后和热力循环系统耦合之后的节煤量。

表 1-7 8 家燃煤电厂烟气深度冷却性能测试表

序号	设备名称	测试日期
1	华能国际宁夏大坝发电有限公司（简称宁夏大坝）2 号锅炉低温省煤器改造	2011 年 12 月
2	大唐国际广东潮州发电有限公司（简称大唐潮州）4 号机，烟气深度冷却改造	2012 年 11 月
3	华润电力湖北有限公司 1 号机组，低温省煤器改造	2013 年 7 月
4	沧州华润热电有限公司 2 号机组，烟气余热换热器改造	2013 年 8 月
5	华润电力涟源有限公司（简称华润涟源）2 号机组，低温省煤器改造	2013 年 11 月
6	华润沧州热电有限公司（简称华润沧州）1 号机组，烟气余热换热器改造	2014 年 9 月
7	华能日照电厂（简称华能日照）1 号机组低低温烟气换热器改造	2015 年 9 月
8	华能日照电厂 3 号机组低低温烟气换热器改造	2015 年 9 月

表 1-8 燃煤电厂烟气深度冷却系统耦合热力系统后的集成节煤量

燃煤机组	投入/退出时热耗率 [kJ/(kW·h)]	热耗率下降 [kJ/(kW·h)]	投入/退出供电煤耗 [g/(kW·h)]	进口/出口烟气温度（℃）	热功率（MW）	供电标准煤耗降低 [g/(kW·h)]
宁夏大坝 2 号 300MW	7881.8/ 7925.9	44.10		145.6/ 128.4	7.6	1.425

续表

燃煤机组	投入/退出时热耗率 [kJ/(kW·h)]	热耗率下降 [kJ/(kW·h)]	投入/退出供电煤耗 [g/(kW·h)]	进口/出口烟气温度 (℃)	热功率 (MW)	供电标准煤耗降低 [g/(kW·h)]
华润涟源1号 330MW	8204.3/ 8252.8	48.5	308.9/ 307.1	141.4/ 101.5	18.9	1.80
华润沧州2号 300MW	8122.40/ 8189.55	67.15	301.82/ 299.34	145.16/ 99.33	18.9	2.47
华润涟源2号 300MW	8129.0/ 8190.9	61.9	331.1/ 328.5	146.9/ 99.7	18.9	2.55
华润沧州1号 300MW	8133.25/ 8187.36	54.11	302.18/ 300.19	137.83/ 99.46	18.9	2.00
华能日照1号 350MW	8208.8/ 8265.1	56.3	301.56/ 302.97	133.4/ 91.1	20.3	2.15
华能日照3号 680MW	7905.5/ 7957.4	51.9	290.91/ 292.82	142.0/ 93.7	35.2	2.12
大唐潮州4号 1000MW	7406.57/ 7475.66	69.09	286.34/ 289.70	125.4/ 95.0	38.8	2.79

表1-7和表1-8表明，300～1000MW的燃煤电厂的余热利用热量在7.6～38.8MW之间变化；该系统投入时耦合系统的热耗率降低了44.1～69.09kJ/(kW·h)，每千瓦时可以节约1.425～2.79g标准煤。

下面以华能日照电厂1号机组为例来说明烟气深度冷却器系统投运后热力循环系统的综合投运效果。

(1) 350MW负荷下，烟气深度冷却器投运后，凝结水量为578.6t/h，水温从72.8℃升高到102.9℃，升高30.1℃，烟气温度从133.4℃降低至91.1℃，降低42.3℃，烟气深度冷却器吸热量为20.3MW，烟气深度冷却器进/出口烟气侧平均阻力为352Pa，水侧平均阻力为0.10MPa，烟气深度冷却器AB侧平均漏风率为0.21%，机组热耗降低56.4kJ/(kW·h)，折合发电煤耗降低2.07g/(kW·h)。综合考虑汽轮机热耗、引风机电耗、升压泵电耗的影响，350MW负荷下投运烟气深度冷却器后，供电煤耗降低2.15g/(kW·h)。

(2) 263MW负荷下，烟气深度冷却器投运后，凝结水量为380.0t/h，凝结水温从72.9℃升高到105.4℃，升高32.6℃，烟气温度从130.1℃降低至87.4℃，降低42.7℃，烟气深度冷却器吸热量为14.4MW，烟气深度冷却器进/出口烟气侧平均阻力为176Pa，水侧平均阻力为0.05MPa，烟气深度冷却器AB侧平均漏风率为0.24%，机组热耗降低78.6kJ/(kW·h)，折合发电煤耗降低2.90g/(kW·h)。综合考虑汽轮机热耗、引风机电耗、升压泵电耗的影响，263MW负荷下投运烟气深度冷却器后，供电煤耗降低3.04g/(kW·h)，达到设计要求。

(3) 180MW负荷下，烟气深度冷却器投运后，凝结水量为244.3t/h，实际凝结水温从64.5℃升高到95.1℃，升高30.6℃，烟气温度从122.0℃降低至82.3℃，降低39.7℃，烟气深度冷却器吸热量为8.7MW，烟气深度冷却器进/出口烟气侧平均阻力为118Pa，水侧平均阻力为0.05MPa，烟气深度冷却器AB侧平均漏风率为0.26%，机组热耗降低65.2kJ/

（kW·h），折合发电煤耗降低 2.41g/（kW·h）。综合考虑汽轮机热耗、引风机电耗、升压泵电耗的影响，180MW 负荷下投运烟气深度冷却器后，供电煤耗降低 2.56g/（kW·h），达到设计要求。

（4）试验工况中，烟气深度冷却器最高进口烟气温度为 133.4℃，比设计值 143℃ 低 9.6℃，对应工况烟气温度降至 91.1℃，达到设计要求。

（二）减少烟尘比电阻，减小烟气体积，增加除尘效率

烟尘比电阻是静电除尘器设计中的主要考虑参数之一，也直接影响静电除尘器的运行效果，是决定其除尘效率的关键因素之一。相关研究表明，温度对烟尘比电阻具有非常大的影响，通常烟尘比电阻会随着温度的升高而先升高后降低。根据设计条件，绘制出了 3 种煤种烟尘比电阻曲线（测定电压为 500V），如图 1-45 所示。由这 3 种煤种的烟尘比电阻曲线可知，当这 3 种煤燃烧所产生的烟气温度在 120～150℃ 范围时，烟尘比电阻值最高。若在烟气进入电除尘器之前将烟气温度降低 20～40℃，即达到 90℃ 及以下时，将大幅度降低烟尘比电阻，从而可以有效地提高静电除尘器的除尘效率。除此之外，烟气深度冷却后，烟气体积明显减少，由此降低了烟气携带烟尘在静电除尘器中的流动速度，从而有效提高了静电除尘器的除尘效率。

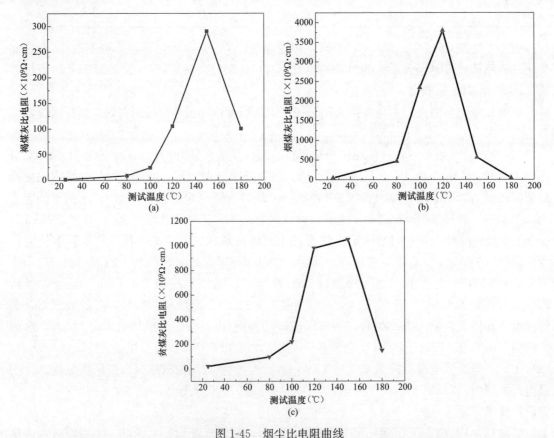

图 1-45 烟尘比电阻曲线

（a）褐煤烟尘比电阻曲线；（b）烟煤烟尘比电阻曲线；（c）贫煤烟尘比电阻曲线

山东日照发电有限公司 2 号机组发电功率为 350MW，原配套双室四电场静电除尘器。2014 年完成 2 号机组静电除尘器提效改造。在原电除尘器末级电场后增加第五电场；将第

一、第二电场电源更换为高频电源，其他电场更换为高效电源；对静电除尘器本体极板、振打等设备进行了恢复性检修，更换部分极线。表1-9中烟尘浓度值均为烟气在标准状态、干基和6%氧气含量的条件下的折算数据。试验结果表明：

（1）2号机组在烟气深度冷却器停运时，静电除尘器出口平均烟尘排放浓度为60.93mg/m³（标准状态、干基、6%氧气含量）。

（2）2号机组在烟气深度冷却器投运时，静电除尘器出口平均烟尘排放浓度为37.61mg/m³（标准状态、干基、6%氧气含量），仅实施烟气深度冷却降低烟尘38%。

表1-9示出了华能日照电厂2号机组烟气深度冷却器投运后的除尘增效数据对比，由表1-9可以看出，烟气深度冷却器投运静电除尘效率提高0.10%，由未投烟气深度冷却器的静电除尘效率99.75%提高到99.85%。

表1-9　华能日照电厂2号机组烟气深度冷却器投运前、后静电除尘效率对比

退出时进/出口烟气温度（℃）	退出时进/出口烟尘浓度（mg/m³）	投入时进/出口烟气温度（℃）	投入时进/出口烟尘浓度（mg/m³）	投入/退出除尘效率（%）
132/130	24340/60.93	97/96	24750/37.61	99.85/99.75

（三）减小烟气体积，降低辅机动力消耗

增加烟气深度冷却器后，烟气侧流动阻力增加，引风机电耗增加；凝结水被引入到烟气深度冷却器中，凝结水工质侧水阻力增加，凝结水升压泵电耗增加。但烟气温度降低后烟气体积减小对引风机、增压风机电耗会产生综合影响，折算成供电煤耗后，经综合测试计算可以发现，增加烟气深度冷却器后，烟气深度冷却器系统投运后整体收益超过阻力增加引起的引风机电耗，热力循环系统供电煤耗整体降低。

1. 华能日照电厂1号机组

与未安装低低温烟气换热器时相比，350MW负荷下，烟气深度冷却器投运后，风烟系统阻力增加7.46%，烟气体积流量降低10.40%，引风机电耗降低0.049%，折合供电标准煤耗降低0.15g/(kW·h)；263MW负荷下，烟气深度冷却器投运后，风烟系统阻力增加6.24%，烟气体积流量降低10.58%，引风机电耗降低0.065%，折合供电标准煤耗降低0.20g/(kW·h)；180MW负荷下，烟气深度冷却器投运后，风烟系统阻力增加5.35%，烟气体积流量降低10.07%，引风机电耗降低0.082%，折合供电标准煤耗降低0.25g/(kW·h)。表1-10示出了华能日照电厂1号机组烟气深度冷却器投运后辅机电耗变化情况。

表1-10　华能日照电厂1号机组不同负荷下烟气深度冷却器投运后辅机电耗变化

项目	单位	350MW负荷工况	263MW负荷工况	180MW负荷工况
风烟系统阻力增加	Pa	458	236	153
引风机全压	Pa	6140	3780	2860
风烟系统阻力增加占比	%	7.46	6.24	5.35
低低温换热器入口烟气温度	℃	133.4	130.1	122.0
低低温换热器出口烟气温度	℃	91.1	87.4	82.3

项目	单位	350MW 负荷工况	263MW 负荷工况	180MW 负荷工况
烟气体积流量降低	%	10.40	10.58	10.07
引风机电耗降低	%	0.049	0.065	0.082
引风机供电标准煤耗降低	g/(kW·h)	0.15	0.20	0.25
升压泵厂用电率增加	%	0.022	0.021	0.031
升压泵供电标准煤耗增加	g/(kW·h)	0.07	0.06	0.10
辅机供电标准煤耗降低	g/(kW·h)	0.08	0.14	0.15
汽轮机热耗折合发电煤耗降低	g/(kW·h)	2.07	2.90	2.41
热力系统供电煤耗降低净收益	g/(kW·h)	2.15	3.04	2.56

2. 华能日照电厂 3 号机组

与未安装低低温烟气换热器时相比，675MW 负荷下，烟气深度冷却器投运后，风烟系统阻力增加 6.41%，烟气体积流量降低 11.65%，引风机、增压风机电耗降低 0.09%，折合供电标准煤耗降低 0.28g/(kW·h)；510MW 负荷下，烟气深度冷却器投运后，风烟系统阻力增加 8.66%，烟气体积流量降低 9.74%，引风机电耗降低 0.06%，折合供电标准煤耗降低 0.17g/(kW·h)；350MW 负荷下，烟气深度冷却器投运后，风烟系统阻力增加 9.33%，烟气体积流量降低 7.78%，引风机电耗降低 0.03%，折合供电标准煤耗降低 0.09g/(kW·h)。表 1-11 示出了华能日照电厂 3 号机组烟气深度冷却器投运后辅机电耗变化情况。

表 1-11　华能日照电厂 3 号机组烟气深度冷却器投运后烟气深度冷却器投运后辅机电耗变化

项目	单位	675MW 负荷工况	510MW 负荷工况	350MW 负荷工况
风烟系统阻力增加	Pa	232	201	126
引风机全压	Pa	3620	2320	1350
风烟系统阻力增加占比	%	6.41	8.66	9.33
烟气深度冷却器入口烟气温度	℃	142.0	131.4	118.6
烟气深度冷却器出口烟气温度	℃	93.7	92.0	88.1
烟气体积流量降低	%	11.65	9.74	7.78
引风机、增压风机电耗降低	%	0.09	0.06	0.03
增引风机供电标准煤耗降低	g/(kW·h)	0.28	0.17	0.09
升压泵厂用电率增加	%	0.022	0.021	0.009
升压泵供电标准煤耗增加	g/(kW·h)	0.07	0.07	0.03
辅机供电标准煤耗降低	g/(kW·h)	0.21	0.10	0.06
汽轮机热耗折合发电煤耗降低	g/(kW·h)	1.91	1.67	1.57
热力系统供电煤耗降低净收益	g/(kW·h)	2.12	1.77	1.63

（四）深度降低烟气温度，提高脱硫效率，减少脱硫工艺冷却水量

湿法脱硫工艺具有运行费用低、运行可靠和脱硫效率高等特点，是我国目前使用最广泛的一种脱硫方法。湿法脱硫可以分为以下几个过程：

（1）当水进入脱硫装置内时，由于烟气中的二氧化硫浓度比水中高，因此二氧化硫就会溶解进水里，同时溶解在水中的二氧化硫也会挥发至烟气中，这一过程为可逆过程。在初始阶段溶解速度大于挥发速度，随着烟气中二氧化硫浓度降低，水中二氧化硫浓度升高，这一过程最终达到平衡。

（2）溶解在水中的二氧化硫电离出氢离子和亚硫酸氢根离子，同时氢离子和亚硫酸氢根离子又会合成亚硫酸，该过程也为可逆过程。同样，随着水中氢离子浓度增加，这一过程也会达到平衡。

（3）当水从脱硫装置中排出时，溶解在水中的二氧化硫也将一起排出。

在整个脱硫过程中需要消耗大量的工艺水来冷却烟气温度至最佳脱硫工况，同时溶解石灰石。因此在进入脱硫塔之前降低烟气温度将大量减少工艺冷却水的需求量，从而降低运行成本。以某电厂 600MW 燃煤发电机组为例来计算一下烟气深度冷却之后脱硫塔节约的工艺水量。设计条件如下：烟气深度冷却器布置于增压风机之后、脱硫塔之前的烟道内，每台机组布置 1 台烟气深度冷却器；本设计根据用户提供的运行实际排烟温度分别按 118℃ 和 123℃ 计算，依据锅炉运行情况，按 2 种设计方案将烟气温度分别降至 97℃ 和 75℃。方案一：根据数据计算得到烟气硫酸露点温度为 96.5℃，为保证烟气冷却器安全运行，将烟气深度冷却器出口烟气温度设计为 97℃；方案二：为回收更多烟气余热，同时节约脱硫塔工艺冷却水量，在确保进入烟囱的烟气抬升能力的前提条件下，将烟气冷却器出口烟温设计为 75℃。表 1-12 为烟气深度冷却时脱硫塔工艺冷却节水量的理论计算结果。该机组经过烟气深度冷却技术改造后对脱硫塔水量平衡进行了测试，实测结果和理论计算值大致平衡。

表 1-12　　　600MW 燃煤发电机组加装烟气深度冷却器后脱硫塔工艺冷却水节约量

名称	单位	方案一	方案二
烟气冷却器进口烟气温度	℃	118	123
烟气冷却器出口烟气温度	℃	97	75
烟气质量流量	kg/s	812	812
换热量	kW	18406	37688
工艺水进口温度	℃	38	38
工艺水出口温度	℃	48	48
1kg 工艺水加热热耗	kJ/kg	41.822	41.822
1kg 工艺水蒸发热耗	kJ/kg	2417.6	2417.6
1kg 工艺水总热耗	kJ/kg	2459.4	2459.4
节水量	t/h	26.7	54.67

三、烟气深度冷却的潜在优势

随着烟气深度冷却增效减排技术在我国燃煤机组的规模化推广应用，其节能减排效益越加明显，本研究经过 8 年的科研攻关，也仅仅解决了烟气深度冷却增效减排关键技术的基本

问题，即充分发挥了烟气深度冷却增加发电功率、节约标准煤、除尘增效、降低引风机或增压风机电耗、脱硫提效和节约用水等基本优势，烟气深度冷却技术还有更深层次的潜在优势没有发挥，或者说过程和目标已经实现，但是，由于理论基础、机理研究水平和低浓度或痕量污染物在线监测和离线检测测试仪器的限制跟不上工程应用的步伐，正处于积极地探索研究之中，这也将是下一步烟气深度冷却关键技术的研究重点。

根据国外科研人员研究发现：当烟气深度冷却到硫酸露点及以下时，烟气中的二价汞 Hg^{2+}、SO_3 将凝并吸收到烟气中的飞灰 PM 表面上形成凝并吸收产物，凝并吸收产物可在后续的静电除尘器中一起脱除，图 1-46 左侧示出了 Hg^{2+}、SO_3 和 PM 的凝并吸收机理。

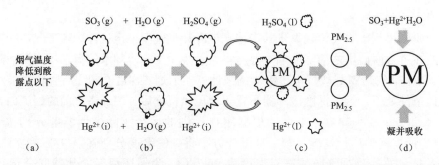

图 1-46　Hg^{2+}、SO_3 和 PM 高效凝并吸收及 PM 聚合过程示意图
(a) 烟气冷却；(b) Hg^{2+}、SO_3 和 PM 凝并吸收；(c) 凝并吸收聚合；(d) PM 聚合

本研究团队在研究烟气深度冷却机理和关键技术的过程中，受烟气深度冷却 $SO_3(g)$ 和 $H_2O(g)$ 形成 $H_2SO_4(g)/H_2SO_4(l)$ 并和 PM 发生凝并吸收机理的启发，从 2012 年开始研究 SO_3 的生成、转化机理及其脱除技术，并由此延伸到 SO_3、Hg^{2+} 和 PM 凝并吸收机理的研究，通过近几年的初步研究，认为烟气深度冷却过程中的 SO_3、Hg^{2+} 和 PM 吸收凝并机理和雾霾的形成及其蔓延的机理极为类似，由此推测可能是 $SO_3(g)$ 和 $H_2O(g)$ 形成 $H_2SO_4(g)/H_2SO_4(l)$ 的反应首先诱导了以 PM 为核心的雾霾的直接形成；吸附过程遵循扩散转化机制，而凝并过程遵循露点转化机制，没有凝并吸收到 PM 上的 $H_2SO_4(g)/H_2SO_4(l)$ 和大气中的 NH_3 化合形成硫酸铵盐，直接导致雾霾的蔓延，这就是媒体时常常说的"重度雾霾"；当大气温度进一步降低时，其他各种酸性气体，如 $SO_2(g)$、$NO_x(g)$ 将被大气中的 O_3 等氧化剂氧化成高价态，分别和 $H_2O(g)$ 化合形成 H_2SO_3、HNO_2、H_2SO_4 和 HNO_3，因此，当雾霾蔓延时，也会形成硝酸铵盐，硫酸铵盐和硝酸铵盐二次 PM 又增加了颗粒物的体积份额，再度成为凝并吸收的核心，推进凝并吸收的连锁反应，引致雾霾的极度蔓延，因此，雾霾是以一次和二次 PM 为核心的酸性气体和水蒸气的凝并吸收产物，烟气深度冷却为燃煤机组 SO_3、Hg^{2+} 和 PM 污染物协同脱除创造了有利条件，因此，烟气深度冷却技术还具有显著的污染物深度协同脱除效果，这也是该技术的潜在优势。

另据国外科研人员研究发现：当烟气深度冷却到烟气酸露点及以下时，40%～50%的 PM 也将发生聚合，PM 的聚合非常有利于微细颗粒物的脱除，因此，烟气深度冷却技术具有减缓雾霾的明显效果，这一结论还需要进一步的实验验证。图 1-43 右侧示出了不同粒径的 PM 聚合长大的机理。

　　针对烟气深度冷却过程中酸露点温度发生实时变化，建立了灰颗粒凝并吸收 SO_3/H_2SO_4（g）/H_2SO_4（l）的实验平台并对现场实时动态取样的飞灰进行了微观面扫描测试分析，在此基础上，建立了气、液、固热质传递模型，如图 1-47 所示。该模型揭示了烟气深度冷却时 SO_3/H_2SO_4 和灰颗粒的气、液、固三相酸灰吸收机理，并在工程实践中进一步提出控制碱硫比和累积系数的设计方法，实现了灰颗粒和 SO_3/H_2SO_4（g）/H_2SO_4（l）的高效凝并吸收。世界发达国家从 1957 年开始烟气深度冷却应用基础研究，但一直没有取得根本性突破，其主要难点在于未能揭示烟气深度冷却过程中气、液、固酸灰凝并吸收机理，无法突破理论认识，导致结构设计错位，致使积灰磨损和低温腐蚀难以控制。由此可见，揭示烟气深度冷却时 H_2SO_4 和灰颗粒耦合的气、液、固三相酸灰凝并吸收机理成为制约国内外烟气深度冷却低温腐蚀可控技术发展的主要理论瓶颈。

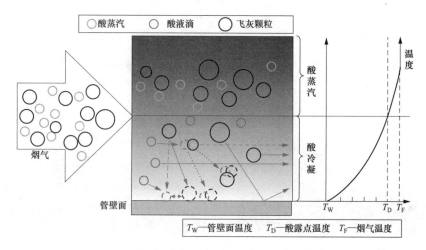

图 1-47　气、液、固酸灰吸收热质传递模型

　　针对这一难题，本研究团队首先搭建灰颗粒吸收 SO_3/H_2SO_4（g）/H_2SO_4（l）的实验平台，建立了气、液、固热质传递模型，结合实时动态灰取样微观测试，在试验中发现了 S 元素向碱性元素 Ca 富集的化学反应机制，深刻揭示了灰中碱性物质是化学吸收 H_2SO_4 的深层次机理，酸灰吸收由物理吸附和化学反应构成，碱性氧化物成为气、液、固三相酸灰吸收和低温腐蚀防控的重要组分，由此，揭示出烟气深度冷却时 SO_3 和 H_2O 化合形成 H_2SO_4 和灰颗粒的气、液、固三相凝并吸收机理。在揭示机理的基础上，为了推广工程应用，又进一步提出了控制碱硫比和流场均匀化的双判据设计方法，其技术特征是：以灰中碱硫比和流场不均匀积累系数计算气、液、固三相酸灰凝并吸收效率，进而预测烟气中剩余 SO_3 或 H_2SO_4 浓度，并由此估算实时硫酸露点温度作为低温腐蚀防控的综合判断指标，该研究成果奠定了酸灰凝并吸收防控低温腐蚀的理论基础（这部分内容是本书的重点，请参见第三章第四节）。

　　本研究方法及装置国内首次应用于华能国际长兴电厂 660MW 超超临界燃煤机组，该方法首次准确测出了燃煤机组烟气深度冷却过程中酸露点温度、低温腐蚀速率和 SO_3 或 H_2SO_4 浓度随温度的实时变化规律。

　　烟气深度冷却过程中可以使 SO_3、Hg^{2+} 和 PM 发生凝并吸收，实现协同脱除，有利于燃煤机组实现常规污染物和细微污染物的超低排放，有利于减缓雾霾的形成和蔓延。然而，目前针对烟气深度冷却过程中 SO_3、Hg^{2+} 和 PM 吸收凝并的研究尚不充分，虽然沿海地区多数燃煤机组已进行了超低排放改造，但是，因为研究不充分，凝并吸收机理并没有被燃煤机组广大科研人员所接受，即使燃煤电厂选择了烟气深度冷却技术，由于理解上的偏差，并没有在设计中优化烟气深度冷却的凝并吸收效果，因此，目前尚无法有效地实现 SO_3、Hg^{2+} 和 PM 的高效深度凝并吸收，因此，需要在烟气深度冷却前期研究的基础上，进一步开展更加深入的研究工作。有鉴于此，未来将在以下 5 个方向继续开展细致的研究工作：

（1）建立全流程气、液、固耦合、多场协同的高效酸灰凝并吸收系统。

"烟气深度冷却器"发展前期，各制造单位仅对烟气深度冷却器本体及进、出口烟气流场进行了局部区域的烟气流场数值模拟，无法模拟含灰气流的流场，造成数值模拟和增设导流板的盲目性，应深度解析从空气预热器出口到烟气冷却器出口的全流程烟气温度场、速度场和飞灰浓度场，推广烟气深度冷却器本体及其前后烟道的气、液、固耦合、多场协同的数值模拟气、液、固浓度分布及其均匀化技术，以建立全流程气、液、固耦合和多场协同的 PM、Hg^{2+} 和 SO_3 高效凝并吸收系统，并实现 PM、Hg^{2+} 和 SO_3 凝并吸收的最大化，深度脱除 SO_3、Hg^{2+} 和 PM，有效防治大气环境中雾霾的形成及蔓延，如图 1-48 所示。

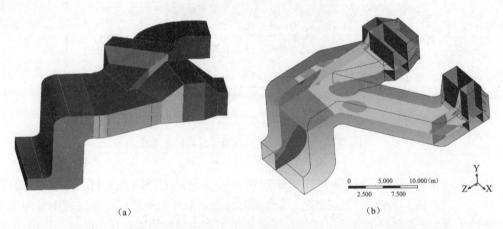

（a）   （b）

图 1-48　从空气预热器出口到烟气深度冷却器出口的全流程数值模拟结构
（a）全流程实体结构；（b）全流程压力分布

（2）形成积灰磨损腐蚀引致泄漏的全寿命周期协同防控技术。传热管束积灰、磨损、低温腐蚀及其耦合引致泄漏一直是烟气深度冷却器长周期安全高效运行的瓶颈和障碍，至今也没有彻底解决。积灰、磨损、低温腐蚀及其耦合相对于泄漏来说是原因，泄漏是积灰、磨损、低温腐蚀及其耦合的结果。在烟气深度冷却器技术发展过程中，燃煤机组烟气深度冷却器曾发生过各种各样的泄漏事故，如图 1-49 所示。通过对现场失效物理、失效原因和失效机理的分析发现，烟气深度冷却器应用前期各设计、生产单位侧重于结构、性能设计和零部件制造环节，忽视了材料选型、设计、制造、安装、运行和维修等全寿命周期的质量控制；从失效预防的角度讲，根据失效的原因，预防失效的途径主要有 4 个方面，即合适的材料选择、合理的零件设计、恰当的工艺路线、正确的使用环境。这 4 个方面材料是基础，设计是

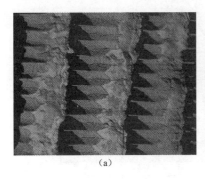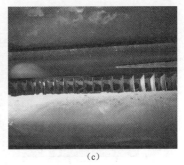

(a) (b) (c)

图 1-49　积灰、磨损和腐蚀导致泄漏事故的表观形貌

(a) 积灰严重导致堵塞；(b) 导流板移位导致磨损泄漏；(c) 飞灰浓度集中导致磨损泄漏

主导，工艺是保证，使用是监护。选择合适的材料是预防泄漏的基础；设计结构合理的零件是预防泄漏的主导条件；选择恰当的工艺路线主要是保证零件、套件和部件的制造质量以预防因制造质量引起的泄漏；熟悉正确的使用环境，确保烟气深度冷却器在使用中的环境行为及服役性能，并对烟气深度冷却器运行中状态参数进行在线监测和缺陷的离线检验，进行泄漏的预警和预防。实际上容易引起烟气深度冷却器生产和燃煤机组用户忽视的是安装，安装被称为"再制造"关键技术，是指安装过程中的质量控制。现场调研表明：多数的泄漏事故可以追溯到设计和安装过程。因此应该加强设计、制造、安装、运行和维修全寿命周期泄漏的协同防控，在安装质量控制上首先确保设计之初现场考察的准确性，其次强化设计、制造过程中的质量控制，最后严格把关安装过程中的精准施工，真正确保烟气深度冷却器的长周期安全高效运行。

（3）形成烟气余热循环综合利用设计优化集成关键技术。烟气深度冷却器发展到今天已进入多样化发展阶段，该装置可以回收烟气余热加热凝结水嵌入燃煤机组热力系统，加热冷空气以收暖风之功效，加热低温烟气以消除烟囱中的"烟羽"现象，加热民用采暖的热网水实现集中供热，更可回收烟气余热产生低压蒸汽供应其他工艺。图 1-50 示出了烟气深度冷却器系统优化集成技术路线。

（4）探索烟气更深度冷却余热利用和污染物冷凝深度脱除耦合的可行性。前已述及，本研究团队利用研发过程中发明的烟气深度冷却低温腐蚀试验方法及装置（如图 1-32 所示），经独立设计、制造和装配之后在 600MW 和 1000MW 大型燃煤电厂首次完成了 6 种钢材、2 种渗层和涂层表面的现场低温腐蚀性能实验，实现了低温腐蚀速率和烟气酸露点温度的可靠检测，获得了腐蚀速率和入口水温的关系曲线，建立了材料选型和金属壁温安全设计准则。图 1-51 示出了在 600MW 亚临界机组静电除尘器之后完成的 5 种钢材的低温腐蚀性能实验所建立的入口水温和腐蚀层厚度之间的关系曲线[54]。

对图 1-51 进一步分析可以看出：当实验装置的入口水温为 70℃时，腐蚀速率达到最低值，此温度高于 HCl 且低于 H_2SO_4 的露点温度，此时只有 H_2SO_4 凝结析出，需要选择抗硫酸露点腐蚀钢制造换热管束，如 ND、Corten 钢具有较好抗硫酸露点腐蚀能力，可以抵抗60％及以上浓度的硫酸腐蚀；当进口水温大于 40℃左右时，此温度高于 H_2O 且低于 H_2SO_4 和 HCl 的露点温度，此时随着进口水温的降低会有 H_2SO_4 和 HCl 相继凝结析出，此时，需要选择 316L 及以上等级的奥氏体不锈钢才能抵抗 HCl 腐蚀，如 317L、317LM 等；而当进口水温低于 40℃时，低于 H_2O 且同时也低于 HCl、H_2SO_4、H_2SO_3、HNO_3 的露点温度，

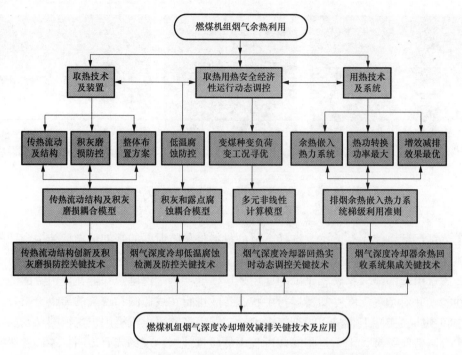

图 1-50　烟气深度冷却器系统优化集成技术路线

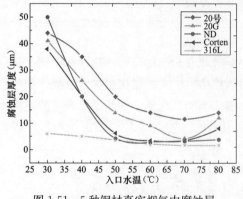

图 1-51　5 种钢材真实烟气中腐蚀层
厚度对比图[54]

此时，随着进口水温的降低，以上各种酸同时凝结析出，当溶液随着 HCl 浓度增加时，需要依次选用双相不锈钢 2205、超级奥氏体不锈钢 254SMO、超级铁素体不锈钢 AL29-C、超级双相不锈钢 2507、合金 904L、Hastelloy C22、Hastelloy C276 等钢材及镍基合金；而当 HF 出现时，几乎可以腐蚀所有的金属；因此当 HF、HCl、H_2SO_4、H_2SO_3 或 HNO_3 同时出现时，可能只有使用非金属材料才具有长期抵抗组合型的酸根离子腐蚀的能力，如氟塑料 PFA、PTFE 等制成的烟气冷凝换热器[32,55]。

因此，当换热器进口水温低于 40℃ 时，烟气可以被更深度冷却到 60～75℃，不仅可以回收更多的余热，而且，更低的烟气温度进入脱硫塔后可以节省更多冷却水耗，并提高脱硫效率，只是此时换热器金属壁温低于 HCl、HF、H_2SO_4、H_2SO_3、HNO_3、HNO_2 等各种酸的露点温度，为了获得长期的使用寿命，换热器可以选用高 CrNiMo 合金和氟塑料，考虑到氟塑料在含灰浓度较高的区域不耐飞灰颗粒冲刷，此时，用氟塑料制成的烟气深度冷却器可以布置在静电除尘器之后和脱硫塔之前，此时烟气中的烟尘浓度约为 $40mg/m^3$ 之下，而且，经过静电除尘器之后，烟尘均为细微颗粒物，不会造成严重的磨损。由此，我们可以联想到，我们是否可以在脱硫塔之前研制开发一种基于各种酸冷凝的污染物预处理塔[56]，此塔放置于静电除尘器之后，脱硫塔之前，塔中布置烟气冷凝换热器，对烟气中 H_2SO_4、H_2SO_3、HNO_2、HNO_3、HCl、HF、超细粉尘等进行预喷淋诱导冷凝沉积和脱除，以减轻脱硫塔压力，减少脱硫塔喷淋层数、减少塔板层数、简化其内件结构，从而实现降低脱硫塔内烟气流动阻力和引风机电耗的目的。特别是那些不选择湿式静电除尘器的超低排放的燃煤机组，高效脱硫、深度除尘完全依赖脱硫塔一塔之力承担，非常需要这样一个既实现烟气余热更深度回收利用又可实现冷凝沉积部分酸液的预处理装置，该装置可采用氟塑料管束制成，直接引入凝结水作为冷源，且该换热器可以作为静电除尘器之前的烟气深度冷却器的前级预热装置，直接和烟道复合成预处理塔，也可以将预处理塔回收的余热直接加热冷风形成独立的封闭系统，以减缓空气预热器的积灰和堵塞。该系统将污染物预冷凝脱除和烟气更深度余热回收利用耦合在一起，具有显著的节能减排效果，如图1-52所示。更进一步，此预脱除烟气冷凝换热器也可以布置在脱硫塔之后，深度冷凝脱除湿饱和烟气中的污染物，起到消除烟囱的"烟羽""石膏雨"等现象，同时实现烟气冷凝消白。

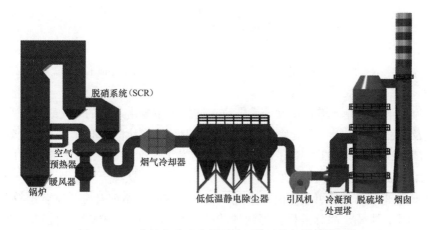

图 1-52　一种具有酸液冷凝预处理装置的超低排放系统

（5）探索利用烟气余热进行燃煤机组脱硫废水零排放的可行性。近几年，随着燃煤机组超低排放节能减排战略的进一步落实，国家对于工业废水达标排放的管控力度也在逐年加大，而目前，国内燃煤机组处理脱硫废水采用的主要方法都各自存在使用条件高、处理不彻底、工艺复杂、运行经济性差和对电厂原有设备安全运行产生威胁等诸多问题。因此，结合当前多种废水处理工艺的特点，本研究设计出一种利用烟气余热进行燃煤电厂脱硫废水"零排放"的处理工艺系统及装置，该工艺系统可同时实现脱硫废水雾化蒸发及废水中所含盐类结晶析出并回收。

该脱硫废水零排放的处理工艺系统的原理：根据燃煤发电系统已有的超低排放改造的实际配置情况，分别从空气预热器前、后，烟气深度冷却器前、后和静电除尘器前、后选取一定温度和流量的烟气分级送入雾化蒸发塔内部，对经塔内喷嘴雾化之后的脱硫废水进行加热、蒸发，然后对烟气中析出的结晶盐颗粒进行干燥，所得水蒸气和结晶盐颗粒被热空气裹挟并带入结晶颗粒捕集箱，在箱体内经粗细2道分离过程，完成对结晶盐的捕集回收，净化之后的烟气被重新送回到静电除尘器之前或脱硫塔之前，经过除尘脱硫后从烟囱排入大气。图1-53示出了该脱硫废水"零排放"的处理工艺系统图[57]。

该脱硫废水零排放的处理工艺系统分为取热、雾化蒸发干燥、结晶颗粒收集和烟气回送4个模块。其中，取热模块根据需要分别从不同温度截取不同比例的烟气，一部分烟气从雾化蒸发塔底部送入，主要用于加热雾化蒸发；另一部分烟气从雾化蒸发塔上部送入主要用于

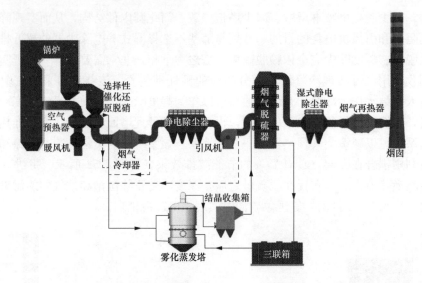

图 1-53　烟气余热进行燃煤电厂脱硫废水"零排放"处理工艺系统

雾化蒸发气流的干燥结晶。雾化蒸发干燥模块在结构上主要由底部的雾化装置、和上部的烟气分配装置及外部筒体组成。雾化喷嘴属于雾化蒸发结晶模块的核心元件，雾化效果的好坏直接影响着蒸发和结晶的效果。为了防止废水中的 SO_4^{2-}、Cl^-、F^- 对塔筒内壁的腐蚀，塔筒内壁可采用表面处理工艺，如热喷涂：包括锌、铝、镁、钛等金属以及它们的合金，也包括陶瓷、FRP 等非金属；还可采用内衬处理，包括不锈钢、耐蚀合金、钛合金等耐蚀金属，也包括内衬 FRP、陶瓷、高分子材料等耐蚀非金属材料。结晶颗粒收集模块主要负责结晶盐颗粒的捕集，该模块采用"PM1 物理过滤器"来对粒径大于 $1\mu m$ 的颗粒进行有效拦截，该过滤器由十层过滤网组成，采用环氧纳米涂层工艺，大大加强了过滤网的附着力，利用冲突分离原理和惯性除尘原理，除尘效率高达 99%，具有高效的除尘效果。该过滤器对于干燥粉尘和湿性粉尘均可处理，而且不会因为有水分导致过滤网堵塞、损坏和腐蚀，在运行过程中，该设备压力损失微乎其微，只有 $50\sim100Pa$，运行成本优势明显，适应范围广，对于高温废气及腐蚀性废气同样适用。不仅如此，该过滤器维护方式简单，使用过程中无需拆卸，定期用蒸汽或水来进行清洗吹扫即可。烟气回送模块主要作用是将结晶盐颗粒捕集之后的烟气回送至脱硫塔之前，经过脱硫之后再排入大气。之所以没有选择将烟气回送至静电除尘器之前主要是考虑经过结晶颗粒捕集之后只剩下粒径小于 $1\mu m$ 的颗粒，静电除尘器脱除效果差，而脱硫塔对粒径小于 $1\mu m$ 的颗粒脱除效果好。同时，回送脱硫塔的烟气含湿量增加，可以有效地减少由于脱硫前、后烟气含湿量变化而引起水的损失，从而大大减少了烟气脱硫工艺过程水的用量，达到厂区节水的功效。

本研究团队围绕脱硫废水深度蒸发与结晶盐高效收集展开系统优化及实验研究，搭建了脱硫废水零排放的处理工艺系统的实验平台，分别探究了烟气（以热风模拟）配给方式、烟气（热风）温度、废水雾化粒径、热风流速 4 大因素对脱硫废水蒸发干燥特性和结晶特性的影响规律，着重揭示了上述因素对结晶盐沾污特性的影响及废水中主要元素的迁移规律，并对实验系统连续运行稳定性进行了验证。实验结果表明：该实验系统最大蒸发量可达 18.9kg/h，最大结晶盐收集率达 93.6%，最大结晶盐脱除率达 99.9%。在各影响因素中，热风温度对蒸发特性的影响最为显著，热风流速对结晶特性和系统出口气流颗粒浓度特性的影响最为显著。此外，实验证实，脱硫废水结晶产物晶体物相为 $NaCl$、$MgSO_4 \cdot 6H_2O$、$CaSO_4 \cdot 2H_2O$，且上述物相组分不受温度影响。

该脱硫废水零排放的处理工艺系统适合于燃煤电厂新建及废水处理改造工程，适合于任意容量的煤粉锅炉、循环流化床锅炉、层燃链条炉排锅炉、燃油燃气锅炉、生物质及垃圾焚烧锅炉湿法烟气脱硫过程中产生的脱硫废水；除此之外，也同样适合于在冶金、炼油、煤化工等工业生产过程中产生的废水及循环冷却排污水的零排放处理，尤其是在污水处理过程中最为棘手的浓溶液（如浓盐水）的处理。

近年来兴起的脱硫废水烟道直接喷雾蒸发处理技术（简称烟道直喷技术）因其技术改造与处理成本低、无需额外能量输入等优势获得国内外越来越多学者的关注，发达国家及我国几家燃煤电厂已有脱硫废水烟道直喷技术相关的初步运行经验，但是长期运行后发现脱硫废水烟道直喷技术在实际运行过程中存在对下游设备和烟道腐蚀、烟道内结晶盐沾污并出现形似钟乳石的结晶盐"挂柱"等问题，结晶盐烟道壁面"挂柱"后引起流道变窄，流动阻力增大，可能堵塞烟道，严重时腐蚀穿孔引起漏风，对燃煤机组长周期安全运行产生严重威胁，因而截至目前脱硫废水烟道直喷技术并没有获得大面积推广和工程应用。

根据我们搭建的脱硫废水"零排放"的处理工艺系统的实验平台的研究成果不难发现，烟道直喷技术对下游设备和烟道造成腐蚀的最根本原因是被雾化脱硫废水未能在进入静电除尘器之前蒸发干燥完全或脱硫废水雾化蒸发后产生的结晶盐具有较高的含湿量，含湿量较高的结晶盐因为表面潮湿具有一定的黏性，冲刷到烟道壁面上发生湿状态沉积并不断黏着长大，成为烟道内产生结晶盐沾污并出现结晶盐"挂柱"的主要原因；除此之外，含湿量较高的结晶盐因为表面潮湿黏结到烟道上后引起烟道壁面发生潮湿结晶盐垢下腐蚀，使盐和金属壁面成为一体，成为"板结状""挂柱"的结晶盐不断黏结长大，甚至堵塞烟道的主要原因。

为了克服现有脱硫废水烟道直喷技术存在的严重不足，结合前期研究的机理性成果，本研究团队又进一步提出了一种新型的脱硫废水烟道直喷系统及装置，如图 1-54 所示。该系统和装置利用燃煤机组空气预热器出口的一次烟气快速加热蒸发来自脱硫塔三联箱预处理的

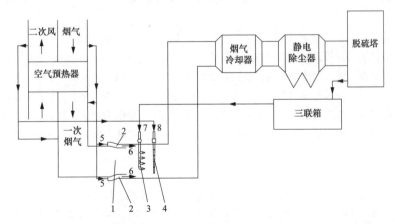

图 1-54　新型脱硫废水烟气直接喷雾蒸发技术系统及装置

1—空气预热器后烟道；2—贴壁热烟气分配组件；3—脱硫废水雾化组件；4—二次风喷射组件；

5—贴壁热烟气进口管道；6—贴壁热烟气出口；7—脱硫废水入口；8—二次风进口管道

经均匀分布于烟道中的喷嘴雾化的雾状射流，分别截取空气预热器烟气进口处较少部分的进口烟气和空气预热器空气出口处的热二次风，分别作为烟道直喷系统的贴壁烟气和干燥二次风，其中，贴壁烟气彻底包裹住雾化喷嘴雾化后的射流，快速蒸发接近贴壁烟气的雾化射流，防止雾化射流接触到烟道壁面，同时在喷嘴雾化射流的末端引入热二次风射流，快速蒸发雾化射流，促进结晶盐析出，并干燥潮湿的结晶盐表面，经过一次烟气、一定比例的贴壁烟气和热二次风协同作用保证脱硫废水射流或液滴在进入烟气深度冷却器之前完全蒸发，并干燥结晶盐颗粒表面，同时雾化、蒸发和干燥过程中的脱硫废水中的氯化物会将 Hg^0 氧化成 Hg^{2+}，使 Hg^{2+} 在烟气深度冷却过程中和PM、SO_3 等发生凝并吸收而在静电除尘器中协同脱除，剩余的 Hg^{2+} 会在脱硫塔中溶解以便更进一步的后续处理。大大降低了该工艺过程中脱硫废水对下游设备和烟道的腐蚀风险，大大减小了结晶盐向烟道壁面以及下游热力设备的沾污"挂壁"，真正实现了燃煤机组脱硫废水零排放并保证该过程的经济性、高效性以及安全性，而且可以进一步强化汞氧化过程，协同脱除烟气中的 Hg^0。

参 考 文 献

[1] 杜铭华. 走出神秘，读懂易经 [M]. 沈阳：辽宁教育出版社，2013.

[2] 郑延慧. 工业革命的主角 [M]. 长沙：湖南教育出版社，1999.

[3] 李佩珊，许良英. 20世纪科学技术简史 [M]. 北京：科学出版社，1999.

[4] 赵钦新，惠世恩，李卫东，等. 燃油燃气锅炉结构设计及图册 [M]. 西安：西安交通大学出版社，1999.

[5] 林万超. 余热回收利用分析 [J]. 河北电力技术，1985，04：1-6.

[6] 武勇，康达，李永星，等. 某电厂锅炉排烟余热利用系统改造 [J]. 锅炉制造，2009 (3)：4-6.

[7] 闫顺林，李永华，周兰欣. 电站锅炉排烟温度升高原因的归类分析 [J]. 中国电力. 2000，33 (6)：20-22.

[8] 周曦，陈行庚，曹祖庆，等. 低压省煤器的应用与经济性分析 [J]. 东南大学学报（增刊），1994，24：116-117.

[9] 薛明善，徐永康. 龙口电厂三期工程低压省煤器系统热力分析 [J]. 中国电力，1993，6：16-19.

[10] 林万超，刘光铎，李笑乐，等. 暖风器-低压省煤器系统的热力分析 [J]. 电力技术，1983，8：35-37.

[11] 郭树利. 低压省煤器在410t/h锅炉上的应用 [J]. 锅炉技术. 1990，12：1-4.

[12] 刘俊良，陈留生. 开封火电厂3号机组低压省煤器运行分析 [J]. 河南电力，1997，3：55-58.

[13] 张祥平，刘保德. 电站锅炉低压省煤器的研制和应用 [J]. 中国电力，1997，12：66-67.

[14] 张祥平，刘保德. 低压省煤器在开封火电厂的研制和应用 [J]. 华中电力，1997，10 (5)：41-45.

[15] 史洪启，张天柱. 热管式低压省煤器应用前景讨论 [J]. 吉林电力技术，1997，5：1-4.

[16] 李旭，黄冬梅. 热管式低压省煤器的特点与节能效果 [J]. 节能，2003，2：34-58.

[17] 黄新元. 最优化技术在龙口发电厂低压省煤器设计中的应用 [J]. 山东电力高等专科学校学报，1998，1 (1)：11-14.

[18] 黄新元. 龙口电厂1号炉低压省煤器优化设计 [J]. 锅炉技术，1998 (03)：22-25.

[19] 张磊，曲利艳. SG50413型锅炉低压省煤器改造 [J]. 山东电力高等专科学校学报. 2004，7 (3)：41-42.

[20] 黄新元，史月涛，孙奉仲. 670t/h锅炉增设低压省煤器降低排烟温度的实践 [J]. 中国电力，2008，41 (6)：55-58.

[21] 黄伟国. 循环流化床锅炉循环除尘节能改造 [J]. 节能与环保, 2011, 207 (9)：66-66.

[22] 林万超. 火电厂热系统节能理论 [M]. 西安：西安交通大学出版社, 1994.

[23] 林万超, 孙实文, 陈国慧. 火电厂热力系统节能技术及其应用 [J]. 电力技术, 1991, 9：17-20.

[24] 刘继平, 严俊杰、陈国慧, 等. 等效热降法的数学理论基础研究 [J]. 西安交通大学学报, 32 (5)：68-71.

[25] 黄新元, 王立平. 火力发电厂低压省煤器系统最优设计的通用数学模型 [J]. 电站系统工程, 1999, 15 (5)：20-25.

[26] 丁乐群, 解海龙, 戴为. 锅炉排烟余热回收器的设计参数优化模型 [J]. 动力工程, 1997, 17 (1)：16-19.

[27] 马健越, 安恩科. 350MW 电站低压省煤器优化设计 [J]. 锅炉技术, 2010, 41 (2)：13-17.

[28] G. C. WIEDERSUM, JR., W. E. BROCKEL, J. D. SENSENBAUGH. Corrosion and Deposits in Low-Level Economizers [J]. Journal of Engineering for Power, 1962, 313-321.

[29] D. R. Holmes. Dewpoint Corrosion [M]. Institution of Corrosion Science and Technology, Ellis Horwood Limited, 1985, Chapter 9, 137-158.

[30] 叶勇健, 申松林. 欧洲高效燃煤电厂的特点及启示 [J]. 电力建设, 2011, 01：54-58.

[31] Schwarze Pumpe：A new era in lignite fired power generation Translated from Modern Power Systems, Supplement Germany, Sept. 1997, 17 (9)：27P.

[32] Heitmuller Ralf J., Fischer Hans, Sigg Johann, et al. Lignite-fired Niederaubetaem K aims for efficiency of 45 percent and more [J]. Modern Power Systems, May, 1999, 19 (5)：8P.

[33] 顾咸志. 湿法烟气脱硫装置烟气换热器的腐蚀及预防 [J]. 中国电力, 2006, 39 (2)：86-91.

[34] 赵之军, 冯伟忠, 张玲等. 电站锅炉排烟余热回收的理论分析与工程实践 [J]. 动力工程, 2009, 29 (11)：994-997＋1012.

[35] 赵钦新, 王云刚, 姜尚旭, 等. 一种锅炉烟气深度冷却余热回收系统 [P]. 中国专利, ZL200910024063.X, 2011-12-07.

[36] 赵钦新, 张建福, 姜尚旭, 等. 一种嵌入式锅炉烟气深度冷却器 [P]. 中国专利, ZL200910024064.4, 2013-02-06.

[37] Yingqun Bao, Qinxin Zhao, Yungang Wang, et al. Design and practice of flue gas deep cooling device for energy saving and emission reduction. International Conference on Materials for Renewable Energy and Environment (ICMREE 2013), 2013, 3：736-9.

[38] 赵钦新, 鲍颖群, 王云刚, 等. 一种消除烟道烟温偏差的受热面结构 [P]. 中国实用新型专利, ZL201120568288.4, 2012-08-15.

[39] 张知翔, 王云刚, 赵钦新. H 型鳍片管传热特性的数值模拟及验证 [J]. 动力工程学报, 2010 (05)：368-371＋377.

[40] 张知翔, 王云刚, 赵钦新. H 型鳍片管性能优化的数值研究 [J]. 动力工程学报, 2010 (12)：941-946.

[41] 赵钦新, 周屈兰, 谭厚章, 等. 余热锅炉研究与设计 [M]. 中国标准出版社, 2010.

[42] 赵钦新, 张知翔, 鲍颖群, 等. 一种用于烟气低温腐蚀性能研究的实验装置 [P]. 中国发明专利, ZL201110030810.8, 2014-4-23.

[43] 赵钦新, 陈中亚, 陈衡, 等. U 形热管换热元件及与静电除尘器一体化的 U 形热管换热器 [P]. 中国发明专利, ZL201410023480.3, 2013-10-10.

[44] 王辉, 赵钦新, 陈牧, 等. 新型针板耦合型传热强化元件及异形管屏式水管换热器 [P]. 中国发明专利, ZL201310588996.8, 2013-11-22.

[45] 王辉, 赵钦新, 陈牧, 等. 一种与静电除尘器一体化的新型管屏式水管换热器 [P]. 中国发明专利,

ZL201310588788.8，2013-11-22.

[46] 赵钦新，陈衡，陈中亚，等. 高效紧凑型烟气冷却器设计计算软件 [S]. 中国软件著作权，2015SR025698，2014-11-10.

[47] 陈衡，贾晓琳，王辉，等. 与除尘器一体化的紧凑型烟气余热利用设计计算软件 [S]. 中国软件著作权，2015SR263630，2015-12-16.

[48] 姜衍更，赵钦新，双永旗. 一种翅片管组及其制造方法和专用焊机 [P]. 中国发明专利，ZL201410449260.7，2014-09-05.

[49] 赵钦新，严俊杰，鲍颖群，等. 火电厂烟气深度冷却器回热优化在线监测装置及方法 [J]. 中国发明专利，ZL201210222676.1，2014-4-11.

[50] 赵钦新，鲍颖群，贾晓琳，等. 烟气深度冷却器热力及回热优化设计软件 [S]. 中国软件著作权，2011SR090282，2011-12-05.

[51] 赵钦新，张知翔，姜衍更，等. 一种基于烟气冷却的除尘脱硫增效综合节能减排装置 [P]. 中国实用新型专利，ZL201020699873.3，2012-1-25.

[52] Wang Yungang, Zhao Qinxin, Zhang Zhixiang, et al. Mechanism research on coupling effect between dew point corrosion and ash deposition. Applied Thermal Engineering, 2013，54（1）：102-10.

[53] Liang Zhiyuan, Zhao Qinxin, Wang Yungang, et al. Coupling mechanism of dew point corrosion and viscous ash deposits. Materials and Corrosion-werkstoffe Und Korrosion, 2014，65（8）：797-802.

[54] 张知翔，张智超，曳前进，等. 燃煤锅炉露点腐蚀实验研究 [J]. 材料工程，2012（8）：19-23.

[55] 鲍昕，李复明，李文华，等. 氟塑料换热器应用于超低排放燃煤机组的可行性研究 [J]. 浙江电力，2015（11）：74-78.

[56] 赵钦新，孙一睿，马信，等. 一种基于烟气冷凝的污染物预处理塔 [P]，中国发明专利受理，CN10588996.8，2016-1-22.

[57] 祁晓晖. 脱硫废水雾化蒸发处理工艺系统设计及实验研究 [D]，西安：西安交通大学硕士学位论文，2016-6.

第二章

烟气深度冷却器结构及系统设计

烟气深度冷却器的结构设计应综合考虑布置情况、换热条件和流场特性等因素，并根据使用需求和实际情况，提出最优化的结构设计方案。烟气深度冷却器及系统结构设计包括取热用热系统设计和本体结构设计，其中，系统结构设计是烟气深度冷却器本体结构设计的前提，决定了换热器的使用位置、烟气参数和工质参数等设计条件，而本体设计包括换热器本体设计、传热元件选取和通流结构设计等内容。另外，本章也对燃煤机组最早使用的烟气深度冷却器——空气预热器和烟气余热利用系统的烟气再热器进行了结构设计方法的介绍，同时也对未来布置在脱硫塔之后消除烟羽的烟气冷凝器进行了简要介绍，丰富了读者对烟气深度冷却系统的认识。本章的目的是阐明烟气深度冷却器结构设计的主要内容及优化建议，并对空气预热器和烟气再热器的结构设计也进行了相关论述。

第一节　烟气深度冷却器系统结构设计

如前所述，锅炉就是烟气冷却器，因此，锅炉布置的各级受热面都是冷却烟气的换热器。换热器从换热原理上分为间壁式和直接接触式换热器。直接接触换热就是指2种换热介质直接接触或借助填料增强接触进行热量交换的装置，常见的直接接触式换热器，如燃煤机组尾部布置的脱硫塔，脱硫塔也是烟气深度冷却器的一种，但不是本著作的研究重点（其直接接触换热的共性知识可参见本著作第一章文献［4］第6章6.1节的相关内容，脱硫塔及其协同治理的相关内容可参见第6章第二节相关内容）。间壁式换热器从结构上又可分为板式换热器和管式换热器，板式换热器种类繁多，如燃煤电站锅炉不可缺少的回收烟气余热加热空气的回转式空气预热器。本章所指的烟气深度冷却器及系统主要是指燃煤机组布置在静电除尘器之前的烟气余热回收装置，但也有为获得更好的节能效果而将烟气深度冷却器布置于空气预热器之前以及与空气预热器并行的情况（可参见第一章第二节和第三节相关内容），这种情况作为特例也不是本著作的论述重点。

一、烟气深度冷却器余热利用系统

（一）烟气深度冷却器在系统中的位置

在烟气深度冷却器余热利用系统中，烟气深度冷却器通常布置于除尘器前后。根据工程实际情况，烟气深度冷却器可布置于除尘器前、除尘器后或除尘器前后同时布置，如图2-1～图2-3所示。

目前，电站锅炉的除尘器大多数为静电除尘器，将烟气深度冷却器布置于静电除尘器前，将120～150℃的排烟温度降低到90℃左右，低于烟气的硫酸露点温度，烟尘比电阻会

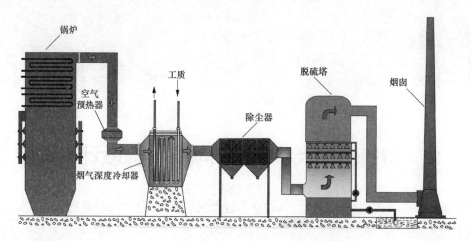

图 2-1　烟气深度冷却器布置于除尘器之前

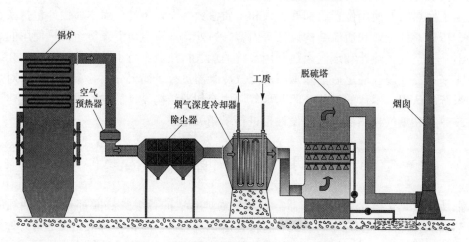

图 2-2　烟气深度冷却器布置于除尘器之后

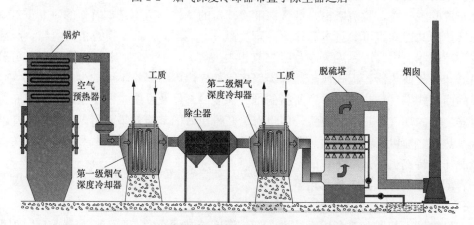

图 2-3　烟气深度冷却器分两级布置于除尘器前、后

明显减小，从而可以大大提高静电除尘器的除尘器效率。另外，烟气冷却过程中，SO_3 气体和 Hg^{2+} 大部分也会被凝并吸收在烟尘颗粒上，烟尘粒径也会增大，这样不仅可以提高除尘效率，也可以使 SO_3 和 Hg^{2+} 在静电除尘器中与烟尘颗粒一起被脱除。如果烟气深度冷却器

设计合理，流场均匀，结合低低温电除尘、湿法烟气脱硫技术等对 SO_3 和 Hg^{2+} 可分别达到 95％ 和 75％ 的凝并率（脱除率），这就是烟气深度冷却器协同治理污染物的机理[1,2]。

由于深度烟气冷却过程中，SO_3 会被烟尘颗粒凝并吸收，可以避免 SO_3 与水蒸气反应生成硫酸蒸汽，凝结在换热管束表面[3]，从而保护换热管不会发生硫酸露点腐蚀；之后凝并吸收了的烟尘颗粒经静电除尘器脱除，硫酸露点温度将会降低到 70℃ 以下，不再发生硫酸凝结。

将烟气深度冷却器布置于静电除尘器前，尽管换热管束上也会发生积灰，但是除尘前烟气中含有大颗粒烟尘，大颗粒烟尘对积灰有强烈的冲刷作用，特别是，H 形翅片本身具有自清灰作用。因此，只要根据灰分成分进行沾污系数判断，选择合适的烟气流速，可以保证 H 形翅片管不会发生积灰、磨损和低温腐蚀。

反之，如果将烟气深度冷却器置于静电除尘器之后，脱硫塔之前，99％ 以上的烟尘被静电除尘器脱除，而此时烟气中的 SO_3 虽然被冷却到 90℃ 左右，但烟尘浓度很低，达不到较高的碱硫比，缺乏高浓度的烟尘凝并吸收 SO_3，硫酸露点温度高于金属壁面温度，硫酸会在换热管壁面发生冷凝，造成腐蚀[4,5]。另外，冷凝的硫酸会吸附超细粉尘，在管壁上形成黏性积灰，并由于烟气中的大颗粒烟尘已经被静电除尘器脱除，无法强烈冲刷换热管束上的超细粉尘积灰，随着运行的深入，超细粉尘会由于静电吸附力逐渐增厚，甚至堵塞烟道，而目前对于超细粉尘的沉积，还缺乏切实可行的清灰方法和措施。

综上所述，综合考虑污染物协同脱除和低温积灰腐蚀，在燃煤机组实际布置允许的条件下，烟气深度冷却器宜布置于静电除尘器之前。

（二）烟气深度冷却器余热利用系统分类

烟气深度冷却器吸收的热量可用来加热空气、凝结水、热网水或烟气，也可在脱硫塔前抽取部分烟气加热蒸发脱硫废水。

如图 2-4 所示，烟气深度冷却器吸收的热量可用来加热进入空气预热器的空气，提高锅炉效率，尤其是在我国北方地区，冬季气温较低，利用烟气深度冷却器吸收的热量加热空气，能有效避免空气预热器的低温腐蚀，可代替常用的蒸汽加热式暖风器，节省了大量蒸汽。该系统需增加暖风器（气水换热器）来加热空气，烟气深度冷却器内工质为循环水，需安装循环水泵。

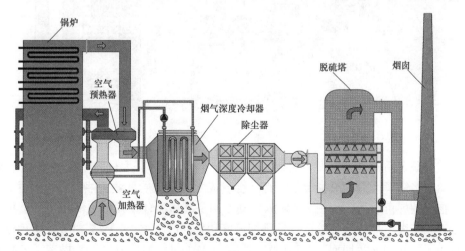

图 2-4 烟气深度冷却器吸收的热量加热空气

目前，在火电厂应用最多的是烟气深度冷却器吸收的热量直接用来加热凝结水，如图 2-5 所示，一般从 N 级低压加热器出口将 70℃左右（可通过混水和热水再循环控制该水温）的凝结水引入烟气深度冷却器，加热后通入 $N-1$ 级低压加热器，请见本书第四章第一节。该系统一般利用凝结水系统的压头即可克服烟气深度冷却器内的流动阻力，不需要安装增压泵。

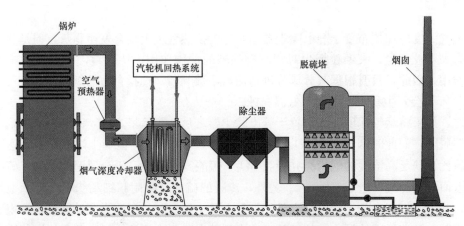

图 2-5　烟气深度冷却器吸收的热量加热凝结水

对于热电联产机组，在供热期间，烟气深度冷却器吸收的热量可用来加热热网回水，提高系统效率，如图 2-6 所示。该系统需增加热网水加热器（水水换热器），烟气深度冷却器内为循环水，需安装循环水泵。

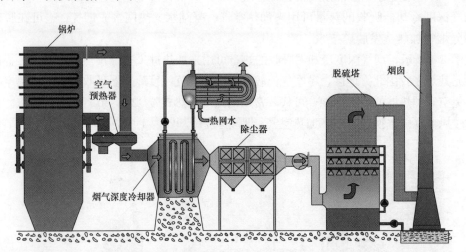

图 2-6　烟气深度冷却器加热热网回水

湿法烟气脱硫后的排烟温度一般为 50℃左右，烟气中含有大量的过饱和的水滴或雾滴，水滴或雾滴中溶解了大量的酸根离子，必然会造成之后烟道的低温腐蚀。在脱硫塔之后、烟囱之前可布置烟气再热器，如图 2-7 所示，其作用是利用循环水在烟气深度冷却器内吸收的热量，加热脱硫塔出口的烟气温度，使排烟温度达到酸露点之上，减轻对脱硫塔后续烟道和烟囱的腐蚀，消除烟囱"烟羽""石膏雨"现象，实现烟气加热消白，并提高污染物的扩散度，同时该系统降低进入吸收塔的烟气温度，降低塔内对防腐的工艺技术要求。该系统需安装循环水泵。

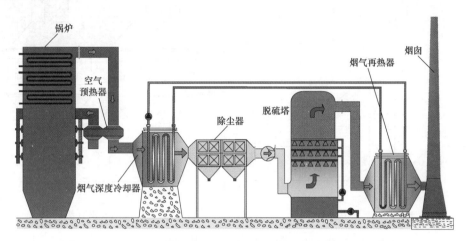

图 2-7　烟气深度冷却器加热脱硫塔后饱和湿烟气

针对电厂脱硫废水难以处理的问题，从增压风机之后正压烟道内提取烟气，送入废水蒸发器内与雾化后的废水混合，将混合气流中的颗粒分离后，携带水分的烟气重新送回增压风机之后的烟道内，从而有效实现了脱硫废水零排放，如图 2-8 所示。

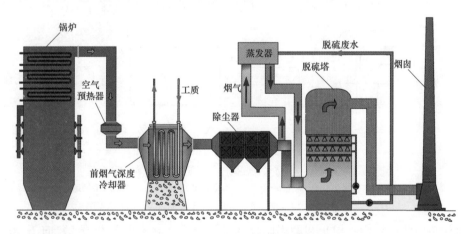

图 2-8　抽取烟气加热蒸发脱硫废水

以上几种烟气深度冷却器吸收热量的用途，可以单独使用，也可以根据具体情况采用多种方式进行系统综合使用，以达到最大化的经济效益。

二、烟气深度冷却器整体布置方案

根据烟气流动的方向，烟气深度冷却器的结构布置方式分为烟气水平流动方式和烟气垂直流动方式，如图 2-9 和图 2-10 所示。烟气垂直流动方式分为烟气向上流动方式和烟气向下流动方式。

烟气向下流动时，其烟气流场最均匀，可避免或减轻积灰磨损，同时可实现烟气温度场、浓度场和速度场的良好协同，有利于污染物的高效协同脱除。其次为烟气水平冲刷，而烟气向上流动时，积灰较为严重，一般工程中不推荐使用。

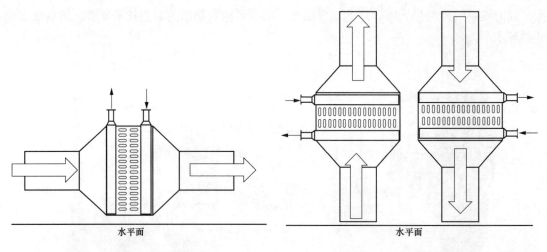

图 2-9 烟气水平流动方式　　　　　　　图 2-10 烟气垂直流动方式

　　烟气深度冷却器的安装位置和烟气流向严重影响换热管束的积灰和换热器的整体磨损特性。烟气深度冷却器可以放置的位置从空气预热器出口前后算起有：空气预热器之前的烟道1、空气预热器2、垂直下降烟道3、向下90°转弯4、低位水平烟道5、向上90°转弯6、垂直上升烟道7、高位水平烟道8，静电除尘器渐扩段9、静电除尘器中10、静电除尘器出口及其后续烟道11，图 2-11 示出了烟气深度冷却器放置位置的相对示意图。

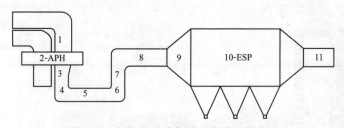

图 2-11 烟气深度冷却器可能放置的位置
1—空气预热器之前的烟道；2—空气预热器中；3—垂直下降烟道；4—向下 90°转弯；
5—低位水平烟道；6—向上 90°转弯；7—垂直上升烟道；8—高位水平烟道；
9—静电除尘器渐扩段；10—静电除尘器中；11—静电除尘器出口及其后烟道

　　结合传热、流动结构、积灰和磨损防控的综合要求，在空气预热器2、向下90°转弯4和向上90°转弯6以及在静电除尘器10中布置烟气深度冷却器管束的可能性不大。虽然可以布置在空气预热器之前的烟道1，而且可以加热更高一级高压加热器的水，排挤更高一级高压加热器的抽汽，获取更多的发电功率增益，但是，在该位置布置烟气深度冷却器将破坏原有热力系统空气预热器的出力和正常运行，是不可取的。低位水平烟道5和高位水平烟道8的性质是相似的，在低位水平烟道5布置烟气深度冷却器的优点是不需要复杂钢架支撑，但是，低位水平烟道5位于锅炉岛室内，不方便安装、吊装且维修更换困难，高位水平烟道8布置烟气深度冷却器虽然改建工程时需要加固钢架，但是改建工程时安装、吊装方便且维修更换容易，水平烟道的共同缺点是沿着高度方向存在烟尘浓度场的不均匀性，不利于未来烟气颗粒物和污染物的高效深度凝并吸收。因此，总体上看，若不考虑水平烟道的固有缺点，在烟气深度冷却器整体结构布置上，高位水平烟道8优于低位水平烟道5。在垂直上升烟道

7布置烟气深度冷却器管束的不确定性较大，应慎重选择。首先，因为烟气携带煤灰颗粒向上流动时，大颗粒会向下流动，细颗粒向上流动，造成烟气深度冷却器管束之间的颗粒出现流化状态，颗粒浓度比较高，管束易于磨损，更何况，为了减少磨损，以上案例中的烟气流速仅为5～6m/s，相当于循环流化床锅炉的流化风速，烟气深度冷却器管束类似于鼓泡床中布置的埋管，极易发生磨损而泄漏；其次，管束烟气向上流动，管束背面易于积灰，特别是，当烟气携带颗粒向上冲刷烟气深度冷却器管束后，烟气流速突然衰减，大颗粒烟尘易于下落，沉积在受热面上，积灰在所难免。实践证明，在垂直上升烟道7布置烟气深度冷却器管束需要高超的特殊设计能力，一般情况下，应该尽量避免。单从位置上看，在垂直下降烟道3这个位置布置烟气深度冷却器管束具有较大的优越性，烟气自上向下流动，具有较好自清灰能力，可有效防止换热器管束积灰；其次，烟气自上向下流动，具有较好的温度、浓度和速度场分布，可以很好地实现多场耦合，利于未来烟气颗粒物和污染物的高效深度凝并吸收及其协同脱除；但是，和低位水平烟道5一样，该位置同样位于锅炉岛室内，改建工程不方便安装、吊装且维修更换困难，若垂直下降烟道位于锅炉岛室外，在该位置布置烟气深度冷却器管束应该是最佳位置，优于高位水平烟道8的布置。静电除尘器出口及其后续烟道11，具有复杂的烟道及转弯结构，具体来讲，需要经过高位水平出口、垂直下降、向下90°转弯、引风机、增压风机、低位水平烟道、向上90°转弯、垂直向上、高位水平等系列烟道结构最终进入脱硫塔进口。当烟气深度冷却器2级布置时，静电除尘器前、后均布置烟气深度冷却器，此时，前级烟气深度冷却器布置于静电除尘器前，后级烟气深度冷却器布置于静电除尘器后（不推荐此方案）。应该注意是，布置于静电除尘器后，烟气中的烟尘浓度大大下降，且均为超细粉尘，易于沾污于管束之上，除在强化传热管型、翅片间距设计时慎重选择外，还需要选择合适的清灰方式才能确保其长周期安全运行。

第二节　烟气深度冷却器本体结构设计

一、本体结构组成

烟气深度冷却器本体结构一般由渐扩段、换热器本体和渐缩段三段组成，如图2-12所示。换热器本体包括传热元件、工质进口集箱、工质出口集箱、弯头、壳体及支撑板等附属配件。当换热器本体沿烟气流动方向的尺寸超过1.5m时，换热器本体的管束宜分成前、后两段，以留有足够的吹灰器布置空间。渐扩段和渐缩段内根据流场情况，可适当布置导流板，以利于烟气流场的均匀性，详细结构和流场设计要求请参见本章第三节。

换热器本体如图2-13所示。工质一般从集箱流入最后一排管，通过弯头流入前一排管，如此向前流动，与烟气流向形成逆流换热。一般工质流速不小于0.3m/s，使工质在加热过程中产生的O_2及CO_2等气体能随水流带走，避

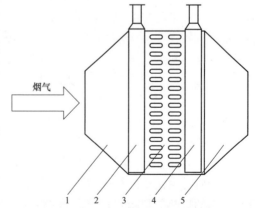

图2-12　烟气深度冷却器结构示意图
1—渐扩段；2—工质出口集箱；3—换热器本体；
4—工质进口集箱；5—渐缩段

免产生腐蚀并防止形成阻流和传热恶化[6]。根据安装和检修的需要，换热器本体可分为若干块，可以实现模块化组装。

图 2-13   换热器本体模块实体图

常见管式换热器按照其管内换热工质的不同，可分为烟管式换热器、水管式换热器和热管换热器。烟管式换热器的优点为结构紧凑、成本较低，缺点是当烟气含尘量较大时，其管内容易积灰，而且运行中无法清灰，故除管式空气预热器外，烟管式换热器在火电行业使用较少。热管换热器是安全性很高的换热器，即使换热管破裂，由于管内工作介质很少，也不会影响系统的正常运行，但是热管换热器不能随着燃煤机组燃烧煤种变化而改变热管壁面温度，而且钢耗量大、成本较高。水管式换热器具有换热性能好、结构简单、成本较低的优点，而且水管式换热器能根据燃煤机组负荷及燃烧煤种变化，通过工质再循环等措施调整管壁温度，防止低温腐蚀。目前，工程中应用的烟气深度冷却器一般为水管式换热器，故本书中所述的烟气深度冷却器一般为水管式换热器。

二、烟气深度冷却器结构创新

目前，烟气深度冷却器一般布置在除尘器前或除尘器后的水平或垂直烟道内，但有些情况下，受空间所限，烟道布置极其紧凑，在空气预热器和除尘器进口的喇叭口之间缺少烟道直段布置烟气深度冷却器；有时虽然设计有烟道直段，但由于烟道直段上方布置了脱硝反应器，烟气深度冷却器布置空间受到极大限制，尤其不利于现有电厂的增效减排工程。另外，现有的烟气深度冷却器技术，绝大多数采用水管式换热器，其换热器均为蛇形管束结构，通过数量巨大的 180°弯头连接而成，不仅换热器结构复杂，而且大量的 180°弯头占据庞大的空间。因此，对烟气深度冷却器的结构进行了创新，提出了与静电除尘器一体化的新型换热器，因节省空间，在直烟道中使用也具有一定优势。

（一）一种与静电除尘器一体化的新型管屏式水管换热器

现在有一种与静电除尘器一体化的新型管屏式水管换热器，该换热器不占用静电除尘器进口前的其他有效空间，结构紧凑，可实现模块化生产、拼装，现场安装、拆卸极为方便[7]。

与静电除尘器一体化的新型管屏式水管换热器如图 2-14～图 2-16 所示，由多个管屏组成，每个管屏由两端的换热器集箱 4 和连通两端换热器集箱 4 的多排换热管束 5 组成，相邻管屏两端的换热器集箱 4 管端之间通过大直径弯头 6 连接形成相邻管屏的工质连通，每个管屏的换热管束 5 布置于除尘器喇叭形进口的中段 2 内的烟道结构中。

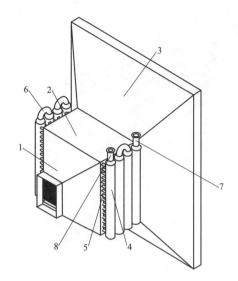

图 2-14　新型管屏式水管换热器的立体结构示意图
1—换热器进口渐扩段；2—换热器壳体（即除尘器喇叭
形进口的中段）；3—换热器出口渐扩段；4—换热器
集箱；5—换热管束；6—大直径弯头；7—换热器
进水口；8—换热器出水口

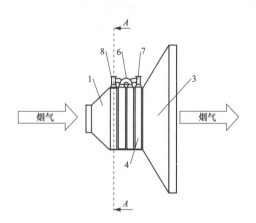

图 2-15　新型管屏式水管换热器的侧视图
1—换热器进口渐扩段；3—换热器出口渐扩段；
4—换热器集箱；6—大直径弯头；7—换热器
进水口；8—换热器出水口

多个管屏可水平或垂直布置在静电除尘器喇叭形进口的中段 2 内的烟道中。与每个管屏相对应的方形或矩形烟道隔板直接焊接在每排管屏的换热管束 5 上并和管屏整装出厂。现场拼装、焊接时，后面管屏的方形烟道隔板紧贴前面烟道隔板的外侧，部分重叠后以整圈焊接。换热管束 5 可采用 H 形翅片管、螺旋形翅片管或针形翅片管扩展受热面，所述的扩展受热面的翅片间距沿烟气流动方向从前向后依次递减。

每个管屏上的换热管束 5 一般为 1～4 排，每个管屏上的换热管束 5 采用相同直径、相同长度的直管。管屏上的换热管束 5 沿烟气流动方向从前向后采用不同直径但相同长度的直管，其管径从前向后依次增加。

相邻管屏的换热器集箱 4 管径沿烟气流动方向

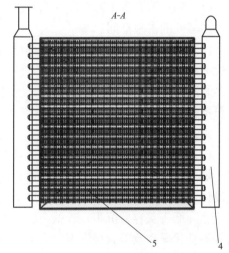

图 2-16　新型管屏式水管换热器沿
A-A 向的剖面图
4—换热器集箱；5—换热管束

从前向后随着换热管束 5 管径的依次增大而逐渐增大，后面管屏的大直径换热器集箱 4 需经缩颈工艺之后再通过大直径弯头 6 和前面管屏的换热器集箱 4 端部实现等径连接。

换热器沿烟气流动方向的尾部布置有导流装置 9，如图 2-17 和图 2-18 所示，导流装置 9 包括一排水平布置的光管 9-1，在光管 9-1 的前端即迎风面上沿每个光管 9-1 的轴向上焊接有上下导流方向导流板 9-2，在光管 9-1 的后端即背风面焊接有竖直方向的多个左右导流方向导流板 9-3。在换热器的尾部布置有导流装置，该导流装置具有良好的导流作用，使换热器出口的气流具有良好的扩散性，气流扩散方向与换热器后的喇叭口后段的扩展方向相同。

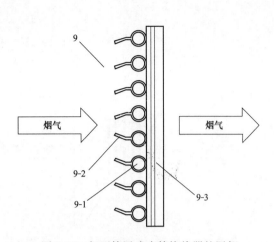 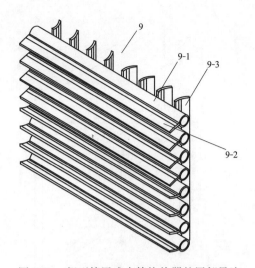

图 2-17　新型管屏式水管换热器的尾部　　　　图 2-18　新型管屏式水管换热器的尾部导流
　　　　　导流装置的侧视图　　　　　　　　　　　　　装置的立体结构示意图
9—导流装置；9-1—光管；9-2—上下导流方向导流板；　　9—导流装置；9-1—光管；9-2—上下导流方向
　　　9-3—左右导流方向导流板　　　　　　　　　　导流板；9-3—左右导流方向导流板

　　与静电除尘器一体化的新型管屏式水管换热器具有如下优点：

　　（1）换热器布置于除尘器的喇叭形进口段，可以充分利用静电除尘器进口的烟道空间，不增加额外的占地空间。

　　（2）换热器与传统使用的含有标准弯头的蛇形管束结构相比，以数量极少的大直径弯头替代为数众多的小直径标准弯头，其结构安全可靠性大幅度提高。该管屏式水管换热器消除了多管圈蛇形管180°弯头占据的大量空间，结构紧凑，可实现模块化生产、拼装，现场安装、拆卸极为方便，布置于静电除尘器喇叭形进口段的狭窄空间，实现和静电除尘器的一体化，不占用其他有效空间。

　　（3）沿烟气流动方向，通过增大换热管的直径和/或减小扩展受热面的翅片间距，从而减小烟气流通截面积，使换热器内前、后烟气流速均匀，可以实现沿烟气流动方向上的等流速设计，以适应后面几排管屏的管束随着烟气温度降低和进口管内工质温度较低所带来的烟气流速降低飞灰容易沉积、管壁金属温度降低易于发生酸的凝结以及飞灰和冷凝酸的耦合沾污等不良状况，改善后排管束的自清灰能力，提高管束传热的有效性。

　　（4）每排管屏由两端集箱和若干排相同直径、相同长度的直管换热管束构成，直管没有焊缝，停炉检修或运行时，可以对直管进行电磁导波离线或在线检验，对磨损和腐蚀造成局部面积损耗可能引起的管子爆漏事故可以实现预防预警，有效地避免磨损或腐蚀引起的水管爆漏导致水流堵塞除尘器的飞灰泄放阀而引起的强迫性停炉事故。

　　（5）换热器的尾部布置有导流装置，该导流装置结构简单、布置紧凑，并具有良好的导流作用，使换热器出口的气流具有良好的扩散性，烟气扩散流向与换热器后的喇叭口后段的扩展方向相同。换热管束在方形或矩形烟道中有良好的分流、导流和均流作用，部分替代了除尘器进口内部原有设计中必须设置的均流装置。

　　（二）新型针板耦合型传热强化元件及异形管屏式水管换热器[8]

　　新型针板耦合型传热强化元件及异形管屏式水管换热器强化元件具有抗磨损性能好、不易积灰、传热能力强的特点；换热器具有结构紧凑，可实现模块化生产、拼装，现场安装和拆卸极为方便的优点。

新型针板耦合型传热强化元件的结构示意如图2-19所示，基管3垂直于烟气流动方向的两侧表面均对称设置有多排针翅1，基管3位于烟气流动方向的前后表面均设置有肋板2。基管3和肋板2采用光管和扁钢焊接而成或采用直接轧制成型的鳍片管。

异形管屏式水管换热器如图2-20和图2-21所示，包括下部进口集箱7、上部出口集箱4以及连通下部进口集箱7和上部出口集箱4的多排换热管屏5，其特征在于：换热管屏5由多个新型针板耦合型传热强化元件组成，且换热管屏5中迎风面的肋板2的高度由换热管屏5中心向左右两侧对称地依次递减；相邻换热管屏5两端的下部进口集箱7和上部出口集箱4分别通过大直径弯头8连通；多排换热管屏5布置于静电除尘器喇叭形进口段6内的烟道空间中。

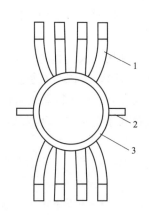

图2-19 针板耦合型传热强化
元件的结构示意图

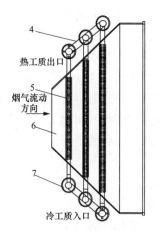

图2-20 异形管屏式水管换热器的结构示意图
4—上部出口集箱；5—换热管屏；6—静电除尘器
喇叭形进口段；7—下部进口集箱

和每个换热管屏5相对应的渐扩形变截面烟箱隔板直接焊接在每排换热管屏5的管束上并和换热管屏5整装出厂，现场拼装、焊接时，后面管屏的渐扩形变截面烟箱隔板紧贴前面烟箱隔板的外侧，部分重叠后以整圈焊接。

每排换热管屏5的多个新型针板耦合型传热强化元件的长度和直径均相同。前后换热管屏5沿烟气流动方向分别采用长度依次增大的新型针板耦合型传热强化元件，与不同位置的异形截面相匹配。前后换热管屏5沿烟气流动方向从前向后分别采用直径依次增加、针翅节距依次减小的新型针板耦合型传热强化元件。

下部进口集箱7和上部出口集箱4的直径沿烟气流动方向从前向后随着换热管屏5中新型针板耦合型传热强化元件直径的依次增大而逐渐增

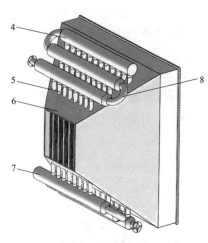

图2-21 异形管屏式水管换热器的
整体结构示意图
4—上部出口集箱；5—换热管屏；6—静电除尘器
喇叭形进口段；7—下部进口集箱；8—大直径弯头

大，后面的大直径下部进口集箱 7 和上部出口集箱 4 需经缩颈工艺之后再通过大直径弯头 8 分别和前面的下部进口集箱 7 和上部出口集箱 4 端部实现等径连接。

新型针板耦合型传热强化元件及异形管屏式水管换热器具有如下优点：

（1）新型针板耦合型传热强化元件，水平或垂直布置均可，无论是针翅还是板肋均对气流冲刷方向不敏感，能够适应斜向气流冲刷强化换热，抗磨损性能好，不易积灰，是其他传热元件无法替代的。

（2）新型针板耦合型传热强化元件，以板肋实现来流均分及导流作用，同时兼具传热面积的增加；以针翅实现强化传热，同时兼具气流无方向性均流梳理。

（3）换热器布置在静电除尘器喇叭形进口段异形截面内，采用不同长度直管构成的管屏和不同位置的异形截面相匹配，不改变突扩形喇叭口的原有结构，管屏可为水平或垂直布置，占据空间小，充分利用静电除尘器的喇叭形进口段空间。

（4）换热器管束和过去"直管管束＋标准弯头"形成的蛇形管束结构相比，以数量极少的大直径弯头替代为数众多的小直径弯头，其结构安全可靠性大幅度提高，消除了多圈蛇形管 180°弯头占据的大量空间，可实现模块化生产、拼装，现场安装、拆卸极为方便。

（5）换热器的换热管屏直管没有焊缝，停炉检修或运行时，可以对直管进行电磁导波离线或在线检验，对磨损和腐蚀造成局部面积损耗可能引起的管子爆漏事故可以实现预防预警，有效避免磨损或腐蚀引起的水管爆漏导致水流堵塞静电除尘器的飞灰泄放阀而引起的强迫性停炉事故。

（6）换热器的换热管屏有良好的分流、导流和均流作用，替代了突扩形喇叭口内部原有设计中必须设置的均流装置。

（7）换热器换热管屏沿烟气流动方向采用直径依次增大、针翅上下节距依次减小的换热元件，以确保因喇叭口流通截面积逐渐增加和烟气温度降低导致烟气流速迅速衰减引起的严重积灰，并保证合适的烟气流速，保证了换热器管束的自清灰能力，提高管束传热的有效性。

（三）U 形热管换热元件及与静电除尘器一体化的 U 形热管换热器[9]

若将余热回收装置布置于静电除尘器的烟气进口段喇叭口中间，一般选用水管换热器，水管换热器管束也可以设计成 H 形、螺旋形、针形翅片、板形翅片或耦合翅片等扩展受热面，结构紧凑，钢耗量低，但是水管换热器管束中充满了液体工作介质，一旦因管束磨损和腐蚀减薄后发生水管换热器爆漏后，整个系统中的液体工质泄漏可能引起除尘器飞灰泄放阀堵塞的现象，导致设备的非计划强迫停炉；而热管换热器即使发生爆漏，因热管内充填的工作液体质量很少，且受烟气加热而迅速蒸发，不会造成静电除尘器飞灰泄放阀堵塞的现象，避免了由此引起的非计划强迫停炉，故在安全性要求更高的情况下，热管换热器是选择之一。

热管是一个高效率的传热元件，其传热过程利用了传热学中相变潜热的蒸发吸热和冷凝放热的两个最强烈换热的过程，具有极高的导热性、良好的等温性、冷热两侧的传热面积可任意改变、可远距离传热、温度可控等一系列优点。热管的工作原理：热管于蒸发吸热端吸收烟气热量，并将热量传递给管内工质，工质吸热后沸腾或蒸发而转变为蒸汽，蒸汽在压力差的作用之下上升到冷凝放热端，蒸汽在热管放热端凝结成液态放出热量，加热放热端外部的冷流体，而管内蒸汽放热后的冷凝液通过重力作用回流到蒸发吸热端，由于内部已被抽成真空或设置成一定压力，所以工质很容易蒸发和沸腾，热管的启动非常迅速[10]。

在长期使用中热管普遍为直管结构，在直管中充填工作液体，需要两端封焊；直管结构的热管，管内工质传热极限固定，不能适应温度变化工况；直管结构的热管，在换热器中呈悬臂梁状态，刚性小，只适应小型换热器，并不适合火力发电厂、石油化工等大型装备的换热器结构；同时，单根直管结构的热管，需要两端封焊，当换热器管束密集时，焊接工作量成倍增长，生产周期长，限制了大形热管换热器的设计和制造生产，致使长期以来直热管只能适用于小尺寸换热器，热管换热器的大型化受到极大限制。基于以上原因，建议采用 U 形热管换热元件及与静电除尘器一体化的 U 形热管换热器。

U 形热管换热元件结构示意如图 2-22 所示，由一个整体弯曲成型的 180° 的弯头 2-1 和两个连续延伸的直段 2-2 组成。其扩展受热面采用 H 形、螺旋形、针形翅片、板形翅片或耦合翅片形式。

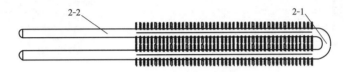

图 2-22　U 形热管换热元件结构示意图

与静电除尘器一体化的 U 形热管换热器如图 2-23～图 2-25 所示，包括冷却工质进口集箱 4、热工质出口集箱 1 以及连通冷却工质进口集箱 4 和热工质出口集箱 1 的多个冷却工质套管 3，还包括将上述所述的多个 U 形热管换热元件作为热管 2，所述热管 2 的上部插入冷却工质进口集箱 4，并插入冷却工质套管 3 内，热管 2 的两个直段 2-2 顶端封焊并插入热工质出口集箱 1 内；热管 2 未插入冷却工质进口集箱 4 内的部分为蒸发吸热段，插入冷却工质进口集箱 4 内的部分为冷凝放热段；蒸发吸热段安装在静电除尘器的进口扩展段中段烟道内部，冷凝放热段置于静电除尘器的进口扩展段中段烟道外上部。

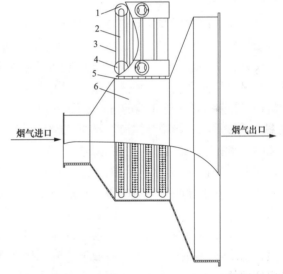

图 2-23　与静电除尘器一体化的 U 形热管换热器
安装布置时的外形示意图

1—热工质出口集箱；2—热管；3—冷却工质套管；4—冷却工质进口集箱；5—中间隔板；6—静电除尘器喇叭形进口中间段

U 形热管通过中间隔板 5 固定在静电除尘器的进口扩展段中段烟道内部。热管 2 的 180° 弯头平面布置在垂直于烟气流通方向或平行于烟气流通方向。U 形热管的蒸发吸热段管外侧采用 H 形、螺旋形、针形翅片、板形翅片或耦合翅片形扩展受热面。

U 形热管通过中间隔板 5 固定在静电除尘器的进口扩展段中段烟道内部。热管 2 的 180° 弯头平面布置在垂直于烟气流通方向或平行于烟气流通方向。U 形热管的蒸发吸热段管外侧采用 H 形、螺旋形、针形翅片、板形翅片或耦合翅片形扩展受热面。

U 形热管换热元件及与静电除尘器一体化的 U 形热管换热器具有如下优点：

（1）U 形热管在结构上等同于 2 根直热管，但系统刚性增加，适合燃煤机组、石油化工等大型装备的换热器结构，而单根直热管在换热器中呈悬臂梁状态，刚性小，只适应小型换热器。

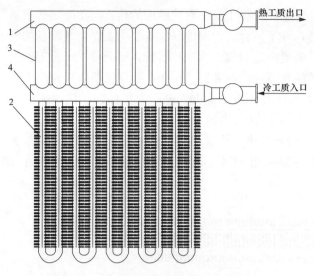

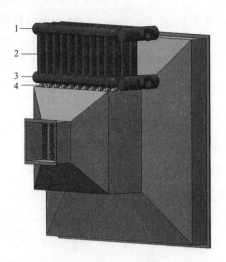

图 2-24　U 形热管换热器的剖面结构示意图
1—热工质出口集箱；2—热管；
3—冷却工质套管；4—冷却工质进口集箱

图 2-25　与静电除尘器一体化的 U 形热管
换热器的整体结构示意图
1—热工质出口集箱；2—冷却工质套管；
3—冷却工质进口集箱；4—中间隔板

（2）与采用单根直热管相比，每根 U 形热管在结构上等同于 2 根直热管，而只需要封焊 2 个管端，2 根直热管需要封焊 4 个管端，因此，管端封口焊接工作量减少 1/2。

（3）置于烟道当中可以根据流通截面的温度不均匀分布调节 U 形热管两个直段中的蒸发传热极限，使之成为变传热极限的 U 形热管，比单根直热管具有明显的传热安全性。

（4）设置在静电除尘器的进口扩展段中段，一旦因磨损或腐蚀而发生壁厚减薄而爆管，单根 U 形管爆漏并不影响整体换热器的长周期安全运行，同时，即使发生爆漏，因 U 形管管内充填的工作液体质量很少，且受烟气加热而迅速蒸发，不会造成像水管换热器爆漏后大量水泄漏可能引起静电除尘器飞灰泄放阀堵塞的现象，避免了由此引起的设备非计划强迫停炉。

（5）布置于静电除尘器的进口扩展段中段，可以充分利用静电除尘器进口的烟道空间，不增加额外的占地空间。

（6）U 形热管换热器取代了静电除尘器进口段喇叭口内均流板的作用，起到均流、扩展换热、急冷降温的作用，可以有效地在降低排烟温度的同时完成余热回收，具有降温节能和除尘增效的双重功能，并能实现长周期安全高效运行。

（7）采用模块化设计，结构紧凑，便于安装与拆卸。

三、管束结构设计

（一）管径选择

目前，无缝钢管的管径一般按标准选取，如 GB 3087—2008《低中压锅炉用无缝钢管》、GB 5310—2008《高压锅炉用无缝钢管》等，一般标准中都推荐使用标准系列，如 32、38、42（45 或 48）、51、57、60、63.5、76mm 等。从对流换热的规律来分析，从管外横向冲刷的角度出发，减小管径可以提高对流换热系数。因此，对流管束一般取 $\phi32\sim\phi42$。如电站锅炉的过热器、再热器、省煤器等，以及余热锅炉的省煤器、蒸发器和过热器等。

从对流换热及流动阻力规律来分析，管径的大小关系到管内工质换热系数的大小，但同时也会对水侧阻力造成影响。相同的工质流速下，管径越小，换热系数越高，但同时流动阻力也增加，反之亦然。

综合考虑管束换热系数和管内工质阻力，烟气深度冷却器的换热管径一般选为38mm，部分情况可选取32mm或42mm。

（二）管束布置方式

烟气深度冷却器的管束布置方式可分为顺列布置和错列布置。这两种布置方式的优缺点对比见表2-1。

表 2-1　　　　　　　　　　　　　　顺列和错列布置优缺点对比

布置方式	优点	缺点
顺列	磨损较轻，且易于清灰；流动阻力小，风机耗电较少	体积较大，管外传热介质的扰动小，放热系数较小
错列	结构紧凑，体积较小，管外传热介质扰动大，放热系数较高	磨损较为严重，发生堵灰，不易清灰；流动阻力大，风机耗电量多

根据以上对比可知，为避免磨损和积灰（甚至堵灰），烟气深度冷却器的管束宜采取顺列布置。

（三）管束节距选取

从换热角度看，管束节距也会对管束内的烟气换热造成影响，相同烟气流速下，管束节距越小，管束造成的扰动越大，换热效果会增强，反之亦然。

对于选定的烟道，即烟道截面一定情况下，烟气深度冷却器管束横向节距选取将会影响到烟气流速，横向节距越大，烟气流速越低；横向节距越小，烟气流速越大。而管束纵向节距则影响到烟气深度冷却器整体纵向长度，纵向节距越大，烟气深度冷却器纵向长度越长，整体体积越大；反之，纵向长度越短，整体体积越小。

对于H形翅片管烟气冷却器，管束节距一般可根据翅片大小决定，为避免管束间形成烟气走廊以及尽量节省空间，翅片顶部间距不宜过大，宜选取4～6mm，从而确定管束的横向和纵向节距。

四、工业常用传热元件及其强化结构设计

烟气深度冷却器布置于尾部烟道，为低温受热面，换热效率较低，一般应使用强化传热技术。强化换热技术可分为表面增强强化换热、相变强化换热及扩展受热面强化换热等。其中，表面增强强化换热包括螺旋槽管、横纹管、缩放管、大导程多头沟槽管、整体双面螺旋翅片管以及管内插入物等；相变强化换热一般为热管强化换热；扩展受热面强化换热包括肋片管换热、翅片管换热等，还有根据针对不同的传热过程研究推出不同的强化换热元件，如强化多相流传热的有整体型多头内螺旋翅片管、错齿形翅片管等[11]。

扩展传热面积是增加传热量的一种有效途径。扩展传热面积以强化传热，并不是简单地通过增大设备体积来扩展传热面积，而是通过传热面结构的改进来增大单位体积内的传热面积，从而使得换热器高效而紧凑。采用扩展表面传热面是提高单位体积内传热面积最常用的方法[12]。与光管相比，扩展表面法的优势有增加换热面积，减小换热器结构；具有自清灰能力，减少表面磨损；提高壁面温度，减缓低温腐蚀[13]。因此，扩展表面法得到了广泛的工程应用。扩展表面传热已有多种形式，如翅片管、螺纹管、板翅式传热面等。

图 2-26 螺旋翅片管结构示意图

对于中低温受热面而言，普遍采用了翅片管（鳍片管）强化换热技术。工业中常见的翅片管包括螺旋翅片管、H 形翅片管和针形翅片管，下面主要对这三种翅片管进行介绍。

（一）螺旋翅片管

螺旋翅片管是一种高效传热元件，结构如图 2-26 所示，它的传热面积为光管的几倍至几十倍，能强化传热，降低流动阻力，减少金属消耗量，从而提高了换热设备的经济性和运行可靠性。工程领域常见的含灰较少、中低温烟气热能回收的场合中，广泛采用螺旋翅片管作为强化换热管型，这是因为螺旋翅片管制造简便且翅化比大，在换热管价格和强化换热效果两方面均有优势[14]。

螺旋翅片管按制造工艺分类可分为焊接式螺旋翅片管、整体式螺旋翅片管、U 形螺旋翅片管；按翅片结构可分为连续型螺旋翅片管和开齿型螺旋翅片管，如图 2-27 所示。

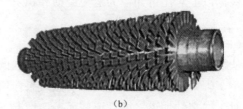

（a）　　　　　　　　　　　　　　　　　（b）

图 2-27 螺旋翅片管实物图

（a）连续型螺旋翅片管；（b）开齿型螺旋翅片管

连续型螺旋翅片管起初被广泛应用于各类空气冷却或加热装置中，这时翅片材质一般为铝或铜，根据制作方式可分为焊接、胀接、绕制和挤压成型等。铜和铝的导热系数高，材料延展性能较好，是理想的翅片材质，但缺点是不能承受高温，耐磨损和抗腐蚀性能也较弱，因而只能应用于温度不高且气流比较洁净的换热场合。为使翅片能在较高的温度下可靠工作，在动力、冶金及化工等行业广泛应用以碳钢或合金钢为翅片材质的钢质螺旋翅片管。钢质翅片延展性较差，难以通过胀接、挤压等工艺进行制造，因而钢质螺旋翅片管一般通过高频电阻焊接技术使基管与翅片熔化结合在一起，常被称为高频焊螺旋翅片管。高频焊螺旋翅片管翅片与基管间的接触热阻很小，翅片的机械强度也较高[11]。

通过翅片的连续缠绕与自动化的高频焊技术，连续型螺旋翅片管具有扩展面积较大、制作简便、易于实现大批量生产的优势。提高连续型螺旋翅片管的翅化比可通过增大翅片高度与减小翅片间距来实现。受钢质翅片金属延展性较低的限制，翅片高度的进一步提高存在困难。因为连续的带状翅片在基管表面绕制时，远离基管表面的翅片端部的金属应变量最大，若翅片高度过大，将导致翅片端部塑性变形或翅片撕裂而影响翅片管质量。翅片间距的选取主要取决于管外气流的"洁净"程度，比如在含灰烟气中翅片间距宜较大以避免在翅片间隙发生堵灰而影响翅片管束的正常工作，而在洁净空气中翅片间距可以较小以提高换热管翅化比。因此在实际应用中，与铝质或铜质螺旋翅片管相比，钢质连续型螺旋翅片管的翅化比仍然较小。这是因为在烟气换热场合，钢质螺旋翅片管的翅片间距受烟气含灰所限而不宜过小，同时翅片高度又受到钢质翅片延展性能的限制而难以进一步提高。

开齿型螺旋翅片管是在连续型螺旋翅片管基础上发展的一种异形扩展表面。与连续型螺旋翅片管相同，其同样由基管与螺旋翅片通过高频焊绕制而成。不同之处是，开齿型螺旋翅片管在绕制前需将带状翅片在长度方向上按一定间距进行局部切割，绕制时被切断部分自然分开，形成锯齿形状。锯齿翅片的出现主要是因为在基管表面缠绕带状金属条制作翅片管时，翅片高度（即金属条宽度）受金属材料延展性限制而不能过大，翅片材质为钢质金属时这点尤为突出。由于锯齿翅片在基管表面缠绕时可自由伸展，故可克服连续翅片加工时产生的翅顶撕裂、翅片倾斜及翅厚减薄等缺陷，使钢质翅片管制造更为容易，还可使钢质金属翅片的高度取得更高。根据基管直径的大小，切槽间距（即锯齿周向宽度）一般在 4～8mm 之间，切槽深度（即锯齿径向高度）一般为翅片高度的 50%～80%。目前，实际应用的开齿螺旋翅片管大多为钢质翅片，应用于联合循环余热锅炉、炼油化工加热炉等大型烟气换热设备中。出于对开齿翅片易于积灰和清灰困难的担心，开齿螺旋翅片管在含灰气流中的应用较少[14]。

（二）H 形翅片管

H 形翅片管是把两片中间有圆弧的钢片对称地与光管焊接在一起形成翅片，其正面形状颇像字母"H"，故称为 H 形翅片管，如图 2-28 和图 2-29 所示。H 形翅片管的两个翅片为矩形，近似正方形，其边长约为光管直径的 2 倍。根据单个翅片焊接基管的数量，H 形翅片管可分为单 H 形翅片管、双 H 形翅片管和 4H 形翅片管，如图 2-30 所示。单 H 形翅片管包括 70mm×70mm、75mm×75mm 和 95mm×89mm 等多种规格，表 2-2 中列举了部分规格单 H 形翅片管的结构参数。

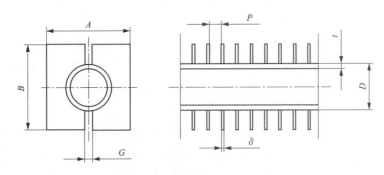

图 2-28　H 形翅片管结构图

A—翅片宽度；*B*—翅片高度；*D*—管外径；*G*—翅缝间距；*P*—翅片间距；*t*—管壁厚度；*δ*—翅片厚度

图 2-29　H 形翅片管实物图

(a)

(b)

(c)

图 2-30　各类型 H 形翅片管

(a) 单 H 形翅片管；(b) 双 H 形翅片管；(c) 4H 形翅片管

表 2-2　　　　　　　　　　　部分规格单 H 形翅片管的结构参数表

编号	A	B	G	D	P	t	δ
1	70	70	6	32、 38、 42、 45、 51	10、 12、 15、 18、 20、 25、 30	2.0、 2.5、 3.0、 3.5、 4.0	1.5、 2.0、 2.5、 3.0
2	75	75	6
3	85	85	8
4	95	89	12
5	114	114	12
6	121	121	12

　　由于 H 形翅片管采用全自动电阻闪光焊接生产线制造生产，生产效率较低，因此，技术人员在单 H 形翅片管生产线的基础上研制开发了双 H 形翅片管，甚至 4H 形翅片管[15]，大大提高了 H 形翅片管的生产效率和单元结构的刚性。

　　H 形翅片管主要具有以下优点[13,16]：

1. 优异的防磨损性能

磨损主要是灰粒对管子的冲击和切削作用，在管子周围与气流方向成 30°部位磨损最厉害。错列布置由于气流方向改变，第二排磨损最厉害。顺列布置第一排与错列布置第一排相同，以后各排由于气流冲击不到管子磨损较轻。在其他条件相同的条件下，顺列管束的最大磨损量比错列管束少 3~4 倍。H 形翅片管换热器采用顺列布置，H 形翅片把空间分成若干小的区域，对气流有均流作用，与采用错列布置的光管换热器、螺旋翅片换热器等相比，在其他条件相同的条件下，磨损寿命高 3~4 倍。

2. 优异的防积灰性能

积灰的形成发生在管束的背向面和迎风面。管子错列布置容易冲刷管束，背面积灰较少。对于顺列布置的管束，由于气流不容易冲刷管束背面，就管束而言，顺列布置积灰比错列多。H 形翅片由于翅片焊在管子不易积灰的两侧，而气流笔直地流过，气流方向不改变，翅片不易积灰。H 形翅片中间留有 6～12mm 的间隙，可引导气流吹扫管子翅片积灰，在合适的风速下，具有很好的自清灰功能。现场运行实践表明：H 形翅片管不积灰或很少积灰，而螺旋翅片管积灰严重，需要定时吹灰。

3. 减少烟气侧阻力

由于 H 形翅片两边形成笔直的通道，而螺旋翅片的螺旋角引导气流改变方向，使得螺旋翅片容易积灰并使其烟气阻力较 H 形翅片大。因此，采用 H 形翅片管可以减少流动阻力，降低引风机投资和运行成本。

（三）针形翅片管

针形翅片管或称为销钉管，是一种新型的强化传热单元结构，如图 3-31 所示。采用针形管制造的针形管换热管组，具有较高的传热效率，特别适应于结构紧凑的余热锅炉、燃油、燃气锅炉和油加热器中[17,18]。针形翅片管的优点是：无论烟气是横向还是纵向冲刷管束，所有针翅扩展受热面总是受到烟气的横向冲刷，气流在针翅或销钉的圆柱背面形成对称的稳态旋涡和回流区，热边界层不断地被破坏，同时又再形成，从而使整个换热面边界层减薄，减小了传热热阻，大大提高了换热系数。其次针翅或销钉是一种悬臂梁结构，在高烟速区和旋涡回流区的气流冲击下，会产生微幅振动，使烟灰很难积结，加上烟气强烈的紊流冲刷，使针翅或销钉管传热单元结构具有较强的自清灰能力。

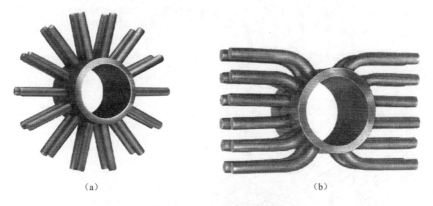

（a）　　　　　　　　　　　　　　（b）

图 2-31　针形翅片管实物图

（a）纵向冲刷管型；（b）横向冲刷管型

针形翅片管最早应用于燃油的船用锅炉，具有很高的强化换热系数，提高了船用锅炉的紧凑性和经济性，更为重要的是，针形翅片管通过变换针翅的高度可以应用于不同的温度场合，如针翅高度可在 25～50mm 之间变化，可以使用到 1200℃ 的高温换热，也可以用做燃油燃气冷凝式锅炉的冷凝器，排烟温度降低到 75℃ 以下，这一特点是 H 形翅片管和螺旋翅片管所不具备的，H 形翅片管和螺旋翅片管因翅片自身结构原因，只能应用于 450℃ 以下的中低温烟气换热场合。但是，由于针形翅片管采用全自动电阻点焊生产线制造生产，与 H 形翅片管相比，生产效率更为低下，金属耗量偏大一些，限制了针形翅片管应用于其他工业换热领域，其被应用于燃煤机组和冶金行业也是近几年的余热利用的进展之一。实践证明，针形翅片管是一种具有很好强化传热能力的强化传热单元结构。

（四）翅片管性能比较

以上对三种常见的翅片管（螺旋翅片管、H 形翅片管和针形翅片管）进行了详细介绍，下面对这三种翅片管的性能进行对比，如表 2-3 所示。

表 2-3   翅 片 管 性 能 对 比 表

翅片管	结构示意图	优点	缺点
螺旋翅片管		翅片和基管连续焊接，生产效率高，翅片节距、高度和壁厚变化范围大，强化传热性能好，适合中低烟气温度	烟气来流和翅片有夹角，流动过程中烟尘不断凝聚，较易积灰和磨损
H 形翅片管		烟气来流和翅片平行，抗积灰性能好，抗磨损性能好，具有较好的自清灰功能，强化传热性能好，适合烟尘浓度高的场合，适合中低烟气温度	翅片与基管间断焊接，生产效率较低
针形翅片管		烟气来流和翅片垂直，强化传热性能最好，具有较好的自清灰功能，适合烟尘浓度较高的场合，耐磨性好，适合高、中、低烟气温度	翅片与基管间断焊接，生产效率低，经济型较差

H 形翅片管制造工艺简单，抗磨损性强，抗积灰性好，因而在常规锅炉设计与改造、利用中低温余热的余热锅炉以及其他换热设备中得到了广泛的应用[19-21]。另外，H 形翅片管较光管可以提高传热管外壁面的温度，有利于减缓低温腐蚀。因此，常规烟气深度冷却器宜选取 H 形翅片管。而对于根据特殊布置位置或技术要求的烟气深度冷却器，可考虑选用针形翅片管或螺旋翅片管。

（五）4H 形翅片管

4H 形翅片管的结构与常规 1H（单 H）和 2H（双 H）形翅片管类似，是将 2 片中间带有 4 个圆弧的钢片对称地与 4 根光管顺序焊接在一起，组成 4H 形翅片管外扩展强化传热元件，具体结构如图 2-32 所示。该结构可以看作沿烟气流动方向将 4 个 1H 形翅片管合并在一起，可以实现 H 形翅片的气、液、固三相连续凝并吸收，有利于协同脱除污染物，抑制低温腐蚀。

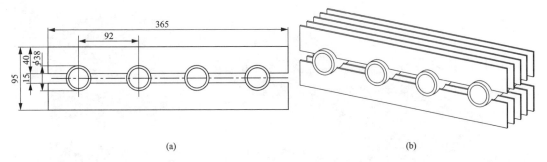

图 2-32　4H 形翅片管平面结构示意图
（a）4H 形翅片管平面结构图；（b）4H 形翅片管立体结构图

本研究团队 2011 年率先将 H 形翅片应用于制造烟气深度冷却器，颠覆了国内外一直使用的螺旋翅片管。之后，在理论分析、数值模拟和实验室实验和工业化现场实验的基础上，揭示了飞灰中碱性物质、SO_3/H_2SO_4 蒸汽和液滴的气、液、固三相凝并吸收机理，实现了气、液、固三相凝并吸收，高效脱除 SO_3/H_2SO_4，抑制低温腐蚀，促成烟气深度冷却技术的规模化应用。为强化凝并吸收效果，又进一步发明了抑制积灰磨损腐蚀的 4H 形翅片强化传热元件及结构，提出了 4H 形翅片管组的高效组对制造工艺，使烟气流场更加均匀、贴壁凝并和深度吸收效果更好。4H 形翅片突破了传统结构，如螺旋翅片元件、针形翅片元件、1H 形翅片和 2H 形（双 H）翅片，使得烟气流向不断变化、间断贴壁和流场不均匀的技术瓶颈，实现了传热元件气、液、固三相流场的连续均匀、贴壁凝并和深度吸收的高效协同作用，抑制了积灰、磨损和低温腐蚀。图 2-33 示出了传统的螺旋翅片管、1H 形、2H 形翅片管使流动中断，造成间断贴壁不能连续均匀实现凝并吸收从而高效脱除 SO_3/H_2SO_4 抑制低温腐蚀的结构对比示意图。图 2-34 示出了 4H 翅片单元体分隔结构的温度场和速度场模拟云图。

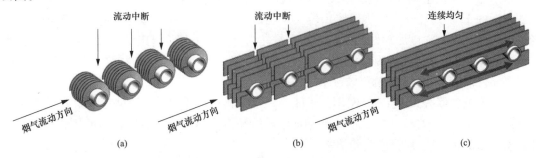

图 2-33　螺旋翅片管及 H 形翅片管沿烟气流动方向流动状态对比示意图
（a）螺旋翅片管；（b）1H 和 2H 形翅片管；（c）4H 形翅片管

4H 形翅片传热元件继承了原有 1H、2H 形翅片管的优点，一般采用顺列布置，通过翅片将烟气的流动空间划分为若干较小的受限制的流动区域，达到连续均流的目的，同时降低磨损，减少积灰，降低烟风阻力，实现低阻力传热。

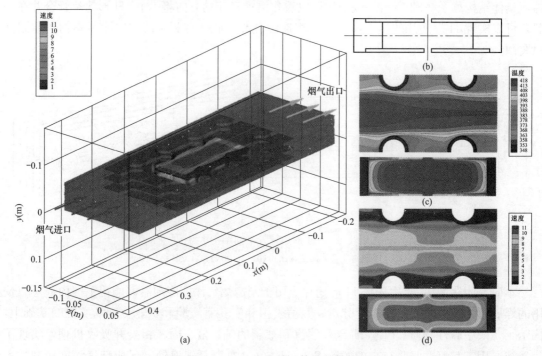

图 2-34　4H 翅片单元体分割结构
(a) 4H 翅片管单元体立体速度云图；(b) 4H 翅片管组单元体；(c) 截面温度云图；(d) 截面速度云图

除此之外，4H 形翅片管在烟气流动方向上改变了传统 1H、2H 形翅片管流动持续中断的特性，使烟气在深度冷却过程中，能够不间断地与翅片的冷壁面接触，从而使烟气中飞灰颗粒中的碱性物质能够更有效地凝并吸收 SO_3/H_2SO_4。因此，这种 4H 形翅片管在使烟气贴壁凝并和深度吸收方面效果更好，实现了传热元件气、液、固三相流场的连续均匀、贴壁凝并和深度吸收的高效协同作用，并有效抑制了积灰磨损和低温腐蚀，其具体理论基础及关键技术详见第三章第六节，其具体制造工艺详见第七章。

五、传热元件及管束数值优化

目前，燃煤机组烟气余热利用装置烟气深度冷却器绝大多数采用 95mm×89mm 或结构尺寸相近的 H 形翅片管，换热器体积较大，在部分电厂难以有足够空间进行布置，尤其是老机组改造，烟气深度冷却器的布置空间更是尤为有限。另外，管束结构尺寸对于烟气深度冷却器整体结构的布置也影响较大。如何提高烟气深度冷却器的换热器效率并减小其体积，是传热元件及管束结构优化的主要方向之一。

本节根据苏联公式[22]计算不同结构 H 形翅片管的传热性能，并计算对应的 H 形翅片管换热器的质量，以衡量不同 H 形翅片管换热器的经济性，同时考虑换热器的体积变化，得到紧凑高效的 H 形翅片管换热器结构。

H 形翅片管结构示意图如图 2-35 所示。本节对 7 种不同结构的 H 形翅片管在 4 种翅片节距条件下的换热性能进行计算研究，并进行对比分析，H 形翅片管结构参数见表 2-4。

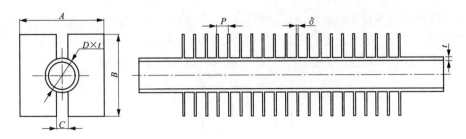

图 2-35 H形翅片管结构示意图

A—翅片宽度；*B*—翅片高度；*C*—翅缝间距；*D*—管外径；*P*—翅片间距；*t*—管壁厚度；*δ*—翅片厚度

表 2-4　　　　　　　　　　　　　　H形翅片管结构参数　　　　　　　　　　　　　　mm

名称	95	80	75[1]	75[2]	70	65	60
$D \times t$	$\phi 38 \times 4$	$\phi 38 \times 4$	$\phi 38 \times 4$	$\phi 38 \times 4$	$\phi 38 \times 4$	$\phi 38 \times 4$	$\phi 38 \times 4$
A	95	80	75	75	70	65	60
B	89	80	75	75	70	65	60
δ	2	2	2	2	2	2	2
C	13	13	13	6	6	6	6
S_1	100	85	80	80	75	70	65
S_2	94	85	80	80	75	70	65
P	12、16、20、24						

以标准烟气参数为基础[6]，翅片顶部间距选取为 5mm，从而确定管束横向节距，选取管束最小截面烟气流速为 10m/s，计算得到的不同结构 H 形翅片管的烟气侧折算对流换热系数如图 2-36 所示，换热量相同时不同结构 H 形翅片管的钢耗量如图 2-37 所示。由图 2-36 可知，在相同换热量、相同传热温压、相同最小截面空气流速（10m/s）条件下，H 形翅片管的传热性能随着翅片间距的增大而增大，同时，随着翅片尺寸的变小而增大。

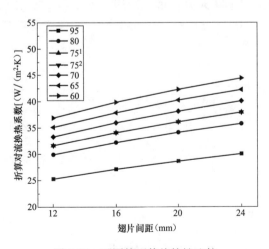

图 2-36 不同管型传热特性比较

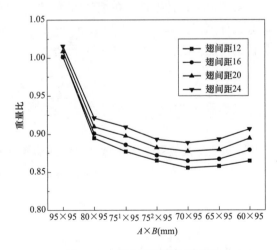

图 2-37 不同管型钢耗量比较

下面以某电厂 600MW 机组烟气余热利用项目为例，将 70mm×70mm H 形翅片管烟气深度冷却器（下文简称方案 1）与传统 95mm×89mm H 形翅片管烟气深度冷却器（下文简称方案 2）设计方案进行比较。此电厂尾部烟道烟气流量为 2776020m³/h，烟气深度冷却器进口烟气温度为 119.1℃、出口烟气设计温度为 90℃，进口水设计温度为 70℃，出口水设计温度为 100℃，烟气深度冷却器进出口烟气和水参数如图 2-38 所示。

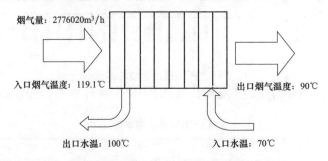

图 2-38　换热器进出口烟水参数

烟气深度冷却器的传热方程可用式（2-1）表示，即

$$Q = k \times A \times \Delta t \tag{2-1}$$

式中　Q——传热量，kJ；

k——传热系数，W/(m²·K)；

A——受热面积，m²；

Δt——传热温差，K。

在该案例初始参数条件下，方案 1 和方案 2 具有相同的传热量及传热温差，如式（2-2）所示，即

$$Q = k_1 \times A_1 \times \Delta t = k_2 \times A_2 \times \Delta t \tag{2-2}$$

式中　k_1、k_2——方案 1 和方案 2 的传热系数，W/(m²·K)；

A_1、A_2——方案 1 和方案 2 的受热面面积，m²。

基于以上设计条件，在烟气流速 10m/s 的情况下，充分考虑积灰造成的沾污，根据苏联公式计算得到 $k_1 = 32.09$W/(m²·℃)，$k_2 = 40.81$W/(m²·℃)。可知方案 2 换热器具有较优的传热性能。根据式（2-2）可得

$$\frac{A_2}{A_1} = \frac{k_1}{k_2} \tag{2-3}$$

换热器本体质量计算公式为

$$m = h \times A \tag{2-4}$$

式中　m——换热器本体质量（只包括翅片管），kg；

h——单位长度翅片管质量与换热面积之比，kg/m²。

由式（2-3）与式（2-4）可得

$$\frac{m_2}{m_1} = \frac{h_2 k_1}{h_1 k_2} \tag{2-5}$$

根据翅片尺寸计算得到 $h_1 = 10.49$kg/m²，$h_2 = 12.34$kg/m²，故可得 $m_2/m_1 = 92.5\%$。方案 1 和方案 2 具体结构参数对比见表 2-5，可以看出 70mm×70mm H 形翅片管烟气深度冷却器具有较优的传热特性和经济性。根据以上对不同结构 H 形翅片管的对比分析可知，H 形翅片管在相同换热量、相同传热温压、相同最小截面空气流速（10m/s）条件下，随着

92

翅片间距的增大，折算对流换热系数逐渐增加，不同的管型结构增加趋势基本相同。根据本节优化的 H 形翅片管结构参数可知，最佳的 H 形翅片管管型为 70mm×70mm，小缝宽6mm，与传统的管型 95mm×89mm、小缝宽度 13mm 的 H 形翅片管相比，经济性提高 8％左右。采用 70mm×70mm H 形翅片管烟气深度冷却器，与传统 95mm×89mm H 形翅片管烟气深度冷却器相比，具有结构紧凑、传热性能强和较高的经济性等优势，具有一定的应用推广价值。

表 2-5　　　　　　　　　　　　方案 1 和方案 2 具体结构参数对比

比较项目		方案 1	方案 2	比值
横截面尺寸	（mm×mm）	6318×6421	5695×5660	—
横截面面积	（m²）	40.57	32.23	1.3
纵向长度	（mm）	2364	3861	0.6
整体体积	（m³）	95.91	124.45	0.8
换热面积	（m²）	8829.61	11272.44	0.8
单位体积内的换热面积	（m²/m³）	92.06	90.58	1.0
传热系数	[W/(m²·℃)]	40.81	32.09	1.3
单位长度的质量与换热面积之比	（kg/m²）	12.34	10.49	1.2
换热器质量	（t）	109.2	118.29	0.925

六、创新型传热元件及其强化结构设计

目前，工业常用传热元件 H 形翅片管、螺旋翅片管和针形翅片管已在余热利用领域得到普遍应用，尤其是 H 形翅片管已在烟气深度冷却器上得到广泛使用。H 形翅片管的翅化系数较高，传热性能较好，且具有较强的自清灰能力，因此，可以有效地减小换热设备的结构，减少积灰磨损，减小流动阻力。但是在实际应用过程中，H 形翅片管仍存在积灰和磨损的风险，并且传热性能也还有提高的空间。通过理论分析和数值模拟研究，对 H 形翅片管的结构进行了深度优化，发明了两种创新强化传热元件。

（一）一种非中心对称 H 形翅片管及其翅片管换热管束

在传统的 H 形翅片管中，每个翅片组关于与其连接的基管轴线中心对称，翅片位于迎风侧和背风侧的形状和面积均相同。实际生产实践中，进入换热器的烟气中往往携带了大量细小的固体颗粒物，称为飞灰。当烟气在 H 形翅片管束中流动时，会在翅片管背风侧出现明显的气流分离和回流区。迎风侧烟气流和基管及翅片的接触面积大于背风侧，而易发生气流分离的背风侧翅片换热性能较低，容易产生积灰现象。由于积灰的导热系数很低，随着积灰程度的增加，翅片管的换热性能进一步恶化，换热器的运行经济性大幅降低，甚至还会出现换热设备堵塞等严重后果。

为了解决上述问题，发明了一种非中心对称 H 形翅片管及其翅片管换热管束，提高 H 形翅片管的传热性能，减轻 H 形翅片管的积灰现象，减少换热设备的材料消耗。

一种非中心对称 H 形翅片管如图 2-39 所示，包括基管部 1 和翅片部 2，基管部 1 包含至少一根基管，翅片部 2 为若干沿基管轴向以预定间距连接在基管的外壁上的翅片组，其中

每个翅片组包含两片位于至少 1 根基管两侧的四边形翅片，每片翅片内侧设置有与基管的外壁相吻合的凹槽，翅片通过凹槽与基管外壁相连接，两片翅片处于与基管轴线垂直的同一平面上，相互之间留有大于或等于零的间隙，或呈连接状态；翅片组与基管组成的整体沿基管径向断面呈 H 形；当基管数量为 1 根时，取通过与翅片组相连接的基管轴线，且垂直于烟气来流方向的平面为分界面，将四边形翅片分为迎风侧部分和背风侧部分；当基管数量为两根及以上时，取一条与各基管轴线平行且与首尾两基管轴线距离相等的直线为辅助线，过该辅助线取垂直于烟气来流方向的平面为分界面，将四边形翅片分为迎风侧部分和背风侧部分；迎风侧部分的翅片面积大于背风侧部分的翅片面积。

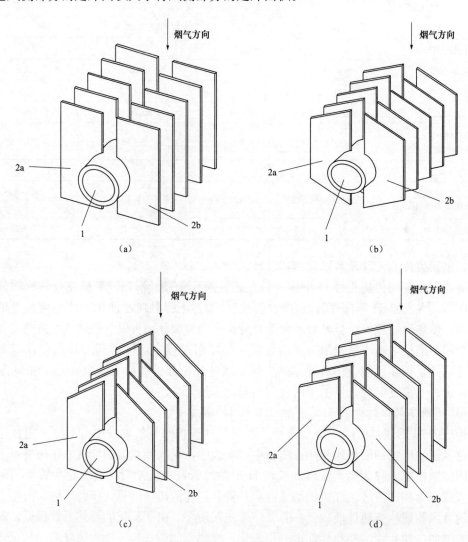

图 2-39　一种非中心对称 H 形翅片管
（a）翅片的形状为矩形；（b）翅片的形状为梯形；（c）翅片的形状为不规则平行四边形；（d）翅片的形状为平行四边形
1—基管部；2a—a 侧翅片部；2b—b 侧翅片部

　　基管形状呈圆状、椭圆状和扁管状中的任意一种。每相邻两翅片组之间相互平行。翅片组包含的两片翅片之间的间隙小于基管外径。翅片的形状为矩形、平行四边形、梯形或不规则四边形，其中平行四边形、梯形或不规则四边形翅片金属分布更趋近于基管，翅片效率更高，当翅片形状为平行四边形、梯形或不规则四边形时，翅片短边与烟气来流方向在 $45°\sim90°$ 范围变化。

翅片组与基管之间的连接方式为闪光对接焊或钎焊。与每个翅片组相连的基管数目为 2 时表现为非中心对称双 H 形翅片管的形式。每组翅片的迎风侧部分的翅片面积与背风侧部分的翅片面积之比 n 的范围为 $1 < n < 2$。

一种翅片管换热管束，由上述多根非中心对称 H 形翅片管组成，多根非中心对称 H 形翅片管的排列方式为顺列布置、错列布置，以及不等间距布置中的任意一种。

本发明的非中心对称 H 形翅片管及其翅片管换热管束具有如下优点：

非中心对称 H 形翅片管的翅片在迎风侧部分的面积大于其在背风侧部分的面积。当烟气在 H 形翅片管束中流动时，会在翅片管背风侧出现明显的气流分离和回流区。迎风侧烟气流和基管及翅片的接触面积大于背风侧，而易发生气流分离的背风侧翅片换热性能较低，容易产生积灰现象。由于非中心对称 H 形翅片管中的翅片在迎风侧部分的面积大于其在背风侧部分的面积，故在翅片面积相同并使用同样基管束的情况下，非中心对称 H 形翅片管相对于传统的中心对称的 H 形翅片管，有更大的翅片面积位于换热性能好且不易产生积灰的迎风侧。使换热器总体的换热性能得到提高，且积灰量减少。

对于总换热量固定的换热设备，采用非中心对称 H 形翅片管代替传统 H 形翅片管，可以大大减少设备的体积和钢材消耗，而非中心对称的新型 H 形翅片管的制造工艺难度和传统 H 形翅片管相仿，故换热设备的制造总成本也相应下降。

（二）一种轴向贯通的 H 形翅片管及其换热管束

尽管 H 形翅片管具有良好的抗积灰能力和防磨性能，但在含灰气流下，由于流体本身的黏性作用与逆压梯度的存在，流动必然发生分离，并在翅片管背风侧形成涡流滞止区，从而使含灰气流中的灰颗粒在背风侧不断累积，造成局部大量积灰，严重影响翅片管传热效率和换热器的安全高效运行。通过对 H 形翅片管的结构分析发现，含灰气流在经过 H 形翅片管时，在每两对翅片间的局部空间几乎没有气体扰动，该局部空间的气体流动近似于平面流动，灰颗粒难以在不同翅片间流动，进一步加剧了积灰的形成。因此，通过采取必要的结构优化，减小涡流滞止区面积从而减少积灰，是一种行之有效的方法。

因此，发明一种轴向贯通的 H 形翅片管及其换热管束，通过整体加装导流片，减小流动分离，减小涡流滞止区面积，从而减轻 H 形翅片管背风侧积灰，改善换热器的运行情况。

一种轴向贯通的 H 形翅片管及其换热管束如图 2-40～图 2-49 所示，包括基管部、翅片部和贯

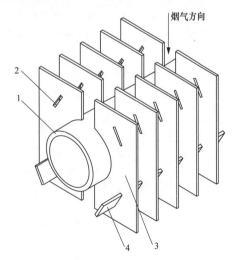

图 2-40　常规矩形导流片 H 形翅片管的示意图[①]

1—基管；2—贯通槽；3—翅片；4—导流片

---

① 图 2-41～图 2-49 中注释同图 2-40。

通部，基管部包含至少一根基管 1；翅片部为沿基管 1 轴向布置的连接在基管 1 外壁的若干平行翅片组，其中翅片组包括两片对称布置在基管两侧的翅片 3，两片翅片按照一定节距规则排列，每片翅片内侧有和基管外壁吻合的凹槽；贯通部包括沿烟气流动方向上在翅片表面局部加工的、相对基管 1 布置的贯通槽 2，并在烟气流出的一侧设置导流片 4 穿过所有烟气流出侧的贯通槽 2，并将基管轴向各翅片组贯穿连接，使 H 形翅片管轴向横剖面由平面变成三维结构。贯通槽 2 在每个翅片上共两个，分别位于基管烟气流入侧和基管烟气流出侧，两槽关于翅片内侧凹槽相对分布；贯通槽 2 的形状为矩形，弧形或圆形；对于矩形槽，以烟气流出侧的槽矩形长边作为开槽基准方向，其开槽方向与气体来流方向的攻角为 $10°\sim80°$；对于弧形槽，以烟气流出侧的槽圆弧所在割线作为开槽基准方向，与气体来流方向成 $10°\sim80°$。

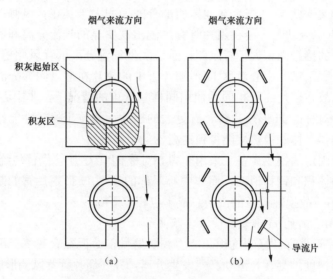

图 2-41 常规矩形导流片 H 形翅片管与常规 H 形翅片管的气体流向示意图
（a）常规 H 形翅片管；（b）常规矩形导流片 H 形翅片管

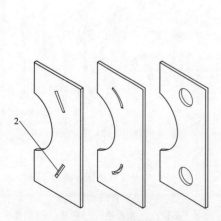

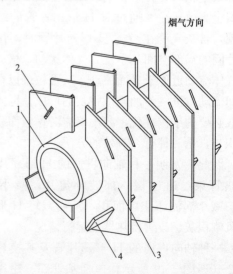

图 2-42 相同翅片表面形状下不同贯通槽形状的翅片结构示意图

图 2-43 不同的翅片表面形状下的带矩形导流片的 H 形翅片管的结构示意图

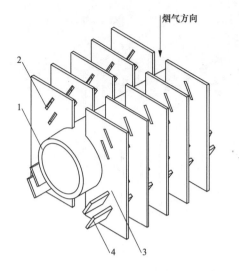

图 2-44 双槽 H 形翅片管的整体结构示意图

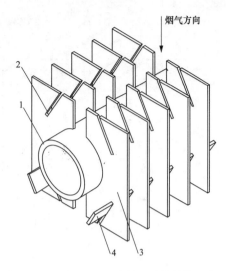

图 2-45 通槽 H 形翅片管的整体结构示意图

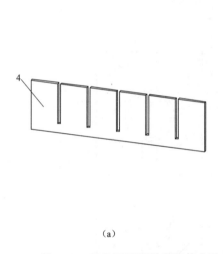

（a）

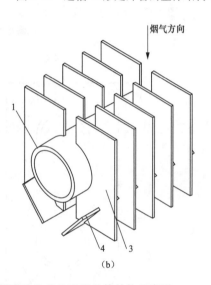

（b）

图 2-46 现有 H 形翅片管整体改造的导流片和改造后的整体结构示意图

（a）导流片结构示意图；（b）改造后的整体结构

导流片 4 的截面形状与贯通槽 2 相同，同时贯通槽 2 面积略大于导流片 4 截面，两者为间隙配合，并通过局部点焊将两者固定形成整体。翅片部和贯通部均关于基管成对称布置；翅片 3 的表面形状为矩形、平行四边形、梯形或不规则四边形。贯通槽 2 多对布置，并在烟气流出的一侧，根据贯通槽的数量设置相应的导流片 4，从而形成双槽 H 形翅片管及多槽 H 形翅片管。贯通槽 2 为矩形槽时，将翅片 3 一侧完全开通，从而使导流片 4 直接从侧面整体插入贯通槽 2，而不需要一一贯穿每个翅片，形成通槽 H 形翅片管。

基管 1 为圆管、椭圆管和腰圆管中的任意一种；翅片 3 及其表面贯通槽 2 通过冲压实现一次成型，翅片组与基管之 1 间通过凹槽实现对焊。翅片管为中心对称的 H 形翅片管结构或非中心对称的 H 形翅片管结构；当为非中心对称的 H 形翅片管结构时，若取以基管 1 轴线和气体来流方向所构成的面为参考面，该参考面将翅片管分为迎风侧和背风侧两部分，在

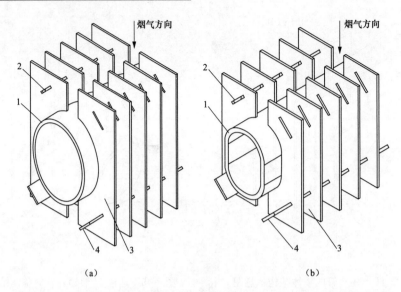

图 2-47　不同基管形式下的带矩形导流片的 H 形翅片管的整体结构示意图
(a) 椭圆基管；(b) 腰圆基管

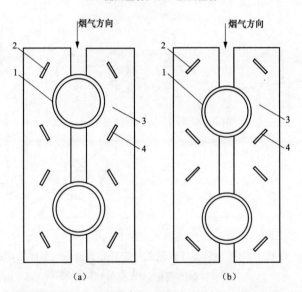

图 2-48　带矩形导流片的常规双 H 形及非中心对称双 H 形翅片管的结构示意图
(a) 常规双 H 形翅片管；(b) 非中心对称双 H 形翅片管

非对称布置翅片时，应满足迎风侧面积大于背风侧面积，且两部分的面积比应在 1～2 之间；对于非中心对称的 H 形翅片管结构，贯通槽 2 相对于基管也成非中心对称分布。基管的基管数量为两根或多根，当翅片为对称布置时，相应的换热管束表现形式为对称双 H 形及多 H 形换热管束；当翅片为非对称布置时，相应的换热管束表现形式为非对称双 H 形及多 H 形换热管束。翅片组的排列方式分为顺列布置、错列布置以及沿烟气流动方向上的不等距布置。

与现有技术相比较，本发明具有如下优点：

（1）通过加装导流片，突破了传统纵向涡发生器只能从属于翅片表面的思维限制，这种导流片位于翅片管背风侧，且向内开槽，而非一般纵向涡发生器的向外布置，这样能够有效消除积灰起始区，明显减少翅片管背风侧的流动滞止区，并极大减少流动滞止区域的翅片侧面和基管积灰。

（2）能够有效增强 H 形翅片管的传热效果，相对于传统的 H 形翅片管，其传热系数可以提高 20％以上。

（3）对原有的 H 形翅片进行结构创新，通过导流片实现 H 形翅片管背风侧涡流滞止区的改善。本发明所述的这种 H 形翅片组，可以通过冲压成型快速得到，易于实现自动化生产。

（4）结合工业实践，提出双侧开槽，烟气流出侧安装的加工和装配思路，一方面是出于对实际装配的考虑，使翅片在与基管焊接时不需要考虑翅片安装的方向性；另一方面这种烟气流入侧贯通槽能够形成流动及边界层中断，使边界层流动重启，从而使边界层减薄，局部换热系数增加，达到强化传热的目的。

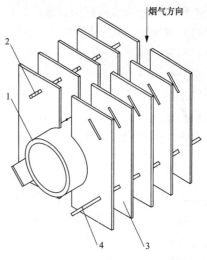

图 2-49　带矩形导流片的非中心对称
H 形翅片管的整体结构示意图

第三节　烟气通流结构设计及优化

电站锅炉一般的排烟温度为 120～140℃，能量损失为 5％～8％，排烟损失占锅炉总热损失的 80％以上，对排烟余热进行回收和利用，可显著提高锅炉效率，实现节能减排。在锅炉尾部烟道除尘器前增加烟气深度冷却器，利用回热系统的低温给水吸收锅炉排烟余热，可大幅度降低排烟温度，提高锅炉效率进而提高系统的经济性。李慧君等[23]对 330MW 机组双级烟气深度冷却器系统热经济性进行了分析，分析结果表明引入烟气深度冷却器后，机组煤耗降低了 2.69g/(kW·h)，效率由 47.35％提高至 48.16％，二氧化碳排放量每年可减少 18322.90t。因此，增加烟气冷却器能够有效实现节能减排的目标。目前，许多电厂都已经在尾部烟道增加了烟气深度冷却器，但是由于除尘器前安装烟气深度冷却器的空间有限并且设计经验不足，导致引入烟气深度冷却器后，烟道结构比较紧凑，尤其是烟道与烟气深度冷却器连接的扩口比较陡峭，从而使烟气深度冷却器进口部分区域流速过高。烟气流速偏差增大，会降低烟气深度冷却器换热效率，同时还会对烟气深度冷却器管子造成冲刷、磨损。本节所提及的某 660MW 机组两台烟气深度冷却器在工作了 4 个月之后，就出现了换热管束磨损泄漏的现象。

有不少学者对除尘器前的烟道流场进行过数值模拟研究。何林菊等[24]对低温静电除尘器烟道进行了数值模拟研究，以确定流量分配和流场的均匀性。王为术等[25]对除尘区烟气深度冷却器烟道的流场均匀化和导流优化设计进行数值模拟研究，分析了流场不均对除尘器区烟气深度冷却器及除尘器工作性能的影响，并提出有效的优化方案。苗世昌[26]对除尘器区烟气深度冷却器烟道的流场进行了数值模拟，分析了速度分布不均匀对烟气深度冷却器和除尘器工作效果的影响；刘明等[27]对除尘器前烟道流场进行了数值模拟研究，并提出 3 个优化改造方案，使阻力大幅下降，磨损减轻，进入除尘器烟气分配均匀。龙隽雅[28]进行了烟气深度冷却器前后烟道流场均匀性模拟研究。张燕[29]采用数值模拟方法对加装烟气深度冷却器后锅炉尾部烟道进行研究，分析了烟道内部流场对烟气深度冷却器的影响。文献

[30-34]均对除尘器前烟道的流场进行了模拟研究，部分进行了优化设计改造。但是上述模拟研究将重点放在流场均匀性对除尘器工作效率的影响上，没有涉及烟气深度冷却器磨损严重的问题。烟气深度冷却器磨损严重威胁整个系统的安全运行，能够造成严重的经济损失。针对某电厂两台660MW烟气深度冷却器管束磨损严重的问题，基于FLUENT14.0软件对空气预热器至除尘器之间的烟气深度冷却器烟道进行了流场数值模拟研究，诊断分析了产生磨损严重的原因，并提出了优化方案，以便为工程技术改造提供参考。

一、烟气通流结构数值模拟优化

（一）研究内容及方法

使用FLUENT数值模拟换热器的基本思路是把换热器的管束区域看作具有一定孔隙率的多孔介质区域，气体在其中的运动符合质量守恒、动量守恒、能量守恒和组分质量守恒定律，这些控制方程和其他一些附加的标量方程（如湍流输运方程）构成封闭的方程组，使用有限体积法在计算域内离散控制方程组从而求得整个流场的状态参数。

利用FLUENT进行换热器多孔介质模拟计算时，最核心的问题就是确定反应实际物理模型的多孔介质孔隙率和阻力系数。报告基于FLUENT多孔介质模型结合达西线性渗流定律，分别从x、y、z三个方向总结分析换热器管束的基本规律，建立能反映管束区阻力系数三维连续分布一般规律的数学模型，并采用数值模拟技术对该数学模型中各参数进行讨论分析，研究管束区多孔介质区域流场状态参数分布规律，以期能得到对换热器流场更为准确的描述。根据换热器通风阻力规律，可以从风量、风压、风阻三个参数其中任意两个确定另外一个，由此以风量（进口风速）作为数值模拟边界条件，对比迭代计算之后的风压，可以作为判断采用换热器多孔介质阻力系数设定的依据。

（二）技术路线

图2-50是CFD计算的流程，根据此流程得到技术路线分为以下几个部分：

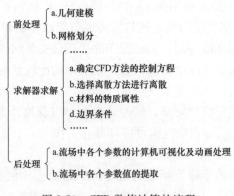

图2-50　CFD数值计算的流程

（1）通过查阅文献书籍和与除尘器一体化换热器进行观察，分析换热器三维流场流动的特点，掌握换热器内的复杂的结构部件，如管束。

（2）针对换热器的具体结构和布置，在不影响计算结果和计算要求的精度的基础上，通过合理的假设和结构简化，建立计算的基本方程和数学物理模型，如根据要求利用大型三维几何建模软件Solidworks建立最接近换热器内部实际情况和物理本质的几何模型。

（3）对建立的Solidworks模型进行网格划分。研究其网格剖分技术，针对不同的具体结构和位置，采用不同的网格处理技术，使计算结果最接近实际情况。大型商业有限元软件 ANSYS 的子模块程序 ANSYS ICEM CFD 14.0 可较好地实现网格划分。根据模型各处流场的剧烈程度，设定不同的网格疏密度，通过不断的尝试，探索出合理准确的网格划分方案，得出跟实际情况最相符合的结果。

（4）将划分好的网格导入大型商业有限元软件 ANSYS 的子模块程序 ANSYS FLUENT 14.0，通过选取合理的数学物理模型及采用合理的边界条件，得到烟气深度冷却器的复杂的三维流场、速度场分布并对其进行分析。

（5）不断修正数学物理模型和修改边界条件，得到最接近实际情况的换热器特性。采用有效的数值计算方法以保证求解的收敛性和精确性。针对具体的工况建立合理的边界条件，选择合适的数学物理模型，分析得出研究换热器内复杂部件在不同工况下的流动和阻力特性。

（三）换热器流场数值模拟相关理论

自然界中任何流体的运动都是以下面三个基本定律为基础的：质量守恒定律、动量守恒定律和能量守恒定律。积分或微分控制方程是这些基本守恒定律的数学描述，以下首先介绍有关数值模拟中涉及的一些最基本的控制方程形式，这些数学方程是计算和分析复杂流体流动与热传导问题的基础。

1. 质量方程

质量守恒方程又称连续性方程，即

$$\frac{\partial \rho}{\partial t} + \frac{\partial}{\partial x_i}(\rho u_i) = S_m \tag{2-6}$$

式中　ρ——密度；

　　t——时间；

　　u_i——速度矢量；

　　S_m——源项。

该方程是质量守恒方程的一般形式，它适用于可压流动和不可压流动。源项 S_m 是从分散的二级相中加入到连续相的质量，源项也可以是任何的自定义源项。

2. 动量守恒方程

在惯性（非加速）坐标系中 i 方向上的动量守恒方程为：

$$\frac{\partial}{\partial t}(\rho u_i) + \frac{\partial}{\partial x_j}(\rho u_i u_j) = -\frac{\partial p}{\partial x_i} + \frac{\partial \tau_{ij}}{\partial x_j} + \rho g_i + F_i \tag{2-7}$$

式中　p——静压；

　　τ_{ij}——应力张量；

　ρg_i、F_i——i 方向上的重力体积力和外部体积力（如离散相的相互作用产生的升力）。

3. 湍流模型

通过计算可知，本模拟条件下流动处于湍流状态，能够求解湍流问题的方程模型有很多，其中 k-ε 模型应用最广，在工程中已广泛应用于计算边界层流动、管内流动、剪切流动、平面倾斜流动和有回流的流动等。本文采用的湍流模型即为 k-ε 模型。

标准 k-ε 模型是个半经验公式，主要是基于湍流动能和扩散率。ε 方程是个由经验公式导出的方程。

湍流脉动动能 k 方程为

$$\frac{\partial}{\partial t}(\rho k) + \frac{\partial}{\partial x_i}(\rho k u_i) = \frac{\partial}{\partial x_j}\left[\left(\mu + \frac{\mu_t}{\sigma_k}\right)\frac{\partial k}{\partial x_j}\right] + G_k + G_b - \rho \varepsilon - Y_M + S_k \quad (2\text{-}8)$$

ε 的控制方程为

$$\frac{\partial}{\partial t}(\rho \varepsilon) + \frac{\partial}{\partial x_i}(\rho \varepsilon u_i) = \frac{\partial}{\partial x_j}\left[\left(\mu + \frac{\mu_t}{\sigma_\varepsilon}\right)\frac{\partial \varepsilon}{\partial x_j}\right] + C_1 \frac{\varepsilon}{k}(G_k + C_3 G_b) - C_2 \rho \frac{\varepsilon^2}{k} + S_\varepsilon \quad (2\text{-}9)$$

式中　　　G_k——由于平均速度梯度引起的湍动能 k 产生的源项；

　　　　　G_b——由于浮力引起的湍动能 k 的产生项；

　　　　　Y_M——可压湍流中脉动扩张的贡献；

　C_1、C_2、C_3——经验常数；

　　　S_k、S_ε——自定义源项。

4. 多孔介质模型

换热器管束的结构复杂紧凑，要想建立与实际一样的 1∶1 模型是不可能实现的。因此，必须在合理的假设条件下进行简化。

以采用多孔介质模型模拟堆芯为例，根据连续性方程，模型假设多孔介质中"无穷小"的控制体和控制面相对于孔间隙来说仍然是很大的（尽管实际上它们可能小于孔隙的尺寸），因此，每个给定的控制单元和控制面都既包含了固体域，也包含了流体域。

采用体积平均法技术后，可以得到流体在多孔介质中的平均速度 u，这个速度被称为渗流速度，也可称之为过滤速度、达西速度或表观速度。渗流速度 u 与流体在多孔介质内流动的速度 v 之间的关系可由 Dupuit-Forchheimer 关系式获得，即

$$u = \Phi v \quad (2\text{-}10)$$

式中　Φ——多孔介质的孔隙率，若是非均匀介质，Φ 则是空间位置的函数。

此时，多孔介质中的宏观质量守恒方程可表示为

$$\frac{\partial(\Phi \rho)}{\partial t} + (\rho u) = 0 \quad (2\text{-}11)$$

多孔介质模型中，对标准的流体流动控制方程组中的动量方程增加了额外的源项来表示多孔介质。该源项由黏性损失项（Darcy）和惯性损失项两部分组成。

$$S_i = \sum_{j=1}^{3} D_{ij} \mu v_j + \sum_{j=1}^{3} C_{ij} \frac{1}{2} \rho |v_j| v_i \quad (2\text{-}12)$$

式中　　　S_i——某个坐标方向（x，y，z）动量方程中的源项；

　　　　　μ——动力黏度；

　　　　　v——速度矢量；

　v_1、v_2、v_3——x、y 和 z 方向速度；

　D_{ij}、C_{ij}——需要预先设定系数。由于多孔区域中存在压力梯度，所形成的压力降和控制体中的流体速度或平方根速度是成比例的，这就是多孔介质模型动量方程中存在动量汇的原因。

对于介质呈有规律状均匀分布的多孔区域中流动的流体来说，式（2-12）可以简化为

$$S_i = \frac{\mu}{\alpha} v_i + C_2 \frac{1}{2} \rho |v_i| v_i \quad (2\text{-}13)$$

式（2-13）中的 α 代表渗透性，C_2 为惯性阻力因子，与式（2-12）相比即分别取值 D 为 $\frac{1}{\alpha}$、C 为 C_2。

另一种可行的办法是将源项表示成速度标量的幂的形式，即

$$S_i = C_0 |v|^{C_1} = C_0 |v|^{(C_1-1)} v_i \tag{2-14}$$

式中的 C_0 和 C_1 是人为定义的经验系数。在使用这个模型时压力降必须是各向同性的，C_0 必须使用国际单位。

如果多孔介质中的流动是层流，则压力降和速度呈正比，而且 C_2 可以视为 0。忽略了对流扩散效应后，多孔介质模型就简化成 Darcy 法则，即

$$p = -\frac{\mu}{\alpha} v \tag{2-15}$$

此处介质在 x、y、z 三个方向的厚度（Δn_x、Δn_y、Δn_z）是指多孔区域的实际尺寸。因此如果模型的大小与实体的尺寸不一样，必须要调整 $1/a_{ij}$ 的取值。

二、烟气通流结构设计实例

（一）物理模型的建立

某 660MW 超临界锅炉机组尾部设置 2 台三分仓容克式空气预热器，每炉配置 2 台双室四电场静电除尘器，每台空气预热器和静除尘器之间布置 2 台烟气深度冷却器。2 台空气预热器至静电除尘器之间的烟道和烟气深度冷却器布置为对称结构，故以一侧为例，其结构如图 2-51 所示。在 2 台烟气深度冷却器进口变径扩口处各布置 2 块导流板，如图 2-52 所示。

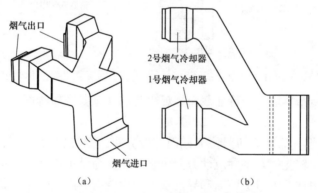

图 2-51　烟道和烟冷器三维结构示意图
（a）立体；（b）俯视

在运行了 4 个月之后，发现 2 台烟气深度冷却器磨损比较严重，出现了泄漏。针对该问题进行流场的数值模拟研究。通过对物理问题的简化获得物理模型，模型包括空气预热器与静电除尘器之间的烟道以及 2 台烟气深度冷却器。利用 Solidworks 软件对烟道和烟气深度冷却器进行三维建模，采用 ICEM 软件块拓扑进行全局结构化网格划分，在烟道转弯部分及烟气深度冷却器进口扩口处进行局部加密处理，逐渐细化网格得到网格无关解，本次计算网格总数为 100 万。由于烟气深度冷却器管束较多，采用多孔介质模型模拟烟气深度冷却器区域，能够有效模拟烟气冷却器的阻力特性。采用一阶迎风差分格式，隐式求解，选用 SIMPLE 算法对压力速度进行耦合；同时采用壁面函数法处理近壁区域。进口边界条件为来流速度充分发展且分布均匀，按烟气量折算速度为 11.3m/s；将出口定为压力出口边界条件，

取大气压力；烟道壁面取为绝热壁面。

采用速度偏差系数 C_v 来表征烟道内不同截面处速度分布的均匀程度，则

$$C_v= \left| 1-\frac{v_i}{\bar{v}} \right| \times 100\% \qquad (2-16)$$

式中　　v_i——截面上某点速度，m/s；

　　　　$\bar{v}$——截面平均速度，m/s。

（二）计算结果与分析

1. 原烟道系统的速度分布特性

利用以上模型及边界条件，计算该部分烟道的流场。获得该烟道的速度矢量图，如图 2-53 所示。可以看出，整个烟道流场比较混乱，在烟道转弯处存在高速区和漩涡，两烟气冷却器进口扩口处烟气速度较高。

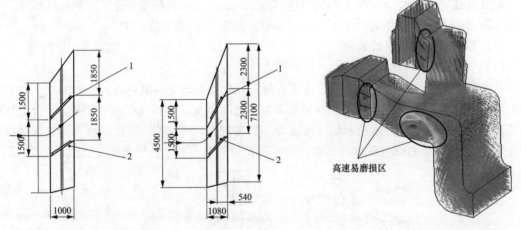

图 2-52　导流板位置图（单位：mm）　　　　图 2-53　原烟道系统速度矢量图

每台烟气深度冷却器取 4 个特征截面，观察两烟气深度冷却器进口速度分布，分析诊断高速区产生的原因。

图 2-54 是 1 号烟气深度冷却器特征截面速度分布。烟气进入烟气深度冷却器，由于流通截面增大，扩口比较陡峭，烟气流动方向由水平改变为沿扩口烟道结构斜向上方，并且由于惯性离心力的作用，在扩口上壁面和导流板上产生壁面分离，烟尘富集在导流板和底部下

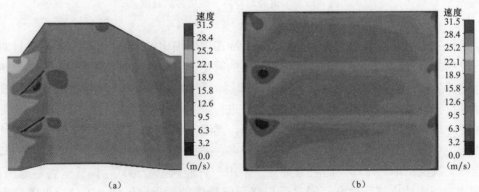

图 2-54　1 号烟冷器特征截面速度分布

(a) 纵截面；(b) 进口截面

斜板上，烟气速度具有了向上的分量，从而大大增加，在扩口处出现烟气高速区。对应于扩口上壁面和 2 块导流板，1 号烟气深度冷却器进口存在 3 个高速区域，速度最大值达到 18m/s，平均速度为 10.8m/s。由于导流板紧靠着烟气深度冷却器管屏，这部分携带灰尘的高速烟气直接冲刷换热管束。图 2-55 是 1 号烟气深度冷却器进口截面磨损位置图，可以看出，模拟计算的烟气高速区与实际磨损位置比较吻合。

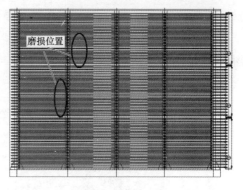

图 2-55 1 号烟冷器进口截面磨损位置图

2 号烟气深度冷却器特征截面速度分布如图 2-56 所示。与 1 号烟气深度冷却器相比，2 号烟气深度冷却器扩口更加陡峭，进口烟气出现高速区，壁面分离现象更明显。在扩口上壁面以及 2 块导流板后方出现烟气高速区，进口烟气速度最大值达到 20m/s，平均速度为 11.6m/s。

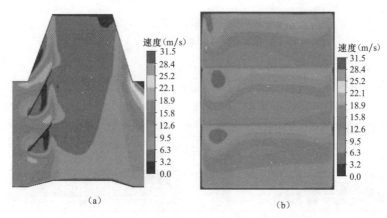

(a)   (b)

图 2-56 2 号烟气冷却器特征截面速度分布
(a) 纵截面；(b) 进口截面

2. 无导流板时的速度分布特性

导流板紧靠烟气深度冷却器管屏，导致壁面分离的高速烟气直接冲刷换热管束。将导流板拆除后，对烟道烟气深度冷却器系统进行数值模拟。图 2-57 是无导流板时 1 号烟气深度冷却

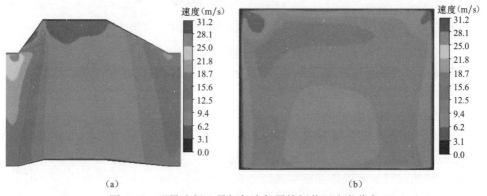

(a)   (b)

图 2-57 无导流板 1 号烟气冷却器特征截面速度分布
(a) 纵截面；(b) 进口截面

器特征截面速度分布，进口速度分布较为均匀。进口最大速度为 15.1m/s，平均速度为 9.3m/s。

图 2-58 是 2 号烟气深度冷却器特征截面速度分布，进口速度分布较为均匀。进口最大速度为 15.0m/s，平均速度为 8.6m/s。

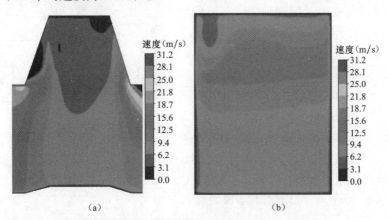

（a）　　　　　　　　　　　（b）

图 2-58　无导流板 2 号烟气冷却器进口截面速度分布

（a）纵截面；（b）进口截面

3. 增加扩口长度后速度分布特性

为了获得更均匀的进口流场和更低的进口速度，将烟气深度冷却器进口变径扩口长度增加 2m。图 2-59 所示为将扩口长度增加 2m 后 1 号烟气冷却器特征截面速度分布。扩口长度增加，壁面分离产生的高速烟气的缓冲长度增加，到达烟冷器进口时速度得以降低，并且速度分布较均匀，进口最大速度为 12.8m/s，平均速度为 9.2m/s。

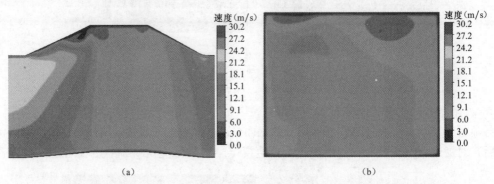

（a）　　　　　　　　　　　（b）

图 2-59　增加扩口长度后 1 号烟气深度冷却器特征截面速度分布

（a）纵截面；（b）进口截面

图 2-60 所示为增加扩口长度后 2 号烟气深度冷却器特征截面速度分布。速度分布均匀，最大速度 10.6m/s，平均速度 7.3m/s。

4. 三种结构速度特性对比

表 2-6 给出了烟道结构优化前后 1 号和 2 号烟气冷却器进口最大速度、平均速度和最大速度偏差系数，可以看出在拆除导流板后，虽然进口最大速度大大降低，但最大速度偏差系数变化不大，说明仅将导流板拆除能够减轻磨损情况，但进口速度分布还是不均匀的。在拆除导流板的基础上将扩口长度增加 2m 后，不仅最大速度和平均速度有所降低，而且最大速度偏差系数也大大降低，说明增加扩口长度能有效防止管束磨损并且使进口流场分布更均

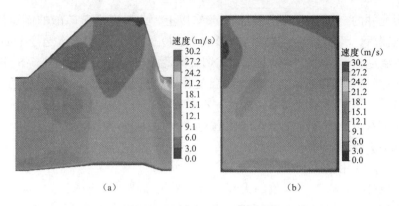

图 2-60　增加扩口长度后 2 号烟气冷却器特征截面速度
(a) 纵截面；(b) 进口截面

匀。这一成果已经写入华能国际《燃煤机组烟气冷却器和烟气再热器技术规定》的企业技术标准。

模拟结果很好地解释了该段烟道存在的问题：烟道与烟气冷却器连接的扩口比较陡峭并且导流板紧靠两台烟气深度冷却器，在惯性离心力作用下，部分烟气流速增大、烟尘在导流板富集，高速烟气携带高浓度的烟尘直接冲刷换热管束，磨损严重。

为解决该烟道存在的问题，提出优化方案，将导流板拆除并且增加扩口长度。将导流板拆除，烟气深度冷却器进口烟气速度有所降低，但速度分布仍然很不均匀，在此基础上，将扩口长度增加 2m，使进口烟气最大流速由 18、20m/s 分别降低到 12.8m/s 和 10.6m/s，最大速度偏差系数由 66％、72％分别降低到 37％和 43％，能够有效减轻烟气深度冷却器换热管束的磨损，并使换热更加均匀。

表 2-6　　　　　　　　　　　　**三种方案两烟气冷却器进口速度特性**

状态	进口最大速度(m/s)		进口平均速度(m/s)		进口最大速度偏差系数 C_v（％）	
	1 号	2 号	1 号	2 号	1 号	2 号
有导流板	18.0	20.0	10.8	11.6	66	72
无导流板	15.1	15.0	9.3	8.6	62	74
扩口增加	12.8	10.6	9.2	7.3	37	43

第四节　空气预热器结构设计

空气预热器一般是利用锅炉尾部烟气的热量来加热燃烧所需空气的热交换设备[35]。在现代烟气深度冷却器应用之前，空气预热器工作于烟气温度最低的区域（如电站锅炉的省煤器之后），降低排烟温度，回收烟气的热量，进而提高锅炉效率。空气预热器不仅工作在锅炉烟气温度最低的区域，而且空气预热器加热的冷空气温度也是最低的，如果没有暖风器，则 0℃以下的冷空气温度比较常见，特别是在寒冷的冬季，北方有些地区可以达到 −20℃，甚至更低。由此可见，从功能上来说空气预热器实际上是燃煤机组应用最早的烟气深度冷却器，通过空气冷却来降低排烟温度，从而回收烟气余热。空气预热器实际运行时不管有无暖风器，其板形元件的金属壁温要求设计在 68℃ 以上，此温度低于硫酸的露点温度，因此，经过空气预热器后，SO_3 将和水蒸气结合形成 H_2SO_4 蒸汽，硫酸蒸汽遇冷壁面就会冷凝到板形元件上并腐蚀板形元件。实际上在管式烟气深度冷却器盛行之前，燃煤机组广泛采用板式 RGGH 深度降低空气预热器之后的排烟温度并加热脱硫塔出口的低温烟气，板式烟气深度冷却器是最早的烟气深度冷却器。因此，本节将对空气预热器的结构及特性进行相关介绍，以供读者借鉴空气预热器（最早的烟气深度冷却器）的应用经验。

一、空气预热器的作用

空气预热器的作用包括[36,37]：

（1）随着电站循环中工质参数的提高，由于采用回热循环进入锅炉的给水温度越来越高，如中压锅炉的给水温度为 172℃ 左右，高压锅炉的给水温度为 215℃ 左右，超高压锅炉的给水温度为 240℃ 左右，亚临界压力锅炉的给水温度达到了 260℃ 左右。原来低压锅炉中用省煤器来降低排烟温度的功能随着锅炉给水温度的提高而下降，只用省煤器就不能经济地降低锅炉的排烟温度，甚至无法降低到合适的温度。而锅炉送风的温度较低，若用省煤器出口的烟气来加热燃烧所需的空气，则可以进一步降低烟气温度，回收排烟余热，提高锅炉热效率。

（2）提高燃烧所需的空气温度，可改善燃料的着火条件和燃烧过程，降低不完全燃烧热损失，进一步使锅炉热效率得到提高。对于着火困难的燃料，如无烟煤，常把空气加热到 400℃ 作用。

（3）热空气进入炉膛，提高了理论燃烧温度并强化了炉内的辐射换热，进一步提高了锅炉的热效率。

（4）热空气还作为煤粉锅炉制粉系统的干燥剂和输粉介质。

鉴于以上几点，现代锅炉中空气预热器成为锅炉必不可少的部件，尤其是在电站锅炉中，已基本上都安装有空气预热器。作为烟气深度冷却器的形式之一，空气预热器在工业锅炉的应用空间也十分广泛。

二、空气预热器的类型和结构特点

根据空气预热器的工作原理，空气预热器可分为传热式和蓄热式两种。在传热式空气预热器中，热量连续地通过传热面，由烟气传递给空气，烟气和空气有各自的通道。在蓄热式空气预热器中，烟气和空气交替通过受热面，当烟气同受热面接触时，热量由烟气传递到受热面，并积蓄起来，然后使空气与受热面接触，再把热量传给空气。

传热式空气预热器可分为板式空气预热器和管式空气预热器。蓄热式空气预热器可分为回转式空气预热器和热管式空气预热器等。目前，在锅炉上应用较为广泛的是管式空气预热器和回转式空气预热器，故本节主要对这两种空气预热器的结构特点进行介绍。

（一）管式空气预热器

管式空气预热器是由直径为 25～60mm、壁厚为 1.25～1.5mm 的直管制成，直管焊接在管板上，形成一个立方体管箱［如图 2-61（a）所示］，通过支架支撑在锅炉钢架上，由下管板承受空气预热器的重量。管式空气预热器结构如图 2-61（b）所示，通常烟气在管内作纵向流动，空气在管外对直管作横向冲刷，两者呈交叉流。管式空气预热器的直管一般按错别方式布置。并在水平方向装有隔板，以使空气能做多次交叉流动，此外还装有垂直布置的防振隔板，以减少振动和噪声。

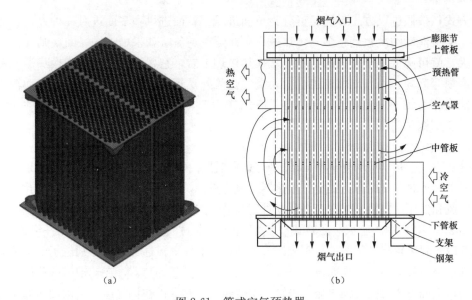

（a）　　　　　　　　　　　　（b）

图 2-61　管式空气预热器

（a）管式空气预热器实物图；（b）管式空气预热器结构示意图

常规电站锅炉管式空气预热器大多采用立置式，而且根据锅炉容量和烟道尺寸大小及要求的不同，他们的布置方式有多种，如图 2-62 所示，按照空气流程的不同可分为单道和多

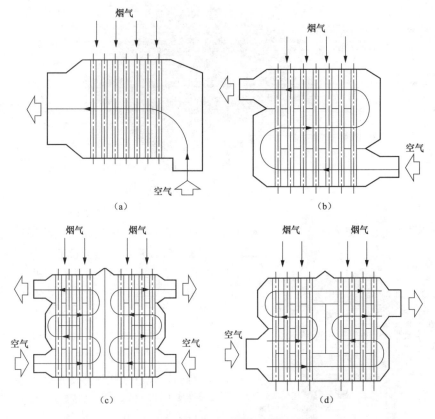

（a）　　　　　　　　　　　　（b）

（c）　　　　　　　　　　　　（d）

图 2-62　管式空气预热器布置方式

（a）单道单面进风；（b）多到单面进风；（c）多到双面进风；（d）多道双股平行进风

道两种方式，按照进风方式不同又可分为单面进风、双面进风和多面进风三种方式，显然通道越多，交叉流动的次数就越多，传热效果更接近于逆流。如果增加进风面，则使空气流通面积增大，就可降低每个通道的高度。从换热机理上看，它属于常规间壁式换热器。考虑到积灰、磨损等问题，一般使烟气走管内，空气走管外。烟气在管内纵向冲刷，扰动较小，所以换热能力相对较弱。管式空气预热器具有结构简单、工作可靠、制造及安装方便的优点，因而在中小型锅炉得到了广泛应用[36,38]。

（二）回转式空气预热器

回转式空气预热器分为受热面回转式空气预热器和风罩式回转空气预热器两种形式。受热面回转式空气预热器又叫容克式空气预热器。大容量锅炉多采用三分仓回转式空气预热器，将高压一次风和低压二次风分割在两个分仓进行预热。三分仓空气预热器的结构简图及其工作原理图如图2-63和图2-64所示。回转式空气预热器工作的核心部件是由传热元件组成的转子，扇形板配以密封装置将转子通道分割成烟气流通通道和空气流通通道，分别位于转子旋转轴的两侧，基本呈对称分布，空气通道中空气自下而上通过空气预热器，在转轴另一侧的烟气通道中，烟气自上而下通过空气预热器。当转子旋转时，传热元件在烟气通道中被加热而本身温度升高，转子旋转到空气通道时，传热元件被空气冷却而本身温度降低。通过转子不停地转动，传热元件周期性地吸热、放热，就把热量由烟气不断地传递给空气，从而提高炉膛燃烧所需空气的温度，满足锅炉燃料的燃烧需要，并降低了锅炉不完全燃烧损失，提高了锅炉的热效率[39]。

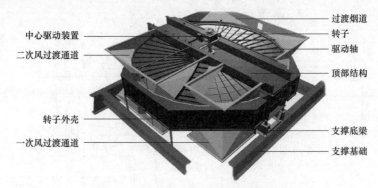

图2-63　回转式空气预热器结构示意图[39]

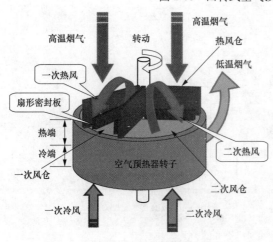

图2-64　回转式空气预热器工作原理[39]

空气预热器转子的仓格内布满了传热元件，传热元件传热及其流动特性决定了回转式空气预热器的热力性能，常用的传热元件板型有DU、CU和NF三种，如图2-65所示，每一种板型都是由定位板和波纹板组成。通常空气预热器热端的传热元件采用低碳钢，冷端的传热元件一般采用低合金抗硫酸露点腐蚀钢或搪瓷喷涂的低碳钢。应用中对回转式空气预热器传热元件板型的要求通常为传热效率高、流通阻力小、不易堵灰、易冲洗、吹灰介质穿透能力强且能量损失小、加工工艺性好、使用寿命长。

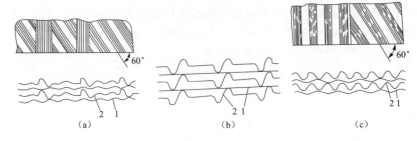

图 2-65　空气预热器传热元件常见板型

(a) DU 型；(b) NF 型；(c) CU 型波纹板

1—定位板；2—波纹板

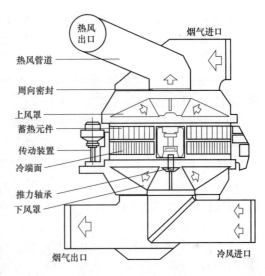

图 2-66　风罩回转式空气预热器结构示意图

回转式空气预热器的另外一个支流设计是风罩转动的回转式空气预热器，结构如图 2-66 所示。它由静子，上、下烟罩，及传动装置等组成。静子部分的结构和受热面转动与回转式空气预热器的转子相似，但它是不动的，故称为静子或定子。上、下烟罩与静子外壳相连，静子的上、下两端装有可转动的上、下风罩。上、下风罩用中心轴相连，电动机通过传动装置带动下风罩旋转，而上风罩也跟着同步旋转。上、下风罩的空气通道是同心相对的"8"字形，它将静子截面分为三部分：烟气流通区、空气流通区和密封区。冷空气经下部固定的冷风道进入旋转的下风罩，自上而下流过静子受热面而被加热，加热后的空气由旋转的上风罩流往固定的热风道。烟气则自上而下流过静子，加热其中的受热面。这样，当风罩转动一周时，静子中的受热面进行两次吸热和放热。因此，风罩转动回转式空气预热器的转速要比受热面转动式慢一些[38]。

两种回转式空气预热器均有转动部件，为了防止摩擦和受热面高温变形的影响，动、静部件之间总要留有一定间隙。流经回转式空气预热器的热烟气通常为负压，而空气为正压，即冷、热流体间存在压差，空气会通过这些间隙漏到烟气中，变形间隙越大，漏风越多。所以，两种回转式均存在结构所决定的漏风缺陷。但是同风罩回转式相比，转子回转式空气预热器的结构特点是运行稳定，漏风率相对较小，维护方便，应用较为广泛。目前，国内外应用的回转式空气预热器绝大多数为转子回转式空气预热器。

（三）管式空气预热器和回转式空气预热器结构特点比较

与管式相比，回转式空气预热器具有传热效果好、占地面积少等优点。两者性能对比如下[38]：

（1）管式和回转式空气预热器的结构和工作机理决定了部分受热面必须在低温腐蚀区工作。回转式空气预热器的传热面密度为 396～500m²/m³，而管式仅为 50m²/m³ 左右，在同样条件下，管式空气预热器风烟两侧的对流换热系数之比约为 1.8，而回转式空气预热器约为 1.0，故回转式空气预热器的金属壁温要比管式预热器的壁温高 10～15℃，这对防止低温腐蚀是非常有利的，现场应用也表明回转式空气预热器烟气腐蚀较管式轻很多。

（2）立置管式空气预热器的烟气在管内流动，灰粒对管壁的磨损较轻，但由于管式空气预热器末端壁面温度偏低，烟气中硫酸结露的可能性较大，故管式空气预热器易发生低温黏结和积灰，造成堵管。回转式空气预热器由于其金属波纹板的作用，气流扰动加强，在同样的工况下，其磨损虽比管式严重，但其蓄热元件更换方便且可对积灰受热面作定期吹扫，这是管式空气预热器无法做到的。

（3）回转式空气预热器用材重量比管式少 1/2 以上，体积约为管式的 1/3，无论从设备投资还是占地面积，回转式空气预热器都有明显的优点。

（4）管式空气预热器每一级的漏风一般为 3%～5%，而回转式空气预热器由于动静部分存有间隙，且受热面容易发生高温变形，因此其实际漏风率一般为 5%～30%，大大高于管式空气预热器，目前，国内外回转式空气预热器实际运行也表明这一点。

由于管式空气预热器和回转式空气预热器特性的不同，在 200MW 及以下容量机组锅炉中，一般采用管式空气预热器，在 300MW 及以上容量锅炉和部分 200MW 锅炉，一般采用转子回转式空气预热器。

三、空气预热器的主要问题及防控措施

无论是管式空气预热器，还是回转式空气预热器，在运行中均面临着低温腐蚀、堵灰和磨损的风险，如果设计或运行不合理，可能严重影响空气预热器的运行，甚至导致锅炉停炉。对回转式空气预热器而言，还存在漏风的问题，是结构特点所决定的天然缺陷。下面对空气预热器的主要问题及防控措施进行相关阐述。

（一）低温腐蚀及防控措施

当含硫燃料燃烧时，烟气中会有较多二氧化硫，其中一部分会进一步转化为三氧化硫，并与烟气中水蒸气结合生成硫酸。当受热面壁面温度低于烟气中的硫酸露点温度时，硫酸就在管壁上凝结而产生露点腐蚀，有时也叫低温腐蚀。除三氧化硫外，氯气和二氧化硫等也会产生低温腐蚀。但它们都发生在烟气中水蒸气的露点附近，一般水蒸气露点温度很低。低温腐蚀的速度十分惊人，造成的后果也是十分严重的。影响金属腐蚀速度的因素主要有酸雾浓度、金属壁温和凝结酸量等。

另外，近年来我国对燃煤机组的环保要求日益严格，各燃煤机组为达到氮氧化物排放量的要求，纷纷在烟道中投运大量选择性催化还原（SCR）和选择性非催化还原（SNCR）脱硝设备。这些脱硝设备在运行过程中需要喷入大量液氨或尿素等还原剂，其中有相当一部分氨气会挥发并随烟气排放，造成氨逃逸。逃逸的氨气有可能与烟气中的三氧化硫生成硫酸氢铵，生成的硫酸氢铵在 150℃ 左右即可在金属管壁上凝结，进而对金属管壁造成腐蚀[40]。

严重的低温腐蚀通常发生在空气预热器的冷端，因为空气预热器此处空气及烟气的温度最低，低温腐蚀造成空气预热器受热面金属的破裂穿孔，使空气大量漏到烟气中，致使送风不足，炉内燃烧恶化，锅炉热效率降低，同时腐蚀也会加重积灰，使烟道阻力增大，造成引风机出力不足，严重影响锅炉的安全经济运行，在空气预热器结构设计和性能分析时应重视低温腐蚀问题[41]。

在正确理解空气预热器低温腐蚀机理的基础上，为了减轻和防止低温腐蚀，应主要从减少氨逃逸、提高受热面温度和采用防腐蚀材料 3 方面采取措施。减少 SCR 或 SNCR 的氨逃

逸，可直接减少硫酸氢铵的生成，进而减轻由于硫酸氢铵凝结带来的腐蚀。通过提高受热面壁面温度，使壁面温度大于硫酸氢铵凝结温度或烟气硫酸露点温度，从而在根本上防止受热面低温腐蚀的发生，尤其是在北方冬季，空气温度较低，导致受热面壁面温度下降，易引起严重的低温腐蚀。为了提高受热面壁面温度，通常使用暖风器和热风再循环的方法来提高预热器入口空气温度，如图 2-67 和图 2-68 所示。暖风器的热源可以是烟气深度冷却器加热的循环水或从汽轮机抽取的蒸汽等。另外，在低温腐蚀风险较大的空气预热器冷端可采用抗硫酸腐蚀材料，如 CORTEN 钢、ND 钢和搪瓷喷涂的碳钢等。

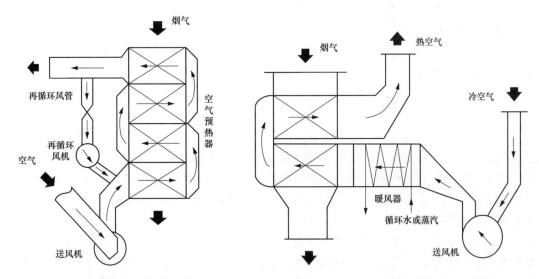

图 2-67　空气预热器热风再循环系统示意图　　　　图 2-68　空气预热器暖风器系统示意图

（二）积灰及防控措施

受热面积灰的根源来自燃料中的矿物质，是燃料产物中气态和固态矿物沉积黏附在受热面上引起的。按灰在受热面上形成的沉积特征的不同，积灰可分为松散性积灰、黏附性和黏结性积灰 3 种。在空气预热器内烟气温度一般处于 100～400℃ 范围，灰分已变成固体颗粒，其黏结性较低，如果壁面上不发生硫酸冷凝和硫酸氢铵凝结，则受热面管子表面会形成松散积灰，对受热面的传热性能影响较小，利用在线吹灰设备也较易吹扫去除。

而在空气预热器冷端，受热面上易发生硫酸冷凝或硫酸氢铵的凝结，吸附烟气中的飞灰，在壁面形成黏附性甚至黏结性积灰，吸附力强，堵塞烟气流动通道，尤其是采用波纹板的回转式空气预热器，烟气流动通道狭小，更容易被黏附性甚至黏结性积灰堵塞。受热面上的黏附性甚至黏结性积灰难以被在线吹灰器吹扫清除，造成空气预热器传热性能下降和烟气流动阻力增加，严重时导致锅炉停炉。

由于黏附性甚至黏结性积灰和低温腐蚀往往同时发生，均由于硫酸氢铵或硫酸蒸汽在受热面凝结所引起，因此提高受热面壁面温度的措施也同样可以防止或减轻黏附性甚至黏结性积灰所引起的堵灰等问题。在运行中，应对空气预热器堵灰的措施主要有以下两种[42]：

（1）蒸汽吹灰器。蒸汽吹灰器利用过热蒸汽清除堵灰。电站锅炉中，蒸汽吹灰器一般布置在空气预热器的进口和出口。所用吹灰时间随着回转式空气预热器的直径增加而变长。由于蒸汽吹灰器是利用过热蒸汽进行吹灰，操作简单方便，所以大多电厂均较倾向于蒸汽吹灰。

（2）水冲洗装置。蒸汽吹灰虽然简单方便，易于操作，但不能全面清理所有受热面，尤其是不能有效清理空气预热器热端的大颗粒堆积物和冷端的黏附性和黏结性积灰，针对送些问题必须采用水冲洗加以清洗。水冲洗有时需在锅炉降负荷时进行。在这个过程中需用挡板隔绝一台空气预热器，进行水冲洗，然后再将另外一台空气预热器用挡板隔绝，并进行清洗。冲洗时，空气预热器转子的转速应降低至正常转速的1/2。冲洗时锅炉负荷可带一半多的负荷。水冲洗装置可以附带在吹灰器上，为伸缩式。

（三）磨损及防控措施

高速烟气携带固体颗粒时，灰粒对受热面的每次撞击都会从受热面表面削去极细微的金属屑，这就是飞灰磨损的过程。锅炉在燃用固体燃料时，烟气中含有大量的飞灰颗粒，这些飞灰颗粒在高速烟气携带下，冲刷对流受热面，使壁面受到磨损。特别是在低温受热面中，烟气温度低，飞灰颗粒硬化，且此处烟气流速也较高，因此更易受到磨损。磨损将使受热面破损，影响机组的安全经济运行[35]。与回转式空气预热器相比，管式空气预热器的受热面受到烟气的垂直冲刷，更容易遭受严重磨损，而回转式空气预热器的受热面与烟气来流方向夹角较小，磨损较为轻微，因此以下主要介绍管式空气预热器的磨损特性和防控措施。

磨损是一个复杂的过程，通常认为有以下几种情况交织发生：

撞击磨损—是由于灰粒子的撞击作用使受热面表面组织产生局部破碎而脱落；撞击磨损—由于灰粒子的撞击作用，使受热面表面组织产生局部破碎；括痕磨损—由于灰粒子深入金属表面，在烟气流的冲击下，产生局部裂痕或剥离；擦动或滚动磨损—由于灰粒子与受热面摩擦而引起的金属破坏。

磨损的程度主要取决于烟气性质（温度、速度）、灰粒性质（含尘量、形状、粒度）及金属性质（耐磨性、硬度等）。受热面的磨损都带有局部性，即锅炉的各个部位，受热面磨损程度不同，即使同一受热面，同一管子，磨损程度也可能不相同。试验证明，烟气冲刷角对磨损的影响很大，纵向冲刷比横向冲刷就轻得多。当冲刷角为20°～30°时，磨损最为严重。反之，垂直冲刷时磨损量减小，并且只有磨损量的几分之一。另外，相关研究也表明，锅炉中发生的飞灰磨损都带有局部性质，特别容易发生在烟气流速较大和飞灰浓度大的地方。就管式空气预热器而言，最容易发生在烟气入口段，并且在烟气入口段各处磨损不均匀[35]。

管式空气预热器在烟气进口段1～3倍管径的距离内由于气流收缩产生严重的磨损，其磨损速度比管内平均磨损速度大2～3倍，是最容易磨穿而产生漏气的，要降低入口段的局部磨损，从根本上说要消除入口段的气流分离收缩和所出现的漩涡，因此防磨措施首先要从这个原理出发予以考虑[35]。

根据管式空气预热器的磨损机理，主要可通过以下两方面措施防止或减轻管式空气预热器的磨损：

（1）利用数值模拟等方法，对空气预热器的进出口及内部烟气流场进行分析，得到流场分布规律，通过改变管束布置、进出口结构和加装导流板等措施，优化空气预热器的进出口及内部流场，尤其是改善空气预热器的进口烟气流场，尽量使烟气流场均匀分布，适当选取较低的烟气流速。

（2）在磨损严重的部位，采取相应的防止或减轻磨损的被动措施，如加装防磨假管、防磨套管和防磨罩等。

管式空气预热器的磨损与烟气深度冷却器的磨损较为相似，关于管式空气预热器的磨损防控措施参见第三章第二节。

（四）漏风及防控

在回转式空气预热器中，空气侧的压力高，烟气侧的压力低，这样空气侧的一、二次风就会通过动静部件之间的间隙漏到烟气侧，形成漏风，这是不可避免的，只能尽量减小。空气直接进入烟道，为了维持空气量，维持有效燃烧，就要使送风机、一次风机出力增加，为了维持炉膛负压要使引风机出力增大，增加了损耗。当漏风量超过一定限制时，会使风量不够难以达到所需氧量，导致燃料不能充分燃烧，造成燃烧损失。漏风率很高时，还会使烟气量增加，流动速度加快，排烟湿度上升，排烟热损失进一步加大，使锅炉热效率降低。回转式空气预热器的漏风率会随着运行时间的延长而越来越大，因此要经常检修维护[42]。

漏风问题自始至终伴随回转式空预器的产生和发展，由于回转式空气预热器漏风问题是不能回避的，减少回转式空气预热器漏风的措施主要是改良密封技术，并提高空气预热器的安装精度和优化空气预热器的温度场和流场。

第五节　烟气再热器结构设计

一、烟气再热器简介

（一）烟气再热器的应用背景

燃煤机组的湿法烟气脱硫工艺中面临的一个至关重要的问题就是脱硫系统设备、尾部烟道和烟囱的低温腐蚀问题[43,44]。烟气的露点温度包括硫酸露点温度和水露点温度，通常情况下，烟气温度降低至110℃以下时，烟气中的SO_3和水蒸气结合形成的硫酸开始发生结露，并在设备及烟道的壁面上造成腐蚀。该温度随烟气中SO_3含量的增加而升高，称为烟气的硫酸露点温度。当烟气温度进一步降低至65℃以下时，烟气中的HCl和水蒸气结合形成盐酸开始结露；当烟气温度再降低至40℃以下时，NO_2和水蒸气结合形成的硝酸、HF和水蒸气结合形成的氢氟酸等陆续开始结露。此时，该温度与烟气中水蒸气的露点温度相近，称为烟气的水露点温度。

燃煤机组安装湿法烟气脱硫装置后，脱硫塔出口的净烟气中的水蒸气含量接近饱和，温度降低至50℃左右，接近烟气的水露点温度，远低于硫酸露点温度。锅炉尾部烟道和烟囱内壁的温度通常也很低，硫酸、盐酸、硝酸、氢氟酸等均开始结露，因此，为了区别于硫酸露点腐蚀，称之为组合型低温腐蚀（可参见第三章第五节内容）。另外，脱硫塔中的一部分脱硫浆液也难免会随烟气被携带出脱硫塔，这些脱硫浆液呈弱酸性，其中主要成分为微溶性的$CaSO_4$和一些易溶的$MgSO_4$、NaCl等。

综上所述，湿法烟气脱硫后的低温烟气中携带有大量小液滴，这些液滴的成分非常复杂，溶解有SO_4^{2-}、NO_3^-、Cl^-、F^-等多种阴离子，具有很强的腐蚀性。特别是其中的Cl^-离子，具有很强的可被金属吸附的能力，是引起金属腐蚀的重要原因，某些不锈钢材料也无法避免。烟气经过湿法脱硫后，虽然烟气中SO_2的含量下降，但烟气的腐蚀性反而是增强的，组合型低温腐蚀的问题十分严峻，锅炉尾部烟道和烟囱的安全运行受到极大威胁，必须予以高度重视。

另外，由于脱硫塔出口的烟气温度较低，水蒸气含量很高，如果直接进入烟囱中排放，水蒸气遇冷大量冷凝，会形成白色的烟羽，影响环境美观。更严重的是，由于排烟温度较低，烟气无法得到有效的抬升，不利于烟气中污染物的扩散。烟气中携带的粉尘和液滴纷纷落向燃煤机组及附近的地面，形成"石膏雨"或酸雨，对火力发电厂的设备造成腐蚀，并对周围环境造成极大危害[45-47]。

1. 工程实践中的 3 种做法

为了解决上述问题，工程实践中主要有 3 种做法[48]：

（1）烟气再热法。对脱硫塔出口处的净烟气进行再次加热，使净烟气温度升高至 72～80℃以上，再通过烟囱进行排放，以促进烟气扩散，并减少对锅炉尾部烟道和烟囱的腐蚀。环保要求较为严格的欧洲和日本均出台了相应的法规，要求燃煤机组排烟温度不得低于 72℃。

（2）湿烟囱法。在美国，没有法规对燃煤电厂的排烟温度进行限制，许多燃煤机组的湿法脱硫系统采用高级防腐材料如钛或钛钢复合板、镍基合金板和泡沫耐酸玻璃砖等建造具有极强耐腐蚀能力的"湿烟囱"代替传统干烟囱，避免脱硫后烟气对烟囱造成腐蚀。但湿烟囱的制造成本、工艺难度都非常高，而且并没有从本质上解决烟羽和"烟囱雨"的现象，在运行过程中也确实造成了一些环境问题。事实上，美国一些电厂在安装湿烟囱后，还是在烟囱底部同时配备了燃用清洁燃料的燃烧器或蒸汽加热器，在气象条件不利时对脱硫后烟气进行再加热[49]。

（3）烟塔合一法。烟塔合一技术始于 20 世纪 70 年代的德国。该技术的原理是取消传统的烟囱，将脱硫后的净烟气引入冷却塔中，利用冷却塔巨大热量和热空气量对净烟气进行抬升。由于冷却塔内热空气量远远大于脱硫后净烟气量，可以很大程度上增加烟气的抬升高度，使其渗入到大气的逆温层中，有利于烟气中污染物的扩散。烟塔合一法是电厂总体设计的重大创新，德国已经有数十座电厂采用该技术，并明确规定使用烟塔合一技术的火力发电厂的排烟温度不受限制，在技术研究和应用领域处于领先地位。但烟塔合一技术尚存在一些不足之处，如该技术中烟气抬升高度受到风速影响、烟道布置较为困难等。另外，采用烟塔合一技术的冷却塔比常规冷却塔结构复杂得多，且需要具有良好的抗腐蚀能力，其设计和施工的难度较大，造价也远高于常规冷却塔。在国内该技术尚处于起步阶段，烟塔合一冷却塔的概念设计、防腐设计、烟气抬升与扩散计算等关键技术主要依靠国外专业冷却塔公司，大量冷却塔建造所需的防腐材料需要从国外进口，进一步增加了采用该技术的成本[50]。

2. 烟气再热法对湿法脱硫后净烟气进行加热的途径

目前，世界上大多数燃煤电厂的湿法脱硫系统都采用了烟气再热法对脱硫后净烟气进行加热。

烟气再热法对湿法脱硫后净烟气进行加热的途径主要有两种：

（1）使用外热源加热。外热源主要包括高温蒸汽和电加热器等。使用外热源对净烟气进行加热的优点是效率高，加热装置较为简单，但将额外消耗大量能源，增加电厂的运行成本。

（2）回收烟气余热进行加热。空气预热器出口的烟气温度在 130～140℃，而脱硫塔出口烟气温度仅有 50℃左右，如果不对这部分烟气热量加以利用，势必造成很大的热量浪费。因此可以使用脱硫之前的高温烟气对脱硫后的净烟气进行加热，使其升温至 72～80℃后再通过烟囱排放。这种方式的优点是节约能源、减少排放、降低运行成本，并且同时降低了进入脱硫塔烟气的温度，有助于提高脱硫塔的脱硫效率并减少烟气冷却的水耗。缺点是换热装置较为复杂，需考虑到运行过程中设备腐蚀、积灰、结垢和磨损等一系列问题。

（二）烟气再热器的应用和利弊

目前，燃煤机组湿法烟气脱硫系统中的烟气再热设备大部分采用烟气余热利用的方式，使用脱硫塔前的高温烟气对脱硫塔出口的低温净烟气进行再加热。用来实现这一换热过程的设备被称作烟气再热器。作为烟气脱硫系统中最重要、投资最大的设备之一，烟气再热器得到了广泛的应用。

1. 燃煤机组湿法烟气脱硫系统中安装烟气再热器的优势[51]

（1）提高烟气的抬升高度。计算表明，安装烟气再热器使排烟温度由 50℃ 提升至 80℃ 后，烟气的抬升高度增加了 25% 左右，NO_x、SO_x 和 PM 的落地浓度均有下降，烟囱出口附近的白色烟羽也基本消失。

（2）对燃煤机组尾部烟道和烟囱起到保护作用。安装烟气再热器后，脱硫后湿烟气被再次加热至 80℃ 左右、高于水露点温度后才进入烟囱排放，有利于减轻对火力发电厂尾部烟道和烟囱的腐蚀。

（3）减少烟气脱硫系统的水耗。在烟气湿法脱硫工艺中，使用石灰石、石膏脱硫的浆液对高温烟气进行洗涤，浆液中的水吸收高温烟气的热量后发生汽化，脱硫塔的耗水量十分巨大。安装烟气再热器后，进入脱硫塔的烟气温度由 130～140℃ 降低至 90℃ 左右，可以使脱硫塔的水耗降低 30% 以上。另外，由于进入脱硫塔的烟气温度降低，也有利于脱硫塔的安全运行。

2. 取消烟气再热器的主要原因

尽管在燃煤机组湿法烟气脱硫系统中设置烟气再热器的优势很明显，但我国近年来部分燃煤机组烟气脱硫系统中取消了烟气再热器的安装，主要原因如下[48,51]：

（1）烟气再热器增加了燃煤机组的投资和运行费用。烟气再热器的投资费用较高，其设备本体以及烟道、土建结构和附属系统的费用占烟气脱硫系统总投资的 20% 左右。烟气再热器运行后，烟道阻力增加，需要额外增加引风机出力，使烟气脱硫系统的耗电量增加。另外，烟气再热器需要定期吹灰、维护，这些都导致电厂的运行费用上升。

（2）国内外已运行的烟气再热器出现了诸多问题。主要是烟气再热器在运行一段时间后出现了严重腐蚀和堵塞现象，甚至导致脱硫系统瘫痪，烟气再热器报废。在安装烟气再热器后，脱硫塔进口烟气温度已降低至硫酸露点以下，烟气再热器面临硫酸露点腐蚀的威胁；脱硫后的净烟气中水蒸气含量接近饱和，温度降低至水露点温度以下，且携带有大量酸性液滴，腐蚀性很强，极易对烟气再热器造成腐蚀。湿烟气中的酸性液滴还容易吸附烟气中的飞灰颗粒，加上烟气通过脱硫塔后通常携带有石膏和浆液，液滴和浆液中的水分吸热后发生汽化，飞灰、石膏和石灰石在设备表面积灰结垢，造成烟气再热器换热性能下降，排烟温度不达标，风机运行阻力和能耗增加，严重时导致风机过载跳闸，机组被迫停机维修。

（3）使用脱硫之前的高温烟气加热脱硫后的净烟气，降低节能收益。

取消烟气再热器后，虽然燃煤机组投资、运行费用降低，脱硫系统的布置也较为简单，但排烟温度降低，烟气抬升高度下降，不利于烟气中污染物的扩散，美国已经有取消烟气再热器后造成燃煤机组周围环境恶化的先例。另外，取消烟气再热器后，为了避免锅炉尾部烟道和烟囱的腐蚀，需要对其进行防腐改造，投资也十分巨大。因此，长远来看，烟气再热器在燃煤机组湿法烟气脱硫系统中的存在是十分必要的。烟气再热器运行中出现的腐蚀、堵塞等问题，可以通过对烟气再热器结构设计、选材优化解决或改善。不能草率地取消燃煤机组烟气湿法脱硫系统的烟气再热器，更需要因地制宜，综合平衡利弊后进行合理选择。

（4）被取消的烟气再热器通常是回转式烟气再热器，急需技术重整。最先投入使用的烟气再热器是回转式烟气再热器,回转式烟气再热器在运行过程中存在严重的积灰、结垢、堵塞和腐蚀现象,经常造成机组被迫停机,损失巨大。在此情况下,日本三菱和日立公司创新性提出了管式 GGH 的技术思路,为烟气再热开辟了新的市场。

二、烟气再热器的整体布置方案

目前,工程应用中的烟气再热器主要分为 2 种:回转式烟气再热器(Rotatory Gas Gas Heater,RGGH)和管式烟气再热器(Flue Gas Reheater,FGR)[52]。

(一)RGGH 的整体布置方案

20 世纪 30 年代,随着湿法烟气脱硫技术在燃煤机组的逐渐应用,脱硫后烟气造成的腐蚀现象严重影响了烟囱的正常运行,很快就引起人们的广泛关注。为了解决这一问题,欧洲的 Howden、Balcke-Dürr、Burmeister-& Wain Energy 等公司先后开发出早期的回转式烟气再热器(RGGH),用以加热脱硫后的低温烟气。从此,烟气再热器开始成为烟气脱硫系统中的重要设备之一。20 世纪 80 年代以后,欧洲大多数燃煤机组都安装了 RGGH。

在 2010 年以前,我国燃煤机组烟气湿法脱硫系统中多数采用了 RGGH 对脱硫后净烟气进行再加热,RGGH 是一种以传热元件为载体的气-气换热装置。采用 RGGH 需要将脱硫塔前的烟道和脱硫塔出口的烟道并行布置,使脱硫前高温烟气和脱硫后低温烟气同时进入 RGGH 内进行换热,包含 RGGH 的烟气脱硫系统流程图如图 2-69 所示。RGGH 的结构与回转式空气预热器类似,主要由中心轴、扇形仓、外壳等组成,工作原理也与之相同,如图 2-70 所示。数以千计的高效率传热元件紧密地布置在 RGGH 的扇形仓内,所有扇形仓均与中心筒相连接,组成转子,外壳两端分别与两条烟道连通,使 RGGH 一半流通高温烟气,另一半流通低温烟气。空气预热器出口的高温烟气经过静电除尘器除尘后进入 RGGH,与转子内的传热元件发生热交换,将热量蓄于传热元件中,经过热交换的烟气温度下降,进入脱硫塔;从脱硫塔出来的低温烟气进入 RGGH,与转子内的传热元件再次发生热交换,从传热元件内吸热,温度升高至设计要求的排烟温度后,经烟囱排入大气。转子持续转动,高温烟气和低温烟气交替通过转子。在高温烟气区域,转子内的传热元件吸收热量,转动至低温烟气区域时,将这部分热量释放给低温烟气,往复循环,实现脱硫塔前后高温烟气和低温烟气之间的热交换。

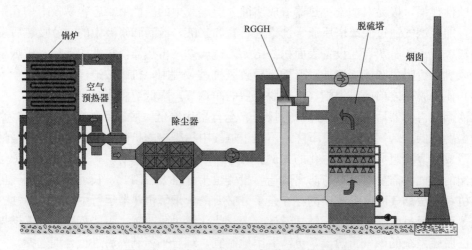

图 2-69　包含 RGGH 的烟气脱硫系统流程图

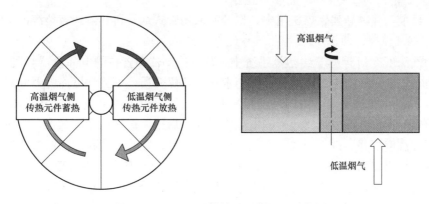

图 2-70　RGGH 的结构及工作原理示意图

　　RGGH 的投资成本相对较低，但占地面积较大，且对烟道布置有一定要求。由于 RG-GH 是通过传热元件旋转的方式实现高温烟气对低温烟气的加热，高温烟气向低温烟气侧的泄漏无法避免，在配备密封系统后，该泄漏率为 $0.5\%\sim2\%$，仍有少量未脱硫的高温烟气直接随脱硫后的低温净烟气一同排入大气，降低了烟气脱硫系统的整体脱硫效率。

　　与回转式空气预热器不同，RGGH 的工作环境非常恶劣。一方面，无论是脱硫塔前的高温烟气还是脱硫塔后的低温烟气，都容易对 RGGH 造成低温腐蚀。脱硫塔前的高温烟气是经过除尘器之后的烟气，烟气中含有的 SO_3 在冷却过程中将和水蒸汽结合形成硫酸蒸汽并和烟气中的 PM 发生凝并吸收，但是烟气经除尘器之后 PM 含量只有不到 $100mg/m^3$ 含量，碱硫比太小，不足以吸附所有的硫酸蒸汽，大量的硫酸蒸汽势必会冷凝到受热面上并腐蚀受热面；其次，脱硫塔后的净烟气携带从脱硫塔浆液中逸出的液滴，液滴中含有各种腐蚀性成分，如 Cl^-、SO_4^{2-}、NO_3^- 等，为了提高 RGGH 的抗腐蚀能力，需要在传热元件表面镀搪瓷，在外壳、管道等与烟气直接接触的部位表面喷涂玻璃涂料，密封系统等关键部位更要采用不锈钢进行制造。另一方面，由于 RGGH 采取回转式的换热方式，RGGH 内的转子通过低温烟气区域后，表面湿润，转动进入高温烟气区域时，容易黏附高温烟气中的粉尘；转子从高温烟气中吸热后温度上升，进入低温烟气区域时，低温烟气内石膏和石灰石浆液中的水分迅速汽化，石膏和石灰石沉积在 RGGH 表面形成质地坚硬的沉积物。RGGH 本身包含扇形仓等众多细小缝隙结构，为了提高传热效率，传热元件表面通常带有密集的波纹沟槽，加上除尘器和除雾器的效率不高以及 RGGH 的吹灰系统不完善，在以上诸多原因的共同作用下，RGGH 中结垢和堵塞现象十分严重，频繁导致停炉事故的发生。减轻 RGGH 结垢的措施包括提高除尘器和除雾器的效率、优化传热元件构造和加强对 RGGH 的吹扫等。

　　目前，欧洲的很多公司仍在生产和安装优化改良过的 RGGH，但就总体情况来看，其安全性和可靠性仍相对较低[48,52]。

　　（二）管式烟气再热器的整体布置方案

　　管式烟气再热器是一种以管内的热媒介质为载体的烟气加热装置，通常与烟气深度冷却器联合使用，构成烟气深度冷却器-烟气再热器闭式循环系统[13,14]。早在 20 世纪 80 年代，就有管式烟气再热器应用于燃煤机组中，但由于烟气深度冷却器、烟气再热器发生了严重的腐蚀，且当时对该问题的认识尚不成熟，欧洲和美国很快就放弃了使用管式烟气再热器。日本则坚持对管式烟气再热器进行研究和优化。基于多年的探索和实践经验，日本 MHI、IHI 等企业逐渐解决了管式烟气再热器腐蚀的问题，掌握了管式烟气再热器设计、生产和运行的关键技术。目前，我国新建燃煤机组中，也开始采用管式烟气再热器代替传统的 RGGH。

1. 早期烟气深度冷却器-烟气再热器系统布置方式

早期烟气深度冷却器-烟气再热器系统中，烟气冷却器布置在静电除尘器与脱硫塔之间，烟气再热器布置在脱硫塔与烟囱之间，使用水作为热媒介质，烟气深度冷却器和烟气再热器之间有热媒水管道相连通。早期烟气深度冷却器-烟气再热器的系统布置方式如图 2-71 所示，空气预热器出口的高温烟气经过静电除尘器除尘后进入烟气深度冷却器，与热媒水发生热交换，烟气温度下降，进入脱硫塔；热媒水温度上升，在水泵的作用下沿管道流入烟气再热器，与脱硫塔出口的低温烟气再次进行热交换，烟气温度升高至设计要求的排烟温度后，经烟囱排入大气，热媒水温度下降，沿管道流回烟气深度冷却器，重新从高温烟气中吸收热量。通过热媒水的密闭循环流动，实现脱硫塔前高温烟气和脱硫塔后低温烟气之间的热交换。烟气深度冷却器和烟气再热器的形式均为管式换热器，即热媒水在管束内流动，烟气从管束外通过。另外，热媒水管道上还设置有辅助蒸汽加热器，在热媒水温度提升不足时对热媒水进行辅助加热。

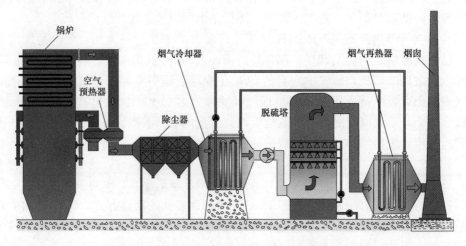

图 2-71　早期烟气冷却器-烟气再热器系统布置方式

烟气深度冷却器和烟气再热器均位于烟道内，占地面积小，布置相对灵活、简单。高温烟气的余热回收和低温烟气的再次加热两个过程各自独立完成，不存在未脱硫的高温烟气向低温净烟气侧泄漏的问题。采用热媒水作为换热介质，并配备额外的热媒水辅助加热器，可以保证锅炉在不同负荷下运行时进入烟囱的烟气温度均能达到设计要求。管式烟气再热器无 RGGH 波纹板的细小结构，不易出现阻塞现象，运行比较稳定。但制造换热器钢材消耗量较大，而且为了抵抗组合型低温腐蚀，需要使用 316L 奥氏体不锈钢，甚至使用 2205 或 2507 双相不锈钢，投资成本较为昂贵。

RGGH 面临的低温腐蚀问题在管式烟气再热器中也同样存在。我国某机组的湿法烟气脱硫系统应用烟气深度冷却器-烟气再热器的系统后，烟气深度冷却器和烟气再热器在运行中均出现了严重的腐蚀现象：换热管束管壁减薄，翅片大量脱落，框架底板腐蚀穿孔等，对锅炉的安全稳定运行造成极大影响。造成该现象的原因主要包括以下两个方面[56]：

（1）该电厂燃煤中含硫量较高，有时高达 4% 以上，远高于日本燃煤机组燃煤的平均含硫量，造成烟气中 SO_3 含量和硫酸露点温度也远高于设计值。烟气深度冷却器出口烟气温度已经低于硫酸露点温度，大量硫酸在换热器管束和内壁表面凝结，造成严重的腐蚀。

（2）对低温腐蚀问题的认识程度不够，烟气深度冷却器和烟气再热器的设计和选材存在一定问题。换热器管束、管板、框架等部件选用的部分钢材对脱硫系统内低温腐蚀环境的耐受力较差，且未采取防腐措施或采取了不恰当的防腐措施。

2. 新型烟气深度冷却器-烟气再热器系统布置方式

早期的烟气深度冷却器-烟气再热器系统布置方式中，烟气深度冷却器布置于静电除尘器之后，由于烟气深度冷却器中烟气的温度降低至 90℃ 左右，烟气中的硫酸蒸汽发生冷凝，对烟气深度冷却器造成严重的腐蚀。这一问题深深困扰着各国电力设备生产企业，德国企业甚至提出使用成本昂贵的合金来制造烟气深度冷却器和烟气再热器也未获成功。

在总结了早期烟气深度冷却器-烟气再热器系统运行经验的基础上，发现将烟气深度冷却器移至空气预热器之后、静电除尘器之前的新型烟气深度冷却器-烟气再热器系统布置方式，如图 2-72 所示。烟气深度冷却器内未经静电除尘的烟气中的烟尘含量高达 $20\sim30g/m^3$，硫酸蒸汽冷凝后与烟尘颗粒中的碱性物质发生凝并吸收，不会沉积在换热面表面对其造成腐蚀，而吸收了硫酸蒸汽的烟尘颗粒也会在随后的除尘过程中被脱除。新型烟气深度冷却器-烟气再热器系统布置方式不仅有效地减少了 SO_3 和 H_2SO_4 蒸汽的排放，还极大地降低了烟气深度冷却器发生腐蚀的风险，使得烟气冷却器可以采用价格低廉的碳钢或低合金钢制造。因静电除尘器进口的烟气温度低于早期烟气深度冷却器-烟气再热器系统布置方式中低温静电除尘器进口的烟气温度，故该布置方式中的静电除尘器也称为低低温静电除尘器，以此为载体提出的烟气处理技术称为低低温高效烟气处理技术[57,58]。

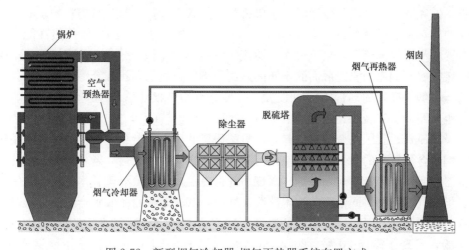

图 2-72　新型烟气冷却器-烟气再热器系统布置方式

相较于早期烟气深度冷却器-烟气再热器系统布置方式，这种烟气深度冷却器位于静电除尘器之前的新型布置方式的优点主要有：

（1）可以脱除烟气中 80% SO_3。由于烟气深度冷却器位于静电除尘器之前，烟气深度冷却器内烟气的含尘量很高，一般为 $20\sim30g/m^3$，粉尘的平均粒度仅有 $20\sim30\mu m$，比表面积很大，且呈碱性。随着烟气温度下降至硫酸露点温度以下，烟气中的硫酸凝并吸收在粉尘颗粒上并与其中的碱性物质发生中和反应，进而随粉尘一起被静电除尘器脱除。当静电除尘器进口烟气温度降低到 90℃ 以下，碱硫比大于临界值时，SO_3 的脱除率可高达 95% 以上。

121

不仅解决了降低 SO₃ 排放的难题，也对下游设备、烟道、烟囱以及烟气深度冷却器本体起到了很好的保护作用，节省了昂贵的防腐投资和维修费用。

（2）除尘效率提高。新型烟气深度冷却器-烟气再热器系统布置方式中静电除尘器的进口烟气温度由 120℃以上下降到 90℃左右。在 120℃以下，烟气中粉尘的比电阻随温度的降低而降低，而 SO₃ 在粉尘表面的冷凝更会大幅降低粉尘的比电阻，从而大大提高静电除尘器的除尘效率。此外，烟气温度降低，进入静电除尘器的实际烟气流量相应减少，烟气流速降低，也利于烟气内粉尘捕集。

（3）降低引风机电耗。烟气深度冷却器位于静电除尘器之前时，因其进口烟气温度降低，需要处理的实际烟气流量减少，引风机的电耗也随之降低。

鉴于新型烟气深度冷却器-烟气再热器系统布置方式在 SO₃ 减排、粉尘脱除、腐蚀防控和节约能耗方面的巨大优势，日本的一些火力发电厂如原町火力发电厂、橘湾火力发电厂的湿法烟气脱硫系统中都应用了该项技术，并取得良好的环境和经济效益。

德国燃煤电厂一开始就沿着烟气冷却器布置在除尘器之后的技术路线，但该技术路线未能揭示烟气深度冷却过程中气、液、固三相凝并吸收机理，通过大量的实验室实验和运行验证性实验，技术人员发现低温烟气在深度冷却之后具有很强的腐蚀性，即使选用哈氏合金也会产生点蚀，于是，他们沿着这条技术路线一直向前走，在烟气冷却器发生严重的合金腐蚀之后，只能将注意力转移到更耐腐蚀的材料上，因为氟塑料具有极强的耐腐蚀、抗结垢能力，是应用于恶劣腐蚀环境下的抗腐蚀材料。因此，在开发管式烟气深度冷却器和烟气再热器的过程中，有关公司提出使用氟塑料制造烟气深度冷却器和烟气再热器。虽然氟塑料抗腐蚀能力强，但氟塑料的导热系数远低于金属材料，如碳钢导热系数是氟塑料的 160 倍，奥氏体不锈钢的导热系数是氟塑料的 80 倍，为了提高氟塑料换热管束的整体传热性能，需要采用密集布置的小直径薄壁管，热阻很大，使氟塑料换热器体积十分庞大，直接造成氟塑料换热器和燃煤机组原烟道的流通截面的不匹配过渡，烟气过渡的渐扩和渐缩段造成烟气流的极度不均匀，对烟气产生的局部阻力也较大。另外，氟塑料换热管的刚度和抗磨损能力都较差[59-61]，也对制造、安装和运行及维护提出了新的挑战。而且，氟塑料换热管制造工艺复杂，造价极其昂贵，我国完全依赖进口，严重阻碍了我国电力装备国产化的进程。由于氟塑料无法在烟尘含量较高的除尘器之前使用，只能放置于除尘器之后，若将烟气深度冷却器放置于除尘器之后，则完全不能发挥烟气深度冷却低低温高效烟气处理技术的优势，不符合我国燃煤机组烟气污染物协同治理的技术路线。同时，我国运用自主知识产权的低温腐蚀性能实验装置对除尘器前和脱硫塔前后的低温烟气进行了 600、660MW 和 1000MW 现场低温腐蚀性能实验，发现了碳钢 20 号、20G，低合金钢 Corten、ND 和奥氏体不锈钢 316L 及渗镍、喷涂表面的烟气深度冷却器硫酸露点腐蚀和双相不锈钢 2205、超级双相不锈钢 2507，奥氏体不锈钢 316L 和低合金钢 ND 的烟气再热器组合型低温腐蚀的低温腐蚀反应规律，通过研究，我们认为：烟气深度冷却器只要碳钢和低合金抗硫酸腐蚀钢就可以实现低温腐蚀防可控；并进一步提出只要对烟气再热器进行合理选材、设计，并对烟气再热器前后布置的其他辅助设备，如水平除雾器进行结构设计改进及吹灰介质温度压力、程序调控，金属烟气再热器也完全能够在脱硫塔之后进行长周期安全运行，因此，从技术经济的角度考虑，不推荐在传统燃煤机组直接选用价格高昂的氟塑料烟气深度冷却器和烟气再热器，除非在一些腐蚀性气体浓度很大的工业过程中。

三、烟气再热器的本体结构设计

近年来，新建火力发电厂的湿法烟气脱硫系统中已经基本不再使用 RGGH 对烟气进行再加热，而是在揭示了烟气深度冷却过程中气、液、固三相凝并吸收机理后，相继采用了烟气深度冷却器位于静电除尘器之前的新型烟气深度冷却器和烟气再热器联立系统。烟气深度冷却器的功能、结构和布置方式等内容已经在本章第一节进行了介绍，此处不再赘述，以下仅介绍烟气再热器的本体结构设计。

（一）管式烟气再热器的运行环境

管式烟气再热器的运行环境十分特殊。一方面，管式烟气再热器中流通的烟气是经过脱硝、除尘、脱硫之后的"净烟气"，NO_x、粉尘、SO_2 的含量分别低于 50、10mg/m³ 和 35mg/m³，SO_3 的含量也极低。但另一方面，管式烟气再热器进口烟气中的水蒸气含量接近饱和，温度约为 50℃，烟气中残余的硫酸、亚硫酸、盐酸、氢氟酸等均已经开始结露。由于烟气中粉尘含量很低，难以为酸液的吸附提供条件，故酸液以小液滴的形式存在于烟气中。这些液滴的成分非常复杂，溶解有 SO_4^-、SO_3^-、Cl^-、F^- 等多种酸性离子，当其凝结或撞击在换热器管束表面时，很容易对其造成组合型低温腐蚀。随着烟气温度的上升，烟气中的液滴陆续发生气化，管式烟气再热器内的腐蚀环境得到改善。管式烟气再热器内烟气的腐蚀性甚至强于烟气深度冷却器内烟气的腐蚀性，由此产生的组合型低温腐蚀问题须予以高度重视。另外，脱硫塔后的烟气中无法避免地还会携带有石膏和石灰石浆液，浆液中的水分在吸热后发生气化，石膏和石灰石则沉积在设备表面，形成积灰或结垢。关于组合型低温腐蚀特性研究参见第三章第五节。

由以上分析可知，提高脱硫塔除雾器的除雾效率对减轻管式烟气再热器以及锅炉尾部烟道、烟囱的组合低温腐蚀具有重要意义。

（二）管式烟气再热器的结构设计与选材

针对管式烟气再热器特殊的运行环境，管式烟气再热器的结构设计和选材需要特别注意对组合低温腐蚀的防范。按照技术经济的设计方法，管式烟气再热器沿烟气流通方向一般分为三段：低温段、中温段和高温段，如图 2-73 所示。

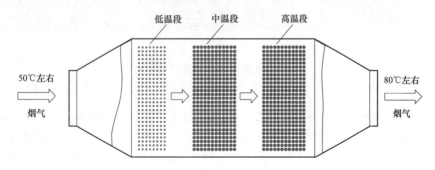

图 2-73　管式烟气再热器本体结构示意图

低温段是管式烟气再热器内烟气温度由进口温度升高 5～10℃ 的区域。这个区域内的烟气温度最低，腐蚀能力最强，换热器的运行环境最恶劣。在此区域内的换热器管束，一方面要对烟气进行加热，另一方面也要起到对烟气中携带的小液滴进行拦截的作用，大量腐蚀性液滴会直接撞击在管束表面。因此，低温段管束的管型应采用光管。相对于翅片管，光管的换热能力虽然略差，但光管内基本不存在焊缝及局部应力集中，发生应力腐蚀开裂的风险大大降低。此外，光管也有不易积灰、积液的优点。管束的排列方式应采用错列布置，以提高管束对烟气中小液滴的拦截效率。为达到快速升温从而使液滴快速汽化的目的，纵向管排数应在8～12排之间，管束的材料应选用2205及以上级别的双相不锈钢，腐蚀极其严重的特殊条件下，如当氯、氟离子浓度太高时，可能需要选取氟塑料作为精细化除湿、除雾装置的材料。

中温段布置在低温段之后，是烟气温度由低温段出口温度升高至65℃左右的区域，由于烟气中的腐蚀性液滴大部分在低温段被拦截或发生汽化，这个区域内烟气中液滴携带率大幅降低，烟气的腐蚀性减弱，选材要求可适当降低。需要说明的是，在中温段和高温段，虽然烟气温度已脱离水露点范围，但仍低于硫酸露点，因此在选材上仍要注意对硫酸腐蚀的防范。中温段管束的排列方式应采用顺列布置，管型应采用管外壁扩展强化的翅片管，如螺旋翅片管、H形翅片管和针翅管等，以提高管束的换热性能。中温段管束的材料应选用316L奥氏体不锈钢或同一级别的其他不锈钢材料。

高温段布置在中温段之后，是烟气温度由中温段出口温度升高至设计要求的排烟温度的区域，设计要求的排烟温度一般在80℃左右。该区域内烟气温度最高，腐蚀性最弱。其管束的排列方式也应采用顺列布置，管型应采用翅片管，如螺旋翅片管、H形翅片管等。管束的材料可选用ND钢。

管式烟气再热器壳体应选用碳钢及以上级别的耐硫酸腐蚀钢材，壁厚不小于6mm，内壁面需设置玻璃鳞片或其他内衬防腐层。

金属管式烟气再热器各段管束实物照片如图2-74所示。

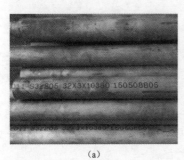

(a)　　　　　　　　(b)　　　　　　　　(c)

图2-74　金属管式烟气再热器各段管束实物照片
(a) 低温段2205钢光管；(b) 中温段316L螺旋翅片管；(c) 高温段ND钢螺旋翅片管

烟气深度冷却器和烟气再热器之间的热媒水管道上应设置有热媒水辅助加热器，利用高温蒸汽加热热媒水。系统启动时，辅助加热器启动，在短时间内将热媒水加热至工作温度以保证系统的正常运行。当锅炉负荷低于额定工况时，烟气深度冷却器进口烟气温度降低、烟气量减少，热媒水温度提升不足，此时启动辅助加热器对热媒水进行加热，使进入管式烟气再热器的热媒水温度达到设计要求值，以保证烟气再热器出口的烟气温度满足设计要求。

虽然管式烟气再热器内烟气的含尘量很低，但在低温段和中温段之间、中温段和高温段之间也应布置有蒸汽吹灰器，以减少换热管束表面的积灰和积液，减轻换热器的腐蚀和结垢。

管式烟气再热器需要定期进行检修和维护，检修时应注意测量管壁厚、翅片厚度和壳体壁厚，对可能发生穿孔和泄漏的部位进行更换或维修，谨防严重腐蚀或磨损事故的发生。

四、管式烟气再热器结构创新

在上述管式烟气再热器的基本结构的基础上，为了进一步提高管式烟气再热器的换热性能和安全性，并降低投资成本，近年来还出现了许多对管式烟气再热器结构的优化设计。

（一）一种具有除雾功能的新型烟气再热器结构

本结构中在烟气再热器低温段采用竖直腰圆管束，如图 2-75、图 2-76 所示。

烟气再热器的低温段布置有数排窄间距的腰圆管，第一排和最后一排的腰圆管竖直布置，其余腰圆管呈八字形排列。腰圆管之间通过腰圆管连接弯头连接，构成蛇形管。烟气加热器的中温段和高温段布置有数排水平的翅片管，如螺旋翅片管、H 形翅片管、针翅管等，翅片管束与设置在壳体两端的集箱连通。热媒水在管束内流通，对烟气进行加热。

腰圆管束下部与集液槽连通，集液槽底部倾斜，并在倾斜低端开有圆孔，圆孔连接有疏水管，疏水管上安装有疏水阀。腰圆管束与翅片管束之间设置有蒸汽吹灰装置。

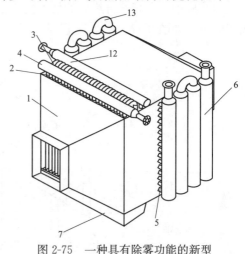

图 2-75　一种具有除雾功能的新型
烟气再热器的结构示意图

1—外壳；2—腰圆管；3—连接弯头；4—进水集箱；
5—鳍片管；6—集箱；7—集液槽；12—出水集箱；
13—集箱连接弯头

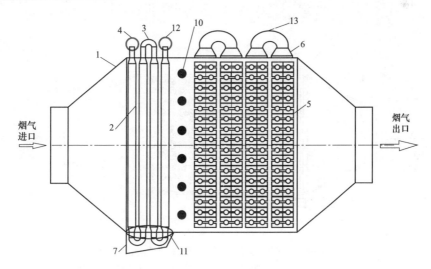

图 2-76　一种具有除雾功能的新型烟气再热器的剖视图

1—外壳；2—腰圆管；3—连接弯头；4—进水集箱；5—鳍片管；6—集箱；7—集液槽；
10—吹灰器；11—倾斜面；12—出水集箱；13—集箱连接弯头

腰圆管束的选材参考前述管式烟气再热器中的低温段管束的选材；翅片管束的选材参考前述中温段和高温段管束的选材；壳体的选材参考前述壳体的选材。相对于前述管式烟气再热器的基本结构，本新型结构的优点有：低温段采用腰圆管，换热面积比光管有大幅提高，而腰圆管中也基本不存在局部应力集中，发生应力腐蚀的风险也较低；腰圆管八字形排列，构成折线形通道，对烟气中的液滴具有离心作用，提高了管束对烟气中携带液体的拦截效率，从而实现了除雾的功能。

（二）一种抗湿烟气组合型低温腐蚀的烟气再热器

本结构中，在烟气再热器的低温段之前还布置了数排氟塑料开缝管束，在低温段则采用鳍片管束，如图 2-77、图 2-78 所示。

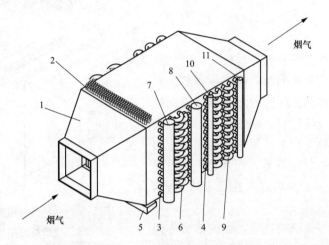

图 2-77　一种抗湿烟气复合型低温腐蚀的烟气再热器的结构示意图

1—外壳；2—开缝管；3—鳍片管；4—翅片管；5—集液槽；6—鳍片管连接弯头；

7—鳍片管束进口集箱；8—鳍片管束出口集箱；9—翅片管连接弯头；

10—翅片管束进口集箱；11—翅片管束出口集箱

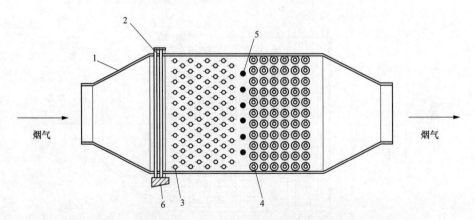

图 2-78　一种抗湿烟气复合型低温腐蚀的烟气再热器的剖视图

1—外壳；2—开缝管；3—鳍片管；4—翅片管；5—集液槽；6—吹灰器

烟气再热器低温段之前设置有数排密集错列布置的开缝管，开缝管壁面上与烟气来流方向为预设角度的位置处开有一系列穿透管壁的轴向缝隙。轴向缝隙交错排列，即轴向相邻的两条轴向缝隙位于所在开缝管壁面上不同的角度处以保证开缝管的强度。烟气加热器的低温段布置有数排水平的鳍片管，鳍片管之间由弯头相连。中温段和高温段布置有数排水平的翅片管，如螺旋翅片管、H 形翅片管和针翅管等，翅片管束与设置在壳体两端的集箱连通。热媒水在管束内流通，对烟气进行加热。

开缝管束下部与集液槽连通，集液槽底部倾斜，并在倾斜低端开有圆孔，圆孔连接有疏水管，疏水管上安装有疏水阀，形成封闭系统，以避免烟气泄漏。鳍片管束与翅片管束之间设置有蒸汽吹灰装置。

开缝管束的选材为抗低温腐蚀能力很强的塑料，如 ABS、FRP、PFA 和 PTFE 等；鳍片管束的选材参考前述管式烟气再热器中的低温段管束的选材，其制造工艺为挤压成形，并采取挤压后残余应力消除措施；翅片管束的选材参考前述中温段和高温段管束的选材；壳体的选材参考前述壳体的选材。

相对于前述烟气再热器的基本结构，本新型结构的优点有：低温段之前设置有开缝塑料管束除湿、除液，但开缝塑料管束并不参与热量交换，烟气通过时，较大直径的液滴会由于惯性的作用撞击在开缝管的迎风侧，液体在管壁上不断积聚并在烟气的推动下沿着管壁面向开缝管的两侧流动，在遇到开缝管壁面上的缝隙时将通过缝隙流入开缝管内部，开缝管密集错列布置，可以对烟气中的较大液滴进行有效的拦截脱除；低温段采用鳍片管束，换热面积比光管有大幅提高，而经过挤压后残余应力消除措施的鳍片管发生应力腐蚀的风险也较低。

第六节　烟气冷凝器结构设计

一、烟气冷凝器简介

（一）烟气冷凝器的应用背景

我国以化石能源消费为主，造成空气质量恶化，重雾霾天气频发。近几年虽经"26＋2"城市精准治理和地区联防，北京、天津、济南等地雾霾已得到有效抑制，但仍不时有蔓延之势。其他地区，如西安、乌鲁木齐等主要城市的雾霾强度一直居高不下。在我国大部分燃煤机组已经实现超低排放（PM/SO$_2$/NO$_x$＝5/20/35mg/m³）的基础上，如何进一步深挖燃煤发电机组和其他燃煤工业过程深度节能减排的潜力已成为今后发展的重点。目前，大部分燃煤发电机组已采用石灰石/石膏湿法高效脱硫和深度除尘，但脱硫塔之后的排烟中仍含有大量的饱和水蒸气、粒径小于 5μm 的可溶盐气溶胶、SO$_3$/H$_2$SO$_4$、HF、HCl、H$_2$SO$_3$ 和 HNO$_3$ 等酸性物质。含有大量饱和水蒸气的烟气从烟囱中排出后不断扩散降温，冷凝析出大量小液滴，折射散射太阳光线，出现有色烟羽，形成视觉污染；SO$_3$/H$_2$SO$_4$ 及粒径小于 5μm 的可溶盐气溶胶是大气中二次气溶胶的重要组成部分，而二次气溶胶对 PM$_{2.5}$ 的浓度贡献达 30％～70％；SO$_3$/H$_2$SO$_4$、HF、HCl、H$_2$SO$_3$ 和 HNO$_3$ 等酸性物质在尾部烟道及烟囱中冷凝析出，具有极强的腐蚀性，给燃煤机组尾部烟道的安全运行带来了隐患。因此，湿法脱硫后的湿烟气必须要经严格深度脱除后才能排放，降低排烟中水蒸气的相对湿度，深度脱除可溶盐气溶胶和 SO$_3$/H$_2$SO$_4$、HF、HCl 等酸性物质，消除烟囱排烟中的白色烟羽。尽管为了消除烟羽，我国有近 100 台燃煤机组已经在脱硫塔之后实施烟气再热技术，消除了白色烟羽，但是仅仅解决了视觉污染，消除了燃煤机组附近局部的"酸雨"和"石膏雨"现象，但是前面所述的 SO$_3$/H$_2$SO$_4$、HF、HCl、H$_2$SO$_3$ 和 HNO$_3$ 等酸性物质及粒径小于 5μm 的可溶盐气溶胶仍然进入了大气，促进雾霾的形成和蔓延。

从 2016 年开始，上海、浙江、邯郸、天津等地相继出台了相关政策，要求燃煤发电机

127

组和燃煤工业锅炉应采取相应手段深度脱除烟气中污染物并消除有色烟羽,这些政策的出台进一步显示了政府环保重拳治霾的决心。

目前,大部分的燃煤锅炉没有设置烟气消白装置,有近 100 台燃煤发电机组设置了烟气深度冷却器和烟气再热器联立的烟气再热消白装置,加热湿烟气升温至不饱和状态以消除白色烟羽。烟气再热消白将烟气加热到 72~80℃不仅造成能源的浪费,而且采用烟气再热消白无法消除湿烟气中的 SO_3/H_2SO_4、HF、HCl、H_2SO_3 和 HNO_3 等酸性气体和粒径小于 $5\mu m$ 的可溶盐气溶胶,而 SO_3/H_2SO_4 和可溶盐气溶胶是大气中二次气溶胶的重要组成部分,是雾霾的元凶之一。因此,可以显著脱除 SO_3/H_2SO_4 和可溶盐气溶胶的烟气冷凝消白及深度脱除烟气中污染物的技术开始逐渐推广。

(二)烟气冷凝实施的途径

烟气冷凝消白利用冷源深度冷却脱硫塔后的湿烟气使其中的饱和水及水蒸气冷凝析出,再将冷凝后的湿烟气进行再热,以降低烟气中水的相对湿度,从而实现冷凝深度脱除污染物及再热消除白烟。

冷却过程中水蒸气凝结成亚微米级的小液滴,可大量吸附脱除烟气中的 SO_3/H_2SO_4、HF、HCl、H_2SO_3 和 HNO_3 等酸性气体和可溶盐气溶胶。烟气冷凝消白的冷源可选择冷空气,冷却塔循环水,热力系统凝结水和江、河、湖、海旁的河水、湖水、海水等作为湿烟气的冷凝工质。冷凝后湿烟气再热的热源可选锅炉尾部的热烟气、低压抽汽、高温二次风、低温省煤器出口热水和冷凝换热器出口的热空气等。

二、烟气冷凝器的整体布置方案

宏观上讲,烟气冷凝器可以安装在脱硫塔前后。若烟气冷凝器安置在脱硫塔之前,此烟气冷凝器具有回收汽化潜热、节约水资源、冷凝预脱除烟气污染物和减轻脱硫塔高效脱硫深度除尘负担的协同效果;若烟气冷凝器安置在脱硫塔之后,此烟气冷凝器则具有回收汽化潜热、节约水资源、深度脱除烟气污染物和烟气冷凝消白消除烟羽的协同效果,如图 2-79 所示。

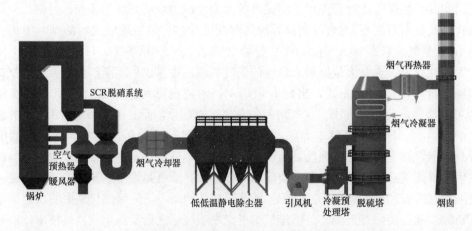

图 2-79 烟气冷凝器的整体布置方案

(一)烟气冷凝器布置于脱硫塔前的整体方案

烟气冷凝器布置于脱硫塔前的整体方案可参见图 1-52 所示的布置方案。此方案中,烟气冷凝器若为直接接触冷凝换热形式,则冷凝预脱除塔就是一个与脱硫塔串联的预脱硫塔,燃煤机组经过除尘后的烟气自下而上流动，取自脱硫塔的石灰石浆液通过布置于塔顶的喷嘴雾化喷淋向下和烟气逆流而行进行直接接触冷凝换热，此时冷源就是石灰石浆液。此方案中，烟气冷凝器若为间壁式冷凝换热形式，则烟气自下而上横向冲刷冷凝换热管束，冷源仍可选择石灰石浆液，使石灰石浆液在送入脱硫塔喷淋之前间壁换热冷却烟气；也可以选择冷空气，冷却塔循环水，热力系统凝结水和江、河、湖、海旁的河水、湖水、海水等作为湿烟气的冷凝工质。若以冷空气作为冷却工质，吸收烟气显热和汽化潜热的冷空气被加热可送入鼓风机进口，起到暖风器的作用；若以冷却塔循环水作为冷却工质，吸收烟气显热和汽化潜热的循环水可用热泵系统提升后用于热网水供热或加热系统除盐水；若以热力系统凝结水作为冷却工质，吸收烟气显热和汽化潜热的凝结水被加热到一定温度后可以与某级低压加热器的水混合进入烟气深度冷却器继续加热凝结水；若以江、河、湖、海旁的河水、湖水、海水等作为湿烟气的冷却工质，吸收烟气显热和汽化潜热的冷却工质也可用热泵系统提升后用于热网水供热或加热除盐水。

（二）烟气冷凝器布置于脱硫塔后的整体方案

图 2-79 也示出了烟气冷凝器布置于脱硫塔后的整体方案。此方案中，烟气冷凝器若为直接接触冷凝换热形式，则烟气冷凝器就是一个直接接触换热的冷凝冷却塔，燃煤机组经过脱硫塔脱硫后的湿烟气自下而上流动，采用 35℃ 左右的闭式循环水通过布置于塔顶的雾化喷嘴向下喷淋和烟气逆流而行进行直接接触冷凝换热而被加热到 39℃ 左右，此时冷源就是闭式循环水，吸收烟气显热和汽化潜热的 39℃ 左右闭式循环水经水处理后进入热泵系统的蒸发器被冷却到 35℃ 重新送回冷却塔顶作为喷淋冷却水继续形成闭式循环，热泵系统获得此热量后可用于热网水供热或加热除盐水，如图 2-80 所示。此方案中，烟气冷凝器若为间壁式冷凝换热形式，则烟气自下而上横向冲刷冷凝换热管束，冷源选择闭式循环水，冷空气，冷却塔循环水，热力系统凝结水和江、河、湖、海旁的河水、湖水、海水等作为湿烟气的冷凝工质，其热量交换过程则和布置于脱硫塔前的间壁式烟气冷凝器相同。

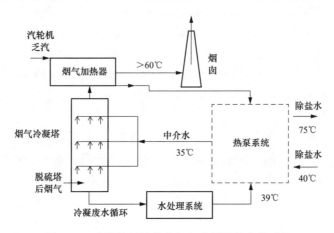

图 2-80　直接接触换热的烟气冷凝器热交换系统

三、烟气冷凝器的本体结构设计

冷凝传热一直是学术界研究的重点和热点。尤其是冷凝传热的概念和传热传质机理在教科书中已有诸多阐述，本著作的第六章第六节也有简单描述。冷凝传热或者凝结传热，是为了回收工业过程产生的烟气中水蒸气的汽化凝结潜热而采用的合理可行方法，从而达到极大提高过程能量利用效率这一目标的热量和质量的传递方式。化石燃料如煤、油、气和生物质燃烧后烟气中均含有大量水蒸气，水蒸气在燃烧烟气中的凝结过程属于含非凝结气体组分的冷凝过程，这类凝结过程的研究，最广泛采用的是 Colburn 和 Hougen 提出的 Colburn-Hougen 双模模型，该模型将凝结过程分解为传热和传质 2 个过程，通过定义无量纲传热因子来分析凝结过程中传热和传质过程的相互关系[62]；该模型同时考虑了水蒸气凝结传热过程中烟气、水蒸气和冷却水之间的热量传递过程，包括显热传递和凝结潜热传递以及质量传递过程。当烟气进入换热器后，首先发生的是显热传递，烟气中的显热传递给冷却水，随后，当金属壁面温度低于烟气酸蒸汽或水蒸汽露点温度时，烟气中的酸蒸汽或水蒸气开始在金属壁面上发生凝结，同时伴随汽化潜热的释放和热质传递的过程。

烟气冷凝传热过程属于有蒸汽相变发生的低温热能传热过程，因此，冷凝壁面需要通过扩展表面积进行凝结传热强化；另外，无论煤、油、气和生物质，燃烧后的烟气中都会产生酸性气体，与水化合形成各种酸蒸汽，当酸蒸汽遇到低温冷却壁面后凝结成液体，冷凝液都具有一定的腐蚀性，需要正确选择合适的材料及其表面以抵抗冷凝液各种酸根离子引起的组合型低温腐蚀。

凝结传热主要有珠状凝结和膜状凝结 2 种形式，珠状凝结传热系数远高于膜状凝结，但由于珠状凝结在工程应用中难以保持，所以工业实践中的凝结传热多是以膜状凝结的形式存在。由此可见，运行中减薄凝结液膜厚度是强化凝结传热的基本技术思路，原因是凝结液膜不仅增大了凝结过程的传热热阻，同时增大了冷凝过程传质的阻力。

烟气冷凝器的本体结构也与烟气深度冷却器的结构类似，若为直接接触换热形式，烟气冷凝器的本体结构就与脱硫塔的结构类似；若为间壁式换热形式，烟气冷凝器的本体结构一般由渐扩段、换热器本体和渐缩段 3 段组成，以下分别进行描述，主要侧重强化凝结传热的传热元件结构。

（一）直接接触换热的烟气冷凝器的本体结构设计

直接接触换热的烟气冷凝器的本体结构设计可参见本书第一章文献［4］第 6 章 6.1 节相关内容；同时也可参见第六章第二节了解脱硫塔结构设计方面的相关内容，不再赘述。

（二）间壁式烟气冷凝器的本体结构设计

间壁式烟气冷凝器，从结构设计上可分为纯壁面冷凝和扩展表面强化冷凝；从传热结构上可分为管式冷凝换热器和板式冷凝换热器；从流动结构上又可分为管内扩展强化冷凝结构和管外扩展强化冷凝结构。

本书第六章第六节阐述了金属冷凝换热器扩展强化冷凝结构的原理及其应用。如粗糙表面法，低肋管，滚、轧加工的三维肋片管等，这些强化冷凝的扩展表面主要应用于制冷行业、与制冷相关的石油化工工业及与制冷相关的航天航空工业过程中的冷凝器。这些依赖于高精尖加工而成的肋片很难应用于制造与能源电力相关的化石燃料燃烧后烟气中酸蒸汽和水蒸气凝结过程的烟气冷凝器。目前，应用于锅炉燃料燃烧后烟气冷凝换热器的强化手段仍然是锅炉烟气余热利用过程中广泛使用的 H 形翅片、螺旋形翅片和针形翅片，这些强化显热换热的管外强化传热结构应用于对冷凝率要求不是很严格的场合具有很大优势，易于获得，成本低廉。特别是针形翅片，因没有一定宽度和高度延伸而形成的翅片面积的限制，能够显著减少由于表面张力引起的凝结液膜的形成、弥漫和覆盖[63]，与滚、轧加工而成的锯齿结构和微肋结构等精确凝结表面相比，针翅元件通过设置合理的针翅高度，能够深入到烟气主流,强化主流烟气的凝结传热,因此,燃油燃气冷凝式锅炉广泛采用针翅强化传热元件制造冷凝器,除此之外,板式换热器也具有某些上述针翅的优良性能,广泛应用于制造燃油燃气冷凝式锅炉的冷凝换热器,也正是由于这 2 点,针翅和板式冷凝换热器成为燃油燃气冷凝式锅炉发展的主要方向。图 2-81 示出了圆管焊接针翅和平板/波纹板等 2 种板状制成的冷凝强化换热元件的冷凝形貌图。

  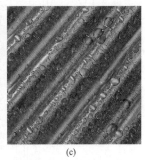

| (a) | (b) | (c) |

图 2-81 圆管焊接针翅和平板/波纹板冷凝强化换热元件的冷凝形貌图
(a) 本研究中的焊接针翅冷凝;(b) VIESSMANN 矩形水管平板冷凝;(c) VIESSMANN 波纹板冷凝

图 2-81 的冷凝形貌图告诉我们,减薄凝结液膜厚度是强化运行中凝结传热的基本技术思路,因为凝结液膜不仅增大了凝结过程传热热阻,同时增大了传质阻力。为了减薄凝结液膜,主要方法有 2 种:一是通过合理设计受热面结构,如采用排液圈、泄流板等尽快将传热壁面上凝结液膜排走(第六章第六节);二是采用能够有效减弱冷凝液膜附着的结构设计凝结传热器的传热元件,凝结液膜能够在传热壁面上附着,主要是依靠液体表面张力的作用,因此,合理的冷凝强化传热元件结构必须使其能够有效撕裂凝结液膜,可有效强化凝结传热过程。

除扩展表面强化冷凝换热外,采用高导热系数材料制造传热元件也可以明显增大冷凝率。在传统的管壳式换热器设备中,传热元件为普通光管,管壁较薄,与半径相比一般小一个数量级,因此,可简化为一个面积无限大的薄板导热,管壁热阻小,特别在换热介质为气态时,管壁热阻不足总热阻的 1%,可以忽略不计。采用强化传热结构,如内翅管或其他横截面积小的翅片时,沿翅片方向导热热阻将对换热结果产生较大影响。图 2-82 是本研究团

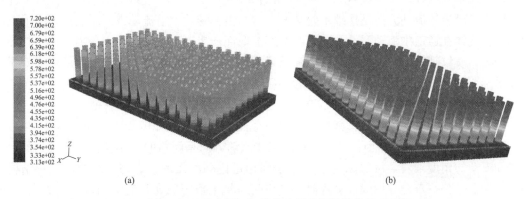

图 2-82 碳钢和铝硅合金针翅板强化冷凝换热数值模拟温度场对比
(a) 铝硅合金针翅板;(b) 碳钢针翅板

队分别对采用碳钢和铝合金材料制成的针翅强化冷凝换热器进行数值模拟的结果对比[63]，在仅有材料种类发生改变的情况下，其他边界条件均相同，铝合金材料，一般为铝硅镁或铝硅合金材料壁面平均温度比碳钢低约205℃，这就表明，如果采用铝合金材料加工冷凝换热器，冷凝发生位置将大大提前。通过计算，采用铝硅合金铸造冷凝式锅炉，烟气中水蒸气的冷凝率比碳钢材料高约10%。

工业上已经采用的翅片的形式及规格很多，能够用于铸造件的翅片主要有以下 4 种类型，如图 2-83 所示。

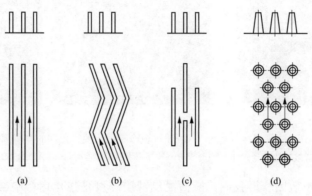

图 2-83 平板上的各种强化翅片结构
(a) 平直翅片；(b) 人字形翅片；(c) 错位翅片；(d) 铸造凸台

(1) 平直翅片。又称光滑翅片，如图 2-83 (a) 所示。其结构简单，比其他类型翅片容易制造。其流道可有正方形、矩形、三角形、半圆形和梯形等形式。三角形翅片制造更加容易，但强度稍低，传热效率也稍差。铸件上一般选用矩形或梯形。从传热与流动特性来看，平直翅片所形成的流体通道与直管几乎没有两样，而且与圆形截面的直管很相似。流体进入通道后有一发展段，经过一定长度后即达到充分发展的状态。对于层流，其传热与流动特性取决于流道横截面的形状。对于湍流，流道环状对传热和流动特性的影响很小，各种流道的传热及阻力系数实际上与相同水力直径的圆管相同。总的说来，平直翅片加强传热效果是基于传热面积的增大和水力直径的减少。由于其强化效果不佳，目前用得较少。

(2) 人字形翅片。又称波纹形翅片，如图 2-83 (b) 所示。它和平直翅片都属于连续型，即翅片沿流体流动方向是连续不间断的。它是由在翅片上沿流动方向压制出人字形波纹而成的。流体在通道中流动时，由于不断改变流向而产生二次流及边界层分离而使传热效果得以增强。波纹越密，波幅越大，其增强效果也越大。但它对于低雷诺数层流的增强效果远不如对于湍流的增强效果。从铸造角度看，它比平直翅片稍麻烦；从传热效果上看，虽不如间断型的翅片如错位翅片，但明显高于平直翅片。

(3) 错位翅片。又称错位带状翅片或锯齿形翅片，其形状如图 2-83 (c) 所示。与以上 2 种翅片不同，它属于间断型，其翅片在沿流体流动方向是间断的，而且是错位排列的。从传热和流动的角度来看，可以认为是由一系列相错排列的短的平直翅片组成的。从结构上讲，实际上是将平直翅片切成许多短段，并相间地将半数短段在与流动相垂直的方向错开。由于制造的原因，目前流道截面只限于矩形或与矩形相近的形状，但翅片的间距、高度、厚度和每段的长度等有多种变化。其传热系数为平直翅片的 1.5～4 倍，一般为 2～2.5 倍，因此，错位翅片是一种高传热效率的翅片。不过，它的摩擦阻力系数也较大。传热系数为平直翅片 2.5 倍的错位翅片，其功率因子值约比平直翅片高 0.83 倍。传热系数高的主要原因是流体在流动中，其边界层在一个翅片段上还未及充分发展就被下一个错位的翅片段破坏了。从整个流道长度来看，可以认为传热和流动都始终处于发展段。由于这种翅片大幅度地提高传热系数，减小换热器体积，缩短流道长度，并可以在较小的质量流速下达到较高的传热系数，因而在实际应用中可以抵消因摩擦阻力提高倍数稍高于传热系数提高倍数的缺点所造成的损失。这种翅片现已成为应用得最广泛的一种翅片。

（4）铸造凸台。又称传热锥体，是针翅在铸件上的结构形式，如图 2-83（d）所示。它和错位翅片一样，属于间断型，传热锥形在沿流体流动方向是间断的而且是错位排列的。从传热和流动的角度来看，可以认为是由一系列相错排列的横掠冲刷错排管束组成的。流体冲刷错排和顺排传热锥体时景象是不同的，错排是流体在传热锥体之间交替收缩和扩张的弯曲通道中流动，比顺排时在锥体之间的流动扰动剧烈；另外，流体在流动中，其层流边界层来不及充分发展就被下一个错位传热锥体破坏了。可以认为传热和流动都始终处于湍流段，因此，具有较高的换热系数。由于流体不断改变流向而产生二次流及边界层分离而使传热效果得以增强，同时具有人字形翅片的优点。采用这种传热锥体作为强化传热的实际产品比较多，但传热锥体在铸造时工艺比带形翅片麻烦。当然也应注意到，这种错排传热锥体的流动阻力也大于顺排。

参 考 文 献

[1] 郦建国，郦祝海，李卫东，等. 燃煤电厂烟气协同治理技术路线研究［J］. 中国环保产业，2015（05）：52-56.

[2] 韩宇，徐钢，杨勇平，等. 燃煤电站清洁高效协同的烟气余热深度利用优化系统［J］. 动力工程学报，2015（08）：674-680.

[3] 鲍颖群. 三氧化硫催化生成及吸附的实验研究［D］. 西安：西安交通大学，2013.

[4] 张智超. 烟气深冷条件下低温腐蚀及其防控技术的试验研究［D］. 西安：西安交通大学，2012.

[5] 张知翔. 烟气露点腐蚀与积灰耦合作用机理研究［D］. 西安：西安交通大学，2011.

[6] 徐通模，林宗虎. 实用锅炉手册［M］. 北京：化学工业出版社，2009.

[7] 王辉，赵钦新，陈牧，等. 一种与静电除尘器一体化的新型管屏式水管换热器［P］. 中国发明专利，ZL201310588788.8，2014-02-26.

[8] 王辉，赵钦新，陈牧，等. 新型针板耦合型传热强化元件及异形管屏式水管换热器［P］. 中国发明专利，ZL201310588996.8，2014-03-05.

[9] 赵钦新，陈中亚，陈衡，等. U 形热管换热元件及与静电除尘器一体化的 U 形热管换热器［P］. 中国发明专利，ZL201310468215.1，2014-01-15.

[10] 张红，杨峻，庄骏. 热管节能技术［M］. 北京：化学工业出版社，2009.

[11] 王朝. 螺旋翅片管传热和流动阻力特性的试验研究［D］. 西安：西安交通大学，2009.

[12] 刘占斌. 翅片管换热过程的数值模拟及实验研究［D］. 西安：西安理工大学，2008.

[13] 邹小刚. H 形翅片管传热及阻力特性研究［D］. 西安：西安交通大学，2014.

[14] 马有福. 锯齿螺旋翅片管束强化换热特性研究［D］. 上海：上海理工大学，2012.

[15] 姜衍更，赵钦新，双永旗. 一种翅片管组及其制造方法和专用焊机［P］. 中国发明专利，ZL201410449260.7，2014-09-05.

[16] 杨大哲. H 形鳍片管传热与流动特性试验研究［D］. 山东：山东大学，2009.

[17] 王波. 烟气余热回收针形管余热锅炉 [P]. 中国实用新型专利, ZL201120365963.3, 2012-05-30.

[18] 王波. 针形管自动搬针机 [P]. 中国实用新型专利, CN201520754741.9, 2015-12-09.

[19] Chen H, Wang Y, Zhao Q, et al. Experimental Investigation of Heat Transfer and Pressure Drop Characteristics of H-type Finned Tube Banks [J]. Energies. 2014, 7 (11): 7094-7104.

[20] 孙立岩. H形翅片管传热阻力特性实验研究 [D]. 西安: 西安交通大学, 2012.

[21] 张知翔, 王云刚, 赵钦新. H形鳍片管传热特性的数值模拟及验证 [J]. 动力工程学报, 2010 (05): 368-371.

[22] 锅炉机组热力计算标准方法编写组. 锅炉机组热力计算标准方法 [M]. 北京: 机械工业出版社, 1973.

[23] 李慧君, 王妍飞, 常澍平, 等. 330MW 机组双级烟气冷却器系统热经济性分析 [J]. 电力科学与工程, 2015, 06: 63-67.

[24] 何林菊, 骆建友, 赵胜清, 等. 低温电除尘器数值模拟研究 [J]. 环境工程, 2014, S1: 391-394+410.

[25] 王为术, 路统, 陈刚, 等. 电除尘区烟气冷却器烟道导流优化的数值模拟 [J]. 华北水利水电大学学报 (自然科学版), 2014, 04: 57-60.

[26] 苗世昌. 除尘器区烟气冷却器烟道数值模拟 [J]. 河北工程大学学报 (自然科学版), 2015, 02: 65-68+76.

[27] 刘明, 孟桂祥, 严俊杰, 等. 火电厂除尘器前烟道流场性能诊断与优化 [J]. 中国电机工程学报, 2013, 11: 1-7.

[28] 龙隽雅. 电站锅炉烟气冷却器设计及前后烟道流场均匀性模拟 [D]. 上海: 东华大学, 2014.

[29] 张燕. 加装烟气冷却器后锅炉尾部90°弯道流场的数值模拟 [J]. 节能, 2013, 02: 34-37+3.

[30] 施项. 电除尘器烟道的数值模拟研究 [D]. 合肥: 合肥工业大学, 2007.

[31] 李庆, 杨振亚, 甘罕, 等. 静电除尘器烟道进口处流场的数值模拟 [J]. 环境污染与防治, 2012, 01: 1-4.

[32] 齐晓娟, 李凤瑞, 周晓耘. 电除尘器进口矩形烟道气流分布改进的 CFD 模拟 [J]. 环境工程学报, 2011, 02: 404-408.

[33] 陶克轩, 常毅君, 张波, 等. 电厂除尘器进口烟道数值模拟及改造 [J]. 热力发电, 2011, 01: 52-54.

[34] 陈杰. 电除尘器喇叭口及烟道内气流均布平衡 CFD 模拟计算 [D]. 上海: 华东理工大学, 2013.

[35] 国家电力公司电力机械局等编. 电站锅炉空气预热器 [M]. 北京: 中国电力出版社, 2002.

[36] 车得福, 庄正宁, 李军, 等. 锅炉 [M]. 西安: 西安交通大学出版社, 2008.

[37] 陈煜. 利用高温烟气防止空预器低温腐蚀的研究 [D]. 西安: 西安热工研究院, 2014.

[38] 王洪跃. 回转式空气预热器动态特性及控制策略研究 [D]. 南京: 东南大学, 2006.

[39] 曲振肖. 回转式空气预热器数值模拟研究 [D]. 保定: 华北电力大学, 2014.

[40] Menasha J, Dunn-Rankin D, Muzio L, et al. Ammonium bisulfate formation temperature in a bench-scale single-channel air preheater [J]. Fuel. 2011, 90 (7): 2445-2453.

[41] 张启. 回转式空气预热器温度场数值计算及漏风研究 [D]. 上海: 上海交通大学, 2009.

[42] 孙健. 火力发电厂回转式空预器优化改造 [D]. 保定: 华北电力大学, 2015.

[43] 曹艳, 冯伟忠. 燃煤锅炉尾部设备低温腐蚀问题分析及防治 [J]. 华东电力, 2014 (02): 391-395.

[44] 刘德志, 柳杨, 朱跃. 湿法脱硫系统内的腐蚀环境及防腐措施 [J]. 锅炉制造, 2007 (01): 24-25.

[45] 陈世新, 杨涛. 湿烟囱出口"石膏雨"的成因及防治措施分析 [J]. 电力勘测设计, 2014 (04): 1-2.

[46] 潘丹萍, 郭彦鹏, 黄荣廷, 等. 石灰石-石膏法烟气脱硫过程中细颗粒物形成特性 [J]. 化工学报, 2015 (11): 4618-4625.

[47] 郭长仕. 石灰石-石膏湿法脱硫"石膏雨"现象原因分析及治理措施 [J]. 环境工程, 2012 (S2): 221-223.

[48] 孙志春. 火力发电机组脱硫系统 GGH 堵塞机理研究 [D]. 北京: 华北电力大学, 2010.

134

[49]　沈利，朱云水，赵宁宁. 1000MW 燃煤机组湿烟囱防腐方案［J］. 电力建设，2013（12）：82-85.

[50]　梁月明. 烟塔合一技术的研究与分析［D］. 华北电力大学（北京），2007.

[51]　卢德强. 火力发电厂脱硫系统取消烟气再热器的可行性研究［D］. 保定：华北电力大学，2008.

[52]　丛东升，孙丰，龙辉. 湿法烟气脱硫工艺烟气加热器的设置与选择［J］. 吉林电力. 2004（05）：28-30.

[53]　陈建明. 湿法烟气脱硫系统 GGH 腐蚀和结垢对策研究［J］. 电力科技与环保，2013（03）：30-33.

[54]　龙辉. MGGH 技术在 1000MW 超超临界机组应用展望［Z］. 上海：600/1000MW 超超临界机组交流 2009 年会，2009315-321.

[55]　陈文理. MGGH 技术在 1000MW 机组中应用的技术、经济性分析［J］. 电力建设，2014（05）：103-107.

[56]　顾咸志. 湿法烟气脱硫装置烟气换热器的腐蚀及预防［J］. 中国电力，2006（02）：86-91.

[57]　崔占忠，龙辉，龙正伟，等. 低低温高效烟气处理技术特点及其在中国的应用前景［J］. 动力工程学报，2012（02）：152-158.

[58]　龙辉，王盾，钱秋裕. 低低温烟气处理系统在 1000MW 超超临界机组中的应用探讨［J］. 电力建设，2010，31（2）：70-73.

[59]　鲍昕，李复明，李文华，等. 氟塑料换热器应用于超低排放燃煤机组的可行性研究［J］. 浙江电力，2015（11）：74-78.

[60]　王岳衡，邓惠芳. 氟塑料换热器在化工生产中的应用［J］. 石油和化工设备，2006（04）：51-52.

[61]　王天堃. 新型氟塑料低温省煤器在火电厂中的应用［J］. 华电技术，2014（12）：20-22.

[62]　A. P. Colburn, O. A. Hougen, Design of cooler condensers for mixtures or vapors with noncondensing gases［J］. Ind. Eng. Chem., 1934，26（11）：1178-1182.

[63]　苟远波. 针翅元件强化凝结传热性能研究［J］. 西安：西安交通大学，2013.

第三章

烟气深度冷却器关键技术

烟气深度冷却器属于低温受热面，需要传热强化，同时运行中承受积灰、磨损和低温腐蚀及其耦合作用引致泄漏的失效模式。以烟气深度冷却器长周期安全高效运行为研究目的，在对传热强化理论分析及实验研究的同时，依靠模拟试验、验证实验和数值模拟等手段对烟气深度冷却器相关的积灰、磨损和低温腐蚀及其耦合作用进行科学研究，并形成关键技术研究成果，以指导工程应用实践。

第一节　灰特性、积灰特性及防控技术研究

传热元件上的积灰是一项相当复杂的物理化学过程，由于其发生位置、运行工况的不同，产生积灰沾污的原因有很多，且相互之间关系复杂[1,2]。目前，关于积灰过程的理论及试验研究还不完善，对相关的设计缺乏对应的理论指导。因此在烟气深度冷却器的设计和运行中，如何评估积灰沾污程度以及优化布置方式是目前需要解决的重要问题之一。而且，烟气深度冷却器的管束常采用扩展受热面，如 H 形翅片管、螺旋翅片管或针形翅片管等[3-5]。不同的换热管型结构参数的差异及其对流场扰动的不同使得在其表面上的积灰和管壁污染程度存在差异，影响了烟气深度冷却器的优化设计和安全高效运行。

本节首先阐述灰特性的表征方法和分析手段，然后对典型灰的特性进行分析，在此基础上，利用冷态积灰试验平台和数值模拟对积灰规律进行深入研究，最后提出烟气深度冷却器的积灰防控技术。

一、灰特性表征方法

固体颗粒的集合体定义为粉体，烟气里面的灰颗粒属于粉体的一种。粉体的性质主要包括颗粒几何特性、颗粒群特性、化学特性、物理特性及力学特性[6]。它不仅对烟尘的流动有很大影响，对受热面管壁的积灰过程也同样有重要影响。本节着重介绍灰特性的表征方法，为积灰试验提供理论依据。

（一）灰颗粒的特征

1. 颗粒粒度

颗粒的大小是粉体各种物性中最重要的特性。颗粒的尺寸通常采用"粒径"和"粒度"来表示，粒径通常采用长度的量纲，指颗粒的大小尺寸；粒度则是采用量纲以外的单位来表示，指颗粒的粗细程度。

颗粒粒径是表征颗粒大小的一维尺寸，具有长度的量纲。对于规则的球形颗粒，可用其直径来表示；但自然界存在的天然颗粒和工业生产过程中产生的颗粒多为非球形颗粒，为了

准确描述其尺寸大小，将实际的非球形颗粒按某种特性与规则颗粒相类比，可以得到以规则颗粒的直径来表示的颗粒尺寸，该尺寸称为颗粒的当量粒径。

2. 粒度与粒度分布

对某一粉体进行随机抽样，然后对样本颗粒进行粒度分析，可得到样本颗粒的各种粒径大小的分布情况，进而可推断出总体的粒度分布。有了粒度分布数据，便不难求出这种粉体的某些特征值，例如平均粒径、粒径分布的宽窄程度和粒度分布的标准偏差等，从而可以对成品粒度进行评价。颗粒粒度测量的方法见表3-1。

表3-1 颗粒粒度测量的方法

测量方法	测量装置	测量结果
直接观察法	放大投影仪、图像分析仪、能谱仪	粒度分布、形状参数
筛分法	电磁振动式、音波振动式	粒度分布直方图
重力沉降法	比重天平、沉降天平、光透过式、X射线透过式	粒度分布
离心力沉降法	光透过式、X射线透过式	粒度分布
光子相干	光子相关粒度仪	粒度分布
小孔透过法	库尔特粒度仪	粒度分布、个数计量
流体透过法	气体透过粒度仪	比表面积、平均粒度
吸附法	BET吸附仪	比表面积、平均粒度

3. 比表面积

粉体的比表面积是指单位分体的表面积，有体积比表面积和质量比表面积。比表面积是反映粉体宏观细度的指标，比表面积越大，粉体越细。

（二）粉体颗粒群的特性

1. 堆积密度

在一定堆积状态下，单位堆积体积的粉体质量称为堆积密度。颗粒自然堆积时的堆积体表观密度称为松装密度。

2. 休止角

休止角是指堆积粉体在重力作用下流动所形成的自由表面与水平面的夹角，休止角也称安息角。休止角主要用于内聚力较小或粒度较粗粉体的摩擦角性质表征，体现了颗粒在堆积过程中颗粒之间相互作用力的大小。

休止角的测试方法一般有注入法、排除法和倾斜法，如图3-1所示。

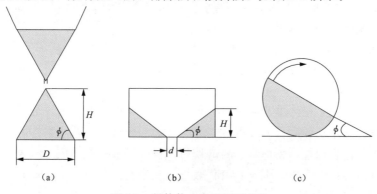

图3-1 粉体休止角的测试方法
（a）注入法；（b）排除法；（c）倾斜法

3. 孔径与孔隙率

粉体的孔径和孔隙率与其堆积状态有关，也与颗粒的粒度分布有关。粉体颗粒群的孔径和孔隙率通过测量其堆积密度和颗粒密度由计算得出。一般情况下，颗粒粒度分布较集中者，孔隙率相对较大；粒度分布范围较宽者，孔隙率相对较小。因为这种情形下粉体堆积时，其中的小颗粒可填充于大颗粒形成的空隙中，形成较紧密的堆积状态。

（三）灰的物理化学特性

1. 微观形貌特性

灰的物理特性主要是指灰颗粒的微观形貌特性、光学性能、热力学性能、电学性能和电磁学性能等，其中灰颗粒的微观形貌特性与其积灰、磨损特性直接相关，是灰特性分析中主要考虑的物理特性。通过微观形貌分析，可以大概了解到灰颗粒的大小、形状及其表面特性。粒径较大、形状不规则带棱角灰颗粒磨损性较强，但是不易在受热面沉积；粒径较小、形状呈球形的灰颗粒则磨损性较弱，易于在受热面沉积。表面粗糙的灰颗粒较易造成磨损和积灰；表面光滑的灰颗粒磨损性和积灰性较弱。

2. 化学成分

灰的化学特性主要是灰颗粒的化学组成，对灰特性影响较为明显。灰的主要成分主要有 SiO_2、Al_2O_3、CaO、Fe_2O_3、K_2O、Na_2O 等。煤中灰分大小和灰的成分变化和黏结特性除了对灰的磨损能力有影响外，还会影响受热面的积灰状况，从而影响到扩展受热面的选型。一般认为，灰中 SiO_2 及 Al_2O_3 的含量高时，灰的磨损性强，但积灰疏松，而 CaO、MgO 含量高时，其积灰往往黏结性较强。

通常用沾污系数 f 表征燃料的沾污倾向，即

$$f = \frac{(Fe_2O_3 + CaO + MgO + Na_2O + K_2O)Na_2O}{Al_2O_3 + SiO_2 + TiO_2} \tag{3-1}$$

式中各氧化物化学符号分别代表该成分在燃料灰中的质量分数，%。

当 $f<0.2$ 时，积灰程度低；$f=0.2\sim0.5$ 时，为中等程度积灰；$f=0.5\sim1.0$，积灰较严重；$f>1.0$，积灰非常严重。

二、灰特性采样和分析方法

（一）采样与分样

灰特性分析的第一个环节就是采样或取样。所取的样品是否具有足够的代表性是决定测定正确性的关键之一。如果取样方法不当，即所取的样品不能代表灰样的整体情况，即使测定操作再准确，也不可能获得正确的测定结果。因此，合适的取样是获得准确分析结果的必要前提[7]。

1. 采样的几种基本方法

为了使所采试样尽可能具有较好的代表性，从母体粉体中采取少量试样时一般应遵循以下原则。

（1）多点采样。由于粉体堆积时因颗粒粒度差异形成偏析等原因，堆积体不同部位处的粒度组成及化学组成不尽相同。多点取样再经有效地混合可大大减小采样的误差。

（2）从堆积体内部取样。粉体堆积时的偏析同样会导致堆积体内部和表面组成的明显不同。从料堆表面取样固然简单，但不具有代表性。从堆料内部取样，则要好得多。

2. 分样方法及分样装置

一般来说，采样数量总是远大于测定分析所需要的试样量。为了使用于测定的少量试样

具有代表性，需要从粉体母体中采取的试样进行二次分样，常用的方法有圆锥四分法、二分割器法和旋转分割器法。

由于二分割器法和旋转分割器法需要特制的设备，且操作复杂，试验中常采用圆锥四分法，具体操作步骤为：如图 3-2 所示，所取试样经一定的混合后将料堆摊平为圆台状，以圆台中心轴为对称轴将其分为四等份，取对角线的两部分，混合后重复进行上述操作。如此反复进行，直至缩分至测定所需要的试样量。

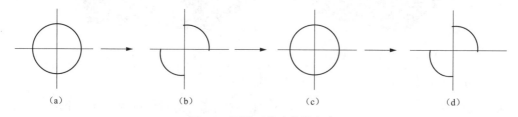

图 3-2　圆锥四分法分样方法

（a）均分四等份；（b）取对角两份；（c）在混匀四等份；（d）去对角两份

（二）灰特性分析方法

在对灰样进行采样和分样之后，便可使用相关测试仪器对灰特性进行分析测量。

1. 颗粒粒度分析

灰样的颗粒粒度分析采用激光粒度分析仪，可分析出灰样的粒度分布、径距、比表面积、表面积平均粒径和体积平均粒径等参数。

激光粒度分析仪是根据颗粒能使激光产生衍射和散射这一物理现象测试粒度分布的。光在传播中，如果碰到与波长尺度相当的隙孔或颗粒的限制，会以受限波前处各元波为源在传播过程中相互干涉而产生衍射和散射，衍射和散射的光能的空间分布与光的波长和隙孔或颗粒的粒度有关。由于激光具有很好的单色性和极强的方向性，用激光做光源，由于光为波长一定的单色光，衍射和散射的光能的空间分布就只与粒径有关。激光粒度分析仪装置外观如图 3-3 所示。

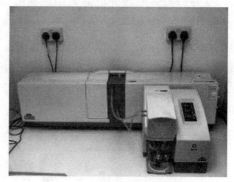

图 3-3　激光粒度分析仪

2. 颗粒群休止角和堆积密度的测量

灰样的休止角采用休止角测量圆台，如图 3-4 所示，通过灰样的自然重力沉积作用，测量底盘的直径和灰样堆积的高度，通过计算得出其休止角。灰样的堆积密度采用容量瓶，通过多次测量固定容积灰样的重量，测得其堆积密度。

3. X 射线荧光光谱分析

X 射线荧光光谱分析（X Ray Fluorescence，XRF）利用初级 X 射线光子或其他微观离子激发待测物质中的原子，使之产生荧光（次级 X 射线）而进行物质成分分析和化学态研究的方法。X 射线荧光光谱仪如图 3-5 所示，能分析 F（9）～U（92）之间所有元素。样品可以是固体、粉末、熔融片，液体等。无标半定量方法可以对各种形状样品进行定性分析，并能给出半定量结果，结果准确度对某些样品可以接近定量水平。灰特性分析中，主要利用 XRF 分析灰分的元素组成，并为 XRD 分析提供参考。

图 3-4　休止角测量圆台　　　　　　　　图 3-5　X 射线荧光光谱仪

4. X 射线衍射分析

X 射线衍射分析（X Ray Diffraction，XRD）是指通过对材料进行 X 射线衍射，得到其衍射图谱，分析材料的成分等。当原子受到 X 射线光子的激发使原子内层电子电离而出现空位，原子内层电子将会重新配位，原子较外层的电子跃迁到内层的电子空位，并同时放射出 X 射线荧光。原子较外层电子跃迁到内层电子空位所释放的能量等于两电子层能级的能量差，因此 X 射线荧光的波长对不同元素是不同的。通过计算出特征 X 射线的波长，进而可在已有资料查出试样中所含的元素。X 射线衍射仪如图图 3-6 所示。

5. 扫描电镜及能谱仪

灰颗粒微观形貌分析常采用扫描电镜（SEM）与 X 射线能谱仪（EDS）联用，如图 3-7 所示。扫描电镜（SEM）是电子显微镜的一种，它通过电子束打到固体样品表面所产生的电子为分析对象来分析固体表面的形貌、结构、成分。其工作原理是扫描电镜利用聚焦得非常细的高能电子束在试样上扫描，激发出了各种物理信息。通过对这些信息的接受、放大和显示成像，获得测试试样表面形貌的观察。电子束和固体样品表面作用时的物理现象电子束和固体样品表面作用时的物理现象。

图 3-6　X 射线衍射仪（XRD）　　　　　　图 3-7　扫描电镜

X 射线能谱仪配合扫描电子显微镜使用，用来对材料微区成分元素种类与含量进行分析。其工作原理是各种元素具有自己的 X 射线特征波长，特征波长的大小则取决于能级跃迁过程中释放出的特征能量 ΔE，能谱仪就是利用不同元素 X 射线光子特征能量不同这一特点来进行成分分析的。

三、典型灰特性分析

（一）灰颗粒及颗粒群特性分析

本节选取两个典型火力发电厂的灰样进行灰颗粒及颗粒群特性进行分析，为判断其积灰特性提供一定参考。

灰样1取自某330MW燃煤供热机组的静电除尘器之前，锅炉为单炉膛、一次中间再热、平衡通风、紧身封闭布置、固态排渣、全钢构架、全悬吊结构π型亚临界直流锅炉，燃用煤种为烟煤。

灰样2取自某660MW超超临界燃煤发电机组静电除尘器之前，锅炉为单炉膛、一次中间再热、平衡通风、紧身封闭布置、固态排渣、全钢构架、全悬吊结构的超超临界参数变压直流炉，燃用煤种为褐煤。

1. 灰颗粒粒度分析

采用激光粒度仪结合光学显微镜测得两种灰样的粒径分布及其他相关参数。图3-8和图3-9分别为灰样1和灰样2的粒度分布图，表3-2为灰样1和灰样2的粒度分析数据。

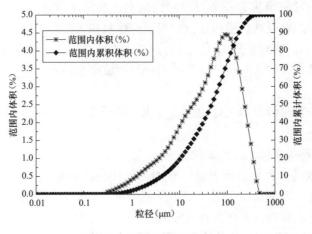

图3-8　灰样1粒度分布图

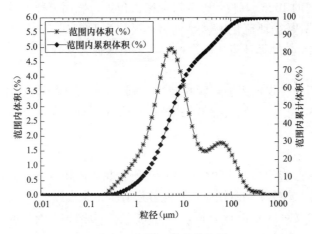

图3-9　灰样2粒度分布图

表 3-2 　　　　　　　　　　　　　　粒度分析报告数据

测量内容	单位	灰样 1	灰样 2
径距	μm	3.753	9.842
比表面积	m^2/g	0.635	1.88
表面积平均粒径	μm	9.447	3.186
体积平均粒径	μm	72.844	20.941

由图 3-8、图 3-9 及表 3-2 可知，灰样 1 和灰样 2 的粒径大部分分布在 $0\sim100\mu m$，且在此范围区间内分布较为平均，灰样 1 的体积平均粒径为 $72.844\mu m$，灰样 2 的体积平均粒径为 $20.941\mu m$。

2. 堆积密度

用容量瓶法多次测量，测得灰样 1 的平均堆积密度为 $872kg/m^3$，灰样 2 的平均堆积密度为 $833kg/m^3$。

3. 休止角

休止角是形成松散型积灰的一个关键制约因素，决定了灰分在受热面上堆积的最大高度，可以采用休止角综合反映粒径和颗粒的表面特性对积灰的影响。

本节采用注入法，测得灰样 1 的休止角为 69°，灰样 2 的休止角为 63°，由两种灰休止角数值可看出灰样 1 的表面特性等使其在受热面更易形成楔形积灰。

4. 比表面积

通过激光粒度分析仪可测得灰样的比表面积。灰样 1 的比表面积为 $0.635m^2/g$，灰样 2 的比表面积为 $1.88m^2/g$。

（二）典型灰样的物理化学特性分析

本节采用扫描电镜和 X 射线衍射仪，对四种灰样的微观形貌和化学组成进行分析，以得到其物理化学特性。四种灰样包括上文述及的两种煤粉炉灰样（灰样 1 和灰样 2），还有两种取自循环流化床的灰样（灰样 3 和灰样 4）。

灰样 3 取自某 300MW 循环流化床热电联产机组，锅炉形式为亚临界参数、一次中间再热、单炉膛、平衡通风、固态排渣、半露天布置、全钢构架、引进国外 ALSTOM 公司 STEIN 技术国内生产的 1025t/h 自然循环流化床汽包炉，燃用煤种为煤矸石。

灰样 4 取自 135MW 循环流化床燃煤机组，锅炉为 DG440/13.7-II8 型超高压、一次中间再热、自然循环、单炉膛循环流化床汽包炉，燃用煤种为煤矸石。

1. 灰颗粒形貌

由图 3-10 可以看出：煤粉锅炉灰颗粒较为规则，大多为球形，由于形状规整，大小较为均匀，颗粒群比表面较小。流化床炉灰颗粒形状多样，有长条状、方块状等，棱角分明，颗粒较大，磨损性强。

2. 灰样矿物成分分析

煤灰中主要物相是玻璃体，占 $50\%\sim80\%$；所含晶体矿物主要有莫来石、α-石英、方解石、钙长石、硅酸钙、赤铁矿和磁铁矿等，此外还有少量未燃碳。

利用 X 射线衍射仪对灰样进行分析，图 3-11 所示为四种灰样对应的 XRD 分析结果，表 3-3 为其主要化学成分组成列表。

图 3-10　灰样微观形貌图

（a）煤粉炉灰样 1；（b）煤粉炉灰样 2；（c）循环流化床炉灰样 3；（d）循环流化床炉灰样 4

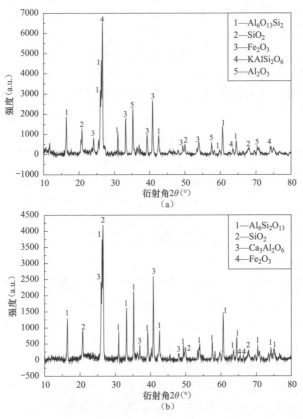

图 3-11　灰样的 XRD 分析结果（一）

（a）灰样 1；（b）灰样 2

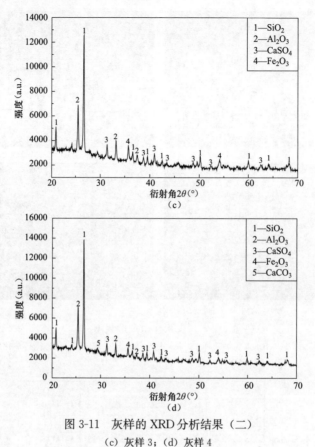

图 3-11　灰样的 XRD 分析结果（二）
(c) 灰样 3；(d) 灰样 4

根据以上分析可知，灰中化学成分主要以 SiO_2 和 Al_2O_3 为主，也含有 $CaSO_4$、Fe_2O_3 等其他化合物。

表 3-3　　　　　　　　　　　　　灰样中主要化学成分

灰样	化学成分
1	$Al_6O_{13}Si_2$、SiO_2、Fe_2O_3、$KAlSi_2O_6$、Al_2O_3
2	$Al_6Si_2O_{13}$、SiO_2、$Ca_3Al_2O_6$、Fe_2O_3
3	SiO_2、Al_2O_3、$CaSO_4$、Fe_2O_3
4	SiO_2、Al_2O_3、$CaSO_4$、Fe_2O_3、$CaCO_3$

四、灰沉积理论研究及分析

燃煤锅炉结渣沾污过程是一个非常复杂的物理、化学过程，锅炉的燃烧状况、燃料性质及受热面换热情况等都与之息息相关[8,9]。从结渣过程来看，熔化或部分熔化的煤灰颗粒随高温烟气流动，一旦烟气冲刷炉壁或受热面管束时，由于壁温低于灰熔融温度，煤灰颗粒被冷却而发生凝固，并且不断吸附烟气中的煤灰颗粒，逐渐累积变厚，形成结渣。结渣主要发生在辐射受热面区域，以黏稠或熔融的胶状物形态出现[10]。随着烟气温度降低，煤灰颗粒温度低于灰熔点温度，此时煤灰颗粒在受热面上沉积，形成沾污或积灰[11]。根据煤灰颗粒所处的温度范围，积灰被分为两种类型，即高温灰沉积和低温灰沉积[12]。高温灰沉积大多出现在屏式过热器、对流过热器等对流受热面区域，此时煤灰颗粒温度仍然较高，在接近灰粒变形温度下某个温度范围。低温灰沉积一般出现在低温省煤器、空气预热器等区域，该区域管壁温度较低，甚至可能低于酸露点温度，积灰可能是干松灰，也可能是飞灰与酸液的凝聚物，其灰颗粒的传送和沉积机理如图 3-12 所示。

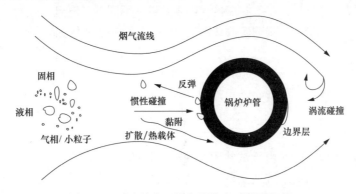

图 3-12 对流管束区域灰颗粒主要转送机理

在燃煤锅炉烟气深度冷却余热利用过程中，受热面的积灰问题属于中低温积灰范畴。研究表明，可以用散体碰撞理论描述中低温区域飞灰颗粒的碰撞沉积过程。Cundall 提出了离散元法（DEM），并证实了离散元法用于研究颗粒介质力学行为的有效性[13]。Werner 基于二维离散元模拟，提出采用等效惯性质量替代靶颗粒质量的方法，将颗粒和沉积层碰撞简化为两个颗粒间的碰撞[14]。随后，Werner 和 Tanaka 等分别采用离散元方法，模拟了二维的颗粒床受到单个球形抛射颗粒碰撞后的动态响应过程，并采用弹簧-阻尼近似模型，模拟了碰撞颗粒间的接触力[15,16]。但是，该模型得到的恢复系数是常数，与颗粒碰撞速度无关，与实际情况不符。基于这些颗粒和散体碰撞、沉积模型研究成果，部分学者将颗粒沉积模型和计算流体动力学方法相结合，预测受热面的积灰情况。Abd-Elhady 等采用实验方法先后研究了颗粒尺寸、气流速度对积灰的影响规律，并且基于离散元方法发展了一种用于模拟单个微米级颗粒和沉积层碰撞的数值模型[17-19]。Pan 等基于惯性碰撞机制，考虑灰颗粒微观结构、表面粗糙度及机械特性等因素，提出了一种综合考虑悬浮颗粒积灰与逃逸过程的整体积灰模型，并利用该模型对省煤器管壁的颗粒积灰分布以及增长特性进行了数值预测[20]。Mu 等采用气固两相湍流模型结合颗粒沉积模型，对余热锅炉表面飞灰颗粒的沉积和分布特性进行了预测，实现了热边界层内部飞灰颗粒黏附和反弹行为的预测[21]。Weber 等总结了用于预测锅炉结渣沾污的 CFD 模型，并讨论了这些 CFD 模型的优缺点，指出实际灰颗粒沉积过程的复杂性，CFD 模型需结合多学科优势进一步完善[22]。尽管中低温受热面积灰方面成果众多，但对于低于露点温度区域，已有理论并不完全适用。因为低温腐蚀过程中，碱性积灰与冷凝酸液反应后表现出特有的黏附特性，且积灰与腐蚀互为因果、耦合作用，需要掌握积灰与低温腐蚀的耦合作用规律才能提出烟气深度冷却条件下的切实有效的防积灰措施。

五、积灰特性试验研究

本节在分析了典型灰分多项物理化学特性的基础上，采用冷态积灰试验平台，研究光管、螺旋翅片管、H 形翅片管和针形翅片管的积灰特性。

（一）积灰试验台介绍

积灰试验台采用分块设计，沿烟气流动方向分为若干部分，并且各试验管段可以灵活布置，可模拟不同烟气运行参数下含灰气流冲刷光管、H 形翅片管、螺旋翅片管和针形翅片管的积灰特性试验。

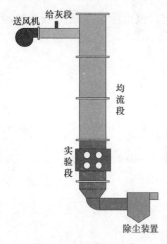

图 3-13 积灰试验台
系统流程图

积灰试验台主要包括送风段、给粉段、均流段、试验管段及尾部除灰段。试验台整体如图 3-13 所示。

试验的目的是测量在不同工况下管束上的积灰情况，主要测量的参数有积灰的形状、积灰沿管束轴向分布、积灰的重量等。

由于在不同试验工况下，管束上的积灰形状是变化的，在烟气流速、管束布置方式不同时积灰有如图 3-14 所示的 5 种形状，可通过拍照和测量沿管子周向积灰长度和径向积灰高度来对比不同工况下的积灰程度。

在不同工况下积灰的重量是最直接表征积灰程度的参数，由于试验中管束上所积的干松灰重量较小，所以必须采取一定方法获得较准确的数据。试验前首先对试样袋做标记，并采用微克天平称量其重量，然后在试验中用此试验袋盛放每根管束迎风面和背面积灰，以消除试样袋重量的差异引起的试验数据误差。

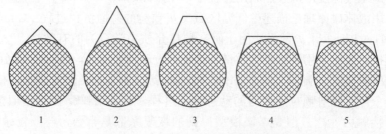

图 3-14 光管管束上几种积灰形貌

（二）试验结果及分析

1. 飞灰浓度对灰沉积特性的影响

对煤灰进行顺列管束的积灰试验时发现在管子迎风面上没有明显积灰，如图 3-15 所示。

在顺列布置管束背风面上，不同烟气流速和飞灰浓度的条件和积灰试验情况如图 3-16 和图 3-17 所示。由图 3-16 和图 3-17 可以看出，相同时间内背面的积灰量随着浓度的增加而增大的，这是由于飞灰浓度增加，小颗粒也增多，被涡流卷吸到管子背面的颗粒数也增多。

图 3-15 顺列管束迎风面上积灰情况

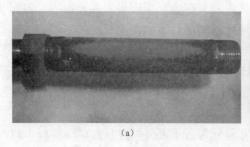

（a）

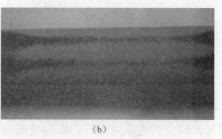

（b）

图 3-16 给粉量 2.7g/s、风速 8.3m/s、15min 后顺列管束背风面的积灰情况

（a）上排管子；（b）下排管子

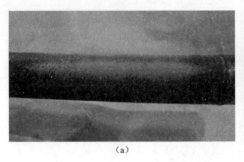 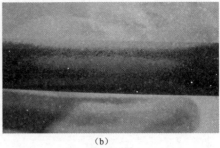

(a)　　　　　　　　　　　　　　(b)

图 3-17　给粉量 2.3g/s、风速 8.3m/s、15min 后顺列管束背风面的积灰情况

（a）上排管子；（b）下排管子

图 3-18 为 8.3m/s 风速时不同给粉浓度下煤灰在第一排管子背面上的积灰量随时间的变化关系。分析可知：在不同灰浓度下，煤灰在光管上沉积量较少，在管子上沉积量均随着给粉浓度的增加而增大。

2. 烟气流速对灰沉积特性的影响

图 3-19 所示为给粉浓度 16g/m³ 时不同风速下煤灰在第一排管子背面上的积灰量随时间的变化关系，按照给粉机的标定曲线，对于烟速由高到低的顺序三种工况的给粉量分别为 2.7、2.2、2.1g/s，保证给粉浓度在 16g/m³ 左右。由图 3-19 可以看出，在相同时间内积灰量随着烟气速度的增加而减小。

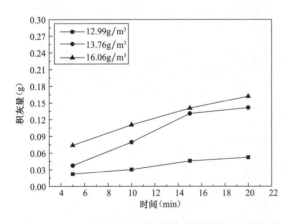 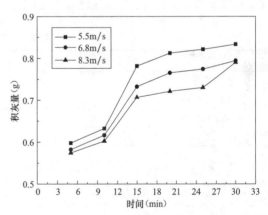

图 3-18　8.3m/s 风速时积灰量随时间的变化关系　　图 3-19　给粉浓度 16g/m³ 时积灰量随时间的变化关系

由图 3-19 可以看出：在不同的烟气流速下，煤灰在光管上积灰量变化不大，这是由于煤灰颗粒较大，扩散沉积作用微弱，灰颗粒主要依靠惯性力在管子表面沉积，但是随着风速的增加，气流的冲刷作用加强，当灰层表面颗粒黏附力小于气流曳力时灰颗粒脱离灰层，使得表面积灰量减少。

3. 横向冲刷 H 形翅片管灰沉积特性试验研究

试验采用三种结构参数不同的 H 形翅片管，在相同风速下测量不同横向节距下的积灰量。试验采用的 H 形翅片管如图 3-20 所示，结构参数如表 3-4 表所示，实验工况参数如表 3-5 所示。

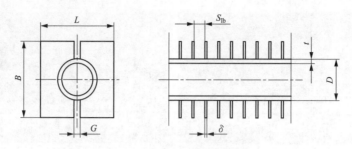

图 3-20　H 形翅片管结构示意图

表 3-4　　　　　　　　　　　试验用 H 形翅片管规格参数

名称	符号	单位	管型 1	管型 2	管型 3
管子外径	D	mm	38	38	38
管子厚度	t	mm	4	4	4
翅片长度	L	mm	95	95	95
翅片宽度	B	mm	89	89	89
小缝宽度	G	mm	13	13	13
翅片厚度	δ	mm	2.5	2.5	2.5
翅片间距	S_{lb}	mm	12.7	19.05	25.4
基管表面积	A_0	m²	0.0162	0.0162	0.0162
翅片管表面积	A	m²	0.1677	0.1172	0.0919
翅化系数	—	—	10.35	7.23	5.67

表 3-5　　　　　　　　　　　试 验 工 况 烟 气 参 数

名称	符号	单位	管型 1	管型 2	管型 3
空气流量	V_0	m³/s	0.1683	0.1683	0.1683
空截面流通面积	A_0	m²	0.0306	0.0306	0.0306
有效流通面积	A_1	m²	0.0174	0.0183	0.0188
风速	v	m/s	9.6	9.2	9.0

　　对煤灰在顺列布置的 H 形翅片管管束，在相同的空气流速和粉尘浓度下，不同翅片间距的积灰现象如图 3-21 所示。

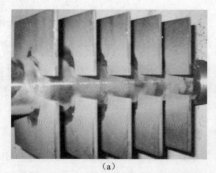

（a）　　　　　　　　　　　　　　　（b）

图 3-21　H 形翅片管煤灰积灰外观形貌（一）

（a）$S_{lb}=25.4$mm，第一排管；（b）$S_{lb}=12.7$mm，第一排管

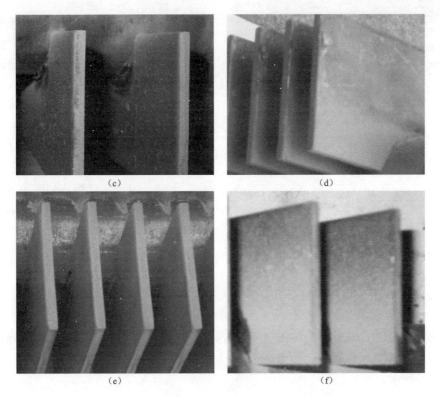

图 3-21　H 形翅片管煤灰积灰外观形貌（二）

(c) $S_{lb}=25.4mm$，第一排管局部；(d) $S_{lb}=12.7mm$，第一排管；

(e) $S_{lb}=25.4mm$，第二排管局部；(f) $S_{lb}=12.7mm$，第二排管局部

图 3-22 所示为给粉浓度为 $11g/m^3$、空气流速为 $8.3m/s$（空烟道）、管排横向节距为 102mm 工况下，不同翅片间距 H 形翅片管第一排管束积灰量随时间的变化关系。由图 3-22 可以看出，积灰量随翅片间距的增加而增加，很短时间内就达到较稳定的状态。时间为 5、10min 时，$S_{lb}=19.05mm$ 的 H 形翅片管表面积灰量大于 $S_{lb}=25.4mm$ 的翅片管。

图 3-23 所示为给粉浓度为 $11g/m^3$、空烟道风速为 $8.3m/s$，管排横向节距为 102mm 工

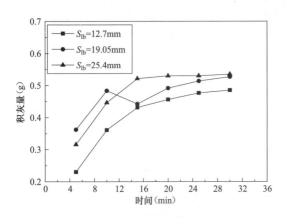

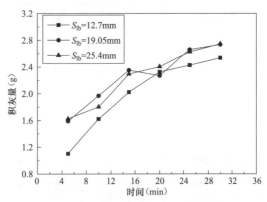

图 3-22　给粉浓度 $11g/m^3$、空气流速 $8.3m/s$（空烟道）下煤灰在第一排管束积灰量随时间的变化关系

图 3-23　给粉浓度 $11g/m^3$、风速 $8.3m/s$ 下煤灰在第二排管束积灰量随时间的变化关系

149

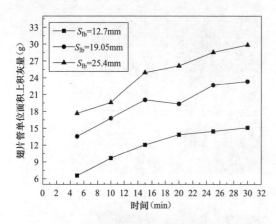

图 3-24 给粉浓度 11g/m³、8.3m/s 风速下
煤灰在第二排管束积灰量随时间
的变化关系（考虑翅化系数）

况下，不同翅片间距 H 形翅片管第二排管束积灰量随时间的变化关系。由图 3-24 可以看出，随着翅片间距的增加相同时间内积灰量增加，同时数据波动较大，主要原因是试验过程中收集灰的操作可能产生误差。

由图 3-22 和图 3-23 可以看出两排管束随着横向节距的增加积灰量均有所增加，但第二排管子上积灰量为第一排管子上积灰量的 5～6 倍。考虑不同翅片间距下管子的有效换热面积翅化系数，翅片管表面平均积灰量将随着翅片间距的增加而明显地降低，如图 3-24 所示。但由图 3-15 （c）～图 3-15 （f）可看出对于 H 形翅片管，S_{lb}＝12.7mm 的管子

表面积灰程度比 S_{lb}＝25.4mm 的管子表面积灰程度略显严重。

4. 横向冲刷螺旋翅片管灰沉积特性试验研究

试验采用三种结构参数不同的螺旋翅片管，在空烟道风速 5.5m/s 下测量不同翅片节距下其积灰量。试验采用的螺旋翅片管如图 3-25 所示，结构参数如表表 3-6 所示，试验运行参数如表 3-7 所示。

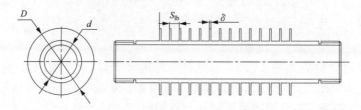

图 3-25 螺旋翅片管结构示意图

表 3-6　　　　　　　　　　　试验用螺旋翅片管规格参数

名称	符号	单位	管型 1	管型 2	管型 3
管子外径	d	mm	38	38	38
管子厚度	t	mm	3	3	3
翅片管外径	D	mm	54	60	60
翅片厚度	δ	mm	2.5	2.5	2.5
翅片间距	S_{lb}	mm	7	9	11
基管表面积	A_0	m²	0.0162	0.0162	0.0162
翅片管表面积	A	m²	0.0503	0.0701	0.0603
翅化系数	—	—	3.1	4.33	3.72

表 3-7　　　　　　　　　　　试 验 工 况 烟 气 参 数

名称	符号	单位	管型 1	管型 2	管型 3
空气流量	V_0	m³/s	0.1683	0.1683	0.1683
空截面流通面积	A_0	m²	0.0306	0.0306	0.0306
有效流通面积	A_1	m²	0.0192	0.0193	0.0195
风速	v	m/s	8.76	8.69	8.62

顺列布置的螺旋翅片管管束在相同的空气流速和粉尘浓度下，运行 15min 后不同翅片间距的积灰现象如图 3-26 所示。

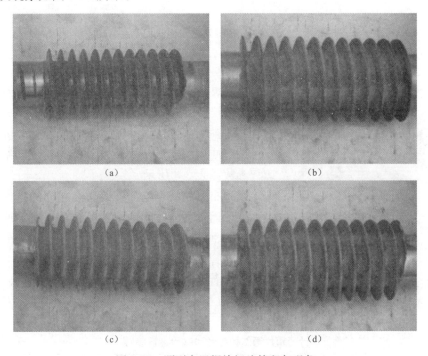

图 3-26　顺列布置螺旋翅片管积灰现象

(a) $S_{lb}=9$mm，第一排正面；(b) $S_{lb}=11$mm，第二排正面；(c) $S_{lb}=9$mm，第一排背面；(d) $S_{lb}=11$mm，第二排背面

错列布置的螺旋翅片管管束在相同的空气流速和粉尘浓度下，15min 后不同翅片间距的积灰现象如图 3-27 所示。

图 3-27　错列布置螺旋翅片管积灰现象（一）

(a) $S_{lb}=7$mm，第一排正面；(b) $S_{lb}=11$mm，第一排正面

（c）   （d）

图 3-27 错列布置螺旋翅片管积灰现象（二）
（c）$S_{lb}=7$，第一排背面；（d）$S_{lb}=11mm$，第一排背面

由于煤灰在顺列布置和错列布置下的螺旋翅片管管束上积灰量较少，测量误差较大，所以数据缺乏规律性。

5. 横向冲刷针形翅片管灰沉积特性试验研究

试验使用的针形翅片管如图 3-28 所示，结构参数和运行参数如表 3-8 所示。

顺列布置的针形翅片管管束在相同的空气流速和粉尘浓度下运行不同时间后积灰现象如图 3-29 所示。

图 3-30 为给粉浓度 $11g/m^3$、风速 9.6m/s 时，针形翅片管管束积灰量随时间的变化关系。由上述试验结果可知，针形翅片管积灰较轻，一般不会形成明显灰层。

图 3-28 针形翅片管结构示意图

表 3-8   针形翅片管结构参数和试验运行参数

名称	符号	单位	针形翅片管参数
管子外径	D	mm	45
管子厚度	δ	mm	4
针距	S_{lb}	mm	15.7
纵向针数	n	mm	6
基管表面积	A_0	m²	0.0192
翅片管表面积	A	m²	0.0819
翅化系数	—	—	4.26
空气流量	V_0	m³/s	0.1377
空截面流通面积	A_0	m²	0.0306
有效流通面积	A_1	m²	0.0142
风速	v	m/s	9.6

152

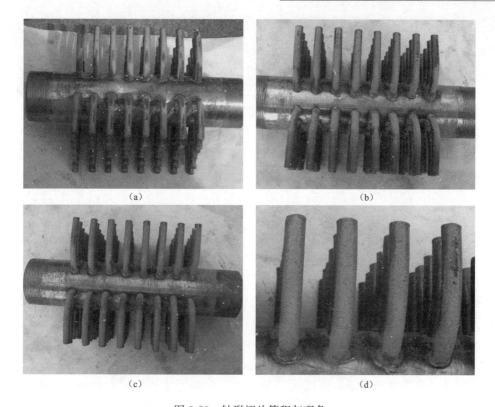

图 3-29　针形翅片管积灰现象

(a) 第一排针形翅片管，运行 5min；(b) 第一排针形翅片管，运行 10min；

(c) 第一排针形翅片管，运行 15min；(d) 第一排针形翅片管局部

6. 小结

由灰横向冲刷光管的试验中得出：随着空气流速的增加，灰在光管上的沉积量减小；随着灰浓度的增加，灰在光管上的沉积量逐渐增加，但不影响最终积灰形状和规律。

(1) 由灰横向冲刷 H 形翅片管的试验中得出：S_{lb} 由 12.7mm 增至 25.4mm 时，灰颗粒在翅片管基管上沉积量增加 1.5 倍，翅片表面积灰量减少约 50%；S_1 由 102mm 增至 112mm 时，翅片管基管上积灰量增加约 1.2 倍，翅片表面灰颗粒沉积差异不明显。

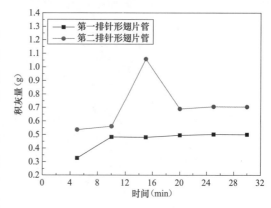

图 3-30　给粉浓度 11g/m³、风速 9.6m/s 时积灰量随时间的变化关系

(2) 由灰横向冲刷螺旋翅片管的试验中得出：S_{lb} 由 7mm 增至 11mm 时，灰颗粒在翅片管基管上沉积量增加 1.6 倍，翅片表面积灰量减少约 30%；S_1 由 102mm 增至 112mm 时，翅片管基管上积灰量增加约 1.1 倍，翅片表面灰颗粒沉积差异不明显。

(3) 灰横向冲刷针形翅片管的试验表明，针形翅片管积灰较轻，一般不会形成明显灰层。

（4）考虑经济性和安全性，在燃煤锅炉尾部烟道布置受热面时建议采用顺列布置的翅片间距较小的翅片管，以获得较高翅化系数和较好的经济性。

六、积灰特性数值模拟及规律预测

在冷态含灰气流冲刷管束灰沉积试验中，由于忽略热泳力的影响，灰颗粒在气流中主要依靠扩散作用和惯性力在受热面表面沉积，而扩散作用和惯性力主要取决于灰颗粒的微观特性和流场的分布，因此研究含尘气流冲刷管束的流场分布有利于分析运行参数和结构参数对积灰的影响。同时试验研究不同运行参数和结构参数下的灰沉积过程，试验设计工况的不连续性影响了试验结果的完整性和准确性。另外，由于操作误差等的存在，一些测量数据缺乏规律性，对含尘气流冲刷管束的流场进行数值模拟可以弥补试验的不足，并可对试验结果进行验证分析。

本节采用大型流体计算软件 FLUENT 作为计算工具，利用 SOLIDWORKS 建立计算所需的几何结构，计算设定气流为三维稳态不可压缩流动模型，采用标准 k-ε 湍流模型，对不同运行参数和结构参数下的气流流场进行数值模拟。

根据实验分析可知，冷态实验中下光管的积灰主要集中在管束迎风面和背风面涡流区，据此研究不同条件下流场的低速区域分布可以反映积灰的程度。

（一）管束布置方式对灰沉积特性影响的数值模拟分析

管束积灰过程中，管束的布置方式是影响积灰较为明显的一个方面。图 3-31 给出了不同流速下气流冲刷管束的流场和低速区分布，图 3-32 给出了不同横向节距下气流冲刷管束的流场分布情况。

由图 3-31、图 3-32 可看出，气流冲刷管束时形成一些尾迹区，在尾迹区里由于流速较低，气流存在回流等扰动，灰颗粒容易沉积，并相互碰撞黏结，促进积灰的生长。而流速的增加和横向节距的减小都会减小尾迹区的大小，因而会减弱灰颗粒在管束上的积灰。

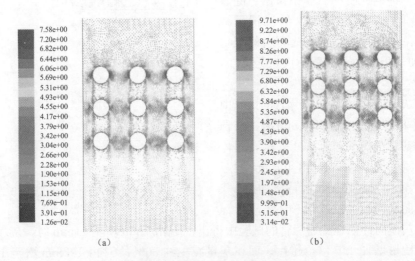

图 3-31　流速对流场的影响（一）

(a) S_1=70mm、风速 3.5m/s 时流场分布；

(b) S_1=70mm、风速 4.5m/s 时流场分布

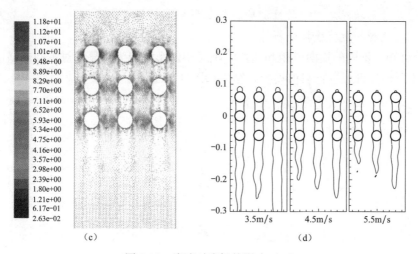

图 3-31 流速对流场的影响（二）

(c) $S_1＝70$mm、风速 5.5m/s 流场分布；(d) 不同风速下低速区分布

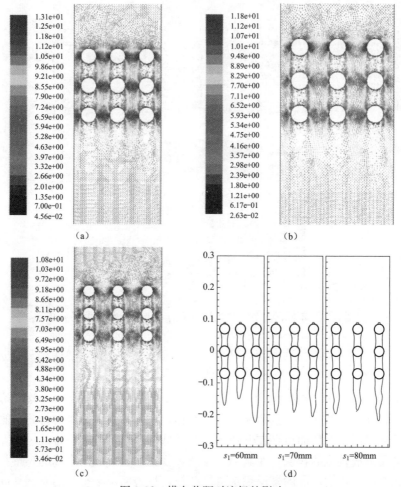

图 3-32 横向节距对流场的影响

(a) $S_1＝60$mm、风速 5.5m/s 时流场分布；(b) $S_1＝70$mm、风速 5.5m/s 时流场分布；

(c) $S_1＝80$mm、风速 5.5m/s 时流场分布；(d) 风速 5.5m/s、不同横向节距时的流场分布

（二）翅片管形状对灰沉积特性影响的数值模拟分析

1. H形翅片管的数值模拟分析

由实验可知，不同的横向节距和翅片间距对积灰影响较为明显，对不同的横向节距和翅片间距的H形翅片管束进行数值模拟，结果如图3-33所示。

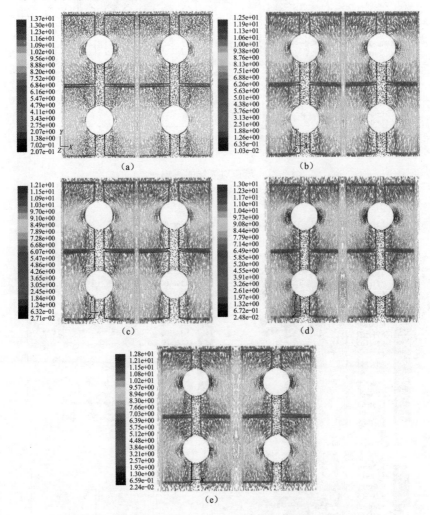

图3-33　不同横向节距和翅片间距的H形翅片管束流场分布

(a) $S_{lb}=12.7mm$、$S_1=102mm$；(b) $S_{lb}=19.05mm$、$S_1=102mm$；

(c) $S_{lb}=25.4mm$、$S_1=102mm$；(d) $S_{lb}=12.7mm$、$S_1=107mm$；

(e) $S_{lb}=12.7mm$、$S_1=112mm$

由图3-33可看出：H形翅片管小缝根部靠近基管的区域空气流速较低，第一排翅片管迎风面靠近基管处存在低速区，且两侧流线为对称地往下倾斜；而第一排翅片管背风面和第二排翅片管的迎风面、背风面也存在低速区，并且低速区范围较第一排迎风面宽，从试验中可发现，此处易形成较宽的积灰，尤其第二排翅片管正面易形成两个峰的楔形积灰，这些较宽的积灰层相对第一排迎风面的楔形积灰更加疏松，且表面不平整。随着翅片间距和横向节距的增加，H形翅片管的低速区域逐渐变大，因而在其翅片管上沉积的灰量较多，这与实验结果符合，翅片表面流线差异不明显。

2. 螺旋翅片管的数值模拟分析

由实验可知，不同的翅片间距对积灰影响明显，翅片间距较大时，翅片管上积灰较多，但翅片表面积灰轻微。对不同翅片间距的螺旋翅片管束进行模拟，可得结果如图 3-34 所示。

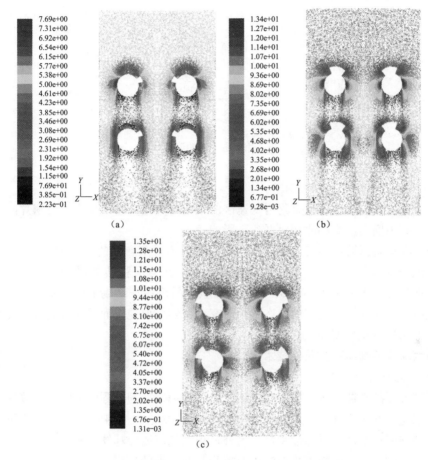

图 3-34　不同翅片间距顺列螺旋翅片管束的流场分布
(a) $S_1=102\text{mm}$、$S_{\text{lb}}=7\text{mm}$；(b) $S_1=102\text{mm}$、$S_{\text{lb}}=9\text{mm}$；(c) $S_1=102\text{mm}$、$S_{\text{lb}}=11\text{mm}$

由图 3-34 可看出，随着翅片间距的增加，翅片表面低速区变小，翅片管束迎风面低速区变宽。这说明随着翅片间距的增加，翅片布置更加稀疏，对于气流的扰动作用减弱，使得灰颗粒与翅片表面的碰撞减弱，而在管束迎风面和背风面积灰量最多的区域由于低速区域变大，同时气流的扰动减弱减小了对积灰层的冲刷，因而管束上的积灰重量有略微增加。

3. 针形翅片管的数值模拟分析

图 3-35 为选取距第五排针刺中心 3.05mm、平行于空气流动方向的截面上的流线图。对比试验结果和图 3-35 可看出：低速区主要集中在基管和针刺的迎风面及背风面，而且第二排针形翅片管的低速区比第一排的低速区较多，这与实验结果基本一致。

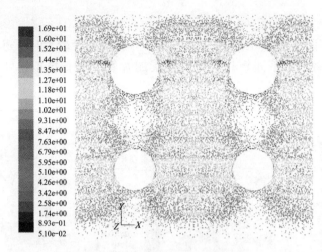

图 3-35　针形翅片管的流场分布

（三）小结

（1）通过数值模拟发现：管束附近低速区的大小与风速大小成反比，与翅片间距、横向节距成正比，其中横向节距的改变对低速区影响较小。

（2）由于在冷态试验中不考虑热泳力的作用，流场对灰颗粒的沉积影响作用最为明显，不同管型下流场分布差异较大。通过模拟流场分布，并与实验结果对比，得到较好的一致性，灰颗粒在翅片管表面风速小于 3.0m/s 的区域容易沉积，形成干松型积灰。因此，通过灰颗粒微观特性和在受热面沉积的冷态试验研究可得到低温受热面干松灰的沉积规律，并能够对受热面上灰的沉积预测提供依据。

七、烟气深度冷却器积灰防控技术

（一）合理选取布置位置

若将烟气深度冷却器布置于静电除尘器之前，在烟气冷却过程中，SO_3 会被烟尘颗粒吸收凝并，可以避免 SO_3 与水蒸气反应生成硫酸蒸汽、凝结在换热管束表面，从而保护换热管不会发生硫酸露点腐蚀和黏结性积灰。另外，将烟气深度冷却器布置于静电除尘器前，烟气中含有大颗粒烟尘，大颗粒烟尘对管束上的积灰有强烈的冲刷作用。

反之，如果将烟气深度冷却器置于静电除尘器之后，99％以上的烟尘被静电除尘器 ESP 脱除，烟气中的 SO_3 虽然被冷却到 90℃ 左右，但是此时，烟尘浓度很低，缺乏高浓度的烟尘吸收凝并 SO_3，硫酸露点温度高于金属壁面温度，硫酸会在换热管壁面发生冷凝，冷凝的硫酸会吸附超细粉尘，在管壁上形成黏性积灰，并由于烟气中的大颗粒烟尘已经被静电除尘器 ESP 脱除，无法强烈冲刷换热管束上的超细粉尘积灰，随着运行的深入，超细粉尘会由于静电吸附力逐渐增厚，甚至堵塞烟道，而目前对于超细粉尘的沉积，还缺乏切实可行的清灰方法和措施。

实际运行的烟气冷却器积灰情况如图 3-36～图 3-39 所示，可以看出，布置于静电除尘器之前的烟气深度冷却器积灰较少，而布置于静电除尘器之后的烟气深度冷却器发生了严重积灰。

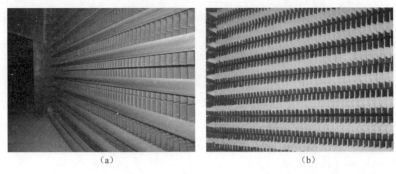

图 3-36 某 300MW 机组布置于 ESP 前的烟气深度冷却器积灰情况

（a）烟气深度冷却器进口；（b）烟气深度冷却器出口

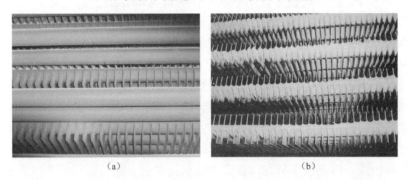

图 3-37 某 660MW 机组布置于 ESP 前的烟气深度冷却器积灰情况

（a）烟气深度冷却器进口；（b）烟气深度冷却器出口

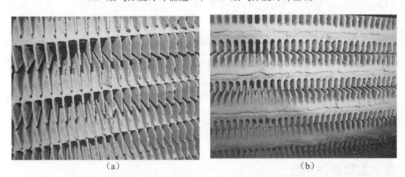

图 3-38 某 300MW 机组布置于 ESP 后的烟气深度冷却器积灰情况

（a）烟气深度冷却器进口；（b）烟气深度冷却器出口

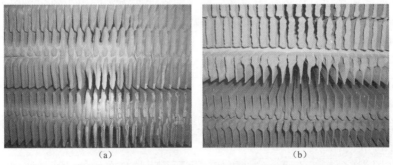

图 3-39 某 660MW 机组布置于 ESP 后的烟气深度冷却器积灰情况

（a）烟气深度冷却器进口；（b）烟气深度冷却器出口

综上所述，为避免烟气深度冷却器的积灰，应优先考虑将烟气深度冷却器布置于静电除尘器之前。

（二）计算灰沾污系数指导换热器结构设计

为了避免飞灰在烟气冷却器受热面上的沉积，可以根据煤灰成分计算沾污系数来评估该煤种的沾污倾向，并据此给出合理的设计，通常用沾污系数 f 表征燃料的沾污倾向，沾污系数 f 计算见式（3-1）。

根据沾污系数可以合理设计管束的横向节距、纵向节距和翅片间距。

（三）积灰防控安全设计

烟气深度冷却器的积灰防控技术可以分为三个层次，第一是通过优化设计防止积灰；其次，设备运行中选择恰当清灰技术，第三就是停炉时选取相应手段清除黏结灰。一般情况下，速度较低时，形成管束正面积灰；而速度较高时，只在管束背面积灰；当管束背面积灰时，先是小颗粒，缓慢长大达到平衡后不再增加。

在设计时可以采取以下方式防控积灰：

（1）设计时，根据灰成分预测灰的沾污系数指导设计；

（2）设计时，选择合理管型、节距、烟速，改善自清灰；

（3）避免硫酸结露引起灰在管壁上的黏结性积灰。

（四）运行和停炉时选择恰当安全的清灰技术

根据灰的沾污性、清灰技术特点选择恰当清灰技术；当金属壁温低于酸露点，管壁上灰具有黏结性；若换热器布置在除尘器之后，则灰尘粒子很细，具有一定吸附能力；因此，对非冷凝受热面可以选用燃气脉冲和压缩空气吹灰；而对冷凝受热面可以选择蒸汽吹灰和燃气脉冲。

烟气冷却器宜采用防积灰设计，在线吹灰作为备用措施，在锅炉低负荷时投入使用。如果出现严重积灰的情况，停炉时应彻底清除积灰，如果用水冲洗，应该待自然干燥后或强制干燥后启用。

第二节 灰摩擦、磨损特性及防控技术研究

一、灰摩擦及磨损特性实验

我国火力发电厂主要以煤为燃料。煤粉燃烧后产生的烟气中含有大量的飞灰颗粒，在烟气以一定速度流经受热面时，灰粒子与受热面发生碰撞摩擦剥离微量材料，使受热面管壁逐渐变薄，这就是飞灰颗粒对受热面造成磨损的过程。受热面受到飞灰颗粒冲刷产生的磨损严重威胁锅炉的安全运行。对设计的受热面管件，在实际运行中，往往达不到设计寿命，甚至发生爆管。不仅需要耗费大量人力物力进行抢修，而且影响电厂供电。分析研究磨损产生的机理，采取有效措施降低或防止磨损，对延长受热面使用年限，提高锅炉安全经济运行具有重大意义。

许多学者针对灰摩擦及磨损进行了许多的实验研究。图 3-40 所示为一种典型的磨损研究试验系统图。

泵提供动力输送含灰气流通过搅拌机使灰尘颗粒尽量分布均匀，通过取样装置测得气流中灰尘的浓度，而后含尘气流经过试验段，其中的灰颗粒持续撞击弯头内表面，经过流量计

测得气流流量，将实验持续进行一定的时间。实验结束后取下试验段，观测靶材的磨损情况。该实验系统可以测试不同材料的弯头在不同工况下的磨损规律。

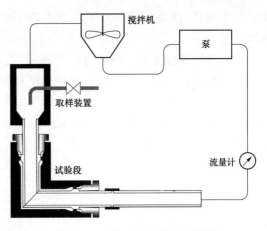

图 3-40　90°弯头磨损测试系统图

二、灰摩擦特性研究

灰粒子与受热面发生相对运动使受热面表面材料发生损耗和转移，分析颗粒对受热面的摩擦磨损机理对减磨、防磨具有重要意义。

在外力作用下，能够发生稳定变形的同时也可保持自身结构完整稳定的材料称为塑性材料。从 20 世纪 40 年代起，国外学者开始逐渐开展对于塑性材料冲蚀磨损的研究，早期主要侧重于研究冲蚀磨损规律和各种影响因素，而近几十年来，研究则逐渐开始侧重于对冲蚀磨损机理的研究。其中，影响力较大的冲蚀磨损理论主要有以下几个：

1. 微切削理论

20 世纪 60 年代初，塑性材料冲蚀磨损的微切削理论被 Finnie[23]首次提出，该理论的物理模型如图 3-41 所示，一颗质量为 m、速度为 v 的多角形磨粒，以冲角 α 撞击靶材表面，像刀片一样划伤并最终切除靶材材料，从而造成磨损。研究还提出了磨损的计算方程，即

$$Q = \begin{cases} \dfrac{mv^2}{p\psi K}\left(\sin 2\alpha - \dfrac{6}{K}\sin^2\alpha\right) & \left(\alpha \leqslant \dfrac{K}{6}\right) \\ \dfrac{mv^2}{p\psi K}\left(\dfrac{K\cos^2\alpha}{6}\right) & \left(\alpha > \dfrac{K}{6}\right) \end{cases} \tag{3-2}$$

式中　Q——靶材被单个磨粒磨损掉的体积，m^3；

　　　p——靶材的塑性流变应力，Pa；

　　　ψ——切削坑的长深比；

　　　K——切削过程中磨粒的法向阻力与切向阻力之比，尖角磨粒 $K=2$。

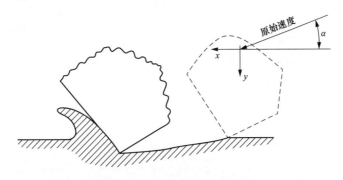

图 3-41　微切削理论示意图[23]

该模型的缺陷主要在于：虽然在小冲角下与实验结果吻合良好，且能准确预测磨损量最

大值发生时所对应的冲角，但在大冲角下低估了磨损量，在 90°时计算所得的磨损量为 0，与实际不符。

（1）变形磨损理论。1963 年，Bitter[24,25] 在他的研究中指出了冲蚀磨损由两部分组成，分别为变形磨损（deformation）和切削磨损（cutting wear）。其中，变形磨损是指靶材在撞击角为直角的颗粒的作用下，发生变形作用，经过多次碰撞，逐渐发生加工硬化，弹性极限也因此升高，最终会由于应力超限而产生裂纹，进而脱落。他还分别提出了两种磨损量的计算式，且均基于能量角度得出，即

$$W_D = m(v\sin\alpha - K)^2/2\varepsilon \tag{3-3}$$

$$W_C = \begin{cases} W_{C1} = \dfrac{2mC(v\sin\alpha - K)^2}{(v\sin\alpha)^{1/2}} \times \left(v\sin\alpha - \dfrac{C(v\sin\alpha - K)^2}{(v\sin\alpha)^{1/2}} \rho \right) & \alpha < \alpha_0 \\ W_{C2} = \dfrac{m}{2\rho}[v^2\cos^2\alpha - K_1(v\sin\alpha - K)^{3/2}] & \alpha > \alpha_0 \end{cases} \tag{3-4}$$

式中　　m——磨料的质量，kg；

　　　　v——冲击速度，m/s；

　　　W_D——变形磨损量，m³；

　　　W_C——切削磨损量，m³；

　　　　ε——变形磨损系数（数值为通过变形磨损作用从靶材上去除单位体积所需要的能量）；

　　　　ρ——切削磨损系数；

　　　α_0——$W_{C1} = W_{C2}$ 时的角度，（°）；

C、K、K_1——常数。

1972 年，Sheldon 和 Kanhere[26] 采用三种磨粒材料（SiC、钢球及玻璃球）在自主研发的单颗粒冲蚀磨损试验机上开展了单颗粒冲击靶材的磨损试验。试验结果表明，随着球形粒子对靶材表面进行的不断冲击，冲击坑边缘由于靶材变形产生的凸起会交替地发生形成和破坏，这进一步证明了变形磨损理论的正确性。

（2）临界应变理论。1981 年，Hutchings[27] 创造性地提出了材料变形临界值 ε_c 的概念。在他的论述中，当靶材变形超过 ε_c 时，被认为会发生材料的脱落。另外，他通过假设具有相同速度且满足随机分布的球形粒子群冲击靶材以及靶材因此而发生的同一类型弹性形变的过程，提出了磨损率计算公式，即

$$E = 0.033 \frac{\alpha\rho\sigma^{1/2}v^3}{\varepsilon_c^2 p^{3/2}} \tag{3-5}$$

式中　E——靶材的质量冲蚀率，kg/kg；

　　　α——表征压痕量的体积分数；

　　ρ、σ——靶材和粒子的密度，kg/m³；

　　　v——冲击速度，m/s；

　　　p——外压，Pa。

后来，有学者[28,29] 相继提出了修正的 Hutchings 模型，虽然这些模型较好地论证了球状粒子对靶材正面冲击作用的机理，但仍只有部分学者对此表示认同，这主要是由于模型与试验间仍存在微小差异。

（3）锻造挤压理论。1986 年，A. Levy[30] 等从全新的角度进行了冲蚀磨损的研究，提出了锻造挤压的概念，他们认为粒子在运动过程中会对靶材表面进行挤压成唇，随着该过程的

反复进行，靶材本身结构发生变化，被锻造出高度变形且体积微小的薄片，这些薄片最终会从靶材表面脱落，如图 3-42 所示。

2. 脆性材料的冲蚀磨损理论

在外部载荷作用下，无法在发生变形的同时维持自身结构不被破坏的材料被称为脆性材料。脆性材料的冲蚀机理研究相对于塑性材料起步较晚，因此成熟理论很少。

（1）早期研究。1966 年，Sheldon[31]等学者发表了脆性材料靶材和塑性材料靶材随着磨粒冲击角度的变化，磨损量的变化趋势有很大区别的观点，如图 3-43 所示。

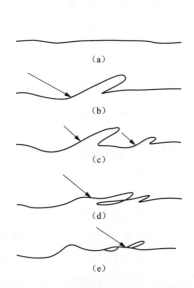

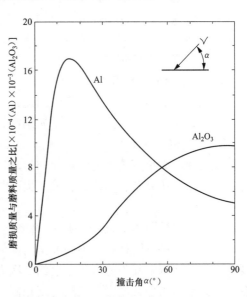

图 3-42　锻造挤压理论机理示意图
（a）初始表面；（b）第一次冲击形成挤压唇；
（c）继续冲击锻造；（d）形成薄片；（e）形成磨屑脱落

图 3-43　Al 与 Al_2O_3 受 SiC 颗粒冲击时的磨损量随冲击角度的变化对比

此外，Finnie 等人对脆性材料的磨损机理进行了初步研究。他们提出，脆性材料的磨损，是在足够大的载荷或冲击速度下，粒子与靶材表面接触区域产生环状裂纹，随着载荷的增大，环状裂纹不断发散，形成同心圆台状裂纹，最终造成材料脱落的过程。并认为磨损所去除的材料量正比于最内圈、最外圈裂纹间区域与裂纹深度构成的体积。总结了材料在冲角为直角时的冲蚀磨损量，其计算公式为

$$E_b = K_1 r^a v_0^b \qquad (3-6)$$
$$(K_1 \propto E^{0.8}/\sigma_b^2)$$

式中　r——磨粒半径，m；

v_0——冲击速度，m/s；

a、b——与材料缺陷分布常数 m 有关的常数；

E——靶材弹性模量；

b——材料的弯曲强度，MPa。

（2）弹塑性压痕破裂理论。该理论于 1976 年由 A. G. Evans[32,33]团队首次提出，是脆性材料磨损机理研究领域的一个重大突破。Evans 等人推导出的材料体积冲蚀量 V 的计算式为

$$V \propto v_0^{3.2} r^{3.7} \rho^{1.58} K_c^{-1.3} H^{-0.26} \qquad (3-7)$$

式中　v_0——磨粒速度，m/s；

　　　r——磨粒尺寸，m；

　　　ρ——磨粒材料密度，kg/m³；

　　　K_c——靶材临界应力强度因子；

　　　H——靶材硬度，N/mm。

在较低温度下，脆性材料被刚性粒子撞击而发生磨损的现象可以被该理论很好的说明。

（3）其他理论。脆性粒子冲蚀脆性材料时发生破裂而产生再次磨损的二次冲蚀理论[34]，认为冲蚀磨损是由于冲角接近90°的粒子撞击靶材表面，使靶材在发生变形的同时温度发生变化，从而产生低周疲劳现象的低周疲劳理论[35]等也属于常见的脆性材料冲蚀磨损理论。

三、灰磨损特性研究

（一）影响磨损的因素

影响磨损的因素有很多：烟气的流速、烟气中灰粒的浓度及其平均直径、灰粒的物理化学性质、管子材料的性能、管壁金属温度、烟气冲刷管束的角度、管束的排列方式等。

1. 烟气流速的影响

烟气速度大小直接决定着颗粒的运动速度，颗粒冲蚀管束时的速度与管壁磨损率的大小有直接关系。研究者普遍认为管壁磨损率与冲击管壁时的速度的 n 次方成正比，即

$$E \propto v^n \tag{3-8}$$

Finnie 的早期实验结果表明 $n=2.0$，这也符合他由粒子运动方程导出的冲蚀微切削理论，之后的许多不同材料，不同冲击角度的实验表明：n 的值介于2.3与2.8之间时烟气速度的 n 次方可以解释为能与其速度的二次方成正比。此外，磨损还与飞灰浓度，料相对速度有关。如果认为烟气速度与飞灰速度相同，飞灰撞击率以及飞灰与受磨材的情况下，那么磨损量与烟气速度的 n 次方成正比。

2. 气流湍动的影响

烟气绕流圆管会在沿流管子的尾迹区域形成漩涡区，加之来流本身的湍流强度，使得流体具有更强的脉动，这样的脉动会改变颗粒的运动轨迹从而影响颗粒撞击管束的频率，影响管壁的磨损量。针对湍流强度与颗粒冲蚀磨损量之间关系的研究试验比较少见。Humphrey[36]等人曾运用数值模拟的方法初步研究了湍流强度与灰粒冲蚀磨损的关系，模拟结果表明随着湍流强度的增加，颗粒对管壁的撞击率降低，与此同时管壁磨损量也在下降。值得一提的是湍流的研究目前还在逐步深入，湍流强度对磨损量的影响应依据工程实践得出的数据不断修正。

3. 飞灰浓度及物理化学性质的影响

飞灰浓度越大引起的磨损就越严重。因此，煤粉炉在烧高灰分燃料时，磨损问题更为严重。如果在烟道中形成飞灰浓度集中的局部区域，例如烟气走廊，则引起受热面的严重磨损。

飞灰的物理化学性质决定于燃料中矿物质的原始性质、开采和运输的方法、燃烧方法及受热面所处的温度条件等。如果燃料灰粒中多为硬性物质，灰粒粗大而有棱角，受热面所处烟温较低而使灰粒变硬，则灰粒的磨损性增大。

4. 管材的影响

管束所用材料的力学性能参数也对管束磨损量有较大的影响。如管材的硬度、断裂韧

性、弹性模数、极限强度、屈服极限、真实断裂抗力、正断抗力及形变变化指数等。其中以管壁硬度对磨损量大小影响最大，但研究者的研究成果又表明硬度并不完全决定磨损量，是因为硬度无法代表塑性流动特性，也无法代表特定材料对于裂纹所产生和扩展的敏感程度。相同硬度的不同材料的磨损量并不一样，足见还存在除硬度外的其他特性参数影响材料的耐磨性能。近年来的研究表明，断裂韧性也对管材磨损量有较大影响。对工具钢和白口铁的冲蚀磨损表明，考虑裂纹扩展在磨沟和材料迁移中的作用，从电镜可以观察到的磨损及皮下图像都可看到沿水平及垂直方向滑动的裂纹。因此，在求解磨损量时断裂韧性的影响也不能忽略。

5. 撞击角度的影响

颗粒撞击管壁时的撞击角度对冲蚀磨损量的大小有很大的影响，其中韧性材料在高的冲击角下的磨损量较小，而脆性材料在大撞击角下磨损却较大。近年来研究者提出了适用于不同撞击条件下磨损方程式，方程中都包含了撞击角度的影响因素。

6. 管束的排列方式的影响

受热面管束布置方式有顺列布置和错列布置。布置方式会影响流动状态，包括流速、湍流强度等都会不同，这就会造成管壁磨损量的大小存在较大的不同。

（二）磨损计算方程

影响磨损的因素之多，使得任何一个预测磨损率的方程都不可能包含所有的影响因素，只能针对试验条件或者工程需要，建立近似的表达式。以下介绍另外一些发展比较成熟，在流固领域冲蚀磨损的数值研究中运用较广的磨损方程。

1. Tabakoff 的磨损经验方程

辛辛那提大学航天航空工程与应用力学系的 Tabakoff[37] 等基于碳钢受煤灰颗粒撞击产生冲蚀磨损的实验数据，拟合出了式（3-9）所示的磨损经验方程，它考虑了颗粒撞击速度、角度等多个影响因素。该方程在国内外冲蚀磨损的数值模拟领域运用最广，即

$$E = K_1 \left\{ 1 + C_K \left[K_2 \sin\left(\frac{90}{\beta_0}\right) \beta_1 \right] \right\}^2 v_1^2 \cos^2(1 - R_t^2) + K_3 (v_1 \sin\beta_1)^4 \qquad (3-9)$$

式中　　　E——磨损率，kg/kg；

K_1、K_2、K_3——由壁面材料决定的常数，对于碳钢：$K_1 = 1.505101 \times 10^{-6}$、$K_2 = 0.296$、$K_3 = 5.0 \times 10^{-12}$；

C_K——常数，当 $\beta_1 \leqslant 3\beta_0$ 时 $C_K = 1$，否则 $C_K = 0$；

β_1——颗粒碰撞的角度，（°）；

β_0——发生最大磨损时的碰撞角度，$\beta_0 = 20°$；

v——颗粒碰撞的速度，m/s；

R_t——切向速度恢复比。

2. Tulsa（塔尔萨）大学的磨损半经验方程

美国 Tulsa 大学 E/CRC（冲蚀与腐蚀研究中心）的学者[38,39]选取两种不同的靶材（碳钢、铝）进行试验研究，得出了一个磨损半经验方程，即

$$E = A F_s v_p^n f(\theta) \qquad (3-10)$$

式中　E——壁面材料的磨损率，kg/kg；

A——与靶材有关的常数，对碳钢而言，$A = 1559 HB^{-0.59} \times 10^{-9}$（$HB$ 为材料的布氏

硬度，N/mm^2）；

F_S——颗粒形状系数，对于尖角颗粒、半圆颗粒、圆形颗粒分别取 10、0.53、0.2；

v_p——颗粒碰撞的速度，m/s；

n——速度指数，取 2.41；

$f(\theta)$——碰撞角度函数，满足式 3-11。

$$f(\theta) = \begin{cases} a\theta^2 + b\theta & (\theta < \theta_0) \\ x\cos^2\theta\sin(w\theta) + y\sin^2\theta + z & (\theta > \theta_0) \end{cases} \tag{3-11}$$

其中 θ_0、a、b、v、x、y、z 是取决于靶材的经验常数，θ_0 为临界撞击角，对于碳钢，取值如 3-9 所示，可以看出，该方程并未考虑磨粒尺寸对磨损率的影响。

表 3-9   经 验 常 数 取 值

A	θ_0	a	b	v	x	y	z
9.25×10^{-8}	$15°$	-33.4	17.9	1	1.239	-1.192	2.167

3. Oka 的磨损经验方程

广岛大学化学工程系的 Oka 等人[40]于 2005 年用 SiC、SiO_2、GB（Glass Bead，玻璃珠）三种磨料对铝、铜、碳钢、不锈钢靶材进行冲蚀磨损实验，得出了一个对各种靶材普遍适用的磨损方程，即

$$E(\theta) = g(\theta)E_{90}$$
$$g(\theta) = (\sin\theta)^{n_1}[1 + Hv(1 - \sin\theta)]^{n_2} \tag{3-12}$$

$$E_{90} = K(Hv)^{k_1} \left(\frac{v}{v'}\right)^{k_2} \left(\frac{D}{D'}\right)^{k_3} \tag{3-13}$$

式中 $E(\theta)$——在冲角为 θ 时的磨损破坏程度，mm^3/kg；

         E_{90}——冲角为 90°时的磨损破坏程度，mm^3/kg；

    n_1、n_2——取决于磨粒硬度（Hv 维氏硬度，GPa）的常数，对于不同磨料，取值见表 3-10；

  K、k_1、k_3——取决于磨粒性质的常数；

         k_2——取决于磨粒性质、靶材硬度两个方面的常数；

         v'——标准冲击速度，m/s；

         D——颗粒直径，μm；

         D'——标准粒径，μm。取值见表 3-11。

表 3-10   常数 n_1、n_2 取值

磨料种类	n_1		n_2	
	s	q	s	q
SiO_2-1	0.71	0.14	2.4	-0.94
SiC	0.71	0.14	2.8	-1.00
GB	2.8	0.41	2.6	-1.46

注 n_1、$n_2 = s(Hv)^q$

     式中 s，q——常数。

表 3-11　　　　　　　　常数 K、k_1、k_3、k_2、v'、D' 取值

磨料种类	K	k_1	k_2	k_3	$v'(\mathrm{m/s})$	$D'(\mu\mathrm{m})$
SiO$_2$-1	65	−0.12	$2.3(Hv)^{0.038}$	0.19	104	326
SiO$_2$-2	50	−0.12	$2.3(Hv)^{0.038}$	0.19	104	326
SiC	45	−0.05	$3.0(Hv)^{0.085}$	0.19	99	326
GB	27	−0.16	2.1	0.19	100	200

四、烟气深度冷却器磨损防控技术

一般来说，防止烟气深度冷却器管束磨损失效应从以下几个方面着手：

（1）保持烟气流速在合理范围。实验结果表明，飞灰含量一定时，锅炉尾部受热面的磨损与烟气流速的 3.22 次方成正比。因此，要尽量避免诸如烟气走廊局部区域流速过大、锅炉超负荷运行或烟道漏风增加所造成的烟气流速增加等情况的出现。同时，烟气流速应高于下限值（额定负荷时为 6m/s），否则过低的流速会造成对流换热的恶化以及换热管束的严重积灰。

（2）尽量降低飞灰浓度，并均匀化飞灰的浓度分布。烟气中夹带的飞灰浓度越大，引起的磨损就越严重。因此，应尽量提高燃煤质量，并改进燃烧方法，例如采用捕渣率（排渣占总灰分的份额）高的液态排渣炉。并且，要尽量避免烟道转弯处可能产生的飞灰浓度场不均匀的情况，同时避免烟气走廊的形成。

（3）适当控制煤粉细度。若煤粉过粗，容易造成燃烧不完全，没有燃尽的煤粉颗粒会进入烟气中，从而加剧烟气深度冷却器管束的磨损。

（4）在关键部位采用防磨装置、使用耐磨管材或对管材进行防磨处理。例如在管束第一排迎风面处添加防磨罩或防磨板。但需要注意的是，防磨装置添加不当，可能挤占通流截面，进一步提高烟气的局部流速，导致防磨效果不理想。

（5）改变烟气深度冷却器管束排列方式、优化布置方式。研究表明，省煤器中的换热管束采用顺排布置时的磨损寿命，是叉排布置时的 3～4 倍。

第三节　酸露点温度、露点腐蚀特性及防控技术

前已述及，随着材料和烟气深度冷却技术及装备的发展，将燃煤机组的排烟温度深度冷却到较低水平已具有实际可操作性。目前，燃煤机组污染物协同治理技术路线要求将静电除尘器前的排烟温度降至 90℃，露点温度随烟气深度冷却过程实时变化，金属或非金属壁面已进入露点腐蚀状态，根据近年来的研究，发现排烟温度可以冷却至更低水平，如 60～70℃，冷却工质所造成的金属或非金属壁面温度将会低于盐酸、硝酸、亚硫酸和水露点温度水平，此时，金属或非金属壁面的腐蚀就转变成一种由露点腐蚀诱导的组合型低温腐蚀，已经不再是单纯的露点腐蚀。因此，如何使烟气深度冷却技术变成一种露点腐蚀可控的技术，已经成为未来燃煤机组排烟余热利用及污染物协同治理的共同需求，随着燃煤机组排烟余热循环梯级利用和烟气污染物协同治理技术在新建及改扩建燃煤机组的日益普及，露点腐蚀已呈现多样化发展之势，解决了露点腐蚀和组合型低温腐蚀问题，使烟气深度冷却成为一种可控露点腐蚀的技术。

一、酸露点温度及露点腐蚀概念

露点腐蚀是指当受热面壁温低于烟气酸露点时，烟气中的酸开始在受热面表面凝结，并

对受热面产生腐蚀。对于锅炉来说（如图3-44所示），露点腐蚀多发生在空气预热器冷端、静电除尘器、引风机、增压风机、脱硫塔、GGH、尾部烟道以及烟囱等部位。烟气中含有的 SO_3、HCl、NO_2、SO_2 等酸性气体都会引起露点腐蚀，但是它们的露点温度各不相同，其中以 $SO_3+H_2O=H_2SO_4$ 的露点温度最高，且远高于水露点，其他酸的露点温度与水的露点温度差不多[41,42]，如图3-45所示，而锅炉低温受热面壁温基本上都能保持在水露点以上，因此锅炉中的露点腐蚀是指由烟气中的 SO_3 引起的腐蚀，酸露点温度也常指硫酸露点温度（而锅炉排烟之后的脱硫塔、后续烟道和烟囱是指不同酸的露点温度）。目前，常用的公式为苏联《锅炉机组热力计算标准方法》中计算烟气酸露点温度计算公式为[43]：

$$t_{sld} = t_{ld} + \frac{\beta \times \sqrt[3]{S_{zs}}}{1.05^{\alpha_{FH}A_{zs}}} \qquad (3-14)$$

$$S_z = S_{ar} \times 10^3/Q_{net,ar}$$

$$A_z = A_{ar} \times 10^3/Q_{net,ar}$$

式中　t_{sld}——烟气酸露点温度，℃；

　　　t_{ld}——H_2O 露点温度，℃，通常为 40～48℃；

　　　β——对炉膛出口过剩空气系数进行的修正，$\alpha=1.2$ 时 $\beta=121$，α 为 1.4～1.5 时 $\beta=129$；

　　　S_{zs}——燃料折算硫分，%；

　　　α_{FH}——飞灰份额；

　　　A_{zs}——折算灰分，%；

　　　A_{ar}——收到基灰分，%；

　　　S_{ar}——收到基硫分，%；

　　　$Q_{net,ar}$——收到基低位发热值，kcal[①]/kg。

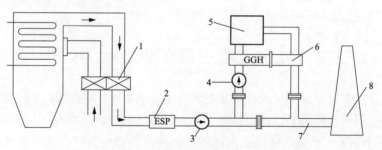

图 3-44　露点腐蚀部位示意图

1—空气预热器；2—静电除尘器；3—引风机；4—增压风机；5—脱硫塔；
6—GGH；7—尾部烟道；8—烟囱

式（3-14）主要适用于燃用固体和液体燃料的锅炉。1983年上海成套所连同国内一些研究单位在茂名、北京二热等电厂对露点腐蚀进行了实测，对该公式的准确性进行了验证。认为对燃煤锅炉来说，该公式的计算值是安全的，但对于燃油锅炉来说，计算值明显偏低。苏联认为，对于燃煤锅炉来说，燃用灰分高于35%且灰中碱性氧化物较高的煤种时，计算值偏高 25～50℃。该公式在我国电厂得到了广泛的应用。

---

① 1kcal=4.1868kJ。

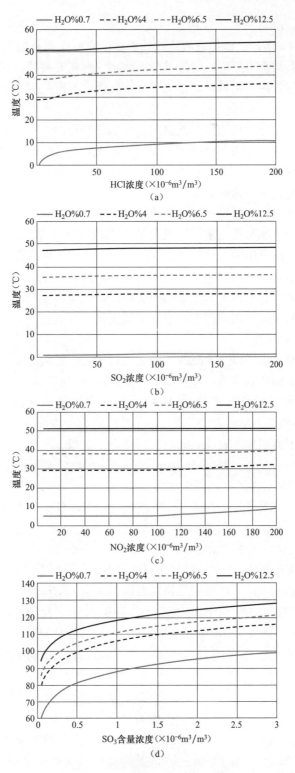

图 3-45　各酸露点与水露点的比较

(a) HCl；(b) SO_2；(c) NO_2；(d) SO_3

动力用煤品种杂，质量偏劣，含灰量和含硫量都比较高，煤燃烧后，煤中的硫分生成 SO_2，一部分又转化为 SO_3，它能提高酸露点的温度。在低于露点的金属表面上形成硫酸溶液与碱性灰反应，也会与金属反应，导致受热面沾污、积灰和腐蚀。在电厂设计中，如果提供给锅炉燃料的含硫量较高，则锅炉尾部的露点腐蚀问题非常突出。对于煤粉炉，当燃煤干燥基全硫分 $S_{td} < 1.5\%$ 时，尾部受热面不会有明显的腐蚀和堵灰，虽然在排烟温度和空气预热器进风温度较低时也会有此现象，但低温段空气预热器适用寿命一般在 10 年以上；当 S_{td} 为 $1.5\% \sim 3\%$ 时，如不采取措施会有较明显的堵灰和腐蚀；当 $S_{td} > 3\%$ 时，腐蚀严重，运行中经常会因为空气预热器的严重堵灰而被迫降低锅炉负荷或因腐蚀而造成大量漏风，低温段的管式空气预热器的使用寿命只有 $2 \sim 4$ 年。

露点腐蚀危害主要有：①露点腐蚀会造成空气预热器管穿孔，空气大量漏入烟气中，致使送风不足，引起燃烧情况恶化，使引风机负荷增加；冷空气漏入烟气侧，降低烟气温度，增大排烟热损失，加速露点腐蚀和堵灰，形成恶性循环，锅炉效率降低。②腐蚀同时加重积灰，积灰使烟气通道堵塞，引风阻力增加，降低锅炉出力，严重影响锅炉的经济运行，甚至引起被迫停炉。③腐蚀严重导致大量受热面的更换，造成经济上的巨大损失。空气预热器露点腐蚀增加了设备检修维护费用，严重影响锅炉的安全经济运行。

（一）露点腐蚀理论及分析

低温腐蚀速率与酸沉积率以及冷凝酸液浓度直接相关。较大的酸沉积率和低浓度的冷凝酸液通常加剧金属表面的低温腐蚀，严重影响设备的寿命和安全运行。目前，国外研究人员对酸凝结模型开展了大量的模拟工作，其中 Gmitro 等[44]通过考虑气相中 H_2SO_4 解离成 SO_3 和 H_2O 并采用新的热力学参数修正了 Abel 提出的逸度方程。Wilson 等[45]在前人工作的基础上，重新评估了液相逸度表达式的系数并考虑了酸组分和水的溶解作用，提高了硫酸分压力的预测精度。Pessoa 等[46]在 Prigogine 和 Defay 的化学理论的基础上提出了一种用于计算 $H_2O\text{-}H_2SO_4$ 溶液的气液平衡的数学模型，模型考虑了液相的解离反应和气相复杂的生成反应。何雅玲团队[47,48]基于 $H_2SO_4\text{-}H_2O$ 溶液的气液平衡数据和多元组分传输理论，建立了烟气中酸蒸汽运输、凝结过程的数值模型，实现了硫酸和水蒸气复杂边界条件的耦合求解，以及硫酸、水蒸气和空气多元组分的扩散输运行为的计算。并对广泛用于余热回收的 H 形翅片管换热器表面酸沉积开展了数值模拟研究，发现了冷凝酸液质量分数和酸沉积率等在翅片表面的分布规律，详细讨论了 H 形翅片换热器运行参数、结构参数、管型、管排布置方式等方面对酸沉积量和冷凝酸浓度等的影响规律，得到了 H 形翅片管换热器的酸传质计算关联式。在此基础上提出了控制烟气中水蒸气含量和增加烟气温度是减轻酸腐蚀的有效措施。

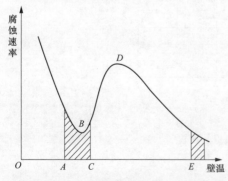

图 3-46　腐蚀速率随壁温变化图

（二）露点腐蚀影响因素

1. 金属壁温的影响

金属壁温是影响烟气露点腐蚀严重程度的重要因素之一。金属壁温与露点腐蚀速率的关系如图 3-46 所示[49]。在锅炉受热面中，沿烟气流程壁温逐渐降低，当受热面壁温降到 E 点时，硫酸开始凝结，引起腐蚀。开始时由于酸浓度很高，在 80% 以上，凝结酸量较少，因此腐蚀速度较低。随金属壁温降低，凝结酸量增加，而金属壁温又比较高，因而腐蚀速度增加。在酸露点以下 20～45℃时，腐蚀速度达到最大值 D 点。之后，随着温度的进一步降低，金属与酸液反应活性降低，腐蚀速度也下降，直到 B 点。之后，当壁温进一步降低时，由于凝结的酸浓度接近 50％，同时凝结的酸量进一步增多，腐蚀速度又上升。当壁温达到水露点时，大量的水蒸气及稀硫酸液凝结。此时，烟气中的 SO_2 溶解于水膜中，形成亚硫酸液，使金属腐蚀剧烈增加，此外，烟气中的 Cl_2、HCl 等也将溶于水中产生腐蚀。可以看出，在露点腐蚀的情况下，金属有两个严重腐蚀区，即酸露点以下 20～45℃及水露点以下。为防止露点腐蚀，必须避开这两个严重腐蚀区。但在实际锅炉运行中，水露点以下的区域由于壁温已大大低于设计值，故难以遇到，因此酸露点以下这个严重腐蚀区应予以重视。

对于锅炉露点腐蚀问题，小若正伦提出了著名的三段式理论[50]，认为第一阶段是指在锅炉开始运行或刚刚停行时，受热面温度低于 80℃，凝结的硫酸浓度低于 60％的腐蚀。从电化学角度看，是处于活性状态下的腐蚀。第二阶段是指锅炉处于正常运行状态时，受热面壁温已达到设计值（80～180℃），凝结的硫酸浓度为 85％左右。此时金属表面受到高温、高浓度硫酸的腐蚀。对于非耐硫酸腐蚀的钢材来说，仍是处于活性腐蚀状态。第三阶段是锅炉正常运行时，金属表面由于积灰而存在大量未燃烧的碳微粒，在其催化下生成 Fe^{3+} 离子，使含铬和铜的耐蚀钢出现钝化，腐蚀速率显著降低。然而对碳钢却不钝化，腐蚀速率仍然很高。金属的腐蚀速率主要被二、三阶段所控制。因此，耐蚀钢与碳钢的主要区别是在腐蚀的第三阶段里显出来的。

2. 燃料含硫量

燃料含硫量的增加，直接影响 SO_3 量的增加。图 3-47 所示的实验结果证实了这一点[51]。SO_3 的量几乎与燃料中的含硫量成比例地增加，结果使烟气中的硫酸气体的露点也提高。图 3-48 所示为 API（美国石油协会）绘制的燃料含硫量对受热面最低冷端最低壁温的影响[52]，在受热面为 CORTEN 钢等耐腐蚀钢的前提下，运行时受热面的冷端壁温应高于推荐值。

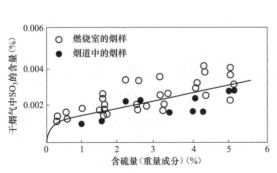

图 3-47　燃料中硫分与烟气中之间的关系（水蒸气含量为 10％）

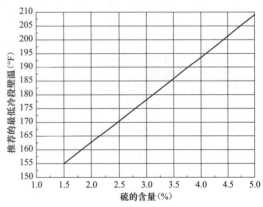

图 3-48　燃料含硫量对受热面冷端最低壁温的影响

3. 金属材料的影响

为了降低露点腐蚀的危害，人们研究了大量的耐硫酸露点腐蚀钢，如美国的 Corten 钢，日本的 S-TEN（S-TEN1、S-TEN2、S-TEN3）、NACI、TAICOR·S 和 CRIA 钢，中国宝山钢铁股份有限公司的 B485NL，江阴兴澄特种钢铁有限公司的 ND 钢，鞍山钢铁集团有限公司的

10Cr1Cu，济钢集团有限公司的 12MnCuCr 及宝钢集团上海第一钢铁有限公司的 NS1 等[53]。

目前，耐酸钢中基本上都含有 Cu、Cr、Sb、Ti 等元素，铜是耐硫酸露点腐蚀钢中最基本的元素，是目前开发的耐硫酸露点腐蚀钢的基本成分之一[50]，主要富集在钢表面的锈层中，一般含量为 $0.2\%\sim0.5\%$，另外，还必须含有大于 0.01% 的 S，才能在腐蚀过程中形成 Cu_2S 保护膜，Cr 含量在 1% 左右时效果最好，能够在腐蚀过程中形成 Cr 的氧化物保护膜。对于 Ni-Cr-Mo 合金而言，Mo 和 Cr 均可以提高材料在酸溶液中的抗腐蚀性能[54]。

1953 年，Barkley 等人首次对各种材料的耐蚀性进行了评价，他们把试片安装在雍格斯特洛姆型空气预热器上进行了数百天的试验[50]。实验结果表明：如果把 Corten 钢的腐蚀量设定为 100，其他材料分别是碳素钢 180、Type 410 不锈钢 140、Type 316 不锈钢 260、铜 220 等，比 Corten 钢优秀的材料有 6 种，分别是 Hastelloy B 及 C 是 35，Inconel 是 60，Carpenter 20 是 70，即使使用高价的高 Ni 钢，也只不过是降低到 Inconel 的 1/3、Hastelloy 的 1/5，因此从成本上看 Corten 钢性价比更高。Katsuo 等人研发出了新型耐腐蚀合金 MAT-21，即含有 $19\%Cr$、$19\%Mo$ 和 $1.8\%Ta$ 的镍基合金，通过实验室模拟实验发现，该合金拥有优越的抗腐蚀性能，且优于传统镍基合金 C-276、686 和 59[55]。中国江阴特钢生产的 ND 钢目前在电站锅炉上得到了广泛的应用，实践证明其具有较强的耐硫酸腐蚀性能[56]。

4. 灰分的影响

灰分在露点腐蚀中起到了至关重要的作用，因为灰中含有的碱性氧化物可以中和烟气中部分 SO_3；灰沉积到管壁面，能够增加热阻，提高壁面温度，减少 SO_3 的冷凝；沉积到壁面上的灰能够降低冷凝酸的活性，而且能够吸附部分冷凝的酸；同时烟气中的飞灰能够吸收烟气中的 SO_3，从而降低酸露点[49]。灰分中 CaO 的含量对露点腐蚀的影响也很大，CaO 含量越低，腐蚀越严重，见表 3-12。以上都表明灰分能够降低露点腐蚀的危害[57]。实验室模拟试验中，碳钢的露点腐蚀为 2mm/年，而同工况下实际含灰烟气中碳钢的腐蚀速率为 0.1～0.2mm/年。

表 3-12　　　　燃煤锅炉中 SO_3 浓度、露点温度和酸沉积率估算值

煤种	煤中含硫量 （%）	灰中 CaO 含量 （%）	露点温度 （K）	酸沉积速度 [mg/(m²·s)]
高硫、低钙	>2.5	2～5	400～410	5～10
中硫、低钙	1～2.5	2～5	295～400	2.5～5
中硫、中钙	1～2.5	5～10	285～295	1～2.5
低硫、高钙	<1	>10	<285	<1

5. 过量空气系数和催化剂的影响

过量空气系数越大，参与反应的 O_2 量越多，从而促使烟气中 SO_2 向 SO_3 转变的比例增加，提高烟气酸露点温度[51]。过量空气系数的降低将大大减少材料的腐蚀量[57]。我国中小型锅炉使用的旧式燃烧器性能较差，所需的过量空气系数比较大，因此建议采用新式的低氧燃烧器，提高燃烧效率且降低露点腐蚀速率。

不存在催化剂的情况下 SO_2 向 SO_3 的转化率为 $0.5\%\sim1.0\%$，但当存在金属氧化物或者其他催化剂，并且在较低的温度下时，会促进 SO_2 向 SO_3 的转化，达到 $2\%\sim10\%$。

二、燃煤烟气的露点腐蚀特性实验

燃煤机组消耗我国煤炭总产量的 50%，其排烟热损失是电站锅炉各项热损失中最大的一项，一般为 $5\%\sim8\%$，占锅炉总热损失的 80% 或更高。影响电站锅炉排烟热损失的主要

因素是排烟温度，一般情况下，排烟温度每升高 10℃，排烟热损失增加 0.6%～1.0%。我国现役火电机组中锅炉排烟温度普遍维持在 125～150℃ 水平，燃用褐煤的发电机组排烟温度高达 170～180℃，因此，降低排烟温度必然是今后发展的大方向。然而降低排烟温度必须面对的一个问题就是露点腐蚀，露点腐蚀也将成为今后燃煤电站锅炉节能减排研究的热点。

（一）实验系统和材料

1. 实验系统

露点腐蚀的研究重点主要在露点腐蚀机理和露点腐蚀速率上，通过实验来确定受热面所能承受的最低排烟温度。露点腐蚀实验方法包括酸浸泡实验和实验室模拟实验及实际锅炉现场腐蚀实验。硫酸浸泡实验比实际锅炉现场实验简单得多，因此，人们将大量的精力放在了硫酸浸泡实验中，并得出了大量的研究成果。但是浸泡实验的腐蚀机理跟硫酸露点腐蚀机理不同，导致其研究结果受到质疑。实验室模拟实验主要是搭建模拟烟气气氛的露点腐蚀实验台，通过控制烟气温度、烟气中三氧化硫含量、金属材料种类、金属壁面温度等因素来研究露点腐蚀性能。实验室模拟实验可以较精确地调节各种因素，但腐蚀时间短且无法有效模拟灰分存在对酸露点和硫酸结露腐蚀机理的影响，这导致了实验结果与实际结果差异较大。最后，研究人员不得不到实际运行锅炉的现场进行露点腐蚀实验，现场工业实验得出的结果非常接近于生产实际，具有重要的参考价值，为锅炉设计者提供了有价值的参考。但是，过去的现场工业腐蚀实验装置普遍采用欧洲人设计的 U 形管式双管或多管结构[57]，该结构十分复杂，并且需要破坏烟道才能在烟道上安装测试，实验之后，需要破坏烟道才能取出实验管段，造成现场的辅助准备工作量很大、实验周期长，有时还要在机组停修期间才能安装、拆卸，给露点腐蚀性能研究工作带来了很大的困难。

鉴于以上不足，本文采用一种新型的露点腐蚀的实验装置，形式上采用真实热交换管管径的单管（实验管径）式内套管（小于实验管径）结构，一根实验管段，结合内套管结构，实现内部水循环，建立不同水平的金属壁温，从完成露点腐蚀性能研究[58]。

实验系统如图 3-49 所示，在烟气流动方向上，水冷套管放置于烟道中，烟气冲刷水冷套管的外壁面，同时循环水由高温循环机进入水冷套管，高温循环机控制循环水的温度，同

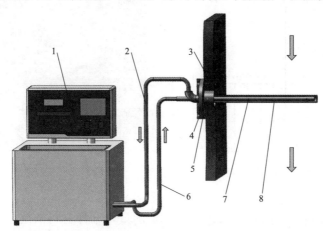

图 3-49　实验系统示意图

1—高温循环机；2—出水管路；3—炉墙；4—实验段法兰；5—炉墙法兰；

6—进水管路；7—实验段内管；8—实验段外管

图 3-50　水冷套管示意图

时为水的循环提供动力，循环水流经水冷套管后进入流量计，流量计用以控制循环水的流量，最后循环水回到高温循环机中。

如图 3-50 所示，水冷套管由循环水入口管和循环水出口管组成。循环介质出口管由间隔分布的实验段和非实验段构成。循环介质出口管外壁面的温度用热电偶来监测，当出口管外壁面的温度低于烟气酸露点时，烟气中的酸蒸汽会在循环介质出口管的外壁面凝结，进而腐蚀实验段，可以同时测腐蚀段各材料的抗腐蚀能力。

2. 锅炉及测点

本实验以内蒙古托克托电厂 5 号机组为平台，利用上述实验系统，对露点腐蚀进行了实炉研究，以下对实炉系统进行简介。实验持续 6 天，此间锅炉负荷维持在 500MW 左右，排烟温度为 150℃ 左右，主蒸汽温度为 540℃，厂用电为 5%，煤量为 280t/h，压力为 16MPa。收到基煤种及灰样分析结果见表 3-13 和表 3-14。由苏联公式算出酸露点为 103.4℃，水露点为 44.6℃。露点腐蚀实验测点位于锅炉尾部静电除尘器与脱硫塔之间的烟道上，实验测点如图 3-51 所示，测试系统如图 3-52 所示。

表 3-13　　　　　　　　　　实验期间的煤种分析结果

碳（%）	氢（%）	氧（%）	氮（%）	硫（%）	水分（%）	灰分（%）	挥发分（%）	低位发热量（kJ/kg）
48.0	2.5	8.7	0.6	0.74	22.22	17.2	40	17041

表 3-14　　　　　　　　　　实验期间的煤种灰样分析结果　　　　　　　　%

Fe_2O_3	Al_2O_3	CaO	MgO	SiO_2	TiO_2	SO_3	K_2O	Na_2O
5.14	21.22	13.1	1.53	46.34	0.78	7.16	0.58	0.28

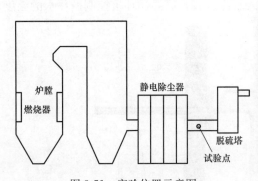

图 3-51　实验位置示意图

图 3-52　实验系统实物图

3. 试样处理

现对五种材料的抗露点腐蚀能力进行了实炉测量，五种材料依次为 Corten 钢、316L、20 号钢、ND 和 20G，实验材料元素分析见表 3-15。316L、20 号钢、ND 和 20G 都选用 $\phi38\times4mm$ 的无缝钢管，截成 30mm 长的管段，Corten 钢用 2.5mm 厚的钢板卷成 $\phi40\times2.5mm$ 的有缝钢管，同样截成 30mm 长的管段，五种材料均用氩弧焊焊接。

表 3-15　　　　　　　　　　　　　　　　　实验材料元素分析结果

材料	C	Si	Mn	P	S	Cu	Ni	Cr	Mo	Sb
316L	0.03	0.41	0.95	0.038	0.03	—	10.96	18.12	2.81	—
ND	0.08	0.22	0.48	0.011	0.005	0.29	0.02	0.79	—	0.06
Corten	0.11	0.47	0.55	0.023	0.006	0.27	0.43	0.76	—	—
20G	0.17	0.22	0.55	0.007	0.004	0.11	0.04	0.03	—	—
20 号	0.19	0.21	0.53	0.013	0.003	0.03	0.01	0.03	—	—

实验结束后将实验段连同壁面的积灰一起妥善保存，首先对积灰进行分析，包括积灰形状、厚度、层状结构等，再对不同层次的积灰进行 XRD 成分分析。去除积灰后，对腐蚀后的钢管进行线切割。由于试样为经过腐蚀的试样，腐蚀层较脆弱，在打磨和抛光时容易脱落，本文利用牙托粉将试样浇铸起来后再进行处理，切割后的试样侧面依次经 240、400、600、1000、1500、2000 号砂纸打磨光滑，再经抛光机抛光后进行扫描电子显微镜和能谱分析。

（二）实验结果及分析

1. 外部积灰宏观研究

硫酸露点腐蚀是指烟气中的硫酸蒸汽在低温金属表面上凝结形成硫酸溶液，与碱性灰反应，同时也与金属反应产生的腐蚀。露点腐蚀的一个危害是由于腐蚀而导致管壁减薄，造成泄漏；另一个危害是由于黏性积灰而造成的受热面堵塞，传热恶化，阻力增加，而后一个危害更常见。因而露点腐蚀与黏性积灰是密不可分的，本文就黏性积灰做了探索性研究。由图 3-53 可知，30℃入口水温时积灰峰值为一个，与迎风面夹角为 0°，约 6mm 厚，积灰峰面为白色、干燥的块状，锋面角度为 120°；其他位置为黏性积灰，内层呈泥状，外层为稍干燥的颗粒状，颜色为灰绿色；说明一开始管壁温度很低，结露非常严重，都是黏性积灰，随着积灰的进行，在积灰峰值，当积灰达到一定厚度后，管壁温度变高，结露变缓，积灰呈白色块状；背面积灰最薄，厚度为 1mm 左右。

入口水温为 40℃时积灰形状与 30℃类似，颜色发白，主要是随着循环水温度的升高，硫酸的凝结量变少，内层为黏性积灰，外层为干性积灰。入口水温为 50℃时积灰形状与 40℃类似，干性积灰，较牢固，呈块状，白色。最厚处为 2.0mm 左右，最薄处为 0.5mm 左右。入口水温为 60℃时积灰峰为两个，1.0mm 厚，大概与迎风面夹角为 45°，干性积灰，较牢固，呈块状，白色，迎风面正面和背面积灰厚度为 0.3mm 左右，说明有少量的酸凝结。可以看出 50℃与 60℃之间的某个温度为积灰形状变化的临界点，积灰峰由一个变成两个。

入口水温为 70℃时积灰峰为两个，0.5mm 厚，大概与迎风面夹角为 45°，干性积灰，较松散，用刷子容易刷下来，白色，迎风面正面和背面只有很薄的积灰，说明酸基本上无凝结。80℃入口水温时积灰与 70℃类似。

随着入口水温的升高，积灰形状发生了较大的变化，由一个峰值变成了两个峰值，由黏性积灰变成了干松性积灰。主要原因是在低温状态下，有大量酸凝结，能够黏结大量的灰分而不被烟气吹走，因此能够保持较高的峰值，如图 3-54（a）所示。在高温状态下，凝结的酸液很少，灰分黏接力不大，而烟气流速较高，因此迎风面的灰都会被吹到两边，从而形成两个峰值，如图 3-54（b）所示。

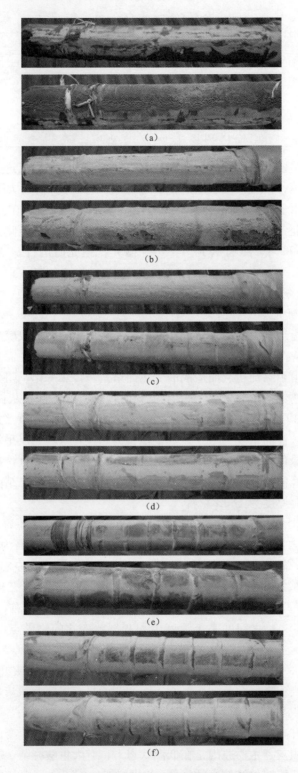

图 3-53　各循环水温下实验管积灰实物图

(a) 循环水温为 30℃；(b) 循环水温为 40℃；(c) 循环水温为 50℃；(d) 循环水温为 60℃；

(e) 循环水温为 70℃；(f) 循环水温为 80℃

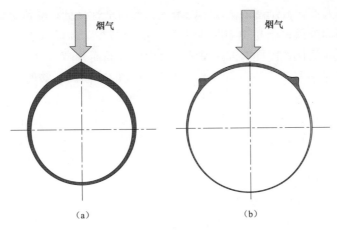

图 3-54　积灰示意图

(a) 一个峰值；(b) 两个峰值

图 3-55 所示为积灰速度随温度变化图，可以看出随着温度的降低，积灰速度急剧上升，尤其是壁温在水露点以下的两个点。当壁温超过水露点后，积灰量明显减少。在本文研究范围内，积灰速度随壁温升高而降低，70℃与80℃两个工况下积灰速度基本相当。由于壁温的不同导致凝结酸量的不同，凝结酸量的不同导致积灰的不同，积灰量的不同必然影响到管壁的露点腐蚀量。

2. 材料耐腐蚀性能

图 3-56 所示为入口水温对各材料腐蚀速率的影响，316L 的腐蚀量随着入口水温的升高而降低；Corten 钢及 ND 钢在 60℃之前腐蚀随着温度的升高而减轻，60～80℃之间腐蚀随着温度的升高而增强；20G 及 20 号钢在 70℃之前腐蚀随着温度的升高而减轻，40～80℃之间腐蚀随着温度的升高而增强。除 316L 外，其余四种材料的腐蚀速率呈现出先降低后升高的趋势，ND 钢的升高趋势不明显。

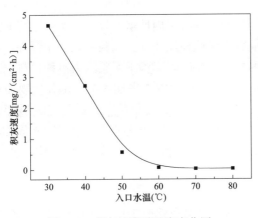

图 3-55　积灰速度随温度变化图

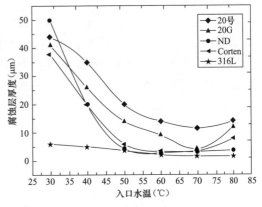

图 3-56　入口水温对各材料腐蚀速率的影响

传统理论认为：壁温在水露点以下时，大量的水与酸凝结，再加上其他酸性气体也溶于水中，因此腐蚀速率很高；壁温在水露点以上时，只有稀硫酸凝结，因此腐蚀速率大大降低，且随着壁温的升高，凝结酸的浓度不断增大，反应活性降低，酸量也减少，因此腐蚀速率随着壁温的升高而降低；当超过 60℃时，虽然酸量减少，硫酸浓度升高，但是由于壁温的升高，提高了反应活性，因此腐蚀速率随着壁温的升高而升高。

70、80℃腐蚀速率大于 60℃，除了传统理论所说的壁温高，酸的活性大以外，还有一个重要因素是积灰量的减少。从积灰量随温度变化图 3-55 中可以看出，从 60℃开始，积灰量急剧下降，70、80℃的积灰量是 60℃的 1/2，导致灰分对酸的吸收和中和作用大大降低，使得部分冷凝的硫酸接触到了管壁所致。从材料腐蚀速率对比图 3-56，看出入口水温高于 40℃以后，五种材料的耐腐蚀能力为 316L＞ND＞Corten＞20G＞20 号，耐腐蚀钢 316L、Corten 钢及 ND 钢的耐腐蚀能力明显强于普通的 20G 及 20 号。

（三）燃生物质烟气的露点腐蚀实验

生物质能源具有资源丰富、可再生且分布地域广、可实现 CO_2 零排放、大气污染排放少等优点，受到各国重视。生物质直燃发电有效降低温室气体 CO_2 和污染物的排放并促进生物质燃料规模化应用。在我国现有的生物质直燃电厂中，排烟温度较高（150℃或者以上），余热潜能巨大。

目前，越来越多传统的煤粉燃烧机组采用烟气深度冷却技术回收烟气余热，将排烟温度由 150℃降至 90℃左右。课题组研究燃煤机组在烟气深度冷却条件下露点腐蚀与积灰的耦合机理，提出当金属壁面温度低于 60℃时，HCl 气体的冷凝导致材料及涂层的严重腐蚀，建议排烟温度要高于 60℃。同时，研究了多种材料的抗露点腐蚀性能。但是，在生物质电厂仿照燃煤电厂进行烟气余热利用时，由于生物质燃料成分较传统煤差异较大，即高 K 和 Cl，低 S，因而研究烟气深度冷却条件下积灰与露点腐蚀具有重要的意义。

本文以 ND 钢和 316L 不锈钢为研究对象，以 65t/h 生物质循环流化床锅炉尾部烟道为实验平台，进行积灰与露点腐蚀特性实验，主要研究在烟气深度冷却条件下，受热面积灰与酸结露腐蚀的外部特性，采用 XRF、XRD、SEM、EDS 对实验后的灰样、腐蚀试样进行分析，以揭示材料积灰与露点腐蚀机理，从而指导在生物质燃料电厂中的烟气余热利用。

1. 实验装置及方法

西安交通大学发明的露点腐蚀实验装置采用套管结构实现内部水循环，与实验系统的外部水循环连接，从而建立不同的金属壁温，完成露点腐蚀性能研究。实验系统工作原理：以水为内部循环工质，为避免异种材料焊接带来的电位差影响，实验中实验段为单种材料，相同温度工况的两种材料实验装置并联，如图 3-57 所示。实验段水平插入某 65t/h 生物质循环流化床锅炉布袋除尘器之后的竖直烟道，其中除尘器出口烟气温度为 158℃。实验期间，锅炉燃料为麦秆、玉米秆、花生壳、树皮及稻谷壳的混合物。现场获取混合物的元素成分与灰分分析结果如表 3-16 和表 3-17 所示。由苏联热力计算标准计算所得的水露点为 52.3℃。

2. 实验材料及处理

露点腐蚀实验研究的两种材料 316L 不锈钢和 ND 钢成分见表 3-18，两种材料管段均为 $\phi38\times4mm$ 无缝钢管。为研究壁温对积灰及露点腐蚀的影响，实验中控制循环水温为 35、45、55、60、70、80℃和 90℃ 7 个工况，每个温度实验时间为 96h。

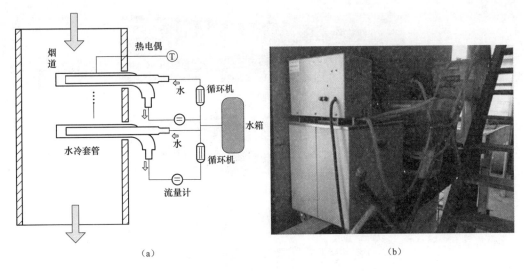

（a）

（b）

图 3-57 露点腐蚀实验系统简图

（a）系统简图；（b）现场图

表 3-16 生物质燃料分析结果

成分	M_{ad}	A_{ad}	V_{ad}	FC_{ad}	S_{daf}	C_{daf}	H_{daf}	N_{daf}	O_{daf}	Cl
含量（%）	5.5	9.96	67.07	17.47	0.14	50.2	6.25	0.9	42.51	0.202

表 3-17 生物质灰分分析

成分	Fe_2O_3	Al_2O_3	CaO	MgO	TiO_2	SiO_2	SO_3	K_2O	Na_2O	P_2O_5
含量（%）	4.67	14.68	7.89	2.08	0.95	51	1.02	3.37	1.05	0.18

表 3-18 实验材料成分

成分	C	Si	Mn	P	S	Cr	Ni	Sb	Mo	Cu
ND	0.078	0.261	0.480	0.08	0.010	0.809	—	0.061	—	0.287
316L	0.020	0.70	1.28	0.035	0.005	16.95	10.12	—	2.06	

现场实验结束后，观察实验管积灰形貌特性并取灰样，用毛刷清除表面积灰后对实验段切割，依次经 400 号、800 号、1200 号和 2000 号砂纸打磨后抛光，然后进行 SEM 和 EDS 分析。取出的灰样进行 XRF 与 XRD 分析。

3. 管外积灰特性

图 3-58 显示了不同进口水温下实验管段积灰形貌特征。当进口水温低于 55℃时，实验管段背风侧发生明显的剥落，且存在液体流经的白色痕迹，如图 3-58 中椭圆标记。进口水温为 45℃时实验管段迎风侧也发生剥落。而当进口水温高于 55℃时，实验管段未发生剥落。说明实验温度区间内进口水温较低时管壁面冷凝的液体减弱了积灰与管壁间的附着力。

为进一步分析积灰的微观特性，对进口水温为 35℃时实验管外积灰进行了 XRD 和 XRF 分析，通过宏观观察将积灰分为外层、内层和耦合层三层，结果如图 3-59 所示。外层积灰与内层基本相同，主要由 NH_4Cl、SiO_2 和 $(NH_4)_2SO_4$ 组成，而耦合层主要包含 NH_4Cl 和

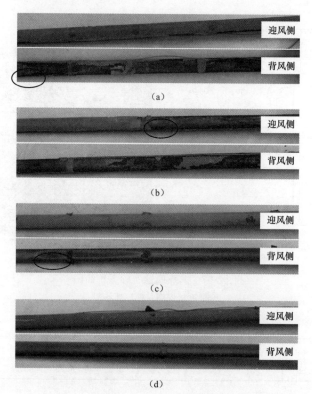

图 3-58　不同进口水温下实验管段积灰形貌

(a) 35℃；(b) 45℃；(c) 55℃；(d) 70、80、90℃

SiO_2，且 NH_4Cl 的含量明显降低，并且出现了 $FeCl_3$、$FeOOH$ 和 $Fe_8O_8(OH)_8Cl_{1.35}$。同时，对管外腐蚀层进行 XRD 分析显示，腐蚀层的主要成分为 $\beta\text{-}FeOOH$、$Fe_8O_8(OH)_8Cl_{1.35}$，以及少量的 $FeCl_2$。其中，$\beta\text{-}FeOOH$ 是在 Cl^- 环境中由铁盐转化而成，$Fe_8O_8(OH)_8Cl_{1.35}$ 是 Fe^{3+} 转化为 Fe_2O_3 的中间产物[59]。由此可以判断，Cl^- 扩散到氧化层内部并促进了氧化层生成。

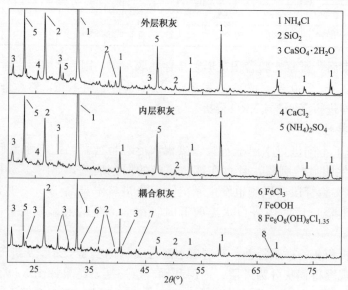

图 3-59　35℃入口水温管外各层积灰 XRD 图

图 3-60 显示了 55℃入口水温管外各层
积灰中重要元素含量分布图。从积灰外层
到内层，Cl 和 N 元素含量降低，与 3-59
图谱中相吻合；O 和 S 元素含量增加，说
明管外腐蚀中金属的氧化占很大的比例，
耦合区灰样已与冷凝液发生反应。

积灰中 NH_4Cl 的来源[60]，生物质电
厂燃料掺杂的土壤中含有的 NH_4Cl 进入锅
炉受热分解并在尾部烟道重新生成，其反
应方程式为

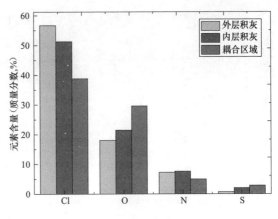

图 3-60　55℃入口水温管外各层积灰中
重要元素含量分布图

$$NH_4Cl_{(s)} = NH_{3(g)} + HCl_{(g)} \qquad (3-15)$$

$$NH_{3(g)} + HCl_{(g)} = NH_4Cl_{(s)} \qquad (3-16)$$

考虑在本实验过程中，燃料混入的土壤质量与生物质燃料质量相比基本可以忽略不计，
且在循环流化床炉膛内生物质热解会生成大量 NH_3，本研究认为，NH_3 主要来源于生物质
的热解与相关转化，由于循环流化床锅炉特点，部分 NH_3 未被氧化进入尾部烟道，同时，
生物质的热解也会产生大量 HCl，反应为

$$2KCl + nSiO_2 + H_2O = K_2O(SiO_2)_n + 2HCl \qquad (3-17)$$

$$R\text{-}COOH_{(s)} + KCl_{(s)} = R-OOK_{(s)} + HCl \qquad (3-18)$$

生成的盐酸蒸汽一部分在过热器处与金属基体反应，生成氯化物，促进结渣。另一部分
在烟气中直接与 NH_3 反应，生成 NH_4Cl 颗粒后部分附着于管表面。

4. 露点腐蚀特性

图 3-61 显示了 35℃入口水温下两种材料管外腐蚀层 SEM 形貌图。316L 不锈钢表面发
生严重的点腐蚀，而 ND 钢表面发生均匀腐蚀且腐蚀较 316L 严重，此外，观察到 ND 钢腐
蚀层出现多道裂纹，说明含氯化物的腐蚀产物较脆，易剥落，在实验条件下 316L 不锈钢的
性能优于 ND 钢。

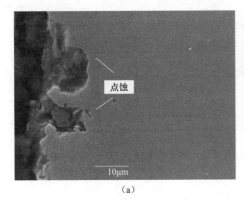
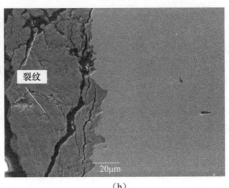

图 3-61　35℃入口水温下两种材料管外腐蚀层 SEM 形貌图
(a) 316L；(b) ND 钢

为了确认腐蚀层的结构特征并测量腐蚀层厚度，因为剥落的灰层会带走一部分腐蚀产
物，所以在 SEM 下观察灰层切面。图 3-62 所示为 35℃进口水温下 ND 钢管外灰层 SEM 图。

图 3-62 入口水温 35℃ ND 钢试样管
外积灰切面 SEM 形貌

对积灰切面的 SEM 观察可见，在灰贴近管壁的一侧存在致密层和疏松层，EDS 点分析见表 3-19，该区域物质主要元素为 Fe、O，并存在少量的 S、Cl，推断耦合区为冷凝 HCl 及少量 H_2SO_4 与氧化层反应产物，如图 3-62 中椭圆标记。

图 3-63 为进口水温为 80℃时的 ND 钢管外与灰层 SEM 形貌，此时，管外氧化层未出现分层，腐蚀层较致密；灰层内侧疏松层较薄，积灰颗粒粒径呈现出明显的分层差异，其中白色层为冷凝液与管壁氧化物的反应产物，称耦合区，如图 3-63（b）中椭圆标记，该层厚度明显小于图 3-63（a）。

表 3-19   35℃入口水温管外积灰能谱分析

成分	O	S	Cl	Fe	N
点 012（质量分数，%）	44.32	0.60	0.70	45.31	—
点 013（质量分数，%）	34.84	0.81	1.22	54.66	1.77

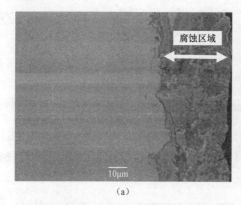

(a)

(b)

图 3-63   80℃入口水温 ND 钢试样管外腐蚀层与积灰切面 SEM 形貌
(a) 腐蚀区域；(b) 耦合区域

5. 入口水温对腐蚀层厚度的影响

图 3-64 所示为 ND 钢腐蚀层厚度变化趋势图，其中腐蚀层厚度包括管外与积灰腐蚀层。由图 3-64 可知 ND 钢腐蚀量随入口水温的升高而降低：在进口水温低于 55℃时，整体腐蚀速率较快，且凝结水量对腐蚀速率影响较大。此时，由于壁面温度低于水露点 52.3℃，大量酸伴随水凝结于管壁，与管表面氧化层反应，形成疏松层，Cl^- 等腐蚀物质进一步向氧化层内部扩散，加快了腐蚀速率；

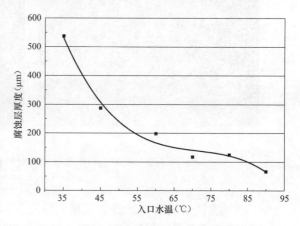

图 3-64   ND 钢腐蚀层厚度随入口水温变化曲线

在 60～90℃，腐蚀速率相对稳定，随温度升高略有降低，此时凝结酸液量较少，且随温度升高进一步减少，酸液与灰分碱性物质及管外氧化层反应后难以继续向基体侧扩散，因而腐蚀层较薄，主要为基体氧化产物。

6. 积灰与露点腐蚀机理

通过 ND 钢管外积灰特性和露点腐蚀特性研究，传热管外由积灰层、耦合层和腐蚀层组成，其中耦合层起重要的作用。通过上文介绍，耦合层是冷凝液与积灰层反应的区域。当入口水温低于 60℃，管壁温度位于水露点附近时，管表面由于水汽凝结存在大量酸液。在反应过程中，冷凝液与基体反应，同时，吸收积灰，形成耦合层，随着冷凝液中的 Cl^- 不断腐蚀基体，先前生成的腐蚀层逐渐转化成耦合层，然后不断重复该过程。同时，烟气中的氧气可以继续扩散至基体界面，生成氧化层。当入口水温高于 60℃，此时管壁凝结的酸液量有限，与管壁原有氧化层反应，并捕捉烟气中的碱性物质和颗粒形成较薄的灰层后，无法进一步向基体扩散；烟气中的氧气穿过积灰与腐蚀层到达基体界面，反应生成主要的氧化层。

生物质电厂尾部烟道管外积灰的主要成分为 NH_4Cl、SiO_2、$CaCl_2$ 及少量硫酸盐；其中 NH_4Cl 来源与生物质热解产生的 NH_3 与冷凝在管壁的 HCl 反应，或在烟气中与 HCl 蒸汽反应生成 NH_4Cl 沉积于管外。实验条件下 316L 主要发生局部点蚀，未形成连续腐蚀层，而 ND 钢则发生均匀腐蚀，316L 不锈钢的抗露点腐蚀性能优于 ND 钢。传热管管外物质主要有积灰层、耦合层和腐蚀层，其中腐蚀层起到关键作用。腐蚀层中主要是 Cl^- 的腐蚀作用。水露点温度直接影响传热管表面积灰与露点腐蚀的耦合作用，当进口水温高于水露点温度时，腐蚀主要以氧化为主；而当进口水温低于水露点温度，腐蚀则以盐酸腐蚀为主。

三、空气预热器露点腐蚀特性研究

前文已述，空气预热器因其冷端的进口冷空气温度较低，冷端的金属壁面温度低于硫酸露点温度，因此，空气预热器是最早使用的烟气深度冷却器。

空气预热器布置在锅炉的低温换热区，易发生受热面的低温腐蚀。烟气中含有 SO_3，会与水蒸气形成露点温度较高的硫酸蒸汽，当壁面温度低于硫酸露点温度时，硫酸蒸汽在受热面管壁上冷凝而受热面金属严重腐蚀，即低温腐蚀。强烈的低温腐蚀通常发生在空气预热器的冷端，因为此处受热面的温度最低，低温腐蚀造成空气预热器受热面金属的破裂穿孔，使空气大量漏到烟气中，致使送风不足，炉内燃烧恶化，锅炉效率降低，影响锅炉的安全经济运行。另外，壁温低于硫酸露点温度时，酸液凝结并引起黏结性积灰，导致传热元件通道堵塞，发生严重堵灰。

另外，近年来我国对燃煤机组的环保要求日益严格，各燃煤机组为达到氮氧化物排放量的要求，纷纷在烟道中投运大量选择性催化还原（SCR）和非选择性催化还原（SNCR）脱硝设备。这些脱硝设备在运行过程中会喷入大量液氨或尿素等还原剂，其中有相当一部分氨气会挥发并随烟气排放，造成氨逃逸[61]。由于逃逸的氨气有可能与烟气中的三氧化硫生成硫酸氢铵，而生成的硫酸氢铵在 150℃ 左右即可在金属管壁上凝结，进而对金属管壁造成腐蚀。不仅如此，硫酸氢铵还是一种黏性很强的物质，会粘连灰分从而形成积灰、粘灰、甚至堵灰，积灰中的一些成分又会加剧腐蚀[62]。

本节研究某 300MW 燃煤机组的空气预热器的积灰腐蚀特性，在空气预热器的积灰腐蚀部位进行取样分析，采用 X 射线荧光光谱分析（XRF）、X 射线荧光衍射分析（XRD）、扫描电子显微镜（SEM）以及能谱分析（EDS），对空气预热器的积灰、腐蚀产物和金属试样进行深入分析，揭示电站锅炉空气预热器的低温积灰腐蚀机理，为解决电站锅炉空气预热器的积灰堵塞和腐蚀问题提供切实的技术参考。

（一）空气预热器介绍及取样

积灰腐蚀试样取自某300MW电站锅炉的空气预热器，锅炉为单炉膛Ⅱ型布置、亚临界中间再热、自然循环锅炉，额定负荷下蒸发量为1025t/h，过热蒸汽压力为18.1MPa、温度为541℃。再热蒸汽压力为3.72MPa、温度为541℃。

锅炉设计煤种为贫煤，运行中掺烧烟煤，入炉煤分析平均值见表3-20。空气预热器为三分仓容克式空气预热器，额定工况下运行参数见表3-21。空气预热器热端采用DU型传热元件，材料为碳钢；冷端采用NF型传热元件，材料为Corten钢。空气预热器冷端传热元件在2009年安装，已运行约6年。

表 3-20 入炉煤质分析分均值

成分	M_t（%）	M_{ad}（%）	A_{ar}（%）	V_{daf}（%）	$S_{t,ar}$（%）	$Q_{net,ar}$（MJ/kg）
参数	7.7	0.89	26.90	20.92	1.18	21.81

表 3-21 空气预热器运行参数

参数	单位	数值
进口烟气温度	℃	350～370
出口烟气温度	℃	130～140
进口空气温度	℃	0～38
出口空气温度	℃	290～310
转速	r/min	0.99
烟气流速	m/s	10

锅炉停炉后，对空气预热器进行解体，分成若干个模块。图3-65所示为空气预热器最下侧冷端模块，可看出部分气体通道已发生严重堵塞。从空气预热器最下侧冷端模块取下波纹板及定位板，波纹板如图3-66所示，波纹板和定位板发生严重积灰和腐蚀，在波纹板和定位板表面取样分析，然后对金属基体进行分析。

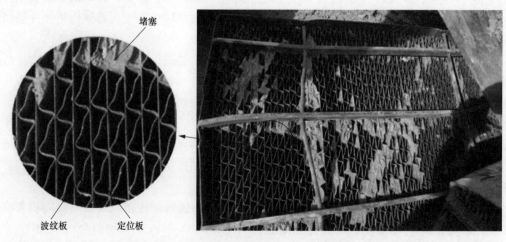

图 3-65 空气预热器最下侧冷端模块

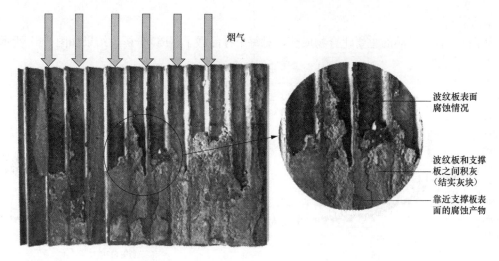

图 3-66 空气预热器最下侧冷端模块的波纹板

（二）实验内容及分析方法

对该空气预热器各积灰腐蚀部位进行取样，样品说明见表 3-22，然后对样品进行研磨。从空气预热器冷端最下侧模块的波纹板和定位板上切割金属试样，用亚克力冷镶嵌料将试样浇铸起来后，再进行打磨抛光处理。

表 3-22   样 品 说 明

编号	说明
1	空气预热器最下侧冷端模块的波纹板表面黏结积灰，呈赤黄色，为结实灰块
2	空气预热器最下侧冷端模块的波纹板表面腐蚀产物，呈暗红色，脱落时为片状
3	空气预热器最下侧冷端模块的上部板间积灰，为浅黄色易碎灰块
4	空气预热器前烟道积灰，呈颗粒状，颜色为灰白色

利用 XRF 定量分析每个样品中各主要元素的含量，利用 XRD 检测每个样品主要元素的化合物形态，利用 SEM-EDS 分析样品和金属试样的微观形貌和成分，综合以上分析结果，提出造成该锅炉空气预热器低温腐蚀和积灰的主要原因。

（三）分析结果及讨论

1. XRF 分析

对样品进行 XRF 分析，得到各样品中的主要元素及其含量，结果见表 3-23。从表 3-23 可以看出，样品 4 中主要是 Fe、Al、Si 和 O，而 Ca、S、K、Ti、和 Mg 等相对较少。与烟道积灰相比，样品 1 中 S 和 Fe 含量明显偏高，样品 2 中 Cu、Mn、Cr、S 和 Fe 含量明显偏高。样品 3 的元素含量与烟道积灰比较相似。另外，样品 1 中 S 元素含量最高，而样品 2 中 Fe 元素含量最高。

表 3-23   样品 XRF 分析结果

样品	Cu	Mn	Cr	Na	Mg	Ti	K	Ca	S	Fe	Al	Si	O
1	0.02	0.03	0.04	0.22	0.22	0.92	1.06	3.63	5.99	10.40	14.00	16.20	46.70
2	0.16	0.22	0.20	0.09	0.13	0.19	0.26	0.66	2.88	48.90	4.77	4.51	36.80
3	0.03	0.07	0.03	0.48	0.65	1.38	2.36	3.43	1.26	4.46	18.20	22.70	44.40
4	0.02	0.04	0.03	0.38	0.34	1.02	1.66	2.89	1.69	5.16	17.90	22.30	46.50

2. XRD 分析

为了确定各个样品的主要化合物成分，对每个样品做了 XRD 分析，结果如图 3-67 所示。

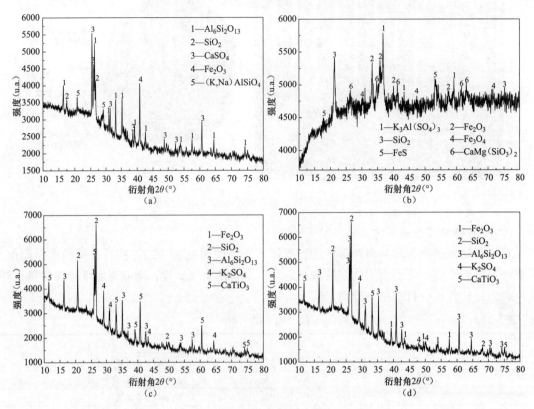

图 3-67　样品 XRD 分析图谱

(a) 样品 1；(b) 样品 2；(c) 样品 3；(d) 样品 4

从图 3-67 可知，烟道积灰主要由 Fe_2O_3、SiO_2、$Al_6Si_2O_{13}$、K_2SO_4 和 $CaTiO_3$ 组成，冷端模块上部板间积灰的成分接近烟道积灰成分。冷端模块波纹板表面黏结积灰的主要成分为 $Al_6Si_2O_{13}$、SiO_2、$CaSO_4$、Fe_2O_3 和 (K, Na) $AlSiO_4$，而波纹板表面腐蚀产物中含有较多的含 Fe 化合物，主要包括化合物 $K_3Al(SO_4)_3$、Fe_2O_3、SiO_2、Fe_3O_4、FeS 和 $CaMg(SiO_3)_2$。

3. SEM-EDS 分析

利用描电镜 SEM 观察金属试样横截面的微观组织结构，分析结果如图 3-68 所示。从图 3-68 可以看出，波纹板表面两侧均有明显的氧化层，发生全面而均匀的腐蚀，波纹板表面沉积物从基体向外可依次分腐蚀层、耦合层和积灰层。腐蚀层较为致密，但是也易于与基体分离；耦合层内颗粒致密，呈黏结状，基本无气孔，与腐蚀层紧密相连；积灰层相对疏松，易于脱落，由大颗粒和小颗粒共同堆积而成，大颗粒上有明显气孔。

为进一步探查不同区域的元素组成，利用 EDS 进行能谱分析，结果如图 3-69 和表 3-24 所示。从分析结果可知，腐蚀层中 Fe 元素含量最高，耦合层中 S 元素含量最高。

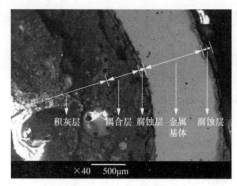

图 3-68　SEM 分析结果　　　　　　图 3-69　EDS 分析区域示意图

表 3-24 EDS 分析结果

编号	O	F	Na	Mg	Al	Si	S	Cl	K	Ca	Fe	Cu
15	0.44	—									99.1	0.22
20	35.6	5.2	0.4	0.3	9.38	7.54	3.18	0.83	0.8	0.61	36.1	—
21	35.3	5.54	—		10.1	6.74	3.38				38.9	—
16	49.2	—	0.67	0.25	10	12.4	8.13		0.71	5.31	13.3	
17	56.7	—	2.19	—	12.1	19.3	3.64		1.27	2.09	2.78	
18	66.8	5.03	0.95	—	12	13	2.2				—	
19	65.1	2.27	1.59	—	12.3	16.6	2.16					

4. 积灰腐蚀机理分析

综合 XRF、XRD 和 SEM-EDS 的分析结果可知，腐蚀层、耦合层和积灰层中硫元素含量均较高，而未发现氮元素或氨的化合物，这充分证明空气预热器发生的低温腐蚀主要是低温硫酸露点腐蚀而非氨逃逸所造成的硫酸氢铵腐蚀。另外，分析结果表明，腐蚀产物主要为硫化铁、氧化铁和四氧化三铁，可推测该低温腐蚀过程为化学腐蚀与电化学腐蚀综合腐蚀，反应[63]为

$$Fe_2O_3 + 6H^+ + 3SO_4^{2-} \longrightarrow 3H_2O + 2Fe^{3+} + 3SO_4^{2-} \tag{3-19}$$

$$Fe + 2H^+ + SO_4^{2-} \longrightarrow H_2 + Fe^{2+} + SO_4^{2-} \tag{3-20}$$

$$4Fe + 8H^+ + 4SO_4^{2-} \longrightarrow 4H_2O + FeS + 3Fe^{2+} + 3SO_4^{2-} \tag{3-21}$$

$$Fe_2O_3 + 5Fe + 8H_2SO_4 \longrightarrow H_2 + 7H_2O + FeS + 4FeSO_4 + Fe_2(SO_4)_3 \tag{3-22}$$

在低温换热过程中，黏结积灰与腐蚀往往是同时发生的，耦合层中硫含量最高，说明硫酸冷凝促进了黏结积灰的形成，积灰使换热器传热性能减弱，造成受热面壁温降低。当积灰较多时，金属板壁的表面被沉积的灰分覆盖，灰分可以吸收酸液，且其中含有的碱性氧化物也可以中和酸。酸液已经不能轻易与金属表面相接触，而烟气则可以透过积灰与管壁表面相接触，由于管壁面附近烟气中又含有大量的水蒸气、氧气及酸蒸汽，因此会发生氧化还原反应，腐蚀产物主要为铁与氧的化合物。

经过上述分析可知，低温积灰腐蚀耦合发生的过程是：首先发生金属及金属氧化物与酸的反应，产物主要是铁的硫酸盐，很快管壁面会被积灰覆盖，接下来在外层发生的是积灰与酸液的反应，形成黏性积灰，而在内层发生的是管壁面与水、氧及酸蒸汽的氧化还原反应。

上述通过现场取样对某 300MW 燃煤锅炉空气预热器的积灰腐蚀特性进行分析，揭示了电站锅炉空气预热器的低温积灰腐蚀机理，得出如下结论：

（1）波纹板表面沉积物腐蚀层、耦合层和积灰层中硫元素含量均较高，而未发现氮元素或氨的化合物，表明低温腐蚀主要是低温硫酸露点腐蚀，而不是逃逸氨所导致的硫酸氢铵腐蚀。另外，腐蚀产物主要为硫化铁、氧化铁和四氧化三铁，可推测该低温腐蚀过程主要是化学腐蚀与电化学腐蚀。

（2）黏结积灰与腐蚀往往是同时发生，耦合层中硫含量最高，说明硫酸冷凝促进了黏结积灰的形成，积灰使换热器传热性能减弱，造成受热面壁温降低。

（3）低温积灰腐蚀耦合发生的过程是：腐蚀初期，主要是金属及金属氧化物与酸的反应，产物主要是铁的硫酸盐，很快管壁面会被积灰覆盖，灰分可以吸收酸液，且其中含有的碱性氧化物也可以中和酸，并形成黏性积灰，而在内层发生的是管壁面与烟气中的水、氧及酸蒸汽的氧化还原反应。

（4）为避免空气预热器的低温积灰腐蚀，应使受热面壁温高于硫酸露点温度，此时应采用提高冷空气温度的方法来提高，可增加暖风器来预热冷空气，而传统暖风器一般采用蒸汽进行加热，故建议利用烟气冷却器吸收的热量加热空气，可代替常用的蒸汽加热式暖风器，节省大量蒸汽。

四、烟气深度冷却器露点腐蚀特性研究

（一）除尘器后露点腐蚀与积灰的耦合原理实验研究及分析

1. 实验装置及材料

本实验使用上文中提出的烟气深度冷却露点腐蚀检测及装置，选择常见的 ND 钢、BNS 钢、316L 不锈钢、表面超音速等离子喷涂 Ni-Cr-Mo 涂层、表面渗镍五种材料作为研究对象，主要研究电厂系统采用烟气深度冷却器后，通过对受热面腐蚀的微观分析和元素迁移规律及黏性积灰特性、成分，综合揭示传热管材料积灰与露点腐蚀耦合作用，探究露点腐蚀机理。测量各种材料在不同壁面温度下的腐蚀量，绘制腐蚀量随壁面温度的变化曲线，为烟气冷却器筛选耐腐蚀性较好的材料，提出增强锅炉尾部受热面传热管工程寿命的安全壁面温度。

本实验以广东省大唐潮州电厂 1000MW 超超临界 3 号机组为实验平台。该锅炉为哈尔滨锅炉厂有限公司生产超超临界变压运行直流锅炉，实验持续 300h，此间锅炉负荷维持在 1000MW 左右，排烟温度为 130℃左右，由苏联公式计算出硫酸露点温度为 98.0℃，水露点温度为 43.5℃。

本实验将实验装置安装到锅炉尾部静电除尘器与脱硫塔之间的水平烟道上进行实验，实验点如图 3-70 所示。实验管段是由 5 种不同材料的实验管段焊接而成的组合管段，后续的材料处理与上文所述相同。

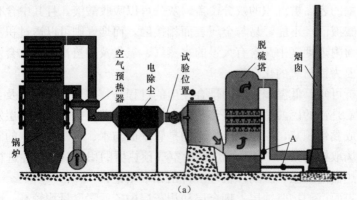

(a)

图 3-70 实验点位置示意图（一）

(a) 实验点位置示意图

(b)

图 3-70　实验点位置示意图（二）

(b) 现场图

2. 实验结果及分析

取出实验管段后，积灰和腐蚀情况分析如下：在 40℃壁面温度下，管壁形成一个与迎风面夹角为 0°积灰峰值。积灰呈淡黄色、干燥的黏性块状，锋面角度为 120°。当壁面温度为 50℃和 60℃时，实验段迎风面无明显积灰峰值，颜色为淡黄色。积灰内层为黏性积灰而外层为干性积灰。在 70℃和 80℃壁面温度的外界条件下，管壁存在两个与迎风面夹角为 45°的积灰峰，干性积灰厚度为 1.0mm，十分牢固，呈白色粉末状，可以推断出壁面温度 60℃与 70℃之间的某个温度是积灰形态发生变化的临界点，即积灰峰由一个转变成两个。而在 90℃壁面温度下，干性积灰层薄且松散，呈白色，附着力较差。不同壁温积灰厚度见表 3-25。

表 3-25　　　　　　　　　　　不同壁温下的积灰厚度

壁面温度（℃）	40	50	60	70	80	90
积灰厚度（mm）	6	5	4.8	1.0	0.8	0.5

通过观察管外壁积灰的形貌可以得出：在壁面温度为 40～60℃时，积灰层较厚，初步判断大量酸液在该温度段凝结于管外壁，烟气中的飞灰一部分与酸反应，另一部分溶于酸液，产物附着于管外壁，从而形成较厚的黏性积灰。在壁面温度为 70～90℃时，管外壁形成的白色积灰层很薄，推断该温度区间中酸蒸汽的凝结量骤减及烟气气流的冲刷作用，积灰沉积量减少。

在壁面温度为 40～60℃时，套管表面积灰较厚且明显分为 3 层，因此把积灰分为外层、中层及内层 3 层作进一步处理。管外壁积灰内层颜色为红褐色，中间层为青绿色，最外层则为淡黄色。同时，为进一步了解积灰过程及其与露点腐蚀的耦合过程，对 3 层积灰进行了 XRD 分析，测量出了 3 层积灰内的主要化合物及其成分。各层积灰的主要成分见表 3-26。外层灰分的 XRD 分析结果如图 3-71 所示。

表 3-26　　　　　　　　　　　各层积灰的主要成分

外层	SiO_2	Al_2O_3	$CaSO_4 \cdot 2H_2O$	$Al_6Si_2O_{13}$
中层	$KFe_2(SO_4)_2(OH)_4$	Fe_2O_3	$CaSO_4 \cdot 2H_2O$	$Al_6Si_2O_{13}$
内层	$Al_{12}(SO_4)_5(OH)_{26}$	$FeFe_2O_4$	$CaSO_4 \cdot 2H_2O$	$FeCl_2 \cdot 2H_2O$

积灰主要由 SiO_2、Al_2O_3、$CaSO_4 \cdot 2H_2O$、$Al_{12}(SO_4)_5(OH)_{26}$、$Al_6Si_2O_{13}$、$FeCl_2 \cdot 2H_2O$ 组成，最外层灰中成分接近飞灰成分，随着酸液的冷凝，主要是 CaO 中和了凝结的酸，反应后形成 $CaSO_4 \cdot 2H_2O$，Al_2O_3、Fe_2O_3 与 K_2O 也参与了反应，形成了 Fe 与 Al 的硫酸盐，而盐酸则浸入基体，反应生成 $FeCl_2 \cdot 2H_2O$。通过观察灰中 SO_4^{2-} 的含量，发现中层灰中凝结的酸量最多，内层次之，外层最少。

当壁面温度为 70℃ 时，管外壁积灰主要含 SiO_2、Al_2O_3、$CaSO_4 \cdot 2H_2O$、$Al_2Fe_4(SO_4)_3(OH)_2$ 及少量的 CaO、Na_2O、MgO。而 90℃ 时积灰主要含 SiO_2、Al_2O_3、$CaSO_4 \cdot 2H_2O$、$Al_2(SO_4)_3$ 及少量的 K_2O、Na_2O、MgO，且 90℃ 时 SO_4^{2-} 明显比 70℃ 时少，说明了随着温度的升高硫酸冷凝越来越少。因为 XRD 无法准确地定量分析元素成分含量，为了清楚地了解积灰中各元素的含量，取部分灰样进行 XRF 分析。积灰中 Fe、S、Cl 含量随壁温的变化如图 3-72 所示。

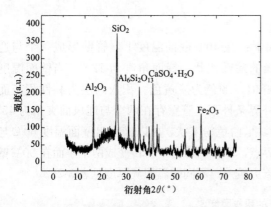

图 3-71 外层积灰的 XRD 图   图 3-72 积灰中 Fe、S、Cl 含量随壁温的变化

黏性积灰中元素主要包括 Ca、Fe、Al、Si、O、S、Cl 以及少量的 Na、Mg、K；随着壁面温度的升高，管外积灰的成分逐渐接近烟气中飞灰的成分，Fe、S、Cl 含量逐渐降低；积灰中的碱性氧化物，如 CaO、Fe_2O_3 会中和冷凝的酸液；同时，积灰中的 Fe、S、Cl 含量大大高于飞灰中的相应元素含量，说明基体腐蚀层 $Fe_2(SO_4)_3$、$FeCl_2$ 脱落到了黏性积灰中。

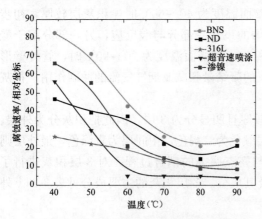

图 3-73 五种材料腐蚀速率对比图

通过对试样进行 SEM 观察，测量各种材料在不同壁面温度下的腐蚀量，绘制腐蚀量随壁面温度的变化曲线，如图 3-73 所示，传热管背风面的露点腐蚀最严重，中间部分和迎风面趋于缓和。从腐蚀形态来说，ND 钢表面发生均匀的全面腐蚀，BNS 钢发生全面腐蚀及局部选择性腐蚀，316L 发生点腐蚀。当温度低于 60℃ 热喷涂管涂层发生脱落，涂层与基体结合处发生电偶腐蚀，渗镍管在渗层和基体之间发生严重孔蚀；当温度高于 60℃ 时，热喷涂管只发生轻微的局部点蚀，渗镍管渗层外发生均匀腐蚀。

期间涉及均匀腐蚀、点腐蚀及选择性腐蚀等腐蚀。均匀腐蚀也叫全面腐蚀，整个金属表面均发生腐蚀，该腐蚀易于发现与控制，如 ND 钢。选择性腐蚀是指在金属材料发生局部腐蚀而表面大部分不腐蚀或者腐蚀轻微，点蚀是一种特殊的选择性腐蚀，不锈钢在含 Cl^- 的环境中易发生点腐蚀的倾向，如 316 不锈钢，增加不锈钢中的钼含量可以减弱点腐蚀倾向。

当壁面温度为 40、50℃时，316L 的腐蚀速率最低；壁面温度高于盐酸露点时，五种材料抗露点腐蚀能力为热喷涂管＞渗镍管≈316L＞ND 钢＞BNS 钢。

（二）除尘器前露点腐蚀与积灰的耦合原理实验研究及分析

1. 实验装置及材料

由于烟气深度冷却器还可以布置于除尘器之前，对除尘器前露点腐蚀与积灰的耦合原理进行研究也十分必要。选择常见的 ND 钢和 316L 不锈钢作为研究对象，主要研究烟气深度冷却器布置于静电除尘器之前时受热面的低温积灰腐蚀特性。测量各种材料在不同壁面温度下的腐蚀量，绘制腐蚀量随壁面温度的变化曲线，为烟气冷却器筛选耐腐蚀性较好的材料。并与放置于除尘器后受热面的低温积灰腐蚀特性进行对比分析，深入探讨烟气深度冷却器和合理布置方式。

本实验以华能长兴电厂 660MW 燃煤发电机组为实验平台，将新型低温积灰腐蚀实验系统安装在锅炉尾部空气预热器之后、烟气冷却器之前的垂直烟道上，实验段安装位置如图 3-74 所示。实验中循环介质温度控制壁温在 30、40、50、60、70、80、90℃ 7 个工况，每个实验段在烟道内布置时间为 72h。

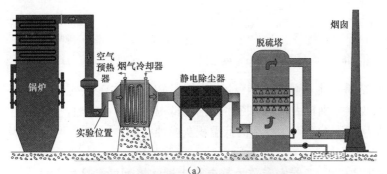

（a）

（b）

图 3-74　实验位置示意图
（a）实验位置示意图；（b）现场图

2. 实验结果及分析

通过观察试验段积灰形貌和积灰重量曲线（如图3-75所示）可以得出：当壁面温度小于或等于60℃时，积灰量迅速增大，初步判断大量酸液在该温度段凝结于管外壁，烟气中的飞灰一部分与酸反应，另一部分溶于酸液，产物附着于管外壁，从而形成较厚的黏性积灰。而在壁面温度为70～90℃时，试验段积灰很少，在背风面形成不均匀轻微积灰，说明该温度区间，酸液冷凝量很小甚至没有冷凝，同时由于大量灰颗粒的冲刷，管避表明很难形成稳定灰层。

各工况下各材料的腐蚀速率如图3-76所示。总体来看，ND和316L的腐蚀量均随着入口水温的升高而降低；ND在70℃以上时腐蚀速率较为缓慢，从70℃开始腐蚀迅速加重，推测为主要是硫酸在壁面发生冷凝造成的腐蚀速率上升。316L在70℃以上基本没有腐蚀层产生，60℃开始316L发生腐蚀，应主要是由于盐酸在壁面冷凝对金属基体造成腐蚀。

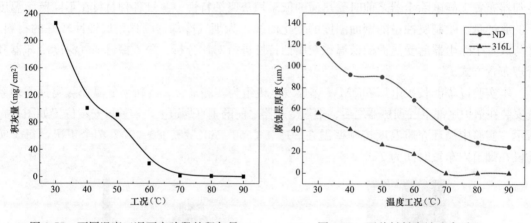

图3-75　不同温度工况下实验段的积灰量　　　图3-76　两种材料腐蚀速率对比

将本节实验结果与上节实验结果对比分析可知，总体露点腐蚀规律较为相似，但是70℃以上的积灰规律差别较大，对于除尘器前的低温积灰腐蚀实验，试验段上积灰很少，没有明显的稳定灰层，而对于除尘器后的低温积灰腐蚀实验，试验段上机会层均匀，积灰相对严重。

目前，电站锅炉的除尘器大多数为静电除尘器，将烟气深度冷却器布置于静电除尘器前，尽管换热管束上也会发生积灰，但是除尘前烟气中含有大颗粒烟尘，大颗粒烟尘对积灰有强烈的冲刷作用，积灰很少。因此，只要根据灰分成分进行沾污系数判断，选择合适的烟气流速，就可以保证H形翅片管不会发生积灰、磨损和露点腐蚀。反之，如果将烟气深度冷却器置于静电除尘器之后、脱硫塔FGD之前，99%以上的烟尘被静电除尘器ESP脱除，超细粉尘易在管壁上形成黏性积灰，并由于烟气中的大颗粒烟尘已经被静电除尘器ESP脱除，无法强烈冲刷换热管束上的超细粉尘积灰，随着运行的深入，超细粉尘会由于静电吸附力逐渐增厚，甚至堵塞烟道，而目前对于超细粉尘的沉积，还缺乏切实可行的清灰方法和措施。

另外，将120℃左右的排烟温度降低到90℃左右（接近或低于烟气的硫酸露点温度），烟尘比电阻会明显增大，从而可以大大提高静电除尘器的除尘器效率。另外，烟气冷却过程中，SO_3气体和Hg蒸汽大部分也会被凝并吸附在烟尘颗粒上，烟尘粒径也会增大，这样不仅可以提高除尘效率，也可以使 SO_3 和 Hg 在静电除尘器中与烟尘颗粒一起被脱除。由于烟气冷却过程中，SO_3 会被烟尘颗粒吸收凝并，可以避免 SO_3 与水蒸气反应生成硫酸蒸汽，凝结在换热管束表面，从而保护换热管不会发生硫酸露点腐蚀；之后吸收凝并了的烟尘颗粒随静电除尘器除尘，实现 95% 以上的脱除率，硫酸露点温度将降低到 70℃ 以下，不发生硫酸冷凝。

五、露点腐蚀和积灰的耦合协同作用机理

在燃煤锅炉中，积灰与露点腐蚀是同时存在的，在分析露点腐蚀时，黏性积灰是不可忽略的因素。以往的露点腐蚀研究主要集中在燃油锅炉，烟气中飞灰含量很少，因此在解释露点腐蚀机理时，积灰虽然被提及，但是并没有被当作主要因素来考虑。以燃煤锅炉为研究对象，积灰现象非常明显，因此把积灰作为影响露点腐蚀的主要因素来考虑，以此为基础来解释黏性积灰存在时的露点腐蚀机理。

（一）酸的凝结机理

在黏性积灰存在的情况下，酸的冷凝过程可以分为两个阶段，第一阶段是酸液冷凝于新鲜的管子表面，如图 3-77（a）所示，该情况对应于锅炉启动时或者是清灰后的状况。此时，管子表面直接暴露于烟气中，烟气中的水蒸气与硫酸蒸汽凝结在管壁面上，与金属及金属的氧化物反应，腐蚀速度非常快。

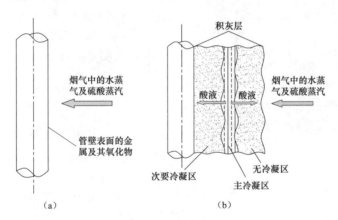

图 3-77 露点腐蚀过程示意图
（a）第一阶段；（b）第二阶段

随着时间的推移，管壁表面被积灰覆盖，积灰可以分为 3 层，即无冷凝区、主冷凝区与次要冷凝区，如图 3-77（b）所示。由于管壁面温度低于酸露点，而烟气温度高于酸露点温度，则必然在积灰层中的某一处温度正好等于酸露点温度，从该处起，酸液便开始冷凝；冷凝后烟气内的 SO_3 变少，虽然此时酸露点变低，但越靠近管壁，温度越低，酸液仍然在冷凝，即整个主冷凝段与次要冷凝段都有酸凝结，只不过酸的冷凝速率与积灰深度成反比。实验中，按 2% 的 SO_2 转化为 SO_3 来算，烟气中的 SO_3 量为 52mg/m³，按酸露点温度公式计算出的酸露点温度为 138℃，而当 SO_3 含量为 5.2mg/m³ 时，对应的酸露点温度为 115℃，即在 115~138℃ 之间，90% 的酸冷凝了，定义 90% 酸冷凝的区域为主冷凝区。假定积灰的导热系数恒定，则温度在积灰内部呈线性变化。以 35℃ 入口水温的情况为例，可以计算出，主冷凝区的厚度只占整个积灰厚度的 20%，酸液在薄薄的主冷凝区完成冷凝后与该区积灰

中的碱性氧化物进行反应或向两边区域扩散。次要冷凝区的厚度占整个积灰厚度的70％左右，但只承担10％酸液的冷凝，因此如果积灰较厚，主冷凝区的酸液很难通过次冷凝区到达金属表面进行腐蚀。

从积灰XRD分析中也可以看出，在积灰很厚的情况下，中层积灰内酸液的冷凝量最大，外层次之，内层最少，可以理解为主冷凝区在中层，冷凝后的酸液向外层与内层扩散，而由于主冷凝区离外层较近，因此外层的酸量较多，内层本身冷凝的酸量很少，且积灰较厚，扩散至内层的酸量较少。

随着积灰厚度的增加，3个区的位置和厚度也会发生变化。当积灰非常薄的时候，积灰表面温度低于酸露点，酸液在靠近积灰表面的某个烟气区域内便开始冷凝；随着积灰厚度的增加，3个区域的厚度都会增加，主冷凝区与无冷凝区离管壁表面越来越远，管壁的腐蚀速度也进一步降低。总之酸液的冷凝不是发生在管壁上，而是发生在主冷凝区，然后再向管壁扩散。

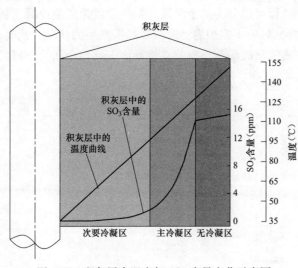

图3-78　积灰层中温度与SO$_3$含量变化示意图

积灰层中温度与SO$_3$含量变化示意如图3-78所示，该过程用扩散定律表达更为清晰。根据扩散定律，可以得到扩散到管壁面的SO$_3$量$dn(g)$与扩散系数$D(cm^2/s)$、横截面积A（cm^2）、扩散时间$dt(s)$及浓度梯度$dc/dy[g/(cm^3 \cdot cm)]$的关系（粗略假定）为

$$dn = DA\frac{dc}{dy}dt$$

其中烟气中SO$_3$的浓度梯度dc/dy主要是由于积灰层中温度降低而导致的冷凝，也就是说灰层中SO$_3$的浓度是由温度T控制的，是T的函数，而T是位置y的函数，即

$$c = f(T) = f(y) \tag{3-23}$$

影响dn的另一个主要因素是扩散系数D，D主要与积灰有关，由于烟气要穿越积灰层到达管壁表面，必然受到积灰层的阻力，而该阻力主要与积灰厚度θ及积灰的堆积密度ρ有关，即

$$D = f(\theta,\rho) \tag{3-24}$$

而积灰厚度θ和密度ρ的主要因素有管壁温度T_b、灰的化学成分x、烟气中的SO$_3$浓度c_g、烟气速度v_g等，即

$$\theta = f(T_b,x,c_g,v_g) \tag{3-25}$$

由此可得出积灰存在状况下向管壁的扩散量为

$$\rho = f(T_b,x,c_g,v_g) \tag{3-26}$$

（二）管壁面的腐蚀机理

酸凝结之后，才能发生对管壁的腐蚀。以30℃入口水温下的ND钢为例，分析露点腐

蚀原理，对腐蚀层由外到内进行点能谱分析，分析各元素的迁移规律。

从图 3-79 可以看出，腐蚀层中含量最多的是 O 元素，由外到内逐渐减少，但是均在40％左右；S 含量也是由外到内逐渐减少，在腐蚀层中没有出现峰值；在靠腐蚀层很近的基体内，几乎检测不到污染物的存在，因为露点腐蚀主要是酸液或者是黏性积灰的腐蚀，不是气体腐蚀，而且壁面温度较低，因此各污染物元素的活性低，不能穿越到基体内部，只能穿越较疏松的腐蚀层，与新鲜的表面金属发生反应。

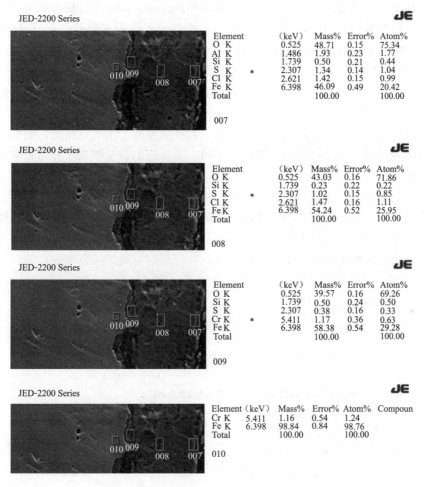

Element	（keV）	Mass%	Error%	Atom%
O K	0.525	48.71	0.15	75.34
Al K	1.486	1.93	0.23	1.77
Si K	1.739	0.50	0.21	0.44
S K	2.307	1.34	0.14	1.04
Cl K	2.621	1.42	0.15	0.99
Fe K	6.398	46.09	0.49	20.42
Total		100.00		100.00

007

Element	（keV）	Mass%	Error%	Atom%
O K	0.525	43.03	0.16	71.86
Si K	1.739	0.23	0.22	0.22
S K	2.307	1.02	0.15	0.85
Cl K	2.621	1.47	0.16	1.11
Fe K	6.398	54.24	0.52	25.95
Total		100.00		100.00

008

Element	（keV）	Mass%	Error%	Atom%
O K	0.525	39.57	0.16	69.26
Si K	1.739	0.50	0.24	0.50
S K	2.307	0.38	0.16	0.33
Cr K	5.411	1.17	0.36	0.63
Fe K	6.398	58.38	0.54	29.28
Total		100.00		100.00

009

Element	（keV）	Mass%	Error%	Atom%	Compoun
Cr K	5.411	1.16	0.54	1.24	
Fe K	6.398	98.84	0.84	98.76	
Total		100.00		100.00	

010

图 3-79　ND 钢 30℃入口水温下的能谱图

露点腐蚀原理主要有以下两种。

第一种观点以电化学腐蚀为基础，认为在酸性溶液中（pH<4）主要发生金属与酸的反应[51]，即

$$Fe \longrightarrow Fe^{2+} + 2e^- \tag{3-27}$$

$$2H^+ + 2e^- \longrightarrow H_2 \uparrow \tag{3-28}$$

在中性或者弱酸性溶液中（pH>4）主要发生氧化还原反应，即

$$O_2 + 2H_2O + 4e^- \longrightarrow 4(OH)^- \tag{3-29}$$

$$4Fe(OH)_2 + 2H_2O + O_2 \longrightarrow 4Fe(OH)_3 \tag{3-30}$$

第二种观点认为露点腐蚀主要是化学腐蚀与电化学腐蚀综合，反应为[59]

$$Fe_2O_3 + 6H^+ + 3SO_4^{2-} \longrightarrow 3H_2O + 2Fe^{3+} + 3SO_4^{2-} \qquad (3-31)$$

$$Fe + 2H^+ + SO_4^{2-} \longrightarrow H_2 + Fe^{2+} + SO_4^{2-} \qquad (3-32)$$

$$4Fe + 8H^+ + 4SO_4^{2-} \longrightarrow 4H_2O + FeS + 3Fe^{2+} + 3SO_4^{2-} \qquad (3-33)$$

$$Fe_2O_3 + 5Fe + 8H_2SO_4 \longrightarrow H_2 + 7H_2O + FeS + 4FeSO_4 + Fe_2(SO_4)_3 \qquad (3-34)$$

因此，腐蚀产物主要以低价铁的硫酸盐及铁的氧化物组成。

在腐蚀初期，主要发生金属及金属氧化物与酸的反应，即酸冷凝机理的第一阶段，主要反应机理与第二种观点相同。随着反应的进行，管壁表面被积灰覆盖，灰分可以吸收酸液，且其中含有的碱性氧化物也可以中和掉酸，酸液已经不能轻易与金属表面相接触，而烟气则可以透过积灰与管壁表面接触，由于管壁温度低于水露点温度，此时管壁表面会产生大量的水，同时烟气中又含有大量的氧气，因此会发生氧化还原反应，腐蚀产物主要为铁与氧的化合物。从图 3-79 可以看出，腐蚀层主要由 Fe 与 O 组成，S 含量很少，因此不能说腐蚀产物主要是铁的硫酸盐，而应该是铁的氧化物。如果管壁温度高于水露点温度，则酸液在主冷凝区冷凝后向两侧扩散，经过较薄的次要冷凝区后，未反应的微量酸及水分与管壁面接触，从而发生氧化还原反应。

经过上述分析，露点腐蚀模型如图 3-80 所示，反应顺序依次：首先发生金属及金属氧化物与酸的反应，产物主要是铁的硫酸盐，很快管壁面会被积灰覆盖；接下来在外层发生的是积灰与酸液的反应，在内层发生的是管壁面与水和氧的氧化还原反应。腐蚀产物的顺序：第一层是灰分及其与酸的反应产物，该层较厚，在分析时需要把灰分除去；第二层为铁的硫酸盐，该层很薄，几乎检测不到，或者沾在灰分上被除去；第三层为铁的氧化物，该层较厚，构成了主要的腐蚀层。

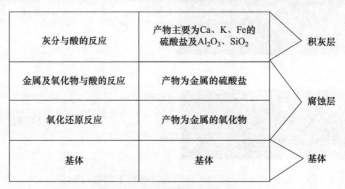

图 3-80　露点腐蚀模型示意图

因此，含灰气流对金属管的腐蚀主要为电化学腐蚀，因为 316L 含 Cr 量很高，Cr 具有很强的抗氧腐蚀能力，所以 316L 具有很强的抗露点腐蚀能力。

六、烟气冷深度却器露点腐蚀防控技术

基于烟气深度冷却下酸蒸汽冷凝特性，研究提出采用碳钢表面渗镍和表面喷涂 Cr-Ni-Mo 提高材料的抗露点腐蚀特性，因为高合金含量尤其铬可以提高材料的抗腐蚀性能，下面详细介绍材料的制备工艺，实炉露点腐蚀实验及其评估。

（一）材料制备

选取两根钢管对表面进行表面处理，一根选用碳钢作为基管，对表面超音速等离子喷涂

Ni-Cr-Mo 系粉末。超音速等离子喷涂就是用非转移型等离子弧与高速气流混合时候生成的"扩展弧"，用稳定聚集的超音速等离子焰流进行喷涂。超音速等离子喷涂与普通等离子喷涂、高速火焰喷涂、爆炸喷涂等其他喷涂技术相比，不但粒子飞行速度快而且焰流温度高，粒子速度能达 400～800m/s，等离子弧中心温度可达 32000K。超音速等离子喷涂尤其适合喷涂各种难熔金属、高熔点陶瓷和金属陶瓷等喷涂材料。其涂层致密性、强韧性和结合强度都有显著的提高。对碳钢进行热喷涂，喷涂设备为 HEP5－Ⅱ超音速等离子喷涂系统，喷涂材料为 Ni-Cr-Mo 系粉末（定制），粒度为 240～325 目，在喷涂过程中，功率不变（电压 120V、电流 380A），其参数见表 3-27。

表 3-27　　　　　　　　　　　　超音速等离子喷涂工艺参数

项目	功率（kW）	电流（A）	电压（V）	Ar 流量（L/min）	H_2 流量（L/min）	送粉量（g/min）
参数	45.6	380	120	70	9	35

为了考核超音速等离子喷涂涂层成分和形貌，对基管和涂层做了金相分析。超音速等离子喷 Ni-Cr-Mo 涂层的涂层比较致密、孔隙率小。粒子熔化比较充分、颗粒均匀细小、涂层与基体之间的结合比较好，涂层外包裹着一层封闭剂。

另外，选用一根碳钢管作为基管，表面做镍基渗层，是一种将镍渗入工件表层的化学热处理工艺。将过滤后的镍基粉与填充剂、固体催化剂混合并搅拌均匀配制成渗镍剂后与工件一起放入渗镍箱中；加热至 400～450℃，保温 3～5h；继续升温至 630～750℃，保温 20～24h；随箱空冷等。采用本方法对合金钢表面进行离子渗镍，可以在保持合金钢高强度性能不变的基础上，使零件表面获得 0.2～1mm 的渗镍层，从而具备良好的耐蚀性和耐冲刷性。

（二）露点腐蚀实验结果

当壁面温度为 40～60℃时，材料的腐蚀层厚度随温度的升高而大幅度减小。316L 钢外表面发生均匀腐蚀，而碳钢表面涂层发生严重的穿孔腐蚀。三种耐腐蚀材料相对腐蚀层厚度：表面渗镍层＞Cr-Ni-Mo 涂层＞316L 钢，其中 316L 不锈钢耐露点腐蚀性能稳定，如图 3-81 所示。腐蚀层较厚的原因是该温度范围内，温度低于多种介质的露点温度，随着时间的推移，大量腐蚀介质会凝结于管壁，如硫酸、盐酸，为发生电化学腐蚀和化学腐蚀提供了基础，特别是盐酸会对设计钢种造成严重的全面腐蚀和点腐蚀，因而材料腐蚀严重，甚至涂层也会完全脱落。

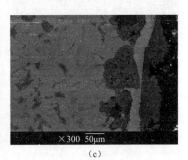

(a)　　　　　　　　　　　(b)　　　　　　　　　　　(c)

图 3-81　材料腐蚀层断面形貌（一）

(a) 316L－40℃；(b) Cr-Ni-Mo 涂层－40℃；(c) 渗镍－40℃

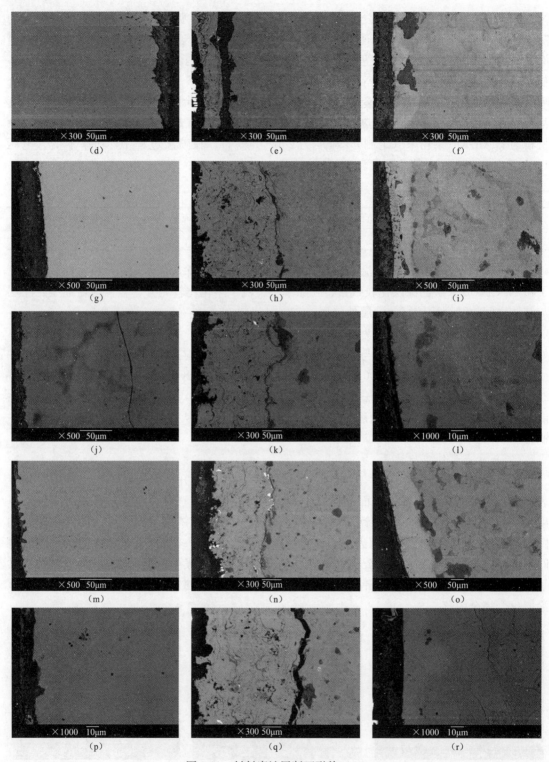

图 3-81　材料腐蚀层断面形貌（二）

（d）316L－50℃；（e）Cr-Ni-Mo 涂层－50℃；（f）渗镍－50℃；（g）316L－60℃；（h）Cr-Ni-Mo 涂层－60℃；
（i）渗镍图－60℃；（j）316L－70℃；（k）Cr-Ni-Mo 涂层－70℃；（l）渗镍图－70℃；（m）316L－80℃；（n）Cr-Ni-Mo
涂层－80℃；（o）渗镍图－80℃；（p）316L－90℃；（q）Cr-Ni-Mo 涂层－90℃；（r）渗镍图－90℃

当壁面温度为 70～90℃时，材料的腐蚀层厚度随温度的升高趋于减小，且明显低于壁面温度为 40～60℃的对应材料，其中碳钢表面喷涂 Cr-Ni-Mo 耐腐蚀性能最好。三种耐腐蚀材料相对腐蚀层厚度：316L 钢＞表面渗镍层＞Cr-Ni-Mo 涂层，如图 3-82 所示。腐蚀层中 S 为 0.98％（质量分数，％），Cl 为 0.89％（质量分数，％），其含量较低且厚度明显降低，如图 3-83 所示。由于温度高于水蒸气、盐酸蒸汽等的露点温度，除硫酸之外的其他酸液凝结量骤减，反应所需的电解液减少，同时硫酸浓度升高，因而露点腐蚀明显减弱。

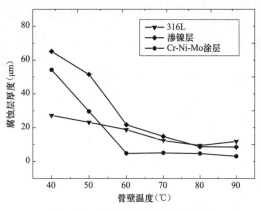

图 3-82　材料腐蚀层厚度对比图

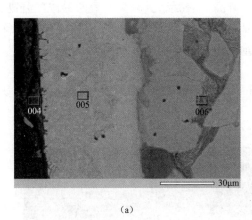

(a)

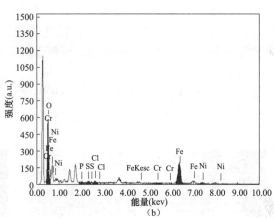

(b)

图 3-83　80℃壁面温度下表面渗镍层
(a) SEM（扫描电镜）图；(b) 能谱图

（三）露点腐蚀机理

1. 表面涂层失效机理

涂层产生电化学腐蚀的原因是涂层表面存在孔隙、微裂纹等缺陷，虽然表层有封孔剂，但腐蚀介质仍然能通过它们渗入涂层与基体的界面进行腐蚀。

（1）孔蚀萌生阶段。涂层表面存在孔隙、微裂纹等缺陷，当水蒸气、HCl 等气体达到露点温度时，它们会凝结在涂层表面，进入孔隙，发生电解，在孔隙内壁溶解金属涂层。

（2）孔内酸化析氢阶段。由于涂层的微孔隙直径在几百纳米，溶解的金属离子向外扩散受阻，且 Cr、Ni、Mo 金属的析氢过电位较低且低于 Fe（析氢过电位越大，说明阴极过程受阻滞越严重，腐蚀速度越小），大量的金属离子水解导致孔径内 pH 降低，导致腐蚀加剧，即

$$M \longrightarrow M^{n+} + ne^- \tag{3-35}$$

$$M^{n+} + nH_2O \longrightarrow M(OH)_n + nH^+ \tag{3-36}$$

水化氢离子迁移到电化学反应阴极表面，接受金属溶解生成的电子发生还原反应，同时脱去水分子，在电极表面形成吸附氢原子，即

$$H^+ \cdot H_2O + e \longrightarrow H_{ad} + H_2O \tag{3-37}$$

吸附的氢原子大部分在电极表面扩散并以两种方式复合成氢分子，即

$$2H_{ad} \longrightarrow H_2 \tag{3-38}$$

$$H^+ + H_{ad} + e^- \longrightarrow H_2 \tag{3-39}$$

最后，H_2 分子形成气泡离开电极表面。

（3）腐蚀基体阶段。腐蚀介质通过涂层到达基体后，由于涂层 Cr 电位高于基体 Fe，形成无数的闭塞微电池，在闭塞电池内部的介质成分与整体介质有很大差异，加速基体 Fe 的腐蚀消耗，因而涂层与基体的界面产生了腐蚀。

（4）孔蚀急剧发展阶段。随着时间的推移，孔径腐蚀不断积累，阴极驱动力促使氧气的供给，腐蚀环境进一步恶化，腐蚀裂纹沿胞状物向四周扩散，腐蚀介质的渗入增大了接触面积，导致严重的腐蚀。

在 40~60℃ 的低温环境下，由于大量酸液凝结在金属表面，加上涂层表面存在的孔隙及微裂纹会发生严重的化学腐蚀和电化学腐蚀，造成金属大量的溶解和涂层的毁灭性破坏，涂层消失。在 70~90℃ 的较高温度下，随着温度的升高，酸凝结量减少，且酸的浓度升高，涂层表面形成的致密氧化物及非溶性硫化物起阻碍作用，阻碍氧气、水及腐蚀介质进入涂层，作用十分明显，涂层保护完整，说明碳钢表面涂层耐露点腐蚀能力相当优越。

2. 表面渗镍层

通过各温度下的扫描电镜及能谱分析图像得出：氧原子多分布于镍磷原子少的区域，如图 3-84 所示以壁面温度为 50℃ 时为例说明。

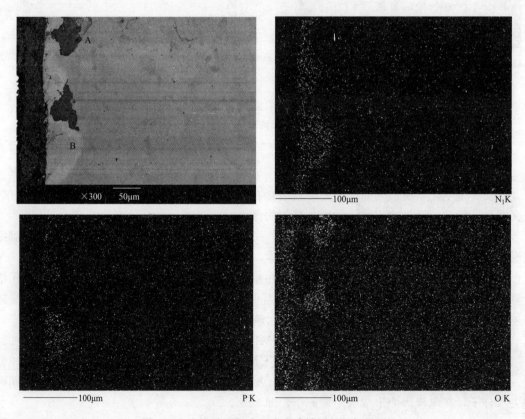

图 3-84　50℃壁面温度下表面渗镍层的面扫描图

通过各壁面温度下电镜图像可以推断出以下规律。

（1）Ni 和 P 分布不均匀的区域（图 3-84 中 A）：该区域的抗腐蚀能力较弱。腐蚀过程中，大量的硫酸、氢氟酸、盐酸等凝结于管壁，Ni 和 P 分布不均匀的区域中 Ni 选择性溶解，阴极驱动力促使氧气扩散更为迅速，导致腐蚀介质 pH 值下降，加快了腐蚀的进行，继而造成更严重的腐蚀。

（2）Ni 和 P 分布均匀的区域（图 3-84 中 B）：该区域的耐腐蚀能力很强。可能是因为在渗镍过程中 Ni 与 P 形成化合物 NixPy，如 NiP、Ni_2P、Ni_3P，这种化合物为非晶态，结构中无缺陷，形成的表面保护膜和 Ni 的氧化膜，以及非溶性的硫化物，阻碍了水蒸气、氧气及腐蚀介质的传递，因而该钢的耐腐蚀性能更优越。

3. 腐蚀机理及材料选型

为了实现露点腐蚀可控的烟气深度冷却技术的应用，利用前文中露点腐蚀检测方法及装置在大唐托克托 600MW、华能长兴 660MW 和大唐潮州 1000MW 等 3 家大型燃煤电厂完成了 6 种钢材、2 种渗层和涂层表面的现场露点腐蚀实验，并对实验管段进行了宏观和微观的积灰形貌及成分分析、腐蚀层物相分析、积灰和露点腐蚀耦合机理分析，获得腐蚀速率随工质及金属壁温的关系曲线，最后确立了材料选型和热交换装置壁温安全设计准则，如图 3-85 所示，并解决了露点腐蚀引致泄漏防控技术难题，使换热管束腐蚀速率处于有限可控状态。

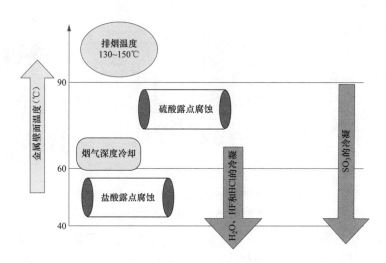

图 3-85　烟气冷凝与金属壁温的关系

（1）通过冷却工质热工参数控制金属壁温，使金属壁温处于腐蚀可控的范围内。

（2）通过材料选型实现露点腐蚀可控。当金属壁温位于 90℃ 以上时，金属管壁冷凝的酸主要是硫酸，烟冷器可选用碳钢、ND 钢和 Corten 钢等材料；当金属壁温位于 60℃ 左右时，金属管壁冷凝的酸中出现盐酸、氢氟酸和氢溴酸等，烟冷器可选用 316L、317L 和高钼含量的合金；金属壁温降至 40℃ 时，该温度接近水露点，金属管壁出现大量冷凝液，包括硫酸、盐酸、氢氟酸、氢溴酸、硝酸和亚硫酸等酸，对管壁造成严重的腐蚀，烟气深度冷却器需选用塑料、双相不锈钢或高等级含钼合金。

第四节　气、液、固凝并吸收抑制低温腐蚀的关键技术研究

一、烟气深冷却条件下的气、液、固三相凝并吸收机理

烟气深度冷却技术将燃煤机组排烟温度降低到接近或低于硫酸露点温度水平，因此，低温腐蚀防控是烟气深度冷却器设计、制造和安全高效运行的关键难题。灰颗粒吸收腐蚀防控机理研究对烟气余热深度利用及污染物脱除具有重要的意义，实现低温腐蚀防控的关键在于烟气中 SO_3 的有效脱除。当烟气深度冷却到硫酸露点温度及以下时，烟气中的 SO_3、水蒸气和烟气中的飞灰颗粒发生凝并吸收，凝并吸收后的飞灰颗粒比电阻降低，在之后的静电除尘器中被协同脱除，从而实现 SO_3 的有效脱除。当烟气中的 SO_3/H_2SO_4 和飞灰实现完全地凝并吸收时，即可实现烟气深度冷却技术的低温腐蚀防控。

由于烟气中 SO_3/H_2SO_4 的浓度低、活性大、状态多变等原因，难以实现精确测量。本节在国内外相关测量标准的基础上，自主研发了一套旋转密封多通道的 SO_3/H_2SO_4 浓度测试装置，图 3-86 示出了该装置的测试原理图。

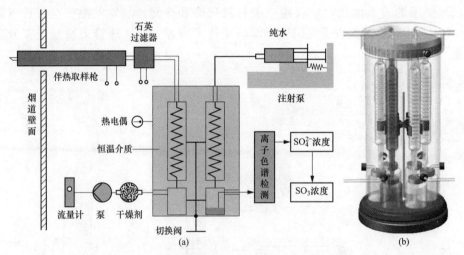

图 3-86　旋转密封多通道 SO_3/H_2SO_4 测试装置

(a) 测试装置原理图；(b) 多通道采样装置

该装置主要有伴热取样装置、多通道取样装置、尾气处理装置、冷凝液冲洗装置和 SO_4^{2-} 检测装置。伴热取样装置由伴热取样枪、石英过滤器、抽气泵和流量计组成，其中伴热取样枪的伴热温度一般取为 200℃，取样流量为 1L/min。多通道取样装置主要由多通道冷凝管、密封外壳和恒温冷却介质组成，该取样装置可以实现多通道 SO_3/H_2SO_4 采样，具体立体结构如图 3-86 (b) 所示。冷凝液冲洗装置主要由注射泵组成，注射泵内为纯水，用于冷凝液的冲洗定容。SO_4^{2-} 检测装置主要由集成式离子色谱检测单元组成，离子色谱检测单元用于冲洗液中低浓度 SO_4^{2-} 浓度的精确测量。

利用上述装置对实际运行的燃煤机组配套实施的烟气深度冷却器前后进行 SO_3/H_2SO_4 浓度的现场测量，测量结果如图 3-87、图 3-88 所示。图 3-87 为烟气冷却器出口的 SO_3/H_2SO_4 浓度随烟气温度的变化规律；图 3-88 为烟气深度冷却器 SO_3/H_2SO_4 的脱除率随烟气温度的变化规律。

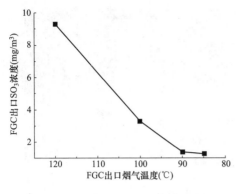

图 3-87　SO_3/H_2SO_4 浓度变化规律

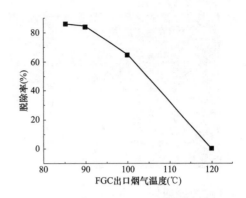

图 3-88　SO_3/H_2SO_4 脱除率变化规律

但在对实际运行的烟气深度冷却器前后的 SO_3/H_2SO_4 浓度测试后发现，现有的烟气深度冷却技术并不能实现 SO_3 的完全脱除。鉴于此，建立了 SO_3 生成及凝并吸收实验平台，研究烟气深度冷却时 SO_3/H_2SO_4 和灰颗粒的气、液、固三相凝并吸收机理，在机理研究的基础上揭示了烟气深度冷却过程中硫酸露点温度实时变化的规律。

在上述实验系统中，对 4 种吸附剂反应前后分别进行电镜扫描分析，结果如图 3-89 所示[64]。从图 3-89 中可以看出，反应前 $Mg(OH)_2$ 颗粒大小均匀，颗粒间隙较大，反应后明显出现了大颗粒；反应前 MgO 较为疏散，反应后团聚现象明显。反应前 $Ca(OH)_2$ 表面晶粒间有许多孔隙结构，反应后晶粒间孔隙减小；CaO 反应前后变化比较大，反应前物质表面很圆润，反应后物质表面出现了许多细小晶粒，将表面微孔堵塞，使得 SO_3 在其内部的扩散受阻[65,66]。

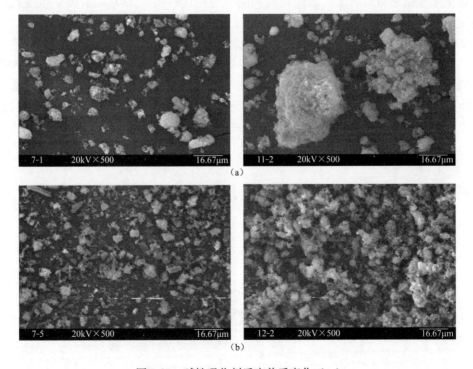

图 3-89　碱性吸收剂反应前后变化（一）
（a）$Mg(OH)_2$ 反应前后变化；（b）MgO 反应前后变化

图 3-89　碱性吸收剂反应前后变化（二）

（c）Ca(OH)$_2$ 反应前后变化；（d）CaO 反应前后变化

　　从以上实验结果可以看出，碱性吸收剂的微观结构在吸收 SO$_3$ 前后发生了变化。较为明显的变化是，反应后的吸收剂颗粒出现了不同程度上的微孔堵塞与颗粒凝聚现象。

　　在实验室研究的基础上，我们对某电厂运行中的烟气深度冷却器后的烟道飞灰进行实时取样，并对样品进行表面形貌及能谱分析。图 3-90 示出了烟气冷却器之后的烟道所取的飞灰样品表面形貌和对应的元素分布分析。从图 3-90 中可以看出，S 元素的富集总是伴随着 Ca 元素的富集，而 Al、Si 元素的富集区与 S 元素没有一致性。由此可以看出，烟气深度冷却过程中，飞灰中的碱性物质，尤其是 CaO，对 SO$_3$/H$_2$SO$_4$ 的凝并吸收脱除作用具有决定性作用。飞灰中碱性物质脱除 SO$_3$/H$_2$SO$_4$ 的机理的描述详见第六章第三节。

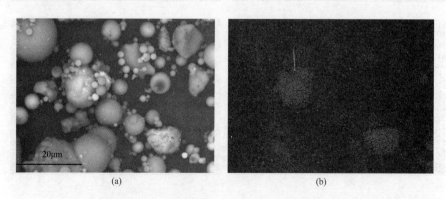

图 3-90　飞灰颗粒表面形貌和元素分布（一）

（a）飞灰表面形貌；（b）飞灰表面 Ca 元素分布

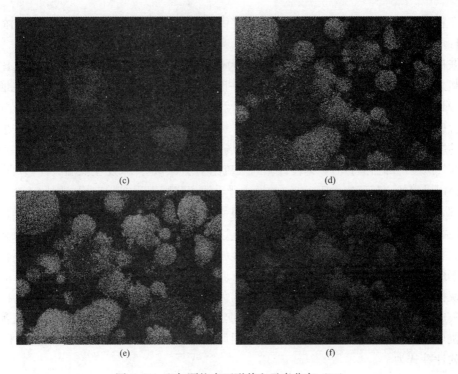

图 3-90　飞灰颗粒表面形貌和元素分布（二）

（c）飞灰表面 S 元素分布；（d）飞灰表面 Al 元素分布；（e）飞灰表面 Si 元素分布；（f）飞灰表面 O 元素分布

在以上研究的基础上，提出了灰颗粒与 SO_3 的吸收反应的热质传递模型，灰吸收热质传递模型如图 1-46 所示。

二、碱硫比概念

日本 MHI 等相关公司研究人员 1996 年通过试验研究提出了灰硫比控制低温腐蚀风险的概念[67,68]，并根据实验结果提出：在烟气冷却过程中，当烟气中灰硫比大于 100 且烟气温度冷却至 90℃时，可以脱除 95％的 SO_3，在此基础上，提出了灰硫比的计算表达式为

$$C_{D/S} = \frac{C_D}{C_{SO_3}} \tag{3-40}$$

$$C_{SO_3} = \frac{\eta_1 \times \eta_2 \times M \times S_{ar} \times (1 - q_4) \times 80 \times 10^9}{32 \times Q} \tag{3-41}$$

式中　$C_{D/S}$——灰硫比值，无量纲；

　　C_D——烟气冷却器入口烟尘浓度，mg/m^3；

　　C_{SO_3}——烟气冷却器入口 SO_3 浓度，mg/m^3；

　　η_1——燃煤中收到基硫转化为 SO_2 的转化率，煤粉炉一般取 90％；

　　η_2——SO_2 向 SO_3 的转化率，一般取 1.8％～2.2％；

　　M——锅炉燃煤量，t/h；

　　S_{ar}——煤中收到基含硫量，％；

　　q_4——锅炉的固体不完全燃烧热损失，在灰硫比估算时可取 0％；

　　Q——烟气流量，m^3/h。

具体使用上述灰硫比计算公式时，烟气中的 SO_3 浓度数据宜由锅炉制造厂、脱硝催化

剂制造厂提供或测试得到，当缺乏制造厂提供的数据且没有测试数据时，SO_3 浓度可按式（3-41）进行估算。

从灰硫比的表达式中可以看出，灰硫比为烟气中总的烟尘浓度和 SO_3 浓度之比，是一个量的概念，是一个较为笼统的宏观指标，并没有揭示深层次的吸收凝并机理；在烟气深度冷却器设计和运行的工程实践中也可以发现，我国的煤质状况和日本大不相同，灰分含量较高，硫含量较低，灰硫比经常高达 1000 以上，大部分都在 500 以上，为此本文对安装了本技术设计的烟气深度冷却器的燃煤机组进行了现场实时动态取样测试和分析，发现一些典型燃煤机组的烟气深度冷却器运行时，即使计算的灰硫比小于 5，也并未发生低温腐蚀，可以说，日本相关公司提出的"灰硫比大于 100"的说法严重偏离我国工程实际应用。因此，在灰颗粒凝并吸收 SO_3/H_2SO_4 时存在更深层的机理。通过研究发现，灰颗粒对于 SO_x 的吸收作用主要为灰中碱性物质的吸收作用，且有文献表明[69]，这种吸收作用包括物理吸附与化学反应，且以化学反应（或化学吸收）为主。因此，简单地以灰硫比作为低温腐蚀可控的指标是不合理的。

基于此，在搭建凝并吸收实验平台进行实验室研究的基础上，同时对现场运行的烟气深度冷却灰样进行实时动态取样分析，经过深入分析对比试验，本文提出了碱硫比的概念。碱硫比对灰成分的具体作用进行了更为细致的划分，体现了"质"的概念，揭示了灰颗粒凝并吸收的机理，为气、液、固凝并吸收抑制低温腐蚀提供了一个更为准确和可靠的评价指标。碱硫比的计算式为

$$C_{A/S} = \frac{C_A}{C_{SO_3}} \tag{3-42}$$

$$C_A = C_D \times Wt_A \tag{3-43}$$

$$A = Fe_2O_3 + CaO + MgO + Na_2O + K_2O$$

式中　$C_{A/S}$——碱硫比值；

　　C_A——灰中折算碱性氧化物含量，mg/m^3；

　　C_{SO_3}——烟气冷却器入口 SO_3 浓度，mg/m^3；

　　C_D——烟气冷却器入口烟尘浓度，mg/m^3；

　　Wt_A——灰中折算碱性氧化物的质量百分数之和，%。

从测试的样本中选取 2 个典型电厂取得的样本灰样进行研究，见表 3-28 和表 3-29。一号样本取自烟气深度冷却器安装位置位于静电除尘器之后，两个相同机组同时运行一段时间后，1 号机组的烟气深度冷却器没有明显低温腐蚀现象发生，2 号机组发生了明显的低温腐蚀和积灰耦合现象。

表 3-28　　　　　　　　　　一号样本现场实时动态取样灰分分析

序号	项目名称	单位	1 号机组	2 号机组
1/2	SiO_2/Al_2O_3	%	51.90/30.56	46.57/30.80
3/4/5	$(CaO+Fe_2O_3+K_2O)$	%	13.56	11.06
6/7	SO_3/H_2O	%	2.05/0.39	9.41/1.62
8	烟气温度/SO_2 含量	%	$t_y/115℃$-$SO_2/1736$	$t_y/129℃$-$SO_2/2438$
9	折算 SO_3 含量	mg/m^3	34.72	48.76
10	烟尘浓度/碱性氧化物	mg/m^3	134/18.2	69/7.6
11	灰硫比/碱硫比		3.9/0.52	1.4/0.16

表 3-29 二号样本现场实时动态取样灰分分析

序号	项目名称	单位	静电除尘器之前	静电除尘器之后
			$t_y/120℃-SO_2/1290(mg/m^3)$	$t_y/90℃-SO_2/1290(mg/m^3)$
1/2	SiO_2/Al_2O_3	%	46.4/26.42	46.4/26.42
3/4/5	$Fe_2O_3+CaO+MgO$	%	14.46	14.46
6/7	K_2O+Na_2O	%	2.13	2.13
8	折算 SO_3 含量	mg/m^3	25.8	5.16
9	烟尘浓度/碱性氧化物	mg/m^3	25000/4148	20/3.32
10	灰硫比/碱硫比		969/161	3.88/0.64

注 t_y——烟气温度。

对一号样本中的 1 号、2 号两个机组烟气冷却器之后的烟尘进行实时动态取样并进行扫描电镜分析，结果如图 3-91 所示。从图 3-91 中可以看出，1 号机组的烟尘呈现常规飞灰颗粒特性，2 号机组的烟尘呈现出大面积的颗粒凝聚特征。

图 3-91 1 号机组烟尘颗粒扫描电镜分析

二号样本中机组的烟气深度冷却器布置在除尘器之前，该电厂 SO_3 脱除率高且没有发生任何低温腐蚀现象。对 2 个样本电厂灰样进行分析发现，灰硫比是否大于 100 与低温腐蚀发生的风险并没有直接的关系。

对烟气冷却器前后的灰颗粒进行扫描电镜分析，结果如图 3-92 所示。从图 3-92 中可以看出，二号样本机组的烟尘颗粒均呈现出常规飞灰特征，无大面积的颗粒凝聚现象。

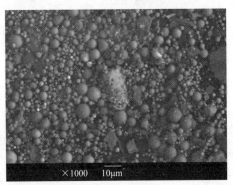

图 3-92 二号机组烟尘颗粒扫描电镜分析

三、流场均匀化概念

从上面的分析可以看出，碱硫比的控制只是实现烟气中 SO_3 完全吸收凝并的必要条件。理论上，如果烟尘中的碱性物质含量到达临界值，则 SO_3 可以被完全地吸收凝并，从而实现低温腐蚀可控。但是在实际工程应用中，单纯控制碱硫比并不能实现 SO_3 的完全吸收凝并。

一方面，烟气深度冷却器系统往往存在烟气转弯、突扩、渐缩、立体弯头等异形通流及管束结构，这些异形通流及管束结构的存在引起烟气温度场、速度场和灰颗粒浓度场的不均匀分布，减弱了吸收凝并的有效性[70]。图 3-93 分别给出了四个不同燃煤机组改造前烟气深度冷却器及其进出口烟道的流线分布图。从图中可以明显看出，异形通流结构对流动的影响是巨大的，烟气在经过烟气深度冷却器前，由于异形通流结构的存在而使流场均匀性受到了影响，造成了局部的流速集中现象。

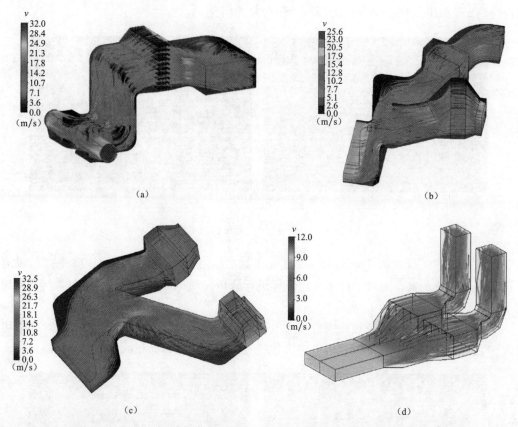

图 3-93　不同燃煤机组改造前烟气深度冷却器及其进出口烟道的流线分布图
(a) 1 号机组；(b) 2 号机组；(c) 3 号机组；(d) 4 号机组

另一方面，烟道截面内烟尘颗粒的不同粒径分布也会影响烟尘与 SO_3 的高效凝并。如图 3-94 所示，现场实时取样的烟尘颗粒中，不同粒径的颗粒表面的 S 分布存在较大差异，说明 SO_3 与不同粒径的烟尘颗粒的凝并吸收作用存在较大差异。这种差异在异形通流及管束结构中会体现得更为明显。

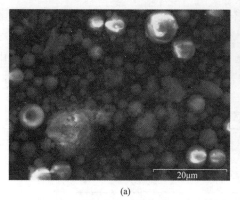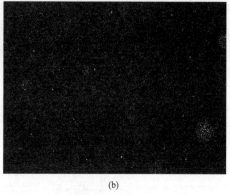

(a)   (b)

图 3-94　实时动态取样中不同粒径颗粒表面 S 分布

(a) 颗粒 SEM 图；(b) 颗粒中 S 含量分布图

颗粒粒径大小在颗粒随气体运动方面起着重要作用[71-73]。对于气固两相流，通常习惯用松弛时间表征颗粒进入气流后跟随气流运动能力的大小，其具体含义为颗粒进入气流后，速度由 0 增加到 $\left(1-\dfrac{1}{e}\right)v$ 所需要的时间。若考虑一个质量为 m 的球形颗粒以零速度进入主流速度为 v 的黏性流体，同时忽略重力影响，推导后的松弛时间表达式为

$$\tau = \frac{4}{3C_D}\left(\frac{\bar{\rho}_p}{\bar{\rho}}\right)\frac{d_p}{v-v_p} \qquad (3-44)$$

其中，阻力系数 C_D 是与雷诺数有关的函数。由此可见，颗粒粒径 d_p 与松弛时间有着直接关系。在含灰烟气的实际运动中，粒径较大的颗粒跟随气流的能力较弱，而粒径较小的颗粒跟随气流的能力较强，如图 3-95 所示。因此烟气在经过异形通流及管束结构时，由于烟尘颗粒存在粒径的差异，使

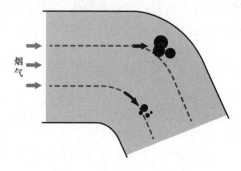

图 3-95　不同粒径灰颗粒随烟气
流动状态示意图

得烟尘浓度场无法与烟气速度和温度场保持一致，最终导致烟气中烟尘浓度的分布与 SO_3 的浓度分布存在差异，从而影响 SO_3 与烟尘的高效凝并吸收。

鉴于此，提出一种评价流场不均匀性的判据——不均匀累积系数[74]，以此来评价烟气在经过异形通流及管束结构时，流场不均匀性的累积过程。具体计算方法为

$$m = k(1+\sin\alpha)\left[1+\left(1-\frac{A_2}{A_1}\right)^2\right] \qquad (3-45)$$

$$M = \prod_{i=1}^{n} m_i \qquad (3-46)$$

式中　m——局部系数；

　　　k——气固影响因子；

　　　α——烟气经过不同异形结构时所转过的平均角度；

A_1 和 A_2——烟气经过不同异形结构前、后的通流面积；

　　　M——不均匀累积系数。

通过计算烟气流经异形通流结构的局部变化，并将局部流动不均匀的影响不断积累，最终以不均匀累积系数作为反映 SO_3 是否达到完全凝并吸收的工程应用判据。对图 3-93 中所示的四个不同燃煤机组的烟气冷却器系统进行计算，计算区域从空气预热器出口至静电除尘器进口，具体的计算结果见表 3-30。

表 3-30   四种不同电厂烟气冷却器系统流场不均匀性计算

序号	影响因子 k	局部系数						不均匀累积系数 M
		m_1	m_2	m_3	m_4	m_5	m_6	
1	0.87	2.02	2.37	1.66	2.10	2.00	—	29.3
2	0.90	2.88	2.08	2.84	3.83	3.83	1.45	327.3
3	0.83	2.21	2.00	1.68	1.68	2.02	1.88	39.3
4	0.93	1.56	5.13	1.68	2.00	2.00	—	50.1

从表 3-30 可以看出，2 号机组的不均匀性累计系数偏大；相比之下，1 号、3 号、4 号机组的不均匀累计系数则偏小。尽管就烟气经过的异形通流结构的数量而言，2 号、3 号电厂的数量相同，但是 2 号机组在烟气冷却器前后的突扩、渐缩段变化较为突然，使相应的不均匀局部系数偏高，进而造成不均匀累积系数 M 较高；对于 3 号机组，烟气在经过不同异形通流结构时，截面面积变化不明显，且烟气在经过烟气冷却器后未经转弯就直接进入静电除尘器，因此，整体不均匀性较为良好。对于 4 号机组，尽管其异形通流结构少于 3 号机组，但是由于烟气截面面积及烟气转弯变化剧烈，使不均匀累积系数反而略大于 3 号机组。上述结果表明，由于不同机组中异形通流及管束结构的不同，经过计算得到的不均匀累积系数存在明显差异。烟气转弯越大、突扩与渐缩段越明显，不均匀累积系数越大，SO_3 与烟尘颗粒的凝聚作用受阻越明显。

烟气深度冷却低温腐蚀防控是烟气深度冷却技术的关键技术和难题，灰吸收低温腐蚀防控技术的研究具有重要的意义。只有同时控制碱硫比与流场均匀化双重指标，才能实现烟气中 SO_3 的高效吸收，从而实现烟气深度冷却过程中的低温腐蚀防控。其中，碱硫比的控制可以通过炉膛或烟道喷 CaO、MgO 等碱性吸收剂的方法来增大碱硫比，提高灰颗粒对 SO_3 的吸收作用。流场均匀化设计则可以通过数值模拟等方法对烟道及管束结构进行优化设计，从而降低流场不均匀对灰颗粒吸收 SO_3 的影响。

第五节　组合型低温腐蚀特性及防控技术研究

火力发电是我国主要的发电形式，而大多数火力发电厂采用煤炭作为燃料进行发电，煤炭的燃烧会产生大量 SO_x、NO_x、颗粒物等污染物。我国燃煤机组烟气脱硫系统中大多数采用石灰石-石膏湿法烟气脱硫技术对烟气中的 SO_2 进行脱除。湿法脱硫后的净烟气温度降低至 50℃左右，烟气内的成分较为复杂，具有很强的腐蚀性，极易对布置在脱硫塔后的管式烟气再热器造成严重的腐蚀，导致换热管管壁穿孔、翅片脱落等事故。

烟气再热器的运行环境与脱硫塔前烟气冷却设备的运行环境有很大不同，烟气再热器内发生的腐蚀也并不属于本章第三节内研究的露点腐蚀。因此，为了避免由于腐蚀造成的烟气再热器失效事故，必须特别对烟气再热器内的组合型低温腐蚀特性进行研究，并提出相应的防控技术。

一、组合型低温腐蚀概念

石灰石-石膏湿法烟气脱硫技术中，使用石灰浆液作为吸收剂，在脱硫塔内对烟气进行洗涤，与烟气中的 SO_2 反应生成固体产物石膏，从而达到脱除烟气中的 SO_2 的目的。燃煤机组安装湿法烟气脱硫装置后，脱硫塔出口净烟气的温度降低至 $50℃$ 左右，远低于烟气的硫酸露点温度，接近烟气的水露点温度，烟气中的水蒸气含量基本饱和，硫酸、亚硫酸、盐酸、氢氟酸等均陆续发生结露。另外，脱硫塔内部分用于洗涤烟气的脱硫浆液也不可避免地被夹带在脱硫后净烟气中进入烟气再热器中。通常情况下，脱硫浆液为弱酸性的悬浊液。

烟气中凝结出的多种酸液和脱硫浆液以液滴的形式存在于脱硫后净烟气中，脱硫塔内的除雾器对其中体积较大的液滴具有较好的脱除能力，但对体积较小的液滴的脱除作用十分有限。因此，脱硫塔出口的烟气中不仅水蒸气含量基本达到饱和状态，还携带有大量小液滴。这些小液滴总体上呈酸性，具有很强的腐蚀性。它们的化学成分也较为复杂，溶解有 SO_4^{2-}、NO_3^-、Cl^-、F^- 等多种阴离子和 Ca^{2+}、Mg^{2+}、Na^+ 等多种阳离子，其中 Cl^- 离子具有很强的可被金属吸附的能力，是引起金属腐蚀和应力腐蚀的重要原因，某些不锈钢材料也无法避免。此外，由于石灰石-石膏湿法烟气脱硫工艺的主要产物和脱硫浆液的主要成分 $CaSO_4$ 微溶于水，小液滴中也存在大量 $CaSO_4$ 固体，容易在烟气再热器内换热管束表面发生沉积并造成结垢。

烟气经过湿法脱硫后，烟气中 SO_2、NO_x 和烟尘的含量下降，烟气的腐蚀性反而是增强的，会对运行在脱硫塔之后管式烟气再热器造成严重的腐蚀。

烟气再热器内发生的腐蚀与第三节中讨论的烟气冷却过程中，在空气预热器和烟气冷却器中发生的露点腐蚀有很大的不同，原因主要包括以下几点：

（1）烟气在烟气再热器内进行的是升温过程，换热管束壁面温度是高于烟气温度的。因此，烟气中的酸性气体在烟气再热器内基本不会发生新的冷凝，反而烟气中已经存在的酸性液滴在烟气再热器内会吸热发生气化。

（2）烟气再热器内的烟气温度更低，仅有 $50℃$ 左右，远低于空气预热器和烟气冷却器内的烟气温度。

（3）烟气中的成分更复杂，水蒸气的体积分数接近甚至超过 10%，并且携带有大量腐蚀性很强的酸性液滴。如果把脱硫前的烟气称为"干烟气"，则脱硫后的烟气可以被称为"湿烟气"。

（4）脱硫后的烟气中烟尘含量极低，基本无法与烟气中的酸性物质发生凝并吸收。烟气再热器内的积灰现象非常轻微，难以在换热管束表面起到隔离酸液和保护金属基体的作用。但由于脱硫后烟气中还携带有脱硫塔内的石膏浆液，烟气再热器内换热管束表面容易出现石膏结垢的现象。

综上所述，脱硫塔后烟气再热器内发生的低温腐蚀应被作为一种不同于传统锅炉尾部露点腐蚀的新的腐蚀形式进行研究和防控。由于造成这种腐蚀的因素较为复杂和多样，本书将其定义为组合型低温腐蚀。

实验室浸泡腐蚀实验与实际烟气腐蚀情况差别很大，而在实验室中也难以对脱硫后烟气进行准确模拟，因此配气实验的参考性同样有限。故应优先在燃煤电厂进行脱硫后低温烟气的现场实验，从而得出较为可靠、具有工程实践意义的实验结果。

二、组合型低温腐蚀特性实验研究

由于直到近几年来，管式烟气再热器才逐渐开始应用于我国的燃煤机组中，所以系统地针对烟气再热器内组合型低温腐蚀的研究少之又少，尚处于起步阶段，应通过实验的方法对组合型低温腐蚀特性进行探索。

（一）实验系统和材料

与烟气冷却过程中的露点腐蚀类似，组合型低温腐蚀也主要发生在处于流动的烟气气流中的换热管束壁面上，其腐蚀机理与酸液浸泡中金属的腐蚀机理也是完全不同的。因此，在实验室中进行浸泡实验得到的结果与实际情况的差别很大。如果在实验现场进行组合型低温腐蚀的现场工业实验，则与烟气再热器运行时的实际情况十分接近，具有很大的参考价值和实际工程意义。

第三节中提出的单管内回流结构同样适用于组合型低温腐蚀现场实验研究。通过内部水循环建立不同的金属壁温，并选取常用于烟气再热器中的金属材料制造实验段，从而对组合型低温腐蚀特性进行研究，揭示其腐蚀机理并提出组合型低温腐蚀的防控方法。

现场实验装置与第三节中进行露点腐蚀现场实验的装置相似，在此不再赘述。由于烟气再热器内的烟气腐蚀性较强，用于制造烟气再热器内换热管束的材料需要具有良好的耐腐蚀性。本实验选用工程应用中常见的五种耐酸腐蚀钢作为研究对象，包括 ND 钢、304L 奥氏体不锈钢、316L 奥氏体不锈钢、2205 双相不锈钢和 2507 超级双相不锈钢。

以华能长兴电厂 660MW 燃煤发电机组为实验平台，该电厂锅炉型号为 HG-1968/29.3-YM5，采用 II 型布置单炉膛、直吹式制粉系统、采用低 NO_x 水平浓淡燃烧器和分级送风燃烧系统墙式切圆燃烧等离子点火与燃油系统并存方式、一次再热、平衡通风、露天布置、固态湿式排渣、全钢结构、全悬吊结构锅炉。额定蒸发量为 1968t/h，主蒸汽压力为 29.3MPa，主蒸汽温度为 603℃，再热蒸汽温度为 623℃。

实验位置位于华能长兴电厂 660MW 燃煤发电机组脱硫塔之后、烟囱之前的水平烟道上，如图 3-96 所示。

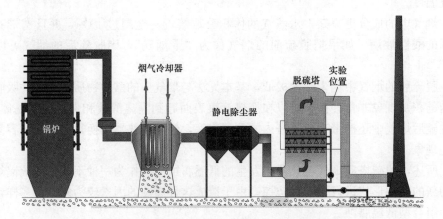

图 3-96 组合型低温腐蚀特性现场实验位置示意图

实验期间锅炉燃用煤种的工业分析见表 3-31。实验期间实验位置的烟气性质见表 3-32，实验位置的平均烟气流速约为 12m/s。

表 3-31 组合型低温腐蚀特性现场实验期间的煤种工业分析

参数	$M_{ad}(\%)$	$A_{ar}(\%)$	$V_{daf}(\%)$	$FC_{ad}(\%)$	$Q_{net,ar}(MJ/kg)$
数值	5.76	11.03	36.58	52.05	22.85

表 3-32 组合型低温腐蚀特性现场实验脱硫塔后烟气性质

参数	温度 (℃)	表压力 (Pa)	SO_2 含量 (mg/m³)	NO_x 含量 (mg/m³)	O_2 含量 (体积含量,%)	水蒸气含量 (体积含量,%)	含尘量 (mg/m³)
数值	48.29	−224.77	6.9	18.8	7.5	11.0	2.9

脱硫塔后实验现场照片如图 3-97 所示。

图 3-97 脱硫塔后实验实验现场照片

工程实践中，烟气再热器换热管束内热媒水的温度受到烟气冷却器和烟气再热器中烟气温度的限制，一般在 60~95℃ 之间。因此，本实验中共设计循环水温度为 50、60、70、80、90℃ 的五种工况，每个温度下的腐蚀实验时长均为 72h。

由于耐低温腐蚀不锈钢和氟塑料等材料的成本较高，采用成本更低的搪瓷涂层也是未来烟气再热器腐蚀防控的备选方案之一。因此，还在脱硫塔后烟道对 3 种编号分别是 3080、60082、60086 的不同搪瓷涂层材料进行了现场挂片实验。实验材料分为 3 组，第 1 组在烟道净烟气中腐蚀 6 周，第 2 组在烟道净烟气中腐蚀 3 周，第 3 组置于大气中作为实验对照组。

现场实验之前，对 3 种典型搪瓷涂层表面进行 XRD 扫描分析。其中，3080 型搪瓷涂层的 Si 含量在三者之中最高，同时引入了 Ti、Ca、K，主要晶体为二氧化硅和白云母石；60082 型搪瓷涂层的 Zr 含量较高，主要晶体为硅酸锆晶体；60086 型搪瓷涂层 Na 含量较高，同时引入了 Zr 和 Ti，主要晶体为二氧化硅和 $KCaSi_3O_8$。

（二）实验结果及分析

实验结束后，实验段从烟道里被取出。实验段变化情况如图 3-98 所示，实验段迎风面腐蚀较为严重，但表面基本无积灰。实验段背风面的腐蚀情况远轻于迎风面。由图 3-98 可以看出，循环水温为 50、60、70℃时，五种实验材料的迎风面均出现了明显的腐蚀现象，其中 ND 钢、304L、316L 表面的腐蚀以均匀腐蚀为主，2205 和 2507 表面的腐蚀以局部腐蚀为主。循环水温上升到 80℃时，实验材料表面腐蚀情况明显减轻，2205 和 2507 基本未发生腐蚀。当循环水温度为 90℃时，仅有 ND 钢表面出现了较明显的腐蚀现象。

图 3-98　组合型低温腐蚀现场实验后的实验段形貌

将实验段切割为小块，使用亚克力对其进行冷镶嵌。之后对实验段的横截面进行打磨抛光，并采用扫描电子显微镜对实验材料表面的微观形貌进行观察，如图 3-99～图 3-103 所示，每幅图中左侧较为平整、致密的部分为金属基体，右侧较为疏松的部分为腐蚀层。由于实验管段上不同位置处金属的腐蚀情况有很大区别，所以按照位于迎风面、侧面、背风面将腐蚀形貌图进行归类。由于 304L、316L 实验段上位于迎风面以外位置以及 2205、2507 实验段上所有位置的腐蚀都比较轻微，所以不再给出相应的微观腐蚀形貌图。

(a)　　　　　　　　　(b)　　　　　　　　　(c)

图 3-99　ND 钢迎风面表面腐蚀层的微观形貌

(a) 50℃；(b) 60℃；(c) 70℃

50μm

　（d）　　　　　　　　　　（e）

图 3-99　ND 钢迎风面表面腐蚀层的微观形貌（二）

（d）80℃；（e）90℃

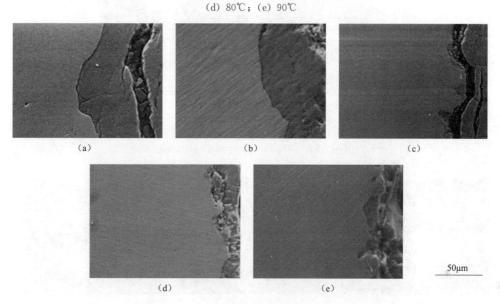

　（a）　　　　　　　　　（b）　　　　　　　　　（c）

50μm

　（d）　　　　　　　　　　（e）

图 3-100　ND 钢侧面表面腐蚀层的微观形貌

（a）50℃；（b）60℃；（c）70℃；（d）80℃；（e）90℃

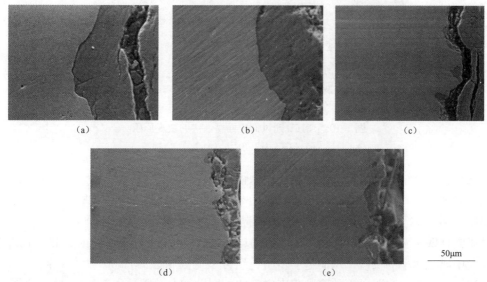

　（a）　　　　　　　　　（b）　　　　　　　　　（c）

50μm

　（d）　　　　　　　　　　（e）

图 3-101　ND 钢背风面表面腐蚀层的微观形貌

（a）50℃；（b）60℃；（c）70℃；（d）80℃；（e）90℃

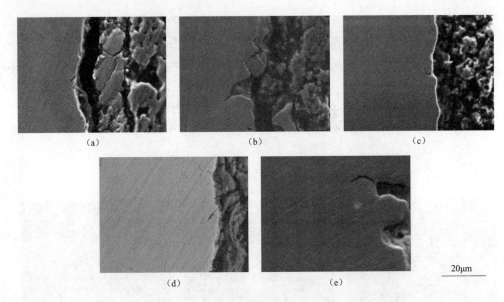

图 3-102 304L 迎风面表面腐蚀层的微观形貌

（a）50℃；（b）60℃；（c）70℃；（d）80℃；（e）90℃

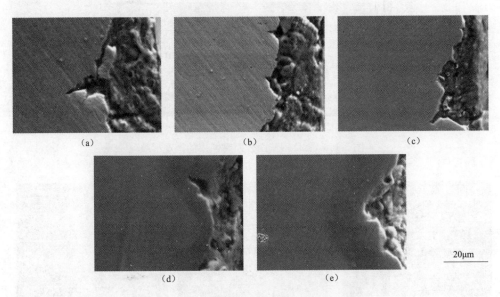

图 3-103 316L 迎风面表面腐蚀层的微观形貌

（a）50℃；（b）60℃；（c）70℃；（d）80℃；（e）90℃

  微观形貌分析结果与宏观观察得到的结果相吻合：ND 钢在五个实验工况下均发生了明显的均匀腐蚀；304L 和 316L 在循环水温度为 80℃以下时腐蚀较明显；2205 和 2507 仅在循环水温度为 70℃以下时才能观察到少量的局部腐蚀。

  由于 ND 钢在五个工况下都发生了明显的均匀腐蚀，可以用 ND 钢表面腐蚀层的厚度来表征实验中腐蚀速率的快慢，从而进一步研究组合型低温腐蚀的特性。另外，同一工况下，实验段迎风面、侧面和背风面的腐蚀程度之间的差别也很大。通过多点测量腐蚀层厚度取平均值的方式，得出 ND 钢表面不同位置腐蚀层的平均厚度，绘制出 ND 钢表面腐蚀层的平均厚度的变化曲线，如 3-104 所示。

从图 3-104 可以看出，位于实验段上同一位置时，ND 钢表面腐蚀层的平均厚度随着循环水温度的升高快速下降，表明实验材料的腐蚀速率随着循环水温度的上升而减慢。特别是在 60～80℃时，腐蚀速率快速下降。当循环水温度为 80、90℃时，腐蚀速率远远低于 50℃和 60℃时的腐蚀速率。

同一工况下，ND 钢表面腐蚀层的平均厚度随着其在实验段上的位置变化而变化。位于迎风面直接受到脱硫后的低温烟气冲刷的部分，表面的腐蚀层最厚，腐蚀速率最

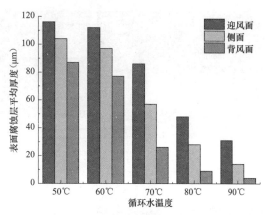

图 3-104　不同循环水温度下 ND 钢表面
的腐蚀层的平均厚度

快。位于两侧的部分，腐蚀层比迎风面略薄，腐蚀速率相对较慢。位于背风面不被烟气直接冲刷的部分，腐蚀层最薄，腐蚀速率最慢。

使用 EDS 对图 3-105～图 3-109 中的腐蚀层元素进行分析，得到的结果见表 3-33。通过 EDS 分析结果可以看出，实验段表面腐蚀层主要由 Fe、O、Cr、Ni、Mo、S、Cl 元素组成，主要成分为铁的氧化物。但 S、Cl 的存在说明也有大量 SO_4^{2-}、Cl^- 参与到了腐蚀进程中。从数值上来看，位于表层的腐蚀层中，O、S 的含量较位于内层的腐蚀层高，说明位于外层的腐蚀产物氧化较充分，所处环境 SO_4^{2-} 的浓度较高。位于内层的腐蚀层中，Cl、Fe 的含量较位于外层的腐蚀层高，说明位于内层的腐蚀产物氧化不足，金属元素可能呈现较低价态，所处环境 Cl^- 的浓度较高。推测是由于 Cl^- 的迁移性较强，不断向腐蚀层深处移动导致出现 Cl^- 的局部富集所致。

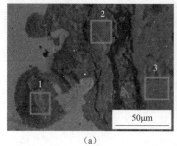

（a）

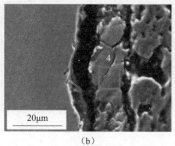

（b）

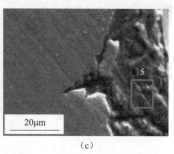

（c）

图 3-105　循环水温 50℃时实验段表面腐蚀层的微观形貌（EDS）
（a）ND 钢；（b）304L；（c）316L

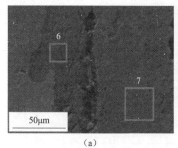

（a）

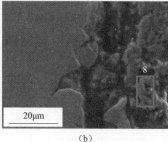

（b）

（c）

图 3-106　循环水温 60℃时实验段表面腐蚀层的微观形貌（EDS）
（a）ND 钢；（b）304L；（c）316L

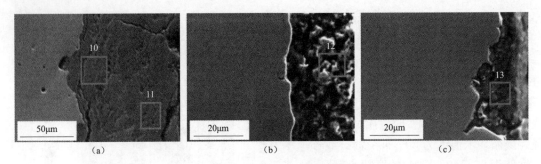

图 3-107　循环水温 70℃时实验段表面腐蚀层的微观形貌（EDS)

(a) ND 钢；(b) 304L；(c) 316L

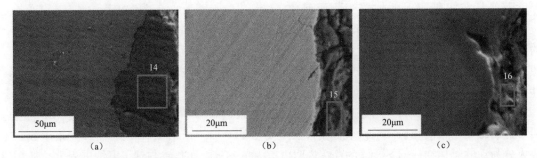

图 3-108　循环水温 80℃时实验段表面腐蚀层的微观形貌（EDS)

(a) ND 钢；(b) 304L；(c) 316L

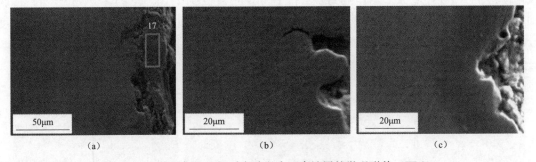

图 3-109　循环水温 90℃时实验段表面腐蚀层的微观形貌（EDS)

(a) ND 钢；(b) 304L；(c) 316L

表 3-33　　　　　　　　　图 3-102～图 3-106 中区域的 EDS 分析结果

区域	材料	循环水温度 （℃）	O	Fe	Cr	Ni	Mo	S	Cl
					（质量分数，%）				
1	09CrCuSb	50	45.39	49.08	—	—	—	0.87	4.66
2			47.33	49.81	—	—	—	1.44	1.42
3			49.75	47.14	—	—	—	2.09	1.02
4	S30403		45.41	38.24	7.08	3.98	—	2.87	2.42
5	S31603		44.12	37.61	8.19	4.14	1.17	2.32	2.45
6	09CrCuSb	60	45.19	50.20	—	—	—	0.68	3.93
7			47.83	48.14	—	—	—	0.94	3.09
8	S30403		41.52	38.63	9.78	4.18	—	1.37	4.52
9	S31603		39.06	39.50	8.73	4.40	1.87	2.20	4.24

续表

区域	材料	循环水温度 (℃)	O	Fe	Cr	Ni	Mo	S	Cl
							(质量分数,%)		
10	09CrCuSb	70	42.88	53.36	—	—	—	0.84	2.92
11			45.31	51.59	—	—	—	1.07	2.03
12	S30403		42.66	34.80	10.45	5.67	—	2.46	3.96
13	S31603		38.92	41.38	9.34	2.22	1.30	2.55	4.29
14	09CrCuSb	80	42.68	55.33	—	—	—	1.99	—
15	S30403		42.36	39.93	10.16	4.06	—	2.67	0.82
16	S31603		38.74	39.25	12.02	5.70	1.02	2.76	0.51
17	09CrCuSb	90	39.50	58.56	—	—	—	1.94	—

搪瓷涂层材料在一定时间的现场腐蚀实验之后发生了变化。由表 3-34 可以看到,对照组的搪瓷涂层材料表面光洁,大气环境几乎无法腐蚀搪瓷图层挂片的表面;腐蚀 3 周后,只有 60086 型出现缺角,腐蚀 6 周后 3 种样品的边角都出现了不同程度的破损;腐蚀 3 周后挂片表面结垢物的分布具有明显的方向性,腐蚀 6 周后挂片表面结垢物的方向性不明显,且颜色变浅,可能是石膏积累并承受气流冲刷重新分布的结果。

表 3-34　　　　　　　　对照组、腐蚀三周后和腐蚀六周后的搪瓷涂层照片

搪瓷涂层编号	对照组	腐蚀 3 周后	腐蚀 6 周后
60082			
60086			
3080			

对腐蚀后的搪瓷涂层材料表面进行 XRD 分析,发现搪瓷涂层表面被一层 $CaSO_4 \cdot 2H_2O$ 和 $CaHPO_4 \cdot 2H_2O$ 垢所覆盖,没有检测到硅酸盐、碱性氧化物、二氧化硅等烟气灰尘中的常见组分。$CaSO_4 \cdot 2H_2O$ 和 $CaHPO_4 \cdot 2H_2O$ 是脱硫后湿烟气从脱硫塔中携带出来

的，长时间沉积后有着较强的附着能力。普通的蒸汽吹灰、高压水枪清洗等手段难以将其除去，若长时间积累可能会导致搪瓷挂片换热能力下降、搪瓷换热器堵塞等严重问题。因此在搪瓷涂层的实际应用中应特别注意结垢问题，及时采用专用清洗剂清洗。

将腐蚀后的搪瓷涂层材料进行切割镶嵌，并用 SEM 对其横截面进行观察分析，发现腐蚀后样品表面大部分区域搪瓷涂层完好，结构致密，搪瓷涂层和碳钢基体之间仍然紧密贴合，碳钢基体未出现腐蚀，如图 3-110（a）所示，中间白色区域为碳钢基体；在腐蚀 3 周的样品上局部出现了细微的涂层开裂现象，涂层表面明显减薄，有细微的裂缝出现，直达碳钢基体，搪瓷涂层表面坑洼不平，涂层中空隙数量变多，对基体的保护能力减弱，碳钢开始发生腐蚀，如图 3-107（b）所示；在腐蚀 6 周的样片上的局部区域，特别是边角处出现了贯通裂缝，碳钢基体在裂缝处出现了巨大的扇形腐蚀区域，靠近裂缝处形成了凹坑，腐蚀区域向基体扩展，如图 3-107（c）所示，某些区域搪瓷涂层甚至发生了脱落，如图 3-107（d）所示。

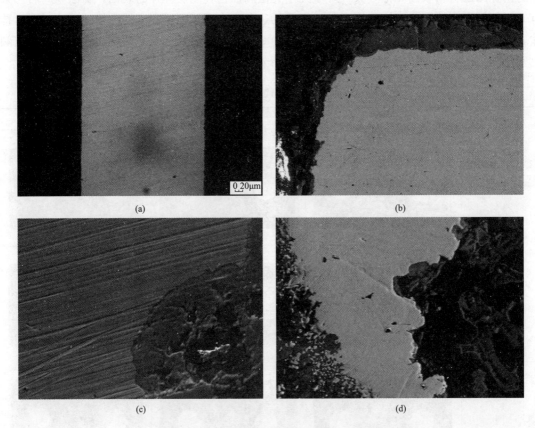

图 3-110　搪瓷涂层材料横截面的微观形貌图
（a）基本完好的搪瓷涂层；（b）发生明显减薄和细微裂缝的搪瓷涂层；
（c）出现边角扇形腐蚀区域的碳钢基体；（d）发生搪瓷涂层脱落的区域

根据上述观察的现象，分析认为：搪瓷涂层材料在脱硫塔后湿烟气中使用时，表面可能会出现裂缝，裂缝一般首先出现在边角处，或搪瓷涂层最薄处；裂缝一旦出现，烟气中的腐蚀性物质就会通过裂缝接触到碳钢基体，导致碳钢基体也发生腐蚀，搪瓷涂层下出现空缺区域；当搪瓷涂层下的空缺区域过大时，搪瓷涂层在烟气的冲刷作用下发生松动甚至脱落；搪瓷涂层的脱落导致裸露部位的碳钢迅速腐蚀，碳钢的缺失又会造成周围搪瓷涂层的脱落。因此，搪瓷涂层材料的腐蚀一旦开始，就会形成连锁反应，交替进行下去。

本现场实验中所有腐蚀现象几乎都出现在搪瓷涂层材料的四角和边缘处，其余部分的搪瓷涂层表现出优秀的耐组合型低温腐蚀的能力，这说明在准备搪瓷涂层挂片静电喷涂过程中，由于边缘、四角的涂层无法做到像挂片中央区域一样的均匀密实，造成了实验结果的差异性。虽然管式烟气再热器的换热元件没有尖锐转角，但是当采用 H 形翅片（有尖角）或螺旋翅片（有边缘）管束时，应保证使翅片尖角或边缘获得和中心区域静电喷涂的一致均匀性，以确保尖角和边缘处具有均匀的抗腐蚀能力。由此可见，工程中采用搪瓷涂层作为防腐措施时，在保证静电喷涂均匀的前提下，不仅大幅节约成本，还具有良好的抗组合型低温腐蚀性能。目前工程上尚未有类似应用，仍需进行工业化实验验证。

三、组合型低温腐蚀机理

脱硫塔后烟气再热器内发生的组合型低温腐蚀，主要由脱硫后湿烟气中携带的液滴造成。虽然这些液滴只是呈弱酸性，但包含有大量的腐蚀性阴离子，特别是 Cl^- 的含量很高，这与以往研究的脱硫塔之前烟气冷却过程中发生的硫酸露点腐蚀有很大差别。Cl^- 的化学性质非常活泼，对金属的破坏性极强，远远超过 SO_4^{2-}。即使是一些耐硫酸腐蚀能力优异的不锈钢，在 Cl^- 浓度较高时也会受到严重的腐蚀。

实验段位于管子迎风面的部分直接受到烟气气流中液滴的冲击，如图 3-111 所示，所以腐蚀速率最快，腐蚀最严重。实验段两侧的部分受到的液滴撞击相对较少，腐蚀速率较慢。几乎没有液滴撞击在管子的背风面，故实验段位于背风面的部分腐蚀速率最慢，腐蚀最轻。

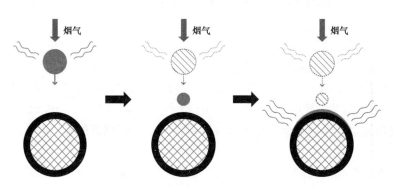

图 3-111　液滴撞击在实验段表面的过程示意图

随着循环水温度的升高，实验段表面的温度也随之升高，如图 3-112 所示。液滴撞击在钢材表面后会迅速蒸发，在表面停留的时间减少。甚至部分液滴在达到实验段表面之前就完全蒸发，无法接触到金属造成腐蚀。因此金属的腐蚀速率随着温度的升高呈明显的下降趋势。

组合型低温腐蚀进程中发生的化学反应主要以铁和氧气在水的作用下发生的吸氧反应为主，主要腐蚀产物为铁的氧化物。液滴中的 Cl^- 和 SO_4^{2-} 也参与了反应，其中较高浓度 Cl^- 的存在极大提高了金属的腐蚀速率。腐蚀过程中主要发生的化学反应为

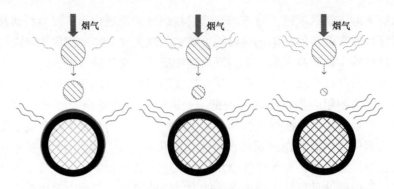

图 3-112　循环水温度升高时液滴撞击在实验段表面的过程示意图

$$Fe + 2H^+ \longrightarrow Fe^{2+} + H_2 \uparrow \tag{3-47}$$

$$4Fe^{2+} + 2H_2O + O_2 \longrightarrow 4Fe^{3+} + 4OH^- \tag{3-48}$$

$$2Fe^{3+} + Fe \longrightarrow 3Fe^{2+} \tag{3-49}$$

$$Fe^{3+} + 3OH^- \longrightarrow FeOOH \downarrow + H_2O \tag{3-50}$$

$$2FeOOH \longrightarrow Fe_2O_3 \downarrow + H_2O \tag{3-51}$$

$$Fe^{3+} + 3Cl^- \longrightarrow FeCl_3 \tag{3-52}$$

$$2Fe^{3+} + 3SO_4^{2-} \longrightarrow Fe_2(SO_4)_3 \tag{3-53}$$

随着腐蚀层的加厚，内层腐蚀层中氧气供给不足，可能产生低价态的腐蚀产物。而 Cl^- 也容易沿着腐蚀层内部的细小缝隙深入，造成内层腐蚀层中 Cl^- 的局部富集，将不溶性金属氧化物中的氧置换出来，生成可溶性的金属氯化物，进一步加速了腐蚀进程。该过程发生的化学反应为

$$Fe^{2+} + 2Cl^- \longrightarrow FeCl_2 \tag{3-54}$$

$$Fe(OH)_2 + 2Fe(OH)_3 \longrightarrow Fe_3O_4 \downarrow + 4H_2O \tag{3-55}$$

$$Fe_2O_3 + 6Cl^- + 3H_2O \longrightarrow 2FeCl_3 + 6OH^- \tag{3-56}$$

四、组合型低温腐蚀防控技术

脱硫塔后低温湿烟气造成的组合型低温腐蚀问题是燃煤机组烟气再热器运行中所面临的最严峻的考验，如果不采取适当的腐蚀防控措施，烟气再热器极易出现损伤、失效等事故，不仅不能实现对烟气的正常加热，严重时还需要停炉进行大修、更换换热管束，大大增加运行成本。

基于通过现场实验得到的组合型低温腐蚀特性，烟气再热器的腐蚀防控应从以下几个方面入手：

（1）提升脱硫系统内及烟气再热器前布置的除雾器的除雾效率，最大程度上降低进入烟气再热器的烟气中液滴的含量，特别是直径较大液滴的含量。另外要特别注意除雾器的二次夹带和清洗的问题。

（2）选用合适的材料制造烟气再热器的换热管束：入口低温段烟气温度较低、烟气中液滴含量较高、腐蚀环境较恶劣的区域优先选用 2205 双相不锈钢或以上级别的双相不锈钢或氟塑料材料；中温段烟气温度较高、液滴含量较低、腐蚀环境不太恶劣的区域可选用 316L 奥氏体不锈钢或同一级别的不锈钢材料；出口高温段烟气温度很高、液滴含量很低、腐蚀风险也很低的区域才选用 ND 钢。

（3）确保运行过程中，烟气再热器换热管束内热媒水的温度控制在 70℃ 以上，入口低温段换热管束内热媒水温度最好高于 80℃。

（4）烟气再热器的换热管束应选取合适的管型，腐蚀环境较恶劣的入口低温段推荐使用光管作为换热元件，以降低焊接处发生应力腐蚀开裂的风险。中温段和高温段可使用翅片管，包括 H 形翅片管、螺旋翅片管等。

第六节　传热元件及管束的传热和阻力特性研究

在整个烟气深度冷却余热回收系统中，换热器不仅是核心部件，而且在设备投资、动力消耗和金属消耗等方面占整个系统的主要份额。而换热器的设计核心是管材选型和结构设计。换热器内部工质与烟气的换热温差较小，而且换热器布置的空间有限，严重限制了换热器的尺寸和体积。为达到高性能换热的目的，必须对换热器采取强化换热措施。对于低温水管式换热器而言，普遍采用了管外扩展受热面强化换热技术，即管外翅片管强化换热。工业中常见的翅片管主要有螺旋翅片管、H 形翅片管和针形翅片管，如图 3-113 所示。

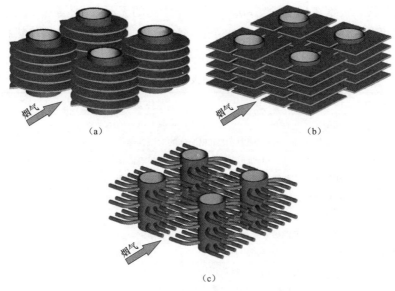

图 3-113　三种翅片管束结构示意图
（a）螺旋翅片管；（b）H 形翅片管；（c）针翅管

一、强化传热技术概述

强化传热目前已经发展成为传热学研究中一个极其重要的组成部分，伴随着经济社会的发展，世界能源的严重短缺引起各国政府对于节能降耗的日益重视以及微电子、集成电路的发展都极大地推动了强化传热学科的发展。世界上主要的工业国家都在 20 世纪 70 年代开始研究开发强化传热技术。迄今为止，强化传热技术已经在动力、化工、石油、核能、制冷，乃至国防工业等领域得到非常广泛的应用[72]。

在实际的工业生产过程中，经常应用强化传热技术的设备便是换热器，换热器作为能量交换的基础设备，在化工、石油、电力、冶金等高耗能行业获得广泛应用，如在化工、炼油装置中换热器占总设备数量的 40%，占总投资的 30%～45%[73]。所谓换热器的强化传热，就是通过改变影响传热过程的各种因素，力求使换热器在单位时间内、单位传热面积上传递尽可能多的热量[74]。强化传热技术研究的主要任务就是提高传热的效率，在设备投资及输

223

送功耗一定的条件下，获得较大的传热量，力图达到以最经济的设备（质量小、体积小、成本低）来传递规定的热量，或在设备规模相同的情况下能更快、更多地传递热量，使换热器结构更加紧凑，减少换热器的占有空间，从而节约材料，降低成本。

强化传热技术的分类形式很多，从强化传热的过程来划分，可以分为导热过程的强化、对流换热过程的强化和辐射传热过程的强化三大类。另外，对流换热过程的强化又可以划分为单相对流传热过程强化、沸腾传热过程的强化以及凝结传热过程的强化。因为运动的流体携带有热量，对流换热的传热能力要比单纯的导热方式强得多，相比较于导热强化，对流换热强化技术也要丰富得多。所以，涉及面最广和研究最多且在工业上应用最广的是对流换热强化技术。

对流换热的强化技术按照强化传热是否具有外加动力分为有源强化传热技术和无源强化传热技术。所谓有源强化技术就是需要依赖外加的电磁力或机械力等的帮助来实现强化传热的目的，而无源强化技术除了输送换热流体工质的功率消耗外，不再需要外加的动力支持。两种或两种以上的强化传热技术同时应用来获得更优的强化传热效果，被称作复合强化传热技术。其中无源强化技术在目前研究和应用最多。常见的无源强化传热技术包括扩展表面、扰流元件、涡流发生器、表面处理、添加物等。表3-35列出了相关强化传热技术的分类情况。其中本文以发展表面强化传热为主要研究对象构建对流换热强化。

表3-35 强化传热技术分类

分类	强化技术	具体方法
有源强化技术	电磁场作用	利用交流或直流电场的强电磁场作用，改变流体的运动规律
	静电场法	在液体中加一静电场以强化单相流体的对流换热量
	传热表面振动	采用机械振动或电动机的偏心装置实现传热表面振动，从而加强流体的扰动
	射流冲击	通过圆形或狭缝型喷嘴直接将流体喷射到传热表面
	喷射或吸出	在传热壁面上喷注或抽吸流体
	机械方法	搅动流体、传热面旋转、表面刮动
无源强化技术	粗糙表面法	表面粗糙元的微观结构几何尺寸比处理表面大，但与通道的几何尺寸相比还是十分微小
	螺旋槽管	弯曲或扭曲流动通道本身，促使流体产生二次流动
	旋流管	管壁上具有外凹内凸的螺旋形槽
	缩放管	由依次交替的收缩段和扩张段组成波纹通道
	波纹管	流体在复杂截面流动下不断改变方向和流速，促使紊流增加或湍流产生
	针翅管	管子上直接加工出针翅，消除针翅与基管焊接接触阻热，且针翅小而密，传热面扩大很多
	横纹槽管	双面强化管，外表面是一圈圈滚压成的有序环形凹槽，内表面则是有序环形凹肋
	锯齿形翅片管和花瓣形翅片管	新型冷凝传热管，翅片距更密，其翅片外缘开有锯齿切口，另外翅片顶部呈错开锯齿状，使冷凝液的流动呈现扰动状态
	高效沸腾传热管	其表面形成多孔的隧道，以增加汽化核心，同时促进沸腾时强烈的对流换热
	螺旋扭曲管	两端为圆管，流体在管程和壳程都发生旋流
	特殊处理表面法	换热表面处理成多孔或锯齿形表面
	扩展表面法	翅片几何尺寸比粗糙元大得多，以增大换热面积强化传热
	扰流装置法	流动通道中放置扰流物，加强流体混合，促进流体速度和温度分布均匀
	添加物法	流体中加入某种固体颗粒或气泡的添加物
	壳程强化结构	即低热阻壳程支撑结构，有螺旋形折流板式、折流杆式、空心环式、扭曲管和混合管束换热式、管子自支撑式、整圆形折流板式和纵流管束换热器
复合强化技术		两种或两种以上的强化传热技术混合在一起

扩展表面强化传热是一种既能增大换热面积，同时又能通过强化流动边界层内流通扰动并减薄热边界层厚度的双重强化传热方式达到强化传热目的一种成熟实用的方法，又被称为肋化和翅化强化传热表面。

扩展表面按其扩展的部位不同又可以分为外翅片和内翅片，不管是以哪种强化传热方式，对湍流和层流换热都具有明显的换热强化作用。在其运用中，翅片的结构形状、几何尺寸、材料性质和运用环境都对与强化作用有强烈的影响。

1. 外翅形扩展受热面

在换热器及其他热工设备中，涉及换热过程时，换热壁面两侧参与换热的流体通常具有不同的热工性质，如导热系数、黏性系数等，因此两侧换热强度是不同的，通过传热学分析可以得出，要强化传热，主要是强化传热能力较弱测流体。比如在锅炉省煤器中，管内为水，管外为烟气，在这种情况下，水侧传热热阻仅为烟气侧热阻的几十分之一，因此要强化省煤器传热，就需要强化管外烟气测换热，在这种类似环境中采用的扩展受热面传热元件，如 H 形翅片管、螺旋翅片管、针翅管等就称为外翅形扩展受热面。目前，运用外翅形扩展受热面的换热器已经在工业生产、航空航天等重要部门得到广泛运用。

2. 内翅形扩展受热面

与外翅形扩展相似，内翅形扩展受热面也是通过强化换热能力较弱的流体换热而实现换热强化，如内螺纹管、内翅管等。通常来说，由于受空间限制，内翅管翅化比要比外翅管低很多，翅管存在技能增加换热面积，而且较大改变了流体在管内的流动和阻力分布状况。

二、翅片管强化传热原理

冷热流体间通过换热器壁面传递热量时，计算其总传热量 Q 的基本表达式为

$$Q = KA\Delta t_{m} \tag{3-57}$$

式中 K——总传热系数，W/(m²·℃)；

A——总传热面积，m²；

Δt_{m}——冷热流体的平均温差，℃。

通过式（3-57）可知，增加换热器总传热量途径有三种：提高总传热系数 K、增加总传热面积 A 和增加冷热流体的平均温差 Δt_{m}。因为受限于工艺条件本身，冷热流体的温度常常不可随意变动，虽然可以通过尽量采用接近于换热器逆流布置的方式来增大冷热流体的传热温差，但是也只能提高有限的程度。因而，提高换热器的传热系数或者增加换热器的传热面积是实现强化传热目的的主要措施，更确切地说，强化传热的主要目标是提高换热器传热系数和换热器传热面积的乘积（KA），从而降低总的传热热阻（$1/KA$）。

在间壁式换热器的对流换热中，当换热器壁面两侧的传热系数差不多时，可以同时提高换热器两侧的换热能力，实现较好的强化传热目的；而当换热器壁面两侧的传热系数相差很大时，传热系数比较小的一侧的热阻成为影响换热器总传热量的主要热阻（也称控制热阻），此时对换热器传热系数比较小的一侧采用强化传热的方式可以显著提高换热器的总传热量。

流体与换热器表面间的对流换热量为

$$Q = \alpha A(t_{b} - t_{w}) \tag{3-58}$$

式中 α——对流换热系数，W/(m²·℃)；

A——总传热面积，m²；

t_{b}——流体主流温度，℃；

t_w——换热器表面壁温，℃。

在对翅片管某侧表面的对流换热进行传热强化时，使得该侧对流换热系数 α 与该侧总传热面积 A 的乘积（αA）最大同样是强化传热措施的目标。在实际的工程应用中，各类强化换热表面对于增加换热器的换热面积和增大传热系数各有侧重。一般而言，如油、水等高黏度流体与固体表面进行换热时，换热热阻主要是在贴近壁面流体的黏性底层位置，这时使用低翅管或粗糙管能够显著地增加换热器表面的传热系数，从而得到较为明显的强化传热效果，同时流通阻力也不至于过大增加；而对于如空气、烟气等低黏度流体与固体壁面进行换热时，流体贴近壁面位置的黏性底层比较薄，若使用粗糙表面不足以显著提高表面的对流换热系数，这时可以采用高翅管，以大幅增加气体侧换热器的面积来有效地降低传热热阻。这时因为气体的黏性比较低，使用高翅管并不会明显增加流动阻力，阻力的增加在工程的接受范围内。传热系数的提高和换热面积的增加往往是耦合在一起实现一个综合强化传热效果。比如当大幅增加扩展的换热面积时，翅片侧表面的对流换热系数的适度降低是可以接受的。在本书研究的针翅管换热器受热面中，针翅管管外的空气与管内工质水通过金属壁面进行换热，此时工质水侧管内壁的对流换热系数比空气侧管外壁的对流换热系数要高十倍以上，因此管外带有翅片的高翅管是一种较高的选择。

翅片管与管外流体的对流换热量包括翅片的对流换热量和基管的对流换热量两部分，即

$$Q = Q_f + Q_t$$
$$Q_f = \alpha_f A_f (t_b - t_f)$$
$$Q_t = \alpha_t A_t (t_b - t_w)$$

(3-59)

式中　Q_f——翅片的对流换热量，J；

　　　Q_t——基管的对流换热量，J；

　α_f、α_t——翅片表面和基管表面的平均对流换热系数，W/(m² · ℃)；

　A_f、A_t——翅片和基管的换热面积，m²；

　t_f、t_w——翅片表面和基管外表面的平均温度，℃；

在式（3-59）中难以单独确定 α_f、α_t 和 t_f 的值。工程中为了简化计算常取 α_f 和 α_t 相等，称为翅侧有效对流换热系数 α_o；同样为了避免计算翅片表面平均温度 t_f，工程计算中常取（$t_b - t_w$）作为计算传热量的温差。当翅片管外部气体被冷却时，实际翅片表面平均温度 t_f 必然大于基管外表面平均温度 t_w，即在翅片表面换热温差（$t_b - t_f$）小于基管表面换热温差（$t_b - t_w$），若以 $\alpha_o (A_f + A_t)$（$t_b - t_w$）计算翅片管总的传热量势必会使计算结果比实际的结果偏大。为了考虑 $t_f \neq t_w$ 的影响，翅片效率 η_f 的概念被引进到实际的工程计算中，来修正翅片换热面积 A_f。翅片效率 η_f 的定义为单位面积翅片的实际换热量与翅片导热系数 λ_f 为无穷大时的换热量之比，即

$$\eta_f = \frac{Q_{f,\lambda_f=\mathrm{Const}}}{Q_{f,\lambda_f \to \infty}}$$

(3-60)

显而易见，当 $\lambda_f \to \infty$ 时，$t_f = t_w$。引入 η_f 后，管外流体与翅片管的对流换热量 Q 可以表示为

$$Q = \alpha_o (\eta_f A_f + A_t)(t_b - t_w)$$

(3-61)

式（3-61）又可以进一步表示为

$$Q = \alpha_o \eta_o A_o (t_b - t_w)$$

(3-62)

式中 A_o——翅侧换热全面积，$A_o = A_f + A_t$；

η_o——翅片的总效率，按式（3-63）计算。

$$\eta_o = \frac{\eta_f A_f + A_t}{A_o}$$ (3-63)

三、实验系统

H形翅片管、螺旋翅片管、针形管3种强化传热元件的传热和阻力特性在高温传热风洞上完成，实验系统可分为空气循环系统和水循环系统两部分，如图3-114所示。其中，空气系统包括可调频鼓风机、测速段、电加热段、均流段和实验段等，冷却水系统由水箱、水泵、流量计及实验段组成。来自风机的空气通过型号为LUGB-2320涡街流量计测速后，经电加热器加热，沿风道到达实验段，横向冲刷翅片管束。在实验过程中，实验段进、出口空气温度和进、出口水温度由精度为A级Pt100热电阻测量，试件气侧压降由德图testo510电子差压计测量，水流量由精度0.5级的电磁流量计测量。实验台整体实体图如图3-115所示。

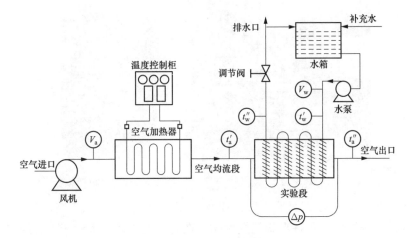

图3-114 实验系统图

t_w'—入口水温；t_w''—出口水温；t_a'—入口空气温度；t_a''—出口空气温度；

V_w—水流量；V_a—空气流量；Δp—管束进出口压降

图3-115 实验台整体实体图

热风系统由变频风机、涡街流量计、空气加热器、进口均流段、试验段和尾部均流段组成，如图3-116所示。风机型号为Y6-47，功率为4kW，风量为4970～2317m^3/h，全压为1667～2327Pa，额定转速为2925r/min，如图3-117所示。风机产生的压头需要克服试验台沿程阻力、空气加热器阻力和试验段阻力。变频器通过改变电动机工作电源频率方式来控制交流异步电动机转速，以此调节风机风量，可实现零到全风量连续可调。图 3-118 所示为风机变频器。

图 3-116　热风系统图

图 3-117　风机　　　　　　图 3-118　风机变频器

　　试验使用的涡街流量计型号为 LUGB-2320，准确度等级为 1.5 级，如图 3-119 所示。涡街流量计的内部设置有三角柱型旋涡发生体，在旋涡发生体的下游产生有规律的漩涡，漩涡频率正比于流体流速，由此可以测量流过涡街流量计的气体流量。根据产品的安装要求，在涡街流量计的前后均布置足够的均流段，如图 3-120 所示。

图 3-119　涡街流量计

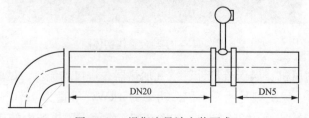

图 3-120　涡街流量计安装要求

空气加热器由空气加热模块和温度控制模块组成，总功率为 145.6kW，如图 3-121 所示。空气加热模块是由 112 根 1.3kW 的加热管组成，单根加热管如图 3-122 所示，加热管在箱体内的布置方式如图 3-123 所示，采用错列布置，加强空气扰动，可充分加热空气。温度控制模块包括 3 组独立温度控制子模块，且具有自动和手动两种控制功能，控制精度为 ±3℃，本次试验设定空气加热器出口空气温度为 150℃。

（a）　　　　　　　　　　　　（b）

图 3-121　空气加热器　　　　　　　　　　　图 3-122　空气加热管

（a）加热模块；（b）控制模块

图 3-123　空气加热器布置图

均流段是为了使进入试验段的热空气流场能够均匀分布，减小试验段入口效应对试验结果的影响，保证试验段进口温度测量的准确性。均流段由 3 个相同的管箱组成，每个管箱的长度为 800mm，截面尺寸为 262mm×401mm，如图 3-124 所示。图 3-125 所示为均流段的实体图。管箱材料采用 20 钢。3 段管箱之间及第 1 个管箱与空气加热器出口均采用 8mm 厚的法兰连接。在第 1 个均流段的进口处布置空气加热器出口温度测点，在第 3 个均流段出口处布置试验段进口温度测点和压力测点。均流段外部均敷有 100mm 厚的保温层，减小试验台向周围环境的散热，提高试验精度。

试验段是本试验的研究对象，如图 3-126 所示。管箱材料采用 20 钢。管箱与前后的均流段均采用 8mm 厚的法兰连接。试验段水的进口和出口均采用集箱连接的方法。150℃ 的热空气在试验段与管内工质水进行换热，通过测量相关的参数可研究不同试验段即不同管排形状下翅片管的传热和阻力特性。

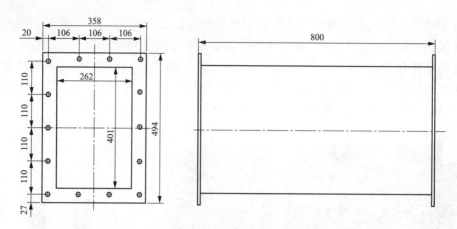

图 3-124　均流段结构图

图 3-125　均流段实体图

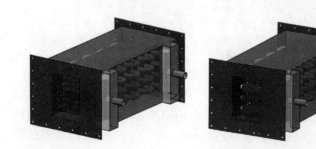

图 3-126　试验段结构图

循环水系统主要包括水箱、循环水泵、对夹止回阀、截止阀、电磁流量计和进/出口水温测量段，如图 3-127 所示。

水箱的尺寸为 2m×1.5m×1.5m，容积为 4500L，约盛 4000L 水，以此可保证在单个试验工况下，试验段进口水温基本相同。

循环水泵如图 3-128 所示，型号为 ISG-32-200(Ⅰ)，电动机功率为 4kW，扬程 50m，最大流量值 6.3m³/h。

图 3-127　循环水系统　　　　　　　图 3-128　循环水泵

　　试验选用的电磁流量执行的标准为 JB/T 9248—2015《电磁流量计》，最高允许流体流速为 15m/s，公称直径为 DN32，精确度为 0.5%，公称压力为 4.0MPa，电磁流量计实体图及其安装要求图如图 3-129 所示。

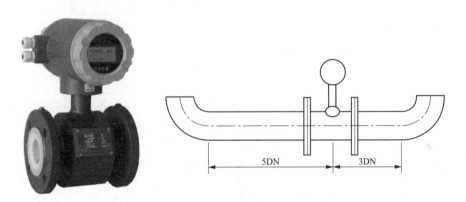

图 3-129　电磁流量计实体图及其安装要求图

四、实验结果分析

（一）H 形翅片管

　　实验的研究对象是 H 形翅片管，有单 H 形翅片管和双 H 形翅片管，如图 3-130 所示。目前，在工程实际运用中使用较多的是 95mm×181mm 的双 H 形翅片管。相比于单 H 形翅片管，双 H 形翅片管具有较高的生产效率。为对比单 H 形翅片管和双 H 形翅片管的传热和阻力特性，设计了 95mm×181mm 和 95mm×89mm 的对比实验。另外，为得到 H 形翅片管形状对其传热和阻力性能的影响，设计了翅片高度为 95mm 和翅片高度为 70mm 的对比实验。为研究翅间距对 H 形翅片管传热和阻力特性的影响，还设计了 12.7、16、20、24mm 四个翅间距的对比实验。针对每一种翅片管型，设计了不同空气流速下 H 形翅片管传热和阻力特性的对比实验，流速设计有 6、8、10、12、15、18m/s。综上，实验工况设计共有 16 种实验段，每个实验段设计 6 种空气流速，详细翅片管参数见表 3-36，实验段管箱实体图如图 3-131 所示。

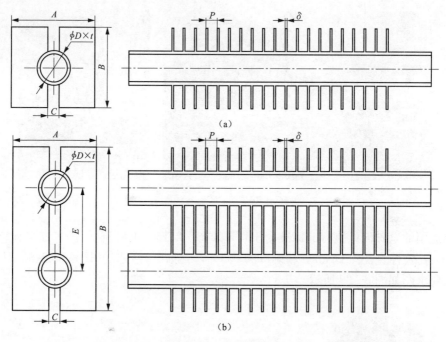

图 3-130 H形翅片管

(a) 单H形翅片管；(b) 双H形翅片管

表 3-36 传热元件参数表 mm

名称	元件一				元件二				元件三				元件四			
$D \times t$	$\phi 38 \times 4$				$\phi 38 \times 4$				$\phi 38 \times 4$				$\phi 38 \times 4$			
A	95				95				70				70			
B	89				181				70				145			
δ	2				2				2				2			
C	13				13				6				6			
E	—				92				—				75			
P	12.7	16	20	24	12.7	16	20	24	12.7	16	20	24	12.7	16	20	24
S_1	100								75							
S_2	92								75							
布置	4排8列								5排8列							

 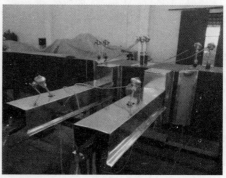

图 3-131 实验段实体图

232

　　将实验数据进行处理之后，得出表征 H 形翅片管传热和阻力特性的指标，并对这些结果进行定量或定性的分析。95mm×89mm 管型的传热特性、阻力特性和翅片效率如图 3-132 所示。

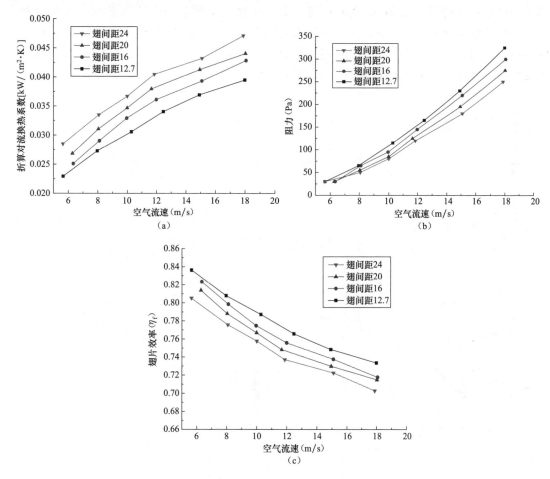

图 3-132　95mm×89mm 管形的传热特性、阻力特性和翅片效率
（a）传热特性；（b）阻力特性；（c）翅片效率

　　在翅片间距一定时，H 形翅片管的阻力随着空气流速的增大而增大，且增长速率越来越大；在空气流速一定时，随着翅片间距的增大，H 形翅片管的阻力不断减小。前者主要是由于流体的流动阻力与流动速度的平方成正比，因而，随着空气流速的增加，流动阻力增长的速率不断增大；后者主要是由于随着翅片间距的增大，空气流动通道的结构形式改变，同时，边界层对流动的影响减弱，在相同空气流速下，翅间距增大，流动阻力减小。当空气流速一定时，H 形翅片管的翅片效率随着翅片间距的增大而减小；当翅片间距一定时，H 形翅片管的翅片效率随着空气流速的增加而减小。H 形翅片管在传热过程中，空气侧的热阻远远大于水侧热阻，因此，翅根温度更接近水侧温度，且不同工况下水侧温度变化较小，即翅根温度变化较小。当空气流速一定、翅间距增大时，整个翅片表面积减小，虽然传热性能提高，但翅片实际吸热量减小，故翅片效率减小；当翅间距一定，空气流速增大时，翅片表面的温度升高，与空气的传热温压减小，换热量减小，因此翅片效率减小。

翅高为 95mm 的单双 H 形翅片管的传热、阻力特性和翅片效率对比如图 3-133～图 3-135 所示。从翅片高度为 95mm 的单 H 形翅片管和双 H 形翅片管的结构形状看，两者的主要差别在于双 H 形翅片管沿纵向相邻的两排翅片管的翅片是相连的，而单 H 形翅片管沿纵向相邻的两排翅片管的翅片有 3mm 宽的小缝。由于小缝的宽度较小，且位于沿空气流动方向上，对空气流动影响较小，对传热性能影响也较小。因此，单 H 形翅片管和双 H 形翅片管的传热、阻力特性及翅片效率并没有很大区别。工程应用中之所以选用双 H 形翅片管较多，主要是双 H 形翅片管的生产效率较单 H 形翅片管高。

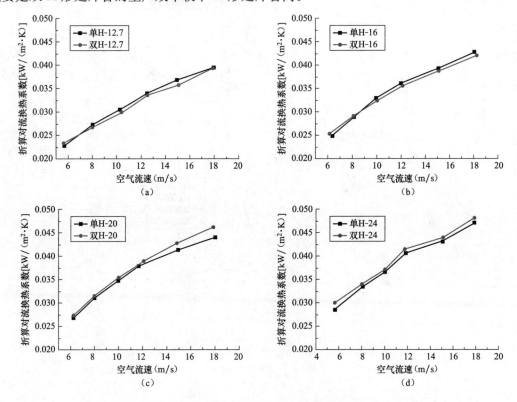

图 3-133　翅高 95mm 单双 H 形翅片管传热特性对比
(a) 翅间距 12.7mm；(b) 翅间距 16mm；(c) 翅间距 20mm；(d) 翅间距 24mm

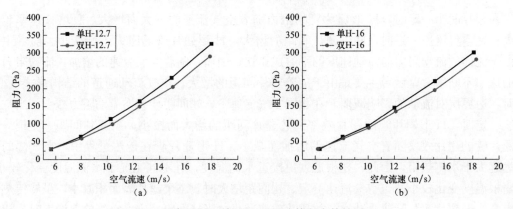

图 3-134　翅高 95mm 单双 H 形翅片管阻力特性对比（一）
(a) 翅间距 12.7mm；(b) 翅间距 16mm

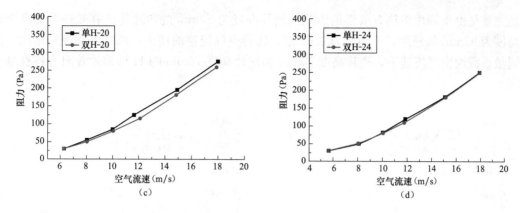

图 3-134　翅高 95mm 单双 H 形翅片管阻力特性对比（二）
（c）翅间距 20mm；（d）翅间距 24mm

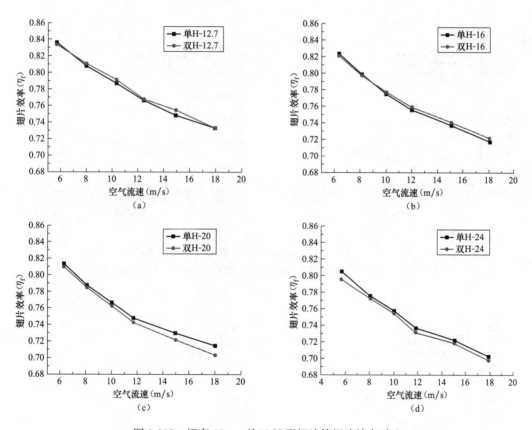

图 3-135　翅高 95mm 单双 H 形翅片管翅片效率对比
（a）翅间距 12.7mm；（b）翅间距 16mm；（c）翅间距 20mm；（d）翅间距 24mm

翅片高度为 95mm 和翅片高度为 70mm 的单 H 形翅片管的传热、阻力特性和翅片效率
对比如图 3-136～图 3-138 所示。由图 3-136 可知，翅片高度为 70mm 的单 H 形翅片管的传
热特性要明显高于翅片高度为 95mm 的单 H 形翅片管，平均约为 1.38 倍；翅片高度为
70mm 的单 H 形翅片管的阻力与翅片高度为 95mm 的单 H 形翅片管基本接近。传热特性的

差别主要是由于翅片传热有效性的影响。翅片高度为 70mm 的翅片传热有效性明显高于翅片高度为 95mm 的翅片，平均约为 1.67 倍，随着空气流速的增大，两者差别逐渐增大；在相同最小截面空气流速下，翅片高度 95mm 和翅片高度 70mm 的 H 形翅片管阻力特性基本相同。

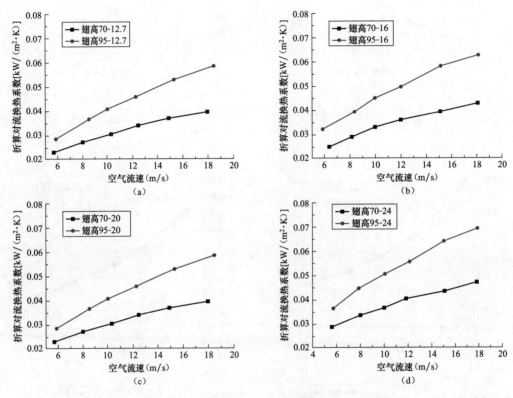

图 3-136　翅高 95mm 和翅高 70mm 的翅片传热特性对比

(a) 翅间距 12.7mm；(b) 翅间距 16mm；(c) 翅间距 20mm；(d) 翅间距 24mm

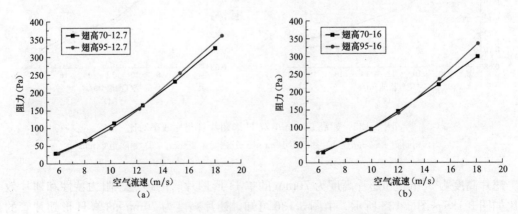

图 3-137　翅高 95mm 和翅高 70mm 的翅片阻力特性对比（一）

(a) 翅间距 12.7mm；(b) 翅间距 16mm

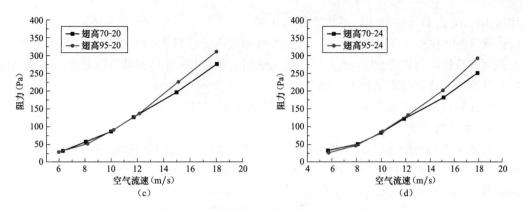

图 3-137　翅高 95mm 和翅高 70mm 的翅片阻力特性对比（二）

（c）翅间距 20mm；（d）翅间距 24mm

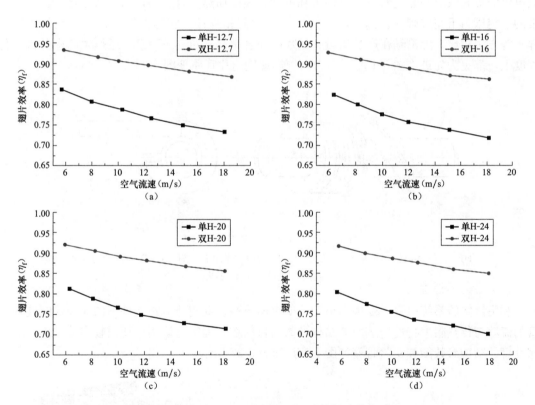

图 3-138　翅高 95mm 和翅高 70mm 的翅片效率对比

（a）翅间距 12.7mm；（b）翅间距 16mm；（c）翅间距 20mm；（d）翅间距 24mm

通过分离变量法非线性拟合得出，H 形翅片管的无量纲准则数努塞尔数 Nu 的关系式为

$$Nu = 0.05616\left(\frac{h}{P}\right)^{-0.36} Re^{0.74} Pr^{0.33} \tag{3-64}$$

适用范围：Re 为 1700～7600，平均方差为 1.10%。

H 形翅片管的无量纲准则数欧拉数 Eu 的关系式为

$$Eu = 0.84426\left(\frac{h}{P}\right)^{0.065} Re^{0.027} \tag{3-65}$$

适用范围：Re 为 1700～7600，平均方差为 0.01%。

由式（3-64）和式（3-65）可知，无量纲准则数 Nu 与 H 形翅片管翅片间距成正比，与翅片高度成反比，与雷诺数 Re 成正比；而无量纲准则数 Eu 与 H 形翅片管翅片间距成反比，与翅片高度成正比，与雷诺数 Re 成正比。

综合比较得出，管型 75mm×75mm，缝宽 6mm 的经济性最佳。

（二）螺旋翅片管

螺旋翅片管的制造通常有两种方法，一种方法是将加工好的翅片通过挤压的方式套装在基管上，这种方法通常易使得在翅片和基管间存在较大的接触热阻；另一种方法是把翅片材料绕在基管上，并将翅片和基管焊接为一体，使其接触热阻相对较小。

高频焊螺旋翅片管是目前应用最广泛的螺旋翅片管之一，广泛应用于电力、冶金、水泥行业的余热回收以及石油化工等行业。高频焊螺旋翅片管是在钢带缠绕钢管的同时，利用高频电流的集肤效应和邻近效应，对钢带和钢管外表面加热，直至塑性状态或熔化，在缠绕钢带的一定压力下完成焊接。这种高频焊实为一种固相焊接。它与镶嵌、钎焊（或整体热镀锌）等方法相比，无论是在产品质量（翅片的焊合率高，可达 95%），还是生产率及自动化程度上，都更为先进，图 3-139 所示为高频焊螺旋翅片管原理图。

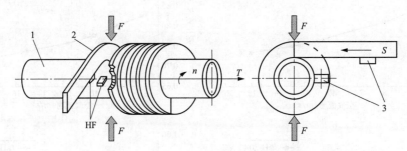

图 3-139　高频焊螺旋翅片管原理图

HF—高频焊电源；n—管子转动方向；S—翅片送料方向；F—挤压力；T—管子移动方向；

1—管子；2—翅片；3—触头

利用该实验系统研究了变横向节距、变纵向节距、变翅片节距条件下的高频焊螺旋翅片管的流动与传热阻力特性。选取的结构参数为目前在工程实际运用中使用较多的结构，螺旋翅片管的结构参数图和实验管箱如图 3-140 和表 3-37 所示。

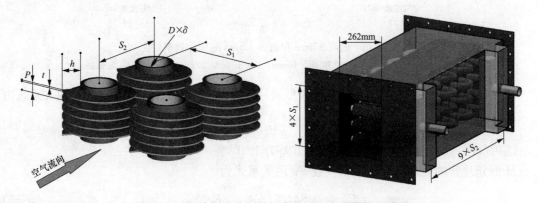

图 3-140　螺旋翅片管的结构参数图和实验管箱三维图

表 3-37 螺旋翅片管实验结构参数表

实验方案	D (m)	δ (m)	h (m)	t (m)	P (m)	S_1 (m)	S_2 (m)
1	0.038	0.0035	0.0175	0.0015	0.008	0.085	0.092
2	0.038	0.0035	0.0175	0.0015	0.01	0.085	0.092
3	0.038	0.0035	0.0175	0.0015	0.012	0.085	0.092
4	0.038	0.0035	0.0175	0.0015	0.01	0.08	0.092
5	0.038	0.0035	0.0175	0.0015	0.01	0.09	0.092
6	0.038	0.0035	0.0175	0.0015	0.01	0.095	0.092
7	0.038	0.0035	0.0175	0.0015	0.01	0.085	0.08
8	0.038	0.0035	0.0175	0.0015	0.01	0.085	0.09
9	0.038	0.0035	0.0175	0.0015	0.01	0.085	0.095

横向节距对管束换热特性的影响如图 3-141 所示，在实验研究最小截面流速为 6～16m/s 时，管束平均传热系数随着流速的增大而近于线性增大，管束进/出口空气压降随着流速的增大而呈指数增大，表明提高气体流速在有效提高管束传热系数的同时，也显著增大了空气流动的阻力。在同一最小截面流速下比较，不同 S_1 管束的传热系数差别很小，均在实验误差范围以内，而流动阻力随着 S_1 的增大呈减小趋势。同时图 3-137 还给出了实验数据与苏联公式计算结果的比较，可以看出，实验数据与苏联公式计算结果趋势基本一致，相同结构、相同流速条件下，传热系数和进/出口压差相差在 10% 以内。

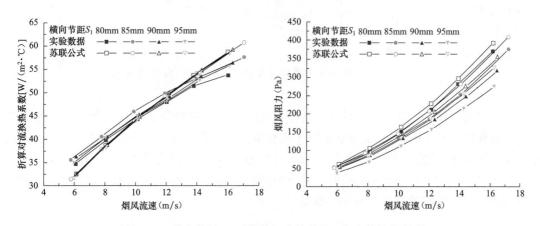

图 3-141 横向节距 S_1 对螺旋翅片管传热和阻力特性的影响

纵向节距对管束换热特性的影响如图 3-142 所示，S_2 为 90、92、95mm 时，传热系数和流动阻力曲线基本一致，相同最小截面流速条件下，S_2 为 80mm 时传热系数和流动阻力均小于另外 3 种结构的管束。同时图 3-138 还给出了实验数据与苏联公式计算结果的比较，可以看出，实验数据与苏联公式计算结果趋势基本一致，相同结构、相同流速条件下，传热系数和进/出口压差相差在 10% 以内。

翅间距对管束换热特性的影响如图 3-143 所示，在同一最小截面流速下比较，随着翅间距 P 的增大，管束传热系数呈增大趋势，管束阻力压降呈下降趋势，同时图 3-143 还给出了实验数据与苏联公式计算结果的比较，可以看出，实验数据与苏联公式计算结果趋势基本一致，相同结构、相同流速条件下，传热系数和进出口压差相差在 10% 以内。

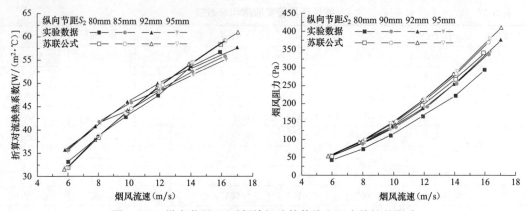

图 3-142 纵向节距 S_2 对螺旋翅片管传热和阻力特性的影响

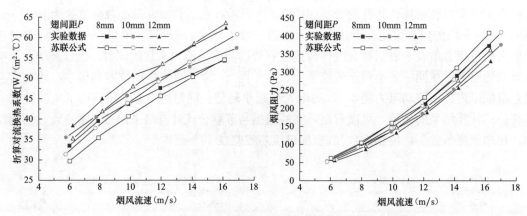

图 3-143 翅间距 P 对螺旋翅片管传热和阻力特性的影响

（三）针翅管

主要研究针翅管针翅结构及针翅管管束布置结构对针翅管管束传热与阻力性能的影响。设计基管外径为 $\phi45$ 的 10 个实验管束用于实验研究。分别考察了变横向节距 S_1、变纵向节距 S_2、变横向翅间距 P_h 和变针翅高度 H 4 个结构参数对针翅管管束传热和阻力特性的影响。针翅管的结构参数图和实验段针翅管管束如图 3-144 和图 3-145 所示，10 个实验段管束的针翅管结构参数和管束布置结构参数见表 3-38。

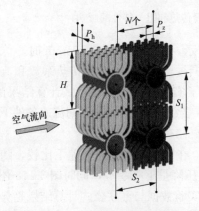

图 3-144 针翅管的结构参数图

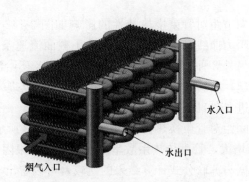

图 3-145 实验段针翅管管束图

表 3-38　　　　　　　　　　　　　针翅管实验结构参数表

管束编号	H (m)	P_z (m)	P_h (m)	S_1 (m)	S_2 (m)	N (个)
E1	0.108	0.0157	0.028	0.113	0.095	6
E2	0.108	0.0157	0.028	0.118	0.095	6
E3	0.108	0.0157	0.028	0.123	0.095	6
E4	0.108	0.0157	0.028	0.113	0.09	6
E5	0.108	0.0157	0.028	0.113	0.100	6
E6	0.108	0.0157	0.016	0.113	0.095	6
E7	0.108	0.0157	0.020	0.113	0.095	6
E8	0.108	0.0157	0.024	0.113	0.095	6
E9	0.096	0.0157	0.028	0.113	0.095	6
E10	0.102	0.0157	0.028	0.113	0.095	6

图 3-146 所示为针翅管管束布置示意图。

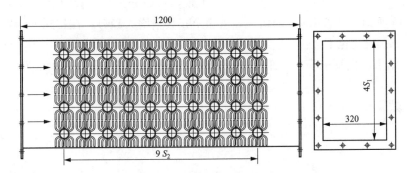

图 3-146　针翅管管束结构示意图

针翅管管束采用顺列逆流的布置方式，选取的结构参数为目前在工程实际运用中使用较多的结构。针翅管束采用 4 排 10 列布置方式。

1. 管束横向节距的影响

通过实验管束 E1、E2、E3 共计三个针翅管管束研究管束横向节距 S_1 对针翅管传热和阻力特性的影响。横向节距 S_1 分别为 113、118、123mm。相应的横向相对节距（S_1/d_o）范围为 2.51～2.73。各管束的横向节距变化时，针翅管其余结构参数均为 $d_o=45$mm、$S_2=95$mm、$P_h=28$mm、$P_z=15.7$mm、$H=108$mm、$N=6$。

图 3-147 所示为横向管节距对针翅管管束传热性能的影响。由图 3-147 可知，在横向管节距一定的情况下，针翅管管束的管外折算对流换热系数随着空气流速的增大而增大，主要是由流体的流动状态引起，随着空气流速的增大，横向冲刷针翅管束的空气湍流度随之增大，因此针翅管束的传热性能随之提高；在管束最小截面空气流速一定时，针翅管管束横向节距增大时，管外折算对流

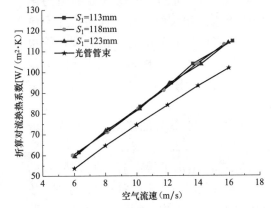

图 3-147　管束横向节距对针翅管束传热性能的影响

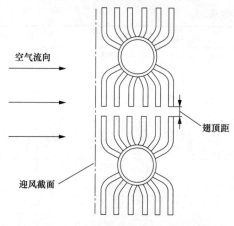

图 3-148　管束迎风截面和空气流向示意图

换热系数变化不大，分析可知：管束最小截面空气流速一定时，管束横向节距的增大使得管束迎风截面流速增大（如图 3-148 所示）的同时也增大了横向两排管翅顶间的流动区域宽度，即图 3-148 中翅顶距，由 5mm 变化到 15mm，空气在两排管束翅顶间流动阻力更小，因此管束横向节距的增大未能增强空气冲刷管束的湍流度。

由图 3-147 同时可知，与相同管径、横向节距 113mm、纵向节距 95mm 的 10 排光管管束比较，S_1＝113mm、S_1＝118mm、S_1＝123mm 的针翅管管束的管外折算对流换热系数高于光管管束，考虑该三种结构参数的针翅管束翅化比为 3.3∶1，以基管面积计算三种针翅管管束空气侧折算对流换热系数分别是光管管束的 3.65 倍。

由图 3-149 所知，随着 Re 数的增大，管束 Nu 数呈增大趋势；在相同 Re 数下，管束横向节距增大，Nu 数变化不大。

根据实验结果，变管束横向节距时，针翅管束的阻力特性如图 3-150 和图 3-151 所示。

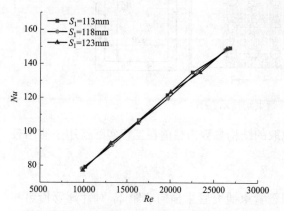

图 3-149　变管束横向节距时 Nu 与 Re 的关系

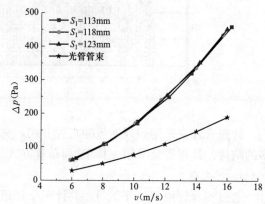

图 3-150　管束横向节距对针翅管束阻力性能的影响

由图 3-150 可知，针翅管束的阻力随着空气流速的增大而增大，且增长速率越来越大；管束横向节距的变化对针翅管束的阻力影响不大。与相同管径、横向节距 113mm、纵向节距 95mm 的 10 排光管管束比较，S_1＝113mm、S_1＝118mm、S_1＝123mm 的针翅管管束的流动阻力是光管管束流动阻力的 2.23 倍左右。

图 3-151 给出了管束 Eu 数与 Re 数的关系，结果表明，在实验研究的 Re 数 9700～27500 范围内，相同 Re 数条件下，

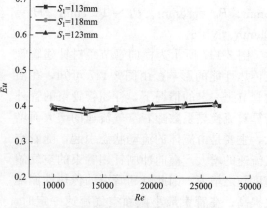

图 3-151　变管束横向节距时 Eu 与 Re 的关系

管束横向节距对 Eu 数的影响不大。

图 3-152 给出了管束翅片效率与管束横向节距和管束最小截面空气流速的关系。由图 3-152 可知，管束横向节距一定时，翅片效率随着管束最小截面空气流速的增大而减小；当管束最小截面流速一定时，翅片效率随着管束横向节距的增大而基本保持不变。翅片效率的定义为翅片表面的实际吸热量与假设整个翅片表面处于翅根温度下的吸热量的比值。针翅管在传热过程中，空气侧热阻远大于水侧热阻，因此翅根温度接近水侧温度，且不同工况时水侧温度变化较小。当管束横向节距一定时，随着空气流速增大，针翅表面温度升高，与空气的传热温差减小，换热量减小，因此翅片效率降低。而由前文分析可知，管束横向节距变化对空气冲刷三个管束的流动状态影响不大，所以管束横向节距变化对翅片效率影响不大。

由前文分析可知，管束最小截面空气流速一定时，管束横向节距的变化对针翅管管束传热和阻力影响不大，但是实际工程应用中，管束横向节距增大务必会增大换热器的体积，同时在相同烟气量设计条件下，管束横向节距的增大会减小管束最小截面烟气流速，减弱了烟气与管束的对流换热能力，图 3-153 给出了横向节距变化的三种针翅管束传热性能与迎风截面流速的关系，相同迎风截面流速时，管束横向节距越小，图 3-153 中示出的翅顶距越小，空气横掠针翅管束时的流动湍流度越强，传热性能越好。

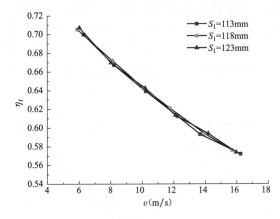

图 3-152　管束翅片效率与管束横向节距和
管束最小截面空气流速的关系

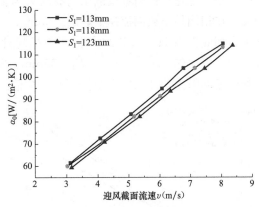

图 3-153　管束传热性能与迎风截面流速和
管束横向节距的关系

2. 管束纵向节距的影响

通过实验管束 E1、E4、E5 共计三个针翅管束研究管束纵向节距 S_2 对针翅管传热和阻力特性的影响。纵向节距 S_2 分别为 90、95、100mm。相应的纵向相对节距（S_2/d_o）范围为 2.00~2.22。各管束的纵向节距变化时，针翅管其余结构参数均为 $d_o=45$mm、$S_1=113$mm、$P_h=28$mm、$P_z=15.7$mm、$H=108$mm、$N=6$。

图 3-154 所示为纵向管节距对针翅管管束传热性能的影响。

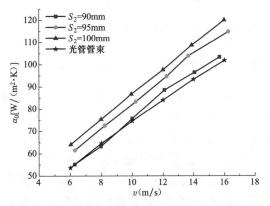

图 3-154　管束纵向节距对针翅
管束传热性能的影响

由图 3-154 所知，管束纵向节距一定时，针翅管管束的管外折算对流换热系数随着空气流速的增大而增大，影响机理同上文分析；管束最小截面空气流速一定时，管束纵向节距增大，管外折算对流换热系数增大，主要是因为管束纵向节距的增大，增强了后排管束与空气的对流作用，增大了空气流动的湍流度。在相同最小截面流速下，$S_2=95mm$、$S_2=100mm$ 的管束相对于 $S_2=90mm$ 的管束管外折算对流换热系数相应提高 10.3% 和 14.8%。与相同管径、横向节距 113mm、纵向节距 95mm 的 10 排光管管束比较，$S_2=90mm$、$S_2=95mm$、$S_2=100mm$ 的针翅管管束的空气侧折算对流换热系数分别提高 1.5%、10.6% 和 17.4%，考虑该三种结构参数的针翅管束翅化比为 3.3，以基管面积计算 $S_2=90mm$、$S_2=95mm$、$S_2=100mm$ 的针翅管管束空气侧折算对流换热系数分别是光管管束的 3.35、3.65、3.88 倍。

图 3-155 中管束 Nu 数与 Re 数的关系同样说明了管束纵向节距和空气流速对针翅管传热性能的影响趋势。相同 Re 数条件下，$S_2=95mm$、$S_2=100mm$ 的管束相对于 $S_2=90mm$ 的管束 Nu 数相应提高 9.8% 和 14.6%，表明管束纵向节距对针翅管束传热有较大影响。

由图 3-156 可知，针翅管束的阻力随着空气流束的增大而增大，且增长速率越来越大；纵向节距的变化对针翅管束的阻力有较大的影响，随着纵向节距的增大，针翅管束阻力逐渐增大，在相同最小截面流速下，$S_2=95mm$、$S_2=100mm$ 的管束相对于 $S_2=90mm$ 的管束管外阻力相应提高 11.0% 和 26.7%。与相同管径、横向节距 113mm、纵向节距 95mm 的 10 排光管管束比较，$S_2=90mm$、$S_2=95mm$、$S_2=100mm$ 的针翅管管束的流动阻力分别是光管管束流动阻力的 2.02、2.23 倍和 2.37 倍。

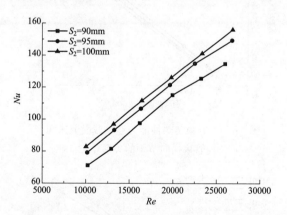

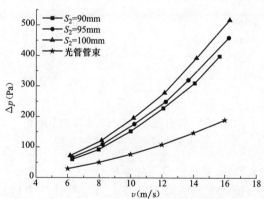

图 3-155　变管束纵向节距时 Nu 与 Re 的关系　　图 3-156　管束纵向节距对针翅管束传热性能的影响

图 3-157 给出了管束 Eu 数与 Re 数的关系，结果表明，在实验研究的 Re 数为 9700～27500 范围内，相同 Re 数条件下，$S_2=95mm$、$S_2=100mm$ 的管束相对于 $S_2=90mm$ 的管束 Eu 数相应提高 9.8% 和 23.9%，管束横向节距对 Eu 数的影响较为明显。

图 3-158 给出了管束翅片效率与管束纵向节距和管束最小截面空气流速的关系。由图 3-158 可知，管束纵向节距一定时，翅片效率随着管束最小截面空气流速的增大而减小；当管束最小截面流速一定时，翅片效率随着管束纵向节距的增大而减小，因为管束纵向节距越大，空气横掠针翅管束的湍动度越大，针翅表面平均温度越高，所以翅片效率减小。

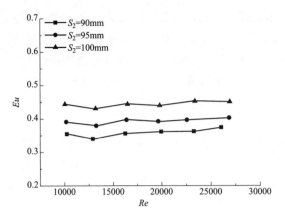

图 3-157　变管束纵向节距时 Eu
与 Re 的关系

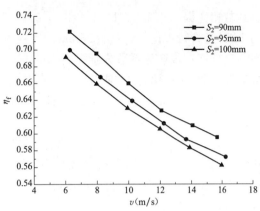

图 3-158　管束翅片效率与管束纵向节距和管束
最小截面空气流速的关系

管束纵向节距的增大强化管束传热性能的同时也使得流动阻力得到提高，为了比较针翅管管束的综合传热和阻力性能，本节采用性能评价指标分析三种纵向节距的针翅管束性能，该性能指标定义为[80]

$$P_{EC} = Nu / f^{1/3} \qquad (3\text{-}66)$$

其中，f 为摩擦因子，定义为

$$f = \frac{2\Delta p}{\rho v^2} \qquad (3\text{-}67)$$

P_{EC} 反映了气体流过换热器表面时，单位功耗下的对流换热强弱。P_{EC} 越大，表明换热管束具有最优的综合传热性能。

图 3-159 所示为三种纵向节距的针翅管束综合传热性能比较，管束纵向节距为 95mm 和 100mm 的两个管束综合传热性能均优于管束纵向节距 90mm 的管束，实际工程运用中，纵向节距的增大增加了换热器的纵向长度，综合考虑，纵向节距选为 95mm 时，针翅管束综合性能最优。

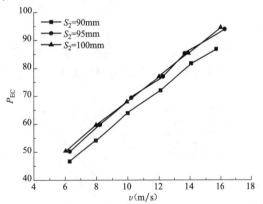

图 3-159　三种纵向节距的针翅管束
综合传热性能比较

3. 横向翅间距的影响

通过实验管束 E1、E6、E7、E8 共计四个针翅管管束研究横向翅间距 P_h 对针翅管传热和阻力特性的影响。横向翅间距 P_h 分别为 16、20、24、28mm。各管束的纵向节距变化时，针翅管其余结构参数均为 $d_o = 45$mm、$S_1 = 113$mm、$S_2 = 95$mm、$P_z = 15.7$mm、$H = 108$mm、$N = 6$。

图 3-160 所示为横向翅间距对针翅管管束传热性能的影响。由图 3-160 所知，横向翅间距一定时，针翅管管束的管外折算对流换热系数随着空气流速的增大而增大；空气流速一定时，横向翅间距减小，针翅管管束的管外折算对流换热系数增大，原因是随着横向翅间距的减小，针翅间形成的烟气走廊变窄，空气冲刷管外针翅的湍动度变大。在相同最小截面流速下，$P_h = 24$mm、$P_h = 20$mm、$P_h = 16$mm 的管束相对于 $P_h = 28$mm 的管束管外折算对流换

热系数相应提高 6.4％、11.4％和 15.0％。与相同管径、横向节距 113mm、纵向节距 95mm 的 10 排光管管束比较，$P_h＝28mm$、$P_h＝24mm$、$P_h＝20mm$、$P_h＝16mm$ 的针翅管管束的空气侧折算对流换热系数分别提高 10.6％、19.0％和 25.8％和 29.6％，考虑该四种结构参数的针翅管束翅化比分别为 3.3、3.7、4.1、4.5，以基管面积计算 $P_h＝28mm$、$P_h＝24mm$、$P_h＝20mm$、$P_h＝16mm$ 的针翅管管束空气侧折算对流换热系数分别是光管管束的 3.65、4.40、5.16 倍和 5.83 倍。

图 3-161 中管束 Nu 数和 Re 数的关系同样说明了管束纵向节距和空气流速对针翅管传热性能的影响趋势。相同 Re 数条件下，$P_h＝24mm$、$P_h＝20mm$、$P_h＝16mm$ 的管束相对于 $P_h＝28mm$ 的管束 Nu 数相应的提高 6.7％、14.0％和 18.1％，表明横向翅间距对针翅管束传热有较大的影响。

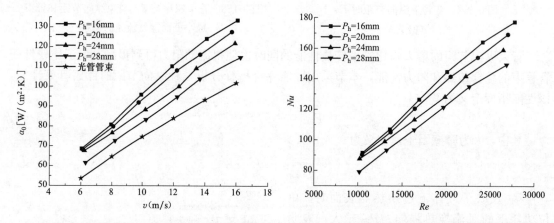

图 3-160　横向翅间距对针翅管束传热性能的影响　　　图 3-161　变横向翅间距时 Nu 与 Re 的关系

根据实验结果，变横向翅间距时，针翅管束的阻力特性如图 3-162 和图 3-163 所示。

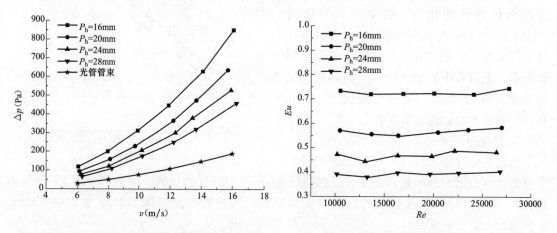

图 3-162　横向翅间距对针翅管束阻力性能的影响　　　图 3-163　变横向翅间距时 Eu 与 Re 的关系

由图 3-164 可知，针翅管束的阻力随着空气流束的增大而增大，且增长速率越来越大；横向翅间距的变化对针翅管束的阻力有较大的影响，随着管束纵向节距的增大，针翅管束阻力逐渐增大，在相同最小截面流速下，$P_h＝24mm$、$P_h＝20mm$、$P_h＝16mm$ 的管束相对于 $P_h＝28mm$ 的管束管外阻力相应提高 19.3％、43.4％和 85.5％。与相同管径、横向节距

113mm、纵向节距 95mm 的 10 排光管管束比较，P_h＝28mm、P_h＝24mm、P_h＝20mm、P_h＝16mm 的针翅管管束的流动阻力分别是光管管束流动阻力的 2.23、2.64、3.23 倍和4.17 倍。

图 3-163 给出了管束 Eu 数与 Re 数的关系，结果表明，在实验研究的 Re 数为 9700～27500 范围内，相同 Re 数条件下，P_h＝24mm、P_h＝20mm、P_h＝16mm 的管束相对于 P_h＝28mm 的管束 Eu 数相应提高 19.5％、44.1％和 84.9％，管束横向节距对 Eu 数的影响较为明显。

图 3-164 给出了管束翅片效率与横向翅间距和管束最小截面空气流速的关系。由图 3-164 可知，横向翅间距一定时，翅片效率随着管束最小截面空气流速的增大而减小；当管束最小截面流速一定时，翅片效率随着横向翅间距的增大而增大，因为横向翅间距增大时，空气横掠针翅针翅表面的湍流度减弱，翅片表面温度降低，与空气的传热温压增大，换热量增大，翅片效率增大。

图 3-165 所示为四种横向翅间距的针翅管束综合传热性能比较，对比可知，单位功耗下，横向翅间距为 20mm 时，管束的综合传热性能最优。

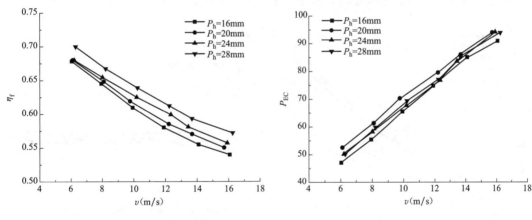

图 3-164　管束翅片效率与横向翅间距和　　　　图 3-165　4 种横向翅间距的针翅管束
　　管束最小截面空气流速的关系　　　　　　　　　综合传热性能比较

4. 针翅高度的影响

通过实验管束 E1、E9、E10 共计 3 个针翅管管束研究针翅高度 H 对针翅管传热和阻力特性的影响。针翅高度 H 分别为 96、102、108mm。各管束的针翅高度变化时，针翅管其余结构参数均为 d_o＝45mm、S_1＝113mm、S_2＝95mm、P_z＝15.7mm、P_h＝28mm、N＝6。

图 3-166 所示为针翅高度对针翅管管束传热性能的影响。由图 3-166 所知，针翅高度一定时，针翅管管束的管外折算对流换热系数随着空气流速的增大而增大，影响机理如上述分析；最小截面空气流速一定时，随着针翅高度的减小，管外折算对流换热系数变化不大。分析可知，在横向节距不变时，随着针翅高度的减小，空气在翅顶间流动的区域增大，当针翅高度由 108mm 变化到 96mm 时，翅顶距由 5mm 变化到 17mm，虽然迎风截面流速增大，翅顶间流动区域形成的一定宽度的低流动阻力区域降低了空气与针翅管束壁面间的对流冲刷。

图 3-167 中管束 Nu 数和 Re 数的关系同样说明了针翅高度和空气流速对针翅管传热性

能的影响趋势。相同 Re 数条件下，针翅高度的变化，管束 Nu 数相差不大，表明针翅高度的变化对针翅管束传热影响较小。

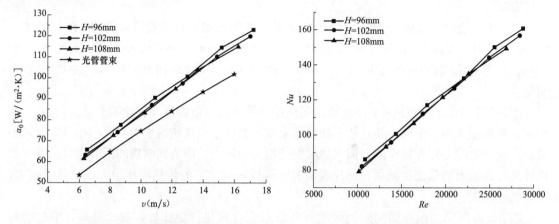

图 3-166　针翅高度对针翅管束传热性能的影响　　　图 3-167　变针翅高度时 Nu 与 Re 的关系

根据实验结果，变针翅高度时，针翅管束的阻力特性如图 3-168 和图 3-169 所示。

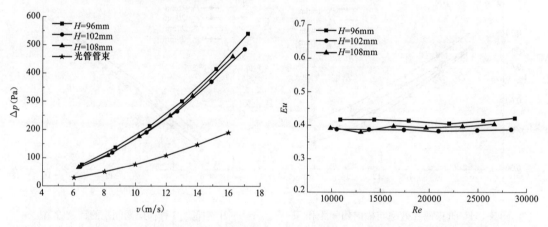

图 3-168　针翅高度对针翅管束阻力性能的影响　　　图 3-169　变针翅高度时 Eu 与 Re 的关系

由图 3-168 可知，针翅管束的阻力随着空气流束的增大而增大，且增长速率越来越大；针翅高度的变化对针翅管束的阻力较小。图 3-168 给出了管束 Eu 数与 Re 数的关系，同样说明了针翅高度的变化对管束 Eu 数影响不大。

图 3-170 给出了管束翅片效率与针翅高度和管束最小截面空气流速的关系。针翅高度一定时，翅片效率随着管束最小截面空气流速的增大而减小；当管束最小截面空气流速一定时，翅片效率随着针翅高度的增大而减小，因为针翅高度的增大，使得针翅表面平均温度增大，所以翅片效率减小。

管束最小截面空气流速一定时，针翅高度的变化对针翅管管束传热和阻力影响不大，但是管束横向节距一定时，针翅高度越大，管束的传热表面积越大，且管束最小截面更小，相同空气流量条件下，管束最小截面流速更大，传热性能更强。图 3-171 所示为针翅管管束管外折算对流换热系数与针翅高度和迎风截面流速的变化关系，可知相同空气量条件下，针翅高度越大，管束传热性能越好。

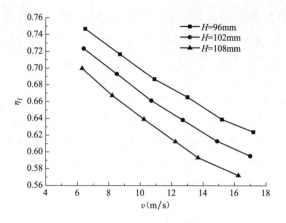

图 3-170　管束翅片效率与针翅高度和
管束最小截面空气流速的关系

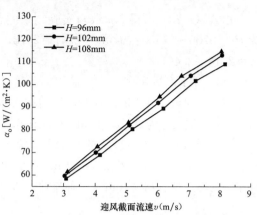

图 3-171　管束传热性能与迎风截面流速
和针翅高度的关系

综上所述，管束纵向节距和横向翅间距对针翅管传热和阻力性能影响较大。纵向节距增大，管束管外折算对流换热系数增大，流动阻力也增大，纵向节距为 95mm 时，管束综合传热性能最优。横向翅间距减小，管束管外折算对流换热系数增大，流动阻力增大；横向翅间距为 20mm 时，管束综合传热性能最优。管束横向节距和针翅高度的变化对管束传热和阻力性能影响不大，但考虑换热器的紧凑性和传热面积增加，管束横向节距为 113mm、针翅高度 108mm 时（翅顶距为 5mm）综合传热性能最优，即实验管束 E7（管束横向节距为 113mm、管束纵向节距为 95mm、横向翅间距为 20mm、针翅高度为 108mm）具有最优的综合传热性能。

5. 针翅管实验关联式

相关实验数据总共有 60 组，通过多元回归分析可以得出包含针翅管管束横向节距、管束纵向节距、横向翅间距和针翅高度影响的管束传热与阻力特性计算关联式以及针翅管管束翅片效率计算公式。

（1）传热特性计算关联式为

$$Nu = 0.082Re^{0.663}Pr^{0.33}\left(\frac{P_h}{d_o}\right)^{-0.293}\left(\frac{S_1}{d_o}\right)^{0.033}\left(\frac{S_2}{d_o}\right)^{1.250}\left(\frac{H}{d_o}\right)^{-0.270} \tag{3-68}$$

由式（3-68）所得 Nu 数与实验结果的最大相对偏差为 4.8%，式（3-68）的适用范围为 $Re = 9700\sim27500$、$S_1/d_o = 2.51\sim2.73$、$S_2/d_o = 2.00\sim2.22$、$P_h/d_o = 0.35\sim0.62$、$H/d_o = 2.13\sim2.40$。

（2）阻力特性计算关联式为

$$Eu = 0.044Re^{0.027}\left(\frac{P_h}{d_o}\right)^{-1.056}\left(\frac{S_1}{d_o}\right)^{0.112}\left(\frac{S_2}{d_o}\right)^{2.024}\left(\frac{H}{d_o}\right)^{-0.205} \tag{3-69}$$

由式（3-6）所得 Eu 数与实验结果的最大相对偏差为 4.2%，式（3-69）的适用范围为 $Re = 9700\sim27500$、$S_1/d_o = 2.51\sim2.73$、$S_2/d_o = 2.00\sim2.22$、$P_h/d_o = 0.35\sim0.62$、$H/d_o = 2.13\sim2.40$。

（3）翅片效率计算关联式为

$$\eta = 11.80Re^{-0.210}\left(\frac{P_h}{d_o}\right)^{0.085}\left(\frac{S_1}{d_o}\right)^{0.033}\left(\frac{S_2}{d_o}\right)^{-0.43}\left(\frac{H}{d_o}\right)^{-0.623} \tag{3-70}$$

由式（3-70）所得 Nu 数与实验结果的最大相对偏差为 4.3%，式（3-70）的适用范围为 $Re=9700\sim27500$、$S_1/d_o=2.51\sim2.73$、$S_2/d_o=2.00\sim2.22$、$P_h/d_o=0.35\sim0.62$、$H/d_o=2.13\sim2.40$。

（四）4H 形翅片管

本实验对象是 4H 形翅片管，目前在工程实际应用中较为常见的 4H 形翅片管如图 3-172 所示，其一般尺寸为 $A\times B=95mm\times365mm$，光管规格一般为 $\phi D\times t=(\phi38\sim\phi42)\times(3\sim5)mm$。因此，本节在前述实验系统的基础上，完成了对该管型的进一步实验研究，设计了翅间距 $P=12.7mm$、16mm、20mm、24mm 4 个翅间距的对比实验，并针对不同的翅片管型，设计了 8、10、12、14、16m/s 5 种流速，以此来研究 4H 形翅片管的传热与阻力特性。

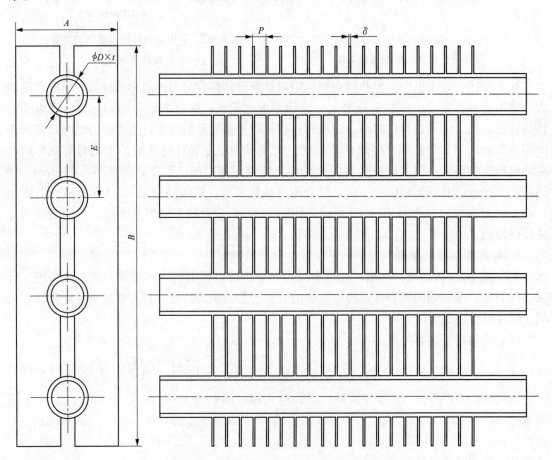

图 3-172　4H 形翅片管束单元结构尺寸图

按照前述方法将实验数据进行处理之后，得出表征 4H 形翅片管传热和阻力特性的指标，并对其进行定量及定性分析。

由图 3-173 可知，在传热特性方面，相同翅片间距条件下，4H 形翅片管的管外折算对流换热系数随着空气流速的增大而增大；空气流速一定的情况下，4H 形翅片管的管外折算对流换热系数随着翅间距的增大而增大。前者主要由流体的流动状态引起，随着空气流速的增大，空气的湍动度随之增加，从而使 4H 形翅片管的传热性能随之提高；后者主要是由 4H 形翅片管的翅片有效性引起，翅片的传热有效性要远低于基管本身的传热有效性，随着翅片间距的增大，翅化率逐渐减小，基管占整个传热面积的比重增加，因而，4H 形翅片管的整体传热性能提高。

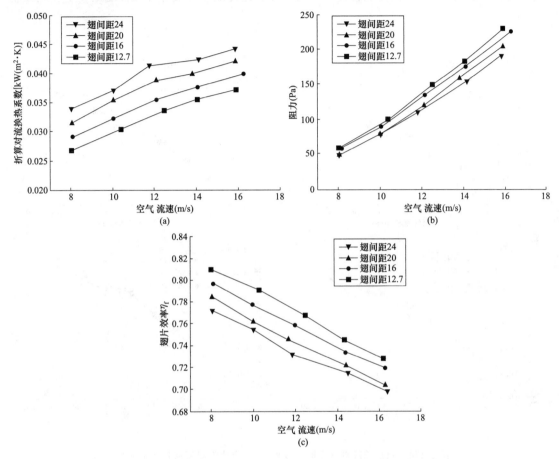

图 3-173 4H 形翅片管型 95×365 的传热特性、阻力特性和翅片效率
（a）传热特性；（b）阻力特性；（c）翅片效率

在阻力特性方面，相同翅片间距条件下，4H 形翅片管的阻力随着空气流速的增大而增大，且增长速率越来越大；在空气流速一定时，随着翅片间距的增大，4H 形翅片管的阻力则不断减小。这主要是因为流体的流动阻力与流动速度的平方成正比，在空气流速不断增加时，流动阻力的增长速率不断增大；而翅片间距的增大，使空气流动通道变宽，气流与翅片的总接触面积减小，降低了气体与翅片间的摩擦，同时，边界层对流动的影响减弱。因此，在相同空气流速下，翅间距增大，流动阻力有所减小。

在翅片效率方面，由于在传热过程中，空气侧的热阻远远大于水侧热阻，因此，翅根温度更接近水侧温度，而由于水流量大、比热大，所以水侧温度在不同工况下变化较小，于是导致翅根温度变化较小。在空气流速一定时，翅间距的增大使整个翅片表面积减小，从而降低了翅片实际吸热量，故翅片效率减小；当翅间距一定时，空气流速的增大会使翅片表面温度升高，此时翅片表面与空气的传热温压减小，从而减少换热量，降低翅片效率。

图 3-174～图 3-176 分别示出了 1H 形翅片、2H 形翅片和 4H 形翅片 3 种 H 形翅片管的折算对流换热系数、阻力特性和翅片效率对比。由于 4H 形翅片管在结构上与 1H、2H 形翅片管较为接近，因此，其在传热特性、阻力特性和翅片效率方面存在相似之处，定性规律基本一致。

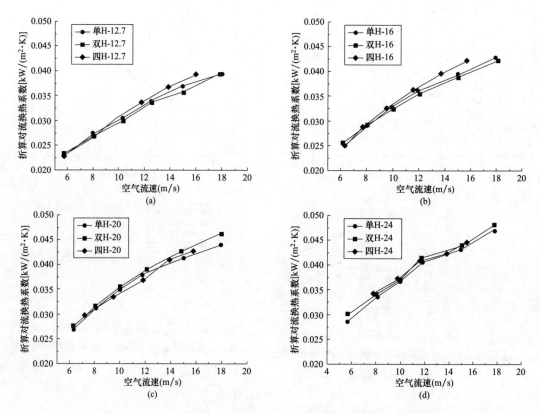

图 3-174　1H、2H 和 4H 形等 3 种 H 形翅片管对流换热系数对比
（a）翅间距 12.7mm；（b）翅间距 16mm；（c）翅间距 20mm；（d）翅间距 24mm

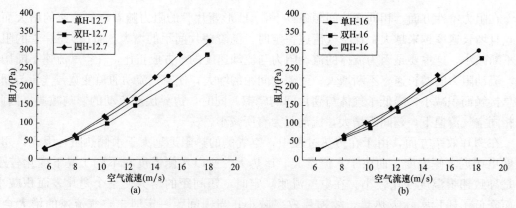

图 3-175　1H、2H 和 4H 形等 3 种 H 形翅片管阻力特性对比（一）
（a）翅间距 12.7mm；（b）翅间距 16mm

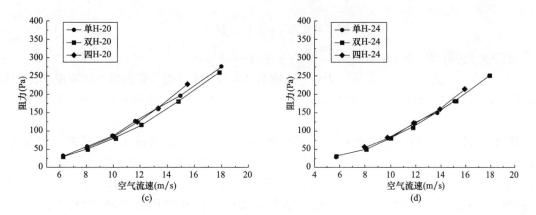

图 3-175　1H、2H 和 4H 形等 3 种 H 形翅片管阻力特性对比（二）

（c）翅间距 20mm；（d）翅间距 24mm

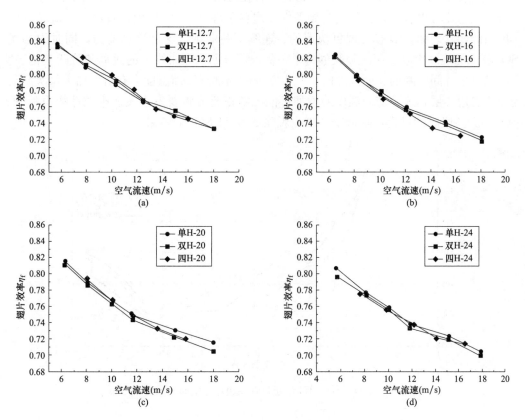

图 3-176　1H、2H 和 4H 形等 3 种 H 形翅片管翅片效率对比

（a）翅间距 12.7mm；（b）翅间距 16mm；（c）翅间距 20mm；（d）翅间距 24mm

通过分离变量法非线性拟合，得出 4H 形翅片管的无量纲准则数努塞尔数 Nu 的关系式为

$$Nu = 0.05528\left(\frac{h}{P}\right)^{-0.35} Re^{0.75} Pr^{0.35} \tag{3-71}$$

其适用范围：Re 为 2300～6800，平均方差为 1.55%。

4H 形翅片管的无量纲准则数欧拉数 Eu 的关系式为

$$Eu = 0.853\left(\frac{h}{P}\right)^{0.068}Re^{0.03} \tag{3-72}$$

其适用范围：Re 为 2300～6800，平均方差为 0.15%。

式（3-71）、式（3-72）表明，无量纲准则数 Nu 与 4H 形翅片管的翅片间距成正比，与雷诺数 Re 成正比；而无量纲准则数 Eu 与 4H 形翅片管的翅片间距成反比，与雷诺数 Re 成正比。

除此之外，将 4H 形翅片管的相应实验数据进行整理，并与前述 1H 形翅片管和 2H 形翅片管的实验数据进行比较后可以发现，4H 形翅片管在传热、阻力特性及翅片效率上与 1H、2H 形翅片管基本相同。然而在工程实际应用中，4H 形翅片管却表现出了更为优良的特性，这其中的结构差异主要是沿烟气流动的纵向相邻的 2 排翅片管的翅片存在间隙。

数值模拟研究表明，1H、2H 和 4H 形翅片管在流动与传热特性方面存在差异。从图 3-177 中 3 条曲线对比可以看出，在相同初始条件和边界条件下，4H 形翅片管沿烟气流动方向存在不间断的翅片表面，能够实现更快速的、连续不断的烟气深度冷却能力，同时为烟气中 H_2SO_4 蒸汽的连续冷凝、深度吸收创造了条件。图 3-177 中曲线上的跳动和阶跃变化表明，烟气在经过翅片间中断的表面间隙时，其中断处的局部近壁面温度会有所增加，每次流动中断需要重启边界层，这种壁面温度的增加可能中断正要或将要发生飞灰中碱性物质和 SO_3/H_2SO_4 的凝并吸收的过程，降低凝并吸收脱除 SO_3/H_2SO_4 的效果。

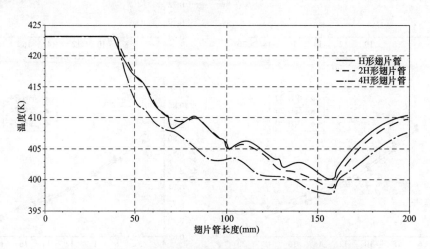

图 3-177　1H、2H、4H 形翅片管在翅片近壁面的温度线分布

图 3-178（a）表明温度分布的局部升高现象是存在的，这种局部温升并不利于酸蒸汽的冷凝以及与飞灰中碱性物质的深度凝并吸收。图 3-178（b）则示出翅片间隙的温度场是不连续的。因而从理论上讲，减小 H 形翅片管束的纵向节距（当前后排 4 组 1H 形翅片管的翅片间隙为零时，即构成 4H 形翅片管）可实现翅片管综合性能的提高，因此，在实际使用时，推荐使用 4H 形翅片管，并可能减小 4H 形翅片管束的纵向节距。在这种条件下，4H 形翅片管束能够实现传热元件内气、液、固三相流场的连续均匀、贴壁凝并和深度吸收的高效协同作用，并有效抑制了积灰、磨损和低温腐蚀。

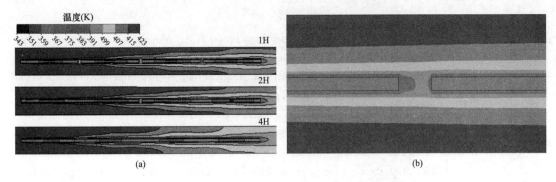

图 3-178　1H、2H、4H 等 3 种翅片管的温度场云图
（a）H 形翅片截面温度云图对比；（b）（a）图中 H 形翅片间隙温度云图的放大图

参 考 文 献

[1]　张建福. 气流横向冲刷管束时飞灰沉积特性的试验研究 [D]. 西安：西安交通大学，2011.

[2]　赵钦新，周屈兰，谭厚章，等. 余热锅炉研究与设计 [M]. 北京：中国标准出版社，2010.

[3]　陈衡，王云刚，赵钦新，等. 燃煤锅炉低温受热面积灰特性实验研究 [J]. 中国电机工程学报. 2015 （S1）：118-124.

[4]　Chen H，Wang Y，Zhao Q，et al. Experimental Investigation of Heat Transfer and Pressure Drop Characteristics of H-type Finned Tube Banks [J]. Energies. 2014，7（11）：7094-7104.

[5]　Jin Y，Tang G H，He Y L，et al. Parametric study and field synergy principle analysis of H-type finned tube bank with 10 rows [J]. INTERNATIONAL JOURNAL OF HEAT AND MASS TRANS-FER. 2013，60：241-251.

[6]　张长森. 粉体技术及设备 [M]. 上海：华东理工大学出版社，2007.

[7]　盖国胜. 粉体工程 [M]. 北京：清华大学出版社，2009.

[8]　池作和，周昊，蒋啸，等. 锅炉结渣机理及防结渣技术措施研究 [J]. 热力发电，1999（4）：6-10.

[9]　Szemmelveisz K，Szucs I，Palotas A B，et al. Examination of the combustion conditions of herbaceous biomass [J]. Fuel Processing Technology，2009，90（6）：839-847.

[10]　李彦林. 煤粉锅炉结渣的研究现状及进展 [J]. 电力安全技术，2000，2（2）：8-13.

[11]　车得福，庄正宁，李军，等. 锅炉 [M]. 西安：西安交通大学出版社，2008.

[12]　岑可法，樊建人，池作和，等. 锅炉和热交换器的积灰、结渣、磨损和腐蚀的防止原理与计算 [M]. 北京：科学出版社，1994.

[13]　Cundall P A. BALL-A program to model granular media using the distinct element method [M]. London：Dames & Moore Advanced Technology Group，1978.

[14]　Werner BT，Haff PK. The impact process in Aeolian saltation：two dimensional simulations，Sedimentology，1988，35（2）：189-196.

[15]　Werner BT. A physical model of wind blown sand transport [D]. California：California Institute of Technology，1987.

[16]　Tanaka K，Nishida M，Kunimochi T，Takagi T. Discrete element simulation and experiment for dynamic response of two dimensional granular matter to the impact of a spherical projectile [J]. Powder Technology，2002，124（1-2）160-173.

[17]　Abd-Elhady M S，Rindt CCM，Wijers J G，van Steen hoven A A，van der Meer T H. Minimum gas speed in heat exchangers to avoid particulate fouling [J]. International Journal of Heat and Mass

Transfer, 2004, 47 (17-18): 3943-3955.

[18] Abd-Elhady M S, Rindt CCM, Wijers J G, van Steen hoven A A. Modelling the impaction of a micron particle with a powdery layer [J]. Powder Technology, 2006, 168 (3): 111-124.

[19] Abd-Elhady M S, Rindt CCM, van Steen hoven AA. Optimization of flow direction to minimize particulate fouling of heat exchangers [J]. Heat Transfer Engineering, 2009, 30 (10-11): 895-902.

[20] Pan Y D, Si F Q, Xu Z G, Romero C E. An integrated theoretical fouling model for convective heating surfaces in coal-fired boilers [J]. Powder Technology, 2011, 210: 150-156.

[21] Mu L, Zhao L, Yin H C. Modeling and measurements of the characteristics of ash deposition and distribution in a HRSG of wastewater incineration plant [J]. Applied Thermal Engineering, 2012, 44 (0): 57-68.

[22] Weber R, Mancini M, Mancini N S, Kupka T. On predicting the ash behavior using Computational Fluid Dynamics [J]. Fuel Processing Technology, 2013, 105: 113-128.

[23] Finnie I. Erosion of surfaces by solid particles [J]. Wear, 1960 (3): 87-103.

[24] Bitter JGA. A study of erosion phenomena part I [J]. Wear, 1963 (1): 5-21.

[25] Bitter JGA. A study of erosion phenomena part II [J]. Wear, 1963 (6): 169-190.

[26] Sheldon GL, Kanhere A. An investigation of impingement erosion using single particles [J]. Wear, 1973 (1): 195-209.

[27] Hutchings IM. A model for the erosion of metals by spherical particles at normal incidence [J]. Wear, 1981, 70 (3): 269-281.

[28] Sundararajan G, Shewmon PG. A new model for the erosion of metals at normal incidence [J]. Wear, 1983, 84 (2): 237-258.

[29] Chen DN, Sarumi M, Al-hassani STS, et al. A model for erosion at normal impact [J]. Wear, 1997, 205 (1-2): 32-39.

[30] Levy AV. The platelet mechanism of erosion of ductile metals [J]. Wear, 1986, 108 (1): 1-21.

[31] Sheldon GL, Finnie I. On the Ductile Behavior of Nominally Brittle Materials During Erosive Cutting [J]. Journal of Manufacturing Science & Engineering, 1966, 88 (4): 387-392.

[32] Sheldon GL, Finnie I. The mechanism of material removal in the erosive cutting of brittle materials [J], Journal of Manufacturing Science & Engineering, 1966, 88 (4): 393-399.

[33] Oh HL, Oh KPL, Vaidyanathan S, et al. On the shaping of brittle solids by erosion and ultrasonic cutting [J], NBS Specl. Pub. , 1970, 348.

[34] Evans AG, Wilshaw TR. Quasistatic solid particle damage in brittle materials [J]. Acta Metall. , 1976, 24.

[35] Evans AG, Gulden ME, Rosenblatt M. Impact damage in brittle materials in the elastic-plastic response regime [J]. Proceedings of the Royal Society of London A Mathematical Physical & Engineering Sciences, 1978, (1706): 343-365.

[36] Dosanjh S. , Humphrey J. A. C. The influence of turbulence on erosion by a particle-laden fluid jet [J]. Wear. 1985, 102: 309-330.

[37] Tabakoff W, Kotwal R, Hamed A. Erosion study of different materials affected by coal ash particles [J]. Wear, 1979, 52 (1): 161-173.

[38] McLaury BS. A model to predict solid particle erosion in oilfield geometries [D]. Tulsa: The University of Tulsa, 1993.

[39] Zhang YL, McLaury BS, Shirazi SA. Improvements of particle near-wall velocity and erosion predictions using a commercial CFD code [J]. Journal of Fluids Engineering, 2009, 131 (3): 303-312.

[40] Oka YI, Okamura K, Yoshida T. Practical estimation of erosion damage caused by solid particle impact Part 1：Effects of impact parameters on a predictive equation [J]. Wear，2005，259 (1-6)：95-101.

[41] W. M. M. Huijbregts, R. G. I. Leferink. Latest Advances in the Understanding of Acid Dewpoint Corrosion：Corrosion and Stress Corrosion Racking in Combustion Gas Condensates [J]. Anti-Corrosion Methods and Materials，2004，51 (3)：173-188.

[42] Moskovits P. Low-temperature boiler corrosion and deposits—a literature review [J]. Industrial & Engineering Chemistry，1959，51 (10)：1305-1312.

[43] 锅炉机组热力计算标准方法编写组. 锅炉机组热力计算标准方法 [M]. 北京：机械工业出版社，1973.

[44] Gmitro JI, Vermeulen T. Vapor-liquid equilibria for aqueous sulfuric acid. AIChE Journal，1964，10 (5)：740-746.

[45] Wilson RW，Stein FP. Correlation of sulfuric acid-water partial pressures. Fluid Phase Equilibria，1989，53：279-288.

[46] Pessoa FLP，Siqueira Campos CEP，Uller AMC. Calculation of vapor‐liquid equilibria in aqueous sulfuric acid solutions using the UNIQUAC equation in the whole concentration range. Chemical Engineering Science，2006，61 (15)：5170-5175.

[47] Han H，He Y L，Tao W Q. A numerical study of the deposition characteristics of sulfuric acid vapor on heat exchanger surfaces. Chemical Engineering Science，2013，101：620-630.

[48] 韩辉. 气体换热器强化换热及腐蚀积灰特性的数值模拟与实验研究. 博士学位论文. 陕西：西安交通大学，2014.

[49] D. R. Holmes, ed. Dewpoint Corrosion [M]. Institution of Corrosion Science and Technology，Birmingham，1985，17-34.

[50] 松岛岩著，靳裕康译. 低合金耐蚀钢——开发、发展及研究 [M]. 北京：冶金工业出版社，2004.

[51] 一色尚次等著，王世康等译. 余热回收利用系统实用手册（下册）[M]. 机械工业出版社，1989.

[52] 刘思阳. 锅炉烟气酸露点温度计算及对预热器腐蚀的影响 [J]. 锅炉制造，2009，(2)：18-22.

[53] 钱余海，李自刚，杨阿娜. 低合金耐硫酸露点腐蚀钢的性能和应用 [J]. 特殊钢，2005，26 (5)：30-34.

[54] Takizawa Y，Sugahara K. Corrosion-resistant Ni-Cr-Mo alloys in hot concentrated sulphuric acid with active carbon [J]. Materials Science and Engineering：A，1995，198 (1)：145-152.

[55] Sugahara K，Takizawa Y. Dewpoint corrosion resistance of Ni-based high performance alloys [R]. NACE International，Houston，TX (United States)，1997.

[56] 郑文龙，王荣光，阌国全，等. 耐硫酸露点腐蚀用钢 ND 钢性能及使用情况 [J]. 石油化工腐蚀与防护，1997，14 (2)：19-21.

[57] 岑可法，樊建人，池作和，等. 锅炉和热交换器的积灰、结渣、磨损和腐蚀的防止原理与计算 [M]. 北京：科学出版社，1994.

[58] 赵钦新，张知翔，鲍颖群，等. 一种用于烟气低温腐蚀性能研究的实验装置 [P]. 中国发明专利，ZL201110030810.8，2011.

[59] Debao Wang, Caixia Song, Yihong Zhao，etc. Synthesis and Characterization of Monodisperse Iron Oxides Microspheres [J]. The Journal of Physical Chemistry C 2008 112 (33)：12710-12715.

[60] 刘正宁，谭厚章，牛艳青，等. 土壤中 NH_4Cl 对生物质锅炉结渣的影响 [J]. 中国电机工程学报，2010，30 (26)：82-85.

[61] 胡劲逸. 基于氨逃逸浓度场的 SCR 喷氨协调优化控制 [D]. 浙江大学，2015.

[62] 侯勇，徐钢，和圣杰，等. 电站锅炉空气预热器严重腐蚀的原因 [J]. 腐蚀与防护，2015（10）：995-999.

[63] 张智超. 烟气深冷条件下低温腐蚀及其防控技术的试验研究 [D]. 西安：西安交通大学，2012.

[64] 万珍平，何中坚，付永清，等. 强化传热管表面结构制造技术研究现状与进展 [J]. 工具技术，2009，43（1）：9-12.

[65] 矫明，徐宏，程泉，等. 新型高效换热器发展现状及研究方向 [J]. 化工装备技术，2007，28（3）：50-55.

[66] 李瑞阳，林宗虎，汪军. 强化传热技术 [M]. 化学工业，2007.

[67] 柳生隆志，土屋喜重，大西召一，など. 最近の電気集じん技術動向 [J]. 三菱重工技報，1996，33（1）：70-73.

[68] 土屋喜重，川西好光，大西召一，など. 石炭火力用高性能排煙処理システムにおける低低温 EP 技術の開発 [J]. 三菱重工技報，1997，34（3）：158-161.

[69] 杨程，李奇军，时立民，等. 管壳式换热器强化传热技术研究综述 [J]. 天水师范学院学报，2015，35（2）：60-65.

[70] 彭培，英崔，海亭. 强化传热新技术及其应用 [J]. 热能动力工程，2006（4）：426.

[71] 李庆领，钱颂文，朱冬生. 管式换热器强化传热技术 [M]. 北京：化学工业出版社，2003.

[72] 王继稳. 翅片式换热器翅片传热与压降特性实验研究与分析 [D]. 北京：华北电力大学，2011.

[73] 杨世铭，陶文铨. 传热学. 4 版. [M]. 北京：高等教育出版社，2010.

[74] 杨立军，贾思宁，永东，等. 电站间冷系统空冷散热器翅片管束流动传热性能的数值研究 [J]. 中国电机工程学报，2012，32（32）：50-57.

第四章

烟气深度冷却器加热系统与热力系统集成理论

锅炉效率是影响燃煤机组热效率的重要环节，而锅炉排烟热损失则是锅炉热损失中最大的一项，占锅炉热损失的 70%～80%。锅炉排烟余热具有总量大但密度低的特点，如何高效回收利用一直都是一个难题，国内外针对烟气余热回收利用的研究工作颇多，不过多数方法在实用性与可靠性方面有明显缺陷。本章将介绍烟气深度冷却加热系统，该烟气余热回收系统节能效果较好、直接易行，并已在国内外得到推广使用。——下面主要介绍烟气深度冷却器加热系统与燃煤机组热力系统集成的 4 种基本形式，并且分析其节能效果的定量计算方法。

第一节　烟气深度冷却器加热系统

一、燃煤机组热力系统

热力系统是火电机组实现热功转换的热力部分的工艺系统[1]。它通过热力管道及阀门将各主、辅热力设备有机联系起来，以保证安全、经济、连续地将燃料的化学能转换成机械能、最终转变成电能。用来反映燃煤机组热力系统的图称为热力系统图。

按范围可将热力系统图划分为全厂热力系统图和局部热力系统图两类。局部热力系统图又可分为主要设备的系统（如汽轮机本体、锅炉本体等）和各种局部功能系统（如主蒸汽系统、给水系统、主凝结水系统、回热系统、供热系统、抽空气系统和冷却水系统等）。全厂热力系统是以汽轮机回热系统为核心，将锅炉、汽轮机和其他所有局部热力系统有机组合而成的。

按用途可将热力系统划分为原则性和全面性两类。原则性热力系统是一种原理性图，用以反映某工况下系统的安全经济性。对不同功能的各种热力系统，其原则性热力系统用来反映该系统主要特征及采用的主辅热力设备、系统形式。它可表明能量转换和利用的过程，反映发电机组热功转换的技术完善程度，从而可用于定性分析发电机组热经济性，在标出各工质参数后，则可将其作为定量分析发电机组热经济性指标的依据。全面性热力系统是实际热力系统的反应，包含不同运行工况下所有系统，以反映该系统的安全可靠性、经济性和灵活性。因而，全面性热力系统图是施工和运行的主要依据，清楚地反映了发电厂能量转换的操作细节。

（一）燃煤机组回热加热系统

回热加热系统是利用汽轮机中做过功的蒸汽对给水进行回热加热，从而提高循环平均吸热温度，使循环效率得以提高。采用回热加热可以使汽轮机装置效率提高 10%～12%，因而在目前所有电厂的汽轮机装置中均采用回热加热系统。回热系统涉及面宽、影响大，是燃煤机组最重要的部分之一。它涉及加热器的抽汽、疏水、抽空气系统，及主凝结水、给水除氧、主给水等诸多系统。回热系统对机组热经济性和汽轮机、给水泵、锅炉的安全可靠运行都有极大的影响。

1. 回热加热器

按加热器中汽水介质传热方式的不同，回热加热器可分为混合式（接触式）加热器和表面式加热器。由于表面式加热器水侧承受压力的不同，又可分为低压加热器和高压加热器。以除氧器作为分界，抽汽压力高于除氧器压力的称高压加热器，位于给水泵和省煤器之间，它们的水侧压力比锅炉压力还要高。抽汽压力低于除氧器压力的称低压加热器，位于凝结水泵和给水泵之间，水侧压力承受凝结水泵出口压力。

混合式加热器由于汽水直接接触传热，能把水加热到加热器压力下的饱和温度，即端差为0。混合式加热器没有金属受热面，构造简单，比表面式加热器制造工艺简单、生产成本低，可汇集各种汽流、水流并能除去水中气体。但混合式加热器所组成的系统每台加热器均要配水泵，以便把水打入更高压力的加热器。为了工作可靠，一般还要有备用泵，同时，为了防止水泵的汽蚀影响锅炉供水，每台水泵入口要有一定的高度和容量的储水箱。这使得混合式加热器系统和厂房布置复杂化，投资增加，电厂安全可靠性降低。因此，混合式加热器在回热系统中通常只采用一级，作为除氧器使用。补充水大的热电厂可设两级除氧器，低压除氧器作为补充水除氧用。混合式加热器和表面式加热器如图4-1所示。

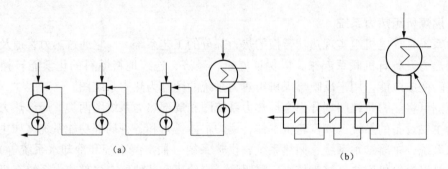

图 4-1　混合式加热器和表面式加热器
（a）混合式加热器系统；（b）表面式加热器系统

表面式加热器与混合式加热器相比，虽有端差、热经济性低、金属消耗量大、造价高、加热器本身工作可靠性低等缺点；但由表面式加热器组成的系统比较简单，只需配1台水泵，可以使水流过多级加热器，系统工作可靠。因此，表面式加热器在电厂中应用广泛，可作为高压加热器和低压加热器使用。表面式加热器的另一个缺点是它有蒸汽的凝结水（称为疏水），会带来工质和热量的损失。因此，在系统的连接上要考虑疏水热量的利用，不同的利用方法，经济效果不同，这就增加了系统的复杂性。

根据技术经济全面综合比较，绝大多数电厂都选用了热经济性较差的表面式加热器组成回热系统，只有除氧器采用混合式加热器，以满足给水除氧的要求。如上所述，除氧器后必须有给水泵，这就将其前、后的表面式加热器依水侧压力分成低压加热器（承受凝结水泵压力）和高压加热器（承受给水泵压力）两组加热器。

2. 加热器的连接系统

加热器有两个基本特点，一是加热器有出口端差（加热器压力下的饱和水温度与出口水温度之差），即水的出口温度低于加热器压力下的饱和水温度。而且出口端差越大热经济性下降得越多。另外一个特点是表面式加热器有疏水的回收和利用问题。因此，对于表面式加热器的不同的连接方式就反映在疏水的方式上和如何降低加热器的端差上。现役大型燃煤机组回热系统中最常见是疏水逐级自流连接系统和带疏水泵的连接系统。

利用相邻加热器的汽侧压差，使疏水逐级自流的疏水收集系统称为疏水逐级自流系统。这种系统可以用于高压加热器［如图 4-2（a）所示］，高压加热器一般只采用疏水逐级自流入除氧器；也可以用于低压加热器，如图 4-2（b）中的 A 和 B。

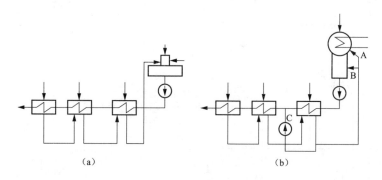

图 4-2　疏水逐级自流系统
（a）高压加热器疏水逐级自流到除氧器；（b）低压加热器疏水逐级自流到凝汽器

由于疏水的热量利用到压力低的加热器，抵消了部分低压抽汽量，使低压抽汽量减少，回热抽汽做功量减少，凝汽流做功量增大，因而使回热系统热经济性降低。图 4-2（b）所示的 A 疏水自流到凝汽器的系统，热经济性是最低的，原因是它还增加了凝汽器的附加冷源损失。为改善系统的热经济性可采用如图 4-2（b）中 B 所示的连接方式，即将最后一级疏水到热井，从而完全避免了疏水带来的附加冷源损失。如图 4-2（b）中的 C 所示，将疏水用疏水泵打入该加热器出口凝结水管中，从而减小该级出口端差提高热经济性，即为带疏水泵的连接系统，但虽然用疏水泵收集疏水使热经济性提高，却使系统复杂，投资增大，且需用转动机械，既消耗厂用电又易汽蚀，使可靠性降低，维护工作量大。因此，一般大、中型机组可能在最后一级低压加热器或相邻的次末级低压加热器上采用，以减少大量疏水直接流入凝汽器，增加冷源损失，且可防止它们进入热井，影响凝结水泵正常工作。

（二）典型燃煤机组的原则性热力系统

汽轮发电机组热力系统的拟定或选择的核心是回热系统，与汽轮机本体设计有密切关系。通过技术经济比较，汽轮机某级后参数可能与优化的参数不同。实际机组回热系统必须简单、可靠，综合考虑热经济性、系统复杂性、运行可靠性、投资及国情等多种因素。600MW 与 1000MW 是我国燃煤发电的主力机组，下面介绍这两种有代表性的大型机组的原则性热力系统。

1. 600MW 等级超临界机组

图 4-3 所示为某超临界 600MW 机组原则性热力系统。汽轮机由东方汽轮机厂生产，型号为 N600-24.2/566/566，锅炉配用 DG1950/25.4-II2。该机组有八级不调整抽汽，回热系

统由 3 台高压加热器、1 台滑压运行的除氧器和 4 台低压加热器组成，3 台高压加热器和 5 号低压加热器内设置蒸汽冷却段，各回热加热器内均设有疏水冷却段。疏水采用逐级自流方式，高压加热器疏水逐级自流进入除氧器，低压加热器疏水逐级自流至凝汽器，轴封加热器 SG 的疏水与 8 号低压加热器的疏水汇合后流入凝汽器热井。

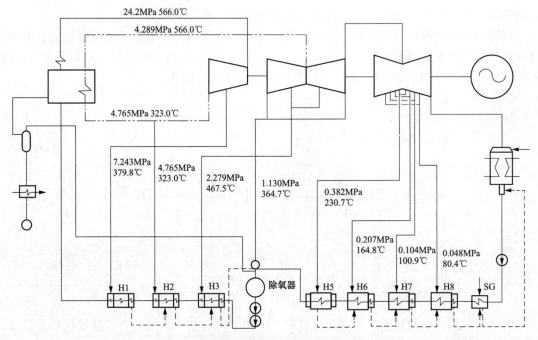

图 4-3　某超临界 600MW 机组原则性热力系统

系统设有汽动给水泵，其正常工作汽源取自第四级抽汽，辅助汽源为高压缸排汽，给水泵汽轮机排汽进入主凝汽器中。化学补充水直接送入凝汽器。

2. 1000MW 等级超超临界机组

我国哈尔滨、上海和东方三大电气集团分别与国外公司联和设计制造的 1000MW 超临界和超超临界机组，一般采用一次再热系统。1000MW 等级的超超临界机组，一般由一个高压双流缸、一个中压双流缸和两个双流低压缸组成单轴四缸四排汽轮机组，原则性热力系统如图 4-4 所示。为了降低机组热耗率，一般采用双压凝汽器，选取较高的给水温度，给水加热的级数可以增加到 10 级。超超临界机组效率高，发电煤耗低于 300g/(kW·h)。

上海电气集团对超超临界机组汽轮机的总体方案是以 25MPa/600℃/600℃ 为基本参数方案，设置八级回热抽汽。东方电气集团的 1000MW 等级超超临界机组，热耗率为 7354kJ/kWh。哈尔滨电气集团的 1000MW 等级超超临界机组，三级高压加热器均有蒸汽冷却段和疏水冷却段。各级加热器疏水逐级自流，给水温度为 294.1℃。

1000MW 等级超超临界机组，汽轮机一般有八级非调整抽汽，高压缸中压缸各有两段抽汽，分别作为三级高压加热器及除氧器汽源；低压缸有四段抽汽，分别作为 5～8 号低压加热器汽源。高压加热器均设有内置式蒸汽冷却段和疏水冷却段，双列布置，疏水逐级自流到除氧器；低压加热器有内置疏水冷却段，疏水逐级自流到凝汽器。

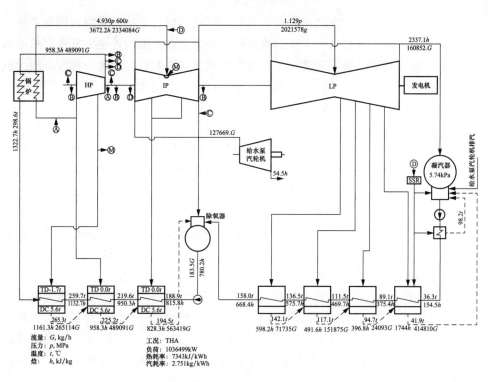

图 4-4　超超临界 1000MW 机组原则性热力系统

一、二、三级抽汽分别向三级双列布置的高压加热器供汽，每级高压加热器由两个
50%容量的高压加热器组成，高压加热器可以单列运行。四级抽汽除供除氧器外，还向两台
给水泵汽轮机及辅助蒸汽系统供汽。二级抽汽还作为辅助蒸汽系统和给水泵汽轮机的备用汽
源。五～八级抽汽分别向 4 台低压加热器供汽。除七、八级抽汽管道外，抽汽管道上均设有
气动止回阀和电动隔离阀。四级抽汽管道系统复杂，故多加一个气动止回阀；且各用汽点的
管道均设置一个止回阀和电动隔离阀。第七、八段抽汽管道接入布置在凝汽器喉部内的组合
式低压加热器，即 H7、H8 联合布置，各有两台，为卧式 U 形管换热器，并有内置疏水冷
却段，共用 1 个旁路。

除氧器卧式布置，恒速喷嘴，喷雾淋水盘式，可以滑压或定压运行。H5、H6 则分别设
置电动小旁路。给水系统装有两台 50%容量的汽动调速给水泵，驱动给水泵汽轮机为凝汽
式。汽轮机采用自密封轴封蒸汽系统，设置 1 台轴封加热器，疏水自流到凝汽器。

二、锅炉排烟余热的回收利用

回收锅炉的排烟余热按其是否进入热力系统分为热力系统外部利用、内部利用两种方
式。排烟余热在热力系统外部利用的典型方式有余热发电，供热、制冷，海水淡化和入炉煤
干燥等。将排烟余热利用于热力系统外部时一般初始投资较大，需要额外的现场空间及管理
投入，由于不宜远距离输送，其发展受到一定的限制。热力系统内部回收利用烟气余热的形
式也有多种方式，第一种就是通过改善锅炉内部换热效果来降低排烟温度，减少烟气余热损
失。比如利用制粉系统与燃烧调整来降低排烟温度，或利用吹灰器来提高传热面传热效率，
更有效地吸收锅炉中烟气热量，但是这些方式效果有限，并且不够可靠。工程上更多的是利
用增设额外的换热面来直接吸收锅炉排烟余热，提高锅炉循环吸热量以降低排烟温度。相比

于其他烟气余热回收方法，该方法更加稳定高效，可以长期有效地达到回收烟气余热，降低排烟温度的效果。目前，针对这种方法的理论研究较为成熟，国内外火力发电厂机组通过增设锅炉尾部烟气换热面降低排烟温度的工程实例也较多，因此它已经是一种发展较为成熟而且效果显著的排烟余热回收方法。下面对此方法进行详细的论述。

（一）锅炉排烟余热直接回收的温区匹配

锅炉排烟余热的直接回收主要通过以下两个渠道：

（1）利用排烟余热加热空气预热器进口冷空气，即采用前置式空气预热器。

（2）利用排烟余热加热汽轮机凝结水，即采用烟水换热器及低压省煤器。

研究表明：由于增设前置式空气预热器会导致烟气-空气换热量的重新分配，使空气预热器出口烟气温度增高，因而单独增设前置式空气预热器对烟气余热回收效果很有限。在工程中进行锅炉排烟余热直接回收时，一般采用的方法是增设烟水换热器或低压省煤器加热汽轮机冷凝水，或者采用烟水换热器、低压省煤器与前置式空气预热器的联合应用。这几种不同的布置方式将对应于本书中讲到的几种烟气深度冷却器加热系统。

锅炉尾部烟道中，空气预热器入口烟气温度一般为 320～380℃，出口烟气温度一般为120～140℃。可以看出，从空气预热器出口的烟气还具有较大的低温余热量。而汽轮机回热系统末级冷凝水入口温度一般为 30～40℃，末级及次末级的低压回热器一般出口冷凝水温度一般在 120℃以下，因此从空气预热器出口烟气的传热温区与末级及次末级回热器冷凝水的温区相匹配。

另外，从整个空气预热器换热温区对应情况来看，由于空气预热器入口空气温度一般取20～25℃，出口空气温度一般取 280～330℃。所以在空气预热器出口烟气与空气的传热温差将达到 100℃左右，整个空气预热器换热平均温差也将达到 60～70℃，这将产生较大的换热不可逆损失。在额定工况下的汽轮机回热系统中，凝结水入口温度一般为 30～40℃，而给水出口水温则为 250～300℃。因此，可以发现空气预热器中空气与凝结水在传热温区上十分接近，用于预热空气的烟气也可用于对除末级及次末级外更高压力回热加热器中的凝结水进行加热。当然，反过来，用于加热冷凝水的回热抽汽在必要时也可用于对空气进行加热。通过以上分析讨论可以发现：机炉之间换热系统的重新组合可用来直接回收锅炉排烟余热，最终产生的效果是通过传热温区的相互匹配，使得锅炉尾部烟气热量得到更高效的使用，并达到降低锅炉排烟温度，提高锅炉效率的目的。

（二）烟气深度冷却器

1. 烟气深度冷却器定义

烟气深度冷却器是布置在锅炉尾部烟道，用于进一步冷却锅炉排烟，吸收锅炉排烟余热的换热设备的总称。比较典型的烟气深度冷却器设备包括低压省煤器、前置式空气预热器、烟水换热器等。与空气预热器、省煤器等换热设备相比，烟气深度冷却器一般用于对锅炉尾部烟道较低温区的烟气热能进行挖掘利用，以达到烟气深度冷却与余热利用的目的。

（1）低压省煤器[2]。低压省煤器，也可称为低温省煤器，是最常见的烟气深度冷却器之一。一般由管束、进口集箱、出口集箱组成，多安装在锅炉空气预热器出口的尾部烟道上。其水侧连接于汽轮机回热系统中低压加热器的凝结水侧，由于内部流过的介质不是省煤器中的高压给水而是凝结水泵供出的凝结水，其水侧压力较低，所以称为低压省煤器。

低压省煤器在热力系统中有两种连接方式，分别为串联式和并联式两种。

串联式低压省煤器连接系统如图 4-5 所示。从低压加热器 No. j-1 出口引出全部或部分凝结水 D_H（kg/h），送入低压省煤器，在低压省煤器中加热升温后，全部返回低压加热器 No. j 的入口。从凝结水流的系统来看，低压省煤器串联于低压加热器之间，成为热力系统的一个组成部分。串联连接系统优点是流经低压省煤器的水量较大，在低压省煤器受热面一定时，锅炉排烟冷却程度和低压省煤器的热负荷 Q_d［kJ/s］较大，排烟余热利用程度较高。其缺点是增加了凝结水流阻力，需要增大凝结水泵压头。对旧电厂的改造，往往会因凝结水泵压头不足而需要更换。

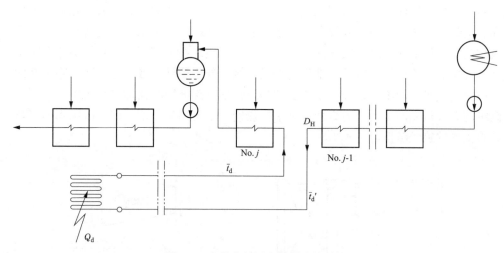

图 4-5　串联式低压省煤器连接系统

图 4-6 所示为并联式低压省煤器连接系统。当系统如图 4-6（a）连接时，从低压加热器 No. j-1 出口分流部分凝结水 D_d 进入省煤器中，加热升温后在低压省煤器 No. j+1 的入口处与主凝结水汇合。从凝结水流系统看，低压省煤器并联在 No. j 级回热加热器两端。这种将低压省煤器与一级回热加热器相并联的方式称为单级并联系统。通过调整凝结水引出和引入回热系统的位置也可使低压省煤器跨越多个回热器再进入回热系统中，如以图 4-6（b）的

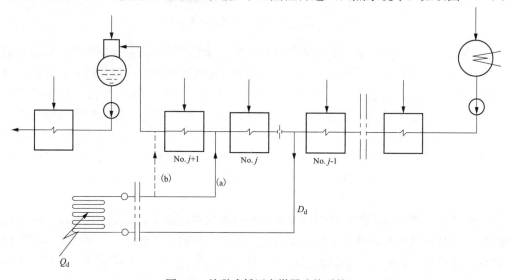

图 4-6　并联式低压省煤器连接系统

方式，将低压省煤器出口的冷凝水引入的连接方式称为跨级并联系统。与串联系统相比，并联系统的优点是不需更换凝结水泵。因为低压省煤器绕过一、两个低压加热器所减少的水阻力足以补偿低压省煤器及其连接管道所增加的阻力，这对改造旧电厂有利。另外，并联连接方式还有利于余热梯级利用，这一点在烟气温度较高时显得尤为重要。其缺点是并联系统中凝结水流量小于串联系统的凝结水流量，导致较高的出口水温，从而使低压省煤器的传热温差较低，需要增大换热面积，进而增大投资。

（2）前置式空气预热器。前置式空气预热器是指设置在空气预热器之后，吸收锅炉排烟余热来对空气预热器前的冷风进行预热的一种换热装置[3]。如图 4-7 所示，此系统由烟气侧受热面、空气侧受热面、循环泵及阀门组成，通常用闭路循环的水或其他溶剂做中间传热介质，吸收锅炉排烟余热来对空气预热器进口风进行加热。在烟气深度冷却器加热系统中，前置式空气预热器一般放置在锅炉尾部烟道的最末级，处于最低温区。它的作用除了补偿空气预热器中空气吸热量的不足以外，更重要的是，在烟气深度冷却器加热系统中，它可以置换出更高级的烟气热能用于低压省煤器或烟水换热器，令更高温区烟气用于凝结水的加热，使系统获得更高的热经济性。

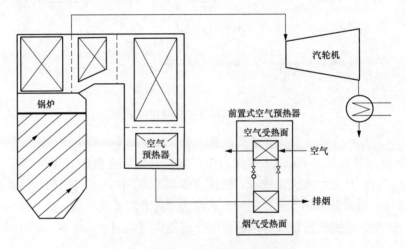

图 4-7　前置式空气预热器的热力系统

（3）烟水换热器。烟水换热器是指在锅炉尾部烟道用于吸收锅炉排烟热量，加热回热系统中的凝结水、锅炉给水或系统外界来水的一种烟气深度冷却器，一般以除氧器为界，分为高温烟水换热器和低温烟水换热器两段，如图 4-8 所示。它在结构上与低压省煤器十分相似，并同属于烟-水换热设备，由管束、进口集箱、出口集箱组成。在锅炉尾部烟道中，它一般与空气预热器并联布置，分流一部分省煤器出口的烟气作为加热凝结水与锅炉给水的热源。因而烟水换热器中的烟气对应的温区较高，与低压省煤器相比，它可替代更高级的回热抽汽，使系统获得更好的热经济性。

2. 烟气深度冷却器加热系统

烟气深度冷却器加热系统是以烟气深度冷却器为主要设备集合而成，用于降低锅炉尾部排烟温度、提高机组热经济性的系统，是发电厂热力系统的子系统之一。根据烟气深度冷却器中的烟气余热在回热系统中加热凝结水及预热空气的形式不同，目前国内外的烟气深度冷却器加热系统可分为常规、串联型、并联型和机炉耦合热集成型四种[4-6]。

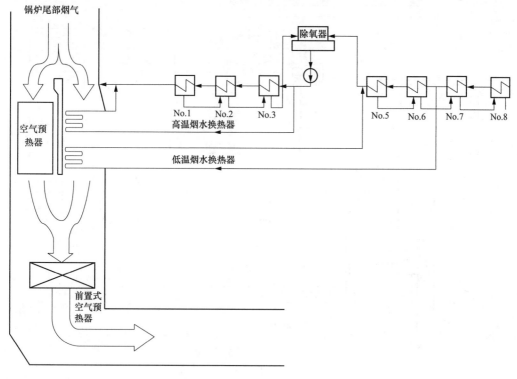

图 4-8 烟水换热器的热力系统

（1）常规烟气深度冷却器加热系统。图 4-9 所示为常规烟气深度冷却器加热系统与燃煤机组热力系统的完整示意图，在锅炉侧，低压省煤器串接在空气预热器和脱硫系统之间；在汽轮机侧，低压省煤器并联于回热系统中。低压省煤器中的换热器管道内流过的凝结水吸收管外锅炉尾部烟气余热，在降低锅炉排烟温度的同时凝结水吸热升温，排挤回热系统中对应回热级中的汽轮机抽汽，以提高热经济性。根据低压省煤器与回热系统耦合方式不同，常规烟气深度冷却器加热系统分为低压省煤器并联连接［如图 4-9（a）所示］与低压省煤器串联连接［如图 4-9（b）所示］两种连接形式。在图 4-9（a）中，回热系统中的凝结水有两种进入低压省煤器的并联连接的形式分别为从某级回热器级前引出凝结水和从某级回热器级前和级后分别引入凝结水混合后进入低压省煤器中，以调节低压省煤器进口水温。原则上讲，另外 3 种烟气深度冷却器加热系统的低压省煤器与两级烟水换热器在连接方式上也有串联型与并联型两种，然而由于其他几种系统进口烟气温度较高，采用并联型连接方式更能实现烟气余热的梯级利用，因此后面只介绍并联型连接方式。

（2）串联型烟气深度冷却器加热系统。图 4-10 所示为串联型烟气深度冷却器加热系统（简称串联型系统），与常规型系统相比，此系统烟气的低温段增设了前置式空气预热器，可提升高温段空气预热器的入口空气温度，减少空气预热器的换热量，使得空气预热器的排烟温度提高。而将低压省煤器设置于两级空气预热器之间，则保证低压省煤器可以回收较高温区的烟气余热，使节能效果更好。在锅炉侧，该系统中低压省煤器串联在空气预热器和前置式空气预热器之间，因而称为串联型烟气深度冷却系统。与常规系统相比，串联型系统更突出了温区对应，利用低温区排烟余热预热冷风，利用较高温区的排烟余热加热低压省煤器中的凝结水。从而较高级的回热抽汽可以被替代，使得系统获得更高的热经济性。

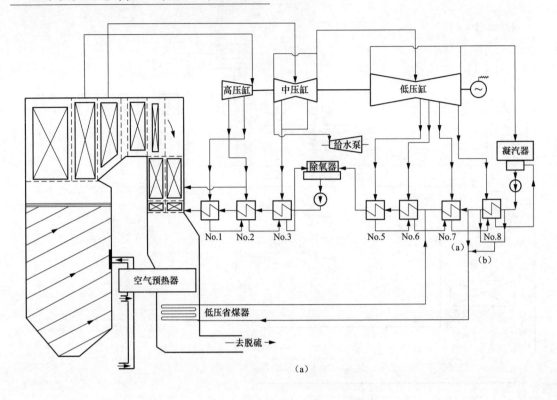

(a)

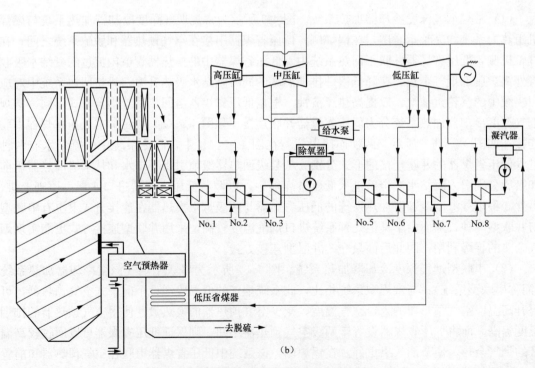

（b）

图 4-9　常规烟气深度冷却器加热系统示意图

（a）低压省煤器并联连接；（b）低压省煤器串联连接

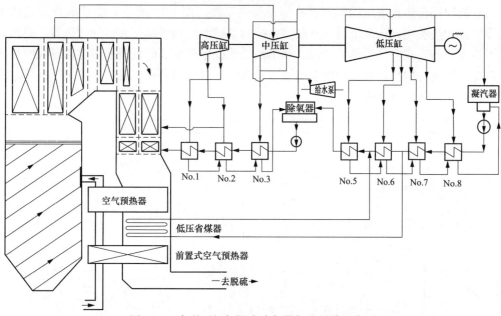

图 4-10　串联型烟气深度冷却器加热系统示意图

（3）并联型烟气深度冷却器加热系统。图 4-11 所示为并联型烟气深度冷却器加热系统（简称并联型系统）。与串联型系统不同的是：在锅炉侧，省煤器出口烟气分为两支，一支进入空气预热器，对其中进入锅炉的空气进行加热；另一支进入旁路烟水换热器系统中，对其中的凝结水进行加热，以替代回热系统中相应回热级的汽轮机抽汽。然后两支烟气重新混合并进入前置式空气预热器对其中的冷风进行预热，以补偿空气在空气预热器中所减少的吸热量。通过此种形式的集成，进一步提高旁路烟水换热器系统进口烟气温度，从而意味着更高能级的烟气热能可以用来加热回热系统中的凝结水与给水，以替代更高压力的回热抽汽，获得更好的热经济性。

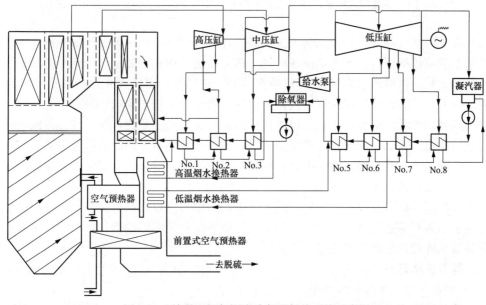

图 4-11　并联型烟气深度冷却器加热系统示意图

（4）机炉耦合热集成型烟气深度冷却器加热系统。图 4-12 所示为机炉耦合热集成烟气深度冷却器加热系统，该系统是在并联型系统的基础上增加了抽气式空气加热器，并布置在空气预热器和前置式空气预热器之间，利用回热系统中较低级的低压抽汽对前置式空气预热器出口冷空气进行加热，从而使整个系统更符合温区对应的原则，进一步减少了换热过程中的热损失，使系统经济性得以提升。

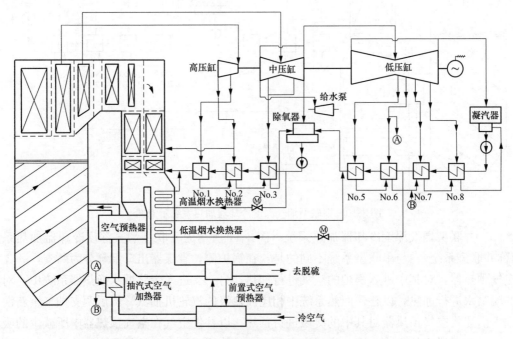

图 4-12　机炉耦合热集成烟气深度冷却器加热系统示意图

第二节　烟气深度冷却器加热系统热经济性定量分析理论

　　本节将介绍烟气深度冷却器加热系统热经济性分析的理论——等效热降理论。等效热降理论是基于热功转换原理，考虑到设备质量、热力系统结构和参数特点，经严密理论推演出几个热力学参数抽汽等效热降（H_j）和抽汽效率（η_j）等，用以研究热功转换及能量利用程度的一种方法。等效热降理论以定流量为前提，将热力系统中影响热经济性的任何变化反映在抽汽量与总汽耗量的变化上，并进而推导出机组输出功的变化，最后计算得出系统热经济性的定量变化。而烟气深度冷却器正是通过利用烟气纯热量加热回热系统中的凝结水，以排挤汽轮机抽汽，提升热经济性，因此，等效热降理论十分适合于对加装烟气深度冷却器系统的热经济性变化进行定量分析。

　　由于目前国内火电在役和新建机组绝大部分都采用再热以提高机组热经济性，所以下面将以再热机组为对象进行分析讨论。首先引入等效热降理论的基础概念，然后详细介绍不同条件下等效热降理论的经济性定量分析法则。

一、等效热降理论[2]

（一）抽汽等效热降与抽汽效率

抽汽等效热降表示排挤 1kg 抽汽返回汽轮机的真实做功大小。当纯热量 q 利用于 No. j

级回热器时，该级回热抽汽有1kg被排挤回汽轮机中，其中一部分排挤抽汽继续做功，另一部分则在后面各级抽汽口再抽出，用于加热凝结水，这1kg抽汽返回汽轮机带来的做功量的实际增加称为抽汽的等效热降，以 H_j 表示，角标 j 表示回热器对应的级数。下面讨论再热机组抽汽等效热降的定量计算方法。对于再热机组首先需要明确两个概念，即再热冷段与再热热段。如图 4-13 所示，再热机组高压缸的排汽在流经再热器之前称为再热冷段，经再热器加热升温后称为再热热段。再热机组这两段蒸汽的等效热降计算方法有很大差异，下面将分开讨论。

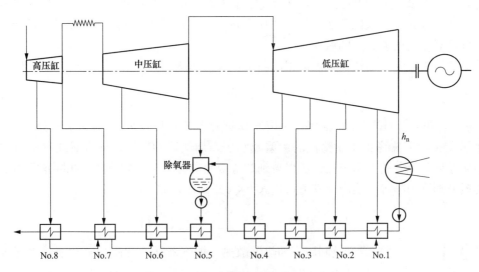

图 4-13　再热机组原则性系统

对再热热段以后对应的回热抽汽而言，如图 4-13 所示，由于其加热器的排挤抽汽不影响通过再热器的蒸汽份额 α_{zr}，也就不影响再热器的吸热量，所以等效热降 H_j 的计算通式为

$$H_j = h_j - h_n - \sum_{r=1}^{j-1} \frac{A_r}{q_r} H_r \qquad (4-1)$$

式中　h_j——No. j 加热器的抽汽焓，kJ/kg；

　　　h_n——低压缸排汽焓，kJ/kg；

　　　A_r——取 γ_r 或者 τ_r，根据加热器形式而定；

　　　τ_r——1kg 给水在 No. j 加热器的吸热量，kJ/kg；

　　　γ_r——1kg 疏水在加热器中的放热量，kJ/kg；

　　　q_r——1kg 加热蒸汽在 No. j 加热器的放热量，kJ/kg；

　　　H_r——No. r 加热器的抽汽等效热降，kJ/kg；

　　　r——加热器 j 后更低压力抽汽口脚码。

如果 No. j 为汇集式加热器，则 A_r 均以 τ_r 代之；如果 No. j 为疏水放流式加热器，则从 j 以下直到（包括）汇集式加热器用 γ_r 代替 A_r，而在汇集加热器以下，无论是汇集式或疏水放流式加热器，则一律以 τ_r 代替 A_r。

对再热冷段及以前的回热抽汽，任何排挤抽汽都将流经再热器吸热，按等效热降的概念可以推导出该蒸汽返回汽轮机的实际做功为

$$H_j = h_j + \sigma - h_n - \sum_{r=1}^{j-1} \frac{A_r}{q_r} H_r \tag{4-2}$$

式中　σ——1kg 再热蒸汽在再热器中的吸热量，kJ/kg。

分析抽汽等效热降的物理意义可知，排挤 1kg 加热器抽汽，需要加入的热量为 q_j，而排挤 1kg 抽汽可获得的功为 H_j。因而，H_j 对 q_j 之比具有热效率的含义，称之为抽汽效率，即

$$\eta_j = \frac{H_j}{q_j} \tag{4-3}$$

它表示从能级 j 加入单位热量，在汽轮机上能够获得的真实做功，其中包括再热器吸热增量的做功。因此，η_j 乘以能级 j 加入的任意热量 Δq_j 所得的做功，不仅是该热量的做功，还包括再热器相应增加吸热的做功。

将锅炉视为汇集式加热器，可以得出新蒸汽等效热降为

$$H_M = h_0 + \sigma - h_n - \sum_{r=1}^{z} \tau_r \eta_r \tag{4-4}$$

式中　η_r——第 r 级回热器抽汽效率，即第 r 级回热器等效热降 H_r 与抽汽放热量 q_r 的比值。

由于式（4-4）未考虑轴封蒸汽的渗漏及利用，加热器的散热、抽汽器耗汽及附加泵功能量消耗等辅助成分的做功损耗，所以得到的等效热降称为毛等效热降。扣除这些附加成分的做功损失则称为净等效热降。其值可由式（4-5）确定，即

$$H = h_0 + \sigma - h_n - \sum_{r=1}^{z} \tau_r \eta_r - \sum \prod \tag{4-5}$$

式中　$\sum \prod$——轴封漏汽及利用、加热器散热、抽汽器耗汽和附加泵功能量消耗等辅助成分的做功损失的总和。在后文中，为方便起见用 H 表示新蒸汽等效热降，并不考虑附加成分的做功损失，以方便表示热经济性的变化。

汽轮机装置效率为

$$\eta_i = \frac{H}{q} \tag{4-6}$$

$$q = h_0 + \alpha_{zr} \sigma - \bar{h}_{gs}$$

式中　q——新蒸汽的吸热量，kJ/kg；

　　$\bar{h}_{gs}$——锅炉给水焓，kJ/kg。

（二）再热器吸热量变化 Δq_{zr-j} 的计算

对再热冷段及其之前的回热抽汽，由于任何排挤抽汽都将流经再热器，这样就会导致再热器的吸热量发生变化，也就是循环吸热量发生变化，所以确定抽汽返回汽轮机后流经再热器的吸热量对再热机组热经济性计算分析必不可少。

Δq_{zr-j} 是指任意能级 j 排挤 1kg 蒸汽返回汽轮机后引起的再热器吸热量的变化。显然，它随 1kg 排挤抽汽通过再热器的份额 $\Delta \alpha_{zr-j}$ 改变而变动，即

$$\Delta q_{zr-j} = \sigma \Delta \alpha_{zr-j} \tag{4-7}$$

式中　σ——1kg 蒸汽在再热器中的吸热，kJ/kg；

　　$\Delta \alpha_{zr-j}$——能级 j 排挤 1kg 抽汽流经再热器的份额，$\Delta \alpha_{zr-j}$ 可由式（4-8）计算得到。

$$\Delta \alpha_{zr-y} = \prod_{r=c}^{j-1} \left(1 - \frac{\gamma_r}{q_r} \right) \tag{4-8}$$

式中　c——再热器抽汽口对应的回热器级数，在图 4-13 中为 No. 7。

因此

$$\Delta q_{zr-j} = \sigma \prod_{r=c}^{j-1} \left[1 - \frac{\gamma_r}{q_r} \right] \tag{4-9}$$

应当指出，在热力系统确定和系统参数已知的情况下，Δq_{zr-j} 是一个定值，是再热机组热经济性计算分析中决定循环的再热器吸热量变化的一个参数。

（三）再热机组经济性经济指标的计算

对再热机组而言，常用于反映经济性相对变化的指标有汽轮机机组内效率相对变化 $\delta\eta_i$ 与发电标准煤耗率变化 Δb 两个，其中 $\delta\eta_i$ 的计算公式为

$$\delta\eta_i = \frac{\eta_i' - \eta_i}{\eta_i} \times 100 \tag{4-10}$$

$$\eta_i' = \frac{H'}{q'}$$

$$H' = H + \Delta H$$

$$q' = q + \Delta q$$

则

$$\delta\eta_i = \frac{\dfrac{H'}{q'} - \dfrac{H}{q}}{\dfrac{H'}{q'}} \times 100 = \frac{\Delta H - \Delta q \eta_i}{H + \Delta H} \times 100 \tag{4-11}$$

式中　η_i、η_i'——系统变动前、后装置效率；

　　　H、H'——系统变动前、后 1kg 新蒸汽等效热降，kJ/kg；

　　ΔH、Δq——系统变动前、后 1kg 新蒸汽等效热降、吸热量的变化量，kJ/kg。

Δq 是 1kg 新蒸汽的吸热量变化，即循环吸热量变化，它包括再热器吸热量的变化和锅炉蒸发吸热量变化两部分，当循环吸热量增加时，Δq 为正值；反之为负值。即

$$\Delta q = \Delta q_{gs} + \Delta q_{zr} \tag{4-12}$$

式中　Δq_{gs}——锅炉蒸发吸热量变化，kJ/kg；

　　　Δq_{zr}——再热器吸热量变化，kJ/kg。

对于全厂发电标准煤耗率变化 Δb，可由汽轮机机组内效率相对变化 $\delta\eta_i$ 与发电标准煤耗率 b 确定，即

$$\Delta b = -\delta\eta_i b \tag{4-13}$$

二、等效热降理论的经济性定量分析法则

烟气深度冷却器加热系统的引入会导致燃煤机组热经济性发生改变，对其经济性的定量分析可以归结为两类问题：一类是纯热量变动或出入系统，它只有热量变迁或进出系统，没有工质伴随，简称"纯热量"；另一类是带工质的热量变动或出入系统，它不仅有热量变迁，而且还伴随有工质的变迁，简称"带工质的热量"。显然，这两类热经济性问题有质的区别。它们对经济性的影响和效果以及分析计算的方法都有很大不同。因此，进行热力系统经济性定量分析的最基本内容是建立纯热量和带工质热量进出系统对机组经济指标影响的定量计算法则[2]。

（一）外部纯热量利用于热力系统

锅炉排烟热量回收冷却是外部热量利用于热力系统的典型实例。常以余热利用原理来处理锅炉排烟热量这类外部热量，即在热经济性诊断中只考虑该热量引入系统后系统做功能力

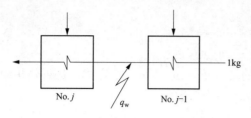

图 4-14　外部纯热量利用于热力系统示意图

的提升。这时，装置热经济性将因此部分热量的利用而提高。如图 4-14 所示，纯热量 q_w 加入系统，与等效热降的性质和概念完全相同。因而，该热量的做功也就是新蒸汽等效热降的变化，能够按等效热降概念直接写出。由于现在在役或新建的大型燃煤机组大都属于再热机组，所以下面以再热机组为对象进行讨论。

如果纯热量进入 No. j 再热热段及以后的回热加热器，则由于该热量从加热器 No. j 和 No. $j-1$ 之间进入系统，热量利用在能级 No. j 上，所以新蒸汽等效热降的增量为

$$\Delta H = q_w \cdot \eta_j \tag{4-14}$$

装置热经济性的变化，因视外来热量为余热利用，则循环加入热量 q 保持不变，而利用外部热量后的新蒸汽等效热降变为

$$H' = H + \Delta H$$

故装置效率相对提高为

$$\delta\eta_i = \frac{\eta_i' - \eta_i}{\eta_i'} \times 100 = \frac{\frac{H'}{q} - \frac{H}{q}}{\frac{H'}{q}} \times 100 = \frac{\Delta H}{H'} \times 100 \tag{4-15}$$

或

$$\Delta\eta_i' = \frac{\eta_i' - \eta_i}{\eta_i} \times 100 = \frac{\Delta H}{H} \times 100 \tag{4-16}$$

应当指出，式（4-15）、式（4-16）在 q 不变时才成立，否则要另行推导。

如果纯热量进入 No. j 再热冷段，则应在上述分析的基础上考虑再热吸热量的增加，新蒸汽等效热降的增量为

$$\Delta H = q_f \cdot \eta_j \tag{4-17}$$

式中　q_f——纯热量，kJ/kg。

同时，循环的吸热量则增加，即

$$\Delta q = \Delta q_{zr-j} \cdot \frac{q_f}{q_j} \tag{4-18}$$

式中　q_j——No. j 加热器的抽汽放热量，kJ/kg。

故纯热热量进入 No. j 再热前抽汽加热器使装置热经济性的变化为

$$\delta\eta_i = \frac{\Delta H - \Delta q \cdot \eta_i}{H + \Delta H} \times 100 \tag{4-19}$$

$$\Delta b = \delta\eta_i \cdot b \tag{4-20}$$

全厂发电标准煤耗变化量 Δb 利用式（4-13）计算获得。如果出现某种热量损失或热量输出时，只需取 ΔH、Δq 的负值即可。

（二）带工质的热量进/出系统

带工质的热量，无论是外部热量还是内部热量，除了热量进/出系统外，还有工质进/出系统。因此，这类问题的处理不同于纯热量，不能简单地应用等效热降原理进行定量诊断其对热经济指标的影响，必须考虑系统工质的变化。具体分析时，还应当区分携带热量的工质

是蒸汽还是热水以及其进入热力系统的位置。

1. 蒸汽携带热量进/出系统

(1) 蒸汽携带热量进系统。再热机组中蒸汽携带热量进入系统根据是否引起机组再热吸热量变化分为蒸汽从再热冷端及以前抽汽的加热器进入与从再热热端及以后抽汽的加热器进入两种情形。下面将分为这两种情形进行讨论。

1）从再热热端及以后抽汽的加热器进入系统。图 4-15 表示具有焓值 h_f，份额为 α_f 的蒸汽，从再热热端及以后抽汽加热器的 η_j 能级进入系统。

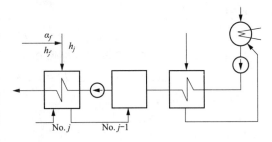

图 4-15 从再热后抽汽加热器进入系统

为了确定蒸汽携带热量进入系统引起做功和装置经济性的变化，可以把这个热量分成两部分来研究：一部分为纯热量 $\alpha_f \cdot (h_f - h_j)$；另一部分为带工质的热量 $\alpha_f \cdot h_j$。显然，纯热量进入系统的做功是一个用等效热降概念容易解决的问题。由于这个热量利用于抽汽效率为 η_j 的能级上，因而做功的变化为

$$\Delta H_1 = \alpha_f \cdot (h_f - h_j) \cdot \eta_j \tag{4-21}$$

剩余的带工质的热量 $\alpha_f \cdot h_i$，正好与该级抽汽焓值 h_i 一致，因此 α_f 来汽恰好顶替 α_f 抽汽，不产生疏水的变化。为了保持系统工质的平衡，进入冷凝器的化学补水量必须相应减少 α_f，这样主凝结水量将保持不变。由于疏水量及主凝结水量均未发生变化，因而不影响各加热器的抽汽量。所以被顶替的抽汽返回汽轮机，是全部直达冷凝器，其做功为 $\alpha_f \cdot (h_i - h_n)$。由此可知，蒸汽携带热量的全部做功应是两部分热量做功的代数和，即

$$\Delta H = \alpha_f \cdot [(h_f - h_j) \cdot \eta_j + (h_j - h_n)] \tag{4-22}$$

装置效率的相对变化量为

$$\delta\eta_i = \frac{\Delta H}{H + \Delta H} \times 100 \tag{4-23}$$

全厂发电标准煤耗率变化量 Δb 利用式（4-13）计算获得。

2）从再热冷端及以前抽汽加热器进入系统。图 4-16 表示具有焓值 h_f、份额为 α_f 的蒸汽，从再热冷端及以前抽汽的加热器进入系统。

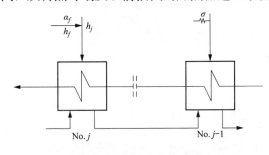

图 4-16 从再热前抽汽加热器进入系统

为了确定该蒸汽携带热量进入系统引起热做功和装置经济性的变化，可以把这个热量分成两部分来研究：一部分为纯热量 $\alpha_f \cdot (h_f - h_j)$；另一部分为带工质的热量 $\alpha_f \cdot h_f$。

纯热量进入系统的做功和循环吸热量的变化可以按前面的法则得出，做功的变化为

$$\Delta H_1 = \alpha_f \cdot (h_f - h_j) \cdot \eta_j \tag{4-24}$$

吸热量的变化为

$$\Delta q_1 = \alpha_f \cdot (h_f - h_j) \cdot \frac{\Delta q_{zr-j}}{q_j} \tag{4-25}$$

剩余的带工质的热量 $\alpha_f \cdot h_j$，正好与该级抽汽焓值 h_j 一致，因此 α_f 来汽恰好顶替 α_f 抽汽，不产生疏水的变化。为了保持系统工质的平衡，进入冷凝器的化学补水量必须相应减少 α_f，这样主凝结水量将保持不变。由于疏水量及主凝结水量均未发生变化，因而不影响各加热器的抽汽量。所以被顶替的抽汽返回汽轮机，是全部直达冷凝器。其做功为

$$\Delta H_2 = \alpha_f \cdot (h_j - h_n + \sigma) \tag{4-26}$$

吸热量的增加为

$$\Delta q_2 = \alpha_f \cdot \sigma \tag{4-27}$$

由此可知，蒸汽携带热量的全部做功应是两部分热量做功的代数和，即

$$\Delta H = \Delta H_1 + \Delta H_2 = \alpha_f \cdot (h_j - h_f) \cdot \eta_j + (h_j - h_n + \sigma) \tag{4-28}$$

吸热量的变化为

$$\Delta q = \alpha_f \cdot \left[(h_j - h_f) \cdot \frac{\Delta q_{zr-j}}{q_j} + \sigma \right] \tag{4-29}$$

装置效率的相对变化量为

$$\delta \eta_i = \frac{\Delta H - \Delta q \cdot \eta_i}{H + \Delta H} \times 100 \tag{4-30}$$

全厂发电标准煤耗率变化量 Δb 利用式（4-13）计算获得。

（2）蒸汽携带热量离开系统。蒸汽携带热量出系统相当于蒸汽携带热量进入系统的一种特殊情况，与蒸汽携带热量进入系统相同，在蒸气携带热量离开系统时也有再热前与再热后两种情形。热水携带热量出系统可以是给水或疏水。带工质的热水出系统的定量分析诊断计算公式，是带工质的热量入系统的定量公式的一个特例，即令所有公式中的纯热量部分等于零，同时 ΔH、Δq 取负值即可。

2. 热水携带热量进/出系统

热水进入系统的方式有三种：从主凝结水管路进入、从加热器疏水管路进入、从加热器汽侧进入。由于热水进入地点不同，产生的经济效果和定量分析方法也不相同。而且与蒸汽携带热量进/出系统相同，热水携带热量进/出系统同样分为再热前与再热后两种情况进行分析。

（1）热水携带热量进入凝结水管路。

1）从再热后抽汽的回热加热器进入凝结水管路的热水。如图 4-17 所示，具有焓值 h_f，份额为 α_f 的热水从 No.j 加热器出口进入凝结水管路。

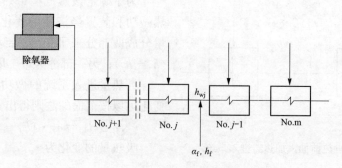

图 4-17　从再热后回热级进入系统的热水

为了定量计算该热水携带热量进入系统后引起的做功和装置经济性的变化，把这个热量分成两部分来研究：一部分是纯热量 $\alpha_f \cdot (h_f - h_{wj})$；另一部分是带工质的热量 $\alpha_f \cdot h_{wj}$。显然，纯热量进入系统引起的做功变化是一个与等效热降概念一致的问题，由于这个热量利用于抽汽效率为 η_{j+1} 的能级，因而做功为

$$\Delta H_1 = \alpha_f \cdot (h_f - \overline{\tau}_j) \cdot \eta_{j+1} \tag{4-31}$$

另一部分带工质的热量 $\alpha_f \cdot h_{wj}$，正好与混合点的凝结水焓 h_{wj} 相同，因此 α_f 的热水恰好顶替 α_f 的主凝结水。为了保持系统工质的平衡，此时进入冷凝器的化学补给水也相应减少 α_f kg。显然，它使加热器 No.1 到 No.j 中流过的主凝结水减少 α_f，因而汽轮机做功的变化为

$$\Delta H_2 = \alpha_f \cdot \sum_{r=1}^{j} \tau_r \cdot \eta_r \tag{4-32}$$

由此可知，热水从主凝结水管路进入系统的全部做功变化应是两部分热量做功的代数和，即

$$\begin{aligned}\Delta H &= \Delta H_1 + \Delta H_2 \\ &= \alpha_f \cdot \left[(h_f - h_{wj}) \cdot \eta_{j+1} + \sum_{r=1}^{j} \tau_r \cdot \eta_r \right]\end{aligned} \tag{4-33}$$

装置经济性的相对变化为

$$\delta \eta_i = \frac{\Delta H}{H + \Delta H} \times 100 \tag{4-34}$$

全厂发电标准煤耗率变化量 Δb 利用式（4-13）计算获得。

2）从再热前抽汽的回热加热器进入凝结水管路的热水。

对于从再热前回热级进入系统的热水，由于会排挤再热冷段的抽汽，因而在进行热经济性诊断时应考虑到再热吸热量的变化。图 4-18 所示为高温烟水换热器系统出口的凝结水经过加热后进入 No.j 级前。为了诊断该热水携带热量进入系统后引起的做功和装置经济性的变化，把这个热量分成两部分来研究：一部分是纯热量 $\alpha_f \cdot (h_f - h_{wj})$；另一部分是带工质的热量 $\alpha_f \cdot h_{wj}$。显然，纯热量进入系统引起的做功变化是一个与等效热降概念一致的问题，由于这个热量利用于抽汽效率为 η_{j+1} 的能级，因而做功为

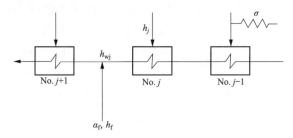

图 4-18　从再热前回热级进入系统的热水

$$\Delta H_1 = \alpha_f \cdot (h_f - h_{wj}) \cdot \eta_{j+1} \tag{4-35}$$

吸热量增加为

$$\Delta q_1 = \alpha_f (h_f - h_{wj}) \cdot \frac{\Delta q_{zr\_j+1}}{q_{j+1}} \tag{4-36}$$

另一部分带工质的热量 $\alpha_f \cdot h_{wj}$，正好与混合点的凝结水焓 h_{wj} 相同，因此 α_f 的热水恰好

顶替 α_f 的主凝结水。为了保持系统工质的平衡，此时进入冷凝器的化学补给水也相应减少 α_f kg。显然，它使加热器 No.1 到 No.j 中流过的主凝结水减少 α_f，因而汽轮机做功的变化为

$$\Delta H_2 = \alpha_f \cdot \sum_{r=1}^{j} \tau_r \cdot \eta_r \tag{4-37}$$

假设从 No.1 到 No.j 级加热器有 k 个加热器抽汽来自再热前，则吸热量增加为

$$\Delta q_2 = \alpha_f \sum_{r=j-k}^{j} \Delta q_{zr-r} \cdot \frac{\tau_r}{q_r} \tag{4-38}$$

由此可知，热水从主凝结水管路进入系统的全部做功变化应是两部分热量做功的代数和，即

$$\Delta H = \Delta H_1 + \Delta H_2$$
$$= \alpha_f \cdot \left[(h_f - h_{wj}) \cdot \eta_{j+1} + \sum_{r=1}^{j} \tau_r \cdot \eta_r \right] \tag{4-39}$$

吸热量的变化为

$$\Delta q = \alpha_f \left[(h_f - h_{wsj}) \cdot \frac{\Delta q_{zr\_j+1}}{q_{j+1}} + \sum_{r=k}^{j} \Delta q_{zr-r} \cdot \frac{\tau_r}{q_r} \right] \tag{4-40}$$

式中　h_{wsj}——第 j 级表面式加热器疏水焓，kJ/kg。

装置经济性的相对变化为

$$\delta \eta_i = \frac{\Delta H - \Delta q \cdot \eta_i}{H + \Delta H} \times 100 \tag{4-41}$$

全厂发电标准煤耗率变化量 Δb 利用式（4-13）计算获得。

（2）热水携带热量进入疏水管路。热水携带热量进入疏水管路的情况也分为再热前回热器进入和再热后回热器进入两类讨论。

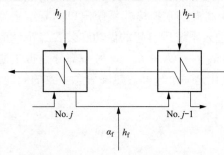

图 4-19　再热后热水携带热量进入疏水管路

1）再热后回热级进入疏水管路。图 4-19 所示为焓值为 h_f、份额为 α_f 的热水从再热后的 No.j 加热器的疏水管路进入系统。现将此部分热水按进入 No.$j-1$ 回热器的蒸汽处理以方便地确定该热水进入系统的做功与装置经济性变化。将其分为两部分，即纯热量 $\alpha_f \cdot (h_f - h_{j-1})$ 和带工质的热量 $\alpha_f h_{j-1}$。显然，纯热量利用于 No.$j-1$，因而第一部分产生的做功增加为 $\alpha_f (h_f - h_{j-1}) \eta_{j-1}$。第二部分等效于 No.$j-1$ 排挤回 α_f kg 的抽汽，为保持凝结水管道中凝结水量不变，则凝汽器化学补充水量需减少 α_f kg，因而该部分带来的蒸汽做功的增加为 $\alpha_f (h_{j-1} - h_n)$。因此热水从疏水管路进入系统的全部做功，应是两部分热量做功的代数和，即

$$\Delta H = \alpha_f \left[(h_f - h_{j-1}) \eta_{j-1} + h_{j-1} - h_n \right] \tag{4-42}$$

装置效率的相对变化量为

$$\delta \eta_i = \frac{\Delta H}{H + \Delta H} \times 100 \tag{4-43}$$

全厂发电标准煤耗率变化量 Δb 利用式（4-13）计算获得。

应指出，$h_f \leqslant h_{wj}$ 或 $h_f \leqslant h_{wsj}$ 同样适用。

2）再热前回热级进入疏水管路。

图 4-20 中 b 是焓值 h_f、份额为 α_f 的热水从 No. j 加热器的疏水管路进入系统。进行热经济性分析时同样把它视为蒸汽处理，将其分成两部分，即纯热量 $\alpha_f \cdot (h_f - h_{j-1})$ 和带工质的热量 $\alpha_f \cdot h_{j-1}$。显然，纯热量部分利用在 No. $j-1$ 加热器中，做功为

$$\Delta H_1 = \alpha_f \cdot (h_f - h_{j-1}) \cdot \eta_{j-1} \tag{4-44}$$

吸热量增加为

$$\Delta q_1 = \alpha_f \cdot (h_f - h_{j-1}) \cdot \frac{\Delta q_{zr\_j-1}}{q_{j-1}} \tag{4-45}$$

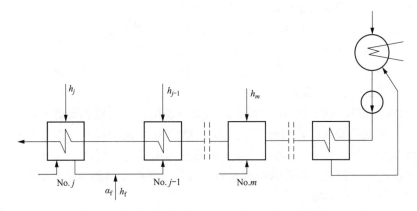

图 4-20　再热前热水携带热量进入疏水管路

带工质的热量 $\alpha_f \cdot h_{j-1}$ 可等效于排挤 No. $j-1$ 排挤回 α_f kg 的抽汽，为保持凝结水管道中凝结水量不变，则凝汽器化学补充水量需减少 α_f kg，因而该部分带来的蒸汽做功的增加为

$$\Delta H_2 = \alpha_f (h_{j-1} - h_n + \sigma) \tag{4-46}$$

吸热量的增加为

$$\Delta q_2 = \alpha_f \cdot \sigma \tag{4-47}$$

由以上分析可知，热水从疏水管路进入系统的全部做功，应是两部分热量做功的代数和，即

$$\begin{aligned} \Delta H &= \Delta H_1 + \Delta H_2 \\ &= \alpha_f \times [(h_f - h_{j-1}) \cdot \eta_{j-1} + (h_{j-1} - h_n + \sigma)] \end{aligned} \tag{4-48}$$

循环吸热量增加为

$$\begin{aligned} \Delta q &= \Delta q_1 + \Delta q_2 \\ &= \alpha_f \cdot \left[(h_f - h_{j-1}) \cdot \frac{\Delta q_{zr\_j-1}}{q_{j-1}} + \sigma \right] \end{aligned} \tag{4-49}$$

装置效率的相对变化量为

$$\delta\eta_i = \frac{\Delta H - \Delta q \cdot \eta_i}{H + \Delta H} \times 100 \tag{4-50}$$

全厂发电标准煤耗率变化量 Δb 利用式（4-13）计算获得。

（3）热水携带热量进入加热器汽侧。与热水携带热量进入疏水管路相似，热水携带热量进入加热器汽侧的情形同样可以按照蒸汽进入系统的方法进行处理，在热经济性分析时也分

为再热前与再热后两种情况，同样可将其分为纯热量与带工质的热量两项进行考虑，在此不再展开，可依照上文蒸汽进入系统的方法进行推导。

（4）热水携带热量离开系统。热水携带热量出系统可以是给水或疏水。带工质的热水出系统的定量分析诊断计算公式，是带工质的热量入系统的定量公式的一个特例，即令所有公式中的纯热量部分等于零，同时 ΔH、ΔQ 取负号即可。

第三节　烟气深度冷却器加热系统热经济性分析

一、烟气深度冷却器加热系统的热经济性分析模型

上一节通过烟气深度冷却器热经济性分析理论，针对各个烟气深度冷却器耦合入电厂热力系统涉及的几种情形进行了热经济性诊断，现在将综合考虑各烟气深度冷却器在热力系统中的作用，进一步建立针对整个烟气深度冷却器加热系统的热经济性诊断模型。

（一）常规烟气深度冷却器加热系统

图 4-21 所示为常规型烟气深度冷却加热系统并联耦合入回热系统的示意图，由图 4-21 可知，从 No. m 级回热器出口处引出流量为 D'、焓值为 h_1 的凝结水。这部分凝结水在低压省煤器中吸收热量后焓值为 h_{out}，并在 No. j 级回热器出口与主凝结水混合。下面根据上一节提出的烟气深度冷却器热经济性诊断理论对常规烟气深度冷却器加热系统耦合入燃煤机组系统的情形进行热经济性诊断。

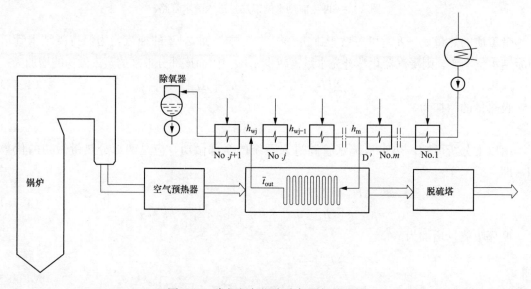

图 4-21　常规烟气深度冷却器加热系统

假设进入低压省煤器中的凝结水占凝结水总量份额为 α，即

$$D' = \alpha D_s$$

式中　D_s——凝结水流量。

则根据热水进出系统的热经济性诊断基本法则，具有份额为 α 的热水从回热加热器 No. m 级出口引出，则其产生的热损失为 $\alpha \sum_{\gamma=1}^{m} \tau_r \eta_r$ ；在低压省煤器吸热后从加热器 No. j 级

前引入热系统，其做功为 $\alpha\left[(h_{\mathrm{out}}-h_j)\eta_{j+1}+\sum_{r=1}^{j}\tau_r\eta_r\right]$，则整个系统获得的等效热降增量为上述两项之和，即

$$\Delta H=\alpha\left[(h_{\mathrm{out}}-h_j)\eta_{j+1}+\sum_{r=1}^{j}\tau_r\eta_r-\sum_{r=1}^{m}\tau_r\eta_r\right]=\alpha\left[(h_{\mathrm{out}}-h_j)\eta_{j+1}+\sum_{r=m+1}^{j}\tau_r\eta_r\right] \quad (4\text{-}51)$$

机组热经济性分析结果利用式（4-17）与式（4-13）计算得到。

电功率增量 ΔP_{e} 的计算公式为

$$\Delta P_{\mathrm{e}}=D\Delta H\eta_{\mathrm{m}}\eta_{\mathrm{g}} \quad (4\text{-}52)$$

式中　D——新蒸汽量；

　　　η_{m}——机械效率；

　　　η_{g}——电动机效率。

（二）串联型烟气深度冷却器加热系统

串联型烟气深度冷却器加热系统与常规烟气深度冷却器加热系统热经济性诊断模型区别仅在于串联型烟气深度冷却器加热系统中流过低压省煤器的凝结水进口温度与出口温度较高，即其与低压省煤器相耦合的回热器级数更高，如图 4-22 所示。由于两加热系统热经济性诊断模型本质上都是对耦合入回热系统的低压省煤器进行热经济性诊断，十分类似。所示热经济性诊断模型的建立，完全可以参考常规烟气深度冷却器加热系统进行展开，在此不再重复。

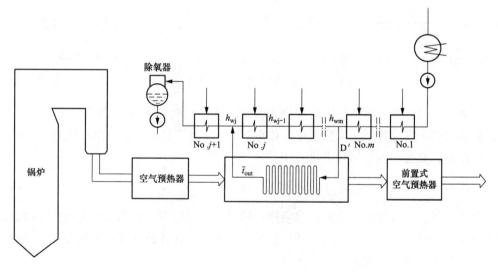

图 4-22　串联型烟气深度冷却器加热系统

（三）并联型烟气深度冷却器加热系统

并联型烟气深度冷却加热系统与前两者相比最明显的区别在于：由于用于加热回热系统中的凝结水与烟气能级进一步提升，进入烟气深度冷却器中的烟气温度更高。因而为了实现烟气深度冷却，布置了高温段与低温段两级烟水换热器，在该系统的热经济性诊断模型建立时就要考虑两段烟水换热器共同的影响。以图 4-23 为例，假设进入低温段烟水换热器中的凝结水占凝结水总量份额为 α_1，即 $D_1=\alpha_1 D_s$。冷凝水从 No.7 级出口引入烟水换热器中，并从 No.5 级出口引回回热系统中，则低温段烟水换热器获得的等效热降增量 ΔH_1 为

$$\Delta H_1 = \alpha_1 \left\{ (h_{\text{out}} - h_5)\eta_4 + \sum_{r=5}^{6} \tau_r \eta_r \right\} \tag{4-53}$$

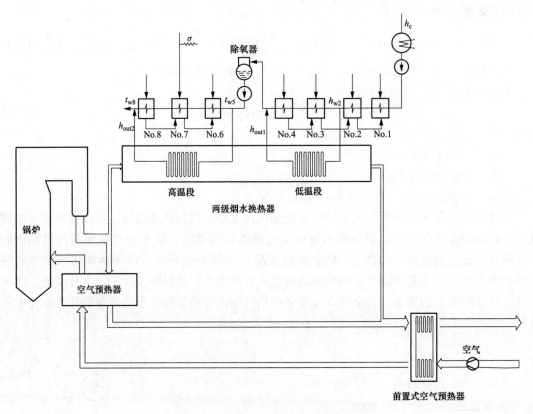

图 4-23　并联型烟气深度冷却器加热系统

假设进入高温段烟水换热器中的凝结水占凝结水总量份额为 α_2，即 $D_2 = \alpha_2 D_s$。冷凝水从除氧器出口引入高温段烟水换热器中，并在 No.1 级回热器出口引回至回热系统。则在高温段烟水换热器获得的等效热降增量 ΔH_2 为

$$\Delta H_2 = \alpha_2 \left\{ (h_{\text{out2}} - h_1)\eta_1 + \sum_{r=1}^{3} \tau_r \eta_r \right\} \tag{4-54}$$

对再热机组，还应考虑机组再热器吸热量的增加。机组蒸汽在 No.2 级回热器抽汽口处返回再热器中吸热，由前一节中给出的再热机组吸热量的计算公式可得再热吸热量 Δq_{zr}。各级抽汽在再热器中吸热量变化 Δq_{zr-j} 为

$$\Delta q_{zr-j} = \sigma \Delta \alpha_{zr-j} \tag{4-55}$$

式中　σ——1kg 蒸汽在再热器中的吸热量，kJ/kg；

　　　$\Delta \alpha_{zr-j}$——能级 j 排挤 1kg 抽汽经过再热器中的份额。

所以，整个系统由于排挤抽汽做功增加获得的等效热降增量为

$$\Delta H = \Delta H_1 + \Delta H_2 \tag{4-56}$$

循环吸热量增加为

$$\Delta q = \Delta q_{zr} = \sum_{1}^{2} \Delta q_{zr-j} \tag{4-57}$$

机组热经济性分析利用式（4-19）和式（4-13）计算获得。

电功率增量 ΔP_e 利用式（4-59）计算获得。

（四）机炉耦合热集成烟气深度冷却加热系统

机炉耦合热集成烟气深度冷却加热系统的热经济性诊断模型实际上就是在并联型烟气深度冷却器加热系统模型的基础上考虑抽汽式空气预热器对热经济性的影响。

如图 4-24 所示，假设抽汽来自 No.6 级抽汽，从抽气式空气预热器中放热凝结后从此级疏水管路返回回热系统。则由工质携带热量出入热力系统的诊断法则可得，此部分带来的等效热降损失为

$$\Delta H_3 = \alpha_f \{(h_6 - h_n) - [(h_f - h_{j+1})\eta_{j+1} + h_{j+1} - h_n]\} \tag{4-58}$$

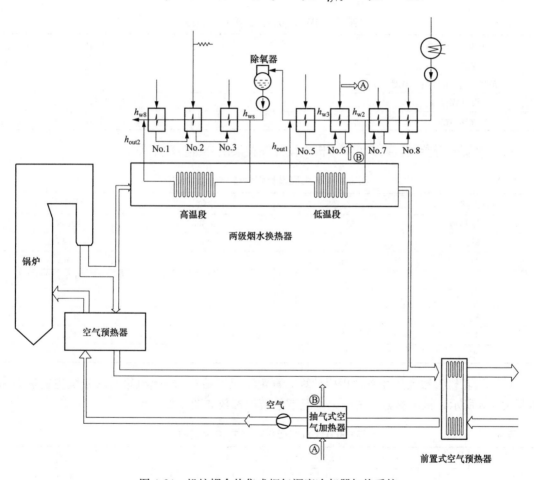

图 4-24　机炉耦合热集成烟气深度冷却器加热系统

同时，考虑排挤抽汽带来的等效热降增量 $\Delta H_1 + \Delta H_2$，可得在机炉耦合热集成烟气深度冷却器加热系统耦合入燃煤机组系统中后，新蒸汽等效热降的增量为

$$\Delta H = \Delta H_1 + \Delta H_2 - \Delta H_3 \tag{4-59}$$

循环吸热量增加为

$$\Delta q = \Delta q_{zr} = \sum_1^2 \Delta q_{zr-j} \tag{4-60}$$

机组热经济性分析利用式（4-17）和式（4-13）计算获得，电功率增量 ΔPe 利用式（4-59）计算获得。

二、烟气深度冷却器加热系统的热经济性分析实例

在介绍完几种烟气深度冷却加热系统的热经济性分析模型后，现在以某国产 600MW 与 1000MW 机组为例，来定量地诊断耦合这几种烟气深度冷却加热系统后的燃煤机组热力系统的热经济性。

（一）600MW 机组计算实例

1. 案例机组参数概况

（1）锅炉侧参数。某 600MW 机组配置锅炉的主要热力参数见表 4-1。

表 4-1　　　　　　　　　　　　某 600MW 机组锅炉主要热力参数

锅炉设计参数	单位	数值
空气预热器进口风温	℃	20.0
空气预热器进/出口烟气温度	℃	349.0/142.8
设计煤耗量	t/h	227.1
锅炉效率	%	92.1

（2）煤质分析参数。某 600MW 机组设计煤种煤质分析参数见表 4-2。

表 4-2　　　　　　　　　　　　某 600MW 机组设计煤种煤质分析参数

收到基项目	符号	单位	设计煤种
低位发热量	$Q_{net.ar}$	kJ/kg	19250
碳	C_{ar}	%	47.67
氢	H_{ar}	%	3.66
氧	O_{ar}	%	4.89
氮	N_{ar}	%	0.88
硫	S_{ar}	%	0.25
灰	A_{ar}	%	36.15
水	M_{ar}	%	6.5

（3）汽轮机参数及热经济性指标计算。额定工况下某 600MW 机组回热系统主要热力参数见表 4-3 所示，机组热力系统额定工况下的其他参数如图 4-25 所示。

表 4-3　　　　　　　　　　　　某 600MW 机组回热系统主要热力参数

项目	单位	No.1	No.2	No.3	No.4	No.5	No.6	No.7	No.8
抽汽焓值	kJ/kg	3203.5	3063.2	3474.1	3252.2	3111.9	2969.3	2809.6	2670.2
进口水焓	kJ/kg	1132.7	950.3	815.8	668.4	575.7	469.7	375.4	154.5
出口水焓	kJ/kg	1322.7	1132.7	950.3	780.4	668.4	575.7	469.7	375.4
进口疏水焓	kJ/kg	—	1160.4	968.3	828.3	—	598.2	491.6	396.8
出口疏水焓	kJ/kg	1160.4	968.3	828.3	—	598.2	491.6	396.8	175.4

采用热力系统简捷计算方法[1]，将机组回热系统热力参数整理为抽汽放热量、疏水放热量及加热器焓升，采用再热机组等效热降计算方法计算回热系统各级等效热降参数计算，见表 4-4。

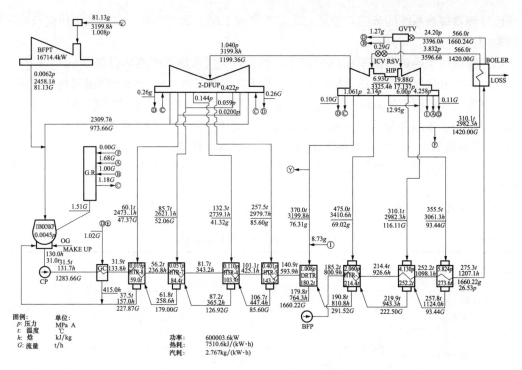

图 4-25　案例 600MW 机组额定工况热平衡图

表 4-4　　　　　　　　　　　600MW 机组回热系统主要热力参数及等效热降参数

项目	单位	No. 1	No. 2	No. 3	No. 4	No. 5	No. 6	No. 7	No. 8
抽汽放热量	kJ/kg	2043.1	2094.9	2645.8	2583.8	2513.7	2477.7	2412.8	2494.8
疏水放热量	kJ/kg	—	192.1	140.0	159.9	—	106.6	94.8	221.4
加热器焓升	kJ/kg	190.0	182.4	134.5	111.8	92.7	106.0	94.3	220.9
等效热降	kJ/kg	1170.7	1134.4	988.7	817.3	702.7	585.2	442.9	333.1
抽汽效率	%	0.5730	0.5415	0.3737	0.3163	0.2795	0.2362	0.1836	0.1335
吸热增量	kJ/kg	553.2	609.0	—	—	—	—	—	—

采用热平衡法和等效热降法可算得机组热经济性各项指标，整理于表4-5。

表 4-5　　　　　　600MW 机组正、反热平衡及等效热降法计算的机组热经济性参数

项目	单位	正平衡	反平衡	等效热降
发电功率	kW	600003.6	600003.6	600003.6
循环效率	100%	49.404510	49.404510	49.404510
标准煤耗率	kg/(kW·h)	0.2791918	0.2791918	0.2791918

2. 烟气深度冷却器加热系统耦合原则及热力设计参数

在四种烟气深度冷却器加热系统热力参数设计时，空气预热器的入口烟气温度与出口风温相对案例机组设计值不变（分别为 349.0℃ 和 284.3℃），以避免其对锅炉内部工况产生影响。通过烟气酸露点计算公式[7,8]，可得案例机组的烟气酸露点为 70.9℃，为了避免材料的低温腐蚀，留出一定的裕量，在系统集成时，将烟气排烟温度设计为 90℃。为了使四种烟

气深度冷却器加热系统的节能效益最大化，并考虑工程上的可行性，在系统集成时有如下设计烟原则：

（1）保证每个换热器温差在 20℃以上，前置式空气预热器的换热温差在 60℃以上。

（2）常规型烟气深度冷却器加热系统中低压省煤器与 No.6，No.7 两级回热器并联。串联型烟气深度冷却器加热系统中，低压省煤器与 No.5 级回热器并联。并联型烟气深度冷却器加热系统与机炉耦合型烟气深度冷却器加热系统中，高温段烟水换热器与 No.1、No.2、No.3 三级回热器并联，低温段烟水换热器与 No.5 级回热器并联。

（3）机炉耦合型烟气深度冷却器加热系统中的抽汽式空气预热器中抽汽从 No.5 级回热器抽出。

表 4-6～表 4-9 给出四种烟气深度冷却器加热系统的热力设计参数。

表 4-6 常规型烟气深度冷却器加热系统

项目	单位	空气预热器	低压省煤器
入口烟气温度	℃	349.0	142.8
出口烟气温度	℃	142.8	90.0
入口水温	℃	—	56.2
出口水温	℃	—	101.1
入口空气温度	℃	20.0	—
出口空气温度	℃	284.3	—
换热温差	℃	90.7	37.6
换热量	MW	120.8	30.4

表 4-7 串联型烟气深度冷却器加热系统

项目	单位	空气预热器	低压省煤器	前置式空气预热器
入口烟气温度	℃	349.0	187.0	135.0
出口烟气温度	℃	187.0	135	90.0
入口水温	℃	—	101.1	—
出口水温	℃	—	140.9	—
入口空气温度	℃	76.5		20
出口空气温度	℃	284.3		76.5
换热温差	℃	85.6	39.7	64.1
换热量	MW	95.6	29.9	25.6

表 4-8 并联型烟气深度冷却器加热系统

项目	单位	空气预热器	高温烟水换热器	低温烟水换热器	前置式空气预热器
入口烟气温度	℃	349.0	349.0	200.0	135.0
出口烟气温度	℃	135.0	200.0	135.0	90.0
入口水温	℃	—	185.2	101.1	—
出口水温	℃	—	275.3	140.9	—
入口空气温度	℃	76.5	—	—	20.0
出口空气温度	℃	284.3	—	—	76.5
换热温差	℃	61.5	36.7	45.3	64.1
换热量	MW	95.6	21.0	8.9	25.6

表 4-9 　　　　　　　　　　　　**机炉耦合型烟气深度冷却器加热系统**

项目	单位	空气预热器	高温烟水换热器	低温烟水换热器	前置式空气预热器	抽汽式空气预热器
入口烟气温度	℃	349.0	349.0	200.0	135.0	—
出口烟气温度	℃	135.0	200.0	135.0	90.0	—
入口水温	℃	—	185.2	101.1	—	—
出口水温	℃	—	275.3	140.9	—	—
抽汽凝结温度	℃	—	—	—	—	145.6
出口凝结水温度	℃	—	—	—	—	110.0
入口空气温度	℃	105.0	—	—	20.0	74.5
出口空气温度	℃	284.3	—	—	76.5	105.0
换热温差	℃	45.1	36.7	45.3	64.1	38.0
换热量	MW	82.7	30.0	12.8	25.6	13.0

3. 计算实例

现在以烟气深度冷却器加热系统的设计初始参数（表 4-6～表 4-9）为基础，运用烟气深度冷却器加热系统热经济性分析模型来定量计算增装烟气深度冷却器加热系统对机组热经济性的影响。在此给出四种系统中布置最为复杂的机炉耦合型烟气深度冷却器加热系统的计算实例。其他三种系统的热经济性可参考此例进行计算。

低温烟水换热器凝结水份额 α_1 为

$$\begin{aligned}
\alpha_1 &= \frac{Q_{lt}}{(h_{out} - h_{w5})D} \\
&= 12.8 \times 10^3 / [(593.9 - 425.1) \times (1660.22/3600 \times 1000)] \\
&= 0.164(\%)
\end{aligned}$$

式中　Q_{lt}——低温烟水换热器换热量；

h_{w5}、h_{out}——低温烟水换热器进、出口焓值；

　　　D——锅炉给水流量。

低温烟水换热器获得的等效热降增量 ΔH_1 为

$$\begin{aligned}
\Delta H_1 &= \alpha_1 \left\{ (h_{out1} - h_{w1})\eta_4 + \sum_{r=5}^{6} \tau_r \eta_r \right\} \\
&= 0.164 \times (168.8 \times 0.2506) \\
&= 6.95(kJ/kg)
\end{aligned}$$

式中　h_{out1}——低温烟水换热器凝结水出口焓值；

　　　τ_r——1kg 给水在第 r 级加热器的吸热量；

　　　η_r——在第 r 级加热器的抽汽效率。

高温烟水换热器凝结水份额 α_2 为

$$\begin{aligned}
\alpha_2 &= \frac{Q_{ht}}{(h_{out2} - h_{w5})q_m} \\
&= 30.0 \times 10^3 / [(1207.1 - 800.9) \times (1660.22/3600 \cdot 1000)] \\
&= 0.160(\%)
\end{aligned}$$

式中　Q_{ht}——高温烟水换热器换热量；

h_{w5}、h_{out2}——高温烟水换热器进、出口焓值；

q_m——锅炉给水流量。

高温烟水换热器获得的等效热降增量 ΔH_2 为

$$\Delta H_2 = \alpha_2 \left\{ (h_{\text{out2}} - h_{\text{w5}}) \eta_1 + \sum_{r=1}^{3} \tau_r \eta_r \right\}$$

$$= 0.160 \times (109 \times 0.5557 + 171.3 \times 0.5368 + 125.9 \times 0.3654)$$

$$= 31.86 (\text{kJ/kg})$$

式中　h_{out2}——低温烟水换热器凝结水出口焓值；

　　　τ_r——1kg 给水在第 r 级加热器的吸热量；

　　　η_r——表示在第 r 级加热器的抽汽效率。

高温烟水换热器带来的再热吸热量的增加 Δq 为

$$\Delta q = q_{\text{zr}} = \sum_{j=1}^{2} \Delta q_{\text{zr}-j}$$

$$= 0.160 \times (614.3 \times 116.11/1660.22 + 560 \times 93.44/1660.22)$$

$$= 11.92 (\text{kJ/kg})$$

式中　Δq_{zr}——再热吸热量的总增加量；

　　　$\Delta q_{\text{zr}-j}$——表示第 j 级再热吸热量的增加。

抽汽式空气预热器抽汽份额 α_f 为

$$\alpha_f = \frac{Q_{\text{s-aph}}}{(h_5 - h_f) \cdot q_m}$$

$$= 13.0 / [(2979.2 - 461.52) \times 1660.22/3600 \times 1000]$$

$$= 1.116 (\%)$$

式中　$Q_{\text{s-aph}}$——抽汽式空气预热器总换热量；

　　　h_f——返回回热系统的抽汽焓值。

抽汽式空气预热器带来的等效热降的减少 ΔH_3 为

$$\Delta H_3 = \alpha_f \left\{ (h_6 - h_n) - \left[(h_f - h_{sj+1}) \eta_{j+1} + h_{j+1} - h_n \right] \right\}$$

$$= 0.01116 \times \{634.42 - [(461.518 - 2739.1) \times 0.172 + (2739.1 - 2309.7)]\} /$$

$$(1660.22/3600 \times 1000)$$

$$= 6.66 (\text{kJ/kg})$$

式中　h_{j+1}——$j+1$ 级疏水焓值；

　　　h_n——低压缸排汽焓。

新蒸汽等效热降 H 为

$$H = \left((h_0 + \sigma - h_n) - \sum_{r=1}^{z} t_r \frac{H_r}{q_r} \right)$$

$$= 1342.99 (\text{kJ/kg})$$

式中　h_0——新蒸汽焓值；

　　　σ——单位工质再热吸热量。

等效热降增量 ΔH 为

$$\Delta H = \Delta H_1 + \Delta H_2 + \Delta H_3$$

$$= 32.25 (\text{kJ/kg})$$

机组效率提升 $\delta\eta_i$ 为

$$\delta\eta_i = \frac{(\Delta H - \Delta q \cdot \eta_i)}{\Delta H + H} \times 100$$

$$= (32.25 - 11.92 \times 0.4793)/(32.25 + 1342.99) \times 100$$

$$= 1.91(\%)$$

烟气深度冷却器加热系统带来的功率增量 ΔPe 为

$$\Delta Pe = D\Delta H \cdot \eta_m \cdot \eta_g$$

$$= 32.25 \times (1660.22/3600 \times 1000) \times 0.99 \times 0.98$$

$$= 14384.8(kW)$$

机组循环吸热量增量 ΔQ 为

$$\Delta Q = D \cdot \Delta q$$

$$= 11.92 \times (1660.22/3600 \times 1000)$$

$$= 5497.7(kW)$$

4. 烟气深度冷却器加热系统节能效果对比

各烟气深度冷却器加热系统的热力设计参数给出后，运用本章的热经济性诊断模型，可方便地对各烟气深度冷却器加热系统的节能效果进行定量计算。表 4-10 给出的是图 4-25 600MW 机组在 THA（热耗率验收工况）工况下四种烟气深度冷却器加热系统的节能效果。由于烟气在系统中放热量基本相同，所以表 4-10 清楚反映出由系统设计的不同导致锅炉尾部烟气能量利用效率不同所引起的烟气深度冷却器加热系统的节能效果差异。

表 4-10　　　　　　　600MW 机组增设四种烟气深度冷却器加热系统的节能效果

项目	常规烟气深度冷却器加热系统	串联型烟气深度冷却器加热系统	并联型烟气深度冷却器加热系统	机炉耦合型烟气深度冷却器加热系统
等效热降增量 ΔH(kJ/kg)	9.73	16.24	27.14	32.25
单位工质吸热量增加 Δq(kJ/kg)	—	—	8.36	11.92
机组输出功增加 ΔPe(kW)	4353.5	7267.8	12143.5	14382.1
循环总吸热量增加 ΔQ(kW)	—	—	3855.1	5511.6
机组效率提升 $\delta\eta_i$ (%)	0.720	1.20	1.68	1.91
标准煤耗率下降 Δb [g/(kW·h)]	2.01	3.34	4.69	5.33

（二）1000MW 机组计算实例

1. 案例机组参数概况

（1）锅炉侧参数。某 1000MW 机组配置锅炉的主要热力参数见表 4-11。

表 4-11 　　　　　　　　某 1000MW 机组锅炉主要热力参数

锅炉设计参数	单位	数值
空气预热器进/出口风温	℃	20.0/311.0
空气预热器进/出口烟气温度	℃	360.0/133.0
设计煤耗量	t/h	379.2
锅炉效率	%	93.8

（2）煤质分析参数。某 1000MW 机组设计煤种煤质分析参数，见表 4-12。

表 4-12 　　　　　　　某 1000MW 机组设计煤种煤质分析参数

收到基项目	符号	单位	设计煤种
低位发热量	$Q_{net,ar}$	kJ/kg	19250
碳	C_{ar}	%	47.67
氢	H_{ar}	%	3.66
氧	O_{ar}	%	4.89
氮	N_{ar}	%	0.88
硫	S_{ar}	%	0.25
灰	A_{ar}	%	36.15
水	M_{ar}	%	6.5

（3）汽轮机参数及热经济性指标计算。额定工况下某 1000MW 机组回热系统主要热力参数见表 4-13，机组热力系统额定工况下的其他参数见热平衡图 4-26。

表 4-13 　　　　　　　某 1000MW 机组回热系统主要热力参数

项目	单位	No. 1	No. 2	No. 3	No. 4	No. 5	No. 6	No. 7	No. 8
抽汽焓值	kJ/kg	3203.5	3063.2	3474.1	3252.2	3111.9	2969.3	2809.6	2670.2
进口水焓	kJ/kg	1132.7	950.3	815.8	668.4	575.7	469.7	375.4	154.5
出口水焓	kJ/kg	1322.7	1132.7	950.3	780.2	668.4	575.7	469.7	375.4
进口疏水焓	kJ/kg	—	1160.4	968.3	828.3	—	598.2	491.6	396.8
出口疏水焓	kJ/kg	1160.4	968.3	828.3	—	598.2	491.6	396.8	175.4

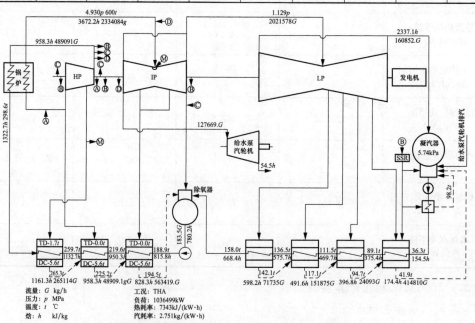

图 4-26　案例 1000MW 机组额定工况热平衡图

采用热力系统简捷计算方法[1]，将机组回热系统热力参数整理为抽汽放热量、疏水放热量及加热器焓升，采用再热机组等效热降计算方法计算回热系统各级等效热降参数，见表4-14。

表4-14   1000MW 机组回热系统主要热力参数及等效热降参数

项目	单位	No. 1	No. 2	No. 3	No. 4	No. 5	No. 6	No. 7	No. 8
抽汽放热量	kJ/kg	2043.1	2094.9	2645.8	2583.8	2513.7	2477.7	2412.8	2494.8
疏水放热量	kJ/kg	—	192.1	140.0	159.9	—	106.6	94.8	221.4
加热器焓升	kJ/kg	190.0	182.4	134.5	111.8	92.7	106.0	94.3	220.9
等效热降	kJ/kg	1170.7	1134.4	988.7	817.3	702.7	585.2	442.9	333.1
抽汽效率	%	0.5730	0.5415	0.3737	0.3163	0.2795	0.2362	0.1836	0.1335
吸热增量	kJ/kg	553.2	609.0	—	—	—	—	—	—

根据上述数据，分别采用热平衡法及等效热降法计算机组热经济性各项指标并整理，见表4-15。

表4-15   1000MW 机组正、反热平衡及等效热降法计算的机组热经济性参数

项目	符号	单位	正平衡	反平衡	等效热降
发电功率	P_e	kW	1036499.0	1036499.0	1036499.0
循环效率	η_i	%	50.021714	50.021714	50.021714
标准煤耗率	b	kg/(kW·h)	0.2695801	0.2695801	0.2695801

2. 烟气深度冷却器加热系统耦合原则及热力设计参数

在四种烟气深度冷却器加热系统热力参数设计时，空气预热器的入口烟气温度与出口风温相对案例机组设计值不变（分别为349.0℃和284.3℃），以避免其对锅炉内部工况产生影响。案例机组的烟气酸露点为70.9℃，为了避免材料的低温腐蚀，留出一定的裕量，在系统集成时，将排烟温度设计为90℃。为了使四种烟气深度冷却加热系统的节能效益最大化，同时考虑工程上的可行性，在系统集成时有如下设计原则：

（1）保证每个换热器温差在20℃以上，前置式空气预热器的换热温差在60℃以上。

（2）常规烟气深度冷却器加热系统中，低压省煤器与No.7、No.8两级回热器并联。串联型烟气深度冷却器加热系统中，低压省煤器与No.5、No.6、No.7三级回热器并联。并联型烟气深度冷却器加热系统与机炉耦合型烟气深度冷却器加热系统中，高温段烟水换热器与No.1、No.2、No.3三级回热器并联，低温段烟水换热器与No.5、No.6级回热器并联。

（3）低压省煤器与两级烟水换热器中返回回热系统的凝结水在接入点端差取0℃。

（4）机炉耦合型烟气深度冷却器加热系统中的抽汽式空气预热器中抽汽从No.6级回热器抽出。

按照以上原则，给出四种烟气深度冷却器加热系统的热力设计参数，见表4-16～表4-19。

表4-16   常规型烟气深度冷却器加热系统

项目	单位	空气预热器	低压省煤器
入口烟气温度	℃	360.0	133.0
出口烟气温度	℃	133.0	90.0

续表

项目	单位	空气预热器	低压省煤器
入口水温	℃	—	36.3
出口水温	℃	—	111.5
入口空气温度	℃	20.0	—
出口空气温度	℃	311.1	—
换热温差	℃	76.5	35.2
换热量	MW	222.7	40.7

表 4-17　串联型烟气深度冷却器加热系统

项目	单位	空气预热器	低压省煤器	前置式空气预热器
入口烟气温度	℃	360.0	174.8	133.0
出口烟气温度	℃	174.8	133.0	90.0
入口水温	℃	—	89.1	—
出口水温	℃	—	158	—
入口空气温度	℃	74.0	—	20.0
出口空气温度	℃	311.1	—	74.0
换热温差	℃	71.7	28.1	64.4
换热量	MW	182.5	40.0	40.8

表 4-18　并联型烟气深度冷却器加热系统

项目	单位	空气预热器	高温烟水换热器	低温烟水换热器	前置式空气预热器
入口烟气温度	℃	360	360.0	200.0	133.0
出口烟气温度	℃	133.0	200.0	133.0	90.0
入口水温	℃	—	188.9	111.5	—
出口水温	℃	—	298.6	158.0	—
入口空气温度	℃	74.0	—	—	20.0
出口空气温度	℃	311.1	—	—	74.0
换热温差	℃	71.7	29.4	30.6	64.4
换热量	MW	182.5	28.5	11.6	40.8

表 4-19　机炉耦合型烟气冷却加热系统

项目	单位	空气预热器	高温烟水换热器	低温烟水换热器	前置式空气预热器	抽汽式空气预热器
入口烟气温度	℃	360.0	360.0	200.0	133.0	—
出口烟气温度	℃	133.0	200.0	133.0	90.0	—
入口水温	℃	—	188.9	111.5	—	—
出口水温	℃	—	298.6	158.0	—	—
抽汽凝结温度	℃	—	—	—	—	141.1
出口凝结水温度	℃	—	—	—	—	120.0
入口空气温度	℃	74.0	—	—	20.0	74.0
出口空气温度	℃	311.1	—	—	74.0	105.0
换热温差	℃	71.7	29.4	30.6	64.4	40.9
换热量	MW	159.1	45.1	18.4	40.8	23.5

3. 烟气深度冷却器加热系统节能效果对比

基于各烟气深度冷却器加热系统的热力设计参数，运用给出的热经济性诊断模型，可方便地对各系统的节能效果进行定量计算。表 4-20 给出的是 THA 工况下，某 1000MW 机组增设四种烟气深度冷却器加热系统的节能效果。在各烟气深度冷却器加热系统放热量相等的前提下，表 4-20 清楚地反映出由于系统设计差异导致锅炉尾部烟气能量利用效率不同引起的烟气深度冷却器加热系统的节能差异。

表 4-20　　　　　　　某 1000MW 机组四种烟气深度冷却器加热系统的节能效果

项目	常规型烟气深度冷却器加热系统	串联型烟气深度冷却器加热系统	并联型烟气深度冷却器加热系统	机炉耦合型烟气深度冷却器加热系统
等效热降增量 ΔH(kJ/kg)	7.64	11.78	22.05	28.46
单位工质吸热量增加 Δq(kJ/kg)	—	—	7.04	11.15
机组输出功增加 ΔPe(kW)	5867.6	9051.8	16941.6	21863.5
循环吸热量增加 ΔQ(kW)	—	—	5575.5	8831.5
机组效率提升 $\delta\eta_i$（%）	0.56	0.87	1.35	1.66
标准煤耗率下降 Δb[g/(kW·h)]	1.51	2.35	3.64	4.47

通过 1000MW 与 600MW 两个案例机组加装 4 种烟气深度冷却器加热系统节能效果的对比发现：对于烟气深度冷却器加热系统而言，通过调整系统在锅炉尾部烟道与回热系统中的连接方式与连接位置以提升温区对应程度、减少烟气加热凝结水或预热空气过程的换热损失是提高烟气深度冷却器加热系统节能效果的关键。另外，当通过调整烟气深度冷却器在回热系统中的连接位置使其与更高级的回热器并联时，排烟温度与凝结水侧最低温度将相应提高，这也有利于使换热器管道远离烟气酸露点温度，从而提高了烟气深度冷却器及整个回热系统的安全性。

（三）热力系统变工况对烟气深度冷却器加热系统热经济性的影响

电厂热力系统变工况指的是系统的工况发生变动，偏离设计工况或偏离某一基准工况。由于运行中的机组和热力系统很难完全在设计工况下运行，所以可以说变工况才是运行的主要工况。因此，在变工况的条件下考察烟气深度冷却系统性能很有必要。下面以 600MW 与 1000MW 机组在 75%THA、50%THA 条件下烟气深度冷却器加热系统的节能效果计算为例，来说明经济性运行调整对烟气深度冷却器加热系统性能的影响。

1. 600MW 机组变工况运行的影响

表 4-21、表 4-22 分别给出在 75%THA、50% THA 下 4 种烟气深度冷却器加热系统的节能效果。各系统设计原则与 600MW 机组在 THA 工况下对应的系统相同，以便清晰地对比变工况条件烟气深度冷却器加热系统热经济性的变化。

表 4-21   75％ THA 下 600MW 4 种烟气深度冷却器加热系统的节能效果

项目	常规烟气深度冷却器加热系统	串联型烟气深度冷却器加热系统	并联型烟气深度冷却器加热系统	机炉耦合型烟气深度冷却器加热系统
等效热降增量 $\Delta H(kJ/kg)$	9.32	16.17	26.88	31.70
单位工质吸热量增加 $\Delta q(kJ/kg)$	—	—	7.86	11.23
机组输出功增加 $\Delta Pe(kW)$	3020.1	5239.5	8709.9	102273.5
循环吸热量增加 $\Delta Q(kW)$	—	—	2624.9	3752.9
机组效率提升 $\Delta \eta_i$（％）	0.67	1.15	1.63	1.85
标准煤耗率下降 $\Delta b\,[g/(kW \cdot h)]$	1.90	3.25	4.61	5.24

表 4-22   50％ THA 下 600MW 4 种烟气深度冷却器加热系统的节能效果

项目	常规烟气深度冷却器加热系统	串联型烟气深度冷却器加热系统	并联型烟气深度冷却器加热系统	机炉耦合型烟气深度冷却器加热系统
等效热降增量 $\Delta H(kJ/kg)$	7.97	15.12	25.27	29.69
单位工质吸热量增加 $\Delta q(kJ/kg)$	—	—	6.89	9.85
机组输出功增加 $\Delta Pe(kW)$	1699.5	3222.9	5384.8	6328.3
循环吸热量增加 $\Delta Q(kW)$	—	—	1514.0	2164.6
机组效率提升 $\delta \eta_i$（％）	0.56	1.06	1.54	1.75
标准煤耗率下降 $\Delta b\,[g/(kW \cdot h)]$	1.65	3.11	4.52	5.14

2. 1000MW 机组变工况运行的影响

表 4-23、表 4-24 分别给出的是在 75％THA、50％ THA 下 4 种烟气深度冷却器加热系统的节能效果。其设计原则与 1000MW 机组在 THA 工况下要求相同，以便清晰反映变工况条件下烟气深度冷却器加热系统热经济性的变化。

表 4-23   75％ THA 下 1000MW 机组 4 种烟气深度冷却器加热系统的节能效果

项目	常规型烟气深度冷却器加热系统	串联型烟气深度冷却器加热系统	并联型烟气深度冷却器加热系统	机炉耦合型烟气深度冷却器加热系统
等效热降增量 $\Delta H/(kJ/kg)$	6.89	11.46	20.10	25.39
单位工质吸热量增加 $\Delta q/(kJ/kg)$	—	—	6.09	9.64

续表

项目	常规型烟气深度冷却器加热系统	串联型烟气深度冷却器加热系统	并联型烟气深度冷却器加热系统	机炉耦合型烟气深度冷却器加热系统
机组输出功增加 $\Delta Pe/kW$	3854.3	6408.2	11235.5	14194.1
循环吸热量增加 $\Delta Q/kW$	—	—	3507.8	5556.4
机组效率提升 $\delta\eta_i$（％）	0.49	0.82	1.22	1.47
标准煤耗率下降 Δb［g/(kW·h)］	1.41	2.36	3.51	4.23

表 4-24　　　**50％ THA 下 1000MW 机组 4 种烟气深度冷却器加热系统的节能效果**

项目	常规型烟气深度冷却器加热系统	串联型烟气深度冷却器加热系统	并联型烟气深度冷却器加热系统	机炉耦合型烟气深度冷却器加热系统
等效热降增量 $\Delta H(kJ/kg)$	6.31	11.00	19.73	24.94
单位工质吸热量增加 $\Delta q(kJ/kg)$	—	—	5.59	8.86
机组输出功增加 ΔPe（kW）	2751.6	4555.2	9002.2	9012.7
循环吸热量增加 ΔQ（kW）	—	—	2340.0	3298.6
机组效率提升 $\delta\eta_i$（％）	0.44	0.76	1.18	1.43
标准煤耗率下降 Δb［g/(kW·h)］	1.30	2.24	3.48	4.22

3. 变工况运行对烟气深度冷却器加热系统热经济性影响的讨论

图 4-27 所示为汽轮机机组在 THA 工况下与 75％THA、50％THA、30％THA 工况下运行时烟气深度冷却器加热系统的节能效果。由图 4-27 可见：在汽轮机机组变工况运行时，当维持烟气深度冷却器加热系统原有设计原则的条件下随着负荷的降低，新蒸汽和各回热级等效热降减少，抽汽效率降低，相应地，发电标准煤耗率的量降低。因此，4 种烟气深度冷却器加热系统在机组效率提升和发电标准煤耗率降低方面的效果都稍有削弱，不过总体而言仍能获得较明显的节能效果。

实际上，由于汽轮机机组变工况后回热系统的各级回热器出口温度有所下降，当锅炉尾部烟气温度基本保持不变时烟气深度冷却器换热温差将增加，从而使换热损失增加。因此在机组调峰时，可以适当提高烟气深度冷却器出口的凝结水温度，以提高烟气深度冷却器加热系统对机组热经济性的改善效果。

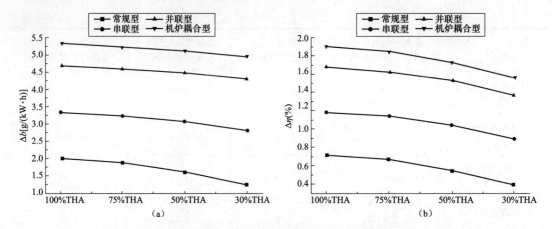

图 4-27　变工况条件下各烟气深度冷却汽加热系统节能效果变化
（a）发电标准节煤率变化；（b）机组内效率变化

参 考 文 献

［1］　严俊杰，黄锦涛，张凯，等. 发电厂热力系统及设备［M］. 西安：西安交通大学出版社，2003.

［2］　林万超. 火电厂热系统节能理论［M］. 西安：西安交通大学出版社，1994.

［3］　陆万鹏，孙奉仲，史月涛，等. 前置式液相介质空气预热器经济性分析及热力系统优化［J］. 中国电机工程学报，2011，31（11）：6-10.

［4］　叶勇健，申松林. 欧洲高效燃煤电厂的特点及启示［J］. 电力建设，2011，（01）：54-58.

［5］　杨勇平，张晨旭，徐钢，等. 大型燃煤电站机炉耦合热集成系统［J］. 中国电机工程学报，2015，35（02）：375-382.

［6］　Xu G，Xu C，Yang Y，et al. A novel flue gas waste heat recovery system for coal-fired ultra-supercritical power plants［J］. Applied Thermal Engineering，2014，67（1）：240-249.

［7］　李鹏飞，佟会玲. 烟气酸露点计算方法比较和分析［J］. 锅炉技术，2009，40（06）：5-8＋20.

［8］　贾明生，凌长明. 烟气酸露点温度的影响因素及其计算方法［J］. 工业锅炉，2003，（06）：31-35.

第五章

烟气深度冷却器的设计计算

　　烟气深度冷却器的设计计算包括热力计算、烟气阻力计算、水动力（阻力）计算和受压元件强度计算，其中最主要的是热力计算，热力计算是其余三项计算的基础。由于烟气深度冷却器的功能和锅炉的对流受热面具有相似之处，所以书中采用了参考文献［1-5］中与对流受热面相关的设计计算方法。但是，烟气深度冷却器属于低温受热面，需要受热面扩展和传热强化，同时运行中承受积灰、磨损和露点腐蚀及其耦合作用引致泄漏的失效模式，因此，在传热强化理论分析的基础上，根据多年来依靠模拟试验、验证实验和数值模拟等手段所做的关键技术研究成果和对低温受热面积灰、磨损和露点腐蚀及其耦合防控关键技术的应用实践，提出了专门针对烟气深度冷却器的设计计算方法。另外，本章论述了在烟气深度冷却器的设计计算中，可以通过计算机辅助设计计算的手段，提高设计计算的效率和准确性的途径和方法。

第一节　热　力　计　算

　　烟气深度冷却器的热力计算分为设计计算和校核计算，其计算方法和原理相同，但是已知条件和计算目的不同。

　　设计热力计算是根据已知条件，如烟气参数、工质参数等，进行烟气深度冷却器结构选型和初步结构设计，然后通过进一步计算，确定烟气深度冷却器受热面的布置及其尺寸。通过设计计算，得到了烟气深度冷却器的基本结构尺寸，并为烟气阻力计算、水动力计算和强度计算提供必要的原始数据。因此，建立在结构设计基础上的热力计算是烟气深度冷却器设计的基础。

　　校核热力计算是在烟气深度冷却器结构已经确定的前提下，当实际运行条件与设计条件不同时，应进行的热力计算，即按照已有的烟气深度冷却器结构尺寸，确定实际条件下烟气深度冷却器的运行参数，校核烟气深度冷却器在实际运行条件下的适应性和经济性。

　　烟气深度冷却器热力计算的一般顺序如下：

　　（1）按设计或校核任务书要求确定原始数据。

　　（2）进行烟气特性计算。

　　（3）进行热平衡计算。

　　（4）根据工程实际情况，确定总体布置结构。

　　（5）对受热面的换热性能进行热力计算。

　　（6）对热力计算的数据进行修正，使其与热平衡计算的吸、放热量误差在一定范围内。

（7）列出烟气深度冷却器主要热力计算数据的汇总表。

一、烟气的焓

所谓烟气的焓，是指烟气深度冷却器进口烟气所具有的焓值，通常以每标准立方米烟气的含热量来表示。由于烟气深度冷却器进口烟气一般为含尘烟气，灰的焓也应计入烟气的焓。烟气的焓 h_y 可表示为

$$h_y = h_y' + h_h \tag{5-1}$$

式中　h_y——每标米烟气的焓，kJ/m³；

　　　h_y'——烟气中气体成分容积份额的焓之和，kJ/m³；

　　　h_h——每标米烟气中灰的焓，kJ/m³。

烟气中气体成分容积份额的焓之和 h_y' 计算公式为

$$h_y' = h_{CO_2} + h_{SO_2} + h_{N_2} + h_{O_2} + h_{H_2O} + \cdots\cdots = \sum h_q = \sum V_q c_q t_q' \tag{5-2}$$

式中　h_{CO_2}——烟气中 CO_2 的焓，kJ/m³；

　　　h_{SO_2}——烟气中 SO_2 的焓，kJ/m³；

　　　h_{N_2}——烟气中 N_2 的焓，kJ/m³；

　　　h_{O_2}——烟气中 O_2 的焓，kJ/m³；

　　　h_{H_2O}——烟气中水蒸气的焓，kJ/m³；

　　　V_q——烟气中某种气体的容积，%；

　　　c_q——烟气中某种气体在温度 t_q' 下的比定容热容，kJ/(m³·℃)，按表 5-1 选取；

　　　t_q'——烟气中某种气体的温度，℃。

烟气中灰的焓 h_h 计算公式为

$$h_h = 0.8\mu c_h t_h \tag{5-3}$$

式中　μ——烟气中含灰浓度，kg/m³；

　　　c_h——灰的比热容，可取值为 0.586kJ/(kg·℃)；

　　　t_h——灰的温度，℃。

在热力计算的过程中，应该根据烟气深度冷却器的进口和出口烟气温度，做出一定温度区间内的焓温表，以供热力计算调用。

表 5-1　　　　空气和烟气组分的比定容热容（1个大气压下的比定容热容 c_q）　　kJ/(m³·℃)

温度（℃）	N₂	O₂	CO	H₂O	CO₂	SO₂	空气
0	1.2946	1.3059	1.2979	1.4943	1.5999	1.7794	1.2971
5	1.2947	1.3065	1.2981	1.4948	1.6049	1.7836	1.2973
10	1.2947	1.3071	1.2983	1.4954	1.6099	1.7878	1.2974
15	1.2948	1.3077	1.2985	1.4959	1.6150	1.7920	1.2976
20	1.2949	1.3082	1.2987	1.4965	1.6200	1.7961	1.2978
25	1.2949	1.3088	1.2990	1.4970	1.6250	1.8003	1.2980
30	1.2950	1.3094	1.2992	1.4976	1.6300	1.8045	1.2981
35	1.2951	1.3100	1.2994	1.4981	1.6350	1.8087	1.2983
40	1.2951	1.3106	1.2996	1.4987	1.6401	1.8129	1.2985
45	1.2952	1.3112	1.2998	1.4992	1.6451	1.8171	1.2986
50	1.2953	1.3118	1.3000	1.4998	1.6501	1.8213	1.2988

续表

温度（℃）	N₂	O₂	CO	H₂O	CO₂	SO₂	空气
55	1.2953	1.3123	1.3002	1.5003	1.6551	1.8254	1.2990
60	1.2954	1.3129	1.3004	1.5008	1.6601	1.8296	1.2991
65	1.2954	1.3135	1.3006	1.5014	1.6652	1.8338	1.2993
70	1.2955	1.3141	1.3008	1.5019	1.6702	1.8380	1.2995
75	1.2956	1.3147	1.3011	1.5025	1.6752	1.8422	1.2997
80	1.2956	1.3153	1.3013	1.5030	1.6802	1.8464	1.2998
85	1.2957	1.3158	1.3015	1.5036	1.6852	1.8505	1.3000
90	1.2958	1.3164	1.3017	1.5041	1.6903	1.8547	1.3002
95	1.2958	1.3170	1.3019	1.5047	1.6953	1.8589	1.3003
100	1.2959	1.3176	1.3021	1.5052	1.7003	1.8631	1.3005
105	1.2961	1.3185	1.3025	1.5061	1.7047	1.8671	1.3008
110	1.2963	1.3194	1.3029	1.5069	1.7090	1.8711	1.3012
115	1.2965	1.3202	1.3034	1.5078	1.7134	1.8750	1.3015
120	1.2966	1.3211	1.3038	1.5086	1.7177	1.8790	1.3018
125	1.2968	1.3220	1.3042	1.5095	1.7221	1.8830	1.3022
130	1.2970	1.3229	1.3046	1.5104	1.7264	1.8870	1.3025
135	1.2972	1.3238	1.3050	1.5112	1.7308	1.8910	1.3028
140	1.2974	1.3246	1.3055	1.5121	1.7351	1.8949	1.3032
145	1.2976	1.3255	1.3059	1.5129	1.7395	1.8989	1.3035
150	1.2978	1.3264	1.3063	1.5138	1.7439	1.9029	1.3039
155	1.2979	1.3273	1.3067	1.5147	1.7482	1.9069	1.3042
160	1.2981	1.3282	1.3071	1.5155	1.7526	1.9109	1.3045
165	1.2983	1.3290	1.3076	1.5164	1.7569	1.9148	1.3049
170	1.2985	1.3299	1.3080	1.5172	1.7613	1.9188	1.3052
175	1.2987	1.3308	1.3084	1.5181	1.7656	1.9228	1.3055
180	1.2989	1.3317	1.3088	1.5190	1.7700	1.9268	1.3059
185	1.2990	1.3326	1.3092	1.5198	1.7743	1.9308	1.3062
190	1.2992	1.3334	1.3097	1.5207	1.7787	1.9347	1.3065
195	1.2994	1.3343	1.3101	1.5215	1.7830	1.9387	1.3069
200	1.2996	1.3352	1.3105	1.5224	1.7874	1.9427	1.3072
205	1.3000	1.3363	1.3109	1.5234	1.7912	1.9463	1.3077
210	1.3003	1.3373	1.3113	1.5244	1.7949	1.9498	1.3082
215	1.3007	1.3384	1.3117	1.5254	1.7987	1.9534	1.3087
220	1.3010	1.3394	1.3122	1.5264	1.8025	1.9569	1.3092
225	1.3014	1.3405	1.3126	1.5274	1.8063	1.9605	1.3097
230	1.3018	1.3415	1.3130	1.5284	1.8100	1.9640	1.3102
235	1.3021	1.3426	1.3134	1.5294	1.8138	1.9676	1.3107
240	1.3025	1.3436	1.3138	1.5304	1.8176	1.9711	1.3112
245	1.3028	1.3447	1.3142	1.5314	1.8213	1.9747	1.3117
250	1.3032	1.3457	1.3147	1.5325	1.8251	1.9783	1.3122
255	1.3036	1.3468	1.3151	1.5335	1.8289	1.9818	1.3126
260	1.3039	1.3478	1.3155	1.5345	1.8326	1.9854	1.3131

温度（℃）	N_2	O_2	CO	H_2O	CO_2	SO_2	空气
265	1.3043	1.3489	1.3159	1.5355	1.8364	1.9889	1.3136
270	1.3046	1.3499	1.3163	1.5365	1.8402	1.9925	1.3141
275	1.3050	1.3510	1.3167	1.5375	1.8440	1.9960	1.3146
280	1.3054	1.3520	1.3171	1.5385	1.8477	1.9996	1.3151
285	1.3057	1.3531	1.3176	1.5395	1.8515	2.0031	1.3156
290	1.3061	1.3541	1.3180	1.5405	1.8553	2.0067	1.3161
295	1.3064	1.3552	1.3184	1.5415	1.8590	2.0102	1.3166
300	1.3068	1.3562	1.3188	1.5425	1.8628	2.0138	1.3171

二、烟气深度冷却器的热平衡

烟气深度冷却器热平衡的计算是为了确定有效利用热和各项热损失。烟气深度冷却器的热平衡方程式为

$$Q' = Q_1 + Q_2 + Q_3 \qquad (5-4)$$

式中　Q'——烟气带入烟气深度冷却器的总热量，kJ/h；

　　　Q_1——烟气深度冷却器有效利用热，kJ/h；

　　　Q_2——排烟损失，kJ/h；

　　　Q_3——散热损失，kJ/h。

（一）进入烟气深度冷却器的总热量 Q'

进入烟气深度冷却器的总热量 Q' 包括烟气带入的热量 Q_y，连续吹灰介质带入的热量 Q_{ch}，漏风带入的热量 Q_{lk} 和进口辐射热量 Q_f，即

$$Q' = Q_y + Q_{ch} + Q_{lk} + Q_f \qquad (5-5)$$

$$Q_y = h_y q_V$$

式中　h_y——每标米烟气的焓，kJ/m^3；

　　　q_V——进入烟气深度冷却器的烟气体积流量。

吹灰介质带入的热量 Q_{ch} 只有在使用蒸汽作为吹灰介质，并且连续运行时才予以考虑计入，而烟气深度冷却器一般为平时不吹灰或定时吹灰，该项热量在热力计算中可以忽略。

进口辐射热量 Q_f 是指上游烟气向烟气深度冷却器辐射传递的热量，由于烟气深度冷却器进口烟气温度一般较低，辐射热量 Q_f 很小，在计算中可以忽略。

对于漏风带入的热量 Q_{lk}，一般烟气深度冷却器本体漏风率很低，该项热量也可以忽略。

（二）各项热损失

烟气深度冷却器的总热量扣除各项损失的热量，就是有效利用的热量 Q_1。

在烟气深度冷却器的各项损失中，排烟热损失 Q_2 最大。通常用各项热损失占进入烟气深度冷却器总热量的百分比 q_i 表示热损失的大小，对于 Q_2 则

$$q_2 = \frac{Q_2}{Q'} \times 100 = \frac{h_y'' q_V}{Q'} \times 100\% \qquad (5-6)$$

式中　h_y''——排烟温度下烟气的焓，kJ/m^3；

　　　q_2——排烟损失占进入烟气深度冷却器总热量的百分比，%；

　　　q_V——排烟处的体积流量，m^3/h；

　　　Q'——进入烟气深度冷却器的总热量，kJ/h。

烟气深度冷却器的散热损失 Q_3 主要与烟气温度、烟气深度冷却器结构和保温情况有

关，可根据烟气深度冷却器外壁温度与室温之差及烟气深度冷却器表面积，参考《锅炉机组热力计算-标准方法》确定 Q_3，然后根据式（5-7）计算 q_3，即

$$q_3 = \frac{Q_3}{Q'} \times 100\% \qquad (5\text{-}7)$$

式中　q_3——散热损失占进入烟气深度冷却器总热量的百分比，%。

三、对流受热面换热计算

烟气深度冷却器对流受热面计算主要包括换热方程式和热平衡方程式。

换热方程式为

$$Q_x = 3600KA\Delta t \qquad (5\text{-}8)$$

式中　Q_x——烟气深度冷却器的受热面以对流和辐射方式吸收的总热量，kW；

$\quad K$——受热面的传热系数，$kW/(m^2 \cdot ℃)$；

$\quad A$——计算受热面积（换热管束外侧与烟气接触的全部表面积），m^2；

$\quad \Delta t$——对流换热温差，℃。

热平衡方程式表示烟气放出的热量等于工质吸收的热量。

其中烟气放出的热量为

$$Q_y = (h' - h'' + \Delta \alpha h_{lk})q_V \qquad (5\text{-}9)$$

式中　h'——烟气深度冷却器进口烟气焓，kJ/m^3；

$\quad h''$——烟气深度冷却器出口烟气的焓，kJ/m^3；

$\quad \Delta \alpha$——烟气深度冷却器的漏风系数；

$\quad h_{lk}$——漏入烟气深度冷却器的空气的焓，kJ/m^3；

$\quad q_V$——烟气深度冷却器进口的烟气体积流量，m^3/h。

而工质吸热量 Q_{gx} 为

$$Q_{gx} = q(h'' - h') \qquad (5\text{-}10)$$

式中　q——烟气深度冷却器内的工质流量，kg/h；

h' 和 h''——烟气深度冷却器进口和出口工质的焓值，kJ/kg。

（一）基本公式

对流受热面的传热过程包括热烟气以辐射及对流方式对管子外壁放热、管外壁向内壁的导热以及管内壁对管内介质的对流放热。通常因运行原因，管子内外壁面均有水垢或者积灰。因此该传热过程的传热系数应考虑两侧部分热阻，多层平壁的传热系数 K 为

$$K = \frac{1}{\dfrac{1}{\alpha_1} + \dfrac{\delta_h}{\lambda_h} + \dfrac{\delta_b}{\lambda_b} + \dfrac{\delta_{sg}}{\lambda_{sg}} + \dfrac{1}{\alpha_2}} \qquad (5\text{-}11)$$

式中　α_1——烟气对管壁的放热系数，$kW/(m^2 \cdot K)$；

$\quad \alpha_2$——管壁对管内工质的放热系数，$kW/(m^2 \cdot K)$；

δ_h、δ_b 和 δ_{sg}——管子外表面灰层厚度、金属管壁厚度和管子内壁水垢层厚度，m；

λ_h、λ_b 和 λ_{sg}——管子外表面灰层热导率、金属管壁热导率和管子内壁水垢层热导率，$kW/(m \cdot K)$。

由于烟气深度冷却器换热介质一侧为烟气，另一侧一般为水，则烟气侧热阻 $1/\alpha_1$ 远大于工质侧热阻 $1/\alpha_2$ 和金属热阻 δ_b/λ_b，工质侧热阻和金属热阻一般可忽略不计。在正常运行工况下，水垢的沉积不会达到热阻和壁温剧烈升高的地步，因此计算中水垢的热阻 δ_{sg}/λ_{sg} 也可以忽略不计。

灰垢层热阻不可避免且与许多因素有关，如燃料种类、烟气流速、管径及布置方式和灰特性等。由于目前尚缺乏系统的相关资料，本节根据烟气深度冷却器设计和运行经验，综合换热器结构和灰特性等因素，采用污染系数 $\varepsilon=\delta_h/\lambda_h$ 来考虑灰垢层热阻的影响。

因此传热系数 K 可以简化为

$$K = \frac{1}{\dfrac{1}{a_1}+\varepsilon} \tag{5-12}$$

(二) 烟气流速

在烟气做横向和斜向冲刷光管管束和翅片管管束时，应采用最小截面原则来确定烟气流通截面积。即流通截面为垂直于气流方向的管排中心线所在的平面，其面积等于烟道整个截面积与管或翅片管所占面积之差。

烟气横向冲刷光滑管束的流通截面积为

$$A_y = ab - n_1 ld \tag{5-13}$$

式中　　A_y——烟气流通截面积，m^2；

a、b——烟道的截面尺寸，m；

　n_1——单排管束的管子根数，根；

　　l——管子长度，m；

　　d——管子外径，m。

对于带横向翅片的管子，其流通截面积为

$$A_y = \left[1 - \frac{1}{S_1/d}\left(1 + 2\frac{h}{P}\frac{\delta}{d}\right)\right]ab \tag{5-14}$$

式中　　δ、h——翅片平均厚度和高度，m；

　S_1、P——管横向节距、翅片节距，m。

当所求受热面烟道由流通界面不同的几段组成，且其受热面结构特性、冲刷特性均相同时，则平均流通截面积按各部分烟道所具有的受热面积加权平均，即

$$A_{ypj} = \frac{A_{y1} + A_{y2} + A_{y3} + \cdots}{\dfrac{A_{s1}}{A_{y1}} + \dfrac{A_{s2}}{A_{y2}} + \dfrac{A_{s3}}{A_{y3}} + \cdots} \tag{5-15}$$

式中　　　　A_{ypj}——平均烟气流通截面积，m^2；

A_{y1}、A_{y2}、A_{y3}——各部分烟道的流通截面积，m^2；

A_{s1}、A_{s2}、A_{s3}——对应 A_{y1}、A_{y2}、A_{y3} 的受热面积，m^2。

若烟道流通截面平滑渐变，则平均流通截面积按烟道进口、出口截面的几何平均值计算，即

$$A_{ypj} = \frac{2A'_y A''_y}{A'_y + A''_y} \tag{5-16}$$

式中　　A'_y 和 A''_y——烟道进口、出口流通截面积，m^2。

在烟道截面积相差不超过 25% 时，可按算数平均值求平均截面积。对于并联有旁通烟道的情况，其计算流通截面积计算式为

$$A_{ypj} = A_{yg} + A_{yp}\sqrt{\frac{\xi_g(t_g + 273)}{\xi_p(t_p + 273)}} \tag{5-17}$$

式中　A_{yg}、A_{yp}——管束所在烟道、旁通烟道的流通截面积，m^2；

　　　ξ_g、ξ_p——管束所在烟道、旁通烟道的流动阻力系数；

　　　t_g、t_p——管束所在烟道、旁通烟道中烟气的平均温度，℃。

确定烟气流通截面积之后，烟气流速的计算式为

$$v_y = \frac{q_{yV}(t_{pj} + 273)}{273A_y} \tag{5-18}$$

式中　v_y——烟气流速，m/s；

　　　q_{yV}——烟气体积流量，m^3/s；

　　　t_{pj}——所求受热面烟气平均温度，℃；

　　　A_y——烟气流通截面积，m^2。

（三）工质流速

工质（一般为水）的流速计算式为

$$v_{gz} = \frac{q_{gm}v_{pj}}{A_{gz}} \tag{5-19}$$

式中　v_{gz}——工质流速，m/s；

　　　v_{pj}——工质平均比体积，m^3/kg；

　　　q_{gm}——工质质量流量，kg/s；

　　　A_{gz}——工质的流通截面积，m^2。

（四）对流放热系数

烟气深度冷却器受热面放热系数包括对流和辐射放热系数，由于辐射放热系数一般较小，在计算中可以忽略。对流放热系数除与介质流速有关外，还与受热面结构特性、冲刷方式等因素有关。

1. 横向冲刷管束

管束的排列方式有叉排和顺排两种，如图 5-1 所示，横向节距为 S_1，横向相对节距 $\sigma_1 = S_1/d$；纵向节距为 S_2，纵向相对节距 $\sigma_2 = S_2/d$；斜向节距为 S_2'，斜向相对节距为 $\sigma_2' = \sqrt{S_2^2 + \left(\frac{S_1}{2}\right)^2}/d$。

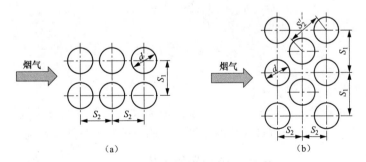

图 5-1　横向冲刷管束

（a）顺排；（b）叉排

（1）烟气横向冲刷顺列管束时的对流放热系数为

$$\alpha_d = c_s c_n \frac{\lambda}{d} Re^{0.65} Pr^{0.33} \tag{5-20}$$

式中　Re——雷诺数，$Re = \dfrac{vd}{\nu}$，其中 ν 为烟气的运动黏度，m^2/s；

　　　　Pr——普朗特数，$Pr = \dfrac{\rho v c_p}{\lambda}$，其中 c_p 为烟气比定压热容，$J/(kg \cdot K)$；

　　　　ρ——烟气密度，kg/m^3；

　　　　λ——烟气热导率，$kW/(m \cdot K)$；

　　　　c_s——考虑管束相对节距影响的修正系数，按式（5-21）计算，当 $\sigma_2 \geqslant 2$ 或 $\sigma_1 \leqslant 1.5$ 时，取 0.2；

$$c_s = 0.2 \left[1 + (2\sigma_1 - 3)\left(1 - \dfrac{\sigma_2}{2}\right)^3 \right]^{-2} \tag{5-21}$$

　　　　c_n——沿烟气行程方向管排数修正系数；

当沿烟气行程方向管排数 $n_2 < 10$ 时，则

$$c_n = 0.91 + 0.0125(n_2 - 2) \tag{5-22}$$

当 $n_2 \geqslant 10$ 时，$c_n = 1$。

（2）烟气横向冲刷叉排光滑管束时的对流放热系数为

$$\alpha_d = c_s c_n \dfrac{\lambda}{d} Re^{0.6} Pr^{0.33} \tag{5-23}$$

式中　α_d——横向冲刷叉排管束的对流放热系数，$kW/(m^2 \cdot K)$；

　　　　c_s——节距修正系数，根据 σ_1 和 $\varphi = \dfrac{\sigma_1 - 1}{\sigma_2 - 1}$ 确定：

当 $0.1 < \varphi \leqslant 1.7$ 时，则

$$c_s = 0.34\varphi^{0.1} \tag{5-24}$$

当 $1.7 < \varphi \leqslant 4.5$，$\sigma_1 < 3$ 时，则

$$c_s = 0.275\varphi^{0.5} \tag{5-25}$$

当 $1.7 < \varphi \leqslant 4.5$，$\sigma_1 \geqslant 3$ 时，则

$$c_s = 0.34\varphi^{0.1} \tag{5-26}$$

　　　　c_n——管排数修正系数，根据 n_2 和 σ_1 来确定：

当 $n_2 < 10$，$\sigma_1 < 3.0$ 时，则

$$c_n = 3.12n_2^{0.05} - 2.5 \tag{5-27}$$

当 $n_2 < 10$，$\sigma_1 \geqslant 3.0$ 时，则

$$c_n = 4n_2^{0.02} - 3.2 \tag{5-28}$$

当 $n_2 \geqslant 10$ 时，$c_n = 1$。

2. 纵向冲刷管束

通常烟气纵向冲刷受热面时，多属于高度湍流流动（空气、水及蒸汽等）。压力和温度远离临界状态下的单相湍流介质对受热面作纵向冲刷时的对流放热系数为

$$\alpha_d = 0.023 \dfrac{\lambda}{d_{d1}} Re^{0.8} Pr^{0.4} c_t c_d c_1 \tag{5-29}$$

式中　d_{d1}——当量直径，m。当介质在圆管内流动时，$d_{d1} = d_n$（管内径）。当介质在非圆形通道内流动时，d_{d1} 按式（5-30）计算，即

$$d_{d1} = \dfrac{4A_j}{L} \tag{5-30}$$

式中　A_j——通道横截面积，m^2；

　　　L——通道横截面的边界长度（湿周长度），m。

式（5-29）适用范围为 $Re = (1 \sim 50) \times 10^4$，$Pr = 0.6 \sim 120$，定性尺寸为当量直径，定性温度为流体平均温度。

式（5-29）中 c_t——温差修正系数，取决于流体和壁面温度 T、T_b，即

$$c_t = \left(\frac{T}{T_b} \right)^n \tag{5-31}$$

当气体被加热时 $n = 0.5$；当气体被冷却时 $n = 0$；在过热蒸汽或水冲刷时，内壁与介质温差很小，取 $c_t = 1$。

式（5-29）中，c_d 为环形通道单面受热修正系数，其值可按图 6-52 确定；环形通道双受热面或非环形通道 $c_d = 1$。

式（5-29）中，c_l 为相对长度修正系数，仅在 $l/d < 50$，管道入口无圆形导边时才修正。烟气纵向冲刷时 c_l 只应用与管束，不应用于屏。

3. 特殊情况的计算

（1）节距改变。当受热面管束的节距在横向或纵向变化时，则计算对流放热系数 α_d 时所用的节距应采用下式求得的平均值，即

$$S_{pj} = \frac{S' A_s' + S'' A_s'' + \cdots}{A_s'' + A_s'' + \cdots} \tag{5-32}$$

式中　　　S_{pj}——受热面管束的平均节距；

S'、S''、…——各部分管节距；

A_s'、A_s''、…——对应于管节距为 S'、S''、…的各部分受热面积，m^2。

（2）管径改变。当烟道中某些受热面的烟气冲刷方式相同而管径不同时，则计算对流放热系数 α_d 时所用的管径应采用按下式计算得到的平均管径，即

$$d_{pj} = \frac{A_{s1} + A_{s2} + \cdots}{\dfrac{A_{s1}}{d_1} + \dfrac{A_{s2}}{d_2} + \cdots} \tag{5-33}$$

式中　d_1、d_2、…——各部分受热面的管径，m；

　　A_{s1}、A_{s2}、…——对应于管径为 d_1、d_2、…的各部分受热面积，m^2。

（3）排列方式改变。当受热面管束部分为叉排而部分为顺排时，则计算对流放热系数时应按整个管束的平均温度及流速分别求出各部分的放热系数。然后再按下式求出整个管束的放热系数，即

$$\alpha_d = \frac{\alpha_{dc} A_{sc} + \alpha_{ds} A_{ss}}{A_{sc} + A_{ss}} \tag{5-34}$$

式中　α_d——整个管束的对流放热系数，$kW/(m^2 \cdot K)$；

　α_{dc}、α_{ds}——叉排及顺排部分的对流放热放热系数，$kW/(m^2 \cdot K)$；

A_{sc}、A_{ss}——叉排及顺排部分的受热面积，m^2。

但当 $A_{sc} > 0.85(A_{sc} + A_{ss})$ 或 $A_{ss} > 0.85(A_{sc} + A_{ss})$ 时，则整个管束可按叉排或顺排计算。

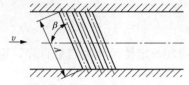

图 5-2 气流斜向冲刷时确定
流通截面的示意图

（4）斜向冲刷。当气流斜向冲刷管束时，如图 5-2 所示，应先按通道横截面积乘以 $1/\sin\beta$ 求得计算流通截面，然后再按横向冲刷计算对流放热系数 α_d。

（5）冲刷方式改变。当受热面冲刷方式部分为纵向冲刷，部分为横向冲刷时，则整个受热面的总对流放热系数 α_d 按下式计算，即

$$\alpha_\mathrm{d} = \frac{\alpha_\mathrm{dh}A_\mathrm{sh} + \alpha_\mathrm{dz}A_\mathrm{sz}}{A_\mathrm{sh} + A_\mathrm{sz}} \tag{5-35}$$

式中　α_d——总对流放热系数，$\mathrm{kW/(m^2 \cdot K)}$；

α_dh、α_dz——横向冲刷和纵向冲刷的放热系数，$\mathrm{kW/(m^2 \cdot K)}$；

A_sh、A_sz——横向冲刷和纵向冲刷的受热面积，$\mathrm{m^2}$。

4. 扩展受热面传热系数

烟气深度冷却器扩展受热面的形式很多，常见的有螺旋翅片管、H 形翅片管及针形翅片管等。根据本书中相关实验结果和作者多年设计，苏联公式中圆形和方形翅片管（如图 5-3 所示）的计算结果与螺旋翅片管和 H 形翅片管的实际传热阻力特性一致，故本章中介绍苏联公式中的圆形和方形翅片管传热计算公式。

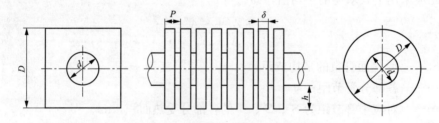

图 5-3　带圆形或方形翅片的翅片管

无论哪种扩展对流受热面，按烟气侧全部受热面计算的传热系数为

$$K = \cfrac{1}{\cfrac{1}{\alpha_\mathrm{1zs}} + \cfrac{1}{\alpha_\mathrm{2zs}} \cdot \cfrac{A_\mathrm{y}}{A_\mathrm{g}}} \tag{5-36}$$

式中　K——传热系数，$\mathrm{kW/(m^2 \cdot K)}$；

α_1zs、α_2zs——烟气和工质侧折算放热系数，$\mathrm{kW/(m^2 \cdot K)}$；

A_y、A_g——烟气和工质侧的总表面积，$\mathrm{m^2}$。

因为仅在烟气侧采用扩展表面，所以工质侧的折算放热系数 α_2zs 与工质侧的实际放热系数 α_2 相等，即 $\alpha_\mathrm{2zs} = \alpha_2$，由于烟气深度冷却器中烟气侧热阻一般远大于工质侧，故 $1/\alpha_2$ 可忽略。烟气侧折算放热系数 α_1zs 取决于烟气对管壁的放热系数 α_1 和翅片及灰垢层热阻：

$$\alpha_\mathrm{1zs} = \left(\frac{A_\mathrm{f}}{A_1}E\mu + \frac{A_\mathrm{b}}{A_1}\right)\frac{\varphi_\mathrm{lb}\alpha_\mathrm{d}}{1 + \varepsilon\varphi_\mathrm{lb}\alpha_\mathrm{d}} \tag{5-37}$$

式中　α_1zs——烟气侧折算放热系数，$\mathrm{kW/(m^2 \cdot K)}$；

A_f——1m 管长上烟气侧翅片表面积，$\mathrm{m^2}$；

A_1——1m 管长上烟气侧全部表面积，$\mathrm{m^2}$。

对于圆形翅片管，则

$$\frac{A_{\rm f}}{A_{\rm l}} = \frac{(D/d)^2 - 1}{(D/d)^2 - 1 + 2(P/d - \delta/d)} \tag{5-38}$$

对于方形翅片管，则

$$\frac{A_{\rm f}}{A_{\rm l}} = \frac{2[(D/d)^2 - 0.785]}{2[(D/d)^2 - 0.785] + \pi(P/d - \delta/d)} \tag{5-39}$$

$A_{\rm b}$——管子无肋片部分面积，m^2；

E——表征翅片传热量有效程度的参数，也称翅片的热效率，其值取决翅片形状、厚度以及材质的热导率等因素，按图 5-4 查取；

μ——沿高度翅片厚度变化的影响系数，按图 5-4 查取，图中 δ_1、δ_2 为翅片底部及顶部厚度；

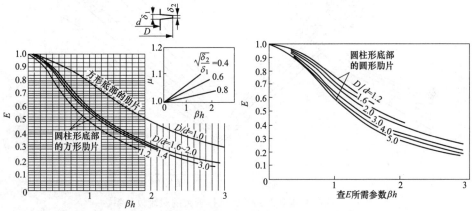

图 5-4　翅片的热效率 E

β—肋片有效系数；h—圆形肋片高度

$\varphi_{\rm lb}$——考虑翅片表面放热不均匀的影响系数，对圆柱形底部翅片 $\varphi_{\rm lb} = 0.85$；

ε——污染系数，$m^2 \cdot K/kW$；

D——圆形翅片管最小外径或方形翅片管宽度，m；

δ——翅片平均厚度，m；

$\alpha_{\rm d}$——翅片表面对流放热系数，$kW/(m^2 \cdot K)$。

$\alpha_{\rm d}$ 的求解方法如下。

（1）横向冲刷圆形翅片管顺排管束为

$$\alpha_{\rm d} = 0.105 c_{\rm n} c_{\rm s} \frac{\lambda}{P} \left(\frac{d}{P}\right)^{-0.54} \left(\frac{h}{P}\right)^{-0.14} \left(\frac{vP}{\nu}\right)^{0.72} \tag{5-40}$$

式中　$c_{\rm n}$——沿气流方向管子排数 n_2 的修正系数，当 $n_2 < 4$ 时，按图 5-5 确定；当 $n_2 \geqslant 4$ 时，$c_{\rm n} = 1.0$；

$c_{\rm s}$——管束相对节距修正系数，当 $\sigma_2 < 2$ 时，按图 5-5 确定；当 $\sigma_2 \geqslant 2$ 时，$c_{\rm s} = 1.0$；

λ——烟气在定性温度下的热导率，$kW/(m \cdot k)$；

d——基管外径，m；

P——翅片节距，m；

h——翅片高度，m；

v——最小截面处烟气流速，m/s；

ν——烟气运动黏度系数，m^2/s。

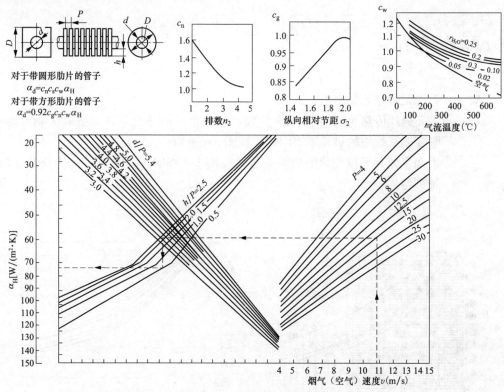

图 5-5　横向冲刷圆形翅片管顺排管束的对流放热系数

α_d—管束的理论对流放热系数，kW/(m²·K)；c_w—烟气湿度修正系数；r_{H_2O}—烟气中的水蒸气含量

（2）横向冲刷圆形翅片管叉排管束为

$$\alpha_d = 0.227c_n\varphi^2\frac{\lambda}{P}\left(\frac{d}{P}\right)^{-0.54}\left(\frac{h}{P}\right)^{-0.14}\left(\frac{vP}{\nu}\right)^{0.65} \tag{5-41}$$

式中　c_n——沿气流方向管子排数 n_2 的修正系数，按图 5-6 确定；

φ——考虑相对节距影响的修正系数，$\varphi=\dfrac{\sigma_1-1}{\sigma_2'-1}$。

（3）横向冲刷方形翅片管顺排或叉排管束。对于方形翅片管束，无论顺排或叉排，其对流放热系数均可按相应排列方式的对流放热系数乘以 0.92 求取。该圆形翅片的直径等于方形翅片的边长，如图 5-5 和图 5-6 所示，即

$$\alpha_{df} = 0.92 \times \alpha_{dy}$$

式中　α_{df}——方形翅片管的对流放热系数，kW/(m²·K)；

α_{dy}——圆形翅片管的对流放热系数，kW/(m²·K)。

四、烟气深度冷却器热力计算方法的若干建议

（1）烟气深度冷却器设计热力计算的顺序是：根据已知条件，如烟气参数、工质参数等，进行烟气深度冷却器结构选型和初步结构设计；根据烟气特性作出烟气焓-温图，以及根据烟气量及烟气温度，作热平衡计算，求出烟气深度冷却器的设计换热量；通过计算传热系数，得到烟气深度冷却器的计算换热量，并与设计换热量对比，使误差在可接受范围内；然后进行相应的烟气阻力计算、水动力计算和强度计算等；最后列出烟气深度冷却器主要计算数据表。

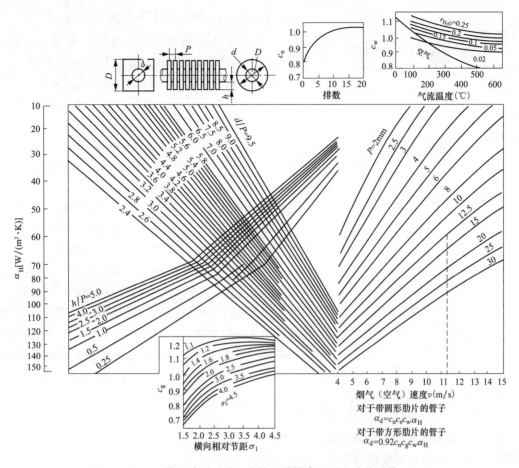

图 5-6　横向冲刷圆形翅片管叉排管束的对流放热系数

（2）对于烟气深度冷却器来说，作为计算依据的某些数值，如烟气量、传热系数等可能有一定的误差，因此，对计算的准确性要求过高是不必要的。一般认为，按换热方程式计算出的计算吸热量与按热平衡方程式计算的设计吸热量误差在 2％ 以内，计算即告完成。若计算吸热量与设计吸热量的误差超出以上范围，须重新设定部分参数并重新计算。

（3）计算数据的排列顺序建议如下：

1）按计算任务书列出原始数据。

2）锅炉的结构特性。

3）烟气的焓及温焓图。

4）烟气深度冷却器的热平衡，并求出设计换热量。

5）热力计算。

6）烟气阻力计算。

7）水动力计算。

8）强度计算。

9）烟气深度冷却器主要计算数据汇总表。

（4）校核热力计算是在已知受热面的结构特性、工质入口温度及烟气入口温度等条件下，来确定烟气深度冷却器的传热量和烟气及工质出口温度。

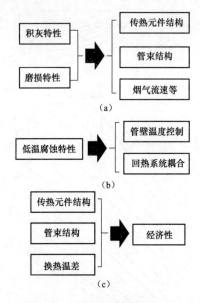

图 5-7　换热器主要特性与
换热器参数之间的关系

(a) 关系一；(b) 关系二；(c) 关系三

（5）校核热力计算的大体步骤如下：

1）先假设受热面的烟气出口温度并查表求出焓值，然后按照烟气侧热平衡方程式，求出烟气放热量。

2）按工质侧热平衡式求出工质出口焓及温度。

3）进行传热系数计算，方法与本节中的设计热力计算相同。

4）根据传热方程确定受热面的传热量。

5）求取计算传热量和设计传热量的相对误差，要求相对误差小于 2%。

当校核计算热量相对误差在要求范围内时，则可认为校核计算结束；若计算误差超出上述范围，则需要重新假定烟气出口温度再次进行计算，直至达到要求。

6）在烟气深度冷却器的设计计算和校核计算与其关键特性（如积灰特性、磨损特性、低温腐蚀特性和经济性等）密切相关，在设计和校核计算中需对换热器特性与换热器参数的关系进行缜密考虑，以保证换热器的安全性和高效性。换热器主要特性与换热参数之间的关系如图 5-7 所示。

7）在烟气深度冷却器的热力计算中，最关键的是换热器烟气侧对流换热系数的计算，应重点考虑以下几方面的问题：

a. 翅片效率的查取（经验公式）；

b. 污染系数的选取（实验与运行经验）；

c. 实验结果对对流换热系数计算结果的修正。

（6）在烟气再热器的热力计算中，要注意脱硫后的烟气成分发生了变化，脱硫后烟气中的 SO_2 含量可忽略不计，水蒸气含量达到饱和，其他成分的总量基本保持不变。应重新计算出脱硫后烟气成分组成，再在此基础上计算烟气再热器内的烟气的焓。烟气再热器内的热平衡和对流受热面换热计算与烟气冷却器内的热力计算类似，在此不再赘述。

五、热力计算案例

本章以某 600MW 机组为例，设计与其匹配的烟气深度冷却器，进行热力计算、烟气阻力计算和水动力计算。

（一）设计条件

1. 煤质特性

锅炉燃用煤种为烟煤，煤质分析见表 5-2，煤灰比电阻特性见表 5-3。

表 5-2　　　　　　　　　　　煤　质　分　析

	名称	符号	单位	设计煤种
一、工业、元素分析	全水分	M_t	%	16.0
	空气干燥基水分	M_{ad}	%	8.61
	收到基灰分	A_{ar}	%	10.82
	干燥无灰基挥发分	V_{daf}	%	33.76
	收到基碳	C_{ar}	%	59.32

续表

	名称	符号	单位	设计煤种
一、工业、元素分析	收到基氢	H_{ar}	%	3.35
	收到基氮	N_{ar}	%	0.71
	收到基氧	O_{ar}	%	9.05
	全硫	S_{ar}	%	0.75
	收到基高位发热量	$Q_{gr,ar}$	MJ/kg	23.25
	收到基低位发热量	$Q_{net,ar}$	MJ/kg	22.19
二、煤的冲刷磨损指数		Ke		3.5
三、灰熔点	煤灰熔融特征温度/变形温度	DT	℃	1180
	煤灰熔融特征温度/软化温度	ST	℃	1190
	煤灰熔融特征温度/半球温度	HT	℃	1200
	煤灰熔融特征温度/流动温度	FT	℃	1210
四、灰成分分析	煤灰中二氧化硅	SiO_2	%	44.55
	煤灰中三氧化二铝	Al_2O_3	%	15.46
	煤灰中三氧化二铁	Fe_2O_3	%	12.72
	煤灰中氧化钙	CaO	%	15.66
	煤灰中氧化镁	MgO	%	0.88
	煤灰中氧化钠	Na_2O	%	1.33
	煤灰中氧化钾	K_2O	%	1.53
	煤灰中二氧化钛	TiO_2	%	0.94
	煤灰中三氧化硫	SO_3	%	2.95
	煤灰中二氧化锰	MnO_2	%	0.14

表 5-3 **煤 灰 比 电 阻 特 性**

测量电压（V）	测试温度（℃）	设计煤种灰比电阻（$\Omega \cdot cm$）
500	25	4.52×10^{10}
	80	4.65×10^{11}
	100	2.34×10^{12}
	120	3.80×10^{12}
	150	5.66×10^{11}
	180	4.65×10^{10}

2. 锅炉参数

锅炉最大连续蒸发量（BMCR）运行工况主要参数见表 5-4。

表 5-4 **锅炉最大连续蒸发量（BMCR）运行工况主要参数**

	项目	单位	数值
一、蒸汽及水流量	过热器出口	t/h	1795
	再热器出口	t/h	1479.78
二、蒸汽及水压力	过热器出口压力	MPa（a）	26.25
	再热器进口压力	MPa（a）	4.87
	再热器出口压力	MPa（a）	4.68

续表

项目		单位	数值
三、蒸汽和水温度	过热器出口	℃	605
	再热器进口	℃	344.7
	再热器出口	℃	603
	省煤器进口	℃	291.4
四、锅炉保证热效率（锅炉额定工况）		%	92.60

3. 烟气深度冷却器设计参数

本节案例所设计烟气深度冷却器与上述 600MW 锅炉匹配，烟气深度冷却器的设计参数见表 5-5。

表 5-5 烟气深度冷却器设计参数（锅炉 BMCR 工况）

项目	单位	数值
入口标准干烟气量（每台炉，标准状态）	m^3/h	1771768
入口湿烟气量（每台炉，标准状态）	m^3/h	2776020
入口烟气温度	℃	122
入口烟气粉尘浓度	g/m^3	12.212
入口过量空气系数	—	1.32
出口烟气温度	℃	90
入口凝结水水温	℃	70
出口凝结水水温	℃	100

（二）热力计算

1. 温焓表

烟气温焓表见表 5-6。

表 5-6 烟 气 温 焓 表

项目	氮气		水蒸气		三原子气体		烟尘		空气		烟气
温度 (℃)	平均比定压热容 [kJ/(m³·℃)]	氮气的焓 (kJ/m³)	平均比定压热容 [kJ/(m³·℃)]	水蒸气的焓 (kJ/m³)	平均比定压热容 [kJ/(m³·℃)]	三原子气体的焓 (kJ/m³)	平均比定压热容 [kJ/(m³·℃)]	烟尘的焓 (kJ/kg)	平均比定压热容 [kJ/(m³·℃)]	空气的焓 (kJ/m³)	实际烟气的焓 (kJ/m³)
0	1.2648	0	1.4943	0	1.5999	0	0.5862	0	1.2971	0	0
5	1.2664	3.5316	1.4948	0.5956	1.6049	1.0694	0.5862	0.0358	1.2973	1.4673	6.6997
10	1.2679	7.0719	1.4954	1.1916	1.6100	2.1455	0.5862	0.0716	1.2974	2.9354	13.4160
15	1.2695	10.6208	1.4959	1.7880	1.6150	3.2283	0.5862	0.1074	1.2976	4.4042	20.1488
20	1.2710	14.1783	1.4965	2.3849	1.6200	4.3179	0.5862	0.1432	1.2978	5.8738	26.8981
25	1.2726	17.7446	1.4970	2.9822	1.6251	5.4141	0.5862	0.1790	1.2980	7.3441	33.6640
30	1.2741	21.3194	1.4976	3.5800	1.6301	6.5170	0.5862	0.2148	1.2981	8.8152	40.4464
35	1.2757	24.9029	1.4981	4.1782	1.6351	7.6266	0.5862	0.2506	1.2983	10.2871	47.2453
40	1.2772	28.4950	1.4987	4.7768	1.6401	8.7430	0.5862	0.2863	1.2985	11.7597	54.0608
45	1.2788	32.0958	1.4992	5.3758	1.6452	9.8660	0.5862	0.3221	1.2986	13.2330	60.8928
50	1.2803	35.7052	1.4998	5.9753	1.6502	10.9957	0.5862	0.3579	1.2988	14.7072	67.7414

续表

项目	氮气		水蒸气		三原子气体		烟尘		空气		烟气
温度 （℃）	平均比定 压热容 [kJ/(m³· ℃)]	氮气的焓 （kJ/m³）	平均比定 压热容 [kJ/(m³· ℃)]	水蒸气 的焓 （kJ/m³）	平均比定 压热容 [kJ/(m³· ℃)]	三原子气 体的焓 （kJ/m³）	平均比定 压热容 [kJ/(m³· ℃)]	烟尘的焓 （kJ/kg）	平均比定 压热容 [kJ/(m³· ℃)]	空气的焓 （kJ/m³）	实际烟 气的焓 （kJ/m³）
55	1.2819	39.3233	1.5003	6.5752	1.6552	12.1322	0.5862	0.3937	1.2990	16.1820	74.6065
65	1.2850	46.5854	1.5014	7.7764	1.6653	14.4252	0.5862	0.4653	1.2993	19.1340	88.3863
70	1.2865	50.2294	1.5019	8.3776	1.6703	15.5817	0.5862	0.5011	1.2995	20.6112	95.3010
75	1.2881	53.8821	1.5025	8.9792	1.6754	16.7450	0.5862	0.5369	1.2997	22.0891	102.2323
80	1.2896	57.5434	1.5030	9.5813	1.6804	17.9149	0.5862	0.5727	1.2998	23.5677	109.1801
85	1.2912	61.2133	1.5036	10.1839	1.6854	19.0916	0.5862	0.6085	1.3000	25.0471	116.1444
90	1.2927	64.8919	1.5041	10.7868	1.6904	20.2750	0.5862	0.6443	1.3002	26.5273	123.1253
95	1.2943	68.5791	1.5047	11.3902	1.6955	21.4650	0.5862	0.6801	1.3003	28.0082	130.1227
100	1.2958	72.2750	1.5052	11.9940	1.7005	22.6618	0.5862	0.7159	1.3005	29.3463	136.9930
105	1.2960	75.8999	1.5061	12.6009	1.7048	23.8557	0.5862	0.7517	1.3008	30.8215	143.9297
110	1.2962	79.5258	1.5069	13.2084	1.7092	25.0554	0.5862	0.7875	1.3012	32.2975	150.8746
115	1.2964	83.1528	1.5078	13.8166	1.7135	26.2609	0.5862	0.8232	1.3015	33.7743	157.8279
120	1.2966	86.7809	1.5086	14.4255	1.7179	27.4721	0.5862	0.8590	1.3018	35.2518	164.7894
125	1.2968	90.4100	1.5095	15.0351	1.7222	28.6892	0.5862	0.8948	1.3022	36.7301	171.7592
130	1.2969	94.0402	1.5103	15.6454	1.7266	29.9120	0.5862	0.9306	1.3025	38.2091	178.7373
135	1.2971	97.6714	1.5112	16.2563	1.7309	31.1406	0.5862	0.9664	1.3028	39.6889	185.7237
140	1.2973	101.3037	1.5120	16.8680	1.7353	32.3751	0.5862	1.0022	1.3032	41.1695	192.7184
145	1.2975	104.9370	1.5129	17.4803	1.7396	33.6153	0.5862	1.0380	1.3035	42.6508	199.7214
150	1.2977	108.5715	1.5138	18.0932	1.7440	34.8613	0.5862	1.0738	1.3039	44.1328	206.7326
155	1.2979	112.2069	1.5146	18.7069	1.7483	36.1131	0.5862	1.1096	1.3042	45.6156	213.7521
160	1.2981	115.8435	1.5155	19.3213	1.7526	37.3707	0.5862	1.1454	1.3045	47.0992	220.7800
165	1.2983	119.4811	1.5163	19.9363	1.7570	38.6340	0.5862	1.1812	1.3049	48.5835	227.8161
170	1.2985	123.1197	1.5172	20.5520	1.7613	39.9032	0.5862	1.2170	1.3052	50.0685	234.8605
175	1.2987	126.7594	1.5180	21.1684	1.7657	41.1782	0.5862	1.2528	1.3055	51.5544	241.9132
180	1.2988	130.4002	1.5189	21.7855	1.7700	42.4589	0.5862	1.2886	1.3059	53.0410	248.9742
185	1.2990	134.0420	1.5197	22.4032	1.7744	43.7454	0.5862	1.3244	1.3062	54.5284	256.0434
190	1.2992	137.6849	1.5206	23.0217	1.7787	45.0378	0.5862	1.3601	1.3065	56.0165	263.1210
195	1.2994	141.3289	1.5214	23.6408	1.7831	46.3359	0.5862	1.3959	1.3069	57.5053	270.2068
200	1.2996	144.9739	1.5223	24.2606	1.7874	47.6398	0.5862	1.4317	1.3072	58.9949	277.3009

2. 热力计算结果汇总

热力计算表见表 5-7。

表 5-7　　　　　　　热 力 计 算 表

序号	名称	符号	单位	计算方法	结果
1	入口烟气体积流量（实际）	q_{sj}	m³/h	每台炉配 4 台烟气深度冷却器	694005.0
2	进口烟气温度	t_{in}	℃	已知	122.0
3	入口烟气体积流量（标准状态）	V_0	m³/h	$q_{sj} \times 273.15/(273.15+t_{in})$	479735.5

序号	名称	符号	单位	计算方法	结果
4	进口烟气焓	h'	kJ/m³	查温焓表	167.9
5	烟气深度冷却器出口烟气温度	t_{out}	℃	已知	90
6	出口烟气焓	h''	kJ/m³	查温焓表	123.3
7	烟气深度冷却器吸收热量（热平衡）	Q_1	kJ/h	$V_0 \times (h'-h'')$	21380393.5
8	烟气平均温度	t_{pj}	℃	$(T_{in}+T_{out})/2$	106
9	烟气平均体积流量（实际）	V_{pj}	m³/h	$V_0 \times (273.15+T_{in})/273.15$	665904.1
10	工质流量	q_m	t/h	$Q_1/(h_{out}-h_{in})$	170.0
11	进口工质温度	t_{in}	℃	已知	70.00
12	进口工质压力	p_{in}	MPa	已知	4
13	进口工质焓	h_{in}	kJ/kg	查取	296.3
14	出口工质温度	t_{out}	℃	已知	100
15	出口工质压力	p_{out}	MPa	已知	4
16	出口工质焓	h_{out}	kJ/kg	查取	422.0
17	工质平均压力	p_{pj}	MPa	$(P_{in}+P_{out})/2$	4
18	工质平均温度	t_{pj}	℃	$(t_{in}+t_{out})/2$	85.00
19	工质平均比容	v_{pj}	m³/kg	查取	0.00103
20	工质平均流速	v_{gz}	m/s	$q_m \times v_{pj}/A_{gz}$	0.43
21	烟气深度冷却器横截面垂直高度	a	m	设计选定	6
22	烟气深度冷却器横截面水平宽度	b	m	设计选定	6.45
23	基管外径	d	m	设计选定	0.038
24	基管厚度	t	m	设计选定	0.004
25	基管内径	d_n	m	$d-2\times t$	0.03
26	H形翅片间距	P	m	设计选定	0.02
27	小缝宽度	g	m	设计选定	0.006
28	H形翅片宽度	A	m	设计选定	0.07
29	H形翅片高度	B	m	设计选定	0.07
30	H形翅片厚度	δ	m	设计选定	0.0025
31	相对应圆形翅片管最外径	D	m	$(A+B)/2$	0.07
32	相对应圆形翅片高度	h_y	m	$(D-d)/2$	0.016
33	管束横向平均节距	S_1	m	设计选定	0.075
34	管束横向相对节距	σ_1	—	S_1/d	1.97
35	管束横向排数	Z_1	—	设计选定	80
36	纵向节距	S_2	m	设计选定	0.075
37	纵向相对节距	σ_2	—	S_2/d	1.97
38	纵向平均排数	Z_2	—	设计选定	24
39	管束纵向总长度	l	m	$S_2 \times (Z_2-1)+B$	1.795
40	单位长度管子上翅片个数	n	—	$1/P$	50
41	翅片间的间隙	Y	mm	$P-\delta$	0.0175
42	1m管长上翅片面积	A_f	m²	$[A\times B-g\times(B-d)-\pi\times d^2/4]\times 2+[2\times B+2\times A-2\times g+2\times(B-d)]\times \delta$	0.399
43	1m管长上无肋片部分面积	A_b	m²	$\pi\times d\times Y\times n$	0.104
44	1m管长上光管面积	A_0	m²	$\pi\times d\times 1$	0.119

续表

序号	名称	符号	单位	计算方法	结果
45	1m管长上总换热面积	A_1	m^2	A_f+A_b	0.503
46	翅片翅化比	β_f	—	A_1/A_0	4.22
47	总受热面积	A_s	m^2	$A_1 \times b \times Z_1 \times Z_2$	6233.44
48	烟气流通面积	A_y	m^2	$a \times b - b \times n \times A \times \delta \times Z_1 - b \times A \times n \times Y \times d \times Z_1$	17.03
49	工质流通面积	A_{gz}	m^2	$\pi \times d_{in}\char`\^2/4 \times Z_1 \times 2$	0.113
50	烟气侧肋片表面积和烟气侧全部表面积之比	A_f/A_1	—		0.792
51	无肋片表面积和烟气侧全部面积之比	A_b/A_1	—		0.208
52	最外径/基外径	D/d	—		1.84
53	肋片表面放热不均匀影响系数	φ_{lb}	—	对圆柱形底部翅片，取0.85	0.85
54	相对节距影响的修正系数	Φ	—	查取	1
55	烟气导热系数	λ	$kW/(m \cdot K)$	查取	0.0000318
56	烟气运动黏性系数	υ	m^2/s	查取	0.0000222
57	烟气平均流速	v_y	m/s	V_{pj}/A_y	10.86
58	管束相对节距修正系数	c_s	—	$\sigma_2 \geq 2$ 时，$c_s=1$	1
59	沿气流方向的修正系数	c_n	—	$Z_2 \geq 4$ 时，$c_n=1$	1
60	方形翅片表面对流放热系数	α_d	$kW/(m^2 \cdot ℃)$	$0.92 \times 0.105 \times c_n \times c_s \times \lambda/P \times (d/P)^{(-0.54)} \times (h/P)^{(-0.14)} \times (v \times P/\nu)^{0.72}$	0.084
61	污染系数	ε	$m^2 \cdot K/kW$	根据灰特性和换热器结构等参数，结合设计和运行经验选取	5
62	肋片有效系数	β	—	$\sqrt{(2 \times \varphi_{lb} \times \alpha_d)/[\delta \times \lambda_1 \times (1+\varepsilon \times \varphi_{lb} \times \alpha_d)]}$	31.73
63	查取肋片所需有效参数	βh	—	$\beta \times h$	0.51
64	肋片的热效率	E	—	查取	0.85
65	金属的导热系数	λ_1	$kW/(m^2 \cdot ℃)$	查取	0.0417
66	折算放热系数	α_{lzs}	$kW/(m^2 \cdot ℃)$	$(A_f/A_1 \times E \times \mu + A_b/A_1) \times \varphi_{lb} \times \alpha_d/(1+\varepsilon \times \varphi_{lb} \times \alpha_d)$	0.0463
67	传热系数	K	$kW/(m^2 \cdot ℃)$		0.0463
68	逆流大温差	Δt_d	℃	$T_{in}-t_{out}$	22.0
69	逆流小温差	Δt_x	℃	$T_{out}-t_{in}$	20.0
70	平均温差	Δt	℃	$(\Delta t_d - \Delta t_x)/[\ln(\Delta t_d/\Delta t_x)]$	21.0
71	烟气深度冷却器计算传热量	Q_2	kJ/h	$KA_s\Delta t$	21778993
72	相对误差	ΔQ	—	$(Q_2-Q_1)/Q_1$	1.864

　注　布置方式：H形翅片管、双管圈、顺列、逆流。

第二节　烟气阻力计算

一、烟气阻力的分类

烟气深度冷却器的烟气阻力计算与锅炉省煤器的烟气阻力计算比较相似，相当于一般锅炉空气动力计算的一部分，主要为引风机的选择提供依据。

在进行烟气阻力计算时，通常把阻力分为以下三部分：

（1）摩擦阻力。指气流在等截面的直流通道中流动时，由于气体的黏滞性引起的阻力。

（2）局部阻力。指烟气在截面形状、大小、方向改变的通道内流动时因涡流耗能引起的阻力，如进口扩展段、出口扩展段等。

（3）烟气横向冲刷管束的阻力，即烟气流过管束而引起的阻力，可以看作是摩擦阻力的一部分，在计算时往往单独进行计算。

烟气通过烟气深度冷却器的总阻力，为上述三者之和。即

$$\Delta p = \Delta p_1 + \Delta p_2 + \Delta p_3 \tag{5-42}$$

式中　Δp——烟气流动的总阻力，Pa；

　　　Δp_1——烟气的摩擦阻力，Pa；

　　　Δp_2——烟气的局部阻力，Pa；

　　　Δp_3——烟气横向冲刷管束的阻力，Pa。

烟气的流动阻力 Δp 的摩擦阻力、横向冲刷管束的阻力和局部阻力均可表示为

$$\Delta p = \xi \frac{\rho v^2}{2} \tag{5-43}$$

式中　ξ——各类流动阻力系数。

其他参数在计算时一般按照以下规定：

1）进行烟气阻力计算时所需要的原始数据，包括烟气流量（流速）、温度、通道及受热面结构参数均取自额定负荷下热力计算的结果。

2）烟气流速和状态参数均按受热面进、出口截面上的算术平均值确定。

3）烟气密度 ρ 的计算式为

$$\rho = \rho^0 \frac{273}{273+t} \tag{5-44}$$

式中　ρ^0——标准大气压 0℃时的烟气密度，kg/m³；

　　　t——烟气计算温度，℃。

4）气体流速 v 的计算式为

$$v = q_V/A \tag{5-45}$$

式中　q_V——计算温度 t 下烟气的实际体积流量，m³/s；

　　　A——受热面最小烟气流通截面积，m²。

二、摩擦阻力计算

沿程摩擦阻力是指气体在流通截面不变的直通道中的流动阻力。

摩擦阻力的计算式为

$$\Delta p_1 = \lambda \frac{l}{d_d} \frac{v^2}{2g} \gamma \tag{5-46}$$

式中　λ——摩擦阻力系数；

　　　l——通道的计算长度，m；

　　　v——烟气在通道内的计算流速，m/s；

　　　γ——烟气的重度，kg/m³；

　　　d_d——通道的当量直径，m；

　　　g——重力加速度，g=9.81m/s²。

（一）通道的当量直径

通道的当量直径按表 5-8 确定。

表 5-8　　　　　　　　　　通道当量直径的确定方法

通道截面形状	当量直径求解公式
圆形	通道直径 R
非圆形	$$d_d = \frac{4A}{L}$$ 式中　A——通道的有效断面积； 　　　　L——受烟气冲刷的断面全周长
布置管束的矩形通道	$$d_d = \frac{4A}{L} = \frac{4\left(ab - Z\frac{\pi}{4}d_w^2\right)}{2\,(a+b)\,+Z\pi d_w}$$ 式中　a——管道高度； 　　　　b——管道宽度； 　　　　Z——烟道中管束的管子数； 　　　　d_w——管子的外径

值得注意的是，此处的当量直径的计算和热力计算中的当量直径有所不同，前者是考虑全部受热烟气冲刷的周长称为湿周，而后者仅考虑其受热面的周长称为热周。

（二）摩擦阻力系数的确定

摩擦阻力系数的数值取决于通道壁面的相对粗糙度（即 Ra/d_d，Ra 为壁面的绝对粗糙度）和烟气的雷诺数。

1. 雷诺数

雷诺数的计算公式为

$$Re = \frac{vd_d}{\nu} \tag{5-47}$$

式中　Re——雷诺数；

　　　v——烟气的计算流速，m/s；

　　　ν——烟气的运动黏度，可由物性表中查出，m^2/s。

2. 绝对粗糙度 Ra 值

绝对粗糙度 Ra 值按表 5-9 选用。

表 5-9　　　　　　　　　　各种表面的绝对粗糙度

序号	表面形式	绝对粗糙度（$\times 10^{-3}$m）
1	锅炉的无缝钢管受热面（外壁）	0.2
2	钢板焊制的烟风道	0.4
3	钢管做的烟道	0.12
4	铸铁管和铸铁板烟道	0.8
5	腐蚀严重的钢管烟道	0.7
6	砖砌烟道	0.8~6.0
7	混凝土浇筑的烟道	0.8~9.0

3. 摩擦阻力系数

摩擦阻力系数按下述不同情况计算。

（1）当烟气的流动为层流时，即雷诺数 $Re<2000$ 时，摩擦阻力系数 λ 与粗糙度无关，即

$$\lambda = \frac{64}{Re} \tag{5-48}$$

（2）当相对粗糙度 $Ra/d_d = 0.00008 \sim 0.0125$ 及 $Re>4000$ 时，摩擦阻力系数的计算式为

$$\lambda = 0.1 \left(1.46 \frac{Ra}{d_d} + \frac{100}{Re} \right)^{0.25} \tag{5-49}$$

（3）当 $Re = 4000 \sim 100000$ 时，摩擦阻力系数的算式为

$$\lambda = \frac{0.316}{\sqrt[4]{Re}} \tag{5-50}$$

（4）在阻力平方区，摩擦阻力系数与雷诺数无关，并可按式（5-60）进行计算，即

$$\lambda = \frac{1}{\left(2\lg \dfrac{d_d}{Ra} + 1.14 \right)^2} \tag{5-51}$$

（5）当粗略计算时，摩擦阻力系数可按表 5-10 选取。

表 5-10 摩擦阻力系数 λ 的近似值

序号	通道形式		λ 值
1	无衬的钢烟风道		0.02
2	有衬的钢烟道、砖或混凝土烟道	当烟道直径 $d \geqslant 0.9\text{m}$ 时	0.03
		当烟道直径 $d<0.9\text{m}$ 时	0.04
3	砖烟囱、钢筋混凝土烟囱或钢烟囱		0.03

4. 小结

摩擦阻力可将上述分别求得的数值代入公式求得，其中烟气的密度是根据烟气的平均温度求取的。

三、局部阻力计算

当气流流动时，因发生气流方向变化（转弯）或截面变化而产生的流动阻力，称为局部阻力，可按式（5-61）进行计算，即

$$\Delta p_2 = \xi \frac{v^2}{2g} \gamma \tag{5-52}$$

式中 ξ ——局部阻力系数；

v ——烟气在发生局部阻力断面上的流速，m/s。

局部阻力的计算主要是正确的选取局部阻力系数和烟气的计算流速。

由于烟道中烟气流动属于已进入自模化区的紊流状态，局部阻力系数通常与雷诺数无关，只取决于通道部件的几何形状。

烟气深度冷却器烟气通道上的局部阻力，常遇到的有如下几种：由于烟道断面形状改变（进口扩展段、出口扩展段等）而引起的局部阻力，由于通道方向改变（烟道转弯）而引起的局部阻力，内部设有管束弯头的局部阻力和三通的局部阻力等。

（一）通道断面形状改变引起的局部阻力

由于烟道断面形状改变而引起的局部阻力按式（5-53）进行计算，其中局部阻力系数可查图表确定。表 5-11 列出一些具有一般特性的典型原件由于通道断面变化而引起的局部阻

力系数。其所采用的烟气计算流速，已在其简图中示出。当需要将局部阻力系数换成其他断面的流速计算时，应按式（5-62）进行换算，即

$$\xi_2 = \xi_1 \left(\frac{A_2}{A_1} \right)^2 = \xi_1 \left(\frac{v_1}{v_2} \right)^2 \tag{5-53}$$

式中　ξ_2——换算为断面积 A_2 或流速 v_2 的局部阻力系数；

　　　ξ_1——按图 5-8 所示的相应断面或流速计算的局部阻力系数。

表 5-11　　　　　　　　　　　　由于断面变化而引起的局部阻力系数

序号	名称	简图	对应于图中所示流速的局部阻力系数	
1	直边与壁齐平的通道入口		$\xi = 0.5$	
2	直凸缘的通道入口		当 $\delta/d = 0$ 时： $a/d > 0.2$，$\xi = 1.0$； $0.05 < a/d < 0.2$，$\xi = 0.85$。 当 $\delta/d > 0.04$ 时，$\xi = 0.5$	
3	圆边的通道入口		当 $r/d = 0.05$ 时： 与壁平齐的，$\xi = 0.25$； 凸缘的，$\xi = 0.4$。 与壁平齐和凸缘都一样则： 当 $r/d = 0.1$ 时，$\xi = 0.12$； 当 $r/d = 0.2$ 时，$\xi = 0$	
4	直线喇叭口形的通道入口		与壁平齐和凸缘都一样则： $L = 0.2d$　$L > 0.3d$ $a = 30$　$\xi = 0.4$　$\xi = 0.2$ $a = 50$　$\xi = 0.2$　$\xi = 0.15$ $a = 90$　$\xi = 0.25$　$\xi = 0.2$ 对于矩形通道按较大的值采用	
5	吸风接头管		在没有挡板时，$\xi = 0.2$ 在有挡板时，$\xi = 0.3$	
6	罩下吸入的通道入口		$\xi = 0.3$	ξ 值仅适用于所给出的罩型结构，这个形状是最好的一种结构
7	罩下排出的通道入口		$\xi = 0.65$	
8	通道入口		$\xi = 1.1$	
9	经网栅孔板或一个侧孔口的通道入口		$\xi = (1.707 A/A_1 - 1)^2$ 对于侧孔入口，当 $A_1/A > 0.4$ 时，ξ 值增加 1.0	

序号	名称	简图	对应于图中所示流速的局部阻力系数
10	经网栅或孔板 的通道入口		$\xi = \left(0.707 \times \dfrac{A}{A_1} \sqrt{1 - \dfrac{A_1}{A}} + \dfrac{A}{A_1} \right)^2$
11	经一个侧孔口的通道出口		$\xi = 2.5$
12	通道内的网栅 或孔板		$\xi = \left(0.707 \times \dfrac{A}{A_1} \sqrt{1 - \dfrac{A_1}{A}} + \dfrac{A}{A_1} - 1 \right)^2$
13	完全开启的插班 或回转阀		$\xi = 0.1$
14	直通道中的收缩孔		当 $\alpha < 20$ 时，$\xi = 0$ 当 $20 < \alpha < 60$ 时，$\xi = 0.1$ 当 $\alpha > 60$ 时，ξ 与断面突然收缩一样确定。当收缩管为矩形断面及双侧收缩时，尺寸 d 按收缩角较大的一侧采用

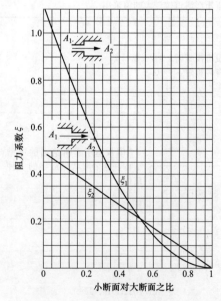

图 5-8　断面突然改变
的阻力系数

通道断面突然改变的局部阻力系数按图 5-8 的曲线查得，计算阻力时所采用的烟气计算流速是对应于较小断面上的气流速度。

直流通道上扩散管的局部阻力系数等于按相对的断面突然改变的局部阻力系数乘以扩大系数。即

$$\xi_k = \varphi_k \xi_{k1} \qquad (5\text{-}54)$$

式中　ξ_k——扩散管的阻力系数；

φ_k——直通道的扩大系数（或称完全撞击系数），扩散角的计算方法以及系数的确定按图 5-9 进行；

ξ_{k1}——进、出口断面和扩散管相同的断面突然改变的局部阻力系数（流向由小断面向大断面）按图 5-8 确定。

直通道上的阶梯形扩散管的局部阻力系数按图 5-10 确定。其中上半部为确定扩散管的最佳扩散角，下半部为根据扩散角确定局部阻力系数。

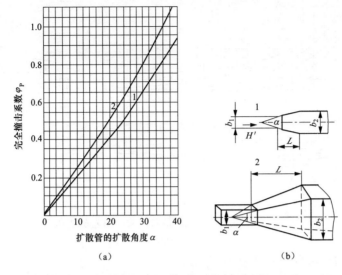

图 5-9　直通道上扩散管的阻力系数

（a）圆锥形及扁平型扩散管；（b）棱锥型扩散管

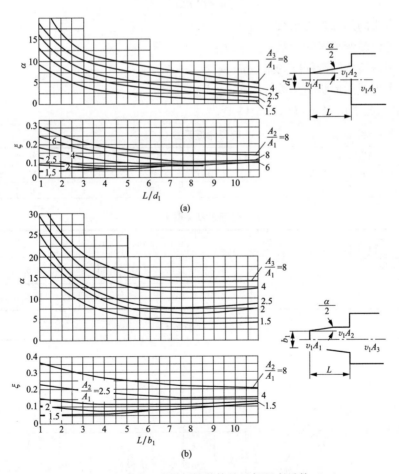

图 5-10　直通道上阶梯型扩散管的局部阻力系数（一）

（a）$\alpha=15°$；（b）$\alpha=30°$

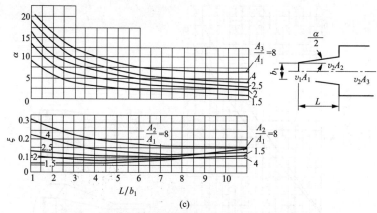

(c)

图 5-10 直通道上阶梯型扩散管的局部阻力系数（二）

（c）$\alpha=20°$

（二）通道方向改变引起的局部阻力

由于通道方向改变而引起的局部阻力又称弯头的局部阻力，计算公式与式（5-61）相同。

弯头的局部阻力系数计算式为

$$\xi = C_1 C_2 C_3 \qquad (5\text{-}55)$$

式中　ξ——弯头的局部阻力系数；

　　　C_1——考虑转弯角度的系数；

　　　C_2——考虑转弯圆滑程度的系数；

　　　C_3——考虑截面形状的系数。

三个系数可分别由表 5-12～表 5-14 查出。

表 5-12　　　　　　　　　　　　　　　转弯角度系数 C_1

转弯角度（°）	30	45	60	75	90	120	150	180
缓拐弯头及带圆角的急拐弯头 C_1	0.45	0.65	0.78	0.91	1.0	1.15	1.3	1.4
带锐边的急拐弯头 C_1	0.14	0.28	0.41	0.66	1.0	1.9	2.6	3.0

表 5-13　　　　　　　　　　　　　　　截面形状系数 C_3

	a/b	0.4	0.6	0.8	1.0	2.0	3.0	4.0	8.0
R/b	<2	1.22	1.14	1.07	1	0.86	0.85	0.90	1.0
	>2	1.55	1.35	1.15	1	0.45	0.40	0.43	0.6

表 5-14　　　　　　　　　　　　　　　弯头形状系数 C_2

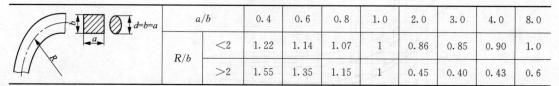

序号	说明	示意图	C_2 值								
1	缓拐弯头	$R=r+b/2$, 对于圆管 $b=d$ $b=a$	R/b	0.6	0.7	0.8	0.9	1.0	20.	3.0	4.0	5.0
			C_2	1.0	0.68	0.48	0.36	0.28	0.20	0.15	0.12	0.1

序号	说明	示意图	C_2 值								
2	缓拐弯头	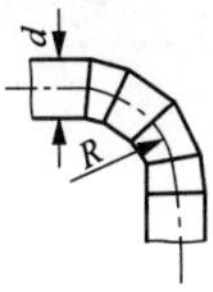	R/b	0.6	0.7	0.8	0.9	1.0	2.0	3.0	4.0	5.0
			C_2	1.0	0.87	0.8	0.74	0.70	0.34	0.23	0.18	0.15

序号	说明	示意图	C_2 值						
3	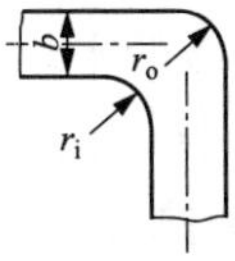 缓拐弯头 $r_i=r_o=r$		r/b	0.1	0.2	0.3	0.4	0.5	0.6
			C_2	0.84	0.53	0.38	0.32	0.27	0.25

序号	说明	示意图	C_2 值									
4	缓拐弯头	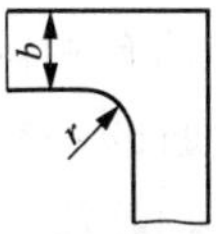	r/b	0.1	0.2	0.3	0.4	0.5	0.6	0.7	0.8	0.9
			C_2	1.05	0.83	0.7	0.63	0.57	0.53	0.50	0.49	0.48

序号	说明	示意图	C_2 值
5	缓拐弯头	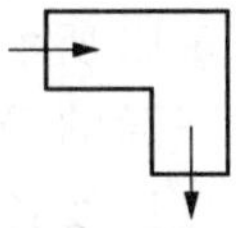	$C_2=1.4$

当弯头兼扩散管的后面（按烟气流动方向）没有稳定气流用的管段，或虽有管段，但其长度小于其管端界面的当量直径3倍时，其局部阻力系数应按照公式求得的数值乘以1.8。

对于所有变断面的弯头，计算阻力所用的烟气计算流速，都是指在断面最小处的流速。

（三）挡板、闸板的阻力系数

挡板、闸板全开时，$\xi=0.1$；局部开启时，ξ 与挡板开度有关，可查表5-15。

表5-15　　　　　　　　挡板、闸板阻力系数

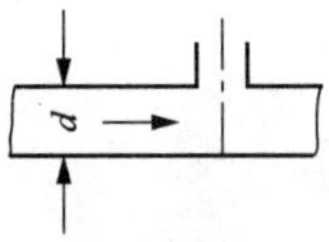	开启程度（%）	5	10	30	50	70	90	100
	ξ	1000	200	18	4	1	0.22	0.1

（四）内部具有管束的弯头的局部阻力

内部具有管束的弯头（如图5-11所示）的局部阻力，其阻力按式（5-61）计算。

由于弯头和管束对烟气流动的阻力是相互影响的，所以其局部阻力系数可近似地按下述情况确定：

对于转弯角度为180°的弯头，$\xi=2.0$；

对于转弯角度为90弯头，$\xi=1.0$；

对于转弯角度为45弯头，$\xi=0.5$。

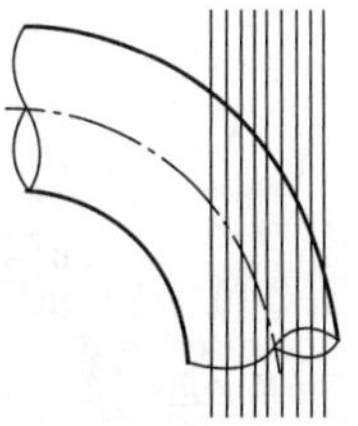

计算内部巨头管束的弯头内的烟气流速，需要考虑被管束所堵塞的断面。可按式（5-65）计算，即

图5-11　内部具有管束的弯头

$$v = \frac{Q}{3600(A - f)} \qquad (5\text{-}56)$$

式中　v——烟气的计算流速，m/s；

　　　Q——烟气的计算流量，m^3/h；

　　　A——弯头的断面积，m^2；

　　　f——弯头内管束所堵塞的断面积，m^2。

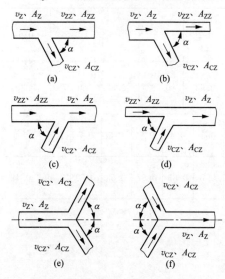

图 5-12　分流及合流三通简图

(a)、(b) 不对称分流；(c)、(d) 不对称合流；

(e) 对称分流；(f) 对称合流

当弯头的始端与末端的断面不等时，烟气的计算流速应取始端与末端的平均值。当弯角为 180°时，烟气计算流速应为始端、中间和末端三者的平均值。

（五）三通的局部阻力

根据几何形状，三通可分为对称和不对称两种；根据气流的方向，三通又可分为分流和合流两种。对称三通的两个支管具有相同的截面，并与总管的交角相同，不对称三通的一个支管不转弯，另一个支管与总管成一角度。分流三通是气流由总管流向两个支管，合流三通是气流由两个支管合流到总管。一般常见的三通如图 5-12 所示。

在一般情况下，三通的局部阻力系数取决于它的形式、分支管的角度以及各流通断面与流量的相互比例。

合流三通的局部阻力系数可为正值，也可为负值。

三通的局部阻力、可按其类型、分支管的角度以及总管和支管的流速比值，分别由图 5-13～图 5-17 的曲线查得。

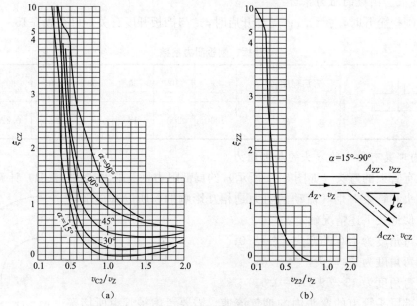

图 5-13　$A_{ZZ} = A_Z$ 型不对称分流三通的阻力系数

(a) 侧面支管；(b) 直通支管

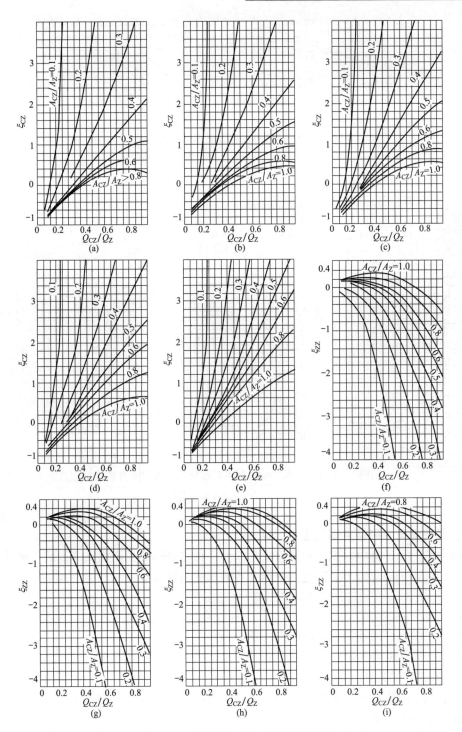

图 5-14　$A_{ZZ}=A_Z$ 型不对称合流三通的阻力系数（一）

（a）$\alpha=15°$ 时阻力系数 ξ_{CZ}；（b）$\alpha=30°$ 时阻力系数 ξ_{CZ}；（c）$\alpha=45°$ 时阻力系数 ξ_{CZ}；（d）$\alpha=60°$ 时阻力系数 ξ_{CZ}；
（e）$\alpha=90°$ 时阻力系数 ξ_{CZ}；（f）$\alpha=15°$ 时阻力系数 ξ_{ZZ}；（g）$\alpha=30°$ 时阻力系数 ξ_{ZZ}；
（h）$\alpha=45°$ 时阻力系数 ξ_{ZZ}；（i）$\alpha=60°$ 时阻力系数 ξ_{ZZ}

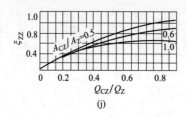
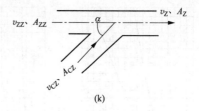

图 5-14 $A_{ZZ}=A_Z$ 型不对称合流三通的阻力系数（二）

(j) $\alpha=90°$ 时阻力系数 ξ_{ZZ}；(k) 阻力方向示意图

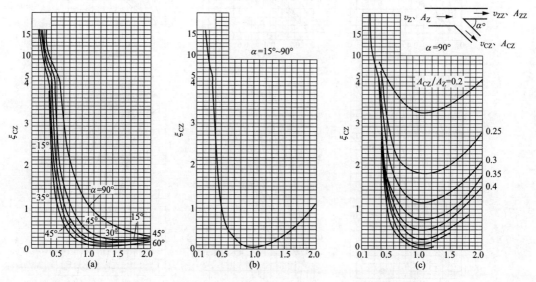

图 5-15 $A_{ZZ}+A_{CZ}=A_Z$ 型不对称分流三通的阻力系数

(a) v_{ZZ}/v_Z；(b) v_{ZZ}/v_Z；(c) v_{ZZ}/v_Z

四、烟气横向冲刷管束烟气阻力计算

在锅炉的阻力计算中，烟气冲刷管束是作为一种特殊形式的阻力来考虑的。就其阻力的表现形式，接近于局部阻力，因此其计算公式的形式与计算一般局部阻力相同。即

$$\Delta p_3 = \xi' \frac{v^2}{2g} \tag{5-57}$$

式中　p_3——烟气横向冲刷管束的阻力，Pa；

　　　ξ'——局部阻力系数；

　　　v——烟气的速度，m/s。

阻力系数 ξ' 的数值与管束中管子的排数、管束的布置方式以及烟气流动的雷诺数有关，应分情况按下述方法确定。

（一）横向冲刷顺列光滑管束的阻力系数

横向冲刷顺列光滑管束的阻力系数为

$$\xi' = \xi_0 Z_2 \tag{5-58}$$

式中　ξ_0——单排管子的局部阻力系数；

　　　Z_2——管子沿气流方向的排数。

326

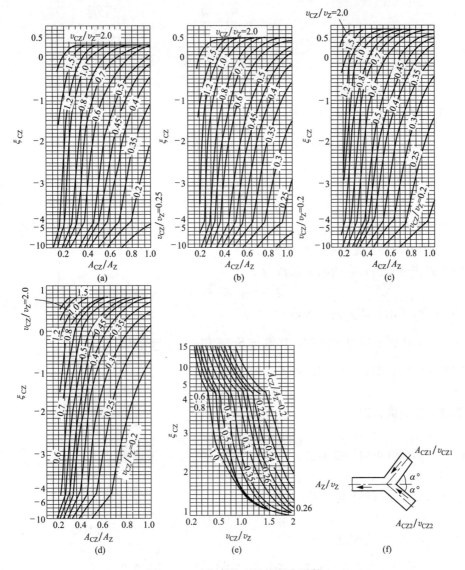

图 5-16　对称合流三通的阻力系数

(a) $\alpha=15°$时阻力系数 ξ_{CZ}；(b) $\alpha=30°$时阻力系数 ξ_{CZ}；(c) $\alpha=45°$时阻力系数 ξ_{CZ}；
(d) $\alpha=60°$时阻力系数 ξ_{CZ}；(e) $\alpha=90°$时阻力系数 ξ_{CZ}；(f) 阻力方向示意图

单排管子的阻力系数 ξ_0 的计算方法如下：

(1) 当 $S_1 \leqslant S_2$ 时 $(0.06 \leqslant \psi \leqslant 1)$ 为

$$\xi_0 = 2 \left(\frac{S_1}{d} - 1 \right)^{-0.5} Re^{-0.2} \tag{5-59}$$

式中　S_1、S_2——管束深度及宽度方向上的管子节距，m；

　　　　d——管子的外径，m；

　　　　Re——雷诺数。

系数 ψ 的计算方法为

$$\psi = \frac{S_1 - d}{S_2' - d} \tag{5-60}$$

$$S_2' = \sqrt{\left(\frac{S_1}{2}\right)^2 + S_2^2}$$

式中 S_2'——管子对角线节距。

（2）当 $S_1 > S_2$ 时（$1 \leqslant \psi \leqslant 8$）为

$$\xi_0 = 0.38\left(\frac{S_1}{d} - 1\right)^{-0.5}(\varphi - 0.94)^{-0.59}Re^{-0.2/\varphi^2} \tag{5-61}$$

（3）中当 $S_1 > S_2$ 时（$8 \leqslant \psi \leqslant 15$）为

$$\xi_0 = 0.118\left(\frac{S_1}{d} - 1\right)^{-0.5} \tag{5-62}$$

（4）当管束中的节距（S_1、S_2）交替变化时，阻力系数可按节距的平均值计算。

（二）横向冲刷错列光滑管束的阻力系数

横向冲刷错列光滑管束的阻力系数为

$$\xi' = \xi_0(Z_2 + 1) \tag{5-63}$$

式中 Z_2——管子沿气流方向的排数；

ξ_0——单排管子的阻力系数，其值与 S_1/d 和 $\psi = \dfrac{S_1 - d}{S_2' - d}$ 以及 Re 有关。

对宽节距管束，即 $\psi > 1.7$ 且 $3 \leqslant S_1/d \leqslant 10$ 时为

$$\xi_0 = 1.83\sigma_1^{-1.46} \tag{5-64}$$

对非宽节距管束，即

$$\xi_0 = C_s Re^{0.27} \tag{5-65}$$

式中 C_s——错列管束的构造系数，由 S_1/d 及 ψ 确定，按下述情况计算。

（1）当 $0.1 \leqslant \psi \leqslant 1.7$ 时：

对于 $S_1/d \geqslant 1.44$ 的管束，则

$$C_s = 3.2 + 0.66(1.7 - \psi)^{1.5} \tag{5-66}$$

对于 $S_1/d < 1.44$ 的管束，则

$$C_s = 3.2 + 0.66(1.7 - \psi)^{1.5} + \frac{1.44 - \sigma_1}{0.11}[0.8 + 0.2(1.7 - \psi)^{1.5}] \tag{5-67}$$

（2）当 $1.7 \leqslant \psi \leqslant 5.2$ 时：

对于 $1.44 \leqslant S_1/d \leqslant 3.0$ 的管束，则

$$C_s = 0.44(\psi + 1)^2 \tag{5-68}$$

对 $S_1/d < 1.44$ 的管束，则

$$C_s = [0.44 + (1.44 - \sigma_1)](\psi + 1)^2 \tag{5-69}$$

（三）斜向冲刷光滑管束的阻力系数

斜向冲刷管束（如图 5-17 所示）可视为横向冲刷管束的一种特例处理，其阻力计算可采用相同的公式和图表。

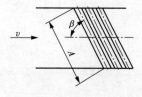

图 5-17 计算斜向冲刷管束有效断面积简图

但在这种情况下，计算流速应按垂直于管子的轴线方向和考虑被管子堵塞的断面来确定。即

$$v = \frac{Q}{3600(F-f)}\sin\beta \tag{5-70}$$

上述计算对于 $\beta \leqslant 30°$ 时是足够精确的，但当 $\beta \leqslant 75°$ 时，无论是顺列或错列管束的斜向冲刷阻力都应该比纯横向冲刷的计算结果加大 10% 左右。

（四）横向冲刷错列翅片管管束的阻力系数

气流横向冲刷错列布置的翅片管管束时，其阻力系数仍按一般通式计算，即

$$\xi' = \xi_0 Z_2 \tag{5-71}$$

$$\xi_0 = C_s C_n Re_l^{-0.25} \tag{5-72}$$

式中 ξ_0——单排管子的阻力系数；

Z_2——管子沿气流方向的排数，排；

C_s——错列翅片管束的形状系数，与比值 l/d_{dl} 有关；

C_n——排数小于五排时的修正系数；

Re_l——按由假设条件确定的尺寸 l 计算的雷诺数。

当 $0.16 \leqslant l/d_{dl} \leqslant 6.55$，$Re_l$ 为 $(2.2\sim180)\times10^3$ 时，则

$$C_s = 5.4 (l/d_{dl})^{0.3} \tag{5-73}$$

$$d_{dl} = \frac{4A}{L} = \frac{2[P(S_1-d)-2\delta h]}{2h+P} \tag{5-74}$$

式中 l——定性尺寸，m；

d_{dl}——管束收束截面的当量直径，m；

A——气流通道中最大收缩横截面积，m；

L——受流动介质冲刷的壁面横截面周界长，m；

P——翅片的节距，m；

S_1——管束中管子的横向截距，m；

d——基管外径，m；

h——翅片高度，m；

δ——翅片平均厚度，m。

翅片管的定性尺寸的计算式为

$$l = \frac{A_g}{A}d + \frac{A_1}{A}\sqrt{\frac{A_1'}{2n}} \tag{5-75}$$

式中 A、A_g、A_1——翅片管的全表面积、翅片间光管段的表面积及翅片的表面及，m²；

A_1'——翅片两平面的表面积（不包括其端面的面积），m；

d——光管外径，m；

n——翅片总表面积为 A_1 时管子上的翅片数。

对方形翅片管，式（5-67）变成

$$l = \frac{\pi d_2(P-\delta)}{\frac{A}{n}} + \frac{2(a_{le}-0.785d^2)+4a_{le}\delta}{\frac{A}{n}} \times \sqrt{a_{le}^2-0.785d^2} \tag{5-76}$$

$$\frac{A}{n} = \pi d(P-\delta) + 2(a_{le}^2-0.785d^2) + 4a_{le}\delta$$

$$a_{le} = 2h+d$$

式中 a_{le}——翅片边长，m；

h, s_{le}, δ——翅片的高度、节距和平均厚度，m。

对圆形翅片管 l 值按下式计算，即

$$l = \frac{nd(s_{le}-\delta)}{L\beta} + \frac{0.5n(D^2-d^2)+Dn\delta}{Ld\beta} \times \sqrt{0.785(D^2-d^2)} \quad (5-77)$$

式中　D——翅片外缘的直径，m；

　　　L——翅片表面积等于 A_1 时的管子长度，m；

　　　β——管子的肋化系数（总表面积与直径为 d 的光管表面积比）。

（五）横向冲刷顺列横向翅片管管束的阻力系数

气流横向冲刷顺列横向翅片管管束的阻力系数按下式计算，即

$$\xi' = \xi_0 Z_2 \quad (5-78)$$

$$\xi_0 = C_s C_n Re_1^{-0.08} \quad (5-79)$$

式中　Z_2——管子沿气流方向的排数；

　　　ξ_0——单排管子的阻力系数；

　　　C_s——顺列列翅片管束的形状系数，与比值 l/d_{dl} 及 $\varphi = \dfrac{S_1-d}{S_2'-d}$ 有关；

　　　C_n——管排修正系数；

　　　Re_1——按由假设条件确定的尺寸 l 计算的雷诺数。

在 $0.9 \leqslant l/d_{dl} \leqslant 11.0$，$0.5 \leqslant \varphi \leqslant 2$，$Re_1$ 为 $(4.3\sim160)\times10^3$ 范围内，由下式计算，即

$$C_s = 0.52\,(l/d_{dl})^{0.3}\varphi^{-0.68} \quad (5-80)$$

五、烟道的自通风计算

此外，如果是垂直烟道，在计算时应考虑自身通风的影响，自身通风力的计算式为

$$\Delta h_z = \pm H\left(1.2 - \gamma'\frac{273}{273+t}\right) \quad (5-81)$$

式中　H——烟道垂直高度，m；

　　　γ'——烟气在标准状况下的重度，kg/m³；

　　　t——烟气的温度，℃。

在烟气上升流动时，自身通风能力方向与烟气流动方向相同，取正值；在烟气下降流动时，自身通风力方向与烟气流动方向相反，取负值。

六、烟气阻力计算案例

对本章第一节设计的烟气深度冷却器进行烟气阻力的相关计算，结果详见表5-16。

表 5-16　　　　　　　　　　　　　　烟 气 阻 力 计 算 表

序号	名称	符号	单位	公式及数据来源	结果
1	管束收束横截面的当量直径	d_{dl}	m	$2\times[P(S_1-d)-2\delta h]/(2h+P)$	0.02538462
2	1m管上肋片两平面的表面积	A_1'	m²	$A_f-(4B-2d-2g+2A)\delta n$	0.357
3	1m管上的肋片数	n	—	已知	50
4	1m管子肋片管的全表面积	A_1	m²	已知	0.503
5	1m管子肋片间光管的表面积	A_b	m²	已知	0.104
6	1m管子上肋片的表面积	A_f	m²	已知	0.399
7	定性尺寸	l_d	m	$A_b/A_1 d + A_f/A_1\,\sqrt{(A_1'/2/n)}$	0.055
8	计算 Re	Re_1	—	vl_d/v	27021.6

续表

序号	名称	符号	单位	公式及数据来源	结果
9	比值	ψ	—	$(S_1-d)/(S_2-d)$	1
10	翅片管束的形状系数 C_s	C_s	—	$0.52(l_d/d_{dl})^{[0.3 \times \varphi(-0.68)]}$	0.657
11	管排修正系数 C_n	C_n	—	排数>6	1
12	一排管子的阻力系数	ζ_0	—	$C_s C_n Re^{-0.08}$	0.290
13	横向冲刷阻力系数	ζ_1	—	$\zeta_0 Z_2$	7.0
14	密度	ρ	kg/m³	查取	0.957
15	烟气平均流速	v	m/s	已知	10.86
16	动压	p_d	Pa	$\rho v^2/2$	56.4
17	烟风阻力	p	Pa	$p\zeta_1$	393.2

第三节 水动力计算

一、水动力计算概述

烟气深度冷却器的水动力计算主要是计算水侧的流动阻力，与锅炉省煤器的水动力基本相似，可作为锅炉水动力计算的一部分来看待。当烟气深度冷却器内工质为凝结水时，主要考虑凝结水系统可否克服烟气深度冷却器内的流动阻力，如果不能，则需考虑安装增压泵克服系统阻力；当烟气深度冷却器内工质为循环水时，计算流动阻力为循环泵的选取提供参考。

水动力的最基本参数为速度和流量（质量流量或体积流量）。

（一）质量流量

单位时间流过管道流通截面积的工质质量称为质量流量，用 q_m 表示。

（二）质量流速

单位时间流过单位流通截面积的工质质量称为质量流速，用 v_m 表示，即

$$v_m = q_m/A \tag{5-82}$$

式中 A——流通截面积，m。

（三）体积流量

单位时间流过管道流通截面积的工质体积称为体积流量，用 q_V 表示。

（四）体积流速

单位时间流过单位流通截面积的工质体积称为体积流速，用 v_V 表示，即

$$v_V = \frac{q_V}{A}$$

二、流动阻力

烟气深度冷却器管内工质流动时，需要克服各种阻力，会产生一定的压力降。根据动量守恒原理，可推导出工质在管内流动时，其总压降的计算方程式为

$$\Delta p = \Delta p_{mc} + \Delta p_{jb} + \Delta p_{zw} + \Delta p_{js} \tag{5-83}$$

式中 Δp——总压差，它被定义为管道的始端和终端压力之差，Pa；

Δp_{mc}——沿程摩擦阻力损失，Pa；

Δp_{jb}——局部阻力损失，与摩擦阻力损失之和为流动阻力 Δp_{ld}，Pa；

Δp_{zw}——重位压降，Pa；

Δp_{js}——加速压降，Pa。

对于烟气深度冷却器，由于加速度引起的阻力损失较小，可以忽略，而只计算其余三部分损失。另外，烟气深度冷却器管内工质一般为单相流体，故本节只介绍单相流体的阻力计算方法。

（一）摩擦阻力

单相流体的沿程摩擦阻力损失为

$$\Delta p_{mc} = \lambda \frac{l}{d_n} \frac{v_{Vm}^2}{2} \tag{5-84}$$

式中 λ——摩擦阻力系数。

由于烟气深度冷却器中工质黏度较小，管内流动工况在完全粗糙区，此时 λ 值与 Re 无关，可由式（5-85）计算确定，即

$$\lambda = \frac{1}{4(\lg 3.7 d_n/k)^2} \tag{5-85}$$

式中 d_n——管子内直径，m；

k——管子内壁绝对粗糙度，对于碳钢和珠光体钢 $k=0.06$mm，对于奥氏体钢管 $k=0.008$mm。

（二）局部阻力

1. 单相流体的局部阻力

单相流体局部阻力是由于流体流动时因流动方向或流通截面的改变而引起的能量损失，其计算式为

$$\Delta p_{jb} = \xi_{jb} \frac{v_{Vm}^2}{2} \tag{5-86}$$

式中 ξ_{jb}——单相流体的局部阻力系数，一般由试验确定。

2. 局部阻力系数的确定

主要介绍烟气深度冷却器常用的局部阻力系数的确定，其余各类局部阻力系数可详见《实用锅炉手册》等有关资料。

（1）单相流体由集箱进入管子的入口阻力系数 ξ_j 按表 5-17 求出。

表 5-17　　　　　　　　　由集箱进入管子的入口阻力系数

入口形式	ξ_j
分散引入和引出的分配或集流集箱	0.7
沿集箱纵向管排（不超过 10 行）端部或侧面引入分配集箱	0.7
沿集箱纵向管排（不超过 10 行）端部或侧面引入分配集箱，但集箱管排大于 15 行时	1.4
由集流集箱端部引出	$0.5+[1-(d_n/d_{jx})^2]^2$
由集流集箱端部引出，但由集箱侧面引出	$0.7+(d_n/d_{jx})^4$

注　d_n、d_{jx} 分别为管子内径和集箱内径。

（2）单相流体的管子出口阻力系数 ξ_c 按表 5-18 求出。

表 5-18　　　　　　　　　　管子出口阻力系数

出口形式	ξ_c
分散引入和出口进入分配集箱以及 $n<2$ 的集流集箱	1.1
分散引入和出口进入分配集箱以及 $n<2$ 的集流集箱，对 $n>2$ 的集流集箱及出口进入具有端部或侧面引出管的集流集箱	$1.1+0.9(d_n/d_{jx})^4$
出口从端面引入分配集箱	$0.7+(0.5-0.7(d_n/d_{jx})^2)^2$
出口从侧面引入分配集箱	$1.1+0.7(d_n/d_{jx})^4$

注　n 为从集箱或计算段开始，到汽流方向第一个引出管间的引入管数。

（3）单相流体的弯头阻力系数。单相流体的弯头阻力系数 ξ_{wt} 按下述的几种情况求出：

1）对缓转的弯头（管子的内边和外边具有同一的弯曲中心），$R_n > d$ 和 $R_w = R_n + d$，其阻力系数 ξ_{wt} 按图 5-18（a）求。R_n 为内边弯曲半径，R_w 为外边弯曲半径。

2）对急转的弯头（管子的内边和外边具有同样的弯曲半径，$R_w = R_n = R$），其阻力系数 ξ_{wt} 按图 5-18（b）求。

3）对 $d > 125mm$ 的一般钢管（$K = 0.08$）和 $d > 75mm$ 的不锈钢管（$K = 0.01$），其阻力系数 ξ_{wt} 应按图 5-18（a）及图 5-18（b）求出阻力系数值后再乘以由图 5-18（c）查出的粗糙度修正值 c。

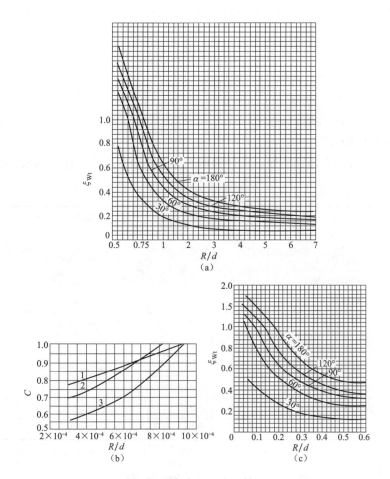

图 5-18　弯头的阻力系数 ξ_{wt}

（a）适用于管子的相对粗糙度和管径之比大于 8×10^{-4} 的情况；（b）适用于管子的相对粗糙度和管径之比等于 8×10^{-4} 的情况；
（c）修正系数（当粗糙度小于取用值时）
1—肘管；2—锐角管；3—平滑弯头 $R/d \leqslant 15$

注：对于管径 $d > 125mm$（$K = 0.08mm$）和 $d > 75mm$（$K = 0.01mm$）的不锈钢管，应根据图 5-19（c）的修正系数 C 修正。图中 α 指管内流体运动中实际的方向变化。

4）烟气深度冷却器上所用的一般弯头（$R/d > 3.5$）的阻力系数 ξ_{wt} 按表 5-19 求出。

表 5-19　　　　　　　　　**R/d＞3.5 管子弯头阻力系数的平均值**

弯头角度 α	＜20°	20～60°	60～140°	＞140°
ξ_{wt}	0	0.1	0.2	0.3

5）具有锐边和急剧转弯的管子弯头阻力系数 ξ_{wt} 按表 5-20 求出。

表 5-20　　　　　　　　　　**急 剧 转 弯 阻 力 系 数**

弯头角度 α	30°	45°	60°	75°	90°
ξ_{wt}	0.25	0.5	0.8	1.2	1.75

3. 重位压降

单相流体的重位压降计算式为

$$\Delta p_{zw} = \bar{\rho} g \Delta h \tag{5-87}$$

式中　$\bar{\rho}$——工质平均密度，kg/m^3；

　　　g——重力加速度；m/s^2；

　　　Δh——流体的相对高度，m。

三、水动力计算案例

根据本章第一节热力计算结果，设计的烟气深度冷却器水动力计算结果见表 5-21。

表 5-21　　　　　　　　　　　　　**水 动 力 计 算 结 果**

序号	名称	符号	单位	计算方法	结果
1	管子内壁绝对粗糙度	Ra	mm	查取	0.06
2	摩擦阻力系数	λ	—	$0.25/(\lg 3.7 \times d_n/k)^2$	0.0234205
3	摩擦阻力压降	Δp_{mc}	Pa	$\lambda \times l_z/d_n \times \rho \times v_{pj}^2/2$	5427.9
4	弯头局部阻力系数	ξ_{wt}	—	查取	0.9
5	弯头局部阻力	Δp_{wt}	Pa	$\xi_{wt}\rho v_{pj}^2/2n_{wt}$	889.3
6	管子进入集箱阻力系数	ξ_{lx}	—	查取	1.1
7	管子进入集箱阻力	Δp_{lx}	Pa	$\xi_{lx}\rho v_{pj}^2/2n_{lx}$	197.6
8	集箱进入管子阻力系数	ξ_{gz}	—	查取	0.7
9	集箱进入管子阻力	Δp_{gz}	Pa	$\xi_{gz}\rho v_{pj}^2/2n_{gz}$	125.8
10	工质侧总阻力	Δp	MPa	$\Delta p_{mc}+\Delta p_{wt}+\Delta p_{lx}+\Delta p_{gz}$	0.0066

第四节　受压元件强度计算

烟气深度冷却器在本体结构上分为蛇形管式换热器结构和波纹板式换热器结构两种。波纹板式换热器结构一般属于气-气换热条件，气-气两侧的烟气（空气）压力较低，不需要进行强度计算，只是在设计时选取具有一定厚度的波纹板及平板提供足够的刚度和稳定性，并考虑腐蚀裕度，选取设计厚度就可以完成。而蛇形管式换热器结构一般属于气-水（汽）换热条件，需要承受水（汽）侧的工质压力，因此属于承压部件，需要对其进行强度计算，蛇形管式换热器结构的主要受压部件分为集箱筒体、直管管束和弯头元件，因此，分别对集箱筒体、直管管束和弯头元件进行强度计算是烟气深度冷却器受压元件强度计算的主要内容。

文献［1］第四节详细介绍了材料和工程构件防脆断设计准则和强度计算准则，并分别给出了集箱筒体、直管管束和弯头元件等圆筒形元件的强度计算公式，并在强度计算公式的基础上推导出圆筒形元件的理论壁厚计算公式，按照圆筒形元件的理论壁厚计算公式可以直接获得集箱筒体、直管管束和弯头元件的理论计算壁厚，结合强度计算时应该遵循的计算压力、计算壁温和许用应力的确定原则，同时考虑集箱筒体、直管管束和弯头元件在制造、弯管过程中壁厚负偏差及减薄量，再考虑运行过程中存在的腐蚀裕量，三者相加之和就可获得圆筒形元件满足强度、制造工艺和运行需要的实际壁厚。这就是集箱筒体、直管管束和弯头元件强度计算的主要内容。考虑到集箱筒体、直管管束和弯头元件的强度计算已列入国家安全法规和计算标准，迄今为止并没有新的内容更替。为了避免内容重复，读者在阅读本书时，有必要时可直接参照文献［1］中386-414页的相关内容，文献［1］中也给出了强度计算实例，可以方便读者参考计算，在此不再赘述。

第五节　计算机辅助设计计算

一、计算机辅助设计计算概述

（一）软件编写概述

烟气深度冷却器的热力计算及阻力计算是烟气深度冷却器设计或校核过程中必须完成的一项十分重要却极为烦琐的任务。尤其是对于热力计算，往往包含上百个设计参数需要多次试算和迭代，使问题变得更为复杂。如果靠人工手算来完成热力计算，不仅花费大量的人力和时间，而且不能保证得出准确的结果。如果某个参数发生改变，则需要重复大量的计算才能得知由此引起的其他参数或状态的变化。此外，通过这种人工设计计算方法进行多种设计方案的比较与选择时就显得十分困难。

近几十年来，计算机技术发展迅猛，因其在数值计算方面的巨大优势，在越来越多的领域得到应用。在烟气深度冷却器热力及阻力计算中，利用计算机的数值计算优势，可以快速进行大量数据处理及迭代操作，也使得繁杂的热力及阻力计算工作有了大幅度改进的可能。它可以将设计人员从繁重而重复的手工计算中解脱出来，把主要精力用于各种结构参数和方案的选择与优化上，同时也可以避免人工计算容易出现的差错及人工计算中查找线图等因主观因素而出现的误差，提高了设计精度。

近年来，有不少设计人员采用 MS-EXCEL 完成锅炉热力计算。MS-EXCEL 有很好的公式编辑功能、相对完整的数据库功能，便于数据的修改和调整，同时，它又具有良好的图表处理和制表功能。另外，其在完成整个计算过程后易于输出报表，且直观、清楚。在 MS-EXCEL 的使用中也可以通过 vb 编译，实现一些特殊的功能。但是这种热力计算软件只能实现热力计算的半自动化，而且速度非常慢，过程中数据量庞大，不易于进行数据调整。

针对烟气深度冷却器受热面布置灵活以及输入数据烦琐的特点，本节采用 Qt 软件编写了烟气深度冷却器辅助计算程序，在设计烟气深度冷却器时，运用已编译的软件，在计算机操作平台上，通过设定初始参数以及受热面布置，完成烟气深度冷却器整体热力计算以及阻力计算，并输出计算结果。

（二）编程语言介绍

本文使用 Qt 进行烟气深度冷却器设计软件编制。Qt 是一个跨平台的 C＋＋图形用户界面库，由挪威 TrollTech 公司开发，它的目的是提供开发应用程序用户界面部分所需要的一切部件，主要通过封装一系列 C＋＋类来实现。目前由 Qt 核心部件、基于嵌入式的 Qt/Embedded、快速开发工具 Qt Designer 和国际化工具 Qt Linguist 等部分。Qt 支持所有 Unix 系统，也包括 Linux 系统，还支持 Windows 和 Mac 系统，是著名的跨平台编程语言。Qt 是完全面向对象的，它提供了丰富的窗口部件集，给应用程序开发者开发美观的图形用户界面提供了极大的便利，而且很容易对这些部件集进行扩展，允许真正地组件编程。最为重要的是 Qt 使用"一次编写，到处编译"的方式来构建多平台图形用户程序。

Qt 的开发语言是 C＋＋，它编写并封装了大量的与图形界面编程相关的 C＋＋类，并以工具开发包的形式提供给软件开发者，这些工具包相当于 MFC 的开发库，不同的是 Qt 的工具包中封装了不同操作系统的访问细节，使得这些工具包可以在不同的操作平台上使用。

Qt 开发的应用程序实际上是 C＋＋程序，因此它拥有 C＋＋语言的一切优良特性，如灵活性、高效性等。而针对使用 C＋＋进行面向对象编程时复杂难懂的特点，Qt 提供了强大的信号-槽机制，来简化信号处理与事件响应。信号和槽是一种高级接口，应用于对象之间的通信，它是 Qt 的核心特性，也使 Qt 从众多界面化编程方法中脱颖而出，受大众喜爱的重要原因。信号和槽是 Qt 语言标准的一部分，它独立于标准的 C＋＋语言。它借助一个称为元对象编译工具的 C＋＋预处理程序，自动为高层次的事件处理生成所需要的程序代码。在其他界面化编程工具包中，每一个窗口小部件都定义有一个指向某个函数的指针，被称为回调函数。该函数可以响应它们能够触发的每个事件或动作。而在 Qt 中，信号和槽取代了这些凌乱的函数指针，使得编写这些通信程序更为简洁、明了。信号和槽能携带任意数量和任意类型的参数，他们是类型完全安全的，不会像回调函数那样产生核心转储错误。

Qt 支持动态存储，这也是其灵活性和高效性的体现，它允许程序员通过使用 new 和 delete 操作符在程序运行过程中根据需要动态地分配和释放内存，更可以让在一个函数中动态分配的内存在另一个函数中再释放，也就是说数据的生命周期完全由程序员控制，而不受函数或对象生命周期的限制，这对于大型数据处理有着至关重要的作用，比如函数之间传递动态数组、传送指针参数等。与使用常规变量相比，使用 new 和 delete 操作符使程序员对如何使用内存有更大的控制权。

此外，Qt 还支持二维和三维图形渲染，支持 OpenGL，便于程序员开发复杂的二维和三维动画，如本文所编写的烟气深度冷却器结构模型图就是利用 OpenGL 来实现的。Qt 也提供了对多种数据库类型的支持，如 IBM 公司的 DB2、MySQL、ODBC、SQLite 等，本文使用 SQLite 建立了标准烟气物理特性以及烟气各组分比热的数据库，并在程序运行过程中进行动态调运，实现相应的热力计算。

（三）面向对象的编程方法介绍

面向对象编程（OOP）是一种计算机编程构架，它的基本原则是将计算机程序由单个能够起到子程序作用的单元或对象组合而成。为了实现整体运算，每个对象都能够接收信息、处理数据和向其他对象发送信息。OOP 达到了软件工程的三个主要目标：重用性、灵活性和扩展性。

面向对象程序设计与传统的过程性编程的优势在于通过对类型的抽象来简化过程性编程的复杂逻辑。在过程性编程方法中，一般要求分析出解决问题所需要的步骤，然后用函数把这些步骤一步一步实现，使用的时候一个一个依次调用，对于简单问题，这种方法确实精简而实用，但当需要解决一个复杂的问题时，如何设计算法极具挑战性，甚至明确出解决问题的步骤都很困难。而面向对象的编程方法可以一定程度地简化问题的逻辑复杂度，将程序设计的难度转移到对类型或对象的抽象上，将过程性编程方法中需要处理的大量逻辑判断分解在对象内部完成。因此，过程性编程是由上而下的程序设计，而面向对象则是由下而上的程序设计。这种程序设计的优点是容易修改程序功能。与过程性程序设计的需要重新调整程序整体结构不同，面向对象编程只需要增添、修改对象或对象成员即能完成对程序功能的修改。

以水和水蒸气热力性质计算来说明：水和水蒸气作为工质，被广泛应用在各行各业，其热力性质计算尤其重要。考虑到不是所有的从业人员都是能源动力行业，在进行水和水蒸气热力性质计算的时候不是很明确所设定参数的工质状态，而国际水和水蒸气协会给出的工业用水和水蒸气热力性质计算公式是分区域给出的，因此在设计水和水蒸气热力性质计算软件的时候，需要在全局域内判断工质的状态：过冷水、饱和水、湿蒸汽、饱和蒸汽、过热蒸汽和临界水或临界蒸汽。如果使用过程性程序设计，则需要在主函数中进行大量、复杂的逻辑判断来确定水蒸气区域；而在面向对象程序设计方法中，可以将水和水蒸气设计为父对象，而将上述不同状态的水或蒸汽抽象为继承了父对象的子对象，将区域判断在各个子对象内部实现。

（四）软件编制原则

采用 Qt/C++进行烟气深度冷却器设计软件编制，主要的指导思想是面向对象编程。在软件的宏观设计上保持了与人工手算进行换热器设计相同的结构顺序，一方面可以使软件编写思路更加清晰，另一方面也可以增强软件的易用性。在功能实现方面采用模块化编程的方法，将换热器设计过程分解为几个小的模块，每一个小的模块都定义为一个 C++类，用以实现不同的功能。这种模块化的方法可以使软件的宏观逻辑得到简化，有利于代码的修改和重用。在模块化编程过程中，遵守了先易后难、先分后合的原则，因而极大地提高了软件开发效率。

由于该软件主要用在设计计算上，软件的核心是换热器设计计算的代码实现，所以在软件编制过程中将主要精力放在对各种换热器设计计算公式及图表的求证上，优先保证软件内部计算过程的正确性和精准性，之后才考虑各种编程的优化算法以及人机交互界面的实现，避免发生舍本逐末的错误，使得编写的软件实用性不强。

对于此类设计软件，自动化程度的高低是衡量软件优良的一个重要指标，因此在软件编制过程中编写了大量的输入事件处理代码，当用户输入或修改一个设定参数后不需要其他任何鼠标操作，程序自身可以检测到参数的变化，从而接收参数并自动开始计算（更新）其他相关变量。以热力设计计算为例，当烟气特性及进、出口烟气温度确定之后，烟气的放热量是一定的。设计人员需要更改烟气深度冷却器的结构参数及各种修正系数来计算受热面总传热量，使得传热量与烟气放热量的相对误差小于 2%。由于本软件采用了参数动态更新的方式，因此当设计人员修改一个结构参数后，软件会立刻计算出该参数下烟气深度冷却器的总传热量及相对误差，设计人员立刻就能够知道设计结果是否合理，从而极大地提高了设计效率。

在代码编写方面，所有的程序代码都保持了同一种编程风格，提高了代码的美感和可读性。由于程序中涉及的变量极多，为了便于记忆，变量均以其英文缩写或常用符号进行命名，并统一采用 Camel 命名法，这种命名法的原则是除首单词外所有单词的首字母大写。如给水流量、传热量分别命名为 feedFlow、heatTransfer。

此外，为了提高软件的健壮性，在代码编写过程中对细节处理给予了极高的重视。为了防止程序头文件被多重包含，所有头文件都使用了 ♯define 预定义保护；为了不使头文件过于臃肿而降低其编译速率，普遍采用了前置声明的方式；对于代码少于 10 行的函数，都将其定义为内联函数，减少了代码调用的开销；对于类构造函数，如非必要都采取了以成员初始化方法代替在构造函数内部赋值的方式，从而提高程序运行效率。

（五）算法简介

1. 插值算法

在换热器设计过程中很多时候都要用到插值算法。如查询标准烟气物理性质表、温焓表等。由于这些表中的数据有限，有可能没有想要的温度下的值，这个时候就需要采用插值算法来求取合理的近似值。在使用人工手算的方式进行换热器设计时，为了降低难度，设计人员普遍采用在两组数据点之间进行线性插值的方法来得到想要的参数，而且理论上在换热器设计中由插值方法产生的误差是可以接受的。但是当使用计算机来进行换热器设计时，如果还继续采用这种线性插值方法，就不能体现出计算机的优势。因此，本文采用了较为高端一点的拉格朗日插值方法，由于该方法在插值时使用了已知的所有数值点，理论上要比使用两组数值点进行插值的精确度略高。

拉格朗日插值公式为

$$y = \frac{(x-x_2)(x-x_3)\cdots(x-x_n)}{(x_1-x_2)(x_1-x_3)\cdots(x_1-x_n)}y_1 + \frac{(x-x_1)(x-x_3)\cdots(x-x_n)}{(x_2-x_1)(x_2-x_3)\cdots(x_2-x_n)}y_2 + \cdots$$
$$+ \frac{(x-x_1)(x-x_2)\cdots(x-x_{n-1})}{(x_n-x_1)(x_n-x_2)\cdots(x_n-x_{n-1})}y_n \tag{5-88}$$

式中　(x_1, y_1), (x_2, y_2), $\cdots$, (x_n, y_n)——已知的组数据点；

(x, y)——所求数据点。

2. 非线性方程（组）求根算法

求解非线性方程或方程组也是换热器设计计算中常见的问题，比较典型的环节是水和水蒸气热力性质计算，由于 IAPWS-IF97 公式中只给出了由部分参数组合求剩余参数的直接计算方法，当需要用其他参数组合求解剩余参数时，就需要求解非线性方程或非线性方程组。

在一维非线性方程求根算法中，比较有名的是牛顿-拉斐森（Newton-Raphson）方法。该方法的思想是利用函数及其导数值求出第 N 次逼近点的切线，并将该切线与 x 坐标轴的交点作为第 $N+1$ 次的逼近点。假定 x_0 为方程 $f(x)=0$ 的根 r 的初始近似值，则可由式（5-89）得到 r 的 N 次逼近值，即

$$r \approx x_n = x_{n-1} - \frac{f(x_{n-1})}{f'(x_{n-1})} \tag{5-89}$$

牛顿-拉斐森方法不仅可以求解一维非线性方程的根，也可以用来求解多位非线性方程的根。一般，对于给定含有 N 个变量 x_i（$i=0$，1，$\cdots$，$N-1$）的 N 组方程有

$$F_i(x_0,x_1,\cdots,x_{n-1}) = 0 \quad i = 0,1,\cdots,N-1 \tag{5-90}$$

记 x 为以 x_i 为分量的自变量向量，F 为以 F_i 为分量的因变量向量。则式（5-81）可以写为

$$F(x) = 0 \tag{5-91}$$

由 F 的导函数构成的雅可比矩阵 J 为

$$J_{i,j} = \frac{\partial F_i}{\partial x_j} \tag{5-92}$$

F 的泰勒展开式为

$$F(x+\delta x) = F(x) + J \cdot \delta x + F(\delta x^2) \tag{5-93}$$

忽略 $F(\delta x^2)$ 及其更高阶项并令 $F(x+\delta x) = 0$，可以得到一个关于修正项 δx 的线性方程组，即

$$J \cdot \delta x = -F(x) \tag{5-94}$$

从而由牛顿-拉斐森方法得到多维非线性方程组根的递推公式为

$$x_{\text{new}} = x_{\text{old}} + \delta x \tag{5-95}$$

一般情况下上述公式足以求出一个或一组方程的根，然而，上述公式的计算效率并不是最高的，因为不能保证 $|F(x_{\text{new}})| \leqslant |F(x_{\text{old}})|$，所以，文献［6］中给出了一种回溯算法：每次迭代时先尝试使用牛顿全步长 δx，但是要对是否接受该步长作出检测，标准就是该步长能够使得式（5-96）减小，即

$$f(x) = \frac{1}{2}F(x) \cdot F(x) \tag{5-96}$$

若全步长不能满足要求，则沿着牛顿方向追踪，直到找到一个可接受的步长为止，即

$$x_{\text{new}} = x_{\text{old}} + \lambda \delta x, 0 < \lambda \leqslant 1 \tag{5-97}$$

此外，若不使用回溯算法，则有可能无法求出如图 5-19 所示的那种病态函数的根。当方程根的初始预测值为图中 1 点或 2 点的横坐标时，使用牛顿-拉斐森方法将进入死循环。

3. 线性方程组求根算法

求解非线性方程组时常常伴随着线性方程组的求解，如式（5-94），若想使用牛顿-拉斐森方法，必须求解关于 δx 的线性方程组。本文统一采用矩阵 LU 分解来求解。

这种求解方法的思想是将一个矩阵 A 分解成下三角矩阵 L 与上三角矩阵 U 的乘积。当求解以 A 为系数矩阵的线性方程组时，则

$$A \cdot x = (L \cdot U) \cdot x = L \cdot (U \cdot x) = b$$

首先求解向量 y，使得

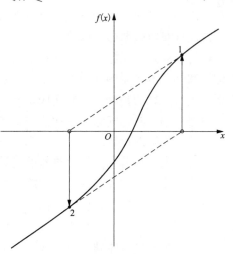

图 5-19　不能应用牛顿-拉斐森求根方法的病态函数

$$L \cdot y = b \tag{5-98}$$

然后再来求解 x，即

$$U \cdot x = y \tag{5-99}$$

由于 L 是下三角矩阵，所以容易得出向量 y 的表达式为

$$y_0 = \frac{b_0}{\alpha_{0,0}} \tag{5-100}$$

$$y_i = \frac{1}{\alpha_{i,i}} \left(b_i - \sum_{j=0}^{i-1} \alpha_{i,j} y_j \right), i = 1,2,\cdots,N-1 \tag{5-101}$$

式中　b_i——向量 b 的第 i 个分量；

　　$\alpha_{i,j}$——矩阵 L 的第 i 行、第 j 列元素。

同理，由于 U 是上三角矩阵，所以 x 的表达式也容易得出，即

$$x_{N-1} = \frac{y_{N-1}}{\beta_{N-1,N-1}} \tag{5-102}$$

$$x_i = \frac{1}{\beta_{i,i}} \left(y_i - \sum_{j=i+1}^{N-1} \beta_{i,j} x_j \right), i = N-2,N-3,\cdots,0 \tag{5-103}$$

式中　y_i——向量 y 的第 i 个分量；

　　$\beta_{i,j}$——矩阵 U 的第 i 行、第 j 列元素。

对矩阵 A 进行 LU 分解的方法为

$$\alpha_{i,i} = 1, i = 0,1,\cdots,N-1 \tag{5-104}$$

$$\beta_{i,j} = a_{i,j} - \sum_{k=0}^{i-1} \alpha_{i,k} \beta_{k,j} \tag{5-105}$$

$$\alpha_{i,j} = \frac{1}{\beta_{j,j}} \left(a_{i,j} - \sum_{k=0}^{j-1} \alpha_{i,k} \beta_{k,j} \right) \tag{5-106}$$

式中　$\alpha_{i,j}$——矩阵 L 的第 i 行、第 j 列元素；

　　$\beta_{i,j}$——矩阵 U 的第 i 行、第 j 列元素；

　　$a_{i,j}$——矩阵 A 的第 i 行、第 j 列元素。

二、计算机辅助热力计算

热力计算是烟气深度冷却器和烟气再热器设计过程中所必需的一项重要计算。烟气深度冷却器和烟气再热器的烟气阻力计算、水动力计算、受压元件强度计算以及管壁温度计算等都要在热力计算的基础上才能完成。

根据已编写的烟气深度冷却器和烟气再热器设计计算软件，介绍烟气深度冷却器和烟气再热器计算机辅助计算的设计思想和关键问题的解决方法。

烟气深度冷却器和烟气再热器的设计计算软件可用于烟气深度冷却器和烟气再热器的设计计算及优化。该软件包括三大功能模块、两个常用工具包以及三种常用文件操作。三大功能模块分别是烟气特性分析、结构设计与热力校核、烟气阻力及水动力计算；两个工具包是标准烟气物理特性表、水和水蒸气热力性质计算；三种常用的文件操作分别是参数导入、参数导出和计算结果打印到 PDF 文件。

（一）程序主框架

本书所编写的烟气深度冷却器和烟气再热器设计软件是对传统人工手算设计过程进行模块化的结果。软件的宏观构架如图 5-20 和图 5-21 所示。

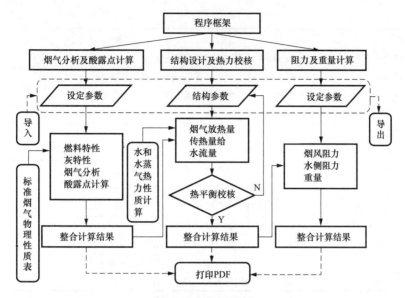

图 5-20　程序框架

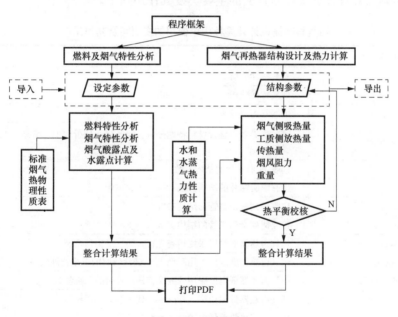

图 5-21　程序框架

将烟气深度冷却器设计计算程序中定义的主要类及其作用列于表 5-22 中。

表 5-22　　　　　**烟气深度冷却器设计计算程序中使用的主要类及其作用**

类名	作用
FuelPro	燃料特性分析
AshPro	灰特性分析
FluePro	烟气特性分析
AcidDewPoint	水露点及酸露点计算
FirstDockWindow	第一主界面，整合燃料特性、灰特性、烟气分析及酸露点计算四个模块

类名	作用
HeGeom	烟气深度冷却器三维物理模型建立
GLWidget	嵌入 OpenGL 代码，进行烟气深度冷却器模型绘制
HEStructure	接收烟气深度冷却器结构参数并计算相关变量
HeatRealeaseFromFG	计算烟气放热量
FeedFlow	计算给水流量
HeatTransfer	计算受热面传热量
IAPWS	用于水和水蒸气热力性质计算
SecondDockWindow	第二主界面，整合结构设计与热力校核模块
FlueGasResistance	烟风阻力计算
HeatExchangerWeight	烟气深度冷却器重量计算
ThirdWindow	第三主界面，整合阻力及重量计算模块
SqlHed	程序中所使用到的 SQLite 数据库相关查询函数整合
Numerical	程序中所使用到的相关算法整合

将烟气再热器设计计算程序中定义的主要类及其作用列于表 5-23 中。

表 5-23　　　　　　　　**烟气再热器设计计算程序中使用的主要类及其作用**

类名	作用
fuel	燃料特性分析
fluegas	烟气特性分析
acidpoint	烟气酸露点及水露点计算
firstwindow	第一主界面，整合燃料特性分析、烟气特性分析和烟气酸露点及水露点计算三个模块
hfintube	接收 H 形翅片的结构参数
lfintube	接收螺旋翅片的结构参数
nfintube	接收顺列氟塑料管的结构参数
nfintubecl	接收错列金属光管的结构参数
nfintubegeomlcl	烟气再热器低温段采用错列光管时的三维物理模型
hfintubegeoml	烟气再热器低温段采用顺列 H 形翅片管时的三维物理模型
lfintubegeoml	烟气再热器低温段采用顺列螺旋翅片管时的三维物理模型
glwidgetl	烟气再热器低温段嵌入 OpenGL 代码绘制物理模型
hestructurel	接收烟气再热器低温段结构参数并计算相关变量
heatrealeasefromfgl	计算烟气再热器低温段烟气侧吸热量
feedflowl	计算烟气再热器低温段工质侧放热量
heattransferl	计算烟气再热器低温段受热面传热量
secondwindow	第二主界面，整合烟气再热器低温段的结构设计、烟气侧吸热量、工质侧放热量、传热量、热平衡校核、烟风阻力分析和重量计算
nfintubegeommcl	烟气再热器中温段采用错列光管时的三维物理模型
hfintubegeomm	烟气再热器中温段采用顺列 H 形翅片管时的三维物理模型
lfintubegeomm	烟气再热器中温段采用顺列螺旋翅片管时的三维物理模型
glwidgetm	烟气再热器中温段嵌入 OpenGL 代码绘制物理模型
hestructurem	接收烟气再热器中温段结构参数并计算相关变量

续表

类名	作用
heatrealeasefromfgm	计算烟气再热器中温段烟气侧吸热量
feedflowm	计算烟气再热器中温段工质侧放热量
heattransferm	计算烟气再热器中温段受热面传热量
thirdwindow	第三主界面，整合烟气再热器中温段的结构设计、烟气侧吸热量、工质侧放热量、传热量、热平衡校核、烟风阻力分析和重量计算
nfintubegeomhcl	烟气再热器高温段采用错列光管时的三维物理模型
hfintubegeomh	烟气再热器高温段采用顺列 H 形翅片管时的三维物理模型
lfintubegeomh	烟气再热器高温段采用顺列螺旋翅片管时的三维物理模型
glwidgeth	烟气再热器高温段嵌入 OpenGL 代码绘制物理模型
hestructureh	接收烟气再热器高温段结构参数并计算相关变量
heatrealeasefromfgh	计算烟气再热器高温段烟气侧吸热量
feedflowh	计算烟气再热器高温段工质侧放热量
heattransferh	计算烟气再热器高温段受热面传热量
fourthwindow	第四主界面，整合烟气再热器高温段的结构设计、烟气侧吸热量、工质侧放热量、传热量、热平衡校核、烟风阻力分析和重量计算
nfintubegeom	烟气再热器采用顺列氟塑料管时的三维物理模型
glwidget	烟气再热器嵌入 OpenGL 代码绘制物理模型
hestructure	接收烟气再热器结构参数并计算相关变量
heatrealeasefromfg	计算烟气再热器烟气侧吸热量
feedflow	计算烟气再热器工质侧放热量
heattransfer	计算烟气再热器受热面传热量
fifthwindow	第五主界面，整合烟气再热器的结构设计、烟气侧吸热量、工质侧放热量、传热量、热平衡校核、烟风阻力分析和重量计算
mainwindow	主窗口
SqlHed	程序中所使用到的 SQLite 数据库相关查询函数整合
IAPWS	用于水及水蒸气热力性质计算
Numerical	程序中所使用到的相关算法整合

（二）烟气物性模块

烟气分析是烟气深度冷却器和烟气再热器热力计算的基础，是进行烟气深度冷却器可靠性和经济性分析的重要依据。通过对特定燃料燃烧后的烟气成分进行计算分析，可以得出烟气对换热面的腐蚀磨损特性，从而可以指导换热器制造钢材的选取及受热面的布置。在设计烟气深度冷却器时，其出口烟气温度的给定很大程度上取决于烟气酸露点温度的高低，而酸露点温度的计算与烟气特性有着密切的关联，因此在进行烟气深度冷却器设计之前进行烟气分析是极为必要的。

烟气分析的具体计算公式为

$$V^0 = \frac{1}{0.21}\left(1.866\frac{C_{ar}}{100} + 5.55\frac{H_{ar}}{100} + 0.7\frac{S_{ar}}{100} - 0.7\frac{O_{ar}}{100}\right) \tag{5-107}$$

$$V_{CO_2} = 1.866\frac{C_{ar}}{100} \tag{5-108}$$

$$V_{SO_2} = 0.7\frac{S_{ar}}{100} \tag{5-109}$$

$$V_{H_2O}^0 = 0.111H_{ar} + 0.0124M_{ar} + 0.0161V^0 \tag{5-110}$$

$$V_{N_2}^0 = 0.79V^0 + 0.008N_{ar} \tag{5-111}$$

$$V_{RO_2} = V_{SO_2} + V_{CO_2} \tag{5-112}$$

$$V_y^0 = V_{RO_2} + V_{N_2}^0 + V_{H_2O}^0 \tag{5-113}$$

$$V_y = V_y^0 + 1.016(\alpha - 1)V^0 \tag{5-114}$$

$$p_{H_2O} = \frac{V_{H_2O}^0}{V_y} \times 1.013 \times 10^5 \tag{5-115}$$

$$p_{SO_3} = \frac{V_{SO_3}}{V_y} \times 1.013 \times 10^5 \tag{5-116}$$

式中　C_{ar}——燃料收到基碳含量，%；

H_{ar}——燃料收到基氢含量，%；

S_{ar}——燃料收到基硫含量，%；

O_{ar}——燃料收到基氧含量，%；

M_{ar}——燃料收到基水分含量，%；

N_{ar}——燃料收到基氮含量，%；

α——过量空气系数。

（三）水和水蒸气物理性质计算模块

水和水蒸气作为一种常规工质以其储量丰富、容易获取、价格低廉、可循环利用等优点在热能、化工、建材、冶金等工业领域得到了十分广泛的应用。因此计算水和水蒸气的热力性质是工业应用、科学研究中必不可少的基础。在热工计算中，经常要用到水和水蒸气的压力、温度、比容、比焓和比熵等热力参数，常常需要已知一两种参数而计算出其他参数。如在换热器设计过程中，若进行设计计算，则需要根据水和水蒸气的比体积和比焓来确定其压力及温度；若进行校核计算，则需要根据水和水蒸气的压力和温度来确定其比体积和比焓。

目前，用来计算水和水蒸气热力性质的方法主要有查图查表法和公式法。对于水和水蒸气热力性质图表，比较著名的是由哈尔滨工业大学严家騄教授编写的《水和水蒸气热力性质图表》。也有人将国际水和水蒸气协会发布的计算公式编制成软件，供设计人员使用，如上海发电设备成套设计研究所杨宇编写的 WASPCN 软件。

然而，为了提高换热器设计效率，减轻设计人员工作难度，提高换热器设计软件的自动化功能。本文参考了国际水和水蒸气协会于 1997 年制订的水和水蒸气热力性质工业公式 IAPWS-IF97，将水和水蒸气热力性质计算作为模块编入了烟气深度冷却器设计软件中，避免了设计人员在设计途中查取水和水蒸气热力性质图表或使用其他软件计算水和水蒸气特性等烦琐操作。

IAPWS-IF97 公式将其有效计算范围分为 5 个分区：1 区为常规水区，2 区为过热蒸汽区，3 区为临界区，4 区为湿蒸汽区，5 区为低温高压区。详见图 5-22。

水和水蒸气的热力性质参数不是全部相互独立的，可以通过任意两个相互独立的参数得

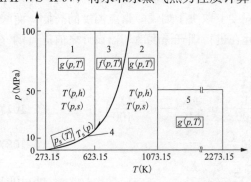

图 5-22　IAPWS-IF97 公式的分区

出其他的性质参数。在 IAPWS-IF97 中，使用了两个函数：比吉布斯函数和比赫姆霍兹函数，即

$$g = g(p, T) \qquad (5\text{-}117)$$

$$f = f(\rho, T) \qquad (5\text{-}118)$$

式中　g——比自由焓，kJ/kg；

　　　p——压力，Pa；

　　　T——温度，℃；

　　　f——比自由能，kJ/kg；

　　　ρ——密度，kg/m³。

水和水蒸气的其他热力参数由这两个正则函数的偏导数得到，其中由比吉布斯函数求得其他热力参数的公式为

$$v = \left(\frac{\partial g}{\partial p}\right)_{\mathrm{T}} \qquad (5\text{-}119)$$

$$u = g - T\left(\frac{\partial g}{\partial T}\right)_{\mathrm{p}} - p\left(\frac{\partial g}{\partial p}\right)_{\mathrm{T}} \qquad (5\text{-}120)$$

$$s = -\left(\frac{\partial g}{\partial T}\right)_{\mathrm{p}} \qquad (5\text{-}121)$$

$$h = g - T\left(\frac{\partial g}{\partial T}\right)_{\mathrm{p}} \qquad (5\text{-}122)$$

$$c_p = \left(\frac{\partial h}{\partial T}\right)_{\mathrm{p}} \qquad (5\text{-}123)$$

$$c_V = \left(\frac{\partial u}{\partial T}\right)_{\mathrm{v}} \qquad (5\text{-}124)$$

$$v_{\mathrm{S}} = v\sqrt{-\left(\frac{\partial p}{\partial v}\right)_{\mathrm{s}}} \qquad (5\text{-}125)$$

式中　v——比容，m³/kg；

　　　u——比内能，kJ/kg；

　　　s——比熵，kJ/(kg·K)；

　　　h——比焓，kJ/kg；

　　　c_p——比定压热容，kJ/(kg·K)；

　　　c_V——比定容热容，kJ/(kg·K)；

　　　v_{S}——声速，m/s。

由比赫姆霍兹函数求取其他热力参数的公式为

$$p = \rho^2\left(\frac{\partial f}{\partial \rho}\right)_{\mathrm{T}} \qquad (5\text{-}126)$$

$$u = f - T\left(\frac{\partial f}{\partial T}\right)_{\rho} \qquad (5\text{-}127)$$

$$s = -\left(\frac{\partial f}{\partial T}\right)_{\rho} \qquad (5\text{-}128)$$

$$h = f - T\left(\frac{\partial f}{\partial T}\right)_{\rho} + \rho\left(\frac{\partial f}{\partial \rho}\right)_{\mathrm{T}} \qquad (5\text{-}129)$$

$$c_p = \left(\frac{\partial h}{\partial T}\right)_p \tag{5-130}$$

$$c_V = \left(\frac{\partial u}{\partial T}\right)_\rho \tag{5-131}$$

$$v = \sqrt{\left(\frac{\partial p}{\partial \rho}\right)_s} \tag{5-132}$$

各个区域的基本方程和导出方程如下：

分区 1 为

$$\gamma(\pi,\tau) = g(p,T)/(RT) \tag{5-133}$$

$$\theta(\pi,\eta) = T(p,h)/T^* \tag{5-134}$$

$$\theta(\pi,\delta) = T(p,s)/T^* \tag{5-135}$$

分区 2 为

$$\gamma(\pi,\tau) = \gamma^0(\pi,\tau) + \gamma^r(\pi,\tau) = g(p,T)/(RT) \tag{5-136}$$

$$\theta(\pi,\eta) = T(p,h)/T^* \tag{5-137}$$

$$\theta(\pi,\delta) = T(p,s)/T^* \tag{5-138}$$

分区 3 为

$$\phi(\delta,\tau) = f(\rho,T)/(RT) \tag{5-139}$$

分区 4 为

$$p_s(T) \tag{5-140}$$

$$T_s(p) \tag{5-141}$$

分区 5 为

$$\gamma(\pi,\tau) = \gamma^0(\pi,\tau) + \gamma^r(\pi,\tau) = g(p,T)/(RT) \tag{5-142}$$

此外，IAPWS-IF97 公式给出了分区 2 和分区 3 的边界方程为

$$\pi = n_1 + n_2\theta + n_3\theta^2 \tag{5-143}$$

$$\theta = n_4 + \sqrt{\frac{\pi - n_5}{n_3}} \tag{5-144}$$

式中　γ——无量纲比自由焓；

π——约化压力，$\pi = p/p^*$，其中 p^* 是约化常量，在不同分区中取值不同；

τ——逆约化温度，$\tau = T/T^*$，其中 T^* 是约化常量，在不同分区中取值不同；

θ——约化温度，$\theta = T/T^*$；

η——约化比焓，$\eta = h/h^*$，其中 h^* 是约化常量，在不同分区中取值不同；

δ——约化密度，$\delta = \rho/\rho^*$，其中 ρ^* 是约化常量，在不同分区中取值不同；

ϕ——无量纲比自由能；

γ^0——无量纲比自由焓的理想部分；

γ^r——无量纲比自由焓的剩余部分；

p_s——饱和压力，Pa；

T_s——饱和温度，K；

$n_1 \sim n_5$——常数系数。

对于烟气深度冷却器，当水作为冷却工质时，一般温度不超过 120℃，压力不小于 2MPa，属于图 5-23 中区域 1 内的常规水。IAPWS-IF97 公式给出了区域 1 内已知（p，T）、 （*p*，*h*）或（*p*，*s*），求取其他热力参数的直接计算公式，当需要通过已知其他两个参数来求取未知参数时，可以通过迭代算法实现。

（四）热力计算模块

1. 烟气深度冷却器的热力计算模块

图 5-23 显示的是软件的初始界面，该界面由顶部的菜单栏和中央窗口区域构成。在菜单栏中，实现了一些常用的软件动作，如退出操作、查询软件帮助文档、开发人员信息等。值得一提的是在菜单栏的工具子项中，提供了对标准烟气物理性质表的查询以及水和水蒸气热力性质计算子程序，用户可以单独使用这两个模块。在中央窗口区域，左侧是文中所讲述的烟气深度冷却器结构模型图，右侧是软件三大功能模块的接口，用户可以依次点击酸露点及烟气分析按钮、换热器热力校核按钮、阻力及重量计算按钮完成换热器的设计过程。

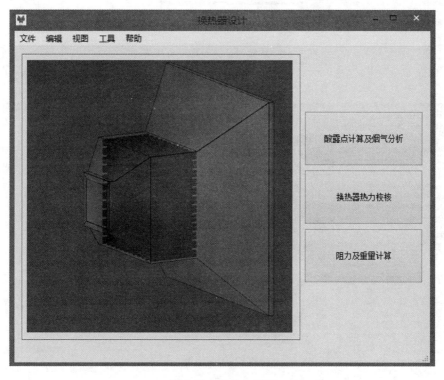

图 5-23　软件主界面

图 5-24 所示为烟气酸露点计算及烟气分析界面，图 5-25 所示为烟气深度冷却器热力计算界面。为了使软件界面更为紧凑，在软件编制过程中大量使用了悬浮停靠窗口部件，这种窗口部件可以任意停靠在软件中央窗口区域的四周，也可以悬浮在界面的顶层。这种设计不仅可以为用户的输入提供便利，也使得软件界面显得比较美观。在每一个功能界面内，都布置了一个表格部件，这个表格部件可以将重要的设计参数整合到一起，一方面设计人员可以在设计过程中查看设计计算的细节，另一方面这种表格的设计为之后的将设计计算结果打印到 PDF 文件奠定了基础。

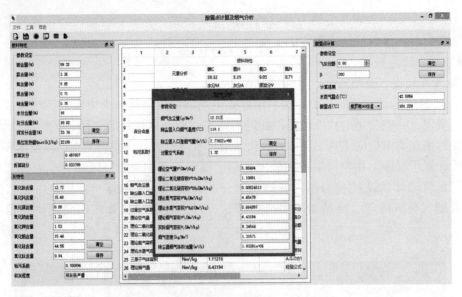

图 5-24 酸露点计算及烟气分析界面

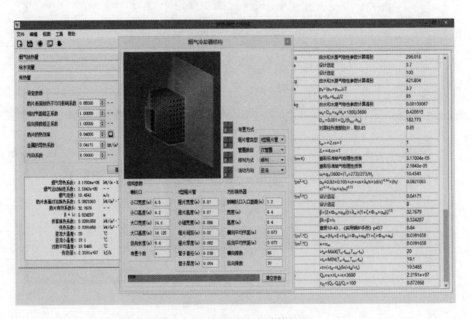

图 5-25 换热器热力计算界面

在进行烟气深度冷却器设计时,需要多次调用水和水蒸气热力性质计算程序和标准烟气物理性质表。如在进行给水流量计算的时候,需要已知水和水蒸气的出入口压力和温度来计算其焓值;在进行烟气侧传热系数的计算时,烟气的导热系数及动力黏性系数是重要的影响因素。基于以上原因,本文参考 IAPWS-IF97 公式编写了单独的水和水蒸气热力性质计算模块,并利用 SQLite 数据库对标准烟气的物理特性进行封装,方便程序调用。水和水蒸气热力性质计算界面和标准烟气物理性质数据库分别如图 5-26、图 5-27 所示。

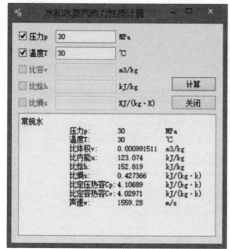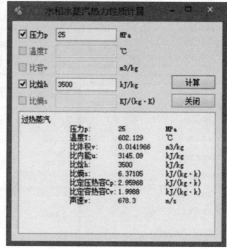

图 5-26　水和水蒸气热力性质计算

温度t (℃)	密度ρ (kg/m3)	定压比热Cp (kJ/(kg·K))	导热系数λ (E-02W/(m·K))	热扩散系数α (E-06m2/s)	动力粘度η (E-06Pa·s)	运动粘度ν (E-06m2/s)	普朗特数Pr (-)
1　0	1.295	1.042	2.28	16.9	15.8	12.2	0.72
2　100	0.95	1.068	3.13	30.8	20.4	21.54	0.69
3　200	0.748	1.097	4.01	48.9	24.5	28.2	0.67
4　300	0.617	1.122	4.84	69.9	28.2	31.7	0.65

图 5-27　标准烟气物理性质表

　　与文件的交互是一个软件必不可少的部分，作为一个烟气深度冷却器设计软件，必须能够对设计人员输入的设定参数进行保存，这些保存的参数必须可以重新导入到软件中。此外，最为重要的是，要能够实现设计表格的打印，因为设计人员往往需要将自己的设计结果以及设计过程和依据提交给其他技术人员进行审核。

　　图 5-28 显示的是设定参数导入的界面，左侧的文本是通过软件酸露点计算及烟气分析子界面中的参数保存功能生成的文本内容。该文本保存了设计过程中已知的燃料特性、灰特性、烟气特性等参数，设计人员可以通过修改该文本并将其导入软件的方式来快速完成参数输入过程。为了方便设定参数文件的识别，将这种拥有特殊书写格式的文本文件定义为以 ADF 为扩展名的文件，如图 5-28 右侧的对话框所示。

　　图 5-28 展示了由软件换热器热力校核子界面中的打印功能生成的 PDF 文件的一部分，该文件整合了整个换热器热力计算过程，包括结构参数的选取、换热面结构计算、放热量计算、给水流量计算、传热量计算等。

　　2. 烟气再热器的计算模块

　　图 5-29 所示为烟气再热器设计计算软件的主界面，作为该软件的初始界面，主要由顶部菜单栏和中央窗口区域组成。顶部菜单栏可以实现一些常用软件动作，菜单栏主要由视图

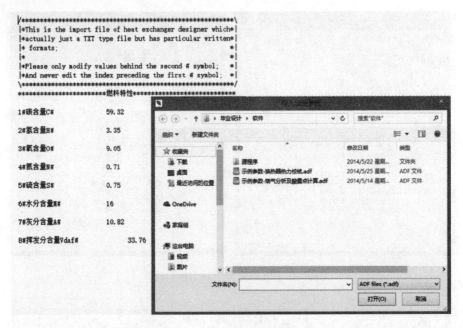

图 5-28　软件导入设定参数的功能

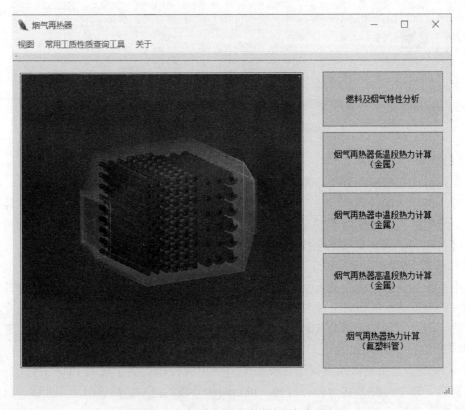

图 5-29　烟气再热器设计计算软件主界面

和常用工质性质查询工具等构成。在视图菜单栏的子项中，提供了燃料及烟气特性分析、烟气再热器低温段热力计算（金属）、烟气再热器中温段热力计算（金属）、烟气再热器高温段热力计算（金属）、烟气再热器热力计算（氟塑料管）五大功能模块快捷接口以及退出程序操作。在常用工质性质查询工具菜单栏的子项中，提供了标准烟气热物理性质的数据库和水及水蒸气热力性质查询子程序，在该界面用户可以单独使用这两个数据查询模块。菜单栏提供了关于软件、关于设计人员以及关于 Qt 的相关信息。在中央窗口区域内，左侧区域布置了一个 Graphics View 窗口，其主要用来展示所述烟气再热器结构的模型图，右侧区域布置了该软件五大功能模块的接口，用户可以点击燃料及烟气特性分析按钮、烟气再热器低温段热力计算（金属）按钮、烟气再热器高温段热力计算（金属）按钮和烟气再热器热力计算（氟塑料管）按钮实现不同功能模块的设计计算，从而完成烟气再热器的设计过程。

该软件不仅可以对金属管束进行设计计算，也可以对氟塑料管束进行设计计算。当采用金属管束时，将烟气再热器分为低温段、中温段和高温段分别进行设计计算，而在烟气再热器的各个温度段内，金属管束可以选取不同结构的管束，如光管、H 形翅片管和螺旋翅片管，设计者可以根据需要选择管束结构，从而在烟气再热器的三个温度段内实现任意组合。当采用氟塑料管束时，烟气再热器整体采用顺列的氟塑料管束结构完成设计计算。

图 5-30 所示为燃料及烟气特性分析功能模块的实现界面。该功能模块主要由燃料特性分析、烟气特性分析和烟气酸露点及水露点计算三个模块组成。烟气特性分析对烟气再热器的热力计算起着至关重要的作用，通过计算并分析特定煤种燃烧后的烟气成分，可以得到烟气对换热面的腐蚀及磨损特性，从而指导烟气再热器所用材料的选取及受热面的布置。在设计烟气再热器时，烟气酸露点温度的高低在很大程度上决定了其出口烟气温度，而烟气酸露点温度的计算又与烟气特性密切相关。

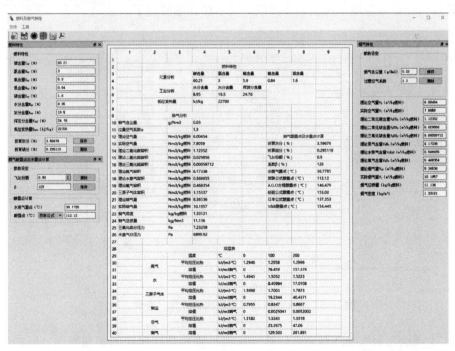

图 5-30　燃料及烟气特性分析界面

图 5-31 所示为烟气再热器低温段热力计算（金属）功能模块的实现界面。该功能模块整合了烟气再热器低温段的结构设计、烟气侧吸热量、工质侧放热量、传热量、热平衡校

核、烟风阻力分析和重量计算等模块。烟气再热器低温段的结构设计模块则为不同的金属管束结构提供了相应的物理模型图和结构参数。

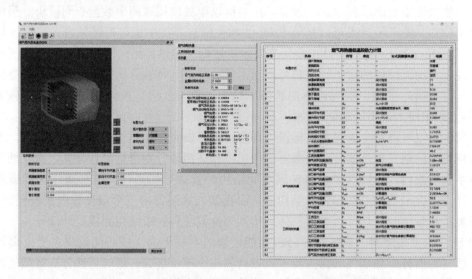

图 5-31　烟气再热器低温段热力计算（金属）界面

图 5-32 所示为烟气再热器中温段热力计算（金属）功能模块的实现界面，图 5-33 所示为烟气再热器高温段热力计算（金属）功能模块的实现界面，以上两个功能模块与烟气再热器低温段热力计算（金属）功能模块类似，就不做详细叙述了。

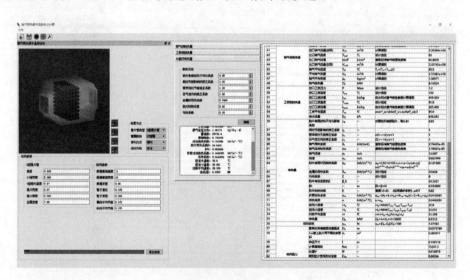

图 5-32　烟气再热器中温段热力计算（金属）界面

图 5-34 所示为烟气再热器热力计算（氟塑料管）功能模块的实现界面。该功能模块整合了烟气再热器的结构设计、烟气侧吸热量、工质侧放热量、传热量、热平衡校核、烟风阻力分析和重量计算等模块。烟气再热器的结构设计模块则为采用氟塑料管束结构提供了相应的物理模型图和结构参数。

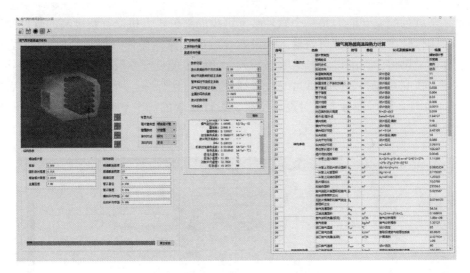

图 5-33　烟气再热器高温段热力计算（金属）界面

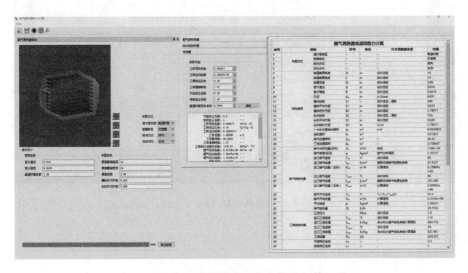

图 5-34　烟气再热器热力计算（氟塑料管）界面

　　为使以上各功能模块主界面显得紧凑美观，该软件在编制过程中大量使用了悬浮停靠窗口部件，其可以任意停靠在软件中央窗口区域的四周，也可以悬浮在界面的顶层。以上设计布局不仅方便用户输入参数，也可使软件界面布局美观实用。在各个功能模块主界面的中心区域内，均布置了一个用于整合重要设计参数的表格部件，这个表格部件基本按照常规的热力计算顺序展现计算过程。采用表格形式的界面，既方便设计人员在烟气再热器设计过程中查看设计计算的细节，也可为随后的将计算结果打印到 PDF 文件奠定了界面基础。此外，烟气再热器的烟风阻力分析和重量计算整合在热平衡校核之后进行。

　　在进行烟气再热器设计过程中，需要多次用到水及水蒸气热力性质计算程序和标准烟气物理性质表。本文参考 IAPWS-IF97 公式编写了单独的水及水蒸气热力性质计算模块，并利用 SQLite 数据库对标准烟气的热物理特性进行封装，便于程序直接调用。水及水蒸气热力性质计算界面和标准烟气热物理性质数据库如图 5-26、图 5-27 所示。

衡量一个软件的交互能力是一个软件必不可少的部分，人机交互程度高的软件使用户觉得舒适，实用性较高。该软件可对输入的设定参数进行保存操作，保存为以 ADF 为扩展名的文本文件，又可将保存的设定参数重新导入，从而实现设定参数的快速导入。此外，为了更好地体现人机交互能力，该软件可对设计结果实现打印保存，所需重要参数均以表格形式保存为 PDF 文件，便于设计人员对设计结果、设计过程的细节和参数依据提交给其他技术人员进行审核，如图 5-35 所示。

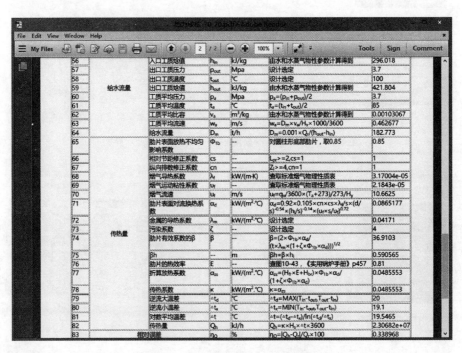

图 5-35　软件打印 PDF 的功能

（五）小结

辅助计算软件具有以下特点：

1. 用于烟气深度冷却器和烟气再热器的热力计算

本软件适用于多种参数、多种受热面布置的烟气深度冷却器和烟气再热器的校核热力计算，即可以进行整体热力计算。

2. 可以单独运用于的计算

（1）烟气特性计算。本软件把锅炉热力计算过程中的热平衡计算和烟气特性计算等辅助计算单独形成模块，以满足不同需要。

（2）水和水蒸气热力性质计算。水和水蒸气热力性质参数是热工计算中经常用到的参数，传统的查表方法费时费力。本软件中包含水和水蒸气参数计算软件，它还可以脱离锅炉热力计算程序单独使用。

3. 用户交互

用户交互主要实现程序和使用者之间信息的交流和传递。热力计算程序具有比较友好的用户界面。

4. 可扩展性

该软件容易扩展和维护；软件采用模块化设计思想，将热力计算分类后编制在不同的模块中供程序调用，以增加程序的可移植性，极大地方便了软件的扩展和维护。

5. 关键系数选取

在整个锅炉计算过程中，会出现很多关键系数，由于系数具体数值大多依靠查表获得，难以拟合出相关公式进行求解。所以在该软件计算流程中，关键系数的选取由用户根据软件计算出的相关参数查相关图表获得，并在给定的窗口中输入。

目前，本团队研制开发的系列烟气深度冷却器和烟气再热器计算机辅助设计计算软件已分别获得国家计算机软件著作权登记证书（2015SR025698，2017SR052308）。

三、计算机辅助烟气阻力计算

烟气深度冷却器的气体动力学一般只做烟气阻力计算，并为选择引风机提供依据。

（一）阻力分类及计算

烟道阻力一般分为两类，即摩擦阻力和局部阻力。摩擦阻力是指气流在等截面的直流通道中流动时因介质黏性引起的阻力。局部阻力是指气流在断面形状或方向改变的通道中流动时因涡流耗能引起的阻力。此外还有一种情况，即烟气横向冲刷管束的阻力。所以，在进行烟气深度冷却器的烟气阻力计算时，通常把阻力分为以下三部分来考虑。

1. 摩擦阻力

摩擦阻力包括烟气在等断面的直流通道中流动时的阻力和烟气纵向冲刷管束的阻力。

摩擦阻力的计算式为

$$\Delta p_1 = \lambda \frac{l}{d_\mathrm{d}} \frac{v^2}{2g} \gamma \tag{5-145}$$

式中　Δp_1——烟气的摩擦阻力，Pa；

$\quad\quad d_\mathrm{d}$——通道的当量直径，m；

$\quad\quad \lambda$——摩擦阻力系数；

$\quad\quad l$——通道的计算长度，m；

$\quad\quad v$——烟气在通道内的计算流速，m/s；

$\quad\quad g$——重力加速度，$g = 9.81\mathrm{m/s}$；

$\quad\quad \gamma$——烟气的重度，$\mathrm{kg/m^3}$。

2. 局部阻力

局部阻力是指烟气在断面的形状或方向改变的通道中流动（包括分流、合流）时的阻力。

局部阻力计算式为

$$\Delta p_2 = \xi \frac{v^2}{2g} \gamma \tag{5-146}$$

式中　Δp_2——烟气的局部阻力，Pa；

$\quad\quad \xi$——局部阻力系数；

$\quad\quad v$——烟气在发生局部阻力断面上的流速，m/s。

3. 烟气横向冲刷管束的阻力

在锅炉的阻力计算中，烟气横向冲刷管束是作为一种特殊形式的阻力来考虑。就其阻力

的表现形式，接近于局部阻力，因此其计算公式的形式和计算一般与局部阻力相同，即

$$\Delta p_3 = \xi' \frac{v^2}{2g} \tag{5-147}$$

式中　Δp_3——烟气横向冲刷管束的阻力，Pa；

　　　ξ'——烟气横向冲刷管束局部阻力系数。

局部阻力系数 ξ' 的数值与管束中管子的排数、管束的布置方式以及烟气流动的雷诺数有关。

在运行条件下，烟气流量和烟气温度的变化都会影响流阻的大小。

（二）计算机辅助烟气阻力计算

由上面内容可以看出，在已知烟气平均温度、烟气平均压力、烟气流速以及管子布置等参数后即可完成烟气阻力的计算。

下面以所编写的烟气深度冷却器设计计算软件为例介绍计算机辅助烟气阻力计算。在完成受热面布置以及热力计算后，即可得到烟气深度冷却器的具体参数，包括烟气平均温度、烟气平均压力、烟气流速以及管子布置等，接着便可完成烟气阻力计算。

烟气阻力计算截图如图 5-36 所示。

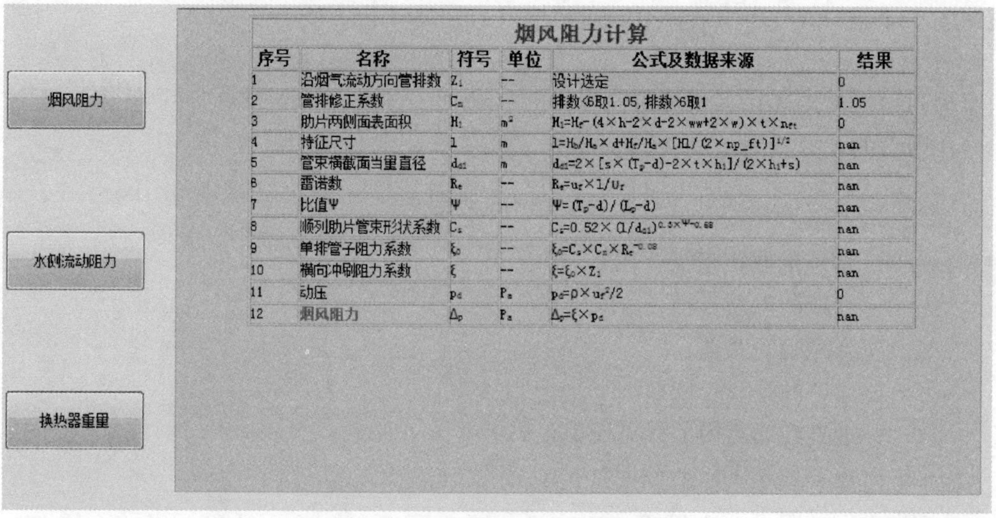

图 5-36　软件烟气阻力计算界面

在完成烟气阻力计算后，需要判断是否符合设计要求，若不符合，则需要适当调整各受热面的管排布置及参数，使得所求烟气阻力满足要求。

四、计算机辅助水动力计算

烟气深度冷却器的水动力计算主要是计算水侧的流动阻力，与锅炉省煤器的水动力基本相似，可作为锅炉水动力计算的一部分来看待。烟气深度冷却器水动力计算是一项复杂的计算。随着计算机应用的越来越广泛，计算机辅助水动力计算为解决复杂的水动力计算提供了可能。

（一）模型的构造

烟气深度冷却器的工质流程一般由集箱、管子直段、弯头等基本管件组成，其工质流动阻力组成如图 5-37 所示。

对于不同的管件，按类别对其结构参数及
受热状况进行设定，如图 5-32 所示，对各管子
直段设定其管径、壁厚、长度、高度、倾角，
受热管段还要设定其吸热量；对各入口、出口
等设定其局部阻力系数；对弯头设定其弯曲半
径、弯曲角度。通过此模型的构造，基本能包
含所有的烟气深度冷却器水动力系统，从而实
现了通用性。若设计成软件，则可将常用的管

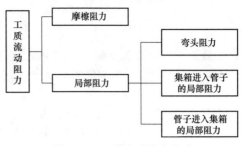

图 5-37　工质流动阻力组成

件及其参数设置等设计成模块，对于不同的工质流程，选择相应的模块进行构造。

（二）程序编制原则

（1）程序的计算顺序同手算顺序一致，以便于调试。

（2）变量取名规则与习惯用法一致，并可加上适当的注释，以便理解。

（3）程序采用结构化程序设计方法，采取自顶而下逐步求精设计方法。

（4）采用模块化结构，将各种不同类型的阻力计算编制成独立的子程序，便于程序管理。

（三）程序的模块化

在计算软件中，模块指过程、函数、子程序等，模块化就是把程序划分为若干个，每个
模块完成一个独立的功能，把这些模块有机地构成一体，就可以完成指定功能。采用模块化
可以把一个复杂的问题分解为许多个简单的问题加以解决。其功能比较单一，容易对其进行
维护和测试，错误的传播范围小。模块的划分可以按照实现的功能进行，规模不能太大，以
免降低可读性。规模太小接口太多，降低了模块的独立性。

按照以上原则将烟气深度冷却器的水动力计算大体划分为以下部分：

（1）工作压力下的水与蒸汽热力性质计算。

（2）各管摩擦阻力的计算。

（3）弯头阻力的计算。

（4）集箱进入管子的局部阻力计算。

（5）管子进入集箱的局部阻力计算。

（6）按照本章介绍的计算公式，进一步展开到具体的语句。

五、计算机辅助强度计算

锅炉受压元件强度计算是保证锅炉安全运行的重要计算环节，也是锅炉检验部门审查锅
炉制造厂生产许可的主要依据。强度计算采用手工计算时难以提高锅炉厂设计人员的计算速
度和精度，满足不了多方案设计优化、缩短锅炉新产品开发以及产品改型设计周期的要求。
解决这一问题的途径就是利用日益普及的计算机技术来实现锅炉受压元件辅助强度计算。

设计计算的自动化是计算机辅助设计的初级阶段，其把产品的设计计算参数作为原始数
据输入计算机进行前置处理，由计算机按事先编制的程序进行自动化设计计算，最后输出人
们预期的强度计算书。自动化设计，迅速可靠，可及时调整设计过程中的参数，真正做到不
断设计，不断改进，是现代化企业必备的辅助工具。

本部分具体内容已在文献［1］中进行了详细描述，迄今为止并没有新的内容更替，读
者可参照文献［1］中 467-472 的相关内容，在此不再赘述。

参 考 文 献

[1] 赵钦新，周屈兰，谭厚章，等. 余热锅炉研究与设计 [M]. 北京：中国标准出版社，2010.

[2] 徐通模，林宗虎. 实用锅炉手册 [M]. 北京：化学工业出版社，2009.

[3] 车得福，庄正宁，李军，等. 锅炉 [M]. 西安：西安交通大学出版社，2008.

[4] 上海工业锅炉研究所. 锅炉机组热力计算——标准方法 [M]. 北京：机械工业出版社，2001.

[5] 锅炉机组热力计算标准方法编写组. 锅炉机组热力计算标准方法 [M]. 北京：机械工业出版社，1973.

[6] Press W H，Teukolsky S A，Vetterling W T，et al. Numerical recipes in C [M]. Cambridge：Cambridge University Press，1982.

以烟气深度冷却为核心的烟气污染物协同治理技术

烟气深度冷却不仅能够有效地利用烟气余热，提高机组系统热效率，具有重要的节能意义，还能够促进烟气中污染物的进一步脱除，具有积极的环保效应。烟气深度冷却过程中，随着烟气温度降低，不仅可以提高脱硫系统的脱硫效率并节约水耗，还能使烟气中的三氧化硫冷凝并与飞灰发生耦合作用，飞灰颗粒凝聚后形成的大颗粒在除尘器中被脱除，从而实现三氧化硫与灰颗粒的协同脱除。此外，烟气深度冷却的过程，有利于气态单质汞 Hg^0 氧化后向颗粒态汞 Hg（p）转变，从而提高汞在后续设备中的脱除效率。同时，烟气深度冷却还对烟气中的微量元素氟具有一定的脱除作用。烟气深度冷却过程中，各污染物的脱除增效效果明显，但其中各项机理均仍处在研究阶段，本章将在现有的研究基础上对以烟气深度冷却为核心的烟气污染物协同治理技术进行较为深入的探讨。

第一节　烟气深度冷却过程中低低温电除尘技术

烟气深度冷却器使进入静电除尘器的烟气温度降低，从而提高静电除尘效率的技术，称为低低温静电除尘技术。低低温静电除尘技术是基于烟气深度冷却的新型静电除尘技术，具有除尘效率高和经济性好的优点。本节阐述了低低温静电除尘技术的原理、发展现状和应用案例及性能测试等。

一、技术原理

在低低温静电除尘系统中，烟气深度冷却器与静电除尘器相辅相成，如图 6-1 所示，通

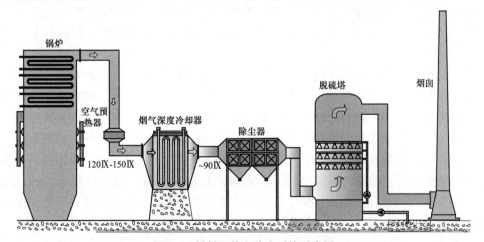

图 6-1　低低温静电除尘系统示意图

过烟气深度冷却器将排烟温度降低到硫酸露点温度以下，一般为 90℃左右，静电除尘器的除尘效率得到明显提高。低低温静电除尘的技术原理主要是烟气温度降低对静电除尘器性能改善的作用机理，包括降低飞灰比电阻、飞灰颗粒凝并吸收和减小烟气体积流量 3 个方面。

（一）降低飞灰比电阻

国内外多年研究表明[1-3]，燃煤机组飞灰的各项特性中，飞灰的比电阻对静电除尘器的除尘效率影响最大，飞灰的比电阻越大，静电除尘器的除尘效率越低，除尘器后烟尘的排放浓度就越高。而飞灰比电阻与飞灰的温度密切相关（飞灰的温度基本等于烟气的温度）。进入静电除尘器的烟气一般来自于锅炉空气预热器出口，空气预热器出口的烟气温度称为锅炉排烟温度[4]。目前，我国电站锅炉的排烟温度大多处于 120～150℃之间，在此温度区间内，飞灰的比电阻较高，导致静电除尘效率偏低。如果将静电除尘器进口的烟气从 120～150℃冷却到 80～100℃，则飞灰的比电阻大幅度降低，甚至可达 2 个数量级，如图 6-2 所示，静电除尘效率则会大幅度提高。当飞灰的比电阻由 $5×10^{11}\,\Omega\cdot cm$ 降低到 $10^{10}\,\Omega\cdot cm$ 时，可使静电除尘效率由 81％升高至 98％[5]，由此可以看出，通过冷却静电除尘器进口的烟气，降低飞灰的比电阻，可以大幅度提高静电除尘效率。

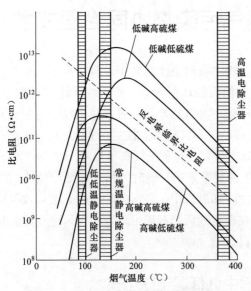

图 6-2　飞灰比电阻与烟气温度的关系[2]

（二）飞灰颗粒聚并

由于飞灰中的微细颗粒，尤其是 $PM_{2.5}$ 以下的颗粒，具有比表面积大、粒径小、质量轻、数量大等特点，在静电除尘过程中不易被捕集。静电除尘器对 $PM_{5.0}$ 以上的粉尘脱除效率比较高，但对粒径在 $0.1～3.0\,\mu m$ 的粉尘脱除率较低，其中直径 $0.1～1.0\,\mu m$ 粉尘的脱除率最低，同时静电除尘器的除尘效率受诸多因素影响，波动较大，对煤种的变化敏感，在粉尘比电阻过小的情况下容易造成二次扬尘，而粉尘比电阻过大则会在电极上产生反电晕现象，导致除尘效率明显下降[6]。另外，$PM_{2.5}$ 颗粒占据目前排放的可吸入颗粒物的 70％，对人类健康危害极大，同时大气中大量的 $PM_{2.5}$ 颗粒也是我国今年来严重雾霾的主要成因之一，急需得到有效控制。

在静电除尘器之前，对烟气进行深度冷却，烟气中由 SO_3 转化而来的硫酸蒸汽会发生冷凝（关于硫酸蒸汽冷凝的详细论述参见本章第三节），硫酸液滴与飞灰颗粒相互吸附，增加了颗粒黏度，促使飞灰颗粒之间聚并，尤其是 $PM_{2.5}$ 以下颗粒，由于其比表面积大，更容易吸附硫酸液滴，形成大量的黏性微细颗粒。黏性微细颗粒在灰颗粒聚并的过程起到黏结剂的作用，使微细颗粒聚并成大颗粒，飞灰中的微细颗粒减少，飞灰平均粒径增大。日本研究结果表明，当采用低低温静电除尘器时，静电除尘器出口烟尘平均粒径大于 $3\,\mu m$，明显大于常规静电除尘器，并且脱硫出口烟尘浓度明显降低[7]。由以上分析可知，烟气深度冷却的过程中，硫酸蒸汽的冷凝促进了飞灰中微细颗粒的聚并，提高了飞灰平均粒径，进而提高了电除尘的效率，并且减少了 $PM_{2.5}$ 的排放，同时在烟气深度冷却器被飞灰凝并吸收的硫酸液滴（由 SO₃ 转化）也得到有效脱除。

（三）减小烟气体积流量

经过烟气深度冷却器后，烟气温度降低，烟气体积流量相应下降，静电除尘器电场中风速降低，比集尘面积增加，也增大了停留时间，有利于捕集飞灰颗粒。另外，烟气流速的降低也有利于烟气流场的均匀性，在烟气经过变截面的区域（如进、出口的喇叭口）后，烟气流动越慢，流场保持均匀性的时间也越长。

将静电除尘器进口的烟气温度从 120～150℃ 冷却到 90℃ 左右，可使烟气体积流量减小 8%～15%，如果静电除尘器不改造，则烟气在静电除尘器内的停留时间增加 8%～15%，可大大提高静电除尘器的效果；如果静电除尘器根据进口烟气体积流量进行优化改造，则可减少静电除尘器的体积和比集尘面积，节约设备成本。

综上所述，低低温静电除尘技术的工作原理如图 6-3 所示，主要是通过降低静电除尘器进口烟气温度，从而降低烟尘的比电阻，利用硫酸蒸汽和飞灰的凝并吸收实现微细颗粒聚并，并且降低烟气体积流量，进而使静电除尘器性能得到提高。

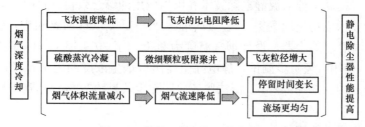

图 6-3　低低温静电除尘技术原理

二、发展现状

日本早在 20 世纪 90 年代就开始推广应用低低温静电除尘技术，在日本已有近 20 年的应用历史。三菱重工于 1997 年开始在大型燃煤机组中推广应用基于 MGGH 管式气气换热装置使烟气温度降低到 90℃ 左右运行的低低温静电除尘技术，已有超过 6500MW 的业绩，在三菱重工的烟气处理系统中，低低温静电除尘器出口烟尘浓度均小于 30mg/m³，SO₃ 浓度大部分低于 3.57mg/m³，湿法脱硫出口烟尘浓度可低于 5mg/m³，湿式电除尘器出口烟尘浓度可达 1mg/m³ 以下[2]。日本 Hirono 5 号电厂和橘湾电厂的实践证明：利用该技术后烟气温度明显降低，烟气体积变小，烟速降低，同时烟尘比电阻也减小，因而提高了静电除尘效率，烟囱进口烟尘质量浓度已低于 5mg/m³；同时能脱除 95% 的 SO₃，烟囱进口 SO₃ 的质量浓度已低于 2.86mg/m³；全厂厂用电率降低 0.286%。石川岛播磨（IHI）也有多个低低温静电除尘技术的工程应用案例，如表 6-1 所示[8]。目前日本多家电站设备制造厂家已应用低低温静电除尘技术，据不完全统计，日本配套机组容量累计已超过 15000MW，典型的厂家包括三菱重工（MHI）、石川岛播磨（IHI）、日立（Hitachi）等。

表 6-1　IHI 低低温静电除尘技术典型应用案例

电厂名称	燃料	发电容量（MW）	投运时间	烟气深度冷却器 进口/出口 烟气温度（℃）		粉尘浓度设计值（mg/m³） 烟气深度冷却器 进口	静电除尘器 出口	吸收塔 出口
苓北 2 号机	煤炭	700	2003 年 6 月	130	80 以上	9800	100 以下	15 以下
常陆那珂 1 号机	煤炭	1000	2003 年 12 月	138	88 以上	15000	30 以下	8 以下

电厂名称	燃料	发电容量（MW）	投运时间	烟气深度冷却器 进口/出口 烟气温度（℃）		粉尘浓度设计值（mg/m³）		
						烟气深度冷却器 进口	静电除尘器 出口	吸收塔 出口
住金鹿岛	煤炭	507	2007年1月	130	80以上	14070	30以下	5以下
住共新居滨	煤炭	150	2008年4月	130	80以上	16100	30以下	5以下

由于烟气温度降低对改善静电除尘器除尘效率十分有利，即使静电除尘器不针对烟气深度冷却作出任何改造，其除尘效率也可得到大幅度提升。2011年中国华能大坝电厂2号机组300MW锅炉首次将烟气深度冷却器成功应用于静电除尘器之前，设备运行良好，但静电除尘器并未进行相应改造，其除尘效率也得到明显提高。从此之后，烟气深度冷却器在国内进行了大范围推广应用，大部分烟气深度冷却器布置于静电除尘器之前，静电除尘器没有进行改造，实际上初步实现了低低温静电除尘系统，除尘效果得到了显著提高，也减小了除尘器的阻力损失。后来国内除尘器厂家根据低低温静电除尘技术的特点，对静电除尘器进行了相应优化，进一步提高了低低温静电除技术在国内应用的综合效益。目前，国内已具有多个低低温静电除尘技术成功应用案例[9,10]，如华能长兴电厂2×660MW机组，每台炉配套2台双室5电场低低温静电除尘器，设计烟气温度为90℃，于2014年11月安装完毕并试运行，2014年12月投入使用，经初步测试，静电除尘器出口烟尘浓度约为12mg/m³，经湿法脱硫后，出口烟尘排放约为3.5mg/m³，湿法脱硫协同除尘效率约70%，达到了超低排放对粉尘的要求[11]。

三、应用案例及性能测试

烟气深度冷却对低低温静电除尘技术至关重要。在静电除尘器前安装烟气深度冷却器，将烟气温度降低到合适范围，即使对现有静电除尘器不进行任何改造，也可大幅度提高静电除尘效率，下面以国内某电厂的烟气深度冷却增效减排工程为例，说明烟气深度冷却对静电除尘器的影响。

（一）应用案例

该机组为350MW机组，配套锅炉具有亚临界参数、单汽包、自然循环、一次中间再热、平衡通风、固态排渣特点，锅炉本体为Ⅱ型布置，无水平烟道。锅炉主要设计参数见表6-2。锅炉设计煤种分析及飞灰成分见表6-3和表6-4。

表6-2 锅炉主要设计参数

序号	项目	单位	数值
1	过热蒸汽流量	kg/s	330.8
2	过热出口压力	MPa	17.15
3	过热出口温度	℃	540.0
4	汽包压力	MPa	15.2
5	再热蒸汽流量	kg/s	282.03
6	再热蒸汽进口压力	MPa	4.32
7	再热蒸汽出口压力	MPa	4.11
8	再热蒸汽进口温度	℃	335.56
9	再热蒸汽出口温度	℃	541.11
10	给水温度	℃	278.33

续表

序号	项目	单位	数值
11	省煤器出口水温度	℃	316.11
12	空气预热器冷空气进口温度	℃	21.11
13	空气预热器热空气出口温度	℃	336.67
14	空气预热器进口烟气流量	kg/s	419.04
15	空气预热器出口烟气流量	kg/s	451.53
16	锅炉排烟温度	℃	136.0
17	锅炉计算效率	%	87.94

表 6-3　　　　　　　　　　设 计 煤 种 分 析 参 数

序号	名称	符号	单位	数值
1	全水分	M_t	%	11.22
2	空气干燥基水分	M_{ad}	%	3.29
3	收到基灰分	A_{ar}	%	24.73
4	干燥无灰基挥发分	V_{daf}	%	37.88
5	收到基碳	C_{ar}	%	50.81
6	收到基氢	H_{ar}	%	3.38
7	收到基氮	N_{ar}	%	1.12
8	收到基氧	O_{ar}	%	7.58
9	全硫	$S_{t,ar}$	%	1.16
10	收到基低位发热量	$Q_{net,ar}$	MJ/kg	19.34

表 6-4　　　　　　　　　　飞 灰 成 分 分 析

序号	名称	符号	单位	数值
1	二氧化硅	SiO_2	%	58.435
2	三氧化二铝	Al_2O_3	%	28.038
3	三氧化二铁	Fe_2O_3	%	4.349
4	氧化钙	CaO	%	4.586
5	氧化镁	MgO	%	1.096
6	氧化钠	Na_2O	%	0.391
7	氧化钾	K_2O	%	1.093
8	二氧化钛	TiO_2	%	0.813
9	三氧化硫	SO_3	%	0.356
10	二氧化锰	MnO_2	%	0.0098

该机组在原有基础上加装了本研究团队设计开发、由青岛达能环保设备股份有限公司生产制造的烟气深度冷却器，布置于静电除尘器之前，烟气深度冷却器出口设计烟气温度为95～100℃。该机组的静电除尘器并未针对烟气深度冷却增效减排工程进行改造，静电除尘器包括五电场，第一、二电场为阿尔斯通高频电源，第三、四、五电场为高效电源，静电除尘器主要设计参数及性能保证值如下。

1. 静电除尘器主要设计参数

（1）除尘器进口烟气量：1238496m³/h（标准状态）。

（2）除尘器进口烟气温度：136℃。

(3) 除尘器进口含尘量：30g/m³。

2. 静电除尘器性能保证值

(1) 除尘效率：≥99.867%。

(2) 除尘器出口烟尘浓度：≤40mg/m³（锅炉燃烧实际煤种时，锅炉负荷 BMCR，一台炉一个供电区不工作；进口烟尘浓度为 30g/m³ 时，除尘效率应大于或等于 99.867%，保证除尘器出口烟尘浓度小于或等于 40mg/m³）。

(3) 本体阻力：≤350Pa。

(4) 本体漏风率：≤2.0%。

(5) 除尘器噪声：≤85dB。

(6) 电场可投入率：100%。

（二）性能测试

机组在 100% 额定负荷、燃烧目前常用煤种条件下进行试验测试，测试工况包括烟气深度冷却器不投运和正常投运两种工况。静电除尘器电场最大功率投运，试验测试期间停一个电场供电区。烟气深度冷却器不投运工况下，静电除尘器进口平均烟气温度在 132℃ 左右。烟气深度冷却器正常投运工况下，除尘器进口平均烟气温度控制在 97℃ 左右。测试期间锅炉燃用煤种的工业分析见表 6-5。

表 6-5 试验煤质工业分析

序号	名称	符号	单位	数值
1	全水分	M_t	%	7.9
2	空干基水分	M_{ad}	%	2.33
3	空干基灰分	A_{ad}	%	24.75
4	干燥基灰分	A_d	%	25.34
5	空干基挥发分	V_{ad}	%	27.25
6	干燥无灰挥发分	V_{daf}	%	37.36
7	全硫分	$S_{t,ad}$	%	0.77
8	固定炭	FC_{ad}	%	45.68
9	空气干燥基高位发热量	$Q_{gr,ad}$	MJ/kg	23.57
10	收到基低位发热量	$Q_{gr,ar}$	MJ/kg	21.29

为了验证烟气深度冷却对静电除尘器的影响，主要测试烟气深度冷却器不投运与正常投运两种工况下的静电除尘器性能参数，测试结果见表 6-6、表 6-7。

表 6-6 锅炉性能测试结果

项目	单位	数值
发电负荷	MW	347.0
锅炉蒸发量	kg/s	299.0
主蒸汽温度	℃	541.0
主蒸汽压力	MPa	15.9
给水流量	t/h	298.0
给水压力	MPa	17.8
给水温度	℃	277.0

续表

项目		单位	数值
排烟温度		℃	140.0
空气预热器出口氧量		%	4.2
烟气深度冷却器 出口烟气温度	不投运	℃	136.0
	正常投运	℃	98.0

表 6-7　　　　　　　　　　　　　　　电除尘器性能测试结果

项目		单位	数值	
			烟冷器不投运	烟冷器正常投运
除尘器进口	实际烟气量	$\times 10^4 m^3/h$	177.7	159.24
	标准状态烟气量	$\times 10^4 m^3/h$	116.02	113.8
	温度	℃	132	97.0
除尘器进口	实际烟气量	$\times 10^4 m^3/h$	180.82	161.93
	标准状态烟气量	$\times 10^4 m^3/h$	118.28	115.71
	温度	℃	130	96.0
漏风率		%	1.95	1.68
阻力损失		Pa	260	234.0
除尘器进口烟尘浓度（标准状态，干基）		g/m^3	24.34	24.75
除尘器出口烟尘浓度（标准状态，干基，6%氧）		mg/m^3	60.93	37.61
除尘效率		%	99.75	99.85

由测试结果可知，与烟气深度冷却器未投运相比，烟气深度冷却器正常投运后，静电除尘器进口烟气体积流量减少了 10.39%，阻力损失减少 10%，静电除尘器出口的烟尘浓度降低了 39.91%，除尘效率从 99.75% 提高到了 99.85%。综上所述，该机组通过加装烟气深度冷却器，使静电除尘器的除尘效率得到提高，除尘器的出口烟尘浓度和除尘器的阻力损失均大幅下降，节能减排效果十分显著。

第二节　烟气深度冷却过程中脱硫增效技术

我国是一个以煤炭为主要能源的国家，煤炭在我国能源消费结构中占有重要地位。《中华人民共和国 2014 年国民经济和社会发展统计公报》指出，2014 年我国全年能源消费总量为 42.6 亿 t 标准煤，其中煤炭消费量占能源消费总量的 66%。我国煤炭消费主要集中在电力、钢铁、建材和化工等行业，而其中电力行业的煤炭消费量约占总消费量的 50%。煤炭的燃烧必然产生大量 SO_2，大气中 SO_2 含量增加是造成酸雨出现的重要原因。《2014 年中国环境状况公报》指出，2014 年全国 SO_2 排放总量为 1974.4 万 t，470 个监测降水的城市（区、县）中，酸雨频率均值为 17.4%，出现酸雨的城市比例为 44.3%。因此，对燃煤锅炉进行节能减排，控制 SO_2 的排放势在必行。

我国 GB 13223—2011《火电厂大气污染物排放标准》中指出，自 2012 年 1 月 1 日起，新建火力发电锅炉及燃气轮机组的 SO_2 排放浓度不得高于 $100mg/m^3$，自 2014 年 7 月 1 日起，现有火力发电锅炉及燃气轮机组的 SO_2 排放浓度不得高于 $200mg/m^3$，重点地区和时间内将执行更为严格的排放标准。《全面实施燃煤电厂超低排放和节能改造工作方案》指出，到 2020 年，全国所有具备改造条件的燃煤机组力争实现超低排放，即在基准氧含量 6% 条件下，烟尘、SO_2、氮氧化物排放浓度分别不高于 10、35、50mg/m³。全国有条件的新建燃煤发电机组达到超低排放水平。

一、脱硫技术简介

目前，世界上有数百种脱硫技术，根据脱硫控制时段的不同，这些技术概括起来可分为 4 类[14]：

（1）燃烧前脱硫技术：采用洗煤等技术措施，将煤进行净化，去除原煤中所含有的硫分、灰分等杂质。

（2）燃烧中脱硫技术：在煤燃烧过程中加入石灰石（$CaCO_3$）、白云石粉（$MgCO_3$）等碱性脱硫剂，在燃烧过程中碱性脱硫剂受热分解生成 CaO 和 MgO，这些生成物会与烟气中产生的 SO_2 和 SO_3 反应生成相应固态硫酸盐，并以脱硫灰等形式排出，减少了气态 SO_x 排放，实现脱硫的目的。

（3）煤的转化利用技术：煤转化中脱硫是指采用物理或化学方法将煤炭中的硫元素转化为相应气体、液体、化工原料或产品，使煤中大部分硫以硫磺、硫化氢、二硫化碳和 COS 等形式进入煤气或收集，实现煤中硫分综合利用，避免其排入大气污染环境。

（4）烟气脱硫技术（Flue Gas Desulfurization，FGD）作为减少锅炉 SO_2 排放最为行之有效的措施，被各国所广泛采用。烟气脱硫技术主要是使用吸收剂或吸附剂和烟气中的 SO_2 进行反应生成稳定的硫或含硫化合物，以达到对 SO_2 进行脱除的目的。烟气脱硫技术的种类非常多，按脱硫方式和脱硫产物的处理方式来分，可分为干法烟气脱硫、半干法烟气脱硫和湿法烟气脱硫三大类。

干法烟气脱硫是指加入的脱硫剂为干态，生成的脱硫产物仍为干态的脱硫工艺。干法烟气脱硫具有无污水排放、设备腐蚀较小、烟气脱硫后温度较高、有利于烟囱排气扩散等优点。但存在反应速度慢、脱硫效率低、设备体积庞大等不足。

湿法烟气脱硫是指加入的脱硫剂为水溶液或浆液，生成的脱硫产物仍存在于水溶液或浆液中的脱硫工艺。湿法烟气脱硫具有反应速度快、脱硫效率高和设备简单等优点。但存在设备腐蚀严重、运行维护费用高和易造成二次污染等不足。

半干法烟气脱硫结合了干法烟气脱硫和湿法烟气脱硫的部分特点，加入的脱硫剂为水溶液或浆液，生成的脱硫产物为干态。既具有湿法脱硫反应速度快和脱硫效率高的优点，又具有干法脱硫无污水排放和脱硫产物易于处理的优点。但对脱硫剂和烟气量配比的要求较为严格，目前该技术尚不够成熟，未得到大规模工业应用。

在世界范围内，燃煤机组烟气脱硫装置绝大多数采用了湿法烟气脱硫技术对烟气中的 SO_2 进行脱除。主要湿法烟气脱硫技术方法：石灰石或石灰洗涤法、氧化镁法、氨肥法以及双碱法、海水洗涤法脱硫等，其工艺流程基本相同[15]。

本书前言已经指出，湿法脱硫装置也是一种烟气深度冷却器，而且，其采用吸收剂浆液逆流喷淋并洗涤烟气，实现高效脱硫和深度除尘的双重效果。一般情况下，吸收剂浆液的温度低于烟气中各种酸露点温度，接近水露点温度，因此，湿法脱硫装置实际上是一种烟气冷凝器。

（一）石灰石或石灰洗涤法

石灰石或石灰洗涤法以石灰石或石灰作为吸收剂，是当前国内外技术最成熟、使用最广、最主要的湿法烟气脱硫技术工艺。又由于其副产品和对其处理方法不同，又分为抛弃法和石灰石-石膏湿法（FGD）。抛弃法和石灰石-石膏湿法技术工艺原理基本相同，其最主要的区别，石灰石-石膏湿法就是吸收塔的浆液中鼓入空气，以强制使亚硫酸钙均匀氧化成硫酸钙（石膏）。该方法的详细反应机理将在下文中单独介绍。

（二）氧化镁法

湿式氧化镁法烟气脱硫工艺是以氧化镁为原料，首先将氧化镁进行熟化反应，生成氢氧化镁。氢氧化镁与烟气中的二氧化硫反应生成亚硫酸镁，经强制氧化生成硫酸镁。氧化镁法主要涉及的化学反应如下：

$$MgO + H_2O \longrightarrow Mg(OH)_2 \tag{6-1}$$

$$Mg(OH)_2 + SO_2 \longrightarrow MgSO_3 + H_2O \tag{6-2}$$

$$SO_2 + MgSO_3 + H_2O \longrightarrow Mg(HSO_3)_2 \tag{6-3}$$

$$Mg(HSO_3)_2 + Mg(OH)_2 \longrightarrow 2MgSO_3 + 2H_2O \tag{6-4}$$

$$MgSO_3 + 1/2O_2 \longrightarrow MgSO_4 \tag{6-5}$$

氧化镁法烟气脱硫吸收塔可以比石灰石法小，同时硫酸镁溶解度大，固形物相对较少，吸收塔内可以做成填料塔，以增大接触面积。氧化镁法脱硫的副产品为硫酸镁或亚硫酸镁。硫酸镁溶解度大，而亚硫酸镁溶解度小，可以通过运行控制获得不同的副产品。硫酸镁可以作为化肥，用于烟草、柑橘和甘蔗等酸性土壤，在我国北方销量较少，亚硫酸镁可以用于造纸。氧化镁法在世界上应用较少的原因是吸收剂来源少，运行成本高，以及脱硫副产品处理复杂和副产品销路困难等。目前，世界范围内应用氧化镁法脱硫工艺较少，其工艺流程图如图 6-4 所示。

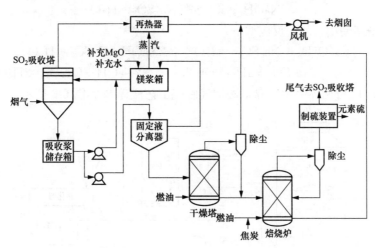

图 6-4　氧化镁法烟气脱硫工艺流程

（三）氨法烟气脱硫法

氨法烟气脱硫法以氨水或企业产生的焦化废水中的氨及其他碱性废水为碱性物质，与二氧化硫在吸收塔中进行中和反应，主要反应如下：

$$2NH_3 + SO_2 + H_2O \longrightarrow (NH_4)_2SO_3 \tag{6-6}$$

$$(NH_4)_2SO_3 + 1/2O_2 \longrightarrow (NH_4)_2SO_4 \tag{6-7}$$

反应中首先生成（NH$_4$）$_2$SO$_3$ 或其他亚硫酸盐，亚硫酸盐在塔内被催化氧化，最终生成（NH$_4$）$_2$SO$_4$。其工艺流程图如图 6-5 所示[17]。

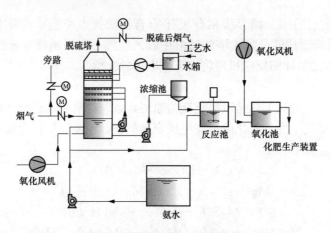

图 6-5　氨法烟气脱硫工艺流程图[17]

（四）双碱法

双碱法是由美国通用汽车公司开发的一种方法，在美国它也是一种主要的烟气脱硫技术。它是利用钠碱吸收 SO_2、石灰处理和再生洗液，取碱法和石灰法两者的优点而避其不足，是在这两种脱硫技术改进的基础上发展起来的[18]。

双碱法常用的碱性吸收剂是 NaOH 和 Na_2CO_3，该方法的操作分为三步：吸收、再生和固体分离。主要涉及的反应如下：

$$Na_2CO_3 + SO_2 \longrightarrow Na_2SO_3 + CO_2 \tag{6-8}$$

$$2NaOH + SO_2 \longrightarrow Na_2SO_3 + H_2O \tag{6-9}$$

再生过程中多使用石灰，反应如下：

$$Ca(OH)_2 + Na_2SO_3 + H_2O \longrightarrow 2NaOH + CaSO_3 \cdot H_2O \tag{6-10}$$

$$Ca(OH)_2 + Na_2SO_3 + 2H_2O + 1/2O_2 \longrightarrow 2NaOH + CaSO_4 \cdot 2H_2O \tag{6-11}$$

再生的 NaOH 可循环使用。双碱法烟气脱硫工艺流程[18]如图 6-6 所示。

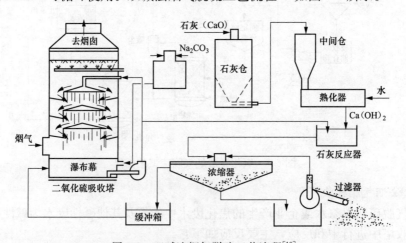

图 6-6　双碱法烟气脱硫工艺流程[18]

（五）海水脱硫法

自然海水中含有大量的可溶盐，其中的主要成分是氯化物和硫酸盐，也含有一定的可溶性碳酸盐。海水通常呈碱性，自然碱度大约为 $1.2 \sim 2.5 \text{mmol/L}$，这使得海水具有天然的酸

碱缓冲能力及吸收 SO_2 的能力。国外一些脱硫公司利用海水的这种特性，开发并成功地应用海水洗涤烟气中的 SO_2，达到烟气净化的目的。

海水脱硫法工艺流程如图 6-7，其反应原理是：锅炉排出的烟气经除尘器除尘后，由 FGD 系统增压风机送入气-气换热器的热侧降温，然后送入吸收塔，在吸收塔中来自循环冷却系统的海水洗涤烟气，烟气中的 SO_2 在海水中发生以下化学反应：

$$SO_2(g)+H_2O\longrightarrow H_2SO_3 \tag{6-12}$$

$$H_2SO_3\longrightarrow H^++HSO_3^- \tag{6-13}$$

$$HSO_3^-\longrightarrow H^++SO_3^{2-} \tag{6-14}$$

$$SO_3^{2-}+1/2O_2\longrightarrow SO_4^{2-} \tag{6-15}$$

反应中生成的 H^+ 与海水中的碳酸盐发生反应：

$$CO_3^{2-}+H^+\longrightarrow HCO_3^- \tag{6-16}$$

$$HCO_3^-+H^+\longrightarrow H_2CO_3\longrightarrow CO_2+H_2O \tag{6-17}$$

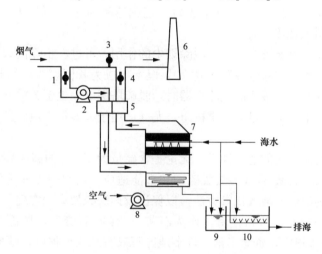

图 6-7　海水脱硫工艺流程图[19]

1—进口挡板；2—增压风机；3—旁路挡板；4—出口挡板；5—气-气交换器（GGH）
6—烟囱；7—吸收塔；8—曝气风机；9—混合池；10—曝气池

用于脱硫后的海水，由于其中含有很多的亚硫酸根，无法直接排放到海中。这种脱硫废水需经过海水处理厂，与冷却循环系统中水进行混合，并鼓入氧气使亚硫酸离子氧化成为硫酸根离子。经过处理后的 pH 值、COD 值均达标后的海水才能排入海域。这种方法非常适合位于海边的电厂，但会耗用大量厂用电，且大量排放脱硫后的海水可能会对海洋生物造成影响。

（六）磷铵肥法

磷铵肥法（简称 PAFP）是一种具有综合效应的回收法脱硫技术，这种技术以天然磷矿石和氨为原料，在烟气脱硫的同时生产磷铵复合肥料。磷铵肥法的主要工艺有吸附、萃取、中和、吸收、氧化、浓缩干燥等。

吸附是指利用活性炭作为吸附介质，在第一级脱硫中对烟气中的 SO_2 进行吸附处理，在氧气存在条件下，将 SO_2 催化氧化成 SO_3。活性炭可以进行清洗再生，其吸附容量接近饱和时，洗涤再生即可得到稀硫酸。将第一级脱硫制备得到的稀硫酸与磷矿粉发生反应，在特定的反应条件下萃取过滤获得磷酸的过程即为萃取过程。萃取过程中以磷石膏的形态分离出的沉淀物作为废渣抛弃。中和过程是用氨将萃取出的磷酸进行中和，调节到一定的 pH 作为第二级脱硫所用的脱硫吸收液。这种磷酸中和液中含有的磷酸氢二铵 $[(NH_4)_2HPO_4]$ 具有良好的脱硫能力。吸收过程即为第二级脱硫，是指利用得到的磷酸中和液对 SO_2 进行二次吸收以获得较高的 SO_2 脱除率。反应后的磷铵脱硫液中以 $NH_4H_2PO_4$、$(NH_4)_2SO_3$ 为主，由于 $(NH_4)_2SO_3$ 受热后不稳定，在制备固体肥料前需要先将其氧化处理。氧化处理后的脱硫液通过蒸发浓缩干燥制备得到固体肥料，其组成主要是 $NH_4H_2PO_4$ 和 $(NH_4)_2SO_4$，即为磷铵复合肥。

在以上所述的脱硫技术中，石灰石/石灰-石膏湿法烟气脱硫技术与其他方法相比具有以下优势[16]：

（1）技术成熟，运行可靠性好。石灰厂/石灰-石膏湿法脱硫装置投入率一般可达 95% 以上，由于其发展历史长、技术成熟、国内外运行经验多，不会因脱硫设备而影响锅炉的正常运行。

（2）脱硫效率高。石灰石-石膏湿法脱硫工艺脱硫率高达 95% 以上，可实现高效脱硫，脱硫后的烟气 SO_2 排放浓度很低。

（3）除尘效率高。脱硫塔具有深度脱除烟尘的作用，可进一步降低烟气含尘量。现场测试表明，新改造的脱硫塔的除尘效率可达 70% 以上，成为我国燃煤机组超低排放的深度除尘手段，尤其当系统不设置湿式静电除尘器时，脱硫塔深度除尘至关重要。

（4）适用于大、中、小容量的各类机组，尤其适用于大容量机组。且可多机组配备一套脱硫装置。

（5）对煤种和负荷变化的适应性强。无论是含硫量大于 3% 的高硫煤，还是含硫量低于 1% 的低硫煤，石灰石/石灰-石膏湿法脱硫工艺都能适应。当锅炉煤种变化和机组负荷变化时，可以同时调节钙硫比、液气比等方法，以保证设计脱硫效率的实现。

（6）吸收剂资源丰富，价格便宜。作为石灰石/石灰-石膏湿法脱硫工艺吸收剂的石灰石/石灰，在我国分布很广，资源丰富，许多地区石灰石品位也很好，碳酸钙含量在 90% 以上，优者可达 95% 以上。在脱硫工艺的各种吸收剂中，石灰石价格最便宜，破碎磨细也较简单，钙硫比一般在 1.03 左右，钙利用率高，有利于降低运行费用和推广应用。

（7）脱硫副产物便于综合利用。石灰石/石灰-石膏湿法脱硫工艺的脱硫副产物为二水石膏。主要用途是建筑制品和水泥缓凝剂。脱硫副产物综合利用的开展，不但可以增加电厂效益，降低运行费用，而且可以减少脱硫副产物处置费用，延长灰场使用年限。

（8）由于吸收浆液循环利用，该工艺脱硫吸收剂的利用率很高。我国燃煤机组烟气脱硫系统中 95% 以上采用湿法烟气脱硫技术，其中 90% 以上采用石灰石/石灰-石膏湿法烟气脱硫技术，即使用石灰石（$CaCO_3$）、石灰（CaO）的浆液作为吸收剂，在脱硫塔内对烟气进行洗涤，与烟气中的 SO_2 反应生成固体产物石膏（$CaSO_4$），从而达到脱除烟气中的 SO_2 的目的。

二、烟气深度冷却对湿法脱硫效率的影响机制

（一）石灰石-石膏湿法烟气脱硫过程

综合各种已发表文献的理论，石灰石-石膏湿法烟气脱硫过程可划分为以下几个阶段[12][13]：

（1）溶质 SO_2、SO_3 由气相主体扩散到气液两相界面气相一侧。

（2）SO_2、SO_3 在相界面上溶解，并转入液相，主要反应如下：

$$SO_2 + H_2O \longrightarrow HSO_3^- + H^+ \tag{6-18}$$

$$SO_3 + H_2O \longrightarrow H_2SO_4 \tag{6-19}$$

（3）石灰石浆液液相中的石灰石发生溶解、电离、扩散，主要反应如下：

$$CaCO_3 + H_2O \longrightarrow Ca^{2+} + HCO_3^- + OH^- \tag{6-20}$$

（4）SO_2、SO_3、HCl 等与浆液发生离子反应，主要反应如下：

$$Ca^{2+} + HCO_3^- + OH^- + HSO_3^- + 2H^+ \longrightarrow Ca^{2+} + HSO_3^- + CO_2\uparrow + 2H_2O \tag{6-21}$$

$$Ca^{2+} + HCO_3^- + OH^- + SO_4^{2-} + 2H^+ \longrightarrow Ca^{2+} + SO_4^{2-} + CO_2\uparrow + 2H_2O \tag{6-22}$$

$$Ca^{2+} + HCO_3^- + OH^- + 2Cl^- + 2H^+ \longrightarrow Ca^{2+} + 2Cl^- + CO_2\uparrow + 2H_2O \tag{6-23}$$

（5）氧化反应：通过氧化风机的氧气将与亚硫酸氢根发生氧化形成硫酸根，即

$$2HSO_3^- + O_2 \longrightarrow 2SO_4^{2-} + 2H^+ \tag{6-24}$$

（6）沉淀物形成，即

$$Ca^{2+} + SO_4^{2-} + 2H_2O \longrightarrow CaSO_4 \cdot 2H_2O \tag{6-25}$$

由上述石灰石-石膏湿法烟气脱硫的反应过程可以看出，整个脱硫塔内的反应分为两个部分：离子反应部分和分子反应部分，分子反应部分的脱硫效率较低，而脱硫反应中起主要作用的是离子反应[15]。由于石灰石脱硫剂中有 Ca、Mg 及其他碱性物质，烟气中有二氧化硫、三氧化硫、氯化氢、氟化氢、二氧化碳、氧气、氮氧化合物等多种酸性气体，飞灰中含有 Na、K、Cl 及其他物质，所以用石灰石浆液脱除烟气中二氧化硫是一个十分复杂的气、液、固三相反应过程[14]。因此石灰石-石膏湿法烟气脱硫工艺脱硫效率受多种条件影响，其中最主要的条件是脱硫塔进口烟气的相关物理参数，其中，脱硫烟气温度具有重要的影响。

（二）烟气深度冷却条件下脱硫塔的脱硫增效

1. SO_2 吸收理论——双膜理论

液体吸收剂对气体的吸收过程有很多理论支持，其中应用最为普遍的是双膜理论（two-film theory）。双膜理论是一种经典的传质机理理论，是气液界面传质动力学的基础理论，很好地解释了液体吸收剂对气体吸收质的吸收过程。该理论认为相互接触的气液两相存在一固定的相界面，界面两侧分别存在气膜和液膜，膜内流体呈滞流流动，膜外流体呈湍流流动，膜层厚度取决于流动状况，湍流越剧烈，膜层厚度越薄。界面上气液两相组成呈平衡关系，无传质阻力；膜外湍流主体内，传质阻力可忽略，因此可知气液相界面的传质阻力取决于界面两侧的膜层传质阻力[14,21]。双膜理论示意如图 6-8 所示。

运用该理论可以看出，SO_2 在吸收塔内的吸收过程可以分为以下 3 个步骤：

（1）SO_2 从气相透过气膜向汽液界面传递、扩散，即气相内的传递。

（2）SO_2 在液膜表面溶解，即相际传递。

（3）SO_2 从气液界面透过液膜向液相传递，即液相内的传递[21]。

2. 降低脱硫烟气温度对脱硫效率的影响

脱硫烟气温度的降低有利于脱硫反应的进行，主要体现在两个方面。

一方面，烟气中 SO_2 在水中的溶解度随温度降低而升高，脱硫烟气温度降低可以促进 SO_2 的溶解，从而加快脱硫进程；

当混合气体可吸收组分（吸收质）与液相吸收剂接触时，部分吸收剂向吸收剂进行质量传递（吸收过程），同时也发生液相中吸收质组分向气相逸出的质量传递过程（解吸过程）[18]。在温度和压力一定的条件下，吸收过程和解吸过程的传质速率相同时，气液两相达到动态平衡，即相平衡或平衡。平衡时气相中的组分分压称为平衡压，液相吸收剂所溶解组

分的浓度称为平衡溶解度,简称溶解度。图 6-9 给出了 SO_2、NH_3、HCl 在不同温度下,溶解于水中的平衡溶解度。

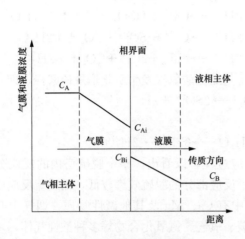

图 6-8　双膜理论示意图
C_A—气体吸收质 A 的主体浓度;C_{Ai}—气体吸收质 A 的相界面浓度;
C_B—气体吸收质 B 的主体浓度;C_{Bi}—气体吸收质 B 的相界面浓度

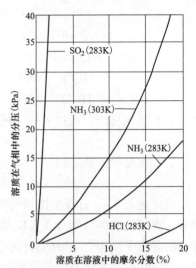

图 6-9　不同气体溶解度曲线

气体在液体中的溶解度与气体和溶剂的性质有关,也受温度和压力的影响。由图 6-9 可以看出,在一定的条件下,提高总压力和降低温度,都会有利于增大溶解气体组分的溶解度。水对 SO_2 的吸收属于一般物理吸收,不伴有显著的化学反应。但在脱硫反应中,碱性吸收剂对 SO_2 的吸收属于既有物理吸收也有化学吸收,伴有明显的化学反应。从脱硫反应所涉及的反应过程可以看出,影响脱硫反应的两个主要过程是气体向液相传质过程和碱性吸收剂溶解过程。从物理吸收的角度出发,温度降低,气体溶解度增加,可以极大地促进气体向液相传质过程,增大脱硫的效率;从化学吸收角度来看,烟气温度升高,会促进反应生成的 HSO_3^- 逆向分解,不利于 SO_2 与碱性吸收剂的反应。

脱硫塔进口烟气温度降低,有利于脱硫反应的进行。浙江半山电厂的测试结果显示,在脱硫塔进口烟气浓度和氧量基本不变的工况下,当脱硫塔的进口烟气温度为 96℃ 时,脱硫率为 92.1%;当进口烟气温升到 103℃ 时,脱硫率已下降至 84.8%[20]。另外有研究显示[21],进口烟气温度与脱硫效率的关系(在该工况下)如图 6-10 所示,进口烟气温度越高,脱硫效率越低。

从另一个方面来说,烟气和浆液的反应是放热反应,按照化学平衡原理,烟气温度越低越利于化学反应正向进行,则脱硫效率越高。

三、烟气深度冷却对湿法脱硫增耗水量的影响

(一)脱硫系统水耗分析

图 6-11 所示为脱硫塔的水平衡图,从图 6-11 可以看出,脱硫塔的耗水主要为 4 部分:脱硫塔出口净烟气携带的饱和水蒸气、水滴,石膏带走的水以及脱硫塔排放的废水。分析烟气深度冷却对脱硫塔耗水量的影响,需要分别从这四个方面进行探讨,为此,有文献建立了以下模型。

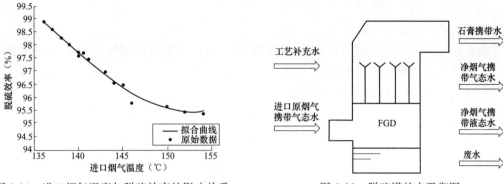

图 6-10　进口烟气温度与脱硫效率的影响关系　　　　图 6-11　脱硫塔的水平衡图

1. 脱硫塔出口净烟气携带的饱和水蒸气

在特定温度下，烟气中的水蒸气含量可有一个最大值，即达到饱和状态时的水蒸气含量。锅炉烟气排向脱硫塔时，远未达到饱和状态，烟气中的水蒸气以过热状态存在。进入脱硫系统的未饱和烟气流经脱硫塔时，会与石灰石浆液直接接触相互进行传热传质，从而导致烟气温度下降，此时必然使得水蒸气发生凝结，并且发出大量热量，最终脱硫工艺结束时，即出口处的水蒸气达到饱和状态。

在烟气温度不断降低、水蒸气含量不断增多的过程中，最终达到一个平衡状态，此时烟气的降温和水蒸发过程结束，烟气达到饱和温度，烟气中的水蒸气含量达到此饱和温度下的最大值。随着进口烟气温度的不同，烟气降温放出的热量也不同，水蒸发变成水蒸气的量也有差别，由此带来的烟气饱和温度也有明显差异，即脱硫塔脱硫工艺中的饱和工作温度是客观存在的，它由原烟气水蒸气含量和烟气降温汽化产生的水蒸气量之和决定[12,22]。

据文献显示，该部分耗水量与脱硫塔出口烟气温度呈线性相关，脱硫塔出口烟气温度的计算流程如图 6-12 所示[23,24]，相关计算公式为

$$c_{p,vdg} = \varphi_{CO_2} \times c_{p,vCO_2} + \varphi_{O_2} \times c_{p,vO_2} + \varphi_{N_2} \times c_{p,vN_2} + \varphi_{SO_2} \times c_{p,vSO_2} \tag{6-26}$$

式中　φ_{CO_2}、φ_{O_2}、φ_{N_2}、φ_{SO_2}——进口干烟气 CO_2、O_2、N_2、SO_2 组分的体积分数；

c_{p,vCO_2}、c_{p,vO_2}、c_{p,vN_2}、c_{p,vSO_2}——标准状态下 CO_2、O_2、N_2、SO_2 比定压热容，$[kJ/(m^3 \cdot K)]$。

根据水蒸气热力性质图表，饱和水蒸气压力 p_s（Pa）的计算式为

$$p_s = 1033.3e^{0.0495t_w} \tag{6-27}$$

$$d_{sv} = \frac{p_s}{p - p_s} \tag{6-28}$$

$$h_{sv} = c_{p,vdg} \times t_w + d_{sv}(\gamma_0 + c_{p,vH_2O} \times t_w) \tag{6-29}$$

$$h_V = c_{p,vdg} \times t_1 + d_v(\gamma_0 + c_{p,vH_2O} \times t_1) \tag{6-30}$$

式中　$c_{p,vdg}$——进口干烟气平均比定压热容，$kJ/(m^3 \cdot K)$；

　　　p_s——饱和水蒸气压力，Pa；

　　　d_{sv}——湿烟气饱和烟气湿度，m^3/m^3（水蒸气/干烟气）；

　　　h_{sv}——饱和湿烟气比焓，kJ/m^3；

　　　h_V——进口烟气容积焓，kJ/m^3；

　　　γ_0——水在 0℃时的汽化潜热，kJ/kg；

　　c_{p,vH_2O}——水蒸气比定压热容，$kJ/(m^3 \cdot K)$；

t_w——出口烟气温度，℃；

t_1——进口烟气温度，℃。

联立方程式（6-26）～式（6-30），并结合 $h_{sv}=h_v$，求得进口烟气温度 t_1 对应的饱和温度 t_w，即为脱硫塔出口烟气温度。

出口烟气含湿量 d_2 的计算公式为

$$d_2 = \frac{R_Y}{R_w} \times \frac{p_w}{p} \tag{6-31}$$

$$R_Y = \frac{8.314}{10^{-8}M_Y} \tag{6-32}$$

式中　p_w——水蒸气分压力，MPa；

　　　p——湿烟气绝对压力，取 0.1MPa；

　　　R_Y——湿烟气气体常数，J/(kg·K)；

　　　R_w——水蒸气气体常数，取为 461J/(kg·K)。

　　　M_Y——湿烟气的摩尔质量，g/mol。

根据烟气燃烧计算表和烟气成分，列出以下方程组求解 M_y，即

$$M_y = M_{gy}r_{gy} + M_{H_2O}r_{H_2O} \tag{6-33}$$

$$M_{gy} = M_{gy}^0 r_{gy}^0 + M_{air}r_{air} \tag{6-34}$$

$$M_{gy}^0 = 28.02r_{N_2}^0 + 44.01r_{CO_2} \tag{6-35}$$

式中　M_{gy}——干烟气的摩尔质量，g/mol；

　　　M_{gy}^0——标况下的干烟气的摩尔质量，g/mol；

　　M_{H_2O}——水蒸气的摩尔质量，g/mol；

　　　M_{air}——空气的摩尔质量，g/mol；

　　　r_{air}——空气体积分数；

　　　r_{gy}——干烟气体积分数；

　　r_{H_2O}——水蒸气体积分数；

　　　r_{gy}^0——标况下干烟气体积分数；

　　　$r_{N_2}^0$——标况下 N_2 体积分数；

　　　r_{CO_2}——CO_2 体积分数。

脱硫塔出口处烟气携带的饱和水蒸气量计算公式为

$$m_1 = m_0 \times d_2 \tag{6-36}$$

式中　m_0——脱硫塔进口标准状态干烟气质量流量，kg/h。

脱硫塔进口处烟气中携带的水量为

$$m_2 = 18 \times \frac{q_{V2} - q_{V1}}{22.4} \tag{6-37}$$

式中　m_2——脱硫塔进口处烟气中携带的水量，kg/h；

　　　q_{V1}——脱硫塔进口标态干烟气量，m^3/h；

　　　q_{V2}——脱硫塔进口标态湿烟气量，m^3/h。

因此，烟气从脱硫塔中携带走的饱和水蒸气量为

$$\Delta m = m_2 - m_1 \tag{6-38}$$

2. 出口烟气带走的液滴

据研究出口烟气带走的液滴与烟气流量大小有关，其计算公式为[25,26]

$$m_2 = 75 Q_{\text{out,wet}} \times 10^{-9} \tag{6-39}$$

式中　$Q_{\text{out,wet}}$——湿态出口烟气流量（标准状态），m^3/h。

3. 石膏带走的水分

石膏带走的水分计算式为

$$m_3 = \left(\frac{2 M_{H_2O} Q_{\text{in,dry}} C_{SO_2\text{in}} \eta_{SO_2}}{M_{SO_2}} + \frac{2 M_{CaSO_4 \cdot H_2O} Q_{\text{in,dry}} C_{SO_2\text{in}} \eta_{SO_2} W_{H_2O}}{M_{SO_2} W_{CaSO_4 \cdot H_2O}} \right) \times 10^{-9} \tag{6-40}$$

式中　M_{SO_2}、M_{H_2O}、$M_{CaSO_4 \cdot H_2O}$——SO_2、H_2O、$CaSO_4 \cdot H_2O$ 的摩尔质量，g/mol；

$\qquad Q_{\text{in,dry}}$——进口干烟气流量，m^3/h；

$\qquad C_{SO_2\text{in}}$——进口 SO_2 浓度，mg/m^3；

$\qquad \eta_{SO_2}$——SO_2 的脱除率，%；

$\qquad W_{CaSO_4 \cdot H_2O}$、$W_{H_2O}$——石膏的纯度和含水率，%。

4. 脱硫系统排放的废水

脱硫系统中排放的废水相对较小，并与氯离子浓度有关，若认为氯离子浓度在机组运行中保持不变，则该部分水耗变化较小[27]，因此该部分水耗在烟气深度冷却条件下的变化可不予以考虑。

在烟气深度深度冷却条件下，上述四部分耗水量中，脱硫塔出口烟气携带水蒸气是需要考虑的水耗变化的主要方面。

（二）计算及实施案例

在以上计算模型建立的基础上，吴淑梅[12]对某机组进行了烟气深度冷却对脱硫系统耗水量的计算。该机组的锅炉型号为 SG-3093/27.46-M533，脱硫装置按一炉一塔单元布置，脱硫效率至少96%以上，锅炉尾部安装烟气深度冷却器。未安装烟气深度冷却器时在100%负荷设计工况下，脱硫塔进口烟气温度为135℃，脱硫塔出口烟气温度计算流程如图6-12所示，其各部分耗水量见表6-8。

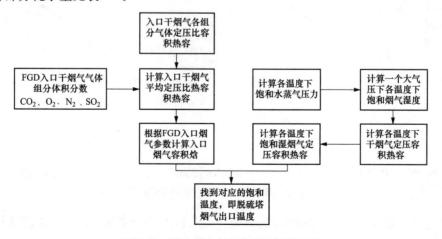

图6-12　脱硫塔出口烟气温度计算流程

表 6-8 改造前脱硫系统耗水量分布

水耗分布	耗水量（t/h）	占脱硫系统总水耗比例（%）
烟气携带水蒸气	83.21	83.71
烟气携带的液滴	0.17	0.17
石膏带走的水量	7.72	7.77
排放废水	8.30	8.35
总水耗	99.4	100

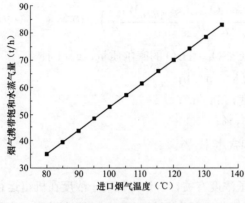

图 6-13 脱硫塔进口烟气温度与烟气
携带饱和水蒸气量间的关系曲线

由表 6-8 中数据可知，烟气携带水蒸气占水耗的 83.71%，排放废水次之，而烟气携带液滴耗水部分最低，仅为 0.17%。

图 6-13 所示为脱硫塔进口烟气温度与烟气携带饱和水蒸气量间的关系曲线，由图 6-13 可以看出，烟气携带水蒸气量随着脱硫塔进口烟气温度的降低而降低，进口烟气温度的改变对烟气携带饱和水蒸气量影响较大，进口烟气温度从 135℃降到 85℃时，该部分水耗随之降低了 43.7t/h。这是因为降低脱硫塔烟气进口温度会减少排烟量，而最主要的原因是烟气出口含湿量大大增加。

图 6-14 所示为脱硫塔进口烟气温度与净烟气携带的液滴及石膏带走的水量之间的关系曲线，由图 6-14 可以看出，两者耗水量随着烟气温度的降低有缓慢的降低，但基本维持在 7.7t/h 和 0.17t/h，说明脱硫塔进口烟气温度降低对两者的影响较小，总水耗主要受烟气携带饱和水蒸气量的影响。

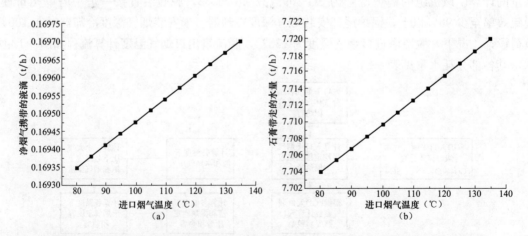

图 6-14 脱硫塔进口烟气温度与净烟气携带的液滴及石膏带走的水量之间的关系曲线
(a) 净烟气携带的液滴；(b) 石膏带走的水量

西安交通大学和青岛达能环保设备有限公司，在对大唐王滩 600MW 燃煤机组烟气深度冷却器预设计中，烟气深度冷却器改造对脱硫系统节水量的计算如表 6-9 所示。该设计方案中，共考虑了两种工况：烟气深度冷却器出口烟气温度，即脱硫系统进口烟气温度，分别为97℃和75℃。从计算结果中可以看出，当进口烟气温度由118℃降低至97℃时，脱硫系统的节水量为26.7t/h，当进口烟气温度由118℃降低至75℃时，脱硫系统的节水量可达到54.67t/h。随着脱硫系统进口烟气温度的降低，耗水量明显降低，节水量明显升高。

表6-9　　　　　　　　　　　　　烟气冷却器改造方案计算对比

名称	单位	方案一	方案二
烟气冷却器进口烟气温度	℃	118	118
烟气冷却器出口烟气温度	℃	97	75
烟气质量流量	kg/s	812	812
换热量	kW	18406	37688
工艺水进口温度	℃	38	38
工艺水出口温度	℃	48	48
1kg工艺水加热热耗	kJ/kg	41.822	41.822
1kg工艺水蒸发热耗	kJ/kg	2417.6	2417.6
1kg工艺水总热耗	kJ/kg	2459.4	2459.4
节水量	t/h	26.7	54.67

目前，已有很多工程实践证实，烟气深度冷却可有效降低脱硫塔水耗。有文献显示[22]，燃煤机组性能测试权威部门于2009年5月27日对上海外高桥第三发电有限责任公司1000MW机组烟气脱硫系统加装烟气深度冷却器后的节水量进行了现场测量。试验分烟气深度冷却器投运和停运2个工况进行，机组负荷基本一致，都在满负荷工况进行。表6-10为烟气深度冷却器投运与停运下脱硫系统耗水量对比。

表6-10　　　　　　　烟气冷却器投运与停运下脱硫系统耗水量对比

项目	烟气冷却器投运	烟气冷却器停运
机组发电负荷（MW）	1010.2	992.8
脱硫塔进口烟气温度（℃）	95.2	133.8
脱硫系统水耗量（t/h）	100.17	143.51
节水量（t/h）	43.34	—

从表6-10中的脱硫塔的耗水量试验实测数据可以看出，加装烟气深度冷却器后能有效减少脱硫系统耗水量，起到了节约水资源的作用。

杜和冲等[28]研究了烟气深度冷却系统在某1000MW超超临界机组的应用，阐述了加装烟气深度冷却系统对脱硫系统节水的实际效果。该机组依据锅炉运行情况，将锅炉设计的排烟温度由125.4℃降低至95℃[29]，在空气预热器出口至电除尘器进口共布置6台烟气深度冷却器。改造后对脱硫系统运行的影响效果如表6-11所示，从表6-11可以看出，在烟气深度冷却系统投入后各负荷点由于排烟温度降低，吸收塔的补水量均降低，且负荷越低，水耗降低幅度也越大。

表 6-11 烟气深度冷却系统投退对吸收塔水耗量的影响

负荷（MW）	吸收塔水耗对比	
	退出时补水量（t/h）	投入时补水量（t/h）
1000	89.85	54.13
750	79.10	12.44
500	99.10	10.80

另外，该文献中还对比了电厂已安装和未安装烟气深度冷却系统的 2 台 1000 MW 机组的脱硫补水量，试验时间选为 10 天，试验期间机组平均负荷为 950 MW，测试数据如表 6-12 所示。由表 6-12 可知，投入烟气深度冷却系统后，在机组负荷率为 95% 时，脱硫系统节水量平均为 39.8t/h。按工业水价 0.5 元/t 计，年等效运行时间为 5500h，年节水费用为 10.95 万元。

表 6-12 烟气深度冷却系统投退对脱硫系统补水量的影响　　　　　　　　　　t

机组	10 天累计水量	每天补水量	每小时补水量
未安装烟气深度冷却系统（3 号机组）	30602.68	3060.27	127.5
安装烟气深度冷却系统（4 号机组）	21052.52	2105.25	87.7

第三节 烟气深度冷却过程中三氧化硫凝并吸收脱除技术

如前所述，燃煤机组烟气深度冷却增效减排技术对烟尘颗粒具有较为明显的脱除作用。研究中发现，在烟尘颗粒脱除的过程中，常常伴随着其他污染物浓度的降低，其中 SO_3 浓度的降低尤为明显。三氧化硫作为一种微量污染物，对于换热器低温腐蚀，大气环境，人体健康等都有重要的影响，已经得到了越来越广泛的关注。

一、三氧化硫形成原因及其危害

（一）SO_3 形成原因

SO_3 是一种硫的氧化物，其分子量为 80.06，具有气、液、固三种存在形式。气体是一种单体分子，氧原子位于以硫原子为中心的正三角形的顶部，S-O 的原子间距为 1.43Å，如图 6-15 所示。液体 SO_3 为无色，沸点为 44.5℃，密度为 $1.93g/cm^3$。固体 SO_3 为无色晶体，具有 α、β、γ 三种不同的结构，α-SO_3、β-SO_3、γ-SO_3 的熔点分别为 62.40、32.50℃ 和 16.90℃。

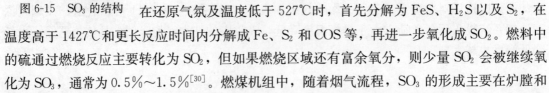

燃煤中的硫元素有两种赋存形态，即无机形态和有机形态。煤中有机硫的结构非常复杂，在锅炉炉膛内的还原气氛下热解挥发出 CS_2、H_2S 和 COS（羰基硫）等，进一步燃烧后氧化分解为 SO_2 和 H_2O；无机硫主要成分是黄铁矿 FeS_2，分解速度比有机硫要慢得多，在还原气氛及温度低于 527℃ 时，首先分解为 FeS、H_2S 以及 S_2，在

图 6-15 SO_3 的结构

温度高于 1427℃ 和更长反应时间内分解成 Fe、S_2 和 COS 等，再进一步氧化成 SO_2。燃料中的硫通过燃烧反应主要转化为 SO_2，但如果燃烧区域还有富余氧分，则少量 SO_2 会被继续氧化为 SO_3，通常为 0.5%～1.5%[30]。燃煤机组中，随着烟气流程，SO_3 的形成主要在炉膛和

SCR 装置中，产生机理主要有如下几种。

1. 与火焰内部产生的原子态氧 O 直接发生氧化反应

当有第三体 M 存在时，原子态氧 O 与 SO_2 在火焰内部高温燃烧区发生如下反应：

$$SO_2 + O + M \longrightarrow SO_3 + M \qquad (6\text{-}41)$$

式中，M 在 SO_2 氧化为 SO_3 的反应过程中起到吸收能量的作用。反应速度受到反应条件的限制，如燃烧区火焰的温度、原子态氧 O 浓度和烟气在炉膛内的滞留时间等，SO_3 的转化量与上述条件成正比。在高温条件下，SO_3 可能通过下列反应被消耗掉：

$$SO_3 + O \longrightarrow SO_2 + O_2 \qquad (6\text{-}42)$$
$$SO_3 + H \longrightarrow SO_2 + OH \qquad (6\text{-}43)$$
$$SO_3 + M \longrightarrow SO_2 + O + M \qquad (6\text{-}44)$$

图 6-16 给出了火焰中 SO_2 转化为 SO_3 的转换率。由图 6-16 可见，虽然火焰燃烧气体所得到的 SO_3 的体积分数很小，但比平衡计算所得到的体积分数要大很多。在实际的大型燃烧器运行中，例如燃用含硫燃料的工业锅炉中，都出现过类似的情况。这种 SO_3 超平衡现象受初始氧浓度的体积分数的影响很大，但是其生成机理的解释目前还未有定论，有充分证据证明是受到物质的催化作用。

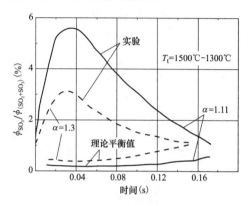

图 6-16　火焰中 SO_2 转化成 SO_3 的转换率

2. 燃烧装置的热交换器表面、飞灰颗粒表面等具有催化作用，促进 SO_2 向 SO_3 的转化反应

当烟气经对流受热面时，燃烧装置的热交换器表面以及飞灰颗粒表面上有 V_2O_5、Fe_2O_3、Al_2O_3、SiO_2、Na_2O、Cr_2O_3 等金属氧化物存在的情况下，SO_2 能快速、高转化率地氧化成 SO_3。据报道，以富含钒的油为燃料燃烧的烟气中，SO_3 的排放量可以超出 30%。

金属氧化膜的催化氧化作用在特定温度范围内才比较明显。由图 6-17（a）可知，Fe_2O_3 的催化作用在 610℃ 左右最大，V_2O_5 在 540℃ 左右出现最大值，SiO_2 在 620℃ 以上才展现催化性能，在 950℃ 左右出现最大值[31]。另外，研究人员对 Pt、V_2O_5、Cr_2O_3、Fe_2O_3 和 CuO 催化剂作用下的 SO_3 生成速度进行了研究，发现铂金催化氧化 SO_2 的效果最好，300℃ 就可达 80% 以上，410℃ 左右催化能力最强，如图 6-17（b）所示。

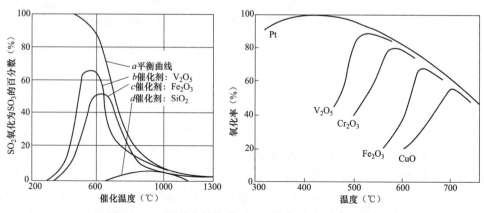

图 6-17　不同催化剂作用下 SO_2 转换为 SO_3 的转换率

3. SCR 催化剂催化 SO_2 向 SO_3 转换

目前，一般燃煤机组采用选择性催化还原（SCR）技术进行氮氧化物的脱除。钒-钛-钨系列 SCR 催化剂被广泛应用在温度高、粉尘浓度大的烟气脱硝工程中。其中 V 以活性物质 V_2O_5 的形式存在，能催化 NO_x 与 NH_3 反应生成 H_2O 和 N_2，但在达到脱除 NO_x 的目的之外，也能催化氧化部分 SO_2 生成 SO_3，使得烟气中的 SO_3 浓度增加。一般商用催化剂，SO_2 氧化率可控制在 2% 甚至 1% 以下。

关于矾系催化剂的表面 SO_2 氧化机理，目前有以下理论成果：当钒负载较低时，在氧化物表面的主要存在形态为孤立四面体 $(M-O)_3V^{5+}=O$；当钒负载较高时，聚合在氧化物表面的孤立的 $(M-O)_3V^{5+}=O$ 键会断裂成两个 $V-O-M$ 键，并形成两个 $V-O-V$ 键。其中，$V-O-M$ 键上发生 SO_2 的氧化反应[32]，$V-O-V$ 键对 SO_2 氧化特性没有影响。基本动力学机理如图 6-18 所示。

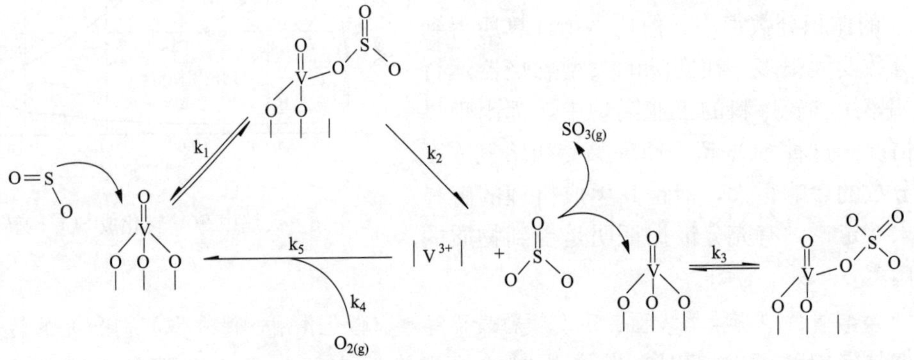

图 6-18　矾系催化剂氧化 SO_2 基本动力学机理

4. 富氧燃烧中 SO_3 的生成

烟气再循环富氧燃烧技术，即 O_2/CO_2 循环燃烧技术，采用纯氧代替空气进行助燃。富氧燃烧被视为能减少电站锅炉 CO_2 排放最有效的方法，同时也是能综合控制燃煤电厂污染物排放的新燃烧技术。与常规空气燃烧相比，NO_x 排放减少 1/3 左右[33]。但是，研究人员在不同的试验条件下采用富氧燃烧技术对 SO_2 和 SO_3 污染物生成和排放的影响，得出的结论不尽相同。

Zheng[34]基于吉布斯能量最小化原则，采用化学动力学平衡方法（FACT），分析和评价了煤炭燃烧产生的污染物。结果表明，在富氧燃烧中，单纯提高氧含量比例对 SO_3 排放量几乎没有影响。李英杰[35]等利用 ASEPN PLUS 软件平台对纯氧气氛下煤的燃烧产物进行了热力学模拟和计算，研究表明，温度对 SO_2 和 SO_3 的生成影响不大；当过量氧系数 $\phi>1$ 时，ϕ 变化对 SO_2 的生成量影响很小，$\phi<1$ 时，随着 ϕ 增大 SO_2 的生成量增大；但是，随着 ϕ 增大，SO_3 的生成量有所增长。Croiset[36]等人在试验中发现烟气再循环冷凝的水中含有较多的硫酸盐，由此判断煤中碱金属与形成的 SO_3 发生了反应。Jiyoung Ahn[37]在煤粉炉和循环流化床上分别研究了富氧燃烧中 SO_3 的形成，燃用高硫煤时，SO_3 排放量是常规空气燃烧的 4～6 倍。普遍研究认为，由于富氧燃烧中氧含量的提高，SO_2 向 SO_3 转换的转换率提高；由于烟气再循环，循环烟气中的 SO_2 和 SO_3 再次被带回炉膛内，使高温腐蚀和低

温腐蚀都加剧。

（二）SO_3 的危害

相对于 SO_2，燃煤机组烟气中 SO_3 的含量很少，但造成的危害很大。不仅对燃煤机组的长周期安全运行造成威胁，同时也会对大气环境造成严重污染。

1. 增加低温腐蚀和黏污

通常，把烟气中硫酸蒸汽开始冷凝的温度称为烟气硫酸露点温度，又称为硫酸露点温度。当排烟在 110℃以上，低温受热面不易发生结露。一旦烟气中的 SO_3 与水蒸气结合生成 H_2SO_4 蒸汽，就能显著提高硫酸露点温度，在低温受热面上冷凝形成酸液，并与碱性灰和金属壁面反应。由 Haase&Borgmann 酸露点温度的计算公式（6-45）可以看出，当 SO_3 浓度升高时，硫酸露点温度上升明显，增加了发生低温腐蚀的风险。此外，当燃煤机组中采用 SCR 催化脱硝装置时，SO_3 与逃逸 NH_3 反应生成铵盐，液态的硫酸氢铵是一种黏性非常强的物质，容易在换热器表面形成壁面黏污。

$$t_{ld} = 255 + 27.6\lg p_{SO_3} + 18.7\lg p_{H_2O} \tag{6-45}$$

式中　　t_{ld}——硫酸露点温度，℃；

p_{H_2O}、p_{SO_3}——烟气中水蒸气、SO_3 蒸气的分压力，%。

2. 形成"蓝羽"现象

首次发现燃煤机组出现"蓝羽/黄羽"现象是美国电力公司 Gavin 电厂。2000 年，该电厂在总容量为 2600MW 的机组上安装了 SCR 脱硝和无 GGH 的烟气脱硫装置，燃烧含高硫分（3%～7%）的东方沥青煤后，烟囱出现了较为浓厚的蓝色/黄色烟羽，对周围景观和人的心理产生了严重影响，而之前几乎没有可见烟羽。随着 SCR 脱硝设备的广泛投入使用，我国一些中小型火电机组的烟囱排烟也出现了非常明显的蓝羽和黄羽。

烟囱排烟中出现"蓝羽/黄羽"现象的主要原因是：燃煤机组排烟中飞灰颗粒浓度比较大，经过布袋除尘器或静电除尘器除去大约 99% 以上的飞灰颗粒，但仍有很小部分的亚微米的飞灰颗粒存在。烟气中 SO_3 与水蒸气凝结成硫酸后，覆盖在飞灰颗粒的表面，形成了酸雾气溶胶；产生的酸雾气溶胶的粒径非常小，对光线有很强的散射能力，散射能力大小与波长的四次方成反比例，即

$$I(\lambda) \propto 1/\lambda^4$$

在所有的光线中，蓝色光线波长相对较短，红色光线波长相对较长，也就是说蓝光要比红光更容易发生散射，因此可以看到烟囱排烟的烟羽反射面呈现蓝色，而其透射面呈现黄色[38]。

3. 对 SCR 催化剂的影响

烟气中的 SO_3 会引起 SCR 催化剂的硫中毒，主要影响机制有两个方面：

（1）SO_3 与烟气中的水蒸气及 NH_3 反应，生成一系列铵盐，液态的硫酸氢铵是一种黏性非常强的物质，黏附在催化剂表面使催化剂失活。

（2）作为活性成分的金属氧化物与 SO_2/SO_3 反应形成不可再生的金属硫酸盐，导致催化剂失活[39]。Radian Corp 运用动力学和热力学模型估算了烟气中硫酸氢铵的形成，用 Radian 数值来表示，如式（6-46）所示，Radian 值越大，硫酸氢铵形成的可能性越高[40]。

$$Radian = c_{SO_3} \cdot c_{NH_3} \cdot T_{IFT} \cdot T_{rep} \tag{6-46}$$

式中　c_{SO_3}——烟气中的 SO_3 浓度，%；

　　　c_{NH_3}——烟气中的 NH_3 浓度，%；

　　　T_{IFT}——硫酸氢铵形成的初始温度，℃；

　　　T_{rep}——综合了空气预热器冷端金属壁面温度和机组排烟温度的数值，℃。

对于灰中 CaO 含量较高的煤种，Stpbert 等研究分析，在各种其他中毒因素同时存在的情况下，$CaSO_4$ 附着在 SCR 催化剂的活性物质表面阻碍了 NH_3 和 NO_x 的反应，是造成催化剂的活性降低的主要原因。在反应过程中，CaO 首先以相对较慢的速度沉积在催化剂表面，同时与 SO_3 进行气-固反应。由于催化剂表面存在活性物质，能快速氧化 SO_2 生成 SO_3，且浓度相对较高；反应形成的 $CaSO_4$ 体积膨胀后，堵塞催化剂的表面，进而影响了反应物在催化剂中的扩散[41]。

4. 对人类健康的影响

燃煤烟气所排放的酸雾气溶胶对人类健康的影响，目前未形成共识，有待进一步深入研究。有研究表明：暴露在 $400\mu g/m^3$ 或更高浓度酸雾气溶胶的环境中，清除黏膜纤毛会发生改变，伴随中等程度哮喘的支气管收缩。酸雾气溶胶和其他环境颗粒物之间的凝并吸收作用更应引起重视，如元素碳和金属颗粒，这种协同作用会加重对人体健康的损害[42]。当 SO_3 和气溶胶结合在一起时，烟囱附近的环境污染明显加重，根据当时的天气条件以及机组运行状况，烟囱邻近可能会出现持续时间较长的酸雾，损害植被和建筑物。研究表明，在这种情况下会出现头痛、喉咙和眼睛灼痛等不良症状[43]。

二、微量三氧化硫测量技术

燃煤机组烟气中 SO_3 的测量一直是一个难点，国内目前尚无统一的、广泛认可的烟气中 SO_3/硫酸雾检测方法。其技术难点主要在于以下几个方面：

(1) 燃煤机组中 SO_2 浓度相对于 SO_3 浓度来说很高，SO_2 对于 SO_3 的准确测量存在很大的干扰[44-46]。

(2) 燃煤机组烟气组成非常复杂，烟气中含尘较多且温度高，普通的采样技术难以保证采样准确度。

(3) SO_3 化学性质活泼，极易与其他物质发生反应。

(4) 温度降低时，SO_3 会形成 H_2SO_4 气溶胶，吸附性强，极易被金属壁面所吸附，对测量仪器及采样设备造成一定的腐蚀，使得定量测定存在很大难度。

(5) 燃煤机组烟气中 SO_3 含量一般低于 $300mg/m^3$，很小的测量误差会造成很大的相对误差。

燃煤机组烟气的测量由于影响因素复杂，对 SO_3 的定量测量造成很大的难度，结合国内外的测量标准及经验，将燃煤机组 SO_3 的测量分为两个部分：取样、检测。

(一) SO_3 的取样方法

烟气中含有 SO_3 和水蒸气时，随着温度降低，SO_3 发生的反应进程为：在较高温度下 SO_3 开始与水蒸气结合生成气态 H_2SO_4；在 200℃左右时，气态的 SO_3 基本已经全部转化为气态的 H_2SO_4。当温度继续降低至硫酸露点以下时，气态的 H_2SO_4 冷凝成液态硫酸。因此在采样过程中，需防止烟气在进入采样装置之前发生 H_2SO_4 冷凝，以避免由此造成的 SO_3 损失而对测量产生误差。

目前，国内外采用的 SO_3 的采样方法主要有三种[47,48]：

1. 异丙醇吸收法

采用异丙醇吸收法制定固定源酸雾检测标准，如 EPA-8A 方法的固定源硫酸雾和二氧化硫排放的测量方法（EPA method 8A-Determination of sulfuric acid mist and sulfur dioxide emissions from stationary sources），该检测方法系统如图 6-19 所示。将 100mL 体积分数为 80% 的异丙醇水溶液（IPA）、200mL 体积分数为 3% 的 H_2O_2 水溶液、100mL 变色硅胶分别置于 4 个吸收瓶中，吸收瓶以串联的方式布置在冰浴中冷却。同时，用小型真空泵进行等速采样，用干式流量计计量采样体积。采样结束后，分别用相应的吸收液冲洗吸收瓶并定容。

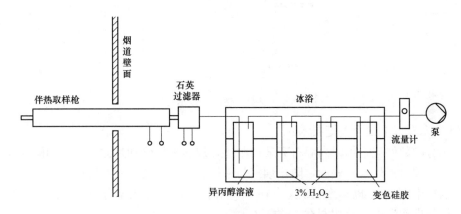

图 6-19　异丙醇吸收法采样示意图

异丙醇吸收法在采样的过程中需要注意以下几个方面：

（1）在测量过程中，为了避免 SO_3/H_2SO_4 在被异丙醇溶液吸收前，因为温度降低而冷凝在采样管路中造成采集误差，尽量避免使用不锈钢之类的金属材料加工采样管路，最好使用耐高温的石英玻璃管，并且保证管路温度在 160～180℃以上。

（2）烟气进入吸收瓶后，由于其高速高温，可能会观察到白色烟雾升腾。原因是其中一部分气体来不及被异丙醇溶液吸收，就直接逸出了。

（3）虽然 SO_2 不溶于 80% 异丙醇溶液，但是可能被其中 20% H_2O 部分吸收，对后期的检测造成干扰。因此，该测量方法不适用于高浓度 SO_2 的场合。但在燃煤机组实际烟气 SO_3 的测量中，SO_2 的浓度往往比 SO_3 高很多，因此该采样方法不建议在燃煤机组使用。

异丙醇溶液吸收法的误差相对较大，这主要是因为异丙醇溶液对于 SO_2 也具有一定的吸收作用，在使用该方法时可采用以下措施以降低 SO_2 对测量造成的误差：①缩短取样时间，降低 SO_2 的吸收量；②取样完成后向吸收液中通入惰性气体 Ar，降低 SO_2 的溶解度；③取样完成后尽快对溶液进行检测，减少 SO_2 在溶液中的氧化。

2. 控制冷凝法

除了吸收法，国内外还采用控制冷凝法（CCM）来检测排放气体中 SO_3 的浓度，并制定标准，如美国材料实验协会（Modified Method）的 ASTM 3226-73T。2008 年，我国首次颁布的《燃煤烟气脱硫设备性能测试方法》（GB/T 21508—2008）的附录 C 中给出了烟气中 SO_3 浓度的取样和测试方法。该标准采用的即为控制冷凝法，利用特殊的气体采样系统在烟道中等速采样烟气，用石英过滤器过滤烟气中的颗粒物，并用恒温蛇形玻璃管对 SO_3 进行控制冷凝。取样结束后，用去离子水淋洗石英过滤器和蛇形玻璃管，得到含有 SO_4^{2-} 的样品溶液。分析溶液中 SO_4^{2-} 的浓度，换算可得烟气中 SO_3 的浓度。采样系统如图 6-20 所示。

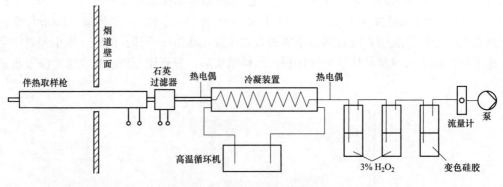

图 6-20　控制冷凝法采样示意图

CCM 技术有以下几个关键技术：

（1）所有的部件应采用耐高温石英玻璃制造，加热采样管和过滤器应采用耐腐蚀材料制造，并用防腐蚀涂料处理其表面，防止烟气与采样管路、过滤器发生反应。

（2）烟气中 H_2SO_4 以蒸汽的状态存在，气流中的 H_2SO_4 大部分以蒸汽的状态存在，故加热采样管的操作温度一般控制在 $250℃$ 以上。

（3）蛇形管恒温温度要低于硫酸露点温度，但又要高于水露点温度，避免烟气中的水蒸气冷凝，故水浴温度一般在 $60\sim65℃$ 或 $85\sim90℃$ 范围内。

（4）蛇形管的设计制造要能保证较高的 SO_3 收集率（99%），利用离心力和酸雾液滴的强吸附能力，雾滴可被甩到玻璃壁面。故蛇形管的内径不大于 3mm，圈径应在 $85\sim90mm$ 之间，总周长在 $150\sim200cm$ 之间，保证了合适而足够的离心力；如过冷凝率过大，则形成较大的酸雾滴，蛇形管对大液滴的收集效果差，需要在蛇形管后加装一个装置对大液滴进行有效收集。由于 SO_2 在硫酸酸雾中的稳定性较差，CCM 技术能克服异丙醇溶液吸收法中对 SO_2 吸收的误差。采样结束后，用去离子水冲洗采样管、过滤器、蛇形管以及管路，最终收集和定容样品。

3. 盐法

盐法是近几年国外开始采用的一种 SO_3 取样方法，系统示意图如图 6-21 所示。盐法取样装置的前端与异丙醇吸收法和控制冷凝法相同，包括伴热取样装置和石英过滤器。盐法与前两种方法的区别之处在于，盐法吸收装置由一个反应容器及其外部加热装置组成，其中反应容器中放置吸收剂，而外部加热装置用于反应容器的伴热。盐法采用的吸收剂有 NaCl、KCl 等，吸收剂不仅需要对 SO_3 充分吸收，而且要尽量少地吸收 SO_2，有研究对不同盐的 SO_2 吸收作用进行了对比，如图 6-22 所示。Emil Vainio 等研究表明，在实验室条件下，当烟气中含约 $1428.57mg/m^3$ SO_2，不含气态 H_2SO_4 时，NaCl 和 KCl 对 SO_2 的吸收率是四种盐中最少的，几乎可以忽略，如图 6-22 所示。

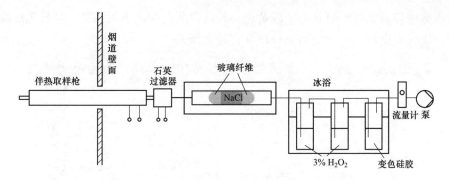

图 6-21　盐法采样示意图

以采用 KCl 作为气态 H_2SO_4 的吸收剂为例，吸收装置的伴热温度控制在 200℃ 左右，气态 H_2SO_4 与 NaCl 反应生成 $NaHSO_4$ 和 Na_2SO_4：

$$NaCl(s)+H_2SO_4(g)\longrightarrow NaHSO_4(s)$$
$$+HCl(g) \qquad (6\text{-}47)$$
$$2NaCl(s)+H_2SO_4(g)\longrightarrow Na_2SO_4(s)$$
$$+2HCl(g) \qquad (6\text{-}48)$$

盐法吸收装置为一根特氟龙管子，放入适量 NaCl，两端塞入玻璃纤维棉以固定粉状 NaCl。吸收装置出口连接冰浴锅，串联两个 H_2O_2 吸收瓶与一个变色硅胶吸收瓶，分别用于吸收 SO_2 及气体干燥。采样

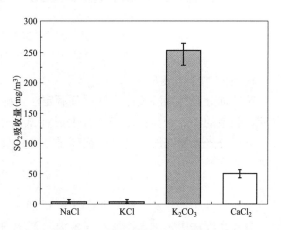

图 6-22　不同取样试剂对 SO_2 的吸收作用
（SO_2 浓度为 1400mg/m^3，H_2SO_4 浓度为 0）

吸收后，将 NaCl 溶于去离子水，而后分析溶液中 SO_4^{2-} 含量。同样地，烟气流量由系统末端的流量计得到。

（二）SO_4^{2-} 的检测方法

由 SO_3 的取样方法可以看出，无论采用何种取样方法，最终都需对取得的样品进行 SO_4^{2-} 浓度的定量检测，从而计算烟气中 SO_3 的浓度。根据 SO_4^{2-} 在样品中含量的多少，SO_4^{2-} 的测定方法可分为常量法及亚微量法、微量法及痕量法。常量法及亚微量法 SO_4^{2-} 的测定，通常采用重量法和容量法。微量及痕量硫酸根的测定方法较多，有可见和紫外分光光度法、浊度法和比浊法、荧光分光光度法和其他光谱法、电化学分析法、放射化学分析法及离子色谱法。由于燃煤机组烟气中 SO_3 含量在 mg/m^3 级，因此，火力发电厂烟气中 SO_3 取样后的测定属于微量及痕量硫酸根的测定[49]。在以上叙述的测定方法中，选用 3 种方法进行对比，其中前两种方法以异丙醇吸收法为取样方法，最后一种方法以控制冷凝法为取样方法。

1. 钍试剂滴定法

在异丙醇吸收法中，吸收后的 SO_3 溶于水后形成 SO_4^{2-}。异丙醇吸收液定容至 100mL，滴两滴钍试剂待滴定。用 Ba^{2+} 标准溶液沉淀滴定，当滴定终点时，溶液颜色从浅黄色变成粉红色，如图 6-23 所示。根据滴定 Ba^{2+} 的用量，可计算硫酸根离子浓度，从而计算出 SO_3

的浓度。该方法较为简便，但是由于浅黄色与粉红色颜色变化不太明显，且显色反应没有在瞬时进行，肉眼识别较难，测定结果往往存在较大误差[50]。

（a）   （b）

图 6-23　钍试剂-钡的褪色反应
（a）高浓度 SO_4^{2-} 溶液与原液对比；（b）低浓度 SO_4^{2-} 溶液与原液对比

2. 钍试剂分光光度法

钍试剂分光光度法改进了钍试剂滴定法，硫酸根离子与过量的高氯酸钡反应生成硫酸钡沉淀，剩余的钡离子与钍试剂结合生成钍试剂-钡络合物，为褪色反应，根据溶液颜色的深浅，可用分光光度法测定过量的钡离子，计算反应消耗钡离子，从而间接计算出溶液中硫酸根离子浓度[51,52]。

$$Ba^{2+} + SO_4^{2-} \longrightarrow BaSO_4 \downarrow \tag{6-49}$$

$$钡（过量）+钍试剂 \longrightarrow 钍试剂-钡络合物 \tag{6-50}$$

分光光度法用来测定物质在一定波长范围内或某一波长处的吸光度，从而定量或定性地分析该物质的浓度。在分光光度计中，利用不同波长的光连续地照射样品溶液，可以得到各波长所对应的吸收强度。以吸收强度 A 为纵坐标，波长 λ 为横坐标，即可绘制出该样品的吸收光谱曲线。利用吸收光谱曲线，进行定量或定性的分析方法，称为分光光度法。在波长范围为 $200 \sim 400nm$ 内，用紫外光源照射无色物质的方法，称作紫外分光光度法；在波长范围为 $400 \sim 760nm$ 内，用可见光光源照射有色物质的方法，称作可见光光度法。

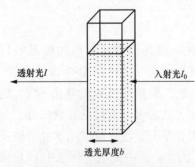

图 6-24　经过比色皿的透射率

分光光度法以朗伯（Lambert）-比尔（Beer）定律为基础，基本原理为当一束强度为 I_0 的入射单色光垂直照射某均匀样品溶液时，一部分被吸收，一部分被反射，剩余一部分穿透，如图 6-24 所示。因此，透射光的强度降至 I。通常情况下，分光光度法测量的是透射光强度。由于测量时用的比色皿材质和规格不变，反射光强度可以按规定抵消扣除。

朗伯-比尔定律的数学表达式为

$$A = \lg(I_o/I_t) = kbc \tag{6-51}$$

式中　A——吸光度，无量纲；

$\quad\quad\ b$——液层厚度（光程长度），cm；

$\quad\quad\ c$——溶液的浓度，mol/L；

k——摩尔吸光系数，L/(mol·cm)，仅与入射光波长、溶液的性质及温度有关，与浓度无关。

式（6-51）表明，当一束单色光通过溶液时，其吸光度与溶液浓度和宽度的乘积成正比。实验中，首先需确定测试溶液的吸收波长，即波长-吸光度曲线中的峰值对应的波长。然后配置一系列浓度的该溶液，以选择的波长光为光源，测试出一条浓度-吸光度的标准曲线。测试未知浓度的溶液时，只需测出其吸光度，便可由标准曲线对应出该溶液浓度。

在钍试剂分光光度法中，选用紫外可见分光光度法。通过重复实验取得硫酸根离子的标准曲线，如图 6-25 所示。其中横坐标 X 为 SO_4^{2-} 标准溶液的用量，对应点 SO_4^{2-} 的浓度大小为 0、0.02、0.04、0.06、0.08、0.1、0.2mol/mL，纵坐标 Y 为各溶液的吸光度 A，R^2 为标准曲线的线性拟合度。在测量样品时，只需通过测量样品的吸光度即可从标准曲线上得到对应的硫酸根离子浓度。

3. 离子色谱法

离子色谱（Ion Chromatography）法是高效液相色谱（HPLC）法的一种，是分析阴离子和阳离子的一种液相色谱方法。狭义而言，离子色谱法是以低交换容量的离子交换树脂为固定相对离子性物质进行分离，用电导检测器连续检测流出物电导变化的一种色谱方法。《离子色谱原理与应用》中对离子色谱法的定义是：利用被测物质的离子性进行分离和检测的液相色谱法[53]。

与前面所述的硫酸根离子的检测方法相比，离子色谱法的优点是选择性好、灵敏度高、快速简便，可同时测定难以用其他仪器和方法分析的多组分。离子色谱法的精度一般可达到 mg 至 μg 级别，特别适合于微量 SO_3 的测量。但由于仪器本身的要求，不能用于检测有机溶液，因此，该检测方法不适用于异丙醇吸收法取得的样品浓度检测。

三、三氧化硫的烟气深度冷却凝并吸收机理

SO_3 与水蒸气结合的过程在较高温度下就已经开始进行，如图 6-26 所示，当烟气中水蒸气含量为 8% 时，SO_3 生成 H_2SO_4 的转换率随温度的变化。当设备运行良好时，烟气经过空气预热器后温度骤降，几乎全部 SO_3 冷却转化成 H_2SO_4 蒸汽。当温度继续下降至烟气硫酸露点温度附近时，气态的 H_2SO_4 开始冷凝形成液态硫酸。主要的反应进程为

$$SO_3(g) + H_2O(g) \longrightarrow H_2SO_4(g) \tag{6-52}$$

$$H_2SO_4(g) \longrightarrow H_2SO_4(l) \tag{6-53}$$

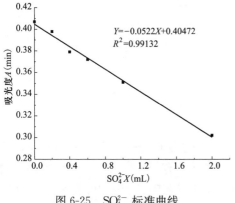

图 6-25　SO_4^{2-} 标准曲线

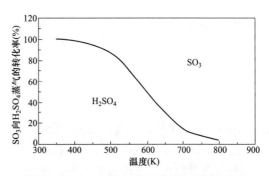

图 6-26　SO_3 生成 H_2SO_4 的转换率随温度的变化（8% 水蒸气）

一般认为 SO_3 的凝并吸收脱除发生在气态的 H_2SO_4 开始冷凝形成液态硫酸之后。研究认为，空气预热器温度降低到 110℃ 以下，90％ 的 H_2SO_4 可以被脱除；温度每降低 22℃，H_2SO_4 在空气预热器中的生成量可增加约 25％。但是为了防止低温腐蚀，要求空气预热器出口温度高于烟气硫酸露点，因经常出现排烟温度偏高的情况，造成 SO_3 脱除不完全。

针对该情况，日本燃煤机组在 20 世纪 90 年代就使用了低低温静电除尘技术（low-low temperature ESP）[54,55]，其基本原理是在空气预热器之后增加一个换热器，通过将静电除尘器的烟气温度从 130~160℃ 降低到 90℃ 左右，甚至更低，温度下降使粉尘比电阻大幅度下降，从而显著提高了静电除尘器的除尘效率。同时，温度降低使 SO_3/H_2SO_4 酸液冷凝在粉尘上，随粉尘在除尘器中被脱除带走，降低了 SO_3/H_2SO_4 污染物的排放。实际运行结果显示，ESP 运行在硫酸露点温度以下，但没有结露腐蚀情况[56]。就此，日本研究人员认为大量飞灰脱除了 SO_3/H_2SO_4。

SO_3/H_2SO_4 与颗粒物的凝并吸收作用运用在静电除尘器上，即为 SO_3/H_2SO_4 烟气调质技术。这种烟气调质装置是以硫磺为原料，硫磺在燃烧室中燃烧生成 SO_2，SO_2/H_2SO_4 在催化剂的作用下被氧化生成 SO_3[57]。将 SO_3 喷入静电除尘器的进口烟道处，SO_3 进入烟道后在较高温度下与水蒸气迅速结合形成硫酸蒸汽，黏附在粉尘表面。吸附在表面的硫酸能明显降低粉尘的比电阻，使粉尘颗粒易于被静电除尘器捕获，从而提高静电除尘器的除尘效率。对于 SO_3 烟气调质的机理，国内外的研究人员做过初步的探讨[58]。普遍认为飞灰表面存在着凹坑和空腔，积尘极的积灰层内存在的空隙，可以看作是飞灰的毛细孔。借助这些毛细孔的孔壁场力、静电力等力的作用，水汽或硫酸首先被吸附并凝结在这些毛细孔内，继而扩展到整个飞灰表面，形成一层水膜。飞灰表层所含的可溶金属离子，将溶于形成的液膜中，而变得易于迁移。在电场力作用下，溶于膜中的离子以膜为媒介，快速迁移，传递电荷。内蒙古某电厂由于燃煤煤种为低硫劣质煤，粉尘比电阻很高，导致静电除尘器难以捕捉。电厂引入 SO_3 调质系统后，粉尘的脱除率显著提高，效果十分明显[58]。

烟气深度冷却过程中 SO_3/H_2SO_4 的脱除机理较为复杂[60]，在此提出一种简化机理，如图 6-27 所示。

图 6-27　SO_3 凝并吸收简化机理

由图 6-27 可以看到，随着换热器温度的降低，气态的 SO_3 经过两个主要的反应进程后转化为硫酸液滴，而硫酸液滴与灰颗粒的结合过程一般认为有两种方式，一种是物理性的吸附，一种是灰颗粒中碱性成分的中和。物理性的吸附作用受灰颗粒表面积、孔结构、孔隙大小等多方面因素的影响。灰颗粒中吸收 SO_3 的碱性成分主要有碱金属氧化物（如 Na_2O、

K_2O 等)、碱土金属氧化物(如 CaO、MgO 等),这些碱性成分在较高的温度下开始对 SO_3 具有吸收作用,在烟气温度降低至酸露点附近及以下时,与 H_2SO_4 发生酸碱中和反应。灰颗粒吸收 SO_3 之后,比电阻降低,表面黏性增加,小颗粒聚集凝并成大颗粒,在随后的除尘装置中被脱除,从而实现 SO_3 与飞灰的凝并吸收脱除。

四、三氧化硫的脱除技术

目前,燃煤机组脱硫装置主要针对烟气中 SO_2 的脱除,由于烟气中 SO_3 的含量很少,并没有引起人们的重视。但是随着 SCR 脱硝装置的大规模应用,SO_3 浓度增加带来的低温腐蚀、环境污染等问题日益凸显,各国学者开始对此展开研究。一般认为,当排烟温度在 200℃ 以下时,烟气中的 SO_3 会与水蒸气迅速结合,生成细小的酸雾颗粒。特别在湿法脱硫之后,烟气温度快速下降,更加剧了微小酸雾颗粒或酸雾气溶胶的形成。目前,SO_3 脱除技术主要有以下几种:

(一)燃用低硫煤、混煤

烟气中 SO_3 的排放,主要来自于煤中硫元素。煤中所含硫的多少使得 SO_3 的排放量不同,低硫煤的 SO_3 可以是 10^{-6} 数量级,而高硫煤的 SO_3 可达($30\times10^{-6}\sim40\times10^{-6}$)数量级甚至更高[61]。我国常用煤种中,长焰煤、气煤和不黏煤平均含硫量均低于 1%,褐煤、无烟煤和贫煤等平均含硫量在 1%~2% 之间,最高的肥煤含硫量为 2.3% 左右。

燃用低硫煤是降低烟气中 SO_3 非常有效的解决方法,实际运行中全部更换高硫煤比较困难时,可掺混一定比例的低硫煤。对于现有电厂,更换动力煤种时首先遇到的问题是机组的适应性,即锅炉和除尘设备适应其他新煤种的能力和费用。另外,还需要解决堆煤场、传煤皮带、脱硝催化剂中毒、烟道和其他设备积灰磨损等问题[62]。

(二)低 SO_2/SO_3 氧化率的 SCR 催化剂

广泛应用的 SCR 催化剂大多是以锐钛矿结构的 TiO_2 为载体,以 V_2O_5 或 V_2O_5-WO_3、V_2O_5-MoO_3 为活性成分,WO_3 和 MoO_3 的作用是增加催化剂的活性、选择性和热稳定性,同时与 SO_3 竞争 TiO_2 表面的碱性位并替代它,从而限制催化剂的硫酸盐化。

Dunn[63] 研究认为三元催化剂中,SO_2 主要发生在 V-O-M 键上,不同的基体氧化速率不同,Ce>Zr,Ti>Al>Si,如图 6-28 所示。

目前,研究者关注较多的是添加一些助剂来改善金属氧化物催化剂的活性,最好还能够降低催化剂的 SO_2 氧化率,提高催化剂的抗 SO_2 中毒能力。Dunn[63] 等在后期研究中,模拟了实际 SCR 系统脱除氮氧化物的条件下,使用不同配比组分的催化剂在 350℃ 和 400℃ 温度下研究其 SO_2/SO_3 转换率,结果如表 6-13 所示,1% V_2O_5/TiO_2/5% MoO_3/TiO_2 配比催化剂的对 SO_2 的氧化最低。

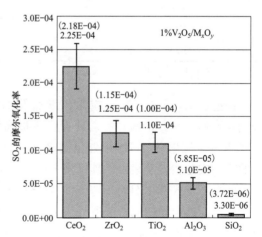

图 6-28　400℃时不同基体 SCR 下 SO_2/SO_3 转换率

表 6-13　　不同配比 SCR 下 SO_2/SO_3 转换率（包括二元催化剂的转换率）

催化剂类型	SO_2/SO_3 转换率	
	320℃	400℃
TiO_2	<0.2	0.4
$1\%V_2O_5/TiO_2$	1.6	7.2
$5\%Fe_2O_3/TiO_2$	3.1	15.2
$1\%V_2O_5/TiO_2/5\%Fe_2O_3/TiO_2$	4.5 (4.7)*	23.4 (22.4)*
$1\%V_2O_5/TiO_2$	1.6	7.2
$5\%Re_2O_3/TiO_2$	2.9	14.8
$1\%V_2O_5/TiO_2/5\%Re_2O_3/TiO_2$	4.4 (4.5)*	21.0 (22.0)*
$1\%V_2O_5/TiO_2$	1.6	7.2
$5\%Cr_2O_3/TiO_2$	2.7	13.3
$1\%V_2O_5/TiO_2/5\%Cr_2O_3/TiO_2$	4.0 (4.3)*	20.1 (20.5)*
$1\%V_2O_5/TiO_2$	1.6	7.2
$5\%Nb_2O_3/TiO_2$	2.4	11.0
$1\%V_2O_5/TiO_2/5\%Nb_2O_3/TiO_2$	3.6 (4.0)*	17.5 (18.2)*
$1\%V_2O_5/TiO_2$	1.6	7.2
$5\%MoO_3/TiO_2$	1.4	8.1
$1\%V_2O_5/TiO_2/5\%MoO_3/TiO_2$	2.8 (3.0)*	13.9 (15.3)*
$1\%V_2O_5/TiO_2$	1.6	7.2
$7\%WO_3/TiO_2$	1.7	10.1
$1\%V_2O_5/TiO_2/7\%WO_3/TiO_2$	3.3 (3.3)*	17.1 (17.3)*
$1\%V_2O_5/TiO_2$	1.6	7.2
$1\%K_2O/TiO_2$	<0.2	<0.2
$1\%V_2O_5/TiO_2/1\%K_2O/TiO_2$	<0.2 (1.6)*	<0.2 (7.2)*

* 二元催化剂的着重标出。

报道显示，影响脱硝反应的 SCR 催化剂活性成分在其最表面，而更多的催化剂活性成分主要影响了 SO_2 的氧化。若要保证或提高脱硝效率，需增加催化剂外表面；若要同时尽量降低 SO_2 氧化率，可减小催化剂壁厚。对不同结构的催化剂进行分析可知，平板式催化剂的活性成分在表面滚压，其机械强度主要是靠不锈钢筛网支撑，因此活性成分可以尽可能少，使得平板式催化剂的 SO_2/SO_3 氧化率非常低。对于整体挤出型的蜂窝式催化剂，理论上可采用惰性中间体或者扩展外表面来缓解 SO_2 氧化性能，但此工艺加工难度较大而不能有效实现；对于波纹板式催化剂，在堇青石蜂窝体以及玻璃纤维板上采用浸渍工艺，已经成功开发极低 SO_2 氧化率的催化剂[64]。

钒系催化剂成本较高，添加 W 和 Mo 较为昂贵，且操作温度必须高于350℃以上，以避免烟气中的 SO_2 在催化剂表面形成的硫酸铵盐，堵塞催化剂孔道进而毒化催化剂。操作温度的局限性，要求催化剂必须布置在空气预热器和除尘器之前，但此时飞灰对催化剂磨损和积灰腐蚀严重。因此，研发在低温范围内具有较高活性的 SCR 催化剂，使脱硝过程能够在除尘和脱硫之后进行，意义重大。由于除尘脱硫之后烟气温度较低，铵盐更易在催化剂表面黏附，从而降低催化剂性能，且该机制中毒的催化剂再生相对困难。江博琼[65]对 Mn/TiO_2 系列低温 SCR 脱硝催化剂抗硫特性进行了探索研究，在 SCR 催化剂中掺杂少量的 Zr，对低温范围内 NO_x 的脱除具有促进作用，且能在一定程度上缓解催化剂的硫化。

（三）炉内及烟道喷 SO_3 吸收剂

在炉膛内喷入钙镁吸收剂，通常是将氢氧化钙或氢氧化镁等碱性物配成浆液喷入炉膛上部。SO_3 与钙镁吸收剂反应生成硫酸盐，和飞灰一起在除尘器中被脱除，脱除效率为40%～80%。炉内喷钙镁只能有效地降低 SCR 进口处 SO_3 的浓度，降低烟气酸露点温度，从而允许 SCR 进口烟气温度降低，但对 SCR 的 SO_2 氧化并没有影响。炉内喷入的浆液，由于部分水分的带入，可能影响锅炉效率。在烟道内喷碱性吸收剂，通常将氧化镁或亚硫酸氢钠粉末喷入省煤器或 SCR 脱硝之后，由于 SO_3 在的空气预热器上游被脱除，可以降低烟道中的酸露点温度，减少空气预热器冷端的低温腐蚀。在除尘器之前喷碱性吸收剂，可将氢氧化钙粉末喷入 ESP 之前，不过钙基吸收剂的比电阻比较高，影响飞灰比电阻，使静电除尘器的除尘效率会下降。对于炉内及烟道喷吸收剂的方法，选择吸收剂的种类以及喷入位置非常重要，可以选择的位置如图 6-29 所示。

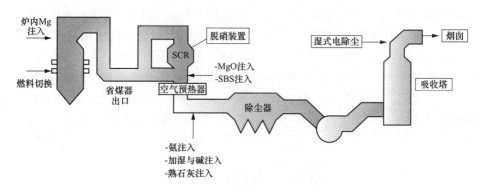

图 6-29　SO_3 脱除剂的喷入位置

B&W 公司向 AEP 电力公司提供了 SO_3 脱除的专利技术，AEP 公司对几种吸收剂〔天然碱 $Na_3[H(CO_3)_2]\cdot 2H_2O$、$NH_3$、$Mg(OH)_2$、$Ca(OH)_2$、CaO〕和吸收剂喷入系统试验后，得出天然碱是吸附 SO_3 最好的吸收剂[66]，表 6-14 显示了商业化试运行结果表明的几种吸收剂性价比，经结果验证，天然碱是最好的吸收剂。

表 6-14　　　　　　商业化试运行结果表明的几种吸收剂性价比

吸收剂	效果	运行费用	投资费用
天然碱 $Na_3[H(CO_3)_2]\cdot 2H_2O$	好	低	低
氨 NH_3	适用低浓度 SO_3	低	低，因为在 SCR 中已有 NH_3 系统
氢氧化镁 $Mg(OH)_2$	好，但仅对炉膛内产生的 SO_3	高	中等，喷浆液
熟石灰 $Ca(OH)_2$	好，但对 ESP 有影响	低	低

续表

吸收剂	效果	运行费用	投资费用
硫酸氢钠 NaHSO₃	好	高	中等，喷浆液
比表面积高的生石灰 CaO	好	低	低

国内实验室关于 SO_3 吸收和脱除的研究不多，陈朋[67] 分别选用 $Ca(OH)_2$、$CaCO_3$ 和 CaO 作为 SO_3 的吸附剂，在管式加热炉中研究了不同温度下这 3 种物质对 SO_3 的吸附特性[68]，实验结果表明 $Ca(OH)_2$ 的硫化率可达 25% 以上，吸附容量最大，$CaCO_3$ 次之，CaO 吸附效果最差；对烟道喷钙基吸收剂脱除 SO_3 进行了经济性分析，该方法较为廉价有效。

鲍颖群[54] 对常见的 4 种吸收剂进行了实验研究，分别是 $Mg(OH)_2$、MgO、$Ca(OH)_2$、CaO。该研究中的实验系统如图 6-30 所示，系统包括配气部分、SO_3 催化生成部分、SO_3 吸收测试部分、水蒸气生成混合部分及吸收剂反应部分。在此实验系统的基础上，研究了 SCR 催化剂对 SO_2 的氧化规律及碱性吸收剂对 SO_3 的吸附特性。其中，图 6-31 所示为温度对不同碱性吸收剂吸附和脱除 SO_3 特性的影响，由图 6-31 可以看出，在反应的初期，温度对于吸收剂的吸附和脱除特性影响较大，随着反应进行，其影响逐渐减弱。在相同的反应条件下，350℃ 和 400℃ 下各吸收剂对 SO_3 的吸收作用对比如图 6-32 所示。由图 6-32（a）可以看出，350℃ 时 $Mg(OH)_2$ 的吸附效果最佳，$Ca(OH)_2$ 和 MgO 的吸附效果差不多，CaO 最差。400℃ 时 $Mg(OH)_2$ 和 $Ca(OH)_2$ 的吸附效果要明显好于 MgO 和 CaO。在 350℃ 时，$Mg(OH)_2$ 加热到 350℃ 会失去部分水生成 MgO，因此，镁基吸收剂与 SO_3 的吸附反应为 MgO 与 SO_3 的反应。在化学反应活性方面，氧化镁的活性要远远高于钙基脱硫剂，氢氧化钙的活性大于氧化钙，镁基吸收剂的吸收效果一般要高于钙基吸收剂。

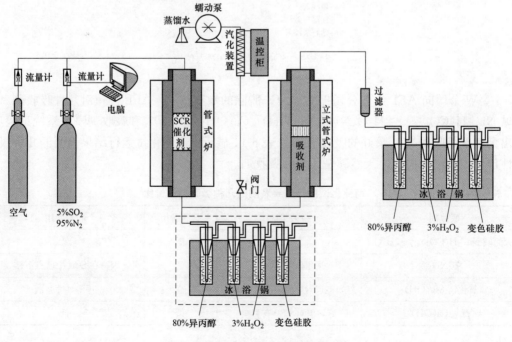

图 6-30　SO_3 催化生成及吸附系统

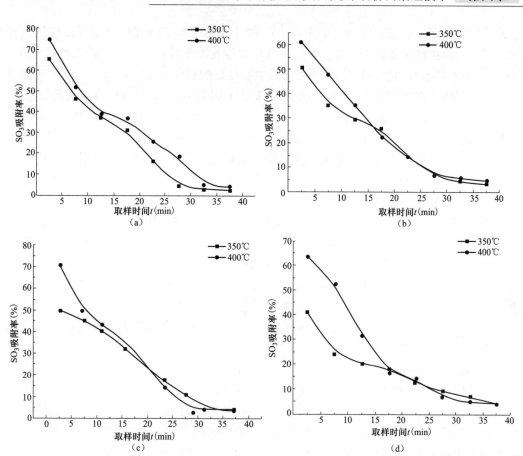

图 6-31　温度对不同钙基吸收剂吸附和脱除 SO₃ 特性的影响

(a) Mg(OH)₂；(b) MgO；(d) Ca(OH)₂；(d) CaO

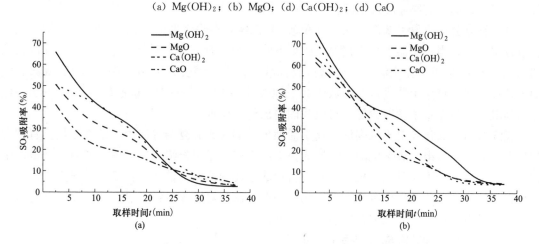

图 6-32　不同吸收剂对 SO₃ 吸附作用的对比

(a) 350℃时不同吸收剂对 SO₃ 吸附作用的对比；(b) 400℃不同吸收剂对 SO₃ 吸附作用的对比

（四）湿式静电除尘器

　　湿式静电除尘器（WESP）是国外应用较多的高效除尘技术，安装在燃煤机组的尾部烟道中，通常安装于干式静电除尘器之后，或者湿法脱硫塔下游。最早在 1907 年由 Cottrell

博士设计研发应用于硫酸和冶金工业生产中，1982 年后大容量燃煤机组也开始应用。日本碧南电厂 5 台机组使用湿式静电除尘器后，其粉尘排放浓度远低于标准值，长期稳定在 2～5mg/m³（标准状态），尤其对 $PM_{2.5}$ 等微细粉尘有良好的脱除效果。同时，冲洗水对烟气有洗涤作用，可除去烟气中 SO_3/H_2SO_4 酸雾和部分重金属污染物，具有联合脱除的效果[69]。

目前，日本已经有超过 25 家电厂安装了湿式静电除尘器，燃用高硫煤的电厂能将 SO_3 酸雾排放浓度从约 214.28mg/m³ 下降到 3.57mg/m³，甚至 0.36mg/m³[70]。自 2000 年开始，美国政府和科研机构对湿式静电除尘器做了大量的试验研究。其中，国家电网电力科学研究院为了降低 Mirant's Dickerson 电厂烟羽的不透明度而进行了一个工业应用 WESP 的试验，报告显示排烟不透明度降低到了 10%，$PM_{2.5}$ 的收集率在 95% 以上。安装了 WESP 之后，Bruce Mansfield 电厂 SO_3 脱除效率达到 92%[71]。湿式静电除尘器在我国也已得到应用，但试验研究也较少。闫君[72]在一个 130t/h 的热力发电厂中，在湿法脱硫后的尾部烟道中引出了 30000m³/h 的烟气进行了 WESP 脱除 SO_3/H_2SO_4 酸雾中试试验，测试结果表明燃煤机组湿法脱硫之后存在 SO_3/H_2SO_4 酸雾，而 WESP 可以将其出口浓度控制在 10mg/m³以下。目前，世界上专业设计并制造湿式静电除尘器的生产厂商还为数不多，有美国巴布科克 & 威尔科克斯公司、日本三菱重工和日立公司。但其建设和运行费很高，设备占地面积大，未得到广泛应用。

（五）低低温静电除尘器

日本燃煤机组在 20 世纪 90 年代就使用了低低温静电除尘技术（low-low temperature ESP），基本原理是在空气预热器之后增加一个换热器，通过将静电除尘器的烟气温度从 130～160℃降低到 90℃左右，甚至更低，温度下降使粉尘比电阻大幅度下降，从而显著提高了静电除尘器的除尘效率。同时，温度降低使 SO_3/H_2SO_4 冷凝在粉尘上，随粉尘在除尘器中被脱除带走，降低了 SO_3/H_2SO_4 污染物的排放。实际运行结果显示，虽然 ESP 运行在酸露点以下，但没有结露腐蚀情况。

日本日立公司研发了低低温除尘（AQCS）系统，在除尘器前加装 GGH 或 CER，试验机组数据表明，当除尘器进口温度从 160℃下降到 90℃时，SO_3 浓度从 492.86mg/m³ 骤降到 3.57mg/m³ 以下，完全满足污染物排放标准。日本三菱公司采用 MGGH 的低低温高效烟气处理技术，将除尘器进口温度从 120～130℃下降到 90℃左右，能脱除 95% 的 SO_3。低低温静电除尘器在日本发展较好，目前我国也已经开始推广应用。

燃煤机组三氧化硫由于浓度低、化学活性大、烟气成分复杂等原因，精确测量具有较大的难度，对燃煤机组三氧化硫的控制造成很大的阻碍。燃煤机组三氧化硫虽然属于微量污染物，但危害较大，不仅对燃煤机组自身设备形成潜在的低温腐蚀风险，排放后对大气污染尤其是雾霾的二次形成过程也有很大的影响。因此，深入对燃煤机组三氧化硫的测量及脱除技术的研究具有深远的工业发展及生态建设意义。

五、三氧化硫和雾霾成因的相关性分析

如前所述，在烟气深度冷却的过程中，烟气中的 SO_3/H_2SO_4 会与飞灰颗粒发生气、液、固三相凝并吸收作用。SO_3 在烟气中的浓度虽然较低，但排放到大气中对环境的影响却不容忽视。由于研究和认识的局限性，国家颁布的大气污染物排放标准中只对烟尘、SO_2、NO_x 和汞等污染物作出了排放指标限制，还没有进一步对烟气中微量的 SO_3 等其他污染物的排放设置限制性要求，化石燃料燃烧过程中均排放数量不等的 SO_3，如燃煤电站锅炉、燃煤工业锅炉、燃油燃气锅炉、燃生物质及垃圾锅炉都排放一定数量的 SO_3。近年来，我国部分地区雾霾天气频发，且雾霾天气多出现在冬季，一般发生在白露和寒露节气之后，至霜降节气之后北方局部地区就会有重雾霾出现，随着大气温度的不断降低，雾霾日益严重。在对燃煤机组烟道中烟气深度冷却过程中发生的 SO_3/H_2SO_4 蒸汽、液滴与 PM 的气、液、固三相凝并吸收作用和雾霾发生过程中大气中气（汽）相酸性气体、水蒸气和 PM 发生作用的过程进行了类比分析之后认为：这 2 个过程具有很强的可比拟性，鉴于燃煤机组烟道中的各种气、液、固成分和大气中的各种气、液、固成分基本相同，只存在质量或体积浓度的巨大差异，因此，大气中的 SO_3/H_2SO_4 在寒冬季节的低温条件下对雾霾产生的影响是值得重视和研究的。

（一）雾霾的概述

随着社会工业化的迅速发展，化石能源的燃烧利用、汽车尾气和工业粉尘的日益排放，产生了大量有毒、有害的污染物，造成日益严重的雾霾天气，这是一种人类活动源排放的大气污染物诱发的低能见度事件。近年来部分地区呈现长时间雾霾天气的现象变得更加普遍，雾霾天气已经成为一种常见环境灾害和污染事件。从 2013 年开始，我国中东部地区雾霾频发且持续时间较长，特别是京、津、冀地区发生了多次重雾霾污染事件，实际上，陕西关中等地区因为独特的地理环境也存在严重雾霾肆虐的情况，其延续时间之长、延续范围之广也都引起人们强烈关注，$PM_{2.5}$ 浓度多日上探，许多城市的 $PM_{2.5}$ 浓度达到 $500\mu g/m^3$ 上下，为我国标准规定的 24h 平均浓度限值的 7 倍左右，引发了社会的强烈关注与广泛讨论[1]。我国的雾霾标准从 2013 年 1 月 1 日正式试行，寻找形成雾霾的罪魁祸首，探讨解决雾霾严重污染的防治措施已成为当务之急。

在气象学上，雾和霾是 2 个气象概念，2 种天气现象[2]。雾是近地面层空气中水汽凝结或凝华的产物，是由大量悬浮在近地面空气中的微小水滴或冰晶组成的气溶胶系统[3]。雾的气象学定义为：大量微小水滴浮游空中，常呈乳白色，使水平能见度小于 1.0km[4]。霾是一种天气现象，又称灰霾、阴霾、烟霞和大气棕色云等，是指大量极细微干性尘粒、烟粒、盐粒等（气象学上称为气溶胶颗粒）均匀悬浮于空中，使空气混浊、视野模糊并导致能见度恶化，当水平能见度低于 10.0km、相对湿度小于 80% 时，排除降水、扬沙、浮尘、烟雾、吹雪、雪暴、沙尘暴等天气现象造成视程障碍空气普遍混浊的现象[5]。霾使远处光亮物微带黄色或红色，使黑暗物微带蓝色。

雾霾是雾和霾的混合物。更准确地说，雾霾是 H_2O、NO_x、SO_x、VOC 和 PM 粒子凝并吸收的混合物。雾与霾的区别在于：雾是空气温度接近或低于水蒸气露点温度时空气中出现水汽或水滴的天气现象，雾的本质是化学单质 H_2O（汽）、H_2O（液）；而霾是空气温度接近或低于 SO_x、NO_x 等某种酸露点温度而发生的酸蒸汽和 PM 诱导的凝并吸收现象，是降温（类比于燃煤机组烟道中的烟气深度冷却过程）诱导的 H_2O、SO_x 或 NO_x 和 PM 发生的凝并吸收现象，化学组成十分复杂。关键的问题是，表面看起来，H_2O、SO_x 或 NO_x 和 PM 发生凝并吸收后，这些以 PM 为核心的团聚物会降低或减少，从而解除雾霾的影响范围，但事实上，恰恰相反，H_2O、SO_x 或 NO_x 和 PM 发生凝并吸收过程中又会与空气中的其他化合物，如碱性物质、挥发性物质发生更大范围的化学吸收反应，生成二次反应产物，如硫酸盐、硝酸盐等二次颗粒物，从而形成雾霾弥漫之势，难以控制。

（二）大气中 SO_3 对雾霾形成的影响

近年来，许多学者都对雾霾的成因进行了分析研究。目前对于雾霾形成的基本认识为：

各种源排放的大气污染物，在特定的气象条件下，经过一系列物理和化学过程，形成细粒子，并与水、汽相互作用导致大气消光。其中，大气污染物的高排放为雾霾形成的内因，不利气象是雾霾形成的外因。燃煤排放是大气污染物排放的重要源头之一。燃煤烟气的主要气体成分为 N_2、O_2、CO_2、H_2O、SO_2、SO_3、NO、NO_2、N_2O 等，这些成分在大气中同样存在，两者之间的显著差别在于各气体成分的占比不同。燃煤烟气排放中的 SO_x、NO_x 对雾霾的形成具有显著的影响，其中硫酸盐是雾霾细颗粒物的重要组成部分[6]，因此硫酸盐的形成过程研究对于雾霾成因的研究十分重要。但目前因为 SO_2 易于检测和监测分析，对于 SO_x 形成硫酸盐过程的研究多集中于 SO_2，关于大气中的微量的 SO_3 在雾霾形成过程中的影响作用方面的研究还较少。

我国每年锅炉用煤约 21.5 亿 t，电站锅炉用煤约 15 亿 t[7]，工业锅炉用煤约 6.5 亿 t。燃煤机组的排放是大气污染物的重要源头之一。燃煤机组除了常规的 SO_2、NO、粉尘等污染物排放外，燃煤烟气中未被脱除的 SO_3 也将直接进入大气。此外，浓度较高的 SO_2 排放后，大气环境中的臭氧（O_3）在一定条件下可将 SO_2 氧化为 SO_3，也可将 NO、NO_2 等氧化成 N_2O_3 或 N_2O_5，SO_3 和水蒸气化合形成 H_2SO_4，N_2O_3 或 N_2O_5 也和水蒸气化合形成 HNO_3，燃煤烟气中 SO_3 含量最高可达 100mg/m³ 左右，在燃煤机组超低排放改造过程中，在静电除尘器前增加烟气深度冷却器，经过烟气深度冷却后，80％的 SO_3 和水蒸气化合形成 H_2SO_4 蒸汽、液滴被飞灰中的碱性物质中和后被脱除，另外，脱硫塔也可以脱除 30％～50％的 SO_3/H_2SO_4，因此，最终从烟囱排放的烟气中的 SO_3/H_2SO_4 含量可达 10mg/m³ 左右，当然如此浓度的 SO_3/H_2SO_4 排放到大气中后浓度将大大降低。燃煤机组排放的烟气中的硫酸露点温度为 70～110℃，因此，大气中硫酸露点的温度也远低于燃煤烟气所对应的硫酸露点温度，尽管如此，大气中的硫酸露点温度也应该高于水露点温度。

在燃煤机组烟气深度冷却过程中，烟气中的 SO_3 与 H_2O 在较高温度下反应生成气态 H_2SO_4 蒸汽，当温度降低至硫酸露点温度附近时，气态 H_2SO_4 蒸汽将会发生冷凝，变成 H_2SO_4 液滴并与飞灰中的碱性物质发生凝并吸收作用。与烟气深度冷却过程类似，雾霾多发于冬季且空气湿度较大的天气，此时大气温度逐渐降低，大气中的气态 SO_3 转化为气态 H_2SO_4 蒸汽，在大气温度足够低的情况下，气态的 H_2SO_4 蒸汽将会发生凝结，一部分与大气中的颗粒物发生凝并吸收作用，促进雾霾的形成；另一部分则会与大气中的碱性成分发生化学吸收反应，生成二次颗粒物，从而加重雾霾的肆虐。燃煤机组低温烟气中的 SO_3/H_2SO_4 在烟气深度冷却过程中与飞灰中碱性物质的凝并吸收机制和大气降温条件下 SO_3/H_2SO_4 与颗粒物凝并吸收形成雾霾的作用机制如出一辙，图 6-33（a）和图 6-33（b）分别示出了 SO_3/H_2SO_4 和灰颗粒的凝并吸收作用过程。以此类推，当大气温度降低到一定程度时，图 6-33（c）示出了 NO_x/HNO_3 和灰颗粒的凝并吸收形成雾霾的作用机制。

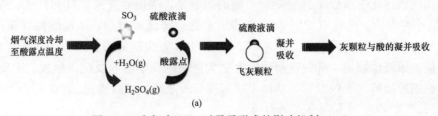

图 6-33　大气中 NO_x 对雾霾形成的影响机制（一）

（a）燃煤机组烟气深度冷却条件下 SO_3 与飞灰的凝并吸收机制

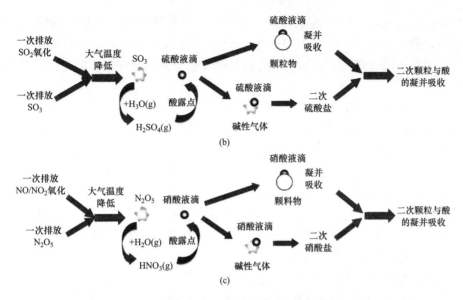

图 6-33　大气中 NO_x 对雾霾形成的影响机制（二）

（b）大气中 SO_x 对雾霾形成的影响机制；（c）大气中 NO_x 对雾霾形成的影响机制

SO_3 在大气中含量极低，相较于其他大气污染物活性更强，状态也更多变，这些特性使得大气中 SO_3 难以测量和监测。以上就是我们根据燃煤机组烟气深度冷却过程中的 SO_3 和 H_2O 化合形成 H_2SO_4 蒸汽和液滴与飞灰或飞灰中的碱性物质发生的气、液、固三相凝并吸收机理推测出的大气中 SO_3 和 H_2O 化合形成 H_2SO_4 蒸汽和液滴与 PM 发生的凝并吸收作用对雾霾的影响机制，这种机制还需要进一步科学研究的验证和证实，其更深层次机理也有待进一步研究和探讨。

（三）SO_3 和雾霾的相关性分析

当然，雾霾形成的机理极其复杂，SO_3 并非是单一的影响因素，但是我们认为雾霾除了 PM 之外，SO_3 是最重要的影响因素，因为其形成的硫酸露点温度在大气中所有的酸性气体中是较高或最高的，大气中即使含有微量的 SO_3，其露点温度也会超过水露点温度，原因是在大气降温过程中首先突破的是硫酸露点温度。通过以上的类比分析，我们认为：

（1）酸性气体和水蒸气的酸化反应形成酸化蒸汽或液滴是雾霾形成的前驱反应，可能是以 SO_3 和 H_2O 化合形成 H_2SO_4 开始的。

（2）大气中的一次颗粒物 PM 和酸化气体，如 H_2SO_4、HNO_3 等蒸汽或液滴的凝并吸收是雾霾形成的直接起因。

（3）酸化气体，如 H_2SO_4、HNO_3，与大气中的碱性物质化合生成的二次颗粒物加剧了雾霾过程，是重雾霾的形成过程，当然，重雾霾形成过程中，大气中的其他物质，如 VOC、O_3 等也不同程度地参与了这一反应，同时不良的气象条件也会推波助澜，尤其是城市稠密的建筑群一般来讲缺少宏观和微观的大气流动通道的规划，总之，各种不利条件是造成重雾霾的主要原因。另外，在以上这 3 个基本机理认识之中，我们进一步认为：酸化气体，如 H_2SO_4、HNO_3 等和 PM 的凝并吸收的气、液、固三相反应遵循酸的露点转化机制。由此可见，在烟气和大气中所存在的各种酸性气体当中，SO_3 和 H_2O 形成 H_2SO_4 的硫酸露点温度较高，优先进行转化，然后，当烟气或大气温度进一步降低时，其他的酸性气体也会发生酸化反应，形成如 HCl、HNO_3、H_2SO_3 和 HF 等蒸汽或液滴，也会相继发生各种酸露点温度转化，加重酸化蒸汽、液滴和 PM 以及碱性成分发生凝并吸收的程度，从而进一步加重雾霾的蔓延。

发达的资本主义国家发生明显雾霾时段都在其工业化过程的中后期，有近百年的历史，100 多年来，由于雾霾形成机理极其复杂，除了各种各样的大气污染物之外，受气象因素影响较大，而气象可以说是变幻莫测的，气象也有宏观和微观之分，其对雾霾影响的时间、位置、强度等都发生实时变化，难以检测和监测，尤其是活性大的酸性气体，可以说是飘忽不定、瞬息万变的；更有甚者，不同专业的研究者来自不同的专业领域，各自的认知背景都有一定的局限性，因此，研究人员一直没有发现雾霾形成的相关机理。实际上，雾霾形成的机理异常复杂，即使无法获知雾霾形成机理也并不影响雾霾的治理，我们可以发现哪些促进雾霾形成的诸多因素，然后分别对这些因素加以限制和控制，提出限制和控制目标，就可以逐步消除雾霾对人类健康的影响。发达国家经过多年的研究也并没有真正揭示出雾霾形成的机理，他们就是遵循这种逐步限制各种影响因素的技术思路一步一步消除雾霾影响的。美国发现雾霾较早，但治理的时间也很久，直到目前，美国也还有一些局部地区的大气污染物无法实现达标排放，局部地区时有雾霾出现。因此，首先我们要对治理或根治雾霾充满信心，其次是我们要有迅速行动起来限制和控制这些因素的主动行为。只要我们将形成雾霾的关键因素——进行有效限制或控制，雾霾一定会在未来得以消除。

第四节　烟气深度冷却过程中汞的凝并吸收技术

一、汞的赋存形态转化及其危害

汞俗称水银，是一种具有毒性的化学元素。在 20 世纪 50 年代的日本熊本县水俣湾，发生了日后震惊世界的水俣病事件，而这种水俣病正是因为食入被有机汞污染河水中的鱼、贝类所引起的甲基汞为主的有机汞中毒或是孕妇吃了被有机汞污染的海产品后引起婴儿患先天性水俣病，是有机汞侵入脑神经细胞而引起的一种综合性疾病。因首先发现于日本熊本县水俣湾而得名，水俣病是慢性汞中毒的一种类型。诸如此类的汞污染中毒事件也时常在其他国家发生。美国环保署曾估算过美国每年约有 63 万新生婴儿的血液汞含量超标。由于汞在环境中的持续性、生物累积性及毒性，汞被全球许多国家及国际化环保组织列为一种重要污染物。

在常温常压下，汞是唯一以液态形式存在的金属，被广泛应用于温度计、气压计、压力表及其他科学测量仪器。同时，汞也普遍存在于燃用化石燃料（主要为煤）的燃煤机组排烟当中，由于汞的毒性，目前已经引起了一定的关注。尽管汞在煤中是以痕量的浓度存在的，但为满足我国的电力供应，火力发电厂的煤耗量仍在持续增长，这就导致了汞及其他重金属的大量排放。因此，控制汞排放已经显得尤其重要[73]。

汞的价态有三种：单质态、一价态和二价态。在自然界中汞是天然存在的，其有着不同的化学存在形式，主要有金属汞、无机汞和有机汞三种[73]。单质态的汞 Hg^0，即金属汞易挥发，微溶于水，是大气环境中相对比较稳定的形态，在大气中的平均停留时间长达半年至两年，因而可在大气中被长距离输送，是一种全球性的污染物。汞的两种氧化价态中，二价汞 Hg^{2+} 比较稳定，许多二价态汞的化合物极易溶于水，其中，二价汞离子（Hg^{2+}）与硫离子（S^{2-}）有很强的亲和力，Hg^{2+} 与 S^{2-} 相遇便迅速结合成稳定的 HgS 沉淀，因此地表中的汞通常以稳定的 HgS，即朱砂的形式存在。有机汞包括甲基汞、二甲基汞、苯基汞和甲氧基乙基汞等，其中甲基汞是环境中最具毒性的汞形态，易于在水中食物链中积累进入人体，且环境中任何形态的汞均可在一定条件下"甲基化"，转化剧毒的甲基汞。前面所说的"水俣病"即为人们长期食用含有甲基汞的海产品而造成的汞中毒。

与铜、铁、锌等元素不同，汞不是人类必需的微量元素，可通过呼吸道、食道和皮肤进入人的体内，绝大多数普通人群摄入汞的途径是通过饮食，尤其是通过食用被甲基汞污染的鱼类。汞进入人体后主要侵害人的神经系统，尤其是中枢神经系统。不同形态的汞，对人体毒性的大小依次为有机汞和无机汞、单质汞，有机汞中，以甲基汞致病最为严重。尽管汞中毒的机理尚未完全清楚，汞及其化合物与生物体内蛋白质和酶系统中巯基（—SH）的反应，是汞中毒的生物化学基础。进入生物体的汞与蛋白质中的巯基有高度的亲和力，它与巯基结合形成硫醇盐，可使得一系列含巯基酶的活性和蛋白质的合成受到抑制，致使功能发生变化而中毒。汞中毒可导致心脏病、高血压等心血管疾病，并影响人的肝、甲状腺和皮肤功能；严重者会引起肾功能衰竭，损害神经系统，使人体运动失调，损害听觉，导致语言障碍等。孕妇、胎儿、婴儿最易受到伤害，相关病理学研究表明，甲基汞可以穿过胎盘屏障侵害胎儿，使得新生儿发生先天性疾病。汞也是危害植物生长的元素之一，不仅能在植物体中积累，通过植物体进入食物链，还会对植物产生毒素，导致植物叶片脱落、枯萎。环境中的甲基汞，主要是由汞及其化合物在水体、土壤中受微生物作用产生的，它能沿着食物链传递，进行高度生物富集。在海洋中处于食物链顶级的鲨鱼、箭雨、金枪鱼、带鱼等大型鱼类以及海豹体内汞含量最高；在湖泊、河流中，处于食物链最高层的肉食鱼甲基汞含量最高。而人类使用了被汞污染的鱼贝类和海洋哺乳动物，便会遭受到甲基汞的侵害[73]。

二、环境中汞的来源与排放

汞可以从很多矿物中获取，包括我国古代炼丹时常用的朱砂（一种开采出来用以生产汞的矿石）。目前，绝大部分的汞需求，是由从工业源的汞回收生产所供给。在许多高价值矿产中（特别是在有色金属、化石燃料等），汞常常作为一种杂质而普遍存在。全球汞排放分类见表 6-15。

表 6-15　　　　　　　　　　全球汞排放分类

分类	排放吨数	百分比（%）
生产附带或无意识排放		
化石燃料燃烧		
煤燃烧（全部用途）	474	24
石油及天然气燃烧	9.9	1
金属的开采、精炼制造		
黑色金属的初级生产	45.5	2
有色金属的初级生产	193	10
大规模黄金生产	97.3	5

分类	排放吨数	百分比（%）
汞的开采	11.7	<1
水泥生产	173	9
石油精炼	16	1
受污染场地	82.5	4
有意使用		
手工或小型黄金开采	727	37
氯碱工业	28.4	1
消费产品废物	95.6	5
火化（牙科用汞合金）	3.6	<1
总计	1960	100

汞排放的来源分为天然排放和人为排放。在天然排放中，地壳中的汞可以通过多种形式迁移至大气、水及土壤中。含汞岩石的自然风化是一个持续而普遍的现象，这使得汞可以从岩石中转移到大气并被雨水带入湖泊河流当中。如同火山喷发等地热活动同样可以使得汞从地下或者深海中释放出来。近期一些研究表明汞的天然排放占到了每年大气汞排放的10%左右。

尽管有许多汞排放来源于天然，如火山爆发、森林火灾、土壤流失及河流海洋的蒸发，而全球最主要的汞排放来源为人为排放。人为排放主要包括燃煤发电、黄金开采提纯、非铁金属冶炼、水泥制造、石油精炼、消费生活和氯碱工业等，其中，最主要的人为汞排放，来自于矿石的开采与化石燃料的燃烧，尤其是煤炭的燃烧。燃煤发电被认为是最大的单一人为汞排放源。联合国环境规划署发布的《2013年全球汞评估：来源、排放、释放和环境输送》报告指出2010年由人类活动直接造成的大气汞排放达到1960t，在其2010年的排放清单中，煤炭的燃烧总共产生了约每年475t的大气汞排放，这些大气汞排放中超过85%的汞排放来源于燃煤机组及燃煤工业过程，如表6-16所示。而从十九世纪中叶到二十世纪末，全球的汞排放水平增长了12倍[73]。

表6-16 全球区域汞排放

地区	排放量（t）	百分比（%）
澳大利亚、新西兰及大洋洲	22.3	1.1
中美洲及加勒比地区	47.2	2.4
欧盟	87.5	4.5
其他欧洲国家	115	5.9
东亚及东南亚	777	39.7
中东地区	37.0	1.9
北非	13.6	0.7
北美	60.7	3.1

续表

地区	排放量（t）	百分比（%）
南美	245	12.5
南亚	154	7.9
撒哈拉以南非洲地区	316	16.1
其他	82.5	4.2
总计	1960	100

在联合国环境规划署公布的这份材料中，我国所在的东亚及东南亚地区占到全球汞排放总量的比例为 39.7%，我国的汞排放控制任务迫在眉睫。

我国有很渊源的利用汞进行矿石开采的历史，自从东汉之后，为寻求长生不老而兴起的炼丹术，使得我国逐渐开始了利用化学方法来生产朱砂（HgS）。即约 2000 年前我国便开始了使用汞来开采矿石的研究。而朱砂（HgS）目前在国内仍作为颜料、镇静剂及防腐剂而常用。随着改革开放后我国工业及农业的发展，汞在国内的使用量也大幅增长。目前，在我国一次能源消费中，煤炭约占 70%，且煤炭消费量逐年增长。而我国煤中汞平均含量为 $0.19 \sim 1.195 \mu g/g$，高于世界平均水平 $0.02 \sim 1 \mu g/g$。因此，在我国由于燃煤引起的汞污染问题日益严重。以煤为主的能源结构是造成我国汞污染严重的主要原因。而随着经济发展及能源消费量的持续增长，我国的汞污染问题将进一步恶化[74,75]。

为了解决煤炭燃烧汞污染问题，首先需要了解汞在煤中的赋存形态。煤中汞的赋存形态主要为黄铁矿结合态、有机态、硅酸盐结合态和水溶态等，其中黄铁矿结合态占主要部分。而不同煤种中各种形态汞的含量又与煤层埋藏年代、深浅和地质结构等一系列因素有关。煤中汞的赋存形态及分布对汞的排放控制有着重要的影响。但目前煤中汞的赋存形态方面的研究并没有统一的标准方法，无法得到普遍性和准确性的统一结论，因此仍需在这方面进行深入系统的研究。

在煤燃烧过程及烟气深度冷却过程中，汞及其化合物经历了一系列复杂的物理化学变化，见示意图 6-34。有许多因素都会影响汞在烟气中的赋存形态，例如煤种、炉型、燃烧状

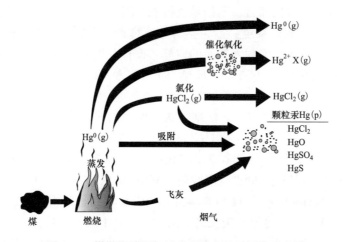

图 6-34　煤燃烧及烟气过程中潜在的汞迁移示意图

态、烟气特性和飞灰特性等。由于汞化合物在烟气中的含量很低，又存在无机和有机的多种存在形式，同时还有飞灰及其他烟气成分对汞化合物的影响，因而对这些烟气中汞化合物的定量甚至定性都难以进行。

在煤燃烧的温度下，单质汞是汞的最稳定存在形式，由于大部分汞的化合物是热力不稳定的，它们将分解成单质汞。因此，绝大部分汞在煤燃烧过程中，尤其是在燃烧温度高于750℃时，汞化合物会分解形成单质形式的气态 $Hg^0(g)$，并蒸发释放进入烟气中。在随后的燃烧过程中，$Hg^0(g)$ 经过一系列均相及非均相氧化，部分气态单质汞 $Hg^0(g)$ 被氧化成为二价汞 $Hg^{2+}(g)$，而由于烟气温度高于汞化合物的沸点，因此二价汞主要以气态形式存在。其中，烟气中卤素化合物含量尤其是氯的化合物含量在单质汞 $Hg^0(g)$ 向二价汞 $Hg^{2+}(g)$ 转化过程中起了至关重要的作用[76-80]。在随后的过程中，当烟气通过各种热交换器时，烟气开始冷却，一部分气态单质汞 $Hg^0(g)$ 和气态二价汞 $Hg^{2+}(g)$ 发生一系列物理化学吸附及反应，最终吸附在煤渣及烟气颗粒当中，形成以二价汞化合物为主要存在形式的颗粒态汞 $Hg(p)$[81-83]。气态单质汞 $Hg^0(g)$ 具有很高的挥发性和极低的水溶性，是最难以被传统的除尘器和脱硫塔进行脱除的；而二价汞 $Hg^{2+}(g)$ 由于其在水中有良好的溶解度，可以被脱硫塔进行脱除，同时，颗粒态汞 $Hg(p)$ 由于吸附在飞灰之中，因此易于被除尘器所脱除，从而得以控制[84]。

三、汞的痕量测量技术

精确地测量燃煤烟气汞的含量是进一步控制汞排放的重要前提，在这一方面目前国内外学者已进行了大量的研究并提出许多测量方法，按测量方式来分可归为两大类：手动取样测量法和在线测量方法。手动取样法的工作量大、所用时间长，而汞在线测量方法可以快速地获得烟气中汞的浓度。

（一）手动取样测量方法

目前，针对烟气汞污染排放的研究所普遍采用的测量方法是手动取样测量方法，这种方法是通过一定手段采取一定时长的样品，然后进行汞不同形态化合物的分离。在这个基础上，手动取样测量方法按照能够检测汞的形态又分为测量不同形态汞的方法和测量烟气总汞的方法。若按照取样吸收方法来分又可分为液体吸收取样分析法和固体吸附剂取样分析法。

就液体吸收取样测量方法而言，不论是进行总汞测量还是不同形态汞的测量，其取样系统和测量过程基本类似。取样系统一般包括等速取样枪、颗粒切割器、样品吸收装置等部分，其中通过颗粒切割器可以实现颗粒汞的取样，而样品吸收装置可以实现气态汞的取样。目前，液体吸收取样法有 EPA 方法 29、EPA 方法 101A、Tris-Buffer 方法和 Ontario Hydro 方法。

EPA 方法 29 采用等速取样方式，使烟气通过保温的石英纤维滤纸和一组冰浴吸收瓶，吸收瓶包括 2 个装有 10％ H_2O_2-5％ HNO_3 溶液的吸收瓶和 2 个装有 4％ $KMnO_4$-10％ H_2SO_4 溶液的吸收瓶。烟气中的颗粒态汞 $Hg(p)$ 被石英纤维滤纸所吸附，气态单质汞 $Hg^0(g)$ 和气态二价汞 $Hg^{2+}(g)$ 则进入吸收瓶，其中 10％ H_2O_2-5％ HNO_3 溶液吸收气态二价汞 $Hg^{2+}(g)$，4％ $KMnO_4$-10％ H_2SO_4 溶液则用于吸收气态单质汞 $Hg^0(g)$。最终吸收了汞样品的溶液采用 CVAFS（冷原子荧光光谱法）分析其中的汞含量。

EPA 方法 101A 的取样系统与 EPA 方法 29 大致相同，不同的是 EPA 方法 101A 不采用 10％ H_2O_2-5％ HNO_3 溶液，仅使用 4％ $KMnO_4$-10％ H_2SO_4 溶液进行同时吸收气态单

质汞 $Hg^0(g)$ 和气态二价汞 $Hg^{2+}(g)$。Tris Buffer 方法是在美国电力科学研究院（EPRI）环境污染控制技术中心的支持下，由 Radian International 开发发展出来的一种方法，该方法用 $1mol/L$ 羟甲基氨基甲烷溶液替代了 EPA 方法 29 中的 $10\% H_2O_2$-$5\% HNO_3$ 溶液来吸收气态二价汞 $Hg^{2+}(g)$，其他的与 EPA 方法 29 相同。Tris Buffer 方法存在的问题是吸收溶液需要在 pH 值大于 6 时才有良好的吸收效果，而烟气中存在的 SO_2 使得取样时间不能长，使得误差加大。就液体吸收取样测量方法而言，Ontario Hydro 方法是目前被认为采集和分析燃煤烟气中不同形态汞的最有效方法，被美国环保署 EPA 和能源部 DOE 等机构推荐为美国的标准燃煤烟气形态汞测量方法，也同时被我国各大科研机构所广泛采用。

Ontario Hydro 方法是 1994 年在加拿大多伦多的 Ontario Hydro 技术实验室开发研究出来的，是 EPA 在美国燃煤电厂进行汞测试所使用的手动操作方法，现已成为 ASTM 的标准测量方法（D6784-02），可分别进行烟气中颗粒汞 $Hg(p)$、气态单质汞 $Hg^0(g)$ 和气态二价汞 $Hg^{2+}(g)$ 的测量。Ontario Hydro 方法示意图如图 6-35 所示，等速取样枪在烟气中进行等速取样，取样温度为 $120℃$。取样系统主要由石英取样管及加热装置、过滤器、八个装有不同试剂的吸收瓶（由于吸收装置有八个瓶子组成，所以 Ontario Hydro 法又俗称八大瓶法）、流量计、真空计和抽气泵等组成。烟气通过恒温等速取样进入恒温 $120℃$ 以上的过滤装置，颗粒态 $Hg(p)$ 被其中的石英纤维滤纸所收集。随着烟气通过浸在冰浴中的吸收装置，前 3 个吸收瓶装有 $1mol/L$ KCl 溶液，用于吸收气态二价汞 $Hg^{2+}(g)$，第 4 个瓶子采用 $5\% HNO_3$-$10\% H_2O_2$ 试剂联合后面 3 个装有 $10\% H_2SO_4$-$4\% KMnO_4$ 溶液来共同吸收气态单质汞 $Hg^0(g)$，同时采用 $5\% HNO_3$-$10\% H_2O_2$ 试剂来抑制烟气中的还原性成分，主要为 SO_2。随后烟气通过最后一个装有干燥剂的吸收瓶来去除烟气中的水分。取样后对样品进行回收，随后对不同形态汞的吸收液进行消解，通过冷原子吸收光谱法（CVAAS）和冷原子荧光光谱法（CVAFS）分析测定样品中汞的浓度。

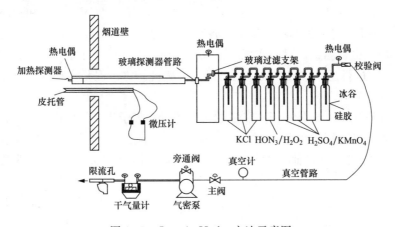

图 6-35 Ontario Hydro 方法示意图

Ontario Hydro 法的优势在于可以提供一个具备很高灵敏度的结果，一般灵敏度小于 $0.5\mu g/m^3$（标准状态）。但是该方法也有很多的不足，如需要取样操作人员进行精良培训；取样结果的最终呈现需要两周以上的时间；没有实时数据；单次取样费用较昂贵；收集、储存、制样和分析各个环节均有可能产生因人工操作而造成的误差；气态单质汞 $Hg^0(g)$ 经过一系列金属管路而氧化成为气态二价汞 $Hg^{2+}(g)$ 而造成烟气中各形态汞的测量比例与真实比例不同。

上述所说的为液体吸收取样分析方法，下面介绍干吸收剂取样分析方法。EPRI Quick SEM 是由美国电力科学研究院发展研究而来的干吸收剂汞取样分析方法，即通常所说的 EPA 324 方法。该方法用于较低烟尘浓度下的烟气汞测量，烟气通过碘处理过的活性炭吸附剂，烟气中的汞会被吸附在活性炭吸附剂上，吸附了汞的活性炭吸附剂再通过酸液浸洗，最终含汞的溶液再通过冷原子吸收光谱法（CVAAS）和冷原子荧光光谱法（CVAFS）进行分析测定样品中汞的浓度。EPA 324 方法只能测定烟气中的气态总汞。

（二）在线烟气汞连续测量技术

在线烟气汞连续测量技术是一种正在发展中的新型技术，它可以实现在线、实时的分析，该技术是基于冷原子吸收光谱法（CVAAS）、冷原子荧光光谱法（CVAFS）、原子放射光谱（AES）和一系列新兴的化学传感器技术而发展建立起来的。烟气进入取样系统，并在其中消除干扰气体的影响，最终检测得到汞的含量。

目前，烟气汞连续测量方法主要有三种：冷原子吸收光谱法（CVAAS）、冷原子荧光光谱法（CVAFS）和原子放射光谱（AES）。其中冷原子吸收光谱法（CVAAS）是通过汞灯光线强度的减弱来检测汞的含量。样品中的汞元素在吸收汞灯发射出来的汞特有的光谱（汞特性光谱长度为 253.7nm），光谱的强度和样品中汞的含量满足一定比例，从而可以根据谱图计算得到烟气中汞的浓度。烟气中的干扰气体如 SO_x、NO_x、HCl 等都会对冷原子吸收光谱法测汞精度有影响，因此在烟气进入传感器前，会经过一个装置来除去烟气中对测量产生影响的其他气体。

而冷原子荧光光谱法（CVAFS）测汞采用汞灯作为辐射源，用氩气作为载气，当载有汞蒸气的氩气通过样品池时，样品中汞原子由汞灯激发而产生荧光，最后通过光电倍增管来探测汞原子产生的荧光强度，从而得到汞的含量。与冷原子吸收光谱法相比，冷原子荧光光谱法具有更高的灵敏度和更好的线性度。冷原子荧光光谱法（CVAFS）和冷原子吸收光谱法（CVAAS）的相似之处为两种方法都将各种形态的汞氧化成二价汞，然后再通过还原剂将其还原成单质汞进行测量。目前实现二价汞到单质汞的还原使用最主要的是使用湿法化学试剂（如 $SnCl_2$）进行还原。该方法应用广发，准确性较好。但是也存在腐蚀、污染、操作复杂和有副反应等缺点。

原子发生光谱法测汞则是利用高能量的入射源将汞离子化，然后进行检测。这种方法的优点在于它能够将各种形态的汞 $Hg^0(g)$、$Hg^{2+}(g)$、$Hg(p)$ 都进行电离，然后进行检测。并且，该方法不受烟气中其他干扰气体成分的影响。但目前汞的 CEMs 还很少使用这种方法。

在线烟气汞连续测量技术还处在进一步研究和发展之中，目前，发展较为成熟的 CEMs 仪器主要有美国的 Durag HM-1400TR，俄罗斯的 Ohio Lumex、RA-915＋和德国的 MI VM-3000 等。

四、汞脱除技术

由于汞被列为全球污染物，所以有许多研究都集中于燃煤机组的汞排放控制，但是目前尚未有一种成熟的技术得到广泛的应用。汞的脱除效率取决于煤、灰或者烟气中汞的赋存形态，不同形态的汞所具备的物理、化学特性不同，因此控制脱除技术也有所不同。在煤燃烧过程中，汞在烟气中的赋存形态主要有三种，一是气相单质汞 $Hg^0(g)$，具有高挥发性和低水溶性，绝大部分以气相的形式排放到大气中，是烟气中最难捕捉的汞形态；二是气相二价汞 $Hg^{2+}(g)$，易溶于水，可以被现有烟气净化设备如静电除尘器（ESP）和湿法脱硫装置（FGD）所脱除；三是颗粒态的汞 $Hg(p)$，主要吸附在煤渣及烟气颗粒当中，易于被静电除尘器（ESP）或布袋除尘器（BF）所脱除。

目前，燃煤汞的排放控制研究主要集中在燃烧前脱汞和燃烧后烟气脱汞。燃烧前脱汞的主要方法是通过煤的洗选将煤中可被分离的汞与其他污染物以及杂质运用物理、化学手段将其分离。这种方法的脱除效率与煤种及煤中汞的赋存形态有着密切的关系。燃烧后烟气脱汞是未来燃煤火电机组进行汞污染物控制的重要手段，它是通过各种方法先将气态单质汞 $Hg^0(g)$ 转化成二价汞 Hg^{2+} 和颗粒态汞 $Hg(p)$，再通过烟气净化设备如静电除尘器和脱硫塔联合脱除。

（一）煤中汞的燃烧前脱除

汞（也包括其他痕量元素）以有机化合物或者无机化合物的形式存在煤中，其中黄铁矿被国内外学者认为是汞在煤中的最主要载体，因而可以通过一系列的物理化学处理将各种化合物从煤中分离出来，从而使煤中的污染物汞（或其他痕量元素）的含量水平有所降低。煤炭洗选技术是一种相对低成本、工艺简单的燃烧前脱汞方法，其主要方法是通过煤炭和杂质在物理、化学特性（如粒度、密度、硬度、磁性及亲水性等）上的差异来进行分选。煤的相对密度为 $1.23 \sim 1.70$，比其他成分的相对密度要小。而煤中汞与灰分、黄铁矿等成分结合得比较紧密，因此，通过煤炭的浮选过程可以减少煤中汞及其他重金属的含量。这种重力洗选方法对煤中汞的脱除效率取决于煤种的特点，因此脱汞效率范围较大。

同时，美国能源署 DOE 研究了利用其他非重力洗煤方法从原煤中脱汞。其中主要为运用磁分离法，给磨煤机中加入游离态的 FeS_2，利用磁性不同去除黄铁矿的同时，也去除了与黄铁矿结合紧密的汞及其化合物，可以有效地降低脱汞成本。美国学者还研究了一种热解脱汞的方法。其原理是将煤粉加热至两个温度段，先后脱除原煤中的水蒸气和有害金属元素，第二个加热温度需要根据煤种的特性适度进行调节，这种方法脱汞效率可以达到 50%。此外，还有研究通过化学方法和微生物方法来进行煤中汞的分离，但这类方法由于工序复杂，有可能产生后续污染物，并且其成本昂贵，不具备工程应用的潜力。

（二）煤燃烧后的烟气脱汞

目前，国内外关于燃烧中脱汞的研究还较少，主要集中在不同燃烧方式条件下不同煤种汞排放的特性。而在烟气脱汞方面有大量的学者进行了研究，这些研究主要集中在如何高效地利用现有烟气净化设备以提高汞的脱除效率。这些常规的烟气净化设备包括 SCR 催化剂、除尘器［静电除尘器（ESP）和布袋除尘器（BF）］、脱硫塔等。烟气在经过 SCR 催化剂时，其中的气态单质汞 $Hg^0(g)$ 被催化剂中活性物质氧化成为气态二价汞 $Hg^{2+}(g)$，随着烟气不断冷却，一部分气态单质汞 $Hg^0(g)$ 和气态二价汞 $Hg^{2+}(g)$ 发生一系列物理化学吸附及反应，最终吸附在煤渣及烟气颗粒当中，形成以二价汞化合物为主要存在形式的颗粒态汞 $Hg(p)$，这些颗粒态汞在经过除尘器的时候伴随着颗粒的捕获而被脱除。在单质汞发生氧化吸附过程的同时，还有一部分二价汞 Hg^{2+} 会发生还原反应。其中 Hg^{2+} 会与如 $SO_2(g)$ 和 $CO(g)$ 发生反应：

$$Hg^{2+}(g) + SO_2(g) + \frac{1}{2}O_2 \longrightarrow Hg^0(g) + SO_3(g) \tag{6-54}$$

$$Hg^{2+}(g) + CO(g) + \frac{1}{2}O_2 \longrightarrow Hg^0(g) + CO_2(g) \tag{6-55}$$

而随后烟气进入脱硫塔，在脱硫塔中部分气态二价汞 Hg^{2+}（g）被脱硫浆液所吸收，同时一部分被脱硫浆液所吸收的气态二价汞 Hg^{2+}（g）还会被还原成气态单质汞 Hg^0（g），造成汞的再排放，这种情况与脱硫浆液中存在的硫酸氢根离子有关，另外，较高浓度的 SO_2 也会促进气态二价汞 Hg^{2+}（g）的还原。由上述过程可以看出，如需进一步提高烟气脱汞效率，就需要进一步地提高烟气中气态单质汞 Hg^0（g）氧化成为气态二价汞 Hg^{2+}（g）的比例［抑制二价汞 Hg^{2+}（g）的还原］，同时提高颗粒态汞的形成，便可以提高后续除尘器及湿法脱硫装置对汞的脱除效率。

1. 提高烟气中单质汞氧化效率

为了提高汞在除尘及脱硫设备中的脱除效率，需要进一步提高烟气中单质汞的氧化效率。目前，单质汞在烟气中的氧化增强技术有 SCR 催化剂氧化、外加氧化剂氧化、光催化氧化、电催化氧化等。

目前 SCR 催化剂普遍用于烟气脱硝，而商业应用最为主要的 SCR 催化剂为 V_2O_5-WO_3/TiO_2。催化剂中主要催化成分 V_2O_5 可以促进烟气中汞的氧化，从而促进气态单质汞 Hg^0（g）的氧化，从而有利于烟气通过后续除尘器和脱硫塔对汞的脱除。我国学者对国内 300MW 燃煤锅炉烟气的汞形态进行了分析，烟气在流经 SCR 后，其中的单质汞 Hg^0（g）比例从 39.7%降至 6.7%，而烟气中二价汞 Hg^{2+} 的比例从 39.4%提高到 76.7%。而国外学者 Senior、Benson 等人研究了燃煤电厂在燃用烟煤、次烟煤、褐煤等煤种条件下 SCR 催化剂对单质汞的氧化特性，其中在燃用烟煤的条件下，单质汞的氧化效率比较高，而在燃用次烟煤及褐煤的条件下，由于烟气中过高的碱金属及碱土金属沉积在 SCR 催化剂上影响单质汞的催化效果，同时会与烟气中的 HCl 反应降低烟气中 HCl 浓度，导致烟气中气态单质汞 Hg^0（g）的催化氧化效率很低。Pritchard 等人针对 550MW 燃用中硫烟煤的机组进行了 SCR 脱硝催化剂对单质汞的催化效果测试，发现在不投运 SCR 催化剂时脱硫塔进口烟气单质汞的氧化率为 64%，而在投运 SCR 催化剂时脱硫塔进口烟气单质汞的氧化率达到 95%，如图 6-36 所示。同时，从图 6-36 可以看出，单质汞在烟气经过省煤器之后到脱硫塔之前的烟道中，在烟气中各种成分的共同催化下也会有明显的氧化效果。这也与烟气成分中氯含量较高密切相关。

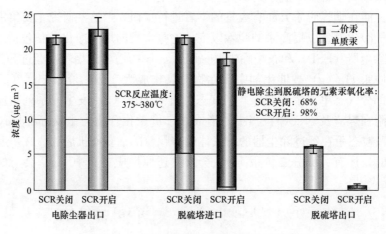

图 6-36　锅炉尾部不同位置的烟气汞含量

目前，国内外关于汞氧化催化剂的研究主要集中在钒钛基催化剂及其他金属或金属氧化物催化剂。以求在保证高 NO_x 还原效率的同时，实现高单质汞 $Hg^0(g)$ 氧化效率。

将具有强氧化性的氧化剂加入烟气当中，同样可以使得绝大部分气态单质汞 $Hg^0(g)$ 被氧化成易溶于水的二价汞 $Hg^{2+}(g)$，在湿法脱硫设备中脱除。目前，国内外学者对汞氧化剂的研究，主要集中于具有氧化性的卤素化合物。这类氧化剂可以在燃烧前添加，也可以作为固体或液体添加剂喷入炉膛或烟气中，也可以作为液体添加剂喷入湿法脱硫设备当中。Cao 等学者进行了燃用次烟煤条件下针对卤化氢对单质汞的氧化效率的研究，发现针对单质汞的氧化率，HBr＞HI≫HCl，$10.85mg/m^3$ 的 HBr 便具有 80％的单质汞氧化率，而 $488.84mg/m^3$ HCl 才能达到 40％。Livengood 等学者开展氧化剂针对汞和氮氧化物联合脱除研究，发现将 17.8％$HClO_3$ 和 22.3％$NaClO_3$ 的混合物喷入烟气中，可以氧化 100％的气态单质汞 $Hg^0(g)$，同时脱除 80％的一氧化氮。还有一些研究将气体（如 O_3、Cl_2、H_2S 等）或液体（$NaClO$、$KMnO_4$、H_2O_2 等）伴随脱硫浆液喷入烟气中以氧化烟气中的气态单质汞 $Hg^0(g)$ 或与二价汞 Hg^{2+} 形成沉淀抑制二价汞在湿法脱硫设备单重发生的还原反应，均具有很好提高汞氧化率的效果。而在这些添加剂加入时，需要考虑添加剂对烟道及后续设备的腐蚀情况。

光催化汞氧化法是在静电除尘器中通过使用波长为 254nm 的紫外光照射烟气，使得气态单质汞 $Hg^0(g)$ 氧化成为气态二价汞 $Hg^{2+}(g)$，在后续湿法脱硫设备中脱除。Granite 等学者进行了模拟烟气中的汞氧化实验，发现气态单质汞的氧化效率超过 90％。

此外，还有国外学者使用电催化氧化（Electrocatalytic Oxidation）和电子束（Electron Beam）的方法来对单质汞进行氧化，实验结果显示汞的氧化率均可以达到 90％以上。

2. 提高除尘器对汞的脱除效率

目前，燃煤机组所使用的除尘设备的烟尘脱除效率普遍可达 99％～99.9％。这意味着几乎全部的颗粒态汞 $Hg(p)$ 都会被除尘设备所脱除。燃煤电厂中普遍采用静电除尘器、布袋除尘器或电袋复合式除尘器来进行烟尘颗粒物的脱除。而从原理来说，就是静电除尘和布袋除尘。而静电除尘设备又可在进口烟气温度上分为常规静电除尘器和低低温电除尘器，低低温电除尘器的进口烟气温度一般控制在 90℃±1℃。低低温电除尘器的进口烟气温度通常需要在前端设置烟气深度冷却器来针对烟气进行冷却，使烟气温度降至 90℃±1℃。美国学者针对冷端静电除尘器（Cold side ESP）、热端静电除尘器（Hot side ESP）及布袋除尘器（BF）对汞的平均脱除效率进行了分析，约为 4％、27％、58％。其中冷端电除尘器（Cold side ESP）布置在空气预热器之后，运行温度在 130～180℃之间，即为我国目前普遍使用的常规静电除尘器。热端静电除尘器布置在空气预热器之前，运行温度在 300～450℃之间。可以看出当电除尘器的运行温度从 300～450℃下降至 130～180℃时，静电除尘器对汞的脱除提高了 23％，而静电除尘器的除尘效率并没有显著提高，仍维持在 99％以上，这也说明汞在静电除尘器中的脱除效率的提高，仅仅通过降低烟气温度就能够使得更多的单质汞 Hg^0 和二价汞 Hg^{2+} 发生化学反应及物理吸附，形成更多的颗粒态汞 $Hg(p)$，而并非由于除尘效率的提高。烟气温度降低至 130～180℃时，烟气中的酸性气体并未发生冷凝，还没有达到所说的低低温电除尘器的工作温度，因此，若烟气温度继续下降至 90℃左右，烟气中的气态的 SO_3 转化为硫酸液滴并与灰颗粒发生结合，使得灰颗粒的吸附能力和荷电能力进一步提高，颗粒态汞 $Hg(p)$ 的形成比例及脱除效率也会进一步提高。我国 90％以上的燃煤机组安装了静电除尘器，因此进一步降低电除尘器的工作温度，提高静电除尘器对汞的脱除效率，对目前汞的进一步控制显得尤为关键。

上述所说的方法是通过降低烟气温度来提高汞在静电除尘器的脱除效率，而在除尘器之前喷入吸附剂可以提高单质汞 Hg^0 和二价汞 Hg^{2+} 向颗粒态汞 $Hg(p)$ 的转化比例。吸附剂一般在除尘器上游烟道喷入，利用吸附剂的吸附能力将单质汞 Hg^0 和二价汞 Hg^{2+} 转化为颗粒态汞 $Hg(p)$。若不影响飞灰的后续利用，可在除尘器出口喷射吸附剂，并在下游设置布袋除尘器进行吸附剂的捕获。目前国内外关于汞吸附剂的研究主要集中于活性炭及改性的碳基吸附剂及非碳基吸附剂材料方面。而其中改性吸附剂在烟气氯含量较低的情况下仍有较好的脱汞效率。虽然吸附剂喷射法被证实是一种高效地提高除尘器脱汞效率的方法，但仍有一系列问题制约着该方法的应用：吸附剂的高成本、影响飞灰的利用及价值、吸附剂的循环利用工序复杂、影响除尘器的运行及维护等。

3. 提高脱硫塔对汞的脱除效率

由于二价汞 Hg^{2+} 在水中有良好的溶解度，几乎可以被脱硫塔全部脱除，所以若要提高脱硫塔对汞的脱除效率，最佳方法则为进一步提高单质汞 $Hg^0(g)$ 向二价汞 Hg^{2+} 的转化率。要提高该过程的转化效率则需要在脱硫过程中加入氧化剂或抑制还原剂，如气体（如 O_3、Cl_2、H_2S 等）或液体（$NaClO$、$KMnO_4$、H_2O_2 等）。目前关于氧化剂和还原抑制剂还处于研究阶段，并未见大规模工程应用。

五、汞的烟气冷却凝并吸附机理

汞会与烟气中飞灰（无机颗粒或碳基颗粒）发生反应，尤其是在气固表面。飞灰颗粒中较为活跃的化学成分和氧化催化剂会使得气态单质汞 $Hg^0(g)$ 向二价汞 Hg^{2+} 发生转化。同时，飞灰表面又存在很多可以吸附汞的活性位。国外一些学者的研究指出飞灰对汞的吸附能力强于多种吸附剂。不论燃烧哪种煤，烟气及烟气中的飞灰均具备一定的汞氧化及汞吸附能力。飞灰对汞的吸附可以通过物理吸附、化学吸附、化学反应或这些过程的结合。尽管飞灰颗粒对汞吸附的模型不难建立，但真实的飞灰与汞的反应机理尚无法探明。

飞灰对汞的吸附主要是基于飞灰颗粒的化学特性和物理特性，其中化学特性包括化学组成、酸度等，物理特性包括比表面积、孔径等。而温度作为影响化学吸附和物理吸附最关键的因素，它能够改变吸附力的性质。温度较低时，飞灰对汞的吸附以物理吸附为主。而温度升高时，由范德华力吸附的气体分子将发生解吸，物理吸附能力减弱，引起飞灰对汞吸附效率的降低，抑制飞灰对汞的物理吸附。研究结果表明，50℃ 条件下飞灰对汞的吸附率比 150℃ 条件下的吸附率高出 33.1%。而上文中美国学者针对烟气温度对脱汞效率的研究表明，静电除尘器的运行温度从 300~450℃ 下降至 130~180℃ 时，静电除尘器对汞的脱除提高了 23%，而电除尘器的除尘效率并没有显著提高，仍维持在 99% 以上，这也说明汞在静电除尘器中的脱除效率的提高，仅仅通过降低烟气温度就能够使得更多的单质汞 Hg^0 和二价汞 Hg^{2+} 发生化学反应及物理吸附，形成更多的颗粒态汞 $Hg(p)$。

同时，硫含量较高的烟气飞灰对单质汞 $Hg^0(g)$ 来说是潜在的反应物和吸附剂。在煤燃烧过程中，硫从煤中释放并形成 $SO_2(g)$。1%~3% $SO_2(g)$ 会被飞灰表面的过渡金属氧化物被氧化成 $SO_3(g)$，并与飞灰中碱金属及碱土金属发生中和反应。当烟气温度降低至酸露点温度时，$SO_3(g)$ 会与烟气中的 $H_2O(g)$ 进行反应形成 $H_2SO_4(g)$。而当烟气温度继续下降低于硫酸露点温度时，$H_2SO_4(l)$ 冷凝在飞灰颗粒表面，汞化合物会被 $H_2SO_4(l)$ 所吸附。国外学者针对汞的硫化反应进行了研究，并指出这一反应是基于 $HgO(s)\text{-}SO_2(g)\text{-}O_2(g)\text{-}H_2O(l)$ 的系列反应。除了 $H_2SO_4(l)$ 在颗粒表面的冷凝所带来的汞吸附以外，颗粒物表面硫化合物的化学吸附会产生汞吸附的活性位。

为了探明烟气温度对汞形态的影响，研究团队对某电厂的烟道中汞含量及形态进行了测量分析，具体的两个测点在烟气深度冷却器前后，如图 6-37 所示。

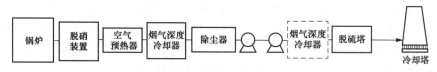

图 6-37　测点位置系统图

测量结果表明，烟气深度冷却器投运并将排烟温度降至 $90℃$，可以使烟气中的气态单质汞 Hg^0 浓度降低 60% 以上，而同时颗粒态汞 $Hg(p)$ 浓度增加 1 倍以上。这说明烟气深度冷却的过程，有利于气态单质汞 Hg^0 向颗粒态汞 $Hg(p)$ 转变，从而提高汞在后续设备除尘器中的脱除效率。在烟气深度冷却过程中，烟气汞所发生的物理化学变化的机理仍不清楚，还需进行深入的研究。

第五节　烟气深度冷却过程中氟及逃逸氨协同治理技术

前文已述，为满足"十二五"规划纲要中提出的节能减排要求，燃煤机组作为中国的主要供能基础设施消耗全国近 60% 的燃煤和 20% 的工业水，排放出全国总量 50% 的 NO_x，必须采取相应措施提高热效率、降低 NO_x 排放量。而目前，烟气深度冷却器是提高机组热效率最直接、有效的措施，用氨或尿素作为还原剂的选择性非催化还原（SCR）技术是减少燃煤机组 NO_x 排放的最有效方法之一。但 SCR 催化反应中的额外生成物 SO_3，会进一步同烟气中的氨（SCR 的逃逸氨）反应生成硫酸铵/硫酸氢铵（熔点 $235\sim280℃$，同时分解），并有 95% 黏附在空气预热器表面，妨害实际生产正常运行。目前，SCR 过程中的氨逃逸现象对锅炉空气预热器的影响已有大量报道，但用于回收余热的烟气深度冷却器是否会受其危害却罕有说明。实际运行经验表明，随着烟气深度冷却的进行，除硫酸铵盐外，还会进一步形成其他的铵盐，这与具体煤种有关。

运用 X 射线衍射分析（XRD）、X 射线荧光光谱分析（XRF）、X 射线能谱分析（EDS）以及扫描电子显微镜（SEM）等理化表征手段，对某电厂脱硫塔前的烟气深度冷却器运行近半年后换热表面出现白色沉积层进行了分析，结果表明，产生该物质的根本原因是 SCR 的逃逸氨与烟气中的氟化物在烟气深度冷却条件下的相互反应并沉积凝结。

一、煤中氟的赋存形态及其危害

（一）氟污染的危害

氟（F）是一种非常活泼的卤族元素，以多种化合物的形式存在于自然界中，分布广泛。许多矿石，如萤石（CaF_2）、冰晶石（Na_3AlF_6）、磷灰石 $[Ca_5F(PO_4)_3]$ 和某些金属共生的矿物中都有不同含量的氟存在。这些地区的土壤和水源中都有可能有不同含量的氟存在[85]。由于氟化物的地理迁移，氟在陆地表面分布很不均匀。

作为一种有害的微量元素，氟在煤中的含量，一般为 $50\sim400\mu g/g$，煤中氟元素含量的世界平均值为 $80\mu g/g$，而我国的平均值在 $200\mu g/g$ 以上[86]。虽然煤中的氟元素含量较低，但是，随着煤的燃烧，氟元素将转化为一种对人类和动植物危害极为严重的污染物——氟化氢（HF）。研究表明，与二氧化硫（SO_2）对比，HF对人体的毒性要高20倍，对植物的毒性要高20~100倍。植物对大气中的HF具有强烈吸收和累积效用，因此，不仅植物本身将受到严重危害，而且通过食物链的毒害转移，动物和人类也会深受毒害，其钙磷的正常代谢受到破坏，酶的活性被抑制，神经系统受到影响，还会产生低钙症、氟斑牙、氟骨症及氟中毒。燃煤引起的氟污染已改变着全球氟的自然循环状况，更影响和参与了氟环境迁移转化的各个环节和整个过程[87]。目前因工业锅炉，特别是燃煤电站锅炉所排放的氟化物而引起的环境问题已越来越受到人们的重视，由国际氟化物研究学会（ISFR）出版的《Fluoride》杂志自20世纪70年代以来已陆续发表多篇关于燃煤氟化物对动植物以及电站附近居民的危害的文献[88,89]。在我国，中国科学院地理化学研究所的郑宝山在20世纪80年代就提出煤烟型氟污染是造成我国某些地区地方性氟中毒（龋齿、氟骨症等）的原因之一[87]。目前，燃煤引起的氟污染已经成为氟的环境化学、生态学和流行病学研究的一个重要领域。

1. 燃煤大气氟污染的特征

在工业大气氟污染（含烟尘）、含氟废水污染和含氟废渣污染3种氟污染形式中，对环境污染最为主要、最为严重的是工业大气氟污染，包括排烟工业排放的无机氟化物所产生的大气氟污染问题，其来源主要为磷矿石加工、铝和钢铁的冶炼、工业炉窑和煤的燃烧过程，以及由燃料、空调、冷冻用的制冷剂，做泡沫塑料发泡剂用的碳氟有机氟化物的污染。尽管无机氟化物和有机氟化物在空气中的浓度极低至 $\mu g/m^3$ 级，但无机氟化物使许多动植物遭受明显的损害，给生物体带来危险，有机氟化物则主要影响气候和大气化学；无机氟化物以局部的规模在各地发现，有机氟化物的波及范围遍及全球。

本节仅讨论燃煤引起的无机氟化物大气污染问题，目前，它成为现实的公害问题。对于磷矿石加工、磷肥生产和铝、钢铁的冶炼、工业炉窑等工业，国家已制定大气氟化物排放标准，因此有必要在这里将我国燃煤排入大气中氟化物的排放总量与有关其他工业的氟化物排放总量进行大致的比较。按我国年产原煤35亿t，其中84%直接用于燃烧，我国煤中氟平均含量200$\mu g/g$，各种燃煤设备的氟化物平均排放率为90%，则我国由燃煤工业过程排入大气中氟化物的总量可达35万t/年，高于我国磷肥生产年排氟总量20万t/年，但低于我国砖瓦生产年排氟总量80万t/年[92]。由此可见，燃煤工业过程排入大气中的氟化物占我国大气氟污染的比重是不容忽视的。

燃煤大气氟污染物中被检出的无机氟化物包括气态的HF、SiF_4，尘态的 SiF_6、CaF_2 等[89]，因燃烧过程、除尘、排氟的装置结构等不同而有所差别。另外，氟化物不同的化学形态对于人类和动植物的也具有不同的毒性。通常来说，气态氟化物的毒性较尘态强，而尘态氟化物，随其难溶性增强而毒性减弱[90]。目前，单单把HF气体作为监测大气氟浓度的对象，而其他氟化物却未被重视。燃煤大气氟污染物可直接被动植物吸入，也可转入水体、土壤而被动植物吸收，同时对整个环境造成污染[91]。

无机氟化物的大气污染特征不同于 SO_2、NO_x 及其他氧化剂，除表现为直接吸入的毒性外，其很低浓度时就能够对植物产生毒性并且在植物体内具有蓄积效应。也就是说，在燃煤大气氟污染现象中，大气中氟浓度本身及其对农作物的污染程度是与人类和动物健康密切相关的。就目前燃煤排入大气中的氟浓度水平，不管其化学形态如何，直接吸入都不会使生物体产生害，只有在单位浓度超过 mg/m^3 以上时，方才成为问题[93]。但在研究大气氟污染对生物体的影响时，植物对氟吸收与蓄积作用是不容忽视的。

研究表明，燃煤引起的氟化物高浓度、大面积的污染现象不易出现，往往是由于低浓度含氟空气的间接影响造成的[89]。这种间接影响是通过复杂的生物链途径实现的，其中植物的富集作用是一个重要环节，由植物富集又引起动物富集，通过食物链进入人体。

2. 氟污染对植物的生物效应

氟是植物的有毒元素。植物通过根系和叶片分别从土壤和大气中吸收氟，但土壤中的氟一般要在浓度较高时才会对植物产生危害，而大气中的氟却对植物的危害较大，植物通过叶片直接吸收并积累大气中的氟，在氟浓度较低时就可直接受到伤害。大气氟化物对植物的毒性是 SO_2 的 20～100 倍，大气氟化物的浓度仅达到 SO_2 有害浓度的 1％时，就可对植物造成伤害。研究还表明，当大气中同时存在 SO_2 和氟化物时，两者协同作用对植物的危害远大于两者单独作用的叠加[93]。燃煤大气污染物同时含有 SO_2 和氟化物，因此其对植物的危害更加严重。

大气中氟化物对植物的影响具有累积的特点。据研究，饲草的氟富集作用可达 20 万倍，即生长在氟浓度为 $1mg/m^3$ 的空气中的饲草能吸收与积累到 200mg 的氟。植物叶片对氟化物的吸收与累计受到作物种类、叶面大小、暴露时间和氟化物的浓度等因素的影响。如气体浓度不变，植物组织内累积的氟含量随暴露时间增长而逐渐增加[94]。当氟化物在植物体内累计超过了阈值时，便会干扰酶的作用，阻碍代谢机理，破坏叶绿素和原生质，叶缘和叶尖出现坏死现象，使植物受害。

3. 氟污染对人体的生物效应

氟是人体 12 种生命必需的微量元素的重要成员。人从食物、水和空气中摄取氟，每日摄取量以 0.6～$1.7mg/m^3$ 为宜。气态氟和尘态氟可由呼吸道、肠胃和皮肤进入人体。吸收的速度与其水溶性有关，其中 HF、NaF、Na_2SiF_6 等可溶性氟化物吸收较快，而萤石、氟磷灰石等难溶性氟化物则不易吸收。

表 6-17 为环境中氟化物含量对人体的影响。从氟的毒理学作用来看，氟中毒的机理主要表现为：破坏人体体内 Ca、P 的正常代谢；抑制酶的活性；影响中枢神经的正常活动，降低应激性[94]。

表 6-17 人体受氟化物的影响

摄入时间	摄入量	摄入途径	人体所受影响
1 次	$0.1mg/m^3$	空气	氟化物嗅觉阈
终生	1.0mg/L	水	抑制龋齿
出生后 8 年	2～8mg/L	水	斑釉齿
10 年以上	8mg/L	水	10％发生氟骨症
10～20 年	20～$80mg/m^3$	空气	运动机能障碍
5 年	40mg/kg	食物	体重减少
数月～数年	50mg/L 或 50mg/kg	水或食物	甲状腺障碍
数月	60mg/kg	食物	生殖技能障碍
数月	100mg/kg	食物	贫血
数月	100mg/L	水	肾障碍
1 次	2.5～5g	药品	致死（2～4h）

氟中毒可分为两种情况，即由工业氟污染导致的"工业性氟中毒"和由地理条件引起的"地方性氟中毒"。氟化物引起的急性氟中毒的事例极少，大气氟污染通常会引起慢性氟中毒。研究表明[89]，燃煤大气氟污染引起慢性氟中毒的主要病症为斑釉齿症和氟骨症。斑釉齿症是指齿釉上形成白色、浅黄色至棕黑色的条纹及斑点，随着色的加重，牙齿发生缺损；氟骨症则表现为骨质密度增高，骨质增生，关节疼痛甚至失去工作与生活能力等。煤中氟含量高和煤烟氟污染也是地方性氟中毒的一个重要原因，在流行病学中称为"煤污染型氟中毒"。对我国西南地区的"煤污染型氟中毒"的一些典型重病区出现50%以上的氟骨症病人，许多人卧床不起，青少年骨骼严重变形，在这样的特重病点上煤中氟含量常常高于500mg/m³[87]。"煤污染型氟中毒"在我国被发现已有二十几年的历史了中国科学院北京地理所李日邦等人于1982年进一步确认了西南地区的"煤污染型氟中毒"是由于燃煤烟气氟污染造成的[95]。煤中除含氟外，还含有硫、硒、砷、碘、汞等放射形元素、多环杂环有机化合物，与氟一起危害人类健康，煤中这些有害物质与氟的协同作用对人体的危害是流行病病理学的一个研究领域[93]。

（二）煤中氟的来源、成因与赋存形态

1. 煤中氟赋存形态的基本模式

煤是一种由动植物遗体经煤化作用而形成的沉积岩化石燃料。通常被看作是由有机和无机组分组成的一种系统：所谓无机组分，是指煤中的矿物质，以及与有机质相结合的各种金属、非金属元素的化合物。在煤中，无机组分主要是以矿物的形式存在，因此，大多研究者习惯称无机组分为矿物质[96]。

根据Swaine[98]提出的煤中微量元素赋存形态模式。煤中氟包括有机结合态氟和无机化合态氟两大类：对于煤中有机结合态氟与煤的结合方式，Swaine认为可能是氟与煤大分子的羧基（—COOH）、羟基（—OH）、氨基（—NH）等的结合和置换。由于煤中氟主要以无机化合态氟的形态存在，而无机化合态氟又主要以矿物质形式赋存于煤中[97]。因此，着重对煤中含氟矿物的来源、成因与赋存形态进行深入探讨。

2. 煤中含氟矿物的来源、成因与赋存形态

煤中氟主要以矿物质形式存在的事实已被研究者广泛接受，但直接研究煤中含氟矿物却不是一件容易的事。到目前为止，煤中发现的含氟矿物主要归纳为黏土类矿物，如高岭石族、伊利石组和蒙脱石组矿物；磷酸盐类矿物，如磷灰石、磷钙土；岩浆岩和变质岩的造岩矿物，如黑云母、白云母和长石类、角闪石等。其中黏土类矿物是煤中最为常见的矿物，人们的研究也较深入，但对黏土类矿物中氟的研究则极其少见。磷酸岩类矿物在煤中含量不高（0.001%～0.1%），被矿物学家认为是稀少的或很少见的矿物。氟在磷酸岩类矿物中以类质同象形式存在，即氟磷灰石、羟基氟磷灰石，但直接从磷酸岩类矿物中成功分离或检测出氟磷灰石、羟基氟磷灰石的报道甚少。对于岩浆岩和变质岩的造岩矿物，如黑云母、白云母、长石类和角闪石等则属很少见或非常少见的矿物，在煤中含量远低于1%，研究起来则更为困难。

根据Lessing[98]提出的煤中矿物来源与成因的观点，煤中含氟矿物的来源与成因归结如下：

（1）成煤植物含有的含氟矿物质。

（2）经过风、水搬运到泥炭中的碎削类含氟矿物。

（3）从进入泥炭沼泽的溶液中沉淀出来的盐类。

（4）从循环的地下水中沉淀下来的盐类。

（5）煤中原存在的含氟矿物经分解和相互作用后生成的新含氟矿物。

在 Lessing 观点的基础上，Renton[99] 提出了从矿物来源、成因、形成时间和相对丰度几方面进行分类的较为完善的煤中矿物来源与成因分类观点，目前被学术界广泛采纳。有学者根据这种分类方法，将煤中含氟矿物的来源与成因作了如下划分，从来源和成因上煤中含氟矿物可分为碎削的、植物的、化学的；从形成时间上可分为同生的（从泥炭堆积阶段到早期成岩阶段之前在煤中存在的含氟矿物）、后生的；按相对丰度煤中含氟矿物则为稀有的或极其稀有的。

二、氟的痕量测量技术

煤及其燃烧气、固态产物氟含量测定是煤中氟分布与赋存特性、燃烧转化规律和氟污染控制技术研究的基础。煤中氟的测定被公认为是十分困难和具有挑战性的工作。本小节全面评述了煤中氟测定的各种直接（仪器法）和间接（化学法）方法，对各种测定方法的优缺点和适用性进行了分析与评述。

（一）煤中微量元素氟的测定方法

煤中微量元素氟的测定被公认为是十分困难和具有挑战性的工作。1934 年，Lessing[100] 在《Nature》杂志发表的 "Fluorine in coal" 首次发现煤中氟，标志着煤中氟测定研究的开始，之后进展一直缓慢，直到 20 世纪 60 年代氟离子选择电极问世[101]，为煤中氟的测定提供了必要的手段，才使研究获得了进一步的发展。到目前为止，已研究出碱熔法[102]、氧弹法[102]（美国材料与试验协会标准方法 STM-D3761-79）、高温水解法[103]（GB/T 4633—2014《煤中氟的测定方法》）和仪器分析法，如质子诱导 γ 射线发射光谱法[104]、火花源质谱法[105] 等。煤中氟的赋存形态的复杂性和差异性对一些测定方法的测定精度有较大的影响。不同国家的不同测定标准，不同方法、不同实验室甚至不同研究者之间的测定结果也存在较大差异。这种现状严重制约了煤中氟相关研究，给煤中氟相关研究造成了极大的困难。

1. 间接测定方法

氟是一种化学性质非常活泼的元素，它既不会生成不溶性化合物，又不会生成带色物质，因此不能用经典的重量法或比色法直接测定。一般普遍采用间接方法测定，首先以适当方法分解煤样，使煤中氟化物定量地分离转化为某种形式的可溶性氟离子溶液（如氢氟酸、氟硅酸等），然后再用某种化学或仪器方法（如比色法、离子选择电极法等）测定样品溶液中的氟含量。

（1）刻蚀法（Etching method）。最早的煤中氟测量是 Lessing[100] 使用的玻璃刻蚀法，是基于煤酸浸时浸出的 HF 气体对玻璃的刻蚀来测定煤中氟含量。后来发现，由于煤中含有大量的硅，酸浸提时浸出的气体除了 HF 外，还形成一种对玻璃无刻蚀性的 SiF_4 气体，而且浓硫酸对煤中很多含氟矿物不能完全分解。因此，刻蚀法只是一种 "定性的、大致的"[108] 氟测量方法。

（2）比色法（Colorimetric method）。早期的氟测量为比色法。Crossley[107] 利用氟离子锆，Loathe[108] 利用氟离子钍与茜素生成的络合物上进行反应来确定氟含量。其原理是将这些金属从生成的有色络合物中置换出来，生成更稳定的无色金属氟化物，颜色被脱色，根据褪色程度比色定量。上述方法操作烦琐，对试剂要求甚高，灵敏度难以适应 10^{-9} 浓度范围的测量。另一种方法是 Belcher[109] 等人提出的利用氟试剂（3-胺甲基茜素-N，N-二醋酸）为高价镧或铈盐反应生成蓝色络合物进行比色定量，其方法灵敏度较前几种有所提高，但干扰因素多，测定范围窄，仅适用于体系简单的样品。后来，Mcgowan[110] 采用分光光度计法（Spectrophotometric method）进行比色测定，测定速度和精度有所提高，目前氟试剂分光光度法尚在使用。

（3）离子选择电极法（Fluoride ion-selective electrode method，FISE）。1966 年，Frant[101] 提出用氟化镧（LaF_3）单晶制成固体膜电极，直接用电位方法进行氟离子活度测定，用总离子强度调节缓冲液（TISAB），排除 Fe^{3+}、Al^{3+}、Si^{4+} 等离子干扰，使测定微量氟的技术取得了很大进展。利用离子选择电极法（ISE）测定煤中氟具有快速、灵敏度高、适用范围宽、重现性好和无干扰等优点，可省去灰化、蒸馏等烦琐的步骤，目前被广泛采用[111]。

（4）离子色谱法（Ion Chromatography）。离子色谱法测定氟离子是利用离子交换原理进行分离，由抑制柱抑制淋洗液，扣除背景电导，然后利用电导检测器进行测定，根据混合标准溶液中氟离子出峰的保留时间以及峰高定量测定样品溶液中的氟离子浓度，是大气降水中氟离子标准检测方法（JY/T 020—1996《离子色谱分析方法通则》）[87]。

2. 直接方法

仪器分析是煤中微量元素分析的重要方法[112]。但直接测定煤中氟的报道极少，发射光谱法被广泛应用于微量元素定量分析，Simms 等和 Clayton 曾用质子诱导 γ 射线发射光谱法（PIGME）直接测定煤中氟含量。煤样与石墨均匀混合制成电极，质子照射能量为 2.5MeV，电荷为 $100\mu C$，伽马射线峰值选用 197KeV。高频火花离子源质谱分析是固体无机物，特别是超微量分析的有效方法，Vonlehmden 等、Dale 等和 Clayton 用火花源质谱法（SSMS）直接测定煤中氟。其中 Dale 等和 Clayton 等采用 JEOL-01BM-2 型火花源质谱仪配以计算机控制的离子检测系统，质荷比为 19。对标准物质 1632a（煤）的测定表明精度可靠。

仪器分析方法直接测定煤中氟，除了传统的间接测量中需对煤样进行分解处理等烦琐过程，减少了操作过程中的误差，是一种快速、灵敏和先进的测定手段。但由于氟属于轻量元素，适用的仪器方法、测试精度及应用范围比较局限，加之部分精密仪器的不普及和操作的复杂性，造成目前应用受到限制。

煤中微量元素氟的测定与分析是一项具有挑战性的工作。建立和采用快速、精确、可靠和先进的煤中氟的测定方法，获得煤中氟含量的精确、可靠的数据，对于煤炭资源的合理配置利用、燃煤氟污染的控制及正确进行氟化物环境影响评价等均具有重要的现实意义。就目前的应用情况而言，间接方法仍是煤中氟测定的主要方法。煤中氟的赋存形态的复杂性和差异性对一些测定方法的测定精度有较大的影响，合理选择测定方法对获得精确、可靠的结果是至关重要的。同时，继续研究更加快捷、精确和可靠的煤中氟测定的新方法仍是值得深入研究的课题。

（二）煤燃烧产物中氟含量测定方法

煤燃烧固态产物飞灰、底灰和烟气中氟的精确、可靠测定是煤中氟燃烧转化规律和氟污染控制技术研究的重要环节。飞灰、底灰中氟含量的测定目前尚未有统一标准，一般大多沿用矿物氟含量的测定方法，其中以 NaOH 或 Na_2CO_3 碱熔法居多。但由于碱熔法存在不能完全分解难熔氟化物的缺点，所以也可采用高温水解法。高温水解法分解含氟矿物被认为是最精确、可靠的方法，高温燃烧水解——氟离子选择电极法对沉积岩标准物质测定的测定精度表明，高温水解法能有效分解灰渣中的含氟矿物，对测定飞灰、底灰的氟含量具有较高的精度和较好的可重复性。

燃煤烟气中气态氟浓度的测定采用工业污染源烟气氟化物监测分析方法中的氟离子选择电极法。氟离子选择电极法测定气态氟吸收液中氟浓度有标准曲线法和标准加入法，工业污染源烟气氟化物监测分析方法推荐使用标准曲线法。在大量测量实践中，研究者发现标准曲线法对于氟浓度较高的样品溶液测定比较可靠，而对于氟浓度较低的样品溶液测定结果很不稳定，且受测量的环境温度影响较大。由此可见，标准曲线法适用于砖瓦、磷肥生产等烟气中气态氟浓度较高排烟行业的气态氟测定（氟浓度范围为 $1\sim1000mg/m^3$），而对于燃煤烟气中较低浓度的气态氟测定（氟浓度范围为 $0.1\sim20mg/m^3$），则可采用标准加入法，克服了标准曲线法测值不稳定的问题，测定结果比较可靠。因此，对燃煤烟气中气态氟的测定推荐采用氟离子选择电极——标准加入法。

三、氨逃逸形成原因及在烟气冷却过程中的演变规律

氨或称"氨气"、氮和氢的化合物，分子式为 NH_3，是一种无色气体，有强烈的刺激气味。极易溶于水，常温常压下 1 体积水可溶解 700 倍体积氨，水溶液又称氨水。氨作为世界上产量最多的无机化合物之一，有很广泛的用途，是制造硝酸、化肥和炸药的重要原料，也是许多食物和肥料的重要成分，另外，电力生产中氨的应用也屡见不鲜。同时，氨却是一种重要的大气污染物，极易诱导雾霾的产生，浓度高时更能危害人体生命安全。因此工业生产中，氨排放被严格控制，甚至需要专用设备进行脱除。

（一）氨逃逸形成原因

1. 选择性催化还原技术

选择性催化还原技术（SCR）是指在催化剂（常用催化剂活性成分为 V_2O_5/W_2O_3，载体为 TiO_2）存在的条件下，烟气温度位于催化剂活性温度 $300\sim400℃$ 之间，以 NH_3、CO、碳氢化合物等为还原剂，将烟气中的 NO_x 还原成 N_2 和 H_2O[113]。当催化剂为 V_2O_5/TiO_2 基催化剂时，具体脱硝反应为：

$$4NH_3+4NO+O_2\longrightarrow 4N_2+6H_2O \tag{6-56}$$
$$4NH_3+2NO_2+O_2\longrightarrow 3N_2+6H_2O \tag{6-57}$$
$$4NH_3+6NO\longrightarrow 5N_2+6H_2O \tag{6-58}$$
$$8NH_3+6NO_2\longrightarrow 7N_2+12H_2O \tag{6-59}$$

由于烟气中 NO 含量占 NO_x 总量的 95% 左右，当 SCR 系统 $NH_3/NO_x\geqslant1$、$O_2>2\%$、SCR 催化剂区域烟气温度小于 $400℃$ 时，脱硝反应以式（6-56）为主。脱硝反应过程中，部分副反应会随之发生，具体为

$$4NH_3+3O_2\longrightarrow 2N_2+6H_2O \tag{6-60}$$
$$2NH_3\longrightarrow N_2+3H_2 \tag{6-61}$$
$$4NH_3+5O_2\longrightarrow 4NO+6H_2O \tag{6-62}$$
$$2SO_2+O_2\longrightarrow 2SO_3 \tag{6-63}$$

通常 SCR 内的脱硝反应过程中，当烟气温度低于 $400℃$ 时，仅会发生少量 NH_3 氧化成

N_2 的副反应，如式（6-60）所示。对于 NH_3 的分解反应以及 NH_3 氧化成 NO 的反应，如式（6-61）及式（6-62）所示，其在 350℃以上就将开始反应，但反应并不明显，当温度在 450℃以上时，反应逐渐明显[114]。

由 SCR 技术原理可知，若脱硝过程喷入反应器中的氨不能完全与 NO_x 进行反应，在 SCR 反应器出口会存在部分未反应的氨，这部分氨即为逃逸氨。对于 SO_2 氧化成 SO_3 的副反应，如式（6-63）所示，其主要影响在于生成的 SO_3 会与烟气中的逃逸的 NH_3 反应生成黏结性强的硫酸铵/硫酸氢铵[115]，生成产物会在催化剂表面及空气预热器表面沉积，造成催化剂和空气预热器积灰，严重时导致空气预热器堵塞。

2. 氨法捕集 CO_2 技术

化学吸收法脱除烟气中 CO_2，其原理是利用吸收剂易与烟气中的 CO_2 发生化学反应的特点对烟气进行洗涤。吸收 CO_2 后的吸收剂为不稳定盐溶液，在一定的条件下可逆向释放出 CO_2，从而实现 CO_2 分离和富集，同时可实现吸收剂吸收能力的再生[116]。

近年来，研究者们针对各种不同类型吸收剂做了大量的开发、研究工作。其中，有机胺吸收剂的开发包括 DEA、MDEA、位阻胺、混合有机胺等。另外，以氨水为吸收剂的捕碳技术也得到了广泛研究[117]。

相比之下，无机氨水对 CO_2 的吸收效率更高、能力更强[118]；再生过程中不存在降解的问题；氨水有望实现酸性气体（CO_2、SO_x、NO_x）联合脱除；结晶产物为铵盐，在氮肥市场中存在潜在价值；与 MEA 法相比，氨法可降低约 60％的能耗。氨法捕集 CO_2 因其独到的优势和研究前景广阔而被众多研究者所青睐[119]。

氨水与 CO_2 反应过程较为复杂，按照参与反应物及主要生成物来归纳整个过程的化学反应式，可得[120,121]

$$NH_3 + H_2O + CO_2 \longrightarrow NH_4HCO_3 \tag{6-64}$$

到目前为止，研究者们对氨法捕集 CO_2 技术普遍持乐观态度，原因是氨水对 CO_2 气体具有较高的吸收速率及较高的负载能力，同时其溶液具有良好的热再生性能，再生能耗较低。氨法脱碳技术理论上存在较低成本运营的可能性。

另外，与其他吸收剂相比，氨水具有一个突出的缺点——极易挥发。氨的挥发、逃逸是贯穿整个 CO_2 吸收、解吸全程的棘手问题，如不能对其进行控制，将会直接导致吸收剂失效快、利用率低和再生氨损失严重等一系列问题。同时，逃逸的氨气作为毒害气体，还会影响设备性能及工业区周围空气质量，造成二次污染。张君[122]等在错流碟片式旋转超重床上使用氨水进行 CO_2 吸收试验，在氨水浓度为 4％～20％工况下测得反应装置尾气中 NH_3 体积组分可达 1.3％～3.6％。Corti 等使用 Aspen PlusTM 模拟加压氨水脱碳系统，在氨水浓度为 2％～4％，CO_2 脱除效率达 80％时，系统尾部烟气中 NH_3 体积组分达 0.4％～1.2％，且随着氨水浓度的增大，氨的挥发、逃逸量均会进一步增大。在 CO_2 的解吸过程中，Resnik 等在半连续吸收、解吸循环试验中发现，氨在热再生过程中损失明显，以 14％氨水为例，总氨损失可达 43.1％，且损失量会随着再生温度的升高而进一步升高。这些数据说明，氨的挥发、逃逸量巨大。

根据经典传质学理论，氨水的挥发速率正相关于氨水中游离氨浓度、氨水温度等因素。若以提高 CO_2 吸收效率为目的而提高实际运营中氨水的浓度、温度或解吸温度时，氨的挥发、逃逸量更会大幅增加[123]。

（二）逃逸氨在烟气冷却过程中的演变规律

锅炉烟气中 SO_2 会在锅炉炉膛中及烟道中氧化为 SO_3，SCR 催化剂中的活性组分钒在催化降解 NO_x 的过程中，也会对 SO_2 的氧化起到一定的催化作用。NH_3 会与 SO_3 反应生成 $NH_4HSO_4/(NH_4)_2SO_4$，反应式为[124,125]

$$NH_3 + SO_3 + H_2O \longrightarrow NH_4HSO_4 \tag{6-65}$$

$$2NH_3 + SO_3 + H_2O \longrightarrow (NH_4)_2SO_4 \tag{6-66}$$

NH_4HSO_4 生成的初始温度是一个与 NH_3 浓度和 SO_3 浓度有关的函数。Radian 公司为 NH_4HSO_4 与 $(NH_4)_2SO_4$ 的生成建立了一个热力学和动力学模型，其表达式详见本章第一节式（6-6）。

Radian 数值越大表示 NH_4HSO_4 形成的可能性越高[126]。通常接受的 NH_4HSO_4 生成的初始温度为 $200\sim220℃$（对中低硫煤而言）。对于高硫煤而言，其初始生成温度相对更高。有实验结果表明，NH_4HSO_4 形成的初始温度约为 $180℃$，$(NH_4)_2SO_4$ 形成的初始温度约为 $205℃$。

通常条件下，NH_4HSO_4 的露点温度为 $147℃$，以液体形式在物体表面聚集或以气溶胶形式分散于烟气中[127]。液态的 NH_4HSO_4 是一种黏性很强的物质，在烟气中会黏附飞灰。NH_4HSO_4 在低温下具有吸湿性，会从烟气中吸收水分，继而对设备造成腐烛。

不同 NH_3/SO_3 比下 $NH_4HSO_4/(NH_4)_2SO_4$ 混合物在不同温度下的状态有所差别[128]。NH_3/SO_3 比的影响主要体现在对生成产物的影响。NH_4HSO_4 的生成与 $(NH_4)_2SO_4$ 的生成具有相互促进的作用，当 NH_3/SO_3 大于 2 时，主要形成 $(NH_4)_2SO_4$。影响 NH_4HSO_4 与 $(NH_4)_2SO_4$ 形成的另一个重要因素是 NH_3 和 SO_3 浓度的乘积。随着 NH_3 和 SO_3 浓度乘积的升高，NH_4HSO_4 的露点温度升高。

研究表明[129]，95% 的 $NH_4HSO_4/(NH_4)_2SO_4$ 混合物将黏附在空气预热器表面，造成严重危害。

四、烟气深度冷却对氟化物和逃逸氨的脱除作用

目前，SCR 技术中的氨逃逸现象对锅炉空气预热器的影响已有大量报道，但用于回收余热的烟气深度冷却器是否会受其危害却罕有研究。某电厂的烟气深度冷却器运行近半年后，其换热表面出现白色结晶层，通过运用 X 射线衍射分析（XRD）、X 射线荧光光谱分析（XRF）、X 射线能谱分析（EDS）以及扫描电子显微镜（SEM）等手段，对此结晶物进行理化分析，揭示其反应、生长机理，发现了烟气深度冷却对氟化物和逃逸氨具有联合脱除作用[130]。

（一）脱除情况概述

由西安交通大学设计和青岛达能环保设备股份有限公司制造安装调试的某烟气深度冷却器安装在 300MW 亚临界机组的布袋除尘器和脱硫塔之间，用于回收烟气的余热，加热凝结水系统，其系统图如图 6-38 所示，烟气深度冷却器进口水温为 68℃。该电厂燃煤的工业分析、元素分析还有其灰分组成由表 6-18 及表 6-19 给出。

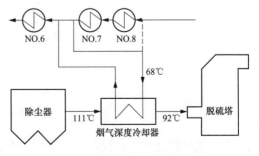

图 6-38　烟气深度冷却器系统图

表 6-18 煤样的工业分析和元素分析

工业分析（%）				元素分析（%）					$Q_{net,ar}$（MJ/kg）
M_{ad}	A_{ar}	V_{ar}	FC_{ar}	C_{ar}	H_{ar}	O_{ar}	N_{ar}	$S_{t,ar}$	
1.03	38.83	13.50	51.02	49.56	2.04	4.33	0.83	0.51	18.29

表 6-19 原 煤 的 灰 组 成 %

Fe_2O_3	Al_2O_3	CaO	MgO	TiO_2	K_2O	Na_2O	SiO_2	SO_3
3.51	36.19	0.65	0.82	0.58	1.32	0.44	51.90	0.85

烟气深度冷却器于 2013 年 7 月投运至当年 11 月，其间停炉 2 次，SCR 的氨逃逸率为 5%，之后烟气深度冷却器烟气出口的 H 形翅片管壁上有烟气中氟化物和逃逸氨生成的化合物沉积（如图 6-39 所示），该现象只发生在烟气深度冷却器末级换热管束低温区（水温为 68～80℃）。

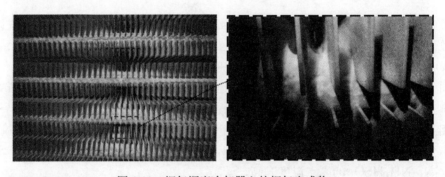

图 6-39 烟气深度冷却器上的烟气生成物

（二）理化分析结果

取管壁上垂直于迎风面的左右两侧沉积层试样并分别标识 A 与 B，如图 6-40 所示，其厚度约有 3mm，两试样均可分为三层，外层为灰白色，中间层为浅红色，内层为深红色，外层厚度≥中层厚度＞内层厚度。

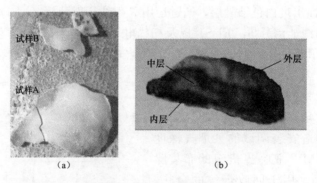

图 6-40 试样分层说明

（a）试样实物图；（b）试样断层放大图

由于试样较薄且连接紧密，故分别将两试样整体研磨至相同细度后，进行 XRF 元素分析和 XRD 成分分析，结果如表 6-20 和图 6-41（a）所示。两试样 XRF 测试结果相近，都含有大量 F 元素，少量 O、Al、Si、N、Fe、Cl 元素，以及微量 Br、S、K 元素。XRD 结果显示，两试样的化合物成分几乎完全相同，氟硼酸铵（NH_4BF_4）、氟化铵（NH_4F）、硼酸（H_3BO_3）以及氟硅酸铵 [$(NH_4)_2SiF_6$] 为其主要化合物，并且均在室温下为无色或白色晶体[96]。除此之外，根据图 6-41（b）～图 6-41（d）结果，试样还含有少量 Fe 的腐蚀产物以及煤灰常见的 Al、Si 氧化物。试样 A 较试样 B 含有更多的 O、Si、Al 元素，更少的 Fe、Cl 元素，这是由于管壁的腐蚀产物和烟气飞灰在试样 A 与试样 B 中的含量差别造成的。

表 6-20　　　　　　　　　　　试样 A 和 B 元素成分分析　　　　　　　　　　　%

试样	F	O	N	Fe	Si	Cl	Al	Br	S	K
A	66.3	10.2	3.77	3.42	6.69	1.54	6.06	0.431	0.25	0.42
B	75.4	5.05	4.91	4.88	3.35	2.61	1.93	0.896	0.212	0.165

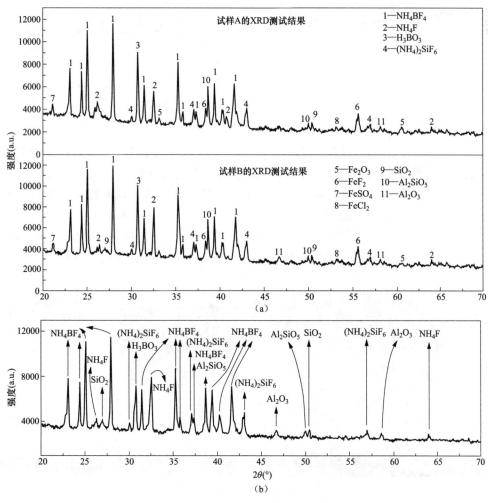

图 6-41　试样 A 和 B 的 XRD 分析图谱（一）

（a）试样 A 和试样 B；（b）试样 A 外层

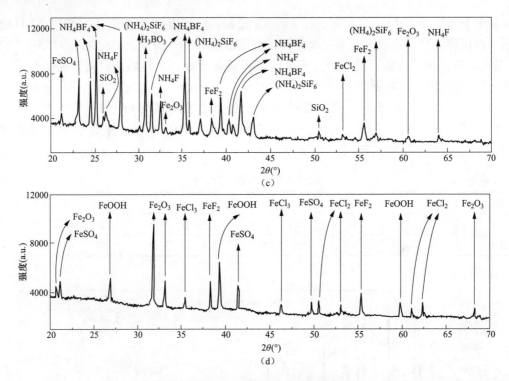

图 6-41　试样 A 和 B 的 XRD 分析图谱（二）

(c) 试样 A 中层；(d) 试样 A 内层

　　运用 SEM 以及 EDS 对试样 A 和 B 的外层、中层以及内层进行分析，结果表明两试样具有极其相似的微观形貌和元素分布，故以试样 A 为例进行分析。图 6-42 为试样 A 各分层表面的微观形貌，相应位置的元素含量分析如表 6-21 所示。大量的疏松球状颗粒分布在试样外层表面，经 EDS 分析其元素成分与煤灰相近，即为灰颗粒。测点 2 与测点 3 的 EDS 结果显示其含有大量 F、N 元素和相对极少的 O 元素，且元素 F 和 N 的质量之比（氟氮比）均大于 NH_4BF_4 中的氟氮比，说明该处存在具有更高氟氮比的化合物，且该化合物的元素

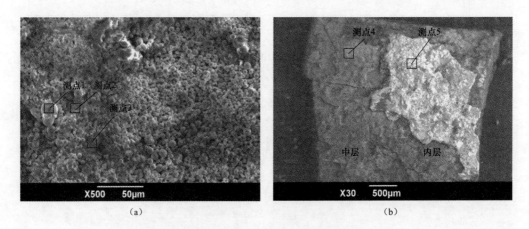

图 6-42　试样 A 的 SEM 微观形貌照片（一）

(a) 外层表面微观形貌；(b) 中层和内层表面微观形貌

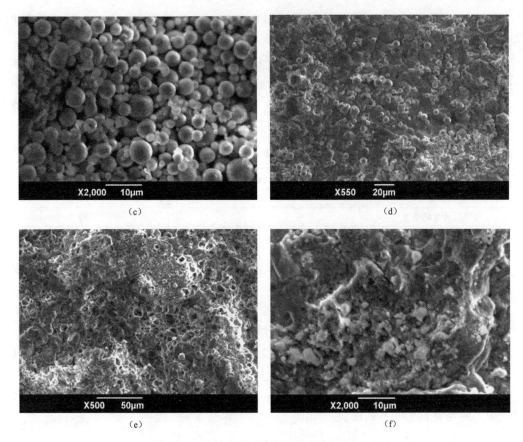

图 6-42　试样 A 的 SEM 微观形貌照片（二）

（c）外层表面细节微观形貌；（d）中层表面细节微观形貌；（e）二次电子下的中层表面微观形貌；

（f）内层表面细节微观形貌

为 F、N 以及 C 以前的元素（极可能是 H 和 B），只有氟硼酸（HBF_4）、氢氟酸（HF）和氟硼酸四氟铵（NF_4BF_4）满足上述两条件，但是 HF 常温下极易挥发，而 NF_4BF_4 在常温下为气体且极不稳定，即该物质为 HBF_4 的液相吸附（HBF_4 在常温时为液体），由于 XRD 无法识别液相化合物，故 HBF_4 未出现在 XRD 测定结果中。

表 6-21　　　　　　　　　　　试样 A 的 EDS 元素含量分析结果　　　　　　　　　　　　　　%

测点	F	N	O	Fe	Si	Cl	Al	Mg	S	K	Na
1	—	—	51.89	0.99	24.70	—	6.06	0.68	—	0.87	0.54
2	87.98	12.02	—	—	—	—	—	—	—	—	—
3	83.26	10.89	3.26	—	1.91	—	0.67	—	—	—	—
4	38.80	8.37	23.71	13.19	10.32	2.62	1.09	—	0.71	—	—
5	—	6.84	40.30	44.31	1.03	2.48	1.16	—	3.88	—	—

注　SEM 和 XRF 均无法对 C 元素以前的元素进行检测，故无法检测出 H 和 B 元素。

试样中层和内层均为致密薄层，中层主要由 O、F、Si、Fe 和 N 元素组成，其中 F 元素在中层含量降低，Fe 元素在中层含量明显高于外层。内层的主要组成元素为 Fe 和 O 元素，即内层主要化合物是 Fe 的氧化物，因为出现了相对较高的 S 和 Cl 元素，故推断该层也具有铁的酸腐蚀产物。（注：EDS 和 XRF 均无法对 C 元素以前的元素进行检测，故无法检测出 H 和 B 元素。

上述测试结果均显示试样中含有大量 F、B 元素，故对原煤样依据 GB/T 4633—2014《煤中氟的测定方法》进行 F 元素，并运用电感耦合等离子质谱（ICP-MS）分析法测定其 B 元素，结果如表 6-22 所示。该电厂燃煤中的 F、B 元素分别是我国平均值的 2.11 倍和 4.38 倍。

表 6-22　　　　　　　　　　　　原煤中 F 元素和 B 元素的含量

项目	F（$\mu g/g$）	B（$\mu g/g$）
原煤含量	287	276
中国煤种平均值	136	63

（三）脱除机理分析

烟气深度冷却器上析出的脱除物主要为氟硼酸铵（NH_4BF_4），及其反应中间产物氟化铵（NH_4F）、硼酸（H_3BO_3）以及氟硅酸铵 $[(NH_4)_2SiF_6]$ 等，其转化过程如下。

煤中硼的主要赋存方式是与黏土矿物结合，硼镁石（$2MgO \cdot B_2O_3 \cdot H_2O$）便是其中的重要形态，高温下发生分解，之后与液态的硫酸（H_2SO_4）反应生成 H_3BO_3，即

$$MgO \cdot B_2O_3 \cdot H_2O(s) \longrightarrow MgO(s) + B_2O_3(s) + H_2O(g) \quad （高温） \tag{6-67}$$

$$4MgO(s) + B_2O_3(s) + 8H^+(l) \longrightarrow 2H_3BO_3(l) + 4Mg^{2+}(l) + H_2O(l) \tag{6-68}$$

而煤中的氟化物在煤燃烧时，将发生分解，大部分以 HF、SiF_4 等气态污染物形式存在于烟气中，并与氨发生一系列反应，即

$$2HF(g) + SiF_4(g) \longrightarrow H_2SiF_6(g) \tag{6-69}$$

$$H_2SiF_6(g) + 2NH_4OH(l) \longrightarrow (NH_4)_2SiF_6(s) + 2H_2O(l) \tag{6-70}$$

$$NH_3 \cdot H_2O(l) + HF(l) \longrightarrow NH_4F(s) + H_2O(l) \tag{6-71}$$

上述产物与 H_3BO_3 发生反应，最终生成 NH_4BF_4，即

$$2H_3BO_3(l) + 2HF(l) + (NH_4)_2SiF_6(s) \longrightarrow 2NH_4BF_4(s) + H_2SiO_3(l) + 3H_2O(l) \tag{6-72}$$

$$H_3BO_3(l) + 4HF(l) \longrightarrow HBF_3OH(l) + HF \cdot H_2O(l) + H_2O(l) \tag{6-73}$$

$$HBF_3OH(l) + HF(l) \longrightarrow HBF_4(l) + H_2O(l) \tag{6-74}$$

$$HBF_4(l) + NH_4F(s) \longrightarrow NH_4BF_4(s) + HF(l) \tag{6-75}$$

$$HBF_4(l) + NH_3(g) \longrightarrow NH_4BF_4(s) \tag{6-76}$$

上述反应中，化合物的相态均为锅炉过程中实际反应状态，并非为化学反应的必要状态，并将其汇总后，如图 6-43 所示。

（四）脱除物的生长模式

烟气深度冷却器管壁白色脱除物的沉积过程有以下三个阶段：

（1）当机组或锅炉开始运行或刚刚停止运行时，烟气深度冷却器由于金属壁面温度较低，各种酸会凝结在管壁表面，此时会出现各种低浓度酸的腐蚀，如盐酸（HCl）、氢氟酸（HF）、硝酸（H_2NO_3）、硫酸（H_2SO_4），此时钢管壁面受到活态电化学腐蚀，致使管壁表面形成铁的氧化物、氟化物、氯化物或硫酸盐。

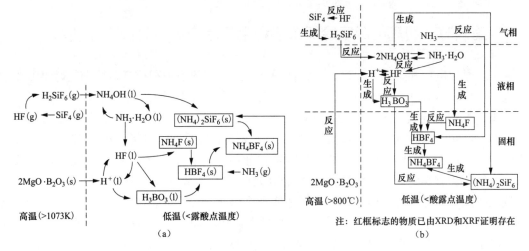

图 6-43　脱除反应机理

(a) 脱除物化学反应过程；(b) 脱除物相态变化过程

(2) 脱硝反应过程中逃逸的氨会和管壁面上的剩余酸液（主要是 HF）或化合物反应，生成氨的化合物，NH_4BF_4 因具有较好的稳定性，便成为最终产物，而 NH_4F、H_3BO_3 以及 $(NH_4)_2SiF_6$ 皆是其生成反应的中间产物，因未能完全反应而沉积在管壁上，与 NH_4BF_4 共同形成脱除层。当机组或锅炉进入正常运行状态时，由于先前腐蚀产物和脱除物的存在增加了换热管的热阻，其表面温度逐渐升高，直至高于烟气的氢氟酸露点，关键反应化合物氟化氢停止在脱除层表面析出，脱除层厚度不再增加。脱除层具有一定的吸附性，以此捕捉烟气中的飞灰颗粒，形成表面的飞灰层，如图 6-44 所示。

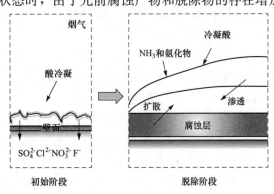

(3) 脱除层增加了热阻，阻隔了传热，导致其当地工质吸热量减小、温度降低，从而联动影响了下游管壁温，使其表面形成冷凝酸液而产生结晶，脱除层覆盖面积

图 6-44　脱除层的生长模式

会逐渐扩大，烟气中的氟化物和逃逸氨不断地被烟气深度冷却器脱除。

本节内容首先介绍了煤中氟元素的赋存形态，并对燃煤大气氟污染的现状及其对动植物和人体的危害进行了着重阐述，向读者证明燃煤氟排放问题不容忽视且与人们生活息息相关；之后总结前人经验，将燃煤过程中的氟测量方法进行了一一对比，虽然有关氟测量的方法非常多，但该方面仍然值得深入研究；另外，本节还从成因、演变规律、后果三方面介绍了锅炉运行过程中涉及的氨逃逸问题，氨逃逸现象不仅妨害锅炉运行过程，而且作为雾霾的关键形成物，更影响着人们的日常生活和身体健康；最后，本节以实际案例出发分析了烟气深度冷却过程协同脱除氟化物和逃逸氨的环保效用，分析了脱除机理和脱除物的生长模式，为燃煤锅炉的烟气污染物协同治理开辟了新的工程方法和研究方向。

第六节　烟气更深度冷却余热利用及污染物冷凝预脱除技术

目前，燃煤电厂和燃煤工业过程广泛使用基于煤燃烧的锅炉和炉窑，特别是燃煤工业过程量大、面广，多数处于城市中心或近郊，污染物综合治理难度大，是目前我国节能减排的重中之重。电力行业首先提出了燃煤电厂达到燃气排放标准：PM/SO₂/NOₓ 分别应达到 10/35/50mg/m³；在燃气排放标准实现之后又相继提出超低排放目标：PM/SO₂/NOₓ 分别达到 5/20/35mg/m³。要求如此严格的污染物排放指标，在不配置湿式静电除尘器的条件下，脱硫塔成为燃煤电厂有深度脱除 SO₂ 和高效脱除 PM 烟风阻力和能耗设备。为保证脱硫系统所排烟气满足日趋严格的燃煤电厂超低排放标准，必须对原有脱硫系统进行增效、增容改造或重建。其中，一些电厂采用二级串联式脱硫塔，即将 2 个脱硫单塔串联，分为脱硫前塔和脱硫后塔，前塔烟气出口与后塔的烟气进口联通。两塔均采用石灰石-石膏湿法喷淋技术，后塔底部通过设有浆液中转泵管道与前塔相连，烟气通过 2 塔串联布置的脱硫装置需要克服极大的烟气阻力；即使不采用二级串联式脱硫塔，为了深度脱硫和高效除尘，脱硫单塔设计时也必须采用双向喷淋，或设有槽式分布器、气流分布多孔板、均流增效环、旋汇耦合装置、持液均匀板、斜板收集器、聚气环和多级除雾器等来提高脱硫效率，工艺烦琐，流程复杂，烟气流动阻力剧增，风机能耗巨大，往往导致现有引风机或增压风机动力不足，烟气无法完成脱硫塔内流动行程。针对脱硫塔的现实难题，提出了基于烟气更深度冷却余热利用和污染物冷凝预处理耦合技术（国家发明专利 ZL201610069381.8），一方面，可以将深度冷却的 90℃的烟气进行更深度冷却至 60~75℃，更深度回收烟气显热和部分汽化潜热；另一方面，在对烟气更深度余热利用的同时对烟气中 SOₓ、NOₓ、HCl、HF、粉尘等进行预脱除，同时实现冷凝预处理塔和垂直上升烟道合而为一，以减轻冷凝预处理塔的阻力，极大地减轻脱硫塔压力、减少塔板层数、喷淋层数及相关阻力内件，从而简化其结构，降低脱硫塔内烟气流动阻力和引风机电耗，实现烟气更深度余热利用和污染物预处理的节能减排双重效果。

一、烟气更深度冷却余热利用与冷凝换热概述

（一）烟气更深度冷却余热利用

如前面章节所讲，燃煤机组烟气深度冷却增效减排技术，即烟气深度冷却器，对于烟气中的微量污染物 SO₃ 具有较为明显的脱除作用。这主要是因为 SO₃ 与水蒸气结合的过程在较高温度下就已经开始进行。故当设备运行良好时，烟气经过空气预热器后温度骤降，几乎全部 SO₃ 冷却转化成气态 H₂SO₄。烟气继续经过烟气冷却器时，温度为 70℃及以上的凝结水被烟气加热，烟气温度继续下降至 90℃左右，达到烟气酸露点温度 80~110℃，此时气态的 H₂SO₄ 开始冷凝形成液态 H₂SO₄，并被烟气中的灰颗粒凝并吸收而脱除。在这个过程中，不仅回收利用了部分烟气显热和潜热，提高了机组的热效率，而且使 H₂SO₄、Hg²⁺ 和 PM 发生了凝并吸收，脱除了绝大部分 SO₃，主要的反应进程为

$$SO_3(g) + H_2O(g) \longrightarrow H_2SO_4(g) \tag{6-77}$$

$$H_2SO_4(g) \longrightarrow H_2SO_4(l) \tag{6-78}$$

烟气更深度冷却是对烟气余热的更进一步回收和利用。温度为 20~35℃的凝结水与除尘器后温度为 90℃左右的烟气通过冷凝换热器进行热量交换，凝结水被加热后送往低压加热器或者烟气冷却器，也可以直接加热冷空气，烟气则得到更深度冷却，烟气温度可进一步

降低到 60～75℃。此冷凝换热器因冷凝烟气中蒸汽，已在第一章第三节定义为烟气冷凝器，并在第二章第六节给出了烟气冷凝器结构设计的相关内容。冷凝换热器管束壁面温度不仅能够达到 H_2SO_4 露点温度，还能够降至 HCl 露点温度 50～70℃，甚至降至 H_2SO_3、HNO_3 和 HF 等露点温度或接近 H_2O 的露点温度 40℃左右。因此，这个过程不仅能够更进一步回收和利用部分烟气显热和潜热，提高机组热效率，还能够通过冷凝脱除部分 SO_x、NO_x、Cl_2、F_2 等酸性气体，从而更进一步减少污染物气体的排放。

（二）冷凝换热过程

由于烟气更深度冷却旨在进一步回收烟气显热和烟气中水蒸气及其他酸性气体凝结释放的汽化潜热，存在水蒸气和其他酸性气体的相变过程，因此，有必要对冷凝换热的概念进行简要介绍。

冷凝换热或者凝结换热就是采用技术上可行、经济上合理的方法，使工业过程的排烟中的水蒸气或其他酸性气体凝结在受热面上，释放并回收汽化潜热，达到提高热工设备热效率的热量传递方式。当壁面温度低于烟气水露点或酸露点温度时，烟气中水蒸气或者其他酸性气体在壁面发生冷凝，随着烟气放热过程的持续，烟气中心温度逐渐降低，冷凝也会在烟气中心发生。此时，烟气的传热量不仅有烟气显热，还包括烟气中水蒸气和酸性气体冷凝释放的汽化潜热。

这里以水汽化潜热的回收为例来说明回收潜热所带来的热效益。

几乎所有的燃料都含有氢元素，不论是以化合物还是单质的形式存在，氢元素在燃烧过程中将发生化学反应，即

$$2H_2+O_2 =\!\!=\!\!= 2H_2O+\Delta Q \tag{6-79}$$

$$CH_4+2O_2 =\!\!=\!\!= CO_2+2H_2O+\Delta Q \tag{6-80}$$

该反应生成液态水，液态水吸热汽化的过程中，吸收汽化潜热（约 2400kJ/kg）。如常规燃气热水锅炉的排烟温度一般在 150℃以上，蒸汽锅炉在 180℃以上，而系统回水温度一般设置在 70℃，回水温度高于烟气水露点（天然气燃烧后的水露点温度为 60℃左右），这部分汽化潜热就随烟气排放到大气中，造成了极大的热能浪费。以一台天然气锅炉为例，当给水（或回水）温度仅为 20℃，排烟温度降低到 50℃以下，烟气中 80% 以上的水蒸气会发生凝结，释放汽化潜热约 3000kJ/m³，同时，由于排烟温度降低，还将回收大量烟气显热约 1100kJ/m³，提高锅炉效率约 13%。如果排烟温度进一步降低，烟气中水蒸气完全冷凝，燃气锅炉的热效率按低位发热值计算将达到 109%[131]。

（三）冷凝换热器形式

根据对流显热换热器与冷凝潜热换热器的组成关系，冷凝换热器主要分为分段式换热器和整体式换热器。分段式换热器，顾名思义，即为显热对流换热器与冷凝潜热换热器结构分离，其中一个是普通换热器，另一个是冷凝式换热器，两者的材料可以不同，但冷凝换热器的材料必须能够抗露点腐蚀，此时的露点腐蚀不是单纯的 H_2O 露点腐蚀，还包含了 HCl、HF、HNO_3 和 H_2SO_4 等多种酸的腐蚀，在这儿称其为组合型露点腐蚀。而整体式换热器同时具备烟气显热对流换热和冷凝潜热换热功能，如果采用这种形式，换热器的换热面积大小要保证过热蒸汽在换热器上产生冷凝，换热器的材料应整体抗组合露点腐蚀。

根据冷凝换热方式的不同，冷凝换热器则主要分为直接接触式换热器和间壁式换热器。所谓直接接触式冷凝换热，就是在加热过程中，冷却介质（通常为水）直接与烟气通过喷

淋、浸没等方式直接接触，从而完成换热过程。直接接触式凝结换热优点在于，消除换热器壁面热阻，最大限度实现传热传质强化换热过程，冷却水喷入可增大烟气中水蒸气分压力，提高烟气露点温度至 70～80℃，强化冷凝换热。缺点在于，水与烟气直接接触，将烟气中有害物质吸收，在对水质要求较高的环境难以使用。所谓间壁式冷凝换热，就是采用间壁式换热器，完成冷却介质与烟气间壁换热。间壁式换热器用于冷凝会带来诸如冷凝液的组合露点腐蚀、换热器体积过大等问题，但其能满足水质较高要求，在商业和生活采暖及热水供应领域应用更为广泛。本节重点讨论间壁式冷凝换热器[132]。

二、冷凝强化传热与组合腐蚀防控关键技术

冷凝换热中主要存在两个方面的问题。一方面，冷凝释放的汽化潜热属于低温热能，传热驱动力比较小，加以利用所需换热面积要大大超过常规热工设备，设备投入较高；另一方面，凝结液的露点腐蚀问题也威胁着冷凝换热器等设备长周期安全高效运行。针对以上两个方面的问题，冷凝换热过程必须要考虑强化凝结换热和组合腐蚀防控技术问题。

冷凝换热是一种存在相变的换热过程，汽、液之间界限形状往往不明确，因此，对凝结过程的理论分析较困难。至今，对于冷凝液滴形成的了解与研究，还不足以从基本物理规律出发来推导和分析热交换过程。因此，对冷凝换热的研究主要基于实验结果。由于在换热过程中发生了物态的变化，情况要比单相流体的对流换热复杂得多。但沸腾和凝结能够以较低的温差获得较高的传热系数，因此有着广阔的工业应用前景。下面将着重介绍强化冷凝换热的一些方法，供设计者参考[133]。

当水蒸气和低于其露点温度的壁面相接触时，在壁面上就会发生凝结，此时水蒸气放出汽化潜热而凝结成液体，凝结液成为一项新的热阻。水蒸气在物体表面上的凝结主要有 2 种形式：膜状凝结和珠状凝结。当冷凝液能够润湿壁面时，冷凝液会在壁面上形成一层平滑的液膜，水蒸气的进一步凝结只能发生在气液接触面上，这种凝结方式称为膜状凝结。当凝结液不能很好地润湿壁面时，在壁面上会形成大小不等的液滴，它们各自不断长大，然后在重力的作用下沿壁面滚落，这种凝结方式称为珠状凝结。由于珠状凝结是水蒸气与壁面直接接触，而膜状凝结液在壁面上形成完整的液膜，此时凝结放出的潜热必须通过液膜才能传给温度较低的壁面，因此，珠状凝结换热强度要比膜状凝结高得多。在实际过程中，一般都是膜状凝结。在凝结换热过程中，水蒸气流速对凝结换热有明显影响。当水蒸气以一定的速度运动时，水蒸气和液膜之间会产生一定力的作用。当水蒸气和液膜的流动方向相同时，这种力的作用将使液膜减薄，并促使液膜产生一定的波动，传热随之增强。若水蒸气与液膜流动方向相反时，力的作用会阻碍液膜流动，使液膜增厚，则传热减弱。但当这种力的作用超过重力时，液膜会被蒸气带动脱离壁面，反而会使传热系数急剧增大。

动力、制冷等领域经常能遇到水蒸气的冷凝传热问题，其冷凝状态大都呈膜状冷凝，这就使得这些介质的冷凝器传热效能相对较低，因而必须进行冷凝传热的强化。理论和实验数据都表明，凝结换热的热阻主要在凝结膜的表面，为了提高换热效率，研究工作主要集中在改变凝结液膜，研究能促进珠状凝结的技术和特殊表面以及表面张力对液膜剥离的影响。强化膜状凝结的换热任务就是设法加速凝结液的排泄，减薄液膜厚度。

（一）金属换热器冷凝强化换热技术

1. 粗糙表面法

由于壁面粗糙度增大可以增强液膜湍流度，所以能起到强化凝结换热的效果。如用滚花

冷辊管，其传热系数是光滑管的 4 倍。但是当液膜做层流流动时，粗糙度对扰动液膜作用不大[134]。

2. 采用各种形式的强化传热管

（1）低肋管。1954 年，德国学者 Gregorig 首先提出利用冷凝液的表面张力使肋片顶部的液膜减薄来强化冷凝传热的机理。之后，各国竞相研制高密度肋片（肋片距小于 1.5mm）的低肋管，并深入分析最佳肋片形状。理论分析和实验证明，肋片曲线为近似抛物线的平底肋片最好，若按管外表面积计算，这种形状的低肋管其冷凝传热系数比光滑管增大 3～5 倍。低肋管由于轧制后管外径缩小，易于更换，所以自 20 世纪 60 年代以来，成为在我国得到广泛应用的一种强化冷凝传热管型。

由于在低肋管肋片上形成的液膜较薄，且换热面积要比光管大，因此传热量要比光管大得多。但由于肋片高度、间距及液体表面张力对凝结换热有很大的影响，如图 6-45 所示，若设计的结构参数选取不当，易形成搭桥现象或直接影响凝结液的及时流出。

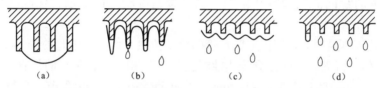

图 6-45　肋片高度、间距及液体表面张力对凝结换热的影响[135]

（a）肋片高度；（b）翅间距；（c）液体表面张力；（d）正常情况

（2）GEWA 管。在低肋管的基础上，德国 Weiland 公司又开发出系列的 GEWA 肋片管，它的肋片外缘呈 V 字形状，其管外冷凝传热系数是低肋管的 1.2～1.6 倍。从肋片形状上看，低肋管和 GEWA 管均为二维结构的强化管，如图 6-46 所示。

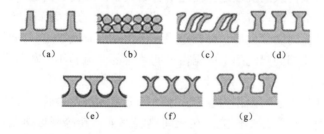

图 6-46　几种强化冷凝换热表面[136]

（a）低肋管；（b）高密度肋片管；（c）E 型肋片管；（d）T 型 GEWA 肋片管；

（e）TX 型 GEWA 肋片管；（f）TXY 型 GEWA 肋片管；（g）B 型涡轮叶片状肋片管

（3）C 管和 CCS 管。随着科学的发展及机械制造技术的进步，出现了具有特殊肋片形状的异形肋片管。其中，以 C 管最具有代表性，其冷凝传热系数是低肋管的 1.5～2 倍，比 GEWA 管约高 80%。1978 年在氨制冷机上开始应用 C 管，这项技术的开发对氟利昂水冷凝器来讲是一个重大进步，与每英寸 19 矢的低肋管冷凝器相比，传热效能提高 50%～60%，传热面积减少 1/3，体积、质量、加工工时及成本均相应大幅度减少。由于冷凝温度降低，机组冷凝背压减少，从而使系统节能 10%，如图 6-47 所示。

后来用滚轧的方法制造出 CCS 管（见图 6-48），其冷凝传热性能与 C 管相当。上述两种管型的肋片外缘均为锯齿状。C 管和 CCS 管都是三维肋片管，水蒸气在其表面冷凝时，冷凝液膜在肋片面上存在二维表面张力的作用，因此其冷凝传热系数比低肋管和 GEWA 管都高。

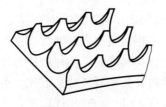

图 6-47　C 管[137]

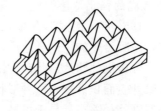

图 6-48　CCS 管[136]

（4）锯齿形肋片管。继低肋管以后，在制冷行业中影响最大的是锯齿形肋片管，目前已在国内广泛应用。该管采用特殊的无切屑机械加工，一次成形。成形后管外表面呈锯齿状的密集螺旋形肋片。这种肋片的外缘周长比普通低肋管要长，这就扩大了表面张力作用的薄液区。另外，相邻肋片间的锯齿错开排列，也会激起冷凝液的湍动，使冷凝传热系数显著提高。

在相同冷凝传热温差下，锯齿形肋片管的冷凝传热系数是光滑管的 8～12 倍，是普通低肋管的 1.5～2 倍，因而其强化冷凝传热性能也与 C 管相当。锯齿形肋片管的最佳管参数为肋片距 0.6～0.7mm，肋片高 1.0～1.2mm。与低肋管相比，冷凝器节省铜材 59%，体积减小 1/3。

（5）花瓣形肋片管。花瓣形肋片管的肋片也是三维结构，与锯齿型肋片管相比，最大特点是肋片上的锯齿槽被切割到根圆，从横截面上看像个花瓣，因而得名。在相同热流率下，花瓣形肋片管的冷凝传热系数是光滑管的 14～20 倍，冷凝传热性能比锯齿形肋片管更高。花瓣形肋片管强化冷凝传热的机理是：比光滑管增大了冷凝传热的面积，花瓣形肋片管的肋化系数约为光滑管的 2.5 倍；特殊的三维肋片结构使其能充分发挥冷凝液表面张力的作用，冷凝液能迅速从顶部流向肋片根部，并在重力的作用下从管底排出，同时冷凝液在排液点处的滞流角较小，甚至比相同热流率下的锯齿形肋片管的滞流角小。花瓣形肋片管的机械加工方法简便（每小时可加工管长 30m 以上），易于在工业中推广应用。

同时，花瓣形肋片管还可以作为套管式水冷冷凝器的强化内管，并能显著地强化蒸气在套管环隙空间内的对流冷凝传热性能。在相同热流率下，其冷凝传热系数是光滑管的 11～18 倍，是低肋管的 3～5 倍，且工质侧压降很小，比螺旋槽管外再焊接绕铜丝作为强化内管高 50% 以上。除此之外，花瓣形肋片管还能显著强化非共沸混合工质冷凝过程的传热与传质，其冷凝传热系数是光滑管的 3～5 倍。这就为高效能非共沸混合工质冷凝器的制造和使用创造了条件，既能较好地解决长期困扰石化行业的烃类多组分工质冷凝器传热效能较低的问题，又能为非共沸混合替代制冷工质的应用开辟光明的前景。

3. 应用纵向肋或凹槽

参照数值分析法，研究人员又提出了如图 6-49 所示的纵槽管的表面几何形状，其特点是，尖锐的前缘，从顶部到根部肋表面曲率逐渐变化；肋间有宽槽，用以收集凝结液；在纵管沿垂直方向安装分段排液盘，以便凝结液提早脱落。对垂直强化冷凝管做了系统的对比研究，表明对氟利昂工质，最佳冷凝管是轴向凹槽管，然后是深螺旋槽管和绕线管。

1954 年奥地利人 R. Z. Gregorig 首先提出利用冷凝液的表面张力，在纵槽管的槽峰和槽谷之间形成压力梯度排除槽峰上的凝结液。在利用异丁烷作中间介质的地热发电工程实例中，纵槽管的管外冷凝传热系数可达光管的 4~5 倍，以 $400m^2$ 换热面积取代 $900m^2$ 的换热面积，总传热系数是光管的 2.4 倍。采用带芯棒的拉轧工艺制作出双面纵槽管，具有两面强化作用，适宜低温差下有机制冷剂立式冷凝过程，但其冷凝负荷不宜超过 $97.8kW/m^2$，否则出现液泛，造成沟槽失效。

图 6-50 所示为双面纵槽管的工作原理。图 6-50 中槽顶部的冷凝液膜因受表面张力作用而流入槽穴部位，致使槽峰处的冷凝液膜变得非常薄，从而大大地降低了槽峰处的传热热阻。同时，流至槽穴处的冷凝流在重力的作用下沿槽穴通路下落并迅速排走。

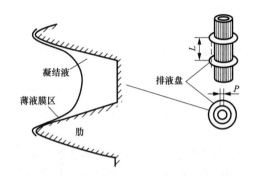
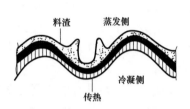

图 6-49 最佳几何形状纵槽管及排液盘装管[135]   图 6-50 双面纵槽管工作原理[138]

（二）金属换热器组合露点腐蚀防控技术

由于金属与介质环境的组合形式多样，所发生的腐蚀过程与机制较复杂，故腐蚀分类方法也比较多。根据腐蚀过程的特点，金属腐蚀可分为化学腐蚀、电化学腐蚀和物理腐蚀等 3 类，这 3 种类型的腐蚀主要涉及 3 种不同类型介质条件，即非电解质溶液或腐蚀性气体、电解质溶液和液态金属。按腐蚀的形式，金属腐蚀可分成全面腐蚀和局部腐蚀 2 大类，大多数腐蚀破坏是由于局部腐蚀引起。冷凝换热器所受烟气凝结液的腐蚀属于在酸性电解质溶液中的电化学腐蚀[139]。

由于不同条件下引起换热器腐蚀的原因不同，因此，应根据不同的腐蚀情况和原因采取相应的防控措施。防止换热器腐蚀的主要措施包括合理选材、合理的防腐设计与加工、电化学保护、改变腐蚀性环境和表面覆盖层防护等。针对冷凝换热器的腐蚀防控，国内外所做的大量研究与探讨，主要有 2 种思路。

1. 选择或研制抗腐蚀材料

以天然气作为气源燃烧后的冷凝液的 pH 值一般为 3~5，具有一定的酸性，主要发生电化学腐蚀。在这种情况下，对于不锈钢、纯铜、铝等材料，从耐高温、耐酸性的角度来看是一样的，加之本身所具有的抗腐蚀性，都能满足要求。

双相不锈钢是二十世纪后半期发展起来的一种与铁素体、奥氏体和马氏体不锈钢并列的新型不锈钢，具有特殊的物理、化学和材料性质。2205 钢是第二代双相不锈钢，一般称为标准双相不锈钢，其成分特点是超低碳、含氮，Cr、Ni、N 所占质量分数分别为 22%、5%、0.17%。与第一代双相不锈钢相比，2205 进一步提高了氮含量，增强在氯离子浓度较高的酸性介质中的耐应力腐蚀和抗点蚀性能。从性能特点来讲，双相不锈钢比奥氏体不锈钢的屈服强度高近 1 倍，在相同压力等级条件下可以节约材料。它比奥氏体不锈钢的线性热膨胀系数低，与低碳钢接近，该特点使得双相不锈钢与碳钢的连接较为合适，工程意义大；从组织特点来讲，双相不锈钢 2205 在室温下固溶体中的奥氏体和铁素体约各占半数（双相不锈钢 2205 铁素体含量应为 30%～55%，典型值是 45%），兼有两相组织特征，它保留了铁素体不锈钢导热系数大、线膨胀系数小、耐点蚀、缝隙及氯化物应力腐蚀的特点，具有奥氏体不锈钢韧性好、脆性转变温度较低、抗晶间腐蚀、力学性能和焊接性能好等优点。因此，双相不锈钢 2205 也非常适用于腐蚀性环境中。

2. 表面处理

通常由于价格、强度、加工性能等原因，不一定都要使用抗腐蚀材料。即使使用了抗腐蚀材料，在腐蚀环境极其恶劣的情况下，也不得不对其表面涂防蚀膜层，进行表面处理，用廉价的方法加强制品的耐蚀性。

（1）二次钝化。铁、铝、锌和不锈钢等金属本身具有钝化生成氧化保护膜的性能，这些材料进行钝化处理后，耐蚀性将提高 10～100 倍，抗腐蚀性能显著增强。

（2）电镀。主要有镀铜、镀镍、镀铬、镀锌和镀合金等。传统的金属表面处理技术主要以电镀为主，但存在高物耗和高污染的不利影响，必须开发先进的金属表面处理技术来替代传统的电镀工艺。

（3）化学镀。在具有催化剂的条件下，通过化学还原反应使基础金属上覆盖另一种金属镀层，称为化学镀。与电镀相比，化学镀对环境的污染较小，镀层密度高，孔隙率低，抗腐蚀性能强，具有理想的性价比[140]。

经过实验室加速试验发现，非晶态镍磷镀层在 40℃ 以下可以保持良好的耐腐蚀性。随着温度的升高，耐蚀性将减弱。而非晶态镍磷复合镀层在 50～60℃ 甚至更高的温度仍具有良好的耐腐蚀性。提高镀层厚度能提高镀层在腐蚀介质中的耐腐蚀性，但是超过一定的厚度，效果就不太明显，而且造价增加，因而应该根据产品要求的寿命确定最佳厚度[141]。

另外，热导率也是一个重要的参考指标。耐蚀材料的热导率一般不大，100℃ 时不锈钢的热导率只有 17.3W/(m·K)，低碳钢的热导率为 42.9W/(m·K)。为了使材料既能高效率换热，又具备良好的耐腐蚀性，一般采用防腐镀层处理，兼从经济性考虑，建议采用化学镀[142]。

（三）氟塑料换热器

聚四氟乙烯（PTFE）作为一种新兴的抗腐蚀材料，具有优良的耐腐蚀性能，近年来得到越来越广泛地运用。其中，氟塑料管式烟气换热器可用于强腐蚀介质中的换热，其管径小、管壁薄，单位体积内换热面积大，能够增大单位体积内的换热量，便于小型化，安装和维修也很方便[143]。另外，氟塑料管黏附能力弱，抗污染能力强，软管本身可在一定范围内振动，能够达到自洁的效果，因此，在火力发电厂烟气余热回收和烟气再热过程中应用的越来越多。

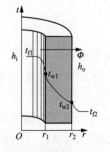

1. 氟塑料管传热性能分析

根据传热学基本传热过程（如图 6-51 所示），分析氟塑料管的传热系数，考虑管壁外侧对流换热、管壁导热和管内对流换热三个换热部分。

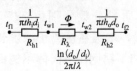

图 6-51 圆管传热过程[144]

对外表面而言得到传热系数计算公式为

$$k = \cfrac{1}{\cfrac{h_o}{h_i d_i} + \cfrac{d_o}{2\lambda}\ln\left(\cfrac{d_o}{d_i}\right) + \cfrac{1}{h_o}} \tag{6-81}$$

式中 h_o、h_i——管外和管内的对流换热系数；

$\quad\quad d_o$、d_i——管子的外径和内径；

$\quad\quad \lambda$——管壁导热率。

（1）内侧工质纵向对流换热系数 h_i。压力和温度远离临界状态下的单相湍流介质对圆管作纵向冲刷时的对流放热系数 h_i 为

$$h_i = 0.023\frac{\lambda}{d_{dl}}Re^{0.8}Pr^{0.4}c_t c_d c_l \tag{6-82}$$

式（6-82）适用范围为 $Re = (1\sim50)\times10^4$，对过热蒸汽 Re 上限可达 200×10^4，$Pr = 0.6\sim120$，定性尺寸为当量直径，定性温度为流体平均温度。

式中 c_t——温压修正系数，取决于流体温度 T 和
壁面温度 T_b，当气体被加热时 $n = 0.5$；当气体被冷却时 $n = 0$；在过热蒸汽或水冲刷时，内壁与介质温差很小，取 $c_t = 1$。

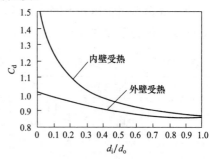

$\quad\quad c_d$——环形通道单面受热修正系数，其值可按图 6-52 确定；环形通道双面受热或非环形通道 $c_d = 1$。

$\quad\quad c_l$——相对长度修正系数，在 $l/d < 50$，管道入口无圆形导边时才修正。

图 6-52　环形通道中流动时的
修正系数 c_d[144]

（2）管壁导热。氟塑料的导热系数为 0.25W/(m·K)。

（3）外侧烟气横向冲刷顺列管束的对流换热系数 h_o。氟塑料管顺列布置，烟气横向冲刷管束的对流换热系数 h_o 为

$$h_o = c_s c_n \frac{\lambda}{d}Re^{0.05}Pr^{0.33} \tag{6-83}$$

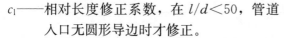

$$Re = \frac{\nu d}{\nu}$$

$$Pr = \frac{\nu\rho c_p}{\lambda}$$

$$c_s = 0.2\left[1 + (2\sigma_1 - 3)\left(1 - \frac{\sigma_2}{2}\right)^3\right]^{-2} \tag{6-84}$$

式中 Re——雷诺数；

$\quad\quad Pr$——普朗特数；

$\quad\quad \nu$——烟气的运动黏度，m^2/s；

$\quad\quad c_p$——烟气比定压热容，kJ/(kg·K)；

$\quad\quad \rho$——烟气密度，kg/m^3；

$\quad\quad \lambda$——烟气热导率，kW/(m·℃)；

$\quad\quad c_s$——考虑管束相对节距影响的修正系数，按式（6-84）计算，当 $\sigma_2 \geqslant 2$ 或 $\sigma_1 \leqslant 1.5$ 时，$c_s = 0.2$；

c_n——沿烟气行程方向管排数修正系数，当 $n_2 < 10$ 时 $c_n = 0.91 + 0.0125(n_2 - 1)$，当 $n_2 \geqslant 10$ 时 $c_n = 1$。

$$\sigma_1 = \frac{s_1}{d}; \quad \sigma_2 = \frac{s_2}{d}$$

式中　σ_1——管束横向相对节距；

　　　σ_2——管束纵向相对节距；

　s_1、s_2——管束的横向节距、纵向节距；

　　　n_2——沿着烟气行程方向的管排数。

根据以上计算公式，计算氟塑料管的传热系数，设定条件如下：

管内工质流速为 0.8m/s，工质平均温度为 85℃；管外烟气横向冲刷流速为 10m/s，烟气平均温度为 100℃。

计算得到不同管径和不同壁厚的氟塑料管传热系数汇总如表 6-23 所示，传热系数减少量随壁厚变化关系如图 6-53、图 6-54 所示。

表 6-23　　　　　　　　　　　**氟塑料管传热系数表**

传热系数 ［W/(m²·℃)］	壁厚 1mm		壁厚 1.5mm		壁厚 2mm		壁厚 2.5mm		壁厚 3mm	
	考虑导热热阻	不考虑	考虑导热热阻	不考虑	考虑导热热阻	不考虑	考虑导热热阻	不考虑	考虑导热热阻	不考虑
管径 10mm	82.9	131.6	67.8	131.2	56.0	130.7	46.4	130.1	38.4	129.2
管径 12mm	80.2	123.6	66.6	123.4	56.0	123.1	47.4	122.7	40.3	122.2
管径 14mm	77.8	117.2	65.4	117.1	55.60	116.8	47.7	116.6	41.2	116.3

注　以上计算结果均为不考虑污染系数情况下的传热系数

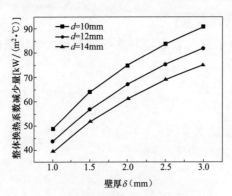

图 6-53　氟塑料管换热器整体换热系数
减少量随壁厚变化关系

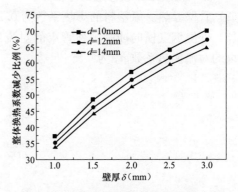

图 6-54　氟塑料管换热器整体换热系数
减少比例随壁厚变化关系

2. 冷凝换热器

考虑到以上对氟塑料管传热性能的分析，本节用于烟气污染物预脱除的冷凝换热器也可以设计成密集氟塑料管式换热器，并采用叉排布置方式，增强换热效果。由于氟塑料管挠性大，故氟塑料管式换热器多采取垂直布置方式，以避免换热过程中软管束发生弯曲叠压。但是这种垂直布置方式存在一些弊端，如烟气在垂直放置的氟塑料管式换热器中进行冷凝时，冷凝液会沿着管外壁向下流动，由于氟塑料管难以在垂直方向上加工排液盘，容易在管子表面积累形成液膜，从而影响换热效果。另外，在换热器尺寸较大的情况下，氟塑料管式换热器垂直吊装的困难度也会大大增加。综上所述，用于烟气更深度冷却余热利用和污染物预脱除的冷凝换热器应为水平布置的氟塑料管式换热器，该换热器在燃煤电厂的具体安装位置应该在引风机后和脱硫塔前的垂直上升烟道内，实现烟塔合一，即采用烟道与冷凝预处理塔合二为一的布置方式。图 1-48 示出了污染物预冷凝脱除和烟气更深度余热回收利用耦合在一起的系统图。图 6-55 和图 6-56 分别给出了冷凝预处理塔和烟道合一的整体效果图以及氟塑料冷凝换热器结构图。

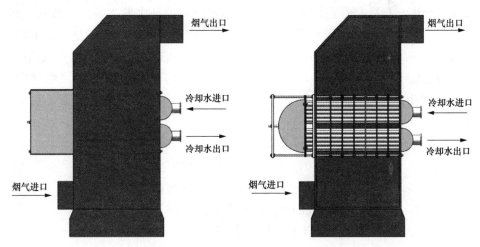

图 6-55　烟道与冷凝预处理塔合二为一效果图

在方形烟道中工作时，前端固定管板 3 和后端固定管板 5 相当于烟道壁面，用于张紧氟塑料管束的部件密封并置于烟道外。烟气横向冲刷氟塑料直管束 6，管束内的凝结水则从进口水室 1 流入换热器，与烟气发生换热，经可移动水室 8 和出口水室 2 后流出。由于氟塑料管束为柔性的，在管内介质重力的作用下易发生弯曲叠压，而沿管束方向均匀布置的固定孔板 4 能够在一定程度上保证氟塑料软管的规则排列。同时，氟塑料软管管束发生变形弯曲时，旋动短螺栓 10 端头处螺母，使得与管束胀接在一起的可移动管板 7 沿长螺栓 9 移动，进而张紧软管管束，保证软管束不会发生大幅度的弯曲变形。

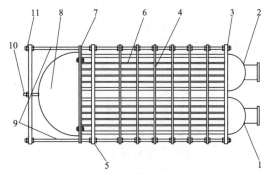

图 6-56　冷凝换热器结构示意图

1—进口水室；2—出口水室；3—前端固定管板；4—固定孔板；5—后端固定管板；6—氟塑料直管束；7—可移动管板；8—可移动水室；9—长螺栓；10—短螺栓；11—固定板

三、污染物冷凝预脱除技术

采用冷凝预处理塔与脱硫塔前垂直上升段烟道相结合的新烟塔合一方式，将预处理塔布置于引风机或增压风机与脱硫塔之间，脱硫塔出口与烟囱相连，形成污染物预冷凝脱除和烟气更深度余热回收利用耦合系统，可参见图 1-48。

预处理塔内部安装可防止酸性液体组合腐蚀的密集水平氟塑料管束，管束内通入 20～35℃的凝结水，通过集箱进行汇集和分配，与烟气换热后作为热媒水送入前级烟气深度冷却器或低压加热器，也可直接加热冷空气。在冷凝管束上部设置预处理塔喷淋层，其所喷淋水雾为碱液，用以中和生成的酸性液体，同时也降低烟气温度，并以连续工作方式诱导酸性气体和水蒸气的强化冷凝过程；其下部设置有碱水积液槽，用于沉积喷淋碱水并收集凝结出的酸性液体，收集之后的处理液体排入脱硫塔进行后续处理。

冷凝预处理塔投运时，烟气经省煤器、空气预热器进入烟气深度冷却器，在烟气深度冷却器内放热降温，烟气温度达到 90℃，同时降温引致 H_2SO_4、Hg^{2+} 和 PM 的吸附凝并，协同脱除污染物，之后进入除尘器，脱除飞灰和 PM。随后烟气经过增压风机或引风机进入冷凝污染物预处理塔，与冷凝管束内 20～35℃ 凝结水或锅炉补水发生换热。酸性气体 SO_3、SO_2、Cl_2、F_2、NO_x 等与水蒸气发生反应生成 H_2SO_4、H_2SO_3、H_2SO_4、HCl、HF、HNO_3 等酸性蒸气，当换热壁面温度达到酸性蒸气露点温度时，上述各种酸蒸汽随即发生冷凝，当壁面温度低于水露点温度时，烟气中的水蒸气也会降温凝结。同时，烟气中的逃逸 NH_3 会与 HF 发生反应，从而可以脱除逃逸氨，防止氨逃逸加剧雾霾的蔓延。整个过程涉及的主要化学反应为

$$H_2O(g) = H_2O(l) \tag{6-85}$$
$$SO_2(g) + H_2O(g) = H_2SO_3(g) \tag{6-86}$$
$$SO_3(g) + H_2O(g) = H_2SO_4(g) \tag{6-87}$$
$$Cl_2(g) + H_2O(g) = HCl(g) + HClO(g) \tag{6-88}$$
$$2NO_2(g) + H_2O(g) = HNO_3(g) + HNO_2(g) \tag{6-89}$$
$$2F_2(g) + 2H_2O(g) = 4HF(g) + O_2(g) \tag{6-90}$$
$$2HF(g) + NH_3(g) = NH_4HF_2(g) \tag{6-91}$$

其中，$H_2SO_4(g)$ 露点温度为 80～110℃，$HCl(g)$ 露点温度为 50～70℃，其他如 $H_2SO_3(g)$、$HNO_3(g)$、$HF(g)$ 的露点温度都接近 $H_2O(g)$ 露点温度，约为 40℃。另外，PM 遇冷也会发生凝并吸收，小颗粒粉尘凝并成大颗粒，为其在冷凝预脱除塔和其后脱硫塔内的进一步脱除创造了条件。这样，酸性气体污染物在冷凝式污染物预处理塔内被部分脱除，减轻了后续脱硫塔的脱除压力。烟气经过冷凝管束放热后降温到 60～75℃，而管内冷凝水升温至一定温度后送入烟气深度冷却器或低压加热器。当换热不足，烟气温度得不到充分降低时，开启碱液喷淋层，诱导和强化冷凝过程，且可以中和酸性液体，所喷淋碱液被碱液循环沉降池收集后循环使用，溢流后被送入脱硫塔。酸性气体冷凝后的烟气从冷凝预处理塔上部出口进入脱硫塔，进行深度脱硫和高效除尘，净化后的烟气通过烟囱排放到大气中。

四、冷凝换热器热工计算示例

以一台 600MW 燃煤机组冷凝换热器设计为例，计算得到烟气经过冷凝换热器后 SO_3、HCl 以及 HNO_3 的冷凝预脱除率。该案例采用新型烟塔合一的方式，冷凝换热器布置在除尘器之后、脱硫塔之前的垂直上升烟道中，分别采用水平布置的氟塑料管和 2205 双相不锈钢管冷凝换热器，错列、逆流布置。烟气自下向上横向冲刷管束，凝结水从进口水室引入，出口水室引出。以下是热力计算表格，为了突出重点，节省篇幅，仅选取了与冷凝换热器设计计算相关的表格。

（一）设计条件

1. 煤质特性

该锅炉燃用煤种为烟煤，煤质分析见表 5-2。

2. 锅炉参数

锅炉额定工况主要参数如表 5-4 所示。

3. 冷凝换热器设计参数

冷凝换热器设计参数见表 6-24。

表 6-24 冷凝换热器设计参数（额定工况）

项目	单位	数值
入口标准干烟气量（每台炉）（标况）	m³/h	1771768
入口湿烟气量（每台炉）（标况）	m³/h	2776020
入口烟气温度	℃	90
入口过量空气系数	—	1.20
出口烟气温度	℃	70
入口凝结水水温	℃	30
出口凝结水水温	℃	56.2

（二）热力计算

1. 理论空气量与燃烧产物计算

理论空气量与燃烧产物计算表见表 6-25。

表 6-25 理论空气量与燃烧产物计算表

序号	名称	符号	单位	公式及数据来源	结果
1	全水分	M_{ar}	%	煤质分析报告	16.0
2	收到基碳	C_{ar}	%	煤质分析报告	59.32
3	收到基氢	H_{ar}	%	煤质分析报告	3.35
4	收到基氮	N_{ar}	%	煤质分析报告	0.71
5	收到基氧	O_{ar}	%	煤质分析报告	9.05
6	全硫	S_{ar}	%	煤质分析报告	0.75
7	理论空气量（干）	V^0	m³/kg	$0.0889\times(C_{ar}+0.375\times S_{ar})+0.265\times H_{ar}-0.0333\times O_{ar}$	5.885
8	理论二氧化碳	$V^0(CO_2)$	m³/kg	$0.01866C_{ar}$	1.107
9	理论二氧化硫	$V^0(SO_2)$	m³/kg	$0.007S_{ar}$	0.005
10	理论水蒸气	$V^0(H_2O)$	m³/kg	$0.111\times H_{ar}+0.0124\times M_{ar}+0.0161\times V^0$	0.665
11	理论氮气	$V^0(N_2)$	m³/kg	$0.79\times V^0+0.008\times N_{ar}$	4.655
12	烟气量（标况）	V_g	m³/kg	$V^0(CO_2)+V^0(SO_2)+V^0(H_2O)+V^0(N_2)+(\alpha-1)\times0.0161\times V^0$	6.451
13	烟气量（实际）	V_{gr}	m³/kg	$V_g\times\rho_0/\rho_g$	8.485
14	实际烟气质量	m_g	kg/kg	$\rho_g\times V_{gr}$	8.354
15	实际水蒸气	$V(H_2O)$	m³/kg	$V^0(H_2O)+(\alpha-1)\times V^0\times0.0161$	0.684
16	水蒸气分压力	$p(H_2O)$	pa	$V(H_2O)/V_g\times101300$	10740.20
17	水蒸气露点	t_{bh}	℃	$42.4332\times p(H_2O)^{0.13434}-100.35$	47.3

2. 热力计算

氟塑料管冷凝换热器热力计算表见表 6-26。

表 6-26 氟塑料管冷凝换热器热力计算表

序号	名称	符号	单位	公式及数据来源	结果
1	布置方式			氟塑料光管，错列，逆流	
2	预处理塔入口烟气体积流量	V_{sj}	m^3/s	设计条件	771.12
3	预处理塔入口烟气密度	ρ_{sj}	kg/m^3	查烟气物理性质表	0.985
4	预处理塔入口烟气质量流量	m_{sj}	kg/s	$V_{sj} \times \rho_{sj}$	759.16
5	预处理塔进口烟气温度	T_{in}	℃	设计条件	90
6	进口烟气焓	I'	kJ/m^3	查烟气温表	147.62
7	预处理塔出口烟气温度	T_{out}	℃	假设后校核	70
8	出口烟气焓	I''	kJ/m^3	查烟气温表	114.81
9	冷凝水量（按 1kg 燃料燃烧计算）	m_w	kg	假设后校核	0.11
10	冷凝水焓	h_w	kJ/kg	65℃饱和水焓	272.08
11	硫酸预冷凝量（按 1kg 燃料燃烧计算）	m_s	kg	假设后校核	0.0007
12	硫酸比热容	c_{ps}	$kJ/(kg \cdot k)$	查取	1.51
13	盐酸预冷凝量（按 1kg 燃料燃烧计算）	m_h	kg	假设后校核	0.25
14	盐酸比热容	c_{ph}	$kJ/(kg \cdot k)$	查取	1.35
15	硝酸预冷凝量（按 1kg 燃料燃烧计算）	m_n	kg	假设后校核	0.065
16	硝酸比热容	c_{pn}	$kJ/(kg \cdot k)$	查取	1.5
17	冷凝液带走的热量（按 1kg 燃料燃烧计算）	h_{con}	kJ	$m_w \times h_w + (m_s \times C_{ps} + m_h \times C_{ph} + m_n \times C_{pn}) \times (T_{out} - 5)$	58.272
18	入口烟气 H_2SO_4 密度	$\rho_{H_2SO_4}$	kg/m^3	假设	0.0001
19	H_2SO_4 预脱除率	η_s	%	$m_{cs}/(\rho_{H_2SO_4} \times V_{gr}) \times 100$	82.49
20	入口烟气 HCl 密度	ρ_{HCl}	kg/m^3	假设	0.1
21	HCl 预脱除率	η_h	%	$m_h/(\rho_{HCl} \times V_{gr}) \times 100$	29.46
22	入口烟气 HNO_3 密度	ρ_{HNO_3}	kg/m^3	假设	0.05
23	HNO_3 预脱除率	η_n	%	$m_n/(\rho_{HNO_3} \times V_{gr}) \times 100$	15.32
24	排烟中水蒸气含量（按 1kg 燃料燃烧计算）	m_{outw}	kg	$m_w' - m_w - m_n \times 9/63$	0.428
25	排烟温度下饱和水焓	h_{bs}	kJ/kg	查水蒸气性质表	293.41
26	排烟温度下饱和汽焓	h_{bq}	kJ/kg	查水蒸气性质表	2631.52
27	排烟带走的冷凝热量（按 1kg 燃料燃烧计算）	Q_{ply}	kJ	$m_{outw} \times (h_{bq} - h_{bs})$	1000.41
28	入口烟气水蒸气密度	ρ_{inw}	kg/m^3	查水蒸气性质表	0.4235
29	1kg 燃料产生的水蒸气质量（按 1kg 燃料燃烧计算）	m_w'	kg	$\rho_{inw} \times V(H_2O)$	0.55
30	通过冷凝释放的总热量（按 1kg 燃料燃烧计算）	Q_{ln}	kJ	$Q_{net.arg} - Q_{net.ar} - h_{con} - Q_{ply}$	1.315
31	烟气放热量	Q_1	kJ/kg	$(I' - I'') \times V_{gr} + Q_{ln}$	279.67
32	烟气平均温度	T_{pj}	℃	$(T_{in} + T_{out})/2$	80
33	凝结水进口温度	t_{in}	℃	设计条件	30
34	凝结水进口压力	p_{in}	MPa	设计条件	4
35	凝结水进口焓	h_{in}	kJ/kg	查水蒸气性质表	142.47
36	凝结水出口温度	t_{out}	℃	假设后校核	56.2
37	凝结水出口压力	p_{out}	MPa	设计条件	4
38	凝结水出口焓	h_{out}	kJ/kg	查水蒸气性质表	235.26
39	凝结水平均温度	t_{pj}	℃	$(t_{in} + t_{out})/2$	43.1
40	凝结水平均压力	p_{pj}	MPa	$(P_{in} + P_{out})/2$	4

续表

序号	名称	符号	单位	公式及数据来源	结果
41	凝结水平均密度	ρ_{pj}	kg/m³	查水的物理性质表	995.09
42	凝结水平均比体积	v_{pj}	m³/kg	查水的物理性质表	0.0010049
43	凝结水平均流速	v_{gz}	m/s	$D_{gz}/(A_{gz}\rho_{pj})$，400kg/s	0.41
44	冷凝换热器横截面垂直高度	h	m	选取	1.82
45	冷凝换热器横截面水平宽度	b	m	选取	6.944
46	管子外径	d	m	选取	0.014
47	管子厚度	δ	m	选取	0.001
48	管长	l	m	选取	10.2
49	横向排数	Z_1	—	选取	199
50	横向节距	S_1	m	选取	0.035
51	横向相对节距	δ_1	—	S_1/d	2.5
52	纵向排数	Z_2	—	选取	87
53	纵向节距	S_2	m	选取	0.021
54	纵向相对节距	δ_2	—	S_2/d	1.5
55	塑料管根数	N	根		
56	受热面积	A	m²	$\pi \times d_o \times (l-0.1)N$	7701.93
57	上升段烟道截面积	A_{jm}	m²	选取	138
58	烟气流通面积	A_y	m²	$A_{jm}-d \times (l-0.1) \times [(Z_1+1)/2+(Z_1-1)/2]/2$	123.88
59	凝结水流通面积	A_{gz}	m²	$\pi \times (d_i/2)^2 \times N/2$	0.98
60	传热管对流换热外表面积和内表面积之比	β_1	—	d/d_i	1.167
61	相对节距影响修正系数	φ	—	查取	1.57
62	节距修正系数	C_s	—	根据 φ 和 σ_1 确定	0.356
63	管排数修正系数	C_n	—	根据管束纵向排数 Z_2 和 σ_1 确定	1
64	烟气导热系数	λ	kW/(m·K)	查烟气物理性质表	0.0000296
65	烟气运动黏度系数	v	m²/s	查烟气物理性质表	0.0000197
66	烟气雷诺数	Re	—	$\omega \times d/v$	5728.32
67	烟气普朗特数	Pr	—	查烟气物理性质表	0.714
68	烟气平均流速	v_y	m/s	$v_{sj} \times (273+T_{pj})/(273 \times A_y)$	8.05
69	横向冲刷圆管错列管束的传热系数	a_d	kW/(m²·℃)	$C_s \times C_n \times \lambda \times (Re^{0.6}) \times (Pr^{0.33})/d$	0.121
70	氟塑料管束热导率	λ_1	kW/(m·℃)	选取	0.00025
71	管内污垢热阻	r_i	m²·K/kW	选取	0
72	管外污垢热阻	r_o	m²·K/kW	选取	0
73	饱和给水焓	h_{bh}	kJ/kg	0.8MPa，查水蒸气性质表	721.02
74	饱和汽焓	h_{bq}	kJ/kg	0.8MPa，查水蒸气性质表	2768.3
75	水汽化潜热	r	kJ/kg	$h_{bq}-h_{bh}$	2047.28
76	最低管壁温度	t_d	℃	$T_{out}-(T_{out}-t_{in}) \times [1/(\alpha_{d'} \times \beta_1)]/[1/(\alpha_{d'} \times \beta_1)+\delta/(\lambda \times \beta_1)]$	44.59
77	烟气饱和温度	t_{bh}	℃	水露点温度	47.3
78	1kg 烟气中水蒸气含量	d	kg	查水蒸气性质表	0.072952

序号	名称	符号	单位	公式及数据来源	结果
79	壁温下 1kg 烟气的饱和水蒸气含量	d_s	kg	查水蒸气性质表	0.069803
80	烟气平均比定压热容	c_p	kJ/(kg·℃)	查烟气物理性质表	1.0628
81	烟气侧总的换热系数	$\alpha_{d'}$	kW/(m²·℃)	$\alpha_d\,[1+r/C_p(d-d_s)/(T_{pj}-t_{bh})]$	0.1435
82	传热系数	k	kW/(m²·℃)	$1/[1/\alpha_{d'}+d\times\ln(d/d_i)/2/\lambda_1]$	0.089
83	逆流小温压	Δt_x	℃	$T_{in}-t_{out}$	33.8
84	逆流大温压	Δt_d	℃	$T_{out}-t_{in}$	40
85	逆流平均温压	Δt	℃	$(\Delta t_d-\Delta t_x)/ln\,(\Delta t_d/\Delta t_x)$	36.82
86	传热量	Q_2	kJ/kg	$k\times\Delta t\times H/(m_{sj}/m_g)$	276.50
87	相对误差	ΔQ	—	$100\times(Q_2-Q_1)/Q_1$	−1.13

（三）氟塑料管冷凝换热器烟气阻力计算

烟气阻力计算表见表 6-27。

表 6-27　　　　　　　　　　　　**烟 气 阻 力 计 算 表**

序号	名称	符号	单位	公式及数据来源	结果
1	沿气流方向的管排数	n_2	m	Z_2	87
2	比值	ψ	—	$(S_1-d)/(S_{2'}-d)$	1.57
3	错列管束结构系数	C_s	—	$3.2+0.66\times(1.7-\psi)^{0.5}$	3.43
4	烟气雷诺数	Re	—	$v_y\times d/v$	5728.32
5	管束中一排管子的修正系数	ξ_0	—	$C_s\times Re^{(-0.27)}$	0.332
6	横向冲刷错列管束阻力系数	ξ	—	$\xi_0\times n_2$	28.88
7	烟气密度	ρ	kg/m³	查烟气物理性质表	1.022
8	动压	p_d	Pa	$\rho\times v^2/2$	33.12
9	烟气侧阻力	Δp_g	Pa	$\xi\times p_d$	956.56

（四）氟塑料管冷凝换热器水动力计算

水动力计算结果见表 6-28。

表 6-28　　　　　　　　　　　　**水 动 力 计 算 结 果**

序号	名称	符号	单位	公式及数据来源	结果
1	管子内壁绝对粗糙度	k	m	查取	0.000003
2	摩擦阻力系数	λ	—	$1/[4\times(\log(3.7\times d_i/k)^2]$	0.01438
3	摩擦阻力压降	Δp_{mc}	Pa	$N\times\lambda\times l\times v_{pj}\times v_{pj}/2/d_i/g$	3644.37
4	管子进入集箱阻力系数	ξ_{lx}	—	查取	1.1
5	管子进入集箱阻力	Δp_{lx}	Pa	$N\times\xi_{lx}\times v_{pj}\times v_{pj}/2/2/g$	82.02
6	集箱进入管子阻力系数	ξ_{gz}	—	查取	0.6
7	集箱进入管子阻力	Δp_{gz}	Pa	$N\times\xi_{gz}\times v_{pj}\times v_{pj}/2/2/g$	44.74
8	工质侧总阻力	$\sum p$	MPa	$[\Delta p_{mc}+(\Delta p_{lx}+\Delta p_{gz})\times2]/10^6$	0.0039

（五）2205 双相不锈钢管冷凝换热器热力计算

热力计算表见表 6-29。

表 6-29　　　　　　　　　　　　**热 力 计 算 表**

序号	名称	符号	单位	公式及数据来源	结果
1	布置方式			2205 双相不锈钢光管，错列，逆流	
2	预处理塔入口烟气体积流量	V_{sj}	m³/s	设计条件	771.12

续表

序号	名称	符号	单位	公式及数据来源	结果
3	预处理塔入口烟气密度	ρ_{sj}	kg/m³	查烟气物理性质表	0.985
4	预处理塔入口烟气质量流量	m_{sj}	kg/s	$V_{sj} \times \rho_{sj}$	759.16
5	预处理塔进口烟气温度	T_{in}	℃	设计条件	90
6	进口烟气焓	h'	kJ/m³	查烟气焓温表	147.62
7	预处理塔出口烟气温度	T_{out}	℃	假设后校核	70
8	出口烟气焓	h''	kJ/m³	查烟气焓温表	114.81
9	冷凝水量（按1kg燃料燃烧计算）	m_w	kg	假设后校核	0.154
10	冷凝水焓	h_w	kJ/kg	65℃饱和水焓	272.08
11	硫酸预冷凝量（按1kg燃料燃烧计算）	m_s	kg	假设后校核	0.00078
12	硫酸比热容	c_{ps}	kJ/(kg·k)	查取	1.51
13	盐酸预冷凝量（按1kg燃料燃烧计算）	m_h	kg	假设后校核	0.55
14	盐酸比热容	c_{ph}	kJ/(kg·k)	查取	1.35
15	硝酸预冷凝量（按1kg燃料燃烧计算）	m_n	kg	假设后校核	0.18
16	硝酸比热容	c_{pn}	kJ/(kg·k)	查取	1.5
17	冷凝液带走的热量（按1kg燃料燃烧计算）	h_{con}	kJ	$m_w \times h_w + (m_s \times c_{ps} + m_h \times c_{ph} + m_n \times c_{pn}) \times (T_{out} - 5)$	107.79
18	入口烟气 H_2SO_4 密度	$\rho_{H_2SO_4}$	kg/m³	假设	0.0001
19	H_2SO_4 预脱除率	η_s	%	$m_{cs}/(\rho_{H_2SO_4} \times V_{gr}) \times 100$	91.92
20	入口烟气 HCl 密度	ρ_{HCl}	kg/m³	假设	0.1
21	HCl 预脱除率	η_h	%	$m_h/(\rho_{HCl} \times V_{gr}) \times 100$	64.82
22	入口烟气 HNO_3 密度	ρ_{HNO_3}	kg/m³	假设	0.05
23	HNO_3 预脱除率	η_n	%	$m_n/(\rho_{HNO_3} \times V_{gr}) \times 100$	42.43
24	排烟中水蒸气含量（按1kg燃料燃烧计算）	m_{outw}	kg	$m_{w'} - m_w - m_n \times 9/63$	0.393
25	排烟温度下饱和水焓	h_{bs}	kJ/kg	查水蒸气性质表	293.41
26	排烟温度下饱和汽焓	h_{bq}	kJ/kg	查水蒸气性质表	2631.52
27	排烟带走的冷凝热量（按1kg燃料燃烧计算）	Q_{ply}	kJ	$m_{outw} \times (h_{bq} - h_{bs})$	918.99
28	入口烟气水蒸气密度	ρ_{inw}	kg/m³	查水蒸气性质表	0.4235
29	1kg燃料产生的水蒸气质量（按1kg燃料燃烧计算）	$m_{w'}$	kg	$\rho_{inw} \times V(H_2O)$	0.55
30	通过冷凝释放的总热量（按1kg燃料燃烧计算）	Q_{ln}	kJ	$Q_{net.arg} - Q_{net.ar} - h_{con} - Q_{ply}$	33.22
31	烟气放热量	Q_1	kJ/kg	$(I' - I'') \times V_{gr} + Q_{ln}$	311.57
32	烟气平均温度	T_{pj}	℃	$(T_{in} + T_{out})/2$	80
33	凝结水进口温度	t_{in}	℃	设计条件	30
34	凝结水进口压力	p_{in}	MPa	设计条件	4
35	凝结水进口焓	h_{in}	kJ/kg	查水蒸气性质表	142.47
36	凝结水出口温度	t_{out}	℃	假设后校核	56.2
37	凝结水出口压力	p_{out}	MPa	设计条件	4
38	凝结水出口焓	h_{out}	kJ/kg	查水蒸气性质表	235.26
39	凝结水平均温度	t_{pj}	℃	$(t_{in} + t_{out})/2$	43.1
40	凝结水平均压力	p_{pj}	MPa	$(p_{in} + p_{out})/2$	4
41	凝结水平均密度	ρ_{pj}	kg/m³	查水的物理性质表	995.09
42	凝结水平均比容	v_{pj}	m³/kg	查水的物理性质表	0.0010049

续表

序号	名称	符号	单位	公式及数据来源	结果
43	凝结水平均流速	v_{pj}	m/s	$D_{gz}/(A_{gz}\rho_{pj})$，400kg/s	0.163
44	冷凝换热器横截面垂直高度	h	m	选取	4.37
45	冷凝换热器横截面水平宽度	b	m	选取	6.878
46	管子外径	d	m	选取	0.038
47	管子厚度	δ	m	选取	0.004
48	管长	l	m	选取	10.2
49	横向排数	Z_1	—	选取	91
50	横向节距	S_1	m	选取	0.076
51	横向相对节距	δ_1	—	S_1/d	2.0
52	纵向排数	Z_2	—	选取	77
53	纵向节距	S_2	m	选取	0.057
54	纵向相对节距	δ_2	—	S_2/d	1.5
55	受热面积	A	m^2	$\pi\times d_o\times(l-0.1)\times N$	8435.94
56	上升段烟道截面积	A_{jm}	m^2	选取	144
57	烟气流通面积	A_y	m^2	$A_{jm}-d\times(l-0.1)\times[(Z_1+1)/2+(Z_1-1)/2]/2$	126.47
58	凝结水流通面积	A_{gz}	m^2	$\pi\times(d_i/2)^2\times N/2$	2.46
59	传热管对流换热外表面积和内表面积之比	β_1	—	d/d_i	1.267
60	相对节距影响修正系数	φ	—	查取	1.245
61	节距修正系数	C_s	—	根据 φ 和 σ_1 确定	0.348
62	管排数修正系数	C_n	—	根据管束纵向排数 Z_2 和 σ_1 确定	1
63	烟气导热系数	λ	kW/(m·k)	查烟气物理性质表	0.0000296
64	烟气运动黏度系数	υ	m^2/s	查烟气物理性质表	0.0000197
65	烟气雷诺数	Re	—	$\omega\times d/\upsilon$	15229.5
66	烟气普朗特数	Pr	—	查烟气物理性质表	0.714
67	烟气流速	v	m/s	$V_{sj}\times(273+T_{pj})/(273\times H_y)$	7.88
68	横向冲刷圆管错列管束的传热系数	α_d	kW/(m^2·℃)	$C_s\times C_n\times\lambda\times Re^{0.6}\times Pr^{0.33}/d$	0.0783
69	2205双相不锈钢管热导率	λ_1	kW/(m·℃)	选取	0.019
70	管内污垢热阻	r_i	m^2·K/kW	选取	0
71	管外污垢热阻	r_o	m^2·K/kW	选取	0
72	饱和给水焓	h_{bh}	kJ/kg	0.8MPa，查水蒸气性质表	721.02
73	饱和汽焓	h_{bq}	kJ/kg	0.8MPa，查水蒸气性质表	2768.3
74	水汽化潜热	r	kJ/kg	$h_{bq}-h_{bh}$	2047.28
75	最低管壁温度	t_d	℃	$T_{out}-(T_{out}-t_{in})\times[1/(\alpha_{d'}\times\beta_1)]/[1/(\alpha_{d'}\times\beta_1)+\delta/(\lambda\times\beta_1)]$	30.2
76	烟气饱和温度	t_{bh}	℃	水露点温度	47.3
77	1kg烟气中水蒸气的含量	d	kg	查水蒸气性质表	0.072952
78	壁温下1kg烟气的饱和水蒸气含量	d_s	kg	查水蒸气性质表	0.069803
79	烟气平均比定压热容	c_p	kJ/(kg·℃)	查烟气物理性质表	1.0628

序号	名称	符号	单位	公式及数据来源	结果
80	烟气侧总的换热系数	$\alpha_{d'}$	kW/(m²·℃)	$\alpha_d \left[1 + r/c_p(d - d_s)/(T_{pj} - t_{bh})\right]$	0.0928
81	传热系数	k	kW/(m²·℃)	$1/[1/\alpha_{d'} + d \times ln(d/d_i)/2/\lambda_1]$	0.091
82	逆流小温压	Δt_x	℃	$T_{in} - t_{out}$	33.8
83	逆流大温压	Δt_d	℃	$T_{out} - t_{in}$	40
84	逆流平均温压	Δt	℃	$(\Delta t_d - \Delta t_x)/ln(\Delta t_d/\Delta t_x)$	36.82
85	传热量	Q_2	kJ/kg	$k \times \Delta t \times A/(m_{sj}/m_g)$	310.52
86	相对误差	ΔQ	—	$100 \times (Q_2 - Q_1)/Q_1$	−0.337

（六）2205 双相不锈钢管冷凝换热器烟气阻力计算

烟气阻力计算见表 6-30。

表 6-30　　　　　　　　烟气阻力计算表

序号	名称	符号	单位	公式及数据来源	结果
1	沿气流方向的管排数	n_2	m	Z_2	77
2	比值	ψ	—	$(S_1 - d)/(S_{2'} - d)$	1.246
3	错列管束结构系数	C_s	—	$3.2 + 0.66 \times (1.7 - \psi)^{0.5}$	3.645
4	烟气雷诺数	Re	—	$v \times d/\upsilon$	15229.5
5	管束中一排管子的修正系数	ξ_0	—	$C_s \times Re^{(-0.27)}$	0.271
6	横向冲刷错列管束阻力系数	ξ	—	$\xi_0 \times n_2$	20.84
7	烟气密度	ρ	kg/m³	查烟气物理性质表	1.022
8	动压	p_d	Pa	$\rho \times v^2/2$	31.78
9	烟气侧阻力	Δp_g	Pa	$\xi \times p_d$	662.16

（七）2205 双相不锈钢管水动力计算

水动力计算结果见表 6-31。

表 6-31　　　　　　　　水动力计算结果

序号	名称	符号	单位	公式及数据来源	结果
1	管子内壁绝对粗糙度	k	m	查取	0.00008
2	摩擦阻力系数	λ	—	$1/4 \times [log(3.7 \times d_i/k)^2]$	0.0253
3	摩擦阻力压降	Δp_{mc}	Pa	$N \times \lambda \times l \times v_{pj} \times v_{pj}/2/d_i/g$	162.89
4	管子进入集箱阻力系数	ξ_{lx}	—	查取	1.1
5	管子进入集箱阻力	Δp_{lx}	Pa	$N \times \xi_{lx} \times v_{pj} \times v_{pj}/2/2/g$	5.203
6	集箱进入管子阻力系数	ξ_{gz}	—	查取	0.6
7	集箱进入管子阻力	Δp_{gz}	Pa	$N \times \xi_{gz} \times v_{pj} \times v_{pj}/2/2/g$	2.838
8	工质侧总阻力	$\sum p$	MPa	$[\Delta p_{mc} + (\Delta p_{lx} + \Delta p_{gz}) \times 2]/10^{-6}$	0.00018

综上所述，温度为 20～35℃的凝结水与除尘器后温度为 90℃左右的烟气在冷凝预处理塔内冷凝换热器进行热量交换，凝结水被加热后送往低压加热器或者烟气深度冷却器，也可直接加热冷空气。烟气温度则进一步降低至 60～75℃，冷凝换热器管束壁面温度不仅能够达到 H_2SO_4 露点温度，还能够降至 HCl 露点温度 50～70℃，甚至降至 H_2SO_3、HNO_3 和 HF，其露点温度均接近 H_2O 的露点温度 40℃左右。因此，水蒸气以及其他酸性气体污染

物的酸蒸汽发生冷凝。在使用氟塑料管式换热器时，H_2SO_4 预脱除率为 82.49%，HCl 预脱除率为 29.46%，HNO_3 预脱除率为 15.32%；在使用 2205 双相不锈钢管式换热器时，H_2SO_4 预脱除率为 91.92%，HCl 预脱除率为 64.82%，HNO_3 预脱除率为 42.43%。可见，冷凝预脱除塔不但更深度地回收和利用了部分烟气显热和潜热，提高了机组热效率，而且冷凝预脱除了一部分污染物气体，减轻了脱硫塔的压力，具有较为显著的经济效益和环保效益。

五、烟气冷凝器的发展

本节所说的烟气更深度冷却器就是指冷凝换热器，或称为烟气冷凝器，无论烟气冷凝器布置在脱硫塔之前或之后，既可以采用本节叙述的间壁式冷凝换热器结构（主要涉及制冷领域的冷凝换热结构），也可以采用直接接触冷凝换热塔结构，直接接触冷凝换热塔结构可以参见本书第一章文献［4］第 6 章 6.1 节的相关内容。除本节叙述的冷凝换热器的设计结构外，读者也可以参见本书第二章第六节的烟气冷凝器结构设计内容，此节涉及热能工程领域和冷凝式锅炉相关的烟气冷凝器结构。由此可见，某些结构仅适应于各自领域的特殊要求，但是其冷凝换热的原理是相同的，所不同的只是构成烟气的成分组成存在一些或巨大差异。目前，烟气冷凝器还停留在半理论半经验设计的阶段，需要在含不凝结气体的烟气冷凝理论和冷凝实验上进行更深度地耦合研究和创新结构的设计开发。

本著作所叙述的烟气冷凝器也可供致力于为我国减缓雾霾的蓝天事业做出贡献的工程技术人员参考。目前，我国分布于全国各地的燃煤机组和燃煤工业过程的脱硫塔之后的排烟中仍含有大量的饱和水蒸气、粒径小于 $5\mu m$ 的可溶盐气溶胶和 SO_3/H_2SO_4、HF、HCl、H_2SO_3 和 HNO_3 等酸性物质，含有大量饱和水蒸气和酸性污染物的烟气从烟囱中排出后不断扩散降温，形成能够影响机组周围局部地区雾霾强度的有色烟羽，给居民带来视觉污染和健康隐患，因此，我国一些重点区域，如浙江省及北京、上海、天津、邯郸等先进省市的环保部门已经率先提出烟气消白（色）的政策规定和要求，这一工作在有识之士的倡议下已经初步展开，这是时代发展的重大需求。过去十年来，燃煤机组和工业过程一直使用烟气再热器进行消白（色），单独使用烟气再热器技术虽然可以进行烟气消白（色），但对烟气中含有的污染物缺乏深度治理。因此，在此形势之下，使用烟气冷凝器实现烟气冷凝消白（色）并深度冷凝脱除 SO_3/H_2SO_4、HF、HCl、H_2SO_3 和 HNO_3 等酸性物质将会成为未来污染物超净排放和雾霾治理的重点推广技术。

参 考 文 献

［1］ 崔占忠，龙辉，龙正伟，等. 低低温高效烟气处理技术特点及其在中国的应用前景［J］. 动力工程学报，2012（02）：152-158.

［2］ 郦建国，郦祝海，何毓忠，等. 低低温电除尘技术的研究及应用［J］. 中国环保产业，2014（3）：28-34.

［3］ 叶子仪，刘胜强，曾毅夫，等. 低低温电除尘技术在燃煤电厂的应用［J］. 中国环保产业，2015（5）：22-25.

［4］ 车得福，庄正宁，李军，等. 锅炉［M］. 西安：西安交通大学出版社，2008.

［5］ 钟磊. 低低温电除尘技术换热器及换热系统的研究［D］. 东南大学，2015. 78.

［6］ 曹辰雨. 火电厂燃煤粉尘在交流电场中凝并与脱除的实验研究［D］. 上海电力学院，2014，64.

［7］ 刘含笑，袁建国，郦祝海，等. 低低温工况下颗粒凝并机理分析及研究方法初探［J］. 电力与能源，

2015（01）：107-111.

[8] 郭士义，丁承刚. 低低温电除尘器的应用及前景 [J]. 装备机械，2011（1）：69-73.

[9] 廖增安. 燃煤电厂余热利用低低温电除尘技术研究与开发 [J]. 环境保护与循环经济，2013（10）：39-44.

[10] 中国环境保护产业协会电除尘委员会. 燃煤电厂烟气超低排放技术 [M]. 北京：中国电力出版社，2015.

[11] 何毓忠，何海涛，胡露钧，等. 低低温电除尘技术的工程应用 [J]. 中国环保产业，2016（4）：22-24.

[12] 吴淑梅，燃烧锅炉低温余热利用以湿法脱硫经济性影响研究 [D]. 广州：华南理工大学，2015.

[13] 曹宏伟，曹芃. 烟气脱硫添加剂的研究现状 [J]. 节能技术，2003，21（118）：10-12.

[14] 孙庆龙. 湿法脱硫效率影响因素及喷淋数值模拟 [D]. 济南：山东大学，2014.

[15] 王虎，李少华，雷宇. 塔内运行温度对循环流化床烟气脱硫效率影响的试验研究 [J]. 东北电力大学学报，2012，32（2）：21-25.

[16] 江卫国. 中国燃煤电厂烟气脱硫工艺的选择 [D]. 北京：华北电力大学，2007.

[17] 朱元龙. 中国大型燃煤电站烟气脱硫技术应用及比较性研究 [J]. 北京：清华大学，2004.

[18] 刘国瑞. 湿法烟气脱硫技术研究 [D]. 杭州：浙江大学，2003.

[19] 王亮. 海水体系对二氧化硫吸收性能研究 [D]. 青岛：中国海洋大学，2007.

[20] 周祖飞，垒新荣. 影响湿法烟气脱硫效率的因素分析 [J]. 浙江电力，2001，3：42-45.

[21] 兰颖，马平. 湿法烟气脱硫系统脱硫系统脱硫效率的影响因素分析 [J]. 电力科学与工程，2013，29（7）：58-63.

[22] 吕明，赵之军，殷国强，等. 湿法脱硫系统中降低进口烟气温度节水的分析和试验 [J]. 动力工程学报，2010，30（9）：695-698.

[23] 朱文斌，王定. 石灰石石膏湿法烟气脱硫吸收塔出口烟气温度及蒸发水量的计算分析与修正 [J]. 锅炉技术，2007，38（4）：68-71.

[24] 张永芳. 脱硫喷淋塔内部流场及温度场的数值模拟与研究 [D]. 西安：西北大学，2010.

[25] 李吉祥. 湿式石灰石-石膏法烟气脱硫工艺水量计算方法 [J]. 水利电力机械，2007，29（7）：23-29.

[26] 李静. 烧结机 FGD 烟气脱硫工艺耗水量计算 [J]. 建筑与工程，2014（5）：204-205.

[27] 胡满银. 湿式脱硫装置烟气带水的计算与分析 [J]. 环境工程，2002，20（4）：45-47.

[28] 杜和冲，吴克锋，申建东，等. 烟气深度冷却系统在 1000MW 超超临界机组的应用 [J]. 中国电力，2014，47（4）：32-37.

[29] 王存洋. 潮州电厂 4 号机组低温省煤器运行技术标准 [S]. 青岛达能环保公司，2012.

[30] 新井纪男. 燃烧生成物的发生与抑制技术 [M]. 赵黛青等译. 北京：科学出版社，2001.

[31] 岑可法，姚强，骆仲泱，等. 燃烧理论与污染控制 [M]. 北京：机械工业出版社，2004.

[32] Dunn JP, Koppula PR, G Stenger H, et al. Oxidation of sulfur dioxide to sulfur trioxide over supported vanadia catalysts [J]. Applied Catalysis B: Environmental, 1998, 19 (2): 103-117.

[33] Toftegaard MB, Brix J, Jensen PA, et al. Oxy-fuel combustion of solid fuels [J]. Progress in Energy and Combustion Science, 2010, 36 (5): 581-625.

[34] Zheng L, Furimsky E. Assessment of coal combustion in O_2-CO_2 by equilibrium calculations [J]. Fuel Processing Technology, 2003, 81 (1) 1: 23-34.

[35] 李英杰，赵长遂，段伦博. O_2/CO_2 气氛下煤燃烧产物的热力学分析 [J]. 热能动力工程，2007，22（3）：332-335.

[36] Croiset E, Thambimuthu KV. NOx and SO_2 emissions from O_2/CO_2 recycle coal combustion [J]. Fuel, 2001, 80 (14): 2117-2121.

[37] Jiyoung A, Ryan O, Andrew F, et al. Sulfur trioxide formation during oxy-coal combustion [J]. International Journal of Greenhouse Gas Control, 2011, 5: 127-135.

[38] 陈焱, 许月阳, 薛建明. 燃煤烟气中 SO_3 成因、影响及其减排对策 [J]. 电力科技与环保, 2011, 27 (3): 35-37.

[39] 张烨, 缪明烽. SCR 脱硝催化剂失活机理研究综述 [J]. 电力科技与环保, 2011, 27 (6): 6-9.

[40] 马双忱, 金鑫, 孙云雪, 等. SCR 烟气脱硝过程硫酸氢铵的生成机理与控制 [J]. 热力发电, 2010, 39 (8): 12-17.

[41] Stpbert TR, 王剑波. SCR 催化剂在高 CaO 煤项目中的应用 [C]. 中国环境科学学会学术年会优秀论文集, 苏州, 2006.

[42] EPA (1996). "Air quality criteria for particulate matter," U. S. Environmental Protection Agency, EPA-600/P-95/001 (NTIS PB96-168224), National Center for Environmental. Assessment, Research Triangle Park, NC, April 1996.

[43] Hawthorne M. Plant spewing acid clouds [C]. Columbus Dispatch, August 3, 2001.

[44] R. K. Srivastava, C. A. Miller, C. Erickson & R. Jambhekar. Emissions of Sulfur Trioxide from Coal-Fired Power Plants. Journal of the Air & Waste Management Association. 2004, 54 (6): 750-762.

[45] Lawrence P. Belo, Liza K. Elliott, Rohan J. Stanger, et al. High-Temperature Conversion of SO_2 to SO_3: Homogeneous Experiments and Catalytic Effect of Fly Ash from Air and Oxy-fuel Firing. Energy Fuels 2014, 28: 7243-7251.

[46] YAN CAO, HONGCANG ZHOU, WU JIANG, et al. Studies of the Fate of Sulfur Trioxide in Coal-Fired Utility Boilers Based on Modified Selected Condensation Methods. Environ. Sci. Technol. 2010, 44: 3429-3434.

[47] Daniel Fleig, Emil Vainio, Klas Andersson,, et al. Evaluation of SO_3 Measurement Techniques in Air and Oxy-Fuel Combustion. Energy Fuels, 2012, 26: 5537-5549.

[48] Emil Vainio, Daniel Fleig, Anders Brink, et al. Experimental Evaluation and Field Application of a Salt Method for SO_3 Measurement in Flue Gases. Energy Fuels 2013, 27: 2767-2775.

[49] Reinhold Sporl, Johannes Walker, Lawrence Belo, SO_3 Emissions and Removal by Ash in Coal-Fired Oxy-Fuel Combustion. Energy Fuels 2014, 28: 5296-5306.

[50] 陈晓露, 赵钦新, 鲍颖群, 王云刚, 李钰鑫. SO_3 脱除技术实验研究. 动力工程学报. 2014, 12: 966-971.

[51] 鲍颖群. 三氧化硫催化生成及吸附的实验研究 [D]. 西安: 西安交通大学, 2013.

[52] 王争光, 郁陵庄, 陈益钊, 李聚才. 硫酸根的分光光度法测定. 化学研究与应用 [J]. 1998, 10 (3): 236-242.

[53] 丁明玉. 离子色谱原理与应用: 清华大学出版社, 2000 年.

[54] E. L. COE, JR. Experience in conditioning ESP in USA. JT. ASME/IEEE Power Generation Conference, Portland, 1985: 24-28.

[55] Dr. Ralph F. Altman. Application of Flue Gas Conditioning for Enhancement of ESP Particulate Collection at Coal-Fired Power Plants. 9th Energy Technology Conference, 1985: 891-902.

[56] 龙辉. 低低温高效烟气处理技术发展应用及展望 [J]. 中国电力, 2009, 42 (1): 13-17.

[57] 薛达. 火电厂 SO_3 烟气调质技术的研究 [D]. 河北: 华北电力大学, 2008.

[58] 杨昱, 武建新. SO_3 烟气调质技术在提高静电除尘器效率中的应用. 机械工程与自动化. 2012, 6: 204-205.

[59] Sbui-Chow Yung, Ronald G. Patterson. Flue Gas Conditioning. National Technical Information

Service. 1985：1-110.

[60] Mitsui Y，Imada N，Kikkawa H，et al. Study of Hg and SO_3 behavior in flue gas of oxy-fuel combustion system [J]. International Journal of Greenhouse Gas Control，2011，5：143-150.

[61] 常景彩，董勇，王志强，等. 燃煤烟气中 SO_3 转换吸收特性模拟实验 [J]. 煤炭学报，2010，35（10）：1717-1720.

[62] 王智，贾莹光，祁宁. 燃煤电站锅炉及 SCR 脱硝中 SO_3 的生成及危害 [J]. 东北电力技术，2005，9：1-3.

[63] Dunn J P，Stenger H G，Wachs I E. Oxidation of SO_2 over Supported Metal Oxide Catalysts [J]. Journal of Catalysis，1999，181（2）：233-243.

[64] 李锋，於承志，张朋. 低 SO_2 氧化率脱硝催化剂的开发 [J]. 电力科技与环保，2010，26（4）：18-21.

[65] 江博琼. Mn/TiO_2 系列低温 SCR 脱硝催化剂制备及其反应机理研究 [D]. 浙江：浙江大学，2008.

[66] B&W. Trona Injection for Effective SO_3 Itigation. http://www.babcock.com/library/pdf/ps-415.pdf.

[67] 陈朋. 钙基吸收剂脱除燃煤烟气中 SO_3 的研究 [D]. 山东：山东大学，2011.

[68] 姜森，刘全，辛曲珍. 余热锅炉的酸露点温度计算 [J]. 黑龙江电力，2002，24（4）：298-299.

[69] 刘鹤忠，陶秋根. 湿式电除尘器在工程中的应用 [J]. 电力勘测设计，2012（3）：44-47.

[70] Fujishima H，Nagata C. Experiences of wet type electrostatic precipitator successfully applied for SO_3 mist removal in boilers using high sulfur content fuel [C]. Ninth International Conference on Electrostatic Precipita- tion，Kruger Gate，South Africa，2004.

[71] Wayne B，Isaac R，Ralph A. Multi-pollutant control with dry-wet hybrid ESP technology [R]. 2004.

[72] 闫君. 湿式静电除雾器脱除烟气中酸雾的试验研究 [D]. 山东：山东大学，2010.

[73] 朱成章. 我国防止雾霾污染的对策与建议 [J]. 中外能源，2013，18（6）：1-4.

[74] 王润清. 雾霾天气气象学定义及预防措施 [J]. 现代农业科技，2012（7）：44-44.

[75] 成都气象学院. 气象学 [M]. 北京：农业出版社，1980.

[76] 中国气象局. 地面气象观测规范 [M]. 北京：气象出版社，2003.

[77] 中国气象局广州热带海洋气象研究所. QX/T 113—2010. 霾的观测和预报等级 [S]. 北京：气象出版社，2010.

[78] Shen Z，Cao J，Liu S，et al. Chemical composition of PM10 and $PM_{2.5}$ collected at ground level and 100 meters during a strong winter-time pollution episode in Xi'an，China [J]. Journal of the Air & Waste Management Association，2011，61（11）：1150-9.

[79] 国家统计局能源统计司. 中国能源统计年鉴. 2011 [M]. 北京：中国统计出版社，2011.

[80] Assessment G M. Sources，Emissions，Releases and Environmental Transport [J]. UNEP Chemicals Branch，Geneva，Switzerland，2013.

[81] Streets D G，Hao J，Wang S，et al. Mercury emissions from coal combustion in China [M]. //Mercury Fate and Transport in the Global Atmosphere. Springer US，2009：51-65.

[82] Mukherjee A B，Zevenhoven R，Bhattacharya P，et al. Mercury flow via coal and coal utilization by-products：A global perspective [J]. Resources，Conservation and Recycling，2008，52（4）：571-591.

[83] Galbreath K C，Zygarlicke C J. Mercury transformations in coal combustion flue gas [J]. Fuel Processing Technology，2000，65：289-310.

[84] Rumayor M，Diaz-Somoano M，Lopez-Anton M A，et al. Application of thermal desorption for the identification of mercury species in solids derived from coal utilization [J]. Chemosphere，2015，119：459-465.

[85] Senior C, Linjewile T. Oxidation of mercury across SCR catalysts in coal-fired power plants burning low rank fuels [M]. National Energy Technology Laboratory (US), 2003.

[86] Benson S A, Laumb J D, Crocker C R, et al. SCR catalyst performance in flue gases derived from subbituminous and lignite coals [J]. Fuel processing technology, 2005, 86 (5): 577-613.

[87] Pritchard S. Predictable SCR co-benefits for mercury control [J]. Power Engineering (Barrington), 2009, 113 (1).

[88] Otani Y, Kanaoka C, Usui C, et al. Adsorption of mercury vapor on particles [J]. Environmental science & technology, 1986, 20 (7): 735-738.

[89] Schager P, Hall B, Lindqvist O. Retention of gaseous mercury on fly ashes [C]. //Second International Conference on Mercury as a Global Pollutant, Monterey, CA. 1992.

[90] Hall B, Schager P, Weesmaa J. The homogeneous gas phase reaction of mercury with oxygen, and the corresponding heterogeneous reactions in the presence of activated carbon and fly ash [J]. Chemosphere, 1995, 30 (4): 611-627.

[91] Hargrove O W, Carey T R, Richardson C F, et al. Enhanced control of mercury and other HAP by innovative modifications to wet FGD processes [R]. National Energy Technology Lab. Pittsburgh, PA, and Morgantown, WV (US), 1997.

[92] 王俊东. 氟中毒研究 [M]. 北京: 中国农业出版社, 2007, 6-277.

[93] 齐庆杰. 煤种氟赋存形态燃烧转化与氟污染控制的基础和试验研究 [D]. 浙江大学, 2002, 18-72.

[94] 郑宝山. 地方性氟中毒及工业氟污染研究 [M]. 北京: 中国环境科学出版社, 1992, 8-12.

[95] Editorial. Toxicty of Fluoride. Fluoride. 1978, 11 (4): 163-165.

[96] Tourangean P C, Gordon C C, Carlson C E. Fluoride Emissions of Coal-Fired Power Plants and Their Impact upon Plant and Animal Species. Fluoride. 1977, 10 (2): 47-62.

[97] Wang J D, Zhan C W, Chen Y F, et al. A study of damage to hard tissues of goats due to industrial fluoride pollution [J]. Fluoride, 1992, 25 (3): 123-130.

[98] Swarup D, Dwivedi S K. Enviromental Pollution and Effects of Lead and Fluorine on Animal Health [D]. New Delhi, 2002, 45-48.

[99] 谢正苗, 吴卫红, 徐建民. 环境中氟化物的迁移和转化极其生态效应 [J]. 环境科学进展, 1999, 7 (2): 40-53.

[100] 陈树元, 卞咏梅. 氟对农作物、家畜和蚕桑的影响 [J]. 环境污染与防治, 1990, 12 (2): 10-14.

[101] 王俊, 张义生. 化学污染物与生态效应 [M]. 北京: 中国环境科学出版社, 1996, 154-276.

[102] 李日邦等. 贵州地方性食物性氟中毒氟源探讨 [J]. 中华医学杂志, 1982, 62 (7): 425-428.

[103] 刘英俊. 地球化学 [M]. 北京: 科学出版社, 1984.

[104] Swaine D J. Trace elements in coal [M]. London: Butterworth, 1990.

[105] Lessing R. Minerals in Coals [J]. Chem. Ind. 1925, 44 (2): 277-288.

[106] Renton J J. Mineral Matter in Coal [M]. New York: Academic Press, 1982.

[107] Lessing R. Fluorine in Coal [J]. Nature, 1934, 134: 699-700.

[108] Frant M S, Ross J W. Electrode for Sensing Fluoride Ion Activity in Solution [J]. Science, 1966, 154: 1553-1555.

[109] Thomas J J, Gluskoter H J. Determination of Coal by the Fluoride Ion-Selective Electrode [J]. Anal. Chem., 1974, 46: 1321-1323.

[110] Vanleuen H C E, Rotscheid G J, Buis W J et al. Determination of Fluorine in Coal [J]. Anal. Chem., 1979, 296: 36-42.

[111] Simms P C, Rickey F A, Mueller K A. Multielemental Analysis Using Proton Induced Photon Emis-

sion [J]. Fuel Chem., 1977，2：22-26.

[112] Dale L S, Liepa I, Rendell P S et al. Computer-Controlled Electrical Detective System for a Spark Source Mass Spectrometer [J]. Anal. Chem., 1981 53：2288-2291.

[113] Bradford H R. Fluorine in Western Coal. Mining Engineering. 1957，1：78-79.

[114] Crossley H E J. The Determination of Fluorine in Coal. Journal of the Soc. Chem. Ind.. 1994，63：284-288.

[115] Lothe J J. Differenrial Spectrophotometric Determination of Flrorine. Anal. Chem., 1956，28：949-951.

[116] Belcher R, Wllson C L. The Determination of Fluorine in Solution. In：2nd Edn Reinhold, New York，1964：255-259.

[117] Mcgowan G E. An Adaptation of Spectrophotometric Method. Fuel，1960，63：245-252.

[118] Ganling G, Yan B, Yang L. Determination of Total Fluorine in Coal by the Combustion-Hydrolysis/ Fluoride Ion-Selective Electrode Method [J]. Fuel，1984，63：1552-1555.

[119] 齐庆杰, 刘建忠, 周俊虎, 等. 煤中微量元素氟的测定方法研究进展 [J]. 煤炭转化，2000，23 (2)：7-10.

[120] 李廷豪. SCR 烟气脱硝反应塔动力学模型与实验研究 [D]. 重庆大学，2009，15-37.

[121] Radojevic M. Reduction of nitrogen oxides in flue gases [J]. Environmental Pollution，1998，102 (1)：685-689.

[122] 姜烨, 高翔, 吴卫红, 等. 选择性催化还原脱硝催化剂失活研究综述 [J]. 中国电机工程学报，2013 (14)：18-31.

[123] 刘芳, 王淑娟, 陈昌和, 等. 电厂烟气氨法脱碳技术研究进展 [J]. 化工学报，2009，60 (2)：269-278.

[124] 吕碧洪, 金佳佳, 张莉, 等. 有机胺溶液吸收 CO_2 的研究现状及进展 [J]. 石油化工，2011，40 (8)：803-809.

[125] 牛振祺, 郭印诚, 林文漪, 等. MEA、NaOH 与氨水喷雾捕集 CO_2 性能比较 [J]. 清华大学学报 (自然科学版)，2010，50 (7)：1130-1134.

[126] 晏水平, 方梦祥, 张卫风, 等. 烟气中 CO_2 化学吸收法脱除技术分析与进展 [J]. 化工进展，2006，25 (9)：1018-1024.

[127] Corti A., Lombardi L.. Reduction of carbon dioxide emissions from a SCGT/ CC by ammonia solution absorption —preliminary results [J]. International Journal of Thermodynamics，2004，7：173-181.

[128] Resnik K. P., Garber W., Hreha D. C，et al. A parametric scan for regenerative ammonia based scrubbing for the capture of CO_2 [J]. Proceedings of 23rd Annual International Pittsburgh Coal Conference. Pittsburgh，2006.

[129] 张君, 公茂利, 荚江霞, 等. 超重场强化氨水吸收烟道气中 CO_2 的研究 [J]. 安徽理工大学学报 (自然科学版)，2006，26 (1)：48-51.

[130] 马双忱, 金鑫, 孙云雪, 等. SCR 烟气脱硝过程硫酸氢铵的生成机理与控制 [J]. 热力发电，2010，39 (8)：12-17.

[131] Burke J M, Johnson K L. Ammonium Sulfate and Bisulfate Formation in Air Preheaters [J]. 1982.

[132] Wilburn R T, Wright T L. SCR Ammonia Slip Distribution in Coal Plant Effluents and Dependence upon SO_3 [J]. PowerPlant Chemistry，2004 (6)：214-295.

[133] Chetan Chothani, Robert Morey. ABS measurement for SCR NO_x control and air heater protection [C]. Baltimore，MD：2008.

[134] Hou, Y Q, Cai, G Q, Huang Z G, Han X J, Guo S J. Effect of HCl on V_2O_5/AC catalyst for NO reduction by NH3 at low temperatures [J]. Chemical Engineering Journal，2014，247：59-65.

[135] Lei Z G，L A B，Wen C P，Zhang J，Chen B H. Experimental and kinetic study of low temperature selective catalytic reduction of NO with NH3 over the V_2O_5/AC catalys [J]. Industrial & Engineering Chemical Research，2011，50（9）：5360-5368.

[136] 马海东，王云刚，赵钦新，等. 燃煤电厂烟气深度冷却器壁上沉积物分析和形成机理 [J]. 化工学报，2015，66（5）：1891-1896.

[137] Haidong Ma，Yungang Wang，Qinxin Zhao，Heng Chen. Mechanism analysis of surface deposition layer on the flue gas cooler caused by ammonia escape [C]. International Conference on Power Engineering-2015（ICOPE-2015），November 30th-December 4th，2015，Yokohama，Japan.

[138] 赵钦新，苟远波. 凝结换热与冷凝式锅炉原理及应用（续完）[J]. 工业锅炉，2013（2）：1-7.

[139] 赵钦新，苟远波. 凝结换热与冷凝式锅炉原理及应用（待续）[J]. 工业锅炉，2013（1）：1-12.

[140] K. O. Beatty，D. L. Katz，Condensation of vapours on outside of finned tubes，Chemical Engineering Prog. 1948，44（1）：55-70.

[141] W. Y. Cheng，C-C. Wang，Condensation of R-134a on enhanced tubes，ASHRAE Trans. 1994，100（2）：809-817.

[142] 王志刚，俞炳丰. 国内外制冷空调用换热器的研究进展 [J]. 制冷学报，1997（3）：16-22.

[143] 张正国，王世平. 强化冷凝传热管的开发研究 [J]. 现代化工，1997，17（12）：13-15.

[144] H. Honda，B. Uchima，S. Nozu，E. Torigoe，S. Imai，Film Condensation of R-113 on staggered bundles ofhorizontal finned tubes，Journal of Heat Transfer 1992，114：442-449.

[145] 何应强，马军. 强化传热技术在空调中的应用 [J]. 制冷，1992（1）：1-4.

[146] 周俊波，王奎升，宋在卿. 腐蚀科学与防腐技术. 不锈钢换热器失效分析，2003，15（2）：51.

[147] 严密，张小星. 镱对镍磷合金化学镀组织和抗腐蚀性能的影响. 稀有金属，2005，29（3）：28.

[148] 王随林，等. 新型防腐镀膜烟气冷凝换热器换热实验研究. 暖通空 HV&AC，2005，35（2）：71.

[149] 周海晖，等. 化学镀镍溶液稳定剂的研究. 电镀与环保，1999，19（1）：22.

[150] 汪琦. 氟塑料热交换器的结构 [J]. 化工设备设计，1994（3）：33-37.

[151] 杨世铭. 传热学：第二版 [J]. 高等教育出版社，1992，987：33.

第七章

烟气深度冷却器制造工艺

烟气深度冷却器本质上属于蛇形管束式换热器的结构类型，是由管外扩展翅片的强化传热元件构成的直管管束和弯头组对焊接形成单片管屏式结构，然后将多组单片管屏式结构进行串联或并联叠加装配而成的换热管束，因直管尺寸比较长，直管管束中间需要多块支撑板支撑和定位，并和两侧的管板组成烟道，最后，在换热管束的进/出口焊接进/出口集箱，从而形成烟气深度冷却器换热器主体。因此，烟气深度冷却器主体的制造工艺主要包括传热元件焊接生产工艺、管屏组装工艺、烟气深度冷却器部装工艺等。在这些生产工艺中，焊接是烟气深度冷却器的主要生产工序，特别是烟气深度冷却器强化传热元件的电阻焊接生产工艺。除此之外，在弯头和直管管束组队焊接时、直管管束与管接头、管接头与集箱以及管屏组件、部件装配时，也大量地使用了电弧焊接方法，其中手工电弧焊、气体保护电弧焊接方法成为烟气深度冷却器生产企业制约其产能的主要生产工序，也是重要的烟气深度冷却器焊接生产工艺。

第一节 焊 接 基 础

一、焊接概论

焊接是指通过适当的物理或化学过程使两个分离的固态物体产生原子（分子）间结合力而连接成一体的连接成形方法。从微观上讲，可以这样定义焊接：两种或两种以上的材料（同种或异种）通过加热或加压（或两者并用），使接头处产生原子或分子间的结合和扩散，从而造成永久性连接的工艺过程。

固体之所以能够保持其稳定的形状，是因为其内部的原子之间距离非常小，原子之间形成了牢固的结合力。要把两个分离的金属物体连接在一起，就要使两个物体连接表面的原子彼此接近到金属原子的晶格距离（即 $0.3\sim0.5nm$）；两个物体放在一起不会自动连接起来，是因为表面存在粗糙度和氧化膜，焊接的本质就是破坏这些阻碍，达到原子结合[1]。

二、电弧焊接理论

根据焊接过程是否施加压力，可以把焊接分为熔化焊接和压力焊接，熔化焊接利用热源把母材局部或焊条合金熔化成液态，在不加压的情况下，互相熔合在一起。压力焊接主要靠压力作用，在固态下连接，每一种焊接又可以根据加压、加热方式的不同分为几十种具体的焊接工艺。如熔化焊，可以是母材和焊丝熔化，分为气焊、电弧焊、气体保护焊、电渣焊和等离子弧焊等。如压力焊，依靠固相加热加压；分为锻焊、电阻焊、摩擦焊、超声波焊和冷压焊等[1]。

焊接电弧是一种强烈的气体放电现象，同时产生大量热能和强烈光辉，电弧焊接就是利用这种热量加热、熔化焊条或焊丝以及母材，使之形成焊接接头的。

焊接方法种类繁多，已在工业生产中获得了非常广泛的应用。其中以熔化焊接方法应用最广，其次是压力焊。熔化焊接方法中以电弧焊接方法居多，其次有电阻焊接方法，图 7-1 示出了熔化焊接分类示意图[2]。

图 7-1　熔化焊接分类示意图

（一）手工电弧焊

1. 手工电弧概念

手工电弧焊（SMAW 焊）是利用电弧产生的热量熔化被焊金属的一种手工操作焊接方法，是一种渣保护焊接方法。

2. 手工电弧的焊接过程

将被焊工件和焊钳分别与电焊机的两极连接并用焊钳夹持焊条。焊接时使焊条与工件瞬时接触，形成短路，随即将它们分开一定距离（2～4mm），就引燃了电弧。电弧下工件立即熔化构成半卵形熔池。焊条药皮熔化后：一部分变成气体包围住电弧隔绝空气，使液态金属免于氧、氮侵害；一部分变成溶渣，与焊芯熔化生成液态金属熔滴一起喷向溶池。液态金属、熔渣和电弧气体互相间会发生强烈的冶金反应，产生气体溶解、氧化、还原反应等。熔池内气体和渣质量轻而上浮，当电弧移去后，温度降低，金属和渣会先后凝固。渣由于收缩量与金属不同，在界面上产生滑移，渣壳脱落或敲击后脱落，露出鱼鳞纹状金属焊缝。

3. 手工电弧焊的特点

手工电弧焊的特点非常明显。

（1）手工电弧焊的优点如下：

1）操作灵活。

2）可焊接各种空间位置的焊缝，平焊、横焊、立焊和仰焊示意图见图 7-2。

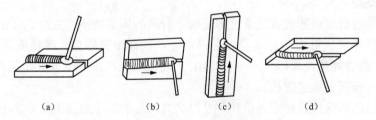

图 7-2　平焊、横焊、立焊和仰焊示意图
（a）平焊；（b）横焊；（c）立焊；（d）仰焊

3）适合现场施工和维修。

（2）手工电弧焊的缺点如下：

1）焊接质量受焊工技术水平、施工条件等影响较大，变动幅度大。

2）间断焊接，生产效率低。

手工电弧焊适合于各种位置焊接，因而在现场定位、安装过程中具有不可替代的作用，管屏部装、厚壁管对接焊的盖面焊接部分、支撑板、烟道、壳体和支撑槽钢等部件都需要采用手工电弧焊进行焊接。

（二）气体保护电弧焊共性知识

1. 气体保护电弧焊接概念

气体保护焊是利用外加气体作为保护介质的一种电弧焊接方法，其优点是电弧和熔池可见性好，操作方便；没有熔渣，无须焊后清渣。但在室外作业时需采取专门的防风措施。根据焊接过程中电极是否熔化，气体保护焊可分非熔化极气体保护焊和熔化极气体保护焊。非熔化极气体保护焊分钨极惰性气体保护焊和等离子弧焊；熔化极气体保护焊分熔化极惰性气体保护焊和 CO_2 焊。

2. 气体保护电弧焊接特点

使用气体保护熔滴和熔池金属的电弧焊接方法简称气体保护焊或气电焊。

（1）气体保护电弧焊接方法具有以下优点：

1）是一种明弧焊接，易于观察和控制。

2）不需采用涂药焊条或焊剂，无熔渣，多层焊。

3）容易实现机械化、自动化和全位置焊接。

4）采用惰性气体保护，特别适于焊接活泼金属材料，接头质量好。

5）可以焊接 $0.1\sim600mm$。

（2）气体保护电弧焊接方法具有以下缺点：

1）焊接时采用明弧和使用的电流密度大，电弧光辐射较强。

2）因焊接过程中需要保护气体，不适于在有风的地方或露天施焊。

3. 保护气体

保护气体的主要作用是排除电弧区周围的空气，保护电极、熔化金属和处于高温下的近缝区金属。常用的保护气体有 4 类：

（1）惰性气体，如 Ar 气和 He 气等。

1）几乎不和任何金属发生化学反应；

2）比重大于空气，利于排除焊接区域空气；

3）比热容小，导热性差，利于保持高温。

（2）还原性气体，如 H_2 和 N_2。

1）使某些金属氧化物或氮化物还原；

2）其重度很小，导热系数大，对电弧冷却作用大；

3）原子复合成分子，对焊件补充加热；

4）氢气保护时，易产生气孔，白点；

5）原子氢焊，冷却速度慢，氢能析出外逸。

（3）氧化性气体，如 CO_2 和 O_2。

1）高温下分解成一氧化碳和氧，具有氧化性；

2）对电弧有较强的冷却作用；

3）成本较低。

（4）多元混合气体，如 $Ar+CO_2$ 或 $Ar+CO_2+O_2$ 等。

1）稳定电弧，如 CO_2+Ar；

2）加强保护效果，如 $Ar+N_2$；

3）改善熔滴过渡特性，降低表面张力，如 $Ar+CO_2$；

4）改善焊缝成形和质量，如 $CO_2 + Ar$。

（三）钨极惰性气体保护焊

1. 焊接概念

钨极惰性气体保护焊简称 TIG 焊，钨极惰性气体保护焊是以高熔点的钨（钍棒）为电极，在保护气流的保护下，靠不熔化的钨极与工件之间产生的电弧热熔化母材和焊丝来进行焊接，如图 7-3 所示。钨极惰性气体保护焊可以手工操作，也可以半自动焊和自动焊。当保护气体是 Ar 气时，钨极惰性气体保护焊也称钨极氩弧焊，以下以钨极氩弧焊为例说明其过程及特点。

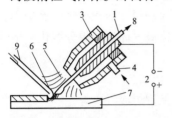

图 7-3　钨极惰性气体保护焊

1—电极；2—焊接电源；3—喷嘴；4—保护气体；5—电弧气氛；6—焊接熔滴、熔池；7—工件；8—弧长调整方向；9—焊丝

2. TIG 焊的焊接过程

焊接时，在钨极与工件间产生电弧，填充金属从一侧送入，在电弧热的作用下，填充金属与工件熔融在一起形成焊缝。为了防止电极的熔化和烧损，焊接电流不能过大，因此，钨极氩弧焊通常适用于焊接 3mm 及以下的薄板，如管子之间的对接和管子与管板的连接等。

3. TIG 焊的焊接特点

钨极氩弧焊广泛地应用于工业生产的各个方面，具有以下优点：

（1）氩气能有效地隔绝周围空气，不和金属发生反应，能焊接几乎所有的金属及合金。

（2）热源和填充焊丝可分别控制，因而热输入量容易调节，可实现单面焊双面成形，保证根部焊透，能进行各种位置的焊接。

（3）由于填充焊丝不通过电弧，故不会产生飞溅，焊缝成形美观。

TIG 焊也存在一些缺点：钨极承载电流能力差，热功率小，熔深浅，熔敷速度低，生产率较低。

4. 氩弧特性

（1）引弧特性：氩气电离势较高，焊接时只能采用非接触引弧，需加装高压脉冲或高压振荡引弧器，引弧电压为 2000～3000V。

（2）氩弧的稳定性：电弧的稳定性决定于气体对电弧所吸收热量的多少，因为氩气比热容小，导热性差，氩气在电弧气氛中吸热量少，氩弧较稳定，氩弧温度可高达 8000～12000K。

（3）氩弧的电压：在同样的弧长下，氩弧所需的电压最小，因此，氩弧一旦引弧，可在较长的电弧长度条件下稳定燃烧，不易灭弧。

5. 电源和极性

（1）正极性接法。一般情况下，钨极氩弧焊均采用直流电源正极性接法，即钨极接负极，工件接正极。采用正极性接法时，钨极是阴极，发射电子能力强，大量电子冲击熔池，熔深大，温度高；同时，正离子冲击钨极表面，产生热量主要用于钨极发射电子，钨极烧损量少。

（2）反极性接法。当采用反极性接法时，钨极是正极，高质量正离子冲击工件表面，可以破碎阴极表面的氧化膜，称为阴极破碎效应，适合焊接活泼金属。但是，此时大量电子冲击钨极，且钨极不需要发射电子，钨极温度升高，烧损量大。

（四）熔化极惰性气体保护焊

1. 焊接概念

熔化极惰性气体保护焊简称 MIG 焊，它是以焊丝作电极，在焊丝和工件之间形成电弧，如图 7-4 所示。惰性气体通常采用氩气，因而也称为熔化极氩弧焊。熔化极氩弧焊是在钨极氩弧焊和埋弧焊基础上发展起来的。

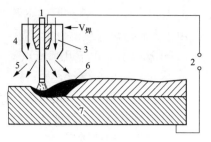

图 7-4　熔化极惰性气体保护焊

1—焊丝/电极；2—焊接电源；3—喷嘴；

4—保护气体；5—电弧气氛；

6—焊接熔池；7—工件

2. MIG 焊的焊接过程

MIG 焊接时，在焊丝与工件间产生电弧，焊丝熔化后过渡到熔池，填充金属与工件熔融在一起形成焊缝。因 MIG 焊不存在钨极烧损的问题，焊接电流大，MIG 焊适用于焊接 3mm 以上的薄板、小口径厚壁管对接、管子与管板的连接。

3. MIG 焊的焊接特点

MIG 焊接方法具有很大的焊接优势，其优点如下：

（1）MIG 焊时，焊丝作电极，可采用较大电流密度，电弧热功率大，热量集中，焊接生产率高。

（2）焊接导热快的工件，不需要预热，改善劳动条件，提高焊接质量。

（3）容易实现机械化、自动化和全位置焊接。

（4）容易实现多层焊接，可焊接 10～600mm 的工件。

MIG 焊也存在以下缺点：因为 MIG 焊的热功率比较大，所以 MIG 焊在冷金属上焊接时容易产生弧坑裂纹，因此，MIG 焊一般不作为焊接过程的第一道焊，一般应用于和 TIG 焊联合使用，采用 TIG 焊打底、MIG 焊盖面焊接，既保证了焊缝根部焊透，又保证了较高的焊接生产效率。

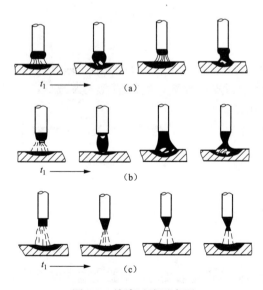

图 7-5　熔滴过渡示意图

（a）短路过渡；（b）滴状过渡；（c）喷射过渡

4. MIG 焊的熔滴过渡

所有熔化极电弧焊都存在熔滴过渡问题。有三种基本的过渡形式，即短路过渡、滴状过渡和喷射过渡，如图 7-5 所示。

（1）短路过渡。焊丝熔化后的液体金属在未脱离焊丝端头时就和熔池相接触，称为短路过渡。短路过渡具有以下几个特点：

1）焊接规范小，电弧短，电流小，熔深浅；

2）过渡频率高；

3）焊缝成形好，飞溅少。

（2）滴状过渡。滴状过渡也称颗粒状过渡，可分小滴过渡和大滴过渡。

1）大滴过渡具有以下几个特点：

a. 熔滴直径大于焊丝直径；

b. 焊接电流小，焊接过程不稳定；

c. 过渡频率低，每秒几滴至十几滴；

d. 焊缝成形差,容易形成飞溅。

由于大滴过渡存在的以上问题,工业生产中一般不采用大滴过渡。

2)小滴过渡有以下几个特点:

a. 熔滴直径小于焊丝直径;

b. 焊接电流稍大,焊接过程较稳定;

c. 过渡频率较高,每秒几十滴;

d. 飞溅少,焊缝成形好。

(3)喷射过渡。喷射过渡也称为射流过渡。喷射过渡时,金属熔滴是在焊丝轴线所指的直线上过渡,熔滴位置容易控制。具有以下几个特点:

1)熔滴直径远小于焊丝直径。

2)电流大于临界电流,焊接过程十分稳定。

3)过渡频率较高,达 200 滴/s。

4)飞溅很少,熔深大,焊缝成形好。

喷射过渡是 MIG 焊的主要形式。

(五)二氧化碳气体保护焊

1. 焊接概念

二氧化碳气体保护焊简称 CO_2 焊,是 MIG 焊的一种,它是以焊丝作电极,在焊丝和工件之间形成电弧,以 CO_2 等氧化性气体或活性气体作为保护气体完成焊接的方法。因 CO_2 焊采用活性气体保护焊接,有时也称活性气体保护焊,简称 MAG。CO_2 焊是一种高效率、低成本的焊接方法,可分为半自动焊和自动焊两类。

2. CO_2 焊接过程

焊接时,在焊丝与工件间产生电弧,焊丝熔化后过渡到熔池,填充金属与工件熔融在一起形成焊缝。焊接时,因没有钨极烧损,焊接电流大,CO_2 焊适用于焊接 3mm 及以上的薄板,小口径厚壁管对接、管子与管板的连接。

3. CO_2 焊的特点

CO_2 焊具有独特的优势,其主要优点如下:

(1)焊接成本低。和氩弧焊相比,CO_2 气价廉易得,其焊接成本只有 SMAW 的 40%~50%。

(2)焊接能耗低。由于 CO_2 作为保护气体代替药皮和焊剂,电能消耗大大减少,一般情况下,每米长度焊缝耗能是 SMAW 的 40%~70%。

(3)CO_2 焊电弧穿透力强,熔深大,焊丝熔化系数大,熔敷速率高,生产效率是 SMAW 的 1~3 倍。

(4)适用范围广。CO_2 焊不受焊件位置和壁厚的限制。

(5)抗锈能力强,焊缝含氢量低,抗裂性能好。

(6)焊后不需清渣,明弧焊接,便于对焊接过程的监视和控制,有利于实现焊接过程的自动化。

4. CO_2 焊熔滴过渡

CO_2 焊有滴状过渡和短路过渡之分。滴状过渡时受电磁收缩力和电弧高温蒸发力作用。电磁收缩力促进熔滴过渡,但作用较弱;电弧阴极斑点电流密度大,形成向上的蒸发金属作用力,焊丝金属可能发生偏熔,形成非轴向过渡。CO_2 焊可用小滴过渡,过渡频率为十几滴至 50 滴/s。薄板焊接时，采用短路过渡时，短路和电弧是交替变化的。短路频率越高，熔滴越细，飞溅越少，成形越好。

5. CO_2 焊的冶金特点

CO_2 焊在其发展过程中存在 3 大问题，最突出的是熔滴飞溅问题，不论从焊接电源、焊接材料及工艺上采用何种措施，都只能使飞溅减少，不能完全消除；而其他 2 个问题，即氧化和脱氧及气孔问题从冶金上采取措施可以解决。

6. 熔化极脉冲氩弧焊

MIG 焊接时，焊接电流须大于临界电流值才能获得熔滴的喷射过渡。在一般氩弧焊用的电流中加进脉冲电流，称为熔化极脉冲氩弧焊，其具有以下特点：

（1）实现了低平均电流下的喷射过渡，使热输入量减小，熔池停留时间短，变形较小，焊接成本降低。

（2）脉冲氩弧焊可采用较粗的焊丝。粗焊丝的成本低且便于送进，提高了焊接电弧的稳定性。

（3）易实现对厚板的焊接。

（4）采用脉冲电流后，易于实现对电弧能量的调节，扩大焊接适应范围。

（5）加强对熔池搅拌作用，有助于消除气孔。

三、电阻焊接理论

电阻焊是利用电流通过焊件及其接触处所产生的电阻热将焊件局部加热到热塑性或熔化状态，然后在压力下形成焊接接头的焊接方法。

电阻焊在焊接过程中产生的热量可用焦耳－楞次定律计算，即

$$Q = I^2 \cdot R \cdot t \tag{7-1}$$

式中　Q——电阻焊时所产生的电阻热，J；

　　　I——焊接电流，A；

　　　R——工件的总电阻，包括工件本身的电阻和工件间的接触电阻，Ω；

　　　t——通电时间，s。

由于焊接工件本身的电阻很小，为使工件在 0.01s 到几秒的极短时间内迅速加热，必须采用几千到几万安培的较大焊接电流才能形成稳定的焊接过程。

电阻焊具有以下优点：生产率高，焊接变形小，劳动条件好，不需另加焊接材料，操作简便，易实现机械化和自动化等。

电阻焊分为点焊、缝焊和对焊三种形式。

（一）点焊

点焊是利用柱状电极加压通电，在搭接工件接触面之间焊接形成一个个焊点的焊接方法，如图 7-6 所示。

点焊时，先加压使两个工件紧密接触，然后接通电流。由于两工件接触处电阻较大，电流流过接触处所产生的电阻热使该处温度迅速升高，局部温度可达金属熔点温度，峰值温度高于金属熔点，从而被熔化形成液态熔核。断电后，继续保持压力或

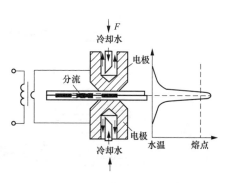

图 7-6　点焊示意图

加大压力，使熔核在压力下凝固结晶，形成组织致密的焊点。而电极与工件间的接触处所产生的热量因被导热性好的铜或铜合金电极及冷却水传走，因此温升有限，不会出现电极和工件焊合的现象。

焊完一个点后，电极将移至另一点进行焊接。当焊接下一个点时，有一部分电流会流经已焊好的焊点，称为分流现象。分流将使焊接处电流减小，影响焊接质量。因此两个相邻焊点之间应有一定距离。因为工件厚度越大，焊件导电性越好，分流现象越严重，故焊点间距应适当加大。不同材料及不同厚度工件上焊点间最小距离如表 7-1 所示。

表 7-1　　　　　　　　　　点焊的焊点最小间距　　　　　　　　　　mm

工件厚度	间距		
	结构钢	耐热钢	铝合金
0.5	10	8	15
1	12	10	18
2	16	14	25
3	20	18	30

影响点焊接头质量的主要因素有焊接电流、通电时间、电极压力及工件表面焊前清理情况等。

根据焊接时间的长短和电流大小，常把点焊焊接规范分为硬规范和软规范。硬规范是指在较短时间内通以大电流的规范。它的生产率高，焊件变形小，电极磨损慢，但要求设备功率大，规范应控制精确，适合焊接导热性能较好的金属。软规范是指在较长时间内通以较小电流的规范。它的生产率低，但可选用功率小的设备焊接较厚的工件，适合焊接有淬硬倾向的金属。

点焊焊件都采用搭接接头，图 7-7 所示为几种典型的点焊接头形式。点焊主要适用于厚度为 4mm 以下的薄板、冲压结构及线材的焊接，每次焊一个点或一次焊多个点。目前，点焊已广泛应用于制造汽车、车厢、飞机等薄壁结构以及罩壳和轻工、生活用品等。

（二）缝焊

缝焊过程与点焊相似，如图 7-8 所示，只是用旋转的圆盘状滚动电极代替了柱状电极。焊接时，盘状电极压紧焊件并转动，也带动焊件向前移动，配合断续通电，即形成连续重叠的焊点。因此称为缝焊。

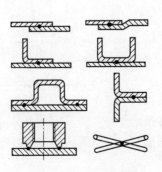

图 7-7　点焊接头形式

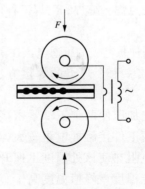

图 7-8　缝焊示意图

缝焊时，焊点相互重叠 50% 以上，密封性好。主要用于制造密封性要求高的薄壁结构。如油箱、小型容器与管道等。

但因缝焊过程分流现象严重，焊接相同厚度的工件时，焊接电流约为点焊的 1.5～2 倍。因此要使用大功率焊机，用精确的电气设备控制间断通电的时间。缝焊只适用于厚度 3mm，及以下的薄板结构。

（三）对焊

对焊根据焊接操作方法的不同又可分为电阻对焊、闪光对焊和高频电阻焊。

1. 电阻对焊

将两个工件装夹在对焊专机的电极钳口中，施加预压力使两个工件端面接触并被压紧，然后通电。当电流通过工件和接触端面时产生电阻热，将工件接触处迅速加热到热塑性状态，如碳钢为 1000～1250℃，再对工件施加较大的顶锻力并同时断电，使接头在高温下产生一定的塑性变形而焊接在一起，如图 7-9 所示。

电阻对焊操作简单，接头比较光滑，焊接无闪光过程。但焊前应认真加工和清理端面，否则易造成加热不匀、连接不牢的现象。此外，高温端面易发生氧化，质量不易保证。电阻对焊一般只用于焊接截面形状简单、直径或边长小于 20mm 和接头连接强度要求不高的工件。

2. 闪光对焊

将两工件端面稍加清理后夹在电极钳口内，接通电源并使两工件轻微接触。因工件表面不平，首先只是某些点接触，强电流通过时，这些接触点的金属即被迅速加热熔化，甚至蒸发，在蒸汽压力和电磁力作用下，液体金属发生爆破，以火花形式从接触处飞出而形成"闪光"。此时应继续送进工件，保持一定闪光时间，待焊件端面全部被加热熔化时，迅速对焊件施加顶锻力并切断电源，焊件在压力作用下产生塑性变形而焊在一起，如图 7-10 所示。

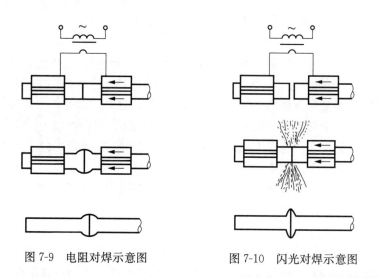

图 7-9　电阻对焊示意图　　　　图 7-10　闪光对焊示意图

在闪光对焊的焊接过程中，工件端面的氧化物和杂质，一部分被闪光火花带出，另一部分在最后加压时随液态金属挤出，因此闪光对焊接头中的夹渣少，焊接效率高，质量好，强度高。

但是，闪光对焊时，若电流不够大，顶锻力太小，熔化或氧化的氧化物和杂质不能被有效地挤出接头处，有可能在接头处形成一种叫灰斑的缺陷，不仅降低焊接接头的连接强度，而且影响接头处的传热特性，降低传热有效性，从而造成传热元件实际传热能力的下降。

3. 高频对焊

利用 $300\sim450kHz$ 的高频电流的集肤效应使其在流经焊件时，在焊件表面产生电阻加热，并在一定压力下，使焊件完成焊接连接的方法称为高频焊。各种工业用的电阻对焊专机都不同程度地使用了高频焊接的理念。

由于电流高度集中于焊接区，加热速度极快，因而焊接速度极高；因焊接速度快，热影响区小，不易发生氧化，焊缝组织和性能十分优良。高频对焊广泛用来焊接有缝钢管、螺旋翅片管，H 形翅片管、异型管等管材。图 7-11 和图 7-12 分别示出了有缝钢管高频焊接和螺旋翅片管高频焊接的示意图。

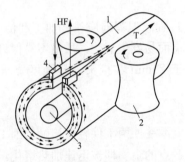

图 7-11　有缝钢管高频焊接示意图
1—焊件；2—挤压滚轮；3—阻抗器；4—触头位置
HF—高频电流；T—管坯运动方向

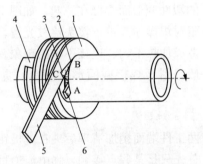

图 7-12　螺旋翅片管高频焊接示意图
1—翅片；2—焊合点 B；3—上焊接触头；
4—基管；5—肋片；6—下焊接触头

第二节　传热元件焊接生产工艺

目前，燃煤电厂用于烟气深度冷却器的强化传热元件主要有 H 形翅片管、螺旋翅片管和针形翅片管 3 种常用强化传热元件，生产这些翅片型传热元件的生产线都是以电阻焊接理论为基础研制开发的焊接专业机电装置，简称焊接专机，这些焊接专机自研究开发出来之后几经改进，在工业生产中均已形成批量生产供应，就目前的焊接专机的生产工艺水平而言，仅仅能够满足一般工业生产对焊接专机机械化和自动化的需要，远远没有达到数字化和智能化的水平。未来，随着"中国制造 2025"国家战略的进一步深入实施，这些焊接专机都有向数字化和智能化水平提升的巨大空间，用数字化和智能化来提升现有的焊接专机的自动化和智能化水平是烟气深度冷却器生产企业今后的研发重点。

一、H 形翅片管焊接生产线

H 形翅片管也称 H 形肋片管，也有称蝶片管的，它是把两片中间有圆弧的钢片对称地与光管焊接在一起形成翅片（肋片或蝶片），光管也称为基管，正面形状很像字母"H"，因此称为 H 形翅片管。

H 形翅片管的 2 个翅片为矩形，其截面呈近似正方形，其边长约为光管的 2 倍，属管外扩展的受热面。H 形翅片管采用高频电阻焊接工艺方法，其焊接后焊缝熔合率高，焊缝抗拉强度大，具有良好的热传导性能。单 H 形翅片管生产效率低下，因此为提高焊接生产效率，H 形翅片管还经常被制造成双管的"双 H"形翅片管，不仅提高了生产效率，也大大提高了其结构刚性，适应于管排较长的场合，图 7-13 示出了目前已经在工业中广泛应用的 H 形翅片管的各种结构形式[3]。

目前，青岛达能环保设备股份有限公司和西安交通大学根据共同提出并获得授权的《一种翅片管组制造方法和专用焊机》国家发明专利（ZL201410449260.7）思想研制开发出可同时焊接 4 根光管的 4H 形翅片管，

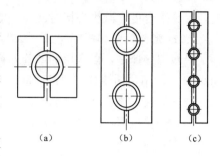

图 7-13　H 形翅片管的各种结构
(a) H 形翅片管；(b) 双 H 形翅片管；(c) 4H 形翅片管

在已建成的 16 条生产线中成功改造了 6 台 4H 形翅片管生产线，4H 形翅片管采用已被弯成 180°弯头的弯管直接焊接，减少了弯头焊接工作量，最大限度地提高了生产效率，但对高频翅片管焊接机设备来说也要求其具有更高的焊接性能和生产稳定性能。

（一）H 形翅片管的特点

1. 优异的防磨性能，减少磨损

H 形翅片管采用顺列布置，H 形翅片与管子垂直，不同于螺旋翅片和管中心线有一定的角度，把空间分成若干小的区域，对气流有较好的均流作用，与采用错列布置的光管省煤器、螺旋肋片省煤器、纵向翅片省煤器相比，在其他条件相同的情况下，磨损寿命要延长 3～4 倍。

2. 优异的自清灰能力，减少积灰

H 形翅片管具有良好的不积灰的翅片间距，积灰形成发生在管子背向面和迎风面。管子错列布置容易冲刷管子，背风面积灰较少。对于顺列布置管子，由于气流不容易冲刷管子背面，就管束而言，顺列布置积灰比错列多。

H 形翅片管由于翅片焊在管子不易积灰的两侧，而气流顺翅片 2 侧流动，气流方向不改变，翅片不易积灰。H 形翅片中间留有 4～13mm 的间隙，可引导气流吹扫管子翅片积灰。纵向翅片管翅片焊在积灰迎风面和背风面，气流沿翅片流动，气流到管子处改变方向形成漩涡。部分区域易形成积灰。H 形翅片两边形成笔直通道，可取得最好的自清灰效果。

（二）H 形翅片管生产线

H 形翅片管焊机基本原理如本章第一节所述，属于高频电阻焊的一种应用。一般采用 3×160kVA 三相次级 H 形翅片管整流自动化生产线。即人工上下基管和翅片管，翅片由料斗自动向焊接机头供料，人工通过料斗装填，也可自动下料装填，高频自动焊机的机头夹持翅片作用到基管上完成翅片与管件焊接，从而焊接形成 H 形翅片强化传热元件。图 7-14 所示为焊接示意图。

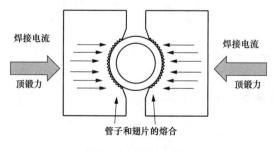

图 7-14　焊接示意图

为了增加翅片和基管接触处电阻，以形成足够大的电流，完成翅片和基管焊接，减少焊接顶锻力，提高翅片和基管的连接强

度，提高熔合度，减少焊接时间，一般将翅片和基管接触面加工成锯齿状，如图7-14所示。

1. H形翅片管焊机焊接工艺参数

(1) 焊接速度：以常用的基管外径38mm、翅片厚度2～3mm为例，每对翅片的焊接时间小于3s，不包括翅片进料的时间。

(2) 焊接电流：160～400kA。

(3) 焊接电压：380V±10%。

2. 焊接强度和稳定性

(1) 拉脱力实验：大于50MPa或者钢管部分撕裂。

(2) 焊缝宽度：大于翅片厚度，即焊着率大于100%。

(3) 焊接强度稳定性：每片首件做焊接工艺评定达到以上两点要求。

(4) 焊缝抗弯曲试验：翅片左右弯曲20°焊缝无裂纹。

(5) 锤击试验：平行于钢管敲击翅片上部直到翅片脱落翅片本身不得断裂。

(6) 如果锤击试验失败必须启用退火功能。

3. H形翅片管的主要焊接技术质量指标

(1) 焊缝熔合宽度不低于翅片厚度的97%。

(2) 焊缝熔合长度大于翅片焊缝名义长度的96%。

(3) 焊缝的长度为管子外径的130°周长。

(4) 焊缝抗拉强度为180MPa。

(5) H形翅片扳弯试验的焊缝不脱落，试验角度不小于10°。

4. H形翅片管焊机制造能力

(1) 焊机配备适应双管和单管的工装夹具。

(2) 翅片管长度1～12m。

(3) 翅片厚度为2～3mm。

(4) 钢管尺寸为19～51mm。

5. H形翅片管焊机可焊接材料范围

H形翅片管焊机可焊接材料范围如表7-2所示。

表7-2　　　　　　　　　　　焊接材料范围

序号	基管材质	翅片材质	焊接性能
1	碳钢	碳钢	优
2	碳钢	低合金钢	良好
3	低合金钢	低合金钢	因低合金钢硬度高，脆性大，两者焊接时易发生脱落，需加大设计电流进行焊接
4	不锈钢	不锈钢	良好

6. H形翅片管焊机换热管尺寸精度要求

(1) 翅片段全长为±3mm，分段运动精度为±0.6mm。

(2) 各片间距为±0.6mm。

(3) 翅片和钢管垂直度为±1°。

(4) 同组对焊翅片平面高度为±0.4mm，翅片厚度公差引起的高度差除外。

（5）同组对焊翅片高度差为±0.4mm，翅片尺寸公差引起的高度差除外。

（6）双管中心距离公差为±0.4mm。

（7）相同钢管材料、片距和片数的不同翅片管焊接后长度变化一致。

7．H形翅片管生产工艺制作流程

H形翅片管及管排生产工艺制作流程如图7-15所示。

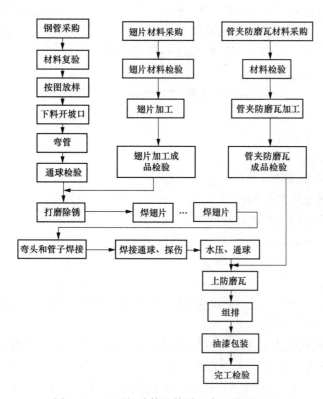

图 7-15　H形翅片管及管排生产工艺流程图

（三）H形翅片管焊接专机最新进展

H形翅片管焊接专机最先是由丹麦欧堡公司于1995年在山东胶州市北关办事处设立的一家外商独资企业引进国内，然后在扎根胶州的基础上面向全国发展起来的。2010年年底，欧堡工业（青岛）有限公司加入阿法拉伐集团，转身成为阿法拉伐（青岛）工业有限公司。鉴于H形翅片管优良的传热和阻力性能，传热系数高，烟气横向冲刷管束阻力低，焊接专机易于实现机械化和自动化，国内经过研究相继实现了焊接专机的国产化，青岛凯能锅炉有限公司是国内较早独立设计生产H形和双H形翅片管焊接专机及生产H形翅片管换热器的生产厂家，目前已具有11条H形翅片管生产线，并能自行设计制造H形翅片管焊接专机及生产线，2014年，随着产能的不断扩大，该公司已经将其拥有的其中6条生产线自主创新改造成扁钢自动进料、自动成形和自动下料的全自动化生产流水线，省去了H形翅片的人工上料操作方式。2014年，青岛达能环保设备股份有限公司因加工烟气深度冷却器的订单业务量剧增，为扩大H形翅片管焊接专机和换热器焊接组装的产能，由西安交通大学赵钦新教授提出，青岛达能环保设备股份有限公司总工程师姜衍更和生产厂长双永旗高级工程师提出具体方案共同合作创新开发了 4H 形翅片管焊接专机，申请并获得国家发明专利授权，该专利思想突破了 H 形和双 H 形翅片管的生产瓶颈，减少 H 形翅片管屏弯头和直管管束组对焊接的工作量 50%，使换热器管屏组装的生产效率提高 1 倍，目前青岛达能已具有 16 条 H 形翅片管生产线，其中 6 条已改造成 4H 形翅片管生产线，极大地提高了劳动生产率和换热器产能，更可贵的是，该设备减少了 50% 的焊接接头，大大减少了换热器管屏焊接接头失效的概率，提高了运行可靠性。但是，自从 1995 年 H 形翅片管焊接专机引入中国换热器生产制造以来，其在自动化、数字化方向上没有显著进展。目前市场上广泛使用的 H 形翅片管焊接专机自动控制编程用的是线性思维，流程作业，焊接及辅助动作所需的时间较长，具有较大的改进余地。

传统的 H 形或双 H 形翅片管焊接专机的工作流程如下：

(1) 已冲压好的翅片落料。

(2) 焊接电极夹紧翅片。

(3) 退翅片挡板。

(4) 夹紧翅片的焊接电极相对推进。

(5) 翅片和钢管电阻对接焊接。

(6) 翅片和钢管电阻对焊电极松开。

(7) 对焊电极相向退出。

(8) 钢管按翅片节距进给。

(9) 翅片挡板推进。

由此可见，完成一次成对翅片的焊接过程共需 9 个动作，统计平均用时约为 4.5s，这是我国市场上常规设备的较高水平。

2015 年，山东沂水蓝天节能设备有限公司通过对青岛凯能锅炉设备有限公司 H 形翅片管生产线进行实地考察，购买了 1 条青岛凯能锅炉设备有限公司生产的 H 形翅片管焊接专机生产线，认真研究了 H 形翅片管焊接专机的机械动作过程和自动控制流程，对传统的 H 形翅片管焊接专机进行了焊接工作流程再造，经过改进的焊接专机采用统筹并行方法设计，使电极推进与退出、电极夹紧与松开、钢管进给和挡板进给等动作同时进行，完成一次焊接工艺过程共需 6 个动作，减少 3 个动作用时，一个完整的焊接工艺流程下来可节约焊接用时 1.5s，节约 33% 的焊接时间，大大提高了劳动生产率和单台焊接专机的单日最大产能，整个焊接专机从传统的 H 形翅片管焊机单日生产 3t H 形翅片管传热元件增加到单日生产 5t。图 7-16 示出了经过改良的 H 形翅片管焊接专机汽缸原理图。

这是一种套筒式气缸结构，传统气缸的推进和后退用气量基本相等，改进后的气缸优化了结构设计，后退时用气量只需要推进时的 50%，节省了压缩空气量和后退时间。图 7-17 示出了该公司改良的新一代 H 形翅片管焊接专机并行挡板设计的原理图，本设计利用推进电极支撑板往复运动作为动力源，以实现挡板与电极支撑板同步运动，节省挡板运动时间，实现更高效工作。完成一次焊接工艺过程仅需 4 个动作，相对传统焊接专机的工作流程减少 5 个动作用时，一个完整的焊接工艺流程下来可节约焊接用时 2.0s，节约 66% 的时间，整个焊接专机从传统的 H 形翅片管焊机单日生产 3t H 形翅片管增加到单日生产 6.5t。

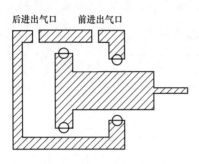

图 7-16 改进的气缸设计

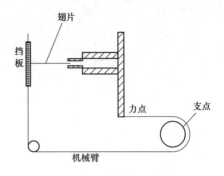

图 7-17 改进的并行挡板设计

（四）4H 形翅片管组制造方法和专用焊机

在传统 1H、2H 形翅片管的使用过程中，技术人员发现 H 形翅片具有实现烟气的单元体均匀分割、流体加速和压缩聚合的能力。在此基础上，我们发明了 4H 形翅片管强化传热元件，提出了 4H 形翅片的高效组对制造工艺，发明了其专用焊接装置，实现了飞灰中碱性物质、SO_3/H_2SO_4 蒸汽和液滴的气、液、固三相流场的连续均匀、贴壁凝并和深度吸收，从而有效地抑制了低温腐蚀。图 7-18（a）、图 7-18（b）分别示出了 4H 形翅片管束单元的结构图。

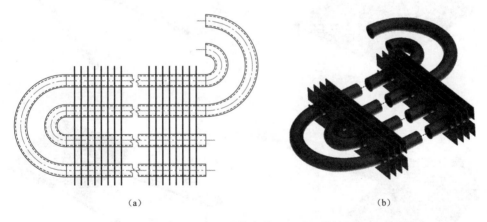

（a）   （b）

图 7-18 4H 形翅片管束单元组对的结构图
（a）4H 形翅片管束单元组对平面图；（b）4H 形翅片管束单元组对三维图

4H 形翅片管组为包括带有大直径弯头的 U 形外管和带有小直径弯头的 U 形内管管束，间隔均匀焊接在 U 形内管、U 形外管上的翅片，每个翅片带有 4 个与 4 根管子相对应的整体为圆弧状的凹槽，凹槽弧线上分布有多个锯齿切口以增大接触电阻，上述 4H 形翅片管单元的组对制造工艺流程如下：

1. 下料

计算 4H 形翅片管组的展开的带大直径弯头和小直径弯头的直管长度，在切管机上切割下料，并在需要焊接的管端上车坡口，待管组装配时焊接；同时，对扁钢开卷，按照图 7-19 的尺寸在冲剪机上冲裁并切断形成带圆弧和锯齿的翅片。

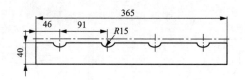

图7-19 4H形翅片平面结构尺寸

2. 弯管成形

当直管在切管机上完成下料工序后，将直管按弯管直径的不同分为两批，然后对下料的直管管束在弯管机上进行大直径和小直径弯管成形，形成含大小弯头的蛇形管束。图7-20示出了其制造工艺流程，由图7-20可见，U形内管直管一端进入小R弯管半径的弯管机中完成小R弯管工序，随后反向进入大R弯管半径的弯管机中完成大直径弯管工序；与之对应地，U形外管直管一端直管一侧进入大R弯管半径的弯管机中完成大R弯管工序，随后反向进入小R弯管半径的弯管机中完成小R弯管工序。图7-20（a）、图7-20（b）分别示出了U形内管直管在经过不同弯管半径时的状态；图7-20（c）、图7-20（d）分别示出了U形外管直管在经过不同弯管半径时的状态。

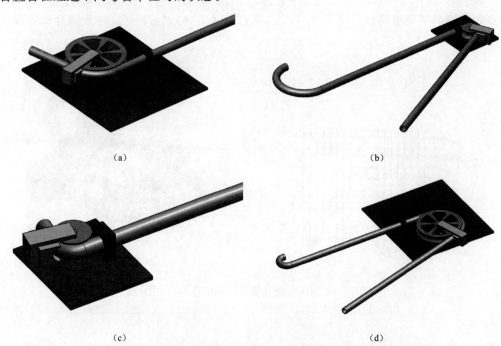

图7-20 U形内管直管和U形外管直管的弯管过程示意图
(a) U形内管直管-小R弯管半径；(b) U形内管直管-大R弯管半径；
(c) U形内管直管-小R弯管半径；(d) U形内管直管-大R弯管半径

3. 翅片管焊接连接成形

将上述已经折弯过的U形内管和U形外管4排管子装夹定位到专用焊机上，翅片由料斗自动向焊接机头供料，一般采用由人工把翅片装填进料斗，也可采用翅片冲剪机在线自动装填下料，在专用焊机上自动焊接成形，自动焊机的机头夹持翅片作用到钢管上完成翅片与管件的中频电阻组对焊接，形成4H形翅片管束单元。图7-21（a）示出了本研究团队所发明的 4H 形翅片管专用焊机三维原理图，图 7-21（b）示出了所发明的 4H 形翅片管专用焊机的机头放大图。

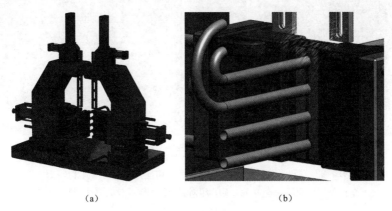

（a） （b）

图 7-21 4H 形翅片管专用焊机三维原理图

（a）专用焊机三维原理图；（b）专用焊机的机头放大图

4H 形翅片管专用焊机包括机座，安装在机座上的两套机架，安装在机架上方的 2 套翅片自动落料仓，上方平台上的送料气缸、2 套落料通道、2 套水平推料气缸以及安装在中部的由推料气缸推动的 2 套电极夹紧装置。

4H 形翅片管专用焊机的工作原理是：冲剪成形的翅片由人工分别装填至 2 侧料仓内，送料机构根据程序动作自动将翅片送至电极夹持器中，同时钢管按程序和翅片间距移动到焊接工位，气缸推动电极夹持器中的翅片与钢管接触、挤压，同时中频逆变电源使翅片、钢管之间接触部位快速通电产生电阻热，翅片与管接触部位熔融并在气缸推动力作用下与钢管焊接为一体，焊接完成后，气缸自动退出返回，从而完成一个位置的一对翅片焊接，然后翅片落片、步进电动机推动钢管移动进入下一个循环。

4H 形翅片管专用焊机的优势是采用双翅片、四排管同时组对焊接连接成形，即以 4 排管为一组模块，通过翅片自动落片、钢管自动输送方式，在 4 排管上实现两翅片同时焊接，与单管生产相比，可大大提高焊机的生产效率，生产效率高，焊接质量好，实现了高效、高质量规模化生产和产业化。图 7-22 示出了不同制造工艺状态下的 4H 形翅片强化传热单元、中频电阻焊接专机和 4H 形翅片管组的实物图。

（a） （b）

图 7-22 4H 形翅片管束、焊接专机和翅片管组实物图（一）

（a）正在焊接中的焊接专机和 4H 形翅片管单元；（b）中频电阻焊接完成的单片 4H 形翅片管单元

图 7-22　4H 形翅片管束、焊接专机和翅片管组实物图（二）

(c) 若干单片 4H 形翅片管单元；(d) 组对完成的 8 组叠放的单片 4H 形翅片管组

制造 4H 翅片管组时，企业可独立弯制大、小 R 弯头组对的弯管管束，也可以直接向钢管厂订制含有大、小 R 弯头组对的弯管管束。因为使用大、小 R 弯头组对的弯管管束，不需单独购置或弯制大、小 R 弯头，生产和组装效率分别提高了 1 倍和 3 倍，且 4H 翅片焊接、装配质量高，刚度和稳定性全面优于针形和螺旋翅片。显著减少了传统的 1H、2H 形翅片管组存在的直管管束和标准弯头的焊接工作量，不仅显著降低焊接缺陷引起的焊接接头安全隐患，而且降低工人的劳动强度，更有利于显著提高产品质量，降低管屏整体成形的外形尺寸偏差，节省组装时间，提高管屏的组装质量。

与此同时，4H 形翅片管不仅提高了烟气深度冷却器的生产效率，更为重要的是，其整体刚度和稳定性全面优于无法组对生产的针形翅片管和螺旋翅片管结构，特别适合制造超大容量的燃煤机组的烟气深度冷却器。

二、针形翅片管焊接生产线

针形翅片管也称销钉管或销针管或针形管，通过专用焊机将圆柱针呈圆形均匀焊接在换热管外侧，然后采用专用工装强制弯曲成四方形或六角形等设计所需的外形尺寸的一种换热管元件，如图 7-23 所示。

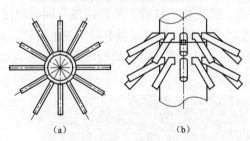

图 7-23　针形管示意图

(a) 俯视图；(b) 正视图

（一）针形翅片管的特点

针形翅片管作为一种新型的强化传热元件，其主要优点如下。

1. 对流换热系数大

无论烟气是横向还是纵向冲刷管束，所有针形扩展表面都受到烟气的横向紊流冲刷，气流在针肋的圆柱背面形成对称的稳态旋涡和回流区，热边界层不断地被破坏和再形成，从而使整个换热边界层减薄，减小了热阻，大大提高换热系数[4]。

2. 优异的防积灰性能

由于针形管的针肋是一种悬臂梁结构，在气流的冲击作用下，针肋产生微振动，使烟灰很难持续积结；加上烟气强烈的紊流冲刷，使针形管换热元件具有较强的自清灰能力。另外，针形管结构紧凑，单位换热量金属耗量低，是一种非常理想的强化传热元件。该产品在国外船用锅炉等要求紧凑的换热设备上有着非常广泛的应用，而国内以前由于缺少生产针形管的设备，使得该产品的应用受到限制。目前青岛达能环保设备股份有限公司自行设计并制造了全自动针形管焊机。每分钟可焊针 34～42 个，焊接面积可达 95％以上，焊接深度为0.3～0.5mm，性能较稳定，填补了国内空白。

3. 节省安装空间

针形管强化传热元件具有较高的传热效率，特别适合于余热锅炉、燃油、燃气锅炉和烟气深度冷却器。在同样的换热量下，其重量、外形尺寸可有较大幅度的下降。针形管的防积灰性能较 H 形翅片管、螺旋翅片管等常规强化传热元件有着较大的改善。某改造项目，其安装空间受限，安装空间只有 1500mm×8400mm×3400mm，要增加换热面积，利用通常的光管换热器或者螺旋、H 形翅片换热器均受到了安装尺寸的限制，因此选择了针形管换热器。

（二）针形管焊接生产线

针形管焊机焊接也属于高频电阻焊的一种，焊接时焊针通过自动焊针下料机构自动下料，实现自动向焊接机头供料，同时基管输送到焊接位置，焊针夹紧机构是焊机关键部位，由各自气动推进机构向心推动，焊针自动进入焊接位置，夹紧焊接，实现两侧焊针与基管的焊接。

在制造余热锅炉，燃油、燃气锅炉和烟气深度冷却器换热元件时，可采用针形管作为换热元件。针形管换热元件传热性能好，积灰少、体积小，并且清灰方便。在节能工程上有着广阔的应用前景。

1. 针形翅片管焊机焊接工艺参数

针形翅片管的焊接采用全自动针形管焊接专机。根据图纸要求的针形管的结构尺寸，如图 7-24 所示，选定合适的棘轮程序，对自动针形翅片管焊机的焊接参数进行调整。

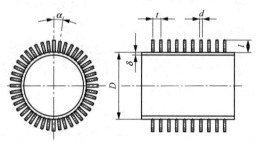

图 7-24　针形管基本结构形式

通常焊接参数如下：

（1）焊接电流范围：6.4～8.5kA。

（2）焊接时间：5～8 个周期。

（3）导通角：130°～140°。

（4）压缩空气压力：0.6MPa。

（5）焊接顶锻力：80～85kg。

（6）焊针夹持力：500～1000kg。

针形管的基本尺寸应符合表 7-3 的规定。

表 7-3	针形管的基本尺寸		mm
针形管外径 D	针形管壁厚 δ	焊针直径 d	焊针长度 l
32～219	≥3	4～8	<60

注　径向相邻两焊针间中心角 α、轴向相邻两焊针间距 t 和针形管长度尺寸由具体设计确定。

2. 针形翅片管焊机可焊接的材料范围

针型翅片管焊机可焊接的材料范围如表 7-4 所示。

表 7-4 针形管焊机可焊接材料范围[5,6]

序号	针形管材质	焊针材质	焊接性能
1	20 等普通碳钢管	Q195、Q235	优
2	20G 等低合金钢管	Q195、Q235	优
3	20G 等低合金钢管	Q345 等低合金钢	良
4	不锈钢	不锈钢	良

3. 针形管生产外观质量与加工质量工艺控制

（1）钢管、焊针的外表面在焊接前应进行除锈去污处理。

（2）钢管装夹于焊机上后，不应出现变形等缺陷。

（3）焊针与钢管焊接完成后，焊针根部与钢管表面不应有焊渣、飞溅存在。

（4）钢管与焊针的焊接应在室内，且室温不低于 5℃，相对湿度不大于 90％的环境条件下进行。

（5）尺寸偏差。针形管的焊针与钢管表面应垂直，其焊针倾斜角 β 应不大于 5°，如图 7-25 所示。

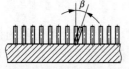

图 7-25　倾角示意图

4. 焊针制作工艺

（1）拔丝。当使用 $\phi8$ 的线材时，应经过拔丝达到图纸要求的规格（一般为 $\phi6.3$）。

（2）剪切。线材的圆度应小于 0.2mm。

将线材剪切为图纸要求长度尺寸的焊针，焊针端面平面度为 0.3mm，长度允许偏差为 ±0.5mm。

（3）热处理。将剪切后的焊针进行热处理，以消除由于拔丝和剪切加工所造成的硬化。如果采用桶装焊针的方式进行热处理，要求热处理温度为 650～720℃，保温 2h，升温及冷却速度应低于每小时 150℃。

（4）串光。把热处理后焊针置于串光机内串磨至光亮，清除表面氧化物。操作者应注意在剪切、热处理及串光时不要将不同长度的焊针混合。

三、螺旋翅片管生产线

高频焊螺旋翅片管是目前应用最为广泛的螺旋翅片管之一，广泛应用于电力、冶金、水泥行业的余热回收以及石油化工等行业。高频焊螺旋翅片管是在钢带缠绕基管的同时，利用高频电流的集肤效应和邻近效应，对钢带和基管外表面加热，直至热塑性状态或熔化，在缠绕钢带的一定压力下完成焊接。这种高频焊实为一种固相焊接。它与镶嵌、钎焊或整体热镀锌等方法相比，无论是在产品质量，如翅片的焊合率高可达 95％，还是生产率及自动化程度上都更加先进。当然，螺旋翅片管在生产效率上要优于上述的 H 形翅片管和针形翅片管，但上述 H 形翅片管和针形翅片管在含灰烟气中的烟尘积灰和磨损防控方面又具有各自的结构优势，图 7-26 示出了螺旋翅片管的焊接示意图。

（一）螺旋翅片管的特点

螺旋翅片管作为一种传统且应用最为广泛的强化传热元件，主要优点如下[7]：

（1）生产效率极高。由于电流高度集中于焊接区，基管和翅片连续送给，采用高频电流，加热速度极快，焊接速度可高达 150～200m/min，生产效率极高。

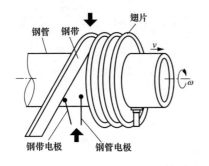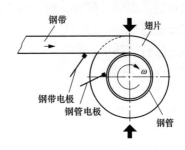

图 7-26　螺旋翅片管焊接示意图

（2）翅化率高。高频焊螺旋翅片管为翅片与钢管缠绕全接触焊接，散热面积是光管的 8 倍以上，翅化率高。

（3）使用寿命长。翅片与管材结合机械强度高，抗拉强度可达 200MPa 以上，管内外可全部采用热镀锌处理。

（二）螺旋翅片管焊机生产线

螺旋翅片管利用高频电流的集肤效应可使高频电能集中于工件的表层，邻近效应又可控制高频电流流动的位置和范围，一般采用高频电流焊接。当要求高频电流集中在工件的某一部位时，在集肤效应和邻近效应的作用下，相邻两边金属端部便会迅速地被加热到溶化或者焊接温度，然后在外边压力作用下，两零件可牢固熔焊成一体。图 7-27 示出了高频焊翅片管焊接过程，钢带按一定螺距均匀平稳地缠绕在钢管表面，与此同时以高频电流作为焊接热源局部加热钢管与钢带的接触面及待焊区，使之达到熔化可焊状态，在施加外力下焊牢。螺旋翅片管焊接过程中，钢带较薄且电流集中，容易达到焊接温度，而钢管较厚且电流分散，不容易集中，钢管温度往往低于钢带温度，影响焊接质量。若靠增大电源功率的办法来提高钢管的温度，往往造成钢带加热温度过高而被拉断、钢管表面温度却不够的情况。因此，调节两者电流分配，选择合适焊接参数是非常重要的。

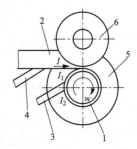

图 7-27　焊接过程示意图
1—基管；2—待焊接钢带；
3—基管接触头；4—钢带
接触头；5—焊接后肋片；
6—钢带导向板

另外，我国生产的高频焊接电源，均为高频焊管用电源，没有翅片管焊接专用高频电源，因为翅片管焊接时的阻抗比钢管焊接时大，故存在电源与负载不匹配的问题，只有合适的匹配才能增大输出功率，防止能量"短路"而被消耗掉。因此改进高频焊接电源特性，使电源获得最佳的匹配，是保证螺旋翅片管的焊接质量的前提。

1. 螺旋翅片管焊机焊接工艺参数

（1）额定输入容量：400kVA。

（2）额定输入电压：380（±10%）V。

（3）焊接钢管直径：$\phi 25 \sim \phi 159$。

（4）焊接钢带厚：0.8～3.0mm。

（5）绕焊钢带宽：10～30mm。

（6）焊接翅片管有效长度：小于或等于 12m。

（7）翅片管焊合率：不小于 90%。

（8）焊接材质：碳钢、低合金钢和不锈钢。

（9）机械驱动总功率：12kW。

（10）主轴转速：275r/min

（11）翅片旋向：右旋。

2. 螺旋翅片管的规格

螺旋翅片管的结构尺寸如图 7-28 所示，其规格见表 7-5。

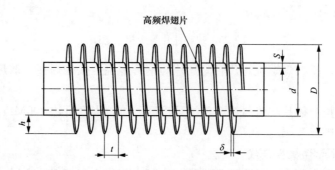

图 7-28　螺旋翅片管结构示意图

表 7-5　　　　　　　　　　　　　　螺 旋 翅 片 管 规 格　　　　　　　　　　　　　　mm

项目	参数
基管外径 D	25～159
基管壁厚 s	2～8
翅片厚度 δ	0.8～3
翅片高度 h	10～30
翅片管螺距 t	5～20
翅片管全长 L	≤12000

注　1. 本表以外规格可由需方提出商定。
　　2. 翅片高度 h 一般 ≤$1/2d$。

3. 高频焊翅片管的制造工艺

高频焊螺旋翅片管的焊接大体上分为以下五个工序[8,9]。

（1）钢管的采购及复检。钢管应按照图纸要求的标准及技术条款进行采购，回厂后须认真进行复检。内容应包括核对数量、规格、材料是否相符，有关材质证明材料、各项检验报告是否齐全，是否有效逐根进行外观及几何尺寸检查，并分别按炉、批号进行抽检材料的化学成分和力学性能。对有逐根要求超探的材料应至少抽 10% 进行超探抽查等。

（2）翅片绕制焊接前的准备。钢管表面状态必须有利于绕片，光管表面应无凹坑、凹痕、迭合、沟槽。焊接前必须清除基管外表面的氧化物、油脂及影响焊接质量的杂质，覆涂层通常采用抛光或喷砂处理。

（3）翅片绕制焊接。待绕制的钢管装在翅片缠绕焊机上，按评定合格的绕制焊接工艺焊接翅片。翅片管在固定的导轨上边行进边焊接，直至达到所要求的焊接长度为止。

（4）检验及试验。对绕制好的翅片管逐根进行外观检查及刮声、剥片检查，检验结果应符合图纸及技术要求。逐根进行水压试验，试验压力按设计压力 1.5 倍或图纸要求，保压时间不少于 5min。

（5）翅片保护。翅片管制造完毕后用压缩风吹扫干净。经检验确认合格的翅片管碳钢和合金钢翅片管外表面喷涂防腐油漆，不锈钢翅片管表面喷涂光油。翅片管的两端用盖帽保护，防止水和杂物进入管内。

4. 高频电阻焊螺旋翅片管性能及检验

影响翅片管传热性能的主要因素如下：

（1）焊接强度。

（2）焊接结合率。

（3）翅化比。

（4）翅片与管子材料的匹配。

（5）翅片形式及几何尺寸。

（6）积灰。

（7）烟气流速等。

其中（3）～（7）由工艺设计计算时确定，这里重点介绍翅片管的焊接质量及检验。

翅片焊接焊着率的高低、质量的好坏直接影响翅片的强度和翅片的传热性能。焊着率低则焊缝强度降低，翅片管的热阻增大，传热系数降低。判断焊着率的好坏常用的检查方法是刮声法，即用一片钢条刮动焊接好的翅片，若听到清脆、均匀一致的"当当"声，表明焊接质量好，翅片焊着率高；若听到不均匀的"嚓嚓"声，表明焊接质量不好，可能没有焊牢。

刮声法只是根据经验从宏观上定性判断翅片焊接质量的好坏，定量检验焊着率好坏的方法是逐根进行剥片检查，即在每根翅片管末端多焊 2～3 圈，并将多焊翅片剥离进行定量检查，设焊着长度为 L_a、焊着宽度为 S_a，L_t 和 S_t 分别为剥去的理论长度和翅片宽度，则焊着率 Φ 的计算公式为

$$\Phi = (L_a \times S_a)/(L_t \times S_t) \times 100\% \tag{7-2}$$

其中 L_a 和 S_a 的测量以连接面有灰白色金属为准：S_a 是每 120° 测一处的平均值，标准要求焊着率为 $\Phi \geqslant 97\%$。

翅片的焊接强度也是衡量翅片焊接质量的重要指标，如果焊缝强度低，则翅片管在工作条件下因承受热应力及波动和弯曲应力等而出现翅片脱落，甚至翅片脱落后聚集一起，影响传热，造成翅片管烧坏。

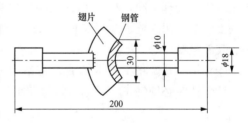

图 7-29　拉脱试样尺寸图

翅片焊接强度的检验方法试样如图 7-29 所示，对于每种规格的翅片管采用首件试样用抗拉脱强度试验进行拉伸测得其拉断应力，通常要求翅片管的焊接接头抗拉脱强度大于或等于 170MPa 为合格。

第三节　管屏部装工艺

一、集箱生产工艺

集箱是用来汇集和分配工质的圆柱形容器，集箱上一般都开有成排的孔，以便与管束连接，形成工质通流的通道。外径小的集箱一般选用无缝钢管筒体和端盖焊接制成，大口径集

箱可采用钢板卷弯后焊接一条纵缝或钢板压弯后焊接两条纵缝的方式制成集箱筒体，然后和端盖及封头焊接而成。因此，集箱的制造工艺分集箱筒体加工工艺、端盖加工工艺、管接头加工工艺、手孔焊接及装配工艺。

（一）集箱筒体加工工艺

集箱筒体加工工艺主要包集箱本体镗坡口、镗大孔、钻小孔工艺的技术要求和操作方法及检查。参考标准为 GB/T 16507.5—2013《水管锅炉》标准[11]。

（1）领料。按图纸设计要求领检验合格的材料。

（2）标记确认。所领材料标记应符合设计图纸要求，材料代用应按规定程序审批。

（3）划下料尺寸位置线。按图纸设计尺寸划位置线。

（4）标记移植。将材料标记移植到尺寸位置线内。

（5）锯割下料。操作前，操作者必须对设备、工装的完好状况按有关要求进行检查，应将锯床工作台清理干净，将所领材料装夹在锯床工作台上，材料与锯床带锯应垂直。检查合格后开始下料，所下材料长度尺寸偏差应符合表 7-6。

表 7-6　　　　　　　　　　　　　　筒 体 长 度 偏 差

筒体长度 L(m)	$L \leqslant 5$	$5 < L \leqslant 10$	$L > 10$
长度偏差 ΔL(mm)	+10 −5	+20 −10	+30 −15

（6）镗坡口。操作前，操作者必须对设备、工装的完好状况按有关要求进行检查，应将镗床工作台清理干净，将 V 形铁工装放置在镗床工作台，再将下好料的集箱本体放置在 V 形铁工装上，用螺栓、螺母紧固在镗床工作台上。按图纸要求镗坡口。坡口尺寸大小、角度和表面粗糙度等应符合要求。

（7）划孔的加工位置线。按图纸设计尺寸划各孔的位置线，打样冲孔。

（8）镗大孔。操作者在操作前必须对设备、工装的完好状况按有关要求进行检查，应将镗床工作台清理干净，将 V 形铁工装放置在镗床工作台，再将下好料的集箱本体放置在 V 形铁工装上，用螺栓、螺母紧固在镗床工作台上。按画线位置镗大孔，要保证大孔尺寸大小、表面粗糙度等。

（9）钻小孔。将集箱本体放置在钻床工作台上，用螺栓、螺母紧固，按画线位置钻小孔。钻小孔时必须钻正、钻通，自检孔距尺寸公差值应符合表 7-7 的要求。

表 7-7　　　　　　　　　　　　　　孔 距 尺 寸 公 差

画线公差	公称尺寸	定位孔孔距公差	最终公差
±0.5	≤260	±0.75	纵向±1.5 环向±2.0
±0.67	261～500	±1.0	±2.0
±0.83	501～1000	±1.25	±2.5
±1.0	1001～3150	±1.5	±3.0
±1.33	3151～6300	±2.0	±4.0
±1.67	>6300	±2.5	±5.0

（10）外观尺寸检查。检查时，所有要使用的量检具，必须经过检定，并在规定的有效期限内，按图纸要求检查各孔的大小、孔距和表面粗糙度，集箱本体坡口大小、角度和表面

粗糙度等。

（二）端盖加工工艺

端盖车外圆、坡口、R 弧等工艺的技术要求和操作方法如下。

（1）领料。按图纸设计要求领检验合格的材料。

（2）标记确认。所领材料标记应符合设计图纸要求，材料代用应按规定程序审批。

（3）下料。按毛坯尺寸数控切割机下料。

（4）标记移植。将材料标记移植到所下材料上。

（5）按图车成。将毛坯装夹在车床上，按图纸尺寸车外圆、坡口和 R 弧等。

（6）外观尺寸检查。检查时，所有要使用的量检具，必须经过检定，并在规定的有效期限内，按图纸要求检查外圆、坡口和 R 弧等。

（三）管接头加工工艺

本节主要阐述管接头车坡口工艺的技术要求和操作方法及检查。参考标准 GB/T 16507.5—2013《水管锅炉　第 5 部分：制造》标准[11]。

（1）领料。按图纸设计要求领检验合格的材料。

（2）标记确认。所领材料标记应符合设计图纸要求，材料代用应按规定程序审批。

（3）画下料尺寸位置线。按图纸设计尺寸划位置线。

（4）标记移植。将材料标记移植到尺寸位置线内。

（5）锯割下料。操作者在操作前必须对设备、工装的完好状况按有关要求进行检查，应将锯床工作台清理干净，将所领材料装夹在锯床工作台上，材料与锯床带锯应垂直。检查合格后开始下料。

（6）车坡口。将管接头装夹在车床上，按图纸尺寸车坡口。

（7）外观尺寸检查。检查时，所有要使用的量检具，必须经过检定，并在规定的有效期限内，按图纸要求检查坡口尺寸大小、角度和表面粗糙度。

（四）手孔焊接、装配工艺

1. 手孔焊接

手孔的筒节与法兰拼接焊缝采用 60°的 V 形坡口，手孔的把手与法兰盖焊缝采用单边 V 形坡口。焊接时，采用氩弧焊打底，用 $\phi 4$ 手工电弧焊填充和盖面。经反复试验技术参数如下：

（1）手工钨极氩弧焊：焊丝直径为 $\phi 2.5$，电流为 110～130A，电压为 10～14V，氩气流量为 6～9L/min。

（2）手工电弧焊：焊条直径为 $\phi 4$，电流为 140～180A，电压为 24～26V。

2. 手孔装配工艺

按图纸要求用全螺栓螺柱、螺母将法兰、垫片和法兰盖紧固。

（1）法兰与法兰盖加工工艺。

1）领料。按图纸设计要求领检验合格的材料。

2）标记确认。所领材料标记应符合设计图纸要求，材料代用应按规定程序审批。

3）下料。按毛坯尺寸在数控切割机上下料。

4）标记移植。将材料标记移植到所下材料上。

5）按图车成。将毛坯装夹在车床上，按图纸要求车成各尺寸。

6）划孔的加工位置线。按图纸设计尺寸划各孔的位置线，打样冲孔。

7）外观尺寸检查。检查时，所有要使用的量检具，必须经过检定，并在规定的有效期限内，按图纸要求检查各尺寸及各孔的大小、位置和表面粗糙度等。

（2）把手加工工艺。

1）领料。按图纸设计要求领检验合格的材料。

2）标记确认。所领材料标记应符合设计图纸要求，材料代用应按规定程序审批。

3）下料。按图纸尺寸锯割下料。

4）标记移植。将材料标记移植到所下材料上。

5）煨弯。将下好材料按图纸要求在煨弯工装上煨弯而成。

6）外观尺寸检查。检查时，所有要使用的量检具，必须经过检定，并在规定的有效期限内，按图纸要求检查各尺寸。

（3）手孔的筒节加工工艺。

1）领料。按图纸设计要求领检验合格的材料。

2）标记确认。所领材料标记应符合设计图纸要求，材料代用应按规定程序审批。

3）划下料尺寸位置线。按图纸设计尺寸划位置线。

4）标记移植。将材料标记移植到尺寸位置线内。

5）锯割下料。操作者在操作前必须对设备、工装的完好状况按有关要求进行检查，应将锯床工作台清理干净，将所领材料装夹在锯床工作台上，材料与锯床带锯应垂直。检查合格后开始下料。

（五）集箱组装焊接工艺

按图纸要求将集箱筒体、端盖、管接头和手孔装配，检查外观尺寸后焊接、打磨。集箱与端盖焊缝采用60°的V形坡口，集箱与管接头、手孔焊缝采用单边V形坡口。采用手工氩弧焊打底，用 $\phi 4$ 手工电弧焊填充和盖面。经反复试验技术参数如下：

（1）手工钨极氩弧焊：焊丝直径为 $\phi 2.5$，电流为 $110\sim130\mathrm{A}$，电压为 $10\sim14\mathrm{V}$，氩气流量为 $6\sim9\mathrm{L/min}$。

（2）手工电弧焊：焊条直径为 $\phi 4$，电流为 $140\sim180\mathrm{A}$，电压为 $24\sim26\mathrm{V}$。

二、弯头生产工艺

1. 弯制弯头

弯头可以使用工业标准弯头，也可以自行使用弯管设备制造，弯制弯头的生产工艺如下[12]。

（1）领料。按图纸设计要求领检验合格的材料。

（2）标记确认。所领材料标记应符合设计图纸要求，材料代用应按规定程序审批。

（3）标记移植。将材料标记移植到弯管材料上。

（4）弯管。按图纸要求将弯管模具紧固在弯管机上，将弯管用材料放在弯管机上进行弯管。

（5）划净料尺寸线。按图纸设计尺寸划弯管净料尺寸位置线。

（6）切割下料。操作前，操作者必须对设备、工装的完好状况按有关要求进行检查，应将锯床工作台清理干净，将弯管装夹在锯床工作台上锯割下料。

（7）倒管子两端角。用倒角机将弯管两端倒角。

（8）综合检查。检查时，所有要使用的量检具，必须经过检定，并在规定的有效期限内，按图纸要求检查外观尺寸、端面倾斜度、管端距离偏差、管端偏移、弯头平面弯曲角度偏差、弯头内侧表面轮廓度、椭圆度和减薄量。

（9）通球试验。用空气压缩机将钢球吹压通过弯管内孔，通球直径应符合表7-8的尺寸要求。

表 7-8　　　　　　　　　　　弯管通球实验直径

R/D	$1.0{\leqslant}R/D{<}1.4$	$1.4{\leqslant}R/D{<}1.8$	$1.8{\leqslant}R/D{<}2.5$	$2.5{\leqslant}R/D{<}3.5$	$3.5{\leqslant}R/D$
D_b	${\geqslant}0.7d$	${\geqslant}0.75d$	${\geqslant}0.8d$	${\geqslant}0.85d$	${\geqslant}0.9d$

注　R——弯管半径；D——管子外径；D_b——通球直径；d——管子内径。

2. 工业标准弯头

因为烟气深度冷却器使用的管径一般为 $\phi32\sim\phi51$ 左右，常规使用 $\phi38$ 和 $\phi42$ 的管外径，实际生产中，考虑到烟气深度冷却器组装工艺复杂，也可以选用工业标准弯头，这些弯头也在相关企业使用弯制弯头的工艺制成，当选用标准弯头时，应确保弯头符合生产要求。

三、管板与支撑板加工工艺

管板与支撑板加工工艺主要阐述烟气深度冷却器管板、支撑板等钻孔工艺的技术要求和操作方法，用于生产中管板、支撑板的画线、钻孔工艺和检查。

（一）参考标准 JB/T 1623《锅炉管孔中心距尺寸偏差》

（二）画线

（1）画线应使管孔避开焊缝，如不可能时，开孔应跨在焊缝上，焊缝中心与开孔中心线尽可能重合，但须经技术部门同意方可在焊缝上开孔。

（2）画线基准一般情况应以焊缝位置为基准，从焊缝中心量取。当规定其他图示基准时，也应与焊缝位置合并考虑。

（3）孔轮廓画线的孔中心样冲应轻打，在检查员检验各孔正确后再加深样冲孔。打样冲孔时，应使样冲与板保持垂直。孔校准线可均布轻打样冲孔。

（4）画线时需按画线基准在管板上划出水平垂直中心线，并局部打样冲孔做记号。

（5）采用钻模的管板，可只划基准线、中心线和轴线，按钻模使用方法钻孔，不再划各孔线。

（三）钻孔

（1）操作者在操作前必须对设备、工装的完好状况按有关要求进行检查和准备。

（2）检查冷却液箱的冷却液是否充足及供液泵是否正常。冷却液应保证浓度适当、颜色正常，严禁用水冷却以免锈蚀工件及设备，机床所带冷却管道和阀门均应畅通。

（3）钻头、铰刀在使用前需试用，试用超差的不得使用，钻头位置公差见表7-9。刀杆装夹前，需将主轴孔及刀具刀杆尾部擦净，装入主轴后应撞紧，以防加工过程中掉刀。加工过程中不得碰撞刀杆。

表 7-9　　　　　　　　　　　钻 头 位 置 公 差　　　　　　　　　　　mm

项目	公差		
工作部分对柄部轴线的径向圆跳动	$3{<}d{\leqslant}18$	$18{<}d{\leqslant}50$	$d{>}50$
	0.12	0.14	0.16

注　d 为钻头直径。

（4）所有要使用的量检具，必须经过检定，并在规定的有效期限内。

（5）需钻孔的管板、支撑板等工件按工艺要求划线后，必须经检验合格方可加工。

（6）管板、封头钻孔中心的样冲眼位置应正确、清晰，样冲眼锥夹角为 $90°\sim120°$，样冲直径应小于 2mm，不清晰及冲歪的样冲眼应重新描冲。

（7）待钻孔工件表面应清理干净，不准有电焊残渣及其他脏物。

（8）工件必须按指定起吊部位进行起吊，工件吊装时禁止碰撞机床表面。

（9）安装管板的工作平台，在每次装夹管板前必须打扫干净，管板必须用压板、螺栓、螺帽牢固装夹在工作台上。

（10）采用钻模钻孔时，工件上必须先加工出 2 只定位孔，然后将钻模用定位销正确定位在工件上。

（11）定位小孔必须钻正和钻通，自检孔距尺寸公差值应符合表 7-10 要求。

表 7-10　　　　　　　　　　　　　　孔 距 尺 寸 公 差　　　　　　　　　　　　　　mm

公称尺寸	画线公差	定位孔孔距公差	最终公差
≤260	±0.5	±0.75	纵向±1.5 环向±2.0
261～500	±0.67	±1.0	±2.0
501～1000	±0.83	±1.25	±2.5
1001～3150	±1.0	±1.5	±3.0
3151～6300	±1.33	±2.0	±4.0
>6300	±1.67	±2.5	±5.0

（12）钻、扩孔过程中，应随时注意排除切屑，防止缠绕刀具，划伤工件加工表面。孔加工后清除管孔毛刺。

（13）管孔表面粗糙度。当管子与管板采用焊接连接时，管孔表面粗糙度 $Ra \leqslant 25\mu m$。

四、弯头和直管焊接工艺

弯头和直管焊接工艺主要阐述弯头和直管及集箱钨极氩弧焊接生产过程中的技术要求及操作方法[13,14]。

（一）引用标准 JB/T 9185—1999《钨极惰性气体保护焊工艺方法》

（二）焊接材料

（1）焊丝应符合 NB/T 47018.3—2011《承压设备用焊接材料订货技术条件　第3部分：气体保护电弧焊钢焊丝和填充丝》的要求，按规定进行入厂检验，未经检验或检验不合格者不得使用。

（2）存放焊丝的环境应干燥、清洁，使用前应除油、锈、潮湿等。

（3）氩气应有完整的质量证明书，纯度大于或等于99.99％。

（4）钨棒推荐使用 WCe20（铈钨）电极、WY（钇钨）电极和 WYBa（钇钡钨）电极。钨极直径为 $\phi2$、$\phi2.5$ 和 $\phi3.2$（视焊接电流大小选用）。

（三）焊前准备

1. 设备的焊前检查

检查氩气瓶阀有无漏气或失灵，减压器、导气管和导线等连接是否牢固，导气、导水管是否畅通，电流表、电压表和流量计等仪器是否正常，转胎转动、行走机构是否正常等，如有故障不得进行焊接。

2. 坡口准备及焊件装配

（1）氩弧焊主焊缝坡口必须采用机械加工或半自动气割的方法，其他焊缝的坡口可用手工气割的方法，气割后必须用砂轮打磨，清除熔渣和氧化物。

（2）焊件装配前应将坡口及内外表面侧各 10～15mm 范围清理干净，不得有铁锈、油污及其他影响焊接质量的杂物，直至露出金属光泽。

（3）焊件用氩弧焊定位时，可以不加填充金属，靠熔化基本金属钝边互相连接。对于外径不大于 60mm 的管子可对称定位焊两处；外径大于或等于 60mm 的管子可均匀定位焊 3 处，定位焊长度为 10～20mm。定位焊应保证质量，如有未熔合或未焊透等缺陷时，应清除后重新进行定位焊。装配定位焊的坡口应尽量对准并且平齐，边缘偏差如表 7-11 所示；手工钨极氩弧焊装配间隙为 1.5～2.5mm，图 7-30 示出了边缘偏差示意图。

表 7-11

边　缘　偏　差

受压元件类别	边缘偏差（mm）	
管道管子和热水锅炉及中、低压蒸汽锅炉	$D_w > 108$	$\Delta\delta_1 \leqslant 0.1t + 0.5$ 并且不大于 2
	$D_w \leqslant 108$	$\Delta\delta_1 \leqslant 0.1t + 0.3$ 并且不大于 1
集箱外侧	$\Delta\delta_1 \leqslant 0.1t + 0.5$ 并且不大于 4	
集箱或管道对接接头内表面	$\Delta\delta_2 \leqslant 0.1t + 0.5$ 并且不大于 1	

3. 焊接材料选择及使用

（1）焊接 ND 钢时，焊丝采用 09CrCuSb 或 ER50-6。

（2）通常情况下，手工钨极氩弧焊氩气流量为 6～10L/min。氩气流量太小时，电弧不能得到应有的保护；太大时，则会造成层状保护破坏，电弧不稳定。当气瓶压力低于 1MPa 时不得使用。

（3）钨极氩弧焊钨极直径可根据焊件厚度来选择，手工钨极氩弧焊钨极直径为 $\phi 2.5 \sim \phi 4$。钨极的表面不应有毛刺、疤痕或油污，钨极的端部应磨成如图 7-31 所示的平底锥形。钨极装卡时应位于喷嘴的中心，钨极伸出喷嘴的长度根据具体焊件尽可能缩短。一般而言，手工钨极氩弧焊时其伸出长度为 4～6mm。

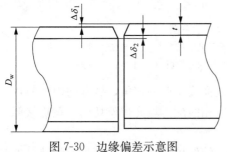

图 7-30　边缘偏差示意图

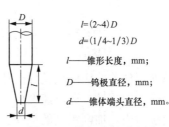

$l = (2\sim4)D$

$d = (1/4\sim1/3)D$

l——锥形长度，mm；

D——钨极直径，mm；

d——锥体端头直径，mm。

图 7-31　钨极直径示意图

4. 焊接一般要求

（1）用直流弧焊电源进行焊接时，应检查电源极性是否正确，碳素钢、低合金钢焊接时工件接正极，焊枪接负极，能够用较大的焊接电流，提高焊接速度。

（2）当环境温度低于 0℃，焊缝两侧 $4t$（t 为焊件厚度）但不小于 100mm 范围内按相应的焊接工艺文件进行预热。焊接工艺中预热温度的选择要符合 TSG G0001—2012《锅炉安全技术监察规程》、NB/T 47014—2014《承压设备焊接工艺评定》的相关要求。

（3）焊件的焊接工作应由合格持证的焊工担任。焊工焊前应熟悉焊件图样、技术要求和相关工艺内容等，对装配不合格的焊件，焊工应不予焊接。

（4）焊接过程中钨极端部与熔池表面始终保持 2～3mm 的距离（即焊接电弧长度为 2～3mm）。

（5）焊接过程中，焊工应严格掌握焊接规范，注意观察熔池，保证熔透及单面焊双面成形。当焊接中断再度起焊时，起焊焊缝应与原焊缝重叠8～10mm。

（6）焊缝焊完后，焊工应自检焊缝并修磨表面缺陷，自检合格后，填写焊接记录。

5. 焊接操作要求

（1）按工艺卡或表7-12选择手工钨极氩弧焊焊接工艺参数，并在焊机上调整到所需工艺参数。

表 7-12　　　　　　　　　　　　　焊 接 工 艺 参 数

焊件名称	壁厚（mm）	钨棒直径（mm）	焊丝直径（mm）	氩气流量（L/min）	焊接电流（A）
管子对接	≤6	2.5	2.5	6～10	80～130
管道及集箱环缝	＞10	3	2.5	6～10	80～130

（2）戴上面罩，按动焊枪上的启动开关，电磁气阀首先打开，提前供给氩气；随后，高频振荡器工作，引燃电弧后高频振荡器自动切断，电弧继续燃烧，借电弧光照明，将电弧拉至始焊点。

（3）焊接时一般采用左焊法，如图7-32所示，焊枪轴线与工件表面成70°～85°夹角，并将电弧做环向运动，直至形成所要求的焊接熔池尺寸，使坡口两侧很好熔合。

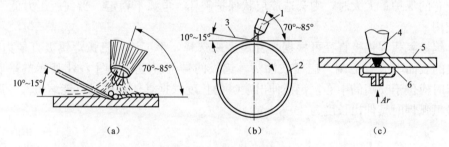

图 7-32　左焊法示意图
(a) 氩弧焊焊炬；(b) 填充焊丝的圆筒或管子的氩弧焊工件；(c) 反面通氩气保护
1—焊炬；2—圆筒形工件；3—填充焊丝；4—焊炬；5—工件；6—充气罩

（4）填充焊丝前，应使填充焊丝相对焊件表面成10°～15°角，缓慢均匀地向焊接熔池前沿给送，焊丝不做摆动，送丝速度应与焊接速度相匹配。填充焊丝切勿与钨极接触，防止焊缝夹钨和钨极污染，加剧钨极的烧损。

（5）焊接过程中，焊丝端部应始终处于氩气的保护范围内，以免焊丝加热端的氧化。焊接结束时，应在熔池中多加些焊丝，再将填充焊丝抽出熔池，但仍应在保护气体的保护区内。准备熄弧时，应首先把焊枪手把开关关闭，焊枪在原处停留3～5s，焊接电流自动衰减，延时供气3～5min。

6. 焊工安全防护

（1）焊接过程中，焊工不仅要戴手套和面罩，而且要戴口罩，防止有害气体和金属烟尘危害健康。

（2）磨制钨极时，工人应戴手套和口罩，磨后应洗手。

（3）焊接过程中如使用高频振荡器引弧，应有一定的防护措施，如使用屏蔽式焊把等。

7. 焊后整条焊缝的焊后检查

焊后整条焊缝的焊后检查应按GB/T 16507—2013《水管锅炉》要求进行。

8. 焊接接头返修

用氩弧焊方法进行焊接接头返修，可参考《焊接接头返修工艺》进行。

第四节　烟气深度冷却器组装工艺

一、部装管屏的吊装

部装管屏吊装，顾名思义就是分部安装管屏的吊装。与之相反，整体安装管屏的吊装即为整装管屏吊装。这两者各有利弊，简而言之，部装管屏吊装在施工中显得更加灵活多变，机动性强，在吊装空间狭小的位置，优势尤为突出。而其缺点有两点：一是吊装管屏的施工周期比较长；二是安装工人在部装管屏施工时危险性较高。

（一）管屏的结构类型和组装工艺

1. 管屏的组成结构

（1）管屏是烟气深度冷却器的主要组成部分，多个管屏组成一台烟气深度冷却器本体；管排又是管屏的主要组成部分，多排管排组成一个管屏；而翅片管又是管排的主要组成部分，多根翅片管组成一个管排，三者为层层包含的关系，详见图 7-33。

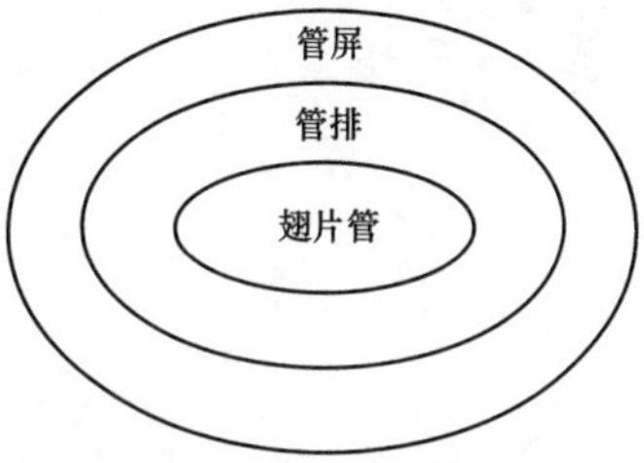

（2）管屏的主要结构包括管排、进水集箱、出水集箱、支撑管、支撑槽钢、连接管、吊耳、防磨管等，如图 7-34、图 7-35 所示。其中，连接管按照外形分为 L 形和 Z 形。

（3）管排的结构主要包括翅片管、支撑板、弯头和防磨管等，如图 7-36 所示。其中，翅片管按照使用位置分为高温侧翅片管和低温侧翅片管。支撑板，在锅炉用语中也叫管板，按照其使用位置分为前端、中间和后端支撑板。钢制弯头按半径大小分为长弯头和短弯头，以适应不同的管圈流程，如图 7-37 所示。

图 7-33　管屏、管排、翅片管关系图

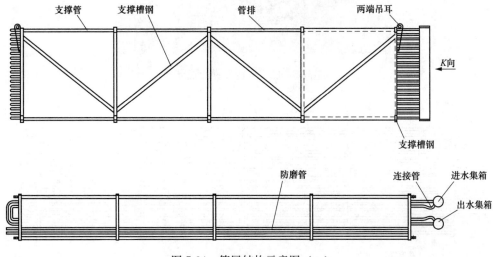

图 7-34　管屏结构示意图（一）

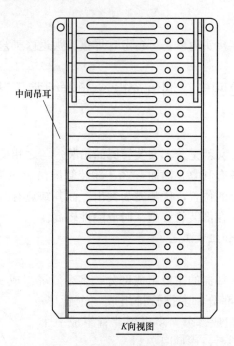

图 7-34　管屏结构示意图（二）

图 7-35　已完成待发货的管屏

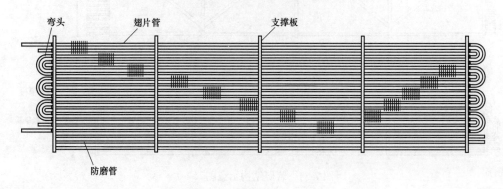

图 7-36　管排结构示意图

（4）翅片管按照材料的材质分为两种：一种为 20G 无缝钢管；另一种为 ND 无缝钢管，即 09CrCuSb 钢管，是目前国内外最理想的耐低温硫酸露点腐蚀用钢材，用于抵御含 SO_3 烟气的露点腐蚀。

翅片管的结构主要包括无缝管、H 形翅片和套管，如图 7-38、图 7-39 所示。

2. 管屏的布置类型

管屏按照烟气流向可划分为高温侧管屏和低温侧管屏 2 种类型，烟气率先通过的管屏被称为高温侧管屏，烟气通过高温侧管屏降温后，进入低温侧管屏，见图 7-40。

图 7-37　管屏组装中使用的长短弯头示意图

图 7-38　翅片管结构示意图

图 7-39　翅片管实物图

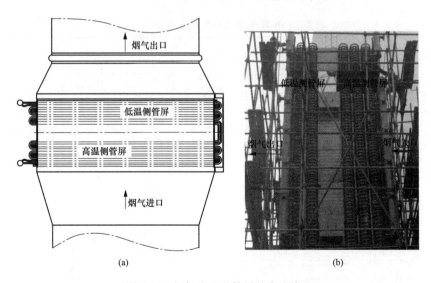

(a)　　　　　　　　(b)

图 7-40　烟气流程及管屏的布置类型

（a）烟气流程；（b）管屏的布置类型

3. 管屏的组装工艺

(1) 管屏的组装工艺是指将管排、进水集箱、出水集箱、支撑管、支撑槽钢、连接管、吊耳、防磨管等按照合理的顺序组合成一个整体模块的工艺。

(2) 烟气深度冷却器根据其安装位置的不同,可分为卧式和立式两种。安装在竖直烟道中的为卧式烟气深度冷却器,安装在水平烟道中的为立式烟气深度冷却器。而作为其主要换热部件的管屏同样分为卧式管屏和立式管屏。

(3) 管屏组装工艺的要求及标准。

1) 管屏所有管排对接焊缝焊妥后,外观检验合格后,应进行射线无损检测,检测比例按照标准 GB/T 16507.6—2013《水管锅炉第6部分:检验、试验和验收》,其结果应符合标准 JB/T 4730.2《承压设备无损检验》要求,照相质量不低于 AB 级,焊缝质量不低于 Ⅱ 级为合格。

2) 管屏制作完成后需在常温下进行水压试验,水压试验应符合 GB/T 16507.6—2013《水管锅炉第6部分:检验、试验和验收》中水压试验要求,试验压力为设计压力的 1.5 倍,保压 20min 不得有渗漏、异常变形和异常声音。

3) 管屏的安装按照 DL 5190.2—2012《电力建设施工技术规范 第2部分:锅炉机组》的有关技术规定执行[16]。

(二) 部装管屏吊装的施工工艺

1. 起重机械的选取

(1) 起重机是一种起吊搬运机械,主要分为汽车起重机、履带起重机和轮胎起重机,吊装管屏一般采用 70～200t 汽车起重机。起重机主要参数是表征起重机主要技术性能指标的参数,起重量指被起升重物的质量,起升高度是指吊车运行轨道顶面(或地面)到取物装置上极限位置的垂直距离,跨度指桥式类型起重机运行轨道中心线之间的水平距离,幅度是指旋转中心线与取物装置铅垂线之间的水平距离,工作速度是指吊车工作机构在额定载荷下稳定运行的速度,70t 汽车起重机性能见表 7-13。

表 7-13　　　　　　　　　　70t 汽车起重机性能参数表　　　　　　　　　　　　　m

工作半径	主臂长度					
	11.2	15.05	18.9	26.6	34.3	42
3.0	70.0					
3.5	63.5					
4.0	54.5	46.5	36.5			
5.0	47.0	40.5	35.5	22.5		
6.0	38.5	33.5	33.5	22.5		
7.0	29.5	26.5	25.5	21.5	17.0	
8.0	22.5	21.5	21.3	19.5	16.0	
9.0	17.5	17.5	17.0	17.0	15.0	9.2
10.0		14.0	13.8	15.2	13.5	8.9
12.0		9.8	9.5	10.6	11.6	8.1
14.0			6.6	8.0	9.3	7.4
15.0			5.6	7.0	8.0	7.1
16.0			5.0	6.0	7.0	6.5

续表

工作半径	主臂长度					
	11.2	15.05	18.9	26.6	34.3	42
18.0				4.8	5.5	5.5
20.0				3.8	4.2	4.8
22.0			2.85		3.2	3.8
24.0					2.5	3.0
29.0					1.1	1.6
30.0					0.85	1.4
32.0						1.1
34.0						0.85

（2）电动葫芦是一种特种起重设备，安装于导轨之上，具有体积小、自重轻、操作简单、使用方便等特点，适用于吊装单层管排，一般采用 3～5t 电动葫芦。电动葫芦分环链电动葫芦、钢丝绳电动葫芦（防爆葫芦）、防腐电动葫芦、双卷筒电动葫芦、卷扬机、微型电动葫芦、群吊电动葫芦和多功能提升机。

（3）卷扬机是用卷筒缠绕钢丝绳或链条提升或牵引重物的轻小型起重设备，又称绞车。卷扬机可以垂直提升、水平或倾斜拽引重物。卷扬机分为手动卷扬机和电动卷扬机 2 种。

2. 吊装施工工艺

（1）工作内容。烟气深度冷却器各部件的吊装组合。

（2）工作要求及条件。

1）施工人员要求。

a. 所有参加吊装施工作业的人员均需通过安全教育培训，并考试合格后方可持证上岗。

b. 凡参加施工作业人员，应事先进行体检。对患有精神病、癫痫病、高血压和美尼尔综合征等疾病患者，不能参加施工作业。

c. 施工人员熟练掌握吊装作业的工艺、程序、质量标准和安全措施。

d. 焊工必须有焊工合格证。

e. 起重、操作工必须具有起重、操作证书。

2）主要工器具的配备。

3）办理安装作业工作票，进行安全、技术交底。

a. 施工作业场地周边搭设围栏。

b. 配置充足的施工作业电源、照明等。

c. 检查需用工器具是否齐备并检验合格。

d. 施工人员应认真熟悉厂家图纸及 DL/T 5210—2010《电力建设施工及验收技术规范》和 DL/T 5161—2010《电气装置安装工程质量检验及评定规程》中的有关规定，了解本次吊装的特点、施工顺序及技术要求，进行详细的《安全技术交底》和《施工技术交底》。

e. 所有烟气深度冷却器管组已经搬运到位，确定安装位置。

f. 吊装区拉好警示围栏，严禁无关人员进入工作现场。

4）设备清点、编号、检查及校正。

a. 以供货清单为准进行清点，然后将清单与图纸校对，发现缺件做好记录并及时与厂家联系解决。

    b. 设备清点应由厂家工代、甲方和施工技术员共同完成。

    c. 根据图纸和供货清单，用红油漆将编号标注在显著位置，以利于运输时挑选。

    d. 设备检查及校正。

    5）施工人员配备、明确施工人员岗位职责。

    （3）吊装方案制定。根据实际吊装的本体参数、结构特点和施工现场的条件，采用不同的吊装设备和方法。

    1）烟气深度冷却器管屏的吊装采用汽车起重机＋卷扬机配合吊装。

    2）烟气深度冷却器管排的吊装采用电动葫芦＋卷扬机配合吊装。

    （4）起重机械布置。根据吊装方案及现场位置确定好各起重机械布置，确保吊装工作顺利进行。

    （5）烟气深度冷却器吊装严格按照吊装方案进行，首先使用汽车起重机或电动葫芦，将设备起吊至设备安装高度；然后使用卷扬机接钩；随后汽车起重机或电动葫芦落钩，卷扬机接住，最后完成设备就位。

    （6）危害辨识与风险评价见表 7-14。

表 7-14　　　　　　　　　　　危害辨识与风险评价

编号	作业活动		风险因素	可导致的事故	是否不可承受风险	控制计划
1	现场施工作业	习惯性违章	进入施工现场不戴和不正确佩戴安全帽	物体打击	可降低的	运行控制（安全防护设施）、监督检查
2	高处作业	安全防护设施缺陷	高处作业区的平台、走道、斜跑道未采取防护措施	物体打击、高处坠落	可降低的	运行控制（安全防护设施）、监督检查
3			高处作业区域内的孔洞、沟道未装设盖板或盖板强度不足，未设安全网或装设不齐全	高处坠落	可降低的	运行控制（安全防护设施）、监督检查
4			作业人员行走的方向未设水平安全防护绳	高处坠落	可降低的	运行控制（安全防护设施）、监督检查
5		违章作业	高处作业不系安全带或不正确使用安全带	高处坠落	不可承受的	加强现场监督检查、制定严谨管理方案
6			高处作业平台、走道、脚手架超过允许荷载	坍塌	可降低的	加强现场监督检查、培训教育
7	交叉作业	操作失误	物体坠落	物体打击	可降低的	加强现场监督检查、培训教育
8	高处作业	交叉作业	作业文件缺陷	无安全措施、方案，未经交底	高处坠落、物体打击	可降低的	作业文件中编制安全防护措施、进行交底
9	脚手架与爬梯	临时爬梯使用	违章作业	作业人员手拿工具上下梯，未使用工具袋	高处坠落、物体打击	可降低的	加强现场监督检查、培训教育

续表

编号	作业活动		风险因素	可导致的事故	是否不可承受风险	控制计划
10	起重运输	吊装作业	使用不符合规定要求的吊笼，物件绑扎不规范，钢丝绳的夹角过大，偏拉斜吊	物体打击	可降低的	加强现场监督检查、培训教育
11			起吊不明重物或被埋入地下物件；超负荷起吊；违章指挥造成机械人员伤害或设备损毁	物体打击	不可承受的	加强现场监督检查、制定严谨管理方案
12			人员站在被起吊重物上起吊	起重伤害	可降低的	加强现场监督检查、培训教育
13			起重工作区域内无关人员停留或通过，在起重臂及起吊重物的下方有人员通过或逗留	监护失误 物体打击	可降低的	加强现场监督检查（操作证核实）
14			设备设施缺陷 吊装机械故障	起重伤害	可降低的	起重机械维修管理制度
15	起重运输	钢丝绳使用	违章作业 使用钢丝绳的安全系数小或使用报废钢丝绳	物体打击	可降低的	加强现场监督检查、培训
			钢丝绳与物体的棱角直接接触	物体打击	可降低的	加强现场监督检查、培训教育
16		吊装卡环	违章作业 卡环横向受力	起重伤害	可降低的	加强现场监督检查、培训教育
17			安全系数不足的卡环或报废卡环	起重伤害	可降低的	加强现场监督检查、培训教育
18		吊钩滑轮	设备设施缺陷 吊钩无防止脱钩的保险装置	起重伤害	可降低的	加强现场监督检查、培训教育
19			作业文件缺陷 起重设备选型不合理	起重伤害	可降低的	加强现场监督检查
20			吊装机械故障	起重伤害	可降低的	起重机械维修、管理制度
21			两台吊车抬吊时，负荷分配不合理	起重伤害	可降低的	加强现场监督检查
22			设备设施缺陷 起重机械的制动、限位、联锁以及保护等安全装置不齐全	起重伤害	可降低的	操作规程、加强现场监督检查（记录）
23			在轨道上移动的起重机的轨道未设车挡	起重伤害	可降低的	操作规程、加强现场监督检查（记录）
24	施工指挥	违章指挥	安全防护设施缺乏条件下，强行施工对作业违章现象不予制止	高处坠落、起重伤害、机械伤害	可降低的	培训教育、加强现场监督检查

二、进、出口集箱及中间集箱的连接组装

(一) 概述

为了提高烟气深度冷却器的效率，烟气深度冷却器管屏采用扩展受热面管屏式结构，以增加传热面积。介质由供水管道经进水集箱流入各低温侧管屏入口的进口集箱中，由进口集箱分配给各管束，这些管束中的介质不断吸收热能，汇集到出口集箱中再流至对应的高温侧管屏入口集箱中，同样由集箱分配给各管束并不断吸收热能，汇集到出口集箱中。集箱是管屏的重要组成部分，分为进口集箱、出口集箱和中间集箱。

进口集箱是指低温侧管屏入口的容器，出口集箱是指高温侧管屏出口的容器，中间集箱是指低温侧管屏出口的容器及高温侧管屏入口的容器。

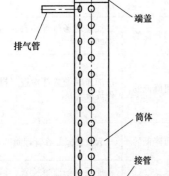

图 7-41　集箱的结构

1. 进、出口集箱和中间集箱的结构类型

集箱是由端盖、筒体、接管构成的，进、出水集箱的接管通过阀门与进、出水的集箱连接，低温侧管屏出口的中间集箱与其对应的高温侧管屏入口的中间集箱通过接管连接起来，从而实现低温侧管屏与高温侧管屏的连接。另外，出口集箱设有排气接管，可以排放管屏内部积存的气体，见图 7-41。

2. 进、出口集箱和中间集箱的作用

供水管道中的工质经进水集箱流入各低温侧管屏的进口集箱中，由进口集箱分配给各管束进行换热，汇集到低温侧中间集箱，并经接管流入高温侧中间集箱，分配给各管束进一步换热，汇集到出口集箱流回回水管道，如图 7-42 所示。

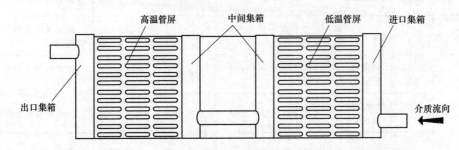

图 7-42　集箱的作用

(二) 进、出口集箱及中间集箱的连接组装工艺

1. 集箱材料的选取及制作

(1) 集箱端盖材料采用锅炉容器板（Q245R），牌号标示方法：低合金高强度结构钢的牌号用屈服强度值"屈"字和压力容器"容"字的汉语拼音首位字母表示。Q——"屈"汉语拼音首位字母。245——屈服强度值，MPa。R——"容"汉语拼音首位字母，执行标准为 GB 713—2014《锅炉和压力容器用钢板》。

(2) 集箱筒体的执行标准为 GB 3087—2008《低中压锅炉用无缝钢管》，是用于制造各种结构低中压锅炉过热蒸汽管、沸水管及机车锅炉用过热蒸汽管、大烟管、小烟管和拱砖管用的优质碳素结构钢热轧和冷拔（轧）无缝钢管。

（3）集箱的制作应严格按照装配工艺执行并认真填写检验过程卡，工艺过程经过备件、焊接、修磨、外观检查、探伤、组点、修磨、外观检查和渗透探伤（PT）等十数道工序。

2. 集箱与烟气深度冷却器本体的连接管的类型及材质选取

（1）集箱与烟气深度冷却器管束本体的连接管分为 L 形连接管与 Z 形连接管两种，见图 7-43。L 形连接管广泛应用于各种形式的烟气深度冷却器，Z 形连接管应用于立式烟气深度冷却器中。

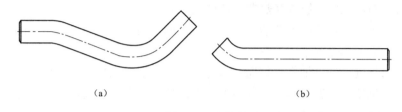

（a）　　　　　　　　　　　　　　　　（b）

图 7-43　连接管
（a）L 形连接管；（b）Z 形连接管

（2）连接管材质与翅片基管材质一致，主要分为 2 种：一种为锅炉用高压无缝的管，材质为 20G 无缝钢管，执行标准为 GB 5310—2008《高压锅炉用无缝钢管》；另一种为 09CrCuSb 即 ND 钢无缝钢管，执行标准为 GB 150—2011《压力容器》。

ND 钢管是目前国内外最理想的"耐硫酸露点腐蚀"用钢材，用于抵御含 SO_3 烟气露点腐蚀。ND 钢主要的参考指标与碳钢、日本进口同类钢、不锈钢耐腐蚀性能相比要高。产品经国内各大炼油厂和制造单位使用后受到广泛好评，并获得良好的使用效果，现已广泛应用于制造燃煤机组烟气深度冷却器的传热管束。

3. 各类集箱连接组装工艺

（1）集箱的安装属于烟气深度冷却器管屏安装的重要一环，必须严格按照装配工艺执行。待烟气深度冷却器换热管排组装就位后，进行集箱的安装工作。首先将集箱吊装至安装位置，然后将连接管一端与烟气深度冷却器管排对好口，另一端与集箱开孔对好口，最后完成对接焊接工作。

（2）集箱的焊接必须严格按照焊接工艺要求，焊材选取与母材材质一致。如果母材为 2 种不同材质，一般采用较高标准的母材材质。如母材为 09CrCuSb＋20 钢，焊材一般选取 ND 钢焊材。焊接方法为钨极惰性气体保护焊（TIG），焊接工艺过程严格按照焊接工艺卡的要求，焊缝与母材应平滑过渡，焊缝金属不低于母材表面。

（3）集箱制作、焊接按 GB/T 16507《水管锅炉》标准制作、验收，所有角焊缝采用氩弧焊打底。端盖与集箱焊接完后进行无损探伤，探伤比例为 100％，检测结果符合 GB/T 16507.6—2013《水管锅炉　第 6 部分：检验、试验和验收》的要求。所有焊缝检验合格后，进行压力为设计压力 1.5 倍的水压试验，保压时间 5min。特别说明，对接焊接的受热面管及其他受压管件经过氩弧焊打底并且 100％无损检测合格，能够确保焊接质量，在制作单位内可以不单独进行水压试验。

三、烟道和烟气深度冷却器本体的组装连接

（一）概述

烟气深度冷却器本体包括换热器本体和进、出口烟道，进、出口烟道与烟气深度冷却器本体的连接部分的烟道俗称为"喇叭口烟道"。因烟气深度冷却器本体的尺寸是根据各电厂提供的烟气量、烟道流速等参数决定的,为保证达到满足出口烟气温度和出水温度要求,一般情况下,换热器本体的尺寸都是要比原烟道尺寸大,一端与原烟道连接,另一端与烟气深度冷却器本体连接,因此进、出口烟道也可叫"大小头烟道"。

进、出口烟道的设计是非常重要的,因为它直接关系到烟气冷却器的工作效果,如果它的设计不合理会造成以下 3 种后果:

(1) 烟气分布不均匀,影响换热器本体的换热效果。

(2) 烟气分布不均,造成换热器本体管屏的冲刷磨损,缩短换热器本体的使用寿命。

(3) 引起管束或换热器本体积灰。

为合理分布烟气,进口烟道内部通常设计导流板,引导烟气流向及均匀分布。

通常导流板是使用计算流体力学(CFD)来设计的。它建立在经典流体力学与数值计算方法基础上,通过计算机数值计算和图像显示,在时间和空间上定量描述流场、浓度和温度场的数值解,并以此预测流体运动规律。CFD 方法兼有理论性和实践性的双重特点,在 CFD 中,把流体运动控制方程中的积分、微分项近似地表示为离散的代数形式,使得积分或微分形式的控制方程转化为代数方程组,然后,通过计算机求解这些代数方程组,从而得到流场在离散的时间和空间点上的数值解。

以下仅以国华太仓发电有限公司(简称太仓电厂)7 号机组烟气深度冷却器改造工程流场模拟及导流板举例说明:该项目为太仓电厂烟气深度冷却器工程项目,烟气深度冷却器加装于静电除尘器之前、空气预热器出口的水平烟道。模型如图 7-44 所示,包括空气预热器出口烟道、烟气深度冷却器入口喇叭口烟道、烟气深度冷却器、烟气深度冷却器出口烟道、静电除尘器入口、静电除尘器本体、引风机入口。

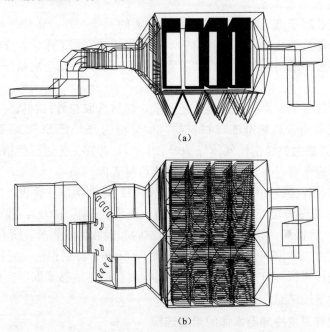

(a)

(b)

图 7-44　太仓电厂烟气深度冷却器和静电除尘器系统布置图

(a) 主视图;(b) 俯视图

经过模拟假设、几何模型、网格划分后，得出模拟结果，见图 7-45、图 7-46。通过计算和模拟，可见合理的进口烟道、导流板和出口烟道的设计，不仅能解决烟气分布不均的问题，还能解决烟气量不均的问题。

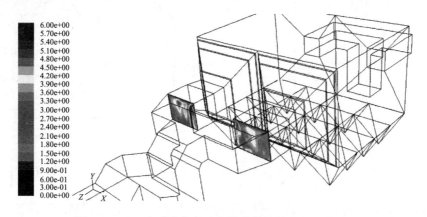

图 7-45 入口烟道与烟气冷却器本体接触面的速度云图

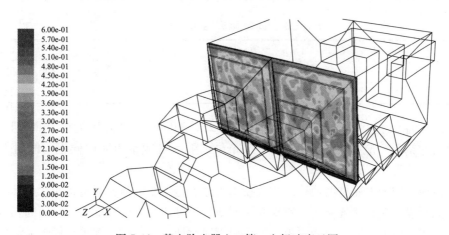

图 7-46 静电除尘器入口第一电场速度云图

（二）进、出口烟道和烟气冷却器本体的结构类型及材质选取

进、出口烟道和烟气深度冷却器本体的结构类型及材质选取均根据烟气冷却器本体的安装位置来确定。

烟气深度冷却器本体结构类型分为垂直型和水平型。垂直型即进、出口烟道和换热器本体为垂直布置，水平型即进、出口烟道和换热器本体为水平布置，见图 7-47 和图 7-48。

烟气深度冷却器本体、进出口烟道的材质选取要根据燃烧的煤质、烟气的温度水平、煤中的灰含量、硫含量等多种指标来确定。

下面按最常见的情况对如何选取材质进行说明：

第一种情况，烟气深度冷却器本体安装在除尘器前和脱硝后之间的烟道，进口烟道选用普通钢板 Q235B 材质，烟气深度冷却器本体的高温侧管屏在无特殊要求情况下，优先选用 20G/GB 5310—2008《高压锅炉用无缝钢管》的无缝钢管作为换热管。烟气深度冷却器低温侧管屏采用 ND 钢管，ND 钢管主要的参考指标是 70℃时 50％ H_2SO_4 溶液中浸泡 24h 的腐

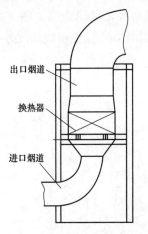
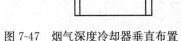

图 7-47　烟气深度冷却器垂直布置

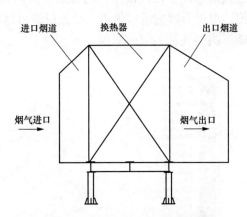

图 7-48　烟气深度冷却器水平布置

蚀速率，与碳钢、日本进口同类钢、不锈钢耐腐蚀性能相比要高。产品经国内各大炼油厂和制造单位使用后受到广泛好评，并获得良好的使用效果。具体数据见表 7-15。

表 7-15　　　　　　　　　　**09CrCuSb 钢同其他钢种的腐蚀速率比较**

钢种	09CrCuSb	CRIR（日本）	1Cr18Ni9	Corten	S-TEN（日本）	Q235B（A3）
腐蚀速度	7.30	13.40	21.70	63.00	27.4	103.50
倍数	1	1.84	2.97	8.63	3.75	14.11

由于烟气温度经过烟气深度冷却器本体的冷却，烟气的腐蚀能力增强，出口烟道不能选取普通材质的钢板，应优先选用考顿钢（Corten 钢）。考顿钢也叫耐候钢，即耐大气腐蚀钢，其名义成分为 09CuPCrNi。

耐候钢板可作为立面材料使用的主要技术支撑点是耐候钢与普通钢材相比，其耐硫酸露点腐蚀性能超强。在自然气候下，钢材受蚀减薄 5 年可达 0.1～1mm 以上，时间长或在特殊及人为的恶劣环境下，减薄更为严重。而耐候钢通过加入铜、铬、镍等耐候性元素，使钢铁材料在锈层和基体之间形成一层 50～100μm 厚的致密且与基体金属黏附性好的氧化物层。这一特殊致密氧化层具有稳定、均匀的自然锈红色。

第二种情况，烟气深度冷却器本体安装在脱硫前除尘器后之间的烟道，进、出口烟道均选用考顿钢板，烟气深度冷却器换热器本体的管屏管束均采用 ND 钢管。

在此情况下，进、出口烟道也可选用普通钢板，但需要对烟道进行防腐。目前国内最常见的方法是涂玻璃鳞片或者其他防腐涂料。

（三）进、出口烟道和烟气深度冷却器本体的连接组装工艺

烟气深度冷却器本体与烟道连接，通过本体的外壳体和烟道板连接。外壳体和烟道都需要根据现场尺寸进行现场施工制作。壳体和烟道的材料通常选用 6mm 厚钢板，支撑槽钢选用 10 号槽钢（选用此型号方便以后保温工作，通常保温厚度为 100mm）。壳体和烟道的拼接根据强度计算来选取烟道板的厚度及支撑槽钢的密度，如图 7-49 和图 7-50 所示。进口烟道拼接的焊材根据烟道的材质进行选取，如 Q235 材质烟道通常采用 E4303（J422）焊条焊接，也可采用 J507 碱性焊条，此种焊条需烘干特定时间后，方能焊接使用。对于出口烟道

考顿钢板采用 J507CuP 耐候钢焊条。烟道和壳体要求进行双面连续焊接以保证烟道的严密性，焊接完成后要进行煤油渗透实验。

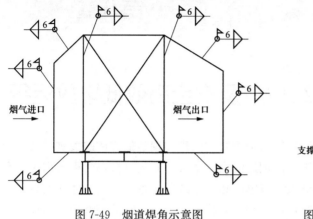

图 7-49　烟道焊角示意图

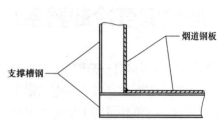

图 7-50　进出口烟道组装要求外侧支撑
槽钢连接焊接示意图

参 考 文 献

[1] 朱其芳，赵钦新. 动力机械设备制造工艺学 ［M］. 西安：西安交通大学出版社，1999.

[2] 徐通模，林宗虎. 实用锅炉手册 ［M］. 北京：化学工业出版社，2009.

[3] 赵钦新，周屈兰，谭厚章，等. 余热锅炉研究与设计 ［M］. 北京：中国标准出版社，2010.

[4] 北京有色冶金设计研究总院. 余热锅炉设计与运行 ［M］. 北京：冶金工业出版社，1982.

[5] 吴艳艳，孙奉仲，李飞，等. H 型翅片管束空气流动及换热特性 ［J］. 山东大学学报，2014，44
(6)：90-94.

[6] 上海化工机修总厂. 高频焊接螺旋翅片管制造工艺 ［J］. 化工炼油机械通讯，1977 (4)：1-6.

[7] 杨建平，郭军. 火力发电厂焊接技术规程 ［M］. 北京：中国电力出版社，2012.

[8] 寿比南，沈钢. 承压设备无损检测 ［M］. 北京：新华出版社，2015.

[9] 李鹏庆，丰斌. 电力建设施工技术规范　第 2 部分：锅炉机组 ［M］. 北京：中国电力出版社，2012.

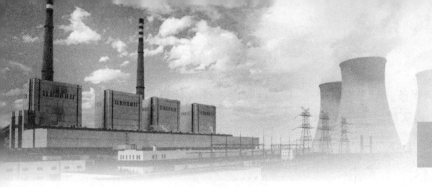

第八章

烟气深度冷却器系统集成及安全高效低排放运行

　　烟气深度冷却器已经成为燃煤电厂烟气污染物协同治理实现超低排放的关键设备。烟气深度冷却器一方面需要嵌入到电站锅炉尾部烟道的烟气系统中并通过换热管束管内工质获取热量，同时，携带热量的工质也需要送入燃煤电厂热力系统及子系统中去，才能实现自身余热循环梯级利用功效，通过当地控制实现烟气和工质状态参数的实时动态调控，因此，烟气深度冷却器自身也是一个子系统，烟气深度冷却器系统和热力系统耦合集成对烟气深度冷却器系统的安全高效低排放运行具有重要作用。安全高效低排放运行是烟气深度冷却器系统的关键难题，传热管束积灰、磨损、低温腐蚀及其耦合引致泄漏一直是烟气深度冷却器长周期安全高效运行的瓶颈和障碍，通过系统集成可以检验材料选型、设计、制造、安装、运行、维修等全寿命周期的质量控制水平，通过系统集成充分发挥余热回收梯级循环利用的突出的节能效果，同时，通过系统集成确保烟气深度冷却过程中烟气污染物协同凝并吸收和污染物脱除，保证烟气深度冷却器系统的长周期安全高效低排放运行。

第一节　烟气深度冷却器系统集成

一、烟气深度冷却器和回热系统的耦合连接

（一）技术背景

　　目前，燃煤电厂约消耗我国煤炭总产量的 50%，其排烟热损失是电站锅炉各项热损失中最大的一项，一般在 5%～8%，占锅炉总热损失的 80% 或更高。影响电站锅炉排烟热损失的主要因素是排烟温度，一般情况下，排烟温度每升高 10℃，排烟热损失增加 0.6%～1.0%。我国现役燃煤电厂电站锅炉排烟温度普遍维持在 125℃～150℃ 的水平，燃用褐煤的发电机组排烟温度高达 170～180℃[1,2]。

　　降低排烟温度并将烟气余热进行利用，有利于提高机组的整体循环效率，降低单位发电煤耗，具有显著的节能效果。

　　根据燃煤电厂电站锅炉出口之后尾部烟道的整体布置情况，烟气深度冷却器适合安装的位置大致有 2 种：除尘器之前和脱硫塔之前的烟道。

　　在静电除尘器之前通过烟气深度冷却器降低排烟温度，则会降低烟气的体积流量、降低烟气流速并大幅降低烟气中灰尘颗粒的比电阻，由此，可大大提高静电除尘器的效率，降低灰尘（PM）排放浓度。

　　在烟气湿法脱硫系统中，若高温烟气直接进入脱硫塔，需喷水降温以满足脱硫工艺要求。若通过烟气深度冷却器降低进入脱硫塔的烟气温度，则有利于降低冷却工艺耗水量，且

可降低除雾器的负担，进而降低脱硫废水量并降低废水处理费用。

（二）耦合连接形式

烟气深度冷却在提高除尘效率、降低脱硫喷淋水耗的同时，回收的烟气余热可以多种形式重新利用，降低煤耗，提高机组效率。根据耦合连接回热系统的不同，烟气余热利用形式即回热系统耦合方式可分为四种：加热汽轮机低压加热器凝结水，直接或间接加热热网回水，加热一、二次风，加热烟囱进口烟气进而提升烟囱排烟温度（管式 GGH），消除烟羽现象。

下面对四种耦合方式进行原理阐述及实例说明。

1. 烟气深度冷却器加热汽轮机低压加热器凝结水

烟气深度冷却器回收烟气余热，加热凝结水，即冷却介质取自除氧器之前的凝结水低压加热器系统。通过合理降低锅炉尾部出口烟气温度，回收烟气余热，加热汽轮机低压加热器的凝结水，一定程度上提升某一级或多级凝结水水温，排挤某一级或多级低压加热器的抽汽，增加汽轮机做功，进而降低汽轮机热耗值，降低机组发电煤耗[3]。

燃煤机组汽轮机低压加热器系统参数设计形式随锅炉排烟温度不同、燃烧煤质千差万别及适合安装位置的不同而发生变化。对于改造项目，安装位置要根据实际安装空间才能确定，因此，针对每个燃煤电厂汽轮机低压加热器设计形式及实际进出口水温的不同，需要优化设计适合某个特定低压加热器系统的凝结水取回水形式。根据取回水位置及方式不同，烟气余热用于加热汽轮机低压加热器凝结水系统。烟气深度冷却器系统与汽轮机低压加热器系统的耦合连接方式基本可分为两大类：串联系统、并联系统[4]。

在除氧器之前，一般有四级低压加热器，少数机组存在五级低压加热器或三级低压加热器的情况，8、7、6、5 号各级低压加热器的进口水温度一般依次在 35、60、80、100℃左右，5 号低压加热器出口（即除氧器进口）水温一般高于 125℃，具体示意见图 8-1。由于低压加热器及其汽轮机参数不同，各低压加热器进、出口水温会有一定的差异。烟气深度冷却器加热低压加热器的凝结水的方式即为：从汽轮机低压加热器系统获取低温水，经烟气深度冷却器吸收烟气余热，水温被加热升高后返回至低压加热器较高温度侧。

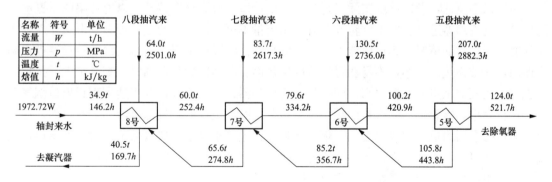

图 8-1 典型汽轮机低压加热器系统示意图

烟气深度冷却器进水温度或回水温度的高低对节能效果、设备造价经济性以及对烟气深度冷却器积灰、低温腐蚀等关键性能有决定性的影响。一般情况下，在相同的烟气温度降低幅度条件下，进水温度或回水温度越高，节能效果越好，烟气深度冷却器也越不易积灰，低温腐蚀程度也越轻。但是烟气深度冷却器换热面积、换热器重量较大，设备造价增加，系统的烟气阻力也会随之增大。如果将进水温度或回水温度设置低一些，节能效果也会变低，烟气深度冷却器产生积灰、低温腐蚀的腐蚀深度或腐蚀速率也随之增大。但因烟气-水的换热温差较高，烟气深度冷却器所需的换热面积、换热器重量较小，设备造价降低，系统的烟气阻力也会随之降低，且便于实施。

对电站锅炉而言，存在燃用煤种差异大、负荷工况变化频繁等情况。煤种差异影响烟气酸露点等烟气特性，负荷工况变化影响烟气温度和烟气量，需要根据烟气深度冷却器的使用场合和需要解决的问题的差异，采取切实可行的凝结水温度和烟气温度控制策略才能确保烟气深度冷却器安全高效低排放运行。

（1）串联连接。串联连接方式是一种最常见，经济性相对最好的耦合方式。串联布置形式就是将烟气深度冷却器水侧系统布置在两级低压加热器之间的管道上，也就是说通过前后两级低压加热器的全部凝结水均流经烟气深度冷却器（见图8-2）。

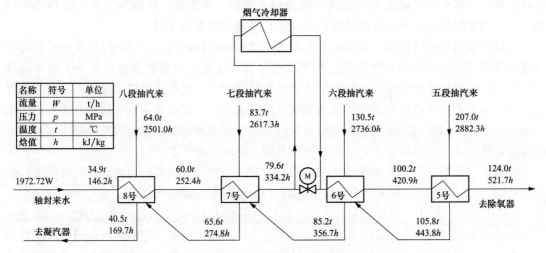

图 8-2 烟气深度冷却器串联在两级低压加热器之间

根据以上原理，考虑系统实际运行与理论设计值一般会存在偏差，以上纯串联布置形式的烟气深度冷却器进水温度可调整性差且取水流量不可调控。因此，这种布置形式在煤种多变和变工况运行的情况下其适应能力较差，偏高的低温段进水温度使烟气深度冷却器进水温度偏高，导致换热温差小，不易获得经济的换热面。电站锅炉负荷高时，烟气量大，排烟温度也高，相同取水点的水温也高，即烟气深度冷却器进水温度高，要想达到理想出口烟气温度的运行效果，需要较大的换热面积。用高负荷工况下设计的烟气深度冷却器换热面，在低负荷运行时会因为进口烟气温度低，烟气流量小，进口水温低，造成低负荷时设备出口烟气温度下降至更低，进而产生设备的过度低温腐蚀，产生黏性积灰的可能性便随之增加，甚至形成流通空间堵塞，影响系统运行安全[5,6]。

由上可知，串联布置时，需要进行系统设计优化，使得进口水温可调可控，出口烟气温度可调、可控。因此，为了实现进口水温可调可控，一般需要在8号低压加热器进口设置一路调温水取水旁路，与7号低压加热器出口取水混合后进入烟气深度冷却器进行换热。方便7号低压加热器出口水温过高时控制烟气深度冷却器进口水温可调、可控。为了各负荷工况运行时设备出口烟气温度可控，需要在7号低压加热器与6号低压加热器之间设置一组水量调节用调阀组，根据各实际运行工况的运行烟气温度和烟气量的变化情况，对烟气深度冷却器进水流量进行灵活调节，进而实现设备出口烟气温度可控。

（2）并联连接。当根据烟气温度和凝结水温度边界条件设计串联系统不适合时，可选用并联系统。即烟气深度冷却器水侧系统与某 1 个、2 个或 3 个低压加热器组成并联形式。并联形式在原理上决定了凝结水部分流量取水形式，即屏蔽某级低压加热器的情况基本是不允许出现的。

并联布置形式就是烟气深度冷却器取回水管路与某级、某两级或某三级低压加热器呈并联状，这种形式决定了其进水、回水有较大的温度差。为了在烟气深度冷却器冷端进水侧获得合适的进水温度，如低温取水点温度过低时，系统需加设热水再循环系统，取回水流程见图 8-3，也可以采用两点取水混水型式，取回水流程见图 8-4。这种布置型式的进水温度和流量的可调整性好，但往往受各级低压加热器间温度差的影响，回水温度至少需要达到回水点处原低压加热器进口水温，这便使得烟气深度冷却器高温侧换热温差较小，烟气深度冷却器所需要的换热面较大。但从节能角度而言，因回水温度较高，排挤的汽轮机抽汽品质较高，系统的节能效果相对较好。

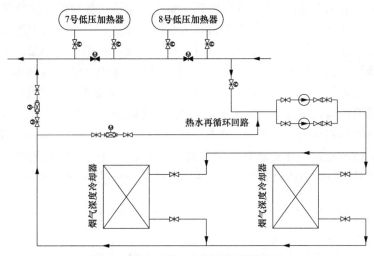

图 8-3　设置有热水再循环的并联系统

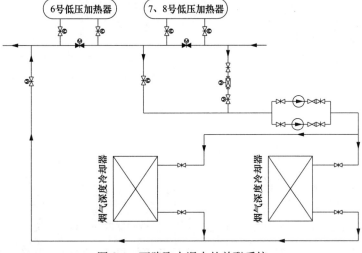

图 8-4　两路取水混水的并联系统

另外，在并联布置系统中，一般需要增设一套（2 台，1 台运行 1 台备用）管道增压泵，以满足冷却水系统能够正常循环，这也是烟气深度冷却器呈并联布置的典型特点。通过对已投运燃煤机组运行煤种、实际排烟温度、汽轮机热力特性等边界条件充分、广泛调研后得出结论：以上两种烟气深度冷却器冷却水系统调节性能较为灵活，对不同煤质、不同工况均有一定的灵活适应能力。实际设计时需要根据布置场合及设计烟气温度等边界条件的要求进行优化选型设计。

（3）串并联组合型连接。根据燃煤电厂燃用煤种复杂多变、负荷变化频繁的特点，进水温度和排烟温度均需要精确控制及方便在线动态调整。也就是说，在满足烟气深度冷却的基本性能及安全运行的前提下，使其低温腐蚀处于较低的腐蚀速率区域或不产生低温腐蚀，又能根据燃用煤种、负荷大小及使用场合、所需要解决矛盾的不同，能够对烟气深度冷却器进水温度、排烟温度进行较大范围的调整，且有利于提高烟气深度冷却器换热面的经济性，提高系统的性价比，满足节能减排的要求。

为达到以上目的，可以设置一种两点取水、串并联组合形式的烟气深度冷却器冷却水调节系统，取回水流程示意见图 8-5。本系统烟气深度冷却器从 8 号低压加热器进口和 7 号低压加热器出口两点取水，8 号低压加热器进口为低温取水点，7 号低压加热器出口为高温取水点，2 个取水点混合至合适温度后进入烟气深度冷却器吸收烟气的热量，在烟气温度降低的同时水温升高后回至 7 号低压加热器出口，即 6 号低压加热器进口，回水水温大于或等于原 6 号低压加热器进口水温。从取水点、回水点与低压加热器系统的关系看，冷侧取水点位于 8 号低压加热器进口，热侧取水点位于 7 号低压加热器出口，回水点位于 6 号低压加热器进口，烟气深度冷却器作为一个独立的加热系统，相对 7 号低压加热器和 8 号低压加热器来说呈并联状态，同时也相当于串联在了 7 号低压加热器和 6 号低压加热器之间，呈串联状态。因此，目前各烟气深度冷却器生产厂家习惯将其称为串并联取回水形式。

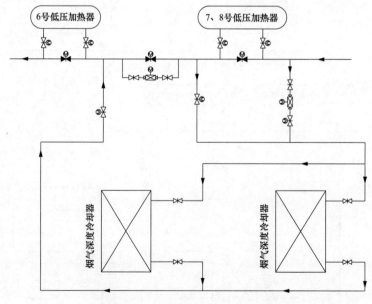

图 8-5　串并联组合形式的烟气深度冷却器冷却水调节系统

为了达到 2 点混水温度可调的目的，在 8 号低压加热器进口取水管路设置调节阀组，根据系统实际运行情况，调节阀组开度控制 2 点取水的混合水温，即烟气深度冷却器进口水温。为了实现烟气深度冷却器进水流量的可调，在 7 号低压加热器和 6 号低压加热器之间设置流量调节阀组，通过调节该调节阀的开度，调节烟气深度冷却器进水流量，进而实现设备出口烟气温度可控。

烟气深度冷却器串并联组合形式的取回水方案相对来说投资经济性最好，因为其回水水温只要不低于 6 号低压加热器进口（第二路取水位置，即回水位置）水温即可，这样换热高温端端差较大，相同吸热量的烟气深度冷却器所需换热面积最小、造价最低。

串并联取水方案对于调整锅炉低负荷工况或所燃用煤种发生变化时烟气深度冷却器的进口水温、出口烟气温度等显得更加方便、灵活。

该取回水方案水侧系统一般不需要单独增设管道增压泵，靠原凝结水系统的凝结水泵来克服烟气深度冷却器系统的水侧阻力即可。

图 8-6 示出了某 600MW 燃煤机组烟气深度冷却器系统流程。该取回水方案在上述串并联取回水基础上进行了优化：增设了热水再循环调温旁路。即低负荷运行时，若 7 号低压加热器出口运行水温低于烟气深度冷却器进口水温设计值时或者燃用煤质较设计煤质变化较大，实际烟气的酸露点、水露点较高时，为保证烟气深度冷却器设备的安全运行，保证最低运行壁温以防止发生严重的低温腐蚀现象，通过热水再循环旁路从烟气深度冷却器出口取部分高温水与 7 号低压加热器出口水相混合，以提升烟气深度冷却器进口水温至设计值或高于设计值。

如此，根据不同的汽轮机低压加热器系统运行情况对烟气深度冷却器水侧系统方案进行设计优化后，整个烟气深度冷却器水侧系统对进口水温和进水流量的调节更加灵活、方便，烟气深度冷却器出口烟气温度和进口水温的控制将更加精确。

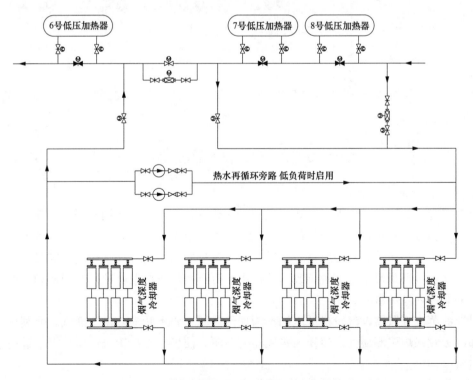

图 8-6　某 600MW 燃煤机组串并联取水方案系统流程图

2. 烟气深度冷却器直接或间接加热热网回水

对于供热机组，根据用户需要，一般设计为冬、夏季凝结水与热网水切换运行方案。夏季运行工况，烟气深度冷却器加热低压加热器系统凝结水，热网水侧关闭。冬季运行工况加热热网回水，凝结水侧关闭。冬季加热热网回水的节能效益非常高，忽略散热损失的情况下，相当于回收的烟气余热全部传递给热网回水，比排挤低压加热器系统抽汽增加汽轮机做功的效益更加突出，这是因为加热汽轮机低压加热器凝结水排挤的低压加热器抽汽并非全部用于汽轮机做功，反而低压缸所排放的乏汽也带走大部分热量。

根据热网水侧换热形式的不同可分为直接加热热网回水和间接加热热网回水两种形式。具体流程示意如图 8-7、图 8-8 所示。

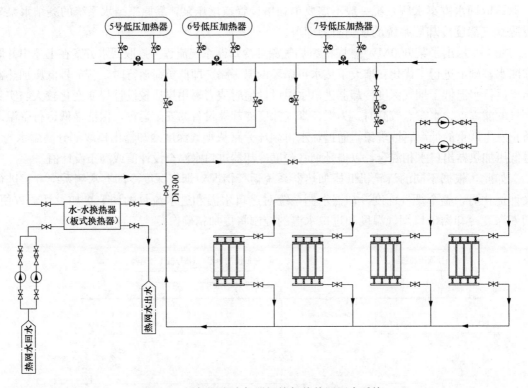

图 8-7　烟气深度冷却器间接加热热网回水系统

3. 烟气深度冷却器加热一、二次风

烟气深度冷却器回收的烟气余热可以用于加热一、二次风，即烟气深度冷却器以凝结水或除盐水作为载体，吸收烟气余热使水温提高，将高温水送至一、二次风风道内提升一、二次风风温，代替早期的蒸汽暖风器，使进入空气预热器的冷空气温度升高，同时使空气预热器壁温升高，特别是对于完成脱硝改造的机组，可有效防止低温腐蚀以及积灰和低温腐蚀耦合引致的非计划停炉事故。

早期的蒸汽暖风器以汽轮机低压抽汽为加热热源，要不断消耗低压蒸汽。而利用烟气深度冷却器吸收锅炉尾部烟气余热作为暖风器的热源，便可节省汽轮机低压抽汽，进而提升机组发电效率。

烟气深度冷却器加热一、二次风的系统流程示意见图 8-9。

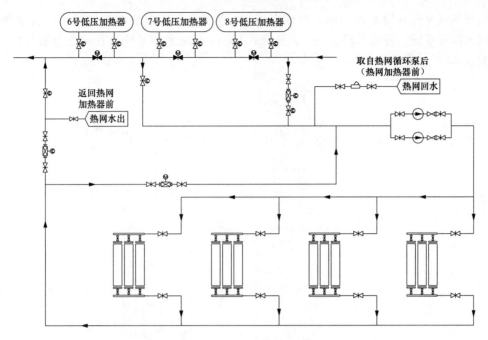

图 8-8 烟气深度冷却器直接加热热网回水系统

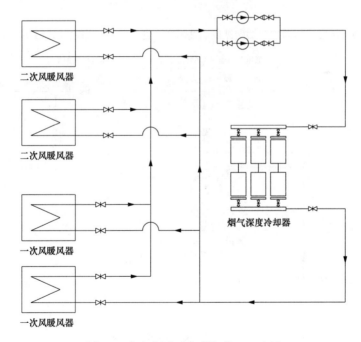

图 8-9 烟气深度冷却器加热一二次风

4. 烟气余热用于提升烟囱进口烟气温度（管式 GGH 系统）、消除烟羽

管式 GGH 系统换热器设备分前后 2 级布置，烟气深度冷却器布置在除尘器前或除尘器后脱硫塔前的烟道内，用于吸收烟气余热降低烟气温度；烟气再热器布置在脱硫塔后烟囱前的烟道内，吸收烟气深度冷却器传递给的闭式循环水的热量用于提升烟囱进口烟气或进一步用于加热汽轮机低压加热器凝结水。

　　根据烟气余热利用形式的单一性或多重性，管式 GGH 系统水侧系统可大致分为两大类：闭式循环系统、开式循环系统。2 种管式 GGH 系统水侧系统流程示意分别见图 8-10、图 8-11。

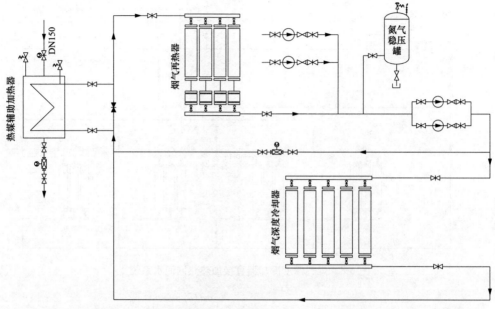

图 8-10　烟气深度冷却器加热烟囱进口烟气温度（管式 GGH 系统-闭式循环）、消除烟羽

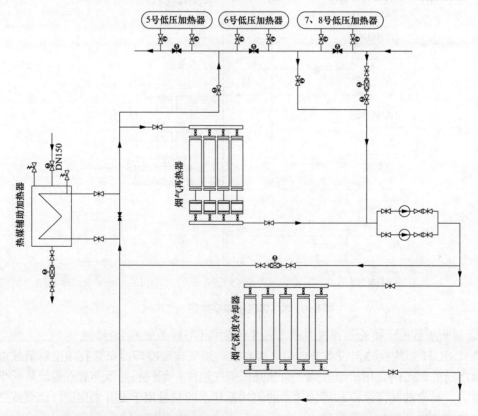

图 8-11　烟气深度冷却器加热烟囱进口烟气温度（管式 GGH 系统-开式循环）、消除烟羽

管式GGH闭式系统即烟气深度冷却器回收的烟气余热全部用于提升烟囱进口烟气温度。水侧为闭式循环水，经烟气深度冷却器与烟气逆流加热到一定温度后，同样以烟水逆流形式与脱硫塔后低温烟气换热，冷却后的循环水返回至烟气深度冷却器进口，进行重复循环。该系统主要用于空气预热器后，排烟温度相对不是特别高，降至适当温度后回收的烟气余热与提升烟囱进口烟气温度至理想值所需的热量较为均衡的情况。因闭式循环系统连续运行的特殊性，为防止长期运行的散热损失及系统运行压力的稳定性，需要增设一套补水稳压系统。

管式GGH开式系统即在满足烟囱进口烟气温度升至理想温度的情况下，多余的热量送回汽轮机低压加热器系统。该系统主要用于空气预热器后排烟温度相对较高，烟气深度冷却器可回收的烟气余热较多，在提升烟囱进口烟气温度至理想值的基础上还有较多的烟气余热，此部分烟气余热可用于加热汽轮机低压加热器凝结水，也就是说此类系统与汽轮机低压加热器系统相连通。

管式GGH系统一般需要设置热媒辅助加热器，低负荷时烟气深度冷却器回收的烟气余热不足以将烟囱进口烟气温度提升至设计值时，需要启动热媒蒸汽辅助加热器，用辅助蒸汽补偿部分热量，进而控制烟气再热器的出口烟气温度在设计值以上。

烟气深度冷却器布置在除尘器前或脱硫塔前的烟道内，可降低烟气温度，减少脱硫塔喷雾降温水耗；烟气再热器布置在脱硫塔后烟囱前的烟道内，可起到GGH的作用，提高烟囱出口烟气温度，避免烟囱腐蚀及出口位置出现烟羽与石膏雨的现象，带来极大的环境效益。

（三）运行案例

1. 串并联组合形式烟气深度冷却器加热汽轮机低压加热器凝结水

广东某电厂4号1000MW燃煤机组的烟气深度冷却器系统于2012年9月正式投运，到目前为止运行情况良好，低温除尘增效的效果显著。

此工程烟气深度冷却器安装在静电除尘前的6个水平烟道内，设计额定工况排烟温度由125℃降至95℃左右。水侧系统从7号低压加热器出口取全部凝结水，经烟气深度冷却器系统加热后回6号低压加热器进口。当烟气深度冷却器进口烟气温度过高或烟气量过大而无法将烟气温度降至设计值时，从8号低压加热器进口取部分凝结水与7号低压加热器出口凝结水混合，以降低烟气深度冷却器进口水温，进而控制出口烟气温度在设计值左右。计算额定工况节煤量约为1.43g/(kW·h)。具体系统流程见图8-12。

2. 并联形式烟气深度冷却器加热汽轮机低压加热器凝结水

图8-13是宁夏某电厂2号300MW燃煤机组的烟气深度冷却器系统流程图。该系统采用并联取回水方式加热汽轮机低压加热器凝结水。烟气深度冷却器水侧从6号低压加热器进口取部分凝结水，经烟气深度冷却器吸收烟气余热，水温升高后返回5号低压加热器进口。

该系统于2011年10月初正式投运，运行情况良好。该公司除尘器为电袋复合式，安装烟气深度冷却器前，由于空气预热器出口烟气温度较高，最高达170℃，平均烟气温度为145℃，且烟气温度不均匀，高温侧和低温侧最大相差34℃，严重影响布袋除尘器的使用寿命。安装烟气深度冷却器主要是为了降低烟气温度到130℃以内，以延长布袋除尘器的寿命，并使出口烟气温度均匀，烟道两侧温差控制在10℃以内，吸收的烟气热量用以加热汽轮机凝结水，排挤低压加热器抽汽，增加汽轮机做功能力，实现节能减排的目的。

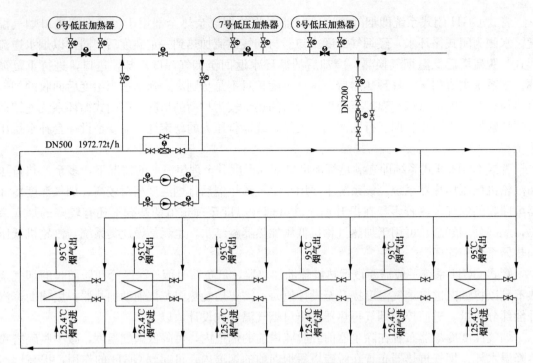

图 8-12 某电厂 4 号 1000MW 燃煤机组烟气深度冷却器系统流程图

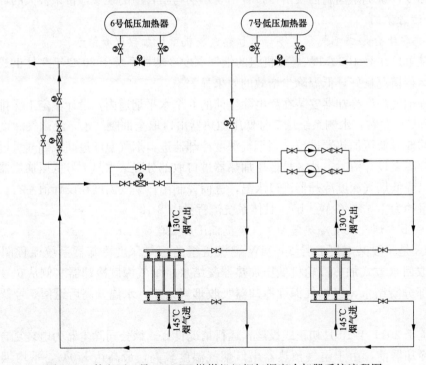

图 8-13 某电厂 2 号 300MW 燃煤机组烟气深度冷却器系统流程图

烟气深度冷却器系统安装运行后，出口烟气温度控制在 120～130℃之间，且温度较为均匀，达到了电厂的预期目标，经西安热工研究院有限公司热工测试表明：增加烟气深度冷却器后，系统实测节约标准煤达 1.4925g/(kW·h) 左右。

3. 烟气深度冷却器加热凝结水与热网回水

内蒙古某热电厂 2×300MW 燃煤机组烟气深度冷却器布置在静电除尘器前的 4 个水平烟道内。水侧系统方案为夏季加热凝结水、冬季直接加热热网回水系统。图 8-14 是其系统流程图。

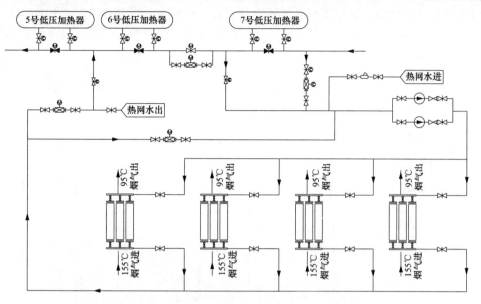

图 8-14 某热电厂 2×300MW 燃煤机组烟气深度冷却器系统流程图

宁夏某电厂 1 号 600MW 燃煤机组烟气深度冷却器布置在静电除尘器前的 4 个水平烟道内。水侧系统方案为夏季加热凝结水、冬季通过水-水板式换热器间接加热热网回水系统，已于 2014 年 12 月投运。图 8-15 是其系统流程图。

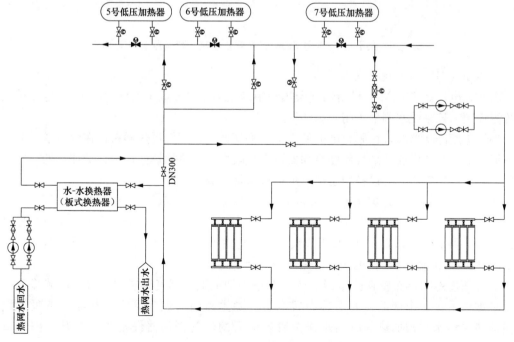

图 8-15 某电厂 1 号 600MW 燃煤机组烟气深度冷却器系统流程图

4. 烟气深度冷却器加热一、二次风

河北某热电厂8、9号300MW燃煤机组烟气余热回收用于加热一、二次风,该系统8、9号机组分别于2014年7月、2014年11月投运,运行状况良好。图8-16是其系统流程图。

该系统烟气深度冷却器布置在空气预热器之后、静电除尘器前的2个水平烟道内,一个烟道布置1台,一台炉共布置2台。在一、二次风道内分别设置1台一次风暖风加热器和1台二次风暖风器。

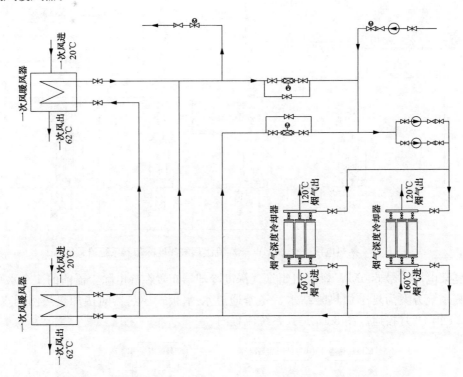

图8-16　某电厂8、9号300MW燃煤机组热水暖风器系统流程图

5. 管式GGH系统运行案例

山西某电厂2×300MW机组烟气余热利用形式为管式GGH系统。图8-17是2号机组系统流程图。该系统水侧采用闭式循环形式。

烟气深度冷却器布置在脱硫塔前的1个水平烟道上,烟气再热器布置在脱硫塔后的一个水平烟道上。脱硫塔前的烟气深度冷却器设备吸收烟气余热加热循环水,被加热的循环水送至脱硫塔后的烟气再热器设备用于提升烟囱进口烟气温度。

水侧为闭式循环,为实现闭式循环的补水稳压需要,系统设有稳压及补水系统。

陕西某电厂一期2×600MW机组烟气余热利用形式为管式GGH系统,其中2号机组管式GGH系统已于2014年11月正式投运,运行效果良好。图8-18是其系统流程图。该系统采用开始循环形式与汽轮机低压加热器系统耦合连接。

烟气深度冷却器布置在除尘器前的4个水平烟道上,烟气再热器布置在脱硫塔后的一个水平烟道上,一个烟道左右对称布置两台。除尘器前的烟气深度冷却器设备吸收烟气余热加热凝结水,被加热的凝结水送至脱硫塔后的烟气再热器设备用于提升烟囱进口烟气温度。

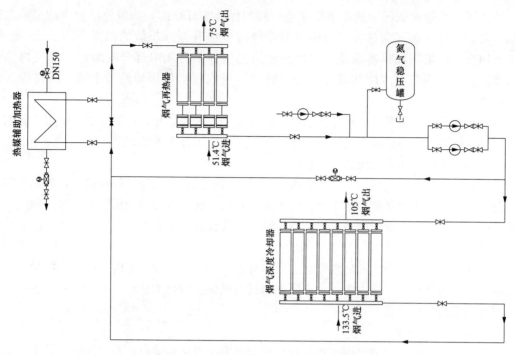

图 8-17　山西某电厂管式 GGH 系统流程图

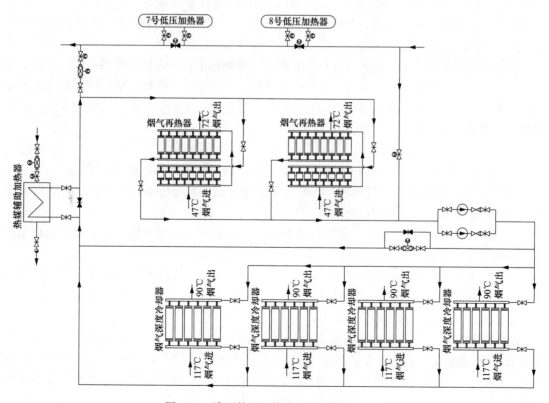

图 8-18　陕西某电厂管式 GGH 系统流程图

该系统与汽轮机低压加热器系统相连，阀门保持常开状态，当脱硫塔前排烟温度过高或烟气量较大时，烟气余热在把脱硫塔后排烟温度提升至理想值的前提下，多余的热量可以返回汽轮机低压加热器系统。即从汽轮机低压加热器侧取部分凝结水与烟气再热器出口水混合，经烟气深度冷却器加热后一路返回至汽轮机低压加热器系统，一路进入烟气再热器。

与汽轮机低压加热器系统相连接，可实现系统补水需要。并且，烟气余热利用系统的运行压力与汽轮机低压加热器系统保持一致，无须增设稳压补水系统。

二、烟气深度冷却器系统集成配套辅机

烟气深度冷却器系统根据用户的需求，选定合适的耦合方式和目标参数后，为顺利实现其运行、控制和调节等功能，离不开合适的配套辅机。比较重要的辅机包括水泵、阀门、吹灰器、板式换热器、热媒辅助加热器、稳压罐及相关仪表控制元件。

（一）水泵

烟气深度冷却器系统中循环水管路、换热管束、相关辅机和系统的高度变化等带来了较大的阻力，作为循环水的动力源，水泵将原动机的机械能转化为循环水的动能或势能以克服上述阻力，实现循环流动。

1. 水泵简介及选型

水泵选型不仅关系到烟气深度冷却器系统能否安全稳定地运行，而且对运行效率、能源消耗等影响很大。水泵选型的主要内容是确定水泵的类型、流量、扬程和运行方式等。当前我国火电机组凝结水流量一般不大于 2000t/h，汽轮机轴封加热器后、低压加热器进口压力一般在 4MPa 左右。叶片式离心泵能很好地适应这一工作环境，具有结构简单，输液无脉动，流量调节简单等优点，在烟气深度冷却器工程项目中应用广泛。

（1）水泵的布置方式。根据现场安装条件，选择卧式泵、立式泵或者斜式泵。一般来说立式泵的平面尺寸较小，高度较大，水泵启动方便，但安装要求较高，检修较烦琐。卧式泵占地表面积较大，荷载分布较均匀，安装检修较方便，适用于水位等变幅较小的场合。烟气深度冷却器系统的水泵一般布置在汽机房，以卧式居多。

（2）主要部件材质和密封形式。

1）泵壳（泵体、泵盖）：球墨铸铁的力学性能较好，性价比高，建议选用。

2）叶轮：不锈钢叶轮经过机加工，最大限度地保证了水力模型的原型和最佳表面粗糙度，最大限度地保证了水力模型效率值。

3）轴封形式：机械密封较盘根密封成本高，安装要求高，但也具有不漏水、轴套无磨损、机械阻力小和维修周期长等优点，建议选用机械密封形式。

（3）流量和扬程参数的选择。烟气深度冷却器循环水系统的工作状态由水泵的性能曲线与管路的特性曲线共同决定。在设计系统时，需要计算流量及在该流量下管路系统的阻力，以确保选用合理的流量和扬程进行水泵的选择。

根据热力计算公式计算出换热所需水量后，按照 GB 50660—2011《大型火力发电厂设计规范》，建议水泵容量为最大循环水量的 110%。根据选定流量，选择单吸泵、双吸泵或小流量离心泵。在目前烟气深度冷却器系统流量一般不超过 1500t/h 工作条件下，基本采取单吸泵。

单级泵是指只有一只叶轮的泵，最高扬程可达 125m；多级泵是指有两只或两只以上叶轮的泵，能分段地多级次地吸水和压水，从而将水扬到很高的位置，扬程可根据需要增减水泵叶轮的级数。经过大量的设计和工程实例发现烟气深度冷却器系统中泵的扬程最高，一般不超过100m，选用单级泵完全可以达到目标。

（4）水泵运行方式。烟气深度冷却器系统中的计算水量为额定工况最大水量，但在不同工况或者不同负荷下，循环水量差别很大。低负荷时水量过小，能量浪费过大，建议采用变频水泵或者工频电动机加调节阀形式。变频调速是调速技术中处于领先地位的一种方式，具有较大节能潜力，而且噪声小，故障少，循环水管网压力较稳定且维护管理方便。水泵电动机功率的计算式为

$$P = \frac{\rho g q_v H}{\eta_1 \eta_2}$$ (8-1)

式中　P——电动机功率，W；

　　　ρ——循环水密度，kg/m^3；

　　　g——引力常量，$9.8m/s^2$；

　　　q_v——流量，m^3/s；

　　　H——扬程，m；

　　　η_1——水泵效率，%；

　　　η_2——电动机效率，%。

根据上式（8-1）计算水泵所用电动机的功率，在流量及扬程较大情况下，需选用高压电动机才能满足设计要求。此时可综合考虑是否坚持一台运行一台备用的水泵选取原则，或者采取比较经济的两台运行一台备用方式。

（5）根据不同热力系统循环水压力选择水泵压力。水泵出口压力等于水泵进口压力加水泵扬程，是水泵的最大工作压力，水泵进口压力取决于水泵安装位置，根据设计资料复核选定的水泵是否在正常的运行范围内。

综上所述，水泵须便于安装、维修和运行管理，根据系统的需要能够满足流量和扬程的要求，并能在燃煤机组各种工况及各种负荷下保持高效率、低能耗和安全稳定地运行，不允许发生汽蚀、振动和超载现象。

2. 烟气深度冷却器系统中的两类水泵

烟气深度冷却器系统与汽轮机低压加热器系统的耦合连接方式为串联布置时，烟气深度冷却器系统一般采用主路截流方式，系统阻力由原汽轮机凝结水泵克服，无须额外增加管道增压泵，若串联系统有热水再循环旁路时，则需设置热水再循环泵；耦合方式为并联布置时，需在主路设置管道增压泵克服烟气深度冷却器系统阻力。

（1）热水再循环泵。如图8-19所示，系统从8号低压加热器进口和7号低压加热器出口2点取水，混合至合适温度，混合后的凝结水进入烟气深度冷却器与烟气交换热量，最后回到6号低压加热器进口。系统串联在6、7号低压加热器之间，系统总阻力约为0.3MPa，由汽轮机凝结水泵克服。

低负荷运行时，7号低压加热器出口水温低于设计值，为防止低温腐蚀、保证设备的安全运行，设置一路热水再循环来控制烟气深度冷却器进口水温。热水再循环泵提供再循环热水的动力，仅需克服烟气深度冷却器本体的阻力即可，该泵具有流量小和扬程低的特点。

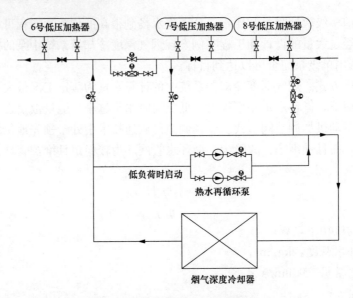

图 8-19　串联系统热水再循环泵

（2）管道增压泵。如图 8-20 所示，该系统从 8 号低压加热器进口和 7 号低压加热器出口的 2 点取水混合至合适温度，混合后的凝结水与烟气交换热量后送至 6 号低压加热器出口。烟气深度冷却器系统与 6 号低压加热器并联，系统阻力约为 0.3MPa，由烟气深度冷却器主回路设置管道增压泵提供动力源。

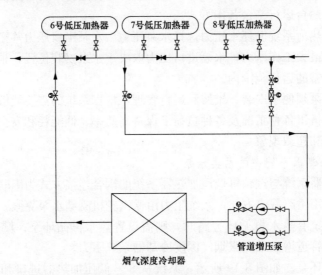

图 8-20　并联系统管道增压泵

管道增压泵克服的是整个系统的阻力，其扬程与热水再循环泵相比较大，同时主管路的凝结水总量也大于再循环热水量。其优点在于系统自给自足，对汽轮机凝结水系统影响较小。

（二）阀门

阀门是在烟气深度冷却器系统中，用来控制循环水的方向、压力和流量的控制装置，具有截止、调节、导流、防止逆流、稳压等功能。下述将烟气深度冷却器中常用的阀门简单介绍一下。

阀门按其在烟气深度冷却器系统中的用途主要有以下几类：

（1）截断阀类。包括闸阀、截止阀和蝶阀等，主要用于截断和导通循环水。

（2）调节阀类。主要是调节用的，可以精确控制水路系统中的取水量、回水量和再循环热水量等。

（3）止回阀类。与水泵配套使用，防止循环水的倒流。

（4）安全阀类。设备最高点安装安全阀，保护烟气深度冷却器超压安全运行。

系统无特殊要求且能人工操作时，阀门采用手动控制方式；为实现系统的连锁控制，以烟气温度为目标值，自动控制水量和水温情况下，阀门需采用电动和气动控制方式。

另外，根据不同系统中循环水的压力和温度选择合适的阀门。烟气深度冷却器系统管路压力一般为 2.5~6.4MPa，属于中压范围，水温一般小于120℃，选择常温或中温阀门即可满足设计及运行条件要求。

（三）吹灰器

烟气深度冷却器有2种安装位置：一种是布置在空气预热器之后或静电除尘器之前；另一种布置在引风机之后或脱硫塔之前，该安装位置为不得已的选择，本技术不支持该安装位置，但本技术支持布置于脱硫塔之前的烟气更深度冷却余热利用和污染物冷凝预脱除技术，可参见第六章第六节相关内容。不论选用哪种布置方式，烟气中都不同程度地携带有飞灰或烟尘等。烟气持续不断流经换热面，随着运行时间的推移便会产生积灰问题。积灰增加了换热面的热阻，降低了烟气深度冷却器的换热效率；积灰严重时还会导致烟气通流面积大大减少，换热管束磨损风险急剧上升，同时烟气阻力显著增加，超出引风机工作能力，使得机组被迫停炉。

换热管束的积灰，按其特性可分为三种：松散性积灰、黏附性积灰和黏结性积灰。静电除尘器之前布置的烟气深度冷却器沉积的都是第一种积灰，后两种积灰主要存在于布置在引风机之后或脱硫塔之前的烟气深度冷却器中。目前，最常用且最有效的解决换热器积灰的手段就是在系统中加设吹灰器。

按吹灰介质分类，吹灰器可分为蒸汽吹灰器、压缩空气吹灰器、声波吹灰器、燃气脉冲吹灰器和空气激波吹灰器五大类。不同类型的吹灰器根据其自身特点适用不同工作场合，其中烟气深度冷却器工程项目应用较多的为前三种。

1. 蒸汽吹灰器

蒸汽吹灰器是利用一定温度和压力的水蒸气流经截面变小的喷头，提高蒸汽出口流速，产生较大冲击力，吹扫受热面上积灰的一种节能设备，其结构较复杂，技术较成熟，对于三种不同特性的积灰，均有较好的清除效果。按其结构不同，蒸汽吹灰器可分为固定旋转式、伸缩式和耙式三类。三种形式具体选哪一种，可根据现场空间、换热面布置和投资费用综合进行考虑。

2. 压缩空气吹灰器

压缩空气吹灰器与蒸汽吹灰器结构相同，不同的是介质采用压缩空气代替蒸汽。该种吹灰器降低了换热管束被蒸汽吹损的安全风险，回避了蒸汽中含有水汽的不利影响，但同时其吹灰能量也相应降低，吹灰效果下降，主要适用于布置在静电除尘器之前的烟气深度冷却器。

3. 声波吹灰器

声波吹灰器是利用声场能量的作用来清除换热面积灰。声波吹灰器具有安全可靠、高性能和维护成本低等优点，主要有旋笛式、鼓膜式、哨式 3 种结构。声波吹灰器效果也弱于蒸汽吹灰器，对第一类松散性积灰较为有效。

各种类型吹灰器详细的描述，包括结构、效果、应用场合、优缺点和工程应用详见本章第二节的三。

（四）板式换热器

对于部分热电厂，凝结水与热网水为两套独立的管网，烟气深度冷却器冬天加热热网水、夏天通过水-水板式换热器将热量传递给凝结水。

板式换热器是由一系列具有一定波纹形状的金属片叠装而成的一种新型高效换热器。板式换热器具有换热效率高、热损失小、结构紧凑、拆卸方便和板片品种多等特点，广泛应用于火力发电厂。

板式换热器主要装配形式为悬挂式。悬挂式结构由波纹板片组、密封垫、固定板、活动板、上导杆、下导杆和夹紧螺栓等主要零件组成。常见的波纹板在板面上有四个角孔，板面之间通过密封垫片以隔离冷热侧流体，相邻板片根据冷热流体的逆向流动特性制造出具有反方向的人字波纹沟槽，介质在沟槽内流动时形成湍流，从而获得较高的换热效率。图 8-21 示出了水-水板式换热器的结构图。

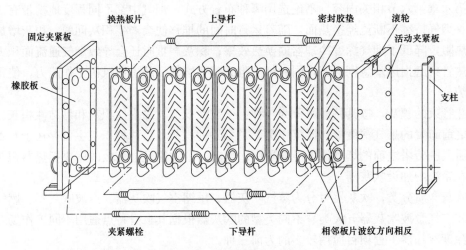

图 8-21　水-水板式换热器

目前，板式换热器的选型计算是一个比较复杂的过程，比较流行的方法是对数平均温差法和传热单元数（NTU）法。众多的板式换热器厂家均采用以传热和压降准则关联式为基础的设计方法进行计算选型。在热网水和凝结水换热的选型计算中，需明确如下参数：换热量、冷热介质进出口温度、流量和压力参数等。其中压降直接影响到板式换热器的大小，如果有较大的允许压降，则可能减少换热器的成本，但会损失泵的功率，增加运行费用。在水-水换热情况下，允许压降一般在 20～100kPa 是可以接受的。所以板式换热器选型必须兼顾传热和压降，传热面积计算式为

$$A = \frac{Q}{K \times \Delta t} \tag{8-2}$$

式中　A——计算传热面积，m^2；

　　　Q——单台换热器设计热负荷，W；

K——传热系数，$W/(m^2 \cdot K)$；

Δt——计算平均温差，℃。

（五）热媒辅助加热器

管式 GGH 系统在低负荷运行状态下，有时会出现烟气深度冷却器吸收的热量不足以将烟囱进口的烟气加热到设计温度，烟气深度冷却器出口水温低可能造成烟气再热器的组合型低温腐蚀，因此系统需为烟气再热器提供额外的热源，避免组合型低温腐蚀的发生，热媒辅助加热器很好地满足了系统的此项需求。图 8-22 示出了热媒辅助加热器的结构图。

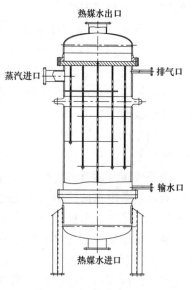

图 8-22　热媒辅助加热器

热媒辅助加热器主要采用壳管式蒸汽加热器，用蒸汽加热循环水，蒸汽加热器具有以下优点：

1. 传热系数高

螺纹管是用高导热系数的紫铜或不锈钢制成的内外螺纹相结合的高效传热元件，由它制成的螺纹换热器，在流体阻力不大的情况下，便形成强烈的紊流，极大提高了管内外放热系数。经测试汽水换热时总传热系数达 $3000 \sim 6000 W/(m^2 \cdot ℃)$，水水换热时总传热系数达 $2500 \sim 5500 W/(m^2 \cdot ℃)$。

2. 不易结垢

由于螺纹管特殊的凹凸形结构，使管内外产生多流层和旋转形冲刷作用，加上管子的热伸冷缩性，管壁内外均不会存留杂质，故不易结垢，长期运行效果好。

3. 不易泄漏

密封周长短，螺纹管的粗螺纹类似膨胀节，自身有补偿能力，换热器热应力小，不易泄漏。

4. 安装方便

有卧式和立式 2 种形式，便于在不同位置安装。

管式 GGH 系统中热媒辅助加热器工作环境为闭式系统，选型设计时需提供如下参数：流通介质，材质选择，蒸汽压力和温度，进水压力、流量和温度，出水压力和温度，水平安装还是垂直安装等。

（六）稳压罐

管式 GGH 系统在不同工况运行时，会出现压力波动的情况，连续运行一段时间后，管网中的水量由于蒸发、排污等会逐渐减少，一定时间内需要得到补充，方可稳定工作。稳压罐在管式 GGH 系统中起到了平衡水量及压力的作用，避免安全阀频繁开启和自动补水阀频繁补水，当管式 GGH 系统中有压力的水进入膨胀罐气囊内时，密封在罐内的氮气被压缩，根据波义耳气体定律，气体受到压缩后体积变小、压力升高，直到膨胀罐内气体压力与水的压力达到一致时停止进水。

在现场空间足够，满足结构抗震等情况下，高位水箱可以代替稳压罐的作用。

（七）相关仪表控制元件

为了实现烟气深度冷却器系统自动联锁控制，少不了仪表控制元件。主要包括温度测量装置、流量测量装置、压力测量装置以及泄漏监测系统等。

温度测量装置主要采用热电阻（PT100，双支）、热电偶（K型，双支）等器件，测量元件接入远程系统控制。若仅需就地温度显示采用双金属温度计即可。

流量测量装置一般采用孔板流量计、喷嘴流量计、涡街流量计和超声波流量计等。因孔板流量计的节流装置结构简单，性能稳定可靠，价格适宜，在烟气深度冷却器系统循环水流量的测量中得到普遍应用。

压力测量装置一般有压力表、压力变送器和差压变送器3种。对仅需就地指示的压力采用压力表即可，需要信号远传至程控系统时采用压力或差压变送器，通过线缆接至程序控制系统。

烟气深度冷却器运行中发生严重积灰、低温腐蚀和磨损事故时会引起换热管束的泄漏。目前，有较多的方式进行泄漏在线监测，应用较普遍的有水侧差压测量方式、烟气湿度测量方式和电极检漏式。

水侧差压式的原理是通过压力或差压变送器实时监测，对比烟气深度冷却器本体进出口的水侧压差。正常运行时水侧压差处于一个正常的工作区间内，当发生泄漏时，该换热管组水侧压差较正常运行的管组压差值偏大，就可以显示差异，发现泄漏；其次，通过布置在烟道内的烟气湿度仪监测烟气的湿度变化来感知泄漏，发生泄漏时烟气湿度明显上升，便发出报警信号；第三，电极式检漏采用漏水报警控制器进行，电极置于烟气深度冷却器本体的烟道底部，烟道底板作为检测的另一极，当发生泄漏造成两极之间的积灰湿润或者水漫过两极时，报警控制器发出报警信息。这3种泄漏监测方式均存在泄漏量较小时不能及时发现问题的缺点，湿度仪有时还会因为烟道内恶劣的工况环境而发生泄漏的误报警。

三、烟气深度冷却器当地控制和单元控制运行机制

烟气深度冷却器运行控制的目的是保证设备出口温度达到规定的设计值，保证设备的安全高效运行。虽然烟气深度冷却器装置的运行控制远不及燃煤机组常规热力设备的控制系统那样复杂，但是，如何设计控制方案和合理布置参数监测点是设备能否正常运行的保障，并直接影响着机组加装烟气深度冷却器后的节能环保指标。

（一）运行参数的检测与测点布置

运行参数的检测是烟气深度冷却器自动控制系统的一个基本组成环节。烟气深度冷却器运行过程中需要检测的状态参数包括温度、压力或差压、流量、湿度等。这些参数的检测在火力发电厂热力设备中广泛采用，但不同工作条件下所选用测量仪表类型不同，下面根据烟气深度冷却器介质特点对仪表选型配置进行简要介绍。各参数的具体检测系统由被测量、传感器、变送器和显示装置组成。

1. 温度测量仪表

热工测量常用测温元件有热电偶及热电阻。热电偶根据热电效应原理测量温度，两种成分不同的均质导体A和B焊接在一起构成闭合回路，当导体A和B的两端接点存在着温差时，回路中就会产生热电动势。热电偶的测温范围为$-270 \sim 2800$℃。热电动势的大小，只与热电极材料的成分和两接点的温差有关，而与热电极的直径、长度无关，因此，热电偶感温部分是一个点，其热惰性小。热电阻是利用金属导体的电阻值与其本身温度有一定的函数关系进行测量的。当电阻温度变化时，电阻值也随之变化，其测温范围为$-200 \sim 650$℃。热电阻的感温部分是一段感温体，因此热惰性较大。热工测量热电阻有铂热电阻和铜热电阻2大类。表8-1和表8-2分别列出了热电偶和热电阻的温度测量范围和基本误差。

表 8-1   热电偶温度测量范围

名称	分度号	测温范围（℃）	等级	基本误差（℃）
镍铬-镍硅	K	−40～1200	I	±1.5 或 ±0.4%|t|
			II	±2.5 或 ±0.75%|t|
镍铬-康铜	E	−40～700	I	±1.5 或 ±0.4%|t|
			II	±2.5 或 ±0.75%|t|
铁-康铜	J	−40～600	I	±1.5 或 ±0.4%|t|
			II	±2.5 或 ±0.75%|t|
铜-康铜	T	−200～300	I	±0.5 或 ±0.4%|t|
			II	±1.0 或 ±0.75%|t|

注 表中 $|t|$ 为所测温度绝对值；基本误差中取"或"前后误差值较大者。

表 8-2   热电阻的测温范围和基本误差

名称	分度号	测温范围（℃）	等级	基本误差（℃）
铂电阻	Pt100	−200～500	A	±0.15 或 ±0.2%|t|
			B	±0.3 或 ±0.5%|t|
铜电阻	Cu50	−50～100	A	±0.3 或 ±0.6%|t|

注 表中 $|t|$ 为所测温度绝对值；基本误差中取"或"前后误差值较大者。

实践表明，在低温和中温的测量中，对于精度要求不高的测温对象，多数用镍铬-镍硅或镍铬-康铜热电偶，因为其价格相对便宜；对于精度要求高的测温对象，则采用铂电阻温度计。

对于烟气深度冷却器系统，一般烟气温度低于 180℃，水侧温度则低于 120℃，适宜采用铂热电阻。

2. 压力与差压测量仪表

烟气深度冷却器设备测量烟气压力或差压时，所选用压力变送器或差压变送器与锅炉尾部烟道选型基本相同；同时由于烟气含尘，为防止粉尘堵塞测量仪表导致测量误差，变送器配备有防堵风压取样器。

烟气深度冷却器系统水侧设计压力一般为 2.5～5.0MPa，系统压降范围 0.2～0.4MPa；而烟气侧设计压力一般为 ±8.0kPa，烟气侧整体压降范围为 300～600Pa；因此，在压力变送器选型时应注意区分。

同时，烟气深度冷却器系统在需要就地检查处设置就地压力表，如增压水泵前后、蒸汽或声波吹灰器进口等，可保证重要辅机设备的安全稳定运行。

3. 湿度仪

为监测烟气深度冷却器换热管泄漏情况，烟气深度冷却器设备可配套设置烟气湿度仪。湿度仪可显示所处环境中的含湿量。布置时，可分别在烟气深度冷却器设备进、出口各布置 1 台，当出口湿度仪示数显著高于进口时，则表明此设备换热管可能发生泄漏；当 1 台炉有 2 个或以上烟道时，也可仅在每台设备出口布置湿度仪，若某台湿度仪示数显著高于其他，则可判断出此烟道内换热管可能发生泄漏。

4. 流量计

烟气深度冷却器设备工质一般为来自低压加热器的凝结水或回至暖风器及烟气再热器的闭式热媒水，工质流量是显示系统运行情况的重要参数。常用的流量计有孔板流量计、超声波流量计等，均为节流型流量计。

燃煤机组中最常用的是差压流量计，它由产生差压的流量检出元件、差压信号管路和差压仪表等组成。

差压流量计是通过差压仪表测量流体流经节流装置时所产生的静压力差，或测速装置所产生的全压力与静压力之差。燃煤机组中蒸汽和液体等的流量测量，绝大部分采用节流装置；低参数大管径的流量测量采用测速装置，如冷风和烟气等。目前，节流装置中，常用的是标准孔板和标准喷嘴。

在烟气深度冷却器水侧流量的测量中，较常用的是孔板流量计。由于工况变化时系统内工质温度、压力变化幅度较小，无须对流量进行自动补偿。

此外，还有转子流量计、涡轮流量测量仪表、涡街流量测量仪表、电磁流量传感器等。其中，电磁流量传感器具有如下显著优点：不受流体的温度、压力、密度、黏度等参数的影响，不需进行参数补偿；耐腐蚀，耐磨损；几乎无压力损失；可测管道直径在 2.5～2400mm 范围内。目前电磁流量传感器已广泛应用于各种电导率大于 10^{-5} S/cm 的导电流体的流量测量上。

（二）主要监测参数的测点布置

图 8-23 所示为典型烟气深度冷却器加热凝结水系统运行监测参数的测点布置示意图。包括温度、压力、压差、流量和烟气湿度等，这些参数均实时显示在单元机组控制系统的计算机画面上，并用于运行参数的监测与控制。

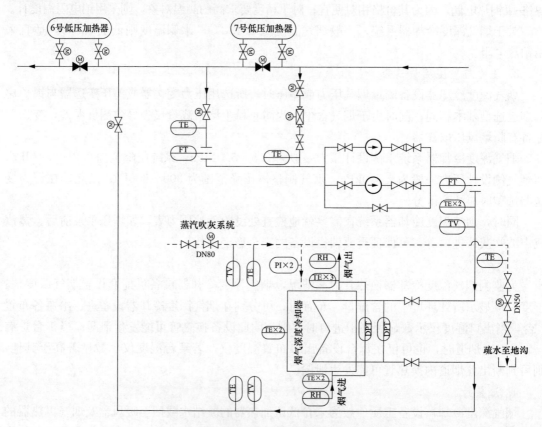

图 8-23 典型烟气深度冷却器测点布置示意图

TE—热电阻；TV—压力变送器；DPT—压差变送器；FT—流量计；RH—湿度仪

图 8-23 中，2 个取水支路仅需布置 1 台流量计，可通过主路流量计与支路流量计作差求解另一路流量；若系统需要设置热水再循环管路，也无须增加流量计，由于低负荷下再循环开启时取水管路冷水一路可关闭，同理可求得再循环水量。

设备进口水温的控制对设备的腐蚀与积灰有重要影响，是系统运行与控制的重要参数，通常采用冗余设计，在设备进口供水母管上布置 2～3 支热电阻。同时，出口烟气温度是系统的关键性能保证值，采用冗余设计，在出口烟道处布置 3 支及以上热电阻。

1. 烟气深度冷却器的控制系统

为保证烟气深度冷却器换热效果和设备的安全经济运行，系统设置有完整的热工测量、自动调节、控制与保护和热工信号报警系统。其自动化水平将使运行人员在少量就地巡检人员的配合下，即可实现对烟气深度冷却器系统的启停及正常运行工况的监视和控制，以及异常与事故工况的报警、联锁与保护。

烟气深度冷却器设备采用分散控制系统（DCS）实现全过程的自动调节与程序控制，对于常规加热凝结水系统，按控制对象可分解为以下 2 个控制子系统。

（1）烟气温度的控制。指烟气深度冷却器设备出口烟气温度的控制，通过自动或就地调节，使烟气出口温度维持在设计值。

（2）水温的控制。指烟气深度冷却器设备进口凝结水温度的控制，通过自动或就地调节，使设备进口水温高于设计值，以避免换热管壁温过低造成设备低温腐蚀速率加快。

现以加热凝结水的 2 路取水同时布置热水再循环管路的系统为例，对以上控制子系统的工作原理进行介绍。

2. 烟气深度冷却器设备出口烟气温度的控制

设备出口烟气温度是由进入烟气深度冷却器的凝结水流量来进行调节与控制的，其控制的目的是保证出口烟气温度由进口较高温度降低至设计值，提高系统热效率。由于烟气深度冷却器的功能即吸收锅炉排烟低品位余热，提高系统热效率；同时，出口烟气温度的高低也深刻影响 SO_3、PM 和 Hg^{2+} 的凝并吸收效率，所以出口烟气温度是烟气深度冷却器系统中最重要的性能保证参数。

当进入烟气深度冷却器的烟气温度在一定范围内时，出口烟气温度升高，则系统回收余热量减小，系统效率提高的幅度减小，若设备在除尘器前则由于烟气温度仍较高对除尘效率的提升幅度也减小；出口烟气温度降低，则系统回收余热量增加，对系统效率提高的幅度增加，若在除尘器前可更显著地提高除尘效率。通常，烟气深度冷却器初始设计时根据锅炉燃用煤种对酸露点进行了计算，对取回水温度及换热情况进行了优化设计，综合考虑经济性、安全性等因素后对烟气深度冷却器提供设计排烟温度，一般控制在 90℃±1℃。设备运行时，可通过自动调节将设计出口烟气温度作为目标值，当锅炉排烟温度降低时，减小设备内工质流量；当锅炉排烟温度升高时，则相应增加设备内工质流量。

烟气深度冷却器设备运行中，可能引起设备出口烟气温度变化或波动的主要因素为设备进口烟气量与烟气温度和煤质的变化等。若进入烟气深度冷却器的工质流量不变，烟气量的增加会使设备排烟温度升高，反之会使排烟温度降低。若进入烟气深度冷却器的工质流量不变，当设备进口烟气温度升高时，由于冷热流体换热温差增大，则出口烟气温度与出口工质温度呈升高趋势。通常情况下，燃煤机组锅炉负荷变化频繁，烟气量及烟气温度也随之频繁改变。因此，烟气量及烟气温度是最主要的外界干扰因素。

由于烟气深度冷却器设备中主要为烟气与工质的对流换热过程，被控对象，如烟气出口温度的延滞与惯性较小，因此，采用出口烟气温度的检测信号与设定值进行比较的反馈控制系统即可得到良好的控制质量。将出口烟气温度测量值与设定值进行比较，得到的差值信号反馈控制作用产生一个调节信号，来控制烟气深度冷却器供回水母管变频水泵转速或调节阀开度，使设备出口烟气温度维持在设定值上。

图 8-24 是烟气深度冷却器出口烟气温度反馈控制系统的方框图，其中含一个反馈闭合回路。

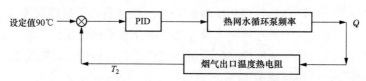

图 8-24　出口烟气温度的单回路反馈控制系统

Q—烟气深度冷却器内工质流量，T_2—烟气深度冷却器出口烟气温度

3. 烟气深度冷却器设备进口工质温度的控制

烟气深度冷却器设备运行中控制进口工质温度的目的是维持进口工质温度高于某设定值，保证换热管壁温避开严重低温腐蚀温度区域，同时减少结露及黏性积灰。由于烟气深度冷却器布置于锅炉尾部烟道，工作环境恶劣，极易产生腐蚀、磨损及积灰情况，控制进口工质温度高于设计值可从源头上防控腐蚀、积灰及其耦合作用，是烟气深度冷却器控制系统的重要组成部分，是保证系统安全运行的关键。通常情况下，进入烟气深度冷却器供水母管的水为两路，即从低压加热器取一路低温水及一路高温水，或者从低压加热器取一路低温水同时增加一路再循环高温水，两路水混合后达到设定值。因此，控制进口工质温度的主要手段是调节两路水的流量。

由于高、低温两路工质混合过程中，被控对象（混合水温度）的延滞与惯性较小，所以采用进口工质温度的检测信号与设定值进行比较的反馈控制系统即可得到良好的控制质量。将进口工质温度测量值与设定值进行比较，得到的差值信号反馈控制作用产生一个调节信号，来控制烟气深度冷却器取水管路或再循环管路调节阀开度，再循环为变频水泵时即调节水泵转速，使设备进口水温度维持在设定值上。

图 8-25 所示为烟气深度冷却器进口工质温度反馈控制系统的方框图，其中含一个反馈闭合回路。

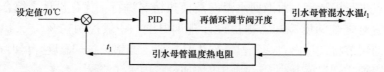

图 8-25　进口工质温度的单回路反馈控制系统

4. 烟气深度冷却器系统的顺序控制、保护与联锁

烟气深度冷却器系统顺序控制的目的是满足系统启动、停止及正常运行工况的控制要求，实现烟气深度冷却器系统在事故和异常工况发生时的控制操作，保证系统的安全。

（1）顺序控制的具体功能包括：

1）实现烟气深度冷却器系统的自启停。

2）实现辅机与其相关设备的联锁控制。

3）在发生局部设备故障跳闸时，联锁启停相关设备。

4）实现烟气深度冷却器用电系统的联锁控制。

（2）顺序控制的典型项目包括：

1）烟气深度冷却器系统的切除与启动，具体为与低压加热器凝结水相连的取回水管路电动阀与电动调节阀（或再循环管路电动调节阀），母管增压水泵（或再循环水泵），以上部件的开启与关闭操作。

2）两水侧支路调节阀的联锁控制。设备进口水一路来自低压加热器凝结水，一路来自再循环高温水；此系统中由于需调节再循环水量以控制设备进口温度，所以为了更易于再循环管路取水，在系统回至低压加热器管路上增加调节阀；将此两台调节阀联锁控制，可实现再循环水量在较大范围内的可调性。

四、烟气深度冷却器运行参数在线监测、诊断及调节

现代化生产企业为了极大限度地提高生产水平和经济效益，不断地向规模化和高技术方向发展，生产装置趋向大型化、高速高效化、自动化和连续化，人们对设备的要求不仅是性能好，效率高，还要求在运行过程中少出故障，否则因故障停机带来的损失是十分巨大的。由于故障而发展成重大灾难性事故，不仅经济损失惨重，还带来严重的政治影响。国内外能源、石化、电力、钢铁和航空等部门，从许多大型设备故障和事故中逐渐认识到开展设备在线监测、故障诊断和调节的重要性。管理好用好这些大型设备，使其安全、可靠地运行，成为设备管理中的突出任务。

对于单机连续运行的生产设备，停机损失巨大的大型机组和重大设备，不宜解体检查的高精度设备以及发生故障后会引起公害的设备，传统的事后离线检修和定期离线检修带来的过剩检修或失修，使检修费用在生产成本中所占比重很大。状态监测检修是在设备运行时，对它的各个主要部位产生的物理、化学信号进行在线状态监测，掌握设备的运行状态，对将要形成或已经形成的故障进行分析诊断，判定设备的劣化程度和部位，在故障产生前制订预知性检修计划，确定设备离线检修的内容和时间。因此状态监测检修既能经常保持设备的完好状态，又能充分利用零部件的使用寿命，从而延长大修间隔，缩短大修时间，减少故障停机损失。

（一）在线监测系统构成

通过采集烟气深度冷却器系统包括 DCS 以及其他辅助控制系统的实时运行数据，对其进行统一的监视与查询。对生产数据进行处理以形成全厂运行报表。同时，通过全厂实时和历史数据库来满足管理部门快速高效地对现场该过程数据进行查询与处理的要求。一般而言，一个完整的在线监测系统可以分为"状态参数的测量"、"监测参数的采集与传送"和"数据分析、存储及显示"三部分。

1. 状态参数的测量

烟气深度冷却器系统较为简单，配套设备较少，实际运行过程中需要实时监测的状态参数及过程变量等根据系统不同在 10～40 之间变化。一般需监测参数包括：

（1）烟气侧：烟气深度冷却器进、出口烟气温度，进、出口压力或压力差，进、出口烟气湿度。

（2）水侧：烟气深度冷却器进、出口水温度，进、出口压力或压力差，进、出口流量；取回水管路温度及流量、热水再循环管路流量。

以上测量参数为常规测量参数,典型测点布置可参见图 8-23。

状态参数的测量采用合适的冗余配置和诊断至通道级的自诊断功能,使其具有高度的可靠性。系统内任一组件发生故障均不应影响整个系统的工作。冗余设备的切换不得影响对其他设备的控制。控制系统的过程 I/O 及控制功能按功能子系统或工艺流程合理组态在各处理器内。系统设计应结合机组系统及电气系统的特点,并遵循功能分散和物理分散的原则。烟气深度冷却器在线监测系统所有重要参数测点选用三取二或二取一的方式进行监测,以保证系统可靠;参与联锁控制测点均设有高低限报警,以便于运行人员调节,当控制 CPU 发生脱网时,DCS 发给 CPU 脱网报警,同时所属设备跳至手动调节,保证设备的可靠运行。

2. 监测数据的采集与传送

数据采集与传送的方式很多,在燃煤机组中最常用的是利用分布式控制系统(Distributed Control System,DCS)进行数据的采集和控制;在较简单的烟气深度冷却器系统中,有时利用可编程逻辑控制器(Programmable Logic Controller,PLC)配合 I/O 扩展模块完成监测数据的采集。

DCS 系统具有高可靠性、开放性、灵活性和易于维护等特点,对于烟气深度冷却器系统的改造,可在原 DCS 系统进行扩展,方便灵活;同时,PLC 系统具有成本低的特点,在一些小型机组项目上具有显著优势。

3. 数据显示及存储

数据的显示与分析部分主要完成检测参数的显示、报警提示、参数运行趋势分析报表生成和数据管理等工作。

(二)运行参数在线监测诊断及调节

烟气深度冷却器系统较为简单,配套设备不多,实际运行过程中需要检测的状态参数和过程变量大约几十个不等。从状态参数的单一角度观察,这些状态参数都是独立存在、各有作用的,但是从烟气深度冷却器系统整体角度观察,各状态参数之间又相互联系、互为因果。因此,在实际生产过程中,只要遵循烟气深度冷却器热交换过程的要求,充分考虑设备运行环境以保证其安全性,抓住几个关键状态参数进行监测,并将其控制在一定的范围之内,即可满足生产要求。

1. 烟气深度冷却器进口水温度

由于烟气深度冷却器一般将锅炉尾部排烟温度降至烟气硫酸露点温度以下,面临露点腐蚀的风险。在烟气深度冷却器的设计及运行中,为了使热交换工质获得最大的传热温差,普遍采用逆流换热方式。当然,随之而来的是烟气最低温度和冷凝水最低温度出现在同一根传热管上,使该换热管壁温降至最低,极易形成烟气中硫酸蒸汽结雾造成露点腐蚀。同时,由于换热管内部为水对流传热,换热系数远高于外部的烟气侧对流传热,因此换热管最低壁温主要取决于冷凝水最低温度,进而设备进口水温度对换热管壁温控制的安全性具有关键性的作用。

在烟气深度冷却器的运行过程中,设备进口母管一般布置 2~3 个远传温度测点,对进口水温度进行严密监测。当进口水温度低于设计值时,将进行水温的调控,一般情况下,当系统取水方式为两路取水混水时,可减小冷水回路调节阀开度;当系统为一路取水且设置有热水再循环管路时,需适当增加再循环热水流量。当进口水温度高于设计值时,将采取相反的手段进行进口水温度的调节控制,以保证换热器将烟气温度冷却至设计值。

2. 烟气深度冷却器出口烟气温度

烟气深度冷却器的作用即为降低烟气温度，深度回收烟气余热以达到节能环保的目的。因此，烟气深度冷却器的出口烟气温度为系统的关键性能保证值。在一定的进口烟气温度及烟气量条件下，出口烟气温度能够达到的数值是衡量烟气深度冷却器的重要状态参数。

在系统实际运行过程中，烟气深度冷却器的设备出口变径段一般布置有 2~3 个远传温度测点，对设备出口烟气温度进行严密监测，以保证设备运行的经济性。当进口烟气温度高于设计值时，应进行水量的调节，一般情况下，当系统供水母管上设置有变频增压水泵时，可提高水泵转速增加水量；当系统取水方式为在低压加热器系统增加旁路调节阀，即主路节流方式时，可减小旁路调节阀开度，使系统内水量增加，更多地吸收烟气热量，降低出口烟气温度。相反地，当进口烟气温度低于设计值时，因烟气温度太低导致换热管壁硫酸结露进而产生露点腐蚀、积灰等危害，需及时地采取减小系统内水量的调节措施，使设备实现安全高效运行。

3. 烟气深度冷却器烟气侧压力降

烟气深度冷却器进/出口烟气差压为设备的另一重要性能保证参数，且同时可作为判断烟气深度冷却器积灰的重要依据。烟气流经翅片管必然会产生压降，在设备的结构尺寸确定后，压降仅与烟气流速、流量呈正相关关系。因此，在实际运行过程中，当烟气量在一定范围内变化时，烟气侧进/出口压降在特定范围内变化。当烟气量在此范围内相应的压降增大时，可初步判断为设备积灰逐渐增多，可开启吹灰器进行在线吹扫，若压降有所降低并逐渐恢复正常则判断正确，系统正常运行；若压降依然继续增加，则需查看是否有轻微泄漏点或烟气中硫酸结露引起的黏结性积灰造成烟道局部堵塞。

4. 烟气深度冷却器水侧压力降

设备进/出口水侧压力降在水流量变化时将产生明显升降，但在不同水流量下所对应的压降仅在微小范围内变化，可根据水流量与压降的对应关系判断设备是否发生泄漏。当一定水流量下的压降增加时，应提高警惕，排查是否由于设备泄漏导致；一般在设备母管布置有压力变送器，可测定进口母管压力，排除母管压力增大的可能原因后，需仔细比对原运行数据，并严密监测设备进/出口烟气侧压降，若压降同时增加，则需查看设备是否有泄漏点。

5. 烟气深度冷却器水侧进/出口流量

设备水侧进/出口流量的比对可直观地判断设备是否发生泄漏，在系统逻辑控制中，可设置流量变化上限值，当超出此值时，控制系统可将系统直接切除，以尽可能降低对低压加热器系统的影响。

第二节　烟气深度冷却器高效运行技术

一、基于高效运行的热工参数实时动态调控技术

烟气深度冷却器在设计初期已充分考虑其高效运行，回收烟气余热至回热系统时，可以降低锅炉排烟温度，减少机组的发电煤耗，有效地提高机组的经济性。因此，在保证烟气深度冷却器安全、稳定运行的前提下，实时地调整热工参数，使之趋向设计值，实现烟气深度冷却器高效运行的目的。

（一）主要热工参数

设计烟气深度冷却器时，热工参数的选取主要从烟气侧和水侧两方面考虑。

烟气侧影响烟气深度冷却器设计的主要热工参数有烟气量、进口烟气温度和出口烟气温度等，通过以上数据即可得出烟气的放热量。

烟气量和进口烟气温度主要受煤质和锅炉的影响，一般在设计烟气深度冷却器时，厂家会给定设计煤种和设计工况，此时烟气量和进口烟气温度可以确定，因此，烟气成分、烟气量和进口烟气温度为不可调整的热工参数。确定了烟气深度冷却器进口烟气温度及焓值，然后结合烟气酸露点、传热系数及设备材料性能等确定烟气温降范围，进而可以确定烟气深度冷却器出口烟气温度及焓值。为了响应国家节能减排的号召，大部分项目的烟气深度冷却器和静电除尘器会同时改造，此时为了提高静电除尘器的效率，厂家会设定烟气深度冷却器的出口烟气温度，即静电除尘器的进口烟气温度。

水侧影响烟气深度冷却器设计的主要热工参数有水流量、进口水温度和出口水温度等。烟气深度冷却器的进口水温主要根据换热管受到的露点腐蚀和积灰情况来确定，当烟气深度冷却器的管壁处于干燥状态下运行时，管壁不易积灰，但当管壁温度低于烟气酸露点时，金属管壁会出现结露现象并黏结飞灰，容易造成管壁的低温腐蚀问题。为充分利用烟气余热，同时保证传热温差，控制烟气深度冷却器的换热面积，可以将烟气深度冷却器设计在发生露点腐蚀的温度下运行，但在这种工况下运行时，要严格保证腐蚀速度低于一定的阈值。根据苏联 1973 年版锅炉机组热力计算标准，受热面金属壁温大于水蒸气露点温度 25℃ 且小于 105℃时，受热面金属低温腐蚀速率小于 0.2mm/年，这个初步估算的腐蚀速度是可以接受的；若要进行更精确的核算，需要按照本书提出的碱硫比概念进行计算方可得出。最后根据回热系统中各低压加热器的出口水温确定烟气深度冷却器的取水位置。

通过确定烟气深度冷却器在回热系统中的连接方式和回热的锅炉烟气余热量确定烟气深度冷却器的出口水温，并计算出其进口焓和出口焓，此时也可以计算出烟气深度冷却器水侧的吸热量。烟气深度冷却器排挤高品质的蒸汽比低品质的蒸汽节煤量多，因此烟气深度冷却器引入回水的位置越接近除氧器，节煤量越高，但是受换热端差的影响出口水温不宜过高，烟气深度冷却器出口水温与某个低压加热器的进口或出口水温相当或稍高些，此时对整个机组的节能效果最佳，这样就可以确定烟气深度冷却器回水位置。

（二）热工参数确定

部分学者认为，烟气余热输入回热系统中会排挤部分抽汽，增加凝汽器的排汽，导致热力循环效率降低，从而增加机组能耗。

实际上，增设烟气深度冷却器后，大量烟气余热进入回热系统，机组在没有增加锅炉燃料量的前提下，获得了额外热量，这个新增热能远大于汽轮机真空度微降所引起的能耗；这方面的理论基础请参见本书第四章。

根据烟气深度冷却器工质侧在热力系统中连接方式不同，主要有串联和并联 2 种，其他耦合方式，如生活用水加热系统、暖风器和管式 GGH 系统等，本节不再赘述。本节主要举例说明烟气深度冷却器在串联或并联系统如何确定热工参数，从而使节煤量最大化[7-9]。

1. 串联系统

对于水侧而言，串联时烟气深度冷却器的引入点从抽汽回热系统中的某一级加热器的出口接入，在烟气深度冷却器中通过换热管束吸收烟气热量升温后的给水，被引回到该级加热器的出水管道上从而返到热力系统中，继续进入下一级的低压加热器吸热，被引入到烟气深度冷却器的水为全部的凝结给水。

烟气深度冷却器的串联系统如图 8-26 所示，从第（$j-1$）号低压加热器出口引出全部或大部分凝结水，进入到烟气深度冷却器，凝结水在烟气深度冷却器中加热升温后，又被送回到第 j 号低压加热器的进口，回热管路与烟气深度冷却器系统串联在一起。凝结水流量为 D_H，在烟气冷却器内吸收总热量 Q_d 后，焓值由入口的 h_d' 升至 h_d''。

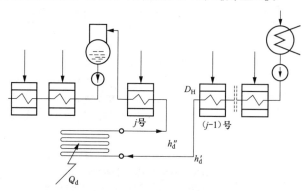

图 8-26　串联系统示意图

以华能邯峰电厂 1 号机组为例进行说明，在额定工况下如何确定烟气深度冷却器热工参数使整个机组的节煤量最大。华能邯峰电厂 1 号机组为 660MW 的燃煤机组，烟气深度冷却器布置在空气预热器出口至静电除尘器前的水平烟道上，THA 工况和设计煤种下（见表 8-3）运行时烟气量为 2523248m³/h，空气预热器出口烟气温度为 140℃，为提高除尘器除尘效率和回收更多的热量，该工程烟气深度冷却器设计出口烟气温度为 90℃。

表 8-3　　　　　　　　　　　　该工程设计煤种

工业分析（%）				元素分析（%）					低位发热量（kJ/kg）
M_{ar}	M_{ad}	A_{ar}	V_{daf}	Car	Har	Oar	Nar	Sar	
4.85	1.02	34.58	16.56	52.3	2.31	3.4	0.71	1.85	19340

在众多酸露点计算公式中，苏联 1973 年锅炉热力计算标准方法中推荐的公式应用最广泛，同时，经过西安交通大学在我国 600MW 和 1000MW 燃煤机组的现场露点腐蚀实验证实，该公式也比较接近实际。烟气露点温度计算详见式（3-13）。

将表 8-3 中的数据代入式（3-13）可得设计煤种的硫酸露点温度为 102.7℃，水露点温度为 36.4℃。

根据苏联 1973 年版锅炉机组热力计算标准，受热面金属壁温大于水露点温度 25℃即可。该工程设计煤种的水露点温度为 36.4℃左右，因此认为换热面壁温大于 62℃是安全的。考虑实际燃烧煤种有所变化，并按照本书提出的碱硫比概念进行核算，最后确定该工程烟气深度冷却器设计进口水温为 70℃。根据该工程的烟气量和烟气温度降可以算出烟气的放热量，再根据水流量即可以计算出烟气深度冷却器的出口水温，从本工程汽轮机组 THA 工况热平衡图可知，THA 工况时低压加热器最大水量为 1403t/h，按照烟气放热量和水侧吸热量可知烟气深度冷却器的出口水温为 100.8℃。

因烟气深度冷却器出口水温为 100.8℃，从本工程汽轮工况机组 THA 工况可知，2 号低压加热器出口水温为 91.8℃，3 号低压加热器出口水温为 116.9℃，因此烟气深度冷却串联在 2 号低压加热器与 3 号低压加热器之间对整个机组的节能效果最好。因为烟气深度冷却器进口水温为 70℃，要取一路冷水作为调温水，所以烟气深度冷却器可从 1 号低压加热器进口和 2 号低压加热器出口取全部凝结水，可混合至 70℃，经烟气深度冷却器加热后回 3 号低压加热器进口，图 8-27 为华能邯峰电厂 1 号机组的系统流程图。

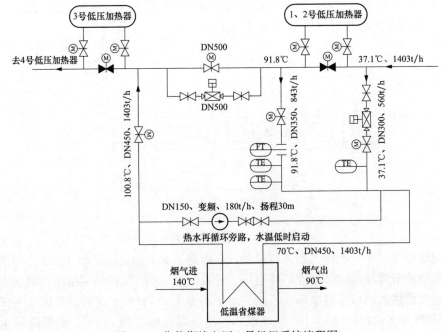

图 8-27　华能邯峰电厂 1 号机组系统流程图

此方案经过计算额定工况下可降低发电煤耗 2.43g/(kW·h)，按年运行 5500h 计算，节煤 8820t。由此可见该方案的热工参数设计至最佳状态，只要运行时使热工参数趋向设计值，就能够使烟气深度冷却器安全高效运行。

2. 并联系统

并联时烟气深度冷却器的工质水引入点从抽汽回热系统中的某一级加热器的进口接入，在烟气深度冷却器中通过换热管吸收烟气热量，升温后的给水，被引回到该级加热器的下一级出水或进水管道上从而返回到热力系统中，继续进入下一级加热器吸热。被引入到烟气深度冷却器的水只是凝结给水的一部分，其热力系统连接如图 8-28 所示[12]。

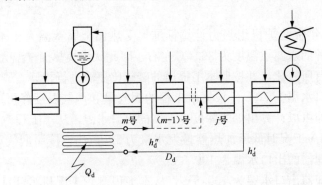

图 8-28　并联系统示意图

烟气深度冷却器取出凝结水流量为 D_d，在烟气深度冷却器内吸收总热量 Q_d 后，焓值由入口的 h_d' 升至 h_d''

以华能海勃湾电厂 3 号机组为例进行说明，在额定工况下如何确定热工参数使节煤量最大。华能海勃湾电厂 3 号机组为 200MW 的燃煤机组，烟气深度冷却器布置在空气预热器出口至静电除尘器前的垂直烟道上，THA 工况和实际煤种下（见表 8-4）运行时烟气量为 758208m³/h，空气预热器出口烟气温度为 170℃。经计算，本工程设计煤种的烟气酸露点为 113.9℃，为了保证烟气余热可以充分利用，选择合理的排烟温度有利于设备的安全运行及工程的经济性。根据需方要求，结合设计及运行经验，考虑系统经济性，该工程设计将静电除尘进口烟气温度由 170℃ 降至 110℃ 左右。

表 8-4   **该 工 程 实 际 煤 种**

工业分析（%）			元素分析（%）					低位发热量 (kJ/kg)
M_{ar}	M_{ar}	V_{daf}	Car	Har	Oar	Nar	Sar	
33	13.4	46.91	40.26	0.82	10.83	0.88	0.8	13400

根据苏联 1973 年版锅炉机组热力计算标准，受热面金属壁温大于水露点温度 25℃ 即可。该工程校核煤种的水露点温度为 48.4℃ 左右，因此认为换热面壁温大于 74℃ 是安全的。考虑实际燃烧煤种有所变化，并按照本书提出的碱硫比概念进行核算，最后确定。该工程烟气深度冷却器设计进口水温为 75℃。根据烟气量和烟气温度降可以算出烟气的放热量，再根据水流量即可以计算出烟气深度冷却器的出口水温。烟气深度冷却器排挤高品质的蒸汽比低品质的蒸汽节煤量多，因此烟气深度冷却器回水位置越接近除氧器节煤量越高，但是受换热端差的影响，出口水温不宜过高，因此该方案回水位置为 3 号低压加热器出口，出口水温与 3 号低压加热器出口水温相当，为 120.3℃，此时节能效果最佳。

该工程烟气深度冷却器设计进口水温为 75℃，取水位置的水温越接近 75℃ 越好，因此 1 号低压加热器与 2 号之间取水最好，但是 1 号低压加热器与 2 号低压加热器为一体，因此只能从 1 号低压加热器进口和 2 号低压加热器出口取水混合至 75℃，但考虑冬季运行时热网回水温度会低于 75℃，需要增设热水再循环旁路来调节进口水温，保证冬季运行时烟气深度冷却器的进口水温不低于 75℃。综合考虑以上工况和系统简单化，本工程决定从 1 号低压加热器进口取水，另增设热水再循环管路。

本方案烟气深度冷却器水侧从 1 号低压加热器出口取部分凝结水混合至 75℃ 可调，经烟气深度冷却器加热后回 3 号低压加热器出口。为防止因管束壁温过低造成严重的露点腐蚀现象，系统增设热水再循环管路，控制烟气深度冷却器进口水温在 75℃ 以上，图 8-29 所示为华能海勃湾电厂 3 号机组的系统流程图。

此方案经过计算额定工况下可降低发电煤耗 2.73g/(kW·h)，按年运行 5500h 计算，节煤 3003t。由此可见，该方案的热工参数设计至最佳状态，只要运行时使热工参数趋向设计值，就能够使烟气深度冷却器达到安全高效运行的目的。

3. 其他耦合方式

其他耦合方式，如加热生活用水、暖风器和管式 GGH 等，其热工参数的确定基本上和上述两种方式相同，可以灵活运用。

（三）热工参数的实时动态调控

以上部分通过举例说明了烟气深度冷却器在串联和并联系统下，如何确定热工参数使节

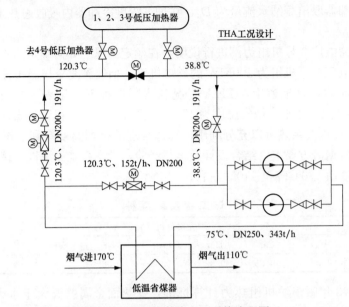

图 8-29 华能海勃湾电厂系统流程图

煤量最大化，必须在实际运行时进行实时动态调控，才能使烟气深度冷却器达到安全高效运行的目的[13,14]。

1. 串联系统

华能邯峰电厂 1 号机组的烟气深度冷却器为串联方式，烟气深度冷却器热工参数的实时动态调控主要分为水温调控和烟温调制。

（1）水温调控。烟气深度冷却器系统进口水温控制由 1 号低压加热器进口引水调节阀开度实现。通过调节 1 号低压加热器进口引水调节阀的开度，改变从 1 号低压加热器进口引水流量，从而使冷却器系统进口混水温度达到设定值 70℃，保证系统运行的安全性和经济性。1 号低压加热器进口调节阀设置自动及手动调节转换按钮，当处于自动位置时，1 号低压加热器进口调节阀通过 PID 控制调节开度，当混水温度大于 70℃时增大调节阀开度，加大 1 号低压加热器进口引水流量，从而降低混水温度至设定值 70℃；反之则减小调节阀开度，减小 1 号低压加热器进口引水流量，从而升高混水温度至设定值 70℃。

（2）烟气温度调控。烟气深度冷却器分流旁路调节阀（与汽轮机低压加热器主管道并联的调节阀）用来调节冷却器系统进口的水流量。该调节阀的控制依据烟气深度冷却器烟气温度信号，保证烟气深度冷却器出口烟气温度在 90℃左右。

烟气深度冷却器分流旁路调节阀可设置为手动和自动切换按钮，当调节阀处于手动位置时，阀门开度通过手动调节滑块或者按钮等来调节；当处于自动位置时，阀门开度与烟气出口温度信号进行 PID 控制器调节，使烟气出口温度维持不低于 90℃。具体调节过程为：当出口烟气温度高于 90℃时，减小分流旁路调节阀开度，增大烟气深度冷却器进口水流量，从而使冷却器系统热交换增加，达到降低烟气温度的目的；反之则增大分流旁路调节阀开度，减小烟气深度冷却器进口水流量，使冷却器系统热交换减少，达到升高烟气温度的目的。

当旁路分流调节阀开度为 100%，并且冷却器系统烟气温度持续低于 90℃时，系统会自动提升烟气深度冷却器进口混水温度值，以增加系统运行的安全性。

2. 并联系统

华能海勃湾电厂3号机组的烟气深度冷却器为并联方式，烟气深度冷却器热工参数的实时动态调控主要分为水温调控和烟气温度调控。

（1）水温控制。烟气深度冷却器系统进口水温控制由热水再循环调节阀开度实现。通过调节热水再循环调节阀的开度，改变热水再循环引水流量，从而使冷却器系统进口混水温度至设定值75℃，保证系统运行的安全性、经济性。热水再循环调节阀设置手动及自动调节转换按钮，当处于自动位置时，热水再循环调节阀通过 PID 控制调节开度，当混水温度大于75℃时减小调节阀开度，减小热水再循环引水流量，从而降低混水温度至设定值75℃，反之则增大调节阀开度，增加热水再循环引水流量，从而升高混水温度至设定值75℃。

（2）烟气温度控制。主要通过主路增压水泵流量控制出口烟气温度。当出口烟气温度高于110℃时，通过调节增压泵的频率增大烟气深度冷却器进口水流量的方式降低出口烟气温度；当出口烟气温度低于110℃时，通过调节增压泵的频率减少烟气深度冷却器进口水流量的方式提高出口烟气温度，从而保证出口烟气温度在110℃左右。增压泵设置手动及自动切换按钮，当增压泵处于手动位置时，泵的频率通过手动调节滑块或者当地电位计等来调节；当处于自动位置时，泵的频率与烟气深度冷却器出口烟气温度信号进行 PID 控制器调节，使烟气深度冷却器的出口烟气温度控制在110℃。

当电厂燃煤变化引起烟气酸露点变化时，也可通过调节进口水量的方式适当提升烟气深度冷却器的出口烟气温度。

二、基于煤质和负荷变动的实时动态调控技术

我国燃煤发电机组一直存在煤质、负荷复杂多变的运行特点，煤质复杂多变造成灰分、硫分和水分经常处于变动之中，致使机组运行过程中的硫酸露点温度、烟气量和烟气温度波动较大，导致低温腐蚀加剧。图 8-30 示出了某电厂一年中煤种及其质量的变化情况；负荷多变造成烟气深度冷却器的运行状态参数不断变化，图 8-31 示出了某 1000MW 机组特定时期实际记录的负荷随时间变化曲线，该机组 2010 年 1 月 20 日 4 时 27 分 31 秒的发电有功功率为 503.52MW，此时空气预热器 A 出口烟气温度为 121.09℃；另一时刻，2010 年 1 月 21日 13 时 47 分 4 秒的发电有功功率达到 1003.2MW，此时空气预热器 A 出口烟气温度为127.44℃，记录显示出所监测时间段的发电有功功率平均为 915.46MW，所监测时间段的空气预热器 A 出口烟气温度平均为 127.22℃。由此可见，只有对烟气深度冷却器运行状态参数进行实时动态调控才能实现抑制低温腐蚀条件下的高效安全运行。

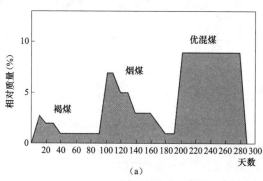
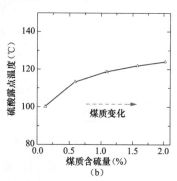

图 8-30　某电厂一年中煤种、质量及其煤质含硫量的变化情况

（a）煤种和质量变化；（b）煤质含硫量变化

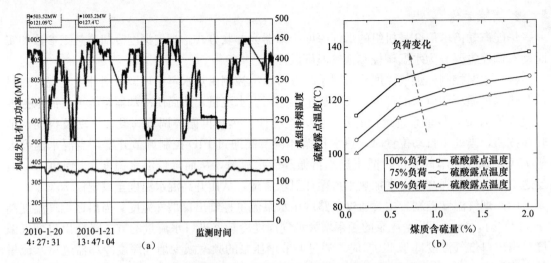

图 8-31　某电厂某时期负荷随时间和煤质含硫量的变化情况

（a）负荷和排烟温度随时间变化；（b）硫酸露点温度随着负荷的变化

　　针对上述问题，西安交通大学发明了根据硫酸露点温度变化调整烟气深度冷却器运行状态参数的实时动态调控方法及装置，实现了燃煤机组变工况运行过程中气、液、固三相高效凝并吸收的低温腐蚀防控，解决了燃煤机组煤质、负荷复杂多变引致低温腐蚀加剧的技术瓶颈。其技术特征是：根据煤质、负荷特性变化预测烟气硫酸露点温度，运用等效焓降理论建立热功转换及动态调控模型，实现了变工况时动态优化运算以及腐蚀安全性和热经济性可控，如图 8-32 所示，根据硫酸露点温度变化对烟气深度冷却器系统的进口水温、流量等状态参数进行实时优化和动态调控，形成以经济性和低温腐蚀防控为优化目标的运行状态参数调控机制，该装置实现了启停、串并联混水和热水再循环的壁温调控（如图 8-33 所示）以及煤质混配（如图 8-34 所示）、喷吹碱性物质的碱硫比调控，图 8-34（b）示出了碱硫比从 0.16 调整到 0.52 后灰中颗粒物的凝并吸收状态，同时防控了低温腐蚀和严重积灰。

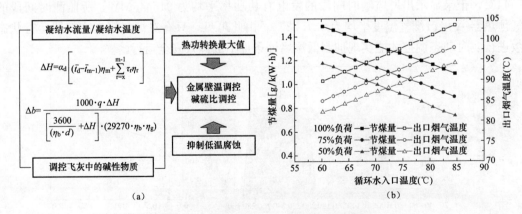

图 8-32　建立的动态优化运算和调控模型

（a）变工况优化运算和调控模型；（b）变工况时腐蚀安全性和热经济性可控

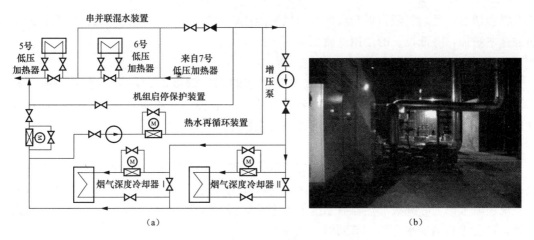

图 8-33 运行状态参数调控方法及装置

(a) 水温及壁温调控方法框图; (b) 水温及壁温调控装置

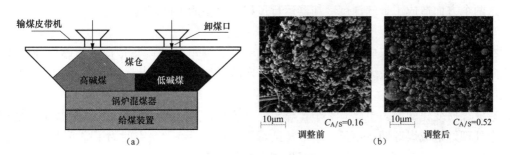

图 8-34 煤质混配调整碱硫比

(a) 煤质混配; (b) 调整碱硫比

经华能国际宁夏大坝电厂、大唐国际潮州电厂等 50 多个电厂的实际应用表明, 利用上述关键科技创新研制开发的烟气深度冷却器回热实时动态调控方法及装置, 可使烟气冷却器从静态设计转变为动态调控, 获得优化的烟气深度冷却器进、出口状态参数, 解决了燃煤机组煤质、负荷复杂多变引起腐蚀加剧的技术瓶颈, 实现了燃煤机组变工况运行过程中气、液、固三相高效凝并吸收的低温腐蚀防控。

(一) 烟气深度冷却器系统设计中关键状态参数控制

烟气深度冷却器系统设计过程中需要制订烟气温度、水温及其流量 3 个关键状态参数的控制问题。这是烟气深度冷却器系统设计和运行成败的关键。

1. 烟气温度控制

选择合理的烟气深度冷却器的出口烟气温度有利于设备的安全经济运行, 需考察以下两个方面的因素:

(1) 出口烟气温度对经济性的影响。

(2) 出口烟气温度对设备安全运行的影响。

目前, 国内投运的布置在静电除尘器前及脱硫塔前的烟气深度冷却器的出口烟气温度一般控制在 90℃±1℃, 此温度可获得较好的经济效益, 且显著降低烟尘比电阻达到低温除尘增效的目的。若烟气温度降到 90℃ 以下, 则换热温差减小, 换热器及除尘辅助设备的投资成本将会增加，且烟气阻力提高后增加引风机能耗，同时，烟气温度过低会使换热管的冷端腐蚀速率增加，降低设备的使用寿命。

2. 对水温的控制

根据设计及实际运行经验，布置在除尘器前的烟气深度冷却器进口水温一般控制在70℃；布置在脱硫塔前的烟气深度冷却器进口水温一般控制在水露点以上25℃，此设计温度即可降低设备的投资成本，又可保证设备安全稳定运行。

3. 对流量的控制

烟气深度冷却器系统设计时，应考虑低负荷工况下系统调节的灵活性，对于布置一级加热凝结水的系统需考虑低负荷时热水再循环的水量及管径的选取；对于布置二级加热凝结水的系统还需考虑切除某级加热器后系统能否正常运行；对于 MGGH 系统则需考虑是否需要设置再热器出口热媒水旁路调节阀组。

（二）影响烟气温度、水温及流量的因素

影响烟气深度冷却器 3 个关键状态参数的因素主要有两个方面：煤质的变化和负荷的变动。这两个方面造成了烟气深度冷却器运行过程中更多的不确定性。

1. 煤质的变化

在锅炉的运行中，煤质往往会发生较大的变化，而电厂的设备是按照预燃煤种设计的，当实际燃烧的煤种发生较大变化时，将会直接影响锅炉的排烟温度、烟气量、酸露点和水露点温度。

造成煤质变化的原因主要有 2 个：煤源保证不利，追求经济利益。由于燃煤电厂的供求关系未处理好造成煤源储备不足，来源复杂，煤质参差不齐，且有时为了降低成本，购买煤质较差的煤，使得排烟温度及烟气量发生较大变化。

2. 负荷的变动

滑压运行的时候要求汽轮机调速汽门保持位置不变。当电负荷改变时，锅炉改变燃烧量，蒸汽参数改变，从而保持汽轮机调速汽门位置不变。手动操作是这样的：减负荷时适当关小调速汽门（因为锅炉燃烧量增减对负荷对应不直观，为保证安全防止负荷波动，调速汽门全开手动操作时先适当关小调速汽门，防止负荷减过量后没有调节手段）→主蒸汽压力升高→锅炉减少燃料量→主蒸汽压力下降→调速汽门开大，逐渐保持调速汽门位置不变，达到减负荷的目的。DCS 中汽轮机是阀位控制模式，锅炉根据负荷指令来减少燃料量，达到降低负荷的目的，负荷增加时则相反。

定压运行时锅炉维持蒸汽参数不变。当负荷改变时，汽轮机通过改变调速汽门位置改变负荷，锅炉则相应改变燃料量维持蒸汽参数不变。动作是这样的：减负荷手动时汽轮机关小调速汽门，锅炉跟随维持蒸汽参数。DCS 中汽轮机改变负荷指令：调速汽门关小→主蒸汽压力升高→锅炉燃烧量减少→维持主蒸汽压力不变，达到减负荷的目的。增负荷时则相反。

机组负荷的变化，将会引起锅炉燃煤量及凝结水侧等相关参数的变化，也将导致烟气深度冷却器系统需要实时动态调控。

（三）基于煤质变化的实时调整技术

1. 对燃煤成分的分析及应对策略

煤质的变化会引起酸露点及水露点的变化，而酸露点及水露点温度的变化将影响烟气深度冷却器的设计使用寿命，应对策略主要有 2 种。

（1）若设备的酸露点及水露点温度升高，则需升高烟气深度冷却器系统的进口水温，提高换热管的壁温，减少换热管壁面的结露，从而降低换热管的腐蚀，提高换热元件的使用寿命；若酸露点及水露点温度降低，则可适当地降低烟气深度冷却器系统的进口水温，从而在保持换热面不变的情况下获得更高的节煤效益，缩短设备的投资回收年限。

（2）提高烟气深度冷却器的出口烟气温度，在换热面积不变的情况下，提高烟气深度冷却器的出口水温，保证换热管的壁温在安全范围内。

2. DCS 酸露点检测及现场实测酸露点

目前，实时检测煤质的酸露点主要有 2 种手段：DCS 酸露点检测和现场实测酸露点。

（1）DCS 酸露点检测。烟气深度冷却器系统设有独立的 DCS 监测系统，可以在 DCS 界面上做一个小软件，当不同的煤质进厂后，首先对煤进行元素分析，将分析数据输入已经编好的软件中，实时计算出煤质的酸露点及水露点温度，再结合 DCS 界面上的烟气温度及水温等参数对系统做出正确的调整，从而保证系统适应不同煤质的变化，保证设备安全稳定地运行。

（2）现场实测酸露点。可以通过现场实测烟气酸露点温度来指导烟气深度冷却器系统的运行，借助的工具为酸露点检测仪，设备安装时在进、出口烟道或烟气深度冷却器检修空间位置预留检测孔，设备运行过程中可利用便携式酸露点检测仪实时检测烟气酸露点及水露点的值，实时对 DCS 系统做出调整。

3. 煤质变化对吹灰器吹灰的调节

当煤质发生变化时，可能会导致煤质中的灰分升高，从而加剧烟气深度冷却器换热面的积灰，降低设备的换热效果，致使引风机能耗增加。设备运行过程中无法对设备进行冲洗，此时可借助于在线的蒸汽吹灰器或声波吹灰器，通过提高吹灰器的吹灰频率或延长吹灰器的吹灰时间，降低换热面的积灰。

（四）基于负荷变化的实时调整技术

1. 负荷变化对积灰的控制

机组负荷会随着供电量的需求等情况随时发生变化，负荷变化将导致烟气量及烟气温度等参数的变化，当机组长时间低负荷运行时，由于烟气温度降低容易引起酸结露且烟气流速降低导致烟气中的粉尘发生沉降，这样就会加剧换热面及烟道底部的积灰，此时只是单纯的借助于吹灰器已不能解决积灰严重的问题，最有效的手段就是间断提高机组的负荷，提高烟气流速，利用烟气的自清灰功能，带走已经积聚在换热面和设备底部的积灰，防止换热面上积灰过多。

2. 不同耦合方式下基于负荷变化的控制

（1）烟气深度冷却器直接加热低压加热器凝结水。烟气深度冷却器直接加热低压加热器凝结水系统是目前应用最多的一种系统，该系统从控制方式上主要分为主路节流和主路增设增压泵系统。主路节流系统主要通过凝结水泵来克服烟气深度冷却器系统的阻力，当机组负荷变动时可通过增设的旁路调节阀旁路部分凝结水从而达到控制烟气温度的目的；烟气深度冷却器系统主路增设增压泵系统，系统的阻力由增压泵克服，系统负荷变动时，通过控制增压泵的频率来控制进入设备的凝结水流量从而控制设备的出口烟气温度。低负荷运行时，低压加热器系统的进口水温不能满足设计要求时，均需设置热水再循环旁路，控制设备的进口水温在安全值以上。

（2）烟气深度冷却器直接或间接加热热网水系统。烟气深度冷却器加热热网水，可获得更高的节煤效益，加热热网水的方式主要有 2 种，直接加热或间接加热。直接加热热网水的控制手段与烟气深度冷却器系统主路增设增压泵系统原理基本上是一样的；而间接加热热网水的控制手段更多，可以通过调整板式换热器两侧的系统实现烟气温度及水温可控。

（3）热水暖风器系统。热水暖风器系统是目前才开始积极推广的一种系统，西安交通大学和青岛达能环保设备有限公司最早申请了《一种锅炉烟气深度冷却余热回收系统》（ZL200910024063.X）国家发明专利并获得授权，该专利思想就是利用锅炉排烟余热作为暖风器的热源，加热锅炉进风，形成烟气深度冷却器和暖风器联立的具有独立水循环系统。这种系统控制手段呈现多样化，烟气深度冷却器加装在烟道中吸收烟气余热，提高热媒水温度，升温后的热媒水进入加装在风道中的热媒水换热器，提高出口风温，降低空气预热器露点腐蚀的同时，提高炉膛的燃烧效率，但该系统提高风温的同时，也造成了空气预热器出口烟气温度的升高，最终系统会实现一个动态的平衡。负荷变动时，既要保证烟温降又要保证风温升，若烟气深度冷却器的吸热量高于风侧的吸热量，则要引入一路外部冷却水源降低暖风器的出口水温；若烟气深度冷却器的吸热量低于风侧的吸热量时，则要增加一路热水再循环旁路，提高暖风器出口水温。

（4）管式 GGH 系统。管式 GGH 系统目前国内投运的不多，该系统不会节约煤炭，但会最大限度降低环境污染，减少烟羽和石膏雨等视觉及环境污染。管式 GGH 系统与热水暖风器系统有相似之处，也分为 2 级布置，第 1 级布置在静电除尘器或脱硫塔前的烟道内，降低烟气温度，第 2 级布置在脱硫塔至烟囱前的烟道内，提高烟气温度。但也有不同之处，当系统低负荷运行时，由于烟气再热器烟气温升不变，所需要热量将比烟气深度冷却器吸收热量高，此时就需要设置烟气再热器旁路调节阀组和热媒辅助加热器，通过这两种手段保持放热端和吸热端的热量平衡。

下面以一个具体实例来说明烟气深度冷却器的控制逻辑及调节手段。大唐南京发电厂 1 号锅炉于 2013 年 7 月投运，该系统采用主路节流的方式，系统流程图及控制逻辑如图 8-35 所示。

三、管束清灰技术及吹灰器

（一）管束清灰及吹灰器的分类

管束清灰技术分为在线吹灰和离线清灰两种。在线吹灰是利用各种形式的吹灰器，通过合理布置，在烟气深度冷却器运行状态下，实现清除积灰的目的。

离线清灰一般借助于高压清洗设备，在机组停运的状态下，通过人工手段进入设备内部清灰。

烟气深度冷却器常用的吹灰器按吹灰介质分类，可分为蒸汽吹灰器、压缩空气吹灰器、声波吹灰器、燃气脉冲吹灰器和空气激波吹灰器五类[14]。

（二）各类吹灰器的介绍

1. 蒸汽吹灰器

蒸汽吹灰器是燃煤机组锅炉和其他行业锅炉必须配套用于清除锅炉受热面积灰，以提高锅炉运行热效率的节能设备，是锅炉吹灰器的一种。其结构简单，技术成熟，维护方便，容易实现自动控制。吹扫介质为具有一定压力和温度的过热蒸汽，从吹灰器喷口高速喷出，利用高压蒸汽的射流对积灰受热面进行吹扫，以达到清除积灰的目的。控制系统分为自动和手动功能，可接入 DCS 系统，实现全自动化在线实时运行。

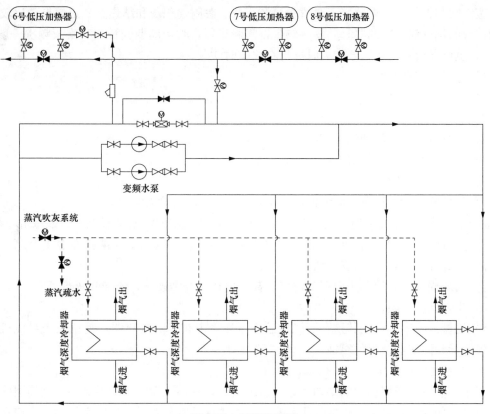

图 8-35 系统流程图

蒸汽吹灰系统主要由吹灰蒸汽疏水系统、蒸汽吹灰器本体和控制装置三部分组成；蒸汽吹灰器的形式有固定旋转式、耙式、长伸缩式和半伸缩式。蒸汽吹灰器均为电动机驱动。吹灰枪管根据吹扫部位的烟气温度情况采用不同的材料。吹灰器阀门根据不同的压力温度，也可选用不同材料。烟气深度冷却器系统中，吹灰器材质以 1Cr18Ni9Ti 奥氏体不锈钢最为常见。图 8-36 所示为固定旋转式吹灰器的结构图，它主要是由阀门控制高温蒸汽通过吹灰枪管上的喷嘴对设备进行吹扫。

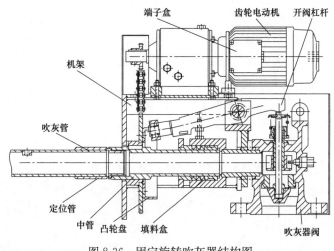

图 8-36 固定旋转吹灰器结构图

蒸汽吹灰器吹灰效果较好，对清除松散积灰、黏附性积灰和结焦有一定效果，比较适合各种位置的烟气深度冷却器。其能耗较少，间断运行，吹灰周期较长，其吹灰频次一般为2次/月，也可在设备前后压差较大时进行在线实时吹灰。

（1）蒸汽吹灰的优点：

1）安全性能较高；

2）蒸汽来源比较充分；

3）适合各种位置的烟气深度冷却器；

4）对结渣性较强、灰熔点低和较黏的灰有一定效果。

（2）蒸汽吹灰的缺点：

1）频繁吹灰会对换热管束壁面造成磨损；

2）当蒸汽疏水效果差时，还会对受热面的金属管壁造成热冲击，使吹灰管线水击和腐蚀；

3）蒸汽吹灰器的使用，会增大烟气中的含水量，使烟气水和硫酸露点温度升高，从而增大烟气深度冷却器冷端结露、堵灰及腐蚀现象；

4）吹灰周期长，使受热面积灰过多，甚至使积灰烧结硬化，增加吹灰难度；

5）吹扫面积有限；

6）机械故障率高，尤其是在引风机后正压环境中布置的吹灰器，其正压密封风机容易过载停运导致除灰器及附件腐蚀。

2. 压缩空气吹灰器

采用与蒸汽吹灰器相同的结构，通入压缩空气，利用压缩空气的射流冲击动能清除积存于受热面上的烟灰，对清除松散性积灰有效。为了保证吹灰效果，压缩空气的压力应不低于0.7MPa，最大工作压力1.0~1.6MPa。其能耗较少，间断运行，吹灰周期较长，其吹灰频次为2次/月，每次吹灰时间不超过30s。适用于空气预热器后除尘器前的烟道受热面，如布置在静电除尘器前的翅片管式烟气深度冷却器。

（1）压缩空气吹灰的优点：

1）频繁吹灰也不会对管壁造成磨损；

2）安全可靠性比较高；

3）结构比较简单。

（2）压缩空气吹灰的缺点：

1）吹灰器能量小，效果不明显；

2）如果压缩空气压力达不到要求，吹灰效果不佳。

3. 声波吹灰器

声波吹灰器技术越来越广泛地运用于各个行业，其主要用于锅炉方面。是指利用声场能量的震动和扰动作用，将压缩空气转换成大功率声波送入炉内，该声波是一种以疏密波的形式在空间气体介质中传播的压力波，当受热面上的积灰受到以一定频率交替变化的疏密波反复拉、压作用时，因疲劳疏松脱落，随烟气流带走，或在重力作用下，沉落至灰斗排出。其结构较简单，没有易损部件，不会产生机构运动旋转故障，容易实现自动控制，具有高效能、免维护、运行成本低的特点。控制系统分为自动、手动功能，可自成单元，也可接入DCS系统，实现全自动化运行。

声波吹灰器的形式有旋笛式、鼓膜式和哨式吹灰器，其主要由电控系统、电磁阀、声波发生器以及相应的管路、阀门等设备组成。图 8-37 所示为旋笛式声波吹灰器的系统示意图。

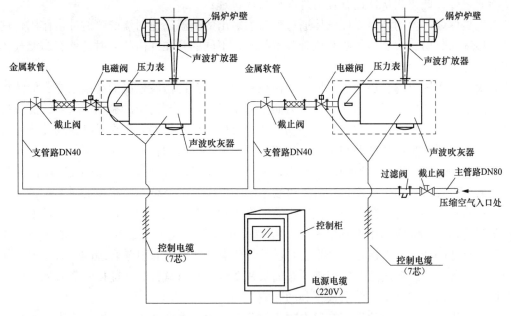

图 8-37　旋笛式声波吹灰器系统示意图

声波吹灰器对清除松散性积灰有效，比较适合在除尘器前的翅片管式密集布置的烟气深度冷却器受热面。

（1）声波吹灰的优点：

1）结构简单，启停操作方便，运行安全，维修工作量少；

2）适合于松散积灰的清除；

3）安全可靠，不会磨薄或吹损管束，避免爆管现象。

（2）声波吹灰的缺点：

1）需连续供气运行，耗气量高；

2）能量小，对黏附性积灰和结焦基本无效果；

3）作用距离有限；

4）压缩空气压力达不到要求，吹灰效果变差。

4．燃气脉冲吹灰器

燃气脉冲吹灰器也称弱爆吹灰、激波吹灰或燃气高能脉冲吹灰，是新一代吹灰技术，是锅炉吹灰系统次代产品，也广泛应用于清除锅炉尾部受热面积灰。其原理为使预混可燃气，如乙炔-空气预混气，在特制的一端连接喷管的爆燃罐内点火爆燃，产生强烈的压缩冲击波，即爆燃波，并通过喷管导入烟道内，通过压缩冲击波对受热面上的灰垢产生强烈的"先冲压后吸拉"的交变冲击作用而实现吹灰。运行程序全自动化，可实现当地自动控制，也可接入DCS 自动控制系统。

爆燃罐每次爆燃通过喷口发射出的爆燃波有 2 个：首先是爆燃罐内由于爆燃造成的压力骤增而产生的热爆冲击波，而后紧跟着的则是在喷口处由压力骤降造成的物理弱爆而产生的压缩冲击波，两道冲击波之间的间隔只有 8～12ms，这种紧邻的双冲击波无疑强化了其吹灰效果。这种双重的、强烈的"冲压吸拉"的交变冲击作用是燃气脉冲吹灰器最主要的吹灰机理。除此之外，此类吹灰器还存在另外 3 种吹灰机理：

首先是爆燃产生的高温高压气体通过喷口喷射出的高温高速射流的喷射冲击作用，这种机理与传统的喷射式吹灰器的吹灰机理基本相同，不同的是在冲击的同时还伴有高温气体对积灰的热冲击所产生的"热解"作用。

其次，是爆燃引起受热面的激振，干松积灰和已经被冲击波松脱的高温结渣、低温板结积灰会由于振动产生的强烈的交变惯性力而脱离受热面，这与传统的振动清灰器的清灰机理是完全相同的，只不过振动清灰器的振动是通过机械运动产生的，工作时是振动几分钟至几十分钟，而弱爆吹灰器的振动则是由爆燃产生的，振动的时间很短，一般不足 1s。

第三，是爆燃产生的强烈的声波作用，这与声波吹灰的机理是完全相同的，不同的是这种声波的声级要大得多，也不是长时间连续不停的，而是只持续一个很短的时间。虽然燃气脉冲吹灰器具有较强的吹灰能力，但冲击波的作用距离并非是无限的，一个爆燃罐不可能解决全部问题，在实际应用中，还需要根据受热面积灰的种类、严重程度、受热面的具体布置、烟道尺寸等情况，选择合适型号、合适数量的爆燃罐并进行科学合理的喷口布置，从而组成一个由若干爆燃罐按照一定规则分布的吹灰系统。只有这样，才能使吹灰效果好而又不会对锅炉受热面和炉墙结构等造成不利的影响。

为了获得理想的吹灰效果，在每次吹灰作业时，每个爆燃罐不是仅爆燃 1 次，而是爆燃 3～6 次，在实际使用中还可以根据需要编制各种不同的爆燃吹灰流程，甚至可使同一层面或不同层面的多个爆燃罐进行协同作业，如图 8-38 所示。

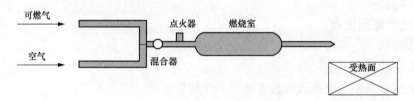

图 8-38　燃气脉冲吹灰器原理示意图

燃气脉冲吹灰器系统由控制系统、供气系统、配气点火模块、爆燃波发生器及相应的管路、阀门组成，结构配套较复杂。图 8-39 示出了燃气脉冲吹灰器的工艺流程图。

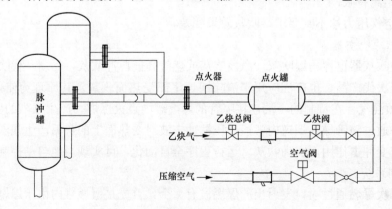

图 8-39　燃气脉冲吹灰器系统工艺流程图

燃气脉冲吹灰器的吹灰效果较好，对清除积灰、结焦以及积灰死角有效，适用于布置在翅片管式密集布置的低温段烟气深度冷却器换热面吹灰。

（1）燃气脉冲吹灰的优点：

1）空气、燃气耗量低；

2）能量较大而且能量强度、喷口方向和形状易于调整；

3）具有多效吹灰效果；

4）无转动机械，运行和维护成本低；

5）结构尺寸小，易用于空间狭窄的位置。

（2）燃气脉冲吹灰的缺点：

1）需要定期更换燃气；

2）存在燃气泄漏隐患；

3）点火不稳定，配比难调，激波强度忽强忽弱不易受控制；

4）罐体容易锈蚀；

5）有空间内爆炸或回火爆轰的爆炸危险性，使用时应十分注意。

5. 空气激波吹灰器

空气激波吹灰器是以压缩空气为介质，采用泄压爆发释放技术，利用瞬间产生超音速流体激波（冲击波）的能量，清除积灰的新型锅炉吹灰器。其吹灰原理是利用现场压缩气体经主罐体调制，在喷口处产生一道稳定的冲击波吹灰，加上同时产生的声波，能有效地清除积灰和结焦；步进旋转喷头是空气激波吹灰器的冲击波释放口，其特点是改变吹灰方位能够很好地清除锅炉管束表面的积灰。每次吹灰步进旋转喷头喷射口自动轴向顺时针旋转30°角，连续工作12次即完成一个单点吹灰器的360°周期工作。步进旋转喷头的喷口与步进旋转喷头的轴线成15°～45°夹角，使喷射口喷出的冲击波更好地对准积灰面，能更加有效地清除积灰死角。吹灰器机理：冲击波、声波、高速气体动能多重作用吹灰；此类吹灰器主要由步进式旋转头、激波发生系统、电控系统和各种阀门等设备组成。其原理示意图如图8-40所示。

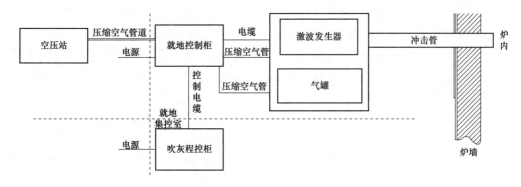

图 8-40　空气激波吹灰器原理示意图

空气激波吹灰器吹灰效果一般，对平面或形状较规则设备的表面松散积灰有效，对翅片管式密集布置的烟气深度冷却器吹灰效果不理想，适应于布置在静电除尘器前的烟气深度冷却器的受热面。

（1）空气激波吹灰的优点：

1）耗能最低，脉冲式工作，气耗量极低；

2）安全性较高，以纯空气为介质产生脉冲吹灰，安全可靠；

3）纯启动式设计，产生激波强度稳定；

4）设备结构简单，运行和维护成本低。

（2）空气激波吹灰的缺点：如果压缩空气压力达不到要求，吹灰效果变差。

（三）吹灰器在烟气深度冷却器中的应用

（1）华润某电厂 660MW 机组在静电除尘器前布置并安装了 4 台烟气深度冷却器，烟气深度冷却器上均布 8 台蒸汽吹灰器。机组 610MW 工况下，烟气深度冷却器长期运行后进、出口烟气差压分别为 A 侧 142Pa、B 侧 158Pa、C 侧 163 Pa、D 侧 142Pa；吹灰设备初次投用后烟气进、出口差压分别为 A 侧 117Pa、B 侧 111Pa、C 侧 113Pa、D 侧 94Pa。吹灰器使用后进、出口烟气差压略有减小，说明蒸汽吹灰器在除尘器前受热面有一定作用。

（2）华润某电厂 330MW 机组分两级在静电除尘器前布置安装 2 台烟气深度冷却器。机组 320MW 工况下，烟气深度冷却器初次投用时烟气进、出口差压分别为 A 侧 57Pa、B 侧 69Pa；烟气深度冷却器长期运行后进、出口烟气差压分别为 A 侧 77Pa、B 侧 108Pa。烟气深度冷却器上均布 4 台鼓膜式声波吹灰器，吹灰器使用后进、出口烟气差压没有明显变化。说明连续运行有助于防止积灰生成，但并不具备积灰形成后清灰的能力。

（3）某电厂 300MW 机组分两级在静电除尘器前布置安装 I 级 4 台烟气深度冷却器，引风机后布置安装 II 级 1 台烟气深度冷却器，两级烟气深度冷却器均布置安装燃气脉冲式弱爆吹灰器。在机组 300MW 工况下，设备初次投用时烟气进出口差压分别为 I 级设备 A 侧 14Pa、B 侧 73 Pa、C 侧 76Pa、D 侧 73 Pa，II 级设备为 233 Pa。在设备运行期间电厂每周定期对烟气深度冷却器进行吹灰，吹灰前后每台设备烟气差压能降低 10～20Pa。烟气深度冷却器经长期运行后进出口烟气差压 I 级设备 A 侧 42Pa、B 侧 50Pa、C 侧 53Pa、D 侧 51Pa，II 级设备为 280Pa，长期运行烟气冷却器前后差压变化不大，有效地控制了积灰的生成。此类吹灰器能量较大，适合于松散和黏附性积灰。

（四）吹灰器在烟气深度冷却器中安装使用的总结

（1）烟气深度冷却器若布置在空气预热器后、静电除尘器前的烟道，虽然烟气中飞灰浓度较大，一般情况下可达 20～50g/m³，但由于管束壁温往往高于烟气酸露点，较少发生烟气结露现象，并且烟气流速较快，其积灰一般为松散性积灰。通过合理设计布置的蒸汽吹灰器（吹灰器周期长）、压缩空气吹灰器或者声波吹灰器（吹灰器周期短）均能起到清除积灰或防止积灰的作用。

（2）烟气深度冷却器若布置在静电除尘器后的烟道，管束壁温往往低于烟气酸露点，更何况，飞灰含量低，烟气冷却时，SO_3、Hg^{2+} 和 PM 发生凝并吸收，积灰往往带有黏附性，甚至带有黏结性。积灰程度受除尘器出口烟气飞灰浓度影响很大。如某电厂 300MW 机组在引风机后脱硫塔前布置 1 台烟气深度冷却器，除尘器飞灰浓度为 120mg/m³，烟气深度冷却器运行 1 年后进、出口烟气差压高达 2000Pa，电厂停炉检修时进入烟道查看烟气深度冷却器设备，发现存在严重积灰问题。

对于黏附性和黏结性积灰严重的环境，建议选择冲击能量较大的吹灰器，如燃气脉冲吹灰器或者半伸缩蒸汽吹灰器。除合理选用在线吹灰器外，应在停炉检修时及时采取高压清洗设备冲洗的方式进行离线清灰操作。水源采用普通工业用水，压力在 30MPa 左右，最低不应低于 20MPa；否则无法起到较好的清灰效果。图 8-41 和图 8-42 分别为利用高压清洗设备清洗前后烟气深度冷却器翅片管黏结性积灰和水冲洗清灰后的对比图。

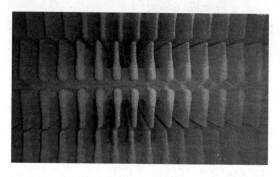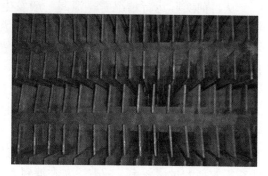

图 8-41　高压清洗机清洗前烟气深度冷却器翅片管　　图 8-42　高压清洗机清洗后烟气深度冷却器翅片管

第三节　烟气深度冷却器长周期安全运行技术

一、烟气深度冷却器泄漏的危害及预防

造成烟气深度冷却器泄漏的主要原因是磨损和腐蚀。但从目前已投运设备的运行情况来看，换热管的磨损是造成烟气深度冷却器泄漏的主要原因，磨损的位置及形式也呈现出多样化；而腐蚀造成的泄漏除了布置缺陷有可能造成低浓度酸引起的低温腐蚀外，需要 $8\sim10$ 年后才能逐步显现出来。

烟气深度冷却器安装位置一般位于空气预热器出口至静电除尘器进口烟道，很少安装在静电除尘器出口至脱硫塔进口烟道，由于静电除尘器前烟气中粉尘含量较高，对换热管的磨损严重，且受回转式空气预热器的影响，原烟道中的流场分布不均，因此该位置更容易造成换热管的磨损泄漏，而安装于静电除尘器后的设备由于烟气中的飞灰含量较低，SO_3、Hg^{2+} 和 PM 发生凝并吸收使飞灰具有腐蚀性，更着重于对换热管的积灰和腐蚀及其耦合的控制。

（一）烟气深度冷却器泄漏的危害

1. 泄漏对自身系统的危害

烟气深度冷却器因属于低温换热，管束不同于过热器和再热器以及省煤器的管束结构，一般需要选择具有扩展受热面的高效传热管形式，目前常用的扩展受热面管型有 3 种，一是高频焊螺旋形翅片管，其次是高频焊 H 形翅片管以及针形翅片管。目前国内应用较多的是耐磨损、自清灰防积灰更优的 H 形翅片管。若换热管发生泄漏，则会造成泄漏处周围的水蒸气含量剧增，烟气中的飞灰会包覆在泄漏换热管的周围及翅片上，由于翅片节距较小，随着时间的延长积灰越来越多，隔绝了烟气侧与水侧的换热，严重影响设备的换热效果。图 8-43 示出了管束泄漏引起的大量积灰，此时，该区域内的换热管难以实现有效换热，积灰越积越多，会埋住周围没有泄漏的换热管，由于板结住的积灰中会产生硫酸，将会加剧该部分换热管的腐蚀及积灰的板结。

图 8-43　某电厂换热管泄漏积灰

2. 除尘器前设备泄漏对下游设备的危害

从目前实际运行情况看，泄漏一般发生在安装于静电除尘器进口的设备上，该处烟气中粉尘含量高，对设备的磨损严重。烟气深度冷却器发生泄漏，对后续设备的影响主要有两个方面：造成除尘器疏灰管道阻塞、造成引风机能耗增加，若泄漏严重可能会导致机组停机。

（1）对除尘器的危害。

1）对布袋除尘器的危害。袋式除尘器是一种干式滤尘装置。滤料使用一段时间后，由于筛滤、碰撞、滞留、扩散和静电等效应，滤袋表面积聚了一层粉尘，这层粉尘称为初层，在此以后的运动过程中，初层成了滤料的主要过滤层，依靠初层的作用，网孔较大的滤料也能获得较高的过滤效率。随着飞灰在滤料表面的积聚，除尘器的效率和阻力都相应地增加，当滤料两侧压力差很大时，会把有些已附着在滤料上的细小尘粒挤压过去，使布袋除尘器效率降低。

当烟气深度冷却器发生泄漏时，烟气中的水蒸气含量就会升高，滤袋就会受潮，泄漏严重时，水会沿着烟道直接进入除尘器内，致使灰尘不是松散地，而是黏附着在滤袋上，把织物孔眼堵死，造成清灰失效，使布袋除尘器压降过大，无法继续运行，甚至造成停机。

2）对静电除尘器的危害。若烟气深度冷却器泄漏的凝结水进入静电除尘器，容易造成电场短路、二次电压低等危害。除此之外，若泄漏的凝结水漏入灰斗中，堵塞除尘器泄灰的通道，严重时引起停炉，显著影响静电除尘器的安全工作。

（2）对引风机的危害。烟气深度冷却器发生泄漏后，烟气中的飞灰会在翅片管的表面慢慢地积聚，形成板结状的积灰，阻塞了烟气流通的通道，增加了烟气阻力进而增加引风机电耗，改变了引风机的运行工况，当阻力增加过大时引风机发生失速，无法正常运行。

（二）烟气深度冷却器泄漏位置及原因分析

烟道进口泄漏位置主要呈现出 2 种形式，一是换热器进口，如导流板末端附近的换热管和靠近烟道底板的换热管；二是烟道出口，如靠近除尘器侧，泄漏位置主要集中在靠近设备底座的换热管。

1. 烟道进口换热管泄漏分析

根据设计及实际运行经验，烟道进口 2 种泄漏形式分别是由 2 种原因造成的，导流板末端换热管的泄漏是由于导流板的安装位置造成的，现场施工时导流板的末端到最近换热管的直线距离不足 300mm，烟气经过导流板的折射直接冲刷附近的换热管，没有预留烟气缓冲段造成了该位置附近换热管的磨损严重，因此，在西安交通大学和青岛达能环保设备有限公司共同为华能国际起草的《燃煤电厂烟气冷却器和烟气再热器技术规定》中要求：当烟气冷却器渐扩段内布置导流板时，导流板尾部与换热器进口管束的距离应大于 1m；其次，靠近烟道底板的换热管磨损严重和前排换热管被磨穿均是由于烟气中大的颗粒均集中在烟道底部，因对迎烟侧换热管的冲刷而造成了该处换热管的泄漏，同时应该避免烟气进口和管束出现突变过渡的结构。

某电厂于 2013 年 9 月投运，2014 年 10 月停炉检修时发现设备进口换热管发生泄漏，如图 8-44 所示。图 8-45 表明导流板末端延伸的翅片也遭受严重磨损。

图 8-44　设备进口泄漏位置处积灰严重　　　　图 8-45　导流板末端设备磨损形貌

　　将烟道内的积灰清理干净，进入烟道进行勘察发现磨损及泄漏的位置集中在导流板的末端，该处换热管及翅片均有明显的磨损痕迹，翅片的端部已被磨尖，换热管也出现了不同程度的磨损，经过查看换热管发现，周围没有泄漏的换热管壁厚并没有减少，且离导流板较远位置处的换热管并没有出现翅片和换热管磨损的情况，因此，可以得出这样的结论，是导流板末端引起的磨损造成了设备的泄漏。

　　2. 烟道出口换热管泄漏分析

　　经过分析可初步得出造成局部磨损的原因是局部烟气偏流，主要原因是原烟气深度冷却器底座设计有排灰用的锥形斜槽，烟道经过斜槽会改变烟气的流场，容易造成设备底部的积灰。设备底部的通道中出现了局部的积灰情况，导致烟气出现局部偏流，烟道流速增高，对换热管的磨损严重。

　　某燃煤机组 1 号炉于 2013 年 9 月正式投运，2014 年 6 月停炉检修时发现设备出口发生泄漏，如图 8-46 所示。

　　进入烟道进行勘察，发现泄漏位置位于设备出口最后一排最底下的 2 根换热管，共有 3 个明显的泄漏点，泄漏点的位置基本靠近翅片附近，用手摸，明显感觉到漏点周围有凹槽，且凹槽面非常平滑。用测绘仪对周围换热管的壁厚进行了测量，发现壁厚并未减少，且与泄漏换热管处于同一壁温下的其他换热管也没有出现腐蚀或磨损的痕迹，可以推断，造成换热管泄漏的原因为烟气偏流。

图 8-46　某燃煤机组 1 号炉设备出口泄漏形貌

　　(三) 烟气深度冷却器泄漏的预警预防

　　因为烟气深度冷却器是嵌入原机组烟道系统中的，烟道中没有旁通烟道以备检修，因此，如发生泄漏将会给机组的安全高效运行造成严重后果。当泄漏较轻时，如发现及时并准确判断泄漏点，则可以迅速切断泄漏的换热器模块以确保机组当单模块解列时保持正常运行，泄漏严重时会造成机组强迫停炉。实际上，烟气深度冷却器的泄漏预警预防并不只和运行相关，而是涉及烟气深度冷却器设计、制造、安装、运行及检修的全寿命过程，因此需要从以下多方面进行预警预防。

1. 设备设计阶段

（1）煤质分析。烟气深度冷却器设计阶段要根据不同的煤质成分确定不同的设计方案，放置在静电除尘器前的设备，若实际燃烧煤质的酸露点温度较高，则选择较高的进口水温，根据设计经验至少要在 70℃ 以上，以降低换热管的露点腐蚀，避免换热管发生因腐蚀引起的泄漏；放置在脱硫塔前的设备根据设计经验使烟气深度冷却器的安全进口水温高于水露点温度以上 25℃，以避开严重的露点腐蚀区，保证换热管在寿命期内不发生泄漏。

（2）烟气流速的控制。采用合适的烟气流速，使烟气具有自清灰功能的同时又不至于因烟气流速过高而产生不可控制的磨损。根据烟气深度冷却器运行经验，对于煤粉炉，除尘器前烟气深度冷却器一般控制其烟气流速在 10m/s 左右，除尘器后一般控制其烟气流速在 11m/s 左右，可大大减少烟气粉尘对管束的磨损，同时烟气清灰性能较好；而针对循环流化床锅炉，因为飞灰颗粒多呈现棱角、不规则长条，因此对于放置在除尘器前的设备，需放置在水平段且烟气流速尽量控制在 8.5m/s 以下，以降低烟气中大颗粒的飞灰对换热管的直接冲刷，减少对换热管的磨损。具体实施时应参照西安交通大学和青岛达能环保设备有限公司共同为华能国际起草的《燃煤电厂烟气冷却器和烟气再热器技术规定》中的要求。

（3）假管及换热管壁厚、防磨瓦的控制。为避免烟气中飞灰对换热管的直接冲刷，迎风侧可以设置 2 排防磨假管，同时前几排翅片管可设置防磨瓦，对于烟气中飞灰浓度较高的项目，可适当增加换热管壁厚，从而进一步增强换热管的耐磨损能力。

（4）材料的选择。目前国内用于烟气深度冷却器换热管的材料主要有 20 钢、20G 钢和 ND 钢，根据设计及实际运行经验，若换热管的壁温高于酸露点则采用 20 钢或 20G 钢；若换热管的壁温低于烟气酸露点温度则采用耐露点腐蚀性能更好的 ND 钢。

09CrCuSb（ND 钢）是耐硫酸露点腐蚀用钢，1995 年获国家级优秀新产品，曾获中石化公司、机械部科技进步二等奖；获国家科委举办的世界博览会金奖，1997 年编入 GB 150—1998《钢制压力容器》。1999 年 8 月获由全国压力容器委员会、国家技术监督局颁发的技术评审证书。

已纳入 SH/T 3096—2012《高硫原油加工装置设备和管道设计选材导则》，GB 150.2—2011《压力容器 第 2 部分：材料》等国家标准。该产品广泛用于高含硫烟气中燃煤锅炉、燃油锅炉、省煤器、空气预热器、余热锅炉、热交换器和蒸发器等设备及有一定耐硫酸露点腐蚀的各类产品（摘自 GB 26132—2010《硫酸工业污染物排放标准》）。

ND 钢是目前国内外最理想的"耐硫酸露点腐蚀"用钢材，用于抵御含硫烟气露点腐蚀。ND 钢主要的参考指标与碳钢、日本进口同类钢、不锈钢耐腐蚀性能相比，要高于这些钢种。产品经国内各大炼油厂和制造单位使用后受到广泛好评，并获得良好的使用效果。

（5）烟道气固两相流动设计。烟道气固两相流动设计对烟气深度冷却器磨损引起泄漏的预防最为重要。如果烟道气固两相流动设计出了问题，再多的导流板设计和流场优化也无济于事。因此，凡是从事烟气深度冷却器研发、制造和安装的相关单位都非常重视烟道的气固两相流动设计。其中，华能国际《燃煤电厂烟气冷却器和烟气再热器技术规定》也对流场提出了具体要求：

1）烟气冷却器及烟气再热器的渐扩段和渐缩段的流场设计应按 DL/T 5121—2000《火力发电厂烟风煤粉管道设计技术规程》的规定；

2）沿烟气流向，烟气冷却器及烟气再热器的渐扩段之前的 3m 烟道内，若存在弯头，则宜在弯头处设置导向叶片或导流板，导向叶片或导流板的布置应按 DL/T 5121—2000《火力发电厂烟风煤粉管道设计技术规程》的规定；

3）当烟气冷却器渐扩段内布置导流板时，导流板尾部与换热器进口管束的距离应大于 1m；

4）烟气冷却器及烟气再热器的进、出口烟气流场应通过数值模拟等方法进行优化。

经过多年研究和工程设计，西安交通大学提出了评价流场不均匀性的判据——不均匀累积系数，不仅可以解决流场均匀性评价指标，同时可以提高灰颗粒中碱性物质对 SO_3 的凝并吸收作用。可参见第三章第四节相关内容。

（6）烟气流场的数值模拟及导流板的安装位置。安装于静电除尘器前的设备，烟气流场模拟对降低换热管的磨损至关重要，设计阶段需对空气预热器出口至除尘器进口的烟道做数值模型和物理模型试验，根据模拟结果布置合适的导流板，达到均布烟气中粉尘颗粒的目的，避免烟气中粉尘颗粒集中对设备局部造成严重的磨损。

布置于设备进口的导流板的末端至换热管的直线距离保持在 1.5m 左右，对于安装空间受限的项目，直线距离也得控制在 1m 左右。

（7）换热器本体结构优化。烟气深度冷却器结构设计上要避免出现烟气走廊、烟气偏流及产生烟气涡流；目前较为常用的扩展受热面是 H 形翅片管和螺旋翅片管。在燃煤机组实际运行过程中，发现螺旋翅片管换热器存在烟气阻力大、容易积灰和易于磨损等缺点。而 H 形翅片管较螺旋翅片管来说，阻力小、积灰轻、自清灰、耐磨损、寿命长，因而得到了广泛应用。根据投标方的设计及实际运行经验，引风机后脱硫塔前设备容易积灰，故烟气深度冷却器采用防积灰、耐磨损更好的 H 形翅片管，脱硫塔后烟气中粉尘很少，可不用考虑积灰及磨损，故采用制造成本低、生产效率高的螺旋形翅片管，且螺旋形翅片管采用顺列布置以减少烟气阻力。

H 形翅片管也称 H 形肋片管（其结构参见第二章），它是把 2 片中间有圆弧的钢片对称地与光管焊接在一起形成翅片，正面形状颇像字母"H"，故称为 H 形翅片管。H 形翅片管的 2 个翅片为矩形，近似正方形，其边长约为光管直径的 2 倍，属扩展受热面。H 形翅片管还可以制造成双管的"双 H"或 4 根管子的"4H"形翅片管，其结构的刚性好，可以应用于管排较长的场合，其一般应用于静电除尘器前的烟道内。

考虑螺旋形翅片管制造成本低、生产效率高但易积灰、不耐磨的特点，当烟气深度冷却器布置于除尘器之后（含尘量小于 $100mg/m^3$）或设计烟气再热器时（含尘量小于 $30mg/m^3$），一般也采用顺列布置的螺旋形翅片管，减少阻力的同时也可降低烟气再热器设备的投资成本。图 8-47 示出了烟气再热器用螺旋翅片管实际运行的实物照片。

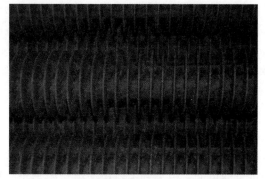

图 8-47　烟气再热器螺旋翅片管运行形貌

扩展受热面的传热过程是：烟气热量主要依靠对流传递到扩展受热面的翅片上，再导热传递到基管上，最后由基管导热给内壁对流传递到水介质。

2. 生产制造阶段

（1）换热管焊口的分布及翅片的焊接方式。烟道内管子整体无对接焊缝，蛇形管弯头和焊口全部与烟气流动区隔离,防止弯头及焊缝磨损;换热管与翅片的焊接采用高频电阻焊,它是利用通过工件连接面的高频电流所产生的电阻热加热,同时施加或不施加顶锻力的情况下,使工件金属间实现相互连接的一类焊接方法,应在制造过程中避免焊接过程中对换热管造成损伤。

(2)焊接完成后的探伤及水压试验。烟气深度冷却器设备完成组装焊接后,要对焊口进行射线探伤,同时对整个管组进行水压试验,避免设备由于人为原因造成投运后的泄漏。

3. 运输和安装阶段

烟气深度冷却器的运输应有限制变形、擦伤及碰撞等措施,以避免在运输中损伤翅片管。烟气深度冷却器安装过程中首先应该按照设计图纸进行施工,严禁发生由于设计和现场空间及距离差异而出现的强行安装或不符合设计图纸的安装,当出现这些问题时,应该及时反馈到设计部门针对新出现的情况重新进行设计。当然,安装过程中由于人为原因也可能会碰坏或损伤换热管,尤其对于现场安装空间有限且需要单片吊装组装的项目,要规范操作,按照现场技术人员的指导进行安装及调试。

4. 运行维护阶段

(1)煤种的选择。烟气深度冷却器设备投运以后,尽量燃烧设计煤种或与设计煤种成分偏差不大的煤种。若煤质成分偏差较大,可能造成3个不利的方面:

1)烟气中飞灰浓度增大,加剧对换热管的磨损,从而降低换热管的设计使用寿命,导致换热管发生泄漏;

2)烟气量增加,进而提高烟气流速,加剧对换热管的磨损;

3)烟气酸露点或水露点温度偏高,加剧对换热管的腐蚀,进而导致换热管在短期内发生因腐蚀引致的泄漏。

(2)定期检查和维护。烟气深度冷却器投运以后要对DCS系统中的数据进行实时的监控,看测量数据有无异常,通过数据对比判断烟气深度冷却器是否发生泄漏。

设备停运以后,要及时打开人孔门勘察设备内的积灰及磨损情况,不定期地测量换热管的壁厚。同时要对设备进行离线的养护,离线养护包含压力养护、湿法养护和充氮养护等方法。

(四)设备发生泄漏后的应急措施及解决办法

1. 泄漏管组及设备的检查及切除措施

发现某台设备泄漏后,若短时间内无法判断是什么位置发生了泄漏,最好的办法是将整台泄漏的设备解列,尽可能地降低对下游设备的危害。若设备的安装位置短时间内不会对前后设备造成损害,则可利用试切的办法判断是哪一层管组或模块发生了泄漏,发现泄漏后将该管组或模块单独解列,这样可以最大限度地降低正常运行时换热器整体解列后的换热损失。

2. 换热管的堵漏及挽救措施

换热管堵漏的原则是在保证设备安全运行的基础上尽量地降低换热面积的损失。下面以某电厂为例阐述管束发生泄漏时应采取的方法及挽救措施。

某燃煤机组烟气深度冷却器安装在静电除尘器前的4个水平烟道内,机组停炉检修时发现进口迎风面,由下到上,第一组管组第10排换热管右侧部分有两处明显的孔洞,直径为3～5mm,如图8-48所示。

该处换热管发生泄漏时,无需将该层换热管全部切除,只需将泄漏的前几排换热管切除,这样可以降低换热面积的损失。降低换热面损失的切除示意图如图8-49所示。

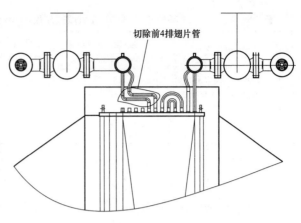

图 8-48　某电厂磨损引起的泄漏实物形貌　　　图 8-49　降低换热面积损失的切除示意图

设备发生泄漏后，一定要仔细检查设备的每一个角落，因为有单个地点已经出现了磨损但未发生泄漏，如果没有发现，将会成为很大的隐患，设备很可能会出现二次泄漏的情况，此时既造成人力和物力的浪费又影响机组安全稳定运行。

设备停运后都要对设备进行冲洗，机组启动前一定要保证换热管处于干燥状态，不然很容易造成换热管的黏附性积灰，影响设备的换热效果。

根据设计及实际运行经验，烟气中飞灰对换热管的磨损是造成换热管泄漏的主要原因，泄漏的形式也呈现出多样化。因此烟气深度冷却器从设计、生产制造、安装调试直至维修保养，各个阶段都要严格把关，将烟气深度冷却器的泄漏率控制到最低，这也是决定烟气深度冷却器发展前景的重要一环。

二、烟气深度冷却器泄漏的状态评定及寿命预测

（一）烟气深度冷却器泄漏的状态评定

1. 烟气湿度仪示数变化

烟气湿度仪通常布置在烟气深度冷却器出口，靠近本体管束的位置处；由于烟气中存在飞灰和酸性物质，如 SO_3、SO_2 和 NO_x 等，普通的测量技术，测量值滞后而测量的精度低，不能满足腐蚀性烟气测量的需要。

在国外，目前的发展方向主要是利用电容式电子测量技术，采用一种能克服烟气飞灰、高温和酸性腐蚀问题，可以在线长期稳定地测量高温烟气中水分的防磨损和防腐蚀的烟气湿度检测装置，以有效保护在线阻容式高温烟气水分仪，在不影响测量精度的条件下实现长期可靠的工作。

烟气中的水蒸气主要来源于鼓风引入空气的含湿量以及煤燃烧生成的水蒸气。我国中部地区燃煤锅炉烟气水蒸气体积百分比一般为 8% 左右；我国地域广阔，南方雨水天气较多，空气含湿量较大；北方天气干燥，空气含湿量较小；但是燃煤来源不同，其烟气中的水分也有较大不同。

表 8-5 示出 2 台 600MW 级燃煤机组烟气深度冷却器出口湿度仪示数值比较。该数据为青岛达能环保设备股份有限公司设计、生产、安装和调试的 2 个不同地区 600MW 级燃煤机组的烟气深度冷却器设备监测情况一览表。

表 8-5　　　　　　600MW 级燃煤机组烟气深度冷却器出口湿度仪示数值比较　　　　　%

序号	电厂名称	1号烟道烟气深度冷却器出口湿度	2号烟道烟气深度冷却器出口湿度	3号烟道烟气深度冷却器出口湿度	4号烟道烟气深度冷却器出口湿度
1	大唐三门峡发电厂 3 号机组烟气深度冷却器	3.6	3.3	3.5	3.7
2	华能日照发电厂 4 号机组烟气深度冷却器	23.8	23.7	23.9	23.8

根据湿度仪示数变化判定烟气深度冷却器是否出现泄漏的方法如下：烟气深度冷却器运行过程中若某台湿度仪示数明显增大，增大到原先数据或其他分支烟道烟气深度冷却器湿度仪数据的 2～3 倍以上，即可判定此烟气深度冷却器发生泄漏，应立即采取相关预警和预防措施。

2. 烟气深度冷却器进、出口烟气压降变化

烟气深度冷却器正常运行时，其进、出口的烟气差压不会大于设计值，并保持在计算值 ±10％ 左右；若设备发生泄漏，水分会凝并吸收到烟气中的灰分上，形成黏性灰，随着烟气流动，黏性灰碰撞在翅片管和烟道壁板上，一部分随烟气吹走，一部分黏结在翅片管和烟道壁板上，黏性灰随着时间推延无限增大，堵塞了烟气通道，减少了烟气和水换热有效面积，增加了烟气进、出口阻力，造成进、出口烟气压降增加。图 8-50 示出了某燃煤机组烟气深度冷却器进、出口烟气差压操作盘曲线。

从操作盘上看出 1 通道的烟气深度冷却器的烟气差压在 10 时左右时曲线明显上升，大于平常运行值（设计值 350Pa）。打开 1 通道的烟气深度冷却器进口烟道的人孔门，发现该设备前部潮湿积灰较多，换热管明显发生泄漏而堵灰。

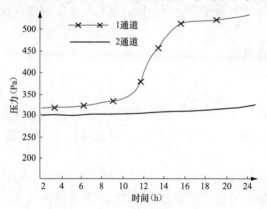

图 8-50　烟气深度冷却器进出口烟气差压操作盘曲线

3. 除尘器前布置时，烟气深度冷却器灰斗及除尘器灰斗中湿度增大

在燃用煤灰分较大的电厂，部分烟气深度冷却器会设置灰斗，通过输放灰，减少烟气深度冷却器内部积灰。一旦烟气深度冷却器泄漏，绝大部分水流入灰斗，通过观察输灰管口是否有水流出可辨识烟气深度冷却器是否泄漏。但是烟气深度冷却器增加灰斗会导致烟气涡流，加大了换热管的磨损，减少设备使用寿命，常规烟气深度冷却器一般不考虑设置输灰灰斗。

安装在静电除尘器前的烟气深度冷却器能降低除尘器前进口烟气温度，实现低温除尘增效功能。烟气深度冷却器一旦泄漏，水最终会流入除尘器灰斗，导致出灰湿度大，卸灰器下灰困难。国能黑山生物发电有限公司就是通过观察除尘器出灰湿度较大，刮板电动机转不动且卸灰器不下灰而发现烟气深度冷却器泄漏的。

4. 严重泄漏或长时间泄漏烟道外壁有水流出，进、出水流量计示数差别大

烟气深度冷却器严重泄漏或长时间泄漏造成烟道内有积水，从烟道底板漏风处流出。对

于在烟气深度冷却器进、出水母管安装有流量计的系统，可通过对比进、出水流量计示数初步判定设备是否存在泄漏，两者正常示数偏差一般不大于 20～30t/h。以某电厂 3 号烟气深度冷却器为例，额定工况下其进出水流量计示数偏差为 7t/h，在合理范围之内。如果两者示数偏差较大也可作为判定烟气深度冷却器泄漏的依据。

（二）烟气深度冷却器寿命预测

烟气深度冷却器的寿命主要是指设备本体换热元件的使用寿命。根据其结构组成，其分为 H 形翅片寿命和换热管寿命。对于换热元件的外壳其厚度一般为 6mm，使用寿命大于等于 30 年。

1. H 形翅片寿命

H 形翅片是烟气深度冷却器的主要传热元件，烟气通过翅片吸热，然后将热能传输给换热管，换热管将热能传输给水。H 形翅片的有效面积是决定烟气深度冷却器的换热面积大小的关键因素。

在设计阶段，主要根据煤质中灰分和硫分的大小，选择使用 1.5～2.5mm 厚度规格的 H 形翅片。设备在每运行一个检修周期后，都需要对 H 形翅片的厚度、长度、宽度进行测量，便于采取相应措施，避免设备受热面积大幅度减小。

2. 换热管寿命

换热管是烟气深度冷却器本体的主要承压部件，其壁厚的大小对本体使用寿命起主导作用。换热管在设计阶段，首先要根据工质侧设计压力进行强度计算，计算出满足承压强度需要的理论计算厚度，计算时还要考虑轧制钢管壁厚公差，然后根据煤质中灰分、硫分和水分的大小，估算出腐蚀裕量，将以上三者相加，就可以得到钢管的设计壁厚，一般情况下，选择使用 3.0～6.0mm 厚度的规格。

设备检修时需对换热管的壁厚进行检测，便于及时分析和计算设备的剩余寿命。

3. 剩余寿命计算

钢管发生腐蚀或者磨损后的强度和承载能力会降低。材料承受应力为 σ，温度为 T，运行时间为 t，在这一时间间隔内其寿命损耗分数为 t/t_r，其中 t_r 为该材料在应力 σ 和温度 T 时的断裂时间。假如运行温度和应力是变化的，那么换热管将在其寿命损耗分数总和为 1 时发生破坏，即

$$\sum_{i=1\cdots n} \frac{\Delta t}{t_r(\sigma, T)} = 1 \tag{8-3}$$

式（8-3）也可以写成积分形式，即

$$\int_0 \frac{dt}{t_r(\sigma, T)} = 1 \tag{8-4}$$

假设温度和压力是常数，炉管的腐蚀速率为 K，单位为 mm/h，根据炉管的薄膜应力公式

$$\sigma = \frac{pD_{pi}}{2(S - tK)} = \sigma(t, K) \tag{8-5}$$

式中　p——工作压力；

D_{pi}——炉管直径；

S——原始壁厚；

t——运行时间。

式（8-4）可以写成

$$\int_0^{t_z} \frac{\mathrm{d}t}{t_r(t,K)} = 1 \tag{8-6}$$

在给定的测量壁厚数据的情况下计算腐蚀速率，根据温度、压力和腐蚀速率计算烟气深度冷却器的剩余使用寿命。通过以上公式利用计算机计算即可得到烟气深度冷却器剩余的使用寿命。

三、烟气深度冷却器在线和离线维修及养护

（一）烟气深度冷却器设备本体的在线和离线维修及养护

1. 烟气深度冷却器设备本体维护

（1）烟气深度冷却器设备本体的在线维护。烟气深度冷却器在日常运行过程中，为保证烟气深度冷却器的正常安全运行，需要定期定点对烟气深度冷却器进行巡视，巡查过程中发现问题需要分析问题原因，针对问题产生的原因制定维修方案。

设备正常运行过程中，可能会由于各种原因引起烟气深度冷却器各种缺陷异常等情况，此缺陷异常主要有主观表现的系统漏水维护，烟道漏风漏烟、设备测点异常、烟气和水侧阻力状态参数不正常等情况。

系统漏水是烟气深度冷却器运行过程中时常发生的问题缺陷，首先检查判断漏水部位、漏水原因等，漏水如果发生在主管道部位，需要对烟气深度冷却器进行整体隔离，对漏水段部位的管道进行放水，进行漏点补焊。漏水如果发生在烟气深度冷却器本体部位，只需要对漏水部位进行管组或模块部分隔离即可，不需要对烟气深度冷却器进行整体隔离，部分隔离成功后对隔离部位放水进行补焊。

烟道漏风、漏烟在烟气深度冷却器系统中并不经常发生，如果运行过程中确实发生此情况，可以对漏风、漏烟部位根据情况进行补焊即可。漏风部位如果是负压运行，直接对漏点进行补焊十分困难，有可能会出现越补漏风孔越大的情况，此部位补焊可加大对漏点位置进行补焊。如果漏烟部位为正压运行可直接对漏烟部位进行补焊即可。

（2）烟气深度冷却器设备本体的离线维护。烟气深度冷却器大修尽量按机组大修年限随机组维护，列入检修范围，大修5年一次，小修每年一次，每年进行不少于一次的烟气深度冷却器全面检验。年度大修时，应进行内部检验。新投产烟气深度冷却器运行一年后应进行首次内部检验。

内部检查应检查换热基管、翅片、烟道导流板、防磨假管等，发现有需要更换的部件安排更换；检查烟气深度冷却器本体积灰情况，根据积灰情况确定停炉期间清灰方案，积灰严重时需要进行压缩空气或高压水清洗等。

每次停炉时需要清理烟道及烟气深度冷却器换热面间隙的积灰，首先把烟道底部的积灰人工清理完毕，然后用压缩空气把表面浮灰清理完毕，所有表面积灰清理完毕后需用高压水对换热管表面黏附的硬积灰进行清洗，尽量减轻硬积灰对换热效果的影响。

进行离线烟道内部检查时需要重点检查换热基管、翅片、烟道导流板、防磨管的磨损情况，对磨损严重的进行更换，检查时目测管子、翅片外壁磨损及腐蚀情况，如果目测管子、翅片磨损腐蚀严重需要更换，目测不确定时需要用测厚仪器测量减薄量，根据管子减薄量，确定需要更换的管子。进行导流板检查时，检查导流板变形和磨损情况，如果导流板变形严重，运行中一定会影响烟气流场，检查发现导流板变形或缺损时一定要进行更换。

2. 烟气深度冷却器设备本体保养

（1）烟气深度冷却器设备本体的在线保养。为降低烟气深度冷却器运行过程中强迫停炉事故发生率，提高烟气深度冷却器本体正常运行寿命，需注重烟气深度冷却器在线保养。在线保养主要加强日常检查，及时发现烟气深度冷却器异常并及时处理，定期监视压力，避免压力过高对设备造成影响；定期排气和排污等。

冬季运行的烟气深度冷却器需要进行防冻保养，冬季运行时，由于烟气深度冷却器非循环水部位容易结冻，为防止此情况应加强冬季防冻保养措施，在水不经常循环部位加装伴热带进行保温，防止内部介质结冰，如仪表管、排气管和排污管等重要部位需加装伴热，做好防冻保养措施。

运行过程中定期化验水质，监测水质是否合格，水质不合格需要查找原因，使水质转为正常标准，避免因水质问题影响管子使用寿命。

烟气深度冷却器系统控制水质应根据 GB/T 12145—2016《火力发电机组及蒸汽动力设备水汽质量》的要求执行，如表 8-6 所示。烟气深度冷却器水质标准也可结合每个电厂水质控制标准要求做相应细化。

表 8-6   水 质 要 求

项目	DD（电导率）	YD（硬度）	O$_2$	Na$^+$	Fe	SiO$_2$
单位	μS/cm	μmol/L	μg/L			
控制标准	≤0.3	0～2	≤30	≤10	≤10	≤20

（2）烟气深度冷却器设备本体的离线保养。烟气深度冷却器在停运期间，大气中的氧和水蒸气源源不断地与各受热面接触，使金属表面受到氧化腐蚀，而且其腐蚀程度会随着停运时间增长、空气湿度增大变得越来越严重。因此，停运期间防止和减轻烟气深度冷却器的腐蚀需要进行离线保养。

烟气深度冷却器本体或管道系统离线保养方法有很多种，根据烟气深度冷却器的特点，离线保养常用方法具体有水压保养法、碱液法和充气法（充氨或充氮）。短期停运常用保养法为水压保养法，长期停运法常用碱液法和充气法（充氨或充氮）保养。

保持水压力方法是保持烟气深度冷却器系统充满水，维持水压在 0.6MPa 以上压力，关闭所有排污、排气阀门，防止空气渗入炉内。要注意保持压力，当压力下降时，可适当加压，使系统保持压力。烟气深度冷却器系统短期停运比较常用的方法就是保持水压法进行保养，此保养方法简单可行，容易实现。

碱液法是采用加碱液的方法，烟气深度冷却器系统中充满 pH 值达到 10.0 以上的水。水用碱为氢氧化钠或磷酸三钠，减液法养护期间保持系统严密性，关闭所有阀门，化学人员定期化验 pH 值，确保 pH 值达到要求。碱液法可通过低压加热器凝结水系统对烟气深度冷却器进行注水，注水前通过加碱方法，使低压加热器系统除盐水 pH 值达到要求数值，然后按上水工艺对烟气深度冷却器进行系统充水。此种保养方法常用于烟气深度冷却器系统长期停运时的保养法，此方法相对比较麻烦，要定期检验水的 pH 值。

以某电厂为例说明烟气深度冷却器系统碱液保养法，某热电厂于 2015 年 7 月新装系统清理完毕，但是由于距离起炉时间 9 月时间很长，于是就采用碱液法对烟气深度冷却器系统进行保养。烟气深度冷却器上水前低压加热器凝结水加氨水调至 pH 值为 10.0 左右，然后开启凝结水泵，对烟气深度冷却器系统进行注水，当烟气深度冷却器系统满水后，通过化验管道系统末端取样水阀中的水样，化验 pH 值，末端 pH 值达标后，关闭烟气深度冷却器系统进水门与冲洗排污门，关闭凝结水泵，开始对烟气深度冷却器系统进行碱液保养。

充气法充气之前密封系统，系统最高点与最低点各留一处进气和排气管，气体从最高处进入，并保持气压为 0.05～0.1MPa，迫使重度较大的空气从底部排除，当最低处有充装气体逸出时停止充气，封闭系统。充气保养法需要定期补充气体。

（二）烟气深度冷却器系统配套辅机的在线和离线维修及养护

烟气深度冷却器系统由许多相关配套辅机组成，主要配套辅机有水泵、吹灰器、阀门、过滤器等，以下将分别进行介绍。

1. 水泵维护保养

（1）水泵在线维护保养。水泵是烟气深度冷却器系统中的动力部分，是系统运行的外部动力来源，水泵的好坏是决定烟气深度冷却器能否正常运行的前提。水泵一般设置一台运行一台备用配置，如果一台水泵有问题，可以启动备用泵，对停止运转的水泵进行维护，保证系统正常运行，水泵的常见问题及在线维护具体表现在以下几方面：

1）正常运行过程中泵体转动异常，声音过大，可具体检查泵体及管路各结合处有无松动现象。转动泵芯，看是否灵活，电动机与水泵的连接同心，联轴节的螺栓紧固，内部检查为泵体叶轮是否摩擦泵体内壁等。

如果外部检查有问题可以针对问题进行外部维修即可，如果是内部泵体叶轮摩擦泵体，检查泵体外表面是否有颗粒杂质夹杂在叶轮与泵体间隙处，如果有杂质进行清理，并把叶轮及泵体表面打磨光滑。

2）运行过程中泵体外侧漏水，检查漏水部位。具体漏水原因一般有机封漏水、密封垫圈漏水、排污堵头漏水等情况。如果是机封漏水，大多数情况下是机封损坏，需要更换机封；如果是密封垫圈漏水，检查密封垫圈压紧的螺栓是否紧固，如果压紧螺栓没有问题，需要拆掉螺栓检查密封垫圈是否损坏，垫圈损坏需要更换垫圈；如果是排污堵头漏水，检查排污堵头紧固情况及密封缠绕情况。

3）运行过程中本体周围有振动情况，重点检查管路支架是否牢固；同时，检查系统压力介质中是否含有气体等情况。

检查支吊架及管路系统是否牢固。如果是管路支架松动，紧固相应松动部位。如果不是支架问题检查系统压力，确认是否因压力过低，当压力低于介质工作温度下的饱和压力时会引起介质汽化，并进而引起振动，此种情况应加大烟气冷却系统内工作压力或适当降低当前工作温度，加大系统压力，使介质压力高于饱和压力。除以上原因外还可检查系统中是否含有气体，开启泵体的排气阀或管道高点的排气阀，进行排气，将系统中积累的气体排掉。

4）运行过程中电动机轴承温度过高。重点检查系统是否过载运行，电动机本身问题检查，还可检查润滑系统，检查润滑油是否过少，如果润滑油低于油位要求最低油位，应补充加入润滑油。

5）运行过程中泵体或电动机振动值超标。重点检查水泵底座螺栓是否松动，如果松动，把螺栓紧固即可；检查电动机底座垫片是否合格、垫片是否过多或过厚，造成电动机底座与支撑面间隙过大引起振动过大；还可以检查水泵水平度，检查水泵的泵体与底座水平度是否合格；检查电动机与泵体联轴器连接螺栓是否松动，连接螺栓外侧的橡胶包覆套是否磨损，螺栓松动紧固螺栓即可，橡胶包覆套磨损需重新更换。

（2）水泵离线维护保养。水泵在烟气深度冷却器检修期间可以列为正常维护对象，根据日常问题对泵进行检修，包括电动机吹扫，联轴器校正，泵体标高找正，密封圈、机封等易损件更换等工作。

进行润滑系统维护保养时，把水泵内的润滑油全部放掉，向轴承体内加入新轴承润滑油，观察油位应在油标的中心线处，油位不要过低，避免运行中润滑系统缺油。

进行电动机联轴器对轮维护保养时，检修过程中拆掉联轴器，用仪表测量联轴器同心度，如果同心度有偏差，进行联轴器对轮找正。检查联轴器螺栓孔是否有磨损扩大情况，如果螺栓孔磨损扩大，需要更换轴承，检查螺栓橡胶包覆套是否有磨损，若发现有磨损，应更换磨损的橡胶包覆套。

2. 吹灰器维护保养

吹灰器是烟气深度冷却器本体的吹灰装置，吹灰器在线维护可以根据吹灰器类型确定相应维护保养方案，常用吹灰器为蒸汽吹灰器和声波吹灰器。

（1）蒸汽吹灰器。蒸汽吹灰器维护保养重点部位有链条、密封风机、齿轮箱和吹灰器密封圈维护保养。

链条在规定间隔（大约 2 个月）内进行清理和润滑，吹灰装置的齿轮箱，出厂时已加注长效综合润滑剂。在运行 3 年之后，才需要对齿轮进行彻底清洗并重新加注润滑油。对吹灰管应定期检查是否有热变形和可能因腐蚀引起的损坏，对有变形或腐蚀的吹灰管进行更换，确保吹灰效果与吹灰器正常运行。对吹灰器密封圈部位进行定期检查、维护，防止因密封圈损坏及密封压紧松动产生漏气。

定期检查吹灰器各密封处有无漏气现象。如有泄漏，可适当调整填料的压紧度；若调整仍无法解决，可更换填料密封圈；若阀门关闭后仍有泄漏，则表明阀座环与阀瓣的结合面磨损或变形，一般要重新研磨密封面；若密封面损坏到研磨不足以解决问题时，必须更换阀体。除此之外，应定期清理吹灰器上的积灰。

（2）声波吹灰器。进行声波吹灰器日常维护保养时，应定期检查压缩空气湿度，检查压缩空气含水量是否过大影响吹灰器寿命及吹灰效果，定期进行排污、排水。

3. 阀门维护保养

烟气深度冷却器阀门常见问题有阀门内漏、阀门外漏、启闭不灵活。阀门使用、维护的目的是延长阀门寿命和保证启闭可靠。

（1）阀杆螺纹的维护保养。阀杆螺纹经常与阀杆螺母摩擦，应涂一点黄干油、二硫化钼或石墨粉，起润滑作用；不经常启闭的阀门，也应定期转动手轮，对阀杆螺纹添加润滑剂，以防咬住；室外阀门，要对阀杆加保护套，以防雨、雪和尘土锈污；如阀门为机械待动时，应按时对变速箱添加润滑油，经常保持阀门的清洁，经常检查并保持阀门零部件的完整性；如手轮的固定螺母脱落，应配齐，不能凑合使用，否则会磨圆阀杆上部的连接四方，逐渐失去配合可靠性，乃至不能开动；阀杆，特别是螺纹部分，应经常擦拭，尘土中含有硬杂物，容易磨损螺纹和阀杆表面，影响使用寿命，对已经被尘土弄脏的润滑剂应换新的。

（2）阀门填料的维护保养。填料是直接关系着阀门开关时是否发生外漏的关键密封件，如果填料失效，造成外漏，阀门也就等于失效。加强维护可以延长填料的寿命。

阀门在出厂时，为了保证填料的弹性，一般以静态下试压不漏为准。阀门装入管线后，由于温度等因素的影响，可能会发生外渗，这时应及时上紧填料压盖两边的螺母，只要不外漏即可，以后再出现外渗就再紧螺母，不应一次紧死，以免填料失去弹性，丧失密封性能。

（3）阀门传动部位保养。阀门在开关过程中，原加入的润滑油脂会不断流失，再加上温度、腐蚀等因素的作用，也会使润滑油不断干涸。因此，对阀门的传动部位应经常进行检查，发现缺油应及时补入，以防由于缺少润滑剂而增加磨损，造成传动不灵活或卡壳失效等故障。

4.过滤器维护保养

过滤器在烟气深度冷却系统中起到过滤杂质的作用，如果介质中含有杂质流经过滤器时会被过滤器阻挡在滤芯，不能进入下一个位置，烟气深度冷却器系统中过滤器常见安装位置主要分为两种：一种在系统回水末端，接低压加热器凝结水接口前加过滤器；另一种在系统增压泵进口加过滤器。

过滤器应定期维护清洗，防止滤芯内部杂质颗粒大量积聚，造成系统压力增大，严重时会造成系统水流量达不到正常水流量，如果滤芯长时间未清理维护，滤网孔被堵死，正常运行时水流量可能会少很多。

滤网孔堵塞及清理示意如图8-51所示。此过滤器由于堵塞严重，滤芯未维护前，很多滤网孔被杂质堵塞，造成滤网不畅通，正常运行时水流量比设计流量少150t/h，维护清理完后，系统流量恢复正常。

图8-51　滤网孔堵塞及清理示意图

5.电气仪表维护保养

电气仪表在烟气深度冷却器系统中起重要作用，系统能正常工作的前提就是各仪表参数显示正常，如果仪表有问题，重要参数不正常会导致在错误数据的基础上进行系统调节，那么就一定会出现达不到理想的结果。

为保证每个参数正常，就要做好电气仪表的维护保养工作，每次停炉期间应对所有压力表、变送器、温度计和流量计等元件进行校验，保证各种仪表显示结果的准确性。电气设备电动机表面应定期清灰，防止灰尘过多影响电动机散热，引起电动机温度过高，从而对绕组造成严重影响。

烟气深度冷却器的维护及保养系统复杂，包含的面很广，为了使烟气深度冷却器运行寿命更长，保证运行时各项参数指标正常，必须加强日常维护保养。

第四节 烟气深度冷却器成套技术案例

一、300MW 烟气深度冷却器改造项目

（一）项目实施背景

华能国际宁夏大坝发电有限公司（简称宁夏大坝）1 号 300MW 燃煤机组于 1990 年 12 月投产发电，3 号、4 号机组分别于 1996 年 11 月、1997 年 10 月投产。1 号锅炉排烟温度设计值为 142℃，3 号、4 号锅炉排烟温度为 143℃。多年运行中，锅炉排烟温度一直超过设计值，降低了锅炉效率；在夏季机组满负荷时，排烟温度高达 169℃左右，自 2009 年静电除尘器改造为电袋复合除尘器后，要求排烟温度不能超过 155℃，为了降低排烟温度，不得不减负荷运行，因此，计划在 3 号炉空气预热器出口、静电除尘器进口烟道加装烟气深度冷却器系统，以降低排烟温度。加装烟气深度冷却器系统，主要包括换热器本体、集箱、增压泵、连接管道、阀门、吹灰器、测点、控制部分、电气设备设施和电缆等设备。

（二）项目实施方案

烟气深度冷却器系统进水采用 7 号低压加热器出口的凝结水，烟气深度冷却器系统回水引至 5 号低压加热器进口，与 6 号低压加热器出口的凝结水汇合。

因该电厂煤质的含硫量偏高，硫含量按 2.0% 进行校核计算，计算硫酸露点温度为 126℃，设计将 145～169℃的排烟温度降低到 130℃。为了保证烟气深度冷却器系统的进口水温不低于 110℃，防止进口水温度太低产生硫酸露点腐蚀，为此在系统中加装了热水再循环系统，用系统的出口热水加热进口冷水，保持进口水温达到 110℃之后进入烟气深度冷却器系统。同时，为了克服管道阻力，在烟气深度冷却器系统的进口水管上增加了两台增压泵，一台运行，一台备用，该系统如图 8-52 所示。

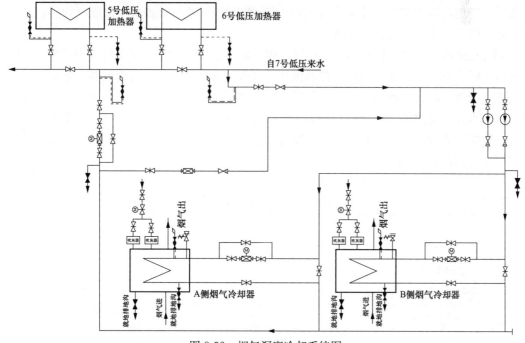

图 8-52 烟气深度冷却系统图

为防止烟气冲刷和磨损,在管束前端加装 2 排假管以保护换热器。为降低空气预热器出口烟气温度,同时消除原机组空气预热器出口烟道左右侧存在的烟气温度偏差最大达 35℃,首次采用了不等节距的双 H 形翅片管结构的换热器,高烟气温度侧布置小节距翅片 18mm,低烟温侧布置大节距翅片 25.4mm,按烟道宽度 10.8m 平均分配以消除烟道左右侧烟气温度偏差。图 8-53 所示为烟气深度冷却器及烟道剖面图。

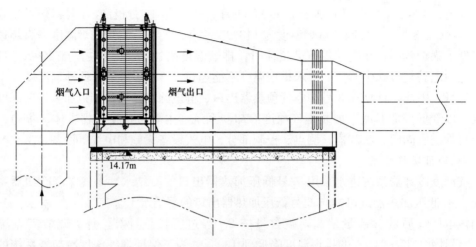

图 8-53　烟气深度冷却器及烟道剖面图

(三)烟气深度冷却器结构和热力设计

该工程是西安交通大学设计、青岛达能环保设备股份有限公司生产施工的第 1 个示范工程,采用自主知识产权的专利技术及独特的结构设计技术,摈弃了国际上从 20 世纪 90 年代以来一直沿用的螺旋翅片管技术,首次将 H 形翅片管应用于制造烟气深度冷却器,运行数据表明,该工程完全达到设计要求[15]。

烟气深度冷却器结构设计和布置位置、煤质特性、烟气特性、飞灰特性和其外部工作特性密切关联,贯穿整个烟气深度冷却器设计、制造、安装、运行和检修的各个方面,结构设计是烟气深度冷却器长周期安全高效低排放运行的最重要的保障。表 8-7 示出了综合考虑以上各因素设计完成的烟气深度冷却器主要结构尺寸;表 8-8 示出了单台烟气深度冷却器热力计算数据;表 8-9 示出了单台烟气深度冷却器安装后运行状态参数;表 8-10 示出了单台烟气深度冷却器的材料核算表。

表 8-7　　　　　　　　　　　　烟气深度冷却器主要结构尺寸

名称	单位	方案一
烟道截面高度	m	4.5
烟道截面宽度	m	10.8
烟道纵向长度	m	2.754(管箱 2.154m)
有效受热面积	m²	8024.0
管子外径	mm	38

续表

名称	单位	方案一
管子厚度	mm	4
翅片宽	mm	95.0
翅片高	mm	89.0
翅片厚度	mm	2.5
小缝宽度	mm	13.0
翅片间距	mm	25.4/18.0
横向节距	mm	101.6
横向相对节距	—	2.61
纵向节距	mm	92.0
纵向相对节距	—	2.42
横向排数	排	43
纵向排数	排	24

表 8-8 单台烟气深度冷却器热力计算数据

名称	单位	方案一
锅炉总风量	kg/s	224.0
烟气进口温度	℃	145.5
烟气进口焓	kJ/m³	207.3
烟气出口温度	℃	130.0
烟气出口焓	kJ/m³	184.8
工质流量	t/h	207.0
工质进口温度	℃	110.0
工质进口焓	kJ/kg	462.4
工质出口温度	℃	125.63
工质出口焓	kJ/kg	528.7
烟气平均流速	m/s	9.7
工质平均流速	m/s	1.0
烟气深度冷却器换热面积	m²	8024.0
烟气深度冷却器换热量	kW	3811.0

表 8-9 单台烟气深度冷却器安装后运行状态参数

项目名称	单位	方案一
工质进口压力	MPa	1.87
工质出口压力	MPa	1.7
烟气平均流速	m/s	9.7
工质平均流速	m/s	1.0
烟气侧阻力	Pa	471.0
工质侧阻力	MPa	0.102

表 8-10   单台烟气深度冷却器材料核算表

名称	单位	方案一
烟道截面高度	m	4.5
烟道横向宽度	m	10.08
烟道纵向长度	m	2.754
有效受热面积	m²	8024.0
翅片基管重量	t	36.87
翅片重量	t	62.36
翅片管总重量	t	99.23
进、出口集箱规格（外径×厚度）	mm×mm	273×10
集箱长度	m	4.9
进出口集箱总重（×2）	t	0.668
分配集箱规格（外径×厚度）	mm	377×10
分配集箱（×2）	t	0.928
支撑板总重	t	5.658
外墙重量	t	6.304
烟气深度冷却器总重	t	112.8

（四）烟气深度冷却器现场施工主要程序

1. 凝结水管道铺设与焊接工艺

该系统进水、回水管道包括 φ159×4.5mm、φ219×6mm、φ273×8mm 3 种锅炉中低压钢管，材质为 20 号钢 GB 3087—2008《低中压锅炉用无缝钢管》，以及与其材料相应的各类弯头和三通等零部件。

青岛达能环保设备股份有限公司在施工过程中严格按照制定的焊接工艺指导书进行施工。焊工持证上岗，所有对接环焊缝均采用手工钨极氩弧焊打底，焊接坡口角度为 60°，1～2mm 钝边，氩弧焊单面焊双面成型，保证根部焊透。并且所有环焊缝按相关制造法规要求进行 100％射线探伤，在进行系统整个水压试验时，所有管道环焊缝全部一次通过。

由于进水、回水管道距离长，期间要牵扯到其他比较多的设备，施工人员与电厂相关领导积极沟通、现场实际测量，开工前制定出了最合理的管道走向路线，全部避开了其他设备。另外，管道拼接中大约有 300 多个环焊缝，DN250、DN200 管道对接一个环焊缝需要 2h，工作量之大是开工前没有考虑到的，针对此问题，施工过程中不断加排优秀管道焊工，保证了工期的顺利完成。

2. 换热器本体基础制作与现场吊装

送风机房柱子的加固补强是整个工程最关键的环节。由于两台烟气深度冷却器总重约230t，再加上 40t 钢梁等附属设备，总重量大约为 300t，因此必须聘请有资质的设计单位进行现场勘察、测量和计算才能施工。聘请华东设计院对原有柱子进行校核计算，并出具详细施工图纸和鉴定报告。

原风机房 14 根柱子采用 C20 混凝土，下柱断面 600×800（mm×mm），上柱断面 600×600（mm×mm）。施工时先将柱顶部分楼板砸洞，用 C30 混凝土将柱子上接并高出屋面200mm 左右，周圈配筋 12×200 钢筋网，并养护 20 天左右。待吊装设备结束后，未发现 14根柱子有任何缺陷，进一步证明了设计院的计算和现场的施工质量。

烟气深度冷却器本体的吊装工作也是本工程比较关键的环节。

（1）A、B 侧烟气深度冷却器本体各分三层，每层模块重约 40t。

（2）烟气深度冷却器本体跨度为 13.5m，且吊装时换热管容易变形。

（3）每一层的吊装起吊高度为 15m 左右，但要求起重机的力臂长度满足 48m 才能吊装到风机房顶中心位置。以上三点给施工带来很大不便，同时起重机的吨位也必须满足以上 3 点需要。

2011 年 9 月 12 日，在与各方制定出详细的吊装方案后用 260t 与 220t 两辆起重机开始进行吊装，采用 260t 起重机为主、220t 起重机为辅，两辆起重机同时吊装的方法，用一天的时间将两台烟气深度冷却器吊装就位。

在烟气深度冷却器的设计与制造中，应全面考虑现场的吊装问题，在满足用户需要、保证换热效果的前提下，尽量将烟气深度冷却器多分成几组，以每组不超过 20t 为宜，可以明显减少现场的吊装难度和吊装工作量。

3. 烟气深度冷却器系统整体水压试验和化学清洗

由于烟气深度冷却器系统在制造、储存、运输和安装过程中会在管束内产生大量的氧化皮、锈蚀产物、焊渣和带入的泥沙等污染物，投运前不及时进行化学清洗会给机组水汽系统造成较大污染，严重影响水汽品质，按照 DL/T 889—2015《电力基本建设热力设备化学监督导则》和 DL/T 794—2012《火力发电厂锅炉化学清洗导则》规定要求，与电厂相关各部门领导协商决定对烟气深度冷却器系统水侧进行化学清洗处理。

考虑到烟气深度冷却器换热管管壁内多为氧化铁附着物，且考虑还存在一些高温氧化皮，本方案确定采用盐酸作为清洗介质，并在酸洗前进行碱洗以去除管道内表面可能存在的油污。本工程由西安丰源动力科技有限公司实施酸洗，采用循环清洗，控制烟气深度冷却器换热管内清洗流速在 0.2～0.5m/s，选择清洗泵流量为 180t/h，泵扬程为 50mH$_2$O 柱。选用 2 台清洗泵，功率为 45kW，电源 380V，清洗时间约 48h，清洗后，烟气深度冷却器循环水水质达到了如下标准：

（1）被清洗的金属表面清洁，基本上无残留氧化物和焊渣，除垢率大于 95%。

（2）腐蚀指示片平均腐蚀速度小于 8g/(m^2·h)。

（3）被清洗的金属表面钝化膜形成完好，无二次锈生成。

酸洗过程合格后，立即进行了整个烟气深度冷却器系统的水压试验过程。进行水压试验的压力为 1.25 倍工作压力。烟气深度冷却器本体水容积约为 20m^3，给水管道及临时系统管道水容积约为 10m^3，其他不可计水容积按 4m^3 估算，故本次水压试验总水容积按 34m^3 计。

水压过程中，当达到试验压力的 10%，约为 0.23MPa 时，停止升压，保持此压力，观察压力变化情况，未发现异常和泄漏；然后继续升压，当压力升至 0.7MPa 时，停止酸洗系统泵升压，发现有几处阀门的密封盘根有轻微渗水，一处集箱连接角焊缝有渗水等现象，然后全部泄压进行修整；之后启动高压柱塞泵（锅炉空气预热器清洗水泵）继续升压，将压力升至水压试验压力，约为 2.34MPa，保持压力稳定 5min，然后降到额定出水压力 1.87MPa，检查未发现漏水、渗水和残余应力变形，水压试验合格。

（五）烟气深度冷却器系统现场投切运行操作规程

1. 启动前的检查

烟气深度冷却器在启动前，有关运行人员应对系统设备进行全面的检查并做好启动前的准备工作，主要检查内容如下：

（1）确认所有的安装工作均已完成，管道连接结束，烟气深度冷却器内所有的工具和杂物已经清除，进水、回水管道和烟道保温完整，烟道人孔门已经安装和关闭。

（2）检查并消除烟气深度冷却器各部位任何阻碍膨胀的故障，清除周围杂物和垃圾，保证检查道路畅通。

（3）检查所有的阀门是否处于启动的正确位置，阀门没有泄漏，开关灵活，开度指示应与实际位置相符。

（4）各汽水管道支吊架完整，受力均匀，已处于正常工作状态。

（5）检查所有控制系统、热工仪表等均处于正常工作状态。

（6）烟气深度冷却器分步试验已完成，主要包括增压水泵试转正常、电动调节阀调试正常、安全阀整定符合要求和吹灰设备调试正常等。

2. 烟气深度冷却器启动前的准备

烟气深度冷却器启动投运时，随除氧器同时上水进行冲洗换水，当水质合格后，切除烟气深度冷却器，将水放静。

（1）在允许凝结水到烟气深度冷却器之前，烟气深度冷却器所有的辅助设备均已分步调试正常，增压水泵转向正确并确认。所有仪表阀门应连接使用。

（2）烟气深度冷却器部分的疏水阀、排污阀关闭，放气阀开。

（3）增压水泵送电，就地控制仪表显示正常。

（4）检查增压水泵轴承油位在油位计中心线 2mm 的位置。

（5）检查增压水泵进口管的手动门开启。

（6）各电动调节门、电动门送电且 DCS 的显示与当地一致。

（7）检查下列阀门处于开启位置：

1）A 管道增压泵进口手动门；

2）B 管道增压泵进口手动门；

3）A 侧烟气深度冷却器进口电动调节阀前手动门；

4）A 侧烟气深度冷却器进口电动调节阀后手动门；

5）A 侧烟气深度冷却器出口手动门；

6）B 侧烟气深度冷却器进口电动调节阀前手动门；

7）B 侧烟气深度冷却器进口电动调节阀后手动门；

8）B 侧烟气深度冷却器出口手动门；

9）烟气深度冷却器回水电动调节阀前手动门；

10）烟气深度冷却器回水电动调节阀后手动门；

11）烟气深度冷却器再循环电动调节阀前手动门；

12）烟气深度冷却器再循环电动调节阀后手动门；

13）A 侧烟气深度冷却器吹灰器进口手动门；

14）A 侧烟气深度冷却器 1 号吹灰器进口手动门；

15）A 侧烟气深度冷却器 2 号吹灰器进口手动门；

16）B 侧烟气深度冷却器吹灰器进口手动门；

17）B 侧烟气深度冷却器 1 号吹灰器进口手动门；

18）B 侧烟气深度冷却器 2 号吹灰器进口手动门；

19）烟气深度冷却器进水分集箱及总集箱排气阀；

20）烟气深度冷却器回水分集箱及总集箱排气阀；

21）烟气深度冷却器回水手动总门；

22）烟气深度冷却器进水手动总门；

23）各进回水分集箱手动门。

（8）检查下列阀门处于关闭位置：

1）A 管道增压泵出口手动门；

2）B 管道增压泵出口手动门；

3）A 侧烟气深度冷却器进口电动调节阀旁路手动门；

4）A 侧烟气深度冷却器旁路手动门；

5）B 侧烟气深度冷却器进口电动调节阀旁路手动门；

6）B 侧烟气深度冷却器旁路手动门；

7）烟气深度冷却器回水电动调节阀旁路手动门；

8）烟气深度冷却器再循环电动调节阀旁路手动门；

9）A 侧烟气深度冷却器烟道排污阀；

10）B 侧烟气深度冷却器烟道排污阀；

11）A 侧烟气深度冷却器集箱排污阀；

12）B 侧烟气深度冷却器集箱排污阀；

13）烟气深度冷却器进水分集箱及总联箱排污阀；

14）烟气深度冷却器回水管道排污阀、分集箱和总集箱排污阀；

15）烟气深度冷却器至 6 号低压加热器出水、回水总门；

16）7 号低压加热器出水至烟气深度冷却器进水总门。

3. 烟气深度冷却器上水

（1）开启烟气深度冷却器系统所有放气门。

（2）开启 7 号低压加热器出水至烟气深度冷却器进水总阀，关闭烟气深度冷却器再循环调节阀。

（3）稍开 A、B 烟气深度冷却器进口电动调节阀，确认增压泵出口管的手动门打开，使液体充满泵内，排挤泵内空气。就地启动一台增压泵，检查旋转方向是否正确（从驱动端看，按顺时针方向旋转），缓慢开启泵出口门，调节烟气深度冷却器增压泵转速，以控制上水流量，上水速度不宜过快，对系统充水。

（4）A、B 烟气深度冷却器进口分集箱及集箱排空气门冒水后，关闭该阀。

（5）A、B 烟气深度冷却器出口分集箱及集箱排空气门冒水后，关闭该阀。

（6）开启 6 号低压加热器出水至烟气深度冷却器回水手动总阀。

（7）缓慢开大烟气深度冷却器热水再循环电动调节门开度，调整烟气深度冷却器出口水温在 110℃以上，开启 6 号低压加热器出水至烟气深度冷却器回水调节电动门，使烟气深度冷却器热水再循环调节门处于自动及回水调节门处于自动状态，注意其调节情况，监视其动作情况及锅炉排烟温度，控制排烟度不低于 120℃。

（8）上水期间加强检查集箱各部位的阀门和堵头等是否有泄漏现象；若发现漏水，立即停止上水并进行处理。

（六）烟气深度冷却器的启动及运行过程

1. 启动过程

从炉膛来的烟气进入烟气深度冷却器烟道后，随着烟气流量、温度增加，烟气深度冷却器开始升温、升压。升压的速度不宜过快，避免突然的热膨胀或各部位因受热不均匀而产生过大的热应力，损坏烟气深度冷却器部件，影响烟气深度冷却器的使用寿命，升压过程中必须密切注意烟气深度冷却器水量的变化，以维持正常水量。

（1）全面检查各排污阀、放水阀是否有漏水现象。

（2）当设备压力升到接近工作压力时，对设备进行全面检查。

（3）冬季启动时，做好各部件及仪表管的防冻工作。

（4）当设备不投运或干烧时，必须将换热器中的水全部放干。

设备成功启动后，应该注意的是烟气深度冷却器的正常运行和调控。

2. 正常运行

（1）各运行值班员按规定时间进行巡回检查，检查内容包括：

1）检查所有关闭的阀门是否关紧，在阀门密封关闭时要防止泄漏。

2）若有泄漏应查清任何水汽泄漏源并立即维修。

3）应检查启动排汽阀是否泄漏。

4）定时将控制室记录的远程压力和温度计与就地表计进行比较，对不同之处做记录并加以调整。

5）经常检查泵和电动机的冷却水畅通，运行无异常噪声情况，轴承的温度不大于 75℃；在运行中发现有不正常的声音或其他故障，应立即停泵，待故障排除完后才能继续运转。不允许用进口管进口阀门来调节流量，以免产生汽蚀。

（2）各运行值班员加强对设备运行状态的检查与监视。

1）增压泵联锁开关在投入位置，不允许随便退出。

2）监视运行增压泵的频率、转速，变频器的指令，泵的电流等信号，加强监视出口水压的变化。

3）加强对烟气深度冷却器烟气进、出口压差的监视，大于 320Pa 时，监视盘查人员根据运行实际情况，确保对烟气深度冷却器定期进行吹灰，吹灰周期按设备实际积灰情况确定，防止多次吹灰，导致大量蒸汽进入尾部烟道中，对除尘设备造成不利影响。

4）控制烟气深度冷却器出口烟气温度在 130℃左右，2 侧烟气温度偏差不超过 5℃。

5）监视烟气深度冷却器水侧进、出口差压不大于 150kPa，否则，联系检修人员确认烟气深度冷却器有无泄漏。

6）监视烟气深度冷却器进水口流量与回水口流量差不大于 20t/h，否则，联系检修人员确认烟气深度冷却器有无泄漏。

（3）烟气深度冷却器运行的调节与控制。烟气深度冷却器运行参数的稳定与外界负荷的变化和烟气深度冷却器内部因素的改变有着密切的关系。只要上述因素中任何一个发生变动，均会影响设备运行的稳定性及安全性，因此，必须对烟气深度冷却器进行一系列的调节和控制，使烟气深度冷却器的参数与外界的变动或内因的改变相适应，实现安全经济运行。设备运行时，必须控制水温和水量在允许的范围内波动，以确保安全经济供水。

1）设备进口电动调节阀的控制：采用手动控制，当设备进口电动调节阀正常运行时，调节阀位于全开的状态；当出现设备 2 侧出口烟气温度不一致时，由运行人员通过调节阀的手动调整来保证设备 2 侧出口烟气温度一致。

2）设备再循环电动调节阀和出口电动调节阀的控制：用来调节加热后的热水再循环至进

水口的流量，使加热的再循环水与进口水混合，保证进入设备的水温不低于110℃。该温度测点安装于增压泵出口母管上，防止烟气露点腐蚀。2个调节阀实现差动控制，差动系数暂定为1∶1。2台设备均在自动状态时，自动回路工作在自动方式，进行差动自动控制；一台设备在自动，另一台设备在手动时，自动设备可实现自动控制，当操作手动状态的设备时，自动设备差动跟踪控制；2台设备均在手动状态时，全手动控制，无差动功能。在自动方式时，当增压泵出口母管水温高于设定值时，可关小设备的再循环电动调节阀，同时开大设备出口电动调节阀；当增压泵出口母管水温低于设定值时，可开大烟气深度冷却器再循环电动调节阀，同时关小烟气深度冷却器出口电动调节阀。当有一台增压泵在运行时，设备再循环电动调节阀的指令低限为20%。当自动控制回路切手动且2台增压泵全停后，设备再循环电动调节阀方可全关。

（七）烟气深度冷却器停运

当空气预热器出口测点烟气温度低于120℃时，打开设备旁路手动阀，关闭设备进口电动调节阀及前、后手动阀；设备停止进水，水路将通过烟气深度冷却器旁路回至6号低压加热器出水口。

（1）如短期停运，可不停增压泵，方便再次启动。

（2）如长期停运，热水温度低于50℃停增压泵，关闭其进、出口阀门，关闭7号低压加热器出水至烟气深度冷却器进水总阀门和烟气深度冷却器至6号低压加热器出水的回水总阀门，打开各设备的放空和放水阀，将水排尽后关闭。

（八）烟气深度冷却器的防冻

进入冬季前应全面检查设备的防冻措施，不能有裸露的管道。冬季烟气深度冷却器停运时，将仪表管内、管排和管道内的积水放尽，用压缩空气将管内壁吹干。烟气深度冷却器的各人孔门应关闭，检修后的设备应有防止冷风进入的措施。

设备在冬季停用后应尽可能采用干式保养。

（九）常见故障及排除措施

常见故障及排除措施见表8-11。

表8-11   常见故障及排除措施

序号	故障	故障原因	清除故障措施
1	出口烟气温度过高	（1）翅片管积灰严重。 （2）翅片管内壁结垢严重。 （3）水流速过快。 （4）锅炉负荷较大	（1）增加吹灰次数。 （2）检查给水质量，增加排污次数。 （3）利用回水电动调门调节水量
2	烟气阻力过大	（1）翅片管积灰严重。 （2）烟道或烟囱有障碍物	（1）增加吹灰次数。 （2）排除障碍物
3	翅片管积灰严重	（1）烟气含尘量过大。 （2）吹灰周期太长	（1）调整锅炉或相关设备运行工况。 （2）增加吹灰次数
4	翅片管水垢严重	水质不符合要求	加强排污，检查给水处理设备
5	外壳漏烟	可拆部件没有压紧	拧紧固定螺栓，掉换破损垫片
6	外壳漏水	翅片管壁破损	对损坏翅片管堵管或更换
7	设备内部泄漏	（1）内部焊接质量不好。 （2）磨损或腐蚀。 （3）管束振动疲劳引起	（1）关闭换热模块进出口集箱手动阀。 （2）开启换热模块进出口集箱排空气阀

（十）烟气深度冷却器投运效果

该工程系统投运后对整套烟气深度冷却器系统的运行数据进行了详细的跟踪和记录，见表8-12。

表8-12   宁夏大坝2号炉烟气深度冷却器运行现场数据记录

序号	时间	机组负荷 (MW)	进、回水温度 (℃)	水流量、水阻力	设备进口烟气温度 (℃)	设备出口烟气温度 (℃)	电除尘器进口烟气温度 (℃)	设备烟气侧阻力 (Pa)	燃煤量 (t/h)
烟气深度冷却器注水前									
1	2011年10月5日 14:30	295.0					—	310~320	—
2	2011年10月6日 11:11	254.0					—	A侧230、B侧220	—
3	2011年10月6日 14:50	296.0					A侧159/140、B侧137/156	A侧297、B侧295	142.9
4	2011年10月7日 8:07	285.0					A侧155/135、B侧134/154	A侧290、B侧290	130.1
烟气深度冷却器注水后									
5	2011年10月11日 10:10	264.0	来水81.4℃、回水133.4℃	水量126t/h、再循环阀开64.8%、回水阀开35.2%	A侧132.9/147.9/162.9、B侧129.9/141/150	A侧125.6/128.4/130.1、B侧123.4/124.9/125.9	A侧130/129、B侧124/129	A侧275、B侧247、风机压力为-3400	127.8
6	2011年10月11日 10:17	264.9	来水79.9℃、回水131.1℃、进水113℃	水量120t/h、再循环阀开65.5%、回水阀开34.5%、A侧水阻力为39.1kPa、B侧水阻力为30.7kPa			A侧129/128、B侧123/127	A侧275、B侧247。DCS显示：A侧350、B侧330。风机压力为-3400、-3400	127.8

续表

序号	时间	机组负荷 (MW)	进、回水温度 (℃)	水流量、水阻力	设备进口烟气温度 (℃)	设备出口烟气温度 (℃)	电除尘器进口烟气温度 (℃)	设备烟气侧阻力 (Pa)	燃煤量 (t/h)
				烟气深度冷却器注水后					
7	2011年10月11日 15：46	300.6	来水82.2℃，回水129.2℃，进水111.6℃	水量132.2t/h，再循环阀开60.5%，再循环水量282.2t/h，A侧水阻力为37.8kPa，B侧水阻力为31.1kPa	A侧132.7/142.8/161.7，B侧124/135.5/149.2	A侧124.6/126.9/128.3，B侧120.2/122.7/124.0	A侧127/126，B侧121/125	现场显示：A侧282，B侧265。DCS显示：A侧360，B侧340	143.8
8	2011年10月13日 8：52	271.2	来水温度78.1℃，回水温度125.2℃，再循环阀开64.4%，回水阀开35.6%，烟气深度冷却器进口水温112.3℃，再循环水量314.6t/h，A侧水阻为39.2kPa，B侧水阻为32.7kPa	来水温度78.1℃，回水温度125.2℃，再循环阀开64.4%，回水阀开35.6%，烟气深度冷却器进口水温112.3℃，再循环水量314.6t/h，A侧水阻39.2kPa，B侧水阻32.7kPa	A侧125.2/139.7/154.1，B侧118.2/131.6/144.9	A侧120.8/123.8/126.2，B侧117.8/121.2/123.1	A侧124/122，B侧118/123	现场显示为A侧298Pa，B侧302Pa。DCS显示：A侧360，B侧370	135.9
9	2011年10月13日 14：34	276.2	来水温度79.9℃，回水温度128.7℃，再循环阀开58.5%，回水阀开41.5%，烟气深度冷却器进口水温111.8℃，再循环水量314.6t/h，A侧水阻37.9kPa，B侧水阻29.8kPa	来水温度79.9℃，回水温度128.7℃，再循环阀开58.5%，回水阀开41.5%，烟气深度冷却器进口水温111.8℃，再循环水量314.6t/h，A侧水阻37.9kPa，B侧水阻29.8kPa	A侧126.2/140.9/156.0，B侧125.7/138.2/152.8	A侧121.7/124.8/127.4，B侧121.3/125.7/126.8	A侧125/124，B侧122/127	现场显示：A侧308，B侧311。DCS显示：A侧380，B侧380	140.9

注 表中参数烟气侧阻力为现场变送器读数，经校验（输出电流校验）较准。DCS读数偏大，水侧差压为DCS显示（经与现场比对，显示也偏大）。

通过表 8-12 的数据可以看出，加装烟气深度冷却器系统后，进入 A、B 侧静电除尘器的烟气温度比烟气深度冷却器进口处的烟气温度有了很大的降幅，其中最大的降幅接近 30℃，从中可见设备的换热效果是非常理想的。同时，A、B 侧烟气阻力维持在 190～290 Pa 之内，在风机正常运行所允许范围之内。投入运行时，来水温度、回水温度、进水量、回水量都是随电厂锅炉运行参数时刻变化的，但是烟气深度冷却器进口水温（110℃以上，防止硫酸结露）是必须保证的参数。

（十一）项目总结

分析对整个烟气深度冷却器的开发、设计、制造、安装和运行的各个过程，得出在锅炉空气预热器出口与电除尘器进口烟道内加装烟气深度冷却器系统是完全可行的。宁夏大坝 2 号炉采用的是适合含灰气流的 H 形翅片管顺流布置，换热效果已充分证实，通过统计换热前、后两端的烟气温度差，最高的接近 35℃，而且因此所增加的烟气阻力目前基本维持在 200Pa 左右，不会影响增压风机正常运行。西安交通大学和青岛达能环保设备股份有限公司在该工程上首次采用不等节距 H 形翅片管的措施消除烟道左右侧存在的烟气温度偏差，使烟气深度冷却器实际运行的烟道左右侧温差小于 5℃，完全实现了用户的设计要求；同时采用热水再循环技术确保烟气深度冷却器的进口水温恒定，防止硫酸露点腐蚀。

烟气深度冷却器布置在水平烟道，保证烟气深度冷却器内侧底平面不低于原除尘器烟道底平面，烟气流可将底部沉积的灰随时带走，消除烟气深度冷却器底部积灰；其次采用 H 形翅片管，具有阻力小、耐磨损和不易积灰的特点，适合用于多灰的工况；另外，施工过程中进口烟道加装了导流板、出口烟道尽量保持烟气流场均匀，避免发生局部积灰、磨损；烟道内受热面基管无任何焊接接头，前方加装了两排防磨管遮挡，使其受热面不处于高速烟气流中，以避免前排的 H 形翅片管处因磨损而泄漏。

二、660MW 机组烟气深度冷却器改造项目

神华河北国华定州发电有限责任公司位于河北省保定市辖区定州市西南部 12km。电厂规划容量为 4×600MW，一期工程安装 2 台 1 号、2 号 600MW 亚临界参数国产燃煤机组，两台机组分别于 2004 年 4 月 26 日及同年 9 月 10 日完成 168h 试运行并移交生产，锅炉为上海锅炉厂产品，型号为 SG2008/17.47-M903；二期工程安装 2 台 3 号、4 号 660MW 国产超临界直接空冷机组，锅炉仍为上海锅炉厂产品，分别于 2009 年 9 月 3 日和 2009 年 12 月 28 日投产发电。

燃煤机组锅炉排烟温度为 120～150℃，排烟热损失约占整个锅炉热损失的 4%～5%，这部分热量回收利用潜力巨大。在我国，主流的脱硫工艺仍为石灰石-石膏湿法脱硫技术，进脱硫塔前的烟气进口温度为 120～150℃，经喷淋水减温、脱硫后为 50℃，从脱硫塔流出经烟囱排向大气。在此脱硫工艺流程中，大量的烟气余热被白白浪费，而且过高的烟气温度导致降温喷水量增加，增大了脱硫系统耗水量。如果采取技术措施降低锅炉排烟温度，不但可以回收热量，而且可以降低脱硫系统耗水量；另外，通过降低除尘器进口烟气温度，可以降低烟气量，减少下游引风机电耗；同时烟尘比电阻也随之降低，有利于除尘效率的提高。

因此，从降低煤耗、降低引风机电耗、降低脱硫系统水耗以及提高除尘器效率考虑，在 3、4 号机组空气预热器出口至静电除尘器进口加装烟气深度冷却器，将烟气温度降至硫酸露点温度以下。烟气温度降低，同时对原有静电除尘器进行低低温除尘改造，以提高收尘效率，并保证设备安全稳定运行。

（一）改造方案设计

1. 管路设计

依据锅炉运行情况，本方案将锅炉的排烟温度由131℃降低至90℃，在空气预热器出口至静电除尘器进口共布置4台烟气深度冷却器。为获得最大限度的节能效果，对比分析了并联和串联2种方案的优越性，该机组的烟气深度冷却器水侧采用并联布置在6号和7号低压加热器之间，凝结水由7号低压加热器进口（VWO工况下凝结水温度为56℃）和7号低压加热器出口（VWO工况下凝结水温度为108.5℃）位置处抽取并混合，7号低压加热器进口的取水管道设有电动调节阀，用于调节从7号低压加热器出口的取水量，使得最终进入烟气深度冷却器内的凝结水温度达到75℃（可调），水量为929 t/h，分别进入静电除尘器前设置的4台烟气深度冷却器，将凝结水加热到108.5℃后汇入6号低压加热器进口。烟气深度冷却器系统图如图8-54所示。

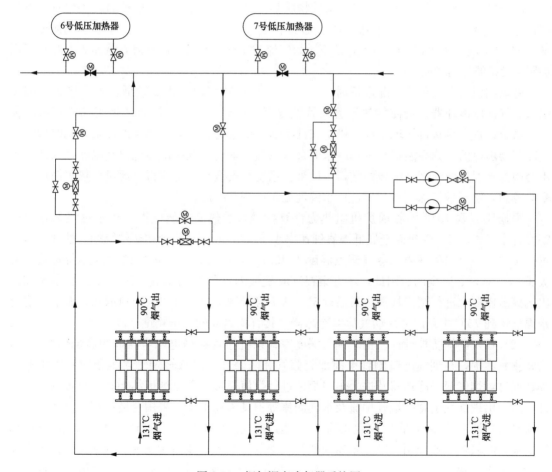

图 8-54　烟气深度冷却器系统图

2. 安全设计

（1）硫酸露点腐蚀防控设计。烟气深度冷却器布置在水平烟道，沿烟气流动方向布置40排管束，前20排为高温段，后20排为低温段。为避免因烟气中硫酸结露发生露点腐蚀，低温段管束材质选择使用ND钢。通过调节进入烟气深度冷却器的凝结水量，保证烟气深度冷却器出口烟气温度在 90℃ 左右，经计算，设计煤种和校核煤种的烟气硫酸露点均在 96.93℃ 左右，因此，出口烟气温度和低温段管束的外壁面金属温度低于计算的烟气硫酸露点温度，同时对原有电除尘器进行低低温除尘改造，避免对静电除尘器造成不利影响，确保后续烟道设备不产生或仅发生轻微露点腐蚀。另外，由 H_2O-H_2SO_4 两相平衡图可以知道：

1) 烟气中 SO_3 体积分数越低，SO_3 冷凝温度也越低。而 110℃ 是 SO_3 和水蒸气化合的冷凝临界温度点，当烟气温度低于 110℃ 时，大部分 SO_3 将和水蒸气化合成 H_2SO_4。

2) 烟气通过换热器时，当烟气温度低于 110℃ 时，烟气中灰的表面温度与烟气温度相同，此时 SO_3 将在粉尘表面发生凝并吸收，并产生粉尘对 SO_3 的物理吸附和化学吸收。而此处烟气含尘浓度高，一般为 15000～25000mg/m³ 或更高，比表面积可达 2700～3500cm²/g，总表面积大为 SO_3 的凝并吸收提供了良好的条件，减少了 SO_3 对管壁的腐蚀。另外，灰中的碱性氧化物也会与 SO_3 反应生成盐，这将会极大地减少 SO_3 对管壁的腐蚀。

3) SO_3/H_2SO_4 和烟气中的飞灰碱性物质凝并吸收后聚合成更大粒径的飞灰颗粒，飞灰粒径越大，越容易被静电除尘器除去。通常情况下，碱硫质量比大于 0.5 时，烟气中的 SO_3/H_2SO_4 脱除率达到 80% 以上，使下游烟气硫酸露点温度大幅度下降，从而大大减轻了锅炉尾部设备的低温腐蚀。

考虑到机组在低负荷工况运行时，7、8 号低压加热器出口水温较低，若直接将凝结水引入烟气深度冷却器，会使加热器管束管壁温度过低，容易造成严重的烟气结露现象。为此，系统设置了热水再循环系统，机组在低负荷工况运行时，启动热水循环泵，截取烟气深度冷却器出口的部分高温水与进口冷水混合，以提高烟气深度冷却器进口水温度，保证设备不会因为水温过低使烟气中硫酸结露，以维持系统的安全和正常运行。通过对热水循环泵的变频控制，实现烟气深度冷却器进口水温度处于可调节状态。

根据原苏联 1973 年版锅炉机组热力计算标准，受热面金属壁温大于水蒸气露点温度 25℃、小于 105℃，受热面金属低温腐蚀速率小于 0.2mm/a，这个初步估算的腐蚀速度基本可以接受。该机组的环境水蒸气露点温度为 42.7℃，通过计算，可以认为换热器管壁温度大于 67.7℃，是安全的。因此，本方案在苏联硫酸温度估算的基础上进一步按照本研究提出的碱硫比概念进行精确核算，最后确定。从 7 号低压加热器进口及出口取水，调节其混合水温度达到 75℃ 才允许进入烟气深度冷却器，具有相当高的安全裕度。

(2) 积灰磨损防控设计。由于烟气深度冷却系统布置在静电除尘器前的高烟尘浓度段，为防止其磨损，在烟气进口侧管束前加装假管和防磨瓦，以减轻烟气含尘颗粒对管束的磨损；通过对烟气深度冷却器及进、出口烟道进行数值模拟，采取烟道结构和导流板的优化设计，避免出现烟气走廊、烟气偏流及烟气涡流等不良流场工况；采用合适的烟气流速，使烟气流具有自清灰功能的同时又不致因烟气流速过高而产生不可控的磨损，根据烟气深度冷却器的运行经验，一般控制静电除尘器前的烟气深度冷却器的烟气流速在 9m/s 左右；采用厚壁管、加大翅片厚度，使受热面具有一定的磨蚀裕度；采用 H 形翅片管作为传热元件，通过对 H 形翅片高度、翅片节距、管束横向节距和管束纵向节距等尺寸的实验及结构优化，使整体受热面布置更加紧凑，翅片温度场更加均匀，且具有更好的换热效果；H 形翅片与气流方向平行，减小流动阻力，且能够很好地抑制烟尘颗粒贴壁流动，防止磨损，同时具有自清灰作用，可以有效防止积灰；当设计和实际运行工况差别较大时，可以安装半伸缩旋转式蒸汽吹灰系统，定期实施吹灰操作，减少积灰和磨损的发生。

（3）泄漏防控设计。露点腐蚀和积灰、磨损防控安全设计的目的是防止管束泄漏，这是烟气深度冷却系统设计上的主动预防技术。而在实际运行过程中，还要有运行中的泄漏防控技术才能确保烟气深度冷却器的长周期安全运行。该工程进行泄漏防控设计时，确定了在线监测的防控方案，在每组烟气深度冷却器的烟气侧、水侧均装有差压测点，在管束壁面上安装金属壁温测点，以利于综合分析冷却器内部流动及泄漏情况。换热器采用模块化设计，即每组烟气深度冷却器进口集箱的手动总阀门后又有分阀门分别分配到 5 个小集箱，这样，当有管组泄漏则只要解列其中一组小集箱即可，这对烟气深度冷却器泄漏问题的解决非常有效，并且不会影响烟气深度冷却系统整体的换热效果或影响很小，虽有局部模块泄漏，在局部模块解列处理后，系统仍然可以确保连续运行。

3. 烟气深度冷却器结构设计

根据电厂提供的设计数据，燃烧设计煤种时，烟气深度冷却器进口烟气设计参数如表 8-13 所示。表 8-14 示出了烟气深度冷却器结构设计参数（一台机组）。

4. 除尘器改造方案

在静电除尘器进口布置烟气深度冷却器，烟气通过烟气深度冷却器后降至 90℃进入静电除尘器。由于静电除尘器进口烟气温度降低，静电除尘器也要作出相应的低低温适应性改造。具体方案如下：

表 8-13 进 口 烟 气 设 计 参 数

序号	项目	单位	BMCR
1	进口烟气量（实际状态）	m^3/h	836094
	进口烟气量	m^3/h	564845
	进口烟气量（干基）	m^3/h	517722
2	进口烟气温度	℃	131
3	出口烟气温度	℃	90
4	烟气 SO_2 含量（干基，6%O_2）	mg/m^3	～2500
5	烟气 SO_3 含量（干基，6%O_2）	mg/m^3	55
6	烟气含尘浓度	g/m^3	30
7	进水温度	℃	75
8	进口烟道截面尺寸	mm	水平布置变径烟道（宽×高×厚度）： 原来：4750×4300×5 改建：4300×4300×5

表 8-14 烟气深度冷却器系统设计参数

项目	参数	备注
形式	H 形翅片管	
台数	一台机组布置 4 台	
运行方式	连续	
安装地点	水平烟道上	静电除尘器前
布置方式	卧式、管式	
循环介质	汽轮机凝结水	

续表

项目	参数	备注
进口烟气温度	131℃	
出口烟气温度	90℃	
进口冷却介质温度	75℃	BMCR 工况
出口冷却介质温度	108.5℃	BMCR 工况
冷却介质水量	929t/h	
换热面结构尺寸（高×宽×长）	6200×7000×4480m	含吹灰器
吹灰形式	蒸汽吹灰	在线吹灰
冲洗形式	离线水冲洗	停炉时
烟气侧压损要求	≤550Pa	
凝结水侧压损要求	≤0.3MPa	
换热器换热元件材质	ND 钢管＋ND 翅片	
换热器壳体材质	碳钢	

（1）对原静电除尘器相关部分进行检查和评估。

1）对壳体的结构和强度进行分析和评估。增设了无泄漏热回收装置，静电除尘器工作压力有一定幅度增加，因而对某些承受负压的梁、柱、筋等进行核算和评估，使壳体满足强度和刚度要求。

2）对气流分布装置和阻流板进行检查，使烟气气流分布达到相关标准要求，对阻流板的设计和结构作了分析和评估，减少来自灰斗的灰二次飞扬，以满足较高的粉尘排放要求。

3）对灰斗的设计和使用情况进行必要的调查和分析。当烟气温度降低后，灰的流动性变差，易出现积灰结块、搭桥等故障，应采取对策，避免此类故障的发生。

4）振打机构的检查，振打周期的调整。烟气温度降低后，粉尘的流动性变差，需对振打周期进行适当调整，在防止积灰的同时也要防止粉尘二次飞扬。

（2）设置热空气密封装置。静电除尘器的高压绝缘子保温箱内一定要防止低于露点温度的烟气的浸入，因此高压绝缘子的内表面一定要用100℃以上的热空气进行吹扫，保持绝缘子内表面清洁不结露，热空气来自蒸汽加热器或电加热器。每台除尘器需配置加热器 2 台，每台电加热器配风机 1 台。

（3）增加灰斗辅助蒸汽加热装置。原灰斗加热装置（电加热器）全部保留，在灰斗设置人孔门一侧（此侧原无电加热装置）增加蒸汽加热管。

（4）加强壳体密封。主要漏风部位是壳体、人孔门、灰斗底部法兰、膨胀节，壳体漏风将会造成壳体腐蚀，因此，必须进一步加强上述部位的密封，特别当烟气温度较低时。

（二）烟气冷却系统施工安装

施工工序如下：原烟道拆除→钢结构加固→底座安装→单层翅片管吊装→集箱安装→烟道封闭→电气、热控等各元器件安装→水压试验→调试运行。

（1）钢结构的安装。该工程钢结构部分由上海锅炉厂有限公司设计，在原脱硝钢架上加装承重支撑梁（H 形钢），共增加钢梁 96t 来支撑 4 台烟气深度冷却器设备。

（2）底座的安装。底座由方管、钢板等材料焊接而成，尺寸根据设备的大小设计为7850mm×5340mm×474mm，就位安装在钢梁上。

（3）设备本体的安装。每台烟气深度冷却器设备本体由高温段翅片管组与低温段翅片管组构成，高低温段管组分别有 62 层单层翅片管组，62 层单层翅片管组又分为 5 个模块，从下到上依次为 13、13、12、12、12 层，每个模块安装有单独的进、出口水的集箱。由于每个模块体积比较大，现场吊装空间有限，只能散片发货，现场组装。单台设备质量为 206.8t，换热面积为 16994m²。

（4）水压试验。现场换热器整体组装完成后，根据系统设计压力（3.5MPa）确定系统整体压力试验值为 4.375MPa（1.25 倍的设计压力）。

（5）调试。

1）进口水温控制。在校核煤种、BMCR 工况和机组满负荷运行的情况下，进口水温不得低于 75℃，通过 7 号低压加热器出口、7 号低压加热器进口旁路系统气动阀门调节进水温度，通过此两处阀门把进水温度混合到 75℃。

2）出口烟气温度控制。在校核煤种、BMCR 工况和机组满负荷运行的情况下，烟气深度冷却器出口烟气温度控制在 90℃左右，不能低于 90℃，防止烟气温度过低引起烟气结露，产生露点腐蚀，但是出口烟气温度也不要太高，以免影响换热及 SO_3、PM 和 Hg^{2+} 凝并吸收的效果。

当出口烟气温度过低，低于 90℃时，调节进水电动调节门，调节减少进水量，调节到出口烟气温度控制在 90℃左右。当出口烟气温度过高时，调节进水电动调节门，加大进水量，调节到出口烟气温度在 90℃左右。

（三）改造后效果

1. 烟气温度降低

烟气深度冷却系统投入运行后，机组在 660MW 负荷运行时，烟气深度冷却器出口烟气温度由 139℃降至 90℃，降幅达 49℃；机组在 500MW 负荷运行时，烟气温度降低 35℃；机组在 330MW 负荷运行时，烟气温度降低 28℃。

2. 综合经济效益

根据神华河北国华定州发电有限公司网上公布数据显示，660MW 机组实施烟气深度冷却器项目改造后，每台机组年节约标准煤 7342.71t。按标煤价为 900 元/吨计算，每台机组全年燃料成本减少约 660.84 万元。

（四）项目总结

通过该项目的实施，达到了除尘提效，节省煤耗，降低水耗和引风机电耗的目的，对于燃煤机组是一种较为实际的除尘、提效、节能和降耗的改造方案，具有很好的节能降耗和污染物减排效果，值得在全国大力推广。

三、1000MW 烟气深度冷却器改造项目

（一）工程概述

广东大唐国际潮州发电有限责任公司建设有 2×1000MW 机组，为单炉膛、一次再热、平衡通风、露天布置、固态排渣和全悬吊结构 Ⅱ 型超超临界变压运行直流锅炉，型号为 HG-3110/26.15-YM3。汽轮机为超超临界、一次中间再热、单轴、四缸四排汽、双背压、八级非调整回热抽汽、凝汽式汽轮机，型号为 CCLN1000-25.0/600/600。由于现有煤种与设计煤种偏差较大，排烟温度平均在 138℃左右，6 室静电除尘器的中间 2 个烟道夏季满负荷运行时，烟气温度高达 148℃[16,17]。

为降低锅炉排烟温度，降低飞灰比电阻以提高静电除尘效率，实现静电除尘器低温除尘增效，同时提高机组效率，降低发电煤耗，将烟气深度冷却器设备布置在空气预热器出口与静电除尘器之前的水平烟道内，该机组是青岛达能环保设备股份有限公司生产制造的国内首台将烟气深度冷却器布置在静电除尘器之前的 1000MW 级工程示范。按锅炉中心线对称，在静电除尘器之前的烟道中顺列布置 6 台烟气深度冷却器，对称布置的单边 3 台烟气深度冷却器因为烟道布置地势不同，所以其位置和结构也不同，其结构布置极为特殊，给 6 台烟气深度冷却器的安装带来了极大的困难，图 8-55 示出了外烟道和内烟道的烟气深度冷却器的平面布置，图 8-56 示出了中烟道和内烟道的烟气深度冷却器的立体布置，图 8-56 中外烟道的烟气深度冷却器位于中烟道和内烟道布置平台的下层。烟气深度冷却系统取水点为 7 号、8 低压加热器出口，回水点为 6 号低压加热器进口，与整个凝结水系统串联布置。通过烟气加热凝结水，排挤 6 号低压加热器抽汽，实现静电除尘器的低温除尘增效和降低发电煤耗的目的。

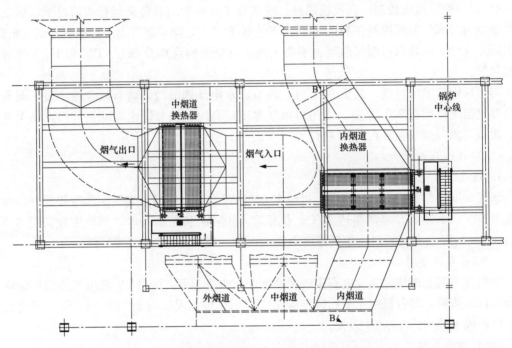

图 8-55　外烟道和内烟道的烟气深度冷却器的平面布置

（a）　　　　　　　　　　　　　　　　（b）

图 8-56　外、中烟道和内烟道的烟气深度冷却器的立体布置

（a）改造前的外烟道中烟道；（b）改造中的中烟道和内烟道

（二）改造方案设计

1. 系统设计

根据锅炉的实际运行情况，将锅炉的排烟温度从 138℃降至 95℃，中间 2 个烟道增加 10％设计余量，从 148℃降低至 95℃。经过对系统串联和并联方案的对比，在满足烟气温度降幅的前提下，取得最大的节能效果，采用串联布置，将烟气深度冷却器水侧串联在 6 号与 7 号低压加热器之间，取全水温度为 79.6℃、水量为 1972.72t/h，同时从 8 号低压加热器进口取部分冷水作为高负荷运行时的混水冷水源，保证烟气深度冷却器进口水温不低于 75℃。

经过烟气深度冷却器后，将凝结水温度加热至 96.5℃，回到 6 号低压加热器进口。利用凝结水泵克服系统阻力。为保证凝结水至除氧器的通道安全及烟气深度冷却器临时退出，设置大旁路电动门，与烟气深度冷却器进、出口电动门三者逻辑上相互闭锁。

考虑到机组在低负荷工况运行时，7、8 号低压加热器出口水温较低，若直接将凝结水引入烟气深度冷却器，会使加热器管束管壁温度过低，容易造成严重的烟气中酸结露和露点腐蚀现象。因此，系统设置有热水再循环系统，机组在低负荷工况运行时，启动热水循环泵，取烟气深度冷却器出口部分高温水与进口冷水混合，以提高烟气深度冷却器进口水温，保证设备不会因为水温过低而使烟气中酸结露，以维持系统的安全运行。通过对热水再循环泵的变频控制，实现烟气深度冷却器进口水温可调。

2. 结构设计

烟气深度冷却器采用 H 形翅片管，双管圈、顺列、逆流布置，沿烟气流动方向布置 28 排管束，前 14 排为高温段，后 14 排为低温段，每台烟气深度冷却器分 8 组换热面模块，每组换热面模块设进、出口集箱，通过手动闸阀与分配集箱连接，方便单组换热面模块泄漏时进行解列。模块集箱及分配集箱设排气阀及放水阀。

设备安装在空气预热器出口与静电除尘器进口的水平烟道上，水平烟道布置在联合车间上部，因增加载荷较多，通过空间有限元软件 SAP2000V14 进行分析计算，确定加固方案。烟气深度冷却器进口烟道加装导流板，实现烟气均流，减小非均流磨损。

（三）安全设计

1. 防露点腐蚀安全设计

借助国家科技部"十二五"科技支撑计划课题的重点资助，西安交通大学在青岛达能环保设备股份有限公司和广东大唐国际潮州发电有限责任公司的大力支持下，利用具有自主知识产权的露点腐蚀实验装置对 4 号机组的烟气露点腐蚀进行现场实测，完成了 6 种低合金铁素体钢、奥氏体不锈钢、表面渗层和表面涂层的现场露点腐蚀实验，得到了各种材料的腐蚀速率曲线，为防止露点腐蚀，根据设计边界条件，按式（3-13）计算烟气硫酸露点温度，可知硫酸露点温度为 89.6℃。

通过调节进入烟气深度冷却器的凝结水量，保证静电除尘器进口，也就是烟气深度冷却器出口烟气温度在 95℃以上，此处烟气温度高于硫酸露点温度，不会对电除尘器造成严重不利影响。控制烟气深度冷却器后烟气的温度高于烟气酸露点 5℃，可确保后续烟道设备不产生或仅发生轻微露点腐蚀。

2. 防积灰磨损安全设计

由于烟气深度冷却器布置在静电除尘器之前，为防止其磨损，在烟气进口侧管束前加装假管和防磨瓦，以减轻烟气对管束的磨损；通过对烟气流场进行数值模拟，设计上应避免烟气走廊、烟气偏流及烟气涡流的产生；采用合适的烟气流速，使烟气流具有自清灰功能的同时又不致因烟气流速过高而产生不可控的磨损。根据烟气深度冷却器的运行经验，一般控制静电除尘器前的烟气深度冷却器的烟气流速在 9m/s 左右；采用厚壁管、加大翅片厚度，使受热面具有一定的腐蚀裕度；采用 H 形翅片管，使受热面布置更紧凑；翅片温度场比较均匀，有更好的换热效果；翅片与气流方向平行，能够很好地防止积灰，减少流动阻力；同时，安装有压缩空气旋转吹灰系统，定时吹灰，减少积灰发生。

3. 防泄漏安全设计

该工程在确定烟气深度冷却器进行在线监测泄漏防控设计时，提出了如下的监控方案。在每组烟气深度冷却器的烟气侧、水侧均装有差压测点，在管壁安装壁温测点，以便于综合分析冷却器内部流动及泄漏情况。设备采用模块化设计，即每组烟气深度冷却器手动总阀门后又有分阀门分别去 4 个小集箱模块，这样，当有管组泄漏时只要解列其中一组小集箱模块即可，这对烟气深度冷却器泄漏问题的解决非常有效，并且不会影响总体的换热器效果或影响很小。

（四）改造效果及影响

1. 对烟风系统的影响

烟气深度冷却器投入运行后，机组在 1000MW 负荷时，引风机出口烟气温度由139.95℃降至102.89℃，降幅达37℃；机组在 500MW 负荷运行时，烟气温度降低 17.6℃。根据改造后的实际投运情况，烟气深度冷却系统投退时送风机、引风机和增压风机的电流变化如表 8-15 所示。

表 8-15　　烟气深度冷却器系统投入与退出后送风机、引风机和增压风机电流变化

工况	1000MW		750MW		500MW	
	投入	退出	投入	退出	投入	退出
锅炉总风量（t/h）	2978	2965	2499	2461	2021	2033
空气预热器进口氧量（%）	2.78	2.81	4.62	4.54	6.97	7.11
送风机 A 电流（A）	124.74	124.29	99.78	97.95	82.90	83.66
送风机 B 电流（A）	124.04	124.97	99.45	96.61	82.50	82.54
引风机 A 电流（A）	459.04	496.16	371.32	369.56	332.59	332.86
引风机 B 电流（A）	457.62	493.49	371.85	370.34	334.45	334.89
增压风机 A 电流（A）	190.67	213.79	140.43	142.04	117.64	119.21
增压风机 B 电流（A）	189.38	213.10	137.91	138.57	114.80	115.57

由表 8-15 可知，在锅炉总风量和氧量相差不大的情况下，机组负荷为 1000MW 时，烟气深度冷却器投入与退出使送风机、引风机与增压风机电流共减少 120.3A；机组负荷为750MW 时，风机电流共减少 5.7A；机组负荷为 500MW 时风机电流共增加 3.8A。改造前后烟气深度冷却器新增烟气阻力，在机组负荷为 1000MW 时增加约 550Pa，机组负荷为750MW 时增加约 458Pa，机组负荷为 500MW 时增加约 324Pa。虽然随着负荷降低，新增阻力降低，但烟气流量也随之降低，排烟温度也降低，烟气容积减少并不明显，在机组负荷为750MW 和 500MW 工况时，投入与退出烟气深度冷却器对风烟系统风机的电流影响不明显，因此在较低负荷时，烟气温度降低带来的效果不能抵消烟气深度冷却器增加的烟气阻力的付出。在机组负荷为 1000MW 时，烟气阻力耗功按 13A/100Pa（根据机组运行经验数据）计

算，则引风机、增压风机在克服烟气阻力后电流仍然降低约 50A，起到了降低辅机单耗的作用。折合引风机、增压风机耗电率下降 0.04%，供电煤耗下降约 0.1136g/(kW•h)。

2. 对低压加热器系统的影响

投入烟气深度冷却器后，6 号低压加热器进口凝结水温被加热调高 13～14℃，排挤低压加热器抽汽，增加在低压缸的做功份额，因此在相同主蒸汽流量的情况下，机组做功量增加，汽轮机热耗降低。经试验各级抽汽量变化如表 8-16 所示。由表 8-16 可知：投入烟气深度冷却系统后，第 5 段和第 6 段抽汽均受排挤，排挤后蒸汽进行下一级做功，3 个负荷点排挤量分别为 24.47、22.67、13.75 t/h。经计算实际增加发电 4MW。

表 8-16　　　　　　　　烟气深度冷却器投入与退出对各段抽汽量的影响

各段抽汽流量变化	试验负荷		
	1000MW	750MW	500MW
一段	−2.08	+0.7	−0.26
二段	+0.93	−0.53	−1.11
三段	+0.82	−0.86	−0.71
四段	−3.55	−2.13	−2.07
五段	−5.44	−5.81	−4.84
六段	−19.03	−16.86	−8.91
七段	+4.58	−0.88	−0.21
八段	+2.54	−2.55	+1.26
轴加	+0.13	−0.49	−0.27

3. 对凝结水系统的影响

安装烟气深度冷却器后，凝结水侧阻力增加约 0.2MPa。为了克服阻力，凝结水泵功耗将增加。在机组负荷为 750MW 与 500MW 工况，由于除氧器水位调节门或其旁路门未完全打开，当烟气深度冷却器投入使凝结水侧阻力增加时，会使其流量减少，为了保持平衡，将开大除氧器上水门，增加流量，相当于机组负荷较低时，凝结水泵功耗没有明显变化。而在 1000MW 负荷时，由于除氧器水位调节门或其旁路门已经全开，当凝结水侧阻力再增加 0.2MPa 后，只有通过增加凝结水泵变频来克服新增的阻力，因此凝结水泵功耗增加。图 8-57 所示为机组负荷为 1000MW 时，稳定工况下烟气深度冷却系统投入和退出对凝结水泵功耗的影响（试验测试时间为 10h）。

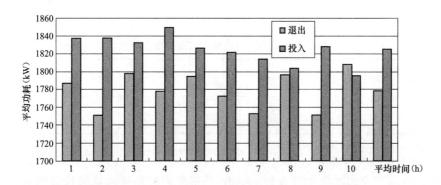

图 8-57　1000MW 稳定工况下烟气深度冷却系统投入和退出对凝结水泵功耗的影响

由图 8-53 可知，投入烟气深度冷却系统后，1000MW 负荷时凝结水泵功耗增加 46kW，厂用电率增加 0.0046%，供电煤耗增加 0.0131g/(kW·h)。

4. 对静电除尘器的影响

由图 8-58 可以看出，通过烟气深度冷却器热交换，当进入除尘器电场的烟气温度由 140℃降至 110℃时，使粉尘比电阻呈指数量级降低，从而防止反电晕现象的发生，是提高静电除尘器除尘效率的有效方法。

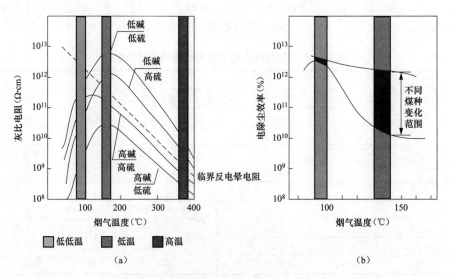

图 8-58 烟气温度与粉尘电阻关系曲线
(a) 灰尘比电阻与烟气温度关系图；(b) 静电除尘效率与烟气温度关系图

由表 8-17 可以看出，投入烟气深度冷却器系统后，机组静电除尘器的出口烟尘浓度明显降低。由于烟尘比电阻的下降，静电除尘器运行中的实际耗电量也会相应减少。试验结果表明，静电除尘器的除尘效率提高约 0.1%，每天耗电减少 800 kW·h，按每天机组的负荷率为 80% 计算，静电除尘器耗电率下降使厂用电下降约 0.004%，供电煤耗下降约 0.011g/(kW·h)。因此，烟气温度的下降，使静电除尘器总体上具有节能减排的效果。另外，从图 8-55 也可以看出，要提高静电除尘器效率，一定要使烟气其温度冷至 100℃ 以下，最好冷却到 90℃，可使静电除尘器达到优化的工作性能状态。表 8-17 也表明：烟气温度下降同时提高了脱硫塔的除尘效率。

表 8-17   烟气深度冷却器投入与退出对电除尘器及脱硫出口烟尘浓度对比

烟尘浓度（mg/m³）	1000MW		750MW		500MW	
	投入	退出	投入	退出	投入	退出
静电除尘器出口	63.17	130.49	39.88	72.07	59.52	82.48
脱硫塔出口	17.18	20.83	18.49	18.78	22.29	23.20

5. 对脱硫系统的节水影响

按投运烟气深度冷却器与否对 2 台 1000MW 机组的脱硫补水量进行横向对比，试验时间选为 10 天，试验期间机组平均负荷为 950MW，测试数据见表 8-18。

表 8-18 烟气深度冷却器投入与退出对脱硫系统补水量的影响

投运状态	累计水量	每天补水量	每小时补水量
投运烟气深度冷却器	21052.52	2105.252	87.7
未投运烟气深度冷却器	30602.68	3960.268	127.5

由表 8-18 可知，投入烟气深度冷却器后，在机组负荷率为 95% 时，脱硫系统节水量平均为 39.8t/h。按工业水价 0.5 元/t 计，年等效运行时间为 5500h，年节水费用为 10.95 万元。由此可见，烟气深度冷却不仅具有节约煤炭，提高除尘、脱硫、脱汞效率，同时具有节约水资源的巨大优势。

（五）综合经济效益分析

表 8-19 示出了烟气深度冷却器投入退出期间的热力性能试验结果，可以看出，在机组负荷为 1000、750MW 和 500MW 工况下，汽轮机热耗率分别下降 69.1、67.3、46.7 kJ/(kW·h)。机组发电煤耗分别降低 2.79、2.94、1.81 kJ/(kW·h)。若按当时吨标准煤炭价格 900 元计算，机组年等效利用小时约为 5500h，该机组全年燃料成本减少约为 1381.05 万元。

表 8-19 烟气深度冷却系统投入与退出的热力性能试验结果

试验内容	1000MW		750MW		500MW	
	投入	退出	投入	退出	投入	退出
发电机有功功率（MW）	1000.17	1000.78	749.99	749.17	499.99	499.35
厂用电有功功率（MW）	36.87	38.41	27.92	27.69	24.36	24.38
试验热耗率 [kJ/(kW·h)]	7461.86	7520.21	7595.53	7635.39	7837.28	7879.96
二类修正后的热耗 [kJ/(kW·h)]	7406.57	7475.66	7573.49	7640.81	7846.09	7893.73
二类修正后的功率（MW）	1009.46	1008.74	750.48	746.11	499.81	498.61
厂用电率（%）	3.69	3.84	3.72	3.70	4.87	4.88
管道效率（%）	98	98	98	98	98	98
修正后锅炉效率（%）	93.498	93.423	93.641	93.499	92.490	92.483
修正后发电煤耗 [g/(kW·h)]	275.79	278.58	281.57	284.51	295.34	297.15
修正后供电煤耗 [g/(kW·h)]	286.34	289.70	292.46	295.42	310.46	312.40
烟气深度冷却器热耗对比 [kJ/(kW·h)]	69.1		67.3		47.6	

（六）项目总结

通过对 1000MW 负荷时，烟气深度冷却器投入与退出参数对比，机组发电功率增加，排烟温度降低，静电除尘器的除尘效率提高，引风机耗电率下降，凝结水泵耗电率稍有增大，静电除尘器出口粉尘浓度及脱硫系统水耗下降明显。

参 考 文 献

[1] 刘鹤中，连正权. 低温省煤器在火力发电厂用的应用探讨 [J]. 电力勘测设计，2010（4）：32-38.

[2] 胡广涛，岳益锋. 降低锅炉排烟温度利用烟气余热的实践与理论研究 [J]. 节能技术，2012，30（4）：295-298.

[3] 黄嘉驷，李杨. 低压省煤器水侧系统连接方案优化分析 [J]. 热力发电，2011，40（3）：62-64.

[4] 林万超. 火电厂热系统节能理论 [M]. 西安：西安交通大学出版社，1994.

[5] 景宇蓉. 锅炉余热利用装置低压省煤器的热力分析及优化设计 [D]. 华北电力大学，2012.

[6] 王立波. 萨拉齐电厂低压省煤器节能改造分析 [D]. 华北电力大学，2013.

[7] 张晋. 超临界锅炉加设低压省煤器对机组经济性影响的分析和研究 [D]. 上海发电设备成套设计研究院，2011.

[8] 孟嘉. 工业烟气余热回收利用方案优化研究 [D]. 华中科技大学，2008.

[9] 郭义永. 深度降低 600MW 超超临界机组锅炉排烟温度的可行性分析与实践 [D]. 山东大学，2011.

[10] 李鹏飞，佟会玲. 烟气酸露点计算方法比较和分析 [J]. 锅炉技术，2009，40（6）：5-8.

[11] 张基标，郝卫，赵志军，等. 锅炉烟气低温腐蚀的理论研究和工程实践 [J]. 动力工程学报，2011，31（10）：730-734.

[12] 龙群力，朱彦雷，刘继平. 发电厂锅炉烟气余热回收方案热经济性研究 [J]. 山东电力技术，2013（4）：63-65.

[13] 杨少国，张红艳，任贵龙. 回热抽汽对上游级气动性能影响的数值研究 [J]. 汽轮机技术，2010，52（10）：24-26.

[14] 王健，钟圣俊，靳鑫，等. 粉尘比电阻不同测试标准的对比分析 [J]. 中国粉体技术，2012（10）：24-26.

[15] Yingqun Bao, Qinxin Zhao, Yungang Wang, et al. Design and practice of flue gas deep cooling device for energy saving and emission reduction. International Conference on Materials for Renewable Energy and Environment（ICMREE 2013），2013，3：736-9.

[16] 杜和冲，吴克峰，申建东，等. 烟气深度冷却系统在 1000MW 超超临界机组的应用 [J]. 中国电力，2014，47（4）：32-37.

[17] 沈源，田春光. 广东大唐国际潮州发电有限责任公司 4 号炉烟气深度冷却热力性能试验报告 [H]. 广东电网公司电力科学研究院，2012.

后　记

　　著作者首先感谢青岛达能环保设备股份有限公司于 2008 年提出并于 2009 年 1 月 18 日签订合同委托西安交通大学研发"火电厂烟气深度冷却除尘增效减排技术"所提供的研究开发经费的资助。纵观目前校企合作双方研究开发、示范工程和推广应用所取得的节能减排的丰硕成果，这不能不说是国家新兴体制下"产学研"创新驱动企业发展的一个成功典范。借力于技术创新和产品创新的优势，青岛达能环保设备股份有限公司已经踏上从 2008 年的 7000 万元到 2014 年的 7 个亿生产总值的巨大转变和快速发展之路，成为我国燃煤机组烟气深度冷却增效减排技术的受益者和市场领跑者，在西安交通大学持续技术研发成果的支撑下，该公司生产的"烟气深度冷却器"专利产品获得 2011 年山东省优秀节能成果奖和 2012 年第七届民用企业创新成果金奖，为企业带来前所未有的发展机遇；借助于合作研发，西安交通大学也已成为国家"燃煤机组烟气深度冷却增效减排技术"研发基地，形成了积灰、磨损和低温腐蚀及其耦合作用、烟气深度冷却过程中气、液、固三相凝并吸收机理和烟气污染物协同治理关键技术等崭新的研发方向，不仅为青岛达能环保设备股份有限公司提供了强有力的基础研究和关键技术研发的技术支撑，而且进一步借助国家科技部、山东省发展改革委和华能国际电力公司的重点项目支持，为"火电厂烟气深度冷却增效减排技术"的共性技术基础和关键技术研发做出了巨大的贡献，推动了我国烟气深度冷却增效减排整体产业的科技进步。截至 2017 年 1 月，仅青岛达能环保设备股份有限公司已建成烟气深度冷却器强化传热元件生产线 16 条，完成 156 家电厂的 196 台套的 125MW 等级及以上的 300MW、600MW 和 1000MW 级燃煤机组烟气深度冷却增效减排工程，国内市场领先，并出口海外。2011 年至今，企业新增销售额 18.1 亿元，新增利润 2.25 亿元，新增税收 1.58 亿元，烟气深度冷却加热凝结水可使燃煤机组每千瓦时电平均节约 2g 标准煤，由此，每年可节约煤炭 47.9 万 t，减少烟尘排放 4600t、SO_2 排放 7500t、NO_x 排放 7500t、CO_2 排放 117.8 万 t，在确保安全可靠运行的前提下，取得了显著的经济、社会效益和突出的节能减排效果，该技术在烟气深度冷却的过程中深度减少污染气体 SO_3、$PM_{2.5}$ 和 Hg^{2+} 排放，节约煤炭能源，显著改善大气环境，减弱雾霾强度，引领我国燃煤机组烟气深度冷却器系统、结构设计及安全高效运行的整体技术进步。

　　著作者衷心感谢科技部"十二五"（2011—2014）国家科技支撑计划重点项目之第 4 课题"基于典型失效模式的超（超）临界电站锅炉事故预防关键技术研究"（2011BAK06B04）的经费资助，顺利完成第 4 课题之第 7 子课题"烟气深冷节能装置材料低温腐蚀安全防控技术"的研究任务，发明了烟气酸露点温度和低温腐蚀性能实验装置、回热优化实时动态调控装置及方法，以燃煤机组烟气深度冷却节能装置安全防控技术研究为核心，在提出低温腐蚀实验装置发明专利的基础上自行设计了现场实验装置，该装置可不停炉随插随用，解决了烟气深度冷却器换热器管酸露点温度和低温腐蚀速率检测的重大技术难题。利用该装置首次在内蒙古大唐国际托克托发电有限责任公司 600MW 亚临界机组和广东大唐国际潮州发电有限责任公司 1000MW 超超临界机组上完成了 6 种低合金铁素体钢、奥氏体不锈钢、表面渗层和表面涂层的现场低温腐蚀实验，得到了各相关材料的腐蚀速率曲线和低温腐蚀反应规律，建立了积灰与酸结露的热流固耦合模型，提出了有限腐蚀速率设计及腐蚀防控技术，解决了积灰和低温腐蚀耦合引致堵塞、爆管停炉的重大技术难题，实现了烟气深度冷却节能装置的长周期安全高效运行。

著作者衷心感谢科技部国家重点基础研究发展计划（973 计划）项目"燃煤发电机组过程节能的基础研究（2009CB219800）"之课题 3"大型燃煤发电机组变工况特性及能耗控制方法（2009CB219803）"（2009—2013）的经费资助，支持本团队从单元设备、系统和机组 3 个层面获得了大型燃煤发电机组变工况特性，揭示了内外因素耦合作用下大型燃煤发电机组变工况能耗特性以及机组与复杂外部因素的耦合机制，提出了机组设计的回热系统流程优化、运行的节能诊断与运行优化等技术，完成了工业试验验证。根据"温区对口""梯级利用"的余热利用原则，提出余热利用过程的"系统回用"的概念，即将回收的排烟余热嵌入燃煤机组热力系统是最佳利用方式，且在回收和回用排烟余热的同时实现节能减排。在大型燃煤发电机组耦合变工况特性以及复杂外部因素作用下机组的能耗控制等方面取得了重要突破。

著作者衷心感谢科技部国家重点基础研究发展计划（973 计划）项目"工业余热高效综合利用的重大共性基础问题研究（2013CB228300）"之课题 4"工业余热传递过程的协同强化及高效工业热泵的原理与技术（2014CB228304）"（2013—2017）的经费资助，支持本团队搭建"全尺寸强化传热元件风洞试验平台"和"工业过程强化传热元件积灰、磨损和低温腐蚀现场同步实验平台"，完成了 H 形、针形和螺旋形翅片的传热和阻力特性对比试验研究，发明了一系列抑制烟气深度冷却过程中积灰、磨损和低温腐蚀的新型传热元件，首次将燃煤电厂的现场低温腐蚀性能实验扩展应用到 65t/h 燃生物质工业循环流化床和 29MW 层燃燃煤工业锅炉等其他工业过程余热利用研究领域，完成了 3 种典型材料的现场低温腐蚀实验，得到了典型材料腐蚀速率随金属壁温的变化规律，解决了工业余热传递过程中强化传热元件积灰、磨损和低温腐蚀耦合防控的重大技术难题。

著作者衷心感谢科技部"十三五"（2016—2020）国家重点研发计划"公共安全风险防控与应急技术装备"重点专项"高参数承压类特种设备风险防控与治理关键技术研究"项目之第 4 课题"电站锅炉安全服役风险防控关键技术研究"（2016YFC0801904）的经费资助，其中子课题"超低排放机组烟气低温腐蚀组合损伤及监检测技术研究"涉及从烟气深度冷却器扩展到烟气再热器及其联立系统的安全科技研究。一方面，将烟气深度冷却技术纵向拓展至空气预热器；另一方面，将烟气深度冷却技术横向扩展到烟气再热器，为解决烟气再热消除烟羽奠定技术基础。该子课题将继续深入研究烟气深度冷却器的低温腐蚀性能和烟气成分之间的相互作用规律，研制更加可靠的低温腐蚀速率状态同步检测系统及装置；同时，研究烟气再热器常用材料的组合型低温腐蚀性能，提出烟气再热器组合型低温腐蚀预测及其防控方法。目前，已取得的前期的低温腐蚀和组合型低温腐蚀的部分研究成果也写入本书中。

著作者衷心感谢国家自然科学基金项目"燃煤锅炉烟气深冷过程积灰与低温腐蚀的耦合作用机理研究"（51606144，2017—2019 年）的经费资助，使我们进一步基于反应动力学理论、元素迁移扩散理论，深入研究酸性气体冷凝沉积特性、含酸灰颗粒沉积特性，揭示冷凝酸液在灰层内的传质机理，揭示积灰与低温腐蚀的耦合作用机理。目前，已取得的关于换热管积灰传热特性、酸冷凝的凝并吸收特性、积灰腐蚀耦合生长模型等方面的研究成果也写入本书中。

著作者衷心感谢中国华能国际电力股份有限公司"燃煤电厂烟气协同治理关键技术研究（2013—2014）"的经费资助，利用前期独立研究基础，作为主要完成单位参与华能国际燃煤机组烟气污染物协同治理技术路线的制订，参与编写华能国际《燃煤电站烟气污染物协同治理技术指南》；作为第一完成单位主持起草华能国际《燃煤机组烟气冷却器和烟气再热器技术规定》的企业技术标准，将研究成果应用于国家大型发电企业节能减排关键技术路线的制订。本项目所制定的技术标准作为部分成果获中国华能集团公司科学技术进步一等奖。

著作者衷心感谢中国电力工程顾问集团中南电力设计院有限公司"新型烟气余热回收换热器研制开发"项目（2013—2014）的经费资助，本项目的立项目标是研发与除尘器喇叭口一体化的烟气余热回收换热器，使得该换热器在安全性要求高、空间有限、容易积灰和磨损严重等限制条件下，能够达到较高的安全性和良好的换热性能，并克服种种不利条件所带来的负面影响，通过优化研究进一步发明了一种与静电除尘器一体化的管屏式水管换热器及一种针板耦合型传热强化元件和异形管屏式水管换热器，获得了通过优化传热元件设计紧凑高效换热器的技术方法，研制开发高效换热器设计计算软件，并付之工程应用。

著作者衷心感谢中国华能国际电力股份有限公司长兴电厂"华能长兴电厂烟气协同治理深度测试酸露点等测试"项目（2015—2016）的经费资助，使我们有机会利用本研究团队发明的酸露点温度、低温腐蚀性能、三氧化硫浓度检测探针和装置完成 660MW 超超临界机组烟气协同治理深度测试要求，获得特定煤种、变负荷工况下硫酸露点温度、低温腐蚀性能和烟气中从 SCR 进口直到脱硫塔出口的三氧化硫质量浓度，该测试项目的顺利完成，使我们领略到中国华能国际所制订的燃煤电厂烟气协同治理技术路线的巨大优势，在不增加湿式静电除尘器的前提下不仅实现了烟尘浓度低于 $5mg/m^3$、SO_2 低于 $20mg/m^3$、NO_x 低于 $35mg/m^3$ 的燃煤电厂超低排放目标，而且使 SO_3 和 Hg 分别实现小于 $5mg/m^3$ 和 $0.005mg/m^3$ 的深度超低排放目标，也验证了烟气深度冷却技术节能减排的协同潜力。

著作者同时衷心感谢中国华能集团公司西安热工研究院有限公司"燃煤锅炉低低温烟气系统材料腐蚀研究"项目（2014—2015）、北京国电富通科技发展有限责任公司"燃煤锅炉节能减排综合技术研发"项目（2014—2016）、山东济南山源电力设备有限公司"烟气冷却器通流及导流结构数值模拟优化研究"项目（2014—2016）、山东青岛凯能锅炉有限公司"强化传热元件全尺寸风洞试验台"项目（2014—2016）的经费资助，这些项目合作使我们更进一步加深了对燃煤机组烟气深度冷却增效减排技术的深刻认识，拓展了科学研究、技术开发和工程应用的深度和广度。

著作者衷心感谢中国电力规划设计总院 2010 年 4 月 20 日为青岛达能环保设备有限公司和西安交通大学合作开发的"火电厂烟气深度冷却增效减排技术"组织的火电厂烟气深度冷却器设计技术方案评审（电规发电〔2010〕128 号）；评审意见认为："……首次提出了灰特性对积灰和腐蚀的影响规律，控制酸沉积率降低腐蚀速率的方法，采用数值模拟方法优化通流结构等主要技术创新点，设计技术方案达到国内领先水平。"

著作者衷心感谢陕西省科技厅组织、陕西省教育厅主持 2015 年 10 月 18 日在西安召开的由西安交通大学、青岛达能环保设备股份有限公司和中国电力工程顾问集团中南电力设计院有限公司共同完成的"低温腐蚀可控的烟气深度冷却技术及应用"科技成果鉴定会。以清华大学岳光溪院士为主任的鉴定委员会经过认真讨论，认为该成果在烟气深度冷却器结构设计、积灰、磨损和低温腐蚀及其耦合防控关键技术上取得了多项创新性成果，产品性能指标优于国外同类产品，项目整体达到国际先进水平，建议进一步加快该成果在相关行业中的推广应用。

2015 年 12 月 15 日本研究团队以"低温腐蚀可控的烟气深度冷却技术及应用"申报并获得陕西省科学技术成果（9612015Y1126）认证，以该成果为基础申请获得陕西省高等学校科学技术一等奖、第八届中国技术市场协会金桥奖之突出贡献项目奖、中国机械工业联合会"十二五"机械工业优秀科技成果奖，并最终获得 2016 年度陕西省科学技术一等奖，这些奖项肯定了本研究团队在烟气深度冷却增效减排技术科学研究、技术创新和科技成果转化等领域所取得的成绩。

2017 年陕西省科学技术厅推荐本项目以"气、液、固凝并吸收抑制低温腐蚀的烟气深度冷却技术及应用"申报国家科技进步奖励，2017 年 6 月 30 日，本项目通过 2017 年度国家科技进步二等奖初评。

著作者于 2018 年 2 月 18 日